
Sprachenbezeichnung in den Referaten des Chemischen Zentralblattes

(Abkürzungen laut DIN-Normblatt 1502, Beiblatt 1)

Albanisch	= alb.	Griechisch	= griech.	Rumänisch	= rum.
Bulgarisch	= bulg.	Irisch	= ir.	Russisch	= russ.
Chinesisch	= chin.	Italienisch	= ital.	Schwedisch	= schwed.
Dänisch	= dän.	Japanisch	= jap.	Serbokroatisch	= serbokroat.
Deutsch	= dt.	Lateinisch	= lat.	Slowakisch	= slowak.
Englisch	= engl.	Litauisch	= litau.	Slowenisch	= slowen.
Estnisch	= estn.	Niederländisch	= niederl.	Spanisch	= span.
Finnisch	= finn.	Norwegisch	= norw.	Tschechisch	= tschech.
Flämisch	= fläm.	Persisch	= pers.	Türkisch	= türk.
Französisch	= franz.	Polnisch	= pol.	Ukrainisch	= ukrain.
		Portugiesisch	= port.	Ungarisch	= ung.

Nr. 6
1929—2312

1963
6. Februar

Chemisches Zentralblatt

Vollständiges Repertorium für alle Zweige der reinen und angewandten Chemie

1830 gegründet. 1897—1945 von der Deutschen Chemischen Gesellschaft fortgeführt. Im Auftrage der Deutschen Akademie der Wissenschaften zu Berlin, der Chemischen Gesellschaft in der DDR, der Akademie der Wissenschaften zu Göttingen und der Gesellschaft Deutscher Chemiker (in der BRD)

herausgegeben von Prof. Dr. Heinrich Bertsch und Prof. Dr. Dr. h. c. Wilhelm Klemm

134. Jahrgang

1963

Chefredakteure: Dr. Eugen Klever und Prof. Dr.-Ing. Eberhard Leibnitz

Akademie-Verlag GmbH., Berlin — Verlag Chemie, GmbH., Weinheim/Bergstr.

Inhalt

Chemisches Zentralblatt

1963 Bibliographien Nr. 6

Neue Bücher

Geschichte. Unterricht

M. Kalkhoff und **K. Moczyński**, *Poradnik dla poszukujacych literatury fachowej w zakresie przemyslu spozywczego.* Warschau: Eigenverlag des Wissenschaftlich-Technischen Vereins der Ingenieure und Techniker der Lebensmittelindustrie [NOT] 1962. (424 S.) Literaturberater im Bereich der Lebensmittelindustrie.
Allg. Grundlagen der wissenschaftlich-techn. Dokumentation u. des Informationsdienstes in Polen. Klassifikation der Dokumentation für die Lebensmittelindustrie u. Organisation der Arbeit in den Informationszentren. Unter der Verbreitung der Information. Dokumentationskartotheken u. ihre Auswertung, Hauptquellen der Information (Bücher, Zeitschrfiten, Normen, Patente u. a.).
E. Heinemann

A. Allgemeine, physikalische und anorganische Chemie

Guy Pannetier, *Chimie Générale — Atomistique et Liaisons Chimiques.* Paris: Masson et Cie, 1962 (XII + 509 S.) 58 NF.
Das Werk enthält nach einem Vorwort (3 S.), den Symbolen u. den im Werk benutzten Notationen (2 S.), den numer. Werten einiger verwendeter physikochem. Konst. (1 S.), Energieumrechnungsfaktoren (1 S.) u. einer Tabelle der relativen Atommassen (4 S.) einen Textteil, der sich im 1. Teil mit der Atomistik (238 S.), im 2. Teil mit der chem. Bindung (252 S.) befaßt. Der 1. Teil gliedert sich in die Kapitel: Die Entw. der Ideen bis zur Klassifizierungsperiode — Die Konstit. der Atome — Der Atomkern — Die Radioaktivität: spontane Umwandlung — Die Radioaktivität:: Verallgemeinerung der Kenntnisse über Isotopie. Massenspektrographie — Die Radioaktivität provv. zierte Umwandlung. Kernreaktionen — Die Radioaktivität; Verschiedene Anwendungen. — Perinucleare Struktur des Atoms. Das Atom von Bohr u. Sommerfeld. — Perniucleare Struktur des Atoms — Korpuskularwellen. Die Gleichung von Schrödinger — Das H-Atom in der Wellenmechanik. — Der 2. Teil gliedert sich in die Kapitel: Allgemeines über die chem. Bindung. Ion. Wechselwrkg. — Die Atombindung — Andere Bindungstypen. Bindungen durch H-Brücken. Van der Waalssche Bindungen — Der feste Zustand. Kristallograph. Kenntnisse. — Physikal. Meth. zur Strukturunters. von Molekülen. Der fl. Zustand. Der glasige Zustand — Physikal. Meth. der Strukturunters. von Molekülen (Fortsetzung). Mol.-spektroskop. Kenntnisse. — Chem. Meth. der Strukturuntersuchung. Konformation atomarer Gebilde. — Struktur atomarer Gebiete (Fortsetzung).
G. Reisner

A_7. Gleichgewichte. Kinetik

N. N. Semjonow, *Einige Probleme der chemischen Kinetik und Reaktionsfähigkeit.* Herausgeg. in deutscher Sprache von G. Wagner. Mit 104 Abb. und 58 Tabellen. Berlin: Akademie-Verlag 1961. (XII + 537 S.) DM 49,—.
Vf. gliedert sein Werk in die vier großen Abschnitte: Die Rk. der Radikale, Kettenstart u. Kettenabbruch, die Kinetik von Ketten-Rkk. sowie verzweigte Ketten-Rkk. u. die Wärmeexplosion. Fragen der Terminologie sind mit großer Sorgfalt behandelt worden, so daß das vorliegende Buch in hervorragender Weise geeignet ist, dem Leser den modernen Stand der Wissenschaft vom Ablauf chem. Rkk. zu vermitteln.
G. Bauer

Z. G. Szabó, *Fortschritte in der Kinetik der homogenen Gasreaktionen (Fortschritte der physikalischen Chemie).* Bd. 6, herausgegeb. von **W. Jost**, Göttingen. Mit 15 Abb. und 53 Tabellen. Darmstadt: Dr. Dietrich Steinkopff Verlag 1961. (XII + 239 S.) DM 40,—.
Der vorliegende Band soll einen Überblick über die seit 1938 gewonnenen Erkenntnisse auf diesem Gebiet vermitteln, wobei das Hauptgew. der Behandlung auf den experimentellen Ergebnissen liegt. Im ersten Teil werden im wesentlichen Probleme der chem. Reaktionsgeschw. sowie neuere experimentelle Meth. in der Unters. von homogenen Gas-Rkk. behandelt. Der zweite Teil bringt eine systemat. Wiedergabe der wichtigsten Versuchsergebnisse: Rkk. einer Art Ausgangsmolekeln, Rkk. zweier oder mehrerer Arten von Ausgangsmolekeln, Radikal-Rkk. u. katalysierte homogene Gasreaktionen.
G. Bauer

A_8. Präparative anorganische Chemie. Komplexverbindungen Metallorganische Verbindungen

Aleksander Abramovich Grinberg, *An Introduction to the Chemistry of Complex Compounds.* Übersetzt von J. Rovtar Leach, herausgeg. von **D. H. Busch** und **R. F. Trimble jun.**, Oxford, London, Paris: Pergamon Press 1962. (XXI + 363 S.) £ 5 5s.
Das vorliegende Werk ist eine Übersetzung der 2. Auflage des in russ. Sprache erschienenen Buches ins Englische u. macht den Chemiker mit den Anschauungen der sowjet. Schule über Koordinations-

verbb. bekannt. Das Gebiet wird von seinen Anfängen an bis zur modernen Liganden-Feldtheorie ausführlich besprochen. — Inhaltsfolge: Verbb. vom Hexa-, Penta- u. Tetrammintyp (38 S.). — Koordinationstheorie (34 S.) — Stereochem. Konsequenzen des Oktaedermodels (35 S.) — Verbb. des Tri-, Di-, Monoammin- u. Hexacidotyps für die Koordinationszahl 6 (22 S.) — Komplexverbb. mit der Koordinationszahl 4 (33 S.) — Koordination, Hydration u. a. stabile Isomerietypen für Komplexverbb. (11 S.) — Die Natur der Komplexbldg. — Kräfte (44 S.) — Die Austauscheffekte von koordinierten Gruppen (19 S.). — Säuren–Basen-Eigg., Oxydations–Red.-Eigg. u. Lsg.-Gleichgewicht von Komplexverbb. (43 S.) — Einige besondere Arten von Komplexverbb. (34 S.) — Ein Überblick über die Fähigkeit der Elemente, Komplexe zu bilden in bezug auf ihre Stellung im Period. Syst. (28 S.) — Das Buch wird durch eine ausführliche Bibliographie, eine zusätzliche Bibliographie der engl. Übersetzung, einem Autoren- u. Sachregister abgeschlossen. G. Reisner

B. Allgemeine und theoretische organische Chemie

Herbert M. Hershenson, *Ultraviolet and Visible Absorption Spectra Index for 1955—1959.* New York and London: Academic Press, 1961. (XV + 133 S.) 64 s.
Das Werk bildet die Fortsetzung von „Ultraviolet and Visible Absorption Spectra: Index for 1930—1954". Es enthält ca. 16000 Hinweise auf in den Jahren 1955—1959 in 34 international bekannten Zeitschriften u. in dem von L. Lang herausgegebenen „Absorption-Spectra in the Ultraviolet and Visible Region" veröffentlichte Absorptionsspektren. G. Reisner

G. Analyse. Laboratorium

Gordon Mabey Kline, ed., Analytical chemistry of polymers. Vol. 12: 2.: Analysis of molecular structure and chemical groups. Vol. 12. 3: Identification procedures and chemical analysis. New York: Interscience dist. Wiley. 1962. (566 S. m. Abb.) Part 2: $ 17.50. Part 3: $ 16.50.

Herbert Weisz, *Microanalysis by the Ring Oven Technique.* Band I der International Series of Monographs on Analytical Chemistry. Oxford, London, New York, Paris: Pergamon Press 1961. (112 S.) $ 30.—.
In diesem Buch berichtet Vf. zusammenfassend über die von ihm entwickelte Ringofen-Technik. An Hand zahlreicher Abb. werden die Geräte u. ihre Handhabung erläutert. Eine qual. Analyse ohne Trennung sowie ein systemat. qual. Trennungsgang u. eine halbquant. Analyse unter Verw. dieser Technik werden eingehend beschrieben. Auch die neueren Anwendungen der Ringofen-Meth., z. B. in der radiochem. Analyse oder in Verbindung mit anderen Verf. wie der Elektrographie oder Papierchromatographie usw., finden Erwähnung u. werden durch ein Verzeichnis der Publikationen auf diesem Gebiet bis 1960 ergänzt. I. Wilke

H_1. Allgemeine chemische Technologie

W. E. Clason, *Russischer Sprachteil zu Elseviers Fachwörterbuch für Kerntechnik und Kernwissenschaft.* Amsterdam, London, New York, Princeton: Elsevier Publishing Company 1961. Für das deutsche Sprachgebiet: München: R. Oldenbourg Verlag. DM 33,—.
Dieser Nachtrag zu dem sechssprachigen Wörterbuch für die russ. Sprache enthält ein alphabet. Verzeichnis der Stichworte mit den Wortstellennummern, die auf den Hauptband verweisen. G. Bauer

Advances in Chemical Engineering, Volume 3, herausgegeb. von **Thomas B. Drew, John W. Hoppes jun.** und **Theodore Vermeulen.** New York and London: Academic Press 1962. (X + 345 S.) $ 12.—.
Die Fortschritte der chem. Verfahrenstechnik werden in folgenden Hauptkapiteln behandelt: Kristallisation aus der Lösung, Hochtemperatur-Technologie, Mischen u. Rühren. Berechnung von gepackten Kontaktöfen u. Optimierungsmethoden. G. Bauer

H_7. Agrikulturchemie. Schädlingsbekämpfung

Ernst Ehwald, Aufgaben des Instituts für Bodenkunde der Deutschen Akademie der Landwirtschaftswissenschaften zu Berlin. Berlin: Deutsche Akademie der Landwirtschaftswissenschaften. 1961. (18 S.) 8° = Deutsche Akademie der Landwirtschaftswissenschaften zu Berlin. Sitzungsberichte. Bd. 10, Heft 10. DM 1,50.

H_8. Metallurgie. Korrosion

Claude Gasc, Contribution à l'étude de la texture cristalline et des propriétés mécaniques du béryllium transformé. Paris: Service de documentation et d'information technique de l'aéronautique. 1962. (VI, II + 87 S. m. Abb.) 8°. 24 NF.

Günther Hollweg, Hrsg., Eisenhüttenwesen. Vorträge des 13. Berg- und Hüttenmännischen Tages vom 24.—27. Mai 1961 in Freiberg. Berlin: Akademie-Verl. 1962. (103 S. m. 15 Tab.) 8° = Freiberger Forschungshefte. B 68. DM 15,—.

Colin James Smithells, Metals reference book. 3rd edit. 2 vols. London: Butterworths. 1962. 1: (XVI + 568; 17 S.) 2: (XVI + 519 S; 17 S.) 10 £ 10 s.

E. Tricot, Formulaire du métallurgiste. Paris: Gauthier-Villars. 1962. (70 S.) 5 NF.

Robert George Ward, An introduction to the physical chemistry of iron and steel making. London: Edward Arnold. 1962. (IX + 238 S. m. Tab. u. Diagr.) 42 s.

—, Hydrogen in steel: papers and discussions, Harrogate conference, October 1961. London: Iron & Steel Institute. 1962. (154 S. m. Abb., Tab. u. Diagr.) 25 s.

—, Symposium on evaluation of metallic materials in design for low-temperature service; presented at the sixty-fourth annual meeting Amer. Society for Testing and Materials, Atlantic City, New Jersey, June 27—28, 1961. Philadelphia: ASTM. 1962. (245 S. m. Abb.) $ 7,50.

G. M. Borodulin, *The Use of Oxygen in the Electrometallurgy of Steel.* (Übersetzung aus dem Russischen.) Oxford, London, New York, Paris: Pergamon Press 1961. (VII + 112) 50 s.
Es wird die Herst. von Elektrostahl unter Verw. von O_2 in sowjet. Stahlwerken, Technologie, Eigg. der erschmolzenen rostfreien Stähle, Kugellager-, Transformatoren-, Werkzeug-, Schnelldreh- u. Schutzmaßnahmen für die Schmelzer beschrieben. M. Gehlen-Keller

H_{16}. Nahrungs-, Genuß- und Futtermittel

Peter Pietz und **Erwin Hettwer**, Stecoritten, ein neues Desinfektionsmittel in der Lebensmittelindustrie. Nürnberg: Carl. 1962. (16 S.) 8⁰ = Bibliotheca lactis 84. DM 1,50.

H_{19}. Brennstoffe. Erdöl. Mineralöle

Vittorio Bianchi e Massimo Fossati, I punti vendita di carburanti. Guida pratica della regolamentazione tecnico-giuridica ed amministrativa per l'installazione e l'esercizio commerciale dei distributori di carburanti. Genova: Codice del petrolio. 1961. (XX + 129 S. m. Abb.) L. 1500.—.

Ausgewertete Bibliographie-Fachzeitschriften

Belgien	Bibliographie de Belgique — Belgische Bibliographie
ČSSR	Bibliography of Publications Deling with the Polarography Method [Praha]
	Bulletin — Die neuesten Forschungsergebnisse der Tschechoslowakischen Wissenschaft
	Nové Knihy (Neue Bücher)
	Novinky (Neuheiten)
Dänemark	Danske Bogmarked
Deutschland	Börsenblatt für den Deutschen Buchhandel — Frankfurter Ausgabe
	Börsenblatt für den Deutschen Buchhandel — Leipziger Ausgabe
	Deutsche Bibliographie. Wöchentliches Verzeichnis. Ausgabe II. [Frankfurt/Main]
	Deutsche Nationalbibliographie. Reihe A: Neuerscheinungen des Buchhandels [Leipzig]
England	British Books (Incorporating th Publishers Circular & Bookseller Record)
	British National Bibliography
Frankreich	Bibliographie de la France
Griechenland	Greek Bibliography [Athen]
Italien	Bibliografia Nazionale Italiana
Niederlande	Nieuwsblad voor de Boekhandel
Österreich	Österreichische Bibliographie
Schweiz	Schweizer Buch. Serie A und Serie B
UdSSR	Bücherverzeichnis des Jahres (Книжная летопись)
	Neue Bücher (Новые книги)
USA	Publisher's Weekly

Namenregister

Chemisches Zentralblatt

1963 **Nr. 6** **6. Februar**

A. Allgemeine, physikalische und anorganische Chemie

Periodische Klassifizierung und Gesetz von Proust. Emile Rinck und Pierre Feschotte. (Bull. Soc. chim. France **1962**, 856—62, April; Paris, Labor. de Chim. appl.; franz.) — Eine neue Form des Perioden-Syst. erlaubt die Einschließung der Seltenerdmetalle u. eine deutliche Unterscheidung zwischen echten u. sog. Erdmetallen. Diese Unterscheidung ist von Bedeutung, da das Proustsche Gesetz zwar für Erdmetalle, nicht aber für echte Metalle in ihren Verbb. mit Nichtmetallen gilt. Bei Legg. zwischen echten Metallen verliert es seine Bedeutung vollständig. Wasserstoff u. die Metalle der Kurzperioden werden als indifferenzierte, die Metalle der Langperioden als differenzierte Elemente bezeichnet (in Analogie zu embryolog. Sachverhalten). A. Blaschette. 10□

Schwankungen und Fehler bei experimentellen Untersuchungen. 2. Mitt. **Fehler durch Kompromisse.** S. Lewin. (Lab. Pract. **10**, 162—64, März 1961; London, South-West Essex Coll. of Technol., Phys. Biochem. Res. School; engl.) — 1. vgl. Lab. Pract. **10**, [1961], 99. — Bei experimentellen Unterss. lassen sich nicht alle Anforderungen u. Bedingungen in idealer Weise erfüllen, so daß es erforderlich ist, Kompromisse zu schließen. Die durch solche Kompromisse in die Unterss. eingeführten Fehler werden vom Vf. an Hand von Beispielen erörtert. Gerhard Schulze. 10□

Schwankungen und Fehler bei experimentellen Untersuchungen. 3. Mitt. **Ungenügende Formulierungen und ungenaue Annahmen.** S. Lewin. (Lab. Pract. **10**, 363—66, 408, Juni 1961; engl.) — 2. vgl. vorst. Referat. — Vf. zeigt an Hand von Beispielen den Einfl. falscher Vorstellungen u. Formulierungen sowie inkorrekter Axiome, Annahmen u. Hypothesen auf die Ergebnisse experimenteller Untersuchungen. Gerhard Schulze. 10□

Schwankungen und Fehler bei experimentellen Untersuchungen. 5. Mitt. **Persönliche und charakteristische Fehler.** S. Lewin. (Lab. Pract. **10**, 556—58, Aug. 1961; engl.) — 4. vgl. Lab. Pract. **10**, [1961], 474; 3. vgl. vorst. Referat. — An Hand von Beispielen erörtert Vf. den Einfl. persönlicher Fehler, die durch Nachlässigkeit, Vergeßlichkeit, Unkenntnis, bes. Empfindlichkeit, Mangel an Erfahrung, Unwissenheit, mangelnde Konzentration u. Aufmerksamkeit verursacht sein können, auf die Ergebnisse experimenteller Untersuchungen. Gerhard Schulze. 10□

A_1. Kernphysik und Kernchemie

Beobachtung der Reaktion $\mu^- + {}^3He \rightarrow {}^3H + \nu$. O. A. Saimidoroga, M. M. Kuljukin, B. Pontecorvo, R. M. Ssuljajew, A. I. Filippow, W. M. Zupko-Ssitnikow und Ju. A. Schtscherbakow. (Журнал Экспериментальной и Теоретической Физики [J. exp. theoret. Physik] **41**, 1804—08, Dez. 1961; Verein. Inst. für Kernforsch.; russ., Auszug: engl.) — Eine mit ^3He von 20 at gefüllte Diffusionskammer befand sich in einem Magnetfeld von 6000 Oe. Sie wurde mit Myonen von 217 MeV/c beschossen. Es wurde die Rk. $\mu^- + {}^3He \rightarrow {}^3H + \nu$ beobachtet. Für m_ν ergab sich als obere Grenze aus der Rückstoßenergie von ^3H 6 MeV. Eine Schätzung der Wahrscheinlichkeit der Rk. ergab $(1{,}30 \pm 0{,}40)\cdot 10^3$/s, was mit der universellen Theorie der schwachen Wechselwrkg. übereinstimmt. M. Wiedemann. 90□

Beobachtung der Hyperfeinstrukturaufspaltung von Myonium durch ein magnetostatisches Feld. R. Prepost, V. W. Hughes und K. Ziock. (Physic. Rev. Letters **6**, 19—21, 1/1. 1961; New York, N.Y., Columbia Univ.; New Haven, Conn., Yale Univ.; engl.) — Die von dem Nevis-Synchrocyclotron erzeugten Mesonen wurden in eine Ar-Atmosphäre von 55 at eingeschossen unter Anlegen eines magnet. Longitudinalfeldes. Die Hyperfeinstruktur $\Delta\nu$ wurde zwischen 2250 u. 9000 MHz in Übereinstimmung mit anderen Experimenten gefunden. Sämtliche eingeschossenen μ-Mesonen in Ar bilden Myonium. **G. Heinsohn. 90□**

Störungstheorie der Pion–Pion-Wechselwirkung. 1. Mitt. **Renormalisierung.** Tai Tsun Wu. (Physic. Rev. [2] **125,** 1436–50, 15/2. 1962; Cambridge, Mass., Harvard Univ., Gordon McKay Labor.; Princeton, N.J., Inst. for Advanced Study; engl.) — Unters. mit Feynman- u. Vertex-Diagrammen. Herbert Weber. 90□

Zweipionenkraft und Dreipionensystem. G. Eder. (Nuclear Physics [Amsterdam] **37,** 83–89, Aug. 1962; Vienne, Univ., Inst. for Theoret. Phys.; engl.) — Vf. verwendet ein π–π-Potential vom δ-Typ, um die π–π-Streuung bis zur ϱ-Resonanz zu beschreiben. Mit diesem Potential wird ein Dreipionen-Syst. für den Zustand $J = 1$ u. $T = 0$ untersucht. Das ω-Teilchen kann als ein metastabiler Zustand eines solchen Syst. verstanden werden. Gerhard Schmidt. 90□

Über den Strahlungszerfall $K^+ \rightarrow \pi^+ + \pi^0 + \gamma$. D. Monti, G. Quareni und A. Quareni Vignudelli. (Nuovo Cimento [10] **21,** 550–54, Aug. 1961; Bologna, Univ., Ist. di Fis., Ist. Naz. di Fis. Nucl.; engl.) — In Kernemulsionen wurde ein K^+-Zerfall in Ruhe zu nur einem geladenen Teilchen, einem π^+ von 79 MeV, beobachtet. 2 weitere Fälle sind bekannt. Hieraus wird für Energien von 55–80 MeV des π^+ ein Anteil der Strahlungszerfälle des K^+ von $8 \cdot 10^{-4}$ berechnet. Dieser ist nicht allein durch Bremsstrahlung zu deuten, eine direkte Emission muß zusätzlich angenommen werden. M. Wiedemann. 90□

Mögliches Modell der Erzeugung von Λ-Teilchen bei π–N-Stößen hoher Energie. Wan Shun und Schi-Ke Chu. (Журнал Экспериментальной и Теоретической Физики [J. exp. theoret. Physik] **41,** 1868–69, Dez. 1961; Verein. Inst. für Kernforsch; russ., Auszug: engl.) — Nach einem kürzlich entwickelten Modell können die Λ-Erzeugung bei Pion–Nucleon-Stößen bzgl. Polarisation, Verteilung des transversalen Impulses u. der Anteil der nach vorn fliegenden Teilchen in Einklang mit den Experimenten erhalten werden. M. Wiedemann. 90□

Eine Symmetrie im Hyperladungsraum. V. S. Mathur. (Nuclear Physics [Amsterdam] **36,** 564–66, Aug. 1962; Delhi, Univ.; engl.) — Vf. benutzt das Prinzip der kleinsten elektromagnet. Wechselwrkg. in einer speziellen Form, um eine Klassifizierung stark wechselwirkender Teilchen im Hyperladungsraum zu erhalten. Gerhard Schmidt. 90□

Spin und Statistik mit einer unbestimmten Metrik. Richard Spitzer. (Nuclear Physics [Amsterdam] **33,** 614–25, Juni 1962; Argonne, Ill., Argonne Nat. Labor.; engl.) — Vf. formuliert eine Theorie von Spin-1/2-Bosonen u. Spin-0-Fermionen mit einer unbestimmten Metrik für physikal. Zustände. Die Symmetrietransformation wird durch den metr. Operator bestimmt, sie ist nicht lokal. Die Theorie liefert eine physikal. Grundlage für die Abwesenheit der Zerfallsprozesse $\mu \rightarrow e + \gamma$ u. $\mu \rightarrow 3\,e$. Gerhard Schmidt. 90□

Phasenverschiebungen energiereicher Dirac- und Klein-Gordon-Teilchen. T. Tietz. (Acta physica Acad. Sci. hung. **12,** 85–88, 1960; Łódź, Poland, Univ., Dep. of Theoret. Phys.; engl.) — Ableitungen unter der Voraussetzung, daß das einfallende Teilchen extrem relativist. ist, d. h. daß seine Energie größer als die Masse des Dirac- oder Klein-Gordon-Teilchens ist. A. Blaschette. 90□

Der Mössbauer-Effekt: Präzisionsmethode für Untersuchungen auf dem Gebiet der Relativität und der Festkörper- und Kernphysik. Harry Lustig. (Trans. New York Acad. Sci. [2] **23,** 375–85, Febr. 1961; New York, N.Y., City Coll., Dep. of Phys.; engl.) — Übersicht. — 13 Literaturangaben. A. Blaschette. 90□

Photonenstreuung an Atomen und Kernen in Kristallen. C. Tzara. (J. Physique Radium **22,** 303–08, Mai 1961; Saclay, C.E.N., Sect. de Phys. Nucl. à Moyenne Energie; franz.) — Die Photonenstreuung an Atomen u. Kernen in Festkörpern wird untersucht. In Abhängigkeit von der angeregten (Kern- oder Atom-) Zustandsbreite, verglichen mit den Kristall-Schwingungsspektren, variiert der Anteil der rückstoßfreien Streuung zwischen zwei Grenzen: dem Debye-Waller-Faktor auf der einen, dem Quadrat des Mössbauer-Lamb-Faktors auf der anderen Seite. Die Interferenz zwischen den beiden Prozessen wird untersucht. Schließlich wird die rückstoßfreie Emission eines Kern-Photons im Gefolge einer Kaskade von Übergängen berechnet ohne einen Umordnungs-Vorgang im Festkörper zu fordern. J.-M. Spaeth. 90□

Resonanzstreuung von γ-Quanten durch sich in festen Körpern befindliche Kerne. I. P. Dsjub und A. F. Lubtschenko. (Известия Академии Наук СССР, Серия Физическая [Nachr. Akad. Wiss. UdSSR, physik. Ser.] **25,** 901–08, Juli 1961, Inst. für Phys. der Akad. der Wiss. der UkrainSSR; russ.) — Im Zusammenhang mit der Unters. des Charakters der Resonanzstreuung leiten Vff. Ausdrücke für die Winkelverteilung der gestreuten γ-Quanten, für das Anregungsspektrum u. für das Spektrum der gestreuten γ-Quanten ab. Es wird die Möglichkeit der Messung der Normalschwingungen des Streukörpers sowohl nach dem Spektrum der gestreuten γ-Quanten als auch nach der Intensität der Mössbauer-Linie festgestellt. Es wird gezeigt, daß die Mössbauer-Linie auch bei denjenigen Winkeln auftritt, die sich von den Braggschen Winkeln unterscheiden. Bei der Berechnung der Wahrscheinlichkeiten der Resonanzstreuung wird der allg. Fall betrachtet, bei dem sich in der Elementarzelle des Streukörpers einige Kerne befinden, die die Resonanzstreuung verursachen. Die Summierung über die Zwischen- u. Endzustände sowie die Best. des Mittelwertes aller Ausgangszustände des Gitters wurden ohne Annäherung durchgeführt. G. Ewald. 90□

Emission, Absorption und Reabsorption von γ-Quanten von in einer festen Lösung befindlichen zusätzlichen Kernen. I. P. Dsjub und A. F. Lubtschenko. (Известия Академии Наук СССР, Серия Физическая [Nachr. Akad. Wiss. UdSSR, physik. Ser.] **25,** 893—900, Juli 1961; russ.) — Vgl. vorst. Referat. — Vff. berechnen in adiabat. Näherung die Wahrscheinlichkeit der Emission u. Absorption γ-radioakt. Kerne, die als Beimengung in einer festen Lsg. vorhanden sind. Dabei werden die Frequenzänderungen der Normalschwingungen des Gitters berücksichtigt. Berechnet wird die Wahrscheinlichkeit der Emission, Absorption u. Reabsorption von γ-Quanten sowohl für einen kleinen als auch für einen großen Wärmeaustausch. Die Änderung der Lage der Mössbauer-Linie mit der Temp. wird festgestellt, die Breite dieser Linie diskutiert. G. Ewald. 90□

Mössbauer-Spektren einiger Eisenkomplexe. L. M. Epstein. (J. chem. Physics **36,** 2731—37, 15/5. 1962; East Pittsburgh, Pa., Westinghouse Electric Corp., Materials Labor., Radiat. and Nucleonics Labor.; engl.) — Für folgende Koordinations-Verbb. wurden die Mössbauer-Spektren aufgenommen: *Phthalocyanineisen (II), Ferrocen,* $Fe(CO)_5$, *Tris-[acetylacetonato]-eisen*(III), *Bis-[acetylacetonato]-dipyridineisen(II), Tris-[phenanthrolin]-eisen(II)-chlorid, Fe(III)-EDTA-Komplex, Fe(II)-EDTA-Komplex, Hämin-, Ferriciniumpikrat,* $Na_2[Fe(CN)_5NO]\cdot 2\,H_2O$, $K_3[Fe(CN)_6]$, $K_4[Fe(CN)_6$, $Na_3[Fe\cdot(CN)_6]H_2O$, $Na_4[Fe(CN)_6]$ u. $Fe_4[Fe(CN)_6]_3$. Die Isomerenverschiebung (gegenüber rostfreiem Stahl) für Fe(II) hat den für ein anorgan. Ion erwarteten Wert von ca. 1,35 mm/s nur im Fe(II)-EDTA-Komplex. Bei den anderen Komplexen liegen die Verschiebungen um 0,4 mm/s, nur für $Fe(CN)_6^{4-}$ beträgt der Wert fast Null. Von den Fe(III)-Verbb. weisen nur Hämin u. $Fe(CN)_6^{3-}$ ungewöhnlich kleine Verschiebungen auf. Die große negative Verschiebung in $Na_2[Fe(CN)_5NO]$ deutet auf das Vorhandensein von Fe(IV). Außer in $Fe(CN)_6^{4-}$ treten für Fe(0), Fe(II) u. Fe(IV) Quadrupolaufspaltungen sowohl für spingepaarte als auch für spinungepaarte Komplexe auf. Die Aufspaltungen schwanken stark, überschreiten jedoch nicht diejenigen für anorgan. Fe(II)-Salze. $Na_3[Fe(CN)_6]$ zeigt eine unerwartete Quadrupolaufspaltung. Die anderen Fe(III)-Komplexe liefern breite u. unsymm. Spektren. Gerhard Schulze. 90□

Zeeman-Effekt bei der rückstoßfreien γ-Resonanz von ^{67}Zn. P. P. Craig, D. E. Nagle und D. R. F. Cochran. (Physic. Rev. Letters **4,** 561—64, 1/6. 1960; Los Alamos, N.Mex., Univ. of California, Los Alamos Sci. Labor.; engl.) — Vff. berichten über Durchführung u. Ergebnisse einer Messung der Resonanz der 93-keV-γ-Linie in ^{67}Zn u. die Unters. von Stör-Einfl. auf den Mössbauer-Effekt: Änderungen der Kernmasse bei Emission oder Absorption eines γ-Quants, Isotopiemasseneffekt, mechan. Schwingungen, die zu Doppler-Verbreiterungen führen können, sowie Resonanzverschiebungen infolge des nuclearen Zeeman-Effektes. Als starres Kristallgitter zur Einbettung von Quelle u. Absorber diente ZnO. D. Jörchel. 90□

Einfluß der Compton-Streuung durch Luftmoleküle auf die Schärfe eines γ-Strahlenbündels. Lawrence Baylor Robinson. (J. appl. Physics **33,** 2315—18, Juli 1962; Los Angeles, Calif., Univ. of California, Dep. of Engng.; engl.) — Vf. untersucht die relative Intensität eines γ-Strahls gegebener Energie in Abhängigkeit vom Abstand u. vom Winkel gegenüber der γ-Strahlenquelle. Die Ergebnisse werden auf ^{60}Co angewandt. H. Liepack. 90□

Polarisation von Neutronen bei der Streuung an leichten Kernen und bei der Reaktion ^{7}Li(p, n)^{7}Be. A. J. Elwyn und R. O. Lane. (Nuclear Physics [Amsterdam] **31,** 78—117, März 1962; Argonne, Ill., Argonne Nat. Labor.; engl.) — Vff. tragen experimentelle Daten über die Rechts-Links-Asymmetrien polarisierter Neutronen, die an ^{6}Li, ^{7}Li, ^{9}Be, B, ^{12}C, ^{16}O u. Mg gestreut worden sind ($E_n = 0{,}1-2{,}4$ MeV), zusammen. Polarisierte Neutronen werden auch aus der Rk. ^{7}Li(p, n)^{7}Be bei einem Emissionswinkel von 51° (Labor.-Syst.) erhalten. Eindeutig nachgewiesen wird ein Polarisationsmaximum bei $E_p \sim 2{,}2$ MeV mit einer Breite von ca. 0,15 MeV. Einige wichtige Ergebnisse sind: 1. Die beobachtete große Polarisation bei Streuungen an Mg; 2. der nahezu konst. Wert von

0,35 für die Polarisation bei der Streuung an ^7Li bei 45° mit Neutronenenergien bis zu 2,4 MeV; 3. die Polarisationen in der Nähe von Resonanzen sind bei den Kernen mit Spin (^6Li, Be u. B) gewöhnlich kleiner als die von Kernen mit dem Spin Null.

H. Schroeder. 90□

Elastische und unelastische Streuung schneller Neutronen an ^{232}Th. Alan B. Smith. (Physic. Rev. [2] **126,** 718—25, 15/4. 1962; Argonne, Ill., Argonne Nat. Labor.; engl.) — Vf. untersucht die elast. u. unelast. Streuung von Neutronen an Th im Energieintervall der einfallenden Neutronen von 0,3—1,6 MeV. Der differentielle elast. Querschnitt wird als eine Funktion der einfallenden Neutronenenergie bestimmt. Die Querschnitte für unelast. Streuung werden aus der Anregung der Kernniveaus bei 50 ± 2, 170 ± 10, 720 ±20, 790 ±20, 820 ± 20, 1050 ± 50 u. 1150 ± 50 keV ermittelt. Die Winkelverteilung der unelast. gestreuten Neutronen wird aus der Anregung der beiden tieferen Niveaus bestimmt. Die gemessenen unelast. Anregungsfunktionen werden kombiniert, um den totalen unelast. Streuquerschnitt als eine Funktion der einfallenden Neutronenenergie zu erhalten. Gerhard Schmidt. 90□

Kohärente Kernstreuamplituden für Thorium, Uran und Plutonium. R. B. Roof jun., G. P. Arnold und K. A. Gschneidner jun. (Acta crystallogr. [Copenhagen] **15,** 351—52, 10/4. 1962; Los Alamos, N.Mex., Univ. of California, Los Alamos Sci. Labor.; engl.) — Mittels Neutronenbeugung (Durchstrahlungstechnik) bestimmen Vff. experimentell die kohärenten Kernstreuamplituden für Th, U u. Pu, wobei 1,391 Å als Wellenlänge der therm. Neutronen angesetzt wird. Als Proben dienen dünne Plättchen aus ThO_2, UO_2 oder PuO_2, als Standardsubstanz Ni mit einer Streuamplitude von $1{,}03 \cdot 10^{-12}$ cm. Die experimentellen Streuamplituden von Th, U, Pu u. O werden zu 0,98 ($\cdot 10^{-12}$ cm), 0,84, 0,75 u. 0,58 bestimmt. Diese Werte stimmen gut überein mit den von Bacon [1955] für Th, U u. O gefundenen Werten (10^{-12} cm): 1,01, 0,85 u. 0,58.

G. Ruban. 90□

Unelastische Wechselwirkung von 660-MeV-Protonen mit Kohlenstoffkernen. A. P. Shdanow und P. I. Fedotow. (Журнал Экспериментальной и Теоретической Физики [J. exp. theoret. Physik] **41,** 1870—78, Dez. 1961; Strahleninst. der Akad. der Wiss. der UdSSR; russ., Auszug: engl.) — Vgl. C. **1961,** 3887. — Mittels des Serber-Goldenberg-Modells zur Berechnung der intranuclearen Kaskaden in *C* lassen sich die Daten über die unelast. Wechselwrkg. von 600-MeV-Protonen deuten. Dabei werden Stöße zwischen Nucleonen mit α-Substrukturen, Änderung der Dichte der Kernmaterie vom Zentrum zur Peripherie, Impulsverteilung der Nucleonen in den leichten Kernen u. Prozesse mit Mesonenerzeugung betrachtet. M. Wiedemann. 90□

Elastische Streuung polarisierter Protonen an ^{12}C. L. Rosen, P. Darriulat, H. Faraggi und A. Garin. (Nuclear Physics [Amsterdam] **33,** 458—67, Mai 1961; Los Alamos, N.Mex., Univ. of California, Los Alamos Scient. Labor.; Saclay, C.E.N.; engl.) — Vff. bestimmen die Winkelabhängigkeit der Polarisation, die sich aus der elast. Streuung von Protonen an ^{12}C ergibt, für 8 Protonenenergien zwischen 5,4 u. 19,7 MeV. Das Experiment bei 19,7 MeV wird mit dem Cyclotron durchgeführt. Die Analyse nach dem opt. Modell ermöglicht die Wiedergabe der experimentellen Ergebnisse mit Ausnahme der beiden Energiebereiche um 10 u. 20 MeV. Für den ersten angeregten Zustand bei 4,4 MeV in ^{12}C wird die Polarisation durch unelast. Streuung bei 19,7 MeV erhalten. Gerhard Schmidt. 90□

Elastische Streuung von Deuteronen an schweren Kernen. Yoshihiko Nishida. (Progr. theoret. Physics [Kyoto] **19,** 389—403, April 1958; Kyoto, Kyoto Univ., Dep. of Phys.; engl.) — Vgl. C. **1959,** 10121. — Vf. untersucht die elast. Streuung von Deuteronen an schweren Kernen durch die Analyse verfügbarer Werte bei 11 u. 15,2 MeV. Es wird gezeigt, daß in beiden Fällen die Abweichung von der Rutherford-Streuung für die Deuteronenstreuung durch elektr. break-up des Deuterons erklärt werden kann. Der Mechanismus der elast. Streuung von Deuteronen an schweren Kernen ist völlig verschieden von dem der Streuung von α-Teilchen oder Deuteronen an leichten Kernen.

M. Guerlin. 90□

Beschreibung kollektiver Kernschwingungen unter Verwendung der Schalenmodell-Wellenfunktionen. B. J. Verhaar. (Nuclear Physics [Amsterdam] **35,** 529 bis 543, Juli 1962; Amsterdam, Univ., Inst. voor Theor. Phys.; engl.) — Vf. untersucht die kollektiven Schwingungen eines Syst. von Nucleonen, die sich in einem harmon. Oscillatorpotential bewegen. Gerhard Schmidt. 95□

Abweichung von der I(I + 1)-Abhängigkeit in Kernrotationsspektren. Per Chr. Hemmer. (Nuclear Physics [Amsterdam] **32,** 128—39, April 1962; Trondheim, Norges TH, Inst. for Teoret. Fys.; engl.) — Vf. berechnet, daß die Energie eines Syst.

nicht miteinander in Wechselwrkg. stehender Fermionen in einem Schalenmodell-Oscillatorpotential von 4. Ordnung im gesamten Drehimpuls ist. Es wird gefunden, daß die Abweichung von der einfachen Rotationsbande einer symm. Spitze eine empfindliche Funktion der Deformation des Syst. ist. H. Schroeder. 95□

Lebensdauer einiger Rotationsniveaus. M. Birk, A. E. Blaugrund, G. Goldring, E. Z. Skurnik und J. S. Sokolowski. (Physic. Rev. [2] **126**, 726—28, 15/4. 1962; Rehovoth, Weizmann Inst. of Sci., Phys. Dep.; engl.) — Vff. untersuchen die Lebensdauer einer Anzahl von Rotationsniveaus des Kerns unter Verw. der Technik des gepulsten Bündels. Die γ-Strahlen werden in einem gekühlten nichtaktivierten NaJ-Kristall gezählt. Bei den untersuchten angeregten Zuständen handelt es sich um die erstangeregten Niveaus in ^{158}Gd, $^{172,174,176}Yb$, ^{177}Hf u. $^{182,184,186}W$. Gerhard Schmidt. 95□

Der Wechselwirkungshamiltonian für γ-Übergänge der Atomkerne in nichtrelativistisch zweiter Näherung Günter Flach und Karlheinz Müller. (Wiss. Z. Friedrich-Schiller-Univ. Jena/Thür., math.-naturwiss. Reihe **8**, 383—85, 1958/59; Dresden/Rossendorf, Zentral-Inst. für Kernphys.; dt.) — Mit Hilfe der Foldy-Wouthuysen-Transformation wird die nichtrelativist. Näherung zweiter Ordnung des Hamilton-Operators $\hat{H}_{int.}$ untersucht. H. Schroeder. 95□

Spektrum der Energieniveaus von ^{205}Pb. G. M. Bukat. (Известия Академии Наук СССР, Серия Физическая [Nachr. Akad. Wiss. UdSSR, physik. Ser.] **26**, 227—34, Febr. 1962; Physik.-Techn. Ioffe-Inst. der Akad. der Wiss. der UdSSR; russ.) Unter Beachtung des zentralsymm. Potentials, des Potentials für die Wechselwrkg. der äußeren Nucleonen mit der Oberfläche u. der restlichen Paarwechselwrkg. der Nucleonen werden die Energieniveaus von ^{205}Pb theoret. bestimmt u. die Ergebnisse mit den experimentellen verglichen. M. Wiedemann. 95□

Induzierte pseudoskalare Wechselwirkung und die Anomalien bei niedriger Energie in β-Spektren. J. M. Pearson. (Physic. Rev. [2] **126**, 1100—04, 1/5. 1962; Montréal, Canada, Univ.; engl.) — Erfolgloser Vers. zur Interpretation des $(1 + aW)$-Anomaliefaktors bei erlaubten Gamow-Teller-β-Spektren durch die induzierte pseudoskalare Wechselwirkung. Herbert Weber. 103□

Messungen innerer Konversionskoeffizienten. Sölve Hultberg, Daniel J. Horen und Jack M. Hollander. (Nuclear Physics [Amsterdam] **28**, 471—77, Dez. 1961; Berkeley, Calif., Univ. of California, Lawrence Radiat. Labor.; engl.) — Vff. bestimmten die inneren Konversions-Koeff. ε_k einiger Nuclide mittels der inneren-äußeren Meth. (Nuclid, Übergangsenergie in keV, Multipolarität, experimenteller ε_k-Wert): ^{87}Sr 388, M4, 0,18 $\pm$ 0,015; ^{87}Sr 483, M1, 0,0026 $\pm$ 0,0002; ^{137}Ba 662, M4, 0,095 $\pm$ 0,004; ^{192}Pt 269, E2, 0,063 $\pm$ 0,009; ^{192}Pt 308, 0,058 $\pm$ 0,005; ^{192}Pt 317, E2, 0,054 $\pm$ 0,003; ^{198}Hg 412, 0,028 $\pm$ 0,015. Der 317-keV-Übergang von ^{192}Ir u. der 412-keV-Übergang von ^{198}Au sind unbehinderte Übergänge vom Typ $2^+ \rightarrow 0^+$. Es besteht gute Übereinstimmung zwischen den theoret. u. experimentellen Werten. H. Schroeder. 103□

Winkelverteilung der inneren Bremsstrahlung beim Einfang von Hüllenelektronen. Yujiro Koh, Osamu Miyatake und Yoiti Watanabe. (Nuclear Physics [Amsterdam] **32**, 246—66, Mai 1962; Osaka, City Univ., Fac. of Sci.; Osaka, Toyonaka Univ., Inst. of Phys., Coll. of General Educat.; engl.) — Vff. geben für die Winkelkorrelation zwischen der inneren Bremsstrahlung, dem Kernspin u. den aufeinanderfolgenden γ-Strahlen der erlaubten u. der ersten verbotenen Übergänge eine allg. Beziehung an. In tabellar. Darst. sind die Hauptparameter der Korrelationsfunktion explizit zusammengestellt. Numer. Beziehungen wurden für die Übergänge $^{58}Co(2^+) \rightarrow {}^{58}Fe(2^+)$ u. $^{84}Rb(2^-) \rightarrow {}^{84}Kr(2^+)$ unter spezif. Annahmen durchgeführt. Im Falle der K-Einfänge vom erlaubten Typ ist die Anisotropie der Winkelverteilung der inneren Bremsstrahlung unabhängig von deren Energie. H. Schroeder. 103□

Beweis für Ladungsinvarianz in mittelschweren Kernen. J. D. Anderson und C. Wong. (Physic. Rev. Letters **7**, 250—52, 15/9. 1961; Livermore, Calif., Univ. of California, Lawrence Radiat. Labor.; engl.) — Es wurden die Neutronenspektren unter einem Winkel von 23° bei der Rk. $^{51}V(p, n)^{51}Cr$ für Protonenenergien zwischen 9 u. 13 MeV gemessen. Es wird das statist. Kernmodell betrachtet u. zusammen mit den vorliegenden Meßergebnissen geschlossen, daß das 6,5-MeV-Niveau in ^{51}Cr über eine direkte Rk. angeregt wird. H. Laue. 103□

Analytische Eigenschaften direkter Wechselwirkungen. Howard J. Schnitzer. (Nuclear Physics [Amsterdam] **36**, 505—10, Aug. 1962; Waltham, Mass., Brandeis Univ., Dep. of Phys.; engl.) — Vf. lokalisiert die dem physikal. Bereich in der komplexen cos Θ-Ebene (für feste Gesamtenergie) am nächsten liegenden Singularitäten für Stripping-Rkk. unter Verw. heurist. Methoden. Gerhard Schmidt. 103□

Direkter Wechselwirkungsmechanismus bei (d, α)-Reaktionen. S. Micheletti und J. B. Mead. (Nuclear Physics [Amsterdam] **37,** 201—14, Aug. 1962; Pittsburgh, Pa., Univ., Radiat. Labor.; engl.) — Vff. untersuchen die Rkk. ^{89}Y(d, α)^{87}Sr, ^{90}Zr(d,α)^{88}Y, ^{92}Zr(d, α)^{90}Y, ^{208}Pb(d, α) ^{206}Tl u. ^{209}Bi(d, α)^{207}Pb mit 15-MeV-Deuteronen aus dem Cyclotron. Für 4 Energieniveaus in ^{87}Sr werden die α-Teilchen-Winkelverteilungen erhalten. Die α-Spektren werden mit einem qual. Modell verglichen, das sich auf einen doppelten Pickup-Mechanismus stützt. Unter Verw. der Zweinucleonen-Strippingtheorie werden die Winkelverteilungen analysiert. Gerhard Schmidt. 103□

Photonucleare Aktivierung durch 20,5-MeV-γ-Strahlen. W. E. Del Bianco und W. E. Stephens. (Physic. Rev. [2] **126,** 709—17, 15/4. 1962; Philadelphia, Pa., Univ. of Pennsylvania, Dep. of Phys.; engl.) — Der photonucleare Aktivierungsquerschnitt von Elementen, deren (γ, n)-Querschnitte zu einer angemessenen Positronenaktivität führen, wird unter Verw. monochromat. γ-Strahlen aus der Rk. T(p, γ)^{4}He gemessen. Die γ-Strahlen werden nach der NaJ(Tl)-Scintillationstechnik ermittelt. Die Positronenaktivität wird mit einem Koinzidenzdetektor bestimmt. Im γ-Energiebereich von 20,1—21,2 MeV werden die Rkk. ^{12}C(γ, n)^{11}C u. ^{19}F(γ, n)^{18}F untersucht. Eine Struktur wird nicht beobachtet. Der (γ, n)-Aktivierungsquerschnitt wird bei 20,5 MeV für ^{16}O, ^{50}Cr, ^{54}Fe, ^{63}Cu, ^{64}Zn, ^{92}Mo, ^{121}Sb u. ^{141}Pr zu 0,60 ± 0,12, 29,1 ± 6,0, 30,0 ± 4,8, 52,5 ± 2,5, 35,7 ± 1,8, 35,4 ± 2,5, 33,4 ± 2,7 bzw. 51,7 ± 5,5 ermittelt. Gerhard Schmidt. 103□

Energieverteilung von durch eine thermonucleare Reaktion erzeugten Neutronen. W. R. Faust und E. G. Harris. (Nuclear Fusion [Wien] **1,** 62—63, 1960; Washington, D.C., U.S. Naval Res. Labor.; engl.) — Vff. berechneten die Energieverteilung von Neutronen, die durch eine thermonucleare Rk. erzeugt werden, unter der Annahme, daß das Gas-Rk.-Gemisch sich in thermodynam. Gleichgewicht bei der Temp. T befindet, das Gleichgewicht nicht durch die Kern-Rkk. gestört wird u. der differentielle Wrkg.-Querschnitt für die Neutronenerzeugung im Schwerpunkts-Syst. für zwei in Wechselwrkg. tretende Teilchen isotrop ist. H. Schroeder. 103□

Energiemessungen der Protonen aus Sceptre III. W. M. Jones, K. M. Young und A. C. L. Barnard. (J. nuclear Energy, Part C **3,** 8—13, Jan. 1961; Aldermaston, Berks., Associated Electrical Ind. Ltd., Res. Labor.; engl.) — Vgl. C. **1960,** 15644. — Mit Hilfe von Kernemulsionskameras ermittelten Vff. die Energie der bei der D-Entladung in Sceptre III emittierten Protonen bei verschiedenen stabilisierenden Magnetfeldern unter Winkeln von 45, 90 u. 135°. Zum Vgl. wurden außerdem die Spektren monoenerget. 3,0-MeV-Protonen aus einem elektrostat. Generator aufgenommen. Es zeigt sich, daß die Maxima der unter 45 u. 135° zur Entladungsachse beobachteten Protonenspektren auf die Verschmelzung von Deuteronen zurückzuführen sind, für die der Mittelwert der Geschw.-Komponente längs der Entladungsachse in Richtung des Gasstroms (5 ± 1) 10^7 cm/s beträgt. Die Verbreiterung der unter 90° beobachteten Spektren ist durch eine Bewegung des Massenschwerpunktes der Deuteronen in der Radialebene senkrecht zur Entladungsachse von ca. $2 \cdot 10^7$ cm/s zurückzuführen. Auch Azimutalbewegungen treten in dieser Ebene auf. Alle Geschw.-Werte sind weitgehend vom stabilisierenden Magnetfeld unabhängig. Der Mittelpunkt des Verschmelzungsbereichs der Entladung im Beobachtungsabschnitt ist verschoben. Der kleinere Durchmesser dieses Bereiches beträgt ca. 6 inch. Gerhard Schulze. 103□

Die Reaktion ^{7}Li(p, α)α. Y. Cassagnou, J. M. F. Jeronymo, G. S. Mani, A. Sadeghi und P. D. Forsyth. (Nuclear Physics [Amsterdam] **33,** 449—57, Mai 1962; Saclay, C.E.N.; Houston, Tex., Rice Univ.; engl.) — Vff. untersuchen die Rk. ^{7}Li(p, α)α bis zu 4,8 MeV Protonenenergie (Van de Graaff). Die Winkelverteilung wird durch ein Polynom der Form $C(E)\,[1 + A(E)\cos^2\theta + B(E)\cos^4\theta]$ wiederg' geben. Die Koeff. A(E) u. B(E) zeigen eine starke Änderung oberhalb 4,0 MeV Protonenenergie. Die Ergebnisse werden im Rahmen der Niveaustruktur von ^8Be diskutiert, sie zeigen die Ggw. direkter Wechselwrkg. an. Gerhard Schmidt. 103□

Die ^{7}Li + p-Wechselwirkung und die angeregten Zustände von ^{8}Be. S. Cavallaro, R. Potenza und A. Rubbino. (Nuclear Physics [Amsterdam] **36,** 597—614, Aug. 1962; Catania, Sez. Siciliana dell' I.N.F.N., Univ., Ist. di Fis. and Centro Sicil. di Fis. Nucl.; engl.) — Vff. untersuchen die ^{7}Li + p-Wechselwrkg. u. analysieren die hierbei erhaltenen Produkte. Der Verlauf der α-Spektren u. das Verh. der Querschnitte der Rk. ^{7}Li(p, γα) ermöglichen den Nachw. der angeregten Zustände von ^{8}Be. Die Ergebnisse bestätigen die Ggw. der bekannten Niveaus von ^{8}Be bei 2,9, 17,63 u. 18,15 MeV u. liefern den eindeutigen Beweis für die Existenz des 7,56-MeV-Niveaus. Drei neue Niveaus von ^{8}Be werden bei Energien von 13,91, 17,9 u. 18,0 MeV festgestellt. Für mehrere Niveaus werden Breiten, Drehimpulse, Paritäten u. Isobarenspins bestimmt. Einige Anomalien der ^{7}Li + p-Wechselwrkg. werden diskutiert. Gerhard Schmidt. 103□

Differentielle Querschnitte für (d, α)- und (d, t)-Reaktionen in ^{9}Be. J. A. Biggerstaff, R. F. Hood, H. Scott und M. T. McEllistrem. (Nuclear Physics [Amsterdam] **36,** 631—41, Aug. 1962; Lexington, Ky., Univ. of Kentucky; engl.) — Vff. untersuchen die Rk. ^{9}Be(d, α)^{7}Li zum Grund- u. ersten angeregten Zustand von ^{7}Li im Energiebereich von 0,4 MeV $\leq E_d \leq$ 2,4 MeV. Die Rk. ^{9}Be(d, t)^{8}Be wird im Energiebereich von 0,86 MeV $\leq E_d \leq$ 2,2 MeV untersucht. Die Messungen werden in einer Streukammer mit festem Target durchgeführt. Die totalen Querschnitte für die Rk. ^{9}Be(d, p)^{10}Be werden in bezug auf veröffentlichte Winkelverteilungsdaten anderer ^{9}Be + d-Rkk. wiedergegeben. Die Querschnitte für die Übergänge der Rk. ^{9}Be(d, α)^{7}Li lassen sich über den ganzen Energiebereich vergleichen. Die Anregungsfunktionen für diese Übergänge liefern keine eindeutige Anzeige von Resonanzen. Die (d, α)-Querschnitte ergeben sich zu ca. 3mal so groß wie die (d, p)-Querschnitte. Gerhard Schmidt. 103□

Die Energieniveaus von ^{24}Mg. A. R. Quinton und G. P. Lawrence. (Nuclear Physics [Amsterdam] **37,** 244—49, Aug. 1962; Canberra, Austral. Nat. Univ., Res. School of Phys. Sci.; engl.) — Die α-Teilchen der Rk. ^{27}*Al*(p, α)^{24}Mg, die durch 11-MeV-Protonen aus einem Tandem-Van de Graaff induziert worden ist, werden mit einem Schwellenzähler von 300 Ω/cm nachgewiesen. Die Rk. führt zu Niveaus von ^{24}Mg bei Anregungsenergien von 1,368, 4,122, 4,232, 5,251, 6,010, 6,430, 7,344, 7,594, 7,794, 8,116, (8,36) u. (8,44) MeV. Gerhard Schmidt. 103□

Reaktion ^{27}Al(p, γ)^{28}Si. P. Marin, J. Movchet und J. Poupaud. (J. Physique Radium **18,** 693—94, Dez. 1957; E.N.S., Labor. de Phys.; franz.) — Neubest. der Resonanzen der Wrkg.-Querschnitte mit Hilfe einer verfeinerten Meth. u. Vgl. mit den Messungen von Shoemaker u. Mitarbeitern (C. **1952,** 1947). A. Blaschette. 103□

Erzeugungsquerschnitte für ^{47}Ca bei Verwendung von 14,5-MeV-Neutronen. Manny Hillman. (Nuclear Physics [Amsterdam] **37,** 78—82, Aug. 1962; Upton, N.Y., Brookhaven Nat. Labor., Hot Labor. Div.; engl.) — Proben der Targetkerne zwischen den Folien eines Monitors werden in das Neutronenbündel gebracht, das bei der Bestrahlung einer dicken ZrH_3-Probe mit 600-keV-Deuteronen erhalten worden ist. Mit den hierbei erzeugten Neutronen von 14,5 MeV Energie werden die Querschnitte der Rkk. ^{50}*Ti*(n, α)^{47}Ca u. ^{58}Ca(n, 2 n)^{47}Ca zu 10 ± 2 mbarn bzw. 0,9 ± 0,2 barn in Übereinstimmung mit den berechneten Werten gemessen. Die Querschnitte der Rkk. ^{48}Ti(n, p)^{48}Sc u. ^{47}Ti(n, p)^{47}Sc ergeben sich zu 55 ± 11 bzw. 99 ± 20 mbarn in befriedigender Übereinstimmung mit einigen Literaturwerten. Der für die Rk. ^{51}*V*(n, α)^{48}Sc erhaltene Querschnitt von 18 ± 3 mbarn stimmt nicht mit den Literaturdaten überein.
Gerhard Schmidt. 103□

Konkurrierende Prozesse beim Photozerfall von Nickel. J. H. Carver und W. Turchinetz. (Proc. physic. Soc. **73,** 585—92, 1/4. 1959; Canberra, Austral. Nat. Univ., Res. School of Physic. Sci.; engl.) — Vff. bestimmten die Anregungsfunktionen für die (γ, n)-, (γ, p)- u. (γ, pn + γ, 2n)-Rkk. in ^{58}Ni sowie die (γ, p)-Rk. in ^{62}Ni zwischen der Schwellenenergie u. 32 MeV. Das Verhältnis der bis 32 MeV integrierten Querschnitte der ^{58}Ni-Rkk. (γ, p) zu (γ, n) beträgt 2,35 ± 0,20. Beide Querschnittskurven sind ähnlich u. haben ein Maximum bei ca. 19 MeV mit Breiten von ca. 4,3 MeV. Der Querschnitt der dritten ^{58}Ni-Rk. nimmt stetig bis 32 MeV zu u. macht ca. 12% des integrierten Gesamtquerschnitts aller 3 Rkk. aus, der zu (0,84 ± 0,10) MeV·barn bestimmt wurde. Die ^{62}Ni-Rk. hat einen integrierten Querschnitt von (0,13 ± 0,02) MeV·barn u. zeigt ein Maximum bei 22 MeV mit einer Breite von ca. 5,2 MeV. Die Ergebnisse lassen sich nur schwer nach der statist. Theorie deuten. D. Jörchel. 103□

Kernumwandlung von Kupfer durch Kohlenstoff, Stickstoff, Sauerstoff und Neon. J. Beydon, R. Chaminade, H. Faraggi, J. Olkowsky, A. Papineau, M. Crut und H. Atterling. (Physica [Utrecht] **22,** 1190, Nov. 1956; Saclay, Centre d'Études nucl., Serv. de Phys.; Paris, Inst. du Radium; Stockholm, Inst. Nobel de Phys.; franz.) — Vorläufige Mitt. über die Best. der relativen Ausbeuten u. des Rk.-Mechanismus (Bldg. eines Compoundkerns, anschließend Verdampfung). A. Blaschette. 103□

Vergleich der Reaktionen ^{63}Cu + ^{16}O und ^{59}Co + ^{20}Ne. J. Beydon, R. Chaminade, H. Faraggi, J. Olkowsky, A. Papineau, M. Crut und H. Atterling. (Physica [Utrecht] **22,** 1191, Nov. 1956; franz.) — Vgl. vorst. Referat. — Bei beiden Rkk. entsteht der gleiche Compoundkern ^{79}*Rb*; Nucleonenaustausch ist nur zu wenigen % beteiligt. Die Prodd. sind in beiden Fällen ^{77}*Br*, ^{77}*Kr*, ^{76}*Br*, ^{73}*Se*, ^{72}*As*, ^{71}*As*. Lediglich ^{67}*Ga* (= ^{63}Cu + α) entsteht bei der Rk. Cu + O in 4mal höherer Ausbeute als bei Co + Ne. A. Blaschette. 103□

Der Zerfall von Neon und Krypton durch Neutronen. R. E. Shamu. (Nuclear Physics [Amsterdam] **31,** 166—76, März 1962; Madison, Wis., Univ.; engl.) — Ein Hochdruckgas-Scintillationszähler diente Vf. zu Messungen der Zerfallsquerschnitte für Neutronen im Falle von Ne bzw. Kr. Die Querschnitte wurden über einen Neutronen-

energiebereich von 6,2—10,7 MeV mit einer Energiestreuung der Neutronen von ca. 60 keV gemessen. Partielle Querschnitte für die Rk. $^{20}Ne(n, \alpha)^{17}O$, die zum Grundzustand oder einem der 3 ersten angeregten Zustände führte, wurden gemessen. Der Querschnitt für den Zerfall von Kr durch Emission geladener Teilchen wurde im Neutronenenergiebereich von 6,4—12 MeV mit einer Energiestreuung der Neutronen von ca. 150 keV bestimmt. Der Kr-Zerfall wird (n, p)-Rkk. zugeschrieben.
H. Schroeder. 103□

Der Zerfall von Yttrium-85. A. P. Patro und B. Basu. (Nuclear Physics [Amsterdam] **37,** 272—78, Aug. 1962; Calcutta, Saha Inst. of Nucl. Phys.; engl.) — Vff. untersuchen mit Scintillations-β- u. -γ-Spektrometern die Halbwertszeit u. Strahlungen von ^{85}Y. Die Halbwertszeit ergibt sich zu 3,25 ± 0,25 Stunden. Es werden 3 Positronengruppen mit Endpunktenergien von 2,1 ± 0,10, 1,54 ± 0,10 u. 1,16 ± 0,10 MeV erhalten. Mehrere γ-Strahlen werden bei Energien von 230, 510, 720 u. 920 keV beobachtet. Auf der Grundlage von Summen- u. Koinzidenz-Unterss. wird ein Niveauschema für ^{85}*Sr* vorgeschlagen. Gerhard Schmidt. 103□

Der Zerfall von ^{89}Sr. Allan R. Sattler. (Nuclear Physics [Amsterdam] **36,** 648—51, Aug. 1962; University Park, Pa., Pennsylvania State Univ., Dep. of Phys.; engl.) — Bei der Neubest. des Zerfalls von ^{89}Sr beobachtet Vf. keine merkliche Erzeugung eines 10-d-Isomers durch Neutroneneinfang. Durch Halbwertszeitmessungen unter Verw. von Geiger-Müller-Zählern wird eine 0,913-MeV-γ-Aktivität mit einer Halbwertszeit von 50,1 ± 3,4 Tagen bestätigt. Die Halbwertszeit von ^{89}Sr wird zu 53,6 ± 0,4 Tagen bestimmt. ^{89}Sr zerfällt zu ^{89m}Y mit einem Betrage von ca. 0,01%.
Gerhard Schmidt. 103□

Der Zerfall von ^{93}Sr. W. V. Prestwich, K. Fritze und T. J. Kennett. (Nuclear Physics [Amsterdam] **37,** 45—56, Aug. 1962; Hamilton, Ontario, McMaster Univ.; engl.) — Vff. untersuchen die Zerfalls-Eigg. des 7,5-Min.-^{93}Sr mit β- u. γ-Scintillationsspektrometern. Die Energien (in MeV) u. relativen Intensitäten der γ-Strahlen ergeben sich zu 0,178 (0,17), 0,210 (0,06), 0,255 (0,13), 0,357 (0,07), 0,396 (0,05), 0,453 (0,09), 0,534 (0,07), 0,597 (1,00), 0,715 (0,35), 0,885 (0,73), 1,01 (0,05), 1,08 (0,09), 1,18 (0,05), 1,26 (0,19), 1,55 (0,04), 1,66 (0,16), 1,74 (0,04), 2,01 (0,02), 2,12 (0,02), 2,19 (0,04), 2,29 (0,04), 2,45 (0,06), 2,58 (0,05) u. 3,0 (schwach). Das γ-Spektrum wird in Koinzidenz mit Energien von 0,178, 0,597, 0,715, 0,885 u. 1,66 MeV erhalten. Unter Verw. eines Plastescintillators werden β-Gruppen mit Endpunktenergien von 4,8, 4,2, 3,9, 3,8, 3,5, 3,3 u. 3,0 MeV erhalten. Aus den Zerfalls-Eigg. wird ein Zerfallsschema von ^{93}Sr mit Energieniveaus bei 0,597, 0,775, 0,885, 1,16, 1,32, 1,55, 1,89, 2,29, 2,58, 2,8 u. 3,0 MeV aufgestellt.
Gerhard Schmidt. 103□

Neues Isotop Indium-106. Richard C. Catura und J. R. Richardson. (Physic. Rev. [2] **126,** 646—47, 15/4. 1962; Los Angeles, Calif., Univ. of California, Dep. of Phys.; engl.) — Durch Beschuß von Cd-Targets mit Protonen aus dem Cyclotron wird ein neues Isotop, ^{106}In, erzeugt. Die Aktivitätsmessungen werden nach der NaJ(Tl)-Scintillationstechnik durchgeführt. Die Massen- u. Kernladungszahlzuordnung erfolgt auf der Grundlage der Anregungsfunktion u. von chem. Trennungen bei Verw. eines in ^{106}Cd angereicherten Targets. Die beiden Endpunkte der Positronenenergie dieser 5,3-Min.-Aktivität werden bei 4,85 u. 3,1 MeV gemessen. Aus einem komplexen Spektrum hoher Energie werden γ-Strahlen bei 1,65 u. 1,85 MeV aufgelöst.
Gerhard Schmidt. 103□

Angeregte Zustände von ^{107}Ag. N. L. Lark, P. F. A. Goudsmit, J. F. W. Jansen, J. E. J. Oberski und A. H. Wapstra. (Nuclear Physics [Amsterdam] **35,** 582—92, Juli 1962; Amsterdam, Inst. voor Kernphys. Onderz.; engl.) — Vff. untersuchen den Zerfall des 6,5-h-^{107}*Cd* mit einem eisenfreien doppelfokussierenden β-Spektrometer, Scintillationsspektrometern u. Koinzidenzverfahren. Es werden 21 γ-Übergänge beobachtet, die zwischen Zuständen in ^{107}Ag mit den folgenden Energien (keV), Spins u. Paritäten verlaufen: 0 ($1/2^-$), 93 ($7/2^+$), 126 ($9/2^+$), 325 ($3/2^-$), 423 ($5/2^-$), 787 ($3/2^-$?), 922 ($5/2^+$), 949 ($3/2^-$?), 1142 ($5/2^-$) u. 1222 ($3/2^+$). Die vier positiven Paritätszustände werden in der Weise gedeutet, daß sie aus verschiedenen Kopplungen der $(g_{9/2})^{-3}$-Protonenkonfiguration stammen. Fünf der negativen Paritätszustände rühren von der Kopplung eines $p_{1/2}$-Protons an den (0^+)-Grundzustand u. die ersten u. zweiten (2^+)-angeregten Zustände des geraden Cores her. Gerhard Schmidt. 103□

Untersuchung der Cadmiumisotope. 1. Mitt. β- und γ-Spektroskopie von ^{110m}Ag. Toshio Katoh und Yasukazu Yoshizawa. (Nuclear Physics [Amsterdam] **32,** 5—24, April 1962; Osaka, Univ., Fac. of Sci., Dep. of Phys.; engl.) — Die dem Zerfall von ^{110m}Ag folgenden β- u. γ-Strahlen wurden mit Spektrometern gemessen. Folgende Ergebnisse wurden erhalten: E_β (max) wurde zu 0,53, 1,4, 2,18 u. 2,87 MeV u. (mit

geringer Genauigkeit) 0,084 MeV bestimmt. 15 γ-Energien wurden aus dem Spektrum der inneren Konversionselektronen erhalten: 0,115, 0,4462, 0,6189, 0,6577, 0,676, 0,688, 0,7022, 0,7451, 0,7643, 0,8153, 0,8846, 0,9368, 1,382, 1,474 u. 1,504 MeV. Auf Grund eines Vgl. der gemessenen K/(L + M)-Verhältnisse u. der inneren Konversions-Koeff. der K-Schale mit den theoret. Werten konnten den γ-Quanten die Multipolaritäten zugewiesen werden. Ein neues Zerfallsschema wurde vorgeschlagen. Die Spins der Niveaus der 2. angeregten Gruppe (2^+ bzw. 4^+) u. die Energieverhältnisse dieser Niveaus u. des 1. angeregten Niveaus stützen die Annahme des Schwingungsmodells.
H. Schroeder. 103□

Untersuchung der Cadmiumisotope. 2. Mitt. **β- und γ-Spektroskopie von ^{110}In.** Toshio Katoh, Masao Nozawa und Yasukazu Yoshizawa. (Nuclear Physics [Amsterdam] **32,** 25—70, April 1962; engl.) — 1. vgl. vorst. Referat. — Vff. untersuchten unter Verw. von Spektrometern die beim Zerfall von ^{110}In u. ^{110m}In auftretende β-Strahlung, die inneren Konversionselektronen u. die γ-Strahlung. Die Nuclide wurden durch die Rkk. ^{107}Ag(α, n)^{110}In u. ^{109}Ag(α, 3n)^{110}In erzeugt. Die schwachen β-Strahlen von ^{110m}In wurden mittels einer Dreifachkoinzidenz-Meth. nachgewiesen. Aus den (tabellierten) Messungen der inneren Konversionsspektren, der Peak-Summen- u. Koinzidenzspektren wurden viele γ-Übergänge von ^{110m}In erhalten. Zusätzlich zum Zerfall von ^{110m}Ag wurden für ^{110}Cd neue Niveaus bei 2,005, 2,126, 2,249 u. 3,122 MeV vorgeschlagen. Ein Zerfallsschema wurde aufgestellt. Die experimentellen Ergebnisse wurden unter dem Gesichtspunkt verschiedener Modelle betrachtet. Die Energien der ersten 2^+-Zustände zeigen bei A = 110 ein Maximum. Die Energie des 3^+-Zustandes ist fast gleich der Summe der ersten 2^+- u. 4^+-Zustände. Die red. Übergangswahrscheinlichkeit vom Grundzustand zum ersten 2^+-Zustand ist linear von der Energie zwischen beiden Zuständen abhängig. Die red. Übergangswahrscheinlichkeiten der γ-Quanten hoher Energie ($\gtrsim$ 1 MeV) zwischen den höher angeregten Zuständen sind viel kleiner als diejenigen niedriger Energien des gleichen Zustandes. Der log *ft*-Wert des Übergangs des Isomers mit niedrigem Spin zum zweiten 2^+-Zustand ist größer als die Werte zum Grundzustand u. zu den 1. angeregten Zuständen. Es wurde versucht, die Systematik der geraden Kerne im Cd-Bereich an Hand des „superfluid"-Kernmodells zu erklären.
H. Schroeder. 103□

Das γ-Spektrum von ^{131}Te. J. M. Ferguson und F. M. Tomnovec. (Nuclear Physics [Amsterdam] **26,** 457—62, Aug. 1961; San Francisco, Calif., U. S. Naval Radiolog. Defense Labor.; engl.) — Mit Hilfe eines 100-Kanal-γ-Impulshöhenanalysators mit Scintillationskopf aus NaJ(Tl) wurden γ-Energien von 0,145; 0,445; 0,604; 0,940; 0,985 u. 1,13 MeV gemessen u. deren Häufigkeit bestimmt. Die Anwendung einer Koinzidenzanordnung ergab, daß die γ-Energien von 0,445 u. 0,985 MeV in Koinzidenz mit der 0,145-MeV-γ-Energie auftreten. Ergebnisse früherer Arbeiten konnten dadurch teilweise bestätigt, teilweise widerlegt werden. Ein vollständiges Zerfallsschema des ^{131}Te wird vorgeschlagen, wobei Energieniveaus des ^{131}I bei 0,145; 0,604; 0,940 u. 1,13 MeV angenommen werden. T. Tamberg. 103□

Übergangswahrscheinlichkeiten zwischen den tiefliegenden Niveaus des ^{147}Sm-Kerns. E. Je. Berlowitsch, Ju. K. Gussew, W. W. Iljin, W. W. Nikitin und M. K. Nikitin. (Известия Академии Наук СССР, Серия Физическая [Nachr. Akad. Wiss. UdSSR, physik. Ser.] **26,** 221—226, Febr. 1962; Physik.-Techn. Ioffe-Inst. der Akad. der Wiss. der UdSSR; russ.) — Durch Beschuß von Ta mit 660-MeV-Protonen u. Abtrennung der Gd-Fraktion wurde schließlich die ^{147}Eu-Fraktion (120 Tage) erhalten. Mit einem Vielkanal-Zeitanalysator wurden die Halbwertszeiten der Niveaus bei 121 u. 198 keV von ^{147}Sm zu $3{,}3 \pm 0{,}3 \cdot 10^{-10}$ bzw. $1{,}31 \pm 0{,}05 \cdot 10^{-9}$ s bestimmt.
M. Wiedemann. 103□

Kernuntersuchungen mit ^{159}Gd. B. N. Subba Rao. (Nuclear Physics [Amsterdam] **36,** 342—51, Juli 1962; Bombay, Tata Inst. of Fundament. Res.; engl.) — Bei der Unters. des Zerfalls von ^{159}Gd werden nach der NaJ(Tl)-Scintillationstechnik genaue γ-Intensitäten erhalten. Es wird die 225-keV-γ- → 79-keV-γ-Winkelkorrelation gemessen. Die beobachtete Korrelation stützt die Zuordnung 5/2 → 7/2 → 5/2 für die Folge von Niveaus bei 364, 136 u. 57 keV. Mit einem 4π-β-Scintillationszähler wird der Verlauf des β-Spektrums in Koinzidenz mit 364-keV-γ-Strahlen bestimmt; die β-364-keV-γ-Winkelkorrelation liefert eine Anisotropie von $0{,}012 > A > -0{,}020$.
Gerhard Schmidt. 103□

Das γ-Spektrum von Terbium-160 unterhalb 1 MeV. D. G. Douglas. (Nuclear Physics [Amsterdam] **33,** 485—93, Mai 1962; Winnipeg, Manitoba, Univ. of Manitoba, Dep. of Phys.; engl.) — Vf. untersucht das γ-Spektrum von ^{160}Tb unterhalb 1 MeV mittels eines Spektrometers mit gekrümmtem Kristall. Es werden γ-Strahlen mit Energien von 966, 880, 764, 681, 394, 338, 310, 298, 230, 215, 197, 94 u. 87 keV beobachtet. Zwei dieser γ-Linien, 230 u. 338 keV, sind bisher nicht beobachtet worden. Durch Vgl. einer γ-Linie 2. Ordnung mit K-Röntgenlinien werden für die beiden γ-Strahlen Energiewerte von 86,75 $\pm$ 0,03 u. 93,91 $\pm$ 0,05 keV erhalten. Es wird der Nachw. für die Zuordnung der Multipolarität E1 für die 230-, 310- u. 338-keV-Übergänge u. der Multipolarität E2 für den 93,9-keV-Übergang erbracht. Gerhard Schmidt. 103□

Niveaus von ^{188}Os. L. B. Warner und R. K. Sheline. (Nuclear Physics [Amsterdam] **36,** 207—27, Juli 1962; Florida State Univ.; engl.) — Das durch die Rk. ^{187}Re (α, 3n)^{188}Ir erzeugte 41-h-^{188}*Ir* wird im Gerholm-Elektron–Elektron-Koinzidenzspektrometer u. in einem γ–γ-Spektrometer untersucht. Die durch die Rk. ^{187}Re (n, γ) ^{188}Re erzeugten Nuclide ^{188}Re (17 h) u. ^{188m}Re (21 min) werden mit der Schnell–Langsam-γ–γ-Koinzidenztechnik untersucht. Das Positronenspektrum von ^{188}Ir wird analysiert, es besteht aus Verzweigungen mit Endpunkten bei 1656 $\pm$ 10 u. 1211 $\pm$ 45 keV, was Q (β^+) = 1811 $\pm$ 10 keV ergibt. Das vorgeschlagene Zerfallsschema wird mit Modellen von Bohr u. Mottelson u. anderen verglichen; diese Vgl. bestätigen die frühere Klassifizierung von ^{188}Os als ein Übergangs- oder Zwischenkopplungskern.
Gerhard Schmidt. 103□

Radiochemische Untersuchungen von Lanthan- und Lanthaniden-Spaltprodukten. 2. Mitt. **Die durch 170-MeV-Protonen ausgelöste Spaltung des Urans.** A. C. Pappas und J. Alstad. (J. inorg. nuclear Chem. **17,** 195—205, Juni 1961; Blindern, Univ. of Oslo, Dep. of Chem.; Uppsala, Univ., Gustaf Werners Inst. for Nucl. Chem.; engl.) — 1. vgl. Alstad u. Pappas, C. **1962,** 15841. — Bei Spaltung des natürlichen U durch 170-MeV-Protonen ergeben sich bei Unterss. der schwereren Fragmente nachst. kumulativen Ausbeuten (in mbarn): ^{141}*La* 20,4, ^{143}*Ce* 16,0, ^{145}*Pr* 12,0, ^{147}*Nd* 8,1, ^{149}*Pm* 5,4, ^{151}*Pm* 2,8, ^{153}*Sm* 1,7, ^{156}*Sm* 0,47, ^{157}*Eu* 0,50, ^{159}*Gd* 0,45, ^{161}*Tb* 0,27, ^{163}*Tb* 0,11, ^{164}*Tb* 0,05, ferner die nachst. prim., unabhängigen Ausbeuten: ^{140}*La* 5, ^{142}*Pr* 1,6, ^{143}*Pr* 1,6, ^{150}*Pm* 1,1 u. ^{156}*Eu* 0,36. Für die Ladungsverteilung der Spalt-Prodd. werden zwei Mechanismen betrachtet. Dabei zeigt sich für den Mechanismus der gleichen Ladungsverschiebung (ECD) bessere Übereinstimmung als für den der unveränderten Ladungsverteilung (UCD) unter der Annahme, daß der U-Kern vor Spaltung unter Neutronenverdampfung bis zur Masse 230 zerfällt. Die aus der Breite der Ladungsverteilung abgeleitete symm. oder asymm. Spaltung bei verschiedenen Spaltungsenergien wird auf unterschiedliche Rkk. zurückgeführt. H.-D. Freyer. 103□

Durch 14,7-MeV-Neutronen induzierte Spaltung von ^{238}U. K. M. Broom. (Physic. Rev. [2] **126,** 627—31, 15/4. 1962; Fayetteville, Ark., Univ. of Arkansas, Dep. of Chem.; engl.) — Die Spaltausbeuten von 12 Massenketten aus der durch 14-MeV-Neutronen induzierten Spaltung von ^{238}U ergeben sich wie folgt: A = 98 2,0%, 90 3,4%, 91 2,16%, 111 0,6%, 113 0,6%, 131 2,7%, 132 4,5%, 133 2,6%, 134 4,7%, 135 5,0%, 139 4,4% u. 140 4,3%. Die β-Zählung erfolgt durchgehend in einem 2π-Endfenster–Methan-Durchflußproportionalzähler. Die Feinstruktur in der Massenausbeutekurve zeigt im Gebiet A = 131—135 einen deutlichen Peak bei A = 132. Das Ergebnis stimmt mit der bei der spontanen Spaltung von ^{238}U beobachteten Feinstruktur überein.
Gerhard Schmidt. 103□

Das K-LL-Auger-Spektrum von ^{239}Pu. G. T. Ewan, J. S. Geiger, R. L. Graham und D. R. MacKenzie. (Canad. J. Physics **37,** 174—82, Febr. 1959; Chalk River, Ontario, AE of Canada Ltd., Nucl. Phys. I Branch; engl.) — Die mit einem hochauflösenden $\pi\sqrt{2}$-β-Spektrometer mit einem Proportionalzähler durchgeführten Unterss. des K–LL-Auger-Spektrums von ^{239}Pu lieferten folgende 7 Linien (in keV): 75,18 $\pm$ 0,015 (relative Intensität 1,0), 76,05 $\pm$ 0,015 (1,86 $\pm$ 0,10), 76,78 $\pm$ 0,04 (0,11 $\pm$ 0,04), 80,24 $\pm$ 0,015 (0,60 $\pm$ 0,06), 80,40 $\pm$ 0,06 (0,05 $\pm$ 0,03), 81,06 $\pm$ 0,015 (1,11 $\pm$ 0,07) u. 85,30 $\pm$ 0,015 (0,40 $\pm$ 0,05). Die Ggw. von 7 Linien ist mit theoret. Voraussagen auf der Grundlage einer reinen jj-Kopplung nicht verträglich. Offensichtlich muß dieses Spektrum voll relativist. behandelt werden. D. Jörchel. 103□

Messung der absoluten (γ,n)-Wirkungsquerschnitte von Cu, Ce, La, Ta, Au, Pb und Bi. J. Miller, C. Schuhl und C. Tzara. (Nuclear Physics [Amsterdam] **32,** 236—45, Mai 1962; Saclay, Centre d'Etudes Nucl.; franz.) — Vff. verwendeten monochromat. γ-Strahlen, die durch Positronenvernichtung im Fluge erhalten wurden, zur Absolutmessung der (γ, n) Querschnitte, für Cu, Ce, La, Ta, Au, Pb u. Bi im Riesenresonanzpeak. Die integralen Wrkg.-Querschnitte werden mitgeteilt.
H. Schroeder. 103□

Die Photozertrümmerung von Wismut und die Bleiisotope. E. G. Fuller und Evans Hayward. (Nuclear Physics [Amsterdam] **33,** 431—48, Mai 1962; Washington, D.C., Nat. Bur. of Stand.; engl.) — Vff. untersuchen die Photozertrümmerung der Bi- u. Pb-Isotope durch Messung der Querschnitte für Neutronenemission; die Pb-Targets sind in ^{206}Pb, ^{207}Pb u. ^{208}Pb angereichert. Die für sämtliche 4 Isotope erhaltenen Querschnitte sind sehr ähnlich. Unterhalb der (γ,n)-Schwelle werden die elast. Streuquerschnitte für Pb, Radio-Pb u. Bi gemessen. Selbstabsorptions-Verss. werden durchgeführt. Die Analyse der Daten zeigt, daß die beteiligten Niveaus Breiten von einigen eV besitzen. Gerhard Schmidt. 103□

Vorwärtsasymmetrie der Photoneutronen-Winkelverteilung. O. Borello, F. Ferrero, R. Malvano und A. Molinari. (Nuclear Physics [Amsterdam] **31**, 53—64, März 1962, Turin, Univ., Ist. di Fis., Sez. di Torino, Ist. di Fis. Nucl.; engl.) — Vff. führen eine krit. Unters. der bisher gewonnenen experimentellen Daten für die Winkelverteilung schneller Photoneutronen von ^{209}Bi durch. Die beobachtete Vorwärtsasymmetrie kann mit keiner bekannten Theorie erklärt werden. Vff. diskutieren einige Möglichkeiten der Erklärung über magnet. u. elektr. Momente. Es werden ferner Ergebnisse neuer Experimente mitgeteilt, wobei als Detektor für die schnellen Photoneutronen die Rk. ^{27}Al$(n, \alpha)^{24}$Na diente. H. Schroeder. 103□

Einige Eigenschaften der von Radionucliden ausgesandten Teilchen mit ungewöhnlich hoher Reichweite. Marie Ader (unter Mitarbeit von Marie-Paule Cabannes). (J. Physique Radium **19**, 106—07, Jan. 1958; Coll. de France, Labor. de Phys. Atom; franz.) — Vgl. C. **1960**, 4732. — Natürliches u. durch Neutronenbeschuß aus Bi hergestelltes *Po* sendet eine weitreichende Strahlung mit gleichen Eigg. aus. Beide Po-Präpp. emittieren weiterhin Neutronen. A. Blaschette. 103□

Bemerkungen über die von Radionucliden ausgesandten Teilchen mit ungewöhnlich hoher Reichweite. Marie Ader und Marie-Paule Cabannes. (J. Physique Radium **19**, 615, Juni 1958; franz.) — Vgl. vorst. Referat. — Hypothet. Diskussion der Bldg.-Mechanismen der untersuchten Teilchen. A. Blaschette. 103□

Untersuchung der von Actinium ausgesandten γ- und Röntgenstrahlungen. R. Bouchez, A. Michalowicz, M. Riou und J. Teillac. (J. Physique Radium **16**, 344—45, April 1955; Paris, Inst. du Radium; franz.) — Die früher als γ-Strahlung des Ac angesehene $(35{,}3 \pm 2{,}2)$-keV-Komponente erwies sich als durch γ- u. β-Strahlung angeregte K-Strahlung des in den Präpp. enthaltenen La. Das Intensitätsverhältnis I = [30 keV]/[50 keV] steigt mit dem La-Geh. der Ac-Quelle. A. Blaschette. 103□

Neutroneneinfangquerschnitte von ^{236}U. D. C. Stupegia, R. R. Heinrich und G. H. McCloud. (Reactor Sci. Technol. **15**, 200—03, Dez. 1961; Argonne, Ill., Argonne Nat. Labor.; engl.) — Der Querschnitt der Rk. ^{236}U$(n, \gamma)^{237}$U wurde als Funktion der Neutronenenergie E_n im Bereich $E_n = 0{,}30—1{,}7$ MeV durch Messung der in einer bekannten Menge ^{236}U bei Bestrahlung mit einem bekannten Fluß monoenerget. Neutronen erzeugten abs. ^{237}U-Aktivität bestimmt. Der Querschnitt ist im Energiebereich $E_n = 0{,}3$ bis ca. 1 MeV nahezu konst. ($\sigma = 260—330$ mbarn) u. fällt bei $E_n > 1$ MeV scharf ab. H. Schroeder. 103□

Das Zerfallsschema des 39,3-Stunden-^{254}Es. J. Unik, P. Day und S. Vandenbosch. (Nuclear Physics [Amsterdam] **36**, 284—304, Juli 1962; Argonne, Ill., Argonne Nat. Labor.; engl.) — Vff. untersuchen den β-Zerfall von ^{254}Es unter Verw. der γ-γ- u. β-γ-Scintillations-Koinzidenztechnik u. eines Doppellinsen-β-Spektrometers. Übergänge von $103{,}5 \pm 1$, 544 ± 5, 583 ± 3, 648 ± 2 u. 692 ± 2 keV werden in ein Niveauschema von ^{254}Fm mit Niveaus bei 44 ± 3 $(2^+, 0)$, 148 ± 3 $(4^+, 0)$, 692 ± 2 $(2^+, 2)$ u. 734 ± 4 $(3^+, 2)$ keV eingesetzt. Zwei β-Spektren von 475 ± 5 (75%) u. 1127 ± 2 (25%) keV werden beobachtet. Die Best. des $(2^+, 2)$-γ-Schwingungszustandes bei 692 keV in ^{254}Fm zeigt an, daß hier eine scharfe Abnahme der γ-Schwingungsenergie nach 152 Neutronen vorliegt. Für den ^{254}Es-β-Strahler wird eine Halbwertszeit von $39{,}3 \pm 0{,}2$ Std. erhalten. Bei dem α-Zerfall von ^{253}Es werden Übergänge von 93 ± 2, 377 ± 3, 387 ± 1 u. 427 ± 3 keV beobachtet. Gerhard Schmidt. 103□

Das Phänomen der Kernspaltung und einige Bemerkungen über die Verwendung der Spaltprodukte. N. E. Ballou. (Rev. univ. Mines, Métallurgie, Mécan., Trav. publ., Sci. Arts appl. Ind. [9] **17** (**104**), 3—12, Jan. 1961; Mol, Belgique, Centre d'Étude de l'Energie Nucl., Dép. de Chim.; franz.) A. Blaschette. 106□

Elektrische Anlagen als radiochemische Strahlungsquellen. 2. Mitt. Josef Šimorda. (Jaderná Energie **7**, 301—09, 1961; tschech., Auszug: dt.) — 1. vgl. C. **1962**, 18002. Charakteristik u. Arbeitstechnik der beschriebenen App. sowie Anwendung in der Industrie. — 19 Literaturhinweise. J. Tůmová. 112□

Hochspannungsgenerator mit Ionentransport. A. W. Simon. (Rev. sci. Instruments **32**, 758, Juni 1961; San Luis Obispo, Calif., California State Polytechn. Coll.; engl.) — Unter Bezugnahme auf eine Veröffentlichung von Stuetzer (Rev. sci. Instruments **32**, [1961], 16) weist Vf. darauf hin, daß der dort beschrieben Ersatz des Ladungsträgerbandes eines Van de Graaff-Generators durch eine fl. oder gasförmige Strömung von ihm bereits im Jahre 1935 im U. S. P. 2 004 352 beschrieben worden ist. W. Reusse. 112□

Quelle polarisierter Deuteronen und die Bestätigung der Ausrichtung mittels der Reaktion $T(d, n)^4He$. E. Baumgartner, L. Brown, P. Huber, H. Rudin und H. R. Striebel. (Physic. Rev. Letters **5**, 154—56, 15/8. 1960; Basel, Univ., Dep. of Phys.; engl.) — Vff. beschreiben eine Anordnung, in der die Polarisation der in einer Hochfrequenzentladung erzeugten u. magnet. ausgerichteten Deuteronen mit Hilfe der Rk. $T(d, n)^4He$ untersucht wurde. D. Jörchel. 112□

^3He-Rezirkulations- und Reinigungssystem für eine Cyclotron-Ionenquelle. H. E. Wegner und W. S. Hall. (Rev. sci. Instruments **29**, 1100—03, Dez. 1958; Los Alamos, N.Mex., Los Alamos Sci. Labor.; engl.) — Vff. beschreiben eine Vorr. zur Reinigung u. zum Umpumpen von ^3He für eine Cyclotron-Ionenquelle. Bei einer Durchsatz-Geschw. von 6 cm^3/min wurde bei einer Betriebsdauer von 200 Std. ein Verlust von nur 3 cm^3/Std. bei einem Anfangs-Vol. von 1000 cm^3 NTP beobachtet. G. M. Neumann. 112□

Blasenkammer als Detektor schwacher Radioaktivität. G. Brautti, M. Ceschia und P. Bassi. (Nuovo Cimento [10] **10**, 1148—49, 16/12. 1958; Trieste, Univ., Ist. di Fis., Ist. Naz. di Fis. Nucleare; Padova, Univ., Ist. di Fis.; engl.) — Beschreibung der Kammer, die als Monitor für schnelle Neutronen u. Detektor sehr schwacher α-Strahlung dienen kann. Ch. Weiske. 112□

Konstruktion einer sich auf variablen Druck selbsteinstellenden Wilson-Kammer eines neuen Typs. Tosiko Yuasa. (J. Physique Radium, Physique appl. Suppl. zu: J. Physique Radium **18**, Nr. 3, 58A—59A, März 1957; Paris, Coll. de France, Phys. et Chim. Nucl.; franz.) — Beschreibung der Kammer. C. Gottfried. 112

Durch Ionenkammern und Spaltkammern hervorgerufene Flußstörungen. Alain Sola und William W. Managan. (Nuclear Sci. Engng. **6**, 294—97, Okt. 1959; Lemont, Ill., Argonne Nat. Labor.; engl.) — Mittels einer kleinen Spaltkammer, die den Fluß kaum beeinflußt, wurde festgestellt, daß eine große mit *B* bedeckte Ionenkammer den Fluß um 20—50% verfälscht u. eine mit ^{235}U ausgelegte Spaltkammer um 5—15%. Die Zahlen beziehen sich auf Graphit als diffundierendes Medium. M. Wiedemann. 112□

Messung des schnellen Neutronenflusses in einem Reaktor mittels Schwellendetektoren. Delfina Ricabarra, Rosa Turjanski und A. H. S. Aten jun. (J. nuclear Energy, Part A **12**, 177, Aug. 1960; Buenos Aires, Comis. Nac. de la Energía Atóm., Dep. de Reactor Nucl.; engl.) — Vff. bestrahlen Proben von *P* bzw. *S* im therm. Fluß (10^{10}n/cm^2 s) des Reaktors, u. zwar in verschiedenen Lagen im Graphit u. zwischen den Brennelementen. Die Aktivitäten von ^{31}Si u. ^{32}P zeigen in allen Fällen das gleiche Verhältnis innerhalb der Meßgenauigkeit. Für den effektiven Querschnitt der Rk. $^{31}P(n, p)^{31}Si$ berechnen Vff. 0,085 barn bei einer unteren Neutronenenergiegrenze von 2,0 MeV u. 0,115 barn für 2,5 MeV. Die Meth. liefert einen sehr empfindlichen Test für schnelle Neutronen, wenn roter P mit einem dünnwandigen Glaszähler gezählt wird, der von einem abnehmbaren Glaszylinder umgeben ist. Gerhard Schmidt. 112□

Messungen des Cadmiumverhältnisses mit dünnen und dicken Goldfolien und deren Beziehung zu den Reaktorspektren. B. Fastrup. (J. nuclear Energy, Part A **12**, 177—78, Aug. 1960; Risö, Danish Atom. Energy Comm., Res. Establ., Phys. Dep.; engl.) — Vf. führt eine Rechenmeth. zur Best. der Korrekturen an den Messungen des Cd-Verhältnisses für Flußabnahme in der Folie u. für Störungseffekte des Flusses an. Das Ergebnis kann bei der Beschreibung des Energiespektrums der Reaktorneutronen Verw. finden. Gerhard Schmidt. 112□

Über die Verwendung von Polyäthylen für Strahlungsmessungen. Rudolf Schulze. (Arch. Meteorol., Geophysik, Bioklimatol., Ser. B, **11**, 211—23, 1961; Hamburg; dt.) — Die Verw. von Polyäthylen für meteorolog. Strahlungsmessungen bietet die Möglichkeit der Messung der Strahlungsbilanz unabhängig von den Witterungsbedingungen. Bei verschiedenen Polyäthylensorten tritt jedoch unterschiedliche IR-Absorption auf. Es werden Vorschläge für geeignete, allg. zu verwendende Sorten, Materialstärken u. Herst.-Verf. zusammengestellt. W. Reusse. 112□

Die Bahnspurdichte eines geladenen Teilchens in einer photographischen Emulsion. C. Candler. (Suppl. nuovo Cimento Nr. 1 (zu [10] **21**), 1—6, 1961; Adelaide, South Austral. Inst. of Technol.; engl.) — Vf. untersucht die Abhängigkeit der Zahl der Körner von der Geschw. der Energieabgabe eines geladenen Teilchens in einer Bahn beim Durchgang durch eine photograph. Emulsionsschicht. H. Schroeder. 112□

Löschung von α-Spuren in Ilford-C 2-Platten. S. Deutsch und E. Picciotto. (Nuovo Cimento [10] **6**, 953—55, 1/10. 1957; Bruxelles, Univ. Libre, Labor. de Phys. Nucl.; franz.) — Vier *Ilford*-C 2-Platten wurden je 10 Min. den α-Teilchen der gleichen

Pechblende ausgesetzt. Während eine der Platten gleich nach der Bestrahlung entwickelt wurde, wurden die anderen Platten 4 Monate bei —35 bzw. 4 bzw. 15° aufbewahrt u. hierauf entwickelt. Eine Unters. der Platten ergab, daß die bei —35° aufbewahrte Platte die gleiche Anzahl von α-Teilchenspuren wie die sofort nach der Bestrahlung entwickelte Platte enthielt; ein Löschen der Spuren wurde nicht beobachtet. Bei den beiden anderen Platten hatte die Anzahl der Spuren um 38% bzw. 72% abgenommen.
C. Gottfried. 112

Röntgenstrahl-Spektrometrie erweitert den Bereich der Filmplaketten-Dosimetrie. W. V. Baumgartner. (Nucleonics [New York] **18**, Nr. 8, 76—79, Aug. 1960; Richland, Wash., General Electric Co., Hanford Labor. Operation; engl.) — Wenn die zur Kontrolle der Strahlungsdosis verwandten, von strahlungsgefährdeten Personen am Körper getragenen Filmstreifen nach der photograph. Entw. eine so hohe Schwärzung zeigen, daß eine zuverlässige opt. Densitometrie nicht mehr möglich ist, kann der Ag-Geh. der entwickelten Filme durch Röntgenspektrometrie bestimmt werden. Dieses Verf. gestattet Dosismessungen bis 2000 r. Eine hierzu geeignete App. sowie deren Eichung werden beschrieben u. die Genauigkeit des Verf. diskutiert. F. Lenz. 112□

Strahlenschutzüberwachung nach der Filmschwärzungsmethode bei mit radioaktiven Stoffen arbeitenden Personen. H. Langendorff und F. Wachsmann. (Atomkernenergie **3**, 60—64, Febr. 1958; Freiburg/Br., Univ., Radiolog. Inst.; Erlangen, Med. Univ. Klinik; dt.) — Die Strahlenschutzmessung nach der Filmschwärzungs-Meth. erweist sich zur Überwachung der mit radioakt. Isotopen Arbeitenden geeignet. Der größte Vorteil der Filmschwärzungs-Meth. liegt darin, daß sie in gewissen Grenzen auch die Strahlenart, die Energie der Strahlungen u. die Verabreichungsbedingungen zu erkennen gestattet. Gerhard Schmidt. 112□

A_2. Optisches Verhalten der Materie

Eine Winteranomalie in der Variation der Totalabsorption bei hohen Frequenzen, die von der F_2-Schicht der Ionosphäre reflektiert werden. R. Ramanadham, B. Madhava Reddy und A. Alluraiah. (J. sci. ind. Res. [New Delhi], Sect. B **21**, 259—61, Juni 1962; Waltair, Andhra Univ., Geophys. Dep.; engl.) — Die tägliche Absorptionskurve von Radiowellen zeigt zwischen 9 u. 11 MHz ein Mittagsminimum, das von zwei Maxima flankiert wird. Da es nur im Winter auftritt, nicht aber im Sommer, kann es nicht mit therm. Ausdehnung erklärt werden. W. Betcke. 113□

Die relativen Intensitäten einiger Stickstoffbanden in Nordlichtspektren. M. Gadsden. (J. atmospheric terrestr. Physics **22**, 105—21, Okt. 1961; Omakau, New Zealand, D.P. L. Auroral Station; engl.) — Vf. bespricht zunächst Messungen von anderen Seiten über die relativen Intensitäten der von Nordlichtern emittierten zweiten positiven Banden des Stickstoffs, die sich durch Elektronenanregung von neutralen oder ionisierten N_2-Moll. erklären lassen u. berichtet hierauf über eigene Messungen auf der Scott-Base-Station innerhalb der südlichen Nordlichtzone. Diese Messungen unterscheiden sich deutlich von den Messungen auf der nördlichen Halbkugel u. zeigen, daß in diesem Fall Elektronenanregung nicht die Hauptursache der zweiten positiven Emission sein kann. Als mögliche Erklärung für die Beobachtungen wird ein Ion–Ion-Ladungsaustauschprozeß der Form $N_2^+(X^2\Sigma) + O^- \rightarrow N_2(C^3\Pi) + O(^1D)$ angenommen.
C. Gottfried. 113

Mikrowellenabsorption in der Erdatmosphäre. S. N. Ghosh und V. Malaviya. (J. atmospheric terrestr. Physics **21**, 243—56, Juli 1961; Allahabad, Univ., I. K. Inst.of Appl. Phys.; engl.) — Vff. berechneten für das Mikrowellengebiet von 10000—100000MHz die Mikrowellenabsorption für verschiedene Schichten der Erdatmosphäre um die maximalen Resonanzfrequenzen von O_2, N_2O, H_2O u. O_3 u. erhielten hieraus die Gesamtabsorption der ganzen Atmosphäre. Es wurde gefunden, daß für diese Gase die maximale Absorption druckunabhängig ist u. daß sie sich für O_2 u. N_2O mit der (3-x)-ten Potenz der abs. Temp. u. für H_2O u. O_3 mit der ($^7/_2$-x)-ten Potenz der abs. Temp. ändert. Die Halbwertsbreiten der Absorptionslinien wurden berechnet. C. Gottfried. 113

Abgeändertes Slater-Verfahren für die Berechnung der Ionisationsenergien von Atomen. Kwang-Hsien Hsu und Hsueh-Chuang Chao. (Acta chim. sinica **22**, 441—46, 1956; Peking, Univ., Dep. of Chem.; chin., Auszug: engl.) — Vff. schlagen eine Abänderung des Auswahl-Verf. für die effektive Hauptquantenzahl (Slater-Konst. n′) u. die Abschirmungs-Konst. σ zur Berechnung der Energieniveaus in Atomen, $E = \sum_{i=1}^{n} ([z - \sigma_i]/n'_i)^2$ vor. Dabei ist die Differenz zwischen den s- u. p-Zuständen vor u. nach Auffüllung der halben Schale (u. die Vielfalt der Terme) berücksichtigt. Auf dieser abgeänderten Basis wird die Berechnung der Werte für die Ionisationsenergien (erste bis

vierte) für alle Atome durchgeführt. Ein Vgl. mit den experimentellen Werten zeigt, daß dieses Verf. gegenüber dem von Slater eine Verbesserung bedeutet.
L. Schuler. 114□

Zur Berechnung des Grundzustands des Lithiumatoms, r_{ik}-Integrale. H. Aden. (Ann. Physik [7] 8, 28—30, 1961; Leipzig, Karl-Marx-Univ.; dt.) — Die bei einem Variationsansatz für Dreielektronen-Syst. bei Verw. von r_{ik}-Gliedern (r_{ik} =Elektronenabstand) auftretenden Integrale werden in eine übersichtliche Form gebracht.
Herbert Weber. 114□

Optimal verbesserte Methode zur Korrektur von Verschmierungsabweichungen: Komplexe Röntgenspektren. J. O. Porteus. (J. appl. Physics **33**, 700—07, Febr. 1962; Ithaca, N.Y., Cornell Univ.; engl.) — Vf. behandelt das Problem, aus einem beobachteten Spektrum das wahre Spektrum abzuleiten, unter Berücksichtigung der beiden Haupteinfl. der begrenzten Auflösung u. des Untergrundes. In beiden Fällen spielen Verschmierungsabweichungen eine Rolle. Vf. erfaßt diese Abweichungen auf mathemat. Wege durch Faltung des wahren Spektrums mit einer Verschmierungsfunktion. Als prakt. Beispiel wird das K-Emissions- u. -Absorptionsspektrum von *Cl* (nach Aufnahmen von krist. KCl) behandelt. G. Ruban. 116□

Innere Konversion und die Überschneidung molekularer Potentialflächen. C. A. Coulson und K. Zalewski. (Proc. Roy. Soc. [London], Ser. A **268**, 437—51, 1962; Oxford, Mathemat. Inst.; engl.) — Diskussion der Landau-Zener-Formel für die Wahrscheinlichkeit eines Elektronensprungs in der Nähe des Schnittpunkts zweier Potentialkurven (oder -flächen). Für nachst. Fälle werden unterschiedliche Ausdrücke erhalten, in denen Matrixelemente der Wechselwrkg. zwischen den Energiekurven vorkommen: Übergang von einem diskreten zu einem anderen diskreten Zustand, von einem diskreten Zustand in ein Kontinuum bzw. von einem Kontinuum in ein anderes Kontinuum. Da die Landau-Zener-Formel in den meisten prakt. Fällen nicht gilt, wird eine neue, allgemeinere Formel vorgeschlagen. A. Blaschette. 118□

Parameter der Übergangswahrscheinlichkeit in Molekülspektren, die bei Verbrennungsprozessen auftreten. R. W. Nicholls, P. A. Fraser und W. R. Jarmain. (Combust. and Flame **3**, 13—38, März; Erratum: 276, Juni 1959; London, Ontario, Univ. of Western Ontario, Dep. of Phys.; engl.) — Die Abhängigkeit der Intensitätsverteilung in Mol.-Emissionsspektren von den physikal. Bedingungen im leuchtenden Gas u. von den Mol.-Konst., wie Übergangswahrscheinlichkeiten, werden kurz diskutiert. Die Franck-Condon-Faktoren $q_{v'v''}$ u. die relativen Schwingungsübergangswahrscheinlichkeiten $p_{v'v''}$ wurden für das Morse-Modell der Mol.-Oscillatoren berechnet u. für die in Verbrennungsprozessen wichtigen Moll. C_2, *CN*, B_2, *BO*, *BH*, *OH*, O_2, *NO* u. *PbO* tabelliert. K. Ross. 118□

Messung der Übergangswahrscheinlichkeit des ersten positiven Bandensystems von Stickstoff. Walter H. Wurster. (J. chem. Physics **36**, 2111—17, 15/4. 1962. Buffalo, N.Y., Cornell Aeronaut. Labor., Inc.; engl.) — Die elektron. Übergangswahrscheinlichkeit für das erste positive N_2-Banden-Syst. wird aus abs. Messungen der Intensität der IR-Strahlung von stoßerhitztem N_2 ermittelt. Die Temp.-Abhängigkeit des Spektrums stimmt mit der für das thermodynam. Gleichgewicht berechneten überein. Für das Elektronenübergangsmoment $|R_e|^2$ wurde ein Wert von 0,096 atomaren Einheiten gefunden. Die gemessenen Intensitäten liegen um den Faktor 5 unter den Werten für stoßwellenerhitzte Luft u. ergeben einen f-Wert von $(2{,}8 \pm 0{,}7) \cdot 10^{-3}$ bei 9512 cm^{-1} ($v' = v'' = 0$). Ferner wurde eine zweite Komponente in der IR-Strahlung gefunden, die dem roten CN- oder dem N_2^+-Meinel-Banden-Syst. zugeordnet werden kann.
G. M. Neumann. 118□

Einfluß der Konfigurationswechselwirkungen auf die Dissoziationsenergie und die Hyperfeinstruktur-Konstanten des NO-Moleküls. M. Yamazaki, M. Sakamoto, K. Hijikata und Chun C. Lin. (J. chem. Physics **34**, 1926—31, Juni 1961; Norman, Okla., Univ. of Oklahoma, Dep. of Phys.; engl.) — Durch Berechnung der Konfigurationswechselwrkg. (KW) in 23 Dimensionen werden die Energie u. die Eigenfunktion des $^2\Pi$-Grundzustands von NO ermittelt. Die Dissoziationsenergie ergibt sich zu 2,2 eV. Die magnet. Hyperfein- u. die Kernquadrupol-Kopplungs-Konst. werden berechnet. Der Kontaktterm $|\psi(0)|^2$ folgt zu $0{,}71 \cdot 10^{-24}$ cm^{-3}. Die Werte von $[(3\cos^2\chi - 1)\,\sigma/r^3]_{av}$, $[\sin^2\chi/r^3]_{av}$ u. $[r^{-3}]_{av}$ werden durch die KW nur wenig beeinflußt.
A. Blaschette. 118□

Der Elektronenübergang 2491 Å bei Stickstoffdioxid. 1. Mitt. **Rotationsanalyse.** R. K. Ritchie, A. D. Walsh und P. A. Warsop. (Proc. Roy. Soc. [London], Ser. A **266**, 257—71, 6/3. 1962; Dundee, Queen's Coll., Dep. of Chem.; engl.) — Der Elektronenübergang von NO_2 bei 2491 Å wird aus der photograph. Aufnahme des Absorptionsspektrums bei hoher Auflösung bestimmt u. eine Rotationsanalyse der Bande (0 0 0) ← (0 0 0) durchgeführt. Diese Analyse stimmt überein mit dem oberen Zustand, der zur Punktgruppe C_{2v} gehört u. die Elektronensymmetrie $^2B_2$ mit einer N—O-Bindungslänge von 1,314 Å u. einem O—N—O-Winkel von 121°2′ aufweist. Die N—O-Länge ist beträchtlich größer als der Grundzustandswert von 1,197 Å, der Winkel dagegen etwas kleiner als der Grundzustandswert von 134°15′. G. Ruban. 118□

Eine Untersuchung über die Intensitäten der Emissionslinien des Cr von mit Stoßwellen behandelten, $Cr(CO)_6$ enthaltenden Gasen. S. H. Bauer, John H. Kiefer und Brian E. Loader. (Canad. J. Chem. **39**, 1113—30, Mai 1961; Ithaca, N.Y., Cornell Univ., Dep. of Chem.; engl.) — $Ar-N_2$-Gemische (9:1) mit 0,026% $Cr(CO)_6$ wurden im Temp.-Bereich von 3500—5700°K der Wrkg. von Stoßwellen ausgesetzt u. die Intensitäten der violetten Cr-Linie bei 4289,7 Å (a $^7S_3$ ← z $^7P_2{}^0$) u. des grünen Tripletts bei 5208,4, 5206,0 u. 5204,5 Å (a $^5S_2$ ← z $^5P^0{}_{3,2,1}$) gleichzeitig mit einem 2-Kanal-Spektrographen gemessen. Die Anregung der Cr-Emission ist unabhängig von Dissoziations-Geschw. des Carbonyls. Aus den Meßergebnissen wird gefolgert, daß die Anregung hauptsächlich durch Zusammenstöße von Cr-Atomen mit Elektronen hervorgerufen wird. Im Bereich von 3000—5000°K entspricht bei Berücksichtigung der Selbstabsorption die Temp.-Abhängigkeit der Linienintensität den theoret. Erwartungen, während bei T > 5000°K die Untergrundstrahlung zu stark stört. Harro Zimmer 118□

Die optischen Spektren von Ni^{2+}, Co^{2+} und Cu^{2+} in tetraedrischen Kristallgitterplätzen. Herbert A. Weakliem. (J. chem. Physics **36**, 2117—40, 15/4. 1962; Princeton, N.J., RCA Labor.; engl.) — Vf. berichtet über Unterss. der polarisierten Absorptionsspektren von Ni^{2+} u. Co^{2+} in *ZnO*-, Zn*S*- u. *CdS*-Kristallen, von Ni^{2+} in Cs_2ZnCl_4- u. Cs_2ZnBr_4-Kristallen sowie von Cu^{2+} in ZnO-Kristallen bei Temp. von 4, 77 u. 300°K. Die Spektren werden im Rahmen der Kristallfeldtheorie für $(3d)^n$-Konfigurationen u. ein Potential mit vorwiegender T_d-Symmetrie diskutiert u. die Kristallfeld-, Spin–Bahn- u. elektrostat. Abstoßungsparameter tabellar. mitgeteilt. Ferner wurde eine empir. Beziehung zwischen dem elektrostat. Abstoßungsparameter B der Ionen in den Kristallen u. der Ligandenpolarisierbarkeit entwickelt. Obwohl die Konfigurationsmischung zwischen $(3d)^n$- u. $(3\,d)^{n-1}$ (4p)-Zuständen einen vernachlässigbaren Anteil der berechneten relativen Energien der Niveaus ausmacht, vermag sie doch die beobachteten großen Intensitäten der Übergänge teilweise zu erklären. Die relativen Übergangsintensitäten zwischen den Spin–Bahn-Komponenten wurden mit Hilfe von Modellen für p–d-Mischung u. σ-Bindung berechnet, doch erwies sich kein Modell als völlig zufriedenstellend.
G. M. Neumann. 118□

Absorptionsspektren von einigen Galliumchalkogenid-Kristallen. Je. F. Gross, B. W. Nowikow, B. Ss. Rasbirin und L. G. Ssusslina. (Оптика и Спектроскопия [Optik u. Spektroskopie] **6**, 569—72, April 1959; russ.) — Die langwellige Kante der Absorptionsspektren von *GaS* (**I**), *β-Ga₂S₃* (**II**), *GaSe* (**III**) u. Ga_2Se_3 (**IV**) (**I** u. **III** als Einkristalle mit einer Dicke von 100—2 μ) wurde bei 290° u. 77,3°K untersucht. Die Darst. von **I** u. **II** erfolgte durch Zusammenschmelzen entsprechender Mengen Ga u. S im Vakuum in zugeschmolzenen Quarzgläsern, **I** bei 1000—1050° u. **II** bei 1200—1250°. Bei 290°K liegt die langwellige Absorptionskante von **I** bei 420 mμ, Temp.-Erniedrigung auf 77,3°K verschiebt sie nach 412. Daneben erscheint eine Bande mit dem Maximum bei 411 u. einer Breite von 2 mμ. Im Spektrum von **III** tritt bei 290°K eine 5 mμ breite Bande bei 625 u. eine schwache Absorption im Bereich 560—550 mμ auf. Darauf folgt das Gebiet intensiver Absorption. Bei 77,3°K ist die Bande nach 590, die schwache Absorption nach 510—500 mμ kürzerwellig verschoben. In den Spektren von **II** u. **IV** ist an der langwelligen Kante bei 290° u. 77,3°K keine Struktur zu erkennen, die Absorption steigt monoton mit der Schichtdicke an. Aus den spektroskop. Daten wurde die Breite der verbotenen Zone bei 290°K (**I** 2,9, **III** 1,98, **II** 2,5—2,7, **IV** 1,9—2,1 eV) u. 77,3°K (**I** 3,0, **III** 2,09, **II** 2,6—2,9, **IV** 2,1—2,2 eV) bestimmt. Die bei **I** u. **III** in analoger Weise erscheinende Struktur an der längerwelligen Kante ist möglicherweise mit Excitonzuständen im Kristall verbunden. Durch die große Zahl von Leerstellen in den Gittern von **II** u. **IV** ist die Lebensdauer gebildeter Excitonen gering. Die daraus resultierende Aufweitung der Excitonniveaus kann die fehlende Struktur an der Absorptionskante erklären.
U.-L. Rau. 119□

Reflexionsspektren der Praseodymoxide im Zusammensetzungsbereich Pr_2O_3 bis Pr_6O_{11}. F. Vratny, M. Tsai und J. M. Honig. (J. inorg. nuclear Chem. **16**, 263 bis 267, Febr. 1961; Lafayette, Ind., Purdue Univ., Dep. of Chem.; engl.) — Vff. untersuchen die Reflexionsspektren der Pr-Oxide PrO_x ($1{,}50 \leq x \leq 1{,}83$) im Wellenlängenbereich von 200—2000 nm. Allg. zeigt sich daß PrO_x im UV- u. nahen IR-Bereich eine geringe Reflexion aufweist u. daß mit Zunahme von x das Reflexionsvermögen sinkt. Relativ ausgeprägte Absorptionsbanden treten zwischen 400 u. 600 nm auf. Der Abfall zum UV bei ca. 320 nm entspricht einer Energielücke, deren Größe sich S-förmig mit der Zus. ändert. Bei ca. 700 nm erreicht das Reflexionsvermögen ein Maximum, von ca. 900 nm bis zum UR-Gebiet liegt geringe Reflexion vor, komplizierte elektron. Übergänge des Pr-Ions lassen sich im Bereich von 400—650 nm beobachten, Banden treten bei 445, 460, 475 (470—480), 490, 510, 580 u. 610 nm auf. Viele dieser Maxima finden sich auch im Absorptionsspektrum des Pr^{3+} in wss. Lsg., zuweilen sind sie etwas zu größeren Wellenlängen verschoben. Zusammenhänge zwischen der Zus., der Struktur u. dem Reflexionsvermögen werden erörtert. Gerhard Schulze. 119□

Wechselwirkung zwischen Elektronen und optischen Phononen für paramagnetische Ionen in Kristallfeldern. S. A. Pollack und R. A. Satten. (J. chem. Physics **36**, 804—16, 1/2. 1962; Los Angeles, Calif., Univ. of California, Phys. Dep.; engl.) — Vff. wenden die Theorie der schwingungselektron. (vibronic) Übergänge in kristallinen Salzen der Metalle der Seltenen Erden u. Actiniden auf Ionen- u. Ionenkomplex-Wechselwrkg. mit den Schwingungen des Gesamtkristalls an u. geben Auswahlregeln u. zu erwartende Feinstrukturen an. Die Ergebnisse werden auf die experimentell in hoher Dispersion beobachteten Spektren dreier U^{4+}-Ionenkristalle im Bereich 3500—9000 Å angewendet, u. zwar auf Cs_2UCl_6, $[N(CH_3)_4]_2UCl_6$ u. erstmals $[N(C_2H_5)_4]_2UCl_6$. Alle 3 Spektren zeigen eine schwingungselektron. Struktur. Die stärksten schwingungselektron. Banden lassen sich als Funktion der schwingungselektron. Zustände eines einzelnen Ionenkomplexes beschreiben, haben jedoch bei 77°K in dünnen Kristallen eine Struktur u. eine noch auffälligere Feinstruktur bei 4,2°K, welche für einige Niveaus als Aufspaltung der schwingungsopt. Zweige, wenn der Wellenvektor k von Null verschieden ist u. für andere Niveaus als Kombination dieser Aufspaltung mit einer Aufspaltung der schwingungselektron. Banden infolge der Elektronen–Schwingungs-Wechselwrkg. gedeutet werden. Die auf einen einzelnen Ionenkomplex angewandte Elektron–Schwingungs-Wechselwrkg. führt auf keine Struktur in einer schwingungselektron. Spektrallinie. Es wird experimentell gezeigt, daß reine elektron. elektr. Dipolübergänge, die verboten sind, wenn das U^{4+}-Ion in einem Inversionssymmetriezentrum liegt, auftreten können, wenn vorhandene Verunreinigungen die Inversionssymmetrie zerstören. Messungen der Temp.-Verschiebung werden angegeben. Bei 4,2°K existieren möglicherweise einige metastabile opt. Zweige. D. Jörchel. 119□

Optische Absorption und Elektronenspinresonanz nach optischem und thermischem Bleichen von F-Zentren. W. E. Bron. (Physic. Rev. [2] **125**, 509—13, 15/1. 1962; Yorktown Heights, N.Y., IBM Res. Center; engl.) —Vf. berichtet über die Beziehung zwischen Änderungen der Halbwertsbreite u. der Peak-Lage von F-Banden u. der Ggw. von M- u. R-Zentren in röntgenbestrahlten KCl-Kristallen. Die durch opt. Bleichen hervorgerufenen Änderungen der F-Bande werden Absorptionsbanden von M- u. R-Zentren zugeschrieben, die ins Spektralgebiet der F-Bande fallen. Die während des opt. Bleichens beobachtete Verkleinerung der Elektronenspinresonanz-Linie läßt sich durch Erhitzen auf 140° wieder beseitigen. Die Verkleinerung wird der Ggw. einer zweiten engen Resonanzlinie eines R_3- oder N-Zentrums zugeschrieben. Die Ergebnisse zeigen, daß die F-Zentren auch nach längerem opt. Bleichen vorhanden sind u. daß ihr Charakter durch das Bleichen nicht verändert wird. Weiterhin läßt sich vermuten, daß die M-, R- u. N-Zentren nicht paramagnet. sind. G. M. Neumann. 119□

Nichtlineare optische Effekte. Rubin Braunstein. (Physic. Rev. [2] **125**, 475 bis 477, 15/1. 1962; Princeton, N.J., RCA Labor.; engl.) — Vf. diskutiert eine Reihe möglicher nichtlinearer opt. Effekte in Festkörpern, bei denen die opt. Eigg. von der Größe des einfallenden E- u. H-Strahlungsfeldes sind. Weiterhin wird eine Theorie der multiplen Photonenanregung eines Elektrons aus dem Valenz- ins Leitungsband entwickelt. Es zeigt sich, daß bei diesem Prozeß eine intensitätsabhängige Absorptionskante im Festkörper bei Photonenenergien, die kleiner als die minimale Energielücke des Körpers sind, auftritt. Weiterhin werden die experimentellen Bedingungen zur Beobachtung dieser Übergänge erörtert. G. M. Neumann. 119□

Eine Methode zur Bestimmung spektroskopischer und thermodynamischer Konstanten für einfache Gleichgewichtssysteme. P. A. D. de Maine. (Spectrochim. Acta [London] **15**, 1051—53, 1959; Albany, N.Y., State Univ. of New York, New York State Coll. for Teachers, Chem. Dep.; engl.) — Zur Best. des Beitrags jeder Komponente eines Syst. der Form $x + y \rightleftharpoons z$ zum Absorptionsspektrum, wenn alle drei Komponenten bei den gleichen Wellenlängen absorbieren, wird eine Meth. mitgeteilt. Die molaren Extinktions-Koeff. von x u. y u. die Gleichgewichts-Konst. k des Syst. werden allein aus Messungen an dem Gleichgewichts-Syst. ermittelt. Voraussetzung ist, daß x, y u. z dem Beerschen Gesetz gehorchen u. daß die Konz. von Y wesentlich größer als die von X ist. Die Messungen werden bei verschiedenen Wellenlängen u. bei verschiedenen Konz.-Verhältnissen zwischen X u. Y vorgenommen. Gerhard Schulze. 119□

Eine Bemerkung zur Ableitung des Kirchhoffschen Gesetzes. C. v. Fragstein. (Optik **18**, 264—66, Juni 1961; Saarbrücken; dt.) — Verallgemeinerung des Kirchhoffschen Gesetzes auf den Fall stark absorbierender Medien. W. Betcke. 119□

Die Prinzipien der Reversibilität und Reziprozität. A. Vašíček. (Optik **18**, 267—77, Juni 1961; Brno; dt.) — Theoret. Behandlung der Reflexion u. Lichtbrechung an hypothet. Grenzflächen als Ersatz eines Syst. dünner dielektr. Schichten bzw. als Ersatz einer absorbierenden Metallschicht unter Anwendung der Prinzipien der Reversibilität bzw. der Reziprozität u. Vgl. beider Prinzipien im Hinblick auf ihre Anwendbarkeit in der Optik dünner Schichten. W. Betcke. 119□

Über die Farben sehr dünner Plättchen. Ein Beitrag zur Ultramikrotomie. S. Rösch. (Z. wiss. Mikroskop. mikroskop. Techn. **64**, 236—46, Sept. 1959; Wetzlar; dt.) — Systemat. Unters. über die bei Ultradünnschnitten (bes. zwischen den Medien W. u. Luft) auftretenden Newtonschen Interferenzfarben 1. Ordnung. Es wurden charakterist. Abweichungen von der üblichen Skala der Newton-Farben festgestellt, gemessen u. berechnet. W. Betcke. 119□

Über einige entartete Fälle der Interferenz dünner Filme. Paul G. Kard und Zdeněk Knittel. (Optica Acta [London] **8**, 185—97, Juli 1961; Tartu, Estonian SSR, USSR, State Univ.; Prew, Czechoslovakia, Meopta Res. Inst. of Optics and Fine Mechanics; engl.) — Die klass. elektromagnet. Theorie dünner metall. Filme wurde auf verschiedene Grenzfälle der Brechungsindices u. der Filmdicken angewandt. Besonders behandelt wird die geometr. Entartung zur Dicke Null der Schicht, also zu einer einzelnen Grenzfläche. C. Gottfried. 119

Ein allgemeines Valenzkraftfeld für Diamant. M. J. P. Musgrave und J. A. Pople. (Proc. Roy. Soc. [London], Ser. A **268**, 474—84, 1962; Teddington, Middlesex, Nat. Phys. Labor.; engl.) — Es werden Beziehungen zwischen den Kraft-Konst. eines allg. Valenzkraftfelds einerseits u. den makroskop. elast. Konst. sowie den Raman-Frequenzen eines Kristalls vom Diamanttyp andererseits hergeleitet. Bei Verw. von aus den Frequenzen des *Neopentan*-Mol. abgeleiteten Valenzkraft-Konst. wird nur schlechte Übereinstimmung mit den physikal. Konst. des Diamants erreicht. Offensichtlich ist in der Diamantstruktur die Wechselwrkg.-Konst. für die Beziehung zwischen Bindungsdehnung u. Winkeldeformation stark verändert. A. Blaschette. 120□

Die Kraftkonstanten von $[Cr(CN)_6]^{3-}$ und $Cr(CO)_6$. V. Caglioti, G. Sartori und C. Furlani. (J. inorg. nuclear Chem. **13**, 22—27, April 1960; Rome, Univ., Dep. of Gen. and Inorg. Chem.; Trieste, Univ., Dep. of Phys. Chem.; engl.) — Es wird eine vollständige u. verfeinerte Schwingungsanalyse für ein oktaedr. Mol. vom Typ $Me(XY)_6$ durchgeführt u. auf die Spektren von $[Cr(CN)_6]^{3-}$ (I) u. $Cr(CO)_6$ (II) angewendet. Bei Verw. einer Potentialfunktion vom Valenzkrafttyp ergibt sich für die Valenzkraft-Konst. der Me—C-Bindung ein höherer Wert für **II** als für **I**. Auf Grund der Vermischung der Symmetriekoordinaten der Normalschwingungen u. der Störung durch Gittereffekte kann für oktaedr. Hexacyanokomplexe keine Beziehung zwischen den Grundfrequenzen u. der Natur der Me-C-Bindung erwartet werden. A. Blaschette. 120□

Infrarotspektren anorganischer Feststoffe. 3. Mitt. Oktacyanokomplexe von Wolfram(IV) und (V)- sowie Molybdän(IV) und (V)-Dihydrat und den wasserfreien Verbindungen. Edward G. Brame jun., Frederic A. Johnson, Edwin M. Larsen und Villiers W. Meloche. (J. inorg. nuclear Chem. **6**, 99—103, April 1958; Madison, Wis., Univ. of Wisconsin, Dep. of Chem.; engl.) — 2. vgl. C. **1961**, 6041. — Die IR-Spektren von $K_4M(CN)_8$, $K_3M(CN)_8$ (M = Mo u. *W*) u. deren Dihydraten werden tabellar. für den Bereich von 2—32 μ mitgeteilt (KBr-Preßtechnik). In den Spektren der Dihydrate werden zwei scharf aufgelöste Banden der OH-Valenzschwingungen u. drei Maxima infolge einer Aufspaltung der Bande der CN-Valenzschwingung im Bereich von 4—5μ festgestellt. Die nach dem Dehydratisieren nicht mehr so bedeutende Aufspaltung der CN-Bande u. die Verschiebung einer sehr starken Bande der Dihydrate bei 25 μ nach längeren Wellenlängen wird im Hinblick auf die Struktur der Komplexe diskutiert. U. Skurnia. 120□

Raman- und infrarotspektroskopische Untersuchungen an Salzen der Peroxodischwefelsäure. A. Simon und H. Richter. (Z. anorg. allg. Chem. **315**, 196—203, Mai 1962; Dresden, Forsch.-Stelle Dresden der Sächs. Akad. der Wiss. zu Leipzig; Dresden, TU; dt.) — $(NH_4)_2S_2O_8$ (I) u. $Na_2S_2O_8$ (II) in wss. Lsg. sowie **I**, **II** u. $K_2S_2O_8$ (III) als Kristallpulver wurden ramanspektroskop., **I**, **II**, **III**, $Rb_2S_2O_8$ u. $CS_2S_2O_8$ in KBr IR-spektroskop. untersucht. Die gemessenen Frequenzen werden tabellar. mitgeteilt u. teilweise Grundschwingungen zugeordnet. Schwierigkeiten bereitet dabei die Zersetzlichkeit der Verbb., so daß Sulfat- u. Disulfatbanden eliminiert werden mußten. Die totalsymm. SO-Valenzschwingung (mit Doppelbindungsanteil) wurde um 1080, die antisymm. bei 1285, die O-O- u. S-O-Einfachschwingungen bei 840 cm^{-1} gefunden. Die S-O-O-S-

Brücke zeigt in Übereinstimmung mit röntgenograph. Unterss. gewinkelte (trans)-Form, als Punktgruppen kommen C_{2h} u. C_i in Frage. Die Peroxodisulfate sind leichter anregbar als die vergleichsweise betrachteten Peroxodiphosphate. H. Bürger. 120□

Vergleichende Charakteristik einiger Zeolithe durch Infrarotspektroskopie und die Bindungsform des Wassers im Natrolith. G. W. Juchnewitsch, A. W. Karjakin, N. I. Chitarow und E. E. Ssenderow. (Геохимия [Geochemie] **1961,** Nr. 10, 849—54; Moskau, Akad. der Wiss. der UdSSR, Vernadsky-Inst. für Geochem. u. anal. Chem.; russ., Auszug: engl.) — Die IR-Spektren von *Chabasit* (**I**), *Desmin* (**II**), *Natrolith* (**III**), *Thomsonit* (**IV**), *Lomontit* (**V**) u. *Analcim* (**VI**) als Suspensionen in Vaselinöl im Bereich 4000—400 cm^{-1} wurden untersucht. Nach ihrer Absorption im Bereich der $\nu(H_2O)$ sind 2 Gruppen zu unterscheiden: 1., **I** u. **II** sind durch breite sich überlagernde Banden charakterisiert; 2., **III**, **IV** u. **V** zeigen schmale Banden mit getrennten Maxima. **VI** besitzt zum Unterschied von beiden Gruppen nur eine breite asymm. Bande. Im Bereich der H_2O-Deformationsschwingungen zeigen **I**—**VI** eine Bande um 1620 cm^{-1}, bei **IV** u. **V** erscheint eine weitere Bande bei 1675 bzw. 1410. Der $\nu(H_2O)$-Bereich von **I** u. **II** wird durch die Ggw. einer großen Zahl von Wasser-Moll., die verschiedenen Wechselwrkg. unterworfen sind u. eine verschiedene gesenseitige Orientierung besitzen, erklärt. In Übereinstimmung damit zeigen die Entwäserungskurven von **I** u. **II** eine kotinuierliche Wasserabgabe mit steigender Temperatur. Folglich liegt in dieser Gruppe capillarkondensiertes oder adsorbiertes W. vor. Bei **I** bilden die $(Si, Al)O_4$-Tetraeder Höhlen, in denen sich 12—14 Wasser-Moll. befinden. In der Struktur von **II** wechseln sich Tetraeder- u. Wasserschichten ab. Die Entwässerungskurven der 2. Gruppe (**III**—**V**) zeigen eine sprunghafte Wasserabgabe in diskreten Temp.-Intervallen. Daraus folgt in Übereinstimmung mit den IR-Spektren, daß hier die Wasser-Moll. eine bestimmte Lage im Gitter einnehmen. Die Entwässerungskurve von **VI** zeigt seine Zugehörigkeit zu dieser Gruppe, für sein unterschiedliches spektrales Verh. können Vff. keine Erklärung geben. Bei **III** wurde IR-spektroskop. im Vakuum die Dehydratisierung u. partielle Deuterierung untersucht. Die Analyse der Form der Schwingungen von H_2O, HDO u. D_2O im symm. u. asymm. Feld u. ihre Gegenüberstellung mit den beobachteten Banden ergibt, daß die Banden 3533, 3318 u. 1628 von **III** den Grundschwingungen asymm. Wasser-Moll. entsprechen, die sich im asymm. Feld von H-Bindungen befinden. Die nach der Formel von Feilchenfeld (vgl. C. **1960,** 2109) berechneten Abstände zwischen den W.-O-Atomen u. den mit ihnen über H-Brücken gebundenen O-Atomen des Gerüstes betragen 2,96 u. 2,84 Å. Ersterer entspricht in Übereinstimmung mit der Röntgenstrukturanalyse (vgl. Meier, C. **1961,** 18235) dem Abstand zu einem O-Atom zwischen 2 SiO_4-Tetraedern u. der zweite Wert zu einem O-Atom zwischen einem SiO_4- u. einem AlO_4-Tetraeder. Die neben den intensiven $\nu(H_2O)$ 3533 u. 3318 cm^{-1} bei **III** auftretenden schwachen Banden 3615, 3460, 3385 u. 3230 werden Kombinationen der $\nu(H_2O)$ mit Gitterschwingungen zugeordnet. In einer zu 90% deuterierten **III**-Probe ist nach 10—15 Min. langem Aufbewahren an der Luft kein D_2O-Geh. mehr festzustellen. Dieser rasche Isotopentausch ist nur durch die Ggw. breiter Kanäle im **III**-Gitter senkrecht zur C-Achse zu erklären. Die IR-spektroskop. Unters. der Dehydratisierung von **IV** im Vakuum zeigt, daß in **IV** 3 verschiedene „Wassertypen" vorliegen, die stufenweise abgegeben werden. U.-L. Rau. 120□

Schwingungsspektren und Struktur einiger Silicate von Seltenerdmetallen. A. N. Lasarew und T. F. Tenischewa. (Известия Академии Наук СССР, Отделение Химических Наук [Nachr. Akad. Wiss. UdSSR, Abt. chem. Wiss.] **1961,** 964—73, Juni; Inst. für Silicatchem. der Akad. der Wiss. der UdSSR; russ.) — Die IR-Spektren im Bereich 1300—450 cm^{-1} von synthet. Silicaten der Seltenerdmetalle (als KBr-Preßlinge u. Suspensionen in Paraffinöl) wurden untersucht u. ihnen nachst. Strukturformeln zugeschrieben: $R_2(SiO_4)O$ (**Ia**; R = Sm, Y, Gd); $R_4(SiO_4)_3$ (**Ib**; R = Sm, Y, Gd); $R_2(Si_2O_7)$ (**II**; R = Sc, Y, La, Ce, Sm, Gd, Dy, Er, Yb). Bandenlagen, geschätzte Intensitäten u. Zuordnungen von allen untersuchten Verbb. werden tabellar. angegeben. Die Orthosilicate **Ia** u. **Ib** besitzen imBereich 1050—850 cm^{-1} eine intensive Absorption, die in den meisten Fällen aus 3 starken Banden mit Dublettstruktur besteht. Sie werden der 3fach entarteten Valenzschwingung der SiO_4-Gruppen zugeschrieben, wobei die Entartung durch den Einfl. des inneren Kristallfeldes aufgehoben ist. Die Dublettstruktur ist durch Wechselwrkg. zwischen den Ionen im Kristallgitter zu erklären. Unterhalb 600 cm^{-1} auftretende Banden entsprechen den SiO-Deformationsschwingungen u. Schwingungen der Metall—O-Bindungen. Das Fehlen einer Absorption im Bereich 750—600 cm^{-1}, die für SiO_4-Gruppen mit gemeinsamen O-Atomen charakterist. ist, beweist das Vorliegen isolierter $[SiO_4]^{4-}$-Ionen. Einige Zeit nach der Synth. treten in den Spektren von **Ia** u. **Ib** Banden der Si_2O_7-Ionen auf, was von ihrer Zers. unter

Pyrosilicat-Bldg. zeugt. Die Pyrosilicate **II** zerfallen nach ihrem spektroskop. Verh. in folgende 3 Gruppen: **IIa** R = La, Ce, Sm; **IIb** R = Y, Gd, Dy; **IIc** R = Sc, Er, Yb. In den Spektren der **IIa** treten im Bereich 1100—800 cm^{-1} 7 Banden auf, die teilweise Dublettstruktur besitzen. Sie werden 7 Normalschwingungen des Si_2O_7-Ions zugeordnet, das Auftreten einer A_2-Schwingung zeigt, daß das Si_2O_7-Ion im Kristallgitter der **IIa** eine niedere site-Symmetrie als C_{2v} (C_2, C_3 oder C_1) besitzt. Eine einzelne Bande bei 730 cm^{-1} wird der niederfrequenten Komponente der aufgespaltenen pulsierenden Schwingung der SiO_4-Gruppe im Si_2O_7-Ion zugeschrieben, die Größe der Aufspaltung weist auf eine stark gewinkelte Form des Si_2O_7-Ions hin ($<$ SiOSi $\leqslant 120^0$). Die **IIb** zeigen im Bereich 1025—850 cm^{-1} 6 intensive Banden, daraus folgt die site-Symmetrie C_{2v} für das Si_2O_7-Ion. Die der **IIa**-Bande 730 cm^{-1} entsprechende Schwingung erscheint bei 630, was für eine Vergrößerung von ∢ SiOSi auf ca. 160^0 bei den **IIb** spricht. Die **IIc** besitzen in Übereinstimmung mit dem Spektrum von natürlichem Thortveitit 4 Banden im Gebiet 1150—850 cm^{-1} u. keine Bande bei 850—600. Daraus folgt die site-Symmetrie C_{2h} des Si_2O_7-Ions im Gitter. In Übereinstimmung mit der Röntgenstrukturanalyse ist ∢ SiOSi = 180^0. Unterhalb 600 cm^{-1} zeigen alle **II** eine Gruppe starker Banden, die den SiO-Deformationsschwingungen u. Schwingungen der Metall—O-Bindungen zugeordnet werden. Die unterschiedliche Form der Si_2O_7-Gruppen bei **IIa**, **IIb** u. **IIc** versuchen Vff. durch die Unterschiede in der Größe der Ionenradien u. Koordinationspolyeder der Kationen u. den mit ihnen verbundenen Änderungen in der Natur der Bindungen innerhalb der Anionen zu erklären. U.-L. Rau. 120□

Infrarotspektren einiger Verbindungen des Kupfers mit Anilin. M. Ss. Barwinok, Ju. Ss. Warschawski und L. K. Putzeiko. (Журнал Неорганической Химии [J. anorg. Chem.] **6**, 1125—28, Mai 1961; russ.) — Vgl. C. **1962**, 7083. — Von $CuSO_4 \cdot 2\,C_6H_5N$, $CuCl_2 \cdot 2\,C_6H_5N$, $CuBr_2 \cdot 2\,C_6H_5N$, $Cu(CH_3COO)_2 \cdot 2\,C_6H_5N \cdot H_2O$ wurden die IR-Spektren aufgenommen u. diskutiert. Die C—N-Schwingung des Anilins bei 1280 cm^{-1} fehlt in den Verbindungen. Dafür tritt bei einigen eine neue Bande bei 1224 cm^{-1} auf. Bei den NH-Valenzschwingungen der H_2O-freien Anilinkomplexe fehlt die Valenzschwingung. Die Kraft-Konst. der NH-Bindung verringert sich von 6,56 auf 5,80—6,07 in den Komplexen. Der NH-Abstand ändert sich nach vorliegenden Berechnungen nicht. Das Elektronenpaar am N wird auch vom Cu^{2+} mitbeansprucht.
Eberhard Fischer. 120□

Kernquadrupolresonanz und elektrischer Feldgradient in metallischem Indium. R. R. Hewitt und T. T. Taylor. (Physic. Rev. [2] **125**, 524—32, 15/1. 1962; Riverside, Calif., Univ. of California, Dep. of Phys.; engl.) — Vff. berichten über Unterss. der Kernquadrupolresonanz in metall. In zwischen 4,2 u. 390,2° K. Als Quelle für den elektr. Feldgradienten wurden dabei der ion. Anteil u. die Untergrundladungsdichte der Leitungselektronen betrachtet. Der ion. Anteil am Feldgradienten wurde nach einer neuen Meth. zu 20% bestimmt u. eine zweite Quelle für den gesamten Feldgradienten diskutiert. Diese ist eine wellenförmige Komponente der Ladungsdichte mit der Periodizität des Gitters. Es zeigt sich, daß schon ein geringer Anteil dieser Komponente einen ausreichenden Gradienten hervorruft, um die beobachteten Erscheinungen zu deuten. G. M. Neumann. 121□

Theorie eines Plasmaverstärkers mit negativem Widerstand. J. Y. Wada und Z. A. Kaprielian. (J. appl. Physics **33**, 1551—62, April 1962; Los Angeles, Calif., Univ. of South California, Electr. Engng. Dep.; engl.) — Die Theorie eines Plasmaverstärkers mit negativem Widerstand gründet sich auf ein angenähertes quasielektrostat. Modell eines modifizierten Quadrupolhohlraumes, der eine Plasmasäule u. hyperbol. Quadrupolelektroden mit Seitenresonatoren enthält. Die Theorie wird auf Plasmen mit endlichen Stoßfrequenzen in einem endlichen Magnetfeld ausgedehnt.
Hans Laue. 121□

Eine Analyse der Maseroscillator-Gleichungen. D. M. Sinnett. (J. appl. Physics **33**, 1578—81, April 1962; Ann Arbor, Mich., Univ. of Michigan, Inst. of Sci. and Technol.; engl.) — Die Maseroszillatorgleichungen, die die Wechselwrkg. zwischen dem Resonanzhohlraum u. der umgekehrten Besetzung des Elektronenspin-Syst. der paramagnet. Substanz beschreiben, werden untersucht. Numer. Lösungen zeigen, daß man period. Lösungen bekommen kann, wenn man der Gleichung für das Spin-Syst. einen Term hinzufügt. Hans Laue. 121□

Elektronenenergieniveaus in Kristallen. 2. Mitt. Reihen homologer Aktivatoren. M. Balarin. (Ann. Physik [7] **7**, 113—22, 1961; Rossendorf über Dresden, Zentralinst. für Kernphys., Werkstoffe u. Festkörper; dt.) — 1. vgl. Ann. Physik [7] **6**, [1960], 120. — Die in l. c. mit Hilfe des Zentralionenmodells für Tl^+ als Aktivator in Alkalihalogeniden gewonnenen Ergebnisse über die Art, Lage u. Form der Absorptions- u. Emissionsspektren sowie den Einfl. des Grundkristallfeldes, werden verallgemeinert. Es werden Regeln für das Verh. ähnlicher homologer Aktivatoren, z. B. der Isoelektronenaktivatoren des Tl^+, Pb^{2+} u. Bi^{3+} u. der Isokernaktivatoren des Tl^+, Tl^0 u. des Pb^{2+},Pb^+aufgestellt. Bei ersteren ist in der Reihe $Tl^+ \rightarrow Pb^{2+} \rightarrow Bi^{3+}$ mit einer Abnahme der Aktivator-Konst a u. einer Zunahme der Verschiebungsgröße zu rechnen, da der Ionenradius abnimmt u. auf die negativen Nachbarionen eine zusätzliche Anziehungskraft wirkt; bei den Isokernaktivatoren ist es umgekehrt. G. Heller. 125☐

Polarisation der Tieftemperaturluminescenz von thalliumhaltigen Natriumnitriteinkristallen. Shoji Makishima, Takeshi Tomotsu, Masao Hirata, Ryozo Kambe und Shigeo Shionoya. (Physics Chem. Solids **18**, 262–64, Febr. 1961; Minato-Ku, Tokyo, Univ. of Tokyo, Inst. of Solid State Phys.; engl.) — $NaNO_2$-Einkristalle mit 0,1 Mol-% Tl^+ werden bei 77° K mit Licht der Wellenlänge 3650 Å angeregt, das Emissionsspektrum wird zwischen 350 u. 670 mμ aufgenommen. Die blauen Banden zeigen eine ausgeprägte Feinstruktur, die auf die Emission von NO_2^- zurückzuführen ist; das Maximum der roten Bande ist der Emission von Tl^+ zuzuordnen. Die Abhängigkeit der Polarisation der Emissionsbanden vom Winkel zwischen dem elektr. Vektor des anregenden Lichtes u. den Kristallachsen ist graph. angegeben; die blaue Luminescenz ist in der a-Richtung, die rote Luminescenz in der kristallograph. b-Richtung polarisiert. Herbert Müller. 125☐

Thermoluminescenz in Anhydrit. W. L. Medlin. (Physics Chem. Solids **18**, 238 bis 252, Febr. 1961; Dallas, Tex., Socony Mobil Oil Co., Inc., Field Res. Labor.; engl.) — An Proben von natürlichem *Anhydrit* (I) u. an durch Fällung in Ggw. von Mn^{2+}, Zn^{2+}, Sb^{3+}, Pb^{2+}, Cd^{2+}, Fe^{2+}, Fe^{3+}, Co^{2+}, Ni^{2+}, Cu^{2+}, Ag^+, Bi^{3+}, Al^{3+}, Ti^{3+}, V^{2+}, Cr^{3+}, Sn^{2+}, As^{3+} bzw. As^{5+} hergestelltem $CaSO_4$ wird zwischen 77 u. 750° K die Thermoluminescenz (TL) nach Anregung mit Mo-Röntgenstrahlen mit Hilfe eines 5819-Photomultipliers untersucht. Die TL von $CaSO_4$ wird durch Mn^{2+}-, Zn^{2+}-, Sb^{3+}-, Pb^{2+}- bzw. Cd^{2+}-Zusätze verursacht, während die übrigen Verunreinigungen ohne Einfl. sind; die Wirksamkeit erreicht für die 390° K-Emission von Mn^{2+} bei einem Molenbruch von ca. 10^{-3} u. für die 355- u. 200° K-Emission von Sb^{3+} bei einem Molenbruch von ca. $2 \cdot 10^{-4}$ ein Maximum, während $\leq$770 ppm Zn^{2+} ebenfalls wirksam sind. Pb^{2+} u. Cd^{2+} sind erst bei wesentlich größeren Konzz. (>1%) als Aktivatoren wirksam. Die TL von I kann unter der Annahme des Vorliegens von Mn^{2+} u. Zn^{2+} alleine gedeutet werden; das Auftreten des Auslassens einer Bande ist auf die Ggw. von Anionenleerstellen zurückzuführen. Wird I auf 800° angelassen, so verschwindet die Auslaßerscheinung, u. die auf Zn^{2+} beruhende TL wird wesentlich beeinflußt. Ähnliche Effekte werden an künstlich hergestellten Proben beobachtet. Die im untersuchten Temp.-Bereich auftretenden 3 Emissionsmaxima gehören zu einem Zentrum mit 3 dicht benachbarten Energiezuständen einer Haftstelle. Aus den Zn^{2+}-Haftstellen wird ein Elektron durch therm. Anregung aus einer tieferen in eine flachere Haftstelle gehoben, wenn der Übergang aus der tieferen Haftstelle in das Leitungsband vernachlässigbar klein ist. Die an I beobachteten kleinen Emissionsintensitäten sind auf die Lösch-Wrkg. von Fe^{3+} u. die sehr geringen Aktivator-Konzz. zurückzuführen. Herbert Müller. 125☐

A_3. Elektrizität. Magnetismus. Elektrochemie

Einfluß der Tensorleitfähigkeit auf Endströme in MHD-Kanälen mit gekreuzten Feldern bei schrägen Elektroden. Boris Podolsky und A. Sherman. (J. appl. Physics **33**, 1414–18, April 1962; Cincinnati, Ohio, Xavier Univ.; Philadelphia, Pa., Gen. Electr. Space Sci. Labor.; engl.) — Die Verteilung des Stroms u. elektr. Feldes im Endgebiet einer magnetohydrodynam. App. mit gekreuzten Feldern (Beschleuniger oder Generator) mit schrägen Elektroden wird für den Fall untersucht, daß das Plasma einen Hall-Effekt hat. Man erhielt Lösungen für mehrere Werte von $\omega\tau$ (ω = Elektron-Cyclotron-Frequenz, τ = mittlere freie Zeit des Elektrons). Hans Laue. 131☐

Berechnung thermodynamischer Kennwerte des isothermen Wasserstoffplasmas. Ferd. Kümmel. (Beitr. Plasmaphysik **1**, 94–106, 1960/61; Berlin, DAW, Phys.-Techn. Inst., Bereich Strahlungsquellen; dt.) — Vf. berechnet für ein atomares, isothermes Wasserstoffplasma mit Hilfe aus der Literatur bekannter Beziehungen bzw. durch Extrapolationen Teilchenzahlen, spezif. Wärme c_v pro Vol.-Einheit, Wärmeleitfähigkeit, elektr. Leitfähigkeit, Dichte u. Entropie sowie die Schall-Geschw. (Temp.-Bereich 10000–50000° K, Druckbereich 1–10000 Torr). Für Deuterium u. Tritium werden gleiche effektive Ionisierungsspannungen angenommen, so daß die Unterschiede in den Werten nur durch die Differenz der Massen zustande kommen. Zusammenstellung der Ergebnisse in Tabellen u. Diagrammen. H. Schirrwitz. 131☐

Messung der Energie schneller Ionen in einer starken Impulsentladung. B. G. Breshnew. (Известия Академии Наук СССР, Отделение Технических Наук, Энергетика и Автоматика [Nachr. Akad. Wiss. UdSSR, Abt. techn. Wiss., Energet. Automat.] **1960,** 54—58, März/April; Moskau; russ.) — Durch Anwendung der Parabel-Meth. für die Analyse eines Bündels schneller Ionen konnte festgestellt werden, daß die Ionen im Plasma einer starken Impulsentladung in D_2 u. in H_2 ein Geschw.-Spektrum von 4—200 keV haben. Die Bldg. schneller negativer Ionen erklärt sich durch das Umladen schneller positiver Ionen, d. h. durch das Auftreten schneller neutraler Teilchen mit nachfolgendem Elektroneneinfang. Dabei verändert sich die Richtung der Geschw. der schnellen Teilchen kaum. Beide Teilchen fliegen zur Kathode. Die maximalen Geschw. der negativen Ionen sind geringer als diejenigen der positiven.
H. Treumann. 131□

Elektroneneinfang bei langsamen Stößen. D. R. Bates und R. McCarroll. (Proc. Roy. Soc. [London], Ser. A **245,** 175—83, 3/6. 1958; Belfast, Queen's Univ., Dep. of Appl. Math.; engl.) — Vgl. C. **1959,** 2677. — Vff. modifizieren die Formulierungen für den Elektroneneinfang bei langsamen Stößen aus der Arbeit von Bates, Massey u. Stewart (C. **1954,** 8276). Durch geeignete Umformung der Elektroneneigenfunktionen werden die früheren Mängel beseitigt u. die Gleichheit der Stoßparameter- u. der Wellenbehandlung für den Fall des Resonanz- u. des Nichtresonanzeinfangs gewährleistet.
G. M. Neumann. 131□

Bedeutung der Verzerrung bei unelastischen Stößen zwischen schweren Systemen. D. R. Bates. (Proc. physic. Soc. **73,** 227—32, 1/2. 1959; engl.) — Vgl. vorst. Referat. — Vf. zeigt, daß die Verzerrung einen großen Einfl. auf die Anregungs- u. Ionisierungsquerschnitte selbst bei sehr hohen Energien haben kann. Die Stoßprozesse $H^+ + H(1s) \rightarrow H^+ + H(2s)$ u. $He^{2+} + H(1s) \rightarrow He^{2+} + H(2s)$ werden unter Verw. einer Stoßparameterbehandlung im einzelnen berechnet. Es zeigt sich, daß die Berücksichtigung der Verzerrung zu wesentlichen kleineren Querschnitten bei kleinen u. mittleren Energien führt. D. Jörchel. 131□

Massenspektroskopische Beobachtung von Elektronen- und Protonenübergangsreaktionen zwischen positiven Ionen und neutralen Molekülen. A. Henglein und G. A. Muccini. (Z. Naturforsch. **17a,** 452—60, Juni 1962; Berlin, Hahn-Meitner-Inst. für Kernforsch.; Pittsburgh, Pa., Mellon Inst., Radiat. Res. Labor.; engl.) — Vff. berichten über die Anwendung der Meth. von Cermak u. Herman zur massenspektroskop. Unters. symm. Elektronen- u. Protonenübergangsprozesse. Die Charakteristik der Ionenquelle wurde experimentell u. theoret. untersucht u. eine neue Kurve der Ionisationswirksamkeit gefunden, wenn der sek. Ionenstrom als Funktion der Spannung zwischen Ionenkammer u. Elektronenfänger bei konst. Spannung zwischen Glühfaden u. Ionenkammer aufgetragen wird. Es zeigt sich, daß Elektronenübergänge in CH_4 nur geringe Wrkg.-Querschnitte aufweisen, mit steigender Mol.-Größe u. Untersättigung jedoch zunehmen. Sehr große Wrkg.-Querschnitte wurden bei S u. J enthaltenden Verbb. beobachtet. Ferner wurden doppelte Ladungsübergänge gefunden. Protonenübergangs-Rkk. wurden an einfachen Moll. beobachtet; es zeigt sich, daß sie bei niedrigen Energien über Komplexe, bei hohen kinet. Energien als „stripping"-Prozeß ablaufen. Weiterhin wurden im sek. Massenspektrum Fragmentionen gefunden, die teilweise einer Streuung prim. Fragmentionen zugeschrieben werden, die aber auch zusätzlich Rkk., wie Hydridionenübergängen u. Dissoziationsprozessen angeregter Ionen, zugeordnet werden müssen.
G. M. Neumann. 131□

Übermittlung und Fernberechnung massenspektrometrischer Daten. C. H. Mihm, L. W. Pollock und R. O. Shelton. (Analytic. Chem. **30,** 874—76, Mai 1958; Bartlesville, Okla., Phillips Petroleum Co., Process Dev. Div., Res. and Dev. Dep.; engl.) — Vff. berichten über eine Anlage zur Analyse von Massenspektren, bei der die Berechnung der einzelnen Daten in 350 Meilen Entfernung vom Massenspektrometer mit automat. Rechenmaschinen erfolgt. Die Berechnungszeit wird darüber hinaus von einigen Std. auf einige Min. reduziert. • G. M. Neumann. 131□

Maschinelle Auswertung massenspektrometrischer Analysen. Dreiecks-Umkehr-Methode. Harry F. Hopp und Richard Wertzler. (Analytic. Chem. **30,** 877—79, Mai 1958; Harrey, Ill., Sinclair Res. Labor.; engl.) — Vff. berichten über eine Modifizierung der Umkehr-Meth. bei der Berechnung massenspektrometr. Daten mit elektron. Rechenmaschinen, die mit einem Zeitaufwand von ca. 1 Min. für eine 21-Komponenten-Mischung auskommt u. genauere Werte als die ursprüngliche Meth. liefert.
G. M. Neumann. 131□

Halbautomatische Zusammenstellung von Massenspektrometer-Matrizen. D. R. McAdams. (Analytic. Chem. **30,** 881—85, Mai 1958; Baton Rouge, La., Esso Standard Oil Co., Esso Res. Labor.; engl.) — Vf. berichtet über ein Rechenprogramm, nach dem massenspektrometr. Kalibrierungsdaten mit einer Digitalrechenmaschine in eine direkte Matrix zur weiteren Rechnung übergeführt werden können. G. M. Neumann. 131□

Verteilungsdiagramme der Isotopenmaxima im Massenspektrum von Zinn(IV)-bromid. Francis J. Norton. (Nature [London] **194**, 467—68, 5/5. 1962; Schenectady, N.Y., Gen. Electr. Res. Labor.; engl.) — Vf. weist auf die Bedeutung u. Eignung von $SnBr_4$ zur Eichung der Massenskala eines Massenspektrometers für höhere Massen hin. Noch besser geeignet wäre SnJ_4, da hier nur der Einfl. der Sn-Isotope auftritt, doch stören schon Spuren von $SnBr_4$ sehr stark. G. M. Neumann. 131□

Oberflächenschichten auf Bariumtitanateinkristallen oberhalb des Curie-Punktes. H. Schlosser und M. E. Drougard. (J. appl. Physics **32**, 1227—31, Juli 1961; Yorktown Heights, N.Y., IBM Res. Center; engl.) — Es wurden dielektr. Dispersionsmessungen an Ba-Titanateinkristallen von verschiedener Dicke bei Temp. über dem Curie-Punkt bis zu 180° ausgeführt. Im Hochfrequenzgebiet der Messungen (100 kHz) zeigten dünne Proben des Kristalls eine wesentlich geringere DK als dicke. Dieser Effekt wurde der Ggw. einer dünnen Oberflächenschicht zugeschrieben, die eine niedrige DK hat u. in dem gemessenen Temp.-Bereich eine Kapazität in der Größenordnung von 0,5 $\mu F/cm^2$. Die Relaxationszeit der Oberflächenschicht wurde zu mindestens 10^{-4} Sek. bei 120° gefunden. K. Huste. 132□

Einfluß des elektrischen Feldes auf die Temperaturschwelle des Auftretens positiver Ionen bei der Oberflächenionisation von Atomen. E. Ja. Sandberg. (Известия Академии Наук СССР, Серия Физическая [Nachr. Akad. Wiss. UdSSR, physik. Ser.] **24**, 629—34, 1960; Leningrad, Akad. der Wiss. der UdSSR, Physikal.-techn. Inst.; russ.) — Vgl. C. **1959**, 2017; C. **1960**, 3772 u. 3773. — In der bisher vorliegenden Theorie der Temp.-Abhängigkeit der Oberflächenionisation wird vorausgesetzt, daß die Oberflächenbedeckung durch adsorbierte Atome bei allen Temp. gering ist. Dies ist aber nur bei hinreichend hohen Oberflächen-Temp. richtig. Bei niedrigeren Temp. nimmt der Adsorptionsgrad zu, so daß unterhalb einer gewissen Schwellen-Temp. T_0 prakt. keine Oberflächenionisation mehr stattfindet. T_0 erniedrigt sich mit zunehmender Feldstärke E vor der Oberfläche. Eine theoret. Betrachtung wird für den Fall durchgeführt, daß die Ionisierungsenergie der Atome kleiner als die minimale lokale Austrittsarbeit aus der Metalloberfläche ist. Sie ergibt, daß T_0 dann eine lineare Funktion von $\sqrt{E}$ ist, wenn die krit. Entfernung x_{kr} für die Umladung eines Adatoms an der Oberfläche wesentlich kleiner ist als diejenige Entfernung x_0, in welcher die Bildkraft von der Kraft des angelegten elektr. Feldes kompensiert wird. Ist x_{kr} nicht wesentlich kleiner als x_0, so nimmt T_0 mit zunehmendem E langsamer ab. Verss. mit *CsCl* u. *K* an *W*-Oberflächen im Temp.-Bereich zwischen 400 u. 1300° K bei Feldstärken zwischen 35 kV/cm u. 6 MV/cm bestätigten den linearen Zusammenhang zwischen T_0 u. $\sqrt{E}$. Auswertung der experimentellen Ergebnisse führt auf $x_{kr} \approx 4$ Å. F. Lenz. 134□

Beobachtung von Nickel-Kathoden bei hohen Temperaturen mit dem Müller-Mikroskop. Tadatosi Hibi und Kazuo Ishikawa. (Sci. Rep. Res. Inst. Tôhoku Univ., Ser. A **13**, 299—310, Okt. 1961; Tokyo, Univ., Res. Inst. for Sci. Measurem.; engl.) — Mit *MgO* aktivierte Ni-Spitzen wurden mit dem Feldelektronenmikroskop zwischen Raum-Temp. u. 1380° K untersucht. Es werden zwei Gruppen von Kristallflächen unterschieden, die ein unterschiedliches Emissions-Verh. zeigen. Flächen mit geringer Packungsdichte weisen eine vergleichsweise geringe Elektronenaustrittsarbeit auf. Eine Strom–Spannungs-Kennlinie der Ni-Kathode wurde gemessen.
M. Drechsler. 134□

Die Untersuchung von Spitzenkathoden mit dem Müller-Mikroskop. Tadatosi Hibi und Kazuo Ishikawa. (Sci. Rep. Res. Inst. Tôhoku Univ., Ser. A **13**, 311—19, Okt. 1961; engl.) — Vgl. vorst. Referat. — Zur Entw. besserer Spitzenkathoden für die Elektronen- u. Röntgenmikroskopie wurden Feld–Temp.-Kathoden aus *Ni* mit dem Feldelektronenmikroskop untersucht. Erprobt wurden Spitzen aus kalt gezogenem Draht, tordiertem Draht, getempertem Draht u. mit MgO aktivierte Kathoden. Durch Prüfung der Spitzen im Lichtmikroskop wurde festgestellt, daß bei unsymm. Feldelektronenbildern die Form der Spitze nicht rotationssymm. ist. Bei unregelmäßig geformten Spitzen wurden im Emissionsbild ferner häufig Korngrenzen gefunden.
M. Drechsler. 134□

Langsame Elektronen in polaren Kristallen. A. W. Tulub. (Журнал Экспериментальной и Теоретической Физики [J. exp. theoret. Physik] **41**, 1828—38, Dez. 1961; Leningrad, Univ.; russ., Auszug: engl.) — Vf. betrachtet die Wechselwrkg. eines nichtrelativist. Teilchens mit einem skalaren Feld u. wendet die Ergebnisse auf das Polaron an. Unter Benutzung der kanon. Transformationen von Lee, Low u.

Pines wird ein Hamilton-Operator (HO) aufgestellt, für den die entsprechenden Heisenbergschen Bewegungsgleichungen gelöst werden. Die Energie für durchschnittliche Werte der Kopplungs-Konst. wird durch eine Variationstechnik abgeleitet. Die Streuung der Polaronen an Phononen wird als Resonanzprozeß betrachtet. Der Wert des Resonanzmomentes wird durch Kopplungsberechnung bestimmt. Die Abhängigkeit der Kopplungs-Konst., die charakterist. ist für das Resonanzmoment, führt zu dem Grenzwert der Konst. g zur Berechnung des HO von $g^2_{max} \sim 8-9$. Dieser Mittelwert wurde aus den entsprechenden Daten von LiF, NaF, NaCl, NaBr, NaJ, KCl, KJ, RbCl, RbBr, RbJ u. AgCl ermittelt. D. Hoene. 135□

Anwendung der SCF-Methode auf die Theorie von Oberflächenzuständen von Elektronen in einem Kristall. Jaroslav Koutecký. (Českoslov. Časopis Fysiku **8**, 153 bis 157, 1958; Praha, Ústav fys. chem., Českoslov. akad. ved; tschech. — C. **1960**, 16662.) J. Tůmová. 135□

Zum Energiespektrum lokalisierter Elektronenniveaus. R. Gaspar. (Abh. dtsch. Akad. Wiss. Berlin, Kl. Math., Physik Techn. **1960**, Nr. 7, 110—14; Debrecen, Kossuth-Lajos-Univ., Inst. für theoret. Phys.; dt.) — Vf. berichtet über Berechnungen für das Störstellenmodell eines Dipols nach der Meth. der LCAO-Mol.-Bahnen. Ferner werden die Einelektronenenergiewerte für folgende Störstellenmodelle in Abhängigkeit vom Gitterparameter angegeben: 1. Donatoratom; 2. 2atomiges Mol.-Ion; 3. 2atomiges Mol.; 4. symm. Dipol; 5. asymm. Dipol; 6. asymm. Quadrupol u. 7. Bewegung eines Elektrons im Feld vieler Donatorionen bei hoher Donatorkonzentration. Das wesentlichste Resultat sieht Vf. in der Einführung der Störterme, die sich aus dem Modell des Donator-Mol.-Ions ergeben, da durch dieses Modell der Einfl. von Versetzungen auf die Elektronenbewegung beschrieben werden kann. G. M. Neumann. 135□

Einige statistische Probleme in Halbleitern. 1. Mitt. Trapping-Statistik. P. T. Landsberg. (Halbleiter u. Phosphore, Kolloquium **1956**, 45—62, 1958; Aberdeen, Univ. of Aberdeen, Marischal Coll.; engl.) — Theoret. Betrachtung der Trapping-Statistik (Verallgemeinerung der Halbleiterstatistik, MW 6) u. anderer statist. Probleme der Halbleiter (Temp.-Abhängigkeit der Energieniveaus, Meyer-Neldel-Regel). H. Roschkowski. 135□

Photoelektromagnetischer und magnetischer Sperrschichteffekt. T. S. Moss. (Halbleiter u. Phosphore, Kolloquium **1956**, 98—112, 1958; Farnborough, Hampshire, Royal Aircraft Establ.; engl.) — Theoret.-mathemat. Behandlung des photoelektromagnet. Effektes (PEM). Der Einfl. von starken magnet. Feldern u. verschiedener Rekombinations-Geschw. der Ladungsträger an der Oberfläche u. im Innern der Probe wird betrachtet. Der Einfl. großer Belichtungsintensität auf verschiedene bimol. Rekombinationsgesetze wird beschrieben. Kurze Abhandlung über den magnet. Sperrschichteffekt, dem Ähnlichkeiten mit PEM zugeschrieben werden. H. Roschkowski. 135□

Magnetische Susceptibilität von Halbleitern. Georg A. Busch. (Halbleiter u. Phosphore, Kolloquium **1956**, 158—77, 1958; Zürich, ETH, Labor. für Festkörper-Phys.; dt.) — An Hand von Literaturwerten u. eigenen Unterss. entwickelt Vf. eine theoret. Abhandlung der magnet. Susceptibilität von Halbleitern. Die Größe des Gitteranteils u. die Temp.-Abhängigkeit der Gesamtsusceptibilität werden diskutiert. — 52 Literaturangaben (bis 1956). H. Roschkowski. 135□

Kinetik der Kathodenprozesse an Halbleiterelektroden unter Beteiligung der Elektronen der Valenzzone. R. M. Lasorenko-Manewitsch und Ss. O. Isidinow. (Доклады Академии Наук СССР [Ber. Akad. Wiss. UdSSR] **140**, 172—75, 1/9. 1961; Physik.-chem. Karpow-Inst.; russ.) — Die Prozesse an Kathoden aus Halbleitern werden für den Fall der Beteiligung nur der Leitfähigkeits- als auch der Valenzelektronen diskutiert u. für die Beziehungen zwischen Überspannung, Stromdichte, Potentialverschiebung im Helmholtz-Teil der Doppelschicht beim Stromdurchgang u. Potentialverschiebung in der Raumladungsschicht im Halbleiter sowie Konz. der Elektronen Formeln abgeleitet. Als Beispiele werden p-Si u. n-Si in KOH behandelt u. die sehr hohen Potentialverschiebungen beim Stromdurchgang erörtert. M. Wiedemann. 135□

Die nichtstationären Vorgänge beim Einschalten einer p—n—p—n-Triode. Toshio Misawa. (J. Electronics and Control [1] **7**, 523—33, Dez. 1959; engl.) — Es wird der Übergang vom nichtleitenden zum leitenden Zustand eines 4-Schichtgleichrichters in Vorstromrichtung mit einigen Vereinfachungen theoret. untersucht. Der zunächst nichtleitende Gleichrichter kann nach Überschreiten der Vorstromdurchschlagspannung oder — bei niedrigerer Spannung — nach Auftasten der 1. — n — Basisschicht über den Hilfsemitter (Zündelektrode) leitend werden; der zeitliche Ablauf dieses Vorganges ist auch von dem Arbeitswiderstand abhängig. Bis zum Leitendwerden der mittleren p-Schicht steigt der Strom, unabhängig vom Arbeitswiderstand, exponentiell mit der Zeit. Bei Auftasten über die Zündelektrode ist die bis zum Stromanstieg bis auf 10% des Endwertes erforderliche Zeit in 1. Näherung proportional dem log des Zündstromes. Nach dem Leitendwerden der 2. mittleren u. stärkeren, p-leitenden Basisschicht verhält sich der 4-Schichtgleichrichter infolge der Leitfähigkeitsmodulation dieser Schicht wie ein induktiver Widerstand. Der im Vorhergehenden beschriebene Einschaltvorgang wird im einzelnen an Hand eines p–n–p–n-Modells mit verschiedenem Stromverstärkungsfaktor in beiden Basisschichten berechnet u. aus aufgenommenen Oscillogrammen bestätigt. H. Böhm. 135☐

Zur Bestimmung der Minderheitsträger-Lebensdauer im Basisgebiet von Transistoren. M. B. Das und A. R. Boothroyd. (J. Electronics and Control [1] **7**, 534—39, Dez. 1959; engl.) — Ein indirektes Meßverf. für die Minderheitsträger-Lebensdauer (MTL) an bereits zu Bauelementen verarbeiteten Halbleitern, welches unabhängig von oft nicht erfüllten Voraussetzungen arbeitet, war bisher nicht bekannt. Es wird, ausgehend von den Earlyschen Beziehungen zwischen NF-Basisdickemodulation, MTL u. Basisdurchlaufzeit (BLZ) u. den entsprechenden Größen im π-Ersatzschaltbild des Transistors ein Verfahren der o. a. Art entwickelt. Es ist, wie im einzelnen gezeigt, nur erforderlich, Stromverstärkung u. Basiswiderstand mit konventionellen Verff. sowie die Ausgangsleitfähigkeit in Emitterschaltung mit einer Brücke zu messen, um MTL u. BLZ zu ermitteln. An 5 untersuchten Transistortypen wurde die zu erwartende Beziehung MTL $\gg$ BLZ gefunden, keine dagegen zwischen MTL u. Stromverstärkung. H. Böhm. 135☐

Zur Spektralabhängigkeit des p–n-Photoeffektes am SiC. G. Jungk und K. Thiessen. (Physica Status solidi [Berlin] **1**, Nr. 6, Kurze Orig.-Mitt. K127—K130, 1961; Berlin, Physikal.-techn. Inst. der Dt. Akad. der Wiss.; dt.) — Vff. untersuchen den Photoeffekt an blauschwarzem p-SiC u. grünem n-SiC bei Zimmer-Temp. im Spektralbereich von 0,2—0,7 μ. Die p–n-Übergänge wurden durch Einlegieren von Si + Sb an p-leitendem bzw. Si + Al an n-leitendem SiC u. die ohmschen Kontakte durch Legieren mit W hergestellt. Das Maximum der Photoempfindlichkeit aller p-leitenden Kristalle lag im infraroten, das der n-leitenden im ultravioletten Spektralbereich. An Kristallen größter Reinheit konnten beide Maxima beobachtet werden. Vff. diskutieren die Ursachen der Photo-EMK. D. Hoene. 135☐

Beobachtung von Effekten mechanischer Spannung an Germanium und Silicium mittels Cyclotronresonanz. A. C. Rose-Innes. (Proc. physic. Soc. **72**, 514—22, 1/10. 1958; Baldock, Herts., Serv. Electron. Res. Labor.; engl.) — Vf. untersuchte mittels der Cyclotronresonanz bei Mikrowellenfrequenzen die Änderungen der Bandstruktur in Ge u. Si infolge einer nichtisotropen elast. Beanspruchung. Es zeigte sich, daß die Elongation des Kristalls in einer gegebenen Richtung die Energie jener Minima des Leitungsbandes erhöht, welche in der betreffenden Richtung im Impulsraum liegen, u. daß umgekehrt eine Kontraktion diese Energie verringert. Eine nichtisotrope Dehnung vermindert die Intensitäten der Löcherresonanzen. Die Ergebnisse sind mit den aus Messungen des Piezowiderstandes gezogenen Folgerungen verträglich. Durch eine Verzerrung der Valenzbandkante läßt sich die Verringerung der Resonanz der schweren Löcher nicht deuten. D. Jörchel. 135☐

Änderung der elektrischen Oberflächeneigenschaften infolge Adsorption von Wasserstoff und Sauerstoff an Silicium. J. T. Law. (J. appl. Physics **32**, 600—08, April 1961; Murray Hill, N.J., Bell Telephone Labor.; engl.) — Es wurde die Leitfähigkeit, die Lebensdauer, das Kontaktpotential sowie dessen Änderung infolge Lichteinstrahlung von Si-Oberflächen während der Adsorption von O_2 u. H bestimmt. Im Fall der O_2-Adsorption nahm die Austrittsarbeit linear mit dem Bedeckungsgrad zu, u. zwar zwischen $\theta = 0$ bis $\theta = 1$ um 0,35 eV; die Transport-Eigg. änderten sich dabei nur wenig. Im Falle der H-Adsorption dagegen erfuhr die Austrittsarbeit zwischen $\Theta = 0$ bis $\theta = 0{,}35$ eine Verminderung um 0,1 eV u. zwischen $\theta = 0{,}35$ u. $\theta = 1$ eine Zunahme um 0,3 eV; die Transport-Eigg. änderten sich dabei beträchtlich u. weisen auf einen abwärts gerichteten Verlauf der Energiebänder in der Nähe der Oberfläche um 0,8 eV hin. Bei einer reinen Oberfläche lag die Valenzbandkante 0,12—0,14 eV unterhalb des Fermi-Niveaus, verglichen mit den Verhältnissen im Innern des Kristalles. D. Forst. 135☐

Über die Natur des mit dem Oberflächenzustand zusammenhängenden Sperrstroms des p–n-Überganges bei Germanium. O. Nesvadba. (Českoslov. Časopis Fysiku **10**, 580, 1960; Rožnov, n. p. Tesla Rožnov; tschech.) — Die Verss. wurden an Dioden $12 \times 9 \times 0{,}15$ mm, p–n-Übergang 1 mm bei 25 ± 2^0 im Dunkeln u. einer Spannung von $U_k = -4{,}5$ V durchgeführt; als Bezugsatmosphäre diente O_2 mit 10% relativer Feuchtigkeit. Der Strom–Zeit-Verlauf der Cyclen O_2-feucht → O_2-trocken → $O_2 + O_3$ → O_2-trocken wird graph. dargestellt; die entsprechenden Stromänderungen bei gleicher Atmosphäre (O_2-feucht u. O_3) besitzen für die „freie Oberfläche" u. „Übergangsoberfläche" entgegengesetzte Zeichen. Bei Atmosphärenänderungen über der Übergangsoberfläche steigt der Strom u. die Änderung I_k in O_3 überragt die Änderung des Sperrstromes bei Beeinflussung der „freien Oberfläche" um eine, in O_2-feucht um 2—3 Größenordnungen. — Es wird geschlossen, daß diese Erscheinungen mit den Änderungen der Oberflächenleitfähigkeit zusammenhängen. J. Tůmová. 135□

Optische Absorption von As-dotiertem, entartetem Germanium. J. I. Pankove und P. Aigrain. (Physic. Rev. [2] **126**, 956—62, 1/5. 1962; Princeton, N.J., RCA Labor.; Paris, Univ. of Paris; engl.) — Die IR-Durchlässigkeit von entartetem As-dotiertem Ge ($8 \cdot 10^{13}$—$6{,}2 \cdot 10^{19}$ As/cm^3) wird bei 4,2 (fl. He) u. 300° K gemessen. Die Werte bei 4,2° K dienen zur Berechnung der Breite der verbotenen Zone des entarteten Materials, wobei der große Einfl. der Absorption durch freie Ladungsträger zu berücksichtigen sowie der Absorptions-Koeff. für den Fall indirekter Übergänge zwischen den 2 starren parabol. Bändern, von denen eines teilweise besetzt ist, zu berechnen ist. Die Korrektur der experimentellen Werte bzgl. der berechneten Burstein-Verschiebung zeigt, daß die für indirekte Übergänge verbotene Zone beträchtlich kleiner wird [$(93^{+4}_{-9}) \cdot 10^{-3}$ eV bei $4 \cdot 10^{19}$ As/cm^3], ebenso wie die für direkte Übergänge [$(60 \pm 3) \cdot 10^{-3}$ eV bei $4 \cdot 10^{19}$ As/cm^3] bei $K = (0, 0, 0)$. Für die indirekten Übergänge sind keine Phononen erforderlich. P. Frenzel. 135□

Durchschlag und Lichtemission in Galliumphosphid-Dioden. J. W. Allen und P. E. Gibbons. (J. Electronics and Control [1] **7**, 518—22, Dez. 1959; engl.) — Legierte u. Punktkontaktdioden aus n-leitendem GaP emittieren bei Vorstrom oder Sperrstrom im Durchschlaggebiet Licht in einem schmalen Spektralbereich oder in einem breiteren, vom IR bis zur Absorptionskante reichenden mit einem Maximum im orangefarbigen Teil. Im Vorstromgebiet stammt das Licht von strahlenden Rekombinationen injizierter Träger über Störstellenniveaus, im Sperrstromdurchschlaggebiet emittieren die „heißen" Träger des sich aufbauenden Lawinendurchbruchs. Es werden einige charakterist. Durchschlagerscheinungen untersucht. Die Lichtemission geht von diskreten, mit zu- oder abnehmender Sperrspannungsbelastung reproduzierbar erscheinenden oder verschwindenden Punkten aus; im Durchschlaggebiet wurde die Trägerlawinen-Bldg. auch am Photostrom beobachtet. Die sehr kurzzeitigen, zur Lawinen-Bldg. führenden Trägerstoßvorgänge wurden mit Hilfe der synchronen Lichtemission bei Belastung mit Sperrspannungsrechteckimpulsen von $3 \cdot 10^{-9}$ bis $1 \cdot 10^{-8}$ s Breite untersucht; die Lichtimpulse sind schmäler als die Spannungsimpulse. Die beobachteten Phänomene entsprechen weitgehend den bei Si-Dioden gefundenen. GaP-Dioden wären als intensive Quellen für kürzeste Lichtimpulse im Sichtbaren verwendbar. H. Böhm. 135□

Die Anwendung der Quasi-Fermi-Statistik auf Probleme der Luminescenz und Photoleitfähigkeit. I. Broser. (Abh. dtsch. Akad. Wiss. Berlin, Kl. Math., Physik Techn. **1960**, Nr. 7, 45—56; Berlin, MPG, Fritz-Haber-Inst., Inst. für Elektronenmikroskopie; dt.) — Vf. zeigt, daß sich für Phosphore u. Photohalbleiter der *ZnS-Gruppe* eine Möglichkeit anbietet, die Gleichungs-Syst. für die Abhängigkeit der Luminescenz u. der Leitfähigkeit von den äußeren Bedingungen zu vereinfachen, wenn man berücksichtigt, daß sich der Übergangs-Koeff. für den Einfang eines Elektrons in einem Donator u. in einem Acceptor um Größenordnungen unterscheiden. Man kann dann annehmen, daß die Wechselwrkg. zwischen den Donatoren u. dem Leitungsband sowie zwischen den Acceptoren u. dem Valenzband so stark ist, daß mit einer Quasi-Fermi-Statistik innerhalb der beiden Termsyst. gerechnet werden kann u. kinet. Betrachtungen nur noch für Übergänge zwischen den beiden Termsyst. angestellt zu werden brauchen. Messungen der Luminescenz, der Leitfähigkeit u. des Abklingens an CdS-Kristallen bestätigen diese Anschauungen. G. M. Neumann. 135□

Asymmetrien in den Oberflächeneigenschaften der (1 1 1)- und der ($\bar{1}\,\bar{1}\,\bar{1}$)-Flächen des Zinktellurids. J. A. Dillon jun. (J. appl. Physics **33**, 669—72, Febr. 1962; Providence, R. I., Brown Univ., Barus Res. Labor.; engl.) — Atomare Unsymmetrie konnte an den (1 1 1)- u. ($\bar{1}\,\bar{1}\,\bar{1}$)-Flächen des ZnTe in Form von Unterschieden im therm. u. chem. Verh. der Flächen beobachtet werden. Die ($\bar{1}\,\bar{1}\,\bar{1}$)- oder Te-Fläche adsorbiert O_2 mit einem Haft-Koeff. von ca. 10^{-3}, während die (1 1 1)- oder Zn-Fläche unempfindlich gegen O_2 ist. Die photoelektr. Eigg. beider Oberflächen werden durch die Adsorption von H_2O-Dampf verändert. Die (1 1 1)-Fläche ist beim Erhitzen auf höhere Temp. weniger stabil als die ($\bar{1}\,\bar{1}\,\bar{1}$)-Fläche. Harro Zimmer. 135□

Über eine Kopplung zwischen Einfangquerschnitt und energetischer Lage von Haftermen im CdS. H. Hess und H. Wantosch. (Physica Status solidi [Berlin] **1**, Nr. 6,

Kurze Orig.-Mitt. K 130—K 135, 1961; Berlin, Humboldt-Univ., IV. Phys. Inst.; dt.) — Vff. nehmen Ankling- u. Glowkurven an einem mit Cu dotierten CdS-Einkristall auf. Die Anregung des Kristalls erfolgte bei —165° mit Licht der Wellenlänge 546 nm, die Messung des Photostromes zwischen — 165 u. 60°. Die Glowkurven zeigen 2 Maxima A u. B, die Hafttermgruppen entsprechen, deren Energie sich nach einer Näherungsformel von Randell u. Wilkins zu $E_A = 0{,}7$ u. $E_B = 0{,}54$ eV ergibt. Die Konz. (H) u. Anhaft-Koeff. (β) dieser Terme ergeben sich zu $H_A = 2 \cdot 10^{14}$ u. $H_B = 5 \cdot 10^{15}$ cm^{-3}, $\beta_A = 2{,}5 \cdot 10^{-8}$ u. $\beta_B = 1 \cdot 10^{-10}$ cm^{3}s^{-1}. Der tieferliegende Haftterm hat einen größeren Einfangquerschnitt für Elektronen als der flache Haftterm. D. Hoene. 135□

Absorption freier Ladungsträger in CdS. R. Groth und R. Memming. (Physica Status solidi [Berlin] **1**, Nr. 6, 650—55, 1961; Aachen, Philips Zentral-Labor. GmbH.; dt.) — Die Absorption von Ultrarotstrahlung durch freie Ladungsträger wurde an hexagonalem n-CdS (dotiert mit Ge, Durchstrahlung parallel zur c-Achse) für Träger-Konz. von 10^{17}/cm^3 bei 293 u. 90° K untersucht. Bei 90° K steigt der Absorptions-Koeff. mit λ^3 an (λ = Wellenlänge der einfallenden Strahlung), wie es von der Meyerschen Theorie für Streuung an ionisierten Störstellen vorausgesagt wird. Bei Raum-Temp. liegt bereits ein Anteil therm. Streuung vor. Aus der Absorption wurde die effektive Masse freier Träger zu $m^* = (0{,}19 \pm 0{,}02)$ m bestimmt. Ferner wird gezeigt, daß bei der Berechnung von Trägerdichten nach $R_H = -(r/n \cdot e)$ (R_H = Hall-Konst.) der Faktor r für Störstellenstreuung konz.-abhängig ist. Für die Abhängigkeit wird eine Beziehung abgeleitet. D. Hoene. 135□

Über den Einfluß einer Röntgenbestrahlung auf die spektrale Verteilung der Photoleitung von CdS-Einkristallen. E. H. Weber und B. Wojtowicz. (Physica Status solidi [Berlin] **1**, Nr. 1, Kurze Orig.-Mitt. K 7—K 11, 1961; Phys.-techn. Inst. der Dt. Akad. der Wiss. zu Berlin; Berlin, Humboldt-Univ., IV. Phys. Inst.; Warschau, Univ., Inst. für Exp.-Phys.; dt.) — Vff. untersuchen die spektrale Verteilung des Photostromes (PS) von CdS-Einkristallen im senkrecht zur c-Achse polarisierten Licht bei 20° in Abhängigkeit von der Zeit u. Intensität der Bestrahlung mit Röntgenstrahlen. Der unbestrahlte Kristall zeigt ein ausgeprägtes Maximum von PS bei 514—518 nm, das bei der Bestrahlung abgebaut wird. Das Maximum setzt sich zusammen aus einem Teil bei 514 nm, der bei Bestrahlung rasch absinkt, u. einem Teil bei 518 nm, der bei Bestrahlung langsam ansteigt. Die durch Bestrahlung hervorgerufenen PS-Änderungen sind reversibel; der Kristall heilt nach einiger Zeit aus, was durch Belichtung im sichtbaren Spektralbereich beschleunigt werden kann. Analoge Ergebnisse werden an Kristallen erhalten, bei denen das Licht parallel zur c-Achse polarisiert wurde. D. Hoene. 135□

An einigen Photowiderstandszellen im Infraroten ausgeführte Messungen. Nicole Louisnard und André Girard. (Rev. Opt. théor. instrument. **38**, 556—62, Dez. 1959; Office Nat. d'Études et de Rech. Aéronaut.; franz.) — Vff. untersuchen mit Hilfe eines Steinsalzmonochromators die spektrale Empfindlichkeit von Photozellen mit *PbS*, *PbTe* u. *PbSe* zwischen 1 u. 6μ. Die App. gestattet die Messung der Frequenzabhängigkeit bis 30 kHz. Die noch nachweisbaren Energien für das Maximum der spektralen Empfindlichkeit u. die Empfindlichkeit sind für verschiedene Zellenaufbauten angegeben. Herbert Müller. 135□

Beziehung zwischen elektronischen Eigenschaften und Defektgleichgewichte in PbTe. E. Miller, K. Komarek und L. Cadoff. (J. appl. Physics **32**, 2457—65, Nov. 1961; University Heights, N.Y., Univ. of New York, Dep. of Metallurg. and Materials Sci.; engl.) — Vff. züchten nach der Bridgman-Technik PbTe-Einkristalle u. untersuchen deren IR-Absorption, elektr. Widerstand, Hall-Koeff. u. Seebeck-Koeff. im Bereich von 77—900° K. Te-Verlust bei höheren Temp. wird durch Anwendung einer speziellen App. vermieden. Die Tieftemp.-Eigg. stimmen mit denen in der Literatur überein. Die therm. Energielücke aus den Messungen bei höheren Temp. kann jedoch nicht mit der aus Absorptionsmessungen bei Raum-Temp. in Einklang gebracht werden, wenn man nur die Anregung von Elektron–Loch-Paaren bei höheren Temp. annimmt. Es müssen zusätzlich noch die Ladungsträger berücksichtigt werden, die durch Defekt-Bldg. bei höheren Temp. erzeugt werden. Es liegen Schottky-Wagner- u. Frenkel-Defekte vor. Die Aktivierungsenergie zur Bldg. dieser beiden Defekttypen sind durch die Beziehung $E_{Frenkel} = {}^1/_2\, E_{Schottky} + 0{,}55 \simeq 0{,}7$ eV verbunden. D. Hoene. 135□

Der Einfluß des Temperns auf die Leitfähigkeit von Tellur. H. Düsterhöft, G. Fritze und R. Link. (Physica Status solidi [Berlin] **1**, Nr. 1, Kurze Orig.-Mitt. K 12—K 14, 1961; Berlin, Humboldt-Univ., II. Phys. Inst.; dt.) — Vff. untersuchen die elektr. Leitfähigkeit σ von nach dem Czochralski-Verf. hergestellten Te-Kristallen in Abhängigkeit von der Zeit (30 Min.; 50 Std.) des Temperns bei 350° in verschiedenen Atmosphären (Hoch- oder Vorvakuum, N_2). Die Temperung setzt σ herab, Ätzen der getemperten Kristalle erhöht σ. Aus Hall-Effektmessungen folgt, daß die Abnahme von σ auf der Verringerung der Acceptor-Konz. beruht. D. Hoene. 135□

Irreversible Änderungen des elektrischen Widerstandes von dünnen Tellur-Schichten infolge künstlicher Alterung. Karel Čermák. (Českoslov. Časopis Fysiku **10**, 517—20, 1960; Pardubice, Katedra matemat. a fys. Vys. skoly chem.-technolog.; tschech.) — Die Frequenzabhängigkeit des Widerstandes von dünnen, auf Glasunterlagen aufgedampften Te-Schichten (10× 15 mm) wurde mit Gleichstrom u. Wechselstrom (150 kHz-10 MHz) gemessen. — Bei 190° wurde in Übereinstimmung mit anderen Arbeiten bei Gleichstrom ein irreversibler Anstieg des Widerstandes gefunden, welcher bei wiederholtem Erhitzen weiter steigt. Bei Wechselstrom sinkt jedoch der Widerstand mit steigender Frequenz. — Es wird geschlossen, daß die Ursache der Erscheinung in Ausbldg. von Kristallisationsgebieten u. Rissen in der amorphen Schicht infolge des Erwärmens zu suchen ist. J. Tůmová. 135□

Änderung der Feldbeweglichkeit und der Hall-Beweglichkeit mit der Dicke der aufgedampften Tellurfilme. S. K. Ghosh. (Physics Chem. Solids **19**, 61—65, April 1961; Kharagpur, Indian Inst. of Technol., Dep. of Phys.; engl.) — Durch Vakuumaufdampfen auf Glasträger werden 500—4000 Å dicke Te-Filme hergestellt u. ihre elektr. Leitfähigkeit, Hall-(μ_H) u. Feldbeweglichkeit (μ_{FE}) bei Raum-Temp. untersucht. μ_H u. μ_{FE} steigen mit der Schichtdicke an, wobei μ_H für 3000 Å dicke Schichten erst 20% des Wertes von kompaktem Te erreicht. Die kleinen μ_{FE}-Werte sind auf das Vorliegen einer großen Ladungsträgerstreuung an der Raumladungszone zurückzuführen. Das Verhältnis μ_H/μ_{FE} ist unabhängig von der Schichtdicke, da die Energie der Oberflächenzustände eine Eig. der Te-Glas-Grenzfläche ist. Herbert Müller. 135□

Über einige elektrophysikalische Eigenschaften polymerer Komplexe des Tetracyanäthylens mit Metallen. A. A. Berlin, L. I. Bogusslawski, R. Ch. Burstein, N. G. Matwejewa, A. I. Scherle und N. A. Schurmowskaja. (Доклады Академии Наук СССР [Ber. Akad. Wiss. UdSSR] **136**, 1127—29, 11/2. 1961; Inst. für chem. Phys. u. Inst. für Elektrochem. der Akad. der Wiss. der UdSSR; russ.) — Durch Eintauchen von Metallplatten (Cu, Fe, Ni u. a.) in Tetracyanäthylen u. Erhitzen im Vakuum (10^{-5} Torr) auf 150—400° wurden polymere Chelat-Verbb. in Form fest mit der metall. Unterlage verbundener Überzüge erhalten. Leitfähigkeit, Widerstand, Kapazität, DK u. Thermo-EMK derartiger Komplexe auf Fe-Grundlage wurden untersucht. Temp. u. Rk.-Dauer haben Einfl. auf die untersuchten Eigg., das Vorzeichen der Thermo-EMK weist auf p-Leitfähigkeit hin, die logarithm. 1/T-Abhängigkeit der Leitfähigkeit entspricht der von Halbleitern mit Verunreinigungsleitfähigkeit. Nach IR-spektroskop. Messungen an der entsprechenden Cu-Verb. haben die erhaltenen Polychelatkomplexe eine „Parkettstruktur". Analyt. Zus. der Cu-Verb.: **43,66%** C u. **20,62%** Cu. H. Jäger. 135□

Spezifischer elektrischer und Wärmewiderstand und die Fermi-Oberfläche einwertiger Metalle. S. K. Joshi und B. M. S. Kashyap. (Physic. Rev. [2] **126**, 936 bis 938, 1/5. 1962; Allahabad, India, Allahabad Univ., Phys. Dep.; engl.) — Das Verhältnis des spezif. elektr. Widerstandes σ u. des spezif. Wärmewiderstandes ω erlaubt Rückschlüsse auf die Natur der Fermi-Oberfläche von Alkali- u. Edelmetallen (*Cu, Ag, Au*). Unter Verw. der Houstonschen Meth. werden die charakterist. Temp. für σ u. ω ermittelt. Die Folgerungen bzgl. der Form der Fermi-Oberfläche stimmen mit neueren Messungen überein. Für die Edelmetalle ergibt sich, daß die Fermi-Oberfläche die Zonengrenzfläche berührt, wobei die Verzerrung bei Ag am geringsten, bei Cu u. Ag im Gegensatz zu früheren Annahmen für Cu etwa gleich ist. Das unterschiedliche Verh. der Alkali- u. Edelmetalle führen Vff. auf die Wechselwrkg. langwelliger Phononen mit Elektronen zurück, die für erstere bei kugelförmiger Fermi-Oberfläche nur longitudinal erfolgt. P. Frenzel. 136□

Die Größe der Fermi-Oberflächen von Magnesium, Zink und Cadmium. E. Fawcett. (Physics Chem. Solids **18**, 320—28, März 1961; Malvern, Roy. Radar Establ., Phys. Dep.; engl.) — Vff. messen die Oberflächenleitfähigkeit von Mg, Zn u. Cd unter den Bedingungen des anomalen Skin-Effektes bei 4,2° K mit ca. 36 HMz u. leiten aus den Meßwerten die Größen der Fermi-Oberflächen ab. Während die experimentellen Werte von Zn u. Cd mit theoret. aus der Näherung für nahezu freie Elektronen abgeleiteten Werten übereinstimmen, muß bei Mg die Fermi-Energie als variabler Parameter angesetzt werden. Die Meßwerte für die Größe der Fermi-Oberflächen stellen bei Mg ein empfindliches Maß für ihre Lage relativ zu theoret. an Punkten hoher Symmetrie in der Brillouin-Zone berechneten Energiezuständen dar. Die mittlere freie Weglänge der Elektronen l bei 4,2° K u. die Fermi-Geschw. v_0 werden aus den Größen der Fermi-Oberflächen, der Gleichstromleitfähigkeit u. der spezif. Elektronenwärme erhalten u.

betragen für Mg $l = 5 \cdot 10^{-4}$ (cm) bzw. $15{,}9 \cdot 10^7$ (cm/s), Zn $3{,}3 \cdot 10^{-3}$ bzw. $18{,}3 \cdot 10^7$ u. Cd $5{,}8 \cdot 10^{-3}$ bzw. $16{,}3 \cdot 10^7$; die Daten sind Mittelwerte über die gesamte Fermi-Oberfläche. Herbert Müller. 136□

Cyclotronresonanz in Aluminium. T. W. Moore und F. W. Spong. (Physic. Rev. [2] **125**, 846–49, 1/2. 1962; Berkeley, Calif., Univ. of California, Dep. of Phys.; engl.) — Vff. berichten über vorläufige Messungen der Cyclotronresonanz von Al bei 35000 MHz mit einer langen Relaxationszeit ($\omega\tau \sim 20$) bei 4,2° K. Vff. schlagen ein Schema zur Identifizierung der einzelnen Orbitale vor. Danach stimmt die Fermi-Oberfläche der 2. Zone mit dem Modell einzelner orthogonalisierter ebener Wellen überein. Ferner zeigt sich, daß die Fermi-Oberfläche der 3. Zone verbunden ist, wobei die Verbindungszone stärker als nach der Modellvorstellung ist. Vff. berechnen weiterhin die effektiven Massen u. vergleichen sie mit bekannten Daten. G. M. Neumann. 136□

Änderung des elektrischen Widerstands und der Thermokraft bei der $\alpha \rightleftharpoons \gamma$-Umwandlung von legiertem Eisen. M. Je. Blanter und A. K. Maschkow. (Физика Металлов и Металловедение [Metallphysik u. Metallkunde] **11**, 194–202, Febr. 1961; Allunions Fernunterrichtsinst. für Maschinenbau; russ.) — Untersucht wird die Abhängigkeit des elektr. Widerstandes u. der Thermokraft von Fe–Cr-Legg. von der Temp. während der $\alpha \rightleftharpoons \gamma$-Umwandlung. Es werden Stähle mit 0,02–0,03 (%) C, 0,27–0,29 Ni, 4,32–12,63 Cr, 0,16–0,36 Si u. 0,12–0,16 Mn untersucht. Die Temp.-Abhängigkeit des spezif. elektr. Widerstands entspricht vollständig der der Thermokraft im gesamten Temp.-Bereich mit Ausnahme der Temp. der $\alpha \rightleftharpoons \gamma$-Umwandlung. Bei dieser Temp. ist auf der Kurve des elektr. Widerstandes ein Minimum, während die Thermokraftkurve entweder waagerecht verläuft oder weniger steil ansteigt. Die anomale Erniedrigung des spezif. elektr. Widerstandes der Fe-Legg. während der $\alpha \rightleftharpoons \gamma$-Umwandlung hängt offenbar mit der Veränderung im Kristallgitter der Legg. während der Umwandlung zusammen. Diese Veränderungen bewirken eine Verzerrung der Brillouin-Zonen u. nehmen am stärksten mitten in der Umwandlung zu, was zu einer Erhöhung der quasifreien Elektronen im Leitfähigkeitsband führt. Wahrscheinlich spielen dabei auch die s–d-Elektronenübergänge eine Rolle, die mit einer Erhöhung des Cr-Geh. intensiviert werden. Auch kann die beobachtete Erscheinung mit dem Auftreten eines „amorphen" Zustandes der Legg. während der Atomübergänge aus einem Kristallgitter in das andere erklärt werden; dieser Zustand geht darauf in einen kristallinen über. Der Übergang der amorphen Körper der Legg. in ein Kristallgitter (neue Phase) muß von einem Freiwerden der Phasenumwandlungsenergie begleitet werden, die in einer Zunahme der quasifreien Elektronen auftreten kann. Der Verlauf der Temp.-Abhängigkeit der Thermokraft im $\alpha \rightleftharpoons \gamma$-Bereich zeigt eine Abnahme des thermodynam. Potentials der untersuchten Legg. während der Umwandlung. H. Hochstein. 136□

Elektrische Eigenschaften von dünnen Nickelfilmen bei tiefen Temperaturen. O. Ss. Galkina, L. A. Tschernikowa, Kai-Da Tschshan und Je. I. Kondorski. (Журнал Экспериментальной и Теоретической Физики [J. exp. theoret. Physik] **41**, 1763–66, Dez. 1961; Moskau, Univ.; russ., Auszug: engl.) — Vff. untersuchen den elektr. Widerstand (eW) u. die Hall-Spannung (HS) von Ni-Filmen. Die Filme wurden bei der Temp. des fl. He durch Aufdampfen hergestellt. eW wurde an 30–1300 Å dicken Filmen zwischen 4 u. 300° K u. Filmen gleicher Stärke nach 18 Std. Tempern bei Zimmer-Temp. von 300–4° K gemessen. Bei 300° K ist eW von 400–1300 Å dicken Filmen von der Filmstärke unabhängig, bei 4,2° K jedoch erst ab 900 Å. In den übrigen Bereichen nimmt eW mit schwindender Filmstärke zu. Die Hall-Spannung wurde bei Zimmer-Temp. gemessen. Bei 835–1300 Å dicken Filmen entspricht sie der massiver Ni-Proben. Bei einer Filmdicke von 50 Å nimmt sie stark zu. Die Zunahme des eW bei Filmen mit geringeren Stärken als 40 Å wird darauf zurückgeführt, daß die freie Weglänge der Elektronen in den Filmen mit der Filmstärke kommensurabel wird.
D. Hoene. 136□

Gewöhnliche Transporteigenschaften von Edelmetallen. J. M. Ziman. (Advances in Physics **10**, 1–56, Jan. 1961; Univ. of Cambridge, Cavendish Labor; engl.) — Vgl. C. **1961**, 16735. — Die Fermi-Oberfläche in *Cu*, *Ag* u. *Au* ist durch dicke „Hälse", die durch die Zonengrenzen dringen, stark gestört. Vf. untersucht, inwieweit eine derartige elektron. Struktur quantitativ mit den beobachteten Transport-Koeff. vereinbar ist.
G. Talsky. 136□

Quantentheorie der magnetischen Widerstandsänderung. 1. Mitt. Niedrige Feldstärken. R. B. Stinchcombe. (Proc. physic. Soc. **78**, 275–92, 1/8. 1961; Birmingham, Univ., Dep. of Math. Phys.; engl.) — Eine quantentheoret. Beschreibung der Erscheinungen der Widerstandsänderung im gleichförmigen Magnetfeld wird für kleine Feldstärken gegeben. Statt der Boltzmannschen Verteilungsfunktion f(K) wird das

Diagonalelement der Zustandsdichtematrix verwendet. Nach Kohn u. Luttinger wird eine schwache Kopplung in die Matrix eingeführt. Die Ladungsträger sollen jedoch nicht in Wechselwrkg. miteinander stehen. Sie werden nur durch Verunreinigungen u. Gitterschwingungen gestört. Ein Vgl. mit dem Experiment zeigt, daß die Theorie dann gilt, solange $\hbar\omega$ klein gegen die Fermi-Energie u. kleiner als die therm. Energie ist. H. Fahlenbrach. 136□

Tunneleffekt in Supraleitern bei Temperaturen unter 1° K. I. Giaever, H. R. Hart jun. und K. Megerle. (Physic. Rev. [2] **126**, 941—48, 1/5. 1962; Schenectady, N.Y., Gen. Electr. Res. Labor.; engl.) — Die Zustandsdichten der Supraleiter *Pb*, *Sn*, *In* u. *Al* werden mit Hilfe des Tunnel-Verf. an Sandwichproben aus 2 auf einen oxid. Isolator aufgedampften Metallschichten (Me/MgO/Mg mit Me = Sn, Pb, In; Me/Al_2O_3/Al mit Me = Pb, Al; Pb/Pb_xO_y/Pb; Sn/SnO_x/Sn) untersucht. Die experimentellen Ergebnisse stimmen gut mit der Theorie von Bardeen, Cooper u. Schrieffer überein. Die verbotene Zone lediglich ist nicht so scharf ausgeprägt wie in der Theorie, was Vff. bes. bei Al auf therm. Spannungen in den Proben zurückführen. Die Zustandsdichten von Pb weisen definierte, jedoch geringe Abweichungen von der Theorie auf. P. Frenzel. 136□

Supraleitfähigkeit in den σ- und α-Mn-Strukturen. R. D. Blaugher und J. K. Hulm. (Physics Chem. Solids **19**, 134—38, April 1961; Pittsburgh, Pa., Westinghouse Res. Labor.; engl.) — Durch Lichtbogenschmelzen werden bin. Legg. zwischen den Metallen V, Nb, Ta, Cr, Mo, W einerseits u. Mn, Fe, Co, Ni, Ru, Rh, Pd, Os, Ir, Pt andererseits hergestellt, das Auftreten einer Supraleitung wird bis zu 1°K untersucht. Die Sprung-Temp., die in Legg. mit σ-Phasen beobachtet werden, sind für die Syst. Ru–Mo 6,9 (°K), Ru–W 5,2, Rh–Nb 4,1, Rh–Ta 2,0, Pd–Nb 2,0, Re–Nb 2,0, Re–Ta 1,3, Re–Mo 6,0, Re–W 5,2, Os–Nb 1,4, Os–Mo 5,2, Os–W 4,4, Ir–Nb 7,9, Pt–Nb 2,4 u. Pt–Ta 1,0. Beim Vorliegen von α-Mn-Strukturen betragen die Sprung-Temp. für Re_3Mo 9,89 (°K), $Re_{0,82}Nb_{0,18}$ 8,89, Re_3Ta 6,78 u. Re_3W 9,00. Die Abhängigkeit der Sprung-Temp. von der Valenzelektronenzahl pro Atom wird diskutiert. Herbert Müller. 136□

Magnetische Anisotropie dünner ferromagnetischer Schichten. A. Corciovei. (Czechoslov. J. Physics **10**, 917—26, 1960; Bucharest, Inst. for At. Phys.; engl.) — Durch Berücksichtigung des magnet. Anisotropieterms in der Hamilton-Gleichung werden die magnet. Eigg. dünner ferromagnet. Schichten hergeleitet. Für die Magnetisierung einatomiger Lagen parallel zur Oberfläche der dünnen Schicht werden unter Berücksichtigung der 2. Näherung Gleichungen aufgestellt, aus denen man die Curie-Temp. entnehmen kann. Diese sollen von der Schichtdicke u. dem Verhältnis α von Anisotropie-Konst. u. Austauschenergie zweier Nachbarn abhängen. Dabei können Werte von α angegeben werden, bei denen die dünnen Schichten dann ferromagnet. werden, wenn eine gewisse Schichtdicke überschritten wird. Die theoret. Ergebnisse werden experimentell bestätigt. Besonderes Interesse finden die Ergebnisse an dünnen Co-Schichten. H. Fahlenbrach. 137□

Spin–Spin-Relaxationszeit in einem Modell von ungleichförmigem Ferromagnetismus. Janusz Morkowski. (Acta physica polon. **20**, 783—85, 1961; Poznań, Polish Acad. of Sci., Inst. of Phys., Dep. of Ferromagnetism; engl.) — Der ungleichförmige Ferromagnetismus soll durch eine Anordnung zweier verschiedener Spinsorten S u. S′, die wahllos auf die Gitterplätze verteilt sind, realisiert sein. Die magnet. Eigg. dieses Modells werden durch eine Zeeman-Energie im äußeren Magnetfeld bestimmt, wobei Wechselwrkg. zwischen den Spins berücksichtigt werden. Mit der Spinwellennäherung konnte die Spin–Spin-Relaxationszeit für ein solches Modell berechnet werden. Im Falle des *Ni* wird eine solche Übereinstimmung zwischen Experiment u. Theorie festgestellt. Zu der gemessenen Resonanz ergeben aber noch andere Prozesse als die Spin–Spin-Relaxation Beiträge. H. Fahlenbrach. 137□

Über die Quantentheorie der Spinwellen-Resonanz in einer endlichen, linearen, ferromagnetischen Kette. A. R. Ferchmin. (Acta physica polon. **20**, 787—89, 1961; Poznań, A. Mickiewicz Univ., Inst. of Theoret. Phys.; engl.) — Es wird eine Meth. zur Diagonalisierung der Hamilton-Gleichung für den Spin einer ferromagnet. linearen Kettenanordnung der Atome angegeben, wobei die bisher üblichen Grenzbedingungen durch realistischere ersetzt wurden. Als Anwendung dieser theoret. Betrachtungen wird die Spinwellenresonanz erörtert. H. Fahlenbrach. 137□

Die innere Reibung von Torsionsschwingungen in ferromagnetischen Werkstoffen. L. Špaček. (Czechoslov. J. Physics **10**, 902—16, 1960; Prague, Techn. Coll. of Transport Engng.; engl.) — Vgl. C. **1960**, 10136 u. C. **1961**, 10835. — Im Anschluß an die l. c. Arbeit wird die innere Reibung von Torsionsschwingungen ferromagnet.

Werkstoffe in magnet. Gleich- u. Wechselfeldern berechnet. Bei den Torsionsschwingungen hängt die innere Reibung entscheidend von den Werkstoffabmessungen ab. Ferner dringt das Wirbelstrommagnetfeld bei diesen Schwingungen nicht in die Umgebung ein. Außerdem ist die Deformation eine antisymm. Funktion des Magnetfeldes. Trotz dieser Unterschiede gegenüber den Verhältnissen der inneren Reibung bei Längsschwingungen werden ähnliche Ergebnisse für die innere Reibung der Torsionsschwingungen erhalten, die auch mit dem Experiment gut übereinstimmen. Im magnet. Wechselfeld besitzt die innere Reibung von Torsionsschwingungen ein scharfes Maximum bei einem Magnetfeld $H = 0{,}64\ H_s$, wobei H_s der Wert des Feldes ist, bei dem die magnetoelast. Effekte verschwinden. H. Fahlenbrach. 137□

Die Einmündung in die ferromagnetische Sättigung. 2. Mitt. **Theorie des Einmündungsgesetzes in plastisch verformten kubisch-flächenzentrierten Einkristallen.** H. Kronmüller und A. Seeger. (Physics Chem. Solids **18**, 93—115, Febr. 1961; Stuttgart, MPI für Metallforsch.; TH, Inst. für theoret. u. angew. Phys.; dt.) — 1. vgl. C. **1962**, 8156. — Vff. wenden die l. c. entwickelte Theorie auf die Einmündung in die Sättigungsmagnetisierung bei plast. verformten Einkristallen aus Ni u. einer Ni-Leg. mit 20% Co an. Da im Einmündungsbereich keine Bewegungen von Bloch-Wänden auftreten, werden aus den Magnetisierungskurven Aussagen über die Verteilung der inneren Spannungen erhalten. Für den Verfestigungsbereich II, in dem der Verfestigungsanstieg kub. flächenzentrierter Metalle den größten Wert besitzt, wird unter Benutzung einer angegebenen Versetzungsanordnung ein Vgl. zwischen theoret. u. experimentellen Werten durchgeführt. Ohne Anpassung von Parametern wird eine gute Übereinstimmung für die differentielle Susceptibilität χ u. ihre Abhängigkeit von Temp., magnet. Feldstärke u. mechan. Fließspannung beobachtet. Die χ-Messungen werden bes. durch das elast. Fernfeld zwischen den Versetzungen beeinflußt, das beim Vorliegen von aufgestauten Versetzungsgruppen keine inneren Abschirmungseffekte zeigt. Aus χ-Messungen folgen quant. Angaben über die Versetzungsanordnung in ferromagnet. Stoffen. Außerdem ist theoret. die Unterscheidung zwischen einer Verfestigung durch den „Verfestigungswald" u. durch weitreichende mechan. Spannungsfelder möglich; in Ni u. Co–Ni-Legg. liegt der letztere Fall vor. Herbert Müller. 137□

Der Einfluß eines Kernstromes auf die magnetischen Werkstoffe. John B. Dinklage. (Proc. Iowa Acad. Sci. **67**, 443—48, 1960; Grinnell, Iowa, Grinnell Coll., Dep. of Phys.; engl.) — An *Ni*- u. *Mu-Metall* (76% Ni, 6% Cu, 3% Mo, Rest Fe)-Drähten, die kreisförmig mit isolierten Enden gebogen u. mit Primär- u. Sekundärwicklungen versehen waren, werden bei Durchgängen von Gleichstrom durch die ferromagnet. Drähte mit den Wicklungen Hystereseschleifen gemessen, die charakterist. Unsymmetrien zeigten, die aber bei Ni u. bei Mumetall wegen der verschiedenen Vorzeichen der Magnetostriktion sehr verschieden voneinander waren. Die Erscheinung wird daher mit einem Modell zu erklären versucht, das von den magnetostriktiven Eigg. des Werkstoffs bestimmt wird. Mit dem Effekt ist andererseits auch das Vorzeichen der Magnetostriktion leicht meßbar. H. Fahlenbrach. 137□

Gleichung der makroskopischen ferromagnetischen Resonanz bei beliebigem Magnetfeld. C. J. Lin. (J. Franklin Inst. **272**, 315—23, Okt. 1961; engl.) — Die Formel für die einfache Kittel-Resonanz kann nur angewendet werden, wenn 1. das äußere Magnetfeld so groß ist, daß die Proben-Magnetisierung parallel zu diesem Felde gerichtet ist, 2. Magnetfeld u. Magnetisierung in der Hauptrichtung der Anisotropie liegen u. 3. Präzessionen kleiner Winkel der Magnetisierung um die stat. Gleichgewichtsrichtung angenommen werden dürfen. Für die wenigen Fälle, wo diese Voraussetzungen nicht zutreffen, wird eine allgemeinere Resonanzgleichung durch eine Orthogonal-Transformation hergeleitet, die aber auch die Annahme kleiner Präzessionswinkel beibehält. Die verschiedenen Energieterme, die in der transformierten Gleichung auftreten, werden bes. behandelt. H. Fahlenbrach. 137□

Untersuchung einiger der ferromagnetischen Resonanz in den Metallen eigenen Eigenschaften. G. Asch. (Arch. des Sci. **10 (162)**, Sonderh. 136—41, 1957; Strasbourg, Inst. de Phys., Labor. Pierre Weiss; franz.) — Theoret. Untersuchung. C. Gottfried. 137

Untersuchung der ferromagnetischen Resonanz von Eisenkristallen bei 9500 Megahertz. A. Strub. (Arch. des Sci. **10(162)**, Sonderh. 142—46, 1957; Grenoble, Fac. des Sci., Labor. de Haute-Fréquence; franz.) — Nach einer Beschreibung des Prinzips der Meß-Meth. berichtet Vf. über Messungen der ferromagnet. Resonanz an *Fe–Si*-Einkristallen mit ca. 4% Si bei einer Resonanz von 9500 MHz. Wiedergegeben sind die Spektren einer Probe, deren (0 0 1)-Ebene sich in der Oberfläche befand, während der zweite Kristall die (1 1 2)-Ebene in seiner Oberfläche enthielt. C. Gottfried. 137

Temperaturabhängigkeit der Magnetostriktion von Eisensiliciumlegierungen. A. Ja. Wlassow und I. L. Gusskowa. (Физика Металлов и Металловедение [Metallphysik u. Metallkunde] **11**, 207—10, Febr. 1961; Inst. für Phys. der Akad. der Wiss. der UdSSR; russ.) — Die an Fe-Legg. mit 0,36; 0,92; 2,95 u. 3,60% Si durchgeführten Unterss. über die Temp.-Abhängigkeit der Längsmagnetostriktion im Bereich von —183 bis 800° zeigen, daß diese Abhängigkeit komplexer Natur ist u. nicht in den Rahmen der bestehenden Theorien hineinpaßt. H. Hochstein. 137□

Anfangsmagnetisierung von Nickel unter Zug und hohem hydrostatischen Druck. Roman Gołębiowski und Roland Wiśniewski. (Acta physica polon. **20**, 391 bis 402, 1961; Warsaw, Politechn. High School, Dep. of Gen. Phys., Chair „B", Inst. of Principal Problems of Techn., Labor. of Intern. Structure of Fluids and Gases; engl.) — Zur Prüfung der Frage, inwieweit die bekannte Zunahme der Anfangsmagnetisierung von Reinnickel unter starken hydrostat. Drücken durch die Druckabhängigkeit der Magnetostriktion zustande kommt, wurden neue Verss. bis zu Drücken von 10000 atm durchgeführt u. theoret. erörtert, wobei neben dem hydrostat. Druck auch gleichzeitig eine Zugspannung angelegt worden war. Dabei wird die Möglichkeit nicht ausgeschlossen, daß die beobachtete Zunahme von 1—2% bei 10000 atm durch eine Abnahme der Anisotropieenergie bei hohen Drücken zustande kommt. H. Fahlenbrach. 137□

Speicherelemente für hohe Speicherungsgeschwindigkeiten aus chemisch abgeschiedenen Nickel-Kobalt-Schichten. R. J. Heritage und M. T. Walker. (J. Electronics and Control [1] **7**, 542—51, Dez. 1959; engl.) — Es wird ein einfaches u. billiges Verf., geeignet zur Massenfertigung, zur Herst. von Speicherschichten auf rein chem. Wege beschrieben; sie werden durch Red. von Ni- u. Co-Ionen mit PO_2 u. Abscheiden des metall. Ni-Co-Gemisches auf mit Ni, Fe, Co, Pd u. Au aktivierten Trägern erzeugt. Die Abscheidung erfolgt im Magnetfeld oder auf Trägern mit orientierter Oberflächenstruktur, um durch anisotropen Schichtaufbau die erforderliche rechteckige Magnetisierungskurve zu erreichen. Brauchbare magnet. Speicherelemente müssen in engen Grenzen reproduzierbare Kennlinien, kürzeste Umschaltzeiten, größtmögliche Ausgangsleistung haben u. von Transistoren gesteuert werden können. Die mit dem beschriebenen Verf. hergestellten, 3000 Å starken Schichten sind auf $\pm 10\%$ in der Kennlinie u. auf $\pm 5\%$ in der magnet. Vorzugsrichtung reproduzierbar; Schalt-Konst. von $1{,}5 \cdot 10^{-7}$ s/Oe u. 30—50% der Ausgangsleistung aufgedampfter Schichten werden erreicht. H. Böhm. 137□

Ferromagnetismus bei festen Lösungen von Scandium und Indium. B. T. Matthias, A. M. Clogston, H. J. Williams, E. Corenzwit und R. C. Sherwood. (Physic. Rev. Letters **7**, 7—9, 1/7. 1961; Murray Hill, N.J., Bell Telephone Labor.; engl.) — Bei den Unterss. von Stoffen mit gleichzeitig auftretender Supraleitung u. Ferromagnetismus wurde bei nicht supraleitenden Sc-In-Legg. bei tiefen Temp. unterhalb 6° K Ferromagnetismus gefunden. Allerdings trat der Ferromagnetismus nur in einem sehr engen Konz.-Bereich des Zweistoff-Syst., u. zwar zwischen $Sc_{0,762}In_{0,238}$ u. $Sc_{0,758}In_{0,242}$ auf. Susceptibilitätsmessungen zwischen 1,4 u. 300° K zeigen die angenäherte Gültigkeit des Curie-Weissschen Gesetzes. Die Natur dieses Ferromagnetismus konnte bisher noch nicht theoret. erklärt werden. Die Tatsache der mit nur 0,4 Atom-% sehr engen Begrenzung im Syst. Sc-In kann ihm eine Sonderstellung geben u. schließt nicht aus, daß er auch in anderen Zweistoff-Syst. auftritt. H. Fahlenbrach. 137□

Bemerkungen zu den magnetischen Eigenschaften des Systems Au-Mn. Hiroshi Sato. (Physics Chem. Solids **19**, 54—60, April 1961; Dearborn, Mich., Ford Motor Co., Sci. Labor.; engl.) — Vf. untersucht die Deutung der magnet. Eigg. der intermetall. Verbb. Au_2Mn u. Au_4Mn. In beiden Verbb. bildet Mn ein raumzentriert tetragonales Gitter mit c/a für Au_4Mn 0,62 u. Au_2Mn 2,60. Obwohl die Abstände nächster u. übernächster Nachbarn nahezu gleich sind, ist Au_4Mn ferromagnet. u. Au_2Mn metamagnet., d. h. antiferromagnet. mit der Néel-Temp. 360° K. Der Abstand zu nächsten Nachbarn entspricht der ferromagnet. Wechselwrkg. zwischen den Mn-Atomen, jedoch kann daraus allein keine Erklärung der kooperativen Spinausrichtung abgeleitet werden. Offenbar muß die Wechselwrkg. über die großen Abstände zu übernächsten Nachbarn zur Deutung der erwarteten kooperativen Erscheinungen herangezogen werden; diese Wechselwrkg. ist von der gleichen Größenordnung wie die magnet. Dipolwechselwirkung. Herbert Müller. 137□

Eine Neutronenbeugungsuntersuchung über die Temperaturabhängigkeit der spontanen Magnetisierung der Substruktur von Ferriten und die Néel-Theorie des Ferrimagnetismus. T. Riste und L. Tenzer. (Physics Chem. Solids **19**, 117—23, April 1961; Upton, N.Y., Brookhaven Nat. Labor.; engl.) — An Einkristallen aus natürlichem *Magnetit* (I), $(NiO)_{0,75}(FeO)_{0,25}Fe_2O_3$, $(NiO)_{0,82}(FeO)_{0,15}(ZnO)_{0,03}Fe_2O_3$, $(CoO)_{0,25}(FeO)_{0,75}Fe_2O_3$ u. $(CoO)_{0,32}(FeO)_{0,48}(ZnO)_{0,20}Fe_2O_3$ wird zwischen 298 u. 869° K die Neutronenstreuung (λ_0 = 1,05 Å) mit der (1 1 1)-Reflexion in Durchlässigkeitsrichtung untersucht. Sekundärreflexionen werden in einem Pu-Filter absorbiert. Die Meßwerte an I werden mit Werten verglichen, die mit Mol.-Feld-Koeff. nach der Néel-Theorie berechnet wurden; die Abweichungen zeigen, daß die aus konventionellen magnet. Daten berechneten Koeff. die Unterstrukturmagnetisierung nicht richtig beschreiben, da in den Gleichungen des Mol.-Feldes magnet. Wechselwrkg. nur unvollständig berücksichtigt werden. Für die Ferrite wird mit der Néel-Theorie eine qual. Übereinstimmung in der Richtung beobachtet, daß die Magnetisierungskurve von Ionen auf Tetraederplätzen stärker konvex als die von Ionen auf Oktaederplätzen ist.

Herbert Müller. 137□

Linienbreite der Mikrowellen-Resonanz in Einkristallen von durch Kobalt substituierten Manganferriten. P. W. Theale. (J. appl. Physics, Suppl. zu **33,** Nr. **3,** 1295—97, März 1962; Redhill, Surrey, Mullard Res. Labor.; engl.) — Die Linienbreite der Mikrowellenresonanz ΔH wird für kleine kugelförmige Einkristalle der Zus. $Co_xMn_{1-x}Fe_2O_4$ (x = 0, 0,02, 0,04, 0,06, 0,08, 0,10) in Abhängigkeit von x u. der Temp. angegeben. Mit zunehmendem x steigt ΔH stark u. linear an. Bei 294° K u. 16,9 GHz ergaben sich aus dem Diagramm ΔH gegen x pro Co-Atom in den Richtungen [1 0 0] u. [1 1 1] die Werte $4,0\cdot10^3$ u. $3,0\cdot10^3$ (Oe); bei 9,6 GHz sind die entsprechenden Werte $2,7\cdot10^3$ u. $2,1\cdot10^3$. Bei x = 0,08 ergaben Messungen an plättchenförmigen Proben ähnliche Werte, wie sie für kugelförmige erhalten wurden. Oberhalb 250° K ändert sich ΔH nur wenig mit der Temp., unterhalb von 150° steigt ΔH stark an u. wird schnell anisotrop. Letzterer Effekt wird von Anomalien im angelegten Feld begleitet. Das Verh. kann qual. mit dem mit Ionen der Seltenen Erden dotierten Y–Fe-Granat verglichen werden.

E. Schulte. 137□

Einfluß der Porosität auf den Landéschen g-Faktor von polykristallinen Ferriten. J. Snieder. (Arch. des Sci. **10 (162),** Sonderh. 147, 1957; La Haye, Organisation TNO, Labor. de Phys.; franz.) — Vgl. C. **1958,** 8254. C. Gottfried. 137

Über die Bestimmung der Haupt-g-Werte bei der Elektronenspinresonanz. D. S. Schonland. (Proc. physic. Soc. **73,** 788—92, 1/5. 1959; Southampton, Univ., Dep. of Appl. Math.; engl.) — Vf. beschreibt eine Meth. zur Best. der Hauptwerte sowie der Richtungen der Hauptachsen des g-Tensors für einen paramagnet. Einkristallkomplex aus den Messungen der g-Wert-Änderungen in 3 verschiedenen Ebenen.

D. Jörchel. 137□

Direkte Messung der charakteristischen Momente der Struktur des paramagnetischen Resonanzstrahls. Jacques Hervé. (Arch. des Sci. **10 (162),** Sonderh. 114 bis 119, 1957; Paris, Univ., Labor. d'Électron. et de Radioélectr.; franz.) — Vgl. C. **1959,** 11146 u. C. **1960,** 17027. — Beschreibung von 2 Methoden. C. Gottfried. 137

Linienbreite der paramagnetischen Resonanz von gasförmigem, atomarem Wasserstoff. A. F. Hildebrandt, F. B. Booth und C. A. Barth. (J. chem. Physics **31,** 273, Juli 1959; Pasadena, Calif., California Inst. of Technol., Jet Propuls. Labor.; engl.) — Mit einem Spektrometer wird die Linienbreite der paramagnet. Elektronenresonanzabsorption von atomarem H gemessen, der in verschieden starken Geh. in gasförmigem H_2 durch Dissoziation infolge von Entladungserregung erzeugt worden war. Die Linienbreite wird dabei in Abhängigkeit von der Dichte des atomaren H u. vom Gesamtdruck bestimmt. Im ersteren Falle ergibt sich eine lineare Beziehung, die mit dem Verhältnis der atomaren Stöße zu erklären ist. Mit zunehmendem Gesamtdruck geht die Linienbreite über ein Maximum. Daraus kann auf eine sehr starke magnet. Wechselwrkg. zwischen den H-Atomen u. den H_2-Moll. geschlossen werden. Die Ergebnisse sind mit einer Theorie von Bloembergen, Purcell u. Pound (Physic. Rev. [2] **73,** [1948], 679) gut zu erklären, wobei sich für die atomaren Einw. ein wirksamer Wechselwrkg.-Radius von 2,4 Å ergibt. H. Fahlenbrach. 137□

Paramagnetische Resonanzabsorption in Brom und Chlor. J. S. M. Harvey, R. A. Kamper und K. R. Lea. (Proc. physic. Soc. **76,** 979—84, 1/12. 1960; Oxford, Clarendon Labor.; engl.) — Vff. berichten über Unterss. der Mikrowellen-Zeeman-Spektren von atomarem Br u. Cl. Aus den Linien des $^2P_{3/2}$-Grundzustandes ergeben sich die g-Faktoren: $g_J(Br) = 1,333921 \pm (5\cdot10^{-6})$ u. $g_J(Cl) = 1,333927 \pm (3\cdot10^{-6})$. Eine Abschätzung der relativist. u. diamagnet. Korrekturen der g-Faktoren mit SCF-Wellenfunktionen stimmt mit den experimentellen Daten gut überein. Die Ergebnisse werden mit den g-Faktoren von F u. I verglichen. G. M. Neumann. 137□

Spektroskopische Untersuchungen an Stickstoffsulfidionen. D. Chapman und A. G. Massey. (Trans. Faraday Soc. **58,** 1291—98, Juli 1962; Cambridge, Univ., Chem.

Labor.; engl.) — Vgl. C. **1963**, 1975. — Ausführliche Mitt. zu der C. **1962**, 5194 referierten Arbeit; Diskussion der Struktur des N_4S_4. Die paramagnet. $N_4S_4^{n-}$-Ionen werden auch mit Na bzw. Na–K-Leg. in Dimethoxyäthan oder mit K in THF erhalten. Das in Lsgg. von N_4S_4 in konz. H_2SO_4 erhaltene ESR-Spektrum wird der Bldg. von N_2S_2, $N_2S_2^+$, N_2S^+ u. *NS* zugeschrieben. Ähnliches Verh. zeigen $H_4N_4S_4$, $Co(HN_2S_2)_2$ u. $Ni(HN_2S_2)_2$ in H_2SO_4 sowie $N_2S_3O_2$ in 20%ig. Oleum. N_4S_4 u. HNS_7 werden durch Oleum unter Abscheidung von S zersetzt; das ESR-Spektrum ähnelt dem einer Lsg. von S_8 in 20%ig. Oleum. Lsgg. von HNS_7 in Dimethylsulfoxid oder Dimethylformamid liefern kein ESR-Signal u. enthalten wahrscheinlich das Ion NS_7^- (Verschiebung der blauen Farbe zur Anode bei der Elektrolyse). In Äthylendiamin gibt Schwefel ein breites, HNS_7 kein ESR-Signal. A. Blaschette. 137□

Magnetische Resonanz in den Alkalihalogeniden. E.-E. Schneider. (Arch. des Sci. **10 (162)**, Sonderh. 120—27, 1957, Newcastle-upon-Tyne, Univ. of Durham, King's Coll.; franz.) — Vf. untersuchte zuerst die Resonanz von *Mn* in Alkalihalogeniden. Untersucht wurden Einkristalle von *NaCl*, *KCl* u. *KBr*, die Mn in Konzz. von 0,005 bis 0,05% enthielten. Die Kristalle wurden teils nach der Meth. von Kyropoulos aus geschmolzenen Salzen oder aus übersättigten Lsgg. erhalten. Es wurden 3 vollkommen verschiedene Formen der Resonanz des Mn beobachtet, u. zwar 1. einfache Resonanz ohne Struktur; 2. Resonanz mit 6 gut aufgelösten Komponenten u. 3. ein Spektrum mit vielen Linien, das sich mit der Orientierung des Kristalls änderte. Spektren vom 1. Typ wurden bei NaCl u. KCl gefunden, die aus dem geschmolzenen Salz erhalten worden waren. Spektren vom Typ 2 traten bei allen 3 Halogeniden auf, die aus übersättigten Lsgg. erhalten worden waren u. außerdem bei NaCl, das aus dem geschmolzenen Salz u. Abschrecken von hoher Temp. erhalten worden war. Spektren vom 3. Typ wurden nur bei aus der Schmelze erhaltenen NaCl-Kristallen beobachtet. Das Spektrum beginnt zu erscheinen, wenn die Kristalle erhitzt werden, u. seine Gleichgewichtsintensität wächst sehr schnell bis zu Temp. von ca. 400°. Es wird angenommen, daß es sich um Komplexe handelt, die durch Assoziation eines 2wertigen Mn-Ions mit einer positiven Leerstelle gebildet werden. Die einzelnen Meßergebnisse sind tabellar. zusammengestellt. Weiter wurde die Resonanz von mit Röntgenstrahlen bestrahltem *LiF* untersucht (200 kV, Dosen ca. 10^5 r). Die durch Messen der opt. Absorption in der Bande 2500 Å bestimmte Konz. der F-Zentren lag zwischen $5 \cdot 10^{16}$ u. $3 \cdot 10^{17}$ cm^{-3}. Die intensive Linie im zentralen Teil der Resonanz mit einer Breite von 90 Gauß dürfte mit V-Zentren in Zusammenhang stehen, da der g-Faktor mit 2,020 den Faktor der freien Elektronen um ca. 1% übersteigt. C. Gottfried. 137

Paramagnetische Resonanz von Tb(III)-Ionen in $CaWO_4$ und CaF_2. P. A. Forrester und C. F. Hempstead. (Physic. Rev. [2] **126**, 923—30, 1/5. 1962; Murray Hill, N.J., Bell Telephone Labor.; engl.) — Die paramagnet. Resonanzabsorptionsspektren von Tb^{3+}-Ionen (0,1—0,005%) in Einkristallen von $CaWO_4$ (I) u. CaF_2 (II) werden bei 4,2° K im Frequenzbereich von 4—55 kHz bestimmt. Die Spektren erfüllen eine vereinfachte Hamilton-Spinfunktion, deren direkt bestimmte Parameter gut mit Werten aus Hochfrequenzmessungen übereinstimmen. Für **I** beträgt der g-Tensor $g_{\parallel}$ 17,777 ± 0,005 (kHz), die Konst. $\Delta = (\Delta_x^2 + \Delta_y^2)^{1/2} = 8{,}131 \pm 0{,}006$ u. $A = 6{,}284 \pm 0{,}005$. Ladungsausgleich erfolgt möglicherweise zwischen einer Ca-Lücke u. 2 Tb^{3+}. Für **II** erhält man 2 verschiedene Spektren: a) Axiale Symmetrie um die [1 0 0]-Achse, gedeutet durch Tb^{3+} mit einem F^- auf einem unmittelbar benachbarten Zwischengitterplatz; b) axiale Symmetrie um die [1 1 1]-Raumdiagonale des kub. Kristalls, gedeutet durch Tb^{3+} mit einem F^- auf einem nächstbenachbarten Zwischengitterplatz bzw. mit einem O^{2-}, das den Platz eines der 8 F^-, die das Tb^{3+} umgeben, besetzt. Die Messungen erlauben keine Unterscheidung zwischen beiden Möglichkeiten. Die Parameter betragen $g_{\parallel} = 17{,}77 \pm 0{,}02$ bzw. $17{,}28 \pm 0{,}01$ (kHz), $\Delta = 5{,}134 \pm 0{,}006$ bzw. $31{,}67 \pm 0{,}02$ u. $A = 6{,}26 \pm 0{,}01$ bzw. $6{,}10 \pm 0{,}01$. P. Frenzel. 137□

Paramagnetische Resonanz in einigen Lanthanidenäthylsulfaten. J. M. Baker und B. Bleaney. (Proc. Roy. Soc. [London], Ser. A **245**, 156—74, 3/6. 1958; New York, N.Y., Columbia Univ.; engl.) — Vff. berichten über paramagnet. Resonanz-Unterss. an *Pr(III)*, *Tb(III)*- u. *Ho(III)-Äthylsulfat*. Die Resonanz der Lanthanidenionen mit ungerader Zahl ungepaarter 4f-Elektronen wird diskutiert, u. die Ergebnisse werden mit Hilfe der Kristallfeldtheorie von Elliot u. Stevens gedeutet. Ferner werden Störungsmechanismen zweiter Ordnung erörtert, die scheinbare Quadrupol- u. Hyperfeinstrukturwechselwrkg. verursachen. Folgende Daten wurden gefunden: ^{141}Pr: $I = 5/2$; $|\mu| = 3{,}92 \pm 0{,}2$; ^{159}Tb: $I = 3/2$; $|\mu| = 1{,}52 \pm 0{,}08$; ^{167}Ho: $I = 7/2$; $\mu = +3{,}29 \pm 0{,}17$; $Q = +0{,}7 \pm 0{,}7$ barn. G. M. Neumann. 137□

Paramagnetische Resonanz in Kohlen. J. Uebersfeld und E. Erb. (Arch. des Sci. **10 (162)**, Sonderh. 112—13, 1957; franz.) — Vgl. C. **1957**, **5475**. C. Gottfried. 137

Untersuchungen der paramagnetischen Resonanz in Kohle mit Hilfe eines elektronenparamagnetischen Resonanzspektrometers vom Transmissionstyp. G. N. Sarkar, A. Mukherji, R. N. Chatterjee und U. S. Ghosh. (Indian J. Physics Proc. Indian Assoc. Cultivat. Sci. **33 (42)**, 117—22, März 1959; Calcutta, Saha Inst. of Nucl. Phys.; engl.) — Beschreibung eines einfachen Elektronenresonanzspektrographen u. Mitt. über vorläufige Unters.-Ergebnisse über die Veränderung der Anzahl der paramagnet. Zentren in Kohleproben mit der Verkohlungstemperatur. Bei Kohleproben aus verschiedenen Tiefen eines Bergwerks wurden dagegen nur sehr unbedeutende Unterschiede in der Anzahl der Zentren festgestellt. W. Betcke. 137□

Elektronenspinresonanz strahlungsinduzierter Defekte in Kaliumazid. D. W. Wylie, A. J. Shuskus, C. G. Young, O. R. Gilliam und Paul W. Levy. (Physic. Rev. [2] **125**, 451—53, 15/1. 1962; Storrs, Conn., Univ. of Connecticut, Dep. of Phys.; Upton, N.Y., Brookhaven Nat. Labor.; engl.) — Vff. berichten über Elektronenspinresonanz-Unterss. an KN_3-Kristallen bei 77° K. Es zeigt sich, daß als Folge einer γ-Bestrahlung N-Atome u. N_2^--Ionen-Moll. auftreten. Die N-Atome haben einen effektiven Spin $S = 3/2$, u. jede Feinstrukturkomponente zeigt die Hyperfeinstruktur eines einzelnen ^{14}N-Kerns. Die Atome haften in zwei magnet. Stellen rhomb. Symmetrie, die einander bei Drehung um 90° um [0 0 1] entsprechen. Mit z || [1 1 0], x || [1 $\bar{1}$ 0] u. y || [0 0 1] lassen sich die Ergebnisse durch die Hamilton-Gleichung $H = |\beta| HgS + DS_z^2 + E(S_x^2 - S_y^2) + A\,I\,S$, mit $g = 2{,}001 \pm 0{,}001$, $D = 0{,}0143 \pm 0{,}0001$ cm^{-1}, $E = -0{,}00199 \pm 0{,}00002$ cm^{-1} u. $A = 0{,}00051 \pm 0{,}00002$ cm^{-1} wiedergeben. Die N_2^--Ionen-Moll. zeigen das charakterist. Spektrum eines einzelnen ungepaarten Elektrons u. eine Hyperfeinstruktur, die zwei gleichwertigen N-Kernen entspricht. Bei gleicher Wahl der Achsen erhält man für diese Störstelle $g_x = 2{,}001 \pm 0{,}002$, $g_y = 2{,}001 \pm 0{,}001$ u. $g_z = 1{,}984 \pm 0{,}001$, $A_x = 0{,}0006 \pm 0{,}0002$ cm^{-1} u. $A_y = A_z = 0{,}00037 \pm 0{,}00002$ cm^{-1}. Beim Erwärmen heilen die Störstellen über Bldg. von N_4^--Moll. aus. G. M. Neumann. 137□

Polarisation von Li-Kernen im bestrahlten LiH. R. T. Schumacher und J. L. Hall. (Physic. Rev. [2] **125**, 428—32, 15/1. 1962; Pittsburgh, Pa., Carnegie Inst. of Technol., Phys. Dep.; engl.) — Vff. berichten über Unterss. der Elektronenspinresonanz von koll. metall. Li, das durch UV-Bestrahlung in LiH erzeugt wurde. Es zeigt sich, daß bei Zimmer-Temp. die Overhauser-Verschiebung der Elektronenresonanzfrequenz infolge Kernpolarisation beobachtet werden kann. Mit einem Elektron–Kern-Doppelresonanz-Vers. läßt sich zeigen, daß die Polarisation der metall. Li-Kerne eine Polarisation des Li im benachbarten nichtmetall. Bereich hervorruft. Die nichtmetall. Atomkerne sind dann in therm. Kontakt mit den metall. Atomkernen u. versuchen dieselbe Spin-Temp. anzunehmen. G. M. Neumann. 137□

Knight-Verschiebung in festen Lösungen auf Silberbasis. T. J. Rowland. (Physic. Rev. [2] **125**, 459—67, 15/1. 1962; Niagara Falls, N.Y., Union Carbide Metals Comp., Technol. Dep.; engl.) — Vf. berichtet über Unterss. der Knight-Verschiebung in festen Lsgg. von *Cu, Zn, Ga, Ge, As, Cd, In, Sn, Sb, Au* u. *Tl* in Ag. Zur Best. der Ladungsdichte an den Ag-Atomen wurden kernmagnet. Resonanzmessungen durchgeführt u. mit der Theorie verglichen. Es zeigt sich, daß schon wenige % der Fremdatome die Knight-Verschiebung entsprechend ihrer Konz. u. Valenz erniedrigen. Ferner wird die schmale Absorption des Ag erheblich verbreitert. Vf. zeigt, daß Dipol- u. indirekte Austauschverbreiterung nicht ausreichen, um die beobachtete Linienbreite zu erklären, sondern daß noch Fernbereichschwingungen der Leitungselektronendichte berücksichtigt werden müssen. Die Theorie von Blandin, Daniel u. Friedel läßt sich zur Deutung der Daten in diesen Legg. gut anwenden. G. M. Neumann. 137□

Overhauser-Effekt in einer paramagnetische Verunreinigungen enthaltenden Flüssigkeit. Anatole Abragam, Jean Combrisson und Ionel Solomon. (Arch. des Sci. **10 (162)**, Sonderh. 240—42, 1957, Gif-sur-Yvette, C.E.N. de Saclay; franz.) — Vgl. C. **1959**, 14954. C. Gottfried. 137

Diffusionserscheinungen mit doppelter magnetischer Resonanz in dem Falle, wo die Elektronenresonanz inhomogen ist. Jean-Loup Motchane und Jean Uebersfeld. (Arch. Sci. [Genève] **13 (165)**, Sonderh. 682—85, 16/9. 1960; Paris, École Supérieure de Phys. et Chim.; Besançon, Fac. des Sci.; franz.) — Vgl. C. **1961**, 7845. — Es wird der Fall der magnet. Doppelresonanz berechnet, der bei einem porösen paramagnet. Festkörper auftritt, wenn er von einer Fl. mit Atomkernen umgeben ist, die polarisiert werden. Die Poren werden bei der Berechnung kugelförmig u. mit der Fl. gefüllt angenommen. Die paramagnet. Zentren sollen sich auf der Oberfläche dieser Kugeln befinden u. lassen sich in zwei Gruppen mit sehr verschiedenen Resonanzfrequenzen einordnen, die durch die Elektronen- u. die Kernresonanzen bestimmt sind. H. Fahlenbrach. 137□

Protonenspin–Gitter-Relaxation in mehratomigen Gasen. M. Bloom, M. Lipsicas und B. H. Muller. (Canad. J. Physics **39**, 1093—1109, Aug. 1961; Vancouver, B.C., Univ. of Brit. Columbia, Dep. of Phys.; engl.) — Die Protonenspin–Gitter-Relaxationszeit T_1 wurde als Funktion des Druckes in gasförmigem CH_4, C_2H_6 u. C_2H_4 bei Zimmer-Temp. (für CH_4 auch bei 193° K) gemessen. In den reinen Gasen ist T_1 bei geringen Dichten ϱ proportional ϱ, d. h. das Spin-Syst. wird wie in H_2 durch intramol. Wechselwrkg. an das Gitter gekoppelt. T_1/ϱ bei geringen Dichten gibt Auskunft über den quadrat. Mittelwert des Winkels, um den die Moll. bei einem Zusammenstoß gedreht werden. Bei höheren Dichten wird auf paramagnet. O_2 zurückzuführende Relaxation beobachtet, wenn O_2 als Verunreinigung enthalten ist. Die Relaxationswahrscheinlichkeit je Zusammenstoß mit einem O_2-Mol. ist im Syst. C_2H_4–O_2 ca. 5mal größer als in den beiden anderen Systemen. Es wird gezeigt, daß die Unters. der Temp.-Abhängigkeit des durch O_2-Verunreinigungen verursachten T_1 eine neue Meth. zur Ermittlung der Lennard-Jones-Parameter für die Wechselwrkg. zwischen O_2 u. den Moll. der Hauptkomponente des Gasgemisches darstellt. A. Blaschette. 137□

Die Theorie hochaufgelöster Kerninduktionssignale. 1. Mitt. **Die Theorie der magnetischen Abschirmkonstanten.** J. Ranft. (Fortschr. Physik **9**, 149—87, 1961; Leipzig, Karl-Marx-Univ., Phys. Inst.; dt.) — Ausführliche Übersicht: magnet. Abschirm-Konst. von Atomen; störungstheoret. Berechnung der Abschirm-Konst. von Kernen in Moll.; Variationsberechnung; Ringstrom-Meth.; Beziehungen zu anderen Größen; chem. Verschiebungen infolge zwischenmol. Wechselwrkg. in Fll. (physikal. Lsg.-Effekte, H-Brückenbindung). — 153 Literaturangaben. A. Blaschette. 137□

Die Theorie hochaufgelöster Kerninduktionssignale. 2. Mitt. **Die indirekte Kern–Spin–Spin-Kopplung.** J. Ranft. (Fortschr. Physik **9**, 188—210, 1961; dt.) — 1. vgl. vorst. Referat. — Störungstheoret. u. Variationsberechnung der Kernspinkopplungs-Konst.; Zusammenhang der Kopplungs-Konst. mit der Anisotropie der Abschirmkonstanten. — 77 Literaturangaben. A. Blaschette. 137□

Die Theorie hochaufgelöster Kerninduktionssignale. 3. Mitt. **Die Berechnung der Kerninduktionsspektren.** J. Ranft. (Fortschr. Physik **9**, 211—54, 1961; dt.) — 2. vgl. vorst. Referat. — Hamilton-Operator; störungstheoret. u. exakte Berechnung der Spektren; andere Hilfsmittel zur Berechnung der Spektren. — 145 Literaturangaben. A. Blaschette. 137□

Die Theorie hochaufgelöster Kerninduktionssignale. 4. Mitt. **Die Veränderung der Kerninduktionssignale durch Austauscherscheinungen und ähnliche Vorgänge.** J. Ranft. (Fortschr. Physik **9**, 255—72, 1961; dt.) — 3. vgl. vorst. Referat. — 61 Literaturangaben. A. Blaschette. 137□

Spektrometer für kernmagnetische Resonanz mit Verwendung von Transistoren. P. Denis, A. Csaki, M. Delcó, J. Sprenger, H. Fernández-Moran und W. Rawyler. (Arch. des Sci., Sonderh. **10 (162)**, 223—39, 1957; Caracas, Inst. Venezolano de Neurologia e Investigaciones Cerebrales, Dep. Resonancia Nucl.; franz.) — Genaue Beschreibung des Spektrometers, das speziell zur Best. des Wasser-Geh. in Nervengewebe konstruiert worden war. Qual. wurde die kernmagnet. Resonanz des Protons in einer $^1/_{200}$n-Lsg. von $Fe(NO_3)_3$ u. in Kautschuk, des Li in LiCl, des Na in NaBr u. des F in einer 38%ig. HF-Lsg. untersucht. C. Gottfried. 137

Physikalisch-chemische Untersuchung konzentrierter Salzlösungen. Messung des spezifischen Widerstandes bei gewöhnlichem Druck an Lösungen gewisser Halogenide zweiwertiger Ionen. Jean Durivault, Claude Garrigue, Flabien Lazare, Jean Salvinien und Pierre Viallet. (C. R. hebd. Séances Acad. Sci. **254**, 2153—55, 19/3. 1962; Montpellier, Fac. des Sci., Labor. de Chim. phys.; Pau, Soc. Nat. des Pétroles d'Aquitaine, Labor. de Rech.; franz.) — Der spezif. Widerstand ϱ nachst. Salze in konz. wss. Lsg. (1—4m) wurde bei 25 ± 0,1° u. 3000 Hz als Funktion der Konz. ermittelt: $MnCl_2$, $MgCl_2$, MgJ_2, $CaCl_2$. In jedem Fall besitzt ϱ ein Minimum bei einer charakterist., von der Temp. offensichtlich unabhängigen Konz. c_{min} (Überprüfung an $CaCl_2$-Lsgg. im Temp.-Bereich 5—60°). c_{min} entspricht anscheinend einem Aktivitäts-Koeff. gleich 1 bzw. einem Maximum des differentiellen Diffusions-Koeff. des Salzes. A. Blaschette. 138□

Leitfähigkeit von Tetrabutylammoniumtetraphenylborat. Raymond M. Fuoss, Joan B. Berkowitz, Ernest Hirsch und Sergio Petrucci. (Proc. nat. Acad. Sci. USA **44**, 27—32, Jan. 1958; Yale Univ.; engl.) — Vorl. Mitt. über die Best. der molaren

Leitfähigkeit von $[(C_4H_9)_4N][B(C_6H_5)_4]$ in Propylencarbonat, Nitrobenzol, Acetonitril (I) u. Gemischen von I u. CCl_4 (55,3 Gew.-% CCl_4); Diskussion der Ergebnisse im Rahmen moderner Theorien der Elektrolytlösungen. A. Blaschette. 138□

Elektrochemische, elektrische und chemische Spannung von Ketten und Elektroden. P. Van Rysselberghe. (Electrochim. Acta [London] **3**, 257—63, Jan. 1961; Stanford, Calif., Stanford Univ., Dep. of Chem. and Chem. Engng.; engl.) — Die Ausdrücke u. Meth., welche in den CITCE-Berichten über „Nomenklatur u. elektrochem. Definitionen" entwickelt worden sind, werden zu einer Analyse von galvan. Ketten am Beispiel der Kette $Cu/Zn/Zn^{2+}//H^+/H_2/Pt/Cu$ benutzt, wobei method. von den chem. ident. Polen der Kette ausgegangen u. sukzessive die Behandlung auf das Innere der Kette u. die einzelnen Elektroden ausgedehnt wird. Die verschiedenen Spannungen werden diskutiert u. die Zusammenhänge mit den sog. europäischen u. amerikan. Konventionen aufgezeigt. P. Scharner. 140□

Kalomelelektrodengleichgewichte. S. N. Das und D. J. G. Ives. (J. chem. Soc. [London] **1962**, 1619—29, Mai; London, Birkbeck Coll., George Senter Labor.; engl.) — Die ungenügende Übereinstimmung früherer Best. der Standard-EMK der H_2/Hg_2Cl_2-Elektrode führen Vff. auf das unterschiedliche Einsetzen der Disproportionierungs-Rk. von Hg_2Cl_2 (I) zurück. Auf Grund verschiedener Gleichgew.-Einstellung müssen 3 Arten von I-Elektroden unterschieden werden, von denen nur eine, die stabilisierte „second day" Elektrode für genaue, reproduzierbare Messungen in einem größeren Temp.-Bereich (5—45°) geeignet ist. Spontane Gleichgew.-Einstellung wird in einer Zirkulations-App. mit 0,5m HCl, I-freiem Hg als Elektrode, einem Vorratsbehälter mit Hg-freier I-Lsg. sowie großem Verhältnis Elektrodenoberfläche/Vol. der Halbzellen-Lsg. erreicht. P. Frenzel. 140□

Das Verhalten einiger Verunreinigungen bei der Elektroraffination des Eisens. Shumpei Oka, Takashi Mukaibo und Hirokazu Aikawa. (Bull. chem. Soc. Japan **33**, 1680—82, Dez. 1960; Hongo, Tokyo, Univ. of Tokyo, Faculty of Engng., Dep. of Appl. Chem.; engl.) — Der Einfl. auf die Reinheit von elektrolyt. abgeschiedenem Fe wird bei Phosphat-, Sulfat- u. Zn-Geh. des Elektrolyten, außerdem bei Ag-Plattierung der Fe-Anoden durch Markierung mit ^{32}P, ^{35}S, ^{65}Zn u. ^{110}Ag u. Best. der Verteilung der Radioisotope nach 48std. Elektrolysedauer untersucht. Dabei zeigt sich, daß Phosphationen zu mehr als 50% an der Kathode abgeschieden werden, wahrscheinlich nach Bldg. eines positiv geladenen Komplexions. Ein gleichfalls ermittelter S-Geh. der Kathode von 0,018% kann durch einen Waschprozeß auf die Hälfte red. werden. Zugesetztes Zn wird zu 90%, von der Anode abgelöstes Ag zu ca. 2% an der Kathode niedergeschlagen. H.-D. Freyer. 141□

Die Elektrolyse von Thoriumoxidkristallen. D. L. Goldwater. (Physics Chem. Solids **18**, 259—60, Febr. 1961; Swarthmore, Pa., Franklin Inst., Bartol Res. Foundat.; engl.) — ThO_2-Einkristalle werden mit aufgedampften Pt-Elektroden im Vakuum bei 1400° mit 0—300 μA elektrolysiert, die Menge des entwickelten O_2 wird thermoion. bestimmt. Die Geschw. der O_2-Entw. wird mit $r = A \cdot \exp(-zeV/kT)$ (z. u. A Konst., V Elektrolysespannung, T Temp.) beschrieben; aus der Spannungsabhängigkeit folgt $e/kT = 6{,}9\ V^{-1}$. Die Deutung der Meßwerte nach Jaffe [1933] wird diskutiert. Herbert Müller. 141□

Über die Polarisationsspannung des Silberchlorids in geschmolzenem Zustand. S. Sternberg und D. I. Marchidan. (Z. physik. Chem. [Leipzig] **218**, 250—58, 1961; București, Acad. Rep. Pop. Romîne, Centr. de Cerc. chim.; dt.) — Vgl. C. **1961**, 18605. — Die Polarisationsspannung E_p bei der Elektrolyse von reinem geschmolzenem AgCl mit Ag- u. Kohleelektroden wird in einem Syst. mit Ag-Bezugselektrode gemessen. Das Stromunterbrechungs- u. Stromeinschaltungsoscillogramm bei 550° u. der Ohmsche Spannungsabfall für die Paare Anode–Kathode, Kathode–Bezugselektrode u. Anode–Bezugselektrode werden graph. mitgeteilt. Die Ergebnisse zeigen, daß sich E_p nicht mit der Stromdichte ändert; die Mittelwerte von E_p betragen bei 500° 0,889, bei 550° 0,875 (V), E_0 (zur Zers. des AgCl unter thermodynam. umkehrbaren Bedingungen notwendige EMK) aus der EMK der Kette (C) Cl_2 (Gas)/AgCl (geschmolzen) 0,891 bzw. 0,877 (thermodynam. berechnet bei 500° 0,893). Die chem. Überspannung ist bei der Entladung sowohl von Ag^+ als auch von Cl^- zu vernachlässigen. R. K. Müller. 142□

Ladekurven für Germaniumelektroden. W. W. Harvey, S. Sheff und H. C. Gatos. (J. electrochem. Soc. **107**, 560—62, Juni 1960; Lexington, Mass., MIT, Lincoln Labor.; engl.) — Erneute Unterss. des Oberflächenzustandes von halbkugelförmigen, p-leitenden sowie von scheibenförmigen p- u. n-leitenden Ge-Elektroden in 1n H_2SO_4 mit Hilfe von Ladekurven in Abhängigkeit vom O_2-Geh. des Elektrolyten ergeben, daß für die anod. Bldg. von Ge-Oxid oder Ge-Hydroxid auf der Oberfläche nur ein Elektron pro Ge-Atom erforderlich ist. In Abwesenheit von O_2 u.oxydierenden Substanzen erfolgt Chemisorption u. möglicherweise kovalente Bindung an Ge infolge elektrolyt. Vorgänge ohne Ausbldg. einer oxid. Schicht. Bei kathod. Polarisation ohne vorausgehende anod. Behandlung wird nur der für die H_2-Red. charakterist. Teil der Ladekurve beobachtet. Die Bedeckung mit chemisorbiertem H_2 liegt eher bei 0,5 als bei 1,0. In mit H_2- bzw. N_2-gesätt. Lsgg. ist die anod. Gleichgew-Rk. die gleiche. Mol. H_2 wird hierbei nicht oxydiert. Metagermaniumsäure als Prod. der anod. Auflsg. wird nicht reduziert.

P. Frenzel. 142□

Charakteristische Funktionen und Parameter in der Theorie der Wasserstoffüberspannung. 3. Mitt. **Allgemeine Betrachtungen.** Gilbert W. Castellan. (J. electrochem. Soc. **108,** 686—88, Juli 1961; Washington, D. C., Cathol. Univ. of America; engl.) — 2. vgl. C. **1961,** 12360. — Vf. zeigt, daß der früher vorgeschlagene Parameter ϱ für isotherme Langmuir-Adsorption von H von einem Metall auch für andere Formen von Isothermen geeignet ist. Die charakterist. Funktion wird auf eine allgemeinere Form $1/\Sigma$ gebracht, deren Eigg. erörtert werden. Weiterhin betrachtet Vf. den Einfl. der logarithm. Isotherme auf die Lage der Kurven u. zeigt, daß ϱ ein Maß für die Änderung der Adsorptionsaffinität mit der H_2-Überspannung η in der Nähe von $\eta = 0$ darstellt.

P. Frenzel. 142□

Berechnung elektrochemischer kinetischer Parameter aus polarographischen Strom–Spannungs-Diagrammen. Louis Meites und Yecheskel Israel. (J. Amer. chem. Soc. **83,** 4903—06, 20/12. 1961; Brooklyn, N.Y., Polytechn. Inst. of Brooklyn, Dep. of Chem.; engl.) — Nach Koutecký s Berechnungen für irreversible polarograph. Stufen sollte das Potential E der Tropfelektrode gegen log $i/(i_d - i)$ aufgetragen über nahezu den gesamten Stufenanstieg linear wachsen, wobei i u. i_d maximale Ströme während der Lebensdauer eines Tropfens bedeuten. Dies gilt unter der Voraussetzung, daß die Tropfzeit t konst. ist u. die völlig irreversible Stufe einen einzigen geschwindigkeitsbestimmenden Elektronenübergang beschreibt. Aus dem Diagramm E gegen log $i/(i_d - i) - 0{,}546$ log t können sehr zuverlässige Werte für die Parameter αn_a u. $k^0_{f,h}$ berechnet werden, u. zwar unter Ausschluß von Fehlern, die aus mit E variablem t herrühren können. Sowohl diese Ableitung als auch die Meßergebnisse widersprechen der von anderen Autoren vertretenen Auffassung, nach der eine derartige E/i-Kurve nicht linear sein sollte, was experimentell zu bestätigen war. Es wird gezeigt, daß jene Vers.-Ergebnisse rein zufällig sind, da sie mit der Wahl des Maximumdämpfers zusammenhängen. E. Beyerle. 142□

Über die Bestimmung der Differentialkapazität an der Tropfelektrode. P. Kivalo und E. Haikola. (Suomen Kemistilehti B **34,** 131, 1961; Helsinki, Inst. of Technol. [Teknillinen Korkeakoulu], Labor. of Phys. Chem.; engl.) — Vff. beschreiben eine Meth. zur Best. der Zeit vom Beginn des Tropfenwachstums bis zum Augenblick des Gleichgew. einer Impedanzbrücke (erkennbar auf dem Schirm eines Oscillographen). Für die Differentialkapazitätsmessung wird eine Tropfelektrode benutzt, während apparativ von einem Zweistrahloscillographen u. einem Zeitmarkengeber Gebrauch gemacht wird.

E. Beyerle. 142□

Reduktion von Rhenium(VII) an der tropfenden Quecksilberelektrode. D. Banerjea und K. K. Tripathi. (J. inorg. nuclear Chem. **21,** 307—10, Dez. 1961; Calcutta, Indian Assoc. for the Cult. of Sci., Dep. of Inorg. Chem.; engl.) — Die Red. von $KReO_4$ an einer Hg-Tropfelektrode wurde in 0,5m $NaClO_4$, $K_2C_2O_4$, KJ, KSCN u. KCN untersucht. In den ersten vier Fällen beginnt die Red. bei — 1,4 V (gemessen gegen die gesätt. Kalomelelektrode). Dabei ist der Diffusionsstrom höher als für die Red. des Re(VII) zu Re(—I) zu erwarten wäre u. scheint katalyt. Natur zu sein. In KCN hingegen erscheint eine gut ausgebildete Stufe entsprechend einer Red. von Re(VII) zu Re(0). Für KCN-Konz. von 0,5—2,0m verschiebt sich das Halbstufenpotential von — 1,5 auf — 1,46 V. Im letzteren Fall ist für Re(VII)-Konzz. zwischen $0{,}3 \cdot 10^{-3}$ u. $2 \cdot 10^{-3}$m der Diffusionsstrom der Re-Konz. proportional. E. Beyerle. 142□

Auflösung von Aluminium in Säuren und Laugen im Ultraschallfeld. A. M. Ginberg. (Журнал Прикладной Химии [J. angew. Chem.] **32,** 563—66, März 1959; russ.) — Die Auflösung des sich im Kontakt mit Cu befindenden Al in 7,5n NaOH-Lsg. bei 60° wird durch Ultraschall (US) von 16 kHz beschleunigt. Die Auflösung von Al (Cu–Al-Paar) in 8,4n HCl bei 24° kann durch Anwendung von US gehemmt (26 u. 36 kHz; polarisierende Wrkg.) oder beschleunigt (16 kHz; depolarisierende Wrkg. des US-Feldes) werden. S. Baryschnikow. 143

Diffusion als geschwindigkeitsbestimmender Faktor bei der Reaktion von Kupfer mit Eisen(III)- und Kupfer(II)-chlorid in wässeriger Lösung. Eino Uusitalo. (Teknillisen Kem. Aikakauslehti [Z. techn. Chem.] **18,** 73—79, 1961; Helsinki, Finland, Inst. of Technol., Dep. of Chem.; engl.) — Die Geschw. der Rk. von metall. Cu mit wss. $FeCl_3$- u. $CuCl_2$-Lsgg. wurde bei 10—50° unter Veränderung der Bewegungs-Geschw. der Cu-Platten relativ zum Elektrolyten verfolgt. Die Rk.-Geschw. erhöht sich beim Übergang von 10 auf 50° auf das Doppelte. Die Erhöhung der Bewegungs-Geschw. hat eine Beschleunigung des Ätzprozesses zur Folge. Die Rk. entspricht einem Gesetz 1. Ordnung, woraus gefolgert wird, daß der geschwindigkeitsbestimmende Schritt die Ionendiffusion von u. zu der reagierenden Cu-Oberfläche ist; dies bestätigen auch die Aktivierungsenergie u. der Häufigkeitsfaktor der Reaktion. Eine Erhöhung der Acidität der Lsg. u. der Zusatz von $K_2Cr_2O_7$ hatten keinen abschätzbaren Einfl. auf die Rk.-Geschwindigkeit. G. Talsky. 143□

A_4. Thermodynamik. Thermochemie

Zur Theorie der generalisierten Gesamtheiten. A. Münster. (Molecular Physics **2,** 1—7, Jan. 1959; Frankfurt/M., Univ., Phys.-chem. Inst.;dt.) — Es wird gezeigt, daß der Dichteoperator einer generalisierten Gesamtheit gewisse Bedingungen erfüllen muß, wenn sie die Gleichungen der Thermodynamik u. korrekte Schwankungsgleichungen ergeben soll. Die von Byers-Brown (Molecular Physics **1,** [1958.] 68) vorgeschlagene Druckgesamtheit erfüllt die Bedingungen für die Gültigkeit der Thermodynamik, führt aber zu unrichtigen Schwankungsgleichungen. Bes. ergibt sich eine falsche Formel für die Lichtstreuung eines Einkomponentensystems. Dies beruht darauf, daß in der Gesamtheit von Byers-Brown die Schwankungen von vornherein teilweise unterdrückt werden. A. Blaschette. 146□

Molwärme und Mittelwerte offener und abgeschlossener Gesamtheiten. Joseph E. Mayer. (J. physic. Chem. **66,** 591—96, April 1962; San Diego, La Jolla, Calif., Univ. of California, Dep. of Chem.; engl.) — Die Mol.-Wärme ist gegeben durch $C_v = k[\langle(\beta\cdot E)^2\rangle_{\text{Mittelwert}} - \langle\beta E\rangle^2_{\text{Mittelwert}}]$ mit $\beta = 1/kT$, wobei der Mittelwert der einer Gesamtheit abgeschlossener Syst. mit gegebenem n, V u. T ist. Ebenso läßt sich C_v durch den gleichen Mittelwert einer Gesamtheit offener Syst. von gegebenem V, μ, T plus berechenbarer Korrekturglieder ausdrücken. Jede numer. Berechnung des Beitrags der potentiellen Energie mit Hilfe red. Wahrscheinlichkeitsdichten ergibt immer nur den Mittelwert für offene Gesamtheiten, wenn nicht die Weitbereichswechselbeziehungen der Ordnung N^{-1} für die geschlossene Gesamtheit berücksichtigt werden. Es wird eine allg. Meth. zur Berechnung von C_v für alle Ordnungen von N^{-1} gegeben u. gezeigt, daß der erhaltene Ausdruck mit dem für die Berechnung aus der Gesamtheit offener Syst. ident. ist. Wolfgang Krüger. 146□

Die Wärmeausdehnung von Silicium. R. O. A. Hall. (Acta crystallogr. [Copenhagen] **14,** 1004—05, 10/9. 1961; Harwell, Atomic Energy Authority; engl.) — Vf. bestimmte mit zwei 19 cm-Hoch-Temp.-Pulverkameras die Gitter-Konst. des I. U. Cr.-Si-Standards zwischen 20 u. 720°. Bei 25° wurde ein Wert a = 5,43035 Å ermittelt; der Wärmeausdehnungs-Koeff. beträgt bei dieser Temp. $3{,}13\cdot10^{-6}$ u. nimmt bei 700° den Wert $4{,}45\cdot10^{-6}$ an. H. Moenke. 148□

Die thermische Ausdehnung von Kaliumchlorid. Thor Rubin, H. L. Johnston und Howard W. Altman. (J. physic. Chem. **66,** 948—50, Mai 1962; Columbus, Ohio, Ohio State Univ., Dep. of Chem., Cryogenic Labor.; engl.) — Die Best. des Ausdehnungs-Koeff. von KCl erfolgte im Temp.-Bereich von 17—275° K. Die Grüneisen-Koeff. als Funktion der Temp. wurden aus bekannten Mol.-Wärmen u. Kompressibilitäts-Koeff. berechnet u. mit denen des NaCl-Gitters verglichen.

Wolfgang Krüger. 148□

Thermische Ausdehnung von KCl bei höheren Temperaturen. Frank D. Enck, Daniel G. Engle und Kenneth I. Marks. (J. appl. Physics **33,** 2070—72, Juni 1962; Lancaster, Pa., Franklin and Marshall Coll.; Millersville, Pa., Millersville State Coll.; Lancaster, Pa., Hamilton Watch Co.; engl.) — Die linearen therm. Ausdehnungs-Koeff. α von KCl wurden zwischen Raum-Temp. u. F. (776°) nach der interferometr. Meth. von Fizeau unter Verw. der gelben He-Linie ($\lambda = 0{,}58756\ \mu$) bestimmt. Als Eichsubstanzen dienten Porzellan EF u. die Leg. EG des National Bureau of Standards. Für KCl werden folgende Werte angegeben: $\alpha = 3{,}82\cdot10^{-5}$ (100°), $4{,}12\cdot10^{-5}$ (200°), $4{,}46\cdot10^{-5}$ (300°), $4{,}80\cdot10^{-5}$ (400°), $5{,}18\cdot10^{-5}$ (500°), $5{,}47\cdot10^{-5}$ (600°), $5{,}84\cdot10^{-5}$ (700°) u. $5{,}97\cdot10^{-5}$ (745°). G. Gattow. 148□

Die anomale thermische Ausdehnung von KJ bei tiefen Temperaturen. M. A. Viswamitra und S. Ramaseshan. (Acta crystallogr. [Copenhagen] **15,** 513—14, 10/5. 1962; Bangalore, Indian Inst. of Sci., Dep. of Phys.; engl.) — Durch röntgenograph. Unters. von KJ-Einkristallen zwischen —185 u. +200° wird die von Srinivasan (vgl. C. **1959,** 2028) gefundene anomale therm. Ausdehnung bestätigt. Bei —90, —60, —40 u.

-15^0 finden Vff. je zwei Maxima u. Minima für den Ausdehnungs-Koeff. α: 40 ($\cdot 10^{-6}$), 22, 38 u. 30; ein Vgl. dieser Werte mit den l. c. durch makroskop. Messungen erhaltenen Werten (38, 30, 36 u. 32) zeigt prinzipielle Übereinstimmung. G. Ruban. 148□

Anisotrope thermische Ausdehnung von Einkristallen des Thalliums, Yttriums, Berylliums und Zinks bei niedrigen Temperaturen. R. W. Meyerhoff und J. F. Smith. (J. appl. Physics **33,** 219—24, Jan. 1962; Ames, Iowa, Iowa State Univ. of Sci. and Technol., Inst. for Atomic Res. and Dep. of Chem.; engl.) — Die anisotrope therm. Ausdehnung der hexagonal krist. Elemente Tl, Y u. Zn wurde im Temp.-Bereich von 4,2—273,2 (^{0}K), die des Be im Temp.-Bereich 77—273,2 gemessen. Aus den gemessenen Längenänderungen wurden die linearen u. kub. Ausdehnungs-Koeff. sowie die Änderungen der Achsenverhältnisse c/a in Abhängigkeit von der Temp. berechnet. Wolfgang Krüger. 148□

Einfluß der Nichtunterscheidbarkeit auf ein einatomiges, ideales Gas. Manuel Castañs Camargo. (Rev. Real Acad. Ci. exact., físic. natur. Madrid **54,** 331—63, 1960; span.) — Die Folgerungen der Nichtunterscheidbarkeit der Teilchen eines idealen Gases werden behandelt, wobei die (Rev. Real. Acad. Ci. exact., físic. natur. Madrid **52,** [1958.] 63) entwickelte Formel $S = R \cdot \log \gamma/h^3$ (S = Entropie; R = Gas-Konst.; γ = Unsicherheit; h = Plancksches Wrkg.-Quantum) angewendet wird. Das Problem wird unter der Annahme einer willkürlichen Verteilung von N-Partikeln in N'-Zellen u. durch Berechnung von γ_u (Unsicherheit in dem Falle der Nichtunterscheidbarkeit) aus der Verteilung der Wahrscheinlichkeiten $p_1, p_2 \ldots p_{N'}$ behandelt. Mit einigen Näherungen, gültig nur für sehr tiefe Temp., erhält der Vf. Formeln für N', S u. C_v, die sich für nicht so tiefe Temp. zu $S = R \cdot \log e \cdot (1/x + x/24)$, $C_v = 3/2\, R\, (1 - x^2/12)$ u. $p \cdot V = RT\, (1 + x^2/24)$ vereinfachen. In der weiteren Näherung für höhere Temp. ($x \ll 1$) liefert dies die bekannten Formeln: $S = R \cdot \log e/x = R \cdot \log\, [e^{5/2} (2\pi mkT)^{3/2} \cdot V/Nh^3]$, $C_v = 3/2 \cdot R$ u. $pV = RT$. K. Huste. 149□

Der Viscositätskoeffizient von atomarem Wasserstoff zwischen 25 und 3000^0 K. R. A. Buckingham und J. W. Fox. (Proc. Roy. Soc. [London], Ser. A **267,** 102—18, 24/4. 1962; London, Univ. of London, Computer Unit; London, Univ. Coll. of London, Phys. Dep.; engl.) — Vff. untersuchen die elast. Streuung von H-Atomen im Singulett-Grundzustand mit einem tiefen Rechteckpotential mit van der Waalsschen Fernwirkungskräften. Die Phasenverschiebung für L = 0(1)29 u. der Viscositätsquerschnitt werden angegeben. Ferner werden die Streuung im Triplett-Grundzustand mit einem Buckingham-Corner-Potential beschrieben u. effektive Kugeldurchmesser nach der empir. Meth. von Hirschfelder u. Eliason abgeschätzt. Für die Temp.-Abhängigkeit des Viscositäts-Koeff. werden berechnete u. abgeschätzte Kurven angegeben. G. M. Neumann. 149□

Kompressibilität von Argon bei niedrigen Temperaturen und Drücken bis 200 at. I. A. Rogowaja und M. G. Kaganer. (Журнал Физической Химии [J. physik. Chem.] **35,** 2135—36, Sept. 1961; russ.) — Vff. bestimmen die Kompressibilität u. die Dichte (in Amagat) von Ar bei Temp. zwischen $-24{,}98$ u. $-183{,}02^0$ bei Drücken von ca. 25—200 atm mit einiger Genauigkeit von $\pm$ 0,05%. Die Ergebnisse stimmen gut mit Literaturangaben für Messungen bis zu -100^0 überein. D. Hoene. 149□

Quelldruckmessungen an flüssigem He. 2. Mitt. E. F. Hammel jun. und W. E. Keller. (Physic. Rev. [2] **124,** 1641—45, 15/12. 1961; Los Alamos, N.Mex., Univ. of California, Los Alamos Sci. Labor.; engl.) — 1. vgl. C. **1961,** 11989. — Es werden neue Beobachtungen an Quelldrücken P_f beschrieben für Schlitzweiten von 0,28 μ u. 3,36 μ u. für Temp.-Differenzen bis zu 1,0^0 K. Vff. zeigen bes., daß sich kein „Überschuß P_f" (d. h. größer als in der London-Gleichung) u. auch keine Hysteresis in P_f bei großen Wärmeströmen im Schlitz beobachten lassen. Vff. erhielten eine anomale Senkung des λ-Punktes mit dem Druck, sowie ideale P_f für große Wärmeströme. Für Temp. bis zu 2,16^0 K wird gezeigt, daß es zulässig ist, die Transportwärme $Q^* = \varrho ST$ beim thermomechan. Effekt mit der calorimetr. Entropie in Zusammenhang zu setzen. H. Laue. 149□

Temperaturabhängigkeit der Oberflächenspannung von He II. A. D. Singh. (Physic. Rev. [2] **125,** 802, 1/2. 1962; Delhi, Univ. of Delhi, Dep. of Phys.; engl.) — Vf. zeigt, daß die Temp.-Abhängigkeit der Oberflächenspannung von fl. HeII auf Grund des idealen Gasmodells auch für die Fl. verständlich ist, wenn man bei den Eigenfunktionen den Oberflächenterm berücksichtigt. Die maximale Abweichung der Ergebnisse beträgt dann von den experimentellen Daten von Allen u. Misener (Proc. Cambridge philos. Soc. **34,** [1938], 299) 7% u. von den theoret. Daten von Atkins (C. **1956,** 6585) nur 2%. G. M. Neumann. 149□

Das Gleichgewicht zwischen einer kondensierten Phase und einem reaktionsfähigen Dampf: Die Wärmekapazität eines gesättigten, dissoziierenden Dampfes und die Form der Dampfdruckkurve. P. Gray. (Proc. Roy. Soc. [London], Ser. A **264,** 516—39, 5/12. 1961; Leeds, Univ., Dep. of Phys. Chem.; engl.) — Bei konst. Druck hat der Dampf einer dissoziierenden Substanz eine anomal hohe molare Wärmekapazität C_p^g. Diese Anomalie ist immer positiv u. kann ein Vielfaches des normalen Werts eines ähnlichen aber inerten Dampfes betragen. Der gesätt. Dampf der gleichen Substanz mit der molaren Wärmekapazität $C_{ges.}^g$ zeigt entweder eine kleinere oder keine Anomalie, oder aber eine Anomalie im entgegengesetzten Sinne, die dann sogar größer sein kann als beim konst. Druck. Der Betrag u. das Vorzeichen dieser Anomalie hängen vom Dissoziationsgrad u. den relativen Größen der Dissoziations- u. Verdampfungsenthalpien ab. Beziehungen für $C_{ges.}^g$ für die allg. Dissoziation $A_m \rightleftharpoons m\,A$ u. für die Dimerisierung $A_2 \rightleftharpoons 2\,A$ werden abgeleitet. Der Einfl. des nichtidealen Verh. der Gase wird diskutiert. Außer im Bereich des krit. Punkts werden die Ergebnisse durch das nichtideale Verh. der Gase nur modifiziert. Ebenso wie $C_{ges.}^g$ enthält die latente Verdampfungswärme u. ihr Temp.-Koeff. anomale Anteile. Der Einfl. dieser Anomalien auf die Beziehung zwischen Dampfdruck u. Temp. wird untersucht. Trotz des mobilen Gleichgew. u. des anomal großen $C_{ges.}^g$ zeigt die Dampfdruckkurve ln p gegen T^{-1} keine merkbare Abweichung. Daher bedeutet die Linearität von ln p gegen T^{-1} auch keine Garantie für das Fehlen von Polymerisationsvorgängen in der Dampfphase. K. Ross. 150□

Phasengleichgewichte und Volumenverhältnisse im System Acetylen–Ammoniak unter Druck. Je. Ss. Lebedewa und Ss. M. Chodejewa. (Журнал Физической Химии [J. physik. Chem.] **35,** 2602—07, Nov. 1961; Inst. für Stickstoffind.; russ.) — Vff. beschreiben eine App. zur visuellen Unters. von Syst., die bei tiefen Temp. sieden oder zerfallen. Das Syst. C_2H_2–NH_3 wird bei 15—65° u. Drücken bis zu 70 at untersucht. D. Hoene. 150□

Schmelz- und Siedepunkt von Berylliumchlorid und Untersuchung des Systems NaCl–$BeCl_2$. E. Furby und K. L. Wilkinson. (J. inorg. nuclear Chem. **14,** 123—26, Juli 1960; Didcot, Berks., Harwell, U.K.A.E.A.; engl.) — Durch Rk. von Be mit Cl_2 bei 600° bzw. von BeO mit CCl_4-Dampf (Trägergas: Ar) bei 600° wurde $BeCl_2$ (I) hergestellt u. durch Sublimation (Druck: 20—50 μ) bei 350—380° gereinigt. Bestimmt wurden F. 399 ± 1° u. Kp. 482,5 ± 1°. — Das Zustandsdiagramm des Syst. NaCl–$BeCl_2$ wurde aufgeklärt: Eutektikum bei 210° u. 55 Mol.-% I. Die einzige im Syst. auftretende Verb. $BeCl_2 \cdot 2NaCl$ schmilzt inkongruent bei 315°. G. Gattow. 150□

Zylindrische Näherung und die α–β-Umwandlung von Quarz. A. J. Hughes und A. W. Lawson. (J. chem. Physics **36,** 2098—2100, 15/4. 1962; Riverside, Calif., Univ. of California, Dep. of Phys.; engl.) — Unter Zugrundelegung der zylindr. Näherungs-Meth. von Pippard (C. **1957,** 6958) über die Thermodynamik von Umwandlungen an λ-Punkten wird die α-β-Umwandlung von Quarz bei 574° behandelt. Die mit Hilfe der therm. Ausdehnung u. elast. Konst. anderer Autoren berechneten Werte von $(dT/dP)_\lambda$ stimmen innerhalb von 2,5% mit den experimentellen Daten der Druckabhängigkeit der Umwandlungs-Temp. (α—β) von Yoders (Trans. Amer. geophysic. Union **31,** [1950], 827) überein: $dT/dP = 2{,}81 \cdot 10^{-2}$ Grad/bar. G. Gattow. 150□

Über den Beitrag der Phasendiagramme zur Kenntnis thermodynamischer Wechselwirkungen. Etienne Bonnier und Pierre Desre. (C. R. hebd. Séances Acad. Sci. **253,** 867—69, 31/7. 1961; Grenoble, Ecole Nat. Supérieure d'Électrochim. et d'Électrométallurg.; franz.) — Treten in einem bin. metall. Syst. ein Monotektikum (C. **1963,** 1566) u. eine definierte Verb. auf, so können aus dem Phasendiagramm die partiellen Grenzenthalpien der Mischung $\overset{\infty}{\Delta H}_{((A))}$ berechnet werden, wenn sich eine Komponente der festen Verb. in der fl. Phase löst. Wenn die zuerst angegebene Komponente in Lsg. geht, so ist $\overset{\infty}{\Delta H}_{((A))}$ (kcal/g-Atom) für Al–Sb —12,9, Bi–Li —54,3, Ca–Cd —24,4, Ca–Pb —24,6, Ca–Sn —42,3, Ca–Tl —12,7, Cd–Na +3,44, Cd–Te —22,7, Fe–Sb +4,4, Na–Hg —21,7 u. Sb–K —48,4; wird dagegen das Auflösen der 2. Komponente betrachtet, so ist $\overset{\infty}{\Delta H}_{((A))}$ für Al–La —46,6, Al–Sb —20,8, Bi–Ca —6,4, Hg–Li —26,7, Li–Sn —46, Li–Pb —40,6, Mg–Si —20,9, Na–Sb —48,8, Pb–S —15,1, Sn–Te —18,1 u. Te–Zn —21,3. Herbert Müller. 150□

Zur Berechnung des Sättigungsdampfdruckes. L. A. Alexejew und A. A. Zwetajew. (Журнал Физической Химии [J. physik. Chem.] **35,** 2130—31, Sept. 1961; Inst. für phys. Chem. der Akad. der Wiss. der UdSSR; russ.) — Vff. beschreiben eine Meth. zur Berechnung des Sättigungsdampfdruckes (SD) bei jeder beliebigen Temp. bei bekannter Verdampfungswärme (VW). Die Gleichung gilt sowohl für feste, als auch für fl. Stoffe. Ebenso kann für Stoffe mit innen- oder flächenzentriertem Gitter die VW durch Best. des SD ermittelt werden. Ferner läßt sich so die Trouton-Konst. leicht bestimmen. Für *Fe, Mo, Li, Pb, Cu, Ag, W, Ca, Pt* werden die berechneten Werte für Trouton-Konst. mit experimentellen Angaben verglichen. Die Übereinstimmung ist gut. D. Hoene. 150□

Der Einfluß der Windgeschwindigkeit auf die Verringerung der Wasserverdampfung durch Monoschichten von Alkoxyäthanolen und n-Alkylalkoholen. R. N. Shukla und S. B. Kulkarni. (J. sci. ind. Res. [New Delhi], Sect. B **21,** 276—77, Juni 1962; Poona, Nat. Chem. Labor.; engl.) — In einem Windkanal wurde bei Wind-Geschw. von 1—13 Meilen/Std. der Einfl. von monomol. Oberflächenschichten verschiedener Alkohole auf die Geschw. der Wasserverdampfung untersucht. Für die Verss. wurden die n-Alkanole $C_nH_{2n+1}OH$ u. die alkoxylierten Äthanole $C_nH_{2n+1}OCH_2CH_2OH$ (n = 16, 18, 20, 22) verwendet. Die Wirksamkeit der letzteren ist, bes. bei niedrigen Wind-Geschw., generell größer; sie nimmt in allen Fällen mit steigender C-Zahl zu. W. Betcke. 150□

Der Verdampfungskoeffizient des flüssigen und festen Quecksilbers in der Nähe des Gefrierpunktes. Kurt Neumann und Bernhard Ramolla. (Z. physik. Chem. [Frankfurt/M.] [N. F.] **29,** 145—65, Aug. 1961; Gießen, Univ., Phys.-Chem. Inst.; dt.) — Vff. geben eine ausführliche Beschreibung der App. u. der Vers.-Bedingungen. In Übereinstimmung mit anderen Autoren wird für fl. Hg ein Verdampfungs-Koeff. $\alpha = 1$ gefunden. Bei festen Einkristalltropfen wird dieser Wert überschritten, u. zwar um so mehr, je größer die Übersättigung ist. Als Ursache wird eine Erhöhung der Freien Energie der verdampfenden Oberfläche infolge starker Aufrauhung vermutet. I. Ebel. 150□

Wärmekapazität, Wärmeausdehnung und elektrischer Widerstand einer 8 a/o-Aluminium-Plutonium-Legierung (stabilisierte δ-Phase) unterhalb 300° K. T. A. Sandenaw. (Physics Chem. Solids **16,** 329—36, Nov. 1960; Los Alamos, N.Mex., Univ. of California, Los Alamos Sci. Labor.; engl.) — Vf. berichtet über Messungen der Wärmekapazität, der Wärmeausdehnung u. des elektr. Widerstandes der stabilisierten δ-Phase der obigen Al-Pu-Leg. von ca. 1,86—300° K. Die Vers.-Ergebnisse sind graph. wiedergegeben. Die beobachteten Meßergebnisse der Wärmekapazität werden mit denen von reinstem Pu verglichen. Erhalten wurden aus den Beobachtungen der Koeff. des elektron. Beitrags die charakterist. Debye-Temp., die Entropie u. die Enthalpie. C. Gottfried. 151

Berechnung der Entropie von kristallinen Verbindungen bei hohen Temperaturen. N. N. Drosin. (Журнал Физической Химии [J. physik. Chem.] **35,** 2472—74, Nov. 1961; Charkow, Wiss. Forsch.-Inst. für Grundlagenchem.; russ., Auszug: engl.) — Vf. beschreibt eine Meth. zur Berechnung der Entropie bei hohen Temp., die darauf beruht, daß für eine Verb.-Klasse die Atome der Verbb. den gleichen Anstieg der Entropie haben, wenn sie von 298 auf 1° K erhitzt werden. Die Meth. kann auf zwei- u. dreiatomige Verbb., Alkalisulfate u. -carbonate, Sulfate, Carbonate, Nitrate, Silicate zweiwertiger Metalle u. auf intermetall. Verbb. angewendet werden. D. Hoene. 155□

Gitterenergien und mit ihnen zusammenhängende Eigenschaften einiger kristalliner Cyanide. M. F. C. Ladd und W. H. Lee. (J. inorg. nuclear Chem. **14,** 14—20, Juli 1960; London, Battersea Coll. of Technol., Chem. Dep.; engl.) — Die Gitterenergien $U(r_0)$ u. Freien Lsg.-Energien ΔG^0 nachst. krist. Cyanide wurden berechnet: *NaCN* $U(r_0)$ = 178 kcal/Mol, $\Delta G^0 = -8{,}0$ kcal/Mol; *KCN* 161, —8,0; *AgCN* 221, +18,3; $Ca(CN)_2$ 529, —20,0; $Ba(CN)_2$ 479, —11,1; $Zn(CN)_2$ 667, —; $Cd(CN)_2$ 609, —13,7; $Hg(CN)_2$ 649, —3,4. Für die Freien Hydratationsenergien $-\Delta G_h^0$ u. die Hydratationsenthalpien $-\Delta H_h^0$ folgt: Ag^+ 115, 123; Tl^+ 82, 87; Ca^{2+} 383, 400; Ba^{2+} 331, 345; Zn^{2+} 485, 507; Cd^{2+} 432, 452; Hg^{2+} 465, 473; CN^- 68,3, 72,8 kcal/g-Ion. G. Gattow. 156□

Graphische Darstellung der Thermodynamik von Systemen Metall-geschmolzenes Chlorid. R. Littlewood. (J. electrochem. Soc. **109,** 525—34, Juni 1962; Saffron Walden, Essex, Hinxton Hall, Tube Investm. Res. Labor.; engl.) — In Fortführung früherer Unterss. (C. **1962,** 6678) verwendet Vf. die graph. Meth. für die Ermittlung thermodynam. Daten von Rkk., die für die Gewinnung von Metallen wichtig sind; in den Diagrammen sind aufgetragen das Gleichgew.-Potential E (relativ zur Standard-Cl_2-Elektrode) gegen die Aktivität von O^{2-} in Chloridschmelzen (als pO^{2-}). Angewendet wird dieses graph. Verf. für Mg, Ni, Zr u. Ti in LiCl (**I**), NaCl, KCl (**II**) u. $MgCl_2$ bei 800° u. in Mischungen der Chloride. Als spezielle Beispiele für die Anwendung des E/pO^{2-}-Diagramms werden die Metallextraktion aus geschmolzenen Chloriden sowie die damit verbundenen Schwierigkeiten aufgeführt, u. es wird gezeigt, daß aus den Diagrammen unmittelbar die Verunreinigungen (z. B. O) der Metalle entnommen werden können. Die Löslichkeits-Prodd. (log S) der nachst. Oxide in geschmolzenem **I** u. **II** bei 800° wurden berechnet: NiO $-7,8$ u. $-19,7$; CaO $-3,8$ u. $-15,8$; ZnO $-8,2$ u. $-20,0$; MgO $-9,9$ u. $-21,8$; ZrO_2 $-26,8$ u. 50,6. G. Gattow. 156□

Thermodynamische Eigenschaften von Magnesiummolybdat(VI). T. N. Resuchina, W. A. Lewitzki und N. M. Kasimirowa. (Журнал Физической Химии [J. physik. Chem.] **35**, 2639—42, Nov. 1961; Moskau, Lomonossow-Univ.; russ.) — Vff. untersuchen zwischen 1100 u. 1330° K die EMK der Ketten $Pt/MgMoO_4$, $MgMoO_3$/fester Elektrolyt (fE)/Wüstit, Fe/Pt u. $Pt/MgMoO_3$, MgO, Mo/fE/Wüstit, Fe/Pt u. erhalten für die Rk. $MgO + Mo + {}^3/_2\ O_2 \rightarrow MgMoO_4$ (I): $\Delta H^0_{298} = -197,4 \pm 1,2$ kcal, $\Delta G^0 = -179,0 \pm 1,2$ kcal. Die spezif. Wärme von I wird zwischen 293 u. 1100° K zu $C_p = 25,19 + 12,6 \cdot 10^{-3} \cdot T$ cal/Grad·Mol bestimmt. Die Entropie ist $S^0_{298} = 25$ Cl. Die Rk.-Enthalpie ΔH u. die Freie Rk.-Enthalpie für die Rk.: $Mg + Mo + 2\ O_2 \rightarrow$ I betragen $\Delta H^0_{298} = -341,2$ (kcal) u. $\Delta G^0_{298} = -315,1$. D. Hoene. 156□

Die Verbrennungswärmen von ReS_2 und Re_2S_7 und die thermodynamischen Funktionen von Sulfiden der Übergangsmetalle. J. E. McDonald und J. W. Cobble. (J. physic. Chem. **66**, 791—94, Mai 1962; Lafayette, Ind., Purdue Univ., Dep. of Chem.; engl.) — Die Verbrennungswärmen von Re_2S_7 u. ReS_2 wurden für die Rkk. Re_2S_7 (fest) $+ 14\ O_2$ (gasförmig) $\rightarrow Re_2O_7$ (fest) $+ 7\ SO_3$ (gasförmig) bzw. $2\ ReS_2$ (fest) $+ 19/2\ O_2$ (gasförmig) $\rightarrow Re_2O_7$ (fest) $+ 4\ SO_3$ (gasförmig) zu $\Delta H^0 = -849,9 \pm 1,7$ (kcal/Mol) u. $\Delta H^0 = -294,58 \pm 1,13$ bestimmt. Hieraus wurden die Bldg.-Wärmen von Re_2S_7 bei 25° zu $-107,9 \pm 1,8$ u. für ReS_2 zu $-42,7 \pm 1,2$ erhalten. Mit Hilfe dieser Werte u. der aus Dampfdruckmessungen ermittelten Bldg.-Wärmen wurden die thermodynam. Funktionen einiger Sulfide der Übergangsmetalle berechnet. TcS_2: ($\Delta H_{Bldg.}$ =) $-53,5$ (kcal/Mol); ($\Delta F_{Bldg.}$ =) $-51,6$; (S^0 =) 17 (Gibbs/Mol); TcS_3: $-66,0$; $-62,8$; 20; $TcS_{3,5}$: $-73,5$; $-69,4$; 21; *RuS*: $-39,2$; $-38,5$; 12; *RhS*: $-37,2$; $-36,2$; 12; $RhS_{1,5}$: $-40,8$; $-39,9$; 16; RhS_2: $-42,5$; $-41,1$; 18; *PdS*: $S^0 = 12$; PdS_2: $-39,0$; $-37,1$; 18; ReS_2: $\Delta F_{Bldg.} = -41,5$; $S^0 = 20$; ReS_3: $-49,8$; $-47,2$; 23; $ReS_{3,5}$: $\Delta F_{Bldg.} = -50,5$; $S^0 = 24$; *OsS*: $-26,4$; $-25,4$; 12; OsS_3: $-42,6$; $-40,3$; 23; OsS_4: $-48,0$; $-44,3$; 26; *IrS*: $-23,0$; $-21,7$; 12. Unter der Annahme, daß die Verdampfung des Re_2S_7 nach Re_2S_7 (fest) $\rightarrow 2\ ReS_2$ (fest) $+ 3/2\ S_2$ (gasförmig) verläuft, wurde, bei einer gemessenen Verdampfungsenthalpie von $\Delta H^0 = 67,4$ (kcal/Mol) für die Temp.-Abhängigkeit des Dampfdruckes die Beziehung $-\log P_{(atm.)} = 14,8 \cdot 10^3/T + 2,01 \log T - 23,0$ erhalten u. daraus $\Delta H^0_0 = 67,9$ berechnet. Die Verdampfung des ReS_2 kann sowohl nach ReS_2 (fest) $\rightarrow$ Re (fest) $+ S_2$ (gasförmig) als auch nach ReS_2 (fest) $\rightarrow ReS_2$ (gasförmig) erfolgen. Der letztere Vorgang erfolgt unterhalb 1000° nur sehr langsam. Für die Temp.-Abhängigkeit des Dampfdruckes ergab sich $-\log P_{(atm.)} = 18,9 \cdot 10^3/T - 9,83$ u. hieraus $\Delta H^0_0 = 86,5$. Die für den Dissoziationsprozeß erhaltene Temp.-Abhängigkeit des Dampfdruckes $-\log P_{(atm).} = 15,6 \cdot 10^3/T + 2,16 \log T - 15,5$ ergibt Werte, die größenordnungsmäßig um den Faktor 10 kleiner sind als die von anderen Autoren experimentell bestimmten Werte. Vff. führen diese Unterschiede auf Meßfehler zurück.
Wolfgang Krüger. 156□

Das System Iridium-Sauerstoff. 1. Mitt. Messungen an flüchtigen Iridiumoxiden. E. H. P. Cordfunke und G. Meyer. (Recueil Trav. chim. Pays-Bas **81**, 495—504, Juni 1962; Delft, Labor. of Gener. and Inorg. Chem.; engl.) — Bei höheren Temp. verflüchtigt sich Ir in Ggw. von O_2 als IrO_3 (I). Mit Hilfe der Mitführungs-Meth. wurden die Dampfdrücke von I über Ir u. über IrO_2 in O_2-Atmosphäre zwischen 1010 u. 1460° bestimmt u. für nachst. Gleichgew. die thermodynam. Daten ermittelt. Zwischen 1010 u. 1090°: $2\ IrO_{2(fest)} + O_2 \rightleftarrows 2\ IrO_{3(Gas)}$, $\log K_p$ (mm) $= -27596/T + 16,902$, $\Delta H_{1320°K} = +63,13$ kcal/Mol, $\Delta S^0_{1320°K} = +32,07$ cal/Grad·Mol u. zwischen 1170 u. 1460°: $2\ Ir_{(fest)} + 3\ O_2 \rightarrow 2\ IrO_{3(Gas)}$, $\log K_p$ (mm) $= -2034/T - 7,346$, $\Delta H_{1580°K} = +4,65$ kcal/Mol I, $\Delta S^0_{1580°K} = 10,21$ cal/Grad·Mol. Die Bldg.-Enthalpie von IrO_2 konnte bei 298,16° K zu $\Delta H_f = -67,1$ kcal/Mol ermittelt werden. G. Gattow. 156□

Thermodynamische Eigenschaften von Ferrocen. 2. Mitt. **Bestimmung von Dampfdruck und latenter Sublimationswärme bei 25° nach der Effusions- und der Thermistor-Manometer-Methode.** J. W. Edwards und G. L. Kington. (Trans. Faraday Soc. **58**. 1323—33, Juli 1962; London, Imp. Coll. of Sci. and Technol., Phys. Chem. Labor.; engl.) — 1. vgl. C. **1960**, 13967. — Die Dampfdrücke von Ferrocen (I) wurden nach zwei unabhängigen Meth. im Temp.-Bereich von 20—30° bestimmt. Sie lassen sich im Mittel durch nachst. Gleichung beschreiben (p in Torr, T in °K): $\log p = 10,68 - 3830/T$. Die Sublimationswärme von I errechnet sich bei 25° zu $\Delta H = 17,530 \pm 0,10$ kcal/Mol. Auf die von anderen Autoren gefundenen zu hohen Werte der Sublimationswärme von I wird hingewiesen; die Abweichungen werden diskutiert.
G. Gattow. 156□

Thermodynamische Eigenschaften von Ferrocen. 3. Mitt. Thermodynamische Funktionen von 0 bis 300° K. J. W. Edwards und G. L. Kington. (Trans. Faraday Soc. **58**, 1334—40, Juli 1962; engl.) — 2. vgl. vorst. Referat. — Die Molwärmen von festem Ferocen (**I**) wurde im Temp.-Bereich von 17,8—308,9° K calorimetr. bestimmt. Die Molwärmen C_p, Entropien S, Wärmeinhalte (H — H_0) u. die Funktion der Freien Energien —(G — H_0) sind zwischen 0 u. 300° K tabellar. wiedergegeben. Für 298,16° K werden für **I** nachst. Werte angegeben: C_p = 46,82 cal/Grad·Mol, S = 51,68 cal/Grad·Mol, H — H_0 = 7429,2 cal/Mol, —(G — H_0) = 7979,7 cal/Mol. Die charakterist. Temp. berechnet sich zwischen 17 u. 28° K zu Θ = 102 ± 1° K; oberhalb 28° K nimmt Θ mit steigender Temp. ab. Für den idealen Gaszustand bei 1 atm u. 298,16° K konnte die Entropie des gasförmigen **I** zu 87,4 ± 0,3 cal/Grad·Mol rechner. ermittelt werden. Dieser Wert stimmt mit dem auf spektroskop. Wege (IR- u. Raman-Spektren) erhaltenen von 87,51 cal/Grad·Mol überein. G. Gattow. 156□

Überschuß an Wasserstoffatomen in einigen Propanflammen. Robert Reid und Robert Wheeler. (J. physic. Chem. **65**, 527—30, März 1961; Kingston, Ontario, Queen's Univ., Dep. of Chem.; engl.) — Vff. bestimmen photometr. die Konz. an H-Atomen in vorgemischten C_3H_8–Luft-Flammen in verschiedenen Abständen vom Brenner bei Atmosphärendruck. Bereits früh werden H-Überschüsse im verbrannten Gasgemisch festgestellt, die im Gegensatz zu H_2–Luft-Flammen in brennstoffarmen Flammen relativ größer sind als in brennstoffreicheren. Die Rk.-Geschw.-Parameter stimmen mit einer tern. Rekombination der Überschüsse überein. P. Frenzel. 157□

Wärmeleitfähigkeit von polyatomaren und polaren Gasen. E. A. Mason und L. Monchick. (J. chem. Physics **36**, 1622—39, 15/3. 1962; College Park, Md., Univ. of Maryland, Inst. for Mol. Phys.; Silver Spring, Md., Johns Hopkins Univ., Appl. Phys. Labor.; engl.) — Vgl. C. **1963**, 28. — Unter Zugrundelegung der kinet. Theorien von Wang Chang u. Uhlenbeck (Univ. of Michigan Engng. Res. Rept. No. CM-681 [1951]) u. von Taxman (C. **1959**, 383) werden explizite Gleichungen für die Wärmeleitfähigkeit von polyatomaren u. polaren Gasen abgeleitet. Der Eucken-Faktor f wird berechnet u. mit experimentellen Werten für *Ar*, N_2, O_2, H_2, Cl_2, CO_2, CH_4 u. *NO* verglichen. Die Übereinstimmung ist zufriedenstellend. G. Gattow. 158□

Messung der Wärmeleitfähigkeit von einfach und doppelt dissoziierendem Stickstoffdioxid. A. K. Barua und P. K. Chakraborti. (J. chem. Physics **36**, 2817—20, 1/6. 1962; Calcutta, Indian Assoc. for the Cultiv. of Sci.; engl.) — Die Wärmeleitfähigkeit von gemäß $N_2O_4 \rightleftharpoons 2\,NO_2$ u. $2\,NO_2 \rightleftharpoons 2\,NO + O_2$ (a) dissoziierendem N_2O_4 wurde zwischen 100 u. 200° nach der abs. Heißdraht-Meth. in einer nur aus Glas bestehenden App. u. unter Verw. eines Glasmembranmanometers gemessen. Unter der Annahme, daß für beide Rkk. lokales chem. Gleichgewicht herrscht, werden Werte berechnet, die nur mäßig gut mit den Meßdaten übereinstimmen, wahrscheinlich infolge der langsamen Einstellung von Gleichgewicht a. A. Blaschette. 158□

Überführung von Wärme durch Strahlung in geschmolzenen anorganischen Verbindungen bei hohen Temperaturen. C. T. Ewing, J. R. Spann und R. R. Miller. (J. chem. Engng. Data **7**, 246—50, April 1962; Washington, D.C., U. S. Naval Res. Labor.; engl.) — In zwei ausführlich beschriebenen App. wurden die therm. Leitfähigkeiten von B_2O_3 u. „Flinak" (= Mischung aus 11,5 Mol-% *NaF*, 42% *KF* u. 46,5% *LiF*) unter variablen Vers.-Bedingungen im Temp.-Bereich von 500—950° bestimmt u. der Anteil der Wärme ermittelt, der durch Strahlung übertragen wird. Vff. versuchen, den Mechanismus der Wärmeübertragung theoret. zu klären. G. Gattow. 158□

Thermische Leitfähigkeit von feuerfesten Materialien. C. T. Ewing, B. E. Walker jun., J. R. Spann, E. W. Steinkuller und R. R. Miller. (J. chem. Engng. Data **7**, 251—56, April 1962; engl.) — Vgl. vorst. Referat. — Vff. bestimmten in einer ausführlich beschriebenen App. die therm. Leitfähigkeit von *BeO* (2 verschiedene Präpp.), von 6 *BeO–Be-* u. einem *BeO–Be–Mo*-Sinter-Prodd. mit verschiedener Zus., von *SiC* (2,5% Si), *BN* (2,4% B_2O_3), *Be* (4 Proben), von verschiedenen Mischungen *SiC–C*, *SiC–C–Si* u. *BN–C* sowie von $MoBe_{12}$, $ZrBe_{13}$, $TiBe_{12}$ u. $NbBe_{12}$ im Temp.-Bereich von 300—1000°. In Verbindung mit Literaturwerten konnte aus den experimentellen Daten eine empir. Beziehung abgeleitet werden, die drei unabhängige Mechanismen des Wärmeüberganges durch polykrist. dielektr. Material beschreibt.
G. Gattow. 158□

Ultraschallabsorption in festen Körpern. Thomas S. Hutchison. (Science [Washington] **132**, 643—52, 9/9. 1960; Kingston, Ontario, Royal Milit. Coll. of Canada; engl.) — Zusammenfassender Überblick über neuere Unters.-Ergebnisse. — 41 Literaturangaben. C. Gottfried. 159

A_5. Kolloidchemie. Grenzschichtforschung

Untersuchung des Aggregationsgrades während der Sol–Gel-Umwandlung einiger gelbildender Systeme. Y. D. Upadhya und S. P. Mushran. (Proc. nat. Acad. Sci., India, Sect. A **30,** 85—93, 1961; Allahabad, Univ., Chem. Labor.; engl.) — Vff. verfolgen den zeitlichen Verlauf der Sol–Gel-Umwandlung von Zr-Succinatsol, ausgelöst durch KCl als Elektrolyten, mit einem Viscosimeter nach Stormer. Die Messungen wurden bei 30 ± 0,1° durchgeführt. Die Berechnung des Aggregationsgrades während der Gel-Bldg. wurde mit Hilfe der Beziehung $\eta_{sp} = k\,c \cdot M$ nach Staudinger durchgeführt. Der Kurvenverlauf der Aggregation zeigt ein ganz schwaches Ansteigen des Aggregationsgrades nach Zugabe des Elektrolyten u. kurz vor der Gel-Bldg. einen starken, fast senkrechten Anstieg, d. h. bei einem bestimmten Assoziierungsgrad tritt Gel-Bldg. ein.
K. Huste. 162□

Eine einfache Methode zur Messung von Grenzflächenspannungen von Flüssigkeiten, besonders bei hohen Temperaturen, und Messungen der Oberflächenspannung von Tellur. Cyril Stanley Smith und Donald P. Spitzer. (J. physic. Chem. **66,** 946—47, Mai 1962; Chicago, Ill., Univ. of Chicago, Inst. for the Study of Metals; engl.) — Es wird eine Meth. zur Messung der Oberflächenspannung beschrieben, die auf der Messung der Höhe einer Fl.-Säule in dem Moment beruht, in dem deren Meniskus von einem scharf gerandeten, runden, in einer glatten Platte befindlichen Loch abreißt. Mit dieser Meth. wurde die Oberflächenspannung von Te in N_2 bei 460° zu 178,4 ± 1,5 erg pro cm^2 gemessen. Die Dichte betrug bei dieser Temp. 5,58 g/cm^3. Die Grenzflächenenergie Te–CsCl bei der gleichen Temp. wurde zu 133,5 ± 1,2 (erg/cm^2), die der gleichen, jedoch mit NaF gesätt. Fll., bei 600° zu 97,1 ± 0,5 gemessen. Wolfgang Krüger. 166□

Elektroosmotischer Wassertransport durch Ionenaustauschmembranen. A. S. Tombalakian, H. J. Barton und W. F. Graydon. (J. physic. Chem. **66,** 1006—09, Juni 1962; Toronto, Univ. of Toronto, Dep. of Chem. Engng. and Appl. Chem.; engl.) — Der elektroosmot. Transport von W. durch Ionenaustauschmembranen aus Polystyrolsulfonsäure mit verschiedenen Austauschkapazitäten u. verschiedenem Vernetzungsgrad wurde untersucht. Der Transport nimmt mit steigender Konz. der äußeren Lsg. u. in der Reihe Li, Na, K, H ab. Ebenfalls nimmt er bei hohen Stromdichten von 26,9 bis 107,6 mA/cm^2 mit steigender Stromdichte ab. Bei hoch vernetzten Membranen wird der Transport geringer. R. Krämer. 168□

Adsorption von Gasmischungen. John D. Kaser, Lenard O. Rutz und Karl Kammermeyer. (J. chem. Engng. Data **7,** 211—14, April 1962; Iowa City, Iowa, Univ. of Iowa; engl.) — In einer früher beschriebenen App. (J. chem. Engng. Data **4,** [1959], 307) wurde die Adsorption von CO_2 (**I,** 99,8%) u. von Propan (**II,** 99,9%) sowie von verschiedenen Mischungen aus **I** u. **II** an porösem Glas (spezif. Oberfläche: 200 m^2/g; durchschnittlicher Porendurchmesser: 50 Å) bei 0, 30 u. 50° u. bei Gleichgewichtsdrücken von 0—6 atm untersucht. Die Adsorption nimmt mit steigender Temp. ab; bei kleinen Drücken wird **I** immer stärker als **II** adsorbiert. Der Adsorptionsmechanismus wird diskutiert. G. Gattow. 176□

Geschwindigkeitsgleichung für die Adsorption eines neutralen Stoffes an einer Metall–Elektrolyt-Grenzfläche. P. Delahay und D. M. Mohilner. (J. physic. Chem. **66,** 959—60, Mai 1962; Baton Rouge, La., Louisiana State Univ., Coates Chem. Labor.; engl.) — Für Prozesse, die der logarithm. Temkin-Isotherme gehorchen, wird eine Gleichung für die Adsorptions-Geschw. einer neutralen Substanz an einer Metall–Elektrolyt-Grenzfläche abgeleitet. Wolfgang Krüger. 176□

Eine Infrarotuntersuchung der Xanthogenatadsorption durch Bleisulfid. Robert G. Greenler. (J. physic. Chem. **66,** 879—83, Mai 1962; Milwaukee, Wis., Allis-Chalmers Mfg. Co., Res. Div.; engl.) — Mit Hilfe von IR-Messungen an KBr-Preßlingen wurde die Natur von Verbb., die auf der Oberfläche von PbS entstehen, wenn dieses der Luft ausgesetzt wird, sowie der Einfl. einer nachfolgenden Adsorption von K-Äthylxanthogenat(I) auf diese Oberflächen-Verbb. u. die Natur der entstandenen Xanthogenatoberflächenschicht untersucht. PbS wurde durch homogene Fällung in heißer, bas. Lsg. aus Thioacetamid u. Pb-Acetat dargestellt. IR-spektroskop. können in PbS-Proben, die dem Luft-Einfl. ausgesetzt waren, $PbCO_3$, $PbSO_4$, $PbSO_3$ u. andere Pb–S–O-Verbb. unbekannter Zus. nachgewiesen werden. Durch Behandlung mit einer wss. Lsg. von **I** werden die Carbonationen u. in einigen Fällen die S–O-Ionen durch **I** verdrängt. PbS-Proben, die zur stärkeren Oxydation der S^{2-}-Ionen an der Luft erhitzt wurden, adsorbieren mehr **I** aus der Lsg. als weniger oxydierte Proben. Auf PbS wird eine Oberflächenxanthogenat-Verb. (**II**) gebildet, die das IR-Spektrum von Bleiäthylxanthogenat besitzt. Ein Teil von **II** kann leicht durch Waschen mit Aceton entfernt werden. Die Menge von **II**, die nach wiederholtem Waschen auf der Oberfläche verbleibt, entspricht angenähert einer monomol. Schicht von Xanthogenationen auf der PbS-Oberfläche. Für **II** wird eine Struktur vorgeschlagen. P. Scharner. 176□

Ein Doppelfront-Phänomen bei der einstufigen chromatographischen Entwicklung an Anionenaustauschern. Walter Björk. (J. Chromatogr. [Amsterdam] **2**, 536—43, Sept. 1959; Uppsala, Univ., Inst. of Biochem.; engl.) — Untersucht wird das Auftreten zweier Fronten bei einstufiger Entw. an Dowex-2, Diäthylaminoäthyl- u. Triäthylaminoäthylcellulose, die mit einer Puffer-Lsg. (pH 7,3—8,9) aus Tris-(hydroxymethyl)-aminomethan u. HCl ins Gleichgewicht gebracht wurden. Die Entw. erfolgte mit Puffer-Lsgg. gleichen pH-Wertes, aber höherer Ionenstärke. Die hierbei zu beobachtende Konz.-Aufspaltung des Chlorids, die unter Ausschluß von atmosphär. CO_2 nicht eintritt, wird auf einen Ad- u. Desorptionseffekt von HCO_3^- bzw. CO_3^{2-} zurückgeführt, dessen Mechanismus diskutiert wird. — Den gleichen Doppelfronteffekt zeigt die Chromatographie von ε-Dinitrolysin. F.-M. Friedrich-Anderseck. 177□

Der Einfluß von Magnesium auf die Bildung von Calciumphosphatniederschlägen. M. Boulet, J. R. Marier und D. Rose. (Arch. Biochem. Biophysics **96**, 629—36, März; Erratum: **96**, 613, Juni 1962; Ottawa, Canada, Nat. Res. Council, Div. of Appl. Biol.; engl.) — Die Zus. von Ndd. wurde untersucht, die aus schwachsauren, $CaCl_2$, $MgCl_2$, KH_2PO_4 u. KCl enthaltenden Lsgg. durch Zusatz von Alkali erhalten wurden. Je nach der Konz. des letzteren lassen sich $CaHPO_4$ bzw. ein gelatinöser Nd. (welche Mg^{2+} entsprechend der Konz. in der Lsg. enthalten) u. ein Mg-freies Granulat fraktioniert fällen. Durch die Ggw. von Mg^{2+} wird die Induktionszeit herauf u. die Nd.-Menge herabgesetzt. Ein aus Mg-freier Lsg. gefällter gelatinöser Nd. nimmt bei der Suspension in Mg^{2+}-haltiger Lsg. Mg aus dieser auf, aber in geringerer Menge, als sie das aus Mg-haltiger Lsg. gefällte Phosphat enthält. Dabei findet ein Ionenaustausch bzw. ein Einbau von Mg^{2+} in das $CaHPO_4$-Gitter statt. Mit dem Anwachsen der Mg^{2+}-Konz. der Lsg. nimmt das Löslichkeits-Prod. des gelatinösen Nd. zu, während das des granularen abnimmt. W. Betcke. 177□

Anwendung der Ionenaustauschmethode zur Reinigung von Arsen von Beimengungen. G. A. Katajew, A. G. Grigorjewa und L. N. Rosanowa. (Журнал Прикладной Химии [J. angew. Chem.] **32**, 2452—56, Nov. 1959; russ.) — Beim pH 1,5 liegt As als H_3AsO_4 vor, das von dem Kationit KU-Z nicht adsorbiert wird, während die in Form von Kationen vorhandenen Beimengungen entfernt werden. Die durch polarograph. u. colorimetr. Analyse erhaltenen Daten beweisen die Wirksamkeit der Reinigung des As von Fe, Cu, Sb, Zn, Pb u. Ni. H. Treumann. 177□

Verhalten von Gallium und Aluminium beim Ionenaustausch in Gegenwart einiger komplexbildender Substanzen. Je. P. Zinzewitsch, I. P. Alimarin und L. F. Martschenkowa. (Вестник Московского Университета, Серия Математики, Механики, Астрономии, Физики, Химии [Nachr. Moskauer Univ., Ser. Math., Mechan., Astronom., Physik, Chem.] **13**, Nr. 3, 221—27, 1958; Lehrstuhl für anal. Chem.; russ.) — Die Möglichkeit der Trennung von Ga^{3+} u. Al^{3+} in Ggw. von *Wein-* (**I**), *Äpfel-* (**II**), *Oxalsäure* (**III**) u. *Trilon B* (**IV**) mit *Kationit KU-2* (**V**, Korngröße 0,25—0,5 mm) u. *Anionit* AN-2F (**VI**, Korngröße 0,2—1,0 mm) wurde untersucht. Die Adsorption von Ga^{3+} u. Al^{3+} an **V** (H^+-Form) in Ggw. von **I** verringert sich mit der Zunahme des pH-Wertes der Lsg. von 3 auf 8, d. h. die Beständigkeit der gebildeten anion. Komplexe nimmt zu. Analog verhalten sich Al^{3+} u. Ga^{3+} in Ggw. von **II**. In beiden Fällen ist der geringe Unterschied im Verh. von Al^{3+} u. Ga^{3+} zur Trennung ungeeignet. Bei Verw. von **IV** als Komplexbildner wird Al^{3+} völlig an **V** adsorbiert, während Ga^{3+} bei pH 4 nur zu 1,9% adsorbiert wird. Bei großem Al^{3+}-Überschuß ist die Adsorption des anion. Ga^{3+}-**IV**-Komplexes an **VI** (Cl^--Form) geeigneter. Bei Mengenverhältnissen Ga^{3+}/Al^{3+} wie 1:1, 1:10, 1:100 u. 1:1000 in der Ausgangs-Lsg. konnte auf diesem Wege eine völlige Trennung beider Elemente erreicht werden. Das adsorbierte Ga^{3+} wurde aus **VI** mit 2n HCl eluiert. In Ggw. von **III** werden an **V** (H^+-Form) bei pH 4 der Lsg. 62,1% Al^{3+} u. 3% Ga^{3+} adsorbiert. Davon ausgehend konnten Ga^{3+} u. Al^{3+} im Verhältnis 1:2 durch Adsorption des anion. Ga^{3+}-**III**-Komplexes an **VI** bei pH 4 mit befriedigendem Ergebnis getrennt werden. U.-L. Rau. 177□

Trennung von Hafnium und Zirkonium durch Anionenaustausch. John L. Hague und Lawrence A. Machlan. (J. Res. nat. Bur. Standards, A **65**, 75—77, Jan./Febr. 1961; engl.) — Vff. geben einen systemat. Überblick über das Eluieren von Hf u. Zr mit verd. H_2SO_4 u. mit Gemischen von H_2SO_4 u. HCl. Die Ergebnisse zeigen das Verh.

der Sulfatkomplexe an starken Anionenaustauschern mit quatern. Ammoniumgruppen (Dowex-1, 8—10% Divinylbenzolvernetzung). Am besten trennt 3½%ig. H_2SO_4 bei einer Partikelgröße des Harzes von 50 μ. G. Heller. 177□

A_6. Strukturforschung

Informationstheorie und Bestimmung der Strukturen. Janine Lajzerowicz und Joseph Lajzerowicz. (C. R. hebd. Séances Acad. Sci. **251**, 744—46, 1/8. 1960; Grenoble, Inst. Fourier, Labor. d'Électrostat. et de Phys. du métal.; franz.) — Vff. zeigen auf theoret. Wege, daß man durch Kombination der von Jaynes (vgl. C. **1957**, 13567) entwickelten Informationstheorie u. der Kenntnis der Intensitäten der Interferenzen eine Wahrscheinlichkeitsdichte der Atomlagen erhält. C. Gottfried. 181

Lage und Form der Hauptmaxima in der Gaußschen Ellipsoid-Approximation. B. Dawson. (Acta crystallogr. [Copenhagen] **14**, 999—1000, 10/9. 1961; Melbourne, Chem. Res. Labor.; C.S.I.R.O., Div. of Chem. Phys.; engl.) C. Gottfried. 181

Theoretische Untersuchung der Auswirkung von Wachstumsfehlern in kleinen, kubisch-flächenzentrierten Kristallen aus einer Atomart auf die Debye-Scherrer-Diagramme. Paul Larroque und Nguyen Quat Ti. (C. R. hebd. Séances Acad. Sci. **252**, 2537—39, 24/4. 1961; Toulouse, C.N.R.S., Labor. d'Opt. électron.; franz.) — Am Beispiel eines kub.-oktaedr. Kristalls aus 309 Atomen wird durch Berechnung der Interferenzfunktion G nach der Formel von Debye gezeigt, daß mit zunehmender Fehlstellenzahl das Profil von G sich ausgehend von dem für eine kub.-flächenzentrierte Struktur in das einer hexagonal-zentrierten Struktur umwandelt. Im einzelnen verschwindet dabei das (2 0 0)-Maximum; die Intensität des (2 2 0)-Maximums verringert sich um ca. 50% u. die benachbarten Interferenzen (4 2 2) u. (5 1 1) verschmelzen zu einem einzigen Signal. Eine besondere Unters. der Verschiebung des ersten Maximums, (1 1 1) bzw. $(1 0 \bar{1} 1)$, mit zunehmender Fehlstellendichte bestätigt das Ergebnis. A. Blaschette. 181□

Über die automatische Registrierung der Röntgen-Kleinwinkelstreuung. R. Breiner. (Arch. techn. Messen ind. Messtechn. **1962**, R2—R4, Jan.; Marl, Krs. Recklinghausen, Chem. Werke Hüls Akt.-Ges.; dt.) — Beschreibung der Apparatur. E. Klever. 181□

Eine Methode zur direkten Bestimmung von Gitterparametern. Lorin Hawes. (Amer. Mineralogist **45**, 1285—88, Nov./Dez. 1960; Canberra, Canberra Univ. Coll., Dep. of Chem.; engl.) — Beschreibung der Methode. Als Beispiel wird die Best. des Gitterparameters von NaCl aus einer Pulveraufnahme beschrieben. a wurde zu 5,639 Å bestimmt. C. Gottfried. 181

Effektive Elektronenmasse in Festkörpern. Eine Verallgemeinerung der Bardeenschen Formel. M. H. Cohen und F. S. Ham. (Physics Chem. Solids **16**, 177—83, Nov. 1960; Schenectady, N.Y., Gen. Electr. Res. Labor.; engl.) — Die von Vff. entwickelte Verallgemeinerung der Formel von Bardeen für die effektive Masse eines Elektrons in einem Kristall bezieht sich im Gegensatz zu Bardeen auch auf von Null abweichende Punkte des K-Raums u. auf Zustände, die nicht nur s-Symmetrie haben. C. Gottfried. 181

Eine einfache Annäherung der Elektronenwechselwirkungsintegrale der Quantenchemie. T. Szondy. (Acta physica Acad. Sci. hung. **12**, 89—91, 1960; Ung. Akad. der Wiss., Forschungsgruppe für theoret. Phys.; Budapest, R. Eötvös Univ., Organ.-chem. Inst.; dt.) — Meth. zur Auswertung von Integralen vom Typ $I = \int \nu(r, s) \cdot \nu(t) \cdot d\tau$, die in der Quantenchemie auftreten (r u. s sind die Koordinaten von zwei Elektronen des Syst., t ist ihr Abstand, $d\tau$ das Vol.-Element im sechsdimensionalen Konfigurationsraum). A. Blaschette. 182□

Molekulare Zweizentrenintegrale zwischen 2pπ- und 3pπ-Atomorbitalen. 2. Mitt. **Coulomb-Integrale.** Alf Lofthus. (Molecular Physics **4**, 177—81, März 1961; Oslo, Blindern, Univ. of Oslo, Dep. of Phys.; engl.) — 1. vgl. Molecular Physics **4**, [1961], 17. — Alle zwischen 2 pπ- u. 3 pπ-Atomorbitalen mit gleichem Bahnexponenten α möglichen Zweizentren-Coulomb-Integrale werden für α = 1,00—10,00 (Abstand 0,25) berechnet u. tabelliert. A. Blaschette. 182□

Molekulare Zweizentrenintegrale zwischen 2pπ- und 3pπ-Atomorbitalen. 3. Mitt. **Eindringintegrale.** Alf Lofthus. (Molecular Physics **4**, 209—13, Mai 1961; engl.) — 2. vgl. vorst. Referat. — Die Berechnung von Zweizentren-Coulomb-Eindring- u. -Austausch–Eindring-Integralen wird untersucht. Alle zwischen 2pπ- u.

3pπ-Atomorbitalen möglichen Eindringintegrale (penetration integrals) werden für $\alpha = 1{,}00-10{,}00$ (Abstand 0,25) berechnet u. tabelliert. A. Blaschette. 182□

Rolle der Austauschenergie bei Wechselwirkungen mittlerer Reichweite. Frank O. Ellison. (J. chem. Physics **34,** 2100—04, Juni 1961; Pittsburgh, Pa., Carnegie Inst. of Techn., Dep. of Chem.; engl.) — Es werden Berechnungen über die Coulombschen u. Austauschanteile der Wechselwrkg.-Energien eines Protons mit einem H-Atom sowie von zwei H-Atomen angestellt. Bei Wechselwrkg. 1. Ordnung (von Atomen im Grundzustand ohne Konfigurations-Wechselwrkg.) wird mit wachsendem internuclearem Abstand die Austauschenergie wesentlicher bzw. die Coulombsche Energie unwesentlicher. Der Beitrag der 1. Ordnung ist wichtig, um die Störungsberechnungen von Coulson (Proc. Roy. Soc. Edinburgh, Sect. A **61,** [1941], 2D) bzgl. H_2^+ u. von Hirschfelder u. Löwdin (Molecular Physics **2,** [1959], 229 u. Löwdin u. Shull, C. **1957,** 13540) bzgl. H_2 in gute Übereinstimmung mit dem Experiment der Best. der intermediären Abstände zu bringen. Claus Fischer. 182□

Die Kräfte zwischen mehratomigen Molekülen. 2. Mitt. **Abstoßende Kräfte von geringer Reichweite.** L. Salem. (Proc. Roy. Soc. [London], Ser. A **264,** 379—91, 21/11. 1961; Cambridge, Univ., Chem. Labor., Dep. of Theoret. Chem.; Cambridge, Mass., Harvard Univ., Dep. of Chem.; engl.) — 1. vgl. Longuet-Higgins u. Salem, Proc. Roy. Soc. [London], Ser. A **259,** [1961], 433. — Mit Hilfe des Hellmann-Feynman-Theorems wird gezeigt, daß für mehratomige Moll. mit abgeschlossenen Schalen, deren Elektronenwolken sich etwas überlappen, der größte Anteil der Abstoßungskräfte auf einer Verminderung der Dichte der gebundenen Elektronen im Überlappungsbereich beruht. Bei zwei Moll., deren Elektronendichte am besten durch lokalisierte Orbitale beschrieben wird u. bei denen sich die Orbitale des einen Mol. mit denen des anderen nur in einem lokalisierten zwischenatomaren Bereich überlagern, besitzen die Kräfte für Atompaare (je eines in jedem Mol.) additiven Charakter. Diese lokale Additivität gilt nicht für Moll., deren Orbitale sich über das gesamte Mol.-Skelett ausdehnen u. sich mit denen des zweiten Mol. in mehr als nur einem Zwischenbereich überlappen.
A. Blaschette. 182□

Untersuchungen über die Atomhybridisierung. 1. Mitt. **Besitzt die Hybridisierung eine physikalische Bedeutung?** A. Laforgue, J. L. Masse und M. Roux. (J. Chim. physique Physico-Chim. biol. **56,** 189—93, Febr. 1959; Paris, C.N.R.S.; franz.) — Krit. Diskussion. A. Blaschette. 182□

Einbeziehung des d-Orbitals bei BrCl und JCl. M. A. Whitehead. (J. chem. Physics **36,** 3006—08, 1/6. 1962; Cincinnati, Ohio, Univ. of Cincinnati, Chem. Dep.; engl.) — Eine von den Kernquadrupolfrequenzen (Whitehead u. Jaffé, C. **1962,** 4810) ausgehende Diskussion zeigt, daß in BrCl das Br-Atom schätzungsweise 32% s- u. 39% d-Charakter, in JCl das J-Atom 11% s- u. 17% d-Charakter besitzt.
A. Blaschette. 182□

Berechnung von molekularen Elektronenzuständen in anorganischen Systemen mit Hilfe der Methode des Freien Elektrons. 1. Mitt. **Ein Modell eines „Elektrons auf einer Kugel" für Tetrastickstofftetrasulfid und Tetraarsentetrasulfid.** D. Chapman und T. C. Waddington. (Trans. Faraday Soc. **58,** 1679—85, Sept. 1962; Cambridge, Univ., Chem. Labor.; engl.) — Durch Anwendung eines FE-MO-Modells auf N_4S_4 u. As_4S_4 wird gezeigt, daß in beiden Käfig-Moll. zu einem gewissen Ausmaß S—S- u. N—N- bzw. As—As-Bindungen zwischen entsprechenden räumlich benachbarten Atomen auftreten. Das Modell vermag die Maxima in den Absorptionsspektren beider Verbb. u. die Existenz u. die Struktur negativer Ionen $N_4S_4^{n-}$ mit n = 1—4 (C. **1963,** 1960) zu deuten. Mit Hilfe bekannter Daten über Verbb. mit N—S-Bindungen wird die Länge dieser Bindung graph. als Funktion des Bindungsgrades dargestellt; hieraus ergibt sich der Bindungsgrad in N_4S_4 zu 1,65, in $N_4H_4S_4$ zu 1,4, in $N_4S_4F_4$ zu 1,5 bzw. 2,1.
A. Blaschette. 182□

Relative Energien der molekularen Elektronenzustände in tetraedrischen Komplexen. Alan Carrington und Chr. Klixbull Jørgensen. (Molecular Physics **4,** 395—400, Sept. 1961; Cambridge, Univ., Chem. Labor.; Geneva, Cologny, Cyanamid Europ. Res. Inst.; engl.) — Die Energieniveaus in Tetroxokomplexen der drei Gruppen von Übergangselementen werden mit Hilfe der MO-Theorie klassifiziert. Es ergeben sich lineare Beziehungen zwischen den MO-Energien (u. damit den Elektronegativitäten) einerseits u. der Oxydationsstufe bzw. der Elektronenkonfiguration des Zentralions andererseits. Das Ausmaß des π-Bindungseffekts wird quant. untersucht u. mit den analogen Verhältnissen bei Hexahalogeniden verglichen. A. Blaschette. 182□

Kontinuität und Diskretheit interatomarer Wechselwirkungen in Kristallen. N. W. Agejew. (Журнал Неорганической Химии [J. anorg. Chem.] **4**, 497—502, 1 Tafel, März 1959.; russ.) — Zusammenfassender Vortrag über die Entw. der von Kurnakow [1936] begründeten physikal.-chem. Analyse u. ihren Ausbau auf Grund neuerer Ideen von der Struktur der Kristalle mit diskreter (homöopolarer) u. kontinuierlicher (metall.) Bindung zwischen den Atomen. R. K. Müller. 182 □

Ionen-Ionen-Wechselwirkung abgeschlossener Schalen in Calciumfluorid. J. R. Reitz, R. N. Seitz und R. W. Genberg. (Physics Chem. Solids **19**, 73—78, April 1961; Cleveland, Ohio, Case Inst. of Technol.; engl.) — Vff. berechnen aus den elast. Konst. C_{11}, C_{12} u. C_{44} von CaF_2 die Nahbereichsionen-Wechselwrkg. Φ_{ij} für die Ionenpaare $Ca^{2+}-F^-$ u. F^--F^-. Nach Born-Mayer gilt $\Phi_{ij} = A_{ij} \exp. (-r/\varrho)$ mit A_{ij} u. ϱ als für das Ionenpaar charakterist. Konst. u. r als Ionenabstand. Aus der Berechnung der elektrostat. Beiträge zu C_{11}, C_{12} u. C_{44} u. dem Vgl. mit den experimentellen Werten folgen $\varrho = 0{,}28 \cdot 10^{-8}$ cm, für $Ca^{2+}-F^-$ $A_{+-} = 3{,}09 \cdot 10^{-9}$ (erg) u. für F^--F^- $A_{--} = 1{,}04 \cdot 10^{-9}$; Φ_{ij} für $Ca^{2+}-F^-$ ist jedoch nach Fumi [1959] um den Faktor 3 größer. Da für C_{12} u. C_{44} die Cauchy-Beziehung nicht erfüllt ist, muß eine Vielelektronen-Wechselwrkg. zwischen den Ionen angenommen werden, die nicht durch eine zentrale Wechselwrkg. angenähert werden kann. Herbert Müller. 182 □

Untersuchung der Struktur von Fäden und dünnen Filmen aus Glas. Maurice Navez und Claude Sella. (C. R. hebd. Séances Acad. Sci. **251**, 529—31, 25/7. 1960; Paris, Comp. Saint-Gobain, Labor. de Rech; Bellevue, Seine-et-Oise, Centre Nat. de la Rech. Sci., Labor. de Rayons X; franz.) — Fortsetzung der elektronenmkr. Unters. der Struktur von Gläsern. Im Gegensatz zu früheren Unterss. (vgl. Navez u. Sella, C. **1962**, 13677) mit Hilfe des Abdruck-Verf. wurden diesmal Objekte gewählt, die wegen ihrer geringen Dicke (100—300 A) der direkten Durchstrahlung mit Elektronen zugänglich waren. Die elektronenmkr. Bilder von dünnen Filmen von Ca–Na–Silicatgläsern zeigen eine ähnliche granuläre Struktur wie frische Bruchflächen. Das Beugungsdiagramm zeigt außer dem Halo, der für den glasartigen Zustand charakterist. ist, oft für kleine Kristallite kennzeichnende Beugungsreflexe, die auf eine dem Cristobalit ähnliche Struktur schließen lassen. Filme von Borsilicatgläsern zeigen eine viel ausgeprägtere, kontrastreichere Struktur, die auf eine Phasentrennung von B_2O_3 u. SiO_2 schließen läßt. Auch in feinen Glasfäden von ca. 300 Å ⌀ ist eine granuläre Struktur zu beobachten. Die körnige Struktur verschwindet bei Erwärmung auf 500—600° u. tritt nach erneuter Abkühlung wieder auf. F. Lenz. 186 □

Die Kinetik der Fällung aus übersättigten festen Lösungen. I. M. Lifshitz und V. V. Slyozov. (Physics Chem. Solids **19**, 35—50, April 1961; Kharkov, U.S.S.R., Phys.-Techn. Inst.; engl. — C. **1961**, 3246.) Herbert Müller. 190 □

Untersuchungen über die Darstellung reiner Alkalichloride. Koichi Kobayashi und Tetsuhiko Tomiki. (J. physic. Soc. Japan **15**, 1982—90, Nov. 1960; Sendai, Tôhoku Univ., Dep. of Phys.; engl.) — Vff. berichten über systemat. Unterss. über die Darst. reiner KCl- u. NaCl-Kristalle, wobei speziell die Einfl. des Ausgangsmaterials auf die Reinheit der Kristalle festgestellt werden sollten. Ausgangsmaterialien waren KCl- u. NaCl-Pulver verschiedener Quellen u. ferner Pulver, die aus Hydrogencarbonat u. HCl dargestellt worden waren. Dest.- u. Kristallisations-Meth. im Vakuum sowie die Technik von Kyropoulos in Luft wurden für die Kristallisations-Verff. verwendet, um ihre Vor- bzw. Nachteile festzustellen. Zur Abschätzung der Konz. von Verunreinigungen in den Kristallen wurde für mehrwertige Metallionen die Ionenleitfähigkeit gemessen, die OH-Ionen-Konz. durch opt. Absorptionsmessungen bestimmt u. der Br-Geh. chem. festgelegt. Als reinster Kristall erwies sich der, der nach der Dest.- u. Kristallisations-Meth. im Vakuum aus Pulver erhalten war, das aus Bicarbonat u. HCl dargestellt worden war. Bei Unterss. der Kante der Fundamentalabsorption in Verbindung mit der Konz. an Br^- wurde in KCl eine Absorptionsbande gefunden, die der Ggw. von Br^- zuzusprechen ist u. deren Maximum bei Zimmer-Temp. 7,12 eV ist. C. Gottfried. 190

Wachstumsformen von Kristallen vom Strukturtyp des NaCl in Gegenwart von Hexacyanoferrat(II)- und -(III)-Ionen. Roland Boistelle, Raymond Kern und Raymond Weiss. (C. R. hebd. Séances Acad. Sci. **254**, 1829—30, 5/3. 1962; Nancy, Labor. de Minér. et Cristallogr.; franz.) — Während des Wachstums von *NaCl*-Kristallen aus wss. Lsg. bewirken $[Fe(CN)_6]^{4-}$-Ionen (I) in Konzz. $> 0{,}3 \cdot 10^{-4}$ m in zunehmendem Maß Bldg. von Dendriten der Richtung [1 0 0], die sich in ihrer Tracht deutlich von den bekannten NaCl-Whisker unterscheiden. $[Fe(CN)_6]^{3-}$ (II) in Konzz. $> 0{,}5 \cdot 10^{-3}$ m bewirkt je nach Konz. u. Übersättigungsgrad die Ausbildung der Flächen {2 1 0}, {1 1 0}

u. {1 1 1} neben {1 0 0}. In einer Lsg. von I + II entstehen bei hoher Übersättigung die kombinierten Formen {2 1 0} u. {1 1 0}, bei geringerer Übersättigung lediglich Dendrite. Das Na^+-Ion scheint neben der adsorbierten Verunreinigung eine Rolle bei diesen Effekten zu spielen: während I in geringem Ausmaß auch das Wachstum von *NaCN* u. *NaBr*, II nur das von NaBr beeinflußt, wurden im Falle von *LiCl, KF, LiBr, RbF, KCl, NaJ* u. *KJ* keine entsprechenden Erscheinungen beobachtet. A. Blaschette. 190□

Die Identifizierung von Ausscheidungsteilchen in Siliciumeinkristallen durch Reflexions-Elektronenbeugung. R. C. Newman. (Proc. physic. Soc. **76**, 993—96, 1/12. 1960; Aldermaston, Berks., Associated Electr. Ind., Res. Labor.; engl.) — Vf. berichtet über Elektronenbeugungs-Unterss. an Si-Einkristallen. Es zeigt sich, daß die Verunreinigungen hauptsächlich an den Versetzungslinien ausgeschieden werden u. zwischen 1000 u. 1200° ein Maximum durchlaufen. Eine Analyse der Beugungsaufnahmen zeigt, daß es sich dabei um *β-SiC* mit Zinkblendestruktur (a = 4,348 Å) u. um γ-Al_2O_3 mit kub. Spinellstruktur (a = 7,895 Å wurde gefunden; dies ist das Doppelte des bekannten Wertes a′ = 3,96 ± 0,04 Å) handelt. Die Bldg. von SiC u. Al_2O_3 ergibt sich auch aus den thermodynam. Eigg. der einzelnen Komponenten. G. M. Neumann. 190□

Untersuchung der Wirkung eines Ionenbündels auf Natriumchlorid- und Goldoberflächen durch Elektronenmikroskopie und -beugung. J. J. Trillat und K. Mihama. (Bull. Microscopie appl. [2] **10,** 61—70, 6 Tafeln, Okt. 1961; Bellevue, Seine-et-Oise, C.N.R.S., Labor. de Rayons X; franz.) — Experimentelle Unters. des Abbaus nicht oxydierbarer Oberflächen unter dem Einfl. eines Ionenbeschusses. Durch die dabei auftretende Kathodenzerstäubung werden sukzessiv immer neue Oberflächenschichten abgetragen. Ein Anwendungsgebiet ist die Herst. dünner, im Elektronenmikroskop oder in Elektronenbeugungs-App. durchstrahlbarer Folien, ohne daß dabei eine starke mechan. Beanspruchung der Objekte erforderlich ist. Die Primärenergie der Luft- und Ar-Ionen liegt bei den Verss. zwischen 2 u. 20 keV. Die Beugungsaufnahmen werden in Reflexion aufgenommen, die elektronenmkr. Bilder mit Hilfe von Kohlenstoff- oder Rhodoidabdrücken mit Cr- oder Pt-Beschattung. Die Oberflächenstruktur zeigt nach teilweiser Abtragung rekrist. Substanz u. Ätzfiguren, die bei monokristallinen Targets Vorzugsorientierungen in ausgezeichneten kristallograph. Richtungen zeigen („selektive Abtragung“). In den Beugungsdiagrammen von frisch gespaltenen NaCl-Oberflächen verschwinden nach kurzem Ionenbeschuß die anfänglich beobachtbaren Kikuchi-Linien. Auf benachbarten, nicht vom Ionenstrahl getroffenen Oberflächen wird die zerstäubte Substanz in regelloser Verteilung angelagert, die das bekannte Aussehen von in Vakuum aufgedampften dünnen Schichten hat. F. Lenz. 190□

Die Niederschlagung von Blei während der Zersetzung von Bleijodid durch Elektronenbestrahlung. A. J. Forty. (Philos. Mag. [8] **6,** 895—905, Juli 1961; Bristol, Univ., H. H. Wills Phys. Labor; engl.) — PbJ_2 zerfällt beim Bestrahlen mit Elektronen in Pb u. gasförmiges J_2. Bei kleinen Zerfalls-Geschw. schlägt sich das Pb in regellosen Kristalliten (Ø 100—1000 Å) außerhalb der PbJ_2-Kristalle nieder, deren [1 1 1]-Ebenen in Kontakt mit dem Mutterkristall wachsen. Bei höheren Zerfalls-Geschw. erfolgt die Bldg. von Pb-Blättchen in Hohlräumen im Kristallinneren. Das Wachstum der Kristallite erfolgt in der Weise, daß deren [1 1 1]-Ebenen im Kontakt mit den [0 0 0 1]-Ebenen des PbJ_2-Kristalls sind. Die prim. auftretenden Hohlräume innerhalb des PbJ_2 sind leicht beweglich u. besitzen einen mittleren, jedoch sehr schwankenden Ø von 50 Å. Sie enthalten freies J_2, das durch die Bestrahlung entstanden ist. Da der Radius des J-Atoms erheblich kleiner ist als der des J^-, können die J-Atome an die Kristalloberfläche diffundieren. Die freien Stellen werden durch Elektronen unter Bldg. von Elektronen–Leerstellen-Komplexen besetzt. Die Elektronen können von Pb^{2+} unter Nd.-Bldg. von Pb eingefangen werden. K. Huste. 190□

Über die Abhängigkeit der physikalischen Eigenschaften des Apatits von Verunreinigungen mit Seltenen Erden und Strontium. A. P. Denissow, O. B. Dudkin, N. A. Jelina, R. A. Krawtschenko-Bereshnoi und L. I. Poleshajewa. (Геохимия [Geochemie] **1961,** Nr. 8, 666—75; Kola, Kirow-Abt. der Akad. der Wiss. der UdSSR; russ., Auszug: engl.) — Die Abhängigkeit der Gitterparameter von Apatit, des spezif. Gew. u. der Brechungsindices vom Geh. an Lanthaniden u. Sr wird untersucht. Die Absorptionsspektren mikrokristalliner Apatitproben werden ausgewertet. Bei heterovalentem Ersatz von Ca durch Lanthaniden tritt eine merkliche Änderung der untersuchten physikal. Eigg. auf, während beim isovalenten Ersatz von Ca durch Sr sich die Gitterparameter direkt proportional ändern; die Brechungsindices verändern sich in diesem Fall nicht. H. Noack. 190

Schraubenversetzung in Kristallen mit Diamantstruktur. V. Celli. (Physics Chem. Solids **19,** 100—04, April 1961; Urbana, Ill., Univ. of Illinois; engl.) — Vf. gibt eine Verbesserung des Modells einer Schraubenversetzung im Kristallgitter nach Maradudin (C. **1961,** 3253) an u. berechnet die Energie mechan. Spannungen für ein Kristallgitter mit Diamantstruktur. Die Energiebarriere, die die Versetzung bei der Bewegung in einem reinen Kristall überwinden muß, beträgt für Si $0{,}38 \cdot 10^7$ (eV/cm) u. Ge $0{,}26 \cdot 10^7$.
Herbert Müller. 190□

Kristallstrukturverzerrungen in MnO_2 und MnF_2 bei ihrer magnetischen Curie-Temperatur. S. L. Strong. (Physics Chem. Solids **19,** 51—53, April 1961; Silver Spring, Md., U.S. Naval Ordnance Labor.; Cambridge, Mass., MIT; engl.) — Mit Hilfe einer symm. fokussierenden Rückreflexionspulverkamera wird zwischen 25 u. 300° K das Verh. der Gitter-Konst. von MnO_2 u. MnF_2 bei Erwärmung untersucht. Bei Temp.-Erniedrigung wird für MnO_2 unterhalb seiner Néel-Temp. 85° K Verkürzung der a-Achse u. Verlängerung der c-Achse, für MnF_2 unterhalb 72° K eine Verkürzung der c-Achse beobachtet, während die a-Achse nicht verändert wird. Die Kontraktion erfolgt in beiden Kristallen in der Spinrichtung, obwohl bei MnO_2 die Spinrichtung in der c-Achse, bei MnF_2 normal dazu liegt. Herbert Müller. 190□

Über die Struktur und den Sauerstoffgehalt von Kupfer- und Kupfer-Mangan-Ferrit. A. Bergstein und L. Červinka. (Physics Chem. Solids **18,** 264—65, Febr. 1961; Prague, Czechoslov. Acad. of Sci., Inst. of Techn. Phys.; engl.) — Oxidgemische mit 1 CuO u. 1 Fe_2O_3 bzw. 0,42 CuO_x, 0,43 Fe_2O_3 u. 0,15 MnO_y werden 3 Std. lang bei 600 bis 1100° an Luft vorgebrannt u. 10 Std. lang bei den gleichen Temp. an Luft bzw. in O_2 gesintert. Die abgekühlten Proben werden röntgenograph., differentialthermoanalyt. an Luft u. chem. analyt. untersucht. $CuFe_2O_4$ zeigt in der DTA bei ca. 1015° ein reversibles endothermes Maximum, das mit einem Verlust von 0,6—0,7% O_2 verbunden ist. Unterhalb 1015° ist $CuFe_2O_4$ tetragonal, bei höheren Temp. liegt die Mischung einer kub. u. tetragonalen Spinellphase vor, während bei 1100° eine Phase vom Typ $CuFeO_2$ beobachtet wird. Die DTA von Cu–Mn-Ferrit weist endotherme Maxima bei 1005 u. 1060° auf. Lediglich das Maximum bei 1060° ist reversibel u. mit einem O_2-Verlust von 0,6—0,7% verbunden; das Prod. ist ein Gemisch von $CuFeO_2$ u. einer kub. Spinellphase.
Herbert Müller. 190□

Diffusion von Wasserstoff und Deuterium in geschmolzenem Quarz. R. W. Lee, R. C. Frank und D. E. Swets. (J. chem. Physics **36,** 1062—71, 15/2. 1962; Warren, Mich., Gen. Motors Corp., Res. Labor.; engl.) — Aus Quarzglas mit 160 (ppm) Al_2O_3, 22 CaO, 16 Na_2O, 12 Fe_2O_3, 9 Li_2O, 6 K_2O, 4 TiO_2 u. 1 B werden 0,91—1,08 mm dicke, einseitig geschlossene Röhrchen hergestellt, die auf der einen Seite evakuiert u. mit einem Massenspektrometer verbunden sind u. auf der anderen Seite mit ca. 700 Torr H_2 bzw. D_2 in Verbindung stehen. Zwischen 300 u. 1000° wird die Gasdurchlässigkeit u. die Gas-Entw. nach Evakuieren des Gasvorratsraumes untersucht. Die Permeation ist nahezu dem Druck im Vorratsgefäß proportional u. wird mit den Konst. $P(H_2) = 4{,}52 \cdot 10^{13} \cdot \exp[-(8{,}88 \pm 0{,}19)/RT]$ (Moll./cm·s) u. $P(D_2) = 3{,}89 \cdot 10^{13} \cdot \exp[-(9{,}05 \pm 0{,}18)/RT]$ beschrieben. Die Zeitabhängigkeit der nach Evakuieren des Vorratsgefäßes beobachteten Abnahme der von der Quarzwandung zwischen 300 u. 500° abgegebenen H_2- bzw. D_2-Mengen, die durch die Diffusions-Geschw. des H_2 bzw. D_2 aus Quarz bestimmt ist, wird mit Hilfe der Lösungen der Gleichung für radiale Diffusion (Frank u. Thomas, Physics Chem. Solids **16,** [1960], 144) gedeutet; die Diffusions-Koeff. sind für den Bereich 300—500° $D(H_2) = 5{,}65 \cdot 10^{-4} \cdot \exp[-(10{,}37 \pm 0{,}17)/RT]$ (cm^2/s) u. $D(D_2) = 5{,}01 \cdot 10^{-4} \cdot \exp.[-(10{,}52 \pm 0{,}19)/RT]$. Aus dem Verhältnis $D(H_2)/D(D_2) = 1{,}24 \pm 0{,}07$ folgt ein Isotopieeffekt, der infolge von Wechselwrkg. zwischen Quarz u. H_2 bzw. D_2 niedriger als der theoret. Wert ist. Mit steigenden Temp. erfolgt Rk. der diffundierenden Gase mit dem Quarz unter Bldg. von Si—OH bzw. Si—OD; bei diesen Austausch-Rkk. wird eine Aktivierungsenergie von 15,5 kcal/Mol beobachtet. Oberhalb 800° tritt eine kleinere Transport-Geschw. als bei normaler Diffusion auf, da andere als die normalen Diffusionsmechanismen am Transport beteiligt sind. Außerdem liegt die Gaslöslichkeit bei höheren Temp. stets über den Werten, die aus der normalen Löslichkeit nach $S_n = P/D$ folgen. Herbert Müller. 190□

Ein Modell für die Struktur von Eis I mit gewinkelten Wasserstoffbindungen. R. Chidambaram. (Acta crystallogr. [Copenhagen] **14,** 467—68, 10/5. 1961; Bangalore, Indian Inst. of Sci., Phys. Dep.; engl.) — Vf. schlägt ein Modell für die Struktur von Eis I vor, in welchem der Bindungswinkel am O gegenüber dem Dampfzustand nahezu unverändert ist, dafür aber die H-Bindungen leicht gewinkelt sind. Während dieses Modell sich mit den Daten aus der Neutronenbeugung mindestens ebensogut vereinbaren läßt wie das Paulingsche Modell, ist ihm auf Grund von energet. Betrachtungen u. spektroskop. Beobachtungen der Vorzug zu geben. Heinz Hess. 195□

Struktur des polymeren Schwefels. 1. Mitt. **Molekülkonformation.** Alfonso Maria Liquori und Alberto Ripamonti. (Ricerca sci. **29**, 2186—90, Okt. 1959; Bari, Univ., Ist. di chim. gen.; ital.) — Das Röntgenbeugungsdiagramm von orientierten u. mit CS_2 behandelten Fasern aus plast. Schwefel wird an Hand von Fourier-Transformationen diskutiert. Hiernach kann das Faserdiagramm nur in erster Näherung auf der Grundlage der idealen schraubenförmigen Faserkonformation (Prins u. Mitarbeiter, C. **1960**, 1085) mit 10 S-Atomen auf 3 Windungen in der Identitätsperiode gedeutet werden. A. Blaschette. 195□

Verfeinerung der Struktur des metastabilen Phosphornitridchlorids $(PNCl_2)_4$. Roeli Hazekamp, Tiny Migchelsen und Aafje Vos. (Acta crystallogr. [Copenhagen] **15**, 539—43, 10/6. 1962; Groningen, Netherlands, Rijksuniv., Labor. voor Alg. Chem., Anorg. Chem. en Kristalchem.; engl.) — Die von Ketelaar [1939] durchgeführten Struktur-Unterss. an $(PNCl_2)_4$ (I) wurden überarbeitet. Neu ermittelt wurden mittels Weissenberg-Aufnahmen a = b = 10,844 ± 0,002, c = 5,961 ± 0,005 Å für das in der Raumgruppe P 4_2/n mit Z = 2 kristallisierende Molekül. Mit Hilfe von 623 Reflexintensitäten (korr. durch Intensitäts-Vgl. mehrerer Kristalle) wurde die Ketelaarsche Struktur durch Fourier-Synth. verfeinert. Nach Berücksichtigung der Temp.-Faktoren ergaben sich folgende Atomparameter (x, y, z; Ursprung als Symmetriezentrum): P (0,2049 ± 0,0002; 0,0750 ± 0,0002; 0,8094 ± 0,0004); N (0,1119 ± 0,0007; 0,1556 ± 0,0006; 0,6706 ± 0,0018); Cl^1 (0,1477 ± 0,0003; 0,0500 ± 0,0004; 0,1225 ± 0,0006); Cl^2 (0,1924 ± 0,0003; 0,9064 ± 0,0002; 0,6784 ± 0,0006). **I** liegt als 8gliedriger, gefalteter Ring vor. Die (erstaunlich geringen) Längen der kristallograph. nicht äquivalenten PN-Bindungen betragen $1{,}57_8$ ± 0,009 u. $1{,}56_9$ ± 0,009 Å. Die in einem verzerrten Tetraeder angeordneten 4fach koordinierten P-Atome weisen die Bindungswinkel NPN 121,3 ± 0,5 u. PNP 131,3 ± 0,6° auf. Die P—N—σ-Bindungen werden von den sp^3-hybridisierten P- u. sp^2-hybridisierten N-Orbitalen aufgebaut. Ob die gleichen P—N-Abstände auf eine vollständige Delokalisierung der pπ—dπ-Elektronen zurückzuführen sind, kann nicht entschieden werden. Die Halogenatome sind in folgenden Abständen an P gebunden: PCl^1 1,985 ± 0,004, PCl^2 1,993 ± 0,004, die übrigen Abstände betragen $Cl^1 \cdots Cl^2$ 3,109 ± 0,005, P···P' 2,861 ± 0,003, N···N' 2,73 ± 0,01, $N \cdots Cl^1$ 2,953 ± 0,009, $N \cdots Cl^2$ 2,840 ± 0,009, $N' \cdots Cl^1$ 2,838 ± 0,009, $N' \cdots Cl^2$ 2,914 ± 0,009 u. $Cl^1 \cdots Cl^2$ 4,23 ± 0,005 Å; die Winkel betragen Cl^1PCl^2 102,8 ± 0,2°, Cl^1PN 111,8 ± 0,4°, Cl^1PN' 105,3 ± 0,4°, Cl^2PN 105,1 ± 0,4° u. Cl^2PN' 109,2 ± 0,4°. H. Bürger. 195□

Einige Vergleiche zwischen ringförmigen Verbindungen von Phosphor und Arsen. Jerry Donohue. (Acta crystallogr. [Copenhagen] **15**, 708—13, 10/7. 1962; Los Angeles, Calif., Univ. of Southern California, Dep. of Chem.; engl.) — Unter Zugrundelegung der in der Literatur (1957—1962) beschriebenen Kristallstrukturen von $(PCF_3)_4$ (**I**), $(PCF_3)_5$ (**II**), $(AsCH_3)_5$ (**III**) u. $(AsC_6H_5)_6$ (**IV**) stellt Vf. zahlreiche Vgl. zwischen den verschiedenen strukturellen Merkmalen von ringförmigen 4- u. 5gliedrigen P-Verbb. sowie von 5- u. 6gliedrigen ringförmigen As-Verbb. an. Die Mol.-Struktur von **I** weist darauf hin, daß der Torsionswinkel um die P—P-Bindung von 0° verschieden ist, was durch Unterss. an den anderen Moll. bekräftigt wird. Die ähnliche strukturelle Gestalt von **II** u. **III** hängt sehr wahrscheinlich hauptsächlich von den intramol. Kräften ab; die stabile Form dieser 5gliedrigen Ringe liegt zwischen der Symmetrie m u. 2. Die unterschiedlichen Winkel P—C—F in **I** u. **II** lassen sich mit Hilfe der Abstoßungskräfte zwischen nichtgebundenen Atomen erklären; um die P—C-Einfachbindungen treten Schwingungen auf. Die in **IV** beobachteten Unregelmäßigkeiten in den Torsionswinkeln um die As—C-Bindungen können der Anordnung der Moll. im Kristall zugeschrieben werden. — 12 Literaturangaben. G. Gattow. 195□

Röntgenographische Gitterkonstanten von Bariumoxid. Robert J. Zollweg. (Physic. Rev. [2] **100**, 671—73, 15/10. 1955; Ithaca, N.Y., Cornell Univ., Phys. Dep.; engl.) — Vgl. C. **1956**, 3208. — Präzisionsmessungen der Gitter-Konst. von reinem BaO wurden bei Temp. zwischen 8 u. 435° K mit Hilfe einer fokussierenden Rückstrahlkamera durchgeführt. Der Wert des Gitterparameters von stöchiometr. BaO bei 25° ergibt sich zu 5,53912 ± 0,00013 Å, unter Verw. einer anderen Kamera zu 5,53915 ± 0,00013 Å. Der lineare Ausdehnungs-Koeff. zwischen 200 u. 400° K ist mit (12,8 ± 0,9)·10^{-6}/Grad angegeben. Der Gitterparameter für rotes, durch Lsg. von BaO in fl. Ba gewonnenes Bariumoxid wird für 25° mit 5,5351 ± 0,0007; 5,5337 ± 0,0010; 5,5328 ± 0,0009 Å angegeben. Blaues, durch Anlassen von BaO-Kristallen in einer Ba-Atmo-

sphäre erhaltenes Bariumoxid zeigt bei tiefgefärbten Kristallen eine beträchtliche Zusammenziehung des Gitters. Diskussion möglicher Ursachen der Gitterkontraktion.
H. Roschkowski. 195□

Die Kristallstruktur der Lanthaniden-Oxidjodide SmOJ, TmOJ und YbOJ. F. H. Kruse, L. B. Asprey und Bruno Morosin. (Acta crystallogr. [Copenhagen] **14,** 541—42, 10/5. 1961; Los Alamos, N.Mex., Univ. of California, Los Alamos Sci. Labor.; engl.) — SmOJ (I), TmOJ (II) u. YbOJ (III) krist. alle, wie aus Pulveraufnahmen ermittelt wurde, im tetragonalen *PbFCl*-Typ. Die Gitter-Konst. der einzelnen Verbb. lauten: **I**: (a =) 4,008, (c =) 9,192 Å; **II**: 3,887, 9,166; **III**: 3,870, 9,161. Von **II** werden die folgenden Atomabstände angegeben: Tm—Tm 3,58 u. 3,89, Tm—J 3,28, Tm—O 2,26, J—J 3,89 u. 4,29, J—O 3,52, O—O 2,75 u. 3,89 Å. Heinz Hess. 195□

Die Kristallstruktur von Bariumorthotitanat, Ba_2TiO_4. J. A. Bland. (Acta crystallogr. [Copenhagen] **14,** 875—81, 10/8. 1961; Ottawa, Dep. of Mines and Techn. Surv.; engl.) — Unter Anwendung zweidimensionaler F_0- u. (F_0-F_c)-Synth. wurde die Kristallstruktur von Ba_2TiO_4 bestimmt: Raumgruppe $P\,2_1/n$; $a_0 = 6{,}12 \pm 0{,}03$, $b_0 = 7{,}70 \pm 0{,}03$, $c_0 = 10{,}50 \pm 0{,}03$ Å, $\beta = 93^0\,8' \pm 10'$; Z = 4. Atomparameter: Ba_1 (x =) 0,765; (y =) 0,841; (z =) 0,076. Ba_2 0,229; 0,498; 0,202. Ti 0,754; 0,276; 0,079. O_1 0,693; 0,008; 0,430. O_2 0,567; 0,230; 0,180. O_3 0,993; 0,190; 0,153. O_4 0,650; 0,145; 0,970. Die Struktur ist vom β-K_2SO_4-Typ u. sehr ähnlich der von β-Ca_2SiO_4. Vf. beschreibt die Struktur als Anordnung diskreter TiO_4-Gruppen u. Ba-Atome. Diskussion der Beziehungen zwischen ferroelektr. $BaTiO_3$ u. Ba_2TiO_4. H. Moenke. 195□

Ein Beitrag zum Aufbau des Calcium–Titan(III)-Aluminats. Strukturuntersuchung an $CaO \cdot 6\,(Al, Ti)_2O_3$. A. Wittmann, K. Seifert und H. Nowotny. (Mh. Chem. **89,** 225—28, 31/5. 1958; Wien, TH, Inst. für Phys. Chem.; dt.) — Die Struktur von $CaO \cdot 6\,Al_2O_3$ wird an Einkristallen der Zus. $CaO \cdot 6\,(Al_{0,84}Ti_{0,16})_2O_3$ ermittelt. Aus Drehkristall- u. Weissenberg-Aufnahmen folgt für die hexagonale Zelle a = 5,591 ± 0,003, c = 21,954 ± 0,005 kX; Z = 2; Raumgruppe D_{6h}^4 bzw. C_{6v}^4 u. D_{3h}^4; experimentelle D. 3,66, entsprechend der Formel $Me_2^{II}Me_{24}^{III}O_{38}$. Angabe der z-Parameter im Vgl. zur $PbO \cdot 6\,Fe_2O_3$-Struktur. H. Roschkowski. 195□

Die Struktur von $SrPb_2J_6 \cdot 7\,H_2O$. Adolfo Ferrari, Antonio Braibanti und Anna M. Lanfredi. (Acta crystallogr. [Copenhagen] **14,** 489—92, 10/5. 1961; Parma, Univ., Ist. di Chim. gen.; engl.) — $SrPb_2J_6 \cdot 7\,H_2O$ krist. tetragonal mit a = 11,77, c = 17,32 Å, Z = 4, Raumgruppe $I\,4_1/amd$. Die Atomlagen wurden nach „trial and error" ermittelt; sie lauten im einzelnen: 4 Sr in (a) mit (x =) 0, (y =) 0, (z =) 0; 8 Pb in (d) mit 0, 0,250, 0,625; 8 J in (e) mit 0, 0, 0,310; 16 J in (g) mit 0,309, 0,309, 0; 8 H_2O_I in (e) mit 0, 0, 0,141; 16 H_2O_{II} in (h) mit 0,208, 0,000, 0; 4 H_2O_{III} in (b) mit 0, 0, 0,500. Die Struktur ist charakterisiert durch ein dreidimensionales Gerüst von PbJ_6-Oktaedern, die über sämtliche Ecken untereinander verknüpft sind. Die Sr^{2+}-Ionen u. die Wasser-Moll. füllen die Hohlräume im Gerüst aus, wobei jeweils ein Sr^{2+}-Ion von 6 Wasser-Moll. umgeben ist. Infolge des Vorhandenseins von schweren Atomen u. der damit verbundenen hohen Absorption konnten die Koordinaten der Wasser-Moll. nur mit mäßiger Genauigkeit bestimmt werden. Heinz Hess. 195□

Über Wismutoxide. 3. Mitt. **Die Kristallstruktur der Hochtemperaturmodifikation von Wismut(III)-oxid (δ-Bi_2O_3).** G. Gattow und H. Schröder. (Z. anorg. allg. Chem. **318,** 176—89, 1962; Göttingen, Univ., Anorg.-chem. Inst.; dt.) — 2. vgl. C. **1962,** 8909. — Reines Bi_2O_3 (I) wandelt sich bei 717 ± 7⁰ reversibel von der Tieftemp.- (α) in die Hochtemp.-Modifikation (δ) um, die bei 824 ± 2⁰ schmilzt. δ-I krist. kub. mit $a = 5{,}66_5 \pm 0{,}00_8$ Å (bei 750⁰), Z = 2; $D._{exp.}^{750} = 8{,}68 \pm 0{,}02$ g/cm³, $D._R^{750} = 8{,}51$ g/cm³. Struktur-Unterss. ergaben, daß δ-I — entgegen allen Voraussagen — in der Raumgruppe O_h^5 — $F\,4/m\,\bar{3}\,2/m$ krist. u. dem CaF_2-Typ mit einem Sauerstoff-Defektgitter angehört; der Zuverlässigkeitsfaktor beträgt $R_{hkl} = 0{,}01_9$. Gestützt wurden diese Ergebnisse durch Unterss. an fremdionenhaltigem δ-I der Zus. $Bi_4O_6 \cdot {}^1/_3\,SiO_2$ ($a = 5{,}54_2 \pm 0{,}00_6$ Å) u. $Bi_4O_6 \cdot WO_3$ ($a = 5{,}58_9 \pm 0{,}00_7$), das bei Raumtemp. stabil ist. Die endotherme reversible Umwandlung $\alpha \to \delta$-I wurde mittels DTA, Temp./Zeit-Diagrammen u. Röntgenaufnahmen näher charakterisiert; Umwandlungswärme bei 717⁰: $L_t = 27{,}9 \pm 1{,}0$ kcal/Mol. Mit einer näher beschriebenen, einfachen App. konnten die mittleren therm. Ausdehnungs-Koeff. von I bestimmt werden (Genauigkeit: ± 5%): $\beta \cdot 10^6 = 12{,}2$ Grad^{-1} (100—200⁰), 12,4 (200—400⁰), 14,2 (400—575⁰), 14,8 (575—675⁰), 43,6 (675—750⁰). Die prozentuale Vol.-Änderung am Umwandlungspunkt beträgt +4,11 ± 0,06%. — Dichte von α-I: $D._4^{25} = 9{,}32_8 \pm 0{,}01_4$ g/cm³. δ-I ist bei Raum-Temp. als stabile bzw. z. T. als metastabile Phase zu erhalten, wenn I mit geringen Mengen von z. B. As_2O_3, Sb_2O_3, La_2O_3, Nd_2O_3, Cr_2O_3, SiO_2, SnO_2, TiO_2, V_2O_5, Nb_2O_5, Ta_2O_5, MoO_3 oder WO_3 bei

800—1000° im Pt-Tiegel zusammengeschmolzen u. anschließend scharf abgeschreckt wird. — Vff. schlagen eine neue Nomenklatur der Modifikationen von I vor.

G. Gattow. 195□

Kristallstruktur des Cäsiumuranylnitrats. Stjepan S. Malčić und Ljubica M. Manojlović. (Bull. Inst. nuclear Sci. „Boris Kidrich" **11**, 135—39, März 1961; Dep. of Phys. Chem.; engl.) — $Cs(UO_2)(NO_3)_3$ (I) ist mit *$Rb(UO_2)(NO_3)_3$* isomorph u. zeigt zwei verschiedene Kristallformen, nämlich die hexagonal-prismat. u. die rhomboedr. Form. Für das hexagonale Gitter ergibt sich die Dimension der Einheitszelle zu a = 9,64 (Å) u. c = 19,51, für das rhomboedr. Gitter zu a = 8,56 Å u. α = 68,5°. I krist. in der Raumgruppe D 3 d—R 3 c mit Z = 6 bzw. 2 in der hexagonalen bzw. rhomboedr. Einheitszelle. Während die Punktlagen der schweren Atome röntgenograph. bestimmt wurden, wurden die der leichten Atome auf Grund von Symmetrie- u. Raumbetrachtungen abgeleitet.

G. Talsky. 195□

Die Kristallstruktur von Cäsiumdiuranyltrisulfat, $CS_2(UO_2)_2(SO_4)_3$. M. Ross und H. T. Evans jun. (J. inorg. nuclear Chem. **15**, 338—51, Okt. 1960; Washington, D.C., U.S. Geol. Surv.; College Park, Md., Univ.; engl.) — Die durch Röntgenanalyse bestimmte Kristallstruktur von $Cs_2(UO_2)_2(SO_4)_3$ (I) ist tetragonal, Raumgruppe P $\bar{4}$ 2_1 m—D_{2d}^3, mit a = 9,62 ± 0,02, c = 8,13 ± 0,01 Å u. Z = 2. $D_{exp.}$ 4,74 ± 0,05 (g/cm³); $D_{ber.}$ 4,80 ± 0,03. Atomparameter (Koordinatenanfangspunkt in $\bar{4}$): 4 U in e mit (x =) 0,1930; (y =) 0,3070; (z =) 0,8646. 2 Cs_1 in c mit 0; $^1/_2$; 0,3685. 2 Cs_2 in b mit 0; 0; $^1/_2$. 4 S_1 in e mit 0,330; 0,170; 0,252. 2 S_2 in a mit 0; 0; 0. 4 O_1 in e mit 0,273; 0,227; 0,698. 4 O_2 in e mit 0,113; 0,387; 0,031. 8 O_3 in f mit 0,295; 0,022; 0,300. 4 O_4 in e mit 0,327; 0,173; 0,068. 4 O_5 in e mit 0,225; 0,275; 0,315. 8 O_6 in f mit 0,096; 0,082; 0,890. Die Verb. bildet parallel zu (0 0 1) Platten aus $[(UO_2)_2(SO_4)_3]_n^{2n-}$, die die Schichtstruktur aufbauen u. durch Cs-Atome zusammengehalten werden. Die UO_2^{2+}-Gruppe wird von 5 Sulfat-Sauerstoffen umgeben, die ein fast planares 5-Eck bilden, das annähernd senkrecht auf der UO_2-Achse steht. Das Cs_2-Atom wird von 12 O_2-Atomen, das Cs_1-Atom von 8 O_2-Atomen umgeben. Es werden sowohl für I als auch für *$Rb_2UO_2(SO_4)_2 \cdot 2\,H_2O$* die Röntgendaten u. opt. Werte angegeben.

G. Talsky. 195□

Die Strukturen der oxidischen und hydroxidischen Salze einiger vierwertig positiver Ionen. Georg Lundgren. (Recueil Trav. chim. Pays-Bas **75**, 585—88, Juni 1956; Stockholm, Sweden, Roy. Inst. of Technol.; engl.) — Die Strukturen von Oxidsulfaten bzw. Oxidchromaten der 4wertigen Ionen der Metalle *Th, U, Ce, Ti, V* u. *Zr* werden auf röntgenograph. Wege untersucht. Vf. ermittelt nachst. Strukturtypen: 1. Ketten $[Me(OH)_2^{2+}]_n$ in *$Th(OH)_2CrO_4 \cdot H_2O$, $Th(OH)_2SO_4$* u. *$U(OH)_2SO_4$*; 2. Ketten $[MeO^{2+}]_n$ mit schraubenförmiger Anordnung der O-Atome bei *$TiOSO_4 \cdot H_2O$*; 3. $[MeO^{2+}]_n$-Ketten in *$CeOSO_4 \cdot H_2O$*; 4. zweidimensionale, netzartige Komplexe in Zirkoniumchromaten; 5. abgeschlossene Gruppen der Zus. $[Me_6O_4(OH)_4]^{12+}$ in *$U_6O_4(OH)_4(SO_4)_6$* u. *$Ce_6O_4(OH)_4(SO_4)_6$*. Bei *$VOSO_4(H_2O)_5$* scheinen die Metallatome 1kernige VO_6-Oktaeder zu bilden. Angabe einiger Atomabstände.

H. Roschkowski. 195□

Struktur von Nickelchromit. E. Prince. (J. appl. Physics, Suppl. zu **32**, Nr. 3, 68 S—69 S, März 1961; Washington, D.C., U. S. Naval Res. Labor.; engl.) — $NiCr_2O_4$ wurde durch Erhitzen eines stöchiometr. Gemisches von NiO u. Cr_2O_3 auf 1200° in Luft dargestellt. Röntgenpulveraufnahmen ergaben eine normale Spinellstruktur. Es wurden hierauf Neutronenbeugungsaufnahmen bei 77 u. 4,2° K gemacht. Das 77° K-Diagramm zeigte keine Extrainterferenzen, nur etwas Extrastreuung bei kleinen Winkeln, die auf eine mögliche magnet. Nahordnung hinweist. Das Achsenverhältnis war c/a = ca. 1,04. Für die innenzentrierte tetragonale Zelle (Raumgruppe J 4_1/a m d) ist a = 5,76 (Å); c = 8,50; c/a = 1,47. Es liegen 4 Ni in 4 (a), 8 Cr in 8 (d) u. 16 O in 16 (h) mit y = 0,239 u. z = 0,392. Die beiden unabhängigen Cr—O-Abstände sind 1,98 u. 1,99 Å, was besagt, daß das Oktaeder nicht stark verzerrt ist; das Tetraeder um das Ni-Atom dagegen ist um nahezu 14% parallel zur C-Achse in die Länge gezogen. Unterhalb der Curie-Temp. von ca. 65° K hat das Chromit ein kleines ferromagnet. Moment. Auf den Neutronenbeugungsaufnahmen bei 4,2° K treten eine Reihe von Extrainterferenzen, wahrscheinlich magnet. Ursprungs, auf, die auf der Grundlage einer primitiven tetragonalen Zelle indiziert werden konnten, die dieselben Gitterparameter hat wie die raumzentrierte Zelle. Die Intensitäten dieser Extrainterferenzen konnten nicht mit einem einfachen Modell für die magnet. Struktur in Einklang gebracht werden.

C. Gottfried. 195

Versuch einer Anwendung der Erscheinung der anomalen Röntgendispersion zur Untersuchung der Ionenverteilung in Verbindungen mit Spinellstruktur. Jeannine Goffin, Noël Baffier und Michel Huber. (C. R. hebd. Séances Acad. Sci. **252**, 2744—46, 3/5. 1961; Paris, E.N.S.C.P., Labor. de chim. min.; franz.) — Vff. untersuchten die Änderungen des Verhältnisses der Reflexe 400/422. die nahe nebeneinander liegen, als Funktion der Wellenlänge in *$MnGa_2O_4$, $NiGa_2O_4$, $CoGa_2O_4$ u. $ZnGa_2O_4$*. Die verwendeten Wellenlängen waren MoK_α, $AuL_{\alpha 1}$, CuK_β, CuK_α, CoK_β, NiK_α, CoK_α u. CrK_α. Es wurde gefunden, daß $ZnGa_2O_4$ u. $MnGa_2O_4$ angenähert normale Spinellstruktur haben, während die von $NiBa_2O_4$ fast vollkommen invers ist. Für $CoGa_2O_4$ können bindende Aussagen noch nicht gemacht werden. C. Gottfried. 195

Die Kristallstruktur von Teineit. Ein Beispiel für die Korrektur einer chemischen Formel auf Grund der Strukturbestimmung. Anna Zemann und J. Zemann. (Acta crystallogr. [Copenhagen] **15,** 698—702, 10/7. 1962; Göttingen, Univ., Mineralog.-Kristallogr. Inst.; dt.) — Auf Grund der Kristallstruktur-Best. des seltenen sek. Cu-Minerals Teineit ergibt sich eindeutig, daß die von Yosimura (J. Fac. Sci., Hokkaido Imp. Univ., Ser. IV, **4** [1939], 465) für dieses Mineral angegebene Zus. 10 $CuTeO_4 \cdot 3\,CuSO_4 \cdot 26\,H_2O$ nicht richtig ist. Der Teineit weist dieselbe Struktur wie der Chalkomenit $CuSeO_3 \cdot 2\,H_2O$ (Gattow, C. **1960,** 12259) auf u. muß somit die Zus. $CuTeO_3 \cdot 2\,H_2O$ (I) besitzen. I krist. rhomb. in der Raumgruppe $P\,2_1\,2_1\,2_1$ mit den Gitterdimensionen $a = 6{,}63_0$, $b = 9{,}61_5$, $c = 7{,}43_3$ Å u. enthält 4 Formeleinheiten in der Elementarzelle ($D_{exp.} = 3{,}80$, $D_{röntg.} = 3{,}85$ g/cm³). Die Struktur wurde mit Hilfe von Patterson- u. Fourier-Projektionen bestimmt u. mit $(F_0 - F_c)$-Synth. bis auf die Zuverlässigkeitsfaktoren $R_{hk0} = 0{,}10_3$ u. $R_{0kl} = 0{,}08_4$ bzw. $R'_{hk0} = 0{,}13_0$ u. $R'_{0kl} = 0{,}14_9$ verfeinert. Alle Atome besetzen die 4zählige Punktlage; die Atomparameter sind angegeben. Die wesentlichsten Bauelemente von I sind die pyramidalen TeO_3^{2-}-Gruppen (Te-O = 1,88 ± 0,05 Å, ∢ O-Te-O = 99°) u. die $CuO_3\,(H_2O)$-Quadrate (Cu-O = 1,79, 1,93, 1,99 Å u. Cu-H_2O = 1,97 Å). 1 H_2O ergänzt die planare Anordnung zu einer (4 + 1)-Koordination um das Cu im Abstande von Cu-H_2O = 2,35 Å. G. Gattow. 195□

Magnetische Eigenschaften und Kristallstruktur von AgO. J. A. McMillan. (J. inorg. nuclear Chem. **13,** 28—31, 1 Tafel, April 1960; Bariloche, Río Negro, Argentina, Inst. de Fis. de San Carlos de Bariloche; engl.) — AgO ist keine Ag(II)-Verb., sondern ein Ag(I)–Ag(III)-Oxid. Es krist. monoklin mit a = 5,85, b = 3,48, c = 5,50 Å, β = 107° 30′; Z = 4; Raumgruppe $C_{2h}^5 - P\,2_1/c$; Ag(III) in 2a ($\bar{1}$), (0, 0, 0; 0, ½, ½); Ag(I) in 2d ($\bar{1}$), (1/2, 0, 1/2; 1/2, 1/2, 0); 0 in 4e (I), (3/4, 1/4, 1/4; 1/4, 3/4, 3/4; 1/4, 3/4, 1/4; 3/4, 1/4, 3/4); Abstände (Å): Ag(III)-0 = Ag(I)-0 = 2,1; 0–0 = 2,8; Ag(III)–Ag(III) = Ag(I)–Ag(I) = 3,28; Ag(III)–Ag(I) = 3,39. Die Ag(III)-Ionen sind von vier O-Atomen umgeben, von denen zwei unter Ausbldg. von d p-Bindungen ein d-Orbital des Ag(III) auffüllen u. dadurch den Diamagnetismus der Verb. verursachen. Die Ag(I)-Ionen gehen sp-Koordination mit je zwei O-Atomen ein. Die Halbleiter-Eigg. beruhen auf O-Überschuß oder -Unterschuß im Gitter. A. Blaschette. 195□

Die Kristallstruktur von $Pd_{17}Se_{15}$. S. Geller. (Acta crystallogr. [Copenhagen] **15,** 713—21, 10/7. 1962; Murray Hill, N.J., Bell Telephone Labor.; engl.) — $Pd_{17}Se_{15}$ (I) krist. kub. mit a = 10,606 ± 0,003 Å u. mit 2 Formeleinheiten in der Elementarzelle ($D_{röntg.} = 8{,}34$ g/cm³) in einer der drei wahrscheinlichen Raumgruppen $O_h^1 - P\,m\,3\,m$, $T_d^1 - P\,\bar{4}\,3\,m$ oder $O^1 - P\,4\,3\,2$; $O_h^1 - P\,m\,3\,m$ ergab jedoch den kleinsten Zuverlässigkeitsfaktor. Folgende Punktlagen werden besetzt: Pd auf 1 b: ½ ½ ½; auf 3d: 0 0 ½; auf 6e: 0 0 0, 2378; auf 24m mit x = y = 0,3521, z = 0,1501 u. Se auf 6f: ½ ½ 0,2571; auf 12i mit x = y = 0,2297, z = 0; auf 12j mit x = y = 0,184, z = ½. Die individuellen Temp.-Faktoren liegen zwischen —0,30 u. +0,17. In der Struktur von I treten 4 Arten von Pd- u. 3 Arten von Se-Atomen auf: Das Pd auf 1b wird regulär oktaedr. von 6 Se im Abstande von 2,576 Å umgeben. Ein Pd auf 3d ist quadrat. von 4 Se (Pd–Se = 2,527 Å) u. senkrecht zur quadrat. Ebene von 2 Pd (Pd–Pd = 2,781 Å) koordiniert. Jedes Pd auf 6e befindet sich in der Mitte der von 4 Se-Atomen (Pd–Se = 2,438 Å) gebildeten quadrat. Grundfläche einer regelmäßigen Pyramide, deren Spitze wiederum ein Pd besetzt (Pd–Pd = 2,781 Å). Die Pd-Atome auf 24 m sind stark „abgeflacht" tetraedr. von 4 Se im Abstande von 2,509 (2x), 2,492 u. 2,430 Å umgeben. I ist isostrukturell mit $Rh_{17}S_{15}$ (früher als Rh_9S_8 beschrieben!). G. Gattow. 195□

Sechsfach kovalente Platin(II)-Komplexe, die durch die C≡N-Bindung koordinierte Nitrile enthalten. C. M. Harris und N. C. Stephenson. (Chem. and Ind. **1957,** 426—28, 6/4; Sydney, N.S.W., Univ. of Technol., School of Appl. Chem., Dep. of Inorg. Chem.; engl.) — Mittels Röntgenstrukturanalyse werden Einkristalle von *Tetrammin-bis-[acetonitril]-platin(II)-chlorid* (I) untersucht. I-Monohydrat krist. monoklin mit a = 15,86 (Å), b = 6,26, c = 13,98, β = 109°30′, Raumgruppe $P\,2_1/C$ u. Z = 4. Die 4 Pt-Atome befinden sich in den Lagen 0 0 0, ½ 0 0, 0 ½ ½ u. ½ ½ ½. Die Fourier-Diagramme zeigen, daß die 4 NH_3-Gruppen in einer Ebene um das Pt-Atom angeordnet sind, die Acetonitril(II)-Moll. oktaedr. trans-Positionen relativ zu dieser Ebene einnehmen u. wahrscheinlich parallel zu einer Diagonale der $Pt(NH_3)_4$-Ebene in einem Abstand von

3 Å liegen. Die II-Moll. im I-Ion sind über die C≡N-Bindung an Pt gebunden. Das durch Rk. von trans-Dichloro-bis-[benzonitril]-platin u. NH_3 nach Behandeln der Lsg. mit NaJ erhältliche *Tetrammin*-bis-[*benzonitril*]-*platin*(*II*)-*jodid* (**III**) zeigt analoge Struktur. Die Bindungsverhältnisse von **I** u. **III** werden diskutiert. G. Kirsten. 195□

Die Kristallstruktur des Wolfframschen roten Salzes. B. M. Craven und D. Hall. (Acta crystallogr. [Copenhagen] **14,** 475—80, 10/5. 1961; Auckland, New Zealand, Univ., Chem. Dep.; engl.) — Daß Wolfframsche rote Salz wurde röntgenograph. untersucht. Die Formulierung von Reihlen u. Flohr (vgl. Ber. dtsch. chem. Ges. **67** [1934], 2010) als $[Pt^{IV}(C_2H_5NH_2)_4Cl_2][Pt^{II}(C_2H_5NH_2)_4]Cl_4 \cdot 4\,H_2O$ konnte dabei bestätigt werden. Die Struktur-Best. erfolgte aus Einkristallaufnahmen über Patterson- u. Fourier-Projektionen; sie wurde durch das Übergewicht der Pt-Atome sehr beeinträchtigt, so daß die Parameter der leichten Atome nicht sehr genau bestimmt werden konnten. Die Kristalle sind tetragonal oder pseudotetragonal, Raumgruppe I 4 mm. Die Abmessungen der Subzelle sind $a = 13{,}28$, $c = 5{,}39$ Å, $Z = 1$. Die Struktur enthält Cl–Pt–Cl-Ketten parallel zur c-Achse. Da die Ketten durch Translation um ihre halbe Identitätsperiode in Kettenrichtung ebenfalls eine energet. günstige Lage einnehmen, treten häufiger Fehlstellen auf, so daß der Ordnungsgrad nicht sehr hoch ist. Die Cl^--Ionen liegen in zylindr. Hohlräumen zwischen den Ketten. Die Lagen der Wasser-Moll. wurden nicht bestimmt. Heinz Hess. 195□

Die Struktur von Orthoklas. John B. Jones und W. H. Taylor. (Acta crystallogr. [Copenhagen] **14,** 443—56, 10/5. 1961; Cambridge, Cavendish Labor., Crystallogr. Labor.; engl.) — Orthoklas wurde erneut röntgenograph. untersucht. Das Vorliegen einer teilweise geordneten Si-Al-Verteilung konnte bestätigt werden. Ob Orthoklas monoklin ist oder ob er aus eng verzwillingten triklinen Einheiten besteht, ließ sich nicht entscheiden. Die möglichen Abweichungen von der monoklinen Symmetrie sind jedoch nur sehr gering. Die Beziehungen zu den Strukturen von Sanidin u. Mikroklin werden ausführlich diskutiert, bes. die Umgebung der K-Atome, die Konfiguration der Tetraedergruppen u. der elektrostat. Ladungsausgleich als Maß für die Stabilität. Heinz Hess. 195□

Überblick über Untersuchungsergebnisse an dünnen festen Filmen. K. M. Greenland. (J. sci. Instruments **38,** 1—11, Jan. 1961; Chislehurst, Brit. Sci. Inst. Res. Assoc.; engl.) — Zusammenfassender Überblick. — 44 Literaturangaben. C. Gottfried. 196

Die Berechnung der höchstmöglichen Verunreinigung von Metallaufdampfschichten durch die Vakuum-Restgase. Herbert Gawehn. (Z. angew. Physik **14,** 126—29, März 1962; München, Siemens u. Halske AG., Wernerwerk für Bauelemente; dt.) — Die Verunreinigung von Metallaufdampfschichten während ihrer Herst. durch die Restgase des Vakuums erfolgt entweder durch Zusammenstöße der Metallatome mit den Gasatomen im Flugraum (Weglängeneffekt) oder an der Oberfläche der Schicht während des Aufbaus (Stoßzahleffekt). Bei Aufdampfraten < 300 Å/s ist der erste, bei höheren Raten der zweite Effekt vernachlässigbar. Bei hinreichend kleiner Restgasrate kann die Saugleistung der Schicht diejenige der Pumpen um mehrere Zehnerpotenzen übertreffen, den Partialdruck der absorbierbaren Restgase entsprechend reduzieren u. damit zur größten Reinheit der Schicht führen (Gettereffekt). Die Güte einer Aufdampf-App. ist deshalb nicht durch den erreichbaren Enddruck, sondern durch die kleinste erreichbare Endgasrate bestimmt. A. Blaschette. 196□

Verwendung von Heliumspülung bei der Vakuumniederschlagung dünner Filme. G. N. Srivastava und G. D. Scott. (Brit. J. appl. Physics **12,** 255—56. Mai 1961; Toronto, Univ., Dep. of Phys.; engl.) — Vff. untersuchen die Eigg. von *Ag*-Filmen, die einmal unter normalen Bedingungen bei einen Vakuum von 10^{-6} Torr auf Glasunterlagen aufgedampft wurden, während bei weiteren Verss. das Vakuumrohr vor der Aufdampfung mehrere Male mit *He* ausgespült wurde. Auf diese Weise wurden *Ag*-Filme mit Anfangswiderständen zwischen 10^2 u. 10^7 Ω/cm^2 hergestellt. Hierauf wurde der Widerstand der Filme in Abständen bis zu 40 Min. gemessen, nach welcher Zeit der Widerstand konst. blieb. Die Änderung des Widerstandes gleich nach der Aufdampfung ist ein Maß für die Alterung des Films. Es wurde gefunden, daß bei Filmen mit einem Anfangswiderstand von $10^7 \Omega$ der Widerstand des unter gewöhnlichen Bedingungen erhaltenen Films um das 20fache zugenommen hatte, während diese Zunahme bei dem Film, der in der mit He ausgespülten Kammer erhalten worden war, nur das 10fache betrug. Analoge Verss. mit *Fe*-Filmen zeigten, daß auf Filmen, die in der mit He ausgespülten Kammer erhalten worden waren, auf Elektronenbeugungsaufnahmen keine Spuren von Eisenoxiden nachgewiesen werden konnten, während auf Aufnahmen der anderen Filme stets Spuren von Oxiden festgestellt werden konnten. C. Gottfried. 196

Durch thermische Aufdampfung erhaltene dünne Kobaltschichten. France Savornin. (C. R. hebd. Séances Acad. Sci. **251,** 57—58, 4/7. 1960; Alger, Fac. des Sci.,

Labor. de Phys. M.P.C.; franz.) — Vf. stellte durch therm. Aufdampfung auf Kollodium u. Glas bei einem Vakuum um 10^{-6} Torr dünne Co-Schichten her, die mittels Elektronenbeugung untersucht wurden. Hatte die Unterlage Zimmer-Temp., so lieferten die Co-Schichten in beiden Fällen keine Interferenzen. Betrug die Temp. der Unterlage 190°, so traten die Interferenzen der hexagonalen Form auf; die Interferenzen wurden schärfer, wenn die Proben bei der gleichen Temp. angelassen wurden. Wurden diese Schichten aber bei 275° angelassen, dann konnten die Interferenzen der kub.-flächenzentrierten Form beobachtet werden. Betrug die Temp. der Unterlage während des Aufdampfens 275°, so traten die Interferenzen der hexagonalen u. kub.-flächenzentrierten Phasen gemeinsam auf. C. Gottfried. 196

Legierungsverhalten dünner Bimetallfilme, die gleichzeitig oder nacheinander abgeschieden wurden. Richard B. Belser. (J. appl. Physics **31**, 562—70, März 1960; Atlanta, Ga., Georgia Inst. of Technol., Engng. Exp. Stat.; engl.) — Die Leg.-Bldg. an dünnen bimetall. Filmen, deren Komponenten in einer Stärke von ca. 1000 Å nacheinander oder gleichzeitig (2000 Å) abgeschieden wurden, wird durch Best. der Film-Eigg. vor u. nach Erhitzen im Vakuum auf zunehmend höhere Temp. untersucht. Beobachtet werden die Änderungen der Farbe, des spezif. elektr. Widerstands, des Temp.-Koeff. des Widerstands u. der Frequenz eines piezoelektr. Resonators, der mit einem der Metallpaare überzogen ist. Weiterhin werden metallograph., elektronenmkr., Elektronen- u. Röntgenbeugungs-Unterss. durchgeführt. Die Leg.-Bldg. tritt ein bei a) (beide Komponenten aufgedampft) Ag mit Al (140°), Au (75°), Cr (nicht bis 500°), Ni (nicht bis 600°); Al mit Au (90°), Zn (nicht reproduzierbar, da Zn zu flüchtig), Cu (190°), In (60°), Pd (225°), Zr (350°); Au mit In (85°), Ni (190°); Cu–Ni (400°), Fe–In (nicht bis 525°); b) (aufgedampft bzw. elektrolyt. abgeschieden): Ag, Au, Cu mit Ni (nicht bis 600°; 190°; 400°); c) (beide aufgespritzt): Au mit Fe (nicht bis 450°), Pt (200°), Ir–Pt (600°), Ni–Pt (450°); d) (aufgespritzt bzw. elektrolyt. abgeschieden): Ag–Rh (nicht bis 535°), Au–Ni (200°), Au–Rh (nicht bis 550°). Unabhängig von der Art der Abscheidung erfolgt Diffusion bzw. Leg.-Bldg. bei oder unterhalb der Rekristallisations-Temp. des Metalls mit dem höheren Schmelzpunkt. Die Eigg. werden von der Reihenfolge der Abscheidung beeinflußt. Auf den Al-Filmen entsteht bei einigen Min. langem Halten im Vakuum eine Oxidschicht, die die Diffusion zwischen den Schichten verzögert, bis Temp. von ca. 400° erreicht werden. Gleichzeitiges Aufdampfen (Meth. e) ergibt bereits bei relativ niedrigen Temp. legierte Filme oder Filme mit stark gestörten Strukturen. Röntgenbeugungs-Unterss. der nach Meth. a hergestellten u. getemperten Filme ergeben als Hauptbestandteil bei Al + Cu, Cu + Al, Cu — Al nach Meth. e γ-CuAl; Au + Al $AuAl_2$, Au; Al + Au nach a Au, Al, nach e $AuAl_2$; Al + Ag Al, Ag; Ag + Al γ-AgAl; Pd + Al PdAl neben Pd_2Al_3; Al; Al + Pd PdAl, Pd neben Al; In + Al In; Al + In In_2O_3, Al; Al + Zn sowie Zn + Al Al (Zn sublimiert beim Tempern); In + Au nach a u. e $AuIn_2$; Au + Ni nach b Au, Ni; Fe + In Fe, In; Ag + Au, Au + Ag nach a u. e Mischkristall-Bldg. AuAg. Die beschriebene Meth. erlaubt die Unters. an Mikromengen von Metallen bei Temp. $< 0{,}40^0\ K_m$ (K_m = F. in °K) sowie die einfache Herst. von nicht zugänglichen Legierungen.
P. Frenzel. 196□

Die Diffusion und die Struktur von Metallen. Ss. S. Bokstein. (Металловедение и Термическая Обработка Металлов [Metallkunde therm. Metallbearbeitung] **1961**, Nr. 11, 2—11, Nov.; russ.) — Auf Grund von 46 Literaturstellen werden theoret. Betrachtungen über die Struktur, bes. der Korngrenze sowie der Substruktur, von Metallen während der Diffusion, angestellt u. es werden Angaben über die Diffusion u. die Schichten-Bldg. in den äußeren metall. Oberflächenschichten, über Phasenumwandlungen u. die Bedeutung der Kristallstruktur während der Diffusion sowie über den Einfl. von Spannungen u. Verformungen auf den Diffusionsvorgang im Korninnern, an den Korngrenzen u. in der Oberflächenschicht gemacht. Die Bedeutung des Diffusionsprozesses bei der Metallzerstörung bei hoher Temp. sowie der Rekristallisation werden erörtert. H. Hochstein. 197□

Bevorzugte Orientierung in Uran, Thorium, Zirkonium und Beryllium. C. J. McHargue und L. K. Jetter. (Progr. nuclear Energy, Ser. V **2**, 430—59, 1959; Oak Ridge Nat. Labor.; engl.) — Vff. geben einen Überblick über bevorzugte Orientierungen bei verschiedenen Herst.-Meth. von *U*, *Th*, *Zr* u. *Be* in Form von Achsenverteilungsdiagrammen. Die Faser- u. Blattexturen u. die damit verbundenen mechan. u. physikal. Eigg. werden diskutiert. Die jetzt mögliche Herst. von α-U-Einkristallen, deren anisotrope Eigg. durch den therm. Ausdehnungs-Koeff. graph. dargestellt werden, macht ein Grundlagenstudium über Orientierungswechsel beim Phasenübergang möglich.
W. Sobieski. 197□

Die Natur der $\alpha \rightarrow \beta$-Umwandlung von Quecksilber. J. E. Schirber und C. A. Swenson. (Acta metallurg. [New York] **10**, 511—13, Mai 1962; Ames, Iowa, Iowa State

Univ., Inst. for Atomic Res. and Dep. of Phys.; engl.) — Eine krit. Diskussion bekannter Daten führt zur Annahme, daß die $\alpha \to \beta$-Umwandlung des festen Hg martensit. Art ist. Anzeichen hierfür sind: Die Scherungsabhängigkeit der Bldg. der β-Phase, große Hystereseeffekte, der offensichtlich atherm. Charakter der Umwandlung in Ggw. einer genügend großen Scherung, schließlich das häufige Auftreten von stabilen Mischphasen, entsprechend einem nur geringen oder gar fehlenden Wachstum bei Anwesenheit vieler Keime. Es wird ein Zweistufenmechanismus der Umwandlung vorgeschlagen, der die Rolle der zur Umwandlung erforderlichen starken Scherung berücksichtigt. A. Blaschette. 197□

Untersuchung von Pseudoperioden beim selektiven Angriff von Silber durch Argonionen geringer Energie. Pierre Haymann und Christiane Waldburger. (C. R. hebd. Séances Acad. Sci. **254**, 486—88, 15/1. 1962; Bellevue, Seine-et-Oise, C.N.R.S., Labor. de Rayons X; franz.) — Nach 3std. Angriff einer Ag-Oberfläche durch Beschuß mit 8-kV-Ar^+ (0,1—1 μA/$mm^2 \cdot s$) treten in den Richtungen [1 1 0] u. [1 0 0] Segmente auf, deren Längen einer Galtonschen Verteilung folgen. Danach existiert ein Elementarsegment, dessen Länge in gewissen Fällen ident. mit der mittleren Fokalisationskette ist. Die Korrosionsfiguren entstehen an linearen Gitterfehlstellen. A. Blaschette. 197□

Strahlungseinflüsse auf Baumaterialien bei erhöhten Temperaturen. J. C. Wilson. (Progr. nuclear Energy, Ser. V **2**, 488—99, 1959; Oak Ridge, Tenn., Oak Ridge Nat. Labor., Solid State Div.; engl.) — Vf. gibt einen Überblick über die Wrkg. von Strahlung bei erhöhten Temp. auf Metalle, ihre Mikrostruktur, ihr Temper-Verh. u. die Temp.-Abhängigkeit ihrer Eigg. u. kommt zu dem Ergebnis, daß das Tempern einfacher, durch Bestrahlung erzeugter Fehler von anderen parallel laufenden Festkörpervorgängen begleitet bzw. überlagert sein muß, wodurch die Temp.-Wrkg. komplex wird. Die Temp.-Abhängigkeit der Eigg. der Metalle erhöht sich bei Bestrahlung wesentlich; Kriechvorgänge werden durch kombinierte Effekte (mechan. Beanspruchung, Temp. u. Strahlung) beeinflußt. W. Sobieski. 197□

Das Legierungssystem Yttrium–Magnesium. E. D. Gibson und O. N. Carlson. (Trans. Amer. Soc. Metals **52**, 1084—96, 1960; Ames, Iowa, Iowa State Coll.; engl.) — Das Syst. der Y–Mg-Legg. wurde therm., mkr. u. röntgenograph. untersucht. Drei peritekt. Verbb. γ(Y–Mg), δ(Y–Mg) u. ε(Y–Mg) wurden aus Feingefügen u. Röntgenwerten identifiziert. γ(Y–Mg) hat die Formel YMg (21,5% Mg) u. zersetzt sich bei 935°. Die δ-Phase tritt bei ca. 41% Mg auf u. zersetzt sich bei 780° u. ε (Y–Mg) bei ca. 60% Mg u. zersetzt sich bei 605°. Bei 74% Mg u. 567° liegt ein Eutektikum u. bei einer Leg. mit 11% Mg u. 775° eine eutektoide Rk. vor, die mit einer allotrop. Umwandlung im Y verbunden ist. Die maximale feste Löslichkeit von Y im Mg beträgt bei 567° 9% Y. H. Hochstein. 197□

Die Reaktion zwischen Uran und Beryllium bei 500 bis 700°. J. D. Baird, G. A. Geach, O. P. Hartree, A. G. Knapton und K. B. C. West. (Res. appl. in Ind. **11**, 288, Juli 1958; Aldermaston, Berkshire, Assoc. Electr. Ind. Ltd.; engl.) — U u. Be wurden mit frisch polierten Oberflächen aneinandergepreßt u. im Vakuum auf 500—700° erhitzt. Die metallograph. Unters. der Grenzfläche ergab eine Rk. bei 4—12 μ Eindringtiefe u. Bldg. einer einzelnen Phase, UBe_{13}. W. Betcke. 197□

Kinetik der Umwandlungen von Uranlegierungen der γ-Phase. Frank A. Rough und Arthur A. Bauer. (Progr. nuclear Energy, Ser. V **2**, 460—74, 1959; Columbus, Ohio, Battelle Mem. Inst.; engl.) — Vff. untersuchen die Umwandlungskinetik der γ-Phase von bin. U–*Mo*-Legg., von tern. Legg. auf U-Mo-Basis mit geringen *Nb* oder *Pt*-Geh., von U-Legg. mit 20 bzw. 10 (Gew.-%) Nb (bei letzterer Leg. sowohl für den isothermen Fall als auch für den Fall des kontinuierlichen Abkühlens), von U-Legg. mit 30—78 *Zr* u. von U-Legg. mit 5 Zr u. 1,5 Nb. W. Sobieski. 197□

Calorimetrische Messungen des isothermen Auslagerns von Al–Ag bei tiefen Temperaturen. W. DeSorbo. (Acta metallurg. [New York] **8**, 539—41, Aug. 1960; Schenectady, N.Y., Gen. Electric Res. Labor.; engl.) — Nach einem Abschrecken von Al mit 1,3 Atom-% Ag wird beim isothermen Auslagern bei tiefen Temp. (ca. 245°K) Energie frei. Der Betrag, der während einer bestimmten Zeitdauer (32—140 Min.) nach Beginn der Rk. (Zusammenlagern der Ag-Atome) entwickelten Energie beträgt bei langsamem Abschrecken 6—7 cal/g-Atom, nach schnellem Abschrecken ca. 2—2,5 cal/g-Atom der Legierung. Die Ergebnisse stehen im Einklang mit Widerstandsmessungen von Turnbull u. Treaftis (C. **1958**, 10866), die auf die Existenz von zwei Zuständen in abgeschreckten Al–Ag-Legg. hingewiesen haben. H. Hochstein. 197□

Untersuchung an Edelmetallegierungen mit stärker elektropositiven Elementen. 3. Mitt. Mikrographische und Röntgenuntersuchung von einigen Magnesium–Platin-Legierungen. Riccardo Ferro und Gabriella Rambaldi. (J. less-common Metals

[Amsterdam] **2**, 383—91, Okt. 1960; Genoa, Univ.; engl.) — 2. vgl. C. **1962**, 1916; 4. vgl. C. **1962**. 15873. — Etwa 20 Mg-Pt-Legg. mit 0—78 Gew.-% Pt wurden der chem. Analyse, Best. der Dichte, Röntgen- u. mikrograph. Unterss. unterworfen. Die Existenz eines eutekt. Punktes bei 7,6 Atom-% Pt u. 575° wurde festgetellt. Zwei intermediäre Phasen, eine ζ-Phase nahe der Zus. Mg_6Pt mit flächenzentrierter kub. Struktur u. eine δ-Phase, entsprechend der Verb. Mg_3Pt wurden gefunden. Die Best. der Struktur von Mg_3Pt ergab ein hexagonales Gitter des Na_3As-Typus; Dimensionen der Elementarzelle: a = 4,577; c = 8,322 Å. F. Vier. 197□

Die Diffusion einiger Elemente aus einem Grundkörper in Eisen und seine Legierungen. M. A. Krischtal. (Физика Металлов и Металловедение [Metallphysik u. Metallkunde] **9**, 680—88, Mai 1960; Tulsk. Mechan. Inst.; russ.) — Untersucht wird die Diffusion von *Ti, Mn, Cr, Si* u. *Mo* aus einem Grundkörper in Fe u. in bin. Fe-Legg., die je 5 Atom-% Co, Cr, Si oder V enthalten. Die Diffusions-Geschw. der Elemente im Fe u. in den bin. Fe-Legg. nimmt in folgender Reihenfolge zu: Ti, Mn, Cr, Si, Mo. Die Leg.-Elemente in den untersuchten bin. Legg. verlangsamen die Diffusion. Die Verlangsamung ist um so größer, je langsamer das betreffende Element im Fe diffundiert. Am stärksten hemmt Co die Diffusion, was durch die starke Verlangsamung des isotherm. Austenitzerfalls durch Co in Ggw. anderer Elemente erklärt wird.
H. Hochstein. 197□

Die Verteilung der Elemente in einer kompliziert zusammengesetzten Eisen-Legierung. M. A. Krischtal und E. P. Rikman. (Физика Металлов и Металловедение [Metallphysik u. Metallkunde] **9**, 790—92, Mai 1960; russ.) — Vgl. vorst. Referat. — Auf Grund einer Unters. über die Verteilung der Leg.-Elemente in einer einphasigen Fe-Leg. mit je 2,5% Ti, Si, Mn, Mo oder Cr wird festgestellt, daß 20std. Glühen bei 1200° nicht immer zu einer Vergrößerung des Gleichmäßigkeitsgrades der Zus. führt. Obwohl Mn, Mo u. Cr verhältnismäßig gleichmäßig verteilt werden, ist dies bei Ti u. Si nicht der Fall. Bei Legg. mit Elementen vom Typ Si u. Ti führt Hochtemp.-Glühen zu einer Verminderung der Gleichmäßigkeit ihrer Verteilung, wodurch offenbar die Freie Energie des Syst. verringert wird. Es wird angenommen, daß die beobachteten Effekte mit den Blockgrenzen zusammenhängen. H. Hochstein. 197□

Über die Austenitstabilität beim Erhitzen von verformtem Stahl. Ju. A. Ssyssujew und W. G. Mjassnikow. (Известия Высших Учебных Заведений [Москва], Черная Металлургия [Hochschulnachr., (Moskau), Eisenmetallurgie] **1960**, Nr. 10, 122—25, Gorki, physikal.-techn. Forsch.-Inst.; russ.) — Bei der Unters. der Austenitstabilität der verformten Stähle *Ch8* [0,98 (%) C u. 7,26 Cr] u. *G5* (0,86 C u. 4,73 Mn) wird festgestellt, daß die Verformung im austenit. Bereich nicht nur zu einem Übergang des Austenits zum Martensit, sondern auch zur Bldg. einer bestimmten Austenitmenge führt, die gegenüber der Erwärmungs-Temp. weniger beständig ist als vor der Verformung. Die Veränderung der Temp.-Beständigkeit dieses Austenitanteils hängt wahrscheinlich mit einer Neuverteilung der Leg.-Elemente im Stahl unter der Einw. der angelegten u. der Restspannungen zusammen. Infolgedessen bildet sich Austenit von veränderlicher Zusammensetzung. Der Cr-Stahl enthält nach der Verformung zweierlei Austenit, einen hochlegierten, dem vor der Verformung analogen Austenit sowie einen niedriglegierten vom Typ des Restaustenits einfacher u. unlegierter Stähle, welches bei der Erhitzung bei 200—280° zerfällt. Im Mn-Stahl bildet sich unter dem Einfl. der Spannungen ein Austenit von sich allmählich ändernder Zusammensetzung; sein Zerfall tritt in dem weiten Temp.-Bereich von 200—650° auf. H. Hochstein. 197□

Der Einfluß von Molybdän und einer zusätzlichen Legierung auf die Stabilität von Austenit und die Durchhärtbarkeit von manganhaltigem Baustahl. D. Ja. Wischnjakow und Tin-Zjuan Lei. (Известия Высших Учебных Заведений [Москва], Черная Металлургия [Hochschulnachr. (Moskau), Eisenmetallurgie] **1960**, Nr. 11, 97—104, Moskau, Stahl-Inst.; russ.) — In einem mit Mn legierten Baustahl (0,4% C u. 1,8% Mn) fehlt ein deutlich ausgeprägter Zwischenbereich der Austenitbeständigkeit u. daher besitzt er ein einfaches S-förmiges Zwischenstufenumwandlungs-Diagramm. Mo erhöht in starkem Maße die Austenitbeständigkeit im Perlitbereich u. beeinflußt sie nur wenig im Zwischenstufenbereich (Z). Das S-förmige Diagramm der Mn–Mo-Stahl-Leg. besitzt deutlich ausgeprägte Tiefstwerte der Beständigkeit im Perlitgebiet (ca. 610°) u. im Z (ca. 430°). Die Durchhärtbarkeit dieses Stahles wird in der Hauptsache durch die Austenitbeständigkeit im Z bestimmt u. ist daher nur unzureichend groß. Schwerlösl. Carbide von Ti, Nb u. Zr (vom Typ TiC) werden teilweise im Austenit des Mn–Mo-Stahles bei normaler Härte-Temp. gelöst. Eine Erhöhung der letzteren (bis 1200°) gibt keine weitere Zunahme der Ti- oder Nb-Geh. in der festen Lösung. Der Einfl. von Ti, Nb

u. Zr auf die Austenitbeständigkeit des untersuchten Stahles hängt von ihrem Geh. ab. Bei einem verhältnismäßig kleinem Geh. (ca. 0,2%) erhöhen sie die Austenitbeständigkeit im Perlit- u. im Z, bei höheren Geh. dieser Elemente (ca. 0,5%) wird dagegen die Austenitbeständigkeit verringert. Einen geringeren Einfl. darauf zeigt Nb innerhalb der Grenzen von 0,2—0,5%. H. Hochstein. 197□

Untersuchung der eutektoiden Umwandlung in austenitischen Stählen. M. I. Sacharowa und Chua-Fou Wan. (Физика Металлов и Металловедение [Metallphysik u. Metallkunde] **10**, Nr. 1, 70—74, Juli 1960; Moskau, Lomonossow-Univ.; russ.) — Auf Grund einer röntgenograph. Unters. der eutektoiden Umwandlung in austenit. Stählen mit 1,2 (%) C, 12 Mn sowie mit 2 C, 1,27 Mn während des Anlassens bei Temp. von 500—700° wird gezeigt, daß im Anfangsstadium der Umwandlung $\gamma \rightarrow \alpha$ + Carbid sowie auch der Umwandlung $\gamma \rightarrow \gamma + \alpha$ + Carbid eine Neuverteilung des C auftritt. Für die an C verarmten Bereiche liegt der Martensitpunkt über der Raum-Temp., die γ-Phase wird in ihnen in Martensit umgewandelt. H. Hochstein. 197□

Der Einfluß einer Warmbehandlung vor dem Schleifen auf die Entstehung von Martensit in der Oberflächenschicht. O. Bakalikowa und A. Maschin. (Физика Металлов и Металловедение [Metallphysik u. Metallkunde] **10**, Nr. 1, 101—05, Juli 1960; Prag, Wiss. Forsch.-Inst. für Vakuum-Elektrotechnik. Phys. Labor. des Forsch.-Inst. für Transport; russ.) — Der Einfl. der Glühtemp. auf die Entstehung von Martensit in der Oberflächenschicht von Kovar beim Schleifen wird untersucht u. die Menge des entstandenen Martensits bestimmt. Mit einer Glühtemp.-Steigerung wird die Menge des Oberflächenmartensits etwas erhöht. Ein Glühen in einem entkohlenden Mittel bewirkt eine allmähliche Zunahme der Menge an Oberflächenmartensit. Umgekehrt verhindert Glühen in einem aufkohlenden Mittel seine Entstehung in den untersuchten Kovarlegierungen. H. Hochstein. 197□

Über die Wirkung der inneren Reibung im Zusammenhang mit der direkten und umgekehrten Martensitumwandlung. E. I. Esstrin, O. M. Sujewa, O. P. Maximowa und Ju. W. Pigusow. (Физики Металлов и Металловедение [Metallphysik u. Metallkunde] **11**, 252—60, Febr. 1961; Inst. für Metallkunde u. Metallphys. des zentr. Forsch.-Inst. für das Eisenhüttenw.; russ.) — Untersucht wird die Temp.-Abhängigkeit der inneren Reibung von Proben einer Fe-Leg. mit 23,7% Ni u. 2,80% Mn, die einer teilweisen direkten $\gamma \rightarrow \alpha$-Umwandlung, einer direkten u. umgekehrten $\gamma \rightarrow \alpha \rightarrow \gamma$-Umwandlung u. einer $\gamma \rightarrow \alpha \rightarrow \gamma$-Umwandlung mit nachfolgender Glühung unterworfen wurde. Dabei wurde eine Erhöhung der inneren, mit dem Ablauf der umgekehrten $\alpha \rightarrow \gamma$-Umwandlung verknüpften Reibung festgestellt. Es wird gezeigt, daß das Maximum der inneren Reibung, das bei ca. 250° liegt u. offenbar mit der Neuorientierung der C-Atompaare zusammenhängt, in hochgeglühten Proben fehlt, dagegen in solchen Proben ausgeprägter auftritt, in denen eine direkte martensit. $\gamma \rightarrow \alpha$-Umwandlung u. eine direkte u. umgekehrte $\gamma \rightarrow \alpha \rightarrow \gamma$-Umwandlung durchgeführt ist, sowie nach einem Glühen der einer umgekehrten martensit. Umwandlung unterworfenen Proben bei 525° wesentlich verringert wird. Der für den Ablauf des das Maximum der inneren Reibung hervorrufenden Relaxationsprozesses verantwortliche Faktor ist die Existenz von Verzerrungen des Kristallgitters. H. Hochstein. 200□

Der Einfluß von Verformungsmartensit auf die Kaltbrüchigkeit austenitischer Stähle und ihre Verfestigung bei der plastischen Verformung. M. M. Belenkowa, I. I. Kodlubik, K. A. Malyschew, M. N. Michejew, W. D. Ssadowski und P. A. Usstjugow. (Физика Металлов и Металловедение [Metallphysik u. Metallkunde] **10**, Nr. 1, 122—30, Juli 1960; Inst. für Metallphys. der Akad. der Wiss. der UdSSR u. Uraler Ordshonikidse-Werk für Schwermaschinenbau; russ.) — Die 18% Mn u. 0,4 bis 0,5% C enthaltenden austenit Stähle 40G18 u. 50G18 besitzen eine deutlich ausgeprägte Kaltsprödigkeit. Diese kann entweder stark abgeschwächt u. vollständig beseitigt werden durch eine zusätzliche Leg. des Stahles mit 4—8% Cr u. 4—8% Ni. Durch magnet. u. metallograph. Unterss. wird festgestellt, daß die Ursache für die Kaltbrüchigkeit der untersuchten austenit. Stähle die Bldg. von Verformungsmartensit während der Schlagprüfung bei niedrigen Temp. ist. Der günstige Einfl. des Zusatzes von Cr u. Ni zu den austenit. Mn-Stählen wird durch die Erhöhung der Austenitstabilität gegenüber einer martensit., sich unter der Einw. einer plast. Verformung entwickelnden Umwandlung erklärt. Die Bldg. des Verformungsmartensits ist der Grund für eine höhere Verfestigung der austenit. Mn-Stähle bei plast. Kaltverformung im Vgl. zu einer Verformung bei 200 bis 300°. In stabilen austenit. Stählen, die mit Cr u. Ni zusätzlich legiert sind, ist die Verfestigung bei der Kalt- u. der Niedertemp.-Verfestigung prakt. gleich.
H. Hochstein. 200□

Über die Beizsprödigkeit von austenitischem Stahl. Je. P. Netschai und K. W. Popow. (Физика Металлов и Металловедение [Metallphysik u. Metallkunde] **11**, 224—28, Febr. 1961; Ostsibir. Filiale der Akad. der Wiss. der UdSSR; russ.) — Es wird die Sprödigkeit des austenit. Stahls 1Ch18N9T bei einer kathod. Sättigung mit H_2 untersucht. Bei der H_2-Bldg. entwickelt sich über den gesamten Probenquerschnitt die Sprödigkeit, unabhängig von der Art des H_2-Eindringens in den Stahl. Es wird festgestellt, daß ein hoher H-Geh. im austenit. Stahl nicht zu einer bedeutenden Versprödung führt, da das H sich bevorzugt in den Oberflächenschichten konz. u. sich nicht über den ganzen Probenquerschnitt ausdehnt. Es zeigt sich, daß die Neigung des H-haltigen austenit. Stahls zur Versprödung mit der Temp.-Erhöhung u. mit einer Verringerung der Geschw. der plast. Verformung zunimmt. H. Hochstein. 200□

Fragen der Verfestigung von austenitischen Stählen. I. N. Bogatschew. (Металловедение и Термическая Обработка Металлов [Metallkunde therm. Metallbearbeitung] **1961**, Nr. 11, 20—24, Nov.; Uraler Polytechn. Inst.; russ.) — Erörterung der Verfestigung austenit. Stähle bei stat. u. dynam. Belastung. — 7 Literaturangaben. H. Hochstein. 200□

Änderung der Mikrohärte von Strukturbestandteilen eines gehärteten Stahls mit geringem Kohlenstoffgehalt in Abhängigkeit von der Anlaßtemperatur. K. F. Starodubow und Ju. S. Borkowski. (Известия Высших Учебных Заведений [Москва], Черная Металлургия [Hochschulnachr. (Moskau), Eisenmetallurgie] **1960**, Nr. 11, 121—24; Dnepropetrowsk, Metallurg. Inst.; russ.) — Ermittelt wird die Mikrohärteveränderung eines von 900° in W. abgeschreckten Stahls mit 0,19% C (Stahl 20) in Abhängigkeit von der in einem Bereich von 20—700° liegenden Anlaßtemperatur. Die hierbei aufgenommenen Kurven der Mikrohärteverteilung der Gefügebestandteile (überschüssiger Ferrit sowie Prodd. des Austenitzerfalls) sowie der Festigkeits-Eigg. werden mitgeteilt. Die Erniedrigung der Mikrohärte des überschüssigen Ferrits mit der Erhöhung der Anlaß-Temp. verläuft monoton. In der gleichen Zeit zeigt die Kurve der Veränderung der Mikrohärte der Struktur der Austenitzerfalls-Prodd. (ferrit.-zementit. Gemisch) eine scharf ausgeprägte Erhöhung im Anlaß-Temp.-Bereich von 250—400°. H. Hochstein. 200□

Über die Ursachen der Abhängigkeit der Elastizitätskonstanten von Stählen von der Größe der Reckspannungen. G. P. Saitzew. (Физика Металлов и Металловедение [Metallphysik u. Metallkunde] **11**, 316—17, Febr. 1961; Kuibyschew, Forsch.-Inst. der Erdöl-Industrie; russ.) — Theoret. wird nachgewiesen, daß die Abhängigkeit des Wertes der Elastizitäts-Konst. von der Größe der Reckspannung nicht mit örtlichen umkehrbaren plast. Verformungen zusammenhängt, sondern offenbar durch irgendwelche andere Gründe bedingt wird. H. Hochstein. 200□

Über die Reversibilität der 3. Periode der Relaxationsspannungen. Ja. Ss. Ginzburg. (Известия Высших Учебных Заведений [Москва], Черная Металлургия [Hochschulnachr. (Moskau), Eisenmetallurgie] **1960**, Nr. 11, 92—96; Allunions waldtechn. Fern-Inst.; russ.) — Vgl. C. **1962**, 10009. — Von den Stahlsorten 13-8-11-3 W, 18-10-10-2 W, 20-20-5-2 W u. 15-9-8-1,5 N werden die Relaxationskurven bei 15 u. 25 kg/mm² Belastung u. Belastungszeiten bis 5000 Std., bes. 2500 u. 2100 Std. bei 650 u. 600°, ermittelt. Auch werden Gefüge-Unterss. der so behandelten Stähle angestellt u. die Gefügeveränderung gegenüber dem Ausgangszustand ermittelt. Hierbei zeigt sich u. a., daß prakt. die Erscheinungen der 3. Periode der Relaxationsspannungen nicht reversibel sind, sofern die Bldg. lamellarer Ausscheidungen der σ-Phase oder irgendwelcher anderer Phasen mit ident. Umrißformen von Grenzausscheidungen bei Betriebs-Temp.-Bereich nicht reversibel ist. H. Hochstein. 200□

Änderung der Festigkeit während der $\alpha \rightleftarrows \gamma$-Umwandlung von legiertem Eisen. M. Je. Blanter und A. K. Maschkow. (Известия Высших Учебных Заведений (Москва), Черная Металлургия [Hochschulnachr. (Moskau), Eisenmetallurgie] **1960**, Nr. 11, 133—42; Allunions Maschinenbau-Ferninst.; russ.) — Bei der Unters. der Festigkeitswerte im $\alpha \rightarrow \gamma$-Umwandlungsbereich Cr-haltiger Fe-Legg. (0,02—0,03% C u. 4,32—12,63% Cr) wird eine eigentümliche Härteänderung mit einem Auftreten von Spitzen an den Intervallgrenzen sowie mit einem schroffen Abfall in der Mitte der Temp.-Zone sichtbar. Der experimentell nachgewiesene Charakter der Härteänderung wird durch die Wechselwrkg. der Erscheinungen der Phasenverfestigung u. zeitlichen Schwächung der zwischenatomaren Bindungskräfte während der Umwandlung erklärt, die zu einer anomalen Veränderung der Eigg. führt. H. Hochstein. 200□

Einfluß der plastischen Deformation und der Reibung auf die Kristallfeinstruktur von hochfestem Gußeisen. L. I. Markowskaja, Je. A. Markowski, W. I. Stetzenko und W. G. Tscherny. (Физика Металлов и Металловедение [Metallphysik u. Metallkunde] **11**, 296—301, Febr. 1961; Inst. für Gußherst. der Akad. der Wiss. der UkrainSSR; russ.) — Bei einachsigem Druck u. Reibung entstehen in ferrit. u. perlit. hochfestem Gußeisen wesentliche Gitterverzerrungen, u. es tritt eine Zerkleinerung der Mosaikblöckchen der Grundmasse ein. Sowohl bei plast. Verformung als auch bei der Reibung werden im Gußeisen mit perlit. Struktur die Blöckchen stärker zerkleinert, u. die entstehenden Spannungen II. Art sind höher als im ferrit. Gußeisen. Die Mikrohärte des perlit. Gußeisens ist bei den Verformungsarten größer als beim ferrit. Gußeisen. In den Oberflächenschichten der ferrit. u. perlit. Gußeisensorten treten bei Reibung Phasenumwandlungen unter Austenit-Bldg. u. mit einer Zunahme der Zementitmenge auf. In Abhängigkeit von der Zunahme des spezif. Druckes wird die Menge an Austenit u. Zementit im Gußeisen erhöht. Die bei der Unters. erhaltenen Angaben über die Veränderung der Feinstruktur des hochfesten, einer Verformung durch einachsigen Druck u. Reibung unterworfenen Gußeisens sollen für die Beurteilung des Widerstands gegen plast. Verformung bei innerer Reibung dienen. H. Hochstein. 200□

Merkmale der elastischen Wellenoberfläche für einen Zinkkristall. M. J. P. Musgrave und M. F. Markham. (Proc. physic. Soc. **77**, 335—36, 1/2. 1961; Nat. Phys. Labor.; engl.) — Es wurde ein Zn-Einkristall in Form eines kreisförmigen Zylinders gezüchtet, dessen Achse mit der Z-Achse einen Winkel von 14° bildete. Aus diesem Zylinder wurden 5 Proben mit parallelen Flächen geschnitten, bei denen der Winkel der Wellennormalen mit der Z-Achse verschiedene Werte zwischen 39 u. —17° hatte. C. Gottfried. 200

Ermüdungseigenschaften von Zinkein- und -polykristallen. Mikio Yamamoto und Jirô Watanabé. (J. physic. Soc. Japan **15**, 2099, Nov. 1960; Sendai, Tôhoku Univ., Res. Inst. for Iron, Steel and Other Metals; engl.) — Mechan. u. chem. polierte Proben von Zn-Einkristallen mit $[0 0 0 1]$-, $[1 0 \bar{1} 0]$- u. $[1 1 \bar{2} 0]$-Orientierungen u. Zn-Polykristalle mit Korngrößen von 130—400 Körnern pro cm² wurden nach 2std. Anlassen im Vakuum bei 350° Ermüdungsbelastungen ausgesetzt. Trägt man die maximale Biegespannung S gegen den log der Anzahl N von Vers.-Cyclen bis zum Bruch auf, dann erhält man gerade Linien. Die Neigung der Kurve u. die Bruchfestigkeit sind am größten für die Polykristalle u. nehmen dann in der Reihenfolge $[1 1 \bar{2} 0] \rightarrow [1 0 \bar{1} 0] \rightarrow [0 0 0 1]$ der Einkristalle ab. Die S–N-Kurve für $[0 0 0 1]$-Kristalle liegt nahezu parallel zur Abszisse, was besagt, daß der Ermüdungsbruch in einem sehr schmalen Spannungsbereich auftritt; oberhalb dieses Bereichs erfolgt Bruch entlang der (0001)-Spaltfläche. Die S–N-Kurven für die $[1 1 \bar{2} 0]$- u. $[1 0 \bar{1} 0]$-Kristalle sind nahezu gleich; in ihnen schreitet die plast. Verformung durch mehrfaches Gleiten des Syst. $\{1 1 \bar{2} 2\} [\bar{1} \bar{1} 2 3]$ u. durch Zwillings-Bldg. des Syst. $\{1 0 \bar{1} 2\} [1 0 \bar{1} \bar{1}]$ fort, bis schließlich Bruch durch stufenähnliches Spalten der $\{1 0 \bar{1} 0\}$-Ebenen der Matrix u. entlang der $\{0 0 0 1\}$-Ebene des Zwillings eintritt. C. Gottfried. 200

Zur Druckfestigkeit von Salzgesteinen. Wolfgang Dreyer und Hermann Borchert. (Kali u. Steinsalz **3**, 234—41, Nov. 1961; Clausthal; dt.) — Ausführliche Unters. über die Eigg. des Würfeldruckfestigkeits-Verf., demonstriert an Salzgesteinsproben aus dem Älteren Steinsalz des Zechsteins. Diskussion der Abhängigkeit der Druckfestigkeit von der Probenform u. der Belastungsgeschwindigkeit. H. Moenke. 200□

Durch Unterwasserfunken verursachtes Brechen von Glas. Shin-Ichi Hyodo und Fumiko Okuda. (J. physic. Soc. Japan **15**, 2093—98, Nov. 1960; Tokyo, Univ., Dep. of Appl. Phys. and Dep. of Phys.; engl.) — Vff. berichten über eine kinematograph. Unters. ($1{,}8 \cdot 10^6$ Bilder pro Sek.) der Geschw. des durch einen elektr. Unterwasserfunken verursachten Brechens von Glas. Zwischen 2 gleichgroße Glasplatten wurden 2 Teile einer spießähnlich geschnittenen Al-Folie angebracht, die als Elektroden dienten, wobei der Abstand zwischen den beiden Al-Spitzen ca. 1 mm betrug. Es wurde hierbei eine maximale Geschw. von ca. 2,4 km/s gemessen; dieser Wert ist 60% größer als der gewöhnlich angenommene Grenzwert. Eine derart hohe Geschw. konnte nur flüchtig beobachtet werden u. beschränkte sich auf das Gebiet um den Ursprung des Sprunges. Die Bruch-Geschw. fiel bald auf ihren normalen Wert ab u. nahm hierauf allmählich ab. Aus diesen Beobachtungen wurde geschlossen, daß die maximale Bruch-Geschw., im Gegensatz zu der bisher angenommenen Theorie, abhängig von der Zunahme der angewandten Spannung ist. C. Gottfried. 200

Die Resonanz der Versetzungen und ihre Anwendung auf die Messungen der Wechselwirkungen zwischen punktförmigen Fehlstellen und Versetzungen. A. V. Granato, K. Lücke und Richard M. Stern. (Métaux **36**, 299—319, Sept. 1961;

Aachen, Inst. für allg. Metallkunde u. Metallphys.; franz.) — Übersicht über die Messungen der inneren Reibung bei schwacher Verformung, die Dämpfung der Resonanz der Versetzungen bei geringer Frequenz, die Theorie der inneren Reibung durch Vibration der Versetzungen bei allen Frequenzen, die Dämpfung der Resonanz bei MHz-Frequenzen. — 47 Literaturangaben. W. Wesly. 200 □

Über elastische Nichtgleichgewichtskonstanten. M. A. Jaswon und B. J. Shaw. (Proc. physic. Soc. **77**, 885—88, 1/4. 1961; London, Imp. Coll., Dep. of Math. and Dep. of Metallurgy; engl.) — Vff. führen eine neue Tensor-Invariante unter Berücksichtigung der Dilatationen zweiter Ordnung ein. C. Gottfried. 200

Die Bordoni-Relaxation, Kritik der Donthschen Theorie. Jens Lothe. (Z. Physik **157**, 457—61, 1960; Oslo, Fysisk Inst. A; dt.) — Während die elementare Theorie für das Bordini-Maximum eine Aktivierungsenergie von W = ca. 2 W_k liefert [wobei W_k die Energie einer Überversetzung (kink) ist], die mit dem Experiment übereinstimmt, liefert die Theorie von Donth (C. **1958**, 11458) durch offensichtliche Überschätzung der Strahlungsverluste von den Versetzungsoscillatoren ca. **4,5** W_k. Eine Neuberechnung der Donthschen Theorie dürfte die Diskrepanz beheben. D. Jörchel. 200 □

A₇. Gleichgewichte. Kinetik

Bildung eines Chelats von Beryllium mit o-Kresotinat. Arun K. Bhattacharya und G. S. Rao. (J. sci. ind. Res. [New Delhi], Sect. B **18**, 351, Aug. 1959; Saugar, Univ., Dep. of Chem.; engl.) — Vff. untersuchen die bei Versetzen von 0,1 m $BeSO_4 \cdot 4\,H_2O$ (I)-Lsg. mit 0,1 m Natrium-o-kresotinat (II)-Lsg. auftretende pH-Änderung u. kommen zu dem Ergebnis, daß das Chelat die Zus. 1:1 besitzt. Bei der Rk. wird das H-Atom der Hydroxylgruppe des Kresotinates als H^+ abgespalten. Zum gleichen Ergebnis führen Leitfähigkeits- u. pH-Messungen an gleichvolumigen Lsgg. mit verschiedenen I- u. II-Geh., denen wechselnde Mengen von NaOH beigegeben wurden. Die Dissoziations-Konst. ergibt sich hieraus zu $3{,}8 \cdot 10^{-4}$. F.-M. Friedrich-Anderseck. 223 □

Alizarinsulfonatkomplexe von Zirkonium und Hafnium. Edwin M. Larsen und Stanley T. Hirozawa. (J. inorg. nuclear Chem. **3**, 198—205, Okt. 1956; Univ. of Wisconsin, Dep. of Chem.; engl.) — Die Rk. von Alizarin S (I) mit verd. (10^{-4} m) Zr^{4+}- u. Hf^{4+}-Lsgg. in 0,1 m $HClO_4$ wurde amperometr. untersucht. Anfangs wird eine unlösl. Verb. gebildet, die sich aber bei Zugabe überschüssiger Metallionen wieder löst. Das stöchiometr. Verhältnis Metall/I an den Knickpunkten der Titrationskurven hängt vom Alter der Metallionen-Lsgg. ab. Die wss. Lsg. des lösl. u. die gesätt. Lsg. des unlösl. Komplexes hatten im UV u. im sichtbaren Bereich gleiche Absorptionsspektren. Aus den Ergebnissen der amperometr. Unterss. u. den Spektren wurde geschlossen, daß das Metall über Chelatbindung mit dem chinoiden u. dem α-phenol. O steht. Die Löslichkeit des anfänglichen Nd. erfolgt wahrscheinlich durch Bindung zusätzlicher Metallionen an die durch die Chelatbindung gebundenen Metallionen. G. Heller. 223 □

Einfluß der relativen Feuchtigkeit auf die Geschwindigkeit der Auflösung von Aluminium in Jod-Methanol-Lösung. D. F. MacLennan. (J. appl. Chem. **9**, 519—20, Okt. 1959; Dartmouth, Nova Scotia, Naval Res. Establ.; engl.) — Die Lsg.-Geschw. von Al bei seiner Auflsg. in methanol. Jod-Lsg. (zur Isolierung des Oberflächenfilms) ist von dem Feuchtigkeits-Geh. der umgebenden Atmosphäre abhängig. Durch besondere Verss. wurde als günstigste relative Feuchtigkeit 38% bei 30° ermittelt. W. Betcke. 224 □

Auflösung von Alkalifeldspäten in reinem oder CO_2-haltigem Wasser bei 200°. Martine Lagache, Jean Wyart und Germain Sabatier. (C. R. hebd. Séances Acad. Sci. **253**, 2019—22, 6/11. 1961; Paris, Sorbonne, Labor. de Minér.-Cristallogr.; franz.) — Es wurde die Löslichkeit der Feldspäte *Albit*, $NaAlSi_3O_8$, u. *Adular*, $K_{0,85} \cdot Na_{0,13}AlSi_3O_8$, durch unterschiedlich langes Erhitzen auf 200° im Autoklav mit reinem oder mit CO_2-beladenem (5 Bar) W. untersucht. Nach den Verss. in Lsg. befindliches Na_2O, K_2O, SiO_2 u. Al_2O_3 wurden bestimmt, wobei festgestellt wurde, daß die gelösten Mengen nicht den in den Kristallen herrschenden Verhältnissen entsprechen. SiO_2 u. Al_2O_3 erreichen schnell die Sättigungsgrenze. Na_2O u. K_2O gehen nach $c = \psi(t \cdot s)$ in Lsg. (c = Konz. der Alkali-Lsg., t = Dauer des Vers. in Tagen, s = Verhältnis der Kristalloberfläche zum Vol. der Lsg. [cm^2/ml]). Die Auflsg. der Alkalimetalle wächst also mit der Dauer des Versuchs. Maßgebend ist allerdings das Prod. t·s. Die Löslichkeit aller Stoffe nimmt im W., das mit CO_2 beladen ist, zu. H. Fries. 224 □

Untersuchungen über die Extraktion von Metallkomplexen. 19. Mitt. **Über die Komplexbildung von Strontium mit Oxin.** David Dyrssen. (Svensk kem. Tidskr.

67, 311—15, 1955; Sundbyberg, Res. Inst. of Nat. Def., Dep. 1; engl.) — 17. vgl. C. **1950/54**, 3043S; 21. vgl. C. **1960**, 7104. — Bei der Extraktion von Sr^{2+} aus wss. Lsg. in eine Lsg. von *Oxin* (HA) in Chlf. liegen folgende Gleichgewichte vor: $Sr^{2+} + A^- \rightleftharpoons SrA^+$, $SrA^+ + A^- \rightleftharpoons SrA_2$ u. $SrA_2 + 2\,HA$ (Chlf.) $\rightleftharpoons SrA_2 \cdot 2\,HA$ (Chlf.), denen die Stabilitäts-Konst. K_1 u. K_2 sowie die Verteilungs-Konst. K_3 entsprechen. Der Verteilungsquotient ist $q = K_1K_2K_3 \cdot [A^-]^2 \cdot [HA]^2_{(Chlf.)}/(1 + K_1[A^-] + K_1K_2[A^-]^2)$, so daß sich für Sr-Oxinat in 0,1 m $NaClO_4$ bei 25° aus der Kurve log q—2 log $[HA]_{(Chlf.)}$ gegen — log $[A^-]$ die Werte log $K_1 = 2{,}39 \pm 0{,}006$ bzw. log $K_2 = 0{,}84 \pm 0{,}06$ ergeben. Die Löslichkeit von $SrA_2 \cdot 2\,H_2O$ in 0,1 m $NaClO_4$ beträgt $10^{-5,42}$ Mol/Liter, das Löslichkeits-Prod. $10^{-8,65}$. Die Löslichkeit von $SrA_2 \cdot 2\,HA$ in Chlf. beträgt $10^{-3,41} \cdot [HA]^2_{(Chlf.)}$ u. ist somit von der HA-Konz. in der organ. Phase abhängig. G. Kirsten. 224☐

Synergetische Effekte bei der Lösungsmittelextraktion der Actiniden. 1. Mitt. **Uran(VI).** H. Irving und D. N. Edgington. (J. inorg. nuclear Chem. **15**, 158—70, Sept. 1960; Oxford, Inorg. Chem. Labor.; engl.) — 4. vgl. C. **1962**, 11485. — Bei der Extraktion von UO_2^{2+} aus salpetersaurer Lsg. in Cyclohexan-Lsgg. von 1.1.1-Trifluor-3-[thenoyl-(2')]-aceton im Gemisch mit Tri-n-butylphosphat oder Tri-n-butylphospinoxid wird ein in Abhängigkeit vom Mischungsverhältnis um einen Faktor bis 10^4 größerer Verteilungs-Koeff. (q) erzielt als bei der Verw. einer Reagenskomponente allein. Bei der U-Extraktion aus 0,01 n salpetersaurer Lsg. wurde einmal der Molenbruch der Reagenskomponenten bei konst. Gesamtmolarität (0,02 m), zum anderen die Konz. einer Komponente bei Konstanthaltung der anderen variiert. Im ersteren Falle erfolgt ein steiler Anstieg von log q im Bereich x = 0—0,1 bzw. 1,0—0,9, im letzteren nimmt log q linear mit dem log der Konz. der 2. Reagenzkomponente zu, wobei in einigen Fällen Knickpunkte im Anstieg zu beobachten sind. Theorien für die Erhöhung von q durch den synerget. Effekt werden diskutiert. W. Betcke. 224☐

Der Einfluß der Polarität des Verdünnungsmittels auf die Extraktion von Plutoniumkomplexen in organische Medien. M. Taube. (J. inorg. nuclear Chem. **12**, 174—80, 1959; Warsaw-Zeran, Inst. of Nucl. Res., Dep. of Radiochem.; engl.) — Die Extrahierbarkeit von Pu^{4+} aus salpetersaurer Lsg. mit Methylisobutylketon (Hexon), Tri-n-butylphosphat (TBP), Di-n-butylphosphat (DBP), Thenoyltrifluoraceton (TTA), u. Tetra-n-butylammoniumnitrat (TBAN) unter Verw. einiger polarer u. nichtpolarer Lsgm. in reiner Form u. in Mischungen als Verdünnungsmittel wurde radiometr. untersucht. Die Extraktion (in %) mit Hexon in größerer Konz. (Molenbruch x ca. 0,4) in Chlf./Bzl., Chlf./CCl_4 oder CCl_4/Bzl. ist vom Mischungsverhältnis der Komponenten des Lsgm. zwischen x = 0 u. x = 100 weitgehend unabhängig. Dagegen nimmt der Extraktionsgrad bei der Extraktion aus 6n HNO_3 mit TBP, DBP oder TTA in größeren Verdünnungen ($x = 5 \cdot 10^{-4}$ bis 0,03) in entsprechenden Lsgm.-Gemischen mit wachsendem Anteil der nichtpolaren Komponente zu. Bei Verw. von DBP bewirkte CCl_4 eine stärkere Zunahme als Bzl., bei TTA ist es umgekehrt, bei TBP ist der Unterschied gering. Die HNO_3-Konz. hat bei der Extraktion mit TBAN u. Verw. von CCl_4 als Lsgm. einen geringen Einfl., bei Verw. von Bzl. nimmt die Extrahierbarkeit mit wachsender HNO_3-Konz. erheblich zu, bei Verw. von Chlf. weist sie ein flaches Maximum bei ca. 4n HNO_3 auf. Die Extrahierbarkeit mit TBAN in etwa äquimol. Lsgm.-Gemischen ist im Falle Chlf./Bzl. sehr stark von der HNO_3-Konz. abhängig (Maximum bei 4,3n HNO_3), bei Chlf./CCl_4 nimmt sie in geringerem Maße (ohne Maximum) mit wachsender HNO_3-Konz. zu, bei CCl_4/Bzl. ist die Zunahme minimal. Bei der Extraktion mit TBAN aus 3n HNO_3 u. Chlf./Bzl. als Lsgm. tritt ein ausgeprägtes Maximum bei äquimol. Zus. des Lsgm. auf, mit Chlf./CCl_4 oder Chlf./n-Heptan findet sich ein flaches Maximum bei ca. 25% Chlf., mit CCl_4/Bzl. ein leichter Anstieg mit zunehmendem Bzl.-Gehalt. — Die Ergebnisse werden diskutiert. W. Betcke. 224☐

Der Einfluß der Polarität des Verdünnungsmittels auf die Extraktion von Neptunium- und Uran-Verbindungen in organische Medien. M. Taube. (J. inorg. nuclear Chem. **15**, 171—76, Sept. 1960; engl.) — Vgl. vorst. Referat. — Zur Unters. des Einfl. der Polarität des Verdünnungsmittels auf die Extrahierbarkeit von U(VI), Np(VI) u. Np(IV) in Lsgg. von Tributylphosphat (I), quatern. Butylammoniumnitrat (II) u. Trilaurylamin (III) wurden ^{233}U bzw. ^{237}Np mit I oder II (aus 3—6n HNO_3) oder mit III (aus 0,5n H_2SO_4) extrahiert, wobei als Verdünnungsmittel Chlf./Bzl.-, CCl_4/Bzl.-, Chlf./CCl_4- u. CCl_4/Bzl.-Mischungen verwendet wurden. Die Verteilungs-Koeff. wurden radiometr. bestimmt. Es zeigte sich, daß relativ kleine Komplexe mit großem Dipolmoment (μ), wie der Np(IV)-II-Komplex, durch die polare Lsgm.-Mischung, große Komplexe mit kleinem μ, wie U(VI)-III, dagegen durch CCl_4/Bzl. besser extrahiert werden. Für kleine Komplexe mit kleinem μ, z. B. U(VI)-I, nimmt die Extrahierbarkeit in geringem Maße in der Reihenfolge der Lsgm. Chlf. $<$ CCl_4 $<$ Bzl. zu. — Die Ergebnisse werden auf der Grundlage der Polaritätsverhältnisse, der Lsgm.-Struktur, der

Komplex-Größe u. des Umsatzes an Freier Energie bei der Bldg. von Hohlstellen im Verdünnungsmittel infolge der Extraktion diskutiert. W. Betcke. 224□

Trennung von Transcuriumelementen von großen Mengen Curium durch Flüssigkeits-Flüssigkeits-Extraktion. N. M. Isaac, J. W. Wilkins und P. R. Fields. (J. inorg. nuclear Chem. **15**, 151—57, 1 Tafel, Sept. 1960; Lemont, Ill., Argonne Nat. Labor.; engl.) — Cf läßt sich mit Tri-n-butylphosphat (100%) aus wss. 12n salzsaurer, Cm-haltiger Lsg. ausschütteln. Der Trennfaktor beträgt 12,4. — Es wird eine aus 8 vertikal in Reihe angeordneten Extraktionsgefäßen bestehende App. beschrieben, in der eine stufenweise Extraktion durchgeführt werden kann, ohne daß es zu (durch die starke α-Strahlung bedingten) Trübungen, Emulgierungen u. a. Störungen kommt. Die App. st hinter einem Strahlenschutz aufzustellen. Es können Spuren Cf von mg-Mengen Cm getrennt werden, so daß der Cm-Geh. des Cf $< 1\%$ beträgt. Eine Trennung von Es oder Fm von Cm ist ebenfalls möglich. W. Betcke. 224□

Über einige Gesetzmäßigkeiten des Extraktionsprozesses in den Systemen Flüssigkeit–Flüssigkeit. L. Ss. Besdel und B. I. Brounstein. (Журнал Прикладной Химии [J. angew. Chem.] **33**, 323—32, Febr. 1960; Allunions-Forsch.-Inst. für chem. Erdölprozesse; russ.) — Bei der Unters. der Extraktion von Essig- u. Benzoesäure aus W. durch Bzl. in einer Labor.-Kolonne mit verschiedenen Füllkörpern u. ohne solche bei 20° wurde festgestellt, daß für ein Syst. mit kleinem Verteilungs-Koeff. (W.–Essigsäure–Bzl.) der log des Extraktions-Koeff. eine lineare Funktion des log der Re-Zahl bis zum Wert Re = 200 ist. Für beide Fälle wird eine annähernde Berechnungsformel entwickelt. Bei Extraktions-Verss. in Syst. mit großen Verteilungs-Koeff. (W.–Benzoesäure–Bzl.) wächst der log ebenfalls linear mit der Vergrößerung von log Re an. H. Treumann. 224□

Neuere Ergebnisse der Dynamik dissoziierender Gase unter Nichtgleichgewichtsbedingungen. Ting Y. Li. (ARS Journal **31**, 170—78, Febr. 1961; Troy, N.Y., Rensselaer Polytechn. Inst.; engl.) — Übersicht. — 46 Literaturangaben. A. Blaschette. 225□

Einfluß des Verbrauches der Reaktionspartner auf den Verlauf von Kettenreaktionen in einem homogen und isotherm angenommenen Gaszustand. Roger Ben-Aïm. (J. Chim. physique Physico-Chim. biol. **58**, 300—05, März 1961; Paris, Fac. des Sci., Labor. de Chim. Gén.; franz.) — Theoret. Unterss. über die Autokatalyse bei der Bldg. von Kettenverzweigungen, über die Verminderung der Rk.-Geschw. durch Verschwinden der Rk.-Partner u. der daraus resultierenden maximalen Rk.-Geschwindigkeit. D. Hoene. 225□

Ursachen der sekundären Wasserstoffisotopeneffekte. E. Spinner. (Chem. and Ind. **1958**, 827, 28/6.; Canberra, A.C.T., Australia, Australian Nat. Univ., Dep. of Med. Chem.; engl.) — Es wird darauf hingewiesen, daß der Kernspin die Elektronenverteilung u. die Änderung der Bindungslängen bei chem. Rkk. beeinflussen kann u. somit als Ursache für sek. Isotopeneffekte in Frage kommt. A. Blaschette. 225□

Der Isotopeneffekt des Deuteriums bei der Wassergasreaktion. L. Knop und J. Fegeš. (Sloven. Acad. Sci. Arts, „J. Stefan" Inst. Physics, Rep. **5**, 41—48, Okt. 1958; dt.) — Vff. bestimmen die isotop. Trenn-Wrkg. bei der Wassergas-Rk. unter Anwendung von ausgeglühter Holzkohle u. mit D_2O elektrolyt. angereichertem H_2O. Die Trennfaktoren werden im Bereich von 400—620° ermittelt, ferner wird der Einfl. der Kontaktzeit des Kohlenstoffmaterials mit dem Wasserdampf untersucht. H.-D. Freyer. 225□

Reaktionen von Natrium mit aktivem Wasserstoff. J. C. Polanyi und C. M. Sadowski. (J. chem. Physics **36**, 2239—46, 1/5. 1962; Toronto, Univ. of Toronto, Dep. of Chem.; engl.) — Die bei der Rk. von Na-Dampf mit elektr. angeregtem akt. Wasserstoff (Wood-Entladung) auftretende Chemiluminescenzflamme wurde photographiert u. das „Intensitätsprofil" mit Hilfe der Flammentheorie von Garvin u. Mitarbeitern (Canad. J. Chem. **38**, [1960], 1745) analysiert. Eine Diskussion aller möglichen Mechanismen zeigt, daß der festgestellte Na-Verbrauch nicht auf tern., sondern auf eine bin. Rk. mit einer in der Entladung gebildeten Teilchenart zurückzuführen ist. Am wahrscheinlichsten ist die Rk. mit schwingungsangeregten, im elektron. Grundzustand befindlichen H_2-Moll. gemäß H_2 ($v \geq 6$) + Na → *NaH* + H; elektron. angeregtes metastabiles H_2 ist als Rk.-Partner auszuschließen. A. Blaschette. 225□

Eine gaschromatographische Untersuchung der Thermolyse von Diboran. K. Borer, A. B. Littlewood und C. S. G. Phillips. (J. inorg. nuclear Chem. **15**, 316—19, Okt. 1960; Oxford, Inorg. Chem. Labor.; engl.) — Die aus B_2H_6 (**I**) durch Thermolyse (50—188°; 120—600 Torr) entstehenden Borane B_4H_{10} (**II**), B_5H_9 (**III**) u. B_5H_{11} (**IV**) wurden durch Gas–Fl.-Chromatographie (Silikonöl 702 auf Celite 535; 34,5°)

getrennt u. quant. bestimmt. Als Trägergas diente O_2-freies N_2. **IV** zersetzt sich in der Säule (Halbwertszeit 100 Min.). Bei 50° wird noch keine Thermolyse beobachtet. Bei höheren Temp. entstehen gleichzeitig mit **II** bis **IV** H_2, Kristalle einer wenig flüchtigen Verb. ($B_{10}H_{14}$?) u. ein gelber Rückstand. Die relativen Anteile von **I** bis **IV** werden als Funktion der Zeit bestimmt. Das Primärprod. bei allen Temp. ist **IV**. Die Menge von **III** u. **II** ist der **IV**-Konz. proportional. Die Rk.-Ordnung (111°) ist 1,5 ± 0,1, die Aktivierungsenergie 29 kcal/Mol. H. Kuckertz. 225□

Die Hydratisierung des Kohlendioxids. David M. Kern. (J. chem. Educat. **37**, 14—22, Jan. 1960; Hanover, N.H., Dartmouth Coll.; engl.) — Zusammenfassende Darst. der bisher vorliegenden kinet. Untersuchungen. — 40 Literaturangaben. A. Blaschette. 225□

Die Geschwindigkeit des Sauerstoffaustausches zwischen ReO_4^- und H_2O. R. K. Murmann. (J. inorg. nuclear Chem. **18**, 226—31, März 1961; Univ. of Chicago, Dep. of Chem.; engl.) — Der Isotopenaustausch zwischen $NaReO_4$ u. H_2O wurde mit Hilfe von ^{18}O verfolgt, indem das ReO_4^- aus dem austauschenden Syst. als $AgReO_4$ gefällt, der Nd. oberhalb 1000° zersetzt (→ Re_2O_7, niedere Re-Oxide, Ag u. O_2) u. das gebildete O_2 massenspektrometr. untersucht wurde. Bei pH 2,2—6,2 ist die Austausch-Geschw. der O-Atome gegeben durch $R = k_1[H^+][ReO_4^-][H_2O] + k_2[ReO_4^-][H_2O]$; bei 0° u. der Ionenstärke 0,34 ist $k_1 = 3{,}91$ Liter² Mol⁻¹ min⁻², $k_2 = 1{,}89 \cdot 10^{-5}$ Liter Mol^{-1} min^{-1}. $[Re(en)_2O_2]^+$ (**I**) tauscht bei pH 7 nur langsam mit H_2O aus; bei der Oxydation mit Br_2 im alkal. Medium werden die O-Atome von **I** prakt. vollständig im gebildeten ReO_4^- festgehalten.

Versuche: *$NaReO_4$*, a) durch Red. von $KReO_4$ mit HJ in konz. HCl zu K_2ReCl_6, Versetzen mit sd. wss. NaOH, Abfiltrieren u. Waschen des ReO_2, Oxydieren zu $HReO_4$ mit H_2O_2/HNO_3 u. Neutralisieren mit $NaHCO_3$; b) aus $AgReO_4$ u. NaCl. — *$[Re(en)_2O_2]Cl$*, aus $H_2NCH_2CH_2NH_2$ u. K_2ReCl_6 in Ggw. von Luft bei 50°, Fällen als Jodid, Verreiben mit AgCl, Umkristallisieren aus W.–A. u. 1std. Trocknen bei 80°/1 Torr. — *$NaRe^{18}O_4$*, durch mehrmaliges 6std. Äquilibrieren von $NaReO_4$ mit warmem $H_2^{18}O$ in Ggw. von etwas HNO_3. A. Blaschette. 225□

Geschwindigkeiten des Ladungsüberganges zwischen Äthylendiamintetraacetatokomplexen von Co(II) und Co(III) sowie von Fe(II) und Fe(III). Arthur W. Adamson und Karl S. Vorres. (J. inorg. nuclear Chem. **3**, 206—14, Okt. 1956; Los Angeles, Calif., Univ. of Southern California, Dep. of Chem.; engl.) — Der Prozeß des Ladungsüberganges für das Syst. FeY^{2-}–FeY^- (Y^{4-} ist Äthylendiamintetraacetat) ist unmeßbar schnell, der für das Syst. CoY^{2-}–CoY^- ist 2. Ordnung mit einer Geschw.-Konst. von 0,75 h^{-1} Mol^{-1} bei 85° u. pH 2; die Aktivierungsenergie ist 22 kcal/Mol, die Aktivierungsentropie —17 cal/Grad Mol. Der große Unterschied bei Ladungsübergängen anscheinend ähnlicher Syst. ist vorwiegend an Hand ihrer Kristallfeld–Energieniveau-Diagramme zu erklären. G. Heller. 225□

Organische Anionen als Brückengruppen bei Redoxreaktionen. D. K. Sebera und H. Taube. (J. Amer. chem. Soc. **83**, 1785—91, 20/4. 1961; Chicago, Ill., Univ. of Chicago, George Herbert Jones Labor.; engl.) — Die Kinetik der Rkk. von Cr^{2+} mit komplexen Anionen vom Typ $[Co^{III}(NH_3)_5L]^{2+}$ (**I**) wurde spektrophotometr. bei 350 mμ untersucht; L bedeutet organ. Anionen mit einer bzw. mehreren Carboxylgruppen. Die Rk. verläuft im allg. nach $I + Cr^{2+} + 5\,H^+ \rightarrow Co^{2+} + CrL^{2+} + 5\,NH_4^+$. Mit L = *Acetat* (**Ia**), *Hydrogensuccinat* (**Ib**), *Methylsuccinat* (**Ic**), *Hydrogenfumarat* (**Id**), *Methylfumarat* (**Ie**), *Hydrogenphthalat* (**If**) u. *Hydrogenisophthalat* (**Ig**) sind die Redox-Rkk. erster Ordnung bzgl. Cr^{2+} u. **I**. CrL^{2+} mit L = **Ib** entsteht nach Ionenaustausch-Unterss. vorwiegend in der nichtchelierten Form. Hydrolyse der Estergruppen im Verlauf des Elektronenüberganges wurde kaum mit **Ic**, jedoch deutlich mit **Ie** beobachtet. Bei der Rk. mit L = **Id** in W. mit 82 Mol.-% D_2O läßt sich IR-spektroskop. kein Isotopenaustausch zwischen der CH_2CH_2-Gruppe von L u. dem Lsgm. feststellen. Bei Verw. von **If** u. **Ig** nimmt die Rk.-Geschw. mit zunehmender Anfangs-Konz. an **I** infolge Bldg. zweikerniger Cr-Komplexe ab. Mit L = *Hydrogenterephthalat* (**Ih**) konnte **I** lediglich im Gemisch mit ca. 80% eines zweikernigen Co(III)-Komplexes erhalten werden. Die Rk.-Geschw. ist für **Ia**, **Ib** u. wahrscheinlich **Ig** im Bereich $[H^+] = 0{,}1$—$1{,}0$m unabhängig von $[H^+]$; bei niedriger Acidität erscheint im kinet. Gesetz für **Ie** u. **If** ein Glied in $[H^+]^{-1}$. Bei hoher Säure-Konz. steigt die Rk.-Geschw. für **Id** u. **Ie** mit $[H^+]$ linear an. Das vollständige Zeitgesetz besitzt damit die Form $-d[I]/dt = [Cr^{2+}][I] \cdot (k_1 + k_2K_D/[H^+] + k_3[H^+])$. Das Glied $k_3[H^+]$ fällt bes. bei **Id**, **Ie** u. **Ih**, nicht aber bei **Ib**, **If** u. **Id** ins Gewicht. Nachst. Werte von k_1 ($Mol^{-1} \cdot s^{-1}$), k_2 ($Mol^{-1} \cdot s^{-1}$), k_3 ($Mol^{-2} \cdot s^{-1}$), der Aktivierungsenergien ΔH_i (kcal) u. -entropien ΔS_i (Entropieeinheiten) wurden bei der Ionenstärke μ = ca. 1,0 ermittelt: **Ia**, $k_1 = 0{,}18$,

$\Delta H_1 = 3,0$, $\Delta S_1 = -52$ (25,1°); $k_1 = 0,23$ (37,7°); **Ib**, $k_1 = 0,17$ (14,1°); **Ic**, $k_1 = 0,165$ (25,0°); **Id** (in H_2O), $k_1 = 0,48$ (1,9°), 0,75 (14,3°), 1,32 (25,1°), $\Delta H_1 = 6,7$ (1,9°), $\Delta S_1 = -36$ (1,9°), $k_2 = 1,1$ (5,4°), $k_3 = 2,16$ (1,9°), 2,76 (14,3°), 3,48 (25,1°), $\Delta H_3 = 2,9$ (1,9°), $\Delta S_3 = -45$ (1,9°); **Id** (in D_2O), $k_1 = 0,41$ (1,9°), $k_3 = 2,45$ (1,9°); **Ie**, $k_1 = 0,43$ (2,5°), $k_3 = 1,28$ (2,5°); **If**, $k_1 = 0,055$ (14,2°), 0,075 (25,1°), $\Delta H_1 = 4,4$ (14,2°), $\Delta S_1 = -38$ (14,2°), $k_2 = 0,71$ (14,2°), 1,70 (25,1°), $\Delta H_2 = 12,8$ (14,2°), $\Delta S_2 = -14$ (14,2°); **Ig**, $k_1 = 0,11$ (14,2°), 0,13 (25,1°), 0,16 (38,2°), $\Delta H_1 = 2,1$ (14,2°), $\Delta S_1 = -56$ (14,2°); **Ih**, $k_1 = 36$ (16,6°), $k_3 = 9$ (16,6°). Es wird angenommen, daß in allen Fällen außer bei L = **Id**, **Ie** u. **Ih** das Cr^{2+}-Ion in unmittelbarer Nachbarschaft zum Co(III) von **I** angreift. In den drei genannten Sonderfällen findet der Angriff am vom Zentralatom entfernten Ende des Liganden statt; das auszutauschende Elektron wird durch das Syst. konjugierter Bindungen geleitet. Bei diesen Rkk. ist die Rk.-Geschw. verhältnismäßig hoch, im Zeitgesetz erscheint das Glied $k_3[H^+]$. Wahrscheinlich lagert sich H^+ an die zum Co(III) benachbarte Carbonylgruppe an u. begünstigt auf diese Weise die Konjugation zwischen Cr(II) am entfernten Ende von L u. der Co(III)-Gruppe.

Versuche: $Co(NH_3)_5(H_2O)(ClO_4)_3$ (**II**), aus einer erhitzten wss. Lsg. von $Co(NH_3)_5 \cdot CO_3)(NO_3)$ (Lamb u. Mysels, J. Amer. chem. Soc. **67**, [1945], 468) u. konz. $HClO_4$. — Komplexe vom Typ $Co(NH_3)_5L(ClO_4)_2$: Durch 2 std. Erhitzen (70°) einer konz. Lsg. von **II** mit überschüssiger organ. Säure (LH) u. deren Na-Salz u. Fällen mit $HClO_4$. Reinigung durch Kationenaustausch liefert reine Präpp. für L = **Ia**, **Ib**, **Id**, **If**, **Ig** u. *Hydrogenmaleat* (**Ii**). Mit L = **Ig** u. *Hydrogenmuconat* werden Stoffgemische erhalten. Für L = **Id** entspricht das Prod. der Zus. $Co(NH_3)_5(C_4H_3O_4)(ClO_4)_2 \cdot {}^1/_2 HClO_4$. Aus den Komplexen mit L = **Ib**, **Id** u. **Ii** werden die Halbester-Verbb. (L = **Ic**, **Ie**, *Methylmaleat*) erhalten durch Rk. einer 40%ig. Lsg. in wss. A. mit einem 20%ig. Überschuß an Diazomethan in Ae., fünfmaliges Extrahieren mit Ae., Einengen der äther. Phase im Vakuum bei 20°, Kühlen auf 0° u. Versetzen mit konz. $HClO_4$. A. Blaschette. 225□

Malonat als brückenbildende Gruppe für den Elektronenübergang. George Svatos und Henry Taube. (J. Amer. chem. Soc. **83**, 4172—75, 20/10. 1961; engl.) — Vgl. vorst. Referat. — In dem Geschw.-Gesetz 1. Ordnung für die Rk. des Monohydrogenmalonato-pentammin-kobalt(III)-Ions mit Cr^{2+} wird ein von der H^+-Konz. abhängiger Term zusätzlich zu dem säureunabhängigen Term u. dem Term, der der H^+-Konz. umgekehrt proportional ist, beobachtet. Dieser Term fehlt, wenn die H-Atome der Methylengruppe durch C_2H_5 ersetzt sind. Daraus u. aus anderen Beobachtungen kann entnommen werden, daß dieser säureabhängige Term die Dissoziation der H-Atome der Methylengruppe unter dem Einfl. der Säure u. des Red.-Mittels enthält. Diese Elektronenverschiebung erleichtert den Übergang von Elektronen von Cr^{2+} zum Co(III). R. Krämer. 225□

Angriff an entfernten Stellen und Esterhydrolyse beim Elektronenübergang. R. T. M. Fraser und H. Taube. (J. Amer. chem. Soc. **83**, 2239—42, 20/5. 1961; engl.) — Vgl. vorst. Referat. — Es wurde die Elektronenübergangs-Rk. zwischen $Cr^{2+} \cdot aq$ u. $[Co(NH_3)_5L]^{2+}$ untersucht [L = Anion von *Methylmaleinsäure, Phenyl-, Amido-, Methylamido-* u. *Diäthylamidofumarsäure* (**I**), *p-Sulfo-* (**II**) u. *p-Aldehydobenzoesäure, Methyl-* u. *Phenylterephthalsäure* u. *β-Benzoylacrylsäure*]. Die Rk. verläuft durch Angriff des Cr^{2+} an der vom Co entferntliegenden Carboxylgruppe. Es tritt bei Verw. der Halbester eine Esterhydrolyse auf; der abgespaltene Alkohol ist nach der Rk. mit dem Cr(III)-Komplex assoziiert. Die Hydrolyse tritt gleichfalls bei Einsatz von $V^{2+} \cdot aq$. oder $Eu^{2+} \cdot aq$. als Red.-Mittel auf, aber nicht bei Verw. von Fe^{2+} in Ggw. von Oxalationen bzw. der Tris-[dipyridyl]-komplexe von V^{2+} u. Cr^{2+}, was darauf hinweist, daß eine Brücken-Bldg. in den Komplexen erforderlich ist. Bei **I** u. **II** erfolgt kein Angriff der Carboxylgruppe. Claus Fischer. 225□

Aktivierungseffekte und Elektronenübergangsgeschwindigkeiten. R. T. M. Fraser und H. Taube. (J. Amer. chem. Soc. **83**, 2242—46, 20/5. 1961; engl.) — Vgl. vorst. Referate. — Bei der Isomerisierung von *Maleinsäure* (**I**) zu *Fumarsäure* (**II**), die durch den Elektronenübergang zwischen $Cr^{2+} \cdot aq$ oder $V^{2+} \cdot aq$ u. $[Co(NH_3)_5L]^{2+}$ (L = Anion von **I** oder *Methylmaleinsäure*) verursacht wird, steigt das Verhältnis **II**/**I** linear mit der H-Ionen-Konz. der Lösungen. Bei der Esterhydrolyse der Halbesterliganden wird die Alkyl-O-Bindung quant. gespalten, die Aryl-O-Bindung um bis zu 15% mehr als die Acyl-O-Bindung bei der normalen Esterhydrolyse. Die spezif. Geschw.-Konst. für die Elektronenübergangs-Rkk. von $Cr^{2+} \cdot aq$ u. $[Co(NH_3)_5M]^{2+}$ (M = Anion von *p-Sulfo-* u. *p-Aldehydobenzoesäure* (**III**); *Methyl-* u. *Phenylterephthalsäure, cis-* u. *trans-Cyclopropandicarbonsäure* u. *Phenylfumarsäure*) wurden gemessen u. die Aktivierungsenergien ΔH^* (kcal/Mol) u. -entropien ΔS^* (kcal/Mol·Grad) berechnet. Diejenigen Komplexe, bei denen die dem Co benachbarte Carboxylgruppe angegriffen wird, zeigen keine H-

Ionenabhängigkeit, $k_2 = 0,16\ s^{-1}$ bei 25° ($\mu = 1$). Falls M das Anion von **III** oder Terephthalsäure ist, ist die Rk.-Geschw. unmeßbar groß. Claus Fischer. 225□

Die Veränderlichkeit der Rekombination von Wasserstoffatomen an Metallflächen. J. W. Fox, A. C. H. Smith und E. J. Smith. (Proc. physic. Soc. **73**, 533—35, 1/3. 1959; London, Univ. Coll., Dep. of Phys.; engl.) — Vff. zeigen an Hand von Vers.-Ergebnissen, daß die Rekombinationswahrscheinlichkeit für H-Atome an metall. Oberflächen, die häufig zur Best. atomarer Konzz. in Mischungen von Atomen u. Moll. gemessen wird, für ein u. dasselbe Metall unterschiedlich sein kann, bes. bei calorimetr. Messungen. Ursache ist eine Vergiftung der Metallfläche durch in der Entladung oder bei chem. Rkk. in anderen App.-Teilen entstehende Substanzen. Die Temp.-Abhängigkeit der Vergiftung u. die Reaktivierung der Metalloberflächen werden diskutiert. D. Jörchel. 225□

Einige photochemische Reaktionen von O_3 in der Gasphase. D. Katakis und H. Taube. (J. chem. Physics **36**, 416—22, 15/1. 1962; Chicago, Ill., Univ. of Chicago, George Herbert Jones Labor.; engl.) — Bei der UV-Bestrahlung gasförmiger Mischungen von N_2 (300—500 Torr) u. O_3 (10—100 Torr) bis zur vollständigen Zers. des O_3 wird kein N-Oxid irgendwelcher Art gebildet, im Gegensatz zum Verh. dieses Syst. im kondensierten Zustand (De More u. Davidson, J. Amer. chem. Soc. **81**, [1959], 5869). Hieraus wird geschlossen, daß das bei der O_3-Zers. auftretende akt. Zwischenprod. atomarer Art ist u. zu seiner Rk. mit N_2 der Ggw. eines dritten Stoßpartners bedarf. Nach der UV-Bestrahlung (2537 Å) eines gasförmigen Gemisches aus O_3 u. ^{18}O-angereichertem CO_2 (hergestellt aus CO_2 u. $H_2{}^{18}O$) bei 26 ± 3° läßt sich massenspektrometr. ein gewisser ^{18}O-Austausch zwischen CO_2 u. dem aus O_3 gebildeten O_2 nachweisen. Dieser Effekt wurde als Funktion der Ausgangspartialdrücke von O_3 u. CO_2 u. in Abhängigkeit von zugemischten Fremdgasen (Ar, N_2, H_2O, O_2, He) näher untersucht. Die Ergebnisse deuten darauf hin, daß die bei der O_3-Zers. auftretenden akt. Teilchen angeregte O-Atome im ^1D-Zustand sind. Für den Austausch mit CO_2 ist die Rk. $CO_2 + O(^1D) \rightarrow CO + O_2$ ($\Delta H = -37$ kcal) nicht verantwortlich, da niemals CO auftritt. Bei verhältnismäßig niedrigem Gesamtdruck erfolgt der Austausch vielmehr nach $O(^1D) + {}^*OCO \rightarrow {}^*O(^1D) + OCO$, gefolgt von ${}^*O(^1D) + O_3 \rightarrow O_2 + O{}^*O$. Bei höheren Drücken gewinnt eine Dreikörper-Rk. an Wahrscheinlichkeit, etwa $O(^1D) + CO_2 + M \rightarrow CO_3 + M$, gefolgt von $2\ CO_3 \rightarrow 2\ CO_2 + O_2$. Bei der durch Hg sensibilisierten photochem. Zers. von N_2O wird nicht $O(^1D)$, sondern $O(^3P)$ gebildet, das nur in sehr geringem Ausmaß mit CO_2 austauscht. Bei Bestrahlung des Syst. O_3–CO_2 mit sichtbarem Licht wird ebenfalls kein Austausch beobachtet. Der geringe Austauscheffekt bei der therm. Zers. von O_3 in Ggw. von CO_2 wird nicht auf die Bldg. von $O(^1D)$, sondern auf eine bimol. Rk. nach $CO_2 + O_3 \rightarrow CO_3 + O_2$ zurückgeführt. A. Blaschette. 226□

Chemische Wirkungen beim Rückstoß von Spaltprodukten. 4. Mitt. **Die Wirksamkeit zurückgestoßener Atome bei der Zersetzung von Kaliumnitrat.** D. Hall und G. N. Walton. (J. inorg.nuclear Chem. **10**, 215—24, Mai 1959; Harwell, Berks., A.E.R.E.; engl.) — 3. vgl. J. inorg. nuclear Chem. **6**, [1958], 288; 2. vgl. C. **1961**, 2168. — Die Zers. von KNO_3 unter dem Einfl. von Rückstoßspalt-Prodd. wurde unter Verw. dünner, an ^{235}U um den Faktor 60 angereichterter U_3O_8-Filme untersucht (Neutronenfluß $10^{10} cm^{-2} s^{-1}$ mit hoher therm. Komponente). Die von derartigen dünnen Schichten zurückgestoßenen Spaltprodd. sind bei der KNO_3-Zers. ca. 2,7mal wirksamer als Fragmente aus prakt. „unendlich dickem" Material. Aus Al-Absorbern entweichende Spaltprodd. besitzen im letzten Teil ihrer Spur eine höhere Wirksamkeit je 100 eV ionisierender Energie als dem Mittelwert entspricht, doch ändert sich die Ausbeute je 100 eV Gesamtenergie nicht wesentlich. Der mittlere $G(NO_2^-)$-Wert beträgt ca. 6,0 je 100 eV absorbierter Rückstoßenergie. A. Blaschette. 226□

Eine theoretische Betrachtung einfacher katalytischer Reaktionen. Zersetzung gasförmiger Hydride. Kenzi Tamaru. (Bull. chem. Soc. Japan **31**, 647—52, Juli 1958; Yokohama, Minami-ku, Yokohama Nat. Univ., Dep. of Chem. Ind.; engl.) — Die vorliegenden kinet. Daten über die Zers. von AsH_3, SbH_3, SnH_4, GeH_4, CH_4, H_2Se u. $Ni(CO)_4$ an der Oberfläche des jeweiligen festen Elements werden mit den Meth. der statist. Mechanik diskutiert. Da es sich um katalyt. Rkk. einfachster Art handelt, gelingt es, die Geschw. jedes Einzelschritts zu berechnen u. den geschwindigkeitsbestimmenden Schritt zu ermitteln. — 27 Literaturangaben. A. Blaschette. 227□

Untersuchung von Kinetik und Mechanismus der Umwandlung des Hexacyanoferrat(II)-Ions in Gegenwart des Gold–Thioharnstoff-Komplexes. K. B. Jatzimirski und M. N. Orlowa. (Журнал Неорганической Химии [J. anorg. Chem.] **5**, 2184—89, Okt. 1960; Chem.-technol. Iwanowo-Inst., Lehrst. für analyt. Chem.; russ.) — Die Kinetik der Zerfalls-Rk. des $[Fe(CN)_6]^{4-}$-Ions wird bei veränderlichen Konzz. von $AuCl_3$, Thioharnstoff u. $K_4Fe(CN)_6$, sowie bei verschiedenen pH-Werten untersucht. Die in der

Lsg. gebildeten Au–Thioharnstoff-Komplexe wirken katalyt. auf den Zerfall, dessen Endprod. Berliner Blau ist. Als geschwindigkeitsbestimmende Rk. wird der Zerfall eines intermediär gebildeten Komplexes der Form $\{Au[SC(NH_2)_2]_2[HFe(CN)_6]_2\}^{5-}$ angesehen, was auch experimentell bestätigt wird. W. Büttner. 227☐

Über die chemische Übereinstimmung in der heterogenen Katalyse. M. A. Landau und W. W. Schtschekin. (Известия Академии Наук СССР, Отделение Химических Наук [Nachr. Akad. Wiss. UdSSR, Abt. chem. Wiss.] **1961**, 430—36, März; Moskau, Inst. für Erdölchem. Synth. der Akad. der Wiss. der UdSSR; russ.) — Auf Oberflächen von Metallen u. Ionenkristallen sind freie Valenzen verschiedener Art vorhanden. Einzelne Formen dieser freien Valenzen erscheinen als Zentren unterschiedlicher Aktivität. Die Abhängigkeit der katalyt. Aktivität von der durchschnittlichen Zus. des Katalysators deuten Vff. aus Wechselbeziehungen verschiedener Formen der freien Valenzen auf der katalyt. wirksamen Oberfläche. Vff. geben weiter eine Erklärung für die veränderte katalyt. Aktivität der Metalle der 4. Periode, an denen die Chemisorption von N_2 gehemmt, die von H_2 oder D_2 aber bevorzugt wird. W.-D. Heußner. 227☐

Niob- und Tantalpentoxide als Dehydrierungskatalysatoren. A. A. Balandin, N. P. Ssokolowa und Ju. P. Ssimanow. (Известия Академии Наук СССР, Отделение Химических Наук [Nachr. Akad. Wiss. UdSSR, Abt. chem. Wiss.] **1961**, 415—24, März; Moskau, Zelinsky-Inst. für organ. Chem. der Akad. der Wiss. der UdSSR; Moskau, Lomonossow-Univ.; russ.) — Vgl. C. **1961**, 4629. — Für die Dehydrierung von Isopropanol wird die Aktivierungsenergie ε an Nb_2O_5 (I) verschiedener Aktivität u. an Ta_2O_5 (**II**) gemessen. ε (I) = 23,4 u. 27,0 kcal/Mol, ε (**II**) = 23,8 kcal/Mol. Vff. weisen logarithm. Abhängigkeit zwischen berechneten u. experimentellen Werten für die Rk.-Konst. nach. Die Aktivität des **I** ist stark abhängig von der Darst.-Temp. u. der Glühzeit des gebildeten Oxids. Das Aktivitätsmaximum von **I** wird bei 530° nach 1 std. Rk.-Dauer erreicht. Nach Röntgen-Unterss. ist die Tieftemp.- oder γ-Modifikation von **I** die aktivste Form, während die Hochtemp.-Modifikation von **I** weit weniger akt. ist. γ-**I** krist. rhomb.: $a = 6{,}16 \pm 0{,}01$, $b = 3{,}64 \pm 0{,}005$, $c = 3{,}91 \pm 0{,}005$ kX. Bei 830 $\pm$ 5° erfolgt Umwandlung von γ-**I** in β-**I** (monoklin $a = 20{,}24$, $b = 3{,}82$, $c = 20{,}24$ kX u. $\beta = 120°$). Eine Modifikationsveränderung von **I** ist nach katalyt. Alkoholdehydrierungen nicht festgestellt worden. Unter vergleichbaren Bedingungen wurden gleiche Aktivität u. Rk.-Weise auch bei **II** beobachtet. Katalysatoren aus reinem **I** u. **II** können an Luft bis zu 85% der Ausgangsaktivität in 2—10 Std. bei 400—410° regeneriert werden. W.-D. Heußner. 227☐

Der Mechanismus der Kaliumaktivierung von Chromoxid-Aluminiumoxid-Dehydrierungskatalysatoren. Joanne M. Bridges, G. T. Rymer und D. S. Mac Iver. (J. physic. Chem. **66**, 871—77, Mai 1962; Pittsburgh, Pa., Gulf Res. & Dev. Co.; engl.) — Vff. untersuchten kinet. den Mechanismus der Alkaliaktivierung von Cr_2O_3–Al_2O_3-Dehydrierungskatalysatoren mit Hilfe der Dehydrierung von Cyclohexan (**I**) an verschiedenen aktivierten u. nichtaktivierten Katalysatoren, bestimmten die magnet. u. Adsorptions-Eigg. dieser Materialien u. setzten diese mit der Aktivität u. Selektivität der Katalysatoren in Beziehung. Bei den Cr_2O_3–Al_2O_3-Katalysatoren gibt es allg. 2 Arten von akt. Zentren; die Dehydrierungszentren haben ihren Sitz am Co-Anteil der Oberfläche; die sauren Zentren sind mit der Al_2O_3-Oberfläche verbunden. Die sauren Zentren katalysieren die Bldg. von Methylcyclopentan (**II**) (Isomerisierung), das die Dehydrierungszentren am Cr_2O_3 vergiftet. Der Zusatz von K als Aktivator „neutralisiert" diese sauren Zentren, verhindert somit die Bldg. von **II** u. erhöht dadurch die Dehydrierungsaktivität. Überschüssiges K, das nicht mehr für diese „Neutralisation" benötigt wird, verbindet sich mit dem Cr_2O_3-Anteil der Oberfläche, blockiert dadurch einen Teil der Dehydrierungszentren u. erniedrigt damit wieder die Aktivität. Die Wechselwrkg. des K mit dem Cr_2O_3 führt offensichtlich zur Bldg. eines K–Cr-Komplexes, in dem das Cr die Oxydationsstufe 6+ besitzt u. der bei den Rk.-Bedingungen unter Bldg. der Oxydationsstufe 3+ red. wird. P. Scharner. 227☐

Sublimation von Molybdänoxid aus Aluminiummolybdänkatalysatoren. Ja. R. Katzobaschwili, N. Ss. Kurkowa und E. A. Lewitzki. (Журнал Прикладной Химии [J. angew. Chem.] **33**, 734—36, März 1960; russ.) — Verss. über die Sublimation von MoO_3 aus Al–Mo-Katalysatoren zeigten, daß Katalysatoren, die durch gemeinsame oder getrennte Fällung von $Al(OH)_3$ u. Mo-Hydroxiden niederer Oxydationsstufe erhalten wurden, langdauernde Erhitzung (270 Std.) bis 800° u. kurze Erhitzung bis 950° ohne Verlust an Mo u. ohne strukturelle Veränderungen ertragen. Ebenfalls beständig bis 800° sind Katalysatoren, die durch Tränken von erhitztem Al_2O_3 mit Ammoniummolybdat-Lsg. hergestellt wurden; aus diesen sublimiert aber schon bei kurzem Erhitzen >800° Mo-Oxid ab. Einige der Katalysatoren, die durch Durchtränkung von Aluminiumhydroxid mit Ammoniummolybdat-Lsg. hergestellt waren, gaben schon bei $<800^0$ MoO_3 ab u. verloren dabei ihre Festigkeit u. änderten ihre Struktur. G. Winkhaus. 227□

Einfluß der γ-Strahlung auf die Aktivität von Platin enthaltenden Katalysatoren. Ch. M. Minatschew und Ju. Ss. Chodakow. (Известия Академии Наук СССР, Отделение Химических Наук [Nachr. Akad. Wiss. UdSSR, Abt. chem. Wiss.] **1961,** 1430—32, Aug.; Akad. der Wiss. der UdSSR, Zelinsky-Inst. für organ. Chem.; russ.) — Vff. untersuchen den Einfl. der Bestrahlung mit γ-Quanten (0,6 MeV) auf die katalyt. Aktivität von Pt-haltigen Katalysatoren. Die Bestrahlungsdosis betrug in allen Fällen $60 \cdot 10^{19}$ V/r. Als Test-Rk. wurde der Zerfall von H_2O_2 gewählt, als Maß für die Aktivität die Zeit (A), in der die Hälfte der vorgegebenen H_2O_2-Menge zerfallen war. Eingesetzt wurden folgende Katalysatoren: Pt-Schwarz (I; hergestellt durch Red. von $H_2[PtCl_6]$ mit Formaldehyd in alkal. Lsg., Cl^--freies Pulver bei 330° 8 Std. in H_2 zu Ende red.), 1% Pt auf Al_2O_3 (II) u. 10% Pt auf Al_2O_3 (III). Das Al_2O_3 für alle Proben wurde durch Fällung aus 1 m $Al(NO_3)_3$-Lsg. mit 12%ig. Ammoniak, NO_3^--frei Waschen, 6—8std. Trocknen bei 130—140° u. 3std. Ausheizen bei 500° hergestellt. II u. III wurden durch Tränken des Al_2O_3 mit H_2PtCl_6, Trocknen bei 120—130° (4 Std.) u. Red. mit elektrolyt. erzeugtem H_2 bei 330° (8 Std.) erhalten. Für I u. III ergibt sich eine deutliche Verminderung der Aktivität, für II eine geringe. Als Ursache für die Desaktivierung wird eine Rekristallisation des Pt in Ggw. von Luft diskutiert. D. Hoene. 227□

A₈. Präparative anorganische Chemie. Komplexverbindungen. Metallorganische Verbindungen

Chemische Transportreaktionen. Der Transport anorganischer Stoffe über die Gasphase und seine Anwendungen. Harald Schäfer. (Monogr. „Angew. Chem." u. „Chem.-Ing.-Techn." **1962,** 1—142; Münster/Westf., Univ., Anorgan.-chem. Inst.; dt.) — Experimentelle u. theoret. Grundlagen; Bodenkörpertransport u. seine speziellen Anwendungen (Transport von Elementen, Oxiden, Chalkogeniden, Halogeniden, Nitriden, Phosphiden, Arseniden; Trennung u. Reinigung von Stoffen; Transportmittel als Mineralisatoren; Herst. von Einkristallen; krist. Stoffe mit Homogenitätsgebieten); Informationen über das Rk.-Geschehen in der Gasphase (Hinweise auf neue gasförmige Verbb.; Syst. mit umkehrbarer Transportrichtung; krit. Zers.-Punkte); präparative Anwendungen (Synth. im Temp.-Gefälle; Förderung von Rkk. zwischen festen Stoffen); Best. thermodynam. Zahlenwerte. — 263 Literaturangaben. A. Blaschette. 228□

Xenonhexafluoroplatinat(V), $Xe^+[PtF_6]^-$. Neil Bartlett. (Proc. chem. Soc. [London] **1962,** 218, Juni; Vancouver, B.C., Canada, Univ. of British Columbia, Dep. of Chem.; engl.) — Vgl. C. **1962,** 16967. — Als erste Charge-Tranfer-Verb. des Xe wird $Xe^+[PtF_6]^-$ durch tensimetr. Titration von Xe mit PtF_6 nachgewiesen. Der orangegelbe, in CCl_4 unlösl. Festkörper, dessen Dampfdruck bei Raum-Temp. vernachlässigbar klein ist, läßt sich im Vakuum sublimieren. Das Sublimat hydrolysiert mit Wasserdampf nach $2\,Xe[PtF_6] + 6\,H_2O \rightarrow 2\,Xe + O_2 + 2\,PtO_2 + 12\,HF$. Die Gitterenergie der Verb. beträgt 110 kcal/Mol. H. Kuckertz. 235□

Die Reaktion von Äthylen mit Tetraboran: Darstellung, Struktur und Eigenschaften von Dimethylentetraboran. B. C. Harrison, I. J. Solomon, R. D. Hites und M. J. Klein. (J. inorg. nuclear Chem. **14,** 195—201, Aug. 1960; Chicago, Ill., Illinois Inst. of Technol., Chem. and Chem. Engng. Res. Div., Armour Res. Foundat.; engl.) — Dimethylentetraboran (I), $C_2H_{12}B_4$, wird in einem heißkalten Rohr aus B_4H_{10} (II) u. C_2H_4 in 70%ig. Ausbeute dargestellt: II + C_2H_4 → I + H_2. Mit CH_3OH reagiert I gemäß I + $10\,CH_3OH \rightarrow (CH_3O)_2BCH_2CH_2B(OCH_3)_2 + 9\,H_2 + 2\,B(OCH_3)_3$, die Hydrolyse erfolgt nach I + $14\,H_2O \rightarrow HOCH_2CH_2OH + 4\,B(OH)_3 + 11\,H_2$. Hieraus sowie aus dem IR-Spektrum wird die Struktur abgeleitet. Die Bldg. des instabilen B_4H_8 durch H_2-Abspaltung aus I bzw. durch BH_3-Abspaltung aus B_5H_{11} wird diskutiert.

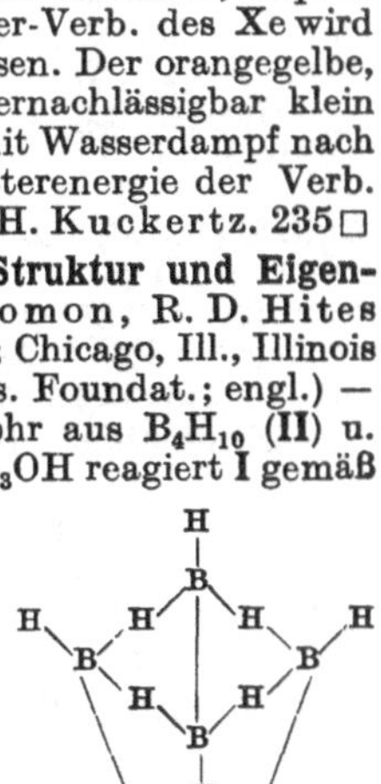

I

Versuche: *Dimethylentetraboran* (I): 480 ml II u. 130 ml C_2H_4 werden in den Reaktor dest., dessen äußeres Rohr mit fl. N_2 gekühlt ist; anschließend wird außen auf 0° u. innen auf 100° erwärmt. Sobald der Druck im Reaktor ein Minimum erreicht, unterbricht man die Reaktion. Durch fraktionierte Kondens. im Vakuum werden B_2H_6 u. C_2H_4 (—126°) sowie II (—90°) abgetrennt. Die letzten Reste an II lassen sich durch wiederholtes Umkondensieren bei —63° bzw. —23° entfernen. I hinterbleibt als farblose Fl. (Dampfdruck bei 0° 14,5 Torr), die bis —78° nicht, bei tieferen Temp. zu einem Glas erstarrt. Die Rk. wird durch $AlCl_3$ katalysiert. H. Kuckertz. 258□

Carbamate, Monothiocarbamate und Dithiocarbamate. 9. Mitt. Rudolf Zahradník. (Chem. Techn. **11**, 546—53, Okt. 1959; Prag, Inst. für Arbeitshyg. u. Berufskrankh.; dt.) — 8. vgl. C. **1959**, 10192. — Übersicht über Darst., Eigg., Kinetik der Bldg. u. Zers., Rkk. u. Anwendung (Analyse u. Technik) der Salze der Alkylamido-, der Alkylamidothio- u. der Alkylamidodithiokohlensäure. — 217 Literaturangaben.
A. Blaschette. 260□

Natürlicher Quarz aus dem Laboratorium. James F. Corwin. (J. chem. Educat. **37**, 11—14, Jan. 1960; Yellow Springs, Ohio, Antioch Coll.; engl.) — Schilderung der Darst. großer, reiner Quarzkristalle durch hydrothermale Synthese. — 19 Literaturangaben.
A. Blaschette. 261□

Untersuchung des binären Systems Wasser–Kaliumhydroxid im Bereich geringer Wassergehalte. Maurice Michaud. (C. R. hebd. Séances Acad. Sci. **253**, 1947—49, 30/10. 1961; franz.) — Auf Grund neuer therm. Unterss. des bin. Syst. H_2O-KOH (90—100% KOH) konnte Vf. den Umwandlungspunkt der bei Normaltemp. stabilen, rhomb. α-Form von KOH in die oberhalb 250° stabile, kub.-flächenzentrierte β-Form bei 248 ± 0,3° u. 93,3% KOH feststellen, wobei sowohl die Erwärmungs- wie Abkühlungskurve aufgenommen wurde. Die Verss. wurden unter N_2-Atmosphäre durchgeführt. Die Umwandlungsstufe zeigte im Bereich von 93,3—97,5% KOH einen horizontalen Verlauf u. neigte sich dann leicht im Bereich 97,5—100% KOH, um bei 242° die 100%-Achse zu schneiden. Im Neigungsbereich der Stufe zeigten die Temp. der Erwärmungs- u. Abkühlungskurve eine geringe Differenz, wobei die Temp. letzterer etwas über denen der ersteren lagen. Im Bereich von 97,5—100% KOH unterhalb 242° liegt eine einheitliche Phase, eine feste Lsg. von H_2O u. KOH vor, die sowohl in der α- wie der β-Form des Hydroxids erscheint. Der Bereich der α-Form der festen Lsg. ist der größere u. erstreckt sich bis zu 2,5% H_2O.
H. Fries. 275□

Beryllium. Karel Vetejška und Jan Mazaček. (Chemie [Praha] **10**, 975—85, Dez. 1958; Praha, Ústav pro výzkum rud; tschech.) — Übersicht: Vork.; physikal. u. chem. Eigg.; Darst. des Elements u. seiner Verbb.; Verwendung.
A. Blaschette. 281□

Einige neue Betrachtungen zur Chemie und Biochemie des Berylliums. J. Schubert. (Успехи Химии [Fortschr. Chem.] **30**, 550—60, April 1961; russ. — C. **1962**, 3749).
E. Klever. 281□

Physikalisch-chemische Faktoren bei der Hydrothermalsynthese von Giobertit, $MgCO_3$, aus Magnesiumhydrogencarbonatlösungen. Guy Baron und Jean Wyart. (C. R. hebd. Séances Acad. Sci. **247**, 485—87, 28/7. 1958; franz.) — Verss. zur Darst. von Magnesit (Giobertit) aus $Mg(HCO_3)_2$-Lsgg. nach dem Hydrothermal-Verf. ergaben, daß nur bei den höchsten CO_2-Partialdrücken (ca. 5 kg/cm² Ausgangsdruck) Magnesit entsteht. Bei niedrigeren CO_2-Drücken entstanden Gemische von Magnesit u. Hydromagnesit bzw. Hydromagnesit u. Brucit.
F. Haenschke. 282□

Herstellung von aktivem Magnesiumoxid durch thermische Zersetzung. R. I. Razouk und R. Sh. Mikhail. (Egypt. J. Chem. **2**, 207—15, 1959; Cairo, Ain Shams Univ., Fac. of Sci., Dep. of Chem.; engl.) — Vff. untersuchten die therm. Zers. von $Mg(OH)_2$ u. $MgCO_3$ zur Herst. von akt. MgO u. legten die optimale Temp. u. Zers.-Dauer im Vakuum u. unter Luft-Einfl. fest. MgO mit maximaler Aktivität wurde durch Zers. von Brucit, gefälltem $Mg(OH)_2$ u. gefälltem $MgCO_3$ im Vakuum bei 350° bzw. aus Magnesit bei 650° dargestellt. Die Größe der Oberfläche des MgO hängt stark von den Zers.-Bedingungen ab.
K. Ohls. 282□

Differentialthermoanalyse von Magnesiumchloridhydraten. W. K. Behl und Harish C. Gaur. (Proc. nat. Inst. Sci. India, Part A **27**, 33—37, 26/1. 1961; Delhi, Univ., Dep. of Chem.; engl.) — Durch DTA wurde die therm. Dehydratisierung von $MgCl_2 \cdot 6\,H_2O$ (I) u. $MgCl_2 \cdot NH_4Cl \cdot 6\,H_2O$ (II) untersucht; die entstandenen Phasen wurden chem. identifiziert. I dehydratisiert nach I $\xrightarrow{70^0}$ $MgCl_2 \cdot 4\,H_2O$ $\xrightarrow{100^0}$ $MgCl_2 \cdot 2\,H_2O$ (fest) $\xrightarrow{116^0}$ $MgCl_2 \cdot 2\,H_2O$ (fl.) $\xrightarrow{150^0}$ $MgCl_2 \cdot H_2O$ (fest) ($+ H_2O_{flüss.}$ $\xrightarrow{196^0}$ $H_2O_{gasf.}$) $\xrightarrow{236^0}$ $MgCl_2 + H_2O_{gasf.}$ II nach II $\xrightarrow{96^0}$ Tetrahydrat $\xrightarrow{140^0}$ Dihydrat $\xrightarrow{162^0}$ wasserfreies Doppelsalz, das bei 236° unter Sublimation des NH_4Cl in wasserfreies $MgCl_2$ übergeht. Auf dieser Basis wurde eine Meth. zur Darst. von wasserfreiem $MgCl_2$ ausgearbeitet.
G. G. Fricke. 282□

Die Darstellung von synthetischem Dolomit. W. L. Medlin. (Amer. Mineralogist **44**, 979—86, Sept./Okt. 1959; Dallas, Tex., Magnolia Petroleum Co., Field Res. Labor.; engl.) — Die Darst. von reinem Dolomit (I) in 5—10%ig. Ausbeute aus Lsgg. von $MgCl_2$, $CaCl_2$ u. Harnstoff bei 220° ± 10° im Autoklaven (2—60 at) wird mitgeteilt. Im Temp.-Bereich 120—200° wurde bas. Mg-Carbonat ($5\,MgO \cdot 4\,CO_2 \cdot 5\,H_2O$) bei 120—150° auch Aragonit, bei >250° wurden Mischungen von Calcit u. Magnesit u. bei 200—250° Fällungs-

Prodd. gebildet, die Dolomit, Magnesit, Calcit u. bas. Mg-Carbonat enthielten. Die Ggw. von NaCl oder auch einiger anderer Salze in der Lsg. vergrößern den Temp.-Bereich, in dem I ausgefällt wird, wobei die Salz-Konz. die relativen Mengen an Calcit, Magnesit, Dolomit usw. in den Fällungs-Prodd. beeinflußt; dieser Einfl. beruht wahrscheinlich auf den Änderungen der Aktivitäten der verschiedenen Carbonate in der Lösung. Der pH-Wert der Mutterlauge beträgt bei normalen Temp.- u. Druckbedingungen 6,7—7,5. U. Skurnia. 283□

Zur Chemie und Konstitution borsaurer Salze. 1. Mitt. Die Hydrogenmonoborate des Calciums. Hans-Albert Lehmann, Armin Zielfelder und Günther Herzog. (Wiss. Z. Techn. Hochschule Chem. Leuna-Merseburg **1**, 49—53, 1958/59; Leuna-Merseburg, TH für Chem., Inst. für Anorgan. Chem.; dt.) — Inhaltlich ident. mit der C. **1958**, 14259 referierten Arbeit. H. Essler. 283□

Die Cadmium–Cadmiumhalogenid-Systeme. L. E. Topol und A. L. Landis. (J. Amer. chem. Soc. **82**, 6291—96, 20/12. 1960; Canoga Park, Calif., North Amer. Aviat., Inc., Atomics Internat.; engl.) — Das Löslichkeits-Verh. von Cd in geschmolzenem $CdCl_2$, $CdBr_2$ u. CdJ_2 wurde bis zu Geh. von 30 Mol.-% Cd u. bis zu 1000° durch DTA-Messungen u. nach Dekantations-Meth. untersucht. Die Monotektika der 3 Syst. wurden zu 13,7 (Mol.-% Cd) bei 537°, 14,1 bei 536° u. 2,5 bei 383° bestimmt. Die Cd-Löslichkeit nimmt vom $CdBr_2$ über $CdCl_2$ zum CdJ_2 ab. Die ermittelten Gefrierpunktserniedrigungen machen das Vorhandensein von Cd_4X_6 oder von Cd_3X_4 in $CdCl_2$ u. $CdBr_2$ wahrscheinlich. H.-J. Hartmann. 289□

Eine Gruppe komplexer Halogenmetallverbindungen. A. G. Galinos. (J. inorg. nuclear Chem. **19**, 69—72, Sept. 1961; University Heights, N.Y., Dep. of Chem. and Chem. Engng.; engl.) — Vf. stellte Komplex-Verbb. des Typs $H[CdHal_3]\cdot 2$ Py, $H[ZnHal_3]\cdot 3$ Py $H[SbHal_4]\cdot 2$ Py (Hal = Halogen, Py = Pyridin) durch tropfenweise Zugabe von Py zu den Ätheraten der Halogenometallsäuren dar. Durch Erhitzen der erhaltenen Substanzen (Tieftemp.-Formen, TF) über den F. wurden Komplexe erhalten, deren FF. höher lagen (Hochtemp.-Formen, HF). Nachst. Verbb. wurden dargestellt: *$H[SbCl_4]\cdot 2$ Py*, F. (TF) 164°, F. (HT) 182°; *$H[SbBr_4]\cdot 2$ Py*, F. 205°, 226°; *$H[SbCl_3Br]\cdot 2$ Py*, F. 220°, 226°; *$H[SbBr_3Cl]\cdot 2$ Py*, F. 182°, 209°; *$H[SbJ_3Br]\cdot 2$ Py*, F. 155°, 205°; *$H[CdCl_3]\cdot 2$ Py*, F. 102°, 280°; *$H[CdBr_3]\cdot 2$ Py* (I), F. 105°, 235°; *$H[CdCl_2Br]\cdot 2$ Py* (II), F. 155°, 222°; *$H[CdBr_2Cl]\cdot 2$ Py*, F. 110°, 236°; *$H[CdJ_2Cl]\cdot 2$ Py*, F. 115°, 238°; *$H[CdJ_2Br]\cdot 2$ Py*, F. 100°, 226°; *$H[ZnCl_3]\cdot 3$ Py*, F. 145°, 160°; *$H[ZnBr_3]\cdot 3$ Py*, F. 109°, 158°; *$H[ZnCl_2Br]\cdot 3$ Py* (III), F. 114°, 142°; *$H[ZnBr_2Cl]\cdot 3$ Py*, F. 125°, 165°. Die IR-Spektren der TF deuten auf die Lage des Py außerhalb des Komplexes, die der HF auf die Existenz verschieden gebundener Py-Moll. innerhalb u. außerhalb der Koordinationssphäre der Metalle. Es wird angenommen, daß das H^+-Ion eine Brücke zwischen den N-Atomen der Py-Moll. bildet. Die Röntgenpulveraufnahmen der Verbb. I, II u. III zeigen, daß die HF u. TF getrennte Phasen bilden. Durch $AgClO_4$ wird sowohl innerhalb als auch außerhalb des Komplexes gebundenes Halogen ausgefällt. D. Hoene. 289□

Umsetzung von Aluminium mit Kryolith–Tonerde-Schmelzen. W. P. Maschowetz und R. W. Swoboda. (Журнал Прикладной Химии [J. angew. Chem.] **32**, 2157—64, Okt. 1959; russ.) — Vgl. C. **1959**, 8466; C. **1958**, 12312, 13449. — Durch thermodynam. Berechnungen einer Reihe möglicher Rkk. wird nachgewiesen, daß eine Umsetzung von Al u. Kryolith sehr unwahrscheinlich ist. Eine Red. von überschüssigem NaF in „alkal." Schmelzen zu *Na* u. die Red. von überschüssigem AlF_3 in „sauren" Schmelzen zu *AlF* ist bemerkbar. Die Unters. der Rkk. in einer Sinterkorund-App. bestätigte, daß die Red. von NaF nur im „alkal." Bereiche erfolgt, während die Red. von AlF_3 zu AlF sowohl im „sauren" als auch im „alkal." Bereiche stattfindet; jedoch sinkt die Intensität dieser Rk. mit dem Ansteigen des Mol-Verhältnisses NaF : AlF_3. Unterss. in einer Graphit-App. zeigten, daß die Ggw. von Graphit stimulierend auf die Red. von Na wirkt; die Red. erfolgt dabei in den „sauren" Schmelzen. Der Einfl. von Graphit erklärt sich dadurch, daß er das ausscheidende Na bindet. H. Treumann. 294□

Katalytische Wirkung von Wasser bei chemischen Reaktionen zwischen Oxiden bei hohen Temperaturen. A. I. Leonow. (Известия Академии Наук СССР, Отделение Химических Наук [Nachr. Akad. Wiss. UdSSR, Abt. chem. Wiss.] **1961**, 1411—16, Aug.; Akad. der Wiss. der UdSSR, Inst. für Silicatchem.; russ.) — Vf. untersucht die katalyt. Wrkg. von Wasserdampf auf die Rkk. von *MgO*, *CaO*, *GaO* u. *ZnO* mit *Al_2O_3*, auf die Rk. von CaO mit *Quarz* (Bergkristall) u. amorphem SiO_2, sowie auf die Kristallisation von Al_2O_3 u. die Sinterung von SiO_2 u. MgO. Die Rkk. werden z. T. in Abhängigkeit von Zeit u. Temp., in allen Fällen im Vakuum u. in Abhängigkeit vom H_2O-Partialdruck in O_2 untersucht. Mit zunehmendem H_2O-Partialdruck tritt eine Erhöhung des Umsatzes auf. Die Umsetzungen wurden chem. u. röntgenograph. verfolgt. Bei der Rk. zwischen CaO u. Al_2O_3 bilden sich im Vakuum u. in trockenem Sauerstoff: *$3\,CaO\cdot Al_2O_3$*

u. *$CaO \cdot Al_2O_3$*, in geringerer Menge auch *$5\,CaO \cdot 3\,Al_2O_3$*. Im H_2O-haltigen O_2 treten neben $CaO \cdot Al_2O_3$ als vorherrschende Phase $5\,CaO \cdot 3\,Al_2O_3$ u. in geringer Menge $3\,CaO \cdot Al_2O_3$ auf. Aus dem Vgl. der Rkk. von CaO mit Quarz oder amorpher Kieselsäure ergibt sich, daß der katalyt. Einfl. von H_2O mit zunehmender spezif. Oberfläche des Oxids steigt. Der Vgl. der Röntgenaufnahmen von auf 950° erhitztem Al_2O_3 zeigt, daß sich in trockenem O_2 (p_{H_2O} = 0,1 mm Hg) γ-Al_2O_3 (Tieftemp.-Form) bildet, während in feuchtem O_2 (p_{H_2O} = 17,5 mm Hg) $\varkappa$- u. γ-Al_2O_3 (Hochtemp.-Form) auftreten. Die Brechungsindices sind 1,638 u. 1,678. Wasserdampf beeinflußt ebenfalls die Sinterung von O_2 u. MgO. Die Ergebnisse werden durch Adsorption u. Bldg. aktiverter Übergangszustände gedeutet. D. Hoene. 294□

Zur Theorie der Sulfatmethode der Verarbeitung von Spodumen. W. Je. Pljuschtschew. (Журнал Прикладной Химии [J. angew. Chem.] **33**, 3—9, Jan. 1960; Moskau, Lomonossow-Inst. für chem. Technol.; russ.) — Bei der Unters. der Umsetzung von Spodumen (I) mit Na_2SO_4 bei Temp. von 700—1100° wurde festgestellt, daß **I** bei 900° (Phasenumwandlung) aufgeschlossen wird. Eine weitere Steigerung der Temp. bis auf 1100° erhöht die Extraktion des Li aus **I**, die Erhöhung ist aber wesentlich geringer als bei einer Umsetzung mit K_2SO_4. Das Ergebnis der Rk. von **I** mit Na_2SO_4 ist die Bldg. einer beweglichen Schmelze der Sulfate u. einer zähen zusammengeschmolzenen Masse. Erstere erstarrt beim Abkühlen zu einer spröden Salzmasse (Li_2SO_4, Na_2SO_4), letztere zu einem harten glasartigen Prod., das fast die Hälfte des im Ausgangsmaterial befindlichen Li in ungelöster Form enthält. Durch opt. u. Röntgenanalyse wird bewiesen, daß **I** in der Na_2SO_4-Schmelze bei 1100° unter Ausscheidung von Al_2O_3 u. SiO_2 zerfällt. H. Treumann. 294□

Konduktometrische Untersuchung der Reaktion zwischen Aluminiumnitrat und Alkali. B. R. Guha und B. P. Gyani. (J. Indian chem. Soc. **37**, 785—88, Dez. 1960; Patna, Sci. Coll., Chem. Dep.; engl.) — Konduktometr. Unterss. der Rkk. zwischen $Al \cdot (NO_3)_3$ u. NaOH sowie NH_4OH werden durchgeführt. $Al(NO_3)_3$ wird deshalb verwendet, weil das NO_3-Ion wenig zur Komplex-Bldg. u. Adsorption neigt. Aus den Ergebnissen ist ersichtlich, daß die Zus. der gebildeten Verbb. vom pH-Wert u. von der Ionen-Konz. abhängt. Unter bestimmten Bedingungen entstehen reines Na_2HAlO_3, $Al(OH)_3$ u. fast reines $NaAlO_2$. W. Dietzel. 294□

Ein neuer Typ eines Aluminiumhydridadduktes. J. M. Davidson und Thomas Wartik. (J. Amer. chem. Soc. **82**, 5506, 20/10. 1960; University Park, Pa., Pennsylvania State Univ., Dep. of Chem.; engl.) — Ein Addukt (I) aus AlH_3 u. N.N.N'.N'-Tetramethyläthylendiamin (II) wird beim Behandeln von $LiAlH_4$ mit einem Überschuß an **II**·HCl oder durch Rk. von Bis-[trimethylamin]-aluminiumhydrid mit einem **II**-Überschuß bei Raum-Temp. erhalten. Aus Dampfdruckmessungen geht hervor, daß **I** als dimer anzusehen ist. Für **I** wird die Struktur **I** mit wahrscheinlich oktaedr. Koordination um die Al-Atome vorgeschlagen. **I** zersetzt sich nicht bei 24std. Erhitzen auf 143°, ist also therm. stabiler als die bisher bekannten AlH_3-Addukte. Die IR-Spektren von **I** u. von $AlH_3 \cdot 2\,N(CH_3)_3$ zeigen bei 5,90 μ ident. Al-H-Valenzschwingungen, weshalb auf verwandte Strukturen in beiden Verbb. geschlossen wird.

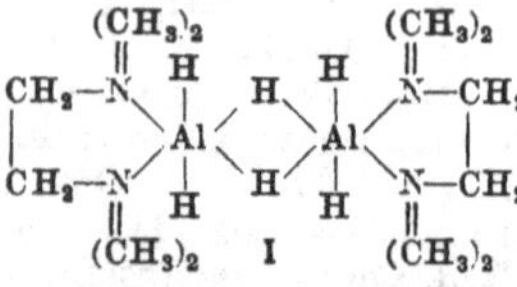
I

H. J. Hartmann. 294□

Komplexverbindungen von Galliumhalogeniden mit o-Phenanthrolin. B. N. Iwanow-Emin, L. A. Nisselsson, Ja. I. Rabowik und L. Je. Larionowa. (Журнал Неорганической Химии [J. anorg. Chem.] **6**, 1142—46, Mai 1961; russ.) — Wie In bilden die Halogenide des Ga mit o-Phenanthrolin (Phen) stabile Komplexe. Sie werden in äther. Lsg. aus den Komponenten erhalten. Die Verbb. *$GaCl_3 \cdot 2$ Phen*, *$GaBr_3 \cdot 3$ Phen*, *$GaJ_3 \cdot 3$ Phen* erleiden in H_2O kaum Hydrolyse. Aus einer Lsg. von $GaJ_3 \cdot 3$ Phen in wenig W. kann man nach dem Erhitzen *$GaJ_3 \cdot 2$ Phen* isolieren. Durch Umkristallisieren von $GaCl_3 \cdot 2$ Phen u. $GaBr_3 \cdot 3$ Phen entstehen *$GaCl_3 \cdot 2$ Phen$\cdot 2\,H_2O$* bzw. *$GaBr_3 \cdot 2$ Phen*. Bei 180—220° schmelzen die Verbb. unter Zersetzung. Aus einer Lsg. von $GaCl_3$ u. o-Phenanthrolin in W. fällt KJ $GaJ_3 \cdot 3$ Phen als orangefarbenes Pulver aus. Eberhard Fischer. 295□

Darstellung und Eigenschaften einiger Borate der Seltenerdmetalle. E. J. Felten. (J. inorg. nuclear Chem. **19**, 61—64, Sept. 1961; Cincinnati, Ohio, Gen. Electr. Co., Aircraft Nucl. Propulsion Dep.; engl.) — Borate der Seltenerdmetalle des ABO_3-Typs wurden durch Rk. der entsprechenden Oxide in äquimol. Mengen zwischen 1200 u. 1400° an der Luft dargestellt. Die Borate von Y u. der Lanthaniden mit kleinem Ionenradius sind mit Vaterit isotyp. Gitterparameter (Å): *YBO_3* (a =) $3{,}77_8$; (c =) $8{,}81_4$; *$SmBO_3$* $3{,}86_2$; $8{,}97_8$; *$EuBO_3$* $3{,}84_2$; $8{,}93_7$; *$GdBO_3$* $3{,}83_9$; $8{,}90_6$; *$DyBO_3$* $3{,}79_3$;

8,84₇; *HoBO₃* 3,78₄; 8,83₆; *ErBO₃* 3,76₇; 8,80₇; *TmBO₃* 3,75₃; 8,78₉; *YbBO₃* 3,73₅; 8,74₇; *LuBO₃* 3,72₇; 8,72₂. Die *Borate von La, Pr, Nd* scheinen andere Phasen zu bilden, $LaBO_3$ krist. im Aragonitgitter. Die aus den Gitterparametern berechneten $\sin^2 \Theta$-Werte stehen in guter Übereinstimmung mit den experimentell bestimmten. Die Zellparameter u. die Größe der Ionen nehmen gleichzeitig mit zunehmender Ordnungszahl ab. Die untersuchten Borate sind bis 1400° stabil u. eignen sich für Anwendungen bei hohen Temperaturen. D. Hoene. 303□

Thermolyse von Metallalkoxiden. 1. Mitt. Thermische Beständigkeit einiger Zirkoniumalkoxide. D. C. Bradley und M. M. Faktor. (J. appl. Chem. **9,** 435—39, Aug. 1959; London, Birkbeck Coll.; engl.) — Zwecks Unters. der Trennungsmöglichkeit von Hf u. Zr durch fraktionierte Dest. ihrer Alkoxide wird in einer näher beschriebenen Glas-App. bei konst. Druck u. verschiedenen Temp. die therm. Beständigkeit von *Zr(OR)₄*, R = *Äthyl* (**I**), *Isopropyl* (**II**), *tert.-Butyl* (**III**) u. *tert.-Pentyl* (**IV**) untersucht. Die Reihenfolge der therm. Beständigkeit ist: **I** $\gg$ **II** $>$ **III** $\sim$ **IV**. **IV** ist bei 220° u. 760 Torr unbegrenzt, bei 250° u. 175 Torr 30 Std. lang u. unter besonderen Bedingungen bei 320° u. 760 Torr 6 Std. lang beständig. Die Zers. zeigt eine Induktionsperiode u. wird durch O_2, den tert. Alkohol u. die Zers.-Prodd. merklich beschleunigt. Bei den Zers.-Prodd. handelt es sich um eine Mischung von Olefin u. tert. Alkohol ($\sim$ äquimol.) u. einen Festkörper der Zus. $Zr_2O_3(OC_5H_{11})_2$ bis ZrO_2. Die Beständigkeit von **III** (250°, 750 Torr, 70 Std.) wird durch O_2 erniedrigt; die Zers.-Prodd. entsprechen denen von **IV**. Unter besonderen Bedingungen ist somit die fraktionierte Dest. bei Atmosphärendruck bei **III** u. bei Drücken $<$175 Torr bei **IV** anwendbar. U. Skurnia. 322□

Untersuchungen über den isohydrischen Punkt. 18. Mitt. Das isohydrische Polygermanat $K_2Ge_5O_{11}\cdot aq$. Irreversible Umwandlungen der aus wässeriger Lösung gefällten festen Phase (Elektrometrie, Thermogravimetrie, Röntgenuntersuchung). G. Carpéni, Y. Hamann, J. Haladjian und G. Périnet. (Bull. Soc. chim. France **1960,** 1903—09, Nov./Dez. Marseille, Fac. des Sci., Labor. de Chim. Min.; franz.) — 17. vgl. C. **1961,** 15317. — Das bei 20° durch direkte Fällung aus wss. Lsg. bei verschiedenen pH-Werten u. KCl-Konzz. erhaltene Germanat wird als isohydr. Salz, $K_2Ge_5O_{11}\cdot aq$ (**I**), bestätigt (vgl. Carpéni, Bull. Soc. chim. France **1948,** 629). Dieser Nd. ist amorph, wandelt sich aber in der Mutterlauge spontan u. irreversibel durch Kationenaustausch in ein kristallines zeolith. Prod. um: **I** + $H_2O \rightarrow K_2H_2Ge_4O_{10} + GeO_2$ oder 7 **I** + KOH $\rightarrow$ 5 $K_3HGe_7O_{16}$. Diese Rk. erfolgt bes. rasch oberhalb des isohydr. pH-Werts (ca. 9) u. bei erhöhter Temperatur. Die entstehenden Hydrogengermanate sind röntgenograph. gleichwertig, doch besitzen sie je nach Ausmaß des zeolith. Ionenaustauschs unterschiedliche K/Ge-Verhältnisse. Sie sind ident. mit den von Nowotny u. Wittmann (C. **1957,** 7301) beschriebenen Salzen. A. Blaschette. 326□

Untersuchungen über den isohydrischen Punkt. 19. Mitt. Die hydratisierten Germanium(IV)-oxide $GeO_2\cdot x\,H_2O\cdot aq$ (Darstellung, Thermogravimetrie, Röntgenuntersuchung). A. Piétri, J. Haladjian, G. Périnet und G. Carpéni. (Bull. Soc. chim. France **1960,** 1909—14, Nov./Dez.; franz.) — 18. vgl. vorst. Referat. — Hydratisierte Ge(IV)-Oxide mit unterschiedlichem Wasser-Geh. (0,7—5,0 Gew.-%) werden durch langsames oder schnelles Eindampfen, durch Einfrieren oder durch Fällen mit konz. HNO_3 aus GeO_2-Lsgg. u. Trocknen im Vakuum über $CaCl_2$ oder KOH erhalten. Alle Prodd. besitzen das hexagonale Kristallgitter des sog. lösl. GeO_2. Es bleibt auch bei erhöhter Temp. erhalten. Das Hydratationswasser wird z. T. bereits bei 100—120°, z. T. erst bei 200—900° abgegeben, entsprechend der Formel $GeO_2\cdot x\,H_2O\cdot aq$ ($x \leq 0{,}2$). Das mit „x H_2O" bezeichnete W. ist fest u. irreversibel gebunden u. wird als Konstitutionswasser eines Hydrats 5 $GeO_2\cdot H_2O$ bzw. $H_2Ge_5O_{11}$ (**I**) angesehen. Der Teil „aq" ist locker u. reversibel gebunden (Ad- oder Absorptionswasser). Die untersuchten Präpp. erscheinen somit als Gemische von wasserfreiem GeO_2 mit **I**, die außerdem wechselnde Mengen adsorbierten W. enthalten. A. Blaschette. 326□

Darstellung von metallischem Zink und Zinn hoher Reinheit. Konrad Ogiołda. (Chem. analit. [Warszawa] **4,** 756—57, 1959; Gliwice, Politechn. Śląska, Zakł. Chem. nieorgan.; pol.) — Sn u. Zn werden in sehr reiner Form durch Elektrolyse von $SnCl_2$ bzw. $ZnSO_4$ an spektralreinen Kohleelektroden erhalten. Die Salze werden vorher durch Kristallisation, Extraktion mit organ. Lsgm. bzw. durch Dest. u. Fällung von Verunreinigungen befreit. Das so erhaltene Zn enthält spektroskop. gerade noch nachweisbar Cu, Mg u. Si, das Sn außerdem noch Ca. F. Urban. 327□

Triäthylbleioxid. Ju. A. Alexandrow, T. G. Brilkina und W. A. Schuschunow. (Доклады Академии Наук СССР [Ber. Akad. Wiss. UdSSR] **136,** 89—92, 1/1. 1961; Gorki, Lobatschewski-Univ., Wiss. Forsch.-Inst. für Chem.; russ.) — *Triäthyl-*

bleioxid $[(C_2H_5)_3Pb]_2O$ (**I**) entsteht als Zwischenprod. bei der Oxydation von Hexaäthylblei (**II**) mit O_2. Die Induktionsperiode dieser Rk. kann stark verkürzt werden, wenn zur **II**-Lsg. etwas **I** zugegeben wird. — Darst. von **I**: Zusetzen von metall. Na, das vorher mit n-Nonan behandelt wurde, zu abs. Bzl., Zugeben von Triäthylbleihydroxid (**III**) im Unterschuß, Filtrieren nach 2—3 Std. u. Abdestillieren des Bzl. im Vakuum; leicht bewegliche, gelbgrüne, stark riechende Fl., die bei Raum-Temp. zu **III** hydrolysiert. — Aus Alkoholen u. tert. Alkyl- u. Aralkylhydroperoxiden können analog die Oxid- bzw. Peroxid-Derivv. dargestellt werden. Diese Rkk. verlaufen mit großer Geschw., sie werden daher bei tiefer Temp. (—10 bis 0°) in einer Hexan-Lsg. geringer Anfangs-Konz. der reagierenden Stoffe unter Luftausschluß durchgeführt. Weiterhin wurde die Rk. von **I** mit Methanol (**IV**), A., Benzylalkohol, Dimethylphenylcarbinol, tert.-Butylhydroperoxid (**V**) u. α-Cumolhydroperoxid (**VI**) untersucht. Bei allen Rkk. entstand **III** mit einer Ausbeute von 95—100% der Theorie, das durch seine Unlöslichkeit in KW-Stoffen leicht abgetrennt werden kann. Außerdem wurden bei Verw. von A., **V**, **VI** u. **IV** folgende Verbb. erhalten: $(C_2H_5)_3PbOC_2H_5$, farblose Kristalle, F. 20°; $(C_2H_5)_3PbO_2C(CH_3)_3$, goldgelbe Fl.; $(C_2H_5)_3PbOC(CH_3)_2C_6H_5$, gelbgrüne Fl.; $(C_2H_5)_3PbOCH_3$, gelbliche Kristalle, Zers.-Punkt 60—70°; $(C_2H_5)_3PbO_2C(CH_3)_2C_6H_5$, goldgelbe Flüssigkeit. Alle erhaltenen Peroxid- u. Oxid-Verbb. sind unbeständig u. zersetzen sich bei Raumtemperatur. **I** reagiert bei Raum-Temp. heftig mit Aceton unter Bldg. von **III**, bei Acetonüberschuß entsteht Mesityloxid. Entsprechend verläuft die Rk. mit Acetaldehyd. Bei der Zers. von Triäthylbleioxid entsteht $(C_2H_5)_4Pb$, C_2H_6, C_2H_4 u. $(C_2H_5)_xPbO$.

G. Engelhardt. 328□

Triphenylphosphoniumcyclopentadienylid-Metall-Komplexe. E. W. Abel, Apar Singh und G. Wilkinson. (Chem. and Ind. **1959**, 1067, 22/8.; London, Imp. Coll., Inorg. Chem. Res. Labor.; engl.) — Durch Rk. von Triphenylphosphoniumcyclopentadienylid (**I**) mit $Cr(CO)_6$, $Mo(CO)_6$ u. $W(CO)_6$ in sd. Äthylenglykoldimethyläther werden in ca. 60%ig. Ausbeuten **I**-*Metalltricarbonyl-Komplexe* als gelbe Kristalle aus Chlf./PAe. erhalten, z. B. $(C_6H_5)_3PC_5H_4Mo(CO)_3$. Sie sind in Chlf. leicht, in Bzl. schwer u. in W. unlöslich. Der Metalltricarbonylrest ist an den Fünfring gebunden (Nachw. durch Best. der kernmagnet. Resonanz).

L. Lamza. 337

Photolytische Abtrennung des Urans vom Vanadin. I. B. Mishra, Balaram Sahoo und D. Patnaik. (J. Indian chem. Soc. **37**, 753—54, Dez. 1960; Cuttack, Ravenshaw Coll., Dep. of Chem.; engl.) — Durch Photo-Red. von U(VI)-Sulfat zu U(IV)-Sulfat gelingt die Abtrennung vom Vanadin. Lsgg., die Uranylsulfat, Vanadylsulfat oder Ammoniumvanadat im wechselnden Verhältnis enthalten, werden mit verschiedenen Mengen A. (dient als Red.- u. Fällungsmittel) sowie HCOOH (dient zur Erzeugung eines bestimmten pH-Wertes u. als Red.-Mittel) vermischt u. während verschiedener Zeiten dem Sonnenlicht ausgesetzt. Dabei scheidet sich $UOSO_4 \cdot 3{,}3\ H_2O$ ab, dessen Ausbeute u. Reinheit variiert. Maximal wird eine ca. 96%ig. Abscheidung des U aus einer Lsg. mit 60% A. bei einem pH-Wert zwischen 2,1 u. 2,3 erreicht. Diese Meth. kann auch zur Abtrennung des U von anderen Elementen z. B. Seltenerdmetallen u. Th,, angewandt werden.

W. Dietzel. 339□

Acidokomplexverbindungen von Cer(IV) und Uran(IV). W. A. Golownja, L. A. Posspelowa und G. T. Bolotowa. (Журнал Неорганической Химии [J. anorg. Chem.] **5**, 2204—10, Okt. 1960; Kurnakow-Inst. für allg. u. anorg. Chem. der Akad. der Wiss. der UdSSR; russ.) — Ohne nähere Vers.-Angaben wird die Bldg. von folgenden Carbonatokomplexen bei pH 9—10 angegeben: $(CN_3H_6)_4[Ce(CO_3)_4(H_2O)_2] \cdot 4\,H_2O$, $(CN_3H_6)_2(NH_4)_2[Ce(CO_3)_4(H_2O)_2]$, $K_6[Ce(CO_3)_5H_2O] \cdot H_2O$, $[Co(NH_3)_6]_2[Ce(CO_3)_5 \cdot H_2O] \cdot n\,H_2O$, $(CN_3H_6)_6[Ce(CO_3)_5H_2O] \cdot n\,H_2O$, $(NH_4)_2[Co(NH_3)_6]_2[Ce(CO_3)_6] \cdot H_2O$, $(CN_3H_6)_4 \cdot [U(CO_3)_4(H_2O)_2] \cdot 2\,H_2O$, $[Co(NH_3)_6]_2[U(CO_3)_5H_2O] \cdot n\,H_2O$, $(CN_3H_6)_4(NH_4)_2[U(CO_3)_5H_2O] \cdot n\,H_2O$, $Na_6[U(CO_3)_5H_2O] \cdot 11\,H_2O$. Die Carbonatokomplexe werden mit den Sulfatokomplexen verglichen. Die Acidokomplex-Verbb. des Ce u. U bilden eine Reihe von Verbb. mit steigendem Verhältnis Zentralion zu Substituent beginnend mit 1 : 2 bis 1 : 6, wobei auch die Verhältnisse 1 : 1,5, 1 : 2,5, 1 : 3,5 u. 1 : 4,5 auftreten (zweikernige Komplexe). Hierbei spielt das H_2O-Mol. die Rolle eines gleichberechtigten Substituenten. Die Koordinationszahl des Ce u. U ist in allen Verbb. gleich 8. Die Substituenten (SO_4^{2-}, CO_3^{2-}) können zwei oder auch eine Koordinationsstelle besetzen, beim CO_3^{2-} sogar in derselben Verbindung. Die Annahme der Ungleichwertigkeit der Bindungen der Substituenten wird experimentell durch die Gewinnung gemischter Acidokomplexe bestätigt.

W. Büttner. 339□

Anwendung der „dead-stop"-Titrationsmethode zur Untersuchung von Uran(VI)-Komplexen. P. N. Palei und N. I. Udalzowa. (Журнал Неорганической Химии [J. anorg. Chem.] **5**, 2211—15, Okt. 1960; russ.) — Die „dead stop"-Titration von Komplexon III mit $(UO_2)(NO_3)_2$ bei pH 3,5—5 u. einer Spannung von 0,4—0,5 V wies zwei neue Verbb. aus: $UO_2^{2+}:H_2Y^{2-} = 1:4$ u. 1 : 2 (Y^{4-} = Äthylendiamintetraacetat) neben den zwei bekannten ($UO_2:H_2Y^{2-} = 1:1$ u. 2 : 1). Alle vier Verbb. wurden isoliert u. thermogravimetr. untersucht. Die analyt. Zus. der Verbb. ist: *$Na_2UO_2(H_3Y)_4$, $(NH_4)_2 \cdot UO_2(H_2Y)_2$, $(NH_4)_2UO_2Y(H_2O)_2$* u. *$(UO_2)_2Y \cdot 3\,H_2O$*. Es wurde nur für $Na_2(UO_2)(H_3Y)_4$ röntgenograph. eine kristalline Struktur gefunden. W. Büttner. 339□

Verbindungen des Uranyls mit Trihydroxyglutarsäure. W. P. Markow und S. M. Alichanowa. (Журнал Неорганической Химии [J. anorg. Chem.] **6**, 1066—73, Mai 1961; russ.) — Durch Leitfähigkeits- u. pH-Messungen wurde ermittelt, daß in wss. Lsg. 5 Verbb. des Uranyls mit Trihydroxyglutarsäure (I) existieren. Die Verbb. haben ein Verhältnis U : $C_5H_8O_7$ wie 1 : 3, 1 : 2, 1 : 1, 2 : 1. Im festen Zustand gibt es nur Verbb., die ein Glutarsäureanion enthalten. Die Vielzahl der möglichen Verbb. erklärt sich durch die hohe Funktionalität der Trihydroxyglutarsäure. Mit steigendem pH-Wert wird H der Hydroxylgruppen ersetzt. Die Substitution in den Carboxylgruppen mit Schwermetallen schwächt die Bindung H—O— in den Hydroxylgruppen.

Versuche: *$UO_2C_5H_6O_7 \cdot 1{,}5\,H_2O$*, a) durch Zusetzen von **I** zu gesätt. $UO_2(NO_3)_2$-Lsg. (**I** : U = 2 : 1), Filtrieren u. 2tägiges Stehen; b) durch Kochen von UO_3-Suspension bis zum Farbumschlag nach Gelb, Dekantieren, Lösen des Nd. in **I** (U : **I** = 1 : 3) u. Stehen an der Luft. — *$(UO_2)_2C_5H_4O_7 \cdot 4\,H_2O$*, aus $UO_2(NO_3)_2$ u. **I** durch Zusetzen von 2 (Teilen) A. u. 5 Diäthyläther. — *$(UO_2)_2(C_5H_6O_7)(HSO_4)_2 \cdot 2\,H_2O$*, aus UO_2SO_4 u. **I**, Zusetzen von A. u. Ae. u. Rühren des Öles unter Aceton. — *$NH_4(UO_2)_2C_5H_3O_7 \cdot 3\,H_2O$*, durch Zusatz von Ammoniak zu einer Lsg. von $UO_2(NO_3)_2$ u. **I** bis zur Erreichung des pH-Wertes 2 2—3 Std. nach der Lsg. von $UO_2(NO_3)_2$ u. **I**; gelb. — *$K(UO_2)_2C_5H_3O_7 \cdot 3\,H_2O$*, analog Vorst. mit KOH (KOH : U = 1—2 : 1). — *$Ba[(UO_2)_2C_5H_3O_7]_2 \cdot 12\,H_2O$*, analog Vorst. mit $Ba(OH)_2$. — *$K_2UO_2C_5H_4O_7 \cdot 4\,H_2O$*, durch Zusetzen von $UO_2(NO_3)_2$ zu einer Lsg. von **I** u. KOH (**I** : KOH = 2 : 3 bis 2 : 4), Behandeln der Lsg. vom pH 9—10 mit A. u. Ae., Filtrieren, Waschen mit Ae. u. Trocknen über H_2SO_4. — *$(NH_4)_2UO_2C_5H_4O_7 \cdot 2\,H_2O$*, aus gesätt. Lsg. von $UO_2(NO_3)_2$ u. **I** in 5% ig. Ammoniak u. Ausfällen mit A.-Ae.; gelb. Eberhard Fischer. 339□

Uranylinnerkomplexverbindungen mit 8-Hydroxychinolinderivaten vom Typ der Mannich-Basen. W. W. Selenzow, Je. P. Trailina, Ju. W. Gluschko, I. A. Ssawitsch und Wikt. I. Spitzyn. (Журнал Неорганической Химии [J. anorg. Chem.] **6**, 1063—65, Mai 1961; russ.) — Durch Umsetzen von Uranylacetat mit den entsprechenden Mannich-Basen (Derivv. des 7-Anilinomethyl-8-hydroxychinolins) im Molverhältnis 1 : 3 in A.-Dioxan, Eindunsten im Vakuum, Filtrieren, Waschen mit wenig A. u. Trocknen bei 60—70° wurden folgende U(VI)-Verbb. erhalten: *Uranyl-7-[ω-(m-nitroanilino)-benzyl]-*, F. 200° (Zers.); dunkelrot; $1{,}8 \cdot 10^{-5}$ (Löslichkeit in W. bei 25° in Mol/Liter). *Uranyl-7-[ω-(p-nitroanilino)-benzyl]-*, F. 255° (Zers.); dunkelrot; $2{,}7 \cdot 10^{-5}$. *Uranyl-7-[ω-(p-carboxyanilino)-benzyl]-*, F. 236° (Zers.); zimtrot; $2{,}2 \cdot 10^{-5}$. *Uranyl-7-[ω-(m-nitroanilino)-furyl]-*, F. 168° (Zers.); zimtrot; $3{,}6 \cdot 10^{-5}$. *Uranyl-7-[ω-(o-nitroanilino)-furyl]-8-hydroxychinolat*, F. 179° (Zers.); dunkelrot; $4{,}3 \cdot 10^{-5}$.
Eberhard Fischer. 339□

Komplexverbindungen von Neptunium(V) in Oxal- und Äthylendiamintetraessigsäurelösungen. Ju. A. Solotow, I. N. Marow und A. I. Mosskwin. (Журнал Неорганической Химии [J. anorg. Chem.] **6**, 1055—62, Mai 1961; Vernadsky-Inst. für Geochem. u. anal. Chem. der Akad. der Wiss. der UdSSR; russ.) —Aus der Ae.-Lsg. wird ^{239}Np mit 0,1 Mol Hydraziniumnitrat in 0,1n HNO_3 extrahiert. Dabei geht das Np als Np(V) in die H_2O-Phase. Danach wird 3—4mal mit α-Nitroso-β-naphthol in n-Butanol ausgeschüttelt. Letzte Extraktion mit 0,5n $HClO_4$. Das in die wss. Phase gelangte freie α-Nitroso-β-naphthol wird mit CCl_4 oder Chlf. abgetrennt. Aus der wss. Lsg. konnte dann *NpO_2ClO_4* hergestellt werden. Durch Ionenaustausch wurde die Komplex-Bldg. von NpO_2^+ mit Oxalsäure u. Äthylendiamintetraessigsäure (H_4TE) untersucht. In Ggw. von Oxalsäure bilden sich im Bereich von pH 1,6—5 die Komplexe *$NpO_2HC_2O_4$, $[NpO_2C_2O_4]^-$* u. *$[NpO_2(C_2O_4)_2]^{3-}$* mit den Stabilitäts-Konst. $5{,}0 \cdot 10^2$, $1{,}1 \cdot 10^4$ u. $2{,}3 \cdot 10^7$. In Ggw. von TE^{4-} ist der Komplex *$[NpO_2(TE)]^{3-}$* im pH-Bereich 5,3—5,6 stabil. Seine Stabilitäts-Konst. beträgt $(4{,}9 \pm 1{,}1) \cdot 10^9$. Eberhard Fischer. 342□

Komplexe Sulfate von Plutonium(IV) und Alkalimetallen. L. W. Lipiss, B. G. Posharski, M. Je. Posharskaja und W. W. Fomin. (Журнал Неорганической Химии [J. anorg. Chem.] **5**, 2190—2203, Okt. 1960; russ.) — Durch Zusetzen einer konz. Alkalisufat-Lsg. zu einer Lsg. von Pu-Sulfat (3,6—8 mg Pu/ml) in 1n H_2SO_4 u. 12std. Stehen wurden erhalten: *$Na_6Pu(SO_4)_5 \cdot H_2O$, $(NH_4)_6Pu(SO_4)_5 \cdot (2-4)\,H_2O$, $K_4Pu(SO_4)_4 \cdot 2\,H_2O$, $Rb_4Pu(SO_4)_4$* u. *$Cs_4Pu(SO_4)_4$*. Ihre Eigg. u. Löslichkeit in H_2SO_4 u. HNO_3 werden untersucht. Die Absorptionsspektren der Komplexe bei — 195,8° sind untereinander verschieden u. unterscheiden sich auch vom Spektrum des $Pu(SO_4)_2$. Einige gemeinsame Linien finden sich in den Spektren der Na- u. NH_4-Komplexe sowie in den Spektren der K-, Rb- u. Cs-Komplexe. Die Isolierung des reinen Li-Komplexes gelang nicht, jedoch weisen spektroskop. Unterss. des stark $LiSO_4$-haltigen Nd. auf einen Komplex mit mindestens 6 Sulfatgruppen hin. W. Büttner. 343 □

Herstellung von kompaktem Eisen(II)-oxid durch Sinterung. Gérard Vagnard und Jack Manenc. (C. R. hebd. Séances Acad. Sci. **254**, 1983—85, 12/3. 1962; Saint-Germain-en-Laye, Seine-et-Oise, Inst. de Rech. de la Sidérurg.; franz.) — Reines FeO wird in einigen Std. bei 800° aus Preßlingen von Fe_2O_3- u. Fe-Pulver erhalten. Durch mehrstd. Sintern bei 1080° u. 10^{-2}Torr entstehen Proben mit einem Porositätsgrad von mehr als 10%. Analoge Behandlung unter Druck (220 kg/cm²; 15 Std.) liefert Präpp. mit einer Porosität <1%; sie bestehen aus Körnern von ca. 35 μ Durchmesser. Ohne Druckanwendung werden Korngrößen von ca. 1 μ erhalten. A. Blaschette. 354 □

Der Einfluß der Alkali- und Erdalkalimetallcarbonate auf die Reduktion von Eisenoxiden durch Graphit. M. G. Shurawlewa, G. I. Tschufarow und L. G. Chromych. (Доклады Академии Наук СССР [Ber. Akad. Wiss. UdSSR] **135**, 385—88, 11/11. 1960; Ural-Zweigstelle der Akad. der Wiss. der UdSSR, Inst. für Metallurgie; russ.) — Vgl. C. **1960, 17386**. — Der Einfl. der Carbonate von *Li, K, Rb, Cs* u. *Sr* auf die Red. von *Magnetit* u. *Wüstit* durch Graphit im Vakuum bei 990° wurde untersucht. Die Salze der Alkalimetalle (außer Li) beschleunigen die Red., wobei die Beschleunigung vom K zu Cs zunimmt. $SrCO_3$ zeigt eine beschleunigende Wrkg. hauptsächlich bei der Red. des Wüstits zum Metall. Der Einfl. der untersuchten Salze wird der Einw. ihrer Kationen auf den Elektronenzustand der Fe-Oxide zugeschrieben. H. Jäger. 354 □

Phasenbeziehungen im System Fe_2O_3–Fe_3O_4–$YFeO_3$ in Luft. H. J. van Hook. (J. Amer. ceram. Soc. **44**, 208—14, 1/5. 1961; Waltham, Mass., Raytheon Co., Res. Div.; engl.) — Messungen zur Feststellung der Koexistenz von Fl. u. krist. Phasen in Abhängigkeit von der Temp. u. der tern. Zus. wurden isobar an der Luft im Syst. Fe_2O_3–Fe_3O_4–$YFeO_3$ durchgeführt. Bes. wurden der Stabilitätsbereich u. die Grenz-Zus. des Y–Fe-Granats berücksichtigt. Die Phasengleichgewichts-Beziehungen wurden durch Abschrecken, verbunden mit Messungen der Gew.-Verluste bei der Rk.-Temp., bestimmt. Der Schnittpunkt der Luftisobaren mit der tern. univarianten Grenzkurve für die Koexistenz von Magnetit, Granat u. der fl. Phasen liegt bei der Zus. $Y_{0,27}Fe_{1,73}O_{2,87}$ u. der Temp. 1469 $\pm$ 2° (eutekt. Punkt). Ein weiterer Schnittpunkt der Luftisobaren mit der Grenzkurve für die Koexistenz von Granat, Orthoferrit u. der fl. Phasen liegt bei 1555 $\pm$ 3° u. $Y_{0.44}Fe_{1.56}O_{2.89}$ (peritekt. Rk.). Der aus der Fl. auskrist. Y–Fe-Granat enthält bei 0,5% Eisenoxid im Überschuß zu der stöchiometr. Formel in der Form der Anfangs-Zus. 37,5 Mol-% Y_2O_3 u. 62,5 Mol-% Fe_2O_3. Ab 1470° enthält die Granatphase im Gleichgewicht mit oxid. Fl. 2 Mol-% FeO in fester Lösung. H. Oppermann. 354 □

Einige Hydridokomplexe von Eisen(II). J. Chatt und R. G. Hayter. (J. chem. Soc. [London] **1961**, 5507—11, Dez.; Welwyn, Herts., ICI Ltd., Heavy Org. Chem. Div., Akers Res. Labor.; engl.) — Vff. beschreiben die Darst. von Komplexen aus ditert. Phosphinen u. $FeCl_3$ u. $FeCl_2$ der Zus. $[FeCl_2(DP)_2][FeCl_4]$ u. $[FeCl_2(DP)_2]$ mit DP = $C_2H_4[P(CH_3)_2]_2$ (DPm), $C_2H_4[P(C_2H_5)_2]_2$ bzw. o-$C_6H_4[P(C_2H_5)_2]_2$ (**I**; DPo). Mit den Liganden $(CH_2)_n[P(C_6H_5)_2]_2$ (n = 1 oder 2) entstanden nur schlecht definierte u. leicht dissoziierende Komplexe. Die stabilen, krist., in polaren organ. Lsgm. ionisierten, in W. u. KW-Stoffen unlösl. $FeCl_3$-Komplexe reagieren in Tetrahydrofuran (THF) mit $LiAlH_4$ unter beträchtlicher Zers.; nur aus $[FeCl_2(DPo)_2][FeCl_4]$ wird wenig trans-$[FeH_2(DPo)_2]$ (**II**) gebildet. Die krist., in nichtpolaren Lsgm. lösl. $[FeCl_2(DP)_2]$-Komplexe besitzen trans-Konfiguration, ebenso alle durch Red. aus ihnen entstehenden Hydridochlorokomplexe, z. B. $[FeHCl(DPm)_2]$ u. Dihydridokomplexe, z. B. **II**. Die Hydridokomplexe zeigen zwischen 1720—1880 cm^{-1} eine Bande, die ν_{Fe-H} zugeordnet wird; die chem. Verschiebung der H-Atome am Fe im KMR-Spektrum beträgt bis zu 39,1 ppm (H_2O-Standard). Die Hydride werden an Luft leicht oxydiert. Ihre beträchtliche therm. Stabilität wird mit der der entsprechenden Ru- u. Os-Komplexe verglichen. **II** entsteht auch bei der Rk. von **I** mit feinverteiltem Fe unter H_2.

Versuche: *Dichlorodi-[o-phenylen-bis-(diäthylphosphin)]-eisen(III)-tetrachloroferrat(III)*, $C_{28}H_{48}Cl_6Fe_2P_4$ (**III**), F. 150—165° (Zers.), 0,475 g **I** in 10 ml Bzl. mit 0,294 g $FeCl_3$ in 10 ml A. vermischen; dunkelgrüner Nd., mit Bzl. waschen; aus Aceton schwarze, nach Zerstoßen dunkelgrüne, stäbchenförmige Kristalle; 66% (Ausbeute). — *Dichlorodi-[1.2-bis-(diäthylphosphin)-äthan]-eisen(III)-tetrachloroferrat(III)*, $C_{20}H_{48}Cl_6Fe_2P_4$, F. 148,5 bis 149,5°; dunkelrote Nadeln aus A.; analog **III**; 85%. — *Dichlorodi-[1.2-bis-(dimethylphosphin)-äthan]-eisen(III)-tetrachloroferrat(III)*, $C_{12}H_{32}Cl_6Fe_2P_4$, F. 236—236,5°; pur-

purrote Nadeln aus A.; analog **III**; 76%. — *trans-Dichlorodi-[o-phenylen-bis-(diäthylphosphin)]-eisen(II)* (**IV**), $C_{28}H_{48}Cl_2FeP_4$, F. 190—194° (Zers.), 0,40 g $FeCl_2 \cdot 4\,H_2O$ in 24 Std. durch azeotrope Dest. mit Bzl. entwässern, $FeCl_2$ löst sich in 1 Std. in 1,03 g **I**; Lsgm. abdest. (12 Torr) u. Rückstand aus Bzl. umkrist.; grüne Stäbchen; 60%. — *trans-Dichlorodi-[1.2-bis-(diäthylphosphin)-äthan]-eisen(II)*, $C_{20}H_{48}Cl_2FeP_4$ (**V**), F. 168 bis 171,5° (Zers.), analog **IV**; grüne Nadeln aus PAe.; 72%. — *trans-Dichlorodi-[1.2-bis-(dimethylphosphin)-äthan]-eisen(II)*, $C_{12}H_{32}Cl_2FeP_4$, F. 255—270° (Zers.); smaragdgrüne Prismen aus Bzl.-PAe. (1 : 1); 60%. — *trans-Dihydridodi-[o-phenylen-bis-(diäthylphosphin)]-eisen(II)* (**II**), $C_{28}H_{50}FeP_4$, F. 248—254° (Zers.), a) eine Suspension von 0,50 g **IV** in 15 ml THF mit einer Lsg. von $LiAlH_4$ in THF reduzieren, 10 Min. lang am Rückfluß erwärmen, abkühlen, im N_2-Strom Lsgm. entfernen, Rückstand aus PAe. umkrist.; orangerote Prismen; 70%; b) durch analoge Red. von **III**; 5%. — *trans-Hydridochlorodi-[o-phenylen-bis-(diäthylphosphin)]-eisen(II)*, $C_{28}H_{49}ClFeP_4$, F. 214—218°, 0,15 g **II** in 10 ml Bzl. ergeben mit 1 Val HCl in 1,5 ml Ae. 0,16 g weißen Nd., im Vakuum erhitzen ergibt irreversible Farbänderungen nach orange (80°), rot (150°) u. schwarz (200°); in sd. Aceton oder A. zu roter Lsg. auflösen, Lsgm. entfernen u. Rückstand aus PAe. umkrist.; Nadeln; 32%. — *trans-Hydridochloro-[1.2-bis-(diäthylphosphin)-äthan]-eisen(II)* (**VI**), $C_{20}H_{49}ClFeP_4$, F. 154,5—155,5° (Zers.), 1,0 g **V** in 20 ml THF mit $LiAlH_4$ in THF reduzieren, A. bis zur Beendigung des Aufschäumens zugeben, im N_2-Strom Lsgm. entfernen, Rückstand aus PAe. umkrist.; rote Nadeln; 83%. — *trans-Hydridochlorodi-[1.2-bis-(dimethylphosphin)-äthan]-eisen(II)*, $C_{12}H_{33}ClFeP_4$, F. 180° (Zers.), analog vorst. Verb.; rote, federförmige Nadeln aus PAe.; 55%. — *trans-Hydridojododi-[1.2-bis-(diäthylphosphin)-äthan]-eisen(II)*, $C_{20}H_{49}FeJP_4$, F. 173° (Zers.), aus 0,20 g **VI** in 10 ml Aceton u. 0,20 g NaJ in 5 ml Aceton; weißer Nd.; 10 Min. lang Schütteln u. Erwärmen, Filtrieren, Eindampfen u. Rückstand aus PAe. umkrist.; rotbraune Stäbchen; 65%.

F. Huber. 354□

Die Darstellung, Strukturen und Infrarotspektren von Salzen des Hexafluorocobaltat(III)-Anions. M. D. Meyers und F. A. Cotton. (J. Amer. chem. Soc. **82,** 5027—30, 5/10. 1960; Cambridge, Mass., MIT, Dep. of Chem.; engl.) — Die Meth. der Fluorierung von Hexacyanocobaltaten(III) mit F_2 bei ca. 200—300° nach Klemm u. Huss (Z. anorg. allg. Chem. **258,** [1949], 221) wird eingehend beschrieben. Nach dem Verf. werden $K_2Na[CoF_6]$ (**I**), $K_3[CoF_6]$ (**II**), $Na_3[CoF_6]$ (**III**), $Li_3[CoF_6]$ u. $Ba_3[CoF_6]_2$ dargestellt. Debyeogramme u. IR-Spektren dieser Verbb. werden aufgenommen u. im Vgl. mit denen der entsprechenden AlF_6^{3-}- u. SiF_6^{2-}-Verbb. u. mit den Ergebnissen anderer Autoren diskutiert. Vff. weisen nach, daß nur **I** als kub. aufzufassen ist, bei den übrigen nimmt in der angegebenen Reihenfolge der kub. Charakter des Gitters ab (**II** leicht tetragonal, **III** monoklin) u. damit wahrscheinlich die Verzerrung der CoF_6-Oktaeder zu.

H.-J. Hartmann. 355□

Eine allgemeine Synthese für Kobalt(III)-Komplexe; ein neues Zwischenprodukt, $Na_3[Co(CO_3)_3] \cdot 3\,H_2O$. H. F. Bauer und W. C. Drinkard. (J. Amer. chem. Soc. **82,** 5031—32, 5/10. 1960; Los Angeles, Calif., Univ. of California, Dep. of Chem.; engl.) — Die Darst. von *Natrium-tris-[carbonato]-cobaltat(III)-trihydrat* (**I**) wird beschrieben. Für **I** werden die Formulierungen als Carbonato-Komplex, $Na_3[Co(CO_3)_3] \cdot 3\,H_2O$, u. als Hydrogencarbonatohydroxo-Komplex, $Na_3[Co(HCO_3)_3(OH)_3]$, diskutiert. Neben Tris-[äthylendiamin]-kobalt(III)-chlorid, Tris-[acetylacetonato]-kobalt(III) u. Tris-[benzoylacetonato]-kobalt(III) werden durch Verw. von **I** erstmalig *Tris-[1.3-diamino-2-propanol]-kobalt(III)-nitrat*, *Natrium-tris-[mercaptoacetato]-cobaltat(III)*, *Tris-[o-aminophenolato]-kobalt(III)*, *Tris-[äthylendiamin]-kobalt(III)-tris-[salicylato]-cobaltat(III)* u. *Natrium-tris-[äthylen-1.2-dithiolato]-cobaltat(III)* erhalten.

Versuche: *Natrium-tris-[carbonato]-cobaltat(III)-trihydrat* (**I**), durch Zutropfen einer Lsg. (50 ml) von 29,1 g $Co(NO_3)_2 \cdot 6\,H_2O$ u. 10 ml H_2O_2 (30%ig.) zu einer kalten Aufschlämmung von 42 g $NaHCO_3$ in 50 ml W.; 1std. Stehenlassen bei 0°, Abfiltrieren u. Waschen mit wenig W., A. u. Ae.; olivgrün, schwerlösl. in W.; 92% (Ausbeute). — *Tris-[1.3-diamino-2-propanol]-kobalt(III)-nitrat*, $[Co(C_3H_{10}N_2O)_3](NO_3)_3$, Zers. bei 122 bis 124°, durch langsames Zugeben von 25 ml einer wss. Lsg. von 3,0 g 1.3-Diamino-2-propanol u. 4,5 ml 70%ig. HNO_3 zu 3,6 g **I**, 30 Min. Erwärmen auf dem Wasserbad u. Einengen im Vakuum; tiefrosa; 79%. — *Tris-[o-aminophenolato]-kobalt(III)-1.5-Wasser*, Zers. bei 208—211°, aus 3,6 g **I** in 30 ml A. u. 4,4 g o-Aminophenolhydrochlorid durch Erhitzen am Rückfluß (1 Std.), Abfiltrieren des NaCl, Einengen u. Umkristallisieren des braunen Prod. aus A.-W.-Gemisch; 88%. — *Natrium-tris-[mercaptoacetato]-cobaltat(III)*, Zers. bei 262°, aus 2,8 g Mercaptoessigsäure in 50 ml W. u. 3,6 g **I** in W. durch Zusammengeben, Erwärmen auf dem Wasserbad (30 Min.); dunkelgrüne Substanz; 85%. — *Tris-[äthylendiamin]-kobalt(III)-tris-[salicylato]-cobaltat(III)*, $[Co(C_2H_8N_2)_3][Co(C_7H_4O_3)_3]$,

Zers. bei 223—229°, aus 4,3 g Salicylsäure u. 4,2 g Tris-[äthylendiamin]-kobalt(III)-nitrat in 500 ml W. durch langsames Zugeben von 3,6 g I unter Rühren, Erhitzen zum Sieden, Filtrieren u. Einengen im Vakuum; rosa-beigefarben; 15%. — *Natrium-tris-[äthylen-1.2-dithiolato]-cobaltat(III)-2-Wasser*, aus einer Lsg. von 3,1 g Äthylendimercaptan u. 3,6 g I unter Rühren (schwarzer Nd.), Abfiltrieren nach 30 Min., Erwärmen, Waschen, Trocknen bei 110°; 95%. H.-J. Hartmann. 355□

Salze des cis-Diaquodiphenanthrolincobalt(III). A. W. Ablow und D. M. Palade. (Журнал Неорганической Химии [J. anorg. Chem.] **6**, 1110—14, Mai 1961; Chem. Inst. der Moldauer Filiale der Akad. der Wiss. der UdSSR; russ.) — Es wurden neue cis-Diaquodiphenanthrolin-Co(III)-Salze isoliert. Sie sind stärker sauer als die cis-Diaquoäthylendiamin-Co(III)-Salze. Von den Ionen $[Cophen_2(H_2O)_2]^{3+}$, $[Cophen_2(H_2O)OH]^{2+}$, $[Cophen_2(OH)_2]^+$ wurden die Absorptionsspektren aufgenommen. Die Dissoziations-Konst. $K_1 = [H^+][Cophen_2H_2O(OH)^{2+}]/[Cophen_2(H_2O)_3{}^{3+}]$ ist $3{,}5 \cdot 10^{-5}$ u. $K_2 = [H^+][Cophen_2(OH)_2{}^+]/[Cophen_2H_2O(OH)^{2+}]$ ist $1{,}7 \cdot 10^{-7}$.

Versuche: *$[Cophen_2(H_2O)_2]Cl_3 \cdot 5\,H_2O$*, durch Verrühren von 2 g $[Cophen_2Cl_2]Cl \cdot 3\,H_2O$ (I) mit feuchten Ag_2O (aus 2,5 g $AgNO_3$ u. Lauge), Zusetzen von 15—20 ml W., Filtrieren nach 20—30 Min., Kühlen auf 0°, Zusetzen von konz. HCl bis zur sauren Rk. u. Verdünnen mit A.-Ae.; ziegelrote rechteckige Blättchen; 2,0 g (Ausbeute). — *$[Cophen_2(H_2O)_2]Br_3 \cdot 4\,H_2O$*, analog Vorst. aus I u. Ag_2O u. Versetzen des Filtrates mit HBr; ziegelrote kleine Prismen; 2,1 g. — *$[Cophen_2(H_2O)_2]_2(SO_4)_3 \cdot 15\,H_2O$*, analog Vorst. aus 2 g I u. Ag_2O u. konz. H_2SO_4; orangefarben; 1,7 g. — *$[Cophen_2(H_2O)_2](ClO_4)_3 \cdot 4\,H_2O$*, analog Vorst. aus I u. Ag_2O u. $HClO_4$; ziegelrot; 75—80%. Verliert an der Luft Kristallwasser. Eberhard Fischer. 355□

Darstellung von Kupfer(I)-chlorid. E. C. Stathis. (Chem. and Ind. **1958**, 633, 24/5. 1958; Athens, Greece, Univ., Dep. of Chem.; engl.) — Cu_2Cl_2 wird durch Red. einer wss. $CuCl_2$-Lsg. mit wss. Ascorbinsäure, Waschen des Nd. mit Eisessig u. Trocknen bei 100° (30 Min.) in 85%ig. Ausbeute erhalten. A. Blaschette. 358□

Organische Metallkomplexsalze. 3. Mitt. **Über die Kupferkomplexsalze der Salicylaldehydacylhydrazone.** Hiroshi Ohta. (Bull. chem. Soc. Japan **33**, 202—05, Febr. 1960; Hakozaki, Fukuoka, Kyushu Univ., Nat. Fac., Chem. Inst.; dt.) — 2. vgl. C. **1961**, 1139. — In üblicher Darstellungsweise wurden aus Salicylaldehyd u. einer Reihe von Fettsäurehydraziden die Hydrazone als weiße, krist., in A. u. anderen Lsgm. leicht lösl. Verbb. erhalten. Ihnen werden chemotherapeut. (tuberkulostat.) Eigg. zugeschrieben. Mit ammoniakal. Cu^{2+}-Lsg. geben sie hell- bzw. dunkelgrüne Cu-Komplexe, die in einigen Fällen 1 Mol NH_3 enthalten, das sie beim Erhitzen im Vakuum unter Farbvertiefung wieder abgeben. Soweit sie campherlösl. sind, konnten die Cu-Komplexe durch Molgew.-Best. als dimere Verbb. charakterisiert werden. Es wird für sie eine Struktur mit je einer Bindung des Cu^{2+} an den Säure- u. den phenol. Hydroxylsauerstoff u. einer koordinativen Cu—N-Bindung diskutiert u. eine Vermittlung des dimeren Zusammenhalts über die freien koordinativen Cu-Valenzen angenommen.

Versuche: Durch Rk. zwischen Salicylaldehyd u. dem Säurehydrazid in A. wurden dargestellt: *Salicylaldehydacetylhydrazon*, $C_9H_{10}N_2O_2$, F. 201—202°; *-n-butyrylhydrazon*, $C_{11}H_{14}N_2O_2$, F. 138—139°; *-n-valerylhydrazon*, $C_{12}H_{16}N_2O_2$, F. 140—141°; *-n-capronylhydrazon*, $C_{13}H_{18}N_2O_2$, F. 123—124°; *-n-caprylylhydrazon*, $C_{15}H_{22}N_2O_2$, F. 104—105°; *-n-caprinylhydrazon*, $C_{17}H_{26}N_2O_2$, F. 101—102°; *-phenoxyacetylhydrazon*, $C_{15}H_{14}N_2O_3$, F. 171—172°. — Die Komplexe *N-Salicyliden-N'-acylhydrazinatokupfer(II)* wurden aus den Hydrazonen u. Cu-Acetat durch Einengen der Lsgg. in wss.-alkohol. NH_3 als dunkelgrüne bzw. hellgrüne (NH_3-haltige) Nadeln erhalten: *(Acyl=)formyl-*, $C_8H_6CuN_2O_2$; *-acetyl-*, $C_9H_8CuN_2O_2$; *-propionyl-*, $C_{10}H_{10}CuN_2O_2$; *-butyryl-*, $C_{11}H_{12}CuN_2O_2 \cdot 1/2\,H_2O$; *-n-valeryl-*, $C_{12}H_{14}CuN_2O_2$; *-isovaleryl-*, $C_{12}H_{14}CuN_2O_2$; *-n-capronyl-*, $C_{13}H_{16}CuN_2O_2 \cdot 1/2\,H_2O$; *-n-caprylyl-*, $C_{15}H_{20}CuN_2O_2$; *-n-caprinyl-*, $C_{17}H_{24}CuN_2O_2$; *N-Salicyliden-N'-n-palmitylhydrazinatoamminkupfer(II)-monohydrat*, $C_{23}H_{36}CuN_2O_2 \cdot NH_3 \cdot H_2O$; daraus der NH_3- u. H_2O-freie Komplex durch 1 std. Erhitzen unter vermindertem Druck (25 mm) auf 110°; *N-Salicyliden-N'-phenylacetylhydrazinatoamminkupfer(II)-monohydrat*, $C_{15}H_{12}CuN_2O_2 \cdot NH_3 \cdot H_2O$ u. das NH_3- u. H_2O-freie Salz; *N-Salicyliden-N'-phenoxyacetylhydrazinatoamminkupfer(II)*, $C_{15}H_{12}CuN_2O_3 \cdot NH_3$ (verliert auch bei 140° kein NH_3).
W. Betcke. 358□

Elektrometrische Untersuchungen über Silberarsenite. Ram Sahai Saxena und C. S. Bhatnagar. (J. inorg. nuclear Chem. **12**, 38—44, 1959; Kota, Rajasthan, India, Governm. Coll., Chem. Labor.; engl.) — Durch potentiometr. Titration einer $AgNO_3$-Lsg. (pH 6,6) mit $NaAsO_2$-Lsgg. verschiedener Alkalität (pH 9,85, 11,25 u. 12,28) u. umgekehrt (bei Konzz. zwischen 0,1- u. 0,00125n) wurde die Existenz nachst. Verbb. nachgewiesen: *$Ag_2O \cdot As_2O_3$, $2\,Ag_2O \cdot As_2O_3$* u. *$3\,Ag_2O \cdot As_2O_3$* (gelber Nd.).
W. Betcke. 359□

Chlororuthenium(III)-Komplexe: $RuCl_2^+$. Robert E. Connick und Dwight A. Fine. (J. Amer. chem. Soc. **83,** 4187—91, 20/8. 1960; Berkeley, Calif., Univ. of California, Dep. of Chem.; Lawrence Radiat. Labor.; engl.) — Ru(III) bildet in wss. Lsgg. eine Reihe von Chlorokomplexen, die im sich langsam einstellenden Gleichgewicht stehen. Neben bereits nachgewiesenem $RuCl^{2+}$ (vgl. Cady u. Connick, C. **1958,** 11757) werden 2 weitere Kationenkomplexe an Kationenaustauschern abgetrennt, ihre Ladung wird durch Elutionsmessungen mit Ca-Chloracetat–Chloressigsäure-Puffer (pH ca. 2,75) bestimmt. Die Anzahl der Cl-Ionen pro Metallatom wird durch direkte Analyse ermittelt; Lichtabsorptionsspektren beider Komplexe werden aufgenommen. Auf Grund der Ergebnisse wird festgestellt, daß diesen Komplexen die Zus. $RuCl_2^+$ zukommt, es handelt sich wahrscheinlich um die cis- u. trans-Isomeren von $[Ru(H_2O)_4Cl_2]^+$.
H.-J. Hartmann. 363□

Guanylalkylharnstoffe und ihre Metall-Komplexe. 5. Mitt. **Palladiumkomplexe.** R. L. Dutta, Bimanesh Sur und Nihar Ranjan Sengupta. (J. Indian chem. Soc. **37,** 565—68, Sept. 1960; Calcutta, Indian Assoc. for the Cult. of Sci., Inorg. Chem. Labor.; engl.) — 4. vgl. J. Indian chem. Soc. **37,** [1960], 499; 1. vgl. C. **1962,** 7853; 3. vgl. C. **1962,** 6333; 6. vgl. C. **1962,** 18763. — Die Pd(II)-Komplexe einer Reihe von Guanylalkylharnstoffen (Alkyl = Methyl, Äthyl-, n-Butyl, Isobutyl, Isoamyl u. n-Hexyl) werden beschrieben. Die Komplexbasen sind bis auf die sehr leicht lösl. u. nicht rein darstellbare Methyl-Verb. in W. unlösl.; die Salze bilden im allg. seidige, gelblichweiße Niederschläge. Alle Verbb. sind diamagnet., was eine ebene Struktur mit d s p^2-Hybridbindungen nahelegt. Die Thiocyanate erleiden in saurer Lsg. eine Umlagerung zu $[Pd(SCN)_4]^{2-}$-Salzen der Komplexbasen. In zwei Fällen wurde die Äquivalentleitfähigkeit (Λ_∞) gemessen.

Versuche: *Bis-[guanylmethylharnstoff]-palladium(II)-sulfat* (I), $[Pd(C_3H_8N_4O)_2]\cdot SO_4\cdot 2\,H_2O$, aus Na_2PdCl_4 u. Guanylmethylharnstoffsulfat aus wss. Lsg. in der Kälte. — *Chlorid* (II), $[Pd(C_3H_8N_4O)_2]Cl_2\cdot 2\,H_2O$, aus I u. $BaCl_2$; $\Lambda_\infty = 85{,}6$. — *Nitrat,* $[Pd\cdot(C_3H_8N_4O)_2](NO_3)_2\cdot 2{,}5\,H_2O$, aus II durch Umsatz mit KNO_3. — *Jodid,* $Pd[(C_3H_8N_4O)_2]J_2\cdot 2\,H_2O$, aus II u. KJ. — *Thiocyanat* (III), $[Pd(C_3H_8N_4O)_2](SCN)_2\cdot H_2O$, aus II u. KSCN. — $[Pd(C_3H_8N_4O)_2][Pd(SCN)_4]$, durch Umlagerung von III bei 1½ std. Behandeln in schwach salzsaurer Lsg. auf dem Wasserbad oder aus II u. $K_2Pd(SCN)_4$; rubinrote, seidige Kristalle. — *Komplex-Verb. zwischen Guanyläthylharnstoff u. Pd(II),* $Pd(C_4H_9N_4O)_2$, aus Guanyläthylharnstoffsulfat u. Na_2PdCl_4 durch Alkalischmachen mit NaOH; feiner, seidig-krist. Niederschlag. — Ebenso wie die entsprechenden Methyl-Verbb. werden erhalten: *Sulfat,* $[Pd(C_4H_{10}N_4O)_2]SO_4\cdot 3\,H_2O$. — *Nitrat,* $[Pd(C_4H_{10}N_4O)_2](NO_3)_2\cdot 0{,}5\,H_2O$. — *Chlorid,* $[Pd(C_4H_{10}N_4O)_2]Cl_2\cdot 2{,}5\,H_2O$; $\Lambda_\infty = 112{,}4$. — *Jodid,* $[Pd(C_4H_{10}N_4O)_2]J_2\cdot 2\,H_2O$. — *Thiocyanat,* $[Pd(C_4H_{10}N_4O)_2](SCN)_2\cdot H_2O$. — $[Pd(C_4H_{10}N_4O)_2][Pd(SCN)_4]$. — *Komplex-Verb. zwischen Guanyl-n-butylharnstoff u. Pd(II),* $[Pd(C_6H_{13}N_4O)_2]\cdot 0{,}5\,H_2O$, aus Guanyl-n-butylharnstoff u. Na_2PdCl_4 aus NaOH-alkal. Lösung. — *Chlorid,* $[Pd\cdot(C_6H_{14}N_4O)_2]Cl_2\cdot 2\,H_2O$, aus der Base durch Behandeln mit HCl. — *Sulfat,* $[Pd(C_6H_{14}N_4O)_2]SO_4\cdot 2\,H_2O$. — In analoger Weise wurden folgende Komplex-Verbb. zwischen Guanylalkylharnstoffen u. Pd(II) dargestellt: (Alkyl =) Isobutyl, $[Pd(C_6H_{13}N_4O)_2]$, Isoamyl, $[Pd(C_7H_{15}N_4O)_2]$, u. n-Hexyl, $[Pd(C_8H_{17}N_4O)_2]\cdot 0{,}5\,H_2O$.
W. Betcke. 365□

Umwandlung des cis-Diglycinatoplatin in das trans-Isomere. L. M. Wolstein, M. F. Mogilewkina und G. G. Motjagina. (Журнал Неорганической Химии [J. anorg. Chem.] **6,** 1105—09, Mai 1961; Dnepropetrowsk, Dsershinski-Inst. für chem. Technol.; russ.) — Beim Erhitzen wss. Lsgg. von cis-Diglycinatoplatin(II) auf 100° wandelt sich dieses in die trans-Form um. Durch Kochen mit konz. HCl werden die nichtcycl. *Diglycinplatin(II)-dichloride* erhalten. Das cis-Dichlorid ist in HCl lösl., während das trans-Dichlorid als gelber Nd. anfällt. In Abwesenheit freien Glycins (I, HGly) in der Lsg. findet keine Umlagerung statt. Sie nimmt mit der Zeit u. dem Geh. an I zu. I bewirkt in KOH-Lsg. Komplex-Bldg. zu $K_2[PtGly_4]$, das sich mit HCl zu $H_2[PtGly_4]$ umsetzt. ½ std. Erhitzen der komplexen Säure mit W. gibt mit 80%ig. Ausbeute cis-$PtGly_2$ u. nur 1% trans-$PtGly_2$.
Eberhard Fischer. 368□

A_9. Mineralogische und geologische Chemie

Vorläufige Angaben über die Verbreitung von Quecksilber in den Gesteinen des Nordkaukasus. G. D. Afanassjew und N. Ch. Aidinjan. (Известия Академии Наук СССР, Серия Геологическая [Nachr. Akad. Wiss. UdSSR, geol. Ser.] **26,** Nr. 7, 101—04, Juli 1961; Moskau, Inst. für Geol. der Erzlagerstätten, Petrograph., Mineralog. u. Geochem. der Akad. der Wiss. der UdSSR; russ.) — Werte über die Hg-Verteilung in Eruptivgesteinen verschiedenen Alters u. verschiedener Genese. Die mittleren Geh. sind: Ignimbrite 6,5($\cdot 10^{-6}$%) (oberes Pliozän); Trachyte vom Fluß Pschisch sowie Trachyttuffe (obere Kreide) 16; Gabbroide (Kreide) u. Quarzporphyre (Kreide) des Pschisch 12 bzw. 11, Porphyre (Trachyte) Tschereka Chulam (Kreide) 13; Na-Keratophyre (Kriwenowska, Kreide?) 10; Keratophyre vom Fluß Mara (Kreide) 13; eruptive Breccien des Kukai (Kreide?) 50; Sandsteine des Brecciengebietes vom Pschisch (Kreide–oberer Jura?) 11; in sek. Quarziten, paläozoischen Graniten, kaolinitisierten Schiefern, Syeniten, pyritführenden Gesteinen u. paläozoischen Schiefern liegen die Werte zwischen 4,0 u. 120. M. Hähnert. 378□

Uran in den Gesteinen der südwestlichen Ausläufer des nördlichen Tjan-Schan. W. I. Recharski und O. W. Krutetzkaja. (Известия Академии Наук СССР, Серия Геологическая [Nachr. Akad. Wiss. UdSSR, geol. Ser.] **26**, Nr. 7, 58—71, Juli 1961; russ.) — Die Verteilung des U in Proben der effusiv-sedimentären Suite (vom unterpaläozoisch-siluren bis paläogenen Alters), aber auch der kaledon. Intrusive u. 5 intrusiven Komplexen der varisk. Etappen magmat. Tätigkeit wird bestimmt. Die mittleren U-Geh. liegen bei (in g/t): 1. Sedimenten: Schiefer (kohlehaltig; SiO_2-reich) 10,7; organogene Kalke 3,1; Tone 3,0; Sandsteine 1,8; Aleurolithe 1,6; metamorphisierte Schiefer 1,0; Tuffkonglomerate 0,9; Kalke 0,9. 2. Effusiven Gesteinen: saure 1,9; mittlere 1,5.3. Intrusiven Gesteinen: saure 2,9; mittlere 2,0; bas. 1,4. Der mittlere Geh. an U für alle Gesteine liegt bei 2,1 g/t. Verhältnismäßig große Mengen an U findet man in jenen Gesteinen, wo hohe Geh. an C, P u. S registriert wurden. M. Hähnert. 378□

Die Verteilung der Spurenelemente in den gonditischen Manganerzen und ihre geochemische Bedeutung. Asoke Mookherjee. (Econ. Geol. **56**, 723—29, Juni/Juli 1961; Kharagpur, India, Indian Inst. of Technol.; engl.) — Die ind. Manganerze wurden auf ihren Geh. an P, Ba, Mg, Na, K, Ni, Co, Ti, S, As, Pt, Zn u. Cu untersucht. Die gondit. Erze zeigen eine Zunahme des P-Geh. mit dem Fe-Geh., außerdem ist stets mehr CaO als MgO vorhanden. Der Geh. an K_2O ist höher als der von Na_2O, ebenso ist der CoO-Geh. stets größer als der von NiO. BaO ist im *Hollandit* u. im *Psilometan* angereichert. Pb, Zn, Cu u. Ti sind in psilomelanreichen Erzen in höheren Konzz. als in psilomelanarmen vorhanden. Über die Verteilung von As u. S lassen sich keine Aussagen machen. Die genannten Spurenelemente wurden bei den Verwitterungsvorgängen von koll. $Mn(OH)_4$ adsorbiert, die Anionen SO_4^{2-}, AsO_4^{3-} u. PO_4^{3-} von den positiv geladenen $Fe(OH)_3$-Solen. Die Verwitterungs-Lsgg. müssen Fe, Mn, Si u. Al als koll. Oxide u. Hydroxide u. nicht in ionogener Lsg. enthalten haben. F. Ensslin. 378□

Bestimmung des absoluten Alters mit der Radiokohlenmethode (in Estland). A. A. Liwa. (Геохимия [Geochemie] **1961**, Nr. 8, 710—12; Tartu, Inst. für Zool. u. Botan. der EstnSSR; russ.) — Modifizierung der Scintillations-Meth. nach Pringle, Turchinetz u. Funt (C. **1957**, 1338) u. Anwendung auf die lokalen Bedingungen in Estland. H. Noack. 378

Das Alter der Guddapahs, Indien. R. D. Russell und W. F. Slawson. (Nature [London] **194**, 565—66, 12/5. 1962; Vancouver, Univ. of Brit. Columbia, Dep. of Phys.; engl.) — Das extrem niedrige $^{207}Pb/^{204}Pb$-Verhältnis von Bleiglanz der Guddapahs veranlaßte Vff., die Spektrogramme neuerlich auszuwerten u. zu korrigieren. Es ergab sich eine Abweichung von dem von Aswathanarayana (C. **1962**, 17689) angegebenem Wert von 3%. Ernst Schulte. 378□

Das Alter der Guddapahs, Indien. U. Aswathanarayana. (Nature [London] **194**, 566, 12/5. 1962; Waltair, Andhra Univ., Dep. of Geol.; engl.) — Vgl. vorst. Referat. — Vf. berücksichtigt die Korrektur des $^{207}Pb/^{204}Pb$-Verhältnisses durch Russel u. Slawson (vgl. l. c.). Das errechnete Alter des Bleiglanzes von Zangamrajupalle mit 1400 bis $1470 \cdot 10^6$ Jahren zeigt, daß die Guddapahs den Delhis (post-Delhi Pegmatite $735 \cdot 10^6$ Jahre) nicht zeitäquivalent sind. Die Guddapahs gehören wahrscheinlich zu der Endphase des Eastern-Ghats Cyclus ($1600 \cdot 10^6$ Jahre) oder zu der unmittelbar folgenden Periode. Ernst Schulte. 378□

Die Änderung der Zusammensetzung der Granate bei der Metamorphose der Eklogite des südlichen Urals. B. W. Tschessnokow. (Известия Академии Наук СССР, Серия Геологическая [Nachr. Akad. Wiss. UdSSR, geol. Ser.] **26**, Nr. 7, 40—48, Juli 1961; Swerdlowsk, Bergbauinst.; russ.) — Es werden die Granate aus Rutileklogiten des Südurals u. die Veränderung ihrer Zus. bei der regressiven Metamorphose der Eklogite betrachtet. Auf Grund der chem. Analyse werden Schlußfolgerungen über den Charakter der Stofftransporte bei der Metamorphose dieser Gesteine gezogen. M. Hähnert. 378□

Neue Varietät des schwarzen Calcits. E. G. Malchassjan. (Доклады Академии Наук Армянской ССР [Ber. Akad. Wiss. ArmenSSR] **26**, 297—301, 1958; Inst. für Geol. der Akad. der Wiss. der ArmenSSR; russ., Auszug: armen.) — Der schwarze Calcit bildet Adern bzw. Dajken mit einer Mächtigkeit von einigen Zentimetern bis zu

8—12 m, manchmal mit Einsprenkelungen von Sphalerit u. Chalkopyrit. Sein spezif. Gew. beträgt 2,92, er ist einachsig negativ, No = 1,683; Ne = 1,514. Die Spektralanalyse ergab Ca (>1%), Mn (bis 1%), Ba (bis 1%), Si, Al, Mg (<0,1%), Spuren von Cu, Fe, Pb, V. Mit der Erhöhung des Mn-Geh. vergrößert sich der Doppelbrechungswert. M. Gordienko. 380□

Untersuchungen an Opal, Chalcedon und Kieselgesteinen. O. W. Flörke. (Fortschr. Mineralog. **37,** 73—74, Juli 1959; Würzburg.) — Der Aufbau von Opalen u. mikrokristallinen Quarz-Vork. wurde mit einer evakuierbaren Guinier-Kamera untersucht. Opal-Vork. sind in den meisten Fällen bereits in mikrokristallinen Quarz umgewandelt. Die Vorstellung von Laves u. Braitzsch, daß die geregelten Vork. von mikrokristallinem Quarz in vielen Fällen paramorph nach entsprechend geregelten Vork. von Opal–Cristobalit sind, scheint bestätigt zu werden. H. Roschkowski. 380□

Eine Granodioritintrusion im Flysch der Insel Lemnos. Eleutheria Davis. (Praktika Akad. Athenon **33,** 39—43, 1 Tafel, 1958, herausgeg. 1959; dt.) — Die Granodioritintrusion fand nach der Ablagerung des Flysch im Eozän oder Oligozän statt. Er bildet ein holokristallines, hypidiomorph-körniges Gestein mit porphyr. Ausbildung am Kontakt mit den umliegenden Sedimenten. Durch lokale Einschmelzungen enthält der Granodiorit reichlich frische Epidotkristalle. Die Feldspateinsprenglinge zeigen eine zonare Struktur. Beschreibung der Mineralien u. Angabe von Analysen des Granodiorits. F. Ensslin. 385□

Eine Beschreibung des Meteoriten, der in der Nähe von Abee, Alberta, Canada, niederfiel. K. R. Dawson, J. A. Maxwell und D. E. Parsons. (Geochim. cosmochim. Acta [London] **21,** 127—44, 10 Tafeln, Dez. 1960; Geol. Surv. of Canada, Petrological Sci. Div.; Ottawa, Mines Branch, Phys. Metallurg. Div.; engl.) — Vff. untersuchten den am 9/6. 1952 gefallenen, 107 kg schweren Meteoriten der D. 3,5. Sie geben Mineral-Best. auf Grund chem. Analyse u. Röntgenbeugung, chem. u. spektrograph. Analyse, metallurg. Hitzebehandlungsdaten, Ätzverss. u. Mikrohärte-Best. an. Der Meteorit zeigt Brecciestruktur u. besteht hauptsächlich aus Enstatit u. Kamazit–Taenit mit wenig Troilit sowie Spuren von Oldhamit, Alabandin, α-Cristobalit u. Quarz. Die metallurg. Ni–Fe-Unters. des Meteoriten zeigte relativ grobe Kamazit–Cohenit-Körner mit begleitendem α-2-Fe, etwas δ-Fe sowie Martensitkörnern. K. Jaeger. 388□

Durch kosmische Strahlung entstandenes Mangan-53 in Eisenmeteoriten. J. P. Shedlovsky. (Geochim. cosmochim. Acta [London] **21,** 156—58, Dez. 1960; Pittsburgh, Pa., Gulf Res. and Dev. Co.; engl.) — Vf. trennte aus 3 Fe-Meteoriten das Mn ab u. bestimmte dessen Aktivität. Bei einer Verunreinigung von weniger als 8% ^{54}Mn wurde mit einem β-Zählrohr die ^{53}Mn-Aktivität gemessen. Sie liegt über bislang geschätzten Werten (Tabelle). K. Jaeger. 388□

Die Häufigkeit des Ru in Meteoriten. T. Hara und E. B. Sandell. (Geochim. cosmochim. Acta [London] **21,** 145—50, Dez. 1960; Minneapolis, Minn., Univ. of Minnesota; engl.) — Vff. untersuchten 15 Chondrite. Sie fanden 0,7—1,3 ppm (Mittel: 1,0 ppm) Ru. Die Metallphase u. die Troilitphase enthielten im Mittel 4—5 ppm Ru. In Fe-Meteoriten schwankt der Ru-Geh. stark: weniger als 1 ppm bis 15 ppm (Mittel: nahe 7 ppm). Der Ru-Geh. in Fe-Meteoriten verändert sich invers zum Ni- u. Pd-Gehalt. Vff. vermuten einen Zusammenhang zwischen dem Ru-Geh. u. der Struktur der Fe-Meteorite. K. Jaeger. 388□

Über die Natur des Carburans. Ju. A. Borschtschewski. (Геохимия [Geochemie] **1959,** Nr. 6, 557—59; Moskau, Lomonossow-Univ., Lehrstuhl für Geochem.; russ., Auszug: engl.) — Carburan ist ein radioakt. *Bitumen,* das aus Uraninit (Pechblende) u. KW-Stoffen besteht. Es wird metasomat. im hydrothermalen Abschnitt des Pegmatitprozesses gebildet. Als C-Quelle dienen wahrscheinlich Graphitgneise. D. Hoene. 390□

Entstehung von Sulfat in heißen sauren Quellen. Iwaji Iwasaki und Takejiro Ozawa. (Bull. chem. Soc. Japan **33,** 1018—19, Juli 1960; Tokyo, Ookavama, Meguro-ku, Inst. of Technol., Labor. of Analyt. Chem. and Geochem.; engl.) — Aus dem auf Spuren verminderten SO_2-Geh. vulkan. Gase in der Nähe von heißen Säuerlingen wird auf eine Bldg. des SO_4^{2-}-Geh. dieser Quellen durch Oxydation von SO_2 u. weniger von H_2S geschlossen. Labor.-Verss. bestätigten die Theorie. W. Betcke. 393□

Salze des Meeres. G. Fowles. (School Sci. Rev. **41,** 2—24, 4 Tafeln, Nov. 1959; Hammersmith, Latymer Upper School; engl.) — Übersicht. A. Blaschette. 393□

Die künstliche Radioaktivität des Seewassers in der Nähe von Japan. Y. Miyake, Y. Sugiura und K. Kameda. (Res. Effects Influences nuclear Bomb Test Explosions **1,** 415—17, 1956; engl.) — In der Zeit von Juli bis Dezember 1954 wurden im Pazifik zwischen Japan u. dem Bikini-Atoll Seewasserproben entnommen u. nach Eindampfen der Geh. des Rückstandes an radioakt. Substanz mittels eines Endfensterzählers ermittelt. Die in Tabellenform wiedergegebenen Meßergebnisse lassen einen Maximalgeh. bei der Insel Tori-Shima erkennen. W. Reusse. 393☐

Die ^{7}Be-Konzentration in unteren Luftschichten und atmosphärischen Niederschlägen. W. P. Schwedow, S. G. Grittschenko und L. I. Gedeonow. (Атомная Энергия [Atomenergie] **12,** 64—66, Jan. 1962; russ.) — Ca. $5 \cdot 10^{4}$ m^{3} Luft wurden durch Filter gesaugt oder 100—200 Liter atmosphär. Ndd. eingedampft, die Rückstände wurden dann 1 Std. auf 500° erhitzt. Die Aktivität wurde mittels Scintillationsspektrometer bestimmt, die Halbwertszeit betrug 50 Tage, die maximale γ-Energie 480 keV, was ^{7}Be entspricht. M. Wiedemann. 396☐

Die künstliche Radioaktivität des Regenwassers in Japan. Kenjiro Kimura, Yūji Yokoyama, Hirotoshi Sano, Hisao Mabuchi und Kazuhiro Komatsu. (Res. Effects Influences nuclear Bomb Test Explosions **1,** 263—69, 1956; Tokyo, Univ., Fac. of Sci., Dep. of Chem.; engl.) — Vgl. C. **1958,** 14220. — Messungen der Radioaktivität des Regenwassers in Japan zwischen dem 27/4. u. dem 15/7. 1954 mittels eines Endfensterzählers lassen erkennen, daß der zeitliche Abfall der Aktivität etwa mit $t^{-1,4}$ erfolgt, wobei t die Zeit nach dem verursachenden Bombentest ist. Chem. u. radiochem. Analyse des Regenwassers zeigen, daß folgende Radioisotope zur Aktivität beitragen: ^{141}*Ce*, ^{143}Ce, ^{144}Ce, ^{143}*Pr*, ^{144}Pr, ^{147}*Nd*, ^{91}*Y*, ^{95}*Zr*, ^{95}*Nb*, ^{237}*U*, ^{239}*Np*, ^{140}*La*, ^{140}*Ba*, ^{89}*Sr*, ^{90}Sr, ^{90}*Y*, ^{131}*J* u. ^{132}J. Die Gesamtaktivität liegt in der Größenordnung 10^{-8} c/Liter. W. Reusse. 396☐

Die künstliche Radioaktivität des Regenwassers. Tunahiko Sidei, Takenobu Higashimura, Hisao Kami und Tadao Matunami. (Res. Effects Influences nuclear Bomb Test Explosions **1,** 223—35, 1956; Kyoto, Univ., Fac. of Engng., Dep. of Appl. Phys., Radiat. Labor.; engl.) — Vff. berichten über Messungen der Radioaktivität des Regenwassers in der Zeit zwischen dem 11/4. 1954 u. dem 1/5. 1955. Es zeigt sich, daß die Aktivität bei Beginn von Regenfällen höher liegt als gegen das Ende. Am 16/5. u. am 23/9. 1954 werden ausgeprägte Maxima gefunden, wobei die Aktivität mit 0,523 μc/Liter angegeben wird. Chem. u. radiochem. Analyse ergibt als Bestandteile des radioakt. Rückstandes ^{65}*Zn*, ^{95}*Nb*, ^{89}*Sr*, ^{140}*Ba* u. Seltene Erden. Meteorolog. Beobachtungen u. Messungen des zeitlichen Abfalls der Aktivität bestätigen, daß die Aktivität durch die Bombentests am Bikini-Atoll verursacht waren. W. Reusse. 396☐

Die Radioaktivität des Regenwassers in der Stadt Kochi. Kiyozumi Sogabe. (Res. Effects Influences nuclear Bomb Test Explosions **1,** 193—204, 1956; Kochi, Univ., Fac. of Literat. and Sci.; engl.) — Messungen der Radioaktivität des Rückstandes von verdampftem Regenwasser durch Geiger-Zähler sowie Analyse des zeitlichen Abfalls der Radioaktivität u. Absorptionsmessungen ergaben für das Gebiet von Kochi geringere Werte der Aktivität als in anderen Teilen Japans. Die maximale β-Energie lag oberhalb 2 MeV. Im Regenwasser wird eine relativ geringere γ-Aktivität gefunden als bei Fischen, die dem Fischmarkt von Kochi entnommen wurden. W. Reusse. 396☐

Die Radioaktivität des Regenwassers in der Stadt Matsue. Hiroyuki Senoh. (Res. Effects Influences nuclear Bomb Test Explosions **1,** 205—09, 1956; Simane Prefecture, Hygien. Inst.; engl.) — Es wird über Messungen der Radioaktivität des Regenwassers in der Zeit zwischen September 1954 u. April 1955 berichtet. Es werden ausgeprägte zeitliche Maxima beobachtet. W. Reusse. 396☐

Die künstliche Radioaktivität von Regen- und Schneewasser nach Beobachtungen in Kanazawa in der Zeit vom Mai 1954 bis April 1955. Toshiyasu Kiba, Shigeru Ohashi, Minoru Wakamatsu, Tadaaki Minabe und Ikuko Kishi. (Res. Effects Influences nuclear Bomb Test Explosions **1,** 271—77, 1956; Kanazawa, Univ., Fac. of Sci., Dep. of Chem.; engl.) — Die Rückstände aus der Verdampfung von Regen- u. Schneewasser wurden auf ihre Radioaktivität untersucht. Der zeitliche Abfall der Aktivität erfolgte bei Proben vom Juni 1954 schneller als bei solchen vom November. W. Reusse. 396☐

Die künstliche Radioaktivität von Schnee und Regen in Sapporo. M. Kumai, K. Itagaki und A. Higashi. (Res. Effects Influences nuclear Bomb Test Explosions **1,** 387—92, 1956; Sapporo, Hokkaido Univ., Fac. of Sci., Dep. of Phys.; engl.) — Messungen der Radioaktivität von Regen- u. Schneewasser ab April 1954 bis März 1955 ergaben Maximalwerte zwischen 10^{-9} u. 10^{-10} c/Liter. W. Reusse. 396☐

Die Radioaktivität der Spaltprodukte im Regenwasser vom Higashiyama-Versuchsfeld der Nagoya Universität, Japan. S. Oana und N. Nakai. (Res. Effects Influences nuclear Bomb Test Explosions **1,** 237—44, 1956; Nagoya, Univ., Fac. of Sci., Inst. of Earth Sci.; engl.) — Messungen des Geh. des Regenwassers an radioakt. Substanz zwischen

Mai u. November 1954 lassen einen überhöhten Geh. erkennen. Die Abfallkurven zeigen unabhängig vom Zeitpunkt der Entnahme der Proben parallelen Verlauf mit Ausnahme von Proben aus der Periode vom 27/6. bis zum 14/7., die anomal steilen Abfall zeigten u. daher eine abweichende Isotopen-Zus. aufweisen dürften.
W. Reusse. 396□

Die künstliche Radioaktivität des Regenwassers in Hirosaki in der Zeit von Mai 1954 bis April 1955. Shigemitsu Suzuki. (Res. Effects Influences nuclear Bomb Test Explosions **1**, 375—85, 1956; Hirosaki, Univ., Fac. of Literat. and Sci., Phys. Inst.; engl.) — Messungen der Radioaktivität von Regen- u. Schneewasserrückständen zwischen Mai 1954 u. April 1955 ergaben Strahlungsmaxima, die Kernbomben-Verss. bei dem Bikini-Atoll, in Sibirien u. den USA (Nevada) zugeordnet werden können. W. Reusse. 396□

Die künstliche Radioaktivität des Niederschlages in Yamagata. T. Terasaki, Y. Yamanobe, H. Niizeki und T. Katō. (Res. Effects Influences nuclear Bomb Test Explosions **1**, 357—70, 1956; Yamagata, Univ., Fac. of Liberal Arts and Sci., Dep. of Phys.; engl.) — Messungen der Radioaktivität des Regenwassers ab September 1954 ergaben Maximalwerte von 0,3 μc/Liter. Der Zerfall erfolgt nach einer Exponentialfunktion mit $t^{-\alpha}$, wobei t die Zeit nach dem verursachenden Bombentest u. α ca. 1,3 ist. Trennung der verschiedenen Komponenten der akt. Verdampfungsrückstände durch Ionenaustauscher ergaben die Ggw. von ^{141}*Ce*, ^{143}*Pr*, ^{140}*La*, ^{140}*Ba*, ^{129m}*Te*, ^{129}Te, ^{132}*J*, ^{131}J u. ^{239}*Np*, wahrscheinlich auch ^{89}*Sr*, ^{95}*Zr* u. ^{95}*Nb*. W. Reusse. 396□

Einige physikalische Eigenschaften der radioaktiven Niederschläge in Japan. T. Kitagaki und Y. Onuki. (Res. Effects Influences nuclear Bomb Test Explosions **1**, 477—89, 1956; Tohoku Univ., Fac. of Sci., Phys. Dep.; engl.) — Die Meßergebnisse über die Zerfalls-Konst. α in der Zerfallsfunktion $I = I_0 \cdot t^{-\alpha}$ des aus dem Bikini-Kernbombentest herrührenden akt. Staubes werden krit. erörtert. Die zeitliche Änderung der Zerfalls- u. Absorptions-Konst. u. ihre Auswertung für die zeitliche Ortung der auslösenden Detonation u. die Unters. der Natur der Radionuclide werden behandelt.
W. Reusse. 396□

Die Radioaktivität des Regenwassers im Gebiet von Sendai. T. Kitagaki. (Res. Effects Influences nuclear Bomb Test Explosions **1**, 349—55, 1956; Sendai, Tohoku Univ., Dep. of Phys.; engl.) — Meßergebnisse über die Radioaktivität des Regenwassers werden in Beziehung zum meteorolog. Geschehen in der Beobachtungsperiode (21/5. bis September 1954) erörtert. W. Reusse. 396□

Radioaktiver Regen und Kontamination der Atmosphäre in der Stadt Niigata, Japan. Hironobu Watanabe, Takao Kosaka und Taichi Ito. (Res. Effects Influences nuclear Bomb Test Explosions **1**, 283—307, 1956; Niigata, Univ., Radioisotop. Res. Comm.; engl.) — Es wurden umfangreiche Messungen über den Geh. von Regen- u. Schneewasser, Luft, Erdboden, Pflanzen u. tier. Organen an radioakt. Substanz in der Zeit vom Juni 1954 u. Mai 1955 durchgeführt. Es zeigte sich, daß das Gebiet von Niigata aus meteorolog. Gründen weniger durch Bomben-Verss. im Pazifik als durch solche in Sibirien kontaminiert wird. W. Reusse. 396□

Die Kontamination mit radioaktivem Regen in der Stadt Niigata nach Kernwaffenexplosionen im Nordwesten. Takeshi Sotobayashi und Seitaro Koyama. (Res. Effects Influences nuclear Bomb Test Explosions **1**, 309—14, 1956; Niigata, Univ., Fac. of Sci., Dep. of Chem.; engl.) — Im September u. November 1954 wurde eine relativ hohe Radioaktivität des Regenwassers (124 bzw. $186 \cdot 10^{-4}$ μc/Liter) gefunden. Gleichzeitig wurden Aktivitätsmessungen an verschiedenen Gemüsen, Milch u. an Erdbodenproben durchgeführt. W. Reusse. 396□

Radioaktive Komponenten im Regenwasser nach Beobachtungen in Niigata, Japan, im September und November 1954. Seitaro Koyama und Takeshi Sotobayashi. (Res. Effects Influences nuclear Bomb Test Explosions **1**, 315—48, 1956; Niigata, Univ., Fac. of Sci., Dep. of Chem.; engl.) — Im September u. Oktober 1954 wurden relativ hohe Geh. des Regenwassers an radioakt. Substanz gefunden, die auf einen Kernbomben-Vers. in der UdSSR zurückgeführt werden. In chem. Trennprozessen wurden die akt. Verdampfungsrückstände des Regenwassers analysiert u. bes. auf ihre β-Aktivität untersucht. Es wurden die folgenden Radioisotope gefunden: ^{140}*Ba*, ^{89}*Sr*, ^{132}*Te*/^{132}*J*, ^{99}*Mo*, ^{237}*U*, ^{239}*Np*, ^{131}J, ^{140}*La*, ^{144}*Ce*/^{144}*Pr*, ^{95}*Zr*/^{95}*Nb*, ^{106}*Ru*/^{106}*Rh*, ^{141} *Ce*, ^{143}Pr, ^{103}Ru, ^{111}*Ag*, ^{115m}*Cd* u. ^{125}*Sn*. Aus den Analysenergebnissen wird geschlossen, daß es sich um eine Pu-Bombe gehandelt hat. W. Reusse. 396□

Die künstliche Radioaktivität des Regenwassers in Osaka, Japan, in der Zeit zwischen April 1954 und April 1955. Yasushi Nishiwaki, Hiroshi Kawai, Masaharu Kondo, Genichi Tanaka, Nagao Goshi, Shigeko Murata und

Toshiko Furukubo. (Res. Effects Influences nuclear Bomb Test Explosions **1**, 211—22, 1956; Osaka, Osaka City Univ., School of Med., Dep. of Biophys.; engl.) — Messungen der Radioaktivität des Regenwassers in Osaka mit einem β-Endfensterzähler ergaben Maxima zu folgenden Zeiten: 6.—11. März, 6. April, 17.—18. April, 6. Mai u. 14. Mai 1954. Es werden Betrachtungen über die Möglichkeit der zeitlichen Ortung der Bombentests aus den zeitlichen Abfallkurven der Aktivität angestellt. W. Reusse. 396□

Untersuchungen über die Radioaktivität der Bikini-Asche. Yasushi Nishiwaki, Hiroshi Kawai, Atsushi Hyono, Masaharu Kondo, Nagao Goshi, Jane Nishiwaki, Hideo Yamatera, Ichiro Kudo, Masayasu Mori, Toshio Azuma, Kunihiko Tsumori und Osamu Nagayama. (Res. Effects Influences nuclear Bomb Test Explosions **1**, 457—69, 1956; Osaka, City Univ., School of Med. Dep. of Biophys.; Inst. of Polytechn.; Prefectural Univ., Fac. of Engng.; engl.) — Bericht über die radioakt. Verseuchung der Deckaufbauten sowie der Kajüten- u. Kombüseneinrichtung des Schiffes Fukuryu Maru Nr. 5 sowie seiner Fischladung. Der Staub zeigte am 21/5. eine spezif. Aktivität zwischen 0,42 u. 1,53 mc/g. Radiochem. Unters. des Staubes zeigt, daß 50—60% aus Seltenen Erden mit La als Träger sowie Ca bestanden. Das Blut der Mannschaft enthielt 10^{-4} bis 10^{-5} μc/cm³, die Faeces $2 \cdot 10^{-2}$ bis 10^{-3} μc/g, der Urin 10^{-3} bis 10^{-6} μc/g u. das Haar 0,1—1 μc/g an akt. Substanz. W. Reusse. 396□

Kolloid-morphologische und Kristalluntersuchungen an dem Bikini-Staub, der auf das Schiff Fukuryu Maru Nr. 5 fiel, mittels Elektronenmikroskopie und Beugungsmethoden. Eiji Suito, Kazuyoshi Takiyama und Natsu Uyeda. (Res. Effects Influences nuclear Bomb Test Explosions **1**, 439—48, 1956; Kyoto, Univ., Inst. for Chem. Res.; engl.) — Übersicht über die Unterss. an dem radioakt. kontaminierten japan. Schiff, nachdem dieses am 1/3. 1954 durch den Staub einer H-Bombenexplosion bei Bikini verseucht war. Die Unterss. erfolgten mittels opt. u. Elektronenmikroskops, durch Elektronen- u. Röntgenstrahlbeugung. Die Proben wurden vom Deck des Schiffes u. von den Flossen der an Bord befindlichen Fische gewonnen. Beugungsaufnahmen lassen Calcitkristalle erkennen, die offenbar durch Zerstäubung von Korallenriffen entstanden sind. W. Reusse. 396□

Die Zerfallsgeschwindigkeit der Bikini-Asche. Sakae Shimizu und Tomonori Hyodo. (Res. Effects Influences nuclear Bomb Test Explosions **1**, 471—74, 1956; Kyoto, Univ., Inst. for Chem. Res. and Dep. of Math. and Phys.; engl.) — Vff. berichten über Beobachtungen zum zeitlichen Zerfall des radioakt. Staubes von 64. bis zum 372. Tag nach der Detonation. Die Proben wurden dem verseuchten Schiff Fukuryu Maru Nr. 5 entnommen. Die Exponenten der Zerfallsfunktionen für die weißen u. die dunklen Aschenkomponenten wurden empir. ermittelt. Dabei ergab sich, daß die letzteren mehr kurzlebige Radionuclide enthielten als die weißen Komponenten. W. Reusse. 396□

Die Verteilung des Ascheniederschlages (von Kernbombenexplosionen). N. Arizumi. (Res. Effects Influences nuclear Bomb Test Explosions **1**, 87—89, 1956; Central Meteorol. Observ.; engl.) — Ausgehend von Beobachtungen über die Ausbreitung vulkan. Stäube in der Atmosphäre u. Windbeobachtungen wird die Ausbreitung des radioakt. Staubes der Wasserstoffbombentests bei Bikini abgeschätzt. W. Reusse. 396□

Beobachtung der radioaktiven Kontamination der oberen Atmosphäre. C. Ishii, K. Maeda, T. Suda und Y. Arai. (Res. Effects Influences nuclear Bomb Test Explosions **1**, 115—20, 1956; Tokyo, Meteorol. Res. Inst.; engl.) — Mittels eines Geiger-Zählers in Antikoinzidenzschaltung mit einem umhüllenden Ring von Zählern wurde bei Ballon- u. Flugzeugaufstiegen bis zu 20 km Höhe die radioakt. Kontamination der Atmosphäre in der Zeit zwischen August 1954 u. Februar 1955 über Japan gemessen. Der Geh. der Troposphäre an radioakt. Substanz wurde in der Größenordnung 10^{-16} c/cm³ gefunden. W. Reusse. 396□

B. Allgemeine und theoretische organische Chemie

Theoretische Untersuchungen über die durch gesättigte Substituenten verursachte Verschiebung der Absorptionsbanden konjugierter Kohlenwasserstoffe. André Julg und Philippe François. (C. R. hebd. Séances Acad. Sci. **254**, 3547—48, 14/5. 1962; Marseille, Fac. des Sci., Labor. de Chim. théor.; franz.) — Auf der Basis früherer Unterss. (vgl. C. **1962**, 6347 u. früher) berechnen Vff. die im Vgl. zu Butadien (I) bzw. Azulen (II) auftretenden Verschiebungen bei *1-* u. *2-Methylbutadien, 1.1-* u. *1.4-Dimethylbutadien* bzw. *1-, 2-, 4-, 5-* u. *6-Methylazulen.* Durch den Eintritt des Methylgruppe wird dabei eine Änderung des Abschirmeffektes der σ-Elektronen von —0,035 angenommen, so daß ein anfangs neutrales C-Atom die effektive Ladung $Z' = 3{,}250 - 0{,}035$ erhält. Bzgl.

des unsubstituierten Mol. ändern sich dadurch prakt. nur der Ausdruck W_p u. die monozentr. Coulombschen Integrale. Die Ergebnisse zeigen im Vgl. mit den experimentell ermittelten Bandenverschiebungen bes., daß die Einführung der Hyperkonjugation nicht nötig zu sein scheint, um den Effekten auf I u. II durch die gleiche Meth. Rechnung zu tragen. J. Richter. B 114□

Absorptionsspektren einiger organischer Stoffe in reinem Zustand oder in Matrizen im fernen Ultraviolett. J. Y. Roncin, S. Y. Ch'en, J. Granier und N. Damany Astoin. (Spectrochim. Acta [London] **18,** 907—14, Juli 1962; Bellevue, Seine-et-Oise, Labor. des Hautes Pressions; franz.) — Untersucht wurden *Äthylbromid* u. *-jodid* im Gaszustand bei Raum-Temp., als reine Festkörper bei 77° K, *Methyljodid* (I) im Gaszustand bei Raum-Temp., als reiner Festkörper bei 77 u. 20° K u. in Ar als Muttersubstanz bei 20° K u. *Bzl.* in festem, reinem Zustand sowie bei 77° K in Isopentan u. Methylcyclohexan (Mc.) u. schließlich bei 20° K in Mc. u. Ar als Muttersubstanzen im Bereich von 36000—60000 cm^{-1}. Folgende Unterschiede im Verh. zwischen polaren u. unpolaren Moll. beim Übergang Gas → Festkörper konnten beobachtet werden: Bandenverschiebung nach hohen Frequenzen bei den polaren, nach niedrigen bei den unpolaren Moll.; geringer Temp.-Einfl. auf die Bandenverschiebung bei letzteren, bedeutender bei ersteren. Bzl. nimmt in der Muttersubstanz anscheinend einen Zustand zwischen Gas u. Festkörper ein, wobei sein Spektrum in der weniger dichten Matrix dem des Gaszustands am nächsten kommt. I scheint sich dagegen in der Muttersubstanz dem Zustand des reinen Festkörpers bei gleicher Temp. stark zu nähern. Das Verschwinden der Rydberg-Serie ist anscheinend unabhängig von der Natur der Moll. u. der Temp. u. scheint — zumindest im untersuchten Temp.-Bereich — eine Folge des Übergangs in den festen Zustand zu sein. J. Richter. B 118□

Über Salze des Hydrochinonpyridins. 2. Mitt. Absorptionsspektren des Hydrochinonpyridinchlorids im Ultraviolett und im Infrarot. Guglielmo Stagno d'Alcontres, Giovanni D'Amore und Giovanni Faraone. (Atti Soc. Peloritana Sci. fisiche, mat. natur. **3,** 133—41, 1956/57; Messina, Univ., Ist. di Chim.-Fis. e Chim. Gen.; ital.) — 1. vgl. C. **1963,** 2022. — Vff. untersuchten das UV-Absorptionsspektrum von „*Hydrochinonpyridinchlorid*" (I) u. zu Vergleichszwecken die Spektren von Pyridin, Chinon u. Hydrochinon sowie das IR-Spektrum von I. Es wird geschlossen, daß I [*2.5-Dihydroxyphenyl*]-*pyridiniumchlorid* ist. C. Gottfried. B 118

Absorptions- und Fluorescenzspektrum von reinem kristallinem Fluoren bei 4° K. Marcel Bénarroche. (C. R. hebd. Séances Acad. Sci. **254,** 3520—22, 14/5. 1962; Marseille, Fac. des Sci. Labor. de Phys. P.C.B.I.; franz.) — Das Absorptionsspektrum von krist. *Fluoren* (I) wird in Abhängigkeit von der Lamellendicke untersucht, die im Polarisationsmikroskop auf Grund der Färbung abgeschätzt wird. Eine hinreichend dicke Lamelle zeigte das Spektrum eines quasi wasserstoffähnlichen Excitons mit einer Linienaufspaltung nach $\nu'[cm^{-1}] = A-(B_0/n^2)$ mit $A = 33141$ u. $B = 3502$. Es wurden die Niveaus $n = 2-7$ u. ∞ beobachtet, wobei sich $n = 3$ als bes. intensiv u. breit (40 cm^{-1}) erweist. Eine sehr dicke Lamelle (größenordnungsmäßig $^1/_{10}$ mm) lieferte ein linienarmes Spektrum, jedoch mit einer starken Linie gegenüber der für $n = 1$ erwarteten Stelle. Außerdem sind die Niveaus $n = 1, 2, 3$ in zu ihnen symm. Unterniveaus aufgespalten, vielleicht infolge des Stark-Effektes des Excitons. Das Spektrum einer dritten, dünnen Lamelle ist nicht polarisiert u. weist nur 12 Absorptionslinien auf, die alle die Bande für $n = 3$ des Excitons als Ursprung haben. Zwischen 1224 u. 585 cm^{-1} werden 5 Schwingungsfrequenzen beobachtet. 3 mittelstarke Linien im Spektrum der 1. Lamelle haben infolge ihres Abstands von 1031 bzw. (850 + 585) bzw. (1031 + 850 + 585) cm^{-1} von einem Unterniveau des Niveaus $n = 1$ (29745 cm^{-1}) der 2. Lamelle dieses als Ursprung. Das Fluorescenzspektrum von I enthält zahlreiche u. breite Banden, innerhalb derer feine schwache Linien beobachtet wurden, u. besteht aus einer schwachen Komponente, die in der Nähe der Excitonenbande für $n = 3$ beginnt, u. einer um 1610 cm^{-1} nach niederen Frequenzen verschobenen starken Komponente, von deren Linien sich einige direkt an das 1. Teilspektrum anschließen. Gaseinschlüsse als Ursache dieses zweiteiligen Spektrums werden ausgeschlossen. Die 3 Unterniveaus bei 32774, 32760 u. 32563 cm^{-1} des Niveaus $n = 3$ bilden den Ursprung der schwachen Komponente. Die zwischen 1610 u. 141 cm^{-1} beobachteten 9 Schwingungsfrequenzen stimmen mit den im allg. intensivsten Raman-Frequenzen überein. Damit werden von 72 Linien des 1. Teilspektrums 63 u. von 20 Linien des zweiten 14 erklärt. Andererseits sind die Excitonniveaus $n = 1, 2$ Ursprung der Fluorescenzlinien, die ihrerseits mit ihren Unterniveaus Ausgang anderer Linien sind. J. Richter. B 118□

Ein neues Phasenfluorometer. H. G. Kloss und G. Wendel. (Z. Naturforsch. **16a,** 61—66, Jan. 1961; Berlin, Dt. Akad. der Wiss., Phys.-techn. Inst.; dt.) — Vff. beschreiben ein Phasenfluorometer für Elektronenstrahlanregung. Die Einführung eines

neuen Verf. zur Messung der Phasendifferenz zwischen Anregung u. Emission gestattet, in Verbindung mit einer hohen Modulationsfrequenz Abklingzeiten im Bereich $5 \cdot 10^{-10}$ bis $2 \cdot 10^{-8}$ s mit einer Genauigkeit besser als 10% auch an schwach leuchtenden Substanzen zu messen. Weiterhin werden die Abklingzeiten von *Luft* [$(6{,}0 \pm 0{,}4 \cdot 10^{-10}$ s], *Anthracen, Phenanthren, Stilben* u. *Naphthacen* bei Elektronenbeschuß gemessen.
M.-L. Klaar. B 118□

Untersuchung der optischen Anisotropie von cancerogenen Verbindungen. Adolphe Pacault, Pierre Bothorel und Ander Unanue. (C. R. hebd. Séances Acad. Sci. **254,** 3190—92, 30/4. 1962; Talence, Fac. des Sci. de Bordeaux, Labor. de Chim. phys.; franz.) — Vff. vergleichen die durch CH_3-Gruppen bewirkte Exaltation der opt. Anisotropie $(\gamma^2-\gamma_R^2)/\gamma_R^2$ (γ^2 opt. Anisotropie der methylierten, γ_R^2 jene der nichtmethylierten Verb. als Bezugssubstanz) mit dem cancerogenen Charakter einiger Aromaten. Für *Bzl.* (Bezugsverb.), *Methyl-, 1.2-, 1.3-, 1.4-Dimethyl-, 1.3.5-Trimethylbenzol, Naphthalin* (Bezugsverb.), *1-, 2-Methyl-, 1.2-, 1.3-, 1.6-, 2.6-Dimethyl-* u. *2.3.5-Trimethylnaphthalin,* die nicht cancerogen sind, ferner für *1.2-Benzanthracen* (Bezugsverb.), *8-, 7-, 6-, 4-, 3-Methyl-1.2-benzanthracen,* die prakt. inakt. oder nur sehr schwach cancerogen sind, ergibt sich die Exaltation der opt. Anisotropie pro CH_3-Gruppe zu 0,20/n, wobei n die Zahl der Bzl.-Kerne pro Mol. ist. Der Einfl. der CH_3-Gruppe ist folglich unabhängig vom Grundgerüst u. vom Substitutionsort, vermutlich weil sich der Einfl. auf die π-Elektronen erstreckt, deren Delokalisierung wahrscheinlich eine Wrkg. ausschließt. Für *5-, 9-, 10-Methyl-, 9.10-Dimethyl-1.2-benzanthracen* u. *2-* oder *20-Methylcholanthren* nimmt die Exaltation in der genannten Reihenfolge (0,10—0,85) u. parallel mit der cancerogenen Wrkg. zu. *2', 3'-* u. *4'-Methyl-1.2-benzanthracen* sind biolog. inakt., haben indessen eine Exaltation von 0,34. Es ist nicht möglich, in einfacher Weise die cancerogene Aktivität zu einer Mol.-Eig. in Beziehung zu setzen. J. Richter. B 119□

Infrarot- und Raman-Spektren von Dimethoxymethan und seinen deuterierten Verbindungen. Kenkichi Nukada. (Spectrochim. Acta [London] **18,** 745—73, Juni 1962; Tokyo, Governm. Chem. Ind. Res. Inst.; engl.) — Es werden die IR-Spektren im Bereich von 3000—280 cm^{-1} u. die Raman-Spektren im Bereich von 3000—170 cm^{-1} von *Dimethoxymethan* (I), $D_{2(CH_2)}$-, $D_{6(CH_3 \cdot CH_3)}$- u. D_8-I untersucht. Durch Vgl. der Spektren untereinander u. mit den früher (vgl. J. chem. Soc. Japan, pure Chem. Sect. [Nippon Kagaku Zassi] **81,** [1960], 1028 u. früher sowie Mashiko, C. **1960,** 12966 u. früher) untersuchten verwandten Verbb. werden für die meisten Banden Zuordnungen vorgeschlagen. Spektren u. Bandentabellen sind angegeben. J. Richter. B 120□

Infrarotspektren von kristalliner Adipinsäure und deuterierten Analoga. H. Susi. (Spectrochim. Acta [London] **15,** 1063—71, 1959; Philadelphia, Pa., U.S. Dep. of Agric., Agric. Res. Service, Eastern Utilization Res. and Dev. Div., Eastern Regional Res. Labor.; engl.) — Vgl. C. **1962,** 2307. — Vf. untersuchte im Gebiet zwischen 400 u. 4000 cm^{-1} die IR-Absorptionsspektren von *$HOOC(CH_2)_4COOH$, $DOOC(CH_2)_4COOD$, $HOOC(CD_2)_4 \cdot COOH$* u. *$DOOC(CD_2)_4COOD$.* Mit Hilfe der Deuterierungsverschiebungen u. Polarisationsmessungen konnten 19 der 21 beobachteten Absorptionsbanden IR-akt. Fundamentalschwingungen zugewiesen werden. Die Bandenbezeichnungen wurden in Beziehung zu den Spektren höherer Homologe diskutiert. Die in diesen Verbb. beobachteten Banden zwischen 1180 u. 1400 cm^{-1} stammen wahrscheinlich von gemischten B_u-Fundamentalen, die Carboxyldeformationsschwingung, CH_2-Kippschwingung u. C—C-Valenzschwingung enthalten. C. Gottfried. B 120

Infrarotabsorptionsspektren von deuterierten Asparaginsäuren. Nobuo Tamiya und Takehiko Shimanouchi. (Spectrochim. Acta [London] **18,** 895—905, Juli 1962; Tokyo, Tokyo Med. and Dent. Univ., Med. School; Bunkyoku, Hongo, Univ. of Tokyo, Fac. of Sci., Chem. Labor.; engl.) — Vff. untersuchten die IR-Spektren von *L-(α_L-NH_2)-Asparaginsäure* (**I**), $D_{(\alpha_D)}$- [aus I mit Transaminase (TA) in Ggw. von Pyridoxalphosphat in D_2O], $D_{(\beta_L)}$- [II; aus Fumarsäure u. NH_3 durch Asparaginase (AG) in D_2O], $D_{(\beta_D)}$- (aus nachst. Verb. mit TA in W.), $D_{2(\alpha_D.\beta_D)}$- (aus $D_{2(\alpha.\alpha')}$-Fumarsäure u. NH_3 mit AG, wobei intermediär durch TA-Verunreinigung eingeführter $D_{(\alpha)}$ mit TA in D_2O entfernt wurde), $D_{2(\alpha_D.\beta_L)}$- [II mit TA in D_2O), $D_{2(\beta.\beta)}$- (aus nachst. Verb. mit TA in W.), $D_{3(\alpha.\beta.\beta)}$-*L-Asparaginsäure* (aus durch asymm. Hydrolyse von *Acetyl-$D_{3(\alpha.\beta.\beta)}$-DL-asparaginsäure* (**IV**) mit Acylase in D_2O; daneben die entsprechende D-Verb. durch saure Hydrolyse der verbliebenen Acetyl-D-Verb.], den *$D_{4(N.N.\overset{+}{N}.C_\alpha OOH)}$-Derivv.* aller vorst. Verbb. (durch Gefriertrocknung der Lsgg. der entsprechenden H-Verbb. in D_2O), *DL-*, $D_{3(\alpha.\beta.\beta)}$-*DL-Asparaginsäure* (**III**; aus vorst. Verb. mit Salicylaldehyd in D_2O in Ggw. von $CuSO_4$), deren *$D_{4(N.N.\overset{+}{N}.C_2OOH)}$-Derivv., Acetyl-DL-, Benzoyl-L-, -DL-asparaginsäure* u. **IV** (durch Acetylierung von **III** mit Acetanhydrid u. Isolierung mittels Ionenaustauscher). Durch Vgl. dieser

Spektren konnten die Absorptionsbanden zwischen 1700 u. 1100 cm^{-1} zugeordnet werden, bes. die δ(α-CH)-Schwingung (1360 u. 1340 cm^{-1}) u. γ(β-CH_2)-Schwingung (1250 cm^{-1}). J. Richter. B 120□

Physikalisch-chemische Eigenschaften von Derivaten mit aromatischem Charakter. 3. Mitt. **Lage und Intensität der Valenzschwingungen ν(C=O) und ν(C≡N) einer Reihe polycyclischer aromatischer Ester und Nitrile.** M. Figeys-Fauconnier, H. Figeys, G. Geuskens und J. Nasielski. (Spectrochim. Acta [London] **18,** 689—96, Juni 1962; Bruxelles, Univ. Libre, Fac. des Sci., Labor. de Chim. Organ.; franz.) — 2. vgl. Spectrochim. Acta [London] **18,** [1962], 681. — Es werden die IR-Spektren nachst. Verbb. in CCl_4 hinsichtlich der ν(C=O) u. ν(C≡N) untersucht: Äthylester u. Nitrile (mit Ausnahme der mit * gek. Verbb.) von *Benzoesäure, α-* u. *β-Naphthoesäure, Anthracencarbonsäure-(1)*, -(*2*), -(*9*), *Phenanthrencarbonsäure-(9), Pyrencarbonsäure-(2)**, -(*3*), *Chrysencarbonsäure-(12)**, *Fluoranthencarbonsäure-(1)**, -(*3*) u. -(*8*)*. Zwischen ν(C=O) bzw. ν(C≡N) u. dem Atombahn-Koeff. a_{or} in der nicht bindenden Mol.-Bahn des ungerade alternierenden Stammrests werden lineare Beziehungen beobachtet, die den Gleichungen $\nu(C{=}O) = (1693 + 36{,}9 \cdot a_{or})\ cm^{-1}$ bzw. $\nu(C{\equiv}N) = (2190 \pm 55{,}6 \cdot a_{or})\ cm^{-1}$ gehorchen. Die Intensitäten beider Schwingungen sind von der durch die peri-H-Atome hervorgerufenen ster. Spannung, von der Zahl der Ringe im aromat. Kern u. von der Konjugationskraft des Substitutionsortes abhängig. Es wird angenommen, daß im Elektronengrundzustand von Fluoranthen die Konjugation zwischen Bzl.- u. Naphthalin-Kern stark vermindert ist. J. Richter. B 120□

Über die Struktur von Bindon und seinen Derivaten. R. Shagat, Ja. Stradin, A. Grinwalde und G. Wanag. (Доклады Академии Наук СССР [Ber. Akad. Wiss. UdSSR] **135,** 77—80, 1/11. 1960; Inst. für organ. Synth. der Akad. der Wiss. der LettSSR; russ.) — Die IR-Spektren von *Bindon* (I), *2-Brom-, 2.2-Dibrom-, 2-Methyl-, 2-Brom-2-methyl-, 2-Brom-2-nitro-, 2.2-Dinitrobindon, Bindonmonooxim, 2-[Indanon-(1)-yl-(3)]-indandion-(1.3), Isobindon* sowie der *K-Salze* von I u. Isobindon sprechen dafür, daß die Verbb. im Festzustand die bereits von Wislicenus [1887 u. später] vorgeschlagene Triketostruktur besitzen. Im dissoziierten Zustand (in Lsg. in polaren Lsgm. sowie als festes K-Salz) liegen dagegen mesomere Anionen vor, bei denen die negative Ladung gleichmäßig auf die 3 O-Atome verteilt ist. Die Spektren der K-Salze von I u. Isobindon sind bemerkenswert ähnlich; die gegenseitige Umwandelbarkeit der Salze ist bekannt. Kurz wird auf die polarograph. Red. von I-Derivv. eingegangen. H.-E. Toussaint. B 120□

Charakteristische Infrarotabsorptionsfrequenzen für die Nortricyclenstruktur. G. E. Pollard. (Spectrochim. Acta [London] **18,** 837—42, Juni 1962; Modesta, Calif., Shell Oil Comp., Shell Developm. Comp., Agricult. Res. Div.; engl.) — Vf. untersuchte die IR-Spektren in CS_2 oder CCl_4 von *Nortricyclen* (**I**; *Tricyclo-[2.2.1.0$^{2.6}$]-heptan*) u. nachst. 3-substituierten Nortricyclenen [**N**; aus Bicyclo-[2.2.1]-heptadien-(2.5)]: *3-Brom-, 3-Hydroxy-, 3-Methoxy-, 3-Cyclohexyloxy-, 3-Allyloxy-, 3-Phenoxy-, 3-Benzyloxy-, 3-Phenyl-, 3-Tolyl-, 3-Formyloxy-, 3-Acetoxy-, 3-Chloracetoxy-, 3-Crotonyloxy-, 3-Cinnamoyloxy-, 3-Benzoyloxy-, 3-Oleyloxy-, 3-Stearyloxy-, 3.3-Dichlor-* u. *3.3-Dibrom-*. Während die für I charakterist. Bande bei 802 [cm^{-1}] liegt, zeigen die 3-substituierten Verbb. ein Dublett zwischen 800 u. 818. Die unterschiedliche Natur der Substituenten bestätigt die Schlüsse von Lippincott (C. **1952,** 1793), wonach die Aufspaltung dieser Bande auf einem Symmetriewechsel beruht. Die disubstituierten Verbb. zeigen im gleichen Bereich ein Triplett. Soweit festgestellt werden konnte, haben alle **N** bei 3070 eine Bande, die für die ν(CH) des Cyclopropanringes typ. ist. Im Gegensatz zu den untersuchten **N** liegt die charakterist. Bande für 1-substituierte (am Cyclopropylring) **N** bei 860. J. Richter. B 120□

Charakteristische Infrarotabsorptionsbanden substituierter Furane. A. H. J. Cross und T. H. E. Watts. (Chem. and Ind. **1958,** 1161, 6/9.; London, Smith, Kline & French Labor. Ltd.; engl.) — Die von Daasch (Chem. and Ind. **1958, 1113**) getroffenen Zuordnungen wurden an Hand der Spektren von weiteren 20 *2-Mono-* u. *2.5-disubstituierten Furanen* überprüft. Ein Teil der l. c. aufgestellten Beziehungen zwischen Struktur u. Spektrum der Verbb. konnte von Vff. nicht bestätigt werden. U. Uhlich. B 120□

Infrarotabsorption von heteroaromatischen und benzolischen sechsgliedrigen monocyclischen Ringsystemen. 11. Mitt. **Pyrone-(4) und 4-Thiopyrone-(4).** A. R. Katritzky und R. Alan Jones. (Spectrochim. Acta [London] **17,** 64—67, 1961; Cambridge, Univ., Chem. Labor.; engl.) — 10. vgl. C. **1961,** 17521. — Die IR-Spektren von *Pyron-(4)* (F. 31°), *2.6-Dimethylpyron-(4)* (F. 131—132,5°), *4-Thiopyron-(4)* (F. 47°), *Thiapyron-(4), 2.6-Dimethyl-4-thiopyron-(4)* (F. 142,5—144°) u. *2.6-Dimethyl-4-thiothiapyron-(4)* (F. 114 bis 116°) zwischen 800 u. 2000 cm^{-1} werden aufgenommen. Für die meisten Banden werden aus der Analogie mit anderen Heterocyclen Zuordnungen getroffen. G. Pötzscher. B 120□

Untersuchungen über die Infrarotspektren heterocyclischer Verbindungen. 8. Mitt. **Infrarotspektren substituierter Pyrazine und ihrer N-Oxide.** Hideyo Shindo. (Chem. pharmac. Bull. [Tokyo] **8,** 33—45, Jan. 1960; Tokyo, Sankyo Co. Ltd., Takamine Research Labor.; engl.) — 7. vgl. Chem. pharmac. Bull. [Tokyo] **7,** [1959], 791; 5. vgl. C. **1962,** 7091. — Es werden die IR-Spektren von *Pyrazin,* folgenden substituierten Pyrazinen: *Amino-, Methyl-, Chlor-, Acetyl-, Cyan-, Äthoxycarbonyl-, Aminocarbonyl-, Carboxy-,* von folgenden Pyrazin-1-oxiden: *unsubstituiert, 3-Cyan-, 3-Äthoxycarbonyl-, 3-Chlor-, 3-Acetyl-, 3-Aminocarbonyl-, 2-* (F. 89—90°), *3-Methyl-* (F. 67—69°), von *Pyrazin-* u. *Methylpyrazin-1.4-dioxid, Pyrimidin, 4-Methylpyrimidin* sowie folgenden Pyrimidin-1-oxiden: *4-Methyl-, 4-Phenylmercapto-6-methyl-, 4-Phenoxy-6-methyl-, 4-Äthoxy-6-methyl-, 4-Methoxy-6-methyl-, 4-Benzyloxy-6-methyl-, 2.6-Dimethyl-4-benzyloxy-* u. *4-Morpholino-6-methyl-* untersucht. Die charakterist. ν(N–O) der Pyrazin-N-oxide im Gebiet 1250—1350 cm^{-1} ist von der Natur des Substituenten abhängig u. zeigt wie bei den Pyridin-N-oxiden lineare Abhängigkeit von den σ-Werten der Substituenten, wenn zu diesen im Fall der Monoxide 0,93 (σ-Wert des Ring-N gegenüber der 4-Stellung in Pyridin) u. im Fall der Dioxide 0,25 (σ-Wert der N–O-Gruppe bzgl. 4-Stellung in Pyridin) addiert wird. Die beträchtliche Verschiebung der ν(N–O) nach höheren Frequenzen erweist sich als charakterist. für eine β-CH_3-Gruppe. Ring- u. Ring–CH-Schwingungen werden auf der Basis der Beziehungen diskutiert, die für Pyridin gefunden werden. Die Aufspaltung der ν(CO) der dem Ring-N benachbarten Estergruppe wird aufgezeigt u. diskutiert. Für die Pyrimidin-N-oxide ergab sich ebenfalls lineare Abhängigkeit der ν(N–O) von den durch Addition von 0,62 (σ-Wert für m-ständigen Ring-N) erhaltenen σ-Werten; die Gerade ist aber zu der oben beschriebenen um ca. 20 cm^{-1} nach niedrigen Frequenzen parallel verschoben. H. Peter. B 120□

Die Schwingungsspektren vom symm.-Triazin und symm.-D_3-Triazin. J. E. Lancaster, R. F. Stamm und N. B. Colthup. (Spectrochim. Acta [London] **17,** 155—65, 1961; Stamford, Conn., American Cyanamid Co., Stamford Res. Labor.; engl.) — Vff. nehmen Bezug auf frühere Unterss. von Lancaster u. Colthup (vgl. C. **1955,** 6710) u. von Stamm u. Lancaster (vgl. C. **1956,** 13366) u. berichten über Unterss. der IR-Absorptionsspektren u. der Raman-Spektren von *symm.-Triazin* u. *symm-D_3-Triazin.* Die IR-Absorptionsspektren wurden in der Gasphase zwischen 400 u. 4000 cm^{-1}, die Raman-Spektren in fl. Phase bei Anregung mit den Hg-Linien 4358 u. 5461 Å erhalten. Es konnten alle fundamentalen Schwingungsarten bezeichnet werden; nahezu alle restlichen Banden konnten als Kombinationen oder Obertöne identifiziert werden. Durchgeführt wurde eine Normalkoordinatenanalyse u. außerdem wurden die Werte einiger Kraft-Konst. berechnet. C. Gottfried. B 120

Griseofulvinanaloga. 5. Mitt. **Infrarotabsorption.** J. E. Page und Susan E. Staniforth. (J. chem. Soc. [London] **1962,** 1292—1303, April; Greenford, Middlesex, Glaxo Labor. Ltd.; engl.) — 4. vgl. C. **1963,** 2092. — Vff. untersuchten die IR-Spektren von 141 Analoga des *Griseofulvins* (I) u. *Isogriseofulvins* (II) in $CHBr_3$ u. das Verh. der C=O-, Alkyl-, Alkoxy-, Alkylmercapto- u. Halogen-Absorptionsbanden. Man kann die 4′-Oxo-2′-enoläther wie I von den 2′-Oxo-4′-enoläthern wie II unterscheiden, z. B. durch die größere Intensität u. höhere Wellenzahl der 3-Ketobande in I, verglichen mit II; in I ist die 3-Ketobande intensiver als die 4′-Ketobande, in II ist die 3-Ketobande weniger intensiv als die 2′-Ketobande. Die Frequenzen der 4′-Ketobande in I (1654 cm^{-1}) u. der 2′-Ketobande in II (1660) unterscheiden sich etwa wie die der analog gebauten Verbb. *1-Methoxy-Δ^1-cholesten-3-on* (1634) u. *3-Methoxy-Δ^2-cholesten-1-on* (1642). Entsprechendes gilt für die Analoga von I u. II. — Folgende Verbb. wurden untersucht (bei den meisten sind viele Banden zahlenmäßig angegeben): I (untersucht in Dioxan u. verschiedenen anderen Lsgm.), II, *Deschlorgriseofulvin, Deschlorisogriseofulvin, Epigriseofulvin;* folgende 7-Chlor-4.6-dimethoxy-6′-methylgrisen-(2′)-dione-(3.4′): *unsubstituiert, 2′-Äthoxy-, 2′-n-Propoxy-, 2′-Isopropoxy-, 2′-n-Butoxy-, 2′-Allyloxy-, 2′-n-Hexyloxy-, 2′-Phenoxy-, 2′-Benzyloxy-, 2′-Chlor-, 2′-Chlor-3′-n-propyl-, 2′-Chlor-3′-benzyl-, 2′.3′-Dichlor-, 2′-Chlor-3′-brom-, 2′-Methoxy-3′-methyl-, 2′-Methoxy-3′-benzyl-, 2′-Äthoxy-3′-äthyl-, 2′-Methoxy-3′-chlor-, 2′-Methoxy-3′-brom-, 2′-Methoxy-3′-jod-, 2′-Methoxy-3′-n-propyl-, 2′-Methoxy-3′-allyl-, 2′-Äthoxy-3′-benzyl-, 2′-n-Propoxy-3′-n-propyl-, 2′-n-Propoxy-3′-benzyl-, 2′-n-Butoxy-3′-benzyl-, 2′-Äthoxy-3′-chlor-, 2′-Äthoxy-3′-brom-, 2′-Äthoxy-3′-jod-, 2′-n-Propoxy-3′-chlor-, 2′-n-Propoxy-3′-brom-, 2′-n-Propoxy-3′-jod-, 2′-n-Butoxy-3′-chlor-, 2′-n-Butoxy-3′-brom-, 2′-n-Butoxy-3′-jod-, 2′-Methylmercapto-, 2′-Äthylmercapto-, 2′-n-Propylmercapto-, 2′-n-Butylmercapto-, 2′-Allylmercapto-, 2′-Benzylmercapto-, 2′-Methylmercapto-3′-n-propyl-, 2′-Methylmercapto-3′-benzyl-, 2′-Methylmercapto-3′-chlor-, 2′-Methylmercapto-3′-brom-, 2′-n-Propylmercapto-3′-n-propyl-, 2′-n-Butylmercapto-3′-n-propyl-, 2′-Allylmercapto-3′-n-propyl-, 2′-Benzylmercapto-3′-n-propyl-, 2′-Äthylmercapto-*

3'-benzyl-, 2'-n-Propylmercapto-3'-benzyl-, 2'-n-Butylmercapto-3'-benzyl-, 2'-Allylmercapto-3'-benzyl-, 2'-Benzylmercapto-3'-benzyl-, 2'-Äthylmercapto-3'-chlor-, 2'-n-Propylmercapto-3'-chlor-, 2'-n-Butylmercapto-3'-chlor-, 2-Allylmercapto-3'-chlor-, 2'-Benzylmercapto-3'-chlor-, 2'-Methoxy-5-n-propyl-, 2'-Methoxy-5-allyl-, 2'-Methoxy-5-chlor-, 2'-Methoxy-5.3'-dichlor- u. *2'-Methoxy-5-brom-*; folgende 7-Chlor-4.6-dimethoxy-6'-methylgrisen-(3')-dione-(3.2'): *unsubstituiert, 4'-Äthoxy-, 4'-n-Propoxy-, 4'-Isopropoxy-, 4'-n-Butoxy-, 4'-Allyloxy-, 4'-n-Hexyloxy-, 4'-Phenoxy-, 4'-Benzyloxy-, 4'-Chlor-, 4'-Chlor-3'-benzyl-, 3'.4'-Dichlor-, 4'-Chlor-3'-brom-, 4'-Methoxy-3'-methyl-, 4'-Methoxy-3'-benzyl-, 4'-Äthoxy-3'-äthyl-, 4'-Methoxy-3'-chlor-, 4'-Methoxy-3'-brom-, 4'-Methoxy-3'-jod-, 4'-Methoxy-3'-n-propyl-, 4'-Methoxy-3'-allyl-, 4'-Äthoxy-3'-benzyl-, 4'-n-Propoxy-3'-n-propyl-, 4'-n-Propoxy-3'-benzyl-, 4'-n-Propoxy-3'-n-propyl-, 4'-n-Propoxy-3'-benzyl-, 4'-n-Butoxy-3'-benzyl-, 4'-Äthoxy-3'-chlor-, 4'-Äthoxy-3'-brom-, 4'-Äthoxy-3'-jod-, 4'-n-Propoxy-3'-chlor-, 4'-n-Propoxy-3'-brom-, 4'-n-Propoxy-3'-jod, 4'-n-Butoxy-3'-chlor-, 4'-n-Butoxy-3'-brom-, 4'-n-Butoxy-3'-jod-, 4'-Methylmercapto-, 4'-Äthylmercapto-, 4'-Phenylmercapto-, 4'-Benzylmercapto-, 4'-Methoxy-5-chlor-, 4'-Methoxy-5.3'-dichlor-* u. *4'-Methoxy-5.3'-dibrom-*; folgende 7-Chlor-4.2'-dimethoxy-6'-methylgrisen-(2')-dione-(3.4'): *6-Äthoxy-, 6-n-Propoxy-, 6-Isopropoxy-, 6-n-Butoxy-, 6-Allyloxy-, 6-n-Hexadecyloxy-* u. *6-Benzyloxy-*; folgende 7-Chlor-4.4'-dimethoxy-6'-methylgrisen(3')-dione-(3.2'): *6-Äthoxy-, 6-n-Propoxy-, 6-Isopropoxy-, 6-n-Butoxy-, 6-Allyloxy-* u. *6-Benzyloxy-*; folgende 7-Chlor-6.2'-dimethoxy-6'-methylgrisen-(2')-dione-(3.4'): *4-Äthoxy-, 4-n-Propoxy-, 4-Isopropoxy-, 4-n-Butoxy-, 4-Allyloxy-* u. *4-Benzyloxy-*; folgende 7-Chlor-6'-methylgrisen-(2')-dione-(3.4'): *6.2'-Diäthoxy-4-methoxy-, 4.6-Diäthoxy-2'-methoxy-, 4.6.2'-Triäthoxy-* u. *6.2'-Di-n-butoxy-4-methoxy-*; folgende 7-Chlor-6'-methylgrisen-(3')-dione-(3.2'): *6.4'-Diäthoxy-4-methoxy-, 4.6-Diäthoxy-4'-methoxy-, 4.6.4'-Triäthoxy-* u. *6.4'-Di-n-butoxy-4-methoxy-* sowie folgende 7-Chlor-4.6-dimethoxy-6'-methylgrisane: *3.4'-Dioxo-, 3.4'-Dioxo-2'-methoxy-, 3.2'-Dioxo-* u. *3.2'-Dioxo-4'-methoxy-*. J. Rothe. B 120□

Fluorescenz von Methylchinolinen in sauren Lösungen und ihre Verwendbarkeit als Fluorescenzindicatoren. Sreten Šljivić. (Гласник Хемиског Друштва Београд [Ber. chem. Ges. Belgrad] **23/24**, 239—45, 1958/1959; Beograd, Farm. fak., Physik. Inst.; serb., Auszug: dt.) — Die Absorptionsspektren (AS) der Methylchinoline (**A**) werden in 0,001 n HNO_3 in Lsgg. mit 10^{-5} g **A**/ml untersucht. Im Gegensatz zu neutralen Lsgg. wird ein über das ganze UV-Gebiet ausgedehntes AS ohne Maxima u. Minima zwischen 3250 u. 4000 (Å) gefunden, bei > 4000 hört die Absorption bei diesen geringen **I**-Konzz. auf. Von den isomeren **A** absorbiert die *2-Verb.* am wenigsten, die *8-Verb.* am stärksten; bei 3600 absorbiert die 2-Verb. 1%, die *7-Verb.* 29% u. die *8-Verb.* ca. 39%. Bei dem 2-Isomeren ist die Absorption vom pH unabhängig, das 7-Isomere absorbiert bei pH 1 (7,4) 29 (1,1)%, das 8-Isomere bei pH 3 (4,84; 6,2) 29 (24; 1)%. Bei Anregung mit einer Hg-Lampe durch ein Schwarzglasfilter zeigen alle **A** blaue Fluorescenz, deren Intensität, wenn sie für das 8-Isomere zu 100 angenommen wird, bei dem 7- 50, 6- 25 u. 2-Isomeren 16 beträgt. Als Fluorescenzindicatoren eignen sich bes. die 8- u. 7-Verb., deren Fluorescenz schon bei Tageslicht beobachtet werden kann. R. K. Müller. B 125□

Untersuchung eines Organophosphors im vorerregten Zustand. Mięczyslaw Frąckowiak und Józef Heldt. (Acta physica polon. **18**, 93—106, 1959; Toruń, Pol. Acad. Sci., Inst. of Phys., Photoluminescence Labor., Nicholas Copernicus Univ., Phys. Dep.; engl.) — Die Abklingkonst. α des Nachleuchtens von *Acridingelb* in Gelatine wird vor u. nach einer verschieden langen Vorbelichtung (1—6 min) der Proben mit weißem polarisiertem Licht nach kurzzeitiger Anregung (10^{-4} sec) ebenfalls mit weißem Licht gemessen. Die α-Werte wachsen mit der Vorbelichtungszeit t exponentiell, die Lichtsumme des Nachleuchtens nimmt exponentiell mit t ab. Die Änderungen im Abklingverhalten werden auf eine durch die Vorbelichtung bedingte Bldg. von instabilen Farbstoffisomeren zurückgeführt. J. Rudolph. B 125□

Über die Fluorescenz der Porphyrine im adsorbierten Zustand. K. Weber und D. Durić. (Bull. sci. [Zagreb] **4**, 9—10, März 1958; Zagreb, Jugosl. Akad. der Wiss. u. Kunst, Inst. für medizin. Forsch.; dt.) — An Tierkohle, Filtrierpapier, Glasfaser oder an Oxiden u. Hydroxiden der Erdalkalien adsorbierte *Porphyrine* (P) zeigen bei UV-Erregung die charakterist. Fluorescenz der P, mitunter mit einer durch den Adsorptionsvorgang erhöhten Intensität. Fluorescenzintensitätsmessungen können zur quant. Best. der P im Harn u. anderen biolog. Stoffen dienen. J. Rudolph. B 125□

Chemische Reaktionen in der positiven Säule einer Glimmentladung. Reaktionsprodukte des Benzols. H. Schüler, K. Prchal und E. Kloppenburg. (Z. Naturforsch. **15a**, 308—10, April 1960; Hechingen, Max-Planck-Ges., Forschungsstelle für Spektrosk.; dt.) — Bei der Einw. von Elektronen auf *Benzol*-Dämpfe in der positiven Säule einer Glimmentladung (Entladungsbedingungen: 6 mA, 25 V/cm, 1 Torr He, 1,5 Torr Gesamtdruck, Durchsatz 0,6 g Bzl. pro Std.) wurden 36,6% des Bzl. zu einem benzollösl. (**A**, gelb, amorph, mittleres Molgew. 708, C : H 1 : 0,97) u. 14,9% zu einem benzolunlösl. Polymerisat (**B**, gelb, amorph, spröde, schmilzt bis 330° nicht, > 200° Zers., in keinem Lsgm. lösl.) umgesetzt. Al_2O_3-Chromatographie von **A** lieferte in 31% ig. Ausbeute eine Komponente mit dem mittleren Molgew. 440 u. C : H 1 : 0,94. Die große Ähnlichkeit zwischen den IR-Spektren von **A** u. **B** u. dem Spektrum von Polystyrol weist auf phenylsubstituierte aliphat. Kettenmoll. hin. Durch Gaschromatographie der zusammen mit dem nicht umgesetzten Bzl. aufgefangenen niedermol. Rk.-Prodd. wurden identifiziert: Diphenyl (**I**) 7,4 (Gew.-% bezogen auf wiedergewonnenes Bzl.), Toluol 0,8, Äthylbenzol 0,08, Phenylacetylen 0,53, cis-1-Phenylbutadien-(1.3) (cis-**II**) 0,17 u. Naphthalin (**III**) 0,16. Die starke **I**-Bldg. deutet auf die Ggw. von Phenylradikalen in der Entladung, denen möglicherweise ein Emissionsspektrum bei 4750—5400 Å zugeordnet werden kann. **III** entsteht sek. aus cis-**II**, wie ein Vers. zeigte, bei dem trans-**II** in einer Glimmentladung in 10% ig. Ausbeute zum cis-**II** isomerisierte, das dann seinerseits unter H_2-Abspaltung in 50% ig. Ausbeute zu **III** cyclisierte. K. Prchal. B 131□

Über die Entstehung von Biradikalen in der Glimmentladung. H. Schüler und E. Lutz. (Z. Naturforsch. **16a**, 57—61, Jan. 1961; Hechingen, Max-Planck-Ges., Forschungsstelle für Spektroskopie; dt.) — Vgl. C. **1962**, 1934 u. vorst. Referat. — In der positiven Säule einer Glimmentladung fanden Vff. durch Messung der Absorption im Bereich von ca. 3200—4200 Å *Diphenylen* (**I**) bei Bzl., Diphenyl, Chlorbenzol, Brombenzol u. Jodbenzol, *Anthracen* (**II**) bei Toluol, Benzylchlorid, Benzylbromid, Benzalchlorid u. Inden. Das starke Auftreten von Dimerisations-Prodd. von Radikalen im Plasma der positiven Säule legt die Deutung der Verbb. **I** u. **II** als Dimerisate zweier Biradikale, Dehydrobenzol ($\dot{C}_6\dot{H}_4$) u. $\dot{C}_6H_4{\cdot}\dot{C}H_2$) nahe. Die Vermutung, daß das zwischen 3400 u. 4400 Å liegende Kontinuum („W"-Spektrum, vgl. l. c.) auf die Existenz von Biradikalen im Plasma hinweist, findet durch die Verss. eine neue Stütze. M.-L. Klaar. B 131□

Lösungsmitteleinfluß auf das Dipolmoment von Butanolen. Pierre Huyskens, René Henry und Guy Gillerot. (Bull. Soc. chim. France **1962**, 720—27, April; Louvain, Univ., Labor. de Chim. Phys.; franz.) — Vff. bestimmten nach Onsager [1936] die Dipolmomente von *n-Butanol, sek.-* u. *tert.-Butanol* (**I**) in Hexan (**H**) u. Cyclohexan (**C**) im Temp.-Bereich 25—55°. Die Ergebnisse zeigen, daß **H** u. **C** wesentlich inerter sind als Bzl. u. CCl_4. Dies beruht wahrscheinlich darauf, daß in den beiden letzten Lsgm. die Ausbldg. von π-Komplexen bzw. OH···Cl-Bindungen mit der Bldg. von OH···O-Bindungen konkurriert. **H** ist anscheinend noch etwas inerter als **C**, was hauptsächlich auf den Unterschied in der Polarisierbarkeit zurückgeführt wird. Die Konz.-Abhängigkeit der μ^2-Werte von **I** in den genannten Lsgm. sowie ihre Änderung mit der Temp. zeigt, daß für 1m Lsgg. bei 25° in **H** u. **C** über die Hälfte, in CCl_4 über ein Drittel der **I**-Moll. geschlossene „Ketten" bilden, während in Bzl. deren Anteil nur gering ist. Vgl. mit IR-Daten (vgl. Zagers-Huyskens, Doktorarbeit, Louvain) führt zu dem Schluß, daß es sich bei diesen „Ketten" in CCl_4 im wesentlichen um cycl. **I**-Trimere handelt, in denen die H-Bindungen nicht mehr linear sind. J. Richter. B 132□

Einfluß der Selbstionisation in Carbonsäuredimeren auf ihre dielektrische Polarisation. Henryk Ratajczak und Lucjan Sobczyk. (Roczniki Chem. [Ann. Soc. chim. Polonorum] **33**, 1397—1405, 1959; Wrocław, Uniw., Kat. Chem. fiz.; Politechn., Kat. Chem. fiz.; pol., Auszug: engl.) — Vff. messen die dielektr. Polarisation P bin. Gemische verschiedener Carbonsäuren in abs. Benzol. Es wurde gefunden, daß ΔP (Differenz zwischen der Molpolarisation nach Hedestrand $P\infty_{(eff)}$ u. der berechneten additiven Polarisation $P\infty_{(add)}$) linear von ΔpK (Differenz der pK-Werte der Säuren) abhängt. ΔP ist für bin. Gemische mit einer aromat. Carbonsäure größer als für Gemische mit zwei aliphat. Carbonsäuren. Die Bldg. komplexer Ionen in Carbonsäuredimeren ist somit als Säure–Base-Rk. aufzufassen, die im allg. zur Ausbldg. einer H-Bindung u. nur in besonderen Fällen zu einem Protonenübergang führt. In reinen Carbonsäuren ist deshalb die Konz. der komplex gebundenen Ionen gering. Die thermodynam. Werte ΔG u. ΔH der Selbstionisierung von Carbonsäuredimeren von Harris u. Alder (C. **1954**, 6201) dürften deshalb mit einem großen Fehler behaftet sein. Untersuchte bin. Gemische: *Chloressig-* (**I**)/*Benzoe-* (**II**), *Trichloressig-* (**III**)/**II**, **III**/**I**, **III**/*Phenylessig-* (**IV**), *Essigsäure* (**V**)/**IV**, **II**/**IV**, **I**/**V** u. **V**/**II**. F. Urban. B 132□

Relaxationszeiten einiger einfacher Alkylamine. Arvind Vyas und H. N. Srivastava. (J. sci. ind. Res. [New Delhi], Sect. B **18**, 195—97, Mai 1959; Lucknow, India, Univ. of Lucknow, Dep. of Phys.; engl.) — Es werden mit Hilfe der von Krishna (C. **1962**, 13705) modifizierten Debye-Gleichung in verd. benzol. Lsg. aus Messungen von DK u. Verlustwinkel die Relaxationszeiten normaler u. verzweigter Amine bei 20° bestimmt: *n-Butyl-*, 3,8 ($\cdot 10^{-12}$ s), *n-Hexyl-*, 4,6, *Diisopropyl-*, 10,4, *Di-n-butyl-*, 13,7, *Diisobutyl-* 16,2, *Triäthyl-* (I), 9,2, *Tri-n-butyl-*, 18,1. Das Dipolmoment von I wird zu 0,95 D bestimmt. K. L. Wolf. B 132□

Über die molekulare Konfiguration einiger Acetanilidderivate. Maurice Gomel, Henri Lumbroso und Daniel Peltier. (C. R. hebd. Séances Acad. Sci. **254**, 3857—59, 28/5. 1962; Sorbonne, Labor. de Chim. gén.; franz.) — Unter Anwendung der Berechnungs-Meth. von Halverstadt u. Kumler (vg.l J. Amer. chem. Soc. **64**, [1942], 2988) bestimmten Vff. die Dipolmomente in Bzl. u. Dioxan nachst. Acetanilide bei 25°: *unsubstituiert* (I), 3,60 ± 0,05 (D); 3,88 ± 0,05; *o-Chlor-*, 2,23 ± 0,05; —; *m-Chlor-* (III), 3,86 ± 0,04; 4,19 ± 0,05; *p-Chlor-*, —; 4,55 ± 0,05; *2.5-Dichlor-*, 3,45 ± 0,05; 4,02 ± 0,05; *2-Methyl-5-chlor-*, —; 5,04 ± 0,1; *o-Nitro-*, 1,66 ± 0,03; 2,21 ± 0,04; *m-Nitro-*, —; 4,95 ± 0,05; *p-Nitro-*, —; 6,64 ± 0,1; *2.4-Dinitro-*, —; 5,71 ± 0,1; *2.6-Dinitro-*, —; 3,66 ± 0,05; *2-Methyl-4-nitro-*, —; 6,91 ± 0,1; *2-Methyl-5-nitro-*, —; 6,81 ± 0,1; *2-Nitro-4-chlor-*, 1,72 ± 0,03; 2,25 ± 0,04; *2-Chlor-4-nitro-*, 5,08 ± 0,05; 5,39 ± 0,06; *2.6-Dibrom-4-nitro-*, —; 5,33 ± 0,1; *3-Methoxy-* (II), 3,73 ± 0,04; —. Auf Grund der physikochem. Eigg. von I wird postuliert, daß sich das N-Atom im Zustand eines sp^2-Hybrids befindet. Zufolge der ster. Wechselwrkg. zwischen dem Carbonyl-O u. dem o-H-Atom ist die Acetylebene um 46 ± 5° gegenüber der C_{ar}–N–C-Ebene gedreht. In Übereinstimmung mit IR-spektroskop. Befunden (vgl. Peltier u. Mitarbeiter, C. **1962**, 14078) ist dann die bevorzugte Konfiguration der Gruppierung C_{ar}—N—C=O cis–gauche. Unter Annahme dieser Struktur für I ergeben sich für die Derivv. nachst. Folgerungen hinsichtlich ihrer Zus. aus Rotationsisomeren: Die p-Derivv. sind prakt. unverändert, bei den m-Derivv. ist die cis-Form bzgl. der Bindungen N—H u. C—X begünstigt. II existiert in 4 Formen gleichen Anteils. Die o-Derivv. liegen fast ausschließlich in der cis-Form vor, u. es besteht wahrscheinlich Chelatisierung N—H··· X für X = Cl, NO_2. In den o.o-disubstituierten Moll. sind die Bindungen C_{ar}—N u. N—$C_{(OO)}$ um einen größeren ∢ verdreht als in I. I u. III erscheinen in Bzl. teilweise autoassoziiert zu sein. In Dioxan sind die oben genannten Verbb. mit dem Lsgm. assoziiert. J. Richter. B 132□

Die kernmagnetischen Resonanzspektren monosubstituierter Acetylene. Maurice M. Kreevoy, Hugh B. Charman und Daniel R. Vinard. (J. Amer. chem. Soc. **83**, 1978—83, 20/4. 1961; Minneapolis, Minn., Univ. of Minnesota, School of Chem.; engl.) — Es wurden die kernmagnet. Resonanzspektren monosubstituierter Acetylene RC≡CH mit R = *H*, *n*-C_3H_7, *n*-C_4H_9, *n*-C_5H_{11}, $ClCH_2$, $BrCH_2$, JCH_2, $HOCH_2$, $HOC(CH_3)_2$, CH_3OCH_2, $CH_3OC(CH_3)_2$, $C_6H_5OCH_2$, $(C_2H_5O)_2CH$, *OCH* (I), C_6H_5 (II; $Kp._{80}$ 75°, n_D^{25} 1,5463), $CH_2{=}CH$ (III), $HOCH_2CH_2$ in CCl_4 u. Pyridin aufgenommen. Ferner wurden die IR-Spektren einiger Mischungen von Pyridin–II–CCl_4 im Bereich 3000—3500 cm^{-1} aufgenommen. Mit Hilfe dieser beiden spektroskop. Meth. wurde eine Bldg.-Konst. von 0,1—0,2 für den H-Brückenbindungskomplex von II mit Pyridin erhalten. Die H-Brückenbindung verursacht eine Niederfeldverschiebung von ca. 1 ppm der Acetylenprotonenresonanzlinie von II u. anderen monosubstituierten Acetylenen in Pyridin. Alle Verbb. mit gesätt. Substituenten zeigen eine weitreichende Spin–Spin-Kopplungs-Konst. von 2—3 Hz. Bei I u. III konnte eine solche nicht beobachtet werden. Als Ursache hierfür werden 2 Mechanismen der Kopplungsübertragung diskutiert. Aus den Daten beider spektroskop. Meth. wurde in guter Übereinstimmung ein C—N-Abstand von 3,3 Å ermittelt. Diese Daten unterstützen ferner die Hypothese, daß der Baker-Nathan-Effekt u. induktive Effekte voneinander unabhängig sind. Von den verwendeten Verbb. wurden dargestellt: *2-Methyl-2-methoxybutin-(3)*, Kp. 81°, aus 2-Methylbutin-(3)-ol-(2) u. Dimethylsulfat in 50%ig. wss. NaOH nach 2std. Erwärmen auf 50—60°; n_D^{20} 1,4000. — *1-Methoxypropin-(2)*, Kp. 60,5°, nach der Meth. von Heilbron, Jones u. Lacey (vgl. J. chem. Soc. [London] **1946**, 27); n_D^{23} 1,3950. — *Propinal* (I), durch Oxydation von Propargylalkohol nach Wille u. Saffer (vgl. C. **1951**, I. 3028). — *1.1-Diäthoxypropin-(2)*, $Kp._{40}$ 60°, aus I u. Orthoameisensäuretriäthylester in wasserfreiem A. in Ggw. von einem Tropfen H_2SO_4; n_D^{25} 1,4098. — *Vinylacetylen* (III), nach Hennion, Price u. McKeon (vgl. C. **1960**, 10906). — *Butin-(3)-ol-(1)*, Kp. 129, nach Schulte u. Reiss (vgl. C. **1954**, 2600). — *1-Phenoxypropin-(2)*, $Kp._8$ 60°, durch 12std. Stehen einer Mischung von Phenol, NaOH u. dem Alkohol in Ae.; n_D^{25} 1,5312.
H. G. Henkel. B 137□

Die kernmagnetischen Resonanzspektren einiger Vinyläther. J. Feeney, A. Ledwith und L. H. Sutcliffe. (J. chem. Soc. [London] **1962**, 2021—23, Mai; Liverpool, Univ., Dep. of Inorgan. and Phys. Chem.; engl.) — Vff. untersuchten die NMR-Spektren von *tert.-Butyl-*, *Isopropyl-*, *Cyclohexyl-*, *Furfuryl-*, *2-Äthylhexyl-*, *Isobutyl-*, *n-Butyl-*, *Äthyl-*, *Methyl-*, *2-Chloräthyl-* u. *Dekalylvinyläther* (I) zwischen 16,2 u. 40,0 MHz u.

berechneten die Spin–Spin-Kopplungs-Konst. u. die chem. Verschiebungen nach einem ABC-Modell. Die Kopplungs-Konst. zwischen den beiden gemischten Vinyl-H-Atomen nimmt in der obigen Folge der Verbb., die mit Ausnahme von I nach steigender Elektronenanziehung der Alkylgruppen geordnet sind, von $-0{,}1$ auf $-2{,}7$ Hz ab; diejenige von I beträgt $-1{,}2$ Hz, wobei das Vorzeichen entgegengesetzt dem willkürlich gewählten der Kopplungs-Konst. der beiden cis-H des Vinylrestes ist. Anzeichen für das Vorliegen von Rotationsisomeren wurden nicht beobachtet. J. Richter. B 137□

Paramagnetische Resonanz in Kupferpropionatmonohydrat. Hidetaro Abe. (J. physic. Soc. Japan **13,** 987—97, Sept. 1958; Tokyo, Univ., Inst. für Solid State Phys.; engl.) — Vgl. C. **1959,** 9808. — Man untersucht die paramagnet. Resonanzabsorption im Zentimeterwellengebiet in Einkristallen von $Cu(CH_3CH_2COO)_2 \cdot H_2O$. Das Spektrum ist nicht normal, wie man es für einen ^2D-Zustand von Cu^{2+}-Ionen in Kristallen erwarten würde, sondern dem in Cu-Acetat–Monohydrat beobachteten ähnlich, aber komplizierter. Dies Spektrum läßt sich durch eine effektive Spin-Hamilton-Funktion mit äquivalentem Spinwert $S = 1$ erklären. Daraus könnte man folgern, daß jeder der magnet. Komplexe in dem Kristall aus einem Paar von Cu-Ionen unter starker Wechselwrkg. besteht u. aus einer bimol. Struktur, $Cu_2(CH_3CH_2COO)_4 \cdot 2\,H_2O$, wie im Falle des Acetats entstehen kann. Die Einheitszelle dieses Kristalls enthält sechs räumliche inäquivalente Paare. Vorläufige Ergebnisse von Unterss. an *Cu-Salzen der n-Buttersäure* u. *Monochloressigsäure* werden mitgeteilt. H. Laue. B 137□

Spinverteilung in Na-m-Dinitrobenzol. Raymond L. Ward. (J. chem. Physics **36,** 1405—06, 1/3. 1962; Livermore, Calif., Univ. of California, Lawrence Radiat. Labor.; engl.) — Vgl. J. chem. Physics **32,** [1960], 410 u. C. **1963, 71.** — Vf. untersucht die isotrope Hyperfeinstruktur von *Na-m-Dinitrobenzol* in 1.2-Dimethoxyäthan bei 0° unter erhöhter Auflösung u. Empfindlichkeit. Folgende, gegenüber den l. c. gefundenen geringfügig revidierten Kopplungs-Konst. (in Gauß) werden angegeben: $|A_N|$ 9,0 $\pm 0{,}2$ (komplexe NO_2-Gruppe), $|A_{N'}|$ 0,29 $\pm$ 0,02, $|A_{Na}|$ 0,29 $\pm$ 0,02, $|A_{2,6}|$ 4,2 $\pm$ 0,1, $|A_4|$ 3,34 $\pm$ 0,02 (für Proton 4), $|A_5|$ 1,42 $\pm$ 0,02. Die im früher (l. c.) untersuchten Spektrum beobachteten Dubletts an den Enden des starken u. schwachen Feldes konnten in je 10 Linien aufgelöst werden. Die zusätzlichen Aufspaltungen werden einem Kern mit dem Spin 3/2 u. einem solchen mit dem Spin 1 zugeschriebenen u. zufolge der Größe der Hyperfeinkern-Wechselwrkg. u. der Intensitätsverteilung dem Na- u. dem 2. N-Atom zugeordnet. Die Größe der Na-Aufspaltung ist zwischen $+30$ u. $-40°$ unabhängig von der Temp., u. dissoziierte Ionen werden in diesem Temp.-Bereich nicht beobachtet. Die neuen Ergebnisse beweisen, daß in Lsg. hauptsächlich ein Ionenpaar vorliegt u. die elektrostat. Wechselwrkg. zwischen Na u. m-Dinitrobenzol die Spinverteilung im Mol. bestimmt. J. Richter. B 137□

Relative Kopplungen zwischen freien Radikalen und Wasserstoff und Fluorkernen durch den Overhauser-Effekt. R. E. Richards und J. W. White. (Proc. chem. Soc. [London] **1962,** 119—20, März; Oxford, Univ., Phys. Chem. Labor.; engl.) — Wenn Lsgg. von *2.5-Di-tert.-butylsemichinon* (I) in $CHF_2(CF_2)_3 \cdot CH_2OH$, $CF_3 \cdot CH_2OH$ oder $CHF_2 \cdot CF_2 \cdot CH_2OH$ bei der Elektronenresonanzfrequenz (3-cm-Mikrowellenstrahlung, Magnetfeld 3000 Gauß) bestrahlt werden, wird die H-Kernresonanz umgekehrt u. das Verhältnis Signal: Geräuschpegel steigt 20fach an. Die F-Resonanz wird jedoch nicht umgekehrt, sie ist um einen Faktor 1,7 verstärkt. Andererseits ist die F-Resonanz beim Lösen von I in $CClF_2 \cdot Cl_2CF$ in normaler Weise umgekehrt u. 10fach erhöht. Verss. mit **I,** gelöst in Na-Trifluoracetat, ergaben Umkehr der H-Resonanz u. 20fachen Intensitätsanstieg u. Verstärkung der F-Resonanz um 1,75. Da der Effekt nach dem letzten Vers. nicht mit Spin–Spin-Kopplung zusammenhängen kann, wird angenommen, daß die Protonen sehr stark durch dipolare Wechselwrkg. mit den ungepaarten Elektronen von I gekoppelt sind. W. Schramm. B 137□

Die Feinstruktur der magnetischen Protonenresonanz in kristallin-flüssigem p-Azoxyanisol. H. Lippmann. (Ann. Physik [7] **2,** 287—312, 1958; Dresden, VEB Vakutronik; dt.) — Die Analyse des aus 3 Linienkomponenten bestehenden Protonenresonanz-Absorptionssignals der nemat. Phase des *p-Azoxyanisols* (*p.p'-Dimethoxyazoxybenzol*) wird eingehend behandelt. Einen maßgebenden Einfl. übt die Beweglichkeit der Einzelmoll. sowie die der Methylprotonen auf die die Linienform u. das mittlere zweite Moment bestimmenden kernmagnet. Dipolwechselwrkg. aus. Der Ordnungsgrad (für 90,3—136,0°) u. der mittlere Schwankungswinkel der Mol.-Längsachsen sowie der O-Valenzwinkel der Methoxygruppe ($\psi_0 = 118{,}5 \pm 0{,}25°$) wurden aus den experimentellen Daten berechnet. Die Ergebnisse werden diskutiert. Claus Fischer. B 137□

Kernmagnetische Resonanzspektroskopie. Die Stereospezifität der weitreichenden Spin–Spin-Kopplung in 1.2-Dibrom-2-phenylpropan. Donald R. Davis und John D. Roberts. (J. Amer. chem. Soc. **84,** 2252—57, 5/6. 1962; Pasadena, Calif., California

Inst. of Technol., Gates and Crellin Labor. of Chem.; engl.) — Vgl. C. **1963,** 71. — Ausgehend von α-Methylstyrol (**I**) stellten Vff. über dessen Dibromid die beiden *diastereomeren $D_{(1)}$-1.2-Dibrom-2-phenylpropane* (wahrscheinlich mit trans-Stellung der beiden Br-Atome) her. Durch Vgl. ihrer NMR-Spektren mit dem von *1.2-Dibrom-2-phenylpropan* (**II**) kommen Vff. zu dem Schluß, daß die Konst. der weitreichenden Proton–Proton–Spin-Kopplung von 0,65 **Hz** für **II** auf die Wechselwrkg. der CH_3-Gruppe mit dem trans- u. nicht mit dem gauche-Proton zurückzuführen ist. Außerdem wurden folgende Kopplungs-Konst. I (in Hz) bestimmt: **I,** $I_{1,3\text{-cis}}$ 1,5 ± 0,1; $I_{1,3\text{-trans}}$ 0,8 ± 0,1; $I_{gem.}$ 1,5 ± 0,1; *α-Methyl-β-bromstyrol* (**III**), $I_{1,3\text{-cis}}$ 1,50 ± 0,04; $I_{1,3\text{-trans}}$ 1,25 ± 0,04. Die ster. Zuordnung für cis- u. trans-**III** wurde auf Grund der Synth., physikal. Eigg. u. der Tatsache getroffen, daß cis-**III** selektiv von $(H_3B)_2$ in verd. Diglym-Lsg. angegriffen wird.

Versuche: *trans-α-Methyl-β-bromstyrol* (trans-**III**), C_9H_9Br, $Kp._{0,6}$ 58° (enthält 1% cis-**III**), aus **I** in Chlf. durch Zutropfen von Br_2 in Chlf. bei −30° u. Zugabe des rohen Dibromids zu Na/CH_3OH bei 0° innerhalb von 45 Min., Nachrühren bis zur Erwärmung auf 25° u. Chromatographie an mit Säure gewaschenem Al_2O_3; n_D^{25} 1,5872; 53% (Ausbeute; im Gemisch mit 3—6% cis-**III**). *cis*-**III**, $Kp._{0,6-0,7}$ 49—52°, durch 3 std. Bestrahlung von 95%ig. trans-**III** bei 3600 Å in Hexan in Ggw. von β-Acetonaphthon u. Chromatographie in Pentan an Al_2O_3; n_D^{25} 1,5720; 89%. — *trans-$D_{(\beta)}$-α-Methylstyrol*, $Kp._{61-62}$ 82—85° (im Gemisch mit 18% undeuterierter Verb. u. 29% cis-Isomerem), aus trans-**III** mit Li in Ae. bei −30 bis −50° (40 Min.) u. Zugabe von CH_3CO_2D in Ae.; 42%. *cis-Isomeres*, analog aus cis-**III**; 39% (im Gemisch mit 36% undeuterierter u. 21% trans-Verb.). J. Richter. B 137□

Hyperfeinstruktur im Elektronenspinresonanzspektrum des Diphenylenradikalanions. C. A. McDowell und K. F. Paulus. (Canad. J. Chem. **40,** 828—30, April 1962; Vancouver, B.C., Univ. of British Columbia, Dep. of Chem.; engl.) — Vff. untersuchten das vollständig aufgelöste Elektronenspinresonanzspektrum des *Diphenylenradikalanions* (durch Rk. des KW-Stoffes mit K) in 1.2-Dimethoxyäthan. Aus dem Spektrum wurden die Kopplungs-Konst. der beiden Typen von Protonen in Diphenylen ermittelt: $a^H_{(2)}$ = 2,76 ± 0,01 u. $a^H_{(1)}$ = 0,206 ± 0,008 Gauß. Spindichten werden ermittelt u. mit nach LCAO-Näherungen ermittelten verglichen. W. Schramm. B 137□

Beobachtungen über die Elektronenspinresonanz bei der Reduktion von Methylenblau und verwandten Verbindungen. P. B. Ayscough und C. Thomson. (J. chem. Soc. [London] **1962,** 2055—60, Mai; Leeds, Univ., Dep. of Phys. Chem.; engl.) — Vff. reduzierten *Methylenblau* (**I**) sowie *Thionin* (**II**) mit $TiCl_3$ in konz. H_2SO_4 unter N_2 u. **I, II,** *Neumethylenblau, Methylengrün, Gallocyanin* u. *Phenosafranin* (**III**) in $1{,}6\cdot10^{-3}$ m Lsg. in 23n H_2SO_4 — **I, II** u. **III** auch in 23n D_2SO_4 — in Ggw. von ca. 0,1m A. oder 0,02m Benzoesäure durch Röntgenbestrahlung (5—40 Min., Strahlungsdosis 10^{17} eV·

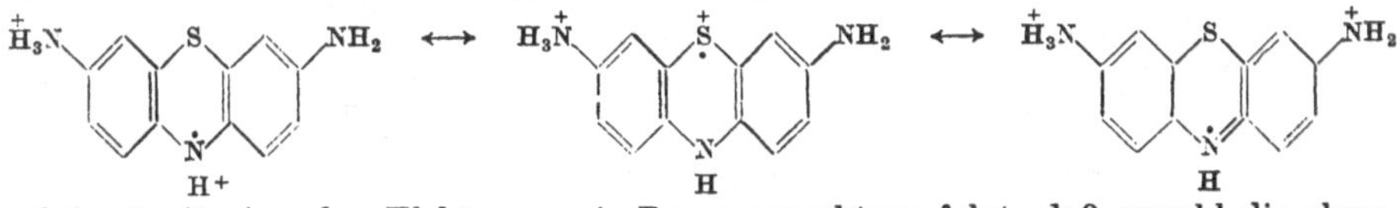

$ml^{-1}\cdot min^{-1}$). Aus den Elektronenspin-Resonanzspektren folgt, daß sowohl die chem. als auch die radiolyt. Red. zu den gleichen paramagnet. Zwischenprodd. führen. In diesen Semichinonen ist mindestens ein saures Proton dem zentralen N-Atom verhaftet, u. die Wahrscheinlichkeit, daß sich das ungepaarte Elektron am S (bzw. O)-Atom oder am N-Atom befindet, ist gleich, so daß die Ionenstruktur von z. B. **II** durch die 3 nebenst. Resonanzformen wiedergegeben werden kann. Weitere Einzelheiten der Verteilung des unpaarigen Elektrons werden auf der Basis diskutiert, daß hauptsächlich Hyperfein-Wechselwrkg. mit einer $=NH^+$-Gruppe besteht. Der Mechanismus der Bldg. u. Zerstörung der Semichinonionen bei der radiolyt. Red., bei dem A. u. Essigsäure als Stabilisatoren eine näher betrachtete Rolle spielen, ist nicht völlig geklärt u. wird diskutiert. J. Richter. B 137□

Potentiometrische Untersuchungen über die Dissoziation von Gallussäure. N. A. Ramaiah und R. K. Chaturvedi. (Proc. Indian Acad. Sci., Sect. A **51,** 177—88, April 1960; Kanpur, Nat. Sugar Inst., Dep. of Phys. Chem.; engl.) — Vff. haben die Dissoziation von *Gallussäure* (**I,** F. 252°) im Temp.-Bereich von 300—380°K mit Glaselektrode gegen Calomelelektrode gemessen. Nach einer veränderten Debye-Hückel-Gleichung wurden die Dissoziations-Konst. K berechnet (für die Gleichung $-\ln K = A/T + B + CT$ sind die Konst. A = 84,11; B = 5,59; C = $14{,}29\cdot10^{-3}$; T = °K) u. daraus weitere thermodynam. Funktionen bestimmt. Die durch Substitution der 3 Hydroxylgruppen am Benzolkern entstandenen Änderungen von pK u. ΔF gegenüber Benzoesäure wurden diskutiert. Der Radius des Anions von **I** betrug nach Berechnung aus ΔH 0,78 Å. E. Wiehr. B 139□

Dissoziationskonstante der Hydrazide von o-, m- und p-Aminobenzoesäure. Velimir D. Canić und Radmila Djordjević. (Гласник Хемиског Друштва Београд [Ber. chem. Ges. Belgrad] **23/24**, 225—28, 1958/1959; Beograd, Med. Fak., Chem. Inst.; serb., Auszug: engl.) — Für die 3 Dissoziationsstufen der Aminobenzoesäurehydrazide werden potentiometr. folgende scheinbare Dissoziations-Konst. ermittelt: *o*- pK_1 1,85, pK_2 3,47, pK_3 12,80 (zum Vgl. Äthylester pK 2,20); *m*- 2,57, 3,75, 12,45 (3,56); *p-Verb.* 2,05, 3,56, — (2,48). R. K. Müller. B 139□

Beitrag zur Kenntnis der Diffusionspotentiale. 2. Mitt. Paula S. Putanov. (Гласник Хемиског Друштва Београд [Ber. chem. Ges. Belgrad] **23/24.** 229—37, 1958/1959; Beograd, Chem. Inst.; serb., Auszug: engl.) — 1. vgl. C. **1958**, 13428. — Mit wss. Lsgg. einer der Komponenten als Zwischen-Fl. werden die Potentiale von Glaselektroden in den bin. Syst. *Ameisensäure–Pyridin* (**II**), *Essigsäure* (**I**)–**II**, **I**–*α-Picolin*, **I**–*2.6-Lutidin* u. zum Vgl. Potentiale von Hg_2Cl_2- u. H_2-Elektroden aufgenommen. Die früher festgestellten Einfl. der Diffusionspotentiale der Fl.-Schlüssel auf Form u. Lage der potentiometr. Kurven werden ebenso wie der Einfl. des Lsgm. bestätigt. Eine quant. Auswertung war wegen der experimentellen Schwierigkeiten nicht möglich.
R. K. Müller. B 140□

Die Bedeutung des kritischen Potentials bei der Kolbe-Reaktion. B. E. Conway und M. Dzieciuch. (Proc. chem. Soc. [London] **1962**, 121—22, März; Ottawa, Canada, Univ. of Ottawa, Dep. of Chem.; engl.) — Vgl. C. **1961**, 13487. — Strom–Spannungs-Kurven der anod. Polarisation von Lsgg. von *CF_3CO_2K* in CF_3CO_2H (**I**) u. *HCO_2K* in HCO_2H (**II**) an Pt zeigen das Auftreten eines krit. Potentials (Potentialsprung in der Kurve). Untersucht wurde ferner der Spannungsabfall an der Kathode nach vorhergehender anod. Polarisation der Syst. CF_3CO_2K/CH_3CO_2H an Pt, CF_3CO_2K/**I** an Au u. HCO_2K/**II** an Pd. Beide Typen der Messung deuten auf das Auftreten von passiven Oberflächenfilmen von Carbonsäuremetallsalzen auf den Elektroden als Zwischenprodd., die die krit. Potentiale verursachen. Die Übergangsbereiche in den Kurven entsprechen dann der Bldg. bzw. Entfernung dieser Filme. Berechnungen zeigen, daß die krit. Potentiale um 0,6—1,0 V über den entsprechenden reversiblen Potentialen der Decarboxylierung von **I** u. **II** liegen. W. Schramm. B 142□

Über Salze des Hydrochinonpyridins. 1. Mitt. **Polarographisches Verhalten des Hydrochinonpyridinchlorids.** Guglielmo Stagno d'Alcontres, Giovanni Faraone und Giovanni D'Amore. (Atti Soc. Peloritana Sci. fisiche, mat. natur. **3**, 119—31, 1956/57; Messina, Univ., Ist. di Chim.-Fis. e Chim. gen.; ital.) — Vff. untersuchten polarograph. das von Quilico u. Stagno d'Alcontres (vgl. C. **1950**, II. 2798) dargestellte u. strukturell noch ungeklärte „*Hydrochinonpyridinchlorid*" (**I**, $C_{11}H_9NO_2 \cdot HCl$, F. 229—229,5°) in Lsgg. zwischen $1 \cdot 10^{-3}$ u. $1 \cdot 10^{-4}$m in Ggw. von 10^{-1}m KCl u. 0,075% Gelatine bei pH ~6. Die Red.-Stufe ist gut definiert u. $E_{1/2} = -1{,}205$ V (als Vgl.-Elektrode gesätt. Kalomelelektrode). Dieses Halbstufenpotential ist unabhängig von der Konz.; der Diffusions-Koeff. $D = 4{,}76 \cdot 10^{-6}\ cm^2 \cdot s^{-1}$ bei 18°. Diese eine Red.-Stufe wird der Red. des Pyridin-N zugeschrieben; damit ist die Ggw. anderer reduzierbarer Gruppen in **I** auszuschließen. C. Gottfried. B 142□

Kritische Temperaturen der Paraffine. Jean-François Joliet und Michel Bernard. (C. R. hebd. Séances Acad. Sci. **254**, 3526—28, 14/5. 1962; Limoges, Coll. Scient. Univ.; franz.) — Vff. zeigen am Beispiel der n-Paraffine C_2—C_{10}, daß die für die krit. Temp. (in °K) nach $\log [288{,}7-(T_k/n^{1/3})] = 2{,}02 - 0{,}176n$ u. für den krit. Druck nach $\log (98{,}8 - p_k\, n^{2/3}) = 2{,}16137 - 0{,}369n$ berechneten Werte, worin n die Anzahl der C-Atome ist, sehr gut mit den experimentellen übereinstimmen. Eine analoge Beziehung, $\log [235 - (T_s/n^{1/3})] = \log 99{,}4 - 0{,}05587n$, gilt auch für die Kpp. der Paraffine ab C_8 unter normalem Druck. Demnach scheinen in langkettigen Paraffinen, in denen der Einfl. der CH_3-Gruppe abnimmt, diese charakterist. Temp. proportional $\sqrt[3]{M}$ zu sein. J. Richter. B 145□

Einfluß des elektrischen Feldes auf die Schallwellendispersion. J. R. Olson, R. R. Boade und S. Legvold. (J. chem. Physics **36**, 2233, 15/4. 1962; Ames, Iowa, Iowa State Univ. of Sci. and Technol., Engng. Exper. Stat. and Dep. of Phys.; engl.) — Vff. untersuchten den Einfl. eines elektr. Feldes auf die Relaxationszeiten (RZ) der gasförmigen Verbb. *CH_2F_2*, *CHF_3* u. *C_2H_4*, deren Dipolmomente 1,96, 1,64 u. 0,0 D betragen, wobei als indifferente Eichsubstanz *Ar* verwendet wurde. Die Verss. ergaben, daß bis zu einer elektr. Feldstärke von 9000 V/cm keine Änderungen der Schall-Geschw. u. der RZ zu beobachten waren. Die Unterss. schließen nicht die Möglichkeit aus, daß bei Anwendung noch höherer elektr. Feldstärken eine Beeinflussung der RZ durch das elektr. Feld eintreten kann. G. Gattow. B 159□

Spektroskopische Untersuchung der Fortpflanzung von Hyperschallschwingungen in viscosen Flüssigkeiten. M. Ss. Pessin und I. L. Fabelinski. (Доклады Академии Наук СССР [Ber. Akad. Wiss. UdSSR] **135**, 1114—16, 11/12. 1960; Akad. der Wiss. der UdSSR; Physik. Lebedew-Inst.; russ.) — Vgl. C. **1962**, 8862. — Die Fortpflanzungs-Geschw. (FG) von Hyperschallschwingungen (HS) in *Triacetin* (I) beim Übergang von der Fl. zum Glas u. in *Glycerin* (II) bei -70^0 u. den Temp. der größten Änderung der HS-Geschw. wird spektroskop. untersucht. Bei Anregung mit der Hg-Linie 4358 Å aus der Niederdruckentladung beträgt der Fehler der Messung der FG des HS 6—8%. Bei $+72^0$ bis -60^0 (für I) u. $+150^0$ bis -70^0 (für II) wird eine deutliche Feinstruktur der Rayleigh-Linie beobachtet. Der qual. Vgl. der experimentellen u. theoret. Kurven zeigt, daß bei HS die Übereinstimmung der Verss. mit der Relaxationstheorie besser ist als bei Ultraschall. R. K. Müller. B 159□

Einfluß der Temperatur auf den Druck gasförmiger Adsorptionsschichten von aliphatischen Alkoholen. Lina P. Guastalla und Jean Guastalla. (J. Chim. physique Physico-Chim. biol. **56**, 867—72, Okt. 1959; Paris, Fac. des Sci., Labor. de Chim. Phys.; franz.) — Es wurde die relative Oberflächenspannungsänderung (Oberflächendruck p) stark verd. wss. Lsgg. von *Propyl-*, *Butyl-* u. *Decylalkohol* (I) in Abhängigkeit von der Temp. zwischen 3 u. 23^0 bestimmt. Durch 2 verschiedene Vers.-Anordnungen wurde jede Verdampfung während der Messung verhindert. Der Anstieg der Kurve p(c) am Ursprung ändert sich für die beiden ersten Alkohole nur wenig mit der Temp., während er bei I entgegen früheren Beobachtungen anderer Autoren an konz. Filmen langkettiger Verbb. mit steigender Temp. positivere Werte annimmt. K. Roß. B 166□

Einfluß der Versuchsbedingungen auf die chromatographische Trennung von Substanzen in der Gas- oder Dampfphase. 3. Mitt. Einfluß der Struktur des Silicagels auf die Trennung gasförmiger Kohlenwasserstoffe mittels der säulenchromatographischen Methode. D. A. Wjachirew, N. P. Tschernjajew und A. I. Bruk. (Журнал Физической Химии [J. physik. Chem.] **34**, 1096—1103, Mai 1960; Gorki, Lobatschewski-Univ.; russ., Auszug: engl.) — 2. vgl. C. **1962**, 2686. — Am Beispiel von *Äthan* u. *Äthylen* in einem Gasgemisch wird gezeigt, daß mit zunehmender spezif. Oberfläche u. abnehmendem Porendurchmesser des zur Trennung verwendeten Silicagels (I) die Trennung vollständiger wird, was sich in der Zunahme des Unterschiedes der Adsorptionswärmen (Δ Q) u. des Trennfaktors (vgl. Turkeltaub u. Shuchowitzki, C. **1958**, 13587) K_1 zeigt. Ein Vgl. der Adsorptionsisothermen für *Butan* u. der daraus berechneten Adsorptions-Koeff. G, der Größe der maximalen Adsorption z u. des Verhältnisses G/z zeigt, daß sich die Adsorptionsisothermen glätten, wenn man I (Marke MSM) 1—3mal mit HCl, dann mit 0,1n KOH behandelt. Die Adsorptionsaktivität von so behandeltem I wird infolge zunehmenden Porendurchmessers u. abnehmender spezif. Oberfläche herabgesetzt, zugleich aber die Polymerisation der Olefine zurückgedrängt.
R. K. Müller. B 176□

Struktur und Retentionszeit in der Gas-Flüssigkeits-Chromatographie von ungesättigten Fettsäuren an Polyester-Substraten. G. R. Ackman. (Nature [London] **194**, 970—71, 9/6. 1962; Halifax, Nova Scotia, Fisheries Res.; Board of Canada, Technol. Stat.; engl.) — Die Abhängigkeit der relativen Retentionszeit (R_v) von der Kettenlänge u. der Stellung der Doppelbindungen bei der Gaschromatographie der Methylester ungesätt. Fettsäuren wurde an Hand von Literaturangaben untersucht. Eine Linearität der Beziehung zwischen log R_v u. der Anzahl der C-Atome in der Kette ist in solchen Reihen gewahrt, in denen die C-Zahl hinter der einzigen bzw., wenn mehrere methylenunterbrochene Doppelbindungen vorliegen, hinter der letzten Doppelbindung vor dem Kettenende gleich ist. Die einzelnen Reihen geben in der graph. Darst. parallele Linien. Damit ist eine Handhabe zur Struktur-Best. bei ungesätt. Fettsäuren gegeben.
W. Betcke. B 177□

Donatorcharakteristika der Carbonylgruppe. Denys Cook. (J. Amer. chem. Soc. **80**, 49—55, 5/1. 1958; Midland, Mich., Dow Chem. Co., Spectr. Labor.; engl.) — Es werden die Donator-Eigg. von Carbonyl-Verbb. auf der Basis des Ionisierungspotentials, der ν(C=O)-Frequenz, der ν(HCl)-Grundfrequenz von in den Verbb. gelöstem HCl u. die ν(≡C—H)-Frequenz von ebenfalls in diesen Verbb. gelöstem Phenylacetylen untersucht u. für eine Reihe von Carbonyl-Verbb. empir. Beziehungen zwischen den genannten Größen aufgestellt. Während sich die ν(C=O) als Maß für die Donatorstärke von Carbonyl-Moll. weniger eignet, können das Ionisierungspotential u. die ν(≡C—H) auf Grund ihrer gegenseitigen linearen Abhängigkeit [mit einer geringeren Genauigkeit auch ν(HCl)] als unabhängiges Maß benutzt werden. Nach den experimentellen Ergebnissen werden die Carbonyl-Verbb. X—C(O)—X′ in 2 deutlich unterscheidbare Klassen eingeteilt: Solche ohne u. andere mit Konjugation zwischen C=O u. X. Zur ersteren gehören

Phosgen, Dichloracetylchlorid, Acetylchlorid, Chlorameisensäuremethylester, Essigsäurephenylester, Trichloressigsäureäthylester, Essigsäure, Propionsäure, Buttersäure, Dimethylcarbonat, Ameisensäuremethylester, Essigsäuremethylester, Diäthylcarbonat, Diisobutylcarbonat, Essigsäureäthylester, Buttersäure-n-butylester, Acetaldehyd, Propionaldehyd, Butyraldehyd, Isovaleraldehyd, Aceton, Methyläthylketon, n-Propylmethylketon, n-Butylmethylketon u. *Cyclohexanon*; zur 2. Gruppe gehören *Formamid, Acrylsäure, Diacetyl, Acetamid, Benzaldehyd, Acrolein, N-Methylacetamid, 4-Methylpenten-(3)-on-(2), Crotonaldehyd, Acetophenon, Vinylmethylketon, N.N-Dimethylformamid, Benzophenon, N.N-Dimethyl-, N.N-Diäthyl-* u. *N.N-Di-n-butylacetamid.* J. Richter. B 182□

Die Natur der intermolekularen Kräfte in Chinhydron. Mihir Chowdhury und Sadhan Basu. (Proc. nat. Inst. Sci. India, Part A **27**, 223—31, Mai 1961; Calcutta, Univ. Coll. of Sci. and Technol., Dep. of Chem.; engl.) — Vff. berechnen mittels der LCAO–MO-Meth. die Energien der kovalenten Bindungen in *Chinhydron*-Kristallen. Sie schließen, daß diese Energie nur eine unbedeutende Rolle bei der Gesamt-Mol.-Wechselwrkg. spielt u. daß diese Wechselwrkg. nur im Falle einer zufälligen Aufhebung größerer Energiebeträge durch elektrostat., Promotions- oder Polarisationseffekte durch die schwache Energie einer kovalenten Bindung beherrscht wird. In die Überlegungen u. Berechnungen sind die *Naphthochinon-* u. *Anthrachinon-(1.4)*-Syst. mit dem jeweiligen Hydrochinon einbezogen. Ch. Zechel. B 182□

Wirkung von Harnstoff auf die Wasserstoffbindung in einigen Dicarbonsäuren. Milton Levy und John P. Magoulas. (J. Amer. chem. Soc. **84**, 1345—49, 20/4. 1962; New York, N.Y., New York Univ., Coll. of Dentistry and Graduate School of Arts and Sci., Dep. of Biochem.; engl.) — Es wird eine Meth. entwickelt zur Berechnung der freien Energien der H-Bindung zwischen Carboxylgruppen in einer Dicarbonsäure u. auch zwischen der COOH- u. COO^--Gruppe im Monoanion dieser Säure. Hierzu müssen die Titrations-Konst. zwischen Verbb. mit [z. B. *Maleinsäure* (**I**)] u. vergleichbaren Verbb. ohne H-Bindung (z. B. *Fumarsäure*) bestimmt werden. Die pK-Werte dieser Säuren u. von *Malon-, Dimethyl-, Diäthyl-, Äthylisopropylmalonsäure* sowie der *Äthylhalbester* der Säuren wurden in wss. Lsg. bei 7,25 u. 39° in Ggw. von 0—7m Harnstoff (**II**) gemessen. Nach den Meßergebnissen ist es nicht wahrscheinlich, daß **II** großen Einfl. auf die H-Bindungen hat. So beträgt die freie Energie der $COOH-COO^-$-Bindung in **I** ca. —2300 cal in W. u. ∼ —2200 cal in 7m-Lsg. von **II** bei 25°. W. Schramm. B 223□

Über die Wechselwirkung zwischen Glyoxylsäure und den biologischen Thiolen: Cystein, Cysteamin und Homocystein. Pierre Gadal und Jean-Louis Séris. (C. R. hebd. Séances Acad. Sci. **254**, 1341—43, 12/2. 1962; Toulouse, Fac. des Sci., Labor. de Physiol. végétale; franz.) — Vff. untersuchen die Reaktivität von *Cystein* (**I**) *Cysteamin* (**II**), *Homocystein* (**III**), *Thioäpfelsäure* (**IV**) u. *Glutathion* (**V**) gegenüber *Glyoxylsäure* (**VI**) (amperometr. Best. der freien SH-Gruppen mit $AgNO_3$ in NH_4OH an der Pt-Elektrode nach 5 Min. Rk.-Dauer) bei 38° in Abhängigkeit vom pH (verschiedene Citrat-, $HClO_4$- u. Phosphatpuffer). Während die Rk.-Fähigkeit von **I–III** (NH_2-Gruppe in α- oder β-Stellung bzgl. der SH-Gruppe) nahezu gleich ist, reagieren **IV** u. **V** prakt. nicht. Es zeigt sich ferner, daß die Geschw. bis pH 7 regelmäßig zunimmt u. zwischen pH 7—11 konst. bleibt. Da bis zu Konz. von 10mMol/Liter an **VI** die Menge an verbrauchtem Thiol proportional der **VI**-Konz. ist, liegt eine 1 : 1-Addition vor. Die Additions-Prodd. von **VI** mit **I** bzw. **II** sind krist. u. zeigen im UV-Spektrum ein Maximum bei 247—249 mμ (in n u. 6n HCl), ihre Struktur ist jedoch noch nicht geklärt. Das Additions-Prod. aus **VI** u. **III** zeigt keine Absorption. Alle untersuchten Prodd. sind thermolabil; nach 40 Min. langem Kochen bei pH 6,7 wird **VI** quant. in Freiheit gesetzt. J. Richter. B 223□

Wasserstoffbindung in Thiolbenzoesäure. Infrarot-, Ultraviolett-, NMR- und kryoskopische Untersuchungen. A. S. N. Murthy, C. N. R. Rao, B. D. Nageswara Rao und Putcha Venkateswarlu. (Trans. Faraday Soc. **58**, 855—59, Mai 1962; Bangalore, Indian Inst. of Sci., Dep. of Inorg. and Phys. Chem.; Aligarh, India, Muslim Univ., Dep. of Phys.; Kaupur, Indian Inst. of Technol.; engl.) — Unterss. der Konz.-Abhängigkeit des IR-(Zordnungen), UV- (Zuordnungen) u. NMR-Spektrums sowie die kryoskop. Best. des Molgew. von *Thiolbenzoesäure* (**I**) zeigten, daß **I** prakt. keine Neigung zur Dimerisation hat. Die Ausbldg. von S–H···O-Wasserstoffbindungen ist demnach nicht begünstigt. Auch werden keine deutlichen Anzeichen für das Auftreten der tautomeren Thionstruktur von **I** gefunden. W. Schramm. B 223□

Untersuchung der Löslichkeit des Acetylens in wässerigen Lösungen von Elektrolyten in Abhängigkeit von der Temperatur und der Salzkonzentration. R. M. Flid und Ju. F. Golynetz. (Известия Высших Учебных Заведений, [Иваново], Химия и Химическая Технология [Hochschulnachr. (Iwanowo), Chem. u. chem. Technol.] 2, 173—79, 1959; Moskau, Hochschule für chem. Feintechnologie; russ.) — Die Löslichkeit von C_2H_2 wird bei 25, 50 u. 70° gemessen. Die Ergebnisse sowie die jeweilige Änderung des Wärmeeffekts (ΔH), der Entropie (ΔS) u. der freien Lsg.-Energie (ΔZ) sind tabellar. gebracht. Mit steigender Temp. geht die Löslichkeit von C_2H_2 durch ein Minimum, bes. bei Salz-Lsgg., deren Kation ein Elektronenoktett besitzen. In konz. Salz-Lsg., deren Kation eine 18-Elektronenschale haben, u. in wss. $NiSO_4$, $MgSO_4$, NaCl wächst die Löslichkeit von C_2H_2 ständig. ΔH u. ΔS ändern sich in jedem Falle; ΔS steht in linearer Abhängigkeit von ΔH. Gisela Richter. B 224

Thermische unimolekulare Isomerisierung von 1-Methylcyclobuten. H. M. Frey. (Trans. Faraday Soc. **58,** 957—60, Mai 1962; Southampton, Univ., Chem. Dep.; engl.) — Die Kinetik der therm. Isomerisierung von *1-Methylcyclobuten* (**I**) wurde im Temp.-Bereich 148—200° durch gaschromat. Analyse der Rk.-Prodd. untersucht. In diesem Temp.-Bereich isomerisiert sich **I** ohne Bldg. von Nebenprodd. zu Isopren. Die Rk. verläuft homogen u. streng nach der 1. Ordnung, $k = 10^{13,79} \exp(-35100/RT) s^{-1}$. Die Rk.-Geschw. wird durch Zusätze von NO oder Propylen nicht beeinflußt u. ist unabhängig vom Druck im Bereich 5—150 mm. — **I** wurde durch Isomerisierung von Methylencyclobutan (**II**; aus Pentaerythrittetrabromid nach Roberts u. Sauer, J. Amer. chem. Soc. **71,** [1949], 3925) zu einem Gleichgewichtgemisch von **I** u. **II** durch Behandeln mit Na an Al_2O_3 bei 0° u. destillative Trennung dargestellt. Es enthält als Nebenprodd. 1,0% **II,** 1,5% Spiropentan u. 0,3% 2-Methylbuten-(1), die unter den Bedingungen der kinet. Unters. stabil sind. W. Schramm. B 225□

Isomerisierung von 2-Methylenbicyclo-[2.2.1]-heptan in flüssiger Phase über einem Silicophosphorkatalysator. Michel Blanchard und Jean-Eugène Germain. (C. R. hebd. Séances Acad. Sci. **254,** 3351—53, 7/5. 1962; Lille, Fac. des Sci., Labor. de Chim. gén. et organ.; franz.) — Vgl. Bull. Soc. chim. France **1960, 473.** — Bei der Isomerisierung von Norcamphen (2-Methylenbicyclo-[2.2.1]-heptan, **I**; aus Cyclopentadien u. Acrolein) in fl. Phase über einem Silicophosphorkatalysator (1½ Std. unter Temp.-Anstieg von 140 auf 200°) entstehen nicht die l. c. beschriebenen, in der Dampfphase erhaltenen Prodd., sondern es wird ausschließlich die dort nur in geringer Menge erhaltene u. nicht identifizierte leichte Fraktion erhalten, aus der Vff. folgende Verbb. isolieren konnten: *1-Methylbicyclo-[2.2.1]-hepten-(2)* (Kp. 106,5°, n_D^{20} 1,4510; 2—3% Ausbeute; auch durch Pyrolyse von 1-Methylbicyclo-[2.2.1]-heptyl-(2)-xanthogenat), *2-Methylbicyclo-[2.2.1]-hepten-(2)* (Kp. 120—121°, n_D^{20} 1,4630; ca. 16%; Hydrierung über Adams-Pt in der Kälte → *2-Methylbicyclo-[2.2.1]-heptan*) u. *1-Methyltricyclo-[2.2.1.0^{2,6}]-heptan* (Kp. 114—114,5°, n_D^{20} 1,4555; ca. 12%; Hydrogenolyse in der Dampfphase bei 160° über Pt/Al_2O_3 → *1-Methylbicyclo-[2.2.1]-heptan*). Vorliegende u. die l. c. beschriebenen Isomerisierungen können auf Basis der Theorie der Carboniumionen, die im allg. als Zwischenstufen der Säurekatalyse angenommen werden, erklärt werden. J. Richter. B 225□

Eine durch Reduktion mit Jodwasserstoff hervorgerufene Umlagerung. G. R. Delpierre und M. Lamchen. (Proc. chem. Soc. [London] **1962,** 118, März; Cape Town, South Africa, Univ. of Cape Town, Dep. of Chem.; engl.) — 2-[2.3-Dihydroxypropyl]-5.5-dimethyl- (**I**) u. 2-[1.3-Dihydroxypropyl]-(2)-5.5-dimethylpyrrolidin (**II**) wurden mit heißer HJ behandelt, um die OH-freien Verbb. zu bekommen. **I** lieferte das erwartete *2-n-Propyl-5.5-dimethylpyrrolidin* (**III**), **II** dagegen nur eine geringe Menge an *2-Isopropyl-5.5-dimethylpyrrolidin,* Haupt-Prod. war ebenfalls **III.** Rückschlüsse auf die Struktur, die aus den Ergebnissen der Red. von 1.3-Glykolen mit HJ gezogen wurden, sind daher nicht gültig. **I** wurde durch Rk. von Δ^1-5.5-Dimethylpyrrolin-N-oxid mit Allyl-MgBr zum 1-Hydroxy-2-allyl-5.5-dimethylpyrrolidin u. dessen Hydroxylierung mit HCOOOH u. anschließende Red. dargestellt. **II** wurde durch Bishydroxymethylierung der reaktiven Methylgruppe von Δ^1-2.5.5-Trimethylpyrrolin-N-oxid mit Paraformaldehyd u. anschließende Red. erhalten. W. Schramm. B 225□

Inhibierung der Oxydation von Cumol durch Tetralinhydroperoxid. J. R. Thomas und C. A. Tolman. (J. Amer. chem. Soc. **84,** 2079—80, 5/6. 1962; Richmond, Calif., California Res. Corp.; engl.) — Die durch $4 \cdot 10^{-3}$ Mol Azo-bis-[isobutyronitril] katalysierte Oxydation einer 4m Lsg. von *Cumol* bei 57° wird durch 10^{-3} Mol Tetralinhydroperoxid (**I**) erheblich verzögert. Diese Tatsache wird damit erklärt, daß gebildete Cumolperoxy-Radikale (**II**) dem **I** unter Bldg. von Tetralinperoxy-Radikalen (**III**) H entziehen u. daß die Endrkk. zwischen den **III** untereinander sowie von **III** mit **II** schneller ablaufen als die der **II** untereinander. Die Geschw.-Konst. der Rk. **II** + **I** → RO_2H + **III** wird zu 12 Liter·$Mol^{-1} \cdot s^{-1}$ gefunden. Zugabe von Cumolhydroperoxid bis zu $5 \cdot 10^{-2}$ Mol hatte auf die Oxydations-Geschw. in Ggw. von oder ohne **I** keinen Einfluß. Auch Zugabe

von Tetralin bis zu 0,03 Mol blieb ohne Wrkg., wodurch der Entzug von normalem Tetralin-H ausgeschlossen wird. Ein kinet. meßbarer Isotopeneffekt konnte bei Verw. von 10^{-3} u. $5 \cdot 10^{-3}$ Mol Tetralindeuteroperoxid an Stelle von I nicht beobachtet werden. Eine mögliche Erklärung für die letztgenannte Beobachtung wäre, daß I unter den Rk.-Bedingungen als cycl. Dimeres vorliegt, wodurch die Ausbildung eines linearen Übergangszustandes mit gleich starker Bindung von H an beide Reaktanten verhindert wird.
J. Richter. B 225□

Der Mechanismus der Oxydation von p-Cymol. Harold Boardman. (J. Amer. chem. Soc. **84,** 1376—82, 20/4. 1962; Wilmington, Del., Hercules Powder Co., Res. Center; engl.) — Vf. untersuchte die Kinetik der Oxydation von *p-Cymol*, die durch K-Persulfat, α.α'-Azodiisobutyronitril bzw. 1.1'-Azo-bis-[1-cyancyclohexan] (I) initiiert wurde, nach einer differentiellen (Best. der Anfangs-Geschw. des O_2-Verbrauchs) u. einer integralen Meth. (Best. der Konz. der gebildeten Peroxide durch jodometr. Titration) bei Temp. zwischen 57 u. 82°. Hauptprod. der Rk. ist p.α.α-Trimethylbenzylhydroperoxid (**II**) neben geringeren Mengen p-Isopropylbenzylhydroperoxid (**III**), p-Methylacetophenon (**IV**) u. 8-Hydroxy-p-cymol (**V**). Es wird gezeigt, daß **III** u. **V** bei Cooxydations-Rkk. u. **II** u. **IV** in der Abbruchs-Rk. gebildet werden. — **I**, $C_{14}H_{20}N_4$, F. 113° (A./W.), durch Zugabe von 98 g Cyclohexanon u. Dioxan zu 65 g KCN u. 65 g Hydrazinsulfat in W. u. 41 std. Rühren bei Zimmer-Temp., Lösen der gebildeten Kristalle in abs. A., Sättigen mit HCl, Kühlen mit Eis u. Zutropfen einer Lsg. von 157 g Br_2 in A.; 18 g Ausbeute.
W. Schramm. B 225□

Glycerinolyse von Methylstearat. Hiroshi Sakurai und Yoshiki Okamoto. (Mem. Inst. sci. ind. Res., Osaka Univ. **14,** 219—24, 1957; engl.) — Bei der Rk. zwischen *Methylstearat* u. *Glycerin* mit KOH oder Na-Methylat als Katalysator werden Temp. u. Lsgm. [Pyridin (Py), Dioxan, Phenol bzw. tert.-Butylalkohol] variiert. Neben Monoglycerid (I) werden Di- u. Triglycerid erhalten. Die Ausbeute an I wird bei Steigerung der Temp. von 40 auf 170° erhöht; oberhalb 220° erfolgt Zersetzung. Die besten Resultate ergeben Py u. bes. tert.-Butylalkohol. Hannelore Henze. B 225□

Kupferkatalysierte, nucleophile aromatische Substitutionen in organischen Lösungsmitteln. R. G. R. Bacon und H. A. O. Hill. (Proc. chem. Soc. [London] **1962,** 113—14, März, Belfast, Northern Ireland, Queen's Univ., Dep. of Org. Chem.; engl.) — Vff. berichten zusammenfassend über Halogensubstitutionen am aromat. Kern in Ggw. von Cu(I)-Verbb. in organ. Lösungsmitteln. Die Rkk. lassen sich wiedergeben durch a) ArHalogen + CuX → ArX, b) ArHalogen + Cu_2O + nucleophiles Reagens (X^- oder HX, z. B. Phenol) → ArX, c) ArHalogen + Cu_2O + H-Quelle (z. B. Carbonsäure oder komplexes Hydrid) → ArH. 2 ArHalogen → Ar·Ar wurde nicht beobachtet. Die Rkk. wurden allg. bei 110—180° durchgeführt. Andere Metallionen, metall. Cu oder Cu(II)-Salze hatten keinen katalyt. Effekt. Lsgm. waren in der Reihenfolge ihrer Wrkg.: 2-substituierte Pyridine, Benzonitril < Pyridin, γ-Picolin < tert. Amide < Dimethylsulfoxid (I). Rk.-Geschw.-Konst. wurden mit Hilfe der Gaschromatographie ermittelt. Unter geeigneten Bedingungen liefert Rk. a) Geschw.-Konst. 2. Ordnung. Die Rkk. wurden durch Li-Halogenide u. chelatisierende Verbb., z. B. 2.2'-Bipyridyl, inhibiert. Der Lsgm.-Einfl. war vorherrschend: Die Rk.-Geschw. unterscheidet sich 200fach bei Rk. in Chinolin u. I. Der Substituenten-Einfl. ist gering: bei Rk. der Verbb. von Typ p-Y·C_6H_4·Halogen reagiert die Verb. mit Y = NO_2 5mal schneller als die mit Y = H oder OCH_3. Bei den 1-Halogennaphthalinen ist die Substitution erleichtert in der Reihenfolge J > Br > Cl, F, der Angriff des nucleophilen Partners folgt der Reihe (für X in CuX) Cl > Br > J > CN, SC_6H_5. Die Substitutionen verlaufen oft quant. u. geben gute Ausbeuten. Es wird angenommen, daß vor der Substitution die Bldg. eines Assoziats zwischen Aryl-Verb. u. Cu-Komplexen (mit z. B. Lsgm.-Moll. oder Anionen als Liganden) stattfindet. W. Schramm. B 225□

Das ortho-para-Verhältnis bei der aromatischen Substitution. 2. Mitt. **Die Chlorierung mit tert.-Butylhypochlorit.** D. R. Harvey und R. O. C. Norman. (J. chem. Soc. [London] **1961,** 3604—10, Sept.; Oxford, Dyson Perrins Labor.; engl.) — 1. vgl. C. **1962,** 1561. — Vff. untersuchen die prozentuale Zus. der o-, m- u. p-Chlor-Verb., die bei der Chlorierung bei 25° von *Anisol* mit tert.-Butylhypochlorit (**II**; Kp. 78°) in CCl_4 (o- 23,0; p-Deriv. 77,0), Dioxan (20,0; 80,0), Acetonitril (20,5; 79,5), tert.-Butanol (20,1; 79,9), Essigsäure (**III**; 33,5; 66,5) u. **III**/H_2SO_4 (35,5; 64,5), mit Cl_2 in CCl_4 (20,5; 79,5) u. Cl^+ ($AgClO_4$, Cl_2) in W. (34,9; 65,1), von *Chlorbenzol* mit **II** in **III** (o- 44,9; m- 1,1; p-Deriv. 54,0), mit **II** in **III**/H_2SO_4 (44,1; 1,4; 54,5) u. Cl^+ in CCl_4/W. (39,7; 1,6; 58,7), von *Phenol* (**I**) mit **II** in CCl_4 (o- 51,0; p-Deriv. 49,0), in H_2SO_4 (50,8; 49,2), mit Cl_2 in CCl_4 (74,0; 26,0), in geschmolzenem **I** (39,5; 60,5), mit Cl^+ in W. (51,4; 48,6) u. des **I**-Anions mit **II** in 4n NaOH (78,0; 21,1), mit HClO in W. (80,7; 19,3), mit **II** in

15n NaOH bei 50° (81,3; 18,7), in 15n KOH bei 50° (78,9; 21,1) u. in 3,5n Methyltriäthylammoniumhydroxid (63,0; 37,0) entstehen. *Toluol* reagiert mit **II**, bes. in Ggw. von 2.2′-Azoisobutyronitril, unter Bldg. von Benzylchlorid; in Ggw. einer Säure wird ein Gemisch von Chlortoluolen gebildet, welches gaschromatograph. nicht getrennt werden konnte. Aus den Ergebnissen schließen Vff., daß in saurem Medium aus **II** das sehr reakt. Cl^+ gebildet wird, dagegen in nichtsaurem Medium **II** langsam unter Bldg. mol. Cl_2 zerfällt. Die große Ausbeute an o-Chlorphenol aus **I** u. Cl_2 bzw. dem Anion u. **II** wird mit einem 6gliedrigen cycl. Übergangszustand erklärt. Die prozentuale Zus. der Chlor-Verb. wird gaschromatograph. bestimmt; die Retentionszeiten der Chloranisole u. Dichlorbenzole sind tabellar. angegeben. — *m-Chloranisol*, durch Rk. von m-Chlorphenol mit Dimethylsulfat. — *o-Dichlorbenzol*, durch Rk. nach Sandmeyer aus o-Chloranilin. J. Weiner. B 225□

Das ortho-para-Verhältnis bei der aromatischen Substitution. 3. Mitt. **Eine generelle Diskussion.** R. O. C. Norman und G. K. Radda. (J. chem. Soc. [London] **1961**, 3610—16, Sept.; engl.) — 2. vgl. vorst. Referat. — Vff. untersuchen die prozentuale Zus. der o-, m- u. p-Chlor-Verb., die bei der Chlorierung bei 25° von *Nitrobenzol* (o- 17,6; m- 80,9; p-Deriv. 1,5), *Benzonitril* (**I**; 23,2; 73,9; 2,9), *Benzaldehyd* (**II**; 30,7; 63,5; 5,8), *Trifluormethyl-* (15,7; 80,2; 4,1), *Brom-* (**III**; 39,7; 3,4; 56,9) u. *Chlorbenzol* (**IV**; 36,4; 1,3; 62,3) mit Cl^+ entstehen u. vergleichen diese u. die bei *Toluol* (**V**) u. *Anisol* mit der Zus., die sich bei der Nitrierung der Verbb. u. der von Fluorbenzol ergibt. Dabei sind die Verhältnisse ähnlich. Ein Beweis für eine spezif. o-Wechselwrkg. bei den Rkk. liegt nicht vor, doch ist ein Einfl. elektron. Faktoren auf die Zus. deutlich. Besitzen die Verbb. eine große Reaktivität, so wird das o:p-Verhältnis durch die relative Elektronendichte im Grundzustand bestimmt. Im anderen Fall wird das Verhältnis durch den Substituenteneffekt auf die Ladungsverteilung der Wheland-Übergangszustände bestimmt, was auch dadurch bewiesen wird, daß der Betrag der Ladung am Kern-C-Atom in der Reihe p $>$ o $>$ m fällt. Für **V** sind die Partial-Geschw.-Faktoren der o- u. p-Substitution zusammengefaßt. Die prozentuale Zus. der Cl-Verbb. wird gaschromatograph. bestimmt; die Retentionszeiten sind tabellar. angegeben. Ferner wird die Zus. der Rk.-Prodd. von **I**, **II**, **III** u. **IV** IR-spektroskop. bestimmt, es sind charakterist. Wellenlängen der Verbb. angegeben. J. Weiner. B 225□

Das ortho-para-Verhältnis bei der aromatischen Substitution. 4. Mitt. **Die Nitrierung von Biphenyl.** C. J. Billing und R. O. C. Norman. (J. chem. Soc. [London] **1961**, 3885—88, Sept.; engl.) — 3. vgl. vorst. Referat. — Vff. untersuchen die prozentuale Zus. an 2- u. 4-Nitro-Verb., die bei der Nitrierung von *Biphenyl* (**I**) mit HNO_3 in Acetanhydrid [**II**; 2- (F. 36°) 69,2; 4-Deriv. (F. 113°) 30,8; Temp. 0°], mit HNO_3 in Essigsäure (64,4; 35,6; 0°), mit HNO_3/H_2SO_4 (1:5) in Nitrobenzol (65,0; 35,0; 0°) u. HNO_3/H_2SO_4/**I** (heterogen; 42,3; 57,7; 0°; 43,1; 56,9; 35°) entstehen. Es wird vermutet, daß die Umkehr des o-p-Verhältnisses bei der heterogenen Rk. durch eine ebene Struktur von **I** im festen Zustand bedingt ist, so daß keine ster. Erleichterung der o-Substitution möglich ist. Die Partial-Geschw.-Faktoren für die Nitrierung von **I** in **II** werden für die 2- mit 36,4 u. für die 4-Stellung mit 32,6 angegeben. Die prozentuale Zus. der beiden Verbb. wird gaschromatograph. bestimmt; die Retentionszeiten sind angegeben. 3-Nitrobiphenyl (F. 61°, PAe., durch eine modifizierte Gomberg-Rk. aus m-Nitroanilin u. Bzl.) konnte nach dieser Meth. nicht bestimmt werden, doch liegt der prozentuale Anteil, bestimmt durch die F.-Depression des 4-Deriv., unter 2%. J. Weiner. B 225□

Das ortho-para-Verhältnis bei der aromatischen Substitution. 5. Mitt. **Nitrierung durch gemischte Säuren und Acetylnitrat.** J. R. Knowles und R. O. C. Norman. (J. chem. Soc. [London] **1961**, 3888—91, Sept.; engl.) — 4. vgl. vorst. Referat. — Vff. untersuchen die prozentuale Zus. der o-, m- u. p-Nitro-Verb., die bei der Nitrierung bei 25° von *Toluol* mit Acetylnitrat (**I**; o- 56,1; m- 2,5; p-Deriv. 41,4) u. mit 1:1-HNO_3/H_2SO_4 (56,0; 2,4; 41,6), *Phenylessigsäureäthylester* (54,3; 13,1; 32,6 u. 41,7; 24,6; 33,7), *Benzylmethyläther* (51,3; 6,8; 41,9 u. 28,6; 18,1; 53,3), *Benzylchlorid* (33,6; 13,9; 52,5 u. 34,4; 14,1; 51,5), *Benzylcyanid* (24,4; 20,1; 55,5 u. 22,0; 20,7; 57,3), *Phenylnitromethan* (22,5; 54,7; 22,8 u. 22,2; 53,1; 24,7), *Methylphenäthyläther* (62,3; 3,7; 34,0 u. 31,6; 9,4; 59,0) u. von *Methyl-3-phenylpropyläther* (44,2; 3,8; 52,0 u. 37,3; 5,9; 56,8) entstehen. Eine Übereinstimmung der Ergebnisse der beiden Nitrierungs-Verff. wird bei den Verbb. beobachtet, deren Seitenketten keine bas. Eigg. besitzen, bei denen also bei der Rk. in HNO_3/H_2SO_4 nicht die konjugierte Säure der Verb. teilnehmen kann. **I** zeigt eine verstärkte o-Reaktivität. Vff. diskutieren einen früher vorgeschlagenen Rk.-Mechanismus, der die nucleophilen Eigg. eines Heteroatoms in der Seitenkette u. stereochem. Faktoren berücksichtigt. J. Weiner. B 225□

Fragen des Reaktionsvermögens und Orientierung in der Theorie der Nitrierung aromatischer Verbindungen nach dem Ionenkomplextyp. A. I. Titow. (Органические Полупродукты и Красители, Сборник Статей [Org. Zwischenprodukte Farbstoffe, Samml. Aufsätzen] **2,** 46—76, 1961; russ.) — Übersicht über die Theorie der Nitrierung aromat. Verbindungen. Bldg. von Ionenkomplexen des nitrierenden Agens, Polarisierung der organ. Moll. u. dirigierender Einfl. der Substituenten werden diskutiert. — 99 Literaturangaben. Helmut Schäfer. B 225

Hydrolyse eines Esters mit benachbarter Carboxyl- und quartärer Ammoniumgruppe. J. A. Shafer und H. Morawetz. (J. org. Chemistry **27,** 2269—70, Juni 1962; Brooklyn, N.Y., Polytechn. Inst. of Brooklyn, Dep. of Chem.; engl.) — Vgl. C. **1958,** 12356. — Vff. untersuchten die Kinetik der Hydrolyse von *Phthalsäure-mono-[β-dimethylaminoäthylester]* [I; $C_{12}H_{15}NO_4$, F. 160—170° (Zers.; A.), aus Phthalsäureanhydrid u. Dimethylaminoäthanol, 6 Std. bei Raum-Temp.] im pH-Bereich von 1—8 bei 75,5°. **I** ist wesentlich reaktiver als Phthalsäuremonomethylester (**II**; vgl. Bender u. Mitarbeiter, C. **1959,** 6755), die Geschw.-Konst. (Pseudo-k_1) von **I** ist aber im Gegensatz zu der von **II** im pH-Bereich der Carboxyldissoziation unabhängig vom pH. Es wird geschlossen, daß in diesem pH-Bereich die Hydrolyse sich im wesentlichen durch direkten Angriff von W. an der Estergruppe vollzieht. Ein evtl. intramol. Angriff seitens der COOH-Gruppe, der zur beobachteten Hydrolysen-Geschw. beitragen könnte, liegt innerhalb des experimentellen Fehlers. Offenbar reicht der Einfl. der kation. Gruppe nicht aus, um einen meßbaren COOH-Angriff hervorzurufen. Für **I** wurde bei pH 6,06 im Temp.-Bereich 34,5—75,5° die Aktivierungsenergie zu 23,4 kcal/Mol bestimmt. J. Richter. B 225□

Induktive Konstanten für den Cyclohexyl- und Cyclohexen-(3)-yl-Rest. Charles F. Wilcox jun. und Shyam S. Chibber. (J. org. Chemistry **27,** 2210—12, Juni 1962; Ithaca, N.Y., Cornell Univ., Dep. of Chem.; engl.) — Folgende k_2-Werte [$Mole^{-1} \cdot s^{-1}$] bei 25,0° in 70%ig. wss. Aceton wurden für die basen (NaOH)- u. [säure(HCl)]-katalysierte Hydrolyse nachst. Verbb. gemessen: *Essigsäureäthylester,* $5{,}4 \cdot 10^{-2}$ [$4{,}6 \cdot 10^{-5}$]; *Cyclohexancarbonsäureäthylester* ($Kp._{23}$ 97°, aus nachst. Verb. durch Red. über 10%ig. Pd-Kohle in 95%ig. A.; n_D^{25} 1,4387; 62% Ausbeute), $(1{,}74 \pm 0{,}03) \cdot 10^{-3}$ [$(7{,}2 \pm 0{,}4) \cdot 10^{-1}$]; u. *Cyclohexen-(3)-carbonsäureäthylester* ($C_9H_{14}O_2$, $Kp._{23}$ 84°, aus Äthylacrylat u. Butadien in Ggw. von Hydrochinon bei 160—165°, ½ Std. im Rohr; n_D^{25} 1,4540; 93%), $(4{,}86 \pm 0{,}00) \cdot 10^{-3}$ [$(8{,}8 \pm 0{,}4) \cdot 10^{-6}$]. Aus diesen k_2-Werten berechneten Vff. nach der Taftschen Gleichung $\sigma^* = (1/2{,}48)\,[\log(h/h_0)_B - \log(k/k_0)_A]$ für den Cyclohexylrest σ^* zu $-0{,}26 \pm 0{,}02$ u. für den Cyclohexen-(3)-ylrest zu $-0{,}12 \pm 0{,}02$. Die Gültigkeit der beiden σ^*-Werte wird bes. im Hinblick auf ster. Einfl. diskutiert mit dem Ergebnis, daß im Vgl. zum Diäthylcarbinylrest ($\sigma^* = -0{,}23$) die Cyclohexylgruppierung ster. Einfl. weniger unterliegt. Die Relation dieser beiden σ^*-Werte stimmt auch vom Standpunkt der I-Effekte aus. J. Richter. B 225□

Der Mechanismus des elektrophilen Wasserstoffaustausches in Pyridinderivaten. A. R. Katritzky und B. J. Ridgewell. (Proc. chem. Soc. [London] **1962,** 114, März; Cambridge, Univ., Chem. Labor.; engl.) — Vff. untersuchten den Wasserstoffaustausch an Pyridinen durch Tritiierung der Verbb. in wss. H_2SO_4 durch Erhitzen der Mischungen vom bekannten H^0-Wert bei konst. Temp. im geschlossenen Rohr. *Pyridin* tauscht bei 207° u. $H^0 = -12$ beim Erhitzen bis zu 40 Std. nicht aus; *2.6-Lutidin, 2.4.6-Kollidin* (**I**) u. *1.2.4.6-Tetramethylpyridiniumsulfat* (**II**) tauschten ca. $^2/_9$, $^2/_{11}$ u. $^2/_{14}$ ihres H-Geh. aus, der Austausch findet danach wahrscheinlich an den Stellungen 3 u. 5 statt. Der Austausch verlief nach Geschw.-Konst. 1. Ordnung (Tabb.). $^{10}\log k$ gegen H^0 aufgetragen, gab Geraden für **I** u. **II** mit dem Anstieg 0,6 bzw. 0,82. Die Ergebnisse deuten darauf hin, daß der Austausch bei **I** über die konjugierte Säure verläuft. W. Schramm. B 225□

Die Kinetik der Zersetzung von Tetramethylmurexid in sauren Lösungen. R. K. Chaturvedi. (Naturwissenschaften **48,** 643—44, 2. Okt.-H. 1961; Kanpur, India, H. B. Technological Inst., Dep. of Phys. Chem.; engl.) — Vf. bestimmte spektrophotometr. die Rk.-Geschw.-Konst. der Zers. von *Tetramethylmurexid* in HCl-saurer Lsg. zu k_1 30° $9{,}48 \pm 0{,}2 \cdot 10^{-1}$ ($Liter \cdot Mol^{-1} \cdot s^{-1}$). J. Weiner. B 225□

Hydrolyse von 2-substituierten 4.6-Dichlor-1.3.5-triazinen. H. Koopman. (Recueil Trav. chim. Pays-Bas **81,** 465—74, Mai 1962; Weesp, Netherlands, N. V. Philips-Duphar, Res. Labor.; engl.) — Vf. fand folgende K_1-Werte (h^{-1}) für die Kinetik der Hydrolyse des ersten Chloratoms von 4.6-Dichlor-1.3.5-triazinen bei 40° in wss. Aceton [Verhältnis Aceton: W = 1:1; falls anders, in () angegeben]: *2-n-Butoxy-* 0,09; 0,025 (3:1); 0,009 (9:1); *2-Isopropoxy-* 0,09; *2-Allyloxy-* 0,21; *2-[3-Propylmercaptopropoxy]-* 0,16; *2-[2-Äthoxyäthoxy]-* 0,27; *2-[2-Phenoxyäthoxy]-* 0,25; *2-[2-p-Nitrophenoxyäthoxy]-* 0,30; *2-Benzyloxy-* 0,21; *2-Phenoxy-* 0,58; *2-n-Butylmercapto-* 0,12; 0,037

(3:1); 0,012 (9:1); *2-Isoamylmercapto-* 0,12; *2-Allylmercapto-* 0,18; *2-[2-Äthoxyäthylmercapto]-* 0,25; *2-Phenylmercapto-* 0,30; *2-[p-Tolylmercapto]-* 0,27; *2-[o-Nitrophenylmercapto]-* 0,80; *2-Phenyl-* 0,03 (3:1); *2-[p-Methoxyphenyl]-* 0,01 (3:1); *2-[p-Methylmercaptophenyl]-* 0,02 (3:1); *2-[p-Methylsulfonylphenyl]-* 0,22 (3:1); *2-[p-Nitrophenyl]-* 0,25 (3:1); *2-[p-Nitrophenoxy]-* 0,76 (3:1); *2-[2-Phenoxyäthylmercapto]-* 0,09 (3:1). Es zeigt sich also, daß die Verbb. um so stabiler sind, je stärker elektronegativ der Substituent in 2-Stellung ist. Die erhaltenen Werte für die 2-p-substituierten Phenyl-4.6-dichlortriazine folgen der Hammett-Gleichung mit $\varrho = -1{,}33$. J. Rothe. B 225□

Die Kinetik der Hydrolyse von Homatropin. J. L. Patel und A. P. Lemberger. (J. Amer. pharmac. Assoc., sci. Edit. **47,** 878—82, Dez. 1958; Madison, Wis., Univ. of Wisconsin, School of Pharm.; engl.) — Unterss. der chem. Kinetik der durch Hydroxylionen katalysierten Hydrolyse von *Homatropin* (I) zeigen, daß der hydrolyt. Zerfall in 2 Rkk. erfolgt. Die Aktivierungsenergie der 2 Rkk. beträgt bei der freien Base 12,3 (kcal/Mol), bei dem Salz (Hydrobromid) 11,4. Der Zerfall der freien Base erfolgt 5mal so schnell wie der der freien Base des Atropins (II), der Zerfall der Salzform von I erfolgt 8mal so schnell wie der der Salzform von II. P. Becker. B 225

Die Reaktionen von Hydroxylamin und seines O-Methylderivats mit Carvon. G. Baddeley und K. Brocklehurst. (Proc. chem. Soc. [London] **1962,** 145, April; Manchester, Manchester Coll. of Sci. and Technol.; engl.) — Es wird gefunden, daß im Gegensatz zu Beobachtungen von Jencks (C. **1959,** 10861) *O-Methylhydroxylamin* (I) in neutraler oder fast neutraler Lsg. mit *Carvon* (II) wesentlich langsamer reagiert als NH_2OH. Die von Jencks gefundene Ähnlichkeit der relativen Rk.-Geschw. u. ihrer pH-Abhängigkeit zwischen I u. NH_2OH bei deren Rk. mit Aldehyden u. Ketonen gilt für II nur hinsichtlich der Bldg. seines Oxims bzw. des O-Methyloxims. II kann aber — anders als die von Jencks benutzten Verbb. — als α,β-ungesätt. Keton außer Oxim-Bldg. das Reagens an die konjugierte Doppelbindung addieren. Diese Addition verläuft in neutralem Medium für NH_2OH ca. 30mal rascher als die Oxim-Bldg. u. ist verantwortlich für die Unterschiede zwischen NH_2OH, seinem O-Benzyl-Deriv. u. I. Im pH-Bereich 4—8 gilt für die Oxim-Bldg. $d[\text{Oxim}]/dt \propto [\text{II}][^{+}NH_3OH] \propto [\text{II}][NH_2OH]\cdot[H_3O^+]$, für die Addition $d[\alpha.\beta\text{-Addukt}]/dt \propto [\text{II}][NH_2OH]$. Für I erfolgt die Addition nicht nur viel langsamer, sondern folgt bei pH ~10 hinsichtlich II der 2. Ordnung. Dies steht im Einklang mit der Annahme, daß 1 Mol. II die Addition von I an ein 2. Mol. II (Rk. zwischen I–II-Addukt u. dem II-Carbonyl) katalysiert, wobei die 1. Stufe als die Umkehrung einer cis-Eliminierung durch ein Aminoxid erscheint.
J. Richter. B 225□

Kinetik und Mechanismus der katalytischen Umwandlungen des Acetylens. 4. Mitt. Über den Mechanismus der Bildung disubstituierter Äthanderivate aus Acetylen. R. M. Flid. (Журнал Физической Химии [J. physik. Chem.] **34,** 1773—77, Aug. 1960; Moskauer Lomonossow-Inst. für chem. Technol.; russ., Auszug: engl.) — 3. vgl. C. **1961,** 5032. — Übersicht über die Anlagerung von HX (X = CN, Cl, Br, J, CH_3COO u. a.) an C_2H_2 in Ggw. eines Katalysators u. thermodynam. u. kinet. Betrachtung. Die Gleichgewichts-Konst. der Anlagerung von HX an die entsprechenden Prodd., $CH_2 = CHX$, unter Bldg. der symm. u. asymm. disubstituierten Äthane werden für das Temp.-Intervall 300—600° berechnet. Thermodynam. wahrscheinlicher erweist sich die Bldg. von symm. disubstituierten Äthanen. Von den unsymm. Prodd. sind $CH_3CH(OCOCH_3)_2$, CH_3CHCl_2 u. CH_3CHBr_2 nur in sehr geringen Mengen im Gleichgewicht vorhanden. Zum Teil in der Literatur gefundene höhere Ausbeuten werden auf die trimol. Rk. $C_2H_2 + 2\,HX \rightarrow CH_3CHX_2$ zurückgeführt. Betrachtung der katalyt. Wrkg. von Hg-Salzen. Wolfram Köhler. B 225□

Der Mechanismus der Diels-Alder-Reaktion. M. J. S. Dewar. (Tetrahedron Letters [London] **1959,** Nr. 4, 16—18, Mai; London, Queen Mary College; engl.) — Nach den von Woodward u. Katz (C. **1959,** 12507 u. nachst. Ref.) vorgeschlagenen Mechanismus der Diels-Alder-Rk., die danach in 2 Stufen verlaufen soll, ist nur ein geringer Unterschied zwischen den Reaktivitäten eines monosubstituierten Äthylens $H_2C = CHX$ u. dem entsprechenden disubstituierten Äthylen $XHC{=}CHX$ zu erwarten. Bei dem von Evans [1959] angenommenen einstufigen Verlauf der Rk. können beide Substituenten in gleichem Maße zur Stabilisierung des symm. Übergangszustandes beitragen u. der Aktivitätsunterschied würde gleich dem zwischen $H_2C{=}CHX$ u. C_2H_4 sein. Für die Rkk. von *Isopren* (I) in Anisol bei 100° mit *Acrolein* (II) bzw. *Maleinsäureanhydrid* (III) wurden Rk.-Geschw.-Konst. der 2. Ordnung von $1{,}82\cdot10^{-4}$ (für II) bzw. $1{,}29\cdot10^{-2}$ Liter/Mol·s (für III) gemessen. Die Reaktivitäten von III u. *Acrylsäureanhydrid* sind wahrscheinlich noch unterschiedlicher. Die Auswertung der Daten von Rowley u. Steiner (C. **1954,** 7621) ergibt, daß, wenn die Reaktivität von *Butadien* auch nur wenig größer als die von I ist, die Unterschiede der Geschw.-Konst. bei C_2H_4 u. II bzw. I u. III ungefähr gleich (ca. 70) sind. Das macht einen einstufigen Verlauf der Rk. über einen cycl. pseudoaromat. Übergangszustand wahrscheinlich. Aus Best. der Geschw.-Konst. für I/III u. I/II bei verschiedenen Temp. in verschiedenen Lsgm. wird ein den einstufigen Verlauf begünstigender Lsgm.-Effekt ersichtlich. Da der Übergangszustand der Isomerisierung des Hydroxy-Deriv. des dimeren Cyclopentadiens (Woodward u. Katz, l. c.) sich jedoch von dem der Diels-Alder-Rk. unterscheidet, sind diese beiden Rkk. nicht vergleichbar, u. es können aus dem Rk.-Mechanismus der einen keine Schlüsse auf den der anderen gezogen werden. B.-G. Brodda. B 225□

Der Mechanismus der Diels-Alder-Reaktion. R. B. Woodward und Thomas J. Katz. (Tetrahedron Letters [London] **1959**, Nr. 5, 19—21, Juni; Cambridge, Mass., Harvard Univ., Converse Mem. Labor.; engl.) — Antwort auf die Arbeit von Dewar (vgl. vorst. Ref.). Vff. bestehen auf dem von ihnen vorgeschlagenen unsymm. 2stufigen Mechanismus der Diels-Alder-Rk., da experimentell bewiesen ist, daß die Aufspaltung der einen der bei der umgekehrten Diels-Alder-Rk. zu lösenden Bindungen nicht gleichzeitig mit der Aufspaltung der anderen erfolgt. B.-G. Brodda. B 225□

Die Reaktion von Dirhodan mit aliphatischen Aminen. Manfred Kuhn und Reinhard Mecke. (Chem. Ber. **93**, 618—21, 22/3. 1960; Freiburg/Br., Univ., Phys.-chem. Inst.; dt.) — IR-spektroskop. Unterss. haben ergeben, daß bei der Einw. von *Dirhodan* (I) auf prim. u. sek. aliphat. Amine in äther. Lsg. neben den Rhodanaminen (III) auch die entsprechenden Cyanamide (IV) in geringem Umfang (ca. 5%) gebildet werden. Die Bande bei 2060—2070 cm^{-1} wurde der C≡N-Valenzschwingung des SCN-Ions, die im Bereich von 2130—2140 cm^{-1} der C≡N-Valenzschwingung der SCN-Gruppe u. die im Bereich von 2220—2240 cm^{-1} der Valenzschwingung von alkylierten IV zugeordnet. Die alkylierten IV werden nicht aus den III durch Abspaltung von S, sondern durch Umsetzung von aus I entstandenem *Schwefeldicyanid* (II) mit aliphat. Aminen gebildet. Es ist anzunehmen, daß farblose I-Lsgg. geringfügige Mengen von farblosem II enthalten. Die CN-Valenzschwingungen nachst. aufgeführter Methyl- u. Dimethylderivv. von III u. IV sowie der entsprechenden Ammoniumrhodanide sind angegeben.

Versuche: *Dirhodan* (I), als Lsgg. durch Schütteln von 15 g $Pb(SCN)_2$ u. 2 ml Br_2 in 100 ml abs. Ae. bei 0—10°, bis farblose Lsgg. vorliegen. — Alkyl- u. Dialkylammoniumrhodanide, durch Zutropfen der äther. I-Lsg. zu äther. Amin-Lsgg. bzw. Einleiten von gasförmigen Aminen in die I-Lsg. unter Kühlung: *Methyl-*, F. 99°. — *Dimethyl-*, F. 111°. — *Äthyl-*, flüssig. — *Diäthyl-*, flüssig. — Alkylierte Rhodanamine, neben vorst. Ammoniumrhodaniden durch Dest. der Rk.-Lsg. als wenig beständige Öle mit 50—70% (Ausbeute bezogen auf I): *Methyl-*, $Kp._{0,3}$ 30°. — *Äthyl-*, $Kp._{0,3}$ 31°. — *Dimethyl-*, $Kp._{16}$ 36°. — *Diäthyl-*, $Kp._3$ 35°. — *1.2-Bis-[rhodanamino]-äthan*, analog vorst. Verbb. neben dem *Rhodanid* (F. 178°), wegen leichter Zers. nur unrein erhalten. — *Dimethylcyanamid*, $Kp._{16}$ 50,5°, durch Zutropfen von 33%ig. wss. Dimethylamin-Lsg. zu einer äther. BrCN-Lsg.; 95%. — *Schwefeldicyanid* (II), durch Zutropfen einer äther. SCl_2-Lsg. zu einer AgCN-Suspension in Ae. unter Rühren. G. Faust. B 225□

Sterische Betrachtung der konjugierten Addition an Cyclohexenone. Edmond Toromanoff. (Bull. Soc. chim. France **1962**, 708—12, April; Paris, Centre de Rech. Roussel-Uclaf; franz.) — An Beispielen aus der Literatur untersucht Vf. theoret. die konjugierte Addition von Organometall-Verbb. (Grignard-Verbb., Cyanide) oder Alkalienolaten (Michael-Addition) an *Cyclohexenon*-Syst. der Hydronaphthalin- u. Steroidreihe hinsichtlich einer bevorzugten Richtung der Addition der Carbanionen. Vf. nimmt an, daß das Carbanion anfangs parallel den Orbitalen der Doppelbindung, d. h. in axialer Richtung, addiert wird. Unter Gleichgewichtsbedingungen kann Epimerisierung zu einem thermodynam. stabileren Endprod. eintreten, indem der Substituent äquatoriale Stellung einnimmt. Die elektron. Faktoren können oft von ster. Einfl. überdeckt werden. J. Richter. B 225□

Decarboxylierung von Hg(II)-Propionat durch Einwirkung von Peroxiden. Ju. A. Oldekop und N. A. Maier. (Журнал Общей Химии [J. allg. Chem.] **30 (92)**, 619—23, Febr. 1960; Inst. für physikoorgan. Chem. der Akad. der Wiss. der BelorussSSR; russ.) — Die Rk. von Hg(II)-Propionat (I) mit Dipropionylperoxid (1:2) in Propionsäure bei 97—98° liefert *C_2H_5Hg-Propionat* (II) in 89%ig. Ausbeute; daneben fallen *Hg(I)-Propionat, Propionsäureäthylester, α.α'-Dimethylbernsteinsäure, CO_2, CO, Butan, Äthan* u. wenig *Äthylen* an. Bei der Decarboxylierung von I durch Dibenzoylperoxid (III; 3:1) in Propionsäure werden II (55,4%), *C_6H_5Hg-Propionat* (16%), *Diphenyl, Bzl.* u. die gleichen gasförmigen Prodd. wie vorst. gebildet. Auch die Decarboxylierung von I durch III in Bzl. führt zu II (38,7%). Die Rkk., für die ein Radikalketten-

mechanismus diskutiert wird, sind zur präparativen Darst. von Äthyl-Hg-Verbb. interessant; so wird durch Zutropfen von 42%ig. H_2O_2 zu **I** in Propionsäure/Propionsäureanhydrid, 25 Min. langes Erhitzen auf 97—98° u. Behandeln mit wss. KCl u. KJ in 76%ig. Ausbeute ein Gemisch aus C_2H_5HgCl u. C_2H_5HgJ gewonnen.
H.-E. Toussaint. B 225□

Die Reaktion von Chlortrifluorid mit Methan im Gaszustand. C. F. Cullis und C. B. Baddiel. (J. chem. Soc. [London] **1961,** 5449—54, Dez.; London, Imp. Coll. of Sci. and Technol., Chem. Dep.; engl.) — Vff. haben die Rk. von CH_4 mit ClF_3 untersucht. Im Verhältnis von 3:2 bei einem Druck von 90—600 mm neigt das Gasgemisch bei niedrigen Entzündungs-Temp. zur Explosion. Charakterist. ist der plötzliche Übergang, selbst in Ggw. eines inerten Verdünnungsmittels, der langsamen zur schnellen explosiven Rk., bei der die durch Messung der kernmagnet. Resonanz nachgewiesenen Rk.-Prodd. CH_3Cl, C_2H_2, C_2H_4, C_2H_6, CH_3F, HF, CF_4, CF_3Cl u. CF_2Cl_2 auftreten. CH_3Cl u. HF sind die vorherrschenden Prodd., in Ggw. eines N_2-Überschusses sinkt die Ausbeute an C_2-KW-Stoffen zugunsten halogenierter KW-Stoffe. Vff. vermuten, daß die Rk. über einen freien Radikalkettenmechanismus abläuft, bei dem als Start F dem KW-Stoff ein H nach $Cl—F + C—H \rightarrow C—Cl + HF$ entreißt. Ferner wird die Art der Bldg. der hauptsächlichen organ. Verbb. diskutiert. I. Weiner. B 225□

Pyrolyse von Propan und n-Butan in Gegenwart von Zusätzen organischer Stoffe. Ju. N. Ussow, Je. W. Skworzowa, N. I. Kuwschinowa und L. A. Jelowatskaja. (Журнал Прикладной Химии [J. angew. Chem.] **34,** 943—46, April 1961; russ.) — Zusätze von 1—3% Äthylenoxid, Dichloräthan oder Äthylchlorid beschleunigen die Pyrolyse von *n-Butan*, Zusätze von Dichloräthan u. Chlf. die Pyrolyse von *Propan* bei 700—800° an Quarzglas. Durch die Zusätze kann die Ausbeute an *Äthylen* u. *Propylen* um ca. 50% im Vgl. mit der Pyrolyse ohne Zusatz erhöht werden. Von geringem Einfl. oder ungünstig sind Äthylbromid, CCl_4, Ae. u. Aceton. Die erzielten Ausbeuten an Äthylen u. Propylen werden tabellar. angegeben. Helmut Schäfer. B 225

Einfluß von einigen schweren Fremdgasen auf die thermische Zersetzung von Di-tert.-butylperoxid. F. W. Birss. (Proc. Roy. Soc. [London], Ser. A **247,** 381—89, 30/9. 1958; Oxford, Univ., Phys. Chem. Labor.; engl.) — Die Geschw.-Konst. 1. Ordnung k für die therm. Zers. von *Di-tert.-butylperoxid* ist im Druckbereich 0—600 mm durch eine Gleichung der Form $k = A_1n/(1 + A'_1n) + A_2n$ wiederzugeben (n = Peroxiddruck). Bei gegebenem n erhöhen Zusätze von SF_6, welches keinen chem. Einfl. hat, k auf den Grenzwert $k_{n\infty}$. Dieser Wert stellt seinerseits eine Funktion des Peroxiddrucks dar, die angenähert durch die Beziehung $k_{n\infty} = An/(1 + A'n) + B$ wiedergegeben werden kann. Im Hinblick auf ältere Arbeiten über NO_2 u. KW-Stoffe werden die Ergebnisse vorerst in der Weise gedeutet, daß angeregte Moll. reversibel in besondere, aktivierte Zwischenzustände übergehen u. daß von da aus die Zers. entweder spontan erfolgt oder durch Zusammenstöße induziert wird. Claus Fischer. B 225□

Die thermische Zersetzung von Oktafluorcyclobutan. James N. Butler. (J. Amer. chem. Soc. **84,** 1393—98, 20/4. 1962; Vancouver, Canada, Univ. of British Columbia, Dep. of Chem.; engl.) — Die therm. Zers. von *Oktafluorcyclobutan* im Temp.-Bereich 360—560° verläuft nach einer reversiblen Rk. 1. Ordnung unter Bldg. von Tetrafluoräthylen im Druckbereich von 10—100 mm mit der Geschw.-Konst. $k_1 = 10^{16,0\pm0,2} \cdot \exp(-74300 \pm 800\ cal/RT)\ s^{-1}$ u. der Gleichgewichts-Konst. $K_c = 10^{8,6\pm05} \cdot \exp(-49900 \pm 1700\ cal/RT)$ Mol/Liter. In einer parallel verlaufenden Zers. wird Hexafluorpropen gebildet mit der Geschw.-Konst. $k_3 = 10^{17,2\pm2,4} \cdot \exp(-87000 \pm 8000\ cal/RT)\ s^{-1}$. Die Druckabhängigkeit von k_1 (im Bereich 600—0,003 mm untersucht; oberhalb 10 mm druckunabhängig) u. die Abnahme der Aktivierungsenergie bei niedrigen Drücken kann durch die klass. Theorie unimol. Rkk. bei Beteiligung von ca. 20 der 30 möglichen Normalschwingungen an der Rk. erklärt werden. Bei Drücken unterhalb 0,05 mm wird die Rk.-Geschw. druckunabhängig, hier tritt eine langsame heterogene Rk. mit gleicher Aktivierungsenergie wie bei der homogenen Rk. auf. Die Bldg. von C_3F_6 verläuft vorwiegend in homogener Rk.; die Bldg. von C_2F_4 wird durch Spuren von O_2 beschleunigt, die von C_3F_6 bleibt unbeeinflußt. Bei Verss. mit Zusätzen inerter Gase (CF_4, Ar, N_2) wurden keine reproduzierbaren Ergebnisse erhalten (wahrscheinlich Störung durch O_2 in Spuren). Neben-Rkk. an der Gefäßwand (Pyrex) wurden beobachtet [Bldg. von CO_2, SiF_4, COF_2 u. CO; $k_{CO} = 10^{7,5} \cdot \exp(-43000\ cal/RT)\ s^{-1}$] u. bei den Berechnungen berücksichtigt. Aus den Gleichgewichts-Konst. konnte die Geschw.-Konst. der Dimerisierung von C_2F_4 berechnet werden: $k_2 = 10^{7,4\pm0,7} \cdot \exp(-24000 \pm 2500/RT)$ Liter/Mol·s. W. Schramm. B 225□

Die thermische Zersetzung von Bicyclopropyl. 1. Mitt. M. C. Flowers und H. M. Frey. (J. chem. Soc. [London] **1962,** 1689—94, Mai; Southampton, Univ., Chem. Dep.; engl.) — Es wird die therm. Zers. von *Bicyclopropyl* (**I**) im Temp.-Gebiet 408—474°

untersucht u. gefunden, daß die Zers. in einer Reihe von Parallel-Rkk. 1. Ordnung zu Cyclohexen, Butadien (II) + C_2H_4 sowie cis- u. trans-1-, -2- u. -3-Cyclopropylbuten führt. Die globale Geschw.-Konst. wird erfüllt durch die Arrhenius-Gleichung $k = 10^{15,36}\exp(-60710/RT)s^{-1}$, die der Zers. zu II + C_2H_4 durch $k = 10^{16,8}\exp(-70800/RT)s^{-1}$. Die anfangs gebildeten Cyclopropylpropene unterliegen in Sekundär-Rkk. der Isomerisierung zu verschiedenen C_6-Dienen u. 1-Methylcyclopenten, so daß ein komplexes Gemisch aus wenigstens 17 Prodd. entsteht. Die Geschw. der Sekundär-Rkk. sind denen der Primär-Rkk. vergleichbar. Durch Tertiär-Rkk. entstanden aus den C_6-Dienen Crackprodd., darunter hauptsächlich C_2H_6, dessen abs. Ausbeute zwar gering war, mit zunehmender Zers. aber anstieg. — I wurde erhalten aus 1.1-Dichlor-2-vinylcyclopropan (aus II u. Chlf. in Ggw. von tert.-C_4H_9OK) mit Chlf. in Ggw. von tert.-C_4H_9OK u. Red. des erhaltenen 2.2.2'.2'-Tetrachlorbicyclopropyls (4% Ausbeute) mit Li u. tert.-C_4H_9OH in Bis-[2-methoxyäthyl]-äther. J. Richter. B 225□

Chloratom-Abspaltung aus Methylchlorformiat durch Methylradikale. J. C. J. Thynne und Peter Gray. (Proc. chem. Soc. [London] **1962,** 141, April; Leeds, Univ., School of Chem.; engl.) — Es wird der Einfl. von aus Aceton (Ac.) photochem. ($\lambda = > 3000$ Å) gebildeten $\cdot CH_3$-Radikalen auf *Methylchlorformiat* (I) in der Dampfphase bei 50 mm Hg (bzgl. I u. Ac.) zwischen 34 u. 109° untersucht. Als Prodd. werden erhalten CH_4, CO, C_2H_6, CO_2 u. CH_3Cl. Die massenspektrometr. Analyse zeigt, daß CH_4 durch H-Abspaltung aus Ac. entsteht. Bei 109° werden CO_2 u. CH_3Cl entsprechend der Rk. $\cdot CH_3 + I \rightarrow CH_3Cl + CH_3O_2C\cdot$, $CH_3O_2C\cdot \rightarrow CO_2 + \cdot CH_3$ in äquivalenten Mengen gebildet. In Übereinstimmung mit einer schwächeren Bindung zwischen C u. Halogen als zwischen C u. H erfolgt die Cl-Abspaltung aus I 7 mal schneller als die von H aus HCO_2CH_3. Für die Cl-Abspaltung wird gefunden $\log k_1$ ($cm^3\cdot Mol^{-1}\cdot s^{-1}$) = 10,2—6300/2,303 RT mit 6,3 kcal·Mol^{-1} (für die H-Abspaltung dagegen 9,0). Das Verhältnis CH_3Cl : CO fällt < 100° auf 0,83 : 1 bei 34°. Ursache ist vielleicht die Cl-Abspaltung durch $CH_3CO\cdot$, infolgedessen bei diesen Temp. begrenzter Lebensdauer. J. Richter. B 226□

Die photochemische Synthese von 1.5-Diketonen und ihre Cyclisierung: ein neuer Anellierungsprozeß. P. de Mayo und H. Takeshita (unter Mitarbeit von A. B. M. A. Sattar). (Proc. chem. Soc. [London] **1962,** 119, März; London, Canada, Univ. of Western Ontario, Dep. of Chem.; engl.) — Bestrahlung von Mischungen aus Alkenen u. Acetylaceton (I) gibt 1.5-Diketone in guten Ausbeuten, ihre Cyclisierung liefert chem. Verbb. mit einem Cyclohexanring an Stelle der ursprünglichen Äthylenbindung (Möglichkeiten für die Terpen-Synth.). So lieferte die 45 std. Bestrahlung einer 12% ig. Lsg. von I in Cyclohexen (II) mit einer eingetauchten 80-W-Lampe [*2-(2-Oxopropyl)-cyclohexyl-(1)]-methylketon* mit 78% (Ausbeute), das zu einer 5 : 3-Mischung von Δ^2-3-Methyloktalon-(1) u. Δ^1-1-Methyloktalon-(3) cyclisiert wurde (95%; Trennung durch Gas–Fl.-Chromatographie; Strukturbeweis durch Rk. mit $NaBH_4$ u. Dehydrierung zu 1- bzw. 2-Methylnaphthalin). Die analoge Rk. mit Cyclopenten gab das entsprechende *Diketon,* das cyclisiert werden konnte. Bestrahlung von I u. Octen-(1) gab eine 3 : 2-Mischung (50%) von *3-* u. *4-Hexyl-n-heptandion-(2.6)*. Analoge Rkk. wurden auch mit 1-Methylcyclohexen u. Isopropenylacetat durchgeführt. Basenkatalysierte Cyclisierung des Diketons aus der letzgenannten Verb. gab unter Eliminierung von Essigsäure *m-Xylenol-(5)*. Die Rk. ist nicht nur mit den Äthylen-Verbb. als Lsgm. durchführbar, so reagiert II in 1% ig. Lsg. in einem inerten Lsgm. (z. B. Cyclohexan) gleich gut.
W. Schramm. B 226□

Primordiale organische Chemie. 1. Mitt. **Aus der Elektronenbestrahlung von $^{14}CH_4$ entstandene Verbindungen.** Christof Palm und Melvin Calvin. (J. Amer. chem. Soc. **84,** 2115—21, 5/6. 1962; Berkeley, Calif., Univ. of California, Lawrence Radiation Labor. and Dep. of Chem.; engl.) — Gemische von etwa gleichen Mengen CH_4 ($^{14}CH_4$) u. NH_3 (20—30 cm Druck), geringer Menge H_2 u. Wasserdampf wurden über fl. Phase, auch in Ggw. von Olivin, [(Mg, Fe)$_2$SiO$_4$], mit 5 MeV Elektronen bestrahlt. Die Unters. der Rk.-Prodd. mittels Papier- u. Ionenaustauschchromatographie, Massen- u. UV-Spektroskopie ergab *Harnstoff* (I) als Haupt-Prod., daneben wurden *Glycin, Alanin, Milchsäure* u. *Asparaginsäure* nachgewiesen. Weitere Verss. erfolgten in Ggw. von polymerem $[NH_4PO_3]_x$ sowie von PH_3, wobei PH_3 die Bldg. von I verhinderte. Eine genaue Beschreibung der Verss. u. der Analyse wird gegeben. Ch. Zechel. B 226□

Röntgenbestrahlung von L-Äpfelsäure in wässerigen Lösungen. F. K. Putney und A. W. Pratt. (Radiation Res. **5,** 134—45, Aug. 1956; Bethesda, Md., Nat. Cancer Inst.; engl.) — Es wird die Einw. von Röntgenstrahlen (Dosen ca. $2\cdot 10^{18}$—$16\cdot 10^{18}$ eV/ml) auf 10^{-3} mol. wss. Lsgg. von *L-Äpfelsäure* (I; F. 93—97°), die mit NaOH auf pH 7,3 eingestellt wurden, in Ggw. u. in Abwesenheit von O_2 untersucht. Die Zers. der I-Ionen ist sowohl in O_2-gesätt. Lsgg. als auch in Abwesenheit von O_2 im I-Ionen-Konz.-Bereich $5 \cdot 10^{-4}$—$5 \cdot 10^{-3}$ Mol/Liter konzentrationsunabhängig u. jeweils proportional der Dosis: G(— I-Ion) in O_2-Ggw. 2,6 bzw. in O_2-Abwesenheit 2,2. Die Primär-Prodd. der I-Ionen-Zers. in O_2-gesätt. Lsgg. (O_2-Konz. $1,2 \cdot 10^{-3}$ mol.) sind Oxalessigsäure-Dianion (**II**; ca. 65% der zersetzten I-Ionen) sowie α-Hydroxy-β-ketosuccinat (**III**; wegen leichter Decarboxylierbarkeit als 2.4-Dinitrophenylhydrazon des Glyoxals nachgewiesen). Die Ergebnisse lassen sich wie folgend deuten: Wirksames Agens sind bes. die durch H_2O-Zerfall gebildeten OH-Radikale nach dem Schema OH + I-Ion → I-Radikal + H_2O; I-Radikal + O_2 → II + HO_2, 2 HO_2 → $H_2O_2 + O_2$, I-Radikal + HO_2 → **II** oder **III** + H_2O. Wahrscheinlich reagiert O_2 direkt u. nicht in Form des nach H + O_2 → HO_2 entstandenen HO_2 mit I-Ionen. Die Beteiligung von HO_2 an der **II**-Bldg. würde eine Ketten-Rk. einleiten, für die die Verss. keine Anzeichen lieferten. Weitere Zers.-Prodd. der I-Ionen sind: Pyruvat (G = 0,08, sek. durch **II**-Decarboxylierung); CO_2 (G = 0,38, durch **I**-Decarboxylierung; seine geringe Menge zeigt, daß das C_4-Grundgerüst intakt bleibt; es werden auch keine C_1- u. C_2-Bruchstücke von **I** gefunden) u. H_2 (G = 0,47, Prod. der Rk. 2 H_2O → $H_2 + H_2O_2$). Der G-Wert der H_2O_2-Bldg. beträgt in Übereinstimmung mit diesem Mechanismus 2,66. — In Abwesenheit von O_2 werden **II** u. **III** nicht gebildet. Mit zunehmender O_2-Konz. erreicht die **II**-Bldg. ein Maximum bei der O_2-Konz. $2 \cdot 10^{-5}$ mol.: G (—I-Ionen) 3,0, G(**II**) 2,1, G (H_2O_2) 0,76. Höhere O_2-Konzz. geben wieder etwas geringere G (**II**)-Werte. Die erhöhte **II**-Ausbeute u. der geringe G (H_2O_2)-Wert verglichen mit den G-Werten bei O_2-gesätt. Lsgg. deuten darauf, daß die H-Atome bei der O_2-Konz. $2 \cdot 10^{-5}$ mol. nicht mehr so stark von O_2 abgefangen werden u. daher nach H + H_2O_2 → OH + H_2O mehr OH-Radikale u. damit mehr **II** bilden können. K. Prchal. B 226□

Die Bildung eines stabilen Semichinons des Methylenblaus durch Bestrahlung mit sichtbarem Licht und Röntgenstrahlen. Masao Koizumi und Hiroshi Obata. (Bull. chem. Soc. Japan **31,** 823—27, Okt. 1958; Sendai, Japan, Tohoku Univ., Fak. of Sci., Dep. of Chem.; engl.) — Durch Bestrahlen von *Methylenblau* in 22,9n H_2SO_4 in Ggw. geringer Mengen A. mit Röntgenstrahlen entsteht ein stabiles *Semichinon* (I). Der A. bindet die entstehenden OH-Radikale, die gleiche Wrkg. zeigt auch Benzoesäure. In Abwesenheit von A. im Vakuum bildet sich entweder **I** oder der Farbstoff zersetzt sich irreversibel; bei normalem Druck zersetzt sich der Farbstoff. **I** wird auch durch Bestrahlen des Swallowschen Syst. mit sichtbarem Licht erhalten. Der Rk.-Mechanismus wird diskutiert. Die Spektren sind abgebildet. P. Becker. B 226

Analyse von Kohlenwasserstoffgemischen auf Grund der Raman-Spektren. W.T. Alexanjan, Ch. Je. Sterin und Ss. A. Ucholin. (Известия Академии Наук СССР, Серия Физическая [Nachr. Akad. Wiss. UdSSR, physik. Ser.] **23,** 1177—78, Okt. 1959; russ.) — Vgl. C. **1961,** 3641, 3952. — In Ggw. eines Pt-Katalysators cyclisiert n-Octan unter Bldg. von *cis-* u. *trans-1-Methyl-2-äthylcyclopentan* (I) u. *n-Propylcyclopentan* (II), wobei der Anteil an trans-I u. II je ca. 1,4% des gesamten Katalysats beträgt. Durch Hydrogenolyse von **II** entsteht auch 4-Methylheptan. Der Fraktionierungsrückstand zeigt eine schmale, helle Linie bei 762 cm^{-1}, die Pentalan zugeschrieben wird; dieses kann durch sek. Cyclisierung von **I** oder **II** entstanden sein. — In den Prodd. (Kp. 136,1—183,9°) der destruktiven Hydrierung von *Tetralin* werden nachgewiesen: 16 (%) Äthyl-, 9 Isopropyl-, 10 n-Propyl-, 12 sek. Butyl-, 43n-Butylbenzol, 4 Indan, 2—4 1-Methylindan, geringe Mengen (≤1%) o-Xylol, 1-Methyl-2-äthylbenzol, trans-Dekalin, 1-Methyl-2-isopropyl- u. 1-Methyl-2-n-propylbenzol. In einem Schema wird der Mechanismus der Bldg. dieser Prodd. angegeben. R. K. Müller. B 227□

Das hyperbolische Gesetz der Desaktivierung eines Platin–Aluminium-Katalysators. Jean-Eugène Germain und Raymond Maurel. (C. R. hebd. Séances Acad. Sci. **247,** 1854—56, 24/11. 1958; Lille, Fac. des Sci., Labor. de Chim. gén.; franz.) — Vgl. C. **1961,** 12796. — Die Abnahme der Aktivität von Pt/Al-Katalysatoren während der Dehydrierung von 1.1.3-Trimethylcyclohexan verläuft nach einem hyperbol. Gesetz. Es wird angenommen, daß die akt. Stellen des Katalysators durch eine Polymerisations-Rk. 2. Ordnung blockiert werden, wobei die Polymerisations-Geschw. zu jeder Zeit der Zahl der an benachbarten Stellen adsorbierten Mol.-Paare proportional ist. K. Roß. B 227□

Kupferchromit-Katalysatoren für reduzierende Alkylierung. Fred S. Dovell und Harold Greenfield. (Ind. Engng. Chem., Product Res. Development **1,** 179—81, Sept. 1962; Naugatuck, Conn., United States Rubber Co., Naugatuck Chem. Div.; engl.) — Cu-Chromit-Katalysatoren (*Harshaw-Cu-1402 P, -Cu-1106 P, -Cu-0401 P, -Cu-1800 P, -Cu-0202 P, Girdler-G-22* u. *-G-13*) für die reduzierende Synth. von sek. Alkylarylaminen aus prim. aromat. Aminen u. aliphat. Ketonen in Ggw. von H_2 bei 160—165° wurden untersucht. Die verwendeten Katalysatoren lassen Hydrierung des Kerns oder Hydrogenolyse der C—N-Bindung vermeiden, jedoch wird ein großer Anteil des Ketons zum Alkohol red., bes. bei höheren Drücken (über 600 lbs./sq. in.). Die Zus. der Katalysatoren wird angegeben, der Einfl. von wiederholter Verw. des Katalysators, seiner Präaktivierung mit H_2, des Druckes u. der Zus. des Rk.-Gemisches werden kurz diskutiert. Als Beispiele werden die Rk. von *Anilin* bzw. *N-Phenyl-p-phenylendiamin* mit *Aceton* zu N-Isopropylanilin bzw. N-Phenyl-N'-isopropyl-p-phenylendiamin verwendet. Ch. Zechel. B 227□

Katalytische Wirksamkeit von Thioharnstoff und Thioharnstoff-Analogen bei der Umlagerung von Maleinsäure in Fumarsäure. W. Schliesser. (Angew. Chem. **74,** 429—30, 21/6. 1962; Ludwigshafen/Rh., Badische Anilin- & Soda-Fabrik; dt.) — Es wird das katalyt. Verh. von *Thioharnstoff* (**I**), **I**-Analogen u. Isothioharnstoff-Verbb. bei der cis–trans-Isomerisierung von Maleinsäure (**II**) in wss. Lsg. untersucht. Die Ausbeuten an Fumarsäure betrugen bei Einsatz von 1,86 (Konz. in % bzgl. **II**) **I** 89 (%); 2 *Thiosemicarbazid* 17,3; 3,45 *N.N'-Bis-[thiocarbamoyl]-hydrazin* 14,7; 2 *N-Allylthioharnstoff* 79; 2 *N.N'-Äthylenthioharnstoff* 66,5; 1,86 *S-Acetylisothioharnstoff* 72,6 u. 1,86 *S-[2-Hydroxypropyl-(2)]-isothioharnstoff* 83,3. In Ggw. von jeweils 2% *S-[Methyl]-isothioharnstoffsulfat* bzw. *S-[2-Carboxyäthyl-(1)]-isothioharnstoffhydrochlorid,* bei denen neben der fixierten —C–S–C-Bindung die $—NH_2$-Gruppe zusätzlich durch Salz-Bldg. beansprucht ist, wurde bei 2 std. Rk.-Dauer mit 30—31%ig. **II**-Lsg. bei 50° keine Umlagerung beobachtet. Die Ergebnisse sprechen demnach für die Notwendigkeit des Gleichgew. $NH_2C(NH_2) = S \rightleftharpoons HN = C(NH_2)SH$ als Vorstufe zur Ausbldg. eines reaktiven Zustandes der nicht an der Tautomerie beteiligten $—NH_2$-Gruppe. J. Richter. 227□

Beispiel eines Reaktionstestes in der heterogenen Katalyse: Die Dehydratisierung von Cyclohexanol in flüssiger Phase. Joseph C. Kuriacose und Fernand Coussemant. (C. R. hebd. Séances Acad. Sci. **250,** 1261—63, 15/2. 1960; Rueil-Malmaison, Seine-et-Oise, Inst. Franç. du Pétrole; franz.) — Die Dehydratisierung von *Cyclohexanol* (**I**) an SiO_2/Al_2PO_3 (Houdry) in fl. Phase wird durch volumetr. Messung der Rk.-Prodd. Cyclohexen u. W. verfolgt. Durch Druckänderung wird die Rk.-Temp. geändert. Die Aktivierungsenergie wurde zu 19,5 kcal/Mol bestimmt. Die Rk.-Geschw. (in Mol/min·g Katalysator) kann wiedergegeben werden durch $\log k = 6{,}70 - 4270/T$. Die Wirksamkeit des Katalysators wird bereits durch 10^{-5} Mol Base je g Katalysator (entsprechend der für die Rk. notwendigen adsorbierten Substratmenge) aufgehoben, z. B. werden Formamid 1100 u. Anilin 2400 mal stärker adsorbiert als **I**. H. Peter. B 227□

C. Präparative organische Chemie. Naturstoffe

Tetrabutylammoniumjodtetrachlorid als Chlorierungsmittel. Robert E. Buckles und Donald F. Knaack. (J. org. Chemistry **25,** 20—24, Jan. 1960; Iowa City, Iowa, State Univ. of Iowa, Dep. of Chem.; engl.) — Tetrabutylammoniumjodtetrachlorid (**I**) wird erfolgreich zur Anlagerung von Cl_2 an die Doppelbindung von cis- u. trans-Stilben (**IV** u. **III**), Tetraphenyläthylen, Cyclohexen u. Styrol u. an die Dreifachbindung von Diphenylacetylen angewandt. Eine erfolgreiche Substitution wird am α-C-Atom des Acetophenons durchgeführt u. Phenol wird, allerdings in schlechter Ausbeute, in *Trichlorphenol* überführt. Von bes. Interesse ist die Tatsache, daß mit **IV** oder **III** eine stereospezif. trans-Addition beobachtet wird. Bei der Rk. von mol. Cl_2 mit **IV** oder **III** im Dunkeln war die Addition nicht stereospezif., nicht einmal in Ggw. von $SbCl_5$ oder Tetrabutylammoniumchlorid (**VI**).

Versuche (FF. korr.): *Tetrabutylammoniumjodid,* F. 144—145° (Bzl.–Essigester), durch 4tägiges Kochen von Tributylamin, Butyljodid u. abs. Essigester; 82% (Ausbeute). *meso-α.α'-Dichlordibenzyl* (**II**), F. 191—192° (A.), a) es werden 0,005 Mol bis 0,06 Mol **III** mit einer äquimol. Menge **I** [F. 138—139° (Zers.)] in Äthylenchlorid gemischt u. im Dunkeln (D) 3 Tage stehen gelassen; 50%; b) aus **IV**, 3—14 Tage (D), bes. wenn man die anfängliche Rk.-Temp. höher ansteigen läßt; 7%; daneben 43% *dl-α.α'-Dichlordibenzyl* (**V**); c) durch Chlorierung von **IV** in Äthylenchlorid im Dunkeln mit Cl_2; 47% (Gesamtausbeute an **II** u. **V**), hiervon 92% **II** u. 8% **V**; d) wie c) in Ggw. von **VI**; 40% **II** u. **V** (hiervon 91% **II** u. 9% **V**); e) wie c) in Ggw. von $SbCl_5$; 48% **II** u. **V** (hiervon 97% **II** u. 3% **V**); f) wie c), jedoch bei diffusem Tageslicht (L) (3 Tage); 43% **II** u. **V** (hiervon 99% **II** u. 1% **V**); g) durch Chlorieren von **III** in Äthylenchlorid im Dunkeln mit Cl_2; 86% **II** u. **V** (hiervon 35% **II** u. 65% **V**); h) wie g) in Ggw. von **VI**; 68% **II** u. **V** (hiervon 32% **II** u. 68% **V**); i) wie g) in Ggw. von $SbCl_5$; 93% **II** u. **V** (hiervon 96% **II** u. 4% **V**). — *dl-α.α'-Dichlordibenzyl* (**V**), F. 91—92° (A.), bei vorst. Rkk. u. aus **IV**, 3 Tage (D); 50%. — *α.α'-Dichlortetraphenyläthan,* $C_{26}H_{20}Cl_2$, F. 183—184°, 21 Tage (D); 33%. — *trans-α.α'-Dichlorstilben,* F. 138—139° (A.), aus Diphenylacetylen, 5 Tage (D); 47%. — *1.2-Dichlorcyclohexan,* $Kp._{745}$ 180—185°, aus Cyclohexen, 3 Tage (D); 48%. —

1.2-Dichlor-1-phenyläthan, Kp.$_7$ 95—97°, aus Styrol, 4 Tage (D); 74%. — *Phenacylchlorid*, F. 57—58° (Methanol), aus Acetophenon, 5 Tage (L); 54%. — *2.4.6-Trichlorphenol*, F. 51—58°, aus Phenol mit überschüssigem **I**, 5 Tage (D); 12%. — *1.2-Dichlor-1.1.2.2-tetrakis-[3.5-dichlor-4-methoxyphenyl]-äthan*, $C_{30}H_{20}Cl_{10}O_4$, F. zwischen 217 u. 221° (Zers.; Hexan–CCl_4,) durch Rühren einer Mischung aus Tetrakis-[p-methoxyphenyl]-äthylen in Äthylenchlorid mit einer gesätt. Lsg. von Cl_2 in Äthylenchlorid u. 10tägiges Stehen im Dunkeln; 74%. — *Tetrakis-[3.5-dichlor-4-methoxyphenyl]-äthylen*, $C_{30}H_{20}Cl_8O_4$, F. 242 bis 244° (Hexan–CCl_4), durch 1/4std. Kochen vorst. Verb. mit überschüssigem Zn-Staub in Eisessig; 55%. — *2.3-Dichlor-3-phenylpropionsäure*, F. 165—167° (Heptan), durch 1std. Einleiten von Cl_2 in eine Lsg. von trans-Zimtsäure in Äthylenchlorid im Dunkeln.

W. Eisenmann. 460□

Additionsreaktionen von Mischungen aus Brom und Chlor. Robert E. Buckles, Joseph L. Forrester, Robert L. Burham und Thomas W. McGee. (J. org. Chemistry **25**, 24—26, Jan. 1960; Iowa City, Iowa, State Univ. of Iowa, Dep. of Chem.; engl.) — Aus einer Mischung von Br_2 u. Cl_2 wurde BrCl hergestellt, das zur Synth. von Bromchloriden von Cyclohexen, Styrol, Äthylen, trans-Zimtsäure, cis- u. trans-Stilben u. Diphenylacetylen verwendet wurde. Die Addition von BrCl an die unsymm. Doppelbindung des Styrols u. der Zimtsäure liefert die Prodd., die man bei der Anlagerung von positivem Brom u. negativem Chlor erwarten sollte. Bei cis- u. trans-Stilben wurde eine stereospezif. trans-Addition beobachtet.

Versuche: *cis-Stilben*, Kp.$_{10}$ 135—136°, durch 1 1/4std. Erhitzen einer Mischung aus α-Phenylzimtsäure, Chinolin u. Cu-Chromit auf 210—220°, Dest., 4maliges Waschen des Roh-Prod. mit 10%ig. HCl, Waschen mit 10%ig. Soda-Lsg., Waschen mit W., Trocknen über Na_2SO_4, Abkühlen auf 0°, Filtrieren u. fraktionierte Dest.; 59% (Ausbeute). — *1-Brom-2-chloräthan*, Kp.$_{745}$ 106—109°, in einen mit Tropftrichter, Gaseinleitungsrohr, Rührer u. mit Trockeneis-Chlf.-CCl_4 beschickten Kühler versehenen Kolben, der sich in einem Eiswasserbad befindet, wird CH_2Cl_2 gegeben (500 cm³ pro 35,5 g Cl_2), das fl. abgewogene Cl_2 eingeleitet, eine äquivalente Menge Br_2 zugetropft, das Rk.-Gemisch mit UV-Licht bestrahlt, Äthylen im Dunkeln zugegeben u. 12 Std. lang stehen gelassen; 39% (ohne Bestrahlung 34%). — *trans-1-Brom-2-chlorcyclohexan*, Kp.$_{15-17}$ 84—94°, aus Cyclohexan in Chlf. analog vorst. Verb.; $D._4^{20}$ 7,497; n_D^{27} 1,5240; 56%. — *2-Brom-1-chlor-1-phenyläthan*, F. 26—27°, aus Styrol in Chlf.; 67%. — *erythro-α-Brom-α'-chlordibenzyl*, F. 222—223°, a) aus trans-Stilben in Chlf.; 52%; daneben *meso-Dichlordibenzyl* (F. 193 bis 196°; 14%); b) aus reinem cis-Stilben in Chlf.; 5,5%; daneben nachst. Verb.; c) aus cis-Stilben (verunreinigt durch Chinolin u. Isochinolin) in Chlf.; 2%; daneben 5% *trans-Stilben* (F. 121—122°) u. nachst. Verbindung. — *threo-α-Brom-α'-chlordibenzyl*, F. 99 bis 100°, bei vorst. Rk. nach b); 68% sowie unrein bei vorst. Rk. nach c); 18%. — *trans-α-Brom-α'-chlorstilben*, F. 173—175°, aus Diphenylacetylen in CH_2Cl_2; 20%; daneben nachst. Verbindung. — *α.α.α'.α'-Tetrachlordiphenyläthan*, F. 159—160°, a) neben vorst. Verb.; 1%; b) aus Diphenylacetylen in Chlf.; 12%. — *2-Brom-3-chlor-3-phenylpropionsäure*, F. 187—188°, aus trans-Zimtsäure in Chlf. oder CH_2Cl_2; 31%; daneben nachst. Verbindung. — *2.3-Dichlor-3-phenylpropionsäure*, F. 164—167°; bei vorst. Rk.; 73%.

W. Eisenmann. 460□

Organische Lithiumverbindungen. E. A. Braude. (Progr. org. Chem. **3**, 172—217, 1955; London, Univ. of London; engl.) — Überblick über die Synth. organ. Lithium-Verbb. u. ihre Reaktionen. — 201 Literaturstellen. H. Henze. 460□

Pyrolyse von quaternären γ-Hydroxyalkylammoniumhydroxiden und -alkylaten. Acyclische Systeme. Vincent J. Traynelis und James G. Dadura. (J. org. Chemistry **26**, 686—91, März 1961; Notre Dame, Ind., Univ., Dep. of Chem.; engl.) — Vgl. C. **1962**, 11867. — Die Pyrolyse von Hydroxyneopentyltrimethylammoniumhydroxid verläuft bei 125° als Dequaternierung bzw. 1,3-Spaltung unter Bldg. von *2.2-Dimethyl-3-dimethylaminopropanol* (**I**) u. seines *Methyläthers* (**Ib**) bzw. *Isobutylen* (**VI**) u. *Trimethylamin* sowie Spuren von CH_2O. Beim entsprechenden quatern. n-Amylat bzw. tert.-Butylat erhöht sich der Anteil der 1.3-Spaltungs-Prodd., was auf die Erhöhung der Basenstärke u. Konz. an stark polarem Zwitterion zurückgeführt wird; **I** wird durch 4std. Kochen mit K-tert.-Butylat in tert.-Butanol nicht gespalten. Bei der Pyrolyse von 3-Hydroxypropyl- oder 3-Hydroxyisobutylammoniumhydroxid oder -tert.-butylat überwiegt die Hofmann-Eliminierung unter Bldg. von *Allyl-* (**VII**) bzw. *Methallylalkohol* (**VIII**). Die Pyrolyse von n-Propyl- u. Isobutyltrimethylammonium-tert.-butylat bzw. -isobutylat zeigt dagegen, daß mit einem sperrigen Basenanion die Dequaternierung bevorzugt wird. Allg. fördert eine γ-OH-Gruppe also die Hofmann-Spaltung.

Versuche: Dimethylamine: *n-Propyl-* (**V**), Kp. 63—64°, aus n-Propylamin, 90%ig. HCOOH u. 40%ig. CH_2O nach Eschweiler-Clark; n_D^{20} 1,3869; 68% (Ausbeute). *Methojodid* (**Va**), F. 187—189°; 93%. *Pikrat*, F. 106—108°. — *Isobutyl-* (**IV**),

Kp. 79—81°, analog **V** aus Isobutylamin; n_D^{20} 1,3928; 59%. *Methojodid* (**IVa**), F. 230 bis 231°. — *β-Dimethylaminoisobuttersäuremethylester*, $C_7H_{15}NO_2$, Kp. 154°, durch Vermischen kalter Lsgg. von Dimethylamin u. Methacrylsäuremethylester in CH_3OH, 4tägiges Stehen bei Raum-Temp. u. Dest.; n_D^{20} 1,4190; 92%. — Propanole: *2-Methyl-3-dimethylamino-* (**II**), $C_6H_{15}NO$, Kp. 159—160°, $Kp._{20}$ 62°, durch Zugeben vorst. Verb. in Ae. zu $LiAlH_4$ in Ae. unter Rühren, 1 std. Kochen, Zugeben von W. u. NaOH, Eindampfen der Ae.-Phase u. Fraktionieren im Vakuum; n_D^{20} 1,4325; 81%. *Methojodid* (**IIa**), F. 172 bis 173°; 92%. — *3-Dimethylamino-* (**III**), Kp. 160—164°, analog **V** aus 3-Aminopropanol; n_D^{20} 1,4360; 64%. *Methojodid* (**IIIa**), F. 201—202°; 98%. — *2.2-Dimethyl-3-dimethylamino-* (**I**; *Hydroxyneopentyldimethylamin*, $Kp._{15}$ 67—69°, durch Zugeben von 2.2-Dimethyl-3-dimethylaminopropanal (Kp. 146—148°, n_D^{20} 1,4245) in W. zu $NaBH_4$ in W. unter Rühren, 2 std. Kochen, Zugeben von konz. HCl, Alkalisieren mit NaOH, Sättigen mit NaCl, Extrahieren mit Ae. u. Dest.; n_D^{20} 1,4343; 78%. *Methojodid* (**Ia**), F. 225—226°; 89%. *Methyläther* (**Ib**; *Methoxyneopentyldimethylamin*), $C_8H_{19}NO$, Kp. 140°, durch 8 std. Erhitzen von **I** mit Na in abs. Toluol auf 100° unter Rühren, 20 std. Einleiten von CH_3Cl bei 80—100°, Zugeben von W. u. konz. HCl, Erhitzen der wss. Phase, Alkalisieren mit NaOH, Ae.-Extraktion u. Dest. des Extraktes; n_D^{20} 1,4150; 59%; **Ib**-*Methojodid*, F. 144 bis 145°. — *Trimethylamin*, a) durch Überführen von **Ia** ins *Hydroxid* (90—97%) (OH^--Form), Dowex 2·7,5, Einengen im Vakuum unter N_2 bei 100—110°, 1 std. Dest. bei 119 bis 127° (Weitererhitzen bis 185°), Zugeben von 1n HCl u. Rücktitration (Charakterisierung als *Pikrat*, F. 216—217°, oder *Hydrochlorid*, F. 271°) u. Abzug der anderen Basen; 23—46%; daneben 34% **I**, u. 15% **Ib**, durch Dampf-Dest. der sauren Lsg., Alkalisieren des Rückstandes u. Fraktionierung unter N_2 sowie 40% *Isobutylen* (**VI**), durch Einleiten des flüchtigen Destillats in Br_2/CH_2Cl_2 (als *2-Methyl-1.2-dibrom-* bzw. *-1.2.3-tribrompropan*); b) analog a) aus **IIa** bei 120—130° (1½ Std.) bis 160°; 71%; daneben 16% **II** u. 67% *Methallylalkohol* (**VIII**), Kp. 112°, n_D^{20} 1,4262 (*α-Naphthylurethan*, F. 80—81°) c) analog a) aus **IIIa** in 2 Std. bei 125—140°; 81% neben 6% **III** u. 79% *Allylalkohol* (**VII**), Kp. 96,5°, n_D^{20} 1,4132 (*3.5-Dinitrobenzoat*, F. 48°); d) aus **IIIa** analog c) durch 20 std. Kochen mit K- oder Na-tert.-Butylat statt Rk. mit Dowex in tert.-Butanol bei 81—83° unter N_2, Dest. der flüchtigen Prodd., Kühlen u. Extrahieren mit heißem abs. A. oder Essigester (→ **IIIa**), Verdünnen des Filtrats mit W., Verdampfen der Lsgm. u. Aufarbeiten der wss. Phase wie bei a); 87%; daneben 3% **III**, 75% **VII** u. 1% *Methylallyläther*, e) analog d) aus **IIa** bei 81—84° in 46 Std.; 70%; daneben 14% **II**, 50% **VIII**, 6% *Methylmethallyläther*, Kp. 62—64°, n_D^{20} 1,3885, u. etwas *Methyl-tert.-butyläther* (**IX**, Kp. 52—54°, n_D^{20} 1,3698; f) analog d) aus **Ia** in 48 Std. bei 78—83°; 81%; daneben 6% **I**, 2% **Ib** u. 75% **VI**; g) analog d) aus **Ia** u. Na-n-Amylat in n-Amylalkohol statt tert.-Butylat in tert.-Butanol in 48 Std. bei 118—123°; 70%; daneben 11% **I**, 1% **Ib**, 58% **VI** u. 7% *Methyl-n-pentyläther*, Kp. 97—100°; n_D^{20} 1,3865; h) aus **Va** u. K-tert.-Butylat in tert.-Butanol analog d), jedoch unter direkter Dest. in vorgelegte 1n HCl; 67%; daneben 33% **V**, 64% *Propen* (als *Dibromid*, Kp. 134—138°, n_D^{20} 1,5192—1,5202) u. wenig **IX**; i) analog h) aus **IVa** in 34 Std. bei 80—83°; 32% neben 59% **IV**, 29% **VI** u. etwas **IX**; k) analog h) aus **IVa** mit K-Isobutylat in Isobutanol; 21%; daneben 73% **IV**, 17% **VI** u. etwas *Methylisobutyläther* (**X**), Kp. 57—59°, n_D^{20} 1,3681; l) analog h) aus **IVa** mit K-Isobutylat in tert.-Butanol/Isobutanol (74:12) in 46 Std. bei 80—82°; 19%; daneben 71% **IV**, 6% **VI** sowie etwas **IX** u. **X**. R. Schönfelder. 470□

Friessche Verschiebung einiger Nitrophenolester. T. Széll, Á. Furka und I. Szilágyi. (J. sci. ind. Res. [New Delhi], Sect. B **18**, 325—28, Aug. 1959; Szeged, Univ., Inst. of appl. Chem.; engl.) — Die Friessche Verschiebung der Essigsäure- bzw. Propionsäure-2-nitrophenylester führt zu *3-Nitro-4-hydroxyketonen*, die von Propionsäure-4-nitrophenylester zu *5-Nitro-2-hydroxypropiophenon*. Die Benzoesäureester von Mononitrophenolen sowie der Chloressigsäure- bzw. Phenylessigsäure-3-nitrophenylester lagerte sich nicht um.

Versuche: *3-Nitro-4-hydroxyacetophenon*, *Phenylhydrazon*, F. 193—194°, durch 25 std. Rk. von 10 g Essigsäure-2-nitrophenylester mit 6,7 g $AlCl_3$ bei 100°, mit Eis/konz. HCl, Extraktion mit CCl_4 u. Bzl., Eindampfen u. ½ std. Rk. des Rückstandes in Methanol mit 2,5 g Phenylhydrazin bei 65°; 17,8 g (Ausbeute). — *Propionsäure-2-nitrophenylester*, $Kp._{24}$ 175—178°, durch 2 std. Kochen von 2-Nitrophenol u. Propionsäureanhydrid in Ggw. von wasserfreiem Na-Propionat; 72,7%. — *3-Nitro-4-hydroxypropiophenon*, F. 58 bis 61° (PAe.), durch 1½ std. Kochen des Phenylhydrazons in A. konz. HCl. *Phenylhydrazon*, $C_{15}H_{15}N_3O_3$, F. 114—115°, durch 8 std. Rk. von 9,75 g vorst. Verb. mit $AlCl_3$ in Nitrobenzol bei 90°, Zers. mit Eis/konz. HCl, Eindampfen, Extrahieren in CCl_4, u. 3 tägige Rk. in A. mit 0,5 ml Phenylhydrazin; aus A. ziegelrote Nadeln; 0,4 g. *2.4-Dinitrophenylhydrazon*, F. 218—219°. — *Propionsäure-4-nitrophenylester*, F. 63—64°, durch

1½ std. Erhitzen von 20 g 4-Nitrophenol mit 40 ml Propionsäureanhydrid auf 100° u. Gießen in W.; aus A. Nadeln; 20 g. — *5-Nitro-2-hydroxypropiophenon*, $C_9H_9NO_4$, F. 93 bis 94°, durch 5std. Rk. von 19,5 g vorst. Verb. mit 33,3 g $AlCl_3$ in 120 ml Nitrobenzol bei 125° u. Zers. mit konz. HCl/Eis; aus A. braune Nadeln; 4,4 g. *Phenylhydrazon*, $C_{15}H_{15}N_3O_3$, F. 189—190°; aus A. citronengelbe Kristalle; 26,1%. *2.4-Dinitrophenylhydrazon*, $C_{15}H_{13}N_5O_7$, F. 230—232°; aus Eisessig u. dann A. orangegelbe Nadeln. — *4-Nitro-2-benzoyloxypropiophenon*, $C_{16}H_{13}NO_5$, F. 51—52°, durch Rk. von 4-Nitro-2-hydroxypropiophenon (I) in A. mit Bzl. u. Na-Äthylat in A., Suspendieren des ausgefallenen Na-Salzes in Bzl., Zugabe von Benzoylchlorid u. ¾std. Erhitzen auf 100°; Nadeln; 62%. — *4-Nitro-2-benzoyloxyacetophenon*, $C_{15}H_{11}NO_5$, F. 104°, analog vorst. Verb. aus 4-Nitro-2-hydroxyacetophenon; Nadeln. — *4-Nitro-2-hydroxypropiophenon, 2.4-Dinitrophenylhydrazon*, $C_{15}H_{13}N_5O_7$, F. 243—244°, durch 1std. Kochen von I mit 2.4-Dinitrophenylhydrazin in A. u. 15std. Stehen in der Kälte; aus A. orangegelbe Nadeln; 53,3%. — *Chloressigsäure-3-nitrophenylester*, $C_8H_6ClNO_4$, F. 76—78°, durch ½std. Kochen von Chloracetylchlorid u. Na-3-Nitrophenolat (II) in Bzl., Eindampfen, Verreiben mit A. u. ½std. Stehen in der Kälte, Blättchen; 32,8%. — *Phenylessigsäure-3-nitrophenylester*, $C_{14}H_{11}NO_4$, F. 61—63°, analog vorst. Verb. aus II u. Phenylacetylchlorid; aus A. Blättchen; 83%. H. J. Jahns. 470

Eine Glasapparatur für die Mikrosynthese radioaktiver Feststoffe. P. C. Rajam, Margaret E. Wirgau und U. M. Tsao. (Int. J. appl. Radiat. Isotopes **4**, 111—12, Dez. 1958; Ann Arbor, Mich., Univ. of Michigan, Med. School, Dep. of Bacteriol. and Univ. Hosp., Pediatrics Labor.; engl.) — Beschreibung einer App. für die Synth. von radioakt. Stoffen in Mengen von 15—30 mg sowie der Darst. von akt. *2-Amino-3.4-dijodbenzoesäure* mit ihrer Hilfe. W. Betcke. 480□

Reaktion von tert.-Butylmagnesiumchlorid mit einer Reihe von Alkylarylketonen. Gus A. Ropp, Rob. W. Kennedy, B. F. Landrum und Chas. T. Lester. (J. org. Chemistry **23**, 1557—59, Okt. 1958; Atlanta, Ga., Emory Univ., engl.) — Die Rk. von tert.-Butyl-MgCl (I) mit Acetophenon (II), 4-Methyl-, 4-Äthyl-, 4-Isopropyl-, 4-Isobutylacetophenon, Benzoesäureäthylester, 4-Methyl-, 4-Äthyl-, 4-Isopropyl-, 4-tert.-Butylbenzoesäureäthylester, Phenylisopropylketon, 4-Methyl-, 4-Äthyl-, 4-Isopropyl-, 4-tert.-Butylphenylisopropylketon, Phenyl-tert.-butylketon (IV) u. 4-Methylphenyl-tert.-butylketon zu den entsprechenden *sek.* u. *tert. Alkoholen* wird beschrieben. Bei der Rk. von I mit II, Propiophenon u. Isobutyrophenon wird ¼ bis ⅔ Mol *Isobutylen* (III) frei. Zur Klärung dieser Rk. wurde aus $^{14}C_{(1)}$-Aceton → *^{14}C-tert.-Butanol* [83% (Ausbeute). *p-Nitrobenzoat*, F. 114—114,5°] → *^{14}C-tert.-Butylchlorid* (85%) → *^{14}C-tert.-Butyl-MgCl* ^{14}C-I) dargestellt, das mit Phenylisocyanat zu *^{14}C-Oivalinsäureanilid* (F. 129—129,5°) reagiert. Das bei der Rk. von ^{14}C-I mit IV entstehende ^{14}C-III wurde in sein *2.4-Dinitrophenylsulfenylchloridaddukt.* (F. 86—87°) übergeführt; das erhaltene *Phenyl-tert.-butylcarbinol* (F. 44—45°) ist nicht radioaktiv. K. Zieloff. 480

Synthese von ^{14}C-markiertem 1.2.3.4.11.11-Hexachlor-1.4.5.8.9.10-hexahydro-1.4;5.8-diendomethylennaphthalin („Isodrin"). G. T. Brooks. (Chem. and Ind. **1958**, 194, 15/2.; Slough, Bucks, Dep. of Sci. and Ind. Res., Pest Infestat. Labor.; engl.) — 1.6-$^{14}C_2$-Adipinsäure wird durch Pyrolyse mit $Ba(OH)_2$ in *$^{14}C_{(1)}$-Cyclopentanon* übergeführt, das mit $NaBH_4$ zu *$^{14}C_{(1)}$-Cyclopentanol* (I) red. wird. I wird mit Orthophosphorsäure zu *$^{14}C_{(1)}$-Cyclopentan* (II) dehydratisiert, II zu *1.2-Dibrom-$^{14}C_{(1)}$-cyclopentan* (III) bromiert, III zu *$^{14}C_{(1)}$-Cyclopentadien-(1.4)* (IV) dehydrobromiert. Diels-Alder-Kondens. von IV mit überschüssigem 1.2.3.4.7.7-Hexachlorbicyclo-[2.2.1]-heptadien-(2.5) liefert in 7%ig. Gesamtausbeute ein Gemisch aus *$^{14}C_{(6)}$-* u. *$^{14}C_{(7)}$-1.2.3.4.-11.11-Hexachlor-1.4.5.8.9.10-hexahydro-1.4;5.8-diendomethylennaphthalin* [*$^{14}C_{(6)}$-* u. *$^{14}C_{(7)}$-Isodrin*]. K. Lange. 480

Ein chemisches Verfahren zur Bestimmung der ^{14}C-Verteilung in einigen markierten Kohlenhydraten. M. J. Abercrombie und J. K. N. Jones. (Canad. J. Chem. **38**, 1999—2006, Okt. 1960; Kingston, Ontario, Canada, Queen's Univ., Dep. of Chem.; engl.) — Durch vollständigen Abbau von $^{14}C_{(1)}$-D-Glucose u. $^{14}C_{(6)}$-D-Glucose nach van Slyke (Best. der Gesamtaktivität), Oxydation mit $NaJO_4$ u. Oxydation der freigesetzten Ameisensäure (IV) mit $Hg(OCOCH_3)_2$ zu CO_2 (Aktivität der C-Atome 1—5) u. Red. mit $NaBH_4$ u. Oxydation des Glycits mit $NaJO_4$ (Aktivität der C-Atome 2—5) wird durch Differenzanalyse die Verteilung der $C_{(6)}$- u. $C_{(1)}$-Aktivität mit einer Genauigkeit von ±2% bestimmt. Durch Abbau von Methylglucopyranosiden (III) zu *Glycerin* (I) u. *Äthylenglykol* (II) u. weiteren oxydativen Abbau von I zu 1 Mol IV [$C_{(5)}$] u. 2 Mol Formaldehyd [$C_{(4)}$ u. $C_{(6)}$] u. von III [$C_{(1)}$ u. $C_{(2)}$] läßt sich die Aktivität aller 6 C-Atome bestimmen.

Versuche: Durch 3std. Rk. von Methyl-α-D-glucopyranosid (F. 164—165°, hergestellt nach Fischer [1895]) mit 0,4n HJO_4 in W. bei 20°, Reinigen an Duolite A-4 (OH-Form), Einengen, 12std. Red. mit $NaBH_4$ bei 20°, Ansäuern mit 2n HCl, 20 Min. langes Erwärmen auf 60°, Einstellen auf pH 6,0—6,5 mit 2n NaOH, 2std. Red. mit $NaBH_4$, Ansäuern mit 2n HCl, Neutralisieren mit 2n NaOH, Einengen, Trennen an Dowex 50-W (Ba^{2+}), Eindampfen, erneute Reinigung an Amberlite IR-120 (H-Form) u. Duolite A-4 (OH-Form), Eindampfen, Aufnehmen in Methanol, Filtrieren durch Celite/Tierkohle u. papierchromatograph. Trennung (Butanol/A./W. 3 : 1 : 1) wird *Glycerin* [100% (Ausbeute); *Glycerin-tris-[p-nitrobenzoat]*, F. 198—199°, u. *Äthylenglykol* (65%; *Äthylenglykol-bis-[p-nitrobenzoat]*, F. 143—144°) erhalten. — Durch 2std. Oxydation von Glucose in Phosphatpuffer (pH 8) mit wss. $NaJO_4$ im Dunkeln u. Hinzufügen von $NaBH_4$, nach 15 Min. Ansäuern mit H_2SO_4 (pH 2), Abtrennen der *Ameisensäure* durch Wasserdampf-Dest., Hinzufügen von $Hg(OOCCH_3)_2$/Essigsäure u. 20 Min. langes Kochen unter N_2 entsteht CO_2, das als $BaCO_3$ abgetrennt wird. E. Schraven. 480□

Chemische Umwandlungen von 1.1-Dichloralkanen. Je. I. Wassiljewa und R. Ch. Freidlina. (Известия Академии Наук СССР, Отделение Химических Наук [Nachr. Akad. Wiss. UdSSR, Abt. chem. Wiss.] **1961,** 1049—52, Juni; Inst. für metallorgan. Verbb. der Akad. der Wiss. der UdSSR; russ.) — 1.1-Dichlorheptan (I) reagiert nur mit stark nucleophilen Agentien unter Ersatz beider Cl-Atome. So wird mit Na-Thiophenolat *1.1-Bis-[phenylmercapto]-heptan* (**II**) neben etwas *1-Phenylmercapto-hepten-(1)* (**III**) erhalten, während bei der Einw. von $NaOC_2H_5$ allein HCl unter Bldg. von *1-Chlorhepten-(1)* (**IV**) u. wenig *Heptin-(1)* eliminiert wird. Durch konz. H_2SO_4 oder HNO_3 wird die $CHCl_2$-Gruppe nicht verseift; in geringer Menge fällt bei der Rk. *Önanthsäure* an. Mit Bzl. reagiert I in Ggw. von $AlCl_3$ glatt unter Bldg. von *1.1-Diphenylheptan* u. *1-Phenylheptan.* In Ggw. von Raney-Ni u. Pyridin bei 100—150 at läßt sich **I** nicht hydrieren. Bei der Rk. von I mit Na fällt neben *Hepten-(1)* auch etwas *Heptin-(1)* an. Nach den Ergebnissen ist die $CHCl_2$-Gruppe gegenüber nucleophilen Agentien weniger reaktionsfähig als die CH_2Cl-Gruppe.

Versuche: *1-Chlorhepten-(1)* (**IV**), $Kp._{82}$ 82,5—83°, durch 10std. Kochen von I mit Na in A.; $D._4^{20}$ 0,8948; n_D^{20} 1,4380; 60% (Ausbeute); daneben *Heptin-(1)* (wird bromiert zur *Verb.* $C_7H_{12}Br_2$, $Kp._{26}$ 102—112°; $D._4^{20}$ 1,5310; n_D^{20} 1,5080). — *1.1.2-Trichlorheptan*, $C_7H_{13}Cl_3$, $Kp._4$ 74°, durch Chlorieren von **IV** in CCl_4 in Ggw. von $FeCl_3$; $D._4^{20}$ 1,1560; n_D^{20} 1,4690; 50%. — *1.1-Bis-[phenylmercapto]-heptan* (II), $C_{19}H_{24}S_2$, $Kp._2$ 186—190°, a) aus Önantholdiäthylacetal u. Thiophenol; b) durch 20std. Kochen von I mit Na-Thiophenolat in A., Verdünnen mit W. u. Ausziehen mit Chlf.; $D._4^{20}$ 10,0664°; n_D^{20} 1,5869; 50,5%; daneben *1-Phenylmercaptohepten-(1)* (**III**), $C_{13}H_{18}S$, $Kp._2$ 117—118°; $D._4^{20}$ 0,9862; n_D^{20} 1,5491; 5%. — *1-Phenylsulfonylhepten-(1)*, $C_{13}H_{18}O_2S$, $Kp._1$ 159°, aus **III** u. H_2O_2 in Eisessig; $D._4^{20}$ 1,1030; n_D^{20} 1,5298. — *2.4-Dinitrophenylhydrazon*, $C_{19}H_{20}N_8O_8$, F. 181—182° (Essigsäure), aus **III** u. 2.4-Dinitrophenylhydrazin. — *1.1-Bis-[phenylsulfonyl]-heptan*, $C_{19}H_{24}O_4S_2$, F. 92—93° (A.), aus II u. H_2O_2 in Essigsäure. — *Önanthsäure*, $Kp._3$ 86—90°, durch 3std. Erhitzen von 19,5 g I mit HNO_3 (D. 1,52) auf 70—75°; n_D^{20} 1,4270; 0,6 g. — *1.1-Diphenylheptan*, $C_{19}H_{24}$, $Kp._2$ 145—146°, durch 2std. Erwärmen von I mit $AlCl_3$ in Bzl. auf 50°; $D._4^{20}$ 0,9533; n_D^{20} 1,5409; 35%; daneben *1-Phenylheptan*, $C_{13}H_{20}$, $Kp._{10}$ 107°; $D._4^{20}$ 0,8756; n_D^{20} 1,4940.

H.-E. Toussaint. 510□

Über Äther von Acetylenalkoholen und Glykolen und ihr Verhalten gegenüber ammoniakalischer Silberoxidlösung. T. A. Faworskaja, O. W. Ssergijewskaja, Din-Jui Ssjui und L. N. Ilina. (Журнал Общей Химии [J. allg. Chem.] **30 (92),** 2510—15, Aug. 1960; Leningrad, Univ.; russ.) — Bei der Rk. von 3-Methylhexin-(1)-diol-(3.6) (**I**) mit Na u. Methyljodid in fl. NH_3 tritt neben der Bldg. des Mono- u. Diäthers auch eine Hydrierung der Dreifachbindung ein. Das Rk.-Gemisch kann nur unvollständig in Gemische aus hauptsächlich *3-Methyl-3-methoxyhexin-(1)-ol-(6)* (**II**) u. *3-Methyl-3-methoxyhexen-(1)-ol-(6)* (**III**) sowie *3-Methyl-3.6-dimethoxyhexin-(1)* (**IV**) u. *-hexen-(1)* (**V**) getrennt werden. Bei der Rk. von Methyl-n-butyläthinylcarbinol (**VI**) mit Na u. Äthylbromid in NH_3 wurde nur *Methyl-n-butylvinylcarbinol* (**VII**) erhalten, dessen Struktur durch Oxydation zu *Methyl-n-butylketon* u. *Methyl-n-butylglykolsäure* bewiesen wurde. Aus Methyläthyläthinylcarbinol (**VIII**) wurde mit Na u. Äthylbromid in NH_3 nur *Methyläthylvinylcarbinol* erhalten. 3.5-Dimethylhexin-(1)-diol-(3.4) (**IX**) lieferte bei Einw. von Na u. Äthylbromid in NH_3 *3.5-Dimethyl-3-äthoxyhexin-(1)-ol-(4)* (**X**), dieses mit Acetanhydrid *3.5-Dimethyl-3-äthoxy-4-acetoxyhexin-(1)* (**XI**). Aus **IX** wurde mit Acetanhydrid *3.5-Dimethyl-3-acetoxyhexin-(1)-ol-(4)* (**XII**), mit Na u. Benzylchlorid in NH_3 *3.5-Dimethyl-3-benzyloxyhexin-(1)-ol-(4)* (**XIII**) erhalten. **II** u. **XIII** reagieren nicht mit ammoniakal. Ag_2O; **X, XI** u. **XII** dagegen liefern das entsprechende *Ag-*

Acetylenid. Die Verbb. wurden IR-analyt. untersucht. Die Stellung der Äthoxy- u. Acetoxygruppe in **X** u. **XII** wird dadurch bewiesen, daß **X** u. **XII** mit Alkali kein Acetylen abspalten.

Versuche: Man gibt zu 50 g I in Ae. fl. NH_3, dann langsam 17 g Na u. 50 ml Methyljodid, zersetzt mit W., extrahiert im Soxhlet mit Ae. u. fraktioniert: *Gemisch aus 3-Methyl-3-methoxyhexin-(1)-ol-(6)* (II) u. *3-Methyl-3-methoxyhexen-(1)-ol-(6)* (III) [$Kp._8$ 74—76,5°; 17 g (Ausbeute)] sowie *Gemisch aus 3-Methyl-3.6-dimethoxyhexin-(1)* (IV) u. *3-Methyl-3.6-dimethoxyhexen-(1)* (V) ($Kp._8$ 64—66,5°; 20 g). — *Methyl-n-butylvinylcarbinol* (VII), $C_8H_{16}O$, Kp. 153—155°, man gibt zu 10 g VI in fl. NH_3 bei —35° 1,8 g Na, dann 9 g Äthylbromid; $D._4^{20}$ 0,8297; n_D^{20} 1,4320; 6 g. Die Oxydation mit $KMnO_4$ liefert *Methyl-n-butylketon* (*2.4-Dinitrophenylhydrazon*, $C_{12}H_{16}N_4O_4$, F. 104°) u. *Methyl-n-butylglykolsäure* (*Ag-Salz*, $C_7H_{13}AgO_3$). — *Methyläthylvinylcarbinol*, $C_6H_{12}O$, Kp. 107 bis 110°, analog vorst. Verb. aus **VIII**; $D._4^{20}$ 0,8228; n_D^{20} 1,4202. — *3.5-Dimethyl-3-äthoxyhexin-(1)-ol-(4)* (**X**), $C_{10}H_{18}O_2$, $Kp._{22}$ 88—89°, analog aus **IX**; $D._4^{20}$ 0,9056; n_D^{20} 1,4422; 64%. — *3.5-Dimethyl-3-äthoxy-4-acetoxyhexin-(1)* (**XI**), $C_{12}H_{20}O_3$, $Kp._{14}$ 96 bis 100°, durch 18std. Erhitzen von **X** mit Acetanhydrid; $D._4^{20}$ 0,9448; n_D^{20} 1,4360; 66%. — *3.5-Dimethyl-3-acetoxyhexin-(1)-ol-(4)* (**XII**), $C_{10}H_{16}O_3$, $Kp._{22}$ 121—123°, durch 18std. Erhitzen von 18 g **IX**, 26 g Acetanhydrid u. 1 g K-Acetat auf dem sd. Wasserbad; $D._4^{20}$ 1,0130; n_D^{20} 1,4461; 65%. — *3.5-Dimethyl-3-benzyloxyhexin-(1)-ol-(4)* (**XIII**), $C_{15}H_{20}O_2$, $Kp._{22}$ 159—161°, aus **IX** mit Na in Benzylchlorid in fl. NH_3; $D._4^{20}$ 1,0025; n_D^{20} 1,5064; 35%. Helmut Schäfer. 570

Polyglycerinphosphate. A. M. Michelson. (Chem. and Ind. **1958**, **1147**, 30/8.; Dublin, Eire, Arthur Guinness Son & Co. Ltd.; engl.) — Übersicht über Vork., Synth. u. Hydrolyse-Prodd. von *Polyglycerinphosphaten.* — 12 Literaturangaben. G. Ziebarth. 590

Untersuchungen auf dem Gebiet der Sulfone und Sulfoxide. 1. Mitt. Synthese und einige Umwandlungen von Vinyläthylsulfon. M. F. Schosstakowski, Je. N. Prileshajewa, W. A. Asowskaja und G. W. Dmitrijewa. (Журнал Общей Химии [J. allg. Chem.] **30 (92)**, 1123—30, April 1960; Inst. für org. Chem. der Akad. der Wiss. der UdSSR; russ.) — Das durch Oxydation von β-Hydroxydiäthylsulfid mit H_2O_2 zugängliche *β-Hydroxydiäthylsulfon* wird über H_3PO_4 im Vakuum bei 260—270° mit hoher Ausbeute zu *Vinyläthylsulfon* (I) dehydratisiert. I addiert glatt W., Alkohole u. Mercaptane; als Katalysator für diese Rkk. hat sich bes. Triton B (Trimethylbenzylammoniumhydroxid) bewährt. Längeres Erhitzen mit Radikalbildnern führt I in *Polymere* über. I besitzt eine hohe Aktivität als Dienophiles bei Diels-Alder-Rkk.; so wird mit Cyclopentadien in hoher Ausbeute *5-Äthylsulfonylbicyclo-[2.2.1]-hepten-(2)* (II) erhalten, das erneut mit Hexachlorcyclopentadien (III) umgesetzt werden kann. Die Dien-Rk. von I mit Chloropren liefert *4-Äthylsulfonyl-1-chlorcyclohexen-(1)*, das durch N-Bromsuccinimid u. dann Pyridin zu *p-Chlorphenyläthylsulfon* aromatisiert wird.

Versuche: *β-Hydroxydiäthylsulfon*, $C_4H_{10}O_3S$, F. 42,5—43° (Essigester), a) durch Zutropfen von 30%ig. H_2O_2 zu 106,2 g β-Hydroxydiäthylsulfid ($Kp._{15}$ 79—80°, n_D^{20} 1,4252) in Ggw. von H_3PO_4 bei 70°, Kochen bis zur negativen Peroxid-Rk. u. Eindampfen; 132,8 g (Ausbeute); b) durch 4std. Erhitzen von I in W. in Ggw. von Triton B auf 80 bis 90°; 90%. — *Vinyläthylsulfon* (I), $Kp._5$ 97—98°, durch Zutropfen vorst. Verb. zu H_3PO_4 bei 300°/15—20 mm; $D._4^{20}$ 1,1457, n_D^{20} 1,4640; 74,7%. — *1-Äthylsulfonyl-2-phenylmercaptoäthan*, $C_{10}H_{14}O_2S_2$ F. 39—40° (Heptan), $Kp._{0,05}$ 128—130°, a) durch Zutropfen von 1 Tropfen 40%ig. Triton B zu I u. Thiophenol unter Kühlung mit Eiswasser u. 3std. Stehen; 90,1%; b) durch Zutropfen von Thiophenol zu I u. Triton B unter Kühlung mit Eis/Salz-Gemisch u. 2std. Erwärmen auf 45—50°; 70,2%; daneben *Verb.* $C_{10}H_{20}O_6S_2$, $Kp._{0,04}$ 184—186°, n_D^{20} 1,5213; 25%. — *1-Äthylsulfonyl-2-äthoxyäthan*, $C_6H_{14}O_3S$, $Kp._4$ 125—128°, durch Zugeben von 1 Tropfen 40%ig. Triton B zu I in abs. A. u. Stehen über Nacht; $D._4^{20}$ 1,1142, n_D^{20} 1,4518; 90,6%. — *5-Äthylsulfonylbicyclo-[2.2.1]-hepten-(2)* (II), $C_9H_{14}O_2S$, $Kp._{0,01}$ 70°, durch 4tägiges Stehen von I mit Cyclopentadien in Ggw. von wenig Hydrochinon; $D._4^{20}$ 1,1892, n_D^{20} 1,5135; 90,6%; gibt mit Phenylazid eine *Verb.* $C_{15}H_{19}N_3O_2S$, F. 38—40° (PAe.). — *2-Äthylsulfonyl-5.6.7.8.10.10-hexachlor-1.4;5.8-bis-endomethylen-1.2.3.4.4a.5.8.8a-oktahydronaphthalin*, $C_{14}H_{14}Cl_6O_2S$, F. 162° (A.) durch 20std. Erhitzen von II mit III auf 120—130°; 49,7%. — *2-Äthylsulfonyl-1.4.5.6.7.7-hexachlorbicyclo-[2.2.1]-hepten-(5)*, $C_9H_8Cl_6O_2S$, F. 65—66° (CCl_4), durch 16std. Erhitzen von I mit III auf 140—150°; 82%. — *4-Äthylsulfonyl-1-chlorcyclohexen-(1)*, $C_8H_{13}ClO_2S$, F. 59—60° (W.), $Kp._{0,01}$ 101—102°, durch 2std. Erhitzen von I mit Chloropren im Rohr auf 140—150°; 65,4%. — *p-Chlorphenyläthylsulfon*, $C_8H_9ClO_2S$, F. 35—37°, a) durch 10std. Kochen vorst. Verb. mit N-Bromsuccinimid u. wenig Dibenzoylperoxid in Bzl., Eindampfen im Vakuum, Zutropfen von Pyridin unter Kühlung mit Eis/Salz-Gemisch

u. Verdünnen mit Ae.; 75%; b) durch Oxydation nachst. Verb. mit 30%ig. H_2O_2 in Eisessig; 72%. — *p-Chlorphenyläthylsulfid*, C_8H_9ClS, Kp.$_3$ 95—97°, aus p-Chlorbrombenzol, Mg, S u. Äthylbromid nach Bodroux [1903]; 25%. H.-E. Toussaint. 600□

Alkylierung von Nitrilen: Keteniminbildung. Melvin S. Newman, T. Fukunaga und T. Miwa. (J. Amer. chem. Soc. **82**, 873—75, 20/2. 1960; Columbus, Ohio, State Univ., McPherson Chem. Labor.; engl.) — *Trialkylacetonitrile* wurden durch Rk. von Dialkylacetonitrilen mit Na-, Li- oder K-Amid in fl. NH_3 u. anschließende Behandlung mit Alkylierungsmitteln gewonnen. Folgende neue Verbb. wurden erhalten: *Methyldiisopropylacetonitril* aus Diisopropylacetonitril (**I**) u. Methylbromid (**II**) oder aus Methylacetonitril (**III**) u. Isopropyljodid (**IV**), *Äthyldiisopropylacetonitril* aus **I** u. Äthylbromid (**V**), *Triisopropylacetonitril* (**VI**) aus **I** mit **IV** oder Isopropylbromid (**VII**), *Diisopropylisobutylacetonitril* aus **I** u. Isobutylbromid (**VIII**), *tert.-Butyldimethylacetonitril* aus tert.-Butylacetonitril (**IX**) u. **II**, *tert.-Butyldiäthylacetonitril* aus **IX** u. **V**, *Äthyl-tert.-butylisopropylacetonitril* aus tert.-Butylisopropylacetonitril (**X**) u. **V** u. *tert.-Butylisopropylisobutylacetonitril* aus **X** u. **VIII**. Im Falle von **I** liefert die Alkylierung mit **IV** neben **VI** mäßige Mengen an *N-Isopropyldiisopropylketenimin*, das zu *N-Isopropyldiisopropylacetamid* (**XI**) red. wurde. Im Falle von **X** wurde mit **IV** u. **VIII** nur *N-Isopropyl-* bzw. *N-Isobutyl-tert.-butylisopropylketenimin* gewonnen. Bei der Rk. spielen ster. Faktoren eine Rolle. Die „six number" (vgl. C. **1954**, 7153) des disubstituierten Nitrils muß größer als 12 sein, damit N-Alkylierung eintreten kann.

Versuche: *Diisopropylcyanessigsäureäthylester*, durch Alkylierung von Cyanessigsäureäthylester nach Marshall [1930]; 84% (Ausbeute). — *Diisopropylcyanessigsäure*, durch 26std. Kochen vorst. Verb. mit A. u. 35%ig. KOH; 98% (roh). — Acetonitrile: *Diisopropyl-* (**I**), Kp. 168—169°, aus vorst. Verb. durch Erhitzen mit Cu-Pulver auf 180—200°; n_D^{22} 1,4167; 85%. — *tert.-Butyl-* (**IX**), Kp. 135—137°, aus tert.-Butylcyanessigsäureäthylester durch Verseifen u. Decarboxylieren analog Birch (J. chem. Soc. [London] **1949**, 2721); 72%. — *Triisopropyl-* (**VI**), Kp. 220—221°, a) durch Zugeben eines Gemisches von **I** u. 2,1 Mol **IV** zu einer Suspension von $NaNH_2$ in fl. NH_3, 25std. Rk. bei Siede-Temp., Abdampfen des NH_3, Lösen der Salze in W. u. Waschen der org. Lsg. mit 2n HCl, W. u. gesätt. wss. NaCl (Meth. **A**); 37%; daneben 23% *N-Isopropyldiisopropylacetamid* [**XI**, $C_{11}H_{23}NO$, F. 168,8—169,4° (Bzl./PAe.), auch aus Diisopropylacetylchlorid u. Isopropylamin (**XII**)]; b) analog durch 1std. Rühren von **I** in einer Suspension von Na-, K- oder Li-Amid u. Zugeben von 1,3 Mol **IV** (Meth. **B**); 39—50%; daneben 19—25% **XI**; c) nach **C** mit 1,4 Mol **VI** durch 12std. Rk.; 33%; daneben 25% **XI**; d) aus Acetonitril nach **A** mit 3,3 Mol **IV**; 18%; daneben 14% **XI**; e) aus Isopropylacetonitril nach **A** mit 2,2 Mol **IV** durch 30std. Rk.; n_D^{24} 1,4491; 34%; daneben 12% **XI**. — *Isopropyl-tert.-butyl-*(**X**), nach **A** unter Verw. der äther. Lsg. von **IX** u. **IV** durch 30std. Rk.; 43%; daneben 56% *N-Isopropyl-tert.-butylisopropylacetamid* [$C_{12}H_{25}NO$, F. 150,3 bis 150,8° (Bzl./PAe.), auch aus tert.-Butylisopropylacetylchlorid u. **XII**]. — *Isopropylisobutyl-tert.-butyl-*, Kp. 89,0—89,5°, aus **X** u. 1,1 Mol **VIII** nach **A** ohne Waschen mit HCl; n_D^{25} 1,4490; 39%; daneben 12% *N-Isobutyl-tert.-butylisopropylketenimin* ($C_{13}H_{25}N$, Kp.$_{14}$ 90,5—91,8°; n_D^{24} 1,4480; D.^{24} 0,7960). — *Diäthyl-*, aus Äthylacetonitril (**XIII**) 2,1 Mol Äthylmethyl- oder 2,2 Mol Äthylphenylsulfit nach **A**; 35%. — *Triäthyl-*, Kp. 165 bis 170°, a) aus **XIII** u. 2,0 Mol **V** nach **A** durch 23std. Rk.; 58%; b) analog mit 2,1 Mol Äthyljodid durch 19std. Rk.; 49%; c) durch Zugeben von **XIII** zu einer Suspension von $NaNH_2$ in fl. NH_3, sofortigem Zutropfen von Diäthylsulfat u. 24std. Rk. bei Siede-Temp. (Meth. **C**); 63%. — *Methyldiisopropyl-*, Kp. 186—187°, a) aus **III** u. **IV** nach **A**; 59%; b) aus **I** u. 4,4 Mol **II** nach **C** durch 30std. Rk.; n_D^{25} 1,4288; 81%. — *Äthyldiisopropyl-*, Kp.$_{10}$ 80—81°, a) aus **XIII** u. **VII** nach **A**; n_D^{25} 1,4386; 58%; b) aus **XIII** u. 2,2 Mol **IV** nach **A**; 77%; c) aus **I** u. 1,5 Mol **V** nach **C** durch 30std. Rk.; 78%. — *Diisopropylisobutyl-*, Kp.$_3$ 82—83°, aus **I** u. 1.1 Mol **VIII** nach **B** durch 15std. Rk.; n_D^{25} 1,4443; 84%. — *tert.-Butyldimethyl-*, Kp. 168—169°, aus **IX** u. 4,4 Mol **II** nach **C** durch 35std. Rk.; 78%. — *tert.-Butyldiäthyl-*, Kp. 198—200°, aus **IX** u. **V** nach **A** durch 40std. Rk.; n_D^{25} 1,4350; 65%. — *Äthylisopropyl-tert.-butyl-*, Kp. 223—224°, a) aus **X** u. 1,2 Mol **V** nach **A**; n_D^{25} 1,4497; 56%. — *N-Isopropyl-tert.-butylisopropylketenimin*, $C_{12}H_{23}N$, Kp.$_{14}$ 73—74°, aus **IX** u. 3,6 Mol **IV** nach **A** durch 30std. Rk.; n_D^{19} 1,4481; D.^{19} 0,7958; 28%. G. Marquard. 710□

Die Neopentyl- und Neophyl-Systeme bei der Oxydation von Ketonen durch Persäuren. James W. Wilt und Albert Danielzadeh. (J. org. Chemistry **23**, 920—21, 20/6. 1958; Chicago, Ill., Loyola Univ., Dep. of Chem.; engl.) — Durch Oxydation von Neopentyl- (**I**) u. Neophylmethylketon (**II**) mit Peroxytrifluoressigsäure werden die entsprechenden *Essigsäureester* erhalten. Es zeigt sich, daß bei der Verschiebung die Alkylgruppen gegenüber der Methylgruppe bevorzugt werden.

Die Stabilisierung des zu verschiebenden Restes durch Hyperkonjugation (vgl. Emmons u. Lucas, C. **1955,** 8596) scheint nur für die Leichtigkeit der Oxydation u. die Ausbeute wesentlich zu sein. Die Rk. erfolgt vermutlich nicht über Carboniumionen. Die IR-Maxima sind angegeben.

Versuche: *Neopentylmethylketon* (I), Kp. 124—127°, durch CrO_3-Oxydation von Diisobutylen; n_D^{20} 1,404; $D._4^{20}$ 0,800; 44% (Ausbeute). *2.4-Dinitrophenylhydrazon,* F. 97°. — *Neophylmethylketon* (II), $Kp._1$ 61—62°, aus Mesityloxid u. Bzl. in Ggw. von $AlCl_3$; n_D^{20} 1,5115; $D._4^{20}$ 0,973; 61%. *2.4-Dinitrophenylhydrazon,* $C_{18}H_{20}N_4O_4$, F. 98,5 bis 99°. — *Neopentylacetat,* Kp. 127°, a) durch Verestern von Essigsäure mit Neopentanol in Ggw. von H_2SO_4; n_D^{20} 1,390; $D._4^{20}$ 0,855; b) durch $^3/_4$std. Zugabe von Peroxytrifluoressigsäure (III; aus Trifluoressigsäureanhydrid u. 90%ig. H_2O_2 bei 0°) in Methylenchlorid zu I u. Na_2HPO_4 in Methylenchlorid u. 2std. Kochen; 40%. — *Neophylacetat,* $C_{12}H_{16}O_2$, $Kp._5$ 105°, a) aus Neophylalkohol; n_D^{20} 1,4959; $D._4^{20}$ 1,008; 60%; b) durch Zugabe von III in Methylenchlorid zu II u. Na_2HPO_4 in Methylenchlorid u. Behandlung mit Girards Reagens T; 38,5%. K. Lange. 810

Darstellung von wasserfreiem Natriumperacetat und Natriumperbutyrat. Leslie G. Humber. (J. org. Chemistry **24,** 1789—90, Nov. 1959; Quebec, Shawinigan, Res. Labor.; engl.) — *Na-Peracetat* ($C_2H_3NaO_3$) wurde aus roher Peressigsäure (verunreinigt durch 39% Essigsäure u. 1% H_2SO_4) durch Einstellen mit Soda-Lsg. auf pH 8, Extrahieren mit Ae. u. Fällen bei 0° mit alkohol. NaOH gewonnen. Analog wurde *Na-Perbutyrat* ($C_4H_7NaO_3$) aus Perbuttersäure erhalten. G. Marquard. 810□

Quasi-racemische Verbindungen zwischen optisch-aktiven Stellungsisomeren von methylsubstituierten langkettigen Carbonsäuren. Bo Hallgren. (Ark. Kemi **9,** Nr. 31, 389—96, 1956; Uppsala, Univ. of Uppsala, Dep. of Med. Biochem., Inst. of Med. Chem.; engl.) — Vgl. C. **1959,** 15005. — Durch 2 Meth. der Kettenverlängerung werden *9-DL-Methyloctadecansäure* u. (+)-*9-D-Methyloctadecansäure* aus rac.- bzw. (+)-β-Methylglutarsäuremonomethylester [(+)-III] dargestellt. Eine Unters. von bin. Syst. zwischen den Enantiomorphen von *9-* (I) u. *10-Methyloctadecansäure* (II) zeigt, daß I leicht rac. Verbb. bildet, u. daß die Antipoden von I mit den konfigurationsmäßig andersartigen Antipoden von II quasirac. Verbb. bilden. Bin. Syst. zwischen den konfigurationsmäßig ähnlichen Antipoden von I u. II zeigen nur ein einfaches niedrigschm. Eutektikum.

Versuche: (+)-*3-D-Methyldodecansäure,* $Kp._{0,5}$ 135—137°, durch Elektrolysieren von insgesamt 49,5 g Nonansäure u. 50 g (+)-III in methanol. Na-Methylat zwischen Pt-Elektroden mit 7—10 A bis zum pH 7 in mehreren Portionen, Gießen in W., Ausäthern, Fraktionieren, Hydrolysieren der Fraktion vom $Kp._{0,25-0,30}$ 86—88° (49,2 g) mit sd. verd. wss.-alkohol. NaOH, Ausäthern der Säuren nach Ansäuern, Eindampfen, mehrstd. Stehen in PAe. bei —15°, Abfiltrieren der *zweibas. Säure* u. Fraktionieren; $D._4^{24,5}$ 0,8848; n_D^{25} 1,4405; $[\alpha]_D^{24,5}$ +4,78°; 18,4 g. — (+)-*9-D-Methyloctadecansäure,* $C_{19}H_{38}O_2$, F. 13,3—13,4° (Methanol); $Kp._{0,6-0,8}$ 140—179°, a) aus 15,45 g Korksäuremonomethylester u. 17,60 g vorst. Verb. in methanol. Na-Methylat analog vorst. Verb.; $D._4^{24}$ 0,8733; n_D^{25} 1,4511; $[\alpha]_D^{21}$ +0,05; 4,74 g; b) F. 16,4—16,7° (Methanol; nach Wiedererstarren F. 12,5—12,9°) aus dem Amid. *Amid,* $C_{19}H_{39}NO$, F. 65,5—65,9°, durch 4std. Rk. vorst. Verb. mit Oxalylchlorid in Bzl. bei 30—35°, Eindampfen im Vakuum bei 60°, Zugabe von NH_4OH zum erhaltenen Säurechlorid bei + 4°, Zugabe von W., mehrstd. Stehen u. Ausäthern; aus Ae. schmale, glänzende Plättchen; $[\alpha]_D^{24}$ +0,07°. — *9-DL-Methyloctadecansäure,* F. 38,7—39,2°, aus 3-DL-Methyldodecansäure. *Amid,* FF. 69,9 bis 70,1 u. 61,3—61,5°. — (—)-*10-L-13-D-Dimethyldokosan,* $C_{24}H_{50}$, $Kp._{0,3}$ 156°, durch Dest. der nichtverseifbaren Fraktion, $D._4^{25}$ 0,7971; n_D^{25} 1,4459, $[\alpha]_D^{25,8}$ —0,98°; 2,45 g.
P. Becker. 810

Technische Synthese von 2-Methylbuten-(2)-carbonsäure (MBCA). Janusz Supniewski, Bolesław Mielowski und Halina Kozińska. (Dissertat. pharmac. [Warszawa] **13,** 225—31, 1961; Kraków, PAN, Zakł. Farmakol.; Krak. Zakłady Farm.; pol.) — Äthylmethylketon (I) reagiert mit Chloressigsäureäthylester (II) in Ggw. von Mg u. wasserfreiem $MgBr_2$ oder MgJ_2 zu *β-Methyl-β-hydroxyvaleriansäureäthylester,* der beim Erwärmen mit $KHSO_4$ oder besser mit konz. H_2SO_4 in *β-Äthyl-β-methylacrylsäureäthylester* u. *2-Methylbuten-(2)-carbonsäureäthylester* übergeht. Durch längeres Erwärmen mit KOH-Lsg. werden die Ester hydrolysiert u. gleichzeitig isomerisiert, so daß 95—98%ig. *2-Methylbuten-(2)-carbonsäure* erhalten wird. Das *Na-* u. *K-Salz* ist hygroskop., das *Ca-, Ba-, Mg-Salz* nichthygroskop. u. in Alkoholen löslich. Schwermetallsalze sind ebenfalls in vielen organ. Lsgm. löslich.

Versuche: *β-Hydroxy-β-methylvaleriansäureäthylester,* $Kp._{12-15}$ 50—85°, aus je 0,81 Mol I u. II in 570 ml abs. Bzl. in Ggw. von 20 g Mg-Spänen, 0,5 g J_2 u. 4 g $MgBr_2$

bei 80°, Kühlen, Ansäuern mit H_2SO_4 (Temp. nicht $>$20°), Abtrennen der Bzl.-Schicht, Ausschütteln mit 1%ig. Na_2CO_3-Lsg., Trocknen mit wasserfreiem Na_2SO_4, Verdampfen des Bzl. u. Dest. des Rückstandes über Zn-Pulver im Vakuum; 68% (Ausbeute). — *2-Methylbuten-(2)-carbonsäureäthylester* (im Gemisch mit *β-Methyl-β-äthylacrylsäureäthylester*, 54,8%: 19,7%), $Kp._{12-15}$ 50—100°, durch 2std. Erhitzen von 620 g vorst. Verb. mit 24,1 ml konz. H_2SO_4 auf 106°, Zugabe von wss. Na_2CO_3-Lsg. u. Extraktion mit Bzl.; 74,5%. — *2-Methylbuten-(2)-carbonsäure*, $Kp._{11}$ 99—101°, durch 12std. Kochen von 410 g vorst. Gemisches mit 625 g KOH in 1165 ml Methanol auf dem Ölbad, Abdestillieren des Lsgm. mit Wasserdampf, Ansäuern des Rückstandes mit 20%ig. H_2SO_4 u. Extraktion mit Bzl.; $D._4^{20}$ 0,981, n_D^{20} 1,4530; 88%. *Chlorid*, $Kp._{20}$ 60—67°, mit $SOCl_2$ in Benzol. *Anilid*, F. 68°, Nadeln aus Methanol. *p-Toluidid*, F. 122—123° (Bzl.). *Na-Salz*, F. 285—290° (Zers.), mit Na-Methylat; Nadeln aus Isopropanol. *Ca-Salz*, F. 250—265° (Zers.), mit CaO. *Ba-Salz*, F. $>$330° (Zers.), mit $BaCO_3$. *Mg-Salz*, F. $>$300° (Zers.). *Cd-Salz*, F. 199—202°, aus dem Na-Salz mit wss. $CdSO_4$-Lösung. *Ag-Salz*, F. 170—172°, aus dem Na-Salz mit $AgNO_3$. F. Urban. 810□

Über die Darstellung von 1-Monosorbin. K. Täufel, Cl. Franzke und P. Dietze. (Fette, Seifen, Anstrichmittel **62**, 592—93, Juli 1960; Berlin, Humboldt-Univ., Inst. für Lebensmittelchem. u. -technol; dt.) — Durch Rk. von Sorbinsäure (**I**) mit Oxalylchlorid (**II**), Umwandlung des *Sorbinsäurechlorids* mit 1.2-O-Isopropylidenglycerin (**III**) zum *1.2-O-Isopropylidenglycerinsorbinat* u. Abspaltung von Aceton wird *1-Monosorbin* (**IV**) dargestellt. Die IR-Spektren von **IV** u. den Zwischenprodd. werden diskutiert.

Versuche: *Sorbinsäurechlorid*, $Kp._5$ 64°, durch Zutropfen von **II** zu **I** u. 1std. Stehen; 82% (Ausbeute). — *1.2-O-Isopropylidenglycerinsorbinat*, $Kp._5$ 144—146°, durch Eintragen von **I** in **III**/Pyridin unterhalb 10° unter N_2 u. 4tägiges Stehen bei Zimmer-Temp.; 47%. — *1-Monosorbin* (**IV**), $Kp._5$ 180—182°, durch Zers. vorst. Verb. in Ae. mit konz. HCl bei —5° unter N_2; gelbliches, autoxydables Öl; 43%. E. Höft. 810□

Über die Reaktionsfähigkeit von Nitrilen zweibasiger aliphatischer Säuren. Je. N. Silberman und N. K. Taikowa. (Журнал Общей Химии [J. allg. Chem.] **30 (92)**, 2506—10, Aug. 1960; russ.) — Die Anlagerung von HCl u. W. an Sebacin- (**I**), Glutar- (**II**), Pimelin- (**III**) u. Azelainsäure (**IV**)-dinitril verläuft nicht selektiv an nur einer Nitrilgruppe. Durch geeignete Wahl des Komponentenverhältnisses können ausschließlich **I**-, **II**-, **III**- u. **IV**-*Diamid* oder Gemische der Diamide mit *ω-Cyanpelargon-*, *ω-Cyanbutter-*, *ω-Cyancapron-* bzw. *ω-Cyancaprylsäureamid* erhalten werden.

Versuche: *Sebacinsäure* (**I**), *Diamiddihydrochlorid* (*Diimmoniumdihydrindichlorid*), $C_{10}H_{22}Cl_2N_2O_2$, F. 136° (Zers.), man gibt zu 0,05 Mol **I**-Dinitril in 20 ml Ae. bei 0° 0,2 Mol HCl, läßt 4 Std. lang stehen, versetzt mit 0,1 Mol W. u. läßt 5 Tage lang stehen; 13,8 g (Ausbeute). *Diamid*, F. 209—210° (Dimethylformamid), durch Hydrolyse von 10 g vorst. Dihydrochlorids mit 30 ml W. u. Neutralisieren mit 10%ig. NaOH; 98%, bezogen auf **I**-Dinitril. — *ω-Cyanpelargonsäureamid*, F. 74—75° (W.), aus 0,05 Mol **I**-Dinitril, 0,1 Mol HCl u. 0,05 Mol W. in 20 ml Ae., Hydrolyse des erhaltenen Gemisches mit 20 ml W., Neutralisieren mit 10%ig. NaOH, Eindampfen u. Extrahieren des Rückstandes mit Äthylacetat; 44%. Daneben aus dem Rückstand mit Dimethylformamid 25% **I**-*Diamid*. — *1.3-Dibrompropan*, $Kp._{50}$ 76—76,5°, durch Einleiten von HBr in 150 g Allylbromid bei 35—40° unter Belichtung; 67%. — *Glutarsäure* (**II**), *Dinitril*, $Kp._{10}$ 131 bis 135°, aus 137 g vorst. Verb. in 220 ml A. in der Siedehitze durch Versetzen mit einer gesätt. Lsg. von 95 g KCN u. 2std. Kochen; $D._4^{20}$ 0,994; n_D^{20} 1,4360; 70%. *Diamid*, F. 175° (Dimethylformamid–Ae.), aus 0,05 (Mol) **II**-Dinitril, 0,2 HCl u. 0,1 W. u. 20 ml Ae. (3 Tage); 97%. — *ω-Cyanbuttersäureamid*, F. 69—70° (Äthylacetat–Ae.), aus 0,05 **II**-Dinitril, 0,1 HCl u. 0,05 W. in 20 ml Ae. (2 Tage); 46,5%. Daneben 31% **II**-*Diamid*. — *Pimelinsäure* (**III**), *Diamid*, F. 174—175° (A.), aus 0,05 **III**-Dinitril, 0,2 HCl u. 0,1 W. in 20 ml Ae. (6 Tage); 96,5%. — *ω-Cyancapronsäureamid*, F. 89—91° (Äthylacetat), aus 0,05 **III**-Dinitril, 0,1 HCl u. 0,05 W. in 20 ml Ae. 68 Tage); 47%. Daneben 28% **III**-*Diamid*. — *Azelainsäure* (**IV**), *Diamiddihydrochlorid*, $C_9H_{20}Cl_2N_2O_2$, F. 130° (Zers.), aus 0,05 **IV**-Dinitril, 0,2 HCl u. 0,1 W. in 20 ml Ae. (5 Tage). *Diamid*, F. 174° (W.); 97%. — *ω-Cyancaprylsäureamid*, F. 83—84° (Äthylacetat), aus 0,05 **IV**-Dinitril, 0,1 HCl u. 0,05 W. in 20 ml Ae. (7 Tage); 46,5%. Daneben 30% **IV**-*Diamid*.

Helmut Schäfer. 820

Oxydation von Isobutylen mit Distickstofftetroxid. Erwin F. Schoenbrunn und James H. Gardner. (J. Amer. chem. Soc. **82**, 4905—08, 20/9. 1960; Wilton, Conn., Res. Center of the Escambia Chem. Corp.; engl.) — Durch Rk. von Isobutylen (**I**) mit überschüssigem N_2O_4 oder mit N_2O_4 in wss. HNO_3 entsteht *α-Hydroxyisobuttersäure* (**III**). Als Zwischenprod. wird *α-Nitratoisobutyraldehyd* isoliert u. eine Verb. nachgewiesen, die unter Bldg. von *α-Nitratoisobuttersäureanhydrid* (**IV**) zerfällt. In Ggw. von HNO_3 u. W. bei 60° werden **III** u. **IV** in *α-Nitratoisobuttersäure* (**II**) umgewandelt, die unter den gleichen Bedingungen zu **III** hydrolysiert. Vff. vermuten, daß die Rk. über ein instabiles *Isobutylennitrosonitrat* verläuft.

Versuche: *α-Nitratoisobuttersäure* (**II**), $C_4H_7NO_5$, durch langsames Zusammengeben von **I** u. N_2O_4 in 70%ig. wss. HNO_3 bei 5°, 4std. Rühren bei 5° u. ½std. Erhitzen auf 30°; 35% (Ausbeute); daneben nach 42std. Erhitzen des Filtrats mit 2n NaOH auf 60°; 34% *α-Hydroxyisobuttersäure* (**III**) (auch durch langsames Zugeben von **I** zu N_2O_4 bei 0° unter Rühren, Abdestillieren der Stickoxide bei 20° bei 20 mm, Zugeben von W. u. 24std. Stehen bei 60°; 74%; daneben **II** u. 10% *Essigsäure*). — *α-Nitratoisobutyraldehyd*, $C_4H_7NO_4$, Kp.$_5$ 30°, durch langsames Zusammengeben von **I** u. N_2O_4 unter Rühren bei 0° u. Abdestillieren der Stickoxide im Vakuum bei —10 bis 0°; 59%. — *α-Nitratoisobuttersäureanhydrid* (**IV**), $C_8H_{12}N_2O_9$, durch 8std. Stehen vorst. Verb. bei 0° u. 1mm.

J. Ruhnke. 850□

Bildung von α-Oximinofettsäureestern und deren Isomeren. H. Reinheckel. (Mber. dtsch. Akad. Wiss. Berlin **1**, 42—43, 1959; Berlin, DAW, Inst. für Fettchem.; dt.) — Ebenso wie α-Brom- u. α.α'-Dibromdicarbonsäureester reagieren auch die α-Bromfettsäureester (C_7—C_{19}) mit $NaNO_2$ in wss.-alkohol. Lsg. über die entsprechenden *α-Nitroester* zu *α-Oximinofettsäureestern*. Bei den in geringer Menge gebildeten *syn-Isomeren* bildet sich durch eine ungewöhnlich feste Wasserstoffbrücke ein pseudoaromat. Ring aus, der die Änderung physikal. u. chem. Eigg. bedingt. P. Becker. 870

Über monoquartäre und angebliche bisquartäre Salze des Diaminomethans. Horst Böhme und Walter Lehners. (Liebigs Ann. Chem. **595**, 169—78, 1955; Marburg/Lahn, Univ., Pharmazeut.-chem. Inst.; dt.) — Die Hydrolyse von Dimethylaminomethyltrimethylammoniumbromid (**I**) liefert prim. *Trimethylamin* u. das resonanzstabilisierte *Carbeniumion* $[(CH_3)_2N-CH_2]^+$, das mit W. über ein *Oxoniumsalz* das *Carbinolammoniumion* $[(CH_3)_2NH-CH_2-OH]^+$ bildet, welches in *Formaldehyd* u. das *Dimethylammoniumion* zerfällt. Das von Tsatsas u. Damiens (Ann. pharmac. franç. **7**, [1949], **444**) durch Rk. von Bis-[diäthylamino]-methan (**VI**) u. 2 Moll. Äthylbromid (**VII**) erhaltene, angeblich bis-quart. Salz identifizierten Vff. als *Triäthylammoniumbromid*. Das ebenfalls als bis-quart. Salz angesehene, von v. Braun u. Röver (Ber. dtsch. chem. Ges. **36**, [1903], 1199) isolierte Rk.-Prod. der Rk. von Bis-[dipropylamino]-methan (**VIII**) mit CH_3J bestimmten Vff. als *Gemisch* aus *Dipropylammoniumjodid* u. *Dimethyldipropylammoniumjodid*. Zur Trennung sek., tert. u. quart. Ammoniumsalze wurde die unterschiedliche Wasserlöslichkeit der freien Basen herangezogen.

Versuche: *Dimethylaminomethyltrimethylammoniumbromid* (**I**), $C_6H_{17}BrN_2$, durch 1tägige Rk. von CH_3Br u. Bis-[dimethylamino]-methan in abs. A. unter N_2 bei Raum-Temp. unter Feuchtigkeitsausschluß; 71% (Ausbeute). — *N.N-Dimethyl-N'-phenylthioharnstoff*, F. 135°, durch 1tägige Rk. von Dimethylamin (aus **I**) mit Phenylsenföl (**II**) in Ae.; 88%. — *Trimethylphenacylammoniumbromid*, F. 206°, durch 1tägige Rk. von Trimethylamin (aus **I**) mit ω-Bromacetophenon in Ae.; 87%. — *Triäthylamin, Hydrobromid*, $C_6H_{16}BrN$, F. 248° (sintert ab 242°), a) durch 3std. Kochen von **VI** u. **VII** in abs. A.; 37%; b) analog a) aus Diäthylaminhydrobromid u. Tetraäthylammoniumbromid. *Pikrat*, F. 173°. — *Dipropylammoniumjodid, Dimethyldipropylammoniumjodid-Gemisch*, F. 92—98°, durch 1tägige Rk. von CH_3J u. **VIII** in Ae.; 84%; gibt durch Hydrolyse, Lösen in verd. HCl, Alkalisieren mit NaOH, Extrahieren mit PAe., Ansäuern der wss. Phase u. Versetzen mit Reineckesalz (**III**) 87% *Dimethyldipropylammoniumhydroxid-Reineckat* [$C_{12}H_{26}CrN_7S_4$, F. 148° (sintert ab 140°)] u. durch Versetzen der PAe.-Lsg. mit **II** 86% *N.N-Di-n-propyl-N'-phenylthioharnstoff* (**IV**; F. 65°). — *Methyldipropylamin, Pikrat*, $C_{13}H_{20}N_4O_7$, F. 92—93° (Methanol); 79%. — *Dimethyldipropylammoniumjodid* (**V**), $C_8H_{20}JN$, F. 181° (sintert ab 175°; Aceton/Ae.), durch 1tägige Rk. von Methyldipropylamin u. CH_3J in Ae.; 79%. — *Dimethyldipropylammoniumhydroxid, Reineckat*, $C_{12}H_{26}CrN_7S_4$, F. 148° (sintert ab 141°; wss. Aceton), durch Zugabe von **III** zu **V**; 87%. *Pikrat*, $C_{14}H_{22}N_4O_7$, F. 93° (Essigester), durch Schütteln von **V** mit Ag_2O in W. u. Versetzen mit wss. Pikrinsäurelösung. — *[Dipropylaminomethyl]-methyldipropylammoniumsalz, Jodid*, $C_{14}H_{33}JN_2$, durch 1tägige Rk. von CH_3J u. Bis-[dipropylamino]-methan (**VIII**) in Ae.; 38%; gibt durch Verseifen u. Rk. mit **II** 88% **IV**. *Bromid*, $C_{14}H_{33}BrN_2$, analog vorst. Verb. mit CH_3Br. H. J. Jahns. 910

Anomalien bei der Reduktion von α-Nitrofettsäureestern mit $LiAlH_4$. H. Reinheckel und G. Tauber. (Mber. dtsch. Akad. Wiss. Berlin **1**, 43—44, 1959; Berlin, DAW, Inst. für Fettchem.; dt.) — Bei der Red. von α-Nitro-α-methylfettsäuremethylestern mit $LiAlH_4$ entstehen *2-Aminoalkane* u. daneben *2-Hydroxylamino-2-methylalkanole-(1)* auch bei Variierung der Rk.-Bedingungen. P. Becker. 920

Synthese und Eigenschaften der γ-Aminoacetessigsäure. J. B. Neilands, A. Neuberger und J. J. Scott. (J. Amer. chem. Soc. **82,** 214—17, 5/1. 1960; London. St. Mary's Hosp. Med. School, Dep. of Chem. Pathology; engl.) — Ausgehend von Acetondicarbonsäure wird durch Rk. mit $NaNO_2$ in verd. HCl neben *Dioximinoaceton* u. *Monooximinoaceton* *γ-Oximinoacetessigsäure* (**II**) erhalten, die sich beim Arbeiten in wss. Lsg. rasch in rotbraune Prodd. zersetzt. Beim Hydrieren in Ggw. von Pd/Kohle liefert **II** *γ-Aminoacetessigsäure* (**I**). Auf Grund der Spektren ist nachgewiesen, daß die Dissoziation eines Protons aus der NH_3^+-Gruppe von **I** nicht von Enolisierung begleitet ist. pK_a'-Werte bei 24°: **I**, 2,9 u. 8,3; **II**, 3,5 u. 8,7. Die Beständigkeit (einige Wochen Halbwertszeit) von **I** ist so groß, wie die der übrigen β-Ketosäuren.

Versuche: *γ-Oximinoacetessigsäure* (**II**), $C_4H_5NO_4$, F. 142—143° (Zers.), aus Acetondicarbonsäure in verd. HCl durch Zutropfen von wss. $NaNO_2$; Nadeln aus CH_3OH–HCl; gibt mit $FeCl_3$ in wss. Lsg. braunviolette Färbung; 30% (Ausbeute). — *γ-Aminoacetessigsäure-*(**I**)*-Hydrochloridmonohydrat,* $C_4H_7O_3N \cdot HCl \cdot H_2O$, F. 110—112° (Zers.), durch Hydrieren von **II** in wss.-methanol. HCl in Ggw. von Pd/Tierkohle; aus A. u. Ae. Nadeln; Ninhydrin-Rk.: erst hellgelb, dann purpurfarben; 80%. — *β-Hydroxy-γ-aminobuttersäure,* F. 217—218°, durch $^3/_4$std. Schütteln vorst. Verb. in W. mit Pd–Tierkohle, $H_2PtCl_6 \cdot 6\,H_2O$ u. $FeCl_3 \cdot 6\,H_2O$ in einer H_2-Atmosphäre; aus H_2O–A. Prismen; 65%.

E. Koßmehl. 950□

Synthese geschützter Depsipeptide. R. Schwyzer und J. P. Carrión. (Helv. chim. Acta **43,** 2101—04, 1/12. 1960; Zürich, Univ., Organ.-Chem. Inst.; dt.) — Aus Carbobenzoxyglycylglycin (**I**) u. p-Nitrobenzylchlorid (**II**) wird *Carbobenzoxyglycylglycin-p-nitrobenzylester* dargestellt. Mit HBr in CH_3COOH wird daraus krist. *Glycylglycin-p-nitrobenzylesterhydrobromid* erhalten, das nach Curtins in den im Dunklen sehr stabilen *Diazoacetylglycin-p-nitrobenzylester* übergeführt wird. Mit p-[p-Methoxyphenylazo]- (**III**) bzw. p-Phenylazobenzyloxycarbonylglycin (**IV**) wird daraus in Dioxan *p-[p-Methoxyphenylazo]-* (**V**) bzw. *p-Phenylazobenzyloxycarbonylglycylglykoloylglycin-p-nitrobenzylester* erhalten. UV- u. IR-Spektrum von **V** s. Original.

Versuche: *Carbobenzoxyglycylglycin-p-nitrobenzylester,* $C_{19}H_{19}N_3O_7$, F. 110—111° (A.), durch 15std. Kochen von **I** mit Triäthylamin u. **II** in Essigester; 83,02% (Ausbeute). — *Glycylglycin-p-nitrobenzylesterhydrobromid,* $C_{11}H_{14}BrN_3O_5$, F. 205—206° (CH_3OH/Ae.), durch 2std. Rk. von HBr mit vorst. Verb. in Essigsäure bei Raum-Temp.; 82%. — *Diazoacetylglycin-p-nitrobenzylester,* $C_{11}H_{10}N_4O_5$, F. 138—139°, durch Zugeben vorst. Verb. in wss. Na-Acetat zu wss. $NaNO_2$ unter Kühlung, Versetzen mit Essigsäure u. mehrstd. Stehen bei 0°; aus heißem A. gelbe Blättchen; 76,5%. — *p-[p-Methoxyphenylazo]-benzyloxycarbonylglycylglykoloylglycin-p-nitrobenzylester* (**V**), $C_{28}H_{27}N_5O_{10}$, F. 120 bis 122° u. 159—161° (Methanol), aus vorst. Verb. u. **III** in Dioxan durch mehrstd. Stehen bei Raum-Temp. u. 5std. Kochen; 47,7%. — *p-Phenylazobenzyloxycarbonylglycylglykoloylglycin-p-nitrobenzylester,* $C_{27}H_{25}N_5O_9$, F. 150—151° (Methanol; Sintern bei 130 bis 147°), analog aus vorvorst. Verb. u. **IV**; 70,6%.

H. Kniesz. 950□

Über einige Ester der Äthyl-, n-Propyl-, n-Butyl-, n-Amyl-, n-Hexyl- und Cyclohexylboronsäure. Jean-Pierre Laurent. (C. R. hebd. Séances Acad. Sci. **253,** 1812—14, 23/10. 1961; Toulouse, Labor. de Chim. gén. et minérale; franz.) — Vf. stellt einige Alkylboronsäureester $RB(OR')_2$ durch Veresterung der entsprechenden Säuren, die nach Snyder u. Mitarbeitern [1938] durch Einw. von RMgBr auf einen ganz geringen Überschuß von $B(OCH_3)_3$ in abs. Ae. bei —70° erhalten wurden, oder durch Umesterung eines niedrigermol. Esters dar. Die Ester stellen farblose Fll. dar, die mit Ae., Aceton, Bzl. usw. mischbar sind. Sie bilden keine Additions-Verbb. mit Pyridin u. sind gegen Spuren Feuchtigkeit weniger empfindlich als die Orthoborsäureester.

Versuche (alle Arbeiten unter abs., O_2-freiem N_2, FF. bei schnellem Erhitzen): *Äthylboronsäure,* F. 161—162°. — *n-Propylboronsäure,* F. 105—106°. — *n-Butylboronsäure,* F. 92—93°. — *n-Amylboronsäure,* F. 93—94°. — *n-Hexylboronsäure,* F. 87—88°. — *Cyclohexylboronsäure,* F. 115—116°. — Alkylboronsäureester, durch Zufügen des entsprechenden Alkohols zu den konz. äther. Lsgg. der entsprechenden Alkylboronsäuren (Meth. **A**) oder durch Umesterung (Meth. **B**): *Äthylboronsäuredi-n-butylester,* $Kp._{20}$ 92°, nach **A**; $D._4^{20}$ 0,8238; n_D^{20} 1,4080. — *Äthylboronsäuredi-n-hexylester,* $Kp._{10}$ 133°; nach **B**; $D._4^{20}$ 0,8212. — *Äthylboronsäuredi-n-heptylester,* $Kp._{20}$ 168°; nach **B**; $D._4^{20}$ 0,8325; n_D^{20} 1,4276. — *n-Propylboronsäuredi-n-butylester,* $Kp._{20}$ 102°, nach **A**; $D._4^{20}$ 0,8237; n_D^{20} 1,4106. — *n-Propylboronsäuredi-n-hexylester,* $Kp._9$ 135°, nach **B**; $D._4^{20}$ 0,8283. — *n-Propylboronsäuredi-n-heptylester,* $Kp._{0,7}$ 121°; nach **B**; $D._4^{20}$ 0,8372; n_D^{20} 1,4299. — *n-Butylboronsäuredimethylester,* $Kp._{20}$ 39°, nach **A**; $D._4^{20}$ 0,8281; n_D^{20} 1,3935. — *n-Butylboronsäuredi-n-butylester,* $Kp._{13}$ 108°, a) nach **A**; b) durch Einw. von n-Butyl-MgBr auf Borsäuretri-n-butylester; $D._4^{20}$ 0,8210; n_D^{20} 1,4165. — *n-Butyl-*

boronsäuredi-n-heptylester, Kp.$_{0,9}$ 132°, nach **B**; D.$_4^{20}$ 0,8331; n_D^{20} 1,4316. — *n-Amylboronsäuredi-n-butylester*, Kp.$_{1,5}$ 144°, nach **A**; D.$_4^{20}$ 0,8294; n_D^{25} 1,4167. — *n-Amylboronsäuredi-n-heptylester*, Kp.$_{0,7}$ 156°, nach **B**; D.$_4^{20}$ 0,8342; n_D^{20} 1,4323. — *n-Hexylboronsäuredi-n-butylester*, Kp.$_{21}$ 145°, nach **A**; D.$_4^{20}$ 0,8283; n_D^{20} 1,4231. — *n-Hexylboronsäuredi-n-heptylester*, Kp.$_{1,5}$ 196°, nach **B**; D.$_4^{20}$ 0,8357; n_D^{20} 1,4338. — *Cyclohexylboronsäuredi-n-butylester*, Kp.$_{0,5}$ 89°, nach **A**; D.$_4^{20}$ 0,8773; n_D^{20} 1,43559. — *Cyclohexylboronsäuredi-n-heptylester*, Kp.$_{0,6}$ 145°, nach **B**; D.$_4^{20}$ 0,8749; n_D^{20} 1,4498.

Gerhard Müller/Bitterfeld. 980□

Anwendung der Vinylmagnesiumverbindungen zur Darstellung der Vinylboronsäuren. Henri Normant und Jacques Braun. (C. R. hebd. Séances Acad. Sci. **248**, 828—30, 9/2. 1959; franz.) — Die *Vinylboronsäuren* (**A**) werden über die *Vinylboronsäureester* (**B**) durch Rk. von 1 Mol. Vinyl-Mg-Halogenid u. 1 Mol Borsäuretrimethylester bei —70° u. Zers. der Rk.-Gemisches mit einer starken Säure oder gesätt. NH_4Cl-Lsg. in der Kälte, hergestellt. Die *Trivinylboroxine* (**C**) entstehen aus **A** durch azeotrope Wasserabspaltung in Bzl. oder Erhitzen im Vakuum. Mit W. bzw. Alkoholen geben sie unter Erwärmen **A** bzw. **B**. **B** können auch aus **A** oder **C** u. den entsprechenden Alkoholen durch Rk. in Bzl. in 90—95%ig. Ausbeute dargestellt werden. Folgende Boronsäuren werden synthetisiert: *Vinyl-*, F. 74°. *Methylenglykolester*, Kp. 95°; 90% (Ausbeute). *Di-n-butylester*, Kp.$_{13}$ 79—80°; D.$_4^{17}$ 0,840; n_D^{17} 1,4209; 50%. — *Propenyl-*, F. 86—87°. *Anhydrid*, Kp.$_{12}$ 103°; D.$_4^{19}$ 0,972; n_D 1,4704; 68%. *Methylenglykolester*, Kp.$_{14}$ 37°, Kp. 137°; D.$_4^{19}$ 0,969; n_D^{19} 1,4420; 62%. *Di-n-butylester*, Kp.$_{12}$ 94°; D.$_4^{20}$ 0,845; n_D^{20} 1,4281. *Bis-[ω-hydroxybutyl]-ester*, Kp.$_{13}$ 116°; D.$_4^{19}$ 1,004; n_D^{19} 1,4679. — *Isopropenyl-*, F. 104°. *Anhydrid*, Kp.$_{17}$ 97°. *Methylenglykolester*, Kp. 127°; D.$_4^{20}$ 0,943; n_D^{20} 1,4558. *Di-n-butylester*, Kp.$_{12}$ 91°; D.$_4^{18}$ 0,845; n_D^{18} 1,4243; 47%. — *Isobutenyl-*, F. 87°. *Methylenglykolester*, Kp. 153°. *Di-n-butylester*, Kp.$_{12}$ 104°; D.$_4^{19}$ 0,845; n_D^{19} 1,4288; 48%. *Di-n-hexylester*, Kp.$_{0,1}$ 114°; 55%. — *p-Vinylphenyl-*, F. 202°. *Diäthylester*, Kp.$_{22}$ 125°. Hydrolyse von **B** in der Hitze mit 5%ig. H_2SO_4 oder mit 5%ig. NaOH liefert in 95- bzw. 80%ig. Ausbeute **A**, während Rk. mit $AgNO_3$ in wss. NH_3 in 65%ig. Ausbeute das entsprechende *Olefin* gibt. H_2O_2 u. andere Peroxide spalten die C—B-Bindung unter Bldg. der gesätt. *Aldehyde* oder *Ketone*.

E. Berger. 980□

Synthese von siliciumorganischen Monomeren aus Methylchlorsilan. W. A. Ponomarenko, G. W. Odabaschjan und A. D. Petrow. (Доклады Академии Наук СССР [Ber. Akad. Wiss. UdSSR] **130**, 333—35, 11/1. 1960; Zelinsky-Inst. für org. Chem. der Akad. der Wiss. der UdSSR; russ.) — Die Anlagerung von Methylchlorsilan (I) an Äthylen in Ggw. von H_2PtCl_6 liefert *Methyläthylchlorsilan* (II) neben *Methyldiäthylchlorsilan*, die Anlagerung von I, II u. Methylphenylchlorsilan (III) an Propylen, 1.1.1-Trifluorpropen-(2) (IV) u. Acetylen entsprechend *Methyl-n-propylchlorsilan*, *Methyl-[3.3.3-trifluorpropyl]-chlorsilan* u. *Methyl-bis-[3.3.3-trifluorpropyl]-chlorsilan*, *Methyläthyl-[3.3.3-trifluorpropyl]-chlorsilan*, *1.2-Bis-[methyläthylchlorsilyl]-äthan* u. *1.2-Bis-[methylphenylchlorsilyl]-äthan*. III wurde durch Pyrolyse von I mit Chlorbenzol dargestellt, wobei als Nebenprod. *Methylphenyldichlorsilan* anfiel. Die Kondens. von I mit Vinylchlorid lieferte *Methylvinylchlorsilan*.

Versuche: *Methylchlorsilan* (I), Kp.$_{745}$ 8—9°, durch Disproportionierung von 200 g Methyldichlorsilan in Ggw. von 14 g aktiviertem Dimethylcyanamid; 50—60% (Ausbeute). Daneben *Methyltrichlorsilan*. — *Methylphenylchlorsilan* (III), Kp.$_{740}$ 176°, man leitet durch ein Glasrohr bei 640° in 2¾ Std. 24,2 g I u. 39,5 g Chlorbenzol u. fraktioniert; D.$_4^{20}$ 1,0540; n_D^{20} 1,5171; 15,5%. Daneben *Methylphenyldichlorsilan* [Kp.$_{740}$ 197°; D.$_4^{20}$ 1,1814; n_D^{20} 1,5194; 12,5%], *Methyldichlorsilan* (Kp. 39—42°), *Bzl.* u. *Chlorbenzol*. — *Methylvinylchlorsilan*, Kp.$_{761}$ 60,5°, man leitet 23,2 g I u. 41,5 g Vinylchlorid bei 555° in 3 Std. durch ein Glasrohr; D.$_4^{20}$ 0,9125; n_D^{20} 1,4140; 11,5%. — Chlorsilane: Man läßt I, II oder III mit der ungesätt. Verb. (gleiche Mengen) in Ggw. von ca. 1 Gew.-% einer 0,1 m Lsg. von H_2PtCl_6 in Isopropanol ½—5 Std. lang stehen (bei **I + IV** u. **II + V** erhitzt man auf 140—160°): *Methyläthyl-* (II), aus 20,2 g I u. 5,6 g Äthylen (½ Std., 20°); 42%. Daneben 18% *Methyldiäthylchlorsilan*. — *Methyl-n-propyl-*, aus 10 g I u. 5,5 g Propylen (2 Std., 40°); 53%. — *Methyl-[3.3.3-trifluorpropyl]-*, Kp.$_{746}$ 96,5°, aus 16,1 g I u. 18,2 g **IV** (3½ Std., 150°); D.$_4^{20}$ 1,1565; n_D^{20} 1,3651; 15%. Daneben *Methyl-bis-[3.3.3-trifluorpropyl]-*, Kp.$_6$ 45,5—47°; D.$_4^{20}$ 1,2791; n_D^{20} 1,3699; 27%. — *Methyläthyl-[3.3.3-trifluorpropyl]-*, Kp.$_{758}$ 140°, aus 21,6 g II u. 20 g **IV** (2½ Std., 167°); D.$_4^{20}$ 1,1044; n_D^{20} 1,3871; 67%. — *1.2-Bis-[methyläthylchlorsilyl]-äthan*, Kp.$_{10}$ 100,5—101,5°, aus II u. Acetylen (2 Std., 20°); D.$_4^{20}$ 0,9981; n_D^{20} 1,4580; 56%. — *1.2-Bis-[methylphenylchlorsilyl]-äthan*, Kp.$_9$ 207—209°, F. 59—60°, aus III u. Acetylen (0,1 Std., 20°); 61%. Helmut Schäfer. 980

Darstellung und Eigenschaften von β-Cyanäthyltrichlorsilan. R. A. Pike, J. E. McMahon, V. B. Jex, W. T. Black und D. L. Bailey. (J. org. Chemistry **24**, 1939—42, Dez. 1959; Union Carbide Corp., Silicones Div.; engl.) — Durch Anlagerung von Acrylnitril (I) an Trichlorsilan (II) in Ggw. von tert.-Phosphinen oder tert.-aliphat. Aminen als Katalysator wurde *β-Cyanäthyltrichlorsilan* (III) hergestellt, während bisher ohne Katalysator ausschließlich die α-Verb. erhalten wurde. Verw. von tert.-Arsinen, Stibinen u. Bismutinen als Katalysatoren führt zu Isomerengemischen. Bei Temp. über 100° tritt Polymerisation ein. Die Cyangruppe in III erhöht die Hydrolysen-Geschw. gegenüber den Alkyltrichlorsilanen, wie z. B. Äthyltrichlorsilan, besonders bei höherer Temperatur. Durch Umsetzung von III mit der stöchiometr. Menge A. entsteht *β-Cyanäthyltriäthoxysilan*, das mit weiterem A. in Ggw. eines sauren Katalysators in *β-Carbäthoxyäthyltriäthoxysilan* übergeht. Hydrolyse von III in Ae,/W. ergibt *β-Cyanäthylsilicon* (IV). Aus α-Cyanäthyltrichlorsilan (V) bildet sich analog bei 0° das entsprechende Silicon, während die Hydrolyse bei normalen Temp. zu SiO_2 u. Propionitril führt. IV ist selbst bei 100std. Erhitzen auf 250° an der Luft beständig. Saure oder alkal. Verseifung liefert *β-Carboxyäthylsilicon.* Bei der Darst. von III wurden Rk.-Zeit, Rk.-Temp. u. Katalysatoren variiert u. tabellar. zusammengefaßt.

Versuche: *β-Cyanäthyltrichlorsilan* (III), F. 36°, $Kp._1$ 57°, durch 2std. Erwärmen eines Gemisches von I u. II im Mol-Verhältnis 1:1 in einem Druckgefäß aus Stahl in Ggw. von Triphenylphosphin auf 100°; 70% (Ausbeute). — *α-Cyanäthyltrichlorsilan* (V), $Kp._1$ 37°, analog III ohne Katalysator; n_D^{25} 1,4513; 42%. — *β-Cyanäthyltriäthoxysilan*, $C_9H_{19}NO_3Si$, $Kp._{3,8}$ 102°, durch ½std. Zugeben der stöchiometr. Menge A. zu III in Ae., 3std. Rühren unter Ar, Durchleiten von NH_3, Filtrieren u. Fraktionieren des Filtrats; $D._4^{25}$ 0,970; n_D^{25} 1,4153; 58%. — *β-Carbäthoxyäthyltriäthoxysilan*, $C_{11}H_{24}O_5Si$, $Kp._{10}$ 124—125°, durch 2std. Zugeben von überschüssigem A. zu III, Austreiben des entstandenen HCl mit N_2, Zugeben von A. u. 16std. Kochen; n_D^{25} 1,4125; 63,5%. — *β-Cyanäthylsilicon* (IV), $C_6H_8N_2O_3Si_2$, durch Zugeben einer Lsg. von III in Ae. zu einem Gemisch von Eis u. Ae. unter Rühren, Abdunsten des Ae. u. Auswaschen der Ölschicht mit W. bis zur neutralen Rk. (Meth. A); 99,7%. — *β-Carboxyäthylsilicon*, $C_6H_{10}O_7Si_2$, a) durch Zugeben von Eis zu einer Lsg. von IV in Diisopropyläther unter Rühren, Zugeben von wss. NaOH bis zur Auflösung des Nd. u. Neutralisieren der wss. Schicht mit konz. HCl bei 10—20°; 86,5%; b) durch 2std. Kochen einer Mischung vorvorst. Verb. mit W. u. 3n HCl; 93,8%. — *α-Cyanäthylsilicon*, $C_6H_8N_2O_3Si_2$, aus V nach A bei 0°. H. Paetzke. 980□

Über den Umsatz von Säurederivaten und Halogensilanen mit Alkalimetallen. 1. Mitt. Die Synthese symmetrischer Bis-[trialkylsiloxy]-alkene. Klaus Rühlmann und Siegfried Poredda. (J. prakt. Chem. [4] **12 (284)**, 18—26, Nov. 1960; Halle, Martin-Luther-Univ. Halle-Wittenberg, Inst. für Organ. Chem.; dt.) — Bei der Rk. von Säurechloriden bzw. -estern mit Chlorsilanen (C) in Ggw. von Alkalimetallen entstehen *Bis-[trialkylsiloxy]-alkene* (B). Die Rk. verläuft zunächst unbeeinflußt durch C als gewöhnliche Acyloin-Kondens. (Nebenprodd. sind Aldehyde u. Ketone), anschließend setzen sich die Na-Salze der *Endiole* (E) mit C zu B um. Als höhersd. Verbb. entstehen daneben kleine Mengen *Silylcarboxylester* u. *Dicarboxylester* der E; bei der Rk. mit Propionylchlorid (X) entsteht die *Monosiloxy-Verb.* neben B. C u. W., das bei der Aldol-Kondens. frei wird, reagieren zum *Hexaalkyldisiloxan.* Die B werden in W. u. verd. Laugen langsam, in alkohol. KOH schnell in *Acyloin* u. *Disiloxan* gespalten. Die Solvolyse von B mit Alkoholen führt zum *Acyloin* u. *Alkoxysilan.* Bei Rk. von Br_2 mit aliphat. B erfolgt Spaltung in *Bromsilan* u. *α.α'-Dibromketon. 1.2-Diphenyl-1.2-bis-[trimethylsiloxy]-äthen* (III) u. Br_2 reagieren zu *Benzil.* Beim Kochen von B mit alkohol. 2.4-Dinitrophenylhydrazin entstehen die *Bis-[2.4-dinitrophenylhydrazone]* (Bis-[DNP]) der *Diketone.* Die B treten in cis-trans-Isomeren auf; deren Trennung gelang ohne Zuordnung nur bei III.

Versuche: *2.3-Bis-[trimethylsiloxy]-buten-(2)* (IV), $C_{10}H_{24}O_2Si_2$, $Kp._{12-13}$ 69—70,5°, a) durch Zutropfen von Acetylchlorid u. Trimethylchlorsilan (II) unter Rühren zu einer Na-Suspension in Ae., 1std. Rk., Filtration u. fraktionierte Dest.; (Met. A); 11% (Ausbeute); daneben *Diacetyl* (*DNP*, F. 176,5—177°; *Bis-[DNP]*, F. 315°) u. *Hexamethyldisiloxan* (I, Kp. 99—102°, n_D^{20} 1,3777); b) analog A aus II u. Essigsäureäthylester (Meth. B); 65%; $D._4^{20}$ 0,8580, n_D^{20} 1,4191. — *3.4-Bis-[trimethylsiloxy]-hexen-(3)* (V), $C_{12}H_{28}O_2Si_2$, $Kp._{12-13}$ 85—87, a) nach A aus X; 15%; daneben I, *Propionaldehyd* (*DNP*, F. 149°) u. *Dipropionyl* (*DNP*, F. 132°; *Bis-[DNP]*, F. 299—300°); b) nach B aus Propionsäureäthylester; 63%; $D._4^{20}$ 0,8573, n_D^{20} 1,4271. — *3-Trimethylsiloxyhexanon-(4)*, $C_9H_{20}O_2Si$, $Kp._{12-13}$ 68—70°, a) neben V nach A; 13%; b) durch Erwärmen von Propionoin u. Pyridin in Ae., Filtrieren u. Dest.; 77%; $D._4^{20}$ 0,8721, n_D^{20} 1,4150. — *4.5-Bis-[trimethylsiloxy]-octen-(4)* (VI), $C_{14}H_{32}O_2Si_2$, $Kp._{12-13}$ 106—108°, a) nach A aus Butyrylchlorid; 16%; daneben **I**, *Butyraldehyd* (*DNP*, F. 121—122°) u. *Dibutyryl* (*DNP*, F. 69—70°; *Bis-[DNP]*, F. 246,5—247,5°); b) nach **B** aus Buttersäureäthylester (**VII**); 61%; $D._4^{20}$ 0,8561, n_D^{20} 1,4308. — *4.5-Bis-[triphenylsiloxy]-octen-(4)* (**VIII**), $C_{44}H_{44}O_2Si_2$, $Kp._2$ 280—290°, nach **B** aus 23,6 g Triphenylchlorsilan u. **VII**; 45%; daneben 9,2 g *Triphenyläthoxysilan*, F. 65—66°. ½ std. Kochen von **VIII** in alkohol. KOH → *Triphenylsilanol*, F. 153—154°. — *5.6-Bis-[trimethylsiloxy]-decen-(5)* (**IX**), $C_{16}H_{36}O_2Si_2$, $Kp._{12-13}$ 126,5—129°, a) nach **A** aus Valerylchlorid; 17%; daneben **I**, *Valeraldehyd* (*DNP*, F. 105—106°) u. *Divaleryl* (*Bis-[DNP]*, F. 224—224,6°); b) nach **B** aus Valeriansäureäthylester; 64%; $D._4^{20}$ 0,8557, n_D^{20} 1,4358. — *1.2-Diphenyl-1.2-bis-[trimethylsiloxy]-äthen, Isomeres* **IIIa**, $C_{20}H_{28}O_2Si_2$, F. 109,5—110°, durch ½ std. Kochen von K-Suspension u. Benzil in Bzl., Zutropfen von **II** in Bzl., Abfiltrieren des KCl u. Eindampfen; 12%; daneben 62% des *Isomeren* **IIIb**, $Kp._2$ 142—143,5°. — *α.α'-Dibromdiacetyl*, F. 117°, durch Zutropfen von Br_2 zu **IV** in Chlf., ½ std. Kochen u. Eindampfen; aus Chlf. gelbe Blättchen; 53%. — Analog: *α.α'-Dibromdipropionyl*, F. 53—54,5°, $Kp._{12}$ 100—108°, aus **V** gelbe Blättchen. — *α.α'-Dibromdibutyryl*, $C_8H_{12}Br_2O_2$, F. 45,5 bis 46°, aus **VI**; 16%. — *α.α'-Dibromdivaleryl*, $C_{10}H_{16}Br_2O_2$, $Kp._4$ 110—114°, aus **IX**; 28%. — *Triphenylbromsilan*, F. 119—121° (PAe.), aus **VIII**; 62%. — *Benzil*, F. 93—95° (A.), durch Rk. mit Br_2 in Chlf., a) aus **IIIa**; 98%; b) aus **IIIb**; 99%.

E. Berger. 980□

Organophosphorverbindungen, die durch Reaktion mit cyclischen Oxiden erhalten werden. Je. L. Gefter und M. I. Kabatschnik. (Успехи Химии [Fortschr. Chem.] **31**, 285—321, März 1962; Inst. für metallorg. Verbb. der Akad. der Wiss. der UdSSR; russ.) — Allg. Überblick über Darst.-Meth. u. Eigg. von *Organophosphor-Verbb.*, die durch Rk. von Phosphor-Verbb. mit organ. Oxiden, bes. Äthylen- u. Propylenoxid, erhalten werden. — 250 Literaturangaben. G. Froelich. 980□

Synthese von 1-Alkoxy-2-dialkylphosphono- und 1-Alkoxy-2-[bis-(dialkylamido)-phosphono]-3-chlorbutadienen-(1.3). M. F. Schosstakowski, L. I. Schmonina und I. I. Gusseinow. (Журнал Общей Химии [J. allg. Chem.] **31** (**93**), 734—36, März 1961; Inst. für org. Chem. der Akad. der Wiss. der UdSSR; russ.) — Die Rk. der aus **1**-Alkoxybuten-(1)-inen-(3) u. PCl_5 zugänglichen 1-Alkoxy-2-dichlorphosphono-3-chlorbutadiene-(1.3) (**I**) mit aliphat. Alkoholen in Ggw. von Pyridin liefert erwartungsgemäß die *2-Di-O-alkylphosphono-Verbb.*; mit Dialkylaminen werden die *1-Alkoxy-2-[bis-(dialkylamido)-phosphono]-3-chlorbutadiene-(1.3)* erhalten.

Versuche: 1-Alkoxy-2-di-O-methylphosphono-3-chlorbutadiene-(1.3), durch Zutropfen der **I** zu Methanol–Pyridin bei 5° u. 2½ std. Rühren bei 40—45°: *1-Methoxy-*, $C_7H_{12}ClO_4P$, $Kp._{0,01}$ 90—91°, $D._4^{20}$ 1,2702, n_D^{20} 1,5180; 58% (Ausbeute). — *1-Äthoxy-*, $C_8H_{14}ClO_4P$, $Kp._{0,004}$ 75—76°, $D._4^{20}$ 1,2372, n_D^{20} 1,5150; 70%. — *1-n-Propoxy-*, $C_9H_{16}ClO_4P$, $Kp._{0,006}$ 84—85°, $D._4^{20}$ 1,1972, n_D^{20} 1,5108; 60%. — *1-n-Butoxy-*, $C_{10}H_{18}$·ClO_4P, $Kp._{0,002}$ 79,5—81°, $D._4^{20}$ 1,1742, n_D^{20} 1,5051; 70%. — Weitere 3-Chlorbutadiene-(1.3): *1-n-Propoxy-2-di-O-äthylphosphono-*, $C_{11}H_{20}ClO_4P$, $Kp._{0,006}$ 87—88°, analog vorst. Verbb. mit A.; $D._4^{20}$ 1,1252, n_D^{20} 1,4990; 55%. — *1-n-Butoxy-2-di-O-äthylphosphono-*, $C_{12}H_{22}ClO_4P$, $Kp._{0,006}$ 90—91°, $D._4^{20}$ 1,1122, n_D^{20} 1,4970; 64%. — *1-n-Propoxy-2-[bis-(diäthylamido)-phosphono]-*, $C_{15}H_{30}ClN_2O_2P$, $Kp._{0,006}$ 104—105°, durch Zutropfen der 2-Dichlorphosphono-Verb. zu Diäthylamin in PAe. bei 0° u. 2 std. Rühren bei 30—40°; $D._4^{20}$ 1,0652, n_D^{20} 1,5110; 50%. — *1-n-Butoxy-2-[bis-(diäthylamido)-phosphono]-*, $C_{16}H_{32}ClN_2O_2P$, $Kp._{0,008}$ 108—109°, analog vorst. Verb.; $D._4^{20}$ 1,0532, n_D^{20} 1,5100; 50%. H.-E. Toussaint. 980□

Lehrbuch-Irrtümer. 25. Mitt. **Die Seitenkettenhalogenierung von n-Alkylbenzolen.** H. Goldwhite. (J. chem. Educat. **37**, 295—96, Juni 1960; Manchester, Coll. of Sci. and Technol.; engl.) G. Pötzscher. 1010□

Über die Chlormethylierung von Benzol, m- und p-Xylol mit Paraformaldehyd und Chlorwasserstoff in Gegenwart von Zinn(IV)-chlorid. A. A. Wanscheidt, Je. P. Melnikowa und Ju. A. Tallijer. (Журнал Прикладной Химии [J. angew. Chem.] **34**, 705—07, März 1961; Inst. für hochmol. Verbb. der Akad. der Wiss. der UdSSR; russ.). — Durch Chlormethylierung von Bzl., m- u. p-Xylol mit Paraformaldehyd (**I**) u. HCl in Ggw. von $SnCl_4$ lassen sich die entsprechenden *Bis-chlormethyl-Derivv.* in guter Ausbeute darstellen.

Versuche: *p-Bis-[chlormethyl]-benzol*, F. 99—100°, man leitet in 9 g **I** u. 9,75 g $SnCl_4$ in 12 ml CCl_4 bei 30—40° HCl ein, bis sich 2 Schichten gebildet haben, gibt bei 45° 7,8 g Bzl. zu u. erhitzt 10 Std.; 32% Ausbeute). — Analog aus m- u. p-Xylol: *1.3-Dimethyl-4.6-bis-[chlormethyl]-benzol*, F. 96—98° (PAe.); 49%. — *1.4-Dimethyl-2.5-bis-[chlormethyl]-benzol*, F. 131—132° (PAe.); 43,7%. Helmut Schäfer. 1010

Über die Eigenschaften der Sulfidkatalysatoren. 8. Mitt. **Darstellung von Alkylphenolen an Wolframdisulfid.** S. Landa und J. Macák. (Collect. czechoslov. chem.

Commun. **25**, 761—65, März 1960; Prag, TH für Chem., Inst. für synthet. Treibstoffe u. Inst. für Koks- u. Gaserzeugung; dt.) — 7. vgl. C. **1961**, 4308. — Aromat. Hydroxyaldehyde, Hydroxyketone u. Ester aromat. Hydroxysäuren mit der Carbonylgruppe in direkter Nachbarschaft zum aromat. Ring werden an WS_2 mit H_2 unter Druck u. bei erhöhter Temp. zu substituierten *Alkylphenolen* reduziert. Die Ester der Hydroxysäuren erleiden während der Red. in großem Umfang Decarboxylierung. *2-Hydroxy-5-methylbenzophenon* (**I**) wird in geringer Menge in *Benzoesäure* u. *p-Kresol* gespalten. WS_2 ist als Katalysator weniger geeignet als das in früheren Mitt. beschriebene MoS_2, da die Rk.-Temp. erheblich höher liegt (Optimum 300—330°), die Hydrierung bei 260 bis 300° 4—7mal langsamer verläuft u. die Ausbeuten niedriger sind als an MoS_2. Der Betriebskatalysator 5058 für Teerhydrierung ist weniger wirksam als MoS_2 u. wirksamer als WS_2. Die Ergebnisse der Hydrierungen unter variierten Vers.-Bedingungen werden tabellar. mitgeteilt.

Versuche: Durch Hydrieren im Autoklaven an WS_2 bei 100 atm: *m-Kresol*, Kp. 202°, aus m-Hydroxybenzaldehyd in Cyclohexan (**C**)bei 330° in 11 Min.; n_D^{20} 1,5405; 31,8% (Ausbeute). — *p-Kresol*, aus p-Hydroxybenzoesäuremethylester in **C** bei 300° in 1 Std.; 71,5% (einschließlich mitgebildeten *Phenols*). — *3-Äthylphenol*, Kp. 219°, aus 3-Hydroxyacetophenon in Bzn. (**B**) bei 330° in 23 Min.; n_D^{20} 1,5330; 78,5%. — *4-Methyl-2-äthylphenol*, Kp. 223°, aus 2-Hydroxy-5-methylacetophenon bei 340° in 7 Min.; 76,4%. — *4-Methyl-2-benzylphenol*, Kp. 324°, aus **I** in **C** bei 330° in 25 Min.; n_D^{20} 1,5892; 66%. — *2.5-Diäthylphenol*, Kp. 240°, aus 2-Hydroxy-4-äthylacetophenon bei 320° in 13 Min.; n_D^{20} 1,5255; 78,4%. J. Plešek/Prag. 1060

Über die Eigenschaften der Sulfidkatalysatoren. 9. Mitt. Darstellung von zweiwertigen Phenolen. S. Landa und J. Macák. (Collect. czechoslov. chem. Commun. **25**, 766—77, März 1960; dt.) — 8. vgl. vorst. Ref.; 10. vgl. C. **1962**, 7847. — Isomere Dihydroxyphenylmethylketone (Dihydroxyacetophenone) werden unter Druck u. erhöhter Temp. an MoS_2 u. WS_2 zu den entsprechenden *Dihydroxyäthylbenzolen* hydriert. Die Rk. verläuft viel weniger glatt als die analoge Darst. substituierter *einwertiger Phenole* (vgl. l. c.). Als Nebenprodd. entstehen noch *einwertige Phenole*, z. B. aus 2.4-Dihydroxyacetophenon (**III**) *2-Äthylphenol* neben *4-Äthylresorcin*. Auch in anderen Fällen wird häufig die in p-Stellung zum Acetylrest stehende Hydroxylgruppe abgespalten. Bes. unübersichtlich ist die Hydrierung von 3.4-Dihydroxyacetophenon (**I**), aus dem neben *4-Äthylbrenzcatechin* auch *3-Äthylphenol, Äthylen, Äthan, Brenzcatechin* (**V**) u. W. gebildet werden. Dieses ungünstige Verh. von **I** ist auf die vicinale Stellung der Hydroxylgruppen zurückzuführen: **V** liefert unter denselben Bedingungen mehr als 16 Verbb., die durch Hydrierung des aromat. Ringes u. nachst. Rk. der gebildeten Prodd. entstehen, darunter *Cyclohexanon* [*2.4-Dinitrophenylhydrazon*, $C_{12}H_{14}N_4O_4$, F. 161—162° (A.)], *Cyclohexanol* [*3.5-Dinitrobenzoat*, $C_{13}H_{14}N_2O_6$, F. 112° (Bzl.)], *Phenol* [F. 40,5° (PAe.); → *Phenoxyessigsäure* (F. 98°)] u. *p-Cyclohexylphenol* [$C_{12}H_{16}O$, F. 131° (Bzl.), $Kp._{15}$ 163—165°]. Veratrol ist etwas beständiger, aber bei höherer Temp. wird es auch hydrogenolyt. zersetzt, u. es entstehen neben viel Methan eine ganze Reihe verschiedener Verbb.; noch mehr Nebenprodd. entstehen, falls statt MoS_2 weniger wirksames WS_2 als Katalysator verwendet wird. 3.4-Dimethoxyacetophenon (**II**) wird ziemlich glatt zu *3.4-Dimethoxyäthylbenzol* hydriert, aus welchem durch Entmethylierung *4-Äthylbrenzcatechin* dargestellt werden kann, das durch direkte Hydrierung von **I** nur in unbefriedigender Ausbeute entsteht. Einzelheiten über Variationen der Vers.-Bedingungen (Temp., Katalysator, Lsgm.), Isolierung der Nebenprodd., Dest.-Kurven, Gaschromatographie u. Analysen sind im Orig. eingehend beschrieben.

Versuche: *2.4-Dihydroxyacetophenon* (**III**), F. 142,5—143,5° (3%ig. HCl), nach Cooper (vgl. Org. Syntheses **21**, [1931], 103); 58—65% (Ausbeute). — *2.5-Dihydroxyacetophenon* (**IV**), F. 199° (wss. A.), durch Erhitzen von Hydrochinondiacetal [F. 122° (A.)] mit $AlCl_3$ auf 160°. — *3.4-Dihydroxyacetophenon* (**I**), $C_8H_8O_3$, F. 118° (Bzl.), durch Friessche Umlagerung von *Brenzcatechindiacetat* [F. 65—66° (W.), aus **V** u. Acetanhydrid] a) in Nitrobenzol; 82%; b) in CS_2; 76%. — *3.4-Dimethoxyacetophenon* (**II**), F. 48,5°, nach Friedl-Crafts aus *Veratrol* [F. 21° (PAe.), aus **V** u. Dimethylsulfat] u. Acetylchlorid. Durch $^1/_4$—$^1/_2$std. Hydrierung im 0,5-Liter-Drehautoklav an MoS_2 bzw. WS_2 bei 100 Atm. u. 210—300°: *4-Äthylresorcin*, $C_8H_{10}O_2$, $Kp._{16}$ 165—167°, aus **III**; 28,6%. — *Äthylhydrochinon*, $C_8H_{10}O_2$, $Kp._{14}$166—170° aus **IV**; 78,0%. — *4-Äthylbrenzcatechin*, $C_8H_{10}O_2$, $Kp._{11}$ 145—149°, F. 39° (Chlf.), aus **I**, n_D^{20} 1,5492 (unterkühlt); 12,5%; Daneben *3-Äthylphenol* (→ *3-Äthylphenoxyessigsäure*, F. 74—75°). — *4-Äthylveratrol*, $C_{10}H_{14}O_2$, $Kp._{12}$ 114—114,5°, aus **II**, n_D^{20} 1,5492; 74,5%.

J. Plešek/Prag. 1060

Einfluß einiger Faktoren auf die Phenylierung der Aldehydgruppe von Formaldehyd und Acetaldehyd durch Phenylhydrazin. V. Bolcato und G. Leggiero.

(Farmaco [Pavia], Ediz. sci. **12,** 663—68, Aug. 1957; Pavia, Univ., Ist. di Chim. Farm. e Tossicol.; ital.) — Vff. beschreiben die Einfl., die die Dauer der Rk., der pH-Bereich, das Mengenverhältnis der Rk.-Partner, Temp., Lsgm. u. Anwesenheit von O_2 auf die Phenylierung der Aldehydgruppe von Formaldehyd (**I**) u. Acetaldehyd (**II**) durch Phenylhydrazin (**III**) ausüben. Die Konz. des Rk.-Gemisches muß so gewählt sein, daß **I** u. **II** nicht mit **III** unter Bldg. der Phenylhydrazone reagieren. Bei Anwesenheit von Luft oder O_2 u. einem Überschuß an **III** werden in alkal. Medium (pH 12,6) bei einer Rk.-Dauer von 4 Tagen u. 30° die besten Ausbeuten, nämlich ca. 30 mM *Benzaldehyd* (**IV**) bzw. *Acetophenon* (**V**) aus 100 mM **I** bzw. **II** erhalten. Beim Arbeiten in 50%ig. A. sind die Ausbeuten ein wenig besser, wobei in größerer Konz. gearbeitet werden muß u. sich die Dauer der Rk. auf 6 Tage erhöht. In Abwesenheit von O_2 u. bei Verw. äquimol. Mengen **I** bzw. **II** u. **III** sind die Ausbeuten an **IV** u. **V** niedriger. Bei pH 3 findet keine Rk. statt. Die Isolierung von **IV** bzw. **V** erfolgt durch Wasserdampf-Dest. des Rk.-Prod. u. Fällung aus dem Destillat als *2.4-Dinitro-phenylhydrazone*. Bei Verw. von p-Bromphenylhydrazin an Stelle von **III** werden *p-Brombenzaldehyd* u. *p-Bromacetophenon* erhalten. V. Tesar. 1100□

Tetrachlor-o-benzochinon durch direkte Oxydation von Pentachlorphenol. Wen-Hsuan Chang. (J. org. Chemistry **27,** 2921—23, Aug. 1962; Springdale, Pa., Pittsburgh Plate Glass Co., Paint Div., Res. Labor.; engl.) — Vgl. A. P. 2 920 082 (C. **1962,** 8788). — Bei Einw. rauchender HNO_3 auf *Pentachlorphenol* (**I**) wird bei 0° ausschließlich *2.3.4.5.6-Pentachlor-4-pentachlorphenoxycyclohexadien-(2.5)-on* (**II**), bei 30—60° dagegen *Tetrachlor-o-benzochinon* (**III**) u. daneben etwas *Chloranil* (**IV**) erhalten. **II** wird durch rauchende HNO_3 in **IV** übergeführt; **III** wird dabei nicht gebildet.

Versuche: *Pentachlorphenol* (**I**), F. 187,5—190° (Xylol), durch 2 std. Zugeben von 2 Mol. Hexachlorbenzol zu NaOH in W./Äthylenglykol bei 130—140° unter Rühren, 2 std. Rühren bei 140°, Gießen in W., Filtrieren u. Neutralisieren mit konz. HCl; 93,5% (Ausbeute). — *2.3.4.5.6-Pentachlor-4-pentachlorphenoxycyclohexadien-(2.5)-on* (**II**), F. 173 bis 174° (Bzl.), durch Einleiten von Propan in eine Lsg. von 20 g **I** in Ligroin (Kp. 35 bis 57,5°) unter Rühren bis zur Erniedrigung des Kp. auf 0°, Zutropfen von 40 ml HNO_3 (D. 1,50), 40 Min. langes Rühren, Zugeben von Eisessig u. 20 Min. langes Rühren; 12 g. — *Tetrachlor-o-benzochinon* (**III**), $C_6Cl_4O_2$, F. 122—127° (Ae.), a) durch Zutropfen von 300 ml rauchender HNO_3 zu einer sd. Mischung von 1,5 Mol **I**, $FeCl_3$ u. Ligroin (Kp. 32—57°) unter Rühren bis zum Kp. 19°, 10 Min. langes Rühren, Einleiten von Propan bis —20°, Zugeben von W., Abfiltrieren, Extrahieren des Nd. mit Ae. bis zur Entfärbung (Rückstand 17,2% **IV**) u. Aufarbeiten des Filtrats; rot; 66,7%; b) analog a) in sd. Hexan (heftige Rk.); 56,9%; daneben 15,2% **IV**. — *Chloranil* (**IV**), F. 290°, durch Zugeben von rauchender HNO_3 zu **II**, Stehen über Nacht bei Raum-Temp. u. Zugeben von W.; 59,2%. — IR-Maxima von **II** werden angegeben. R. Schönfelder. 1190□

Umsetzung von o- und p-Chinondiaziden mit Triphenylphosphin. W. Ried und Hg. Appel. (Z. Naturforsch. **15b,** 684—86, Okt. 1960; Frankfurt/M., Univ., Inst. für Organ. Chemie; dt.) — Vff. stellen aus Triphenylphosphin u. Chinondiaziden mehrere neue *Triphenylphosphazine* (**T**) in sehr guter Ausbeute dar. In Lsg. erleiden die **T** schon bei normaler Temp. durch Zutritt feuchter Luft Hydrolyse zu dem entsprechenden *Chinonmonohydrazon* (**I**) u. *Triphenylphosphinoxid*. Für die o-**I** wird Chelatstruktur angenommen.

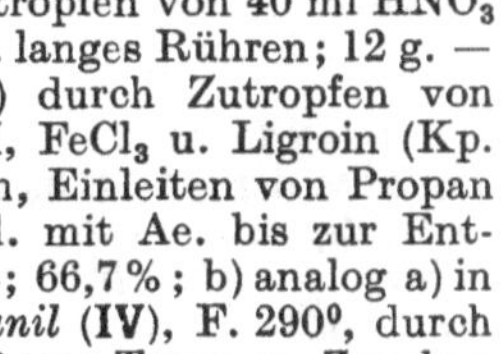

I

Versuche: *3.5-Dinitrobenzochinon-(1.2)-triphenyl-phosphazin-(1)*, F. 184° (Zers.), aus Dimethylformamid (DMF)/Ae. kleine orangefarbene Prismen. — *3-Carboxy-benzochinon-(1.4)-triphenylphosphazin-(1)*, F. 164° (Zers.), aus Chlf./Ae. rote Blättchen mit grünlichem Glanz. — *3-[o-Phenoxyphenylaminosulfonyl]-benzochinon-(1.4)-triphenylphosphazin-(1)*, F. 187° (Zers.), aus Chlf./Ae. rotorangefarbene Prismen mit blauem Glanz. — *3-[Naphthyl-(2)-aminosulfonyl]-benzochinon-(1.4)-triphenylphosphazin-(1)*, F. 175° (Zers.), aus Chlf./Ae. rotorangefarbene Prismen mit blauem Glanz. — *5-[4'-tert.-Butylphenoxysulfonyl]-naphthochinon-(1.2)-triphenylphosphazin-(2)*, F. 130—131° (Zers.), aus Bzl./PAe. rotorangefarbene Blättchen. — *5-[4'-tert.-Butylphenoxysulfonyl]-naphthochinon-(1.2)-hydrazon-(2)*, F. 137° (Zers.), durch Hydrolyse vorst. Verb. in Lsg. an feuchter Luft; aus Chlf. rotorangefarbene Blättchen neben *Triphenylphosphinoxid*. — *5-Anilinosulfonylnaphthochinon-(1.2)-triphenylphosphazin-(2)*, F. 164—165° (Zers.), aus DMF/Ae. blutrote Nadeln. — *3-Carboxynaphthochinon-(1.4)-triphenylphosphazin-(1)*, F. 177° (Zers.), aus Chlf./Ae. tiefrote Nadelbüschel. — *Phenanthrenchinon-(9.10)-triphenylphosphazin-(9)-$ZnCl_2$*, F. 202° (Zers. unter Schwarzfärbung), aus Äthylenchlorid/Ae. orangerote Nadelbüschel. — *Chrysenchinon-(1.2)-triphenylphosphazin-(1)-$ZnCl_2$*, F. 204—205° (Zers.), tiefrote Nadeln aus Äthylenchlorid. — *Chrysenchinon-(1.2)-hydra-*

azon-(1), F. 130—131° (Zers.), gelbe Nadeln aus Bzl. neben *Triphenylphosphinoxid*·*$ZnCl_2$*, F. 210°. — *Acenaphthenchinon-(1.2)-triphenylphosphazin-(1)*, F. 109—111° (roh), aus Chlf./Ae. tiefrote Kristallwarzen. *Monohydrazon*, F. 141°, gelbe Nadeln.

Gerhard Müller/Bitterfeld. 1190□

Darstellung von Mono- und Difluorbenzoesäuren und ihrer Vinylester. H. Hopff und G. Valkanas. (J. org. Chemistry **27**, 2923—24, Aug. 1962; Zürich, ETH, Labor. für Organ.-Chem. Technol.; engl.) — Durch Oxydation von Mono- bzw. Difluortoluolen mit 20- bzw. 15%ig. HNO_3 bei 190—195° u. ca. 1000 lbs./sq.in. Druck werden *Mono-* (**A**) *Difluorbenzoesäuren* in guter Ausbeute erhalten. Die **A**-*Vinylester* sind durch Umesterung nach Adelman (C. **1949**, E. **4373**) in Ggw. von etwas S als Polymerisationsinhibitor zugänglich; Hydrochinon eignet sich nicht als Inhibitor. Bei Nitrierung von p-Fluorbenzoesäure (**I**) mit HNO_3/H_2SO_4 entsteht *3-Nitro-4-fluorbenzoesäure*, deren *Äthylester* zu *3-Amino-4-fluorbenzoesäure* reduzierbar ist.

Versuche: Fluorbenzoesäuren (**A**): *p*-(**I**), F. 181—182°, durch 6std. Erhitzen von 0,408 Mol p-Fluortoluol mit 20%ig. HNO_3 im Autoklaven auf 190—195° u. 1000 lbs./sq.in., Lösen des Nd. in 5%ig. NaOH u. Ansäuern; 55 g (Ausbeute). — *m*-(**III**), F. 121 bis 122°, analog **I** aus 45 g m-Fluortoluol; 51,1 g. — *o*-(**II**), F. 120—121°, analog **I** aus o-Fluortoluol in 1 Std. bei 190—200°; 82%. — Difluorbenzoesäuren: *2.5-*, $C_7H_4F_2O_2$, F. 118—119°, aus 2.5-Difluortoluol analog **I** mit 15%ig. NHO_3 in 10%ig. Überschuß bei 195°; 69%. *Äthylester*, Kp.$_{18}$ 98—99°, durch Kochen mit A./HCl. — Analog: *2.4-*, F. 182—184°, analog der 2.5-Säure; 65%. — *3.4-*, F. 119—120°; 70%. — *3-Nitro-4-fluorbenzoesäure*, F. 119—120°, durch portionsweises Zugeben von **I** zu HNO_3 (D. 1,46)/H_2SO_4 (D. 1,82 (1 : 2) bei 0° unter Rühren in 16std. Stehen bei Raum-Temp. u. Gießen auf Eis; 86%. — *3-Amino-4-fluorbenzoesäureäthylester*, Kp.$_{14}$ 148—149°, aus dem Äthylester vorst. Verb. durch 6std. Kochen mit Fe-Pulver in 0,5n NH_4Cl-Lsg., Filtrieren der heißen Lsg., Extraktion mit Ae., Einengen u. Dest.; 89%. — Fluorbenzoesäurevinylester: *p-*, $C_9H_7FO_2$, Kp.$_{14}$ 77—80°, durch Zugeben von 20 g **I**, 1 g Hg-Acetat u. 0,5 g S zu Vinylacetat, Zugeben von etwas 20%ig. Oleum, 48std. Erwärmen auf 60°, Filtrieren in Ae., Waschen mit 10%ig. $NaHCO_3$ u. Dest.; 82,5%. — Analog: *o-*, Kp.$_{14}$ 89—89,5°, aus 10 g **II**; 10,5 g. — *m-*, Kp.$_{14}$ 80—81°, aus 18 g **III**; 17,9 g.

R. Schönfelder. 1210□

Reaktionen von Vanillin und seinen verwandten Verbindungen. 31. Mitt. Neue Derivate der Vanillinsäure. Irwin A. Pearl. (J. org. Chemistry **26**, 2989—91, Aug. 1961; Appleton, Wis., The Inst. of Paper Chem.; engl.) — 30. vgl. J. org. Chemistry **26**, [1961], 2553; 29. vgl. C. **1961**, 9011. — Vf. berichtet über die Darst., Eigg. u. UV-Spektren von neuen *Vanillinsäurederivaten*.

Versuche: *O-Carbobenzoxyvanillinsäure*, $C_{16}H_{14}O_6$, F. 130—131° (wss. Aceton), durch langsames Zugeben von Carbobenzoxychlorid unter Rühren bei Raum-Temp. zu einer Lsg. von Vanillinsäure (**I**) in 4,5%ig. NaOH u. 1std. Rühren; 91% (Rohausbeute). *Säurechlorid*, durch 1std. Kochen der Säure mit $SOCl_2$; fast farbloses viscoses Öl; 89%. *2.4.5-Trichlorphenylester*, $C_{22}H_{15}Cl_3O_6$, F. 138—139°, durch 4std. Kochen äquimol. Mengen des Säurechlorids mit 2.4.5-Trichlorphenol in Pyridin/abs. Ae. (ca. 1 : 7); aus PAe. pulverige Kristalle; 80% (roh). *2-Methoxy-4-methylphenylester*, $C_{24}H_{22}O_7$, F. 135°, aus dem Säurechlorid u. 2-Methoxy-4-methylphenol; aus A. pulverige Kristalle; 91%. — *O-Carbäthoxyvanillinsäure-[2.4.5-trichlorphenylester]*, $C_{17}H_{13}Cl_3O_6$, F. 133° (A.), nach Pearl u. McCoy (J. Amer. chem. Soc. **69**, [1947], 3071). — *Vanillinsäure-[2.4.5-trichlorphenylester]*, $C_{14}H_9Cl_3O_4$, F. 104—105° (PAe.), durch 5std. Rühren vorst. Verb. mit Aceton u. NHOH bei Raumtemperatur. — *O-[Carboxymethyl]-vanillinsäure* (**II**), $C_{10}H_{10}O_6$, F. 256—257° (Methyläthylketon), durch Erwärmen des Äthylesters mit verd. NaOH. *Methylester*, $C_{11}H_{12}O_6$, F. 143—144° (Essigester), analog dem Äthylester nach a) aus dem **I**-Methylester. *Äthylester*, $C_{12}H_{14}O_6$, F. 135—136° (Methyläthylketon), a) durch Versetzen von geschmolzenem **I**-Äthylester mit Chloressigsäure u. abs. Aceton, Zugeben von wasserfreiem K_2CO_3 unter Rühren; 1½std. Kochen des Rk.-Gemisches u. 16std. Stehen bei 20°; b) durch Kochen von 1 Mol des K-Salzes von **I**-Äthylester mit 1 Mol Na-Chloracetat in Toluol. — *O-[Carbomethoxymethyl]-vanillinsäure*, $C_{11}H_{12}O_6$, F. 175—176° (Methanol), durch kurzes Kochen von **II** mit HCl-haltigem abs. Methanol. — *O-Methoxymethylvanillinsäure*, $C_{10}H_{12}O_5$, F. 157—158°, durch Kochen des Äthylesters mit alkohol. NaOH; aus A. feine Kristalle. *Äthylester*, $C_{12}H_{16}O_5$, F. 65—67° (PAe.), Kp.$_1$ 202°, durch Versetzen einer Lsg. von 400 g **I**-Äthylester in abs. Ae. mit einer Lsg. von 75 g K in abs. A., Filtrieren, Waschen des Nd. mit Ae., Trocknen an der Luft u. 6std. Kochen des erhaltenen K-Salzes von **I**-Äthylester (117 g) mit 53 g Chlordimethyläther in abs. Ae.; 44 g. *N-Äthylamid*, $C_{12}H_{17}NO_4$, F. 80° (PAe.), durch Erwärmen des Ester mit 33%ig. wss. Äthylamin-Lsg. bis Auflsg. erfolgt, 72std. Stehen bei 20°, Eindampfen im Vakuum u. Digerieren des Rückstandes mit Bzl. [*Monohydrat*, $C_{12}H_{19}NO_5$,

F. 123° (Bzl.)]. — *5-Chlorvanillinsäure, Isobutylester*, $C_{12}H_{15}ClO_4$, F. 93—94°, aus 5-Chlorvanillinsäure (**III**) u. Isobutanol in Ggw. von H_2SO_4 (l. c.); aus PAe. Nadeln. *sek.-Butylester*, $C_{12}H_{15}ClO_4$, F. 92—93°, aus **III** u. sek.-Butanol; aus PAe. körnige Kristalle. *n-Octylester*, $C_{16}H_{23}ClO_4$, F. 90—91°, durch Kochen von 55 g **III**, 150 g n-Octylalkohol, 1,5 g H_2SO_4 u. Bzl. bis die Wasserabscheidung beendet ist; aus PAe. Plättchen; 85 g.
D. Holzner. 1250□

Wirkung von Jodthiocyanat auf Phenole und Naphthole. Pierre Mesnard und Claude Raby. (C. R. hebd. Séances Acad. Sci. **251**, 1082—84, 29/8. 1960; Bordeaux, Fac. de Med. et de Pharm., Labor. de Chim.; franz.) — Vgl. C. R. hebd. Séances Acad. Sci. **251**, [1960], 1027. — Vff. untersuchen die Rk. von Jodthiocyanat (**I**) mit Phenolen u. Naphtholen u. diskutieren den Rk.-Mechanismus. Aus Phenol entsteht mit **I** *p-Thiocyanatophenol*, F. 53—54°, aus o-Kresol u. **I** *1-Thiocyanato-4-hydroxy-3-methylbenzol*, F. 61°, aus m-Kresol u. **I** *1-Thiocyanato-4-hydroxy-2-methylbenzol*, F. 66°, aus p-Kresol u. **I** *1-Thiocyanato-2-hydroxy-5-methylbenzol* (fl.) u. aus Brenzcatechin u. **I** *1-Thiocyanato-3.4-dihydroxybenzol*, F. 143°. Während β-Naphthol mit **I** unter Bldg. von *1-Thiocyanato-2-hydroxynaphthalin* [F. 75° (gelbe Nadeln)] reagiert, liefert α-Naphthol mit **I** ein Disubstitutions-Prod., das *2.4-Dithiocyanato-1-hydroxynaphthalin*, F. 115° (gelbe Nadeln). Thymol (**II**) bildet mit **I** eine *Verb. F. 95°* (gelbe Blättchen), bei der es sich möglicherweise um ein Gemisch von *Jod-* u. *Thiocyanato-Derivv.* von **II** handelt. Aus Resorcin bzw. Hydrochinon u. **I** entstehen *disubstituierte*, aus Pyrogallol u. Phloroglucin u. **I** *trisubstituierte Derivv.*, aus denen jedoch bisher keine definierten Verbb. isoliert werden konnten. G. Marquard. 1290

Perjodat-Oxydation von Hydroxylaminderivaten. Reaktionsprodukte und Anwendungsbereich. Thomas Emery und J. B. Neilands. (J. Amer. chem. Soc. **82**, 4903—04, 20/9. 1960; Berkeley, Calif., Univ., Dep. of Chem.; engl.) — N-Methylhydroxylamin wird durch Perjodat zu *cis-Azomethan-N.N'-dioxid* (**I**) oxydiert, das durch Red. in *Methylamin* oder durch Chlf. in das *trans-Isomere* übergeht. Bernsteinsäuremonomethylester (**II**) läßt sich über *Succinmonohydroxamsäure* (**III**) durch Rk. mit Diazomethan in *Succinhydroxamsäuremonomethylester* überführen, der durch Perjodsäure in **II** übergeführt werden kann. Die Stabilität der Hydroxamfunktion wird durch Fe(III)-Ionen erhöht.

Versuche: *cis-Azomethan-N.N'-dioxid* (**I**), F. 93,5—95°, durch Zugabe von wss. Perjodsäure zu wss. N-Methylhydroxylaminhydrochlorid unter Rühren; 80% (Ausbeute). — *Methylamin*, durch Hydrieren von **I** über PtO_2 in Eisessig. — *trans-Azomethan-N.N'-dioxid*, $C_2H_6N_2O_2$, F. 120—121°, durch suspendieren von **I** in Chlf. u. 12std. Schütteln; aus A. große Nadeln. — *Succinhydroxamsäuremonomethylester*, durch Rk. von **III** (F. 105°; Prismen) mit CH_2N_2. — *Bernsteinsäuremonomethylester* (**II**), F. 58° (Bzl./Cyclohexan), durch Zugeben von wss. Perjodsäure zu einer wss. Lsg. vorst. Verb.; 68%.
J. Ruhnke. 1310□

Zur Kenntnis des o-Vanillins und des Novovanillins [2-Hydroxy-3-äthoxybenzaldehyd-(1)]. 2. Mitt. Darstellung von 2.3-Dialkoxyphenyl-β-äthylaminen. Elmar Profft. (Arch. Pharmaz. Ber. dtsch. pharmaz. Ges. **292/64**, 70—75, Febr. 1959; Leuna-Merseburg, TH für Chem., Inst. für organ. Chem.; dt.) — 1. vgl. C. **1959**, **447**. — Ausgehend von Ortho- (**I**) u. Novovanillin (**II**) werden über *2.3-Dialkoxybenzylalkohole*, *-benzylchloride* u. *-benzylcyanide* die entsprechenden *β-[2.3-Dialkoxyphenyl]-äthylamine* dargestellt.

Versuche: 2.3-Dialkoxybenzylalkohole: *2-n-Propoxy-3-methoxy-*, $C_{11}H_{16}O_3$, Kp.$_{10}$ 158,5°, durch 3std. Hydrierung von **I**-n-Propyläther in Ggw. von Raney-Ni bei 110 at/22° im Drehautoklaven (Meth. **A**); n_D^{20} 1,5242; 91,1% (Ausbeute). — *2-Isopropoxy-3-methoxy-* (**III**), $C_{11}H_{16}O_3$, Kp.$_{10}$ 149—150°, F. 49—49,5°, nach **A** 10 Std. lang bei 150 at/50—60°; n_D^{20} 1,5225; 60,3%. — *2-n-Propoxy-3-äthoxy-*, $C_{12}H_{18}O_3$, Kp.$_{13}$ 167°, a) nach **A** bei 150 at/22—55°; n_D^{20} 1,5111; 81,6%; b) durch Red. mit Fe/CH_3COOH; 56,1%. — *2-n-Butoxy-3-methoxy-*, $C_{12}H_{18}O_3$, Kp.$_{10}$ 162—163,5°, nach **A** 23 Std. lang bei 135 at/23°; n_D^{20} 1,5189; 89,3%. — *2-n-Amyloxy-3-methoxy-*, $C_{13}H_{20}O_3$, Kp.$_{17}$ 183—184°, nach **A** 23 Std. lang bei 135 at/22°; n_D^{20} 1,5129; 86,3%. — *2-Isoamyloxy-3-äthoxy-*, $C_{14}H_{22}O_3$, Kp.$_{10}$ 176°, nach **A** 46 Std. lang bei 150 at/21—60°; n_D^{20} 1,5060; 82,2%. — 2.3-Dialkoxybenzylchloride, a) durch Rk. des entsprechenden Benzylalkohols mit HCl-Gas/(ZnO_2 in abs. A. bei 25—30°; b) durch 3—5std. Kochen mit $SOCl_2$ in Chlf.: *2-n-Propoxy-3-methoxy-*, $C_{11}H_{15}ClO_2$, Kp.$_{14}$ 151—152°; n_D^{20} 1,5251; 90,3%. — *2-Isopropoxy-3-methoxy-*, $C_{11}H_{15}ClO_2$, Kp.$_{10}$ 134—135°; n_D^{20} 1,5242; 82%. — *2-n-Propoxy-3-äthoxy-*, $C_{12}H_{17}ClO_2$, Kp.$_{17}$ 156—158°; n_D^{20} 1,5148; 75%. — *2-n-Butoxy-3-methoxy-*, Kp.$_{24}$ 173—174°; n_D^{20} 1,5195; 75%. — *2-n-Amyloxy-3-methoxy-*, $C_{13}H_{19}ClO_2$, Kp.$_{17}$ 173—175°; n_D^{20} 1,5156; 76,6%. — *2-Isoamyloxy-3-äthoxy-*, $C_{14}H_{21}ClO_2$, Kp.$_{10}$ 161°; n_D^{20} 1,5072; 74%. — *2-Isopropoxy-3-methoxybenzylacetat*, $C_{13}H_{18}O_4$, Kp.$_{10}$ 152—155°, durch Rk. von **III** mit Methylchlorid; n_D^{20} 1,5060; 89%. — 2.3-Dialkoxybenzylcyanide, durch Rk. von je 0,617 Mol vorst. Chloride mit 0,7—0,8 Mol NaCN u. 0,04 Mol NaJ in wss. Keton u. 6—8std. Kochen: *2-n-Propoxy-3-methoxy-*, $C_{12}H_{15}NO_2$, Kp.$_{10}$ 167—169°; n_D^{20} 1,5140; 85,6%. — *2-Isopropoxy-3-methoxy-*, $C_{12}H_{15}NO_2$, Kp.$_{11}$ 163—165°, n_D^{20} 1,5139; gelbliches Öl; 71,2%. — *2-n-Propoxy-3-äthoxy-*, $C_{13}H_{17}NO_2$, Kp.$_{16}$ 179 bis 181°; n_D^{20} 1,5074; hellgelbes Öl; 82,6%. — *2-n-Butoxy-3-methoxy-*, $C_{13}H_{17}NO_2$, Kp.$_{10}$ 176—178°; n_D^{20} 1,5120; hellgelbes Öl; 80,2%. — *2-n-Amyloxy-3-methoxy-*, $C_{14}H_{19}NO_2$, Kp.$_{10}$ 187—189°; n_D^{20} 1,5069; gelbliches Öl; 86,2%. — *2-Isoamyloxy-3-äthoxy-*, $C_{15}H_{21}NO_2$, Kp.$_8$ 183—185°; n_D^{20} 1,4999; gelbliches Öl; 75%. — β-[2.3-Dialkoxyphenyl]-äthylamine, durch 5—9std. Hydrierung vorst. Nitrile an Raney-Ni bei 45°/150 at in A./NH_4OH: *2-n-Propoxy-3-methoxy-*, $C_{12}H_{19}NO_2$, Kp.$_{10}$ 154—156°; n_D^{20} 1,5215; 66,4%. — *2-Isopropoxy-3-methoxy-*, $C_{12}H_{19}NO_2$, Kp.$_{14}$ 148—149°; n_D^{20} 1,5208; 66,5%. — *2-n-Propoxy-3-äthoxy-*, $C_{13}H_{21}NO_2$, Kp.$_{13}$ 163°; n_D^{20} 1,5125; 59,4%. — *2-n-Butoxy-3-methoxy-*, $C_{13}H_{21}NO_2$, Kp.$_{11}$ 165—166°; n_D^{25} 151564; 52,6%. — *2-n-Amyloxy-3-methoxy-*, $C_{14}H_{23}NO_2$, Kp.$_{11}$ 173—174°; n_D^{20} 1,5112; 55,6%. — *2-Isoamyloxy-3-äthoxy-*, $C_{15}H_{25}NO_2$, Kp.$_{11}$ 175—178°; n_D^{20} 1,5054; 55,1%. L. Lamza. 1320

Synthese von 4-Nitroanthranilsäure. I. W. Alexandrow und A. N. Kaganowskaja. (Органические Полупродукты и Красители, Сборник Статей [Org. Zwischenprodukte Farbstoffe, Samml. Aufsätzen] **2**, 146—47, 1961; russ.) — Bei der Oxydation von 4-Nitro-2-acetylaminotoluol (I) u. 2-Acetylaminotoluol (II) mit $KMnO_4$ zu den *Acetyl-Derivv.* der *4-Nitroanthranilsäure* bzw. *Anthranilsäure* lassen sich zur Einhaltung des pH-Wertes an Stelle von $MgSO_4$ auch die Sulfate von Al, Zn, Mn^{2+}, Cu sowie Pyridinsulfat oder auch freie H_2SO_4 verwenden.

Versuche: *N-Acetyl-4-nitroanthranilsäure*, F. 220°, a) man gibt zu 9,7 g **I** in 230 ml W. bei 90—95° portionsweise 18,5 g $KMnO_4$, hält durch Zugabe von Al-, Zn-, Mn-, Cu- oder Pyridinsulfat eine schwach alkal. Rk. ein, läßt abkühlen u. säuert mit 50%ig. H_2SO_4 an; 73% (Ausbeute); b) analog, aber durch Neutralisation mit 5%ig. H_2SO_4; 72%. — *N-Acetylanthranilsäure*, F. 185°, durch Oxydation von 14,9 g **II** in 360 g W. mit 38,3 g $KMnO_4$ unter Neutralisierung des gebildeten Alkalis mit H_2SO_4; 79,3%. Helmut Schäfer. 1350

Zur Synthese von Stoffen, die Fragmente der Folsäure enthalten. 2. Mitt. **Dipeptid von dl-Glutaminsäurediäthylester und β-{p-[Bis-(β′-chloräthyl)-amino]-phenyl}-α-alanin.** L. W. Alexejewa und S. W. Puschkarewa. (Журнал Общей Химии [J. allg. Chem.] **31** (**93**), 2918—22, Sept. 1961; Uraler Polytechn. Kirow-Inst.; russ.) — 1. vgl. C. **1962**, 15560. — Die Kondens. von dl-Glutaminsäurediäthylester (I) mit N-Acetylsarkolysin führt zu dem in 2 (vermutlich diastereoisomeren) Formen anfallenden *p-[Bis-(β-chloräthyl)-amino]-phenyl-N-acetylalanylglutaminsäurediäthylester* (**II**). Aus dem analog erhaltenen p-[Bis-(β-chloräthyl)-amino]-phenyl-N-formylalanylglutaminsäurediäthylester läßt sich die Formylgruppe unter Bldg. von *p-[Bis-(β-chloräthyl)-amino]-phenylalanylglutaminsäurediäthylester* abspalten; da dessen Dihydrochlorid relativ zersetzlich ist, wurde das *Salz* mit *1.1′-Methylen-bis-[2-hydroxynaphthoesäure-(3)]* synthetisiert. Die Verbb. sind zur Unters. ihrer Antitumor-Wrkg. von Interesse; die beiden **II**-Formen erwiesen sich als inaktiv.

Versuche: dl-Glutaminsäurediäthylester: *p-[Bis-(β-chloräthyl)-amino]-phenyl-N-acetylalanyl-* (**II**), $C_{24}H_{35}Cl_2N_3O_6$, F. 147—148° bzw. 121—122° (A.), durch Zugeben von Dicyclohexylcarbodiimid zu N-Acetylsarkolysin u. **I** in Chlf., Rühren u. Stehen über Nacht; 21% (Ausbeute). *Hydrochlorid*, $C_{24}H_{36}Cl_3N_3O_6$, F. 79—80°, mit HCl-Gas in absol. A.; 74—75%. — *p-[Bis-(β-chloräthyl)-amino]-phenyl-N-formylalanyl-*, $C_{23}H_{33}Cl_2N_3O_6$, F. 70—71°, analog **I** aus N-Formylsarkolysin; 55—60%. — *p-[Bis-(β-chloräthyl)-amino]-phenylalanyl-*, *Dihydrochlorid*, $C_{22}H_{35}Cl_4N_3O_5$, F. 63—65°, durch 1 Min. langes Kochen vorst. Verb. mit 6n alkohol. HCl u. Einengen im Vakuum; 75 bis 78%. *1.1′-Methylen-bis-[2-hydroxy-3-naphthoat]*, $C_{22}H_{33}Cl_2N_3O_5 \cdot 0{,}5\, C_{23}H_{16}O_6$, F. 96 bis 98° (Zers.); 70—78%. H.-E. Toussaint. 1350□

Organoborverbindungen. 86. Mitt. **Alkylmercapto-[diäthylamino]-borane.** B. M. Michailow und W. A. Dorochow. (Журнал Общей Химии [J. allg. Chem.] **31** (**93**), 3750—56, Nov. 1961; russ.) — 85. vgl. Доклады Академии Наук СССР [Ber. Akad. Wiss. UdSSR] **139**, [1961], 385. — Mercaptane (**A**) reagieren mit Diäthylaminoboran (**I**) zu *Alkylmercapto-[diäthylamino]-boranen* (**B**), die sich mit Aminen zu *Diaminoboranen* umsetzen. Beim Erwärmen von **B** mit **A** erfolgt ein Austausch der Alkylmercaptogruppen.

Versuche: Alle Verss. unter N_2: [Diäthylamino]-borane: *Äthylmercapto-* (**II**), $C_6H_{16}BNS$, Kp.$_{19}$ 65—67°, man gibt zu 9,7 g **I** in 4 Std. bei 100—110° tropfenweise 8,1 g Äthylmercaptan; $D._4^{20}$ 0,8502; n_D^{20} 1,4616; 89% (Ausbeute). — *Phenylmercapto-*

$C_{10}H_{16}BNS$, Kp.$_{1,5}$ 82—84°, aus 9 g **I** u. 11,5 g Thiophenol in 1 Std. bei 110—120°; D.$_4^{20}$ 0,9736; n_D^{20} 1,5470; 79%. — *Phenylamino-* (**III**), $C_{10}H_{17}BN_2$, Kp.$_{1,5}$ 80—82°, man gibt zu 18,5 g n-Butylmercapto-[diäthylamino]-boran (**IV**) tropfenweise bei —15 bis —10° 10,5 g Anilin u. rührt noch 30 Min.; D.$_4^{20}$ 0,9234; n_D^{20} 1,5295; 70%. Daneben 9,4 g *n-Butylmercaptan* (**V**). — *o-Tolylamino-*, $C_{11}H_{19}BN_2$, Kp.$_{1,5}$ 87—89°, aus 11,5 g **IV** u. 8 g o-Toluidin; D.$_4^{20}$ 0,9145; n_D^{20} 1,5228; 7,7 g. — *Bis-[phenylamino]-boran*, $C_{12}H_{13}BN_2$, F. 103—110° (Zers.; Hexan), man erhitzt 6 g **III** u. 3,2 g Anilin 1$^1/_2$ Std. lang auf 60—80°/100 mm, wobei *Diäthylamin* (**VI**) abdestilliert; Nadeln; 63%. — *Bis-[diäthylamino]-boran*, $C_8H_{21}BN_2$, Kp.$_{16}$ 62—64°, Kp.$_{1,5}$ 26—29°, a) man gibt zu 10 g **II** in 12 Std. tropfenweise bei 130—140° 9,5 g **V**; D.$_4^{20}$ 0,7870; n_D^{20} 1,4330; 58%; b) aus 6,3 g **IV** u. 2,9 g **V** in 5 Std. bei 100—110°; 53%; c) aus 5,1 g **IV** u. 2,4 g **VI** (10 Std. lang kochen); 52%. — *n-Butylmercapto-[diäthylamino]-boran* (**IV**), Kp.$_1$ 44—46°, Kp.$_2$ 52—54°, a) durch 3$^1/_2$std. Kochen von 4,9 g vorst. Verb. mit 4,2 g **V**; n_D^{20} 1,4640; 43%; b) aus 4,6 g **II** u. 4,2 g **V**; 91%. — *Bis-[N-methylphenylamino]-boran*, $C_{14}H_{17}BN_2$, Kp.$_{1,5}$ 124 bis 127°, man gibt zu 12,7 g **IV** bei 0° 7,8 g Methylanilin (**VII**) u. dest. im Vakuum die niedrigsd. Rk.-Prodd. ab, oder man erhitzt 6,7 g **IV** u. 9 g **VII** bei 20 mm; D.$_4^{20}$ 1,033; n_D^{20} 1,6035; 42% bzw. 83%. Daneben **V** u. **VI**. Renate Richter. 1380□

Organoborverbindungen. 87. Mitt. **Über die Einwirkung von Diboran auf Arylderivate des Bors.** B. M. Michailow und W. A. Dorochow. (Журнал Общей Химии [J. allg. Chem.] **31** (**93**), 4020—23, Dez. 1961; russ.) — 86. vgl. vorst. Referat. — Bei der Rk. von Diboran (**I**) mit Diphenylborinsäure-n-butylester (**II**) entsteht *1.2-Diphenyldiboran.* Als Zwischenprod. bildet sich dabei *Triphenylbor*, das bei der Anwendung eines großen Überschusses an **II** isoliert werden kann.

Versuche: Alle Verss. unter N_2: *Diboran* (**I**), aus BF_3-Ätherat u. $NaBH_4$ in Ae.; 60—70% (Ausbeute). — *Triphenylbor*, $C_{18}H_{15}B$, F. 137—145°, durch die Lsg. von 0,032 Mol **II** in 10 ml Hexan leitet man ca. 0,003 Mol **I**, filtriert den Nd. ab u. wäscht mit Hexan; 1,1 g. — *1.2-Diphenyldiboran*, $C_{12}H_{14}B_2$, a) F. 82—85°, durch die Lsg. von 0,016 Mol vorst. Verb. in 50 ml Ae. leitet man 0,22 Mol **I**, dest. das Lsgm. ab u. wäscht den Rückstand mit Hexan u. Ae.; 74%; b) F. 80—83°, man leitet durch die Lsg. von 0,032 Mol **II** in 15 ml Hexan 0,04 Mol **I**, filtriert u. wäscht mit Hexan u. wenig Ae. von —50°; 80%; c) F. 79—82°, analog a) aus 0,024 Mol Diphenylborchlorid in 17 ml Ae. u. 0,03 Mol **I**; 60%. Gibt bei 5std. Erwärmen auf 30—35° mit Borsäuretri-n-butylester: **I**, *Phenylboronsäuredi-n-butylester* (Kp. 106—110°; n_D^{20} 1,4740; 44%), **II** u. *Triphenylbor.* Renate Richter. 1380□

Synthese von Acetylenen aus Enolphosphaten. J. Cymerman Craig und M. Moyle. (Proc. chem. Soc. [London] **1962**, 149—50, April; San Francisco, Calif., Univ. of California, Dep. of Pharmaceut. Chem.; engl.) — Der Mechanismus der Biosynth. von Dreifachbindungen ist noch nicht geklärt. Vff. nehmen an, daß in der Natur Verbb. mit Dreifachbindungen aus *Enolphosphaten* entstehen u. stützen ihre Hypothese darauf, daß es ihnen gelang, *Diäthylvinylphosphate* (**I**) in fl. NH_3 in Ggw. von $NaNH_2$ in hoher Ausbeute in die entsprechenden Acetylene umzuwandeln. Die **I** wurden aus den entsprechenden Na-Enolaten von Ketonen oder aus α-Chlorketonen hergestellt.

Versuche: *Phenylacetylen* (als Hg-Deriv. identifiziert), aus Diäthyl-1-phenylvinylphosphat, 75% (Ausbeute). — *4-Äthinylbiphenyl*, F. 86—87°, aus Diäthyl-1-[4-biphenylyl]-vinylphosphat (Kp.$_{0,005}$ 184—186°, n_D^{25} 1,5680), 92%. — *Bis-[p-methoxyphenyl]-acetylen*, F. 142—143°, aus Diäthyl-trans-1.2-di-[p-methoxyphenyl]-vinylphosphat (F. 86—87°), 94%. — *Phenylpropiolsäureamid*, F. 107—108°, aus trans-2-Äthoxycarbonyl-1-phenylvinyldiäthylphosphat (Kp.$_{0,005}$ 153—155°, n_D^{25} 1,5140), 72%. S. Dittmann-Mitzscherlich. 1410□

Untersuchungen auf dem Gebiet der Borverbindungen. Synthese und Eigenschaften von Tris-[ω-styryl]-bor. A. W. Toptschijew, A. A. Prochorowa und M. W. Kuraschew. (Доклады Академии Наук СССР [Ber. Akad. Wiss. UdSSR] **141**, 1386—87, 21/12. 1961; russ.) — Die Rk. von Styryl-MgBr mit BF_3–Ätherat (**I**) in Tetrahydrofuran unter Ar liefert bei einem Verhältnis Mg:β-Bromstyrol (**II**):**I** = 7:3:2 *Tristyrylbor* (**III**), das mit 1 Mol Pyridin den *Pyridinkomplex*, beim Zersetzen mit verd. Essigsäure *Styrylboronsäure* liefert. Letztere wird als *Anhydrid* isoliert. Bei der Rk. von **I** mit Styryl-MgBr unter N_2 entsteht der Komplex $[(C_6H_5CH{=}CH)_4B]MgBr$ (F. 88—90° unter Zers.), der aus Ae. mit 3 Mol, aus Tetrahydrofuran mit 2 Mol Lsgm. krist., mit trockenem HCl **III** liefert, sich bei 300° zu *Styrol* zersetzt u. mit W. *Styrol*, H_3BO_3 u. MgBrOH liefert. Die unter N_2 u. Ar erzielten unterschiedlichen Ergebnisse werden dadurch erklärt, daß Ar mit BF_3 eine beständige, mit **III** dagegen eine unbeständige Koordinations-Verb. liefert.

Versuche: *Tristyrylbor* (III), $C_{24}H_{21}B$, F. 64—65°, man gibt zu 3,3 g Mg in 50 ml Tetrahydrofuran 11 g II u. 5,14 g I, erwärmt 2 Std. auf 40—45° unter Ar u. läßt nach dem Filtrieren kristallisieren; Nadeln; 76% (Ausbeute). Beim Versetzen der äther. Lsg. mit Pyridin erhält man den *Pyridinkomplex*, $C_{24}H_{21}B \cdot C_5H_5N$, Zers. bei 138—140°, beim Zersetzen der äther. Rk.-Lsg. mit verd. Essigsäure (1:10) *Styrylboronsäureanhydrid*, $C_{16}H_{14}B_2O_3$, F. 151—152°; 43%. Helmut Schäfer. 1780

Nicht-benzoide aromatische Verbindungen. W. Baker und J. F. W. McOmie. (Progr. org. Chem. **3**, 44—80, 1955; Bristol, Univ. of Bristol; engl.) — Übersicht über die Struktur von Cyclobutadien, -octatetraen, -pentadien, Fulven, Ferrocen, Pentalen, Azulen u. Heptalen. — 129 Literaturstellen. H. Henze. 1800□

Synthese und Untersuchungen cycloaliphatischer Polyenverbindungen. 1. Mitt. **Synthese von Polyenaldehyden der Δ^3-Cyclohexenreihe.** G. P. Kugatowa und W. Ss. Wessa. (Журнал Общей Химии [J. allg. Chem.] **30** (**92**), 3731—38, Nov. 1960; Inst. für Chem. u. chem. Technol. der Akad. der Wiss. der LitauSSR; russ.) — Durch Rk. von 4-Methyl-Δ^3-cyclohexenaldehyddiäthylacetal (I) u. -di-n-butylacetal (II) mit Vinyläthyl- (III) bzw. -n-butyläther (IV) werden *3-[4-Methylcyclohexen-(3)-yl-(1)]-1.1.3-triäthoxypropan* (V) bzw. *-1.1.3-tri-n-butoxypropan* (VI) u. außerdem (neben V) *5-[4-Methylcyclohexen-(3)-yl-(1)]-1.1.3.5-tetraäthoxypentan* erhalten. Die Verseifung von V u. VI liefert *3-[4-Methylcyclohexen-(3)-yl-(1)]-propen-(2)-al-(1)* (VII), von dem die cis- u. trans-Form isoliert werden. Erneute Acetal-Bldg. mit VII, Kondens. mit III, Verseifung u. Wiederholung der Operationen liefert als Endprodd. *ω-[4-Methylcyclohexen-(3)-yl-(1)]-pentadien-(2.4)-al-(1)* (VIII), *-heptatrien-(2.4.6)-al-(1)* (IX) u. *-nonatetraen-(2.4.6.8)-al-(1)*. Durch Analyse der UV-Spektren der *Polyenalsemicarbazone* u. *-2.4-dinitrophenylhydrazone* wird bewiesen, daß die Doppelbindungen untereinander u. mit der Carbonylgruppe konjugiert sind.

Versuche: *4-Methyl-Δ^3-cyclohexenaldehyd, Diäthylacetal* (I), $Kp._{11}$ 101—103°, man läßt 24,8 g des Aldehyds, 41,6 g Tetraäthoxysilan, 6 ml A. u. 0,4 ml 85%ig. H_3PO_4 in Bzl. 8 Std. lang stehen, schüttelt ½ Std. mit 30%ig. NaOH u. dest.; n_D^{20} 1,4558; 79% (Ausbeute). *Di-n-butylacetal* (II), $Kp._2$ 117—118°, man gibt zu 44 g Aldehyd 235 ml n-Butanol u. 1 ml konz. HCl, läßt 18 Std. lang stehen, versetzt mit Pyridin u. Ae. u. dest.; $D._4^{20}$ 0,8998; n_D^{20} 1,4560; 83%. — *1.1-Diäthoxy-3-[4-methylcyclohexen-(3)-yl-(1)]-propen-(2)* (X), $Kp._2$ 102—103°, durch 24 Std. langes Stehen von 45 g VII, 50 g Orthoameisenester, 18 ml A. u. 1,1 ml 85%ig. H_3PO_4 in Bzl.; $D._4^{20}$ 0,9197; n_D^{20} 1,4664; 69%. — Analog: *1.1-Diäthoxy-5-[4-methylcyclohexen-(3)-yl-(1)]-pentadien-(2.4)* (XI), $Kp._2$ 126—127°, aus VIII; $D._4^{20}$ 0,9380; n_D^{20} 1,4962; 74%. — *1.1-Diäthoxy-7-[4-methylcyclohexen-(3)-yl-(1)]-heptatrien-(2.4.6)* (XII), $Kp._2$ 170—172°, aus IX; $D._4^{20}$ 0,9450; n_D^{20} 1,5295; 71%. — *1.1.3-Tri-n-butoxy-3-[4-methylcyclohexen-(3)-yl-(1)]-propan* (VI), $C_{22}H_{42}O_3$, $Kp._2$ 158—161°, man gibt bei 20—22° zu 50,8 g II tropfenweise 20,0 g IV u. 16 ml 10%ig. $ZnCl_2$ in Äthylacetat, rührt 1 Std. lang, verd. mit Ae., wäscht mit verd. NaOH u. dest.; $D._4^{20}$ 0,9064; n_D^{20} 1,4563; 19,5%. — Analog: *1.1.3-Triäthoxy-3-[4-methylcyclohexen-(3)-yl-(1)]-propan* (V), $C_{16}H_{30}O_3$, $Kp._2$ 120—122°, aus 96,5 g I u. 36,0 g III bei 70—75°; $D._4^{20}$ 0,9421; n_D^{20} 1,4580; 12,6%. Daneben *1.1.3.5-Tetraäthoxy-5-[4-methylcyclohexen-(3)-yl-(1)]-pentan*, $C_{20}H_{38}O_4$, $Kp._3$ 155—158°; $D._4^{20}$ 0,9472; n_D^{20} 1,4570; 5,9%. — *1.1.3-Triäthoxy-5-[4-methylcyclohexen-(3)-yl-(1)]-penten-(4)* (XIII), $C_{18}H_{32}O_3$, $Kp._3$ 141—144°, aus 44,8 g X u. 14,4 g III bei 40—45°; $D._4^{20}$ 0,9291; n_D^{20} 1,4616; 84,5%. — *1.1.3-Triäthoxy-7-[4-methylcyclopenten-(3)-yl-(1)]-heptadien-(4.6)* (XIV), $C_{20}H_{34}O_3$, $Kp._{0,2}$ 137—140°, aus 17,7 g XI u. 4,8 g III bei 40—45°; $D._4^{20}$ 0,9394; n_D^{20} 1,4864; 79,5%. — *1.1.3-Triäthoxy-9-[4-methylcyclopenten-(3)-yl-(1)]-nonatrien-(4.6.8)* (XV), aus 6,0 g XII u. 1,7 g III bei 35—40°. — *3-[4-Methylcyclohexen-(3)-yl-(1)]-propen-(2)-al-(1)* (VII), $Kp._3$ 89 bis 93°, man rührt 73,0 g I (oder II), 23,4 g Na-Acetat u. 247 ml 95%ig. Essigsäure 4 Std. bei 95—100° unter N_2 in Ggw. von Hydrochinon, verd. mit 600 ml W., extrahiert mit PAe. u. wäscht mit 4%ig. $NaHCO_3$-Lsg.; n_D^{20} 1,500; 65%. *2.4-Dinitrophenylhydrazon*, $C_{16}H_{18}N_4O_4$, *cis-Form*, F. 180—181° (A.); *trans-Form*, F. 159—160° (A.). *Semicarbazon*, $C_{11}H_{17}N_3O$, *cis-Form*, F. 190—191° (Methanol); *trans-Form*, F. 175—176° (Methanol). — *5-[4-Methylcyclohexen-(3)-yl-(1)]-pentadien-(2.4)-al-(1)* (VIII), $Kp._3$ 122 bis 123°, a) durch Hydrolyse von XIII; b) man gibt zu 30 g X bei 40—45° in 1 Std. 10 ml III u. 10 ml 10%ig. $ZnCl_2$ in Äthylacetat, rührt 2 Std., gibt 85 ml 95%ig. Essigsäure u. 8 g Na-Acetat zu u. erhitzt 3 Std. unter N_2 auf 90—95°; n_D^{20} 1,5584; 75,6%. *2.4-Dinitrophenylhydrazon*, $C_{18}H_{20}N_4O_4$, F. 177—179° (A.). *Semicarbazon*, $C_{15}H_{19}N_3O$, F. 191—192° (Methanol). — Analog: *7-[4-Methylcyclohexen-(3)-yl-(1)]-heptatrien (2.4.6)-al-(1)* (IX), $Kp._{0,2}$ 120—123°, aus XIV oder XI u. III; n_D^{20} 1,6262; 72,5%. *2.4-Dinitrophenylhydrazon*, $C_{20}H_{22}N_4O_4$, F. 182—184° (Methanol). *Semicarbazon*, $C_{15}H_{21}N_3O$, F. 208 bis 209,5° (Methanol). — *9-[4-Methylcyclohexen-(3)-yl-(1)]-nonatetraen-(2.4.6.8)-al-(1)*,

2.4-Dinitrophenylhydrazon, $C_{22}H_{24}N_4O_4$, F. 195—195,5° (Aceton), durch Behandeln des aus **XV** erhaltenen Hydrolyse-Prod. mit 2.4-Dinitrophenylhydrazin.

Helmut Schäfer. 1800

Synthese und Untersuchungen cycloaliphatischer Polyenverbindungen. 2. Mitt. Synthese von Polyensäuren und -estern der Δ^3-Cyclohexenreihe. G. P. Kugatowa und W. Ss. Wessa. (Журнал Общей Химии [J. allg. Chem.] **30** (**92**), 3739—43, Nov. 1960; russ.) — 1. vgl. vorst. Referat. — Durch Kondens. von 4-Methyl-Δ^3-cyclohexen-aldehyd (**I**), ω-[4-Methylcyclohexen-(3)-yl-(1)]-propen-(2)-al-(1) (**II**), -pentadien-(2.4)-al-(1) (**III**) u. -heptatrien-(2.4.6)-al (1) (**IV**) mit Malonsäure (**V**) werden *ω-[4-Methyl-cyclohexen-(3)-yl-(1)]-acrylsäure* (**VI**), *-pentadien-(2.4)-säure-(1)* (**VII**), *-heptatrien-(2.4.6)-säure-(1)* (**VIII**) u. *-nonatetraen-(2.4.6.8)-säure-(1)* (**IX**) dargestellt. Die Säuren werden mit CH_2N_2 bei niedriger Temp. in die *Methylester* übergeführt. Von **VII, VIII** u. **IX** u. ihren Methylestern werden die UV-Spektren (230—350 mμ) angegeben.

Versuche: ω-[4-Methylcyclohexen-(3)-yl-(1)]-alkensäuren: *-acrylsäure* (**VI**), $C_{10}H_{14}O_2$, F. 108,5—109,5° (A.–W.), man erhitzt 45,6 g **V**, 96 g abs. Pyridin, 49,6 g **I** u. 1 ml Piperidin 3 Std. auf 40—50°, dann langsam auf 100° u. gießt in 70 ml konz. HCl u. 100 ml W.; 10 g (Ausbeute). *Amid*, $C_{10}H_{15}NO$, F. 154,6—165,5°, man kocht 1,0 g **VI**, 4 ml $SOCl_2$ u. 20 ml Bzl. 1 Std., dampft ein u. behandelt mit 25%ig. wss. NH_3; 0,7 g. *Methylester*, $C_{11}H_{16}O_2$, Kp.$_2$ 94°, aus 5 g **VI** in 20 ml Ae. u. CH_2N_2 in 300 ml Ae. (aus 7,5 g Nitrosomethylharnstoff) bei —10° u. Stehen über Nacht; $D._4^{20}$ 1,0054; n_D^{20} 1,4930; 4,8 g. — *-pentadien-(2.4)-säure-(1)* (**VII**), $C_{12}H_{16}O_2$, F. 136—138° (W.–A. 1:4), aus 23 g **II** u. 17 g **V** in 36 ml Pyridin; 20,8 g. *Amid*, $C_{12}H_{17}NO$, F. 198,5—200,5°. *Methylester*, $C_{13}H_{18}O_2$, Kp.$_5$ 140—141°, aus 3 g **VII**; $D._4^{20}$ 1,0337; n_D^{20} 1,5220; 2,5 g. — *-heptatrien-(2.4.6)-säure-(1)* (**VIII**), $C_{14}H_{18}O_2$, F. 160—162,5° (W.–A. 1:4), man läßt je 10 g **III** u. **V** in 24 ml abs. Pyridin 3 Tage lang Stehen, gibt 6 Tropfen Piperidin zu u. erhitzt 6 Std. auf dem sd. Wasserbad, dann ½ Std. auf 120°; 6 g. *Methylester*, $C_{15}H_{20}O_2$, Kp$_3$. 185 bis 186°, aus 3 g **VIII**, Chromatographie an Al_2O_3 mit PAe.; $D._4^{20}$ 1,0811; n_D^{20} 1,5530; gelblich; 2,5 g. — *-nonatetraen-(2.4.6.8)-säure-(1)* (**IX**), $C_{16}H_{20}O_2$, F. 173—176° (W.–A.), man läßt 5 g **V** u. 9 g **IV** in 11 ml Pyridin 3 Tage lang stehen u. erhitzt nach Zugabe von Piperidin; 6,8 g. *Methylester*, $C_{17}H_{22}O_2$, F. 83—86° (A.), aus 1 g **IX**; 0,6 g.

Helmut Schäfer. 1800

Die Fulvene. Ernst D. Bergmann. (Progr. org. Chem. **3**, 81—171, 1955; Jerusalem, Hebrew Univ.; engl.) — Übersicht über Vork., Struktur, Synth. u. Eigg. von Fulvenen u. verwandten Verbindungen. — 359 Literaturstellen. H. Henze. 1810□

Experimenteller Nachweis für die Gleichwertigkeit der C-Atome im Tropylium-Ion. M. E. Volpin, D. N. Kursanov, M. M. Shemyakin, V. J. Maimind und L. A. Neyman. (Chem. and Ind. **1958**, 1261—62, 27/9.; Moscow, Acad. of Sci. of USSR, Inst. of Elementorgan. Compounds; engl.) — *^{14}C-Tropyliumbromid* (**I**) wird durch Rk. von Bzl. mit $^{14}CH_2N_2$ zu *$^{14}C_{(7)}$-Cycloheptatrien*, Bromierung zu *3.6-Dibrom-$^{14}C_{(7)}$-cycloheptadien-(1.4)* u. HBr-Abspaltung gewonnen. Durch Einw. von Phenyl-MgBr auf **I** entsteht *Phenyl-^{14}C-cycloheptatrien*, das durch $KMnO_4$ zu *Benzoesäure* (**II**) oxydiert wird. Die Radioaktivität von **II** beträgt nur ca. $^1/_7$ der Gesamtaktivität, so daß die 7 C-Atome des Tropyliumions chem. gleichwertig sein müssen. Bei Fixierung des Broms an der akt. Methylengruppe müßte nach Oxydation die Gesamtaktivität in **II** inkorporiert sein. G. Ziebarth. 1810

Dipropylcyclopropenon. Ronald Breslow und Ruth Peterson. (J. Amer. chem. Soc. **82**, 4426—27, 20/8. 1960; New York, N.Y., Columbia Univ., Dep. of Chem.; engl.) — Analog der Darst. von Diphenylcyclopropenon (**I**) nach Breslow u. Mitarbeitern (C. **1959**, 17109) wird aus Dipropylacetylen mit *Dichlorcarben*, erhalten durch Decarboxylierung von Na-Trichloracetat oder besser durch Rk. von Na-Methylat mit Trichloressigsäureäthylester (5% Ausbeute), *Dipropylcyclopropenon* (**II**; $C_9H_{14}O$, Kp.$_{0,2}$ 66°) gewonnen. **II** wird durch Extraktion mit 12n HCl isoliert. Im Vgl. zu **I** ist **II** stärker bas. u. auch gegen Temp. beständiger (15 Min. langes Erhitzen auf 190° ergibt 75%ige Zers.). **II** wird leicht oxydiert. UV- u. IR-Banden s. Original. W. Hampel. 1960□

Eine neue Synthese von Cyclopentadecanon (Exalton). Ss. S. Taitz und Ja. L. Goldfarb. (Известия Академии Наук СССР, Отделение Химических Наук [Nachr. Akad. Wiss. UdSSR, Abt. chem. Wiss.] **1960**, 1698—700, Sept.; Zelinsky-Inst. für org. Chem. der Akad. der Wiss. der UdSSR; russ.) — Es wird eine 7-Stufen-Synth. von *Exalton* aus Thiophen beschrieben. Die einzelnen Stufen sind präparativ leicht ausführbar.

Versuche: *8-Chloroctyl-[thienyl-(2)]-keton*, $C_{13}H_{19}ClOS$, Kp.$_{1,7}$ 167—169°, man acyliert 15 g Thiophen in 150 ml Bzl. in Ggw. von 23,2 g $SnCl_4$ bei 0° mit 40 g ω-Chlorpelargonsäurechlorid u. zersetzt bei 5° mit 110 ml n-HCl; $D._4^{20}$ 1,1089; n_D^{20} 1,5323;

78% (Ausbeute). *Semicarbazon*, $C_{14}H_{22}ClN_3OS$, F. 101,5—102,5° (W.-Methanol). — *2-[ω-Chlornonyl]-thiophen*, $C_{13}H_{21}ClS$, Kp.$_{0,7}$ 126,5—131°, durch Red. von 65 g vorst. Verb. in 195 ml W., 390 ml A. u. 260 ml konz. HCl mit 260 g Zn (2 Std., 20°, 1 Std. kochen); D.$^{20}_{4}$ 1,0271; n_D^{20} 1,5080; 66%. — *2-[ω-Chlornonyl]-5-carbäthoxyacetylthiophen*, $C_{18}H_{27}ClO_3S$, F. 30,6—31,3° (Ae.), durch Acylierung von 45,8 g vorst. Verb. in 525 ml Bzl. in Ggw. von 26,2 g $SnCl_4$ mit 48,5 g Malonsäureäthylesterchlorid; 71,5%. — *2-[ω-Jodnonyl]-5-carbäthoxyacetylthiophen*, $C_{18}H_{27}JO_3S$, F. 29,5—30,7° (Ae.), durch Kochen vorst. Verb. mit überschüssigem NaJ in Aceton oder Methyläthylketon; ca. 100%. — *2-Carbäthoxy-12.15-epithiocyclopentadecadien-(12.14)-on-(1)*, $C_{18}H_{26}O_3S$, Kp.$_{0,15-0,2}$ 189 bis 192° (Zers.), man gibt zu 1,3 Liter sd. Methyläthylketon u. 200 g K_2CO_3 in 30 Std. 5,65 g vorst. Verb. in 500 ml Methyläthylketon u. kocht 8 Std.; 67%. — *12.15-Epithiocyclopentadecadien-(12.14)-on-(1)*, $C_{15}H_{22}OS$, F. 45—46,2° (Hexan), durch 8std. Kochen von 3,7 g vorst. Verb. in 20 ml konz. HCl u. 80 ml Methanol; 87%. *Semicarbazon*, $C_{16}H_{25}$· N_3OS, F. 193,5—194,5° (A.). — *Exalton* (*Cyclopentadecanon*), $C_{15}H_{28}O$, F. 63,5—64° (A.), man rührt 2 g vorst. Verb. u. 9 g Raney-Ni in 150 ml A. u. 60 ml Aceton bis zur negativen Rk. auf S; 75,2%. *Semicarbazon*, $C_{16}H_{31}N_3O$, F. 184,5—186,5°.

Helmut Schäfer. 1960

Cyclopenten-(4)-dion-(1.3) und einige seiner Umwandlungen. E. Gren und G. Wanag. (Известия Академии Наук Латвийской СССР [Nachr. Akad. Wiss. LettSSR] **1961**, Nr. 5, 65—70; Inst. für organ. Synth. der Akad. der Wiss. der LettSSR; russ., Auszug: engl.) — *Cyclopenten-(4)-dion-(1.3)* (I) läßt sich durch direkte Oxydation von 3.5-Dibromcyclopenten-(1) (II) darstellen. I reagiert mit p-Nitrobenzaldehyd zum *2-[p-Nitrobenzal]-Deriv.*, u. die katalyt. Hydrierung von I führt zu *Cyclopentandion-(1.3)* (III). I wird mit Br_2 oder Dioxandibromid zu *2.2-Dibromcyclopenten-(4)-dion-(1.3)* umgesetzt, das bei der katalyt. Hydrierung III u. bei der Chromsäureoxydation *Fumarsäure* gibt. Die Alkylierung u. Acylierung von I gelang nicht. Bei der Rk. von I mit Xanthydrol entsteht neben *2-Xanthyl-* auch *2.2-Dixanthylcyclopenten-(4)-dion-(1.3)*. Bei der Bromierung des Monoxanthyl-Deriv. bildet sich nicht das 2-Brom-Deriv., sondern *Xanthoxoniumperbromid*. Mit Butadien-(1.3) reagiert I zu *Δ^5-Tetrahydroindandion-(1.3)*, das ebenso wie III nach dem IR-Spektrum im festen u. gelösten Zustand völlig enolisiert ist.

Versuche: *Cyclopenten-(4)-dion-(1.3)* (I), F. 36—37°, a) durch Zutropfen einer Lsg. von CrO_3 in 80%ig. Essigsäure zu einer Lsg. von 3.5-Dihydroxycyclopenten-(1) bei 27—30°, 24std. Stehenlassen bei Zimmer-Temp., Abdestillieren der Essigsäure im Vakuum u. Extrahieren des zähen Rückstandes mit Ae. u. Bzl.; aus Ae./Hexan hellgelbe Kristalle; 31% (Ausbeute); b) durch Oxydation von II mit $AgCrO_4$; 12%. *2-[p-Nitrobenzal]-Deriv.*, $C_{12}H_7NO_4$, F. 191—192° (Essigsäure/A.), durch Erhitzen von I mit p-Nitrobenzaldehyd auf 70°. — *Cyclopentandion-(1.3)* (III), $C_5H_6O_2$, F. 150—151° (Zers.), a) durch Hydrierung von I in A. bei Zimmer-Temp. in Ggw. von Skelett-Ni u. etwas KJ; 74%; b) durch Hydrierung nachst. Verb. ohne Zusatz von KJ. — *2.2-Dibromcyclopenten-(4)-dion-(1.3)*, $C_5H_2Br_2O_2$, F. 154—155° (Zers.; Chlf./CCl_4), durch Bromierung von I in Chlf.; 95%. — *Xanthoxoniumperbromid*, F. 160—161° (Zers.), durch Bromierung von 2-Xanthyl- bzw. 2.2-Dixanthylcyclopenten-(4)-dion-(1.3) in Essigsäure. — *Δ^5-Tetrahydroindandion-(1.3)*, $C_9H_{10}O_2$, F. 159—160° (Bzl.), durch 45std. Erhitzen von I mit überschüssigem Butadien-(1.3) auf 60°; 64%. E. Höft. 1970□

β-Dolabrin: ein neues natürliches Tropolon. T. Nozoe, K. Takase und M. Ogata. (Chem. and Ind. **1957**, 1070, 3/8.; Sendai, Tohoku Univ., Fac. of Sci., Chem. Inst.; engl.). — Aus dem äther. Öl von *Thujopsis dolabrata* wurde ein neues Tropolon isoliert, für das der Name *β-Dolabrin* vorgeschlagen u. das als *4-Isopropenyltropolon* (I) identifiziert wird.

Versuche: *4-Isopropenyltropolon* (I), $C_{10}H_{10}O_2$, F. 58—59°, durch Fraktionieren der Tropolonfraktion u. Behandeln der Fraktion vom Kp.$_{10}$ 100—140° mit Soda; aus PAe. hellgelbe Nadeln; daneben *Hinokitiol* [*β-Thujaplicin* (II), F. 53°]; gibt durch Hydrieren in Ggw. von Pd-Kohle II. *Monobrom-Deriv.*, $C_{10}H_9BrO_2$, F. 93°, durch Bromieren von I in Ggw. von Na-Acetat. — *4-Acetyltropolon* (III), $C_9H_8O_3$, F. 129°, durch Oxydation von I mit H_2O_2 in Ameisensäure u. anschließende Oxydation des entstandenen Glykols mit HJO_4; gelbe Nadeln; daneben *Formaldehyd* (*Dimedon-Deriv.*, F. 187°). *Oxim*, $C_9H_9NO_3$, F. 216°. *Semicarbazon*, $C_{10}H_{11}N_3O_3$, F. 251° (Zers.). — III bildet mit Benzaldehyd u. anderen Aldehyden krist. Kondens.-Produkte. P. Becker. 1980

Reaktion von Alkenen mit Diazoessigester in Gegenwart von $CuSO_4$ als Katalysator. A. P. Meschtscherjakow und I. Je. Dolgi. (Известия Академии Наук СССР, Отделение Химических Наук [Nachr. Akad. Wiss. UdSSR, Abt. chem. Wiss.] **1960**, 931—34, Mai; Zelinsky-Inst. für organ. Chem. der Akad. der Wiss. der UdSSR; russ.) — 2.3-Dimethylbuten-(1), -buten-(2) u. Hexen-(1) lassen sich mit Diazoessigsäureäthylester

(I) bei Siede-Temp. in Ggw. von $CuSO_4$ mit guter Ausbeute zu den entsprechenden *Alkylcyclopropancarbonsäureäthylestern* umsetzen. Für eine befriedigende Ausbeute ist der Einsatz eines erheblichen Olefinüberschusses wesentlich.

Versuche: *2.3-Dimethylbuten-(2)*, $Kp._{760}$ 73°, durch Dehydratisieren von Pinakolin über $ZnCl_2$ bei 180°; $D._4^{20}$ 0,7078, n_D^{20} 1,4123. — *Hexen-(1)*, $Kp._{760}$ 63,5°, durch Pyrolyse von n-Hexylacetat bei 490—510°; $D._4^{20}$ 0,6731, n_D^{20} 1,3885. — *2.3-Dimethylbuten-(1)*, $Kp._{760}$ 55°, durch Dehydratisieren von Pinakolin über Al_2O_3 bei 440 bis 450°; $D._4^{20}$ 0,6781, n_D^{20} 1,3895; 45% (Ausbeute). — Alkylcyclopropancarbonsäuren, durch Verseifen der Äthylester mit 20%ig. wss.-alkohol. KOH; Äthylester, durch Zutropfen von I zum sd. Alken (1 : 8) in Ggw. von $CuSO_4$ u. Kochen bis zum Aufhören der N_2-Entw.: *2.2.3.3-Tetramethyl-*, F. 121°. *Äthylester* $Kp._{15}$ 76—77°; $D._4^{20}$ 0,9215, n_D^{20} 1,4393; 57%. — *2-n-Butyl-*, $Kp._9$ 119—120°; $D._4^{20}$ 0,9492, n_D^{20} 1,4430. *Äthylester*, $Kp._9$ 80°; $D._4^{20}$ 0,9155, n_D^{20} 1,4333; 50,3%. *Phenylhydrazid*, F. 131°. — *2-Methyl-2-isopropyl-*, $Kp._{15}$ 119,5°; $D._4^{20}$ 0,9637, n_D^{20} 1,4470. *Äthylester*, $Kp._{13}$ 76°; $D._4^{20}$ 0,9172, n_D^{20} 1,4320; 46,9%. H.-E. Toussaint. 2010□

Über den Einfluß der Temperatur auf die Reaktion von Alkenen mit Diazoessigester in Gegenwart von Kupfersulfat als Katalysator. A. P. Meschtscherjakow und I. Je. Dolgi. (Известия Академии Наук СССР, Отделение Химических Наук [Nachr. Akad. Wiss. UdSSR, Abt. chem. Wiss.] **1960**, 1874—76, Okt.; Zelinsky-Inst. für organ. Chem. der Akad. der Wiss. der UdSSR; russ.) — Vgl. vorst. Referat. — Niedrige *2-Alkylcyclopropancarbonsäureäthylester* werden vorteilhaft durch Zutropfen von Diazoessigsäureäthylester (**I**) zum entsprechenden Alken-(1) (**A**) bei dessen Siede-Temp. in Ggw. von $CuSO_4$ dargestellt. Bei höheren **A** empfiehlt es sich, bei 100—110° zu arbeiten, da sonst eintretende Verharzung die Ausbeute beeinträchtigt.

Versuche: Alkene-(1) (**A**), durch Pyrolyse der n-Alkylacetate bei 490—520°: *Hepten-(1)*, Kp. 93°; $D._4^{20}$ 0,6958, n_D^{20} 1,4003. — *Octen-(1)*, Kp. 120°; $D._4^{20}$ 0,7172, n_D^{20} 1,4095. — *Decen-(1)*, Kp. 170°; $D._4^{20}$ 0,7438, n_D^{20} 1,4240. — 2-Alkylcyclopropancarbonsäuren, durch $^1/_2$std. Kochen der Äthylester in alkohol. KOH, Ansäuern mit 5%ig. H_2SO_4 u. Ausäthern; Äthylester, durch Zutropfen von **I** zum **A** in Ggw. von $CuSO_4$ bei der angegebenen Temp.: *2-n-Butyl-*, $Kp._9$ 119—120°; $D._4^{20}$ 0,9492, n_D^{20} 1,4430. *Äthylester*, $Kp._9$ 80°, bei 63°; $D._4^{20}$ 0,9155, n_D^{20} 1,4333; 50,3% (Ausbeute). — *2-n-Amyl-*, $Kp._6$ 131°; $D._4^{20}$ 0,9506, n_D^{20} 1,4500. *Äthylester*, $Kp._9$ 94°, bei 93°; $D._4^{20}$ 0,9128, n_D^{20} 1,4363; 54,3%. — *2-n-Hexyl-*, $Kp._{3,5}$ 131,5°, $D._4^{20}$ 0,9421, n_D^{20} 1,4526. *Äthylester*, $Kp._{12}$ 120°, bei 100—110°; $D._4^{20}$ 0,9013, n_D^{20} 1,4388; 54%. — *2-n-Octyl-*, $Kp._4$ 157°; $D._4^{20}$ 0,9282, n_D^{20} 1,4556. *Äthylester*, $Kp._2$ 110,5°, bei 100—110°; $D._4^{20}$ 0,8949, n_D^{20} 1,4430; 59,6%. H.-E. Toussaint. 2010□

Die Kondensation von tert.-Butylacetat mit cyclischen Ketonen. Die Synthese von β.δ-dihydroxylierten und ungesättigten Estern und ihren Derivaten. Yvette Maroni-Barnaud, Pierre Maroni und Marcel Perry. (C. R. hebd. Séances Acad. Sci. **254**, 2791—93, 9/4. 1962; Toulouse, Fac. des Sci., Chim. organ.; franz.) — Durch langsames Zufügen eines äquimol. Gemisches von einem cycl. Keton u. tert.-Butylacetat in eine äther. Lsg. von Isopropyl-MgCl werden entweder *β.δ-hydroxylierte Ester, ungesätt. Ester* oder ein Gemisch derselben erhalten. Bei der Hydrolyse der Diolester zu den entsprechenden Säuren tritt Dehydratisierung ein.

Versuche: *[2-(1'-Hydroxycyclopentyl)-1-hydroxycyclopentyl]-essigsäure-tert.-butylester*, $C_{16}H_{28}O_4$, F. 95° (A.); Nadeln; 50% (Ausbeute). — *[2-(1'-Hydroxycyclohexyl)-1-hydroxycyclohexyl]-essigsäure-tert.-butylester*, $C_{18}H_{32}O_4$, F. 112—113°; Nadeln aus A.; 62%. — *[2-(1'-Hydroxy-3'.3'.5'-trimethylcyclohexyl)-1-hydroxy-3.3.5-trimethylcyclohexyl]-essigsäure-tert.-butylester*, $C_{24}H_{44}O_4$, F. 121°; Nadeln aus A.; 4%. — *Gemisch von Cyclopentylidenessigsäure-tert.-butylester* u. *[Cyclopenten-(1)-yl]-essigsäure-tert.-butylester*, $C_{11}H_{18}O_2$, $Kp._2$ 70 bis 71°; $D._4^{25}$ 0,964; n_D^{25} 1,4595; 10%. — *Gemisch von [3.3.5-Trimethylcyclohexyliden]-essigsäure-tert.-butylester* u. *[3.5.5-Trimethylcyclohexen-(1)-yl]-essigsäure-tert.-butylester*, $C_{15}H_{26}O_2$, $Kp._{0,7}$ 82—84°; $D._4^{25}$ 0,918; n_D^{25} 1,4615; 55%. — *Gemisch von [3.5.5-Trimethylcyclohexen-(2)-yliden]-essigsäure-tert.-butylester* u. (?) *[3.3.5-Trimethylcyclohexadien-(1.5)-yl]-essigsäure-tert.-butylester*, $C_{15}H_{24}O_2$, $Kp._{1,5}$ 94—95°; $D._4^{25}$ 0,946; n_D^{25} 1,4870; 40%. — *[2-Cyclopentyliden-1-hydroxycyclopentyl]-essigsäure* oder *[2-Cyclopenten-(1)-yl-1-hydroxycyclopentyl]-essigsäure*, $C_{12}H_{18}O_3$, Kp. 168—170°; bernsteingelbe, sehr viscose Fl.; $D._4^{25}$ 1,089; n_D^{25} 1,5032; 50%. — *[2-Cyclohexyliden-1-hydroxycyclohexyl]-essigsäure* oder *[2-Cyclohexen-(1)-yl-1-hydroxycyclohexyl]-essigsäure*, $C_{14}H_{22}O_3$, F. 125°; Nadeln aus A.; 70%. — Die charakterist. Banden der UV-Spektren einiger Verbb. werden angegeben. Gerhard Müller/Bitterfeld. 2050□

β-Ketophosphonsäureester. 8. Mitt. **Über die Reaktion von 2.6-Dibromcyclohexanon mit Triäthylphosphit.** B. A. Arbusow, W. Ss. Winogradowa und N. A. Poleshajewa. (Известия Академии Наук СССР, Отделение Химических Наук

[Nachr. Akad. Wiss. UdSSR, Abt. chem. Wiss.] **1961,** 2013—20, Nov.; Kasan, Univ., Chem. Butlerow-Inst.; russ.) — 7. vgl. C. **1962,** 10069. — Bei der Rk. von Triäthylphosphit mit 2.6-Dibromcyclohexanon (I) entsteht *Phosphorsäure-[6-diäthylphosphonocyclohexen-(1)-yl-(1)]-diäthylester* (II), der sich in *2-Oxocyclohexanphosphonsäurediäthylester* (III) umwandelt. Bei der Bldg. von II entsteht intermediär *[6-Bromcyclohexen-(1)-yl-(1)]-diäthylphosphat*, das nicht nur II, sondern auch *[Cyclohexadien-(1.5)-yl-(1)]-diäthylphosphat* liefert, aus dem *Phenyldiäthylphosphat* entsteht. cis- u. trans-I reagieren dabei mit Triäthylphosphit verschieden. trans-I gibt als Hauptprod. II, cis-I dagegen III.

Versuche: Die Rk. von Triäthylphosphit mit trans-I liefert *Diäthylphosphit* ($Kp._{2,5}$ 47—49°; $D._0^{20}$ 1,0642; n_D^{20} 1,4100), *Triäthylphosphat* ($Kp._3$ 67,5—69,5°; $D._0^{20}$ 1,0578; n_D^{20} 1,4122) u. *Phosphorsäure-[6-diäthylphosphonocyclohexen-(1)-yl-(1)]-diäthylester* (II; $Kp._3$ 174—175°; $D._0^{20}$ 1,2111; n_D^{20} 1,4673). 5,7 g II liefern bei der Rk. mit 5 g Diäthylphosphit in Ggw. von 0,2 g Na 1 g *2-Oxocyclohexanphosphonsäurediäthylester* (III; $Kp._3$ 106—109°; $D._0^{20}$ 1,1063; n_D^{20} 1,4505. *2.4-Dinitrophenylhydrazon*, $C_{16}H_{23}$·N_4O_7P, F. 109—109,5° aus A.). — Die Rk. von 38,6 g Triäthylphosphit mit 29,8 g cis-I liefert *Äthylbromid* (21,6 g), *Diäthylphosphit* u. (neben wenig anderen Verbb.) *Triäthylphosphit.* Helmut Schäfer. 2180

β-Ketophosphonsäureester. 9. Mitt. **Über die Reaktion von 2.6-Dibrom- und 2.6-Dichlorcyclohexanon mit einem und zwei Mol Triäthylphosphit.** B. A. Arbusow, W. Ss. Winogradowa und N. A. Poleshajewa. (Известия Академии Наук СССР, Отделение Химических Наук [Nachr. Akad. Wiss. UdSSR, Abt. chem. Wiss.] **1961,** 2020—28, Nov.; russ.) — 8. vgl. vorst. Referat. — Die Rk. von trans-2.6-Dibromcyclohexanon (I) mit 1 Mol Triäthylphosphit (II) führt zu *[6-Bromcyclohexen-(1)-yl-(1)]-diäthylphosphat* (III), das weiter in *[Cyclohexadien-(1.5)-yl-(1)]-diäthylphosphat* (IV) u. *Phenyldiäthylphosphat* (V) umgewandelt wird. Phosphorsäure-[6-diäthylphosphonocyclohexen-(1)-yl-(1)]-diäthylester entsteht bei der Rk. von I mit 1 Mol II nicht. Die Rk. von cis- u. trans-2.6-Dichlorcyclohexanon (VI) mit II führt zu *[6-Chlorcyclohexen-(1)]-phosphonsäurediäthylester* (VII). Bei der Bromierung von [Cyclohexen-(1)-yl-(1)]-diäthylphosphat mit N-Bromsuccinimid u. anschließender Einw. von II entsteht ein Gemisch analog dem, das bei der Rk. von II mit cis-I erhalten wird. Die Zus. der Rk.-Prodd. bzw. der bei der Aufarbeitung erhaltenen Folgeprodd. wurde UV-, IR- u. Raman-analyt. festgestellt.

Versuche: Man gibt zu 48 g trans-I tropfenweise 31 g II u. erhitzt nach 24std. Stehen auf 130°: 14,6 g *Äthylbromid.* Zu 16 g des verbleibenden Gemisches in 40 ml Ae. gibt man tropfenweise 8 g Triäthylamin, erhitzt 8 Std. unter Rückfluß u. 20 Std. im Rohr auf 90° (→ 4,6 g *Triäthylaminhydrobromid*) u. fraktioniert: Fraktion $Kp._2$ 44—58° (*Cyclohexenon; Semicarbazon*, F. 166—167°); *Triäthylphosphat* ($Kp._1$ 63°; n_D^{20} 1,4150); Fraktion $Kp._1$ 105—110° u. $Kp._1$ 120—122°. 1,2 g der beiden letzten Fraktionen liefern nach 10 Min. langem Erhitzen mit 0,5 g Maleinsäureanhydrid eine Fraktion $Kp._3$ 67—71° (→ mit Bromwasser *Tribromphenol*). — Man gibt zu 34,7 g trans-(cis-)VI tropfenweise 69 g II u. erhitzt $1^1/_2$ Std., zuletzt auf 180°: 50,4 g (19 g) *[6-Chlorcyclohexen-(1)]-phosphonsäurediäthylester* (VII; $Kp._1$ 132°, $Kp._2$ 141°; $D._0^{20}$ 1,1984 bis 1,1989; n_D^{20} 1,4700—1,4701), neben unverändertem II. Helmut Schäfer. 2180

Ungesättigte Kohlenwasserstoffe. 13. Mitt. **Über die Richtung und die Grenzen der Anwendbarkeit der Dehydrocyclisierung bei der Synthese von Polyphenylen.** M. Ss. Schwarzberg, Je. K. Wassiljew und I. L. Kotljarewski. (Журнал Общей Химии [J. allg. Chem.] 31 (93), 1278—84, April 1961; Chem. Inst. der ostsibir. Filiale der sibir. Abt. der Akad. der Wiss. der UdSSR; russ.) — 10. vgl. C. **1961,** 15361. — 1-[1-Hydroxycyclohexyl]-hexin-(1)-ol-(3) (I) wurde zu *1-[1-Hydroxycyclohexyl]-hexanol-(3)* (II) hydriert. Die Dehydrocyclisierung von II lieferte *Diphenyl.* Aus 2-Phenyl-5-[p-diphenylyl]-hexin-(3)-diol-(2.5) (III) wurde *2-Phenyl-5-[p-diphenylyl]-hexandiol-(2.5)* (IV) in 2 Formen erhalten, die zu *p-Quaterphenyl* (V) dehydrocyclisiert wurden. Von II, III, IV (2 Formen) u. V wurden die röntgenometr. Konst. bestimmt.

Versuche: *1-[1-Hydroxycyclohexyl]-hexin-(1)-ol-(3)* (I), $C_{12}H_{20}O_2$, $Kp._2$ 138—139°, aus 37,8 g Mg, 173 g Äthylbromid, 93 g 1-Äthinylcyclohexanol-(1) u. Butyraldehyd; n_D^{20} 1,4962; 73,5% (Ausbeute). — *1-[1-Hydroxycyclohexyl]-hexanol-(3)* (II), $C_{12}H_{24}O_2$, $Kp._2$ 138—139°, F. 37—39°, durch Hydrierung von I in Methanol an Raney-Ni bei 18°/80 at; 77,5%. — *Diphenyl*, F. 69—69,5° (A.), man leitet 170 ml einer 20%ig. Lsg. von II in Bzl. bei 530° in $3^1/_2$ Std. über 25 ml $MgO/Cr_2O_3/Al_2O_3$ (2 : 18 : 80), wobei man den Katalysator nach je 50 Min. durch 2—3 Std. langes Erhitzen mit Luft auf 600—650° regeneriert; 33,1%. — *2-Phenyl-5-[p-diphenylyl]-hexin-(3)-diol-(2.5)* (III), F. 119—127° (Isomerengemisch), man gibt zum Komplex aus 9,6 g Mg, 44,1 g Äthylbromid u. 25,5 g 3-Phenylbutin-(1)-ol-(3) in 350 ml Ae. 29,4 g p-Acetyldiphenyl in 500 ml Bzl., rührt

10 Tage lang, zersetzt mit Eiswasser, dampft das Lsgm. ab u. verreibt mit 70—100 ml heißem PAe.; 87,7%. Durch Verreiben mit Ae. u. Umkristallisieren aus Ae. erhält man ein **III**-*Isomeres*, F. 145—145,5°. — *2-Phenyl-5-[p-diphenylyl]-hexandiol-(2.5)* (**IV**), $C_{24}H_{26}O_2$, a) F. 95,5—96,5° (Ae.), durch Hydrierung von 6,4 g **III** (F. 145—145,5°) in Methanol an Raney-Ni bei 20°, Eindampfen, Verreiben mit PAe. u. Kristallisieren aus Ae.; b) F. 136 bis 136,5° (Ae.), durch Hydrierung von 32 g **III**-Isomerengemisch bei 60 at, Eindampfen u. Behandeln des glasartigen Rückstandes mit PAe. u. Ae.; 15 g. — *p-Quaterphenyl* (**V**), F. 317—318,7° (viel Bzl.), aus **IV** bei 550° an $MgO/Cr_2O_3/Al_2O_3$ bei einer Vol.-Geschw. von 0,48—0,77 kg **IV**/Liter Katalysator · Std.; 16—18%. Helmut Schäfer. 2210

Cyanchalkone und ihre Reaktionen. Jaysukhlal R. Merchant und Ahmed S. U. Choughuley. (Chem. Ber. **95**, 1792—98, 16/7. 1962; Bombay, Inst. of Sci.; dt.) — Durch Kondens. von 3- bzw. 4-Cyanbenzaldehyd (2-Cyanbenzaldehyd reagierte nicht in der gewünschten Weise) mit substituierten Acetophenonen u. von p-Cyanacetophenon mit substituierten Benzaldehyden wird eine Reihe von *Cyanchalkonen* (**A**) dargestellt. Die **A** werden mit HCl in A. zu den *Imidoäthylesterhydrochloriden* (**B**) u. *Äthylestern* umgesetzt. Einw. von NH_3 auf **B** liefert die entsprechenden *Amidine*, die mit Acetessigsäureäthylester in *Pyrimidin-Derivv.* übergeführt werden. Die Umsetzung der **A** mit Acetessigsäureäthylester, Malonsäurediäthylester, Cyanessigsäureäthylester, Thiophenol bzw. Fluoren gibt die entsprechenden *Additionsverbindungen*.

Versuche: Cyanchalkone (**A**), aus den entsprechenden Benzaldehyden u. Acetophenonen in A. durch Schütteln mit 10%ig. NaOH u. Stehenlassen (20 Min.); aus Eisessig oder A. Kristalle; 40—70% (Ausbeute): *4'-Methoxy-4-* (**I**), $C_{17}H_{13}NO_2$, F. 170°. — *4'-Amino-4-*, $C_{16}H_{12}N_2O$, F. 230—231°. — *4'-Brom-4-*, $C_{16}H_{10}BrNO$, F. 167°. — *4'-Hydroxy-4-*, $C_{16}H_{11}NO_2$, F. 240—241°. — *2'-Hydroxy-4-*, $C_{16}H_{11}NO_2$, F. 194°. — *2'-Methoxy-4-*, $C_{17}H_{13}NO_2$, F. 106—107°. — *4'-Methoxy-3-*, $C_{17}H_{13}NO_2$, F. 132—133°. — *4'-Amino-3-*, $C_{16}H_{12}N_2O$, F. 223°. — *4'-Brom-3-*, $C_{16}H_{10}BrNO$, F. 147°. — *4'-Hydroxy-3-*, $C_{16}H_{11}NO_2$, F. 202—203°. — *4-Methoxy-4'-*, $C_{17}H_{13}NO_2$, F. 146—147°. — *3.4-Methylendioxy-4'-*, $C_{17}H_{11}NO_3$, F. 188—189°. — *3.4-Dimethoxy-4'-*, $C_{18}H_{15}NO_3$, F. 139—140°. — *4-Cyan-4'-*, $C_{17}H_{10}N_2O$, F. 216°. — *4-Chlor-4'-*, $C_{16}H_{10}ClNO$, F. 186—187°. — Carbiminoäthoxychalkonhydrochloride (**B**), aus den **A** in alkohol. Suspension unter Durchleiten von HCl-Gas bei 0° ($1^1/_2$ Std.): *4'-Methoxy-4-*, F. 203°. — *4'-Amino-4-*, F. 228° (Zers.). — *4'-Brom-4-*, F. 240—241°. — *4'-Methoxy-3-*, F. 144—160°. — *4'-Amino-3-*, F. 208° (Zers.). — *4-Methoxy-4'-*, F. 175° (Zers.). — Carbäthoxychalkone, neben den **B** durch Verdünnen der Filtrate, aus A.: *4'-Methoxy-4-*, $C_{19}H_{18}O_4$, F. 129°. — *4'-Amino-4-*, $C_{18}H_{17}NO_3$, F. 185°. — *4'-Brom-4-*, $C_{18}H_{15}BrO_3$, F. 117°. — *4'-Methoxy-3-*, $C_{19}H_{18}O_4$, F. 98—99°. — *4-Methoxy-4'-*, $C_{19}H_{18}O_4$, F. 103—106°. — Guanylchalkonhydrochloride, aus je 1 g vorst. **B** in alkohol. Suspension u. alkohol. NH_3 bei 0—5° u. Stehenlassen (15 Min.); aus A.–Essigsäure gelb; 600—800 mg: *4'-Methoxy-4-*, $C_{17}H_{17}$·ClN_2O_2, F. 275°. — *4'-Amino-4-*, $C_{16}H_{16}ClN_3O$, F. 228° (Zers.). — *4'-Brom-4-*, $C_{16}H_{14}$·$BrClN_2O$. — *4'-Methoxy-3-*, $C_{17}H_{17}ClN_2O_2$, F. 128—129° (Zers.). — *4'-Amino-3-*, $C_{16}H_{16}$·ClN_3O, F. 220—221°. — *4-Methoxy-4'-*, $C_{17}H_{17}ClN_2O_2$, F. 120°. — 6-Carbäthoxycyclohexen-(2)-one-(1), aus je 1 g der vorst. Guanylchalkonhydrochloride bzw. **A** in A. u. Acetessigsäureäthylester in Ggw. von K_2CO_3 durch Schütteln, Stehenlassen über Nacht, Zusetzen von Eisessig u. Kristallisation aus verd. A.; ca. 250 mg: *3-[4-Methoxyphenyl]-5-{4-[4-methyl-6-hydroxypyrimidyl-(2)]-phenyl}-*, $C_{27}H_{26}N_2O_5$, F. 233—234°. — *3-[4-Aminophenyl]-5-{4-[4-methyl-6-hydroxypyrimidyl-(2)]-phenyl}-*, $C_{26}H_{25}N_3O_4$, F. 261° (Zers.). — *3-[4-Bromphenyl]-5-{4-[4-methyl-6-hydroxypyrimidyl-(2)]-phenyl}-*, $C_{26}H_{23}Br$·N_2O_4, F. 247—248°. — *3-[4-Methoxyphenyl]-5-{3-[4-methyl-6-hydroxypyrimidyl-(2)]-phenyl}-*, $C_{27}H_{26}N_2O_5$, F. 190—191°. — *3-[4-Aminophenyl]-5-{3-[4-methyl-6-hydroxypyrimidyl-2)]-phenyl}-*, $C_{26}H_{25}N_3O_4$, F. 275° (Zers.). — *3-[4-Methoxyphenyl]-5-[4-cyanphenyl]-*, $C_{23}H_{21}NO_4$, F. 136—137°. — *3-[2-Methoxyphenyl]-5-[4-cyanphenyl]-*, $C_{23}H_{21}$·NO_4, F. 151—152°. — *3-[4-Cyanphenyl]-5-[3.4-methylendioxyphenyl]-*, $C_{23}H_{19}NO_5$, F. 168 bis 170°. — *[p-Cyan-α-(p-methoxyphenacyl)-benzyl]-malonsäurediäthylester*, $C_{24}H_{25}NO_6$, F. 90°, aus **I**, Malonsäurediäthylester u. Diäthylamin u. A. auf dem Wasserbad unter weiterem Zutropfen von Diäthylamin (8 Std.) u. Stehenlassen über Nacht; aus Essigester–PAe. Nadeln. — *[p-Cyan-α-(p-hydroxyphenacyl)-benzyl]-malonsäurediäthylester*, $C_{23}H_{23}NO_6$, F. 140°, analog vorst. Verbindung. — *[p-Cyan-α-(p-cyanphenacyl)-benzyl]-cyanessigsäureäthylester*, $C_{22}H_{17}N_3O_3$, F. 225—226°, aus Essigester–PAe. Nadeln. — *[p-Cyan-α-(p-methoxyphenacyl)-benzyl]-phenylsulfid*, $C_{23}H_{19}NO_2S$, F. 121—122°, durch Erwärmen von **I** in Methanol u. Thiophenol in Ggw. von Piperidin; aus 95%ig. A. Nadeln. — *[p-Cyan-α-(p-aminophenacyl)-benzyl]-phenylsulfid*, $C_{22}H_{18}N_2OS$, F. 138—139°, analog vorst. Verbindung. — *9-[p-Cyan-α-(p-methoxyphenacyl)-benzyl]-fluoren*, $C_{30}H_{23}NO_2$ F. 147—148° (Dioxan–PAe.), aus **I** u. Fluoren in Ggw. von Piperidin mit 10%ig. NaOH

durch 24std. Stehenlassen. — *Schiffsche Base* $C_{12}H_{12}N_2O$, F. 235—236°, aus 2-Cyanbenzaldehyd u. 4-Aminoacetophenon in A. u. 10% ig. Alkali in 2 Std.; aus Chlf.-Bzl. gelb.
H. Gleinig. 2350□

Synthese von α.γ-Dinitroketonen. W. W. Perekalin und K. Baier. (Журнал Общей Химии [J. allg. Chem.] **30** (**92**). 943—45, März 1960; Leningrad, Pädagog. Hertzen-Inst.; russ.) — Die Kondens. von substituierten ω-Nitroacetophenonen (**I**) mit substituierten β-Nitrostyrolen (**II**) in Ggw. von Triäthylamin liefert mit mittlerer bis hoher Ausbeute *1.3-Diaryl-2.4-dinitrobutanone-(1)*; statt **II** lassen sich auch 2-[β-Nitrovinyl]-thiophen (**III**) oder -furan (**IV**) in die Rk. einsetzen. 1.4-Bis-[β-nitrovinyl]-benzol gibt mit den **I** 1.4-Bis-[1.3-dinitro-4-keto-4-arylbutyl-(2)]-benzole. Im Falle aliphat. Nitroolefine (z. B. Nitroäthylen) tritt jedoch so leicht Polymerisation ein, daß sich Kondens.-Prodd. mit den **I** nicht isolieren lassen. Die neuen α.γ-Dinitroketone sind zur Darst. von heterocycl. Verbb. durch reduktive Cyclisierung von Interesse.

Versuche: 2.4-Dinitrobutanone-(1), durch 5—10 Min. langes Kochen der **I** mit **II** (**III**, **IV**) in Bzl. in Ggw. von Triäthylamin: *1.3-Diphenyl-*, F. 106—112° (Hexan-Bzl.); 85% (Ausbeute). — *1-Phenyl-3-[p-nitrophenyl]-*, F. 155—156° (verd. Essigsäure); 85%. — *1-Phenyl-3-[p-methoxyphenyl]-*, F. 106—109° (Hexan-Bzl.); 85%. — *1-Phenyl-3-[α-furyl]-*, F. 71—75° (Hexan-Bzl.); 54%. — *1-Phenyl-3-[α-thienyl]-*, F. 113—115° (A.), in sd. Methanol; 62%. — *1-[p-Methoxyphenyl]-3-phenyl-*, F. 106—112°; 78%. — *1-[p-Methoxyphenyl]-3-[p-nitrophenyl]-*, F. 148—148,5° (Bzl.-PAe.); 90%. — *1.3-Bis-[p-methoxyphenyl]-*, F. 125,5—128,5° (Hexan-Bzl.), in Aceton 5 Tage bei Raum-Temp.; 80%. — *1-[p-Tolyl]-3-phenyl-*, F. 94—96° (Hexan-Bzl.), in Aceton 5 Tage bei Raum-Temp.; 50%. — *1-[p-Tolyl]-3-[p-nitrophenyl]-*, F. 143—144° (A.); 81,5%. — *1-[3.4-Methylendioxyphenyl]-3-phenyl-*, F. 114—117° (A.); 67,5%. — *1-[3.4-Methylendioyphenyl]-3-[p-nitrophenyl]-*, F. 155—155,5° (Hexan-Bzl.); 87,5%. — *1.4-Bis-[1.3-dinitro-4-keto-4-phenylbutyl-(2)]-benzol*, F. 184—185° (Aceton-A.); 85%. — *1.4-Bis-[1.3-dinitro-4-keto-4-(p-methoxyphenyl)-butyl-(2)]-benzol*, F. 187—187,5°; 57%. H.-E. Toussaint. 2360□

Friessche Verschiebung von Benzoesäurenitrophenylestern. A. Furka und T. Széll. (Univ. Szegediensis Acta physica chem. **6**, 113—15, 1960; Szeged, Univ., Inst. of Applied Chem.; engl.) — Benzoesäure-2- (**I**) u. -4-nitrophenylester (**II**) ergeben bei Einw. von $AlCl_3$ in Nitrobenzol eine Friessche Verschiebung unter Bldg. von *3-Nitro-4-hydroxy-* bzw. *5-Nitro-2-hydroxybenzophenon*. Benzoesäure-3-nitrophenylester reagiert nicht.

Versuche: Benzophenone: *3-Nitro-4-hydroxy-*, $C_{13}H_9NO_4$, F. 91—92°, durch 1std. Erhitzen von **I** (F. 54°) u. $AlCl_3$ in Nitrobenzol auf 165—175°, Zers. mit konz. HCl, Wasserdampf-Dest. u. Extrahieren des Rückstandes mit CCl_4; aus Ligroin gelbe Kristalle; 3,5% (Ausbeute). *2.4-Dinitrophenylhydrazon*, $C_{19}H_{13}N_5O_7$, F. 261°; aus verd. A. orangegelbe Kristalle. — *5-Nitro-2-hydroxy-*, $C_{13}H_9NO_4$, F. 122—124° (A.), durch Erhitzen von **II** (F. 142°) analog vorst. Verb.; 4%. *Phenylhydrazon*, $C_{19}H_{15}N_3O_3$, F. 190—191°; aus verd. A. rote Nadeln. *2.4-Dinitrophenylhydrazon*, $C_{19}H_{13}N_5O_7$, F. 283—285°; aus verd. A. gelbe Kristalle. W. Hampel. 2380□

Untersuchungen in der Reihe der Diarylmethane und ihrer Derivate. 6. Mitt. **Synthese von Tolylnaphthylmethanen. p-Tolyl-α-naphthylmethan.** N. K. Moschtschinskaja und Ju. I. Ruban. (Украинский Химический Журнал [Ukrain. chem. J.] **25**, 479—81, 1959; Dnepropetrowsk, Chem.-Technolog. Inst.; russ.) — 5. vgl. C. **1959**, 10881; 7. vgl. C. **1961**, 15002. — Die Kondens. von α-Chlormethylnaphthalin (**I**) mit Toluol liefert die isomeren *Tolyl-α-naphthylmethane* (**II**), die Kondens. von Toluol u. Naphthalin mit Formaldehyd die isomeren *Ditolylmethane*, **II**, *Trimethyldibenzylbenzole* u. *Dinaphthylmethane*. Aus dem **II**-Gemisch wurde *p-Tolyl-α-naphthylmethan* (**III**) isoliert, zu *p-Tolyl-α-naphthylketon* oxydiert u. dieses zu *7-Methylbenzanthron* cyclisiert.

Versuche: *Tolyl-α-naphthylmethane* (**II**), $C_{18}H_{16}$, Kp.$_4$ 181°, a) man erhitzt 0,1 Mol **I**, 0,9 Mol Toluol u. 0,05 Mol $ZnCl_2$ auf 100—110°, bis kein HCl mehr entweicht (2—3 Std.) u. dest.; 42% (Ausbeute); b) man gibt zu 184 g Toluol u. 128 g Naphthalin 220 g 80% ig. H_2SO_4, gibt in 2½ Std. bei 40—50° tropfenweise 45 ml 40% ig. Formalin zu u. erhitzt 1 Std.; 28—30%. Daneben: *Ditolylmethane*, Kp.$_2$ 127°, Kp. 293°; 40—42%. *Trimethyldibenzylbenzole*, $C_{23}H_{24}$, Kp.$_4$ 204—205°; 1,5—2%. — *p-Tolyl-α-naphthylmethan* (**III**), $C_{18}H_{16}$, F. 34°, durch Zers. nachst. Pikrats; große Kristalle. *Pikrat*, $C_{24}H_{19}N_3O_7$, F. 122,5° (A.), aus 10 g **II** u. 9,4 g Pikrinsäure in A.; gelbe Nadeln. — *p-Tolyl-α-naphthylketon*, Kp.$_4$ 196—200°, F. 83° (A.), durch 4std. Kochen von 3,26 g **III** mit 13 ml 20% ig. HNO_3. — *7-Methylbenzanthron*, F. 155°, durch Erhitzen vorst. Verb. mit $AlCl_3$; 55%.
Helmut Schäfer. 2700

Succinoylierung von 2-Methoxynaphthalin. Monojit Ghosal. (J. org. Chemistry **25,** 1856—59, Nov. 1960; Bihar, Univ., L.S. Coll. Dep. of Chem.; engl.) — Vf. untersuchte die Succinoylierung von 2-Methoxynaphthalin (I) in verschiedenen Lsgm., wobei in Nitrobenzol (II) *β-[2-Methoxynaphthoyl-(6)]-propionsäure* (III) u. *β-[2-Methoxynaphthoyl-(1)]-propionsäure* (IV) entstehen. In CS_2 wird neben Spuren von III hauptsächlich IV erhalten u. in Tetrachloräthylen (V) bildet sich nur IV. Die bei der Rk. in CS_2 von Bachmann u. Horton (J. Amer. chem. Soc. **69,** [1947], 58) gefundene *β-[2-Methoxynaphthoyl-(7)]-propionsäure* konnte nicht isoliert werden; vermutlich bildet sie sich durch Verunreinigung des Katalysators. Die Konstit. von III wurde durch Oxydation zur *2-Methoxy-6-naphthoesäure* bzw. durch Red. des Äthylesters (V) zur *γ-[2-Methoxynaphthyl-(6)]-buttersäure* bewiesen, die nach Cyclisierung, Hydrierung, Wasserabspaltung u. Dehydrierung in *2-Methoxyphenanthren* übergeht. Oxydation von IV ergibt *2-Methoxy-1-naphthoesäure.* Bei der Behandlung mit $AlCl_3$ geht IV nicht in III über. Der Mechanismus der Substitution in den verschiedenen Lsgm. wird diskutiert.

Versuche: *β-[2-Methoxynaphthoyl-(6)]-propionsäure* (III), F. 148—149° (Eisessig), aus $AlCl_3$, Bernsteinsäureanhydrid u. I in II durch 5std. Rk. bei 0°, Zers., Methylieren mit Dimethylsulfat, Verestern u. Verseifen des krist. *Äthylesters* [V, F. 111—112° (A.)] mit äthanol. KOH (Meth. **A**), daneben durch Verseifen des fl. Rückstandes *β-[2-Methoxynaphthoyl-(1)]-propionsäure* {IV, $C_{15}H_{14}O_4$, F. 139—140°, auch nach **A** in CS_2 oder in V; gibt nach **B** (Oxydation mit NaOCl) *2-Methoxynaphthoesäure-(1)* [F. 173—175° (Äthylacetat)]. *Äthylester* (Kp.$_4$ 215—220°)}. — *2-Methoxy-6-naphthoesäure,* F. 200°. — *γ-[2-Methoxynaphthyl-(6)]-buttersäure,* $C_{15}H_{16}O_3$, F. 136° (Eisessig), aus V durch Red. nach Clemmensen, 75% (Ausbeute). — *4-Keto-7-methoxy-1.2.3.4-tetrahydrophenanthren,* $C_{15}H_{14}O_2$, F. 168° (Bzl./A.), aus 1,5 g vorst. Verb. u. PCl_5 in Bzl. durch 1 std. Erhitzen auf 60°, Kühlen, Zugeben von $SnCl_4$ u. Zers. mit wss. HCl; 0,7 g (Ausbeute). *Oxim,* $C_{15}H_{15}NO_2$, F. 216° (A./Dioxan). — *2-Methoxyphenanthren,* $C_{15}H_{12}O$, F. 98° (A.), aus 0,5 g vorst. Verb. durch Hydrieren mit $LiAlH_4$, Zers. mit 10%ig. H_2SO_4, Wasserabspaltung mit $KHSO_4$ u. 1 std. Dehydrierung mit Pd/C bei 300—350°; 0,1 g. *Pikrat,* $C_{21}H_{15}N_3O_8$, F. 125° (A.). — *2-Methoxy-8-bromacetylnaphthalin,* aus 7-Methoxynaphthoesäure-(1) u. $SOCl_2$, Rk. mit Diazomethan u. N_2-Abspaltung mit 48%ig. HBr. — *β-[2-Methoxynaphthoyl-(8)]-α-carboxypropionsäure,* $C_{16}H_{14}O_6$, F. 179° (Methanol), aus vorst. Verb. u. Na-Malonsäurediäthylester in Bzl. unter Kühlung, 4½ std. Kochen u. Zers. mit methanol. KOH. — *β-[7-Methoxynaphthoyl-(1)]-propionsäure,* $C_{15}H_{14}O_4$, F. 147,5° (Methanol), aus 0,9 g vorst. Verb. durch ½ std. Erhitzen auf 180°; 0,4 g. R. Krattner. 2700□

Vinylverbindungen in der Diensynthese. 3. Mitt. Synthese und Eigenschaften von Äthern der Bicyclohepten- und Bis-[endomethylen]-oktahydronaphthalinreihe mit aromatischen Resten. M. F. Schosstakowski, A. W. Bogdanowa und T. M. Uschakowa. (Известия Академии Наук СССР, Отделение Химических Наук [Nachr. Akad. Wiss. UdSSR, Abt. chem. Wiss.] **1960,** 1286—90, Juli; Zelinsky-Inst. für org. Chem. der Akad. der Wiss. der UdSSR; russ.) — Vgl. C. **1959,** 1766. — Durch Dien-Synth. von Phenyl- (I), p-tert.-Butylphenyl- (II) u. β-Naphthylvinyläther (III) mit 1 bzw. 2 Mol Cyclopentadien (IV) wurden *2-Phenoxy-* (V), *2-[p-tert.-Butylphenoxy]-* (VI) u. *2-[β-Naphthoxy]-bicyclo-[2.2.1]-hepten-(5)* (VII) bzw. *2-Phenoxy-* (VIII), *2-[p-tert.-Butylphenoxy]-* (IX) u. *2-[β-Naphthoxy]-1.4;5.8-dimethano-Δ^6-oktalin* (X) dargestellt. Die Dien-Synth. von I, II u. III mit Hexachlorcyclopentadien (XI) lieferte *2-Phenoxy-, 2-[p-tert.-Butylphenoxy]-* u. *2-[β-Naphthoxy]-1.4.5.6.7.7-hexachlorbicyclo-[2.2.1]-hepten-(5).* VII wurde mit XI zu *Dihydraldrin* {*2-[β-Naphthoxy]-1.4;5.8-dimethano-5.6.7.8.9.9-hexachlor-Δ^6-oktalin*} kondensiert. Die Hydrierung von V—IX lieferte die entsprechenden *gesätt. Verbindungen.* Durch Rk. von V, VI, VIII, IX u. X mit Phenylazid (XII) wurden Verbb. mit anelliertem 1-Phenyl-1.2.3-triazoloring-Syst. erhalten

Versuche: *2-[β-Naphthoxy]-bicyclo-[2.2.1]-hepten-(5)* (VII), $C_{17}H_{16}O$, Kp.$_{2,5}$ 154 bis 154,5°, F. 65,6—67° (Methanol), a) man erhitzt 34 g III u. 6,6 g IV 14 Std. im Autoklaven auf 170°/3—4 at u. fraktioniert; 72,3% (Ausbeute); daneben X; b) aus 34 g III u. 13,2 g IV; n_D^{20} 1,6162; zähes Öl, das zu Nädelchen krist.; 67,1%; daneben X. — *2-[β-Naphthoxy]-1.4;5.8-dimethano-Δ^6-oktalin* (X), $C_{22}H_{22}O$, Kp.$_{0,006}$ 170—172°, bei der Darst. von VII nach a) 14,6%, nach b) 30,6%. — *2-[p-tert.-Butylphenoxy]-bicyclo-[2.2.1]-hepten-(5)* (VI), $C_{17}H_{22}O$, Kp.$_{1,5}$ 135—135,5°, F. 35—36° (Methanol), aus 49,6 g II u. 13,2 g IV; glänzende Nadeln; 62,3%. Daneben *2-[p-tert.-Butylphenoxy]-1.4;5.8-dimethano-Δ^6-oktalin* (IX), $C_{22}H_{28}O$, Kp.$_2$ 193—193,5°; glasartig; 33,2% — 1.4.5.6.7.7-Hexachlorbicyclo-[2.2.1]-heptene-(5): *2-[β-Naphthoxy]-,* $C_{17}H_{10}Cl_6O$, Kp.$_2$ 205—215°, Kp.$_2$ 204—206°, F. 112—113° (Bzl.-Methanol), man erhitzt 3,4 g III u. 5,4 g XI 3½ Std. unter Rückfluß; glänzende Kristalle; 56,8%. — *2-[p-tert.-Butylphenoxy]-,* $C_{17}H_{16}Cl_6O$,

Kp.$_2$ 199—202°, F. 81—82° (Methanol), aus 5,2 g **II** u. 5,4 g **XI**; 61,4%. — *2-Phenoxy-*, $C_{13}H_8Cl_6O$, Kp.$_3$ 161°, aus 3,6 g **I** u. 8,1 g **XI**; hellgelbes Öl; n_D^{20} 1,5800; 90,8%. — *Dihydraldin*, $C_{22}H_{16}Cl_6O$, Kp.$_{0,0046}$ 198—200°, F. 110—111° (Bzl.-Methanol), durch 5½ std. Erhitzen von 3,6 g **VII** u. 4,1 g **XI** unter Rückfluß; 74,4%. — Bicyclo-[2.2.1]-heptane: *2-Phenoxy-* (**XIII**), $C_{13}H_{16}O$, Kp.$_1$ 98°, durch Hydrierung von 2 g **V** in 20 ml Methanol an PtO_2 (¾ Std.); $D._4^{20}$ 1,0482; n_D^{20} 1,5350; 87,6%. — Analog *2-[p-tert.-Butylphenoxy]-* (**XIV**), Kp.$_2$ 133—133,5°, aus **VI** in Dioxan; n_D^{20} 1,5265; 95%. — *2-[β-Naphthoxy]-*, Kp.$_3$ 166—167°, aus **VII** in Methanol-Ae.; n_D^{20} 1,6012; 81,2%. — 1.4;5.8-Dimethanodekaline: *2-Phenoxy-* (**XV**), Kp.$_2$ 183—184°, aus **VIII** in Methanol-Ae.; n_D^{20} 1,5623; 81,4%. — *2-[p-tert.-Butylphenoxy]-* (**XVI**), Kp.$_4$ 217—218°, aus **IX** in Dioxan; 92,3%. — *2-[β-Naphthoxy]-* (**XVII**), Kp.$_2$ 215—216°, aus **X** in Dioxan; 80%. — 1'-Phenyl-1'.2'.3'-triazolino-[4'.5':6.7]-1.4;5.8-dimethanodekaline: *2-[β-Naphthoxy]-*, $C_{28}H_{27}N_3O$, F. 213—214° (Zers.; Äthylacetat), man läßt 0,7 g **X** u. 2 g **XII** 5 Tage lang bei 20° stehen. — Analog: *2-Phenoxy-*, F. 190,5—191,5° (Zers.), aus **VIII** u. **XII**. — *2-[p-tert.-Butylphenoxy]-*, F. 198—200° (Zers.), aus **IX** u. **XII**. — *2-Phenoxy-1'-phenyl-1'.2'.3'-triazolino-[4'.5';5.6]-bicyclo-[2.2.1]-heptan*, F. 135—137,5° (Zers.), aus **V** u. **XII**. — *2-[p-tert.-Butylphenoxy]-1'-phenyl-1'.2'.3'-triazolino-[4'.5':5.6]-bicyclo-[2.2.1]-heptan*, F. 165,5—167° (Zers.), aus **VI** u. **XII**. Helmut Schäfer. 2950

Synthese einiger cyclischer Systeme mit angulärer Brücke. 2. Mitt. R. D. Haworth, B. G. Hutley, R. G. Leach und G. Rodgers. (J. chem. Soc. [London] **1962**, 2720—30, Juli; Sheffield, Univ., Dep. of Chem.; engl.) — 1. vgl. C. **1958**, 12960. — Im folgenden bedeuten: **I** = *[1-Oxo-cis-dekalyl-(9)]-essigsäuremethylester*; **II** = *3-Oxo-trans-dekalindicarbonsäure-(2.9)-diäthylester*; **III** = *[2.9-Diäthoxycarbonyl-3-oxo-trans-dekalyl-(2)]-essigsäureäthylester*; **IV** = *8.11-Dioxo-(trans-1.6-cis-1.9)-tricyclo-[7.2.1.0$^{1.6}$]-dodecan-9.10-dicarbonsäurediäthylester*; **V** = *9-Cyan-trans-dekalon-(2)*; **VI** = *2-Oxo-trans-dekalin-9-carbonsäure*; **VII** = *[9-Methoxycarbonyl-trans-dekalyliden-(2)]-essigsäuremethylester*; **VIII** = *9-Cyan-trans-dekalin-[2-spiro-2']-1.3-dioxolan*; **IX** = *9-Acetyl-trans-dekalon-(2)*; **X** = *9-Hydroxy-(trans-1.6-cis-1.9)-tricyclo-[7.2.1.0$^{1.6}$]-dodecanon-(11)*; **XI** = *9-Äthoxycarbonyl-trans-dekalin-2-carbonsäure*; **XII** = *cis-Dekalin-1.9-dicarbonsäureanhydrid*; **XIII** = *1.3-Dioxoperhydrobenz-[d]-isoindol*; **XIV** = *Äthylenglykol*; **XV** = *p-Toluolsulfonsäure*; **XVI** = *Bromessigsäureäthylester*; **XVII** = *[trans-1-Hydroxy-cis-dekalyl-(9)]-essigsäurelacton*; **XVIII** = *9-Acetamidomethyl-cis-dekalol-(1)*; **XIX** = *p-Toluolsulfonylchlorid*; **XX** = *2-Formyldekalon-(1)*; **XXI** = *2-Isopropoxymethylendekalon-(1)*; **XXII** = *Dimethylaminhydrochlorid*; **XXIII** = *2-Benzylidendekalon-(1)*; **XXIV** = *2-Benzyliden-9-dimethylaminomethyldekalon-(1)*; **XXV** = *3-Oxo-Δ^4-oktalin-9-carbonsäureäthylester*; **XXVI** = *Oxalsäurediäthylester*; **XXVII** = *Δ^{1,9}-Oktalon-(2)*; **XXVIII** = *Cyanessigsäureäthylester*; **XXIX** = *(trans-1.6-cis-1.9)-Tricyclo-[7.2.1.0$^{1.6}$]-dodecanol-(9)*; **XXX** = *(trans-1.6-cis-1.9)-Tricyclo-[7.2.1.0$^{1.6}$]-dodecan*; **XXXI** = *9-Aminomethyl-trans-dekalin-[2-spiro-2'] 1.3-dioxolan*; **XXXII** = *1-Oxodekalin-2-carbonsäureäthylester*; **XXXIII** = *Acrolein*; **XXXIV** = *Cyclohexen-(2)-dicarbonsäure-(1.2)-anhydrid*; **XXXV** = *Δ^6-Oktalin-1.9-dicarbonsäure*; **XXXVI** = *Cyclopenten-(1)-dicarbonsäure-(1.2)-anhydrid*; **XXXVII** = *1.2-Dimercaptoäthan*. **I** wird mit **XIV** in Ggw. von **XV** in das entsprechende *Ketal* übergeführt, das mit NH_3 *[1-Amino-Δ^1-cis-oktalyl-(9)]-essigsäurelactam* liefert. **I** gibt mit **XVI** u. Zn *Δ^1-cis-Oktalin-1.9-diessigsäure*, aus der durch Hydrierung *cis-Dekalin-1.9-diessigsäure* gewonnen wird. Diese Verb. ließ sich mit HN_3 nicht zum Bis-[aminomethyl]-dekalin umsetzen. *Δ^1-cis-Oktalin-9-essigsäure* wird aus **XVII** u. KCN bei 240—260° dargestellt. **XVIII** gibt mit **XIX** u. Pyridin das *p-Toluolsulfonat*, das mit KCN nicht reagiert. *2-Dimethylaminomethyldekalon-(1)* wird aus **XX** bzw. **XXI** mit **XXII** u. CH_2O sowie durch alkal. Verseifung erhalten. **XXIII**, **XXII** u. CH_2O liefern **XXIV**, das in CCl_4 zu *2-Chlor-2-α-chlorbenzyl-9-dimethylaminomethyldekalon-(1)* chloriert wird. Dagegen ließen sich in 2-Stellung blockierte Dekalone-(1) mit CH_2O u. **XXII** nicht zu den 9-Dimethylamino-Derivv. umsetzen. Verss., 9-Aminomethyl-2α-hydroxy-cis-dekalin zum Keton zu oxydieren, waren, ebenso wie Verss., **XXIV** mit O_3 zu spalten, ergebnislos. **XXV** gibt mit **XXVI** *3-Oxo-Δ^4-oktalin-2.9-dicarbonsäurediäthylester*, der zu **II** hydriert wird. Umsetzung von **II** mit Na u. **XVI** liefert **III**, der zu einer Verb., wahrscheinlich **IV**, umgesetzt wird. **III** bzw. **IV** werden zu *[9-Carboxy-3-oxo-trans-dekalyl-(2)]-essigsäure* hydrolysiert, deren *Dimethylester* weder in Ggw. von CH_3ONa noch in Ggw. von K-tert.-Butylat eine Dieckmann-Cyclisierung einging. **II** konnte zu einem *Monobrom-Deriv.*, wahrscheinlich dem 2-Brom-Deriv., umgesetzt werden, aus dem sich HBr nicht abspalten ließ. Umsetzung von **XXVII** mit HCN in Ggw. von Piperidin gibt **V**, mit wss.-alkohol. KCN-Lsg. jedoch ein Polymeres u. **VI**-*Amid*, das nach dem IR-Spektrum als *2β-Amino-2α-hydroxy-trans-dekalin-9-carbonsäurelactam* vorliegt u. mit KOH in **VI** übergeführt wird. **VI** wird zu *trans-Dekalin-9-carbonsäure* reduziert. Umsetzung von **V** mit **XXVIII** u. NH_3 liefert

3'.5'.9-Tricyan-trans-dekalin-[2-spiro-4']-piperidindion-(2'.6'). Umsetzung von **VI**-*Methylester* mit **XVI** in Ggw. von Zn u. J_2 führt zu **VII**-*Dimethylester*, der zu **VII** verseift wird. **VII**, deren Dimethylester nicht red. werden konnte, wird in Essigsäure über PtO_2 zu *9-Carboxy-trans-dekalyl-(2)]-essigsäure* red., deren *Dimethylester* keine Dieckmann-Rk. eingeht, was für die trans-Anordnung des Essigsäureesters in bezug auf die Carboxylgruppe spricht. **V** gibt mit **XIV** in Ggw. von **XV** **VIII**, das mit CH_3Li in **IX** übergeführt wird. **IX**, das nicht aus dem Chlorid von **VI** u. $(CH_3)_2Cd$ erhalten werden konnte, gibt mit Alkalien **X**, das mit $NaBH_4$ das entsprechende *Diol-(9.11)* u. über das *Äthylendithioketal* durch Red. mit Raney-Ni **XXIX** liefert; **XXX** wird mit Na in A. aus dem *9-Chlor-Deriv.* dieser Verb. erhalten. **X** reagiert mit HCN, NaCN oder CH_2N_2 nicht. Red. von **VIII** mit $LiAlH_4$ gibt **XXXI**, das mit HCl *(trans-1.6-cis-1.9)-10-Azatricyclo-[7.2.1.0$^{1.6}$]-dodecanol-(9)* liefert. Weder **XXXI** noch sein N-Formyl-Deriv. ließen sich mit CH_2O bzw. direkt cyclisieren. Die Strukturen von **X** u. **XXIX** folgen aus einigen Rkk. sowie den NMR- bzw. IR-Spektren von **X** u. **XXIX** bzw. **XXX** u. dem Thioketal von **IX**. **VI**-Methylester wird mit **XIV** in Ggw. von **XV** zum Ketal umgesetzt, dieses wird mit $LiAlH_4$ zur *9-Hydroxymethyl-Verb.* red. u. das Prod. zu *9-Hydroxymethyl-trans-dekalon-(2)* verseift, dessen *Tosylat* weder mit NaCN noch mit NaJ umgesetzt werden konnte. **XI** wird durch partielle Hydrolyse des *Diäthylesters*, der durch Red. von **II**-*Äthylendithioketal* über Raney-Ni erhalten wird, dargestellt. **XI**-*Chlorid* wird mit CH_2N_2 über *Diazoketon* durch dessen Rk. mit HCl zu *2-Chloracetyl-trans-dekalin-9-carbonsäureäthylester* umgesetzt, der über Pd/Kohle in Ggw. von Pyridin zu *2-Acetyl-trans-dekalin-9-carbonsäureäthylester* red. wird; Verss. zur Cyclisierung dieser Verb. durch Einw. von C_2H_5ONa, $NaNH_2$ oder K-tert.-Butylat waren vergeblich. Umsetzung von **XXXII** mit **XXXIII** in Ggw. von C_2H_5O gibt *1-Oxo-2-[3-oxopropyl]-dekalin-2-carbonsäureäthylester*, aus dem mit Säure *12-Hydroxy-13-oxotricyclo-[7.3.1.0$^{1.6}$]-tridecan-9-carbonsäureäthylester* erhalten wird; die Struktur dieser, nicht krist. erhaltenen Verb. wird aus dem IR-Spektrum geschlossen. **XXXIV** liefert mit Butadien **XXXV**-*Anhydrid*; durch alkal. Hydrolyse wird **XXXV** erhalten. Hydrieren von **XXXV**-Anhydrid gibt **XII**, das mit NH_3 **XIII** liefert. **XIII** wird mit $LiAlH_4$ zu *Perhydrobenz-[d]-isoindol* hydriert. Umsetzung von **XII** mit CH_3NH_2 führt zum *2-Methyl-Deriv.* von **XIII**, das ebenfalls mit $LiAlH_4$ red. wird. Analog liefert **XXXVI** *2.3.4.7.-8.9-Hexahydro-1H-inden-8.9-dicarbonsäureanhydrid*, das zu *Perhydroindendicarbonsäureanhydrid-(8.9)* red. wird. Dieses bildet mit NH_3 das *Imid*, das zu *Perhydro-3a.7a-propanoisoindol* red. wird. Analoge Umsetzung mit CH_3NH_2 gibt das *N-Methyl-Deriv.*, das in *2-Methylperhydro-3a.7a-propanoisoindol* übergeführt wird. Erfolglos waren Verss., **XXVII** mit Malonsäurediäthylester, Acetessigsäureäthylester oder **XVI** zu kondensieren.

Versuche: *[1-Amino-Δ^1-cis-oktalyl-(9)]-essigsäurelactam*, F. 184°, aus **I** u. **XIV** in Ggw. von **XV** in Bzl. durch 6std. azeotrope Dest. über *[1.1-Äthylendioxy-cis-dekalyl-(9)]-essigsäuremethylester*, $C_{15}H_{24}O_4$, Kp.$_{0,01}$ 110—115° u. 12std. Erhitzen mit bei 0° gesätt. alkohol. NH_3 auf 120° im Rohr; aus Bzl. Stäbe. — *Δ^1-cis-Oktalin-1.9-diessigsäure*, $C_{14}H_{20}O_4$, F. 194°, durch 4std. Kochen von 11 g **I**, **XVI** u. Zn in Bzl./Ae. unter N_2 über den *Diester*, Kp.$_{0,1}$ 160—180°: 5 g, u. 1std. Kochen in methanol. 1nKOH; aus W. Nadeln; 4,1 g (Ausbeute). — *cis-Dekalin-1.9-diessigsäure*, $C_{14}H_{22}O_4$, F. 218°, aus vorst. Verb. durch Schütteln mit H_2 in abs. A. über PtO_2; aus CH_3CN Stäbe. — *[Δ^1-cis-Oktalyl-(9)]-essigsäure*, $C_{12}H_{18}O_2$, F. 97—98°, aus 2 g **XVII** u. KCN im Rohr bei 240—260° (24 Std.); aus PAe. Nadeln; 500 mg. — *trans-9-Acetamidomethyl-cis-dekalyl-(1)-p-toluolsulfonat*, $C_{20}H_{29}NO_4S$, F. 168°, durch 2std. Kochen von **XVIII** u. **XIX** in Ggw. von Pyridin; aus A. Nadeln. — *2-Dimethylaminomethyldekalon-(1)*, $C_{13}H_{23}NO$, F. 78—79°, a) durch 10std. Kochen von **XX**, **XXII** u. Paraformaldehyd in A. u. Zusetzen von KOH; aus PAe. Platten; b) analog a) in 20 Std. aus **XXI**. — *2-Benzyliden-9-dimethylaminomethyldekalon-(1)* (**XXIV**), durch 7std. Kochen von **XXIII**, **XXII** u. Paraformaldehyd in A. u. Zusetzen von KOH. *Pikrat*, $C_{26}H_{30}N_4O_8$, F. 158°, aus Methanol Nadeln. — *2-Chlor-2-α-chlorbenzyl-9-dimethylaminomethyldekalon-(1)-hydrochlorid*, $C_{20}H_{27}Cl_2NO \cdot HCl$, F. 212°, aus **XXIV** in eiskaltem CCl_4 durch Einleiten von Cl_2; aus A. Platten. — *3-Oxo-Δ^4-oktalin-2.9-dicarbonsäurediäthylester*, $C_{16}H_{22}O_5$, F. 81°, Kp.$_{0,01}$ 130—135°, durch langsame Zugabe von 11,1 g **XXV** zu Na-Pulver in Ae. u. **XXVI**, Zusetzen von W., Ansäuern der wss. Phase u. Erhitzen des rohen *Glyoxylats* (7,5 g) mit Glaspulver auf 200°; aus PAe. rhomb. Platten; 5,1 g. *2.4-Dinitrophenylhydrazon*, $C_{22}H_{26}N_4O_8$, F. 157,5°; aus A. scharlachrote Platten. — *3-Oxo-trans-dekalin-2.9-dicarbonsäurediäthylester* (**II**), $C_{16}H_{24}O_5$, F. 68°, aus vorst. Verb. in A. u. Essigsäure, durch Schütteln mit H_2 über 10%ig. Pd/Kohle; aus A. Nadeln; 0,9 g. *2.4-Dinitrophenylhydrazon*, $C_{22}H_{28}N_4O_8$, F. 127°, aus A. orangefarbene Nadeln. *Äthylendithioketal*, $C_{18}H_{28}O_4S_2$, F. 75°, aus 3,0 g **II** in **XXXVII** durch Einleiten von HCl-Gas bei 0°, aus A. rhomb. Platten; 2,8 g. *2-Brom-Deriv.*, $C_{16}H_{23}BrO_5$, F. 101°, aus **II** u. Br_2 in CCl_4; aus A. Nadeln. — *[2.9-Diäthoxycarbonyl-3-oxo-trans-dekalyl-(2)]-essigsäureäthylester* (**III**), $C_{20}H_{30}O_7$, Kp.$_{0,02}$ 156—160°, durch ½std. Kochen von 3,5 g **II** in Bzl. u. C_2H_5O·

Na in A., Zusetzen von **XVI** u. Neutralisieren mit Essigsäure; n_D^{20} 1,4823; 2,9 g. — *8.11-Dioxo-[trans-1.6-cis-1.9)-tricyclo-[7.2.1.0^{1,6}]-dodecan-9.10-dicarbonsäurediäthylester* (**IV**), $C_{18}H_{24}O_6$, Kp.$_{0,02}$ 135—138°, durch 36std. Kochen von 3,6 g **III** u. Na-Pulver in Ae. u. Zusetzen von W.; n_D^{20} 1,4973; 0,7 g. — *[9-Carboxy-3-oxo-trans-dekalyl-(2)]-essigsäure*, $C_{13}H_{18}O_5$, F. 214° (Zers.), a) aus 0,2 g **III** in sd. konz. HCl (30 Std.); aus CH_3CN Prismen; 0,08 g; b) aus **IV** in sd. verd. HCl (5 Std.); 0,2 g; c) aus **IV** in sd. methanol. 2nNaOH (3 Std.); 0,2 g. *Dimethylester*, $C_{15}H_{22}O_5$, F. 84°, aus A. rhomb. Platten. — *9-Cyan-trans-dekalon-(2)* (**V**), $C_{11}H_{15}NO$, Kp.$_{12}$ 180°, aus 10 g **XXVII**, HCN u. Piperidin in A. durch 5tägiges Stehen bei Raum-Temp. u. Zusetzen von W. u. verd. HCl; 5 g. *Semicarbazon*, $C_{12}H_{18}N_4O$, F. 226°, aus Methanol Platten. — *2-Oxo-trans-dekalin-9-carbonsäure* (**VI**), $C_{11}H_{16}O_3$, F. 117°, a) aus 2 g Amid in sd. 20%ig. KOH (26 Std.); aus CCl_4 Nadeln; 1,2 g; b) aus **V** in konz. HCl bei 0° durch Sättigen mit HCl-Gas u. 24std. Stehen bei Raum-Temperatur. *Amid*, $C_{11}H_{17}NO_2$, F. 168°, aus 1 g **XXVII** in A. u. 15%ig. KCN-Lsg. durch 3tägiges Stehen, Filtrieren [→ *Polymeres* $(C_{11}H_{15}NO)_x$, F. 277—279° (Zers.), aus A. Nadeln; 0,5 g] u. Extrahieren mit Ae.; aus PAe. Nadeln; 0,3 g. *Chlorid*, F. 56°, aus **VI** u. $SOCl_2$. *Methylester*, $C_{12}H_{18}O_3$, Kp.$_{10}$ 152—154°, aus **VI** u. äther. CH_2N_2; n_D^{20} 1,4980; *2.4-Dinitrophenylhydrazon*, $C_{18}H_{22}N_4O_6$, F. 175°, aus A. orangefarbene Prismen. — *trans-Dekalin-9-carbonsäure*, $C_{11}H_{18}O_2$, F. 133°, aus 0,49 g **VI** u. Zn-Amalgan in sd. konz. HCl (17 Std.); aus wss. A. Nadeln. 0,3 g. — *3'.5'.9-Tricyan-trans-dekalin-[2-spiro-4']-piperidindion-(2'.6')*, $C_{17}H_{18}N_4O_2$, F. 222°, aus 3,5 g **V** u. **XXVIII** in A. durch Sättigen mit NH_3 bei —5°, Stehen bei 0° (10 Tage), Kochen des Nd. in W. u. Zers. mit konz. HCl; aus A. Nadeln; 1,8 g. — *[9-Carboxy-trans-dekalyliden-(2)]-essigsäure* (**VII**), $C_{13}H_{18}O_4$, F. 172°, durch Kochen von 4,6 g Dimethylester mit 10%ig. methanol. KOH (18 Std.); aus CH_3CN Prismen; 2,1 g. *Dimethylester*, $C_{15}H_{22}O_4$, F. 103°, durch 5std. Kochen von 5 g **VI**-Methylester u. Bromessigsäuremethylester in Ggw. von Zn u. J_2 in Bzl./Ae. unter N_2 u. Zusetzen von verd. Essigsäure; aus Bzl. Prismen; 2,6 g. — *[9-Carboxy-trans-dekalyl-(2)] essigsäure*, $C_{13}H_{20}O_4$, F. 157°, durch Hydrieren von **VII** in Essigsäure über PtO_2 (14 Std.); aus CH_3CN Prismen; 1,7 g. *Dimethylester*, $C_{15}H_{24}O_4$, F. 70°, aus A. rhomb. Platten. — *9-Cyan-trans-dekalin-[2-spiro-2']-1.3-dioxolan* (**VIII**), $C_{13}H_{19}NO_2$, Kp.$_{10}$ 180°, F. 71°, aus 1 g **V** u. **XIV** in sd. Bzl. in Ggw. von **XV** (5 Std.) durch azeotrope Dest.; aus PAe. Nadeln; 1,15 g. — *9-Acetyl-trans-dekalon-(2)* (**IX**), $C_{12}H_{18}O_2$, F. 68°, aus 8,8 g **VIII** in Ae. durch Zusetzen eiskalter Lsg. von CH_3Li (aus Li u. CH_3J in Ae. unter N_2) unter Rühren; 12std. Stehen bei Raum-Temp., Zusetzen eiskalter 14%ig. H_2SO_4 u. 1½std. Erwärmen der wss. Schicht auf dem Dampfbad; aus PAe. rhomb. Platten; 3,5 g. *Mono-2.4-dinitrophenylhydrazon*, $C_{18}H_{22}N_4O_5$, F. 183°; aus A. orangefarbene Platten. — *9-Hydroxy-(trans-1.6-cis-1.9)-tricyclo-[7.2.1.0^{1,6}]-dodecanon-(11)* (**X**), $C_{12}H_{18}O_2$, F. 95°, durch 18std. Kochen von 0,3 g **IX** in A./25%ig. KOH u. Zusetzen von W.; aus PAe. Nadeln; 0,2 g. *2.4-Dinitrophenylhydrazon*, $C_{18}H_{22}N_4O_5$, F. 200°; aus Bzl./PAe. orangefarbene Nadeln. *Äthylendithioketal*, $C_{14}H_{22}OS_2$, F. 110°, aus 1 g **X** in **XXXVII** u. HCl-Gas bei 0°; aus PAe./Bzl. rhomb. Platten; 0,9 g. — *(trans-1.6-cis-1.9)-Tricyclo-[7.2.1.0^{1,6}]-dodecandiol-(9.11)*, $C_{12}H_{20}O_2$, F. 164°, aus **X** in Methanol u. $NaBH_4$; aus Ae./PAe. Nadeln. — *(trans-1.6-cis-1.9)-Tricyclo-[7.2.1.0^{1,6}]-dodecanol-(9)* (**XXIX**), $C_{12}H_{20}O$, Kp.$_{10}$ 180°, aus 1,5 g **X**-Äthylendithioketal in 80%ig. A. durch 16std. Kochen in Ggw. von Raney-Ni; 0,8 g. — *9-Chlor-(trans-1.6-cis-1.9)-tricyclo-[7.2.1.0^{1,6}]-dodecan*, $C_{12}H_{19}Cl$, Kp.$_{10}$ 170—175°, aus 1,1 g **XXIX** in PAe. u. PCl_5, durch 36std. Stehen u. Zers. mit Eis/W.; 0,8 g. — *(trans-1.6-cis-1.9)-tricyclo-[7.2.1.0^{1,6}]-dodecan* (**XXX**), $C_{12}H_{20}$, Kp.$_{40}$ 160—165°, aus 2,6 g vorst. Verb. in sd. A. u. durch portionsweises Zusetzen von Na (7 Std.) u. Zusetzen von W. nach 7 Std.; n_D^{20} 1,4998; 1,4 g. — *9-Aminomethyl-trans-dekalin-[2-spiro-2']-1.3-dioxolan* (**XXXI**), $C_{13}H_{23}NO_2$, Kp.$_8$ 160—165°, aus 9 g **VIII** u. $LiAlH_4$ in Ae. (3 Tage) unter N_2; 3 g. *N-Formyl-Deriv.*, $C_{14}H_{23}NO_3$, F. 141—142°, aus 3 g **XXXI** Butyl-Li u. Ameisensäureäthylester in Ae.; aus PAe. Nadeln; 1,7 g. — *(trans-1.6-cis-1.9)-10-Azatricyclo-[7.2.1.0^{1,6}]-dodecanol-(9)*, $C_{11}H_{19}NO$, F. 144°, aus **XXXI** durch Erwärmen mit 10%ig. HCl u. Zusetzen von NaOH-Lsg.; aus CCl_4 Platten. — *trans-Dekalin-[2-spiro-2']-1.3-dioxolan-9-carbonsäuremethylester*, $C_{14}H_{22}O_4$, F. 78°, Kp.$_9$ 156°, aus 1,6 g. **VI**-Methylester u. **XIV** in Ggw. von **XV** durch 5std. azeotrope Dest. mit Bzl.; aus PAe. rhomb. Platten; 1,5 g. — *9-Hydroxymethyl-trans-dekalin-[2-spiro-2']-1.3-dioxolan*, $C_{13}H_{22}O_3$, Kp.$_9$ 160—163°, aus 4,0 g vorst. Verb. mit $LiAlH_4$ in Ae. unter N_2 (24 Std.); 2,8 g, *p-Toluolsulfonat*, $C_{20}H_{28}O_5S$, F. 96°, in Pyridin bei 0°; aus A. Prismen. — *9-Hydroxymethyl-trans-dekalon-(2)*, $C_{11}H_{18}O_2$, Kp.$_9$ 159—163°, durch 2std. Kochen von 3,8 g vorst. Verb. in Methanol/0,1nHCl; 2,2 g. *2.4-Dinitrophenylhydrazon*, $C_{17}H_{22}N_4O_5$, F. 171°; aus A. orangefarbene Nadeln. — *trans-Dekalin-2.9-dicarbonsäure, 9-Äthylester* (**XI**), $C_{14}H_{22}O_4$, F. 129°, aus 1 g Diäthylester in sd. methanol. 1nNaOH (22 Std.); aus PAe. rhomb. Platten; 0,75 g; *Chlorid*, Kp.$_{0,04}$ 90—95°. *Diäthylester*, $C_{16}H_{26}O_4$, Kp.$_{0,02}$ 88—90°, aus 2,5 g **II**-Äthylendithioketal in sd. 80%ig. A. in Ggw. von Raney-Ni (16 Std.); n_D^{20} 1,4727; 1,6 g. — *2-Chloracetyl-trans-*

dekalin-9-carbonsäureäthylester, $C_{15}H_{23}ClO_3$, F. 58°, aus 2 g **XI**-Chlorid in Ae. durch langsame Zugabe zu eiskalter äther. CH_2N_2-Lsg., 12std. Stehen bei Raum-Temp., Einengen, Zusetzen von Ae. u. Sättigen mit HCl-Gas; aus PAe. rhomb. Platten; 1,2 g. — *2-Acetyl-trans-dekalin-9-carbonsäureäthylester*, $C_{15}H_{24}O_3$, Kp.$_{0,05}$ 104—108°, aus 4 g vorst. Verb. in A./Pyridin durch Hydrieren über 10% ig. Pd/Kohle; n_D^{20} 1,4802; 2,6 g. *2.4-Dinitrophenylhydrazon*, $C_{21}H_{28}N_4O_6$, F. 157°, aus A. orangefarbene Nadeln. — *1-Oxo-2-[3-oxopropyl]-dekalin-2-carbonsäureäthylester*, $C_{16}H_{24}O_4$, Kp.$_{0,05}$ 145—150°, aus 28 g durch Zugabe von **XXXII** u. redest. **XXXIII** zu C_2H_5ONa in A. in Ggw. von Hydrochinon bei —70°, Zusetzen von Eisessig bei Raum-Temp. bis pH 7 nach 1 Std.; n_D^{20} 1,5120; 10,6 g. — *12-Hydroxy-13-oxotricyclo-[7.3 1.0$^{1.6}$]-tridecan-9-carbonsäureäthylester*, $C_{16}H_{24}O_4$, Kp.$_{0,05}$ 144—147°, aus 2,5 g vorst. Verb., verd. Essigsäure u. konz. HCl bei Raum-Temp. (48 Std.); n_D^{20} 1,5195; 1,5 g. — *Δ^6-Oktalin-1.9-dicarbonsäure* (**XXXV**), $C_{12}H_{16}O_4$, F. 160°, durch alkal. Hydrolyse des Anhydrids; aus CH_3CN Prismen. *Anhydrid*, $C_{12}H_{14}O_3$, F. 102—103°, aus 1 g **XXXIV** u. Butadien in Bzl. in Ggw. von Hydrochinon im Rohr bei 180° (2 Tage); aus PAe. rhomb. Platten; 0,4 g. — *cis-Dekalin-1.9-dicarbonsäure*, $C_{12}H_{18}O_4$, F. 195°; aus CH_3CN Prismen. *Anhydrid* (**XII**), $C_{12}H_{16}O_3$, F. 73°, durch Hydrieren von **XXXV**-Anhydrid in Essigsäure über PtO_2; aus PAe. Nadeln; 0,85 g. *Dimethylester*, $C_{14}H_{22}O_4$, Kp.$_{0,01}$ 110°; n_D^{20} 1,4900. — *9-Methoxycarbonyl-cis-dekalin-1-carbonsäure*, $C_{13}H_{20}O_4$, F. 136°, aus vorst. Dimethylester in sd. 1nNaOH (22 Std.); aus PAe. rhomb. Platten. — *1.3-Dioxoperhydrobenz-[d]-isoindol* (**XIII**), $C_{12}H_{17}NO_2$, F. 144°, aus 1 g **XII** u. konz. NH_4OH bei 180°; aus PAe./Ae. sechseckige Platten; 0,7 g. — *2-Methyl-1.3-dioxoperhydrobenz-[d]-isoindol*, $C_{13}H_{19}NO_2$, Kp.$_9$ 200—205°, aus **XII** u. 25% ig. CH_3NH_2; n_D^{20} 1,5198. — *Perhydrobenz-[d]-isoindol*, $C_{12}H_{21}N$, Kp.$_9$ 175—180°, aus 1,3 g **XIII** u. $LiAlH_4$ in sd. Ae. (2 Tage); n_D^{20} 1,5305; 0,5 g. *Pikrat*, $C_{18}H_{24}N_4O_7$, F. 219° (Zers.); aus A. gelbe Nadeln. — *2-Methylperhydrobenz-[d]-isoindol*, $C_{13}H_{23}N$, Kp.$_{10}$ 180—185°, analog vorst. Verb.; n_D^{20} 1,5040. *Pikrat*, $C_{19}H_{26}N_4O_7$, F. 177°; gelbe Nadeln. — *2.3.4.7.8.9-Hexahydro-1H-inden-8.9-dicarbonsäure*, $C_{11}H_{14}O_4$, F. 154°; aus CH_3CN Prismen. *Anhydrid*, $C_{11}H_{12}O_3$, F. 119°, aus 1 g **XXXVI** u. Butadien analog **XXXVIII**; aus PAe. Nadeln; 0,75 g. — *Perhydroinden-8.9-dicarbonsäure*, $C_{11}H_{16}O_4$, F. 171°, aus CH_3CN Prismen. *Anhydrid*, $C_{11}H_{14}O_3$, F. 74°, durch Hydrieren vorst. Anhydrids über PtO_2; aus PAe. Nadeln. *Imid*, $C_{11}H_{15}NO_2$; F. 137°, aus dem Anhydrid mit konz. NH_4OH bei 180°; aus Ae./PAe. Nadeln. *Methylimid*, $C_{12}H_{17}NO_2$, Kp.$_9$ 160—165°, analog mit 25% ig. CH_3NH_2; n_D^{20} 1,5099. — *Perhydro-3a·7a-propanoisoindol*, $C_{11}H_{19}N$, Kp.$_9$ 145—150°, aus 3,5 g vorst. Imids mit $LiAlH_4$; 1,5 g. *Pikrat*, $C_{17}H_{22}N_4O_7$, F. 211°; aus A. gelbe Nadeln. — *Perhydro-2-methyl-3a.7a-propanoisoindol*, Kp.$_9$ 148—152°, aus vorst. Methylimid mit $LiAlH_4$; n_D^{20} 1,4930. *Pikrat*, $C_{18}H_{24}N_4O_7$, F. 220°, aus A. gelbe Nadeln. H. Gleinig. 2950□

Ozonolyse polycyclischer Aromaten. 6. Mitt. Benz-[a]-anthracen und Benz-[a]-anthracendion-(7.12). Beziehungen zwischen Chinon–Hydrochinon–Oxydations–Reduktions-Potentialen und den Stellen des überwiegenden Ozonangriffes. Emil J. Moriconi, William F. O'Connor und Frederick T. Wallenberger. (J. Amer. chem. Soc. **81**, 6466—72, 20/12. 1959; New York, N.Y., Fordham Univ., Dep. of Chem.; engl.) — — 5. vgl. C. **1962**, 4150. — Benz-[a]-anthracen [**V**, F. 158—161° (Methanol)] u. Benz-[a]-anthracendion-(7.12) [**VI**, F. 169,5 bis 170,5° (Methanol)] absorbieren 3 bzw. 2 Val O_3 u. ergeben dabei in inerten Lsgm. ein instabiles, vermutlich monomeres *Ozonid* (**I**), während in Methanol ein *Methoxygruppen-haltiges Peroxid* (**II**) u. *1.4-Dihydro-1.4-dimethoxyanthra-[1.2:d]-o-dioxindion-[7.12]* (**III**) entstehen. **I**, **II** u. **III** werden zu *Anthrachinondicarbonsäure-(1.2)* (**IV**) oxydiert u. zu *Anthrachinondialdehyd-(1.2)* u. dem cycl. *Hydroxylacton* von *1(2)-Formylanthrachinoncarbonsäure-[2(1)]* reduziert. Der O_3-Angriff erfolgt vorwiegend als 1.2- oder 1.4-Addition. Die Oxydations–Red.-Potentiale der Chinon–Hydrochinon-Syst. entsprechen qual. der abnehmenden Leichtigkeit der Ozonisierung in der Reihe Naphthacen > Anthracen > **V** > Phenanthren ≅ Dibenz-[a·h]-anthracen > Pyren > Naphthalin > Benzol.

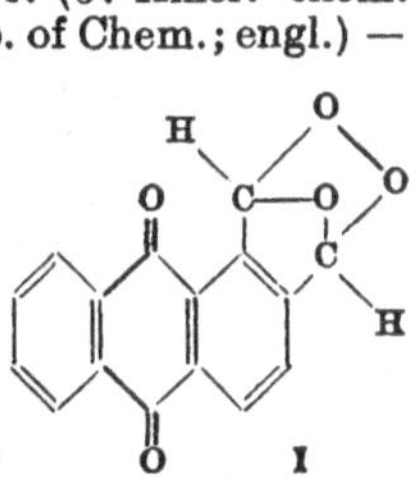
I

Versuche: *Benz-[a]-anthracendion-(7.12)* (**VI**), F. 169—171°, a) durch Ozonisierung von **V** in Methylenchlorid bei —70°, in Methylenchlorid–Methanol (3:1) bei —40 bis —70° oder in CCl_4 bei —20° u. Chromatographie an Al_2O_3 in Bzl.; 35% (Ausbeute); daneben 5% **IV**; b) durch Einleiten von 1 Val O_3 in die essigsaure Lsg. von **V** bei 25°; 12%. — *Ozonid*, **I**, Zers. bei 134—136°, a) durch Einw. von 3 Val O_3 auf **V** in CCl_4 bei —20°; 68%; b) analog a) aus **VI** mit 2 Val O_3. — *Glyoxal-2.4-dinitrophenylhydrazon*, F. 327—328°, durch Rk. von **V** mit 3 Val O_3 in Eisessig in Ggw. von 2.4-Dinitrophenylhydrazin u. H_2SO_4. — *Anthrachinondicarbonsäure-(1.2)* (**IV**), F. 221° (W.–Aceton),

a) durch Oxydation von **I** mit 30%ig. H_2O_2 in 10% ig. NaOH; b) analog a) aus **II**; 30 bis 65%; c) analog a) aus **III**; 65—88%. *Anhydrid*, $C_{16}H_6O_5$, F. 331—331,5°, durch Erwärmen von **IV** in Acetanhydrid. Schmelzen von **IV** mit CaO → *Anthrachinon*, F. 280—282°. — *1.4-Dihydro-1.4-dimethoxyanthra-[1.2:d]-o-dioxindion-(7.12)* (**III**), $C_{18}H_{14}O_6$, F. 168 bis 169°, durch Oxydation von **V** oder **VI** mit O_3; gelbe Nadeln aus Aceton; 8%. — *1.2-Dicarbomethoxyanthrachinon*, F. 209—210,5°, aus **IV** u. Diazomethan. — *Anthrachinondialdehyd-(1.2)*, $C_{16}H_8O_4$, Zers. zwischen 250—300° (Eisessig-W.), sublimiert bei 180 bis 220°/10 Torr durch Rk. von **II** mit 47%ig. HJ bzw. mit HJ in Methanol/Eisessig u. Aufarbeiten; ca. 50%; daneben *1(2)-Formylanthrachinoncarbonsäure-[2(1)]*, $C_{16}H_8O_5$, F. 245—248,5°. W. Hampel. 2950□

Synthese von Vinylacetatepoxid. Bert S. Gorton und James A. Reeder. (J. org. Chemistry **27**, 2920—21, Aug. 1962; Wilmington, Del., E. I. du Pont de Nemours and Co., Inc., Electrochem. Dep., Res. Div.; engl.) — Bei der zu Glykolaldehyd (**III**) führenden Oxydation von Vinylacetat (**IV**) mit H_2O_2 kann durch Vermeidung der Hydrolyse *Vinylacetatepoxid* (**I**) erhalten werden. **I** gibt wie der isomere *Acetoxyacetaldehyd* (**II**) positive Tollens-Rk. u. mit Phenylhydrazin das **II**-Deriv.; es zeigt keine Epoxid-Rkk. u. wird von wss. Säuren u. Basen schnell mit W. dagegen nur langsam zu **III** u. *Essigsäure* hydrolysiert. IR- u. UV-Maxima von **I** u. **II** werden angegeben.

Versuche: *Vinylacetatepoxid* (**I**), $C_4H_6O_3$, Kp.$_{760}$ 140°, Kp.$_5$ 35—40°, durch Zugeben von **IV** zu Perbenzoesäure in Chlf., 6 Tage langes Stehen bei 5°, Dekantieren, Waschen mit gesätt. $NaHCO_3$-Lsg., Eindampfen bei 0° u. Dest. im Vakuum; D.^{25} 1,13, n_D^{25} 1,4071; 25% (Ausbeute). — *Acetoxyacetaldehyd* (**II**), $C_4H_6O_3$, Kp. 108—112°, Kp.$_{50}$ 90°, Kp.$_{50}$ 75°, durch Zugeben von W. u. 1 Tropfen konz. HCl zu 38 g 1.2-Diacetoxy-1-äthoxyäthan, 15std. Rühren bei Raum-Temp. u. Dest. im Vakuum; D.^{24} 1,21, n_D^{24} 1,4220; hygroskop.; 5,2 g; daneben *Essigsäure* u. *Essigester*. *Semicarbazon*, $C_5H_9N_3O_3$, F. 170—172° (W.). *Phenylhydrazon*, F. 126°, aus **I** u. Phenylhydrazinacetat. *p-Nitrophenylhydrazon*, $C_{10}H_{11}\cdot N_3O_4$, F. 300°, aus **I**. R. Schönfelder. 3030□

Synthese von Furanderivaten. 19. Mitt. 2-Methyl-3-[5-nitrofuryl-(2)]-acrylamide. Haruo Saikachi und Keizo Suzuki. (Chem. pharmac. Bull. [Tokyo] **7**, 584—88, Juli 1959; Katakasu, Fukuoka, Univ. of Kyushu, Med. School, Pharmaceut. Inst.; Kyoto Coll. of Pharmacy; engl.) — 18. vgl. C. **1963**, 113; 16. vgl. C. **1962**, 7507. — Durch Einw. von HNO_3/Acetanhydrid auf 2-Methyl-3-[furyl-(2)]-acrylsäure (**I**) entsteht *2-Methyl-3-[5-nitrofuryl-(2)]-acrylsäure* (**II**). Das aus **II** durch Einw. von $SOCl_2$ erhaltene *Säurechlorid* (**III**) wurde durch Umsetzung mit einer Vielzahl von Aminen, Aminoalkoholen u. Alkoholen in Aceton in die nachst. *Amide* u. *Ester* übergeführt. Sämtliche Amide u. Ester (mit Ausnahme des o-Toluidids) wurden auf ihre Wirksamkeit gegenüber *St. aureus* u. *E. coli*, einzelne Amide noch gegenüber *S. typhi*, *Sh. dysent.* u. *Sh. paradysent.* untersucht. Bei diesen bakteriolog. Unterss. zeigten **II** u. dessen Ester fast keine Aktivität. Das N-Methyl-, Äthyl- u. [β-Hydroxyäthyl]-amid von **II** weisen eine höhere Aktivität auf. Im allg. scheint die Antibakterienaktivität der N-Alkylamide von **II** umgekehrt proportional zu sein zur Zahl der C-Atome des Alkylrestes. Ferner zeigte sich, daß die Amide mit n-Alkylresten am N-Atom aktiver waren als die mit den entsprechenden iso-Alkylresten. Von den N-Arylamiden zeichnen sich das m- u. p-Hydroxyanilid von **II** durch hohe Aktivität aus.

Versuche: *2-Methyl-3-[5-nitrofuryl-(2)]-acrylsäure* (**II**), $C_8H_7NO_5$, F. 211—212° (Zers.), durch Zugeben von 87,5 g rauchender HNO_3 (D. 1,514) zu 194 g Acetanhydrid unter Kühlen u. Rühren, langsames Eintragen von 35 g **I** (F. 110—114°) in diese Mischung bei —5° u. 1std. Stehen bei dieser Temp.; aus Methanol hellgelbe Nadeln; 27 g (Ausbeute). *Chlorid* (**III**), $C_8H_6ClNO_4$, F. 120—122°, durch vorsichtiges Kochen von 20 g **II** (Rohprod.) u. 100 g $SOCl_2$,bis sich **II** vollständig gelöst hat; aus Bzl. hellgelbe Nadeln; 18,5 g. *Amid*, F. 165°, nach Meth. **A** (vgl. nachst.); aus Methanol gelbe Plättchen; 30%. — 2-Methyl-3-[5-nitrofuryl-(2)]-acrylsäureamide: *N-Methyl-*, F. 138—139°, durch Einleiten von trockenem Methylamin in die Lsg. von **III** in abs. Aceton bis zur beendeten Umsetzung, 2std. Stehen der Rk.-Mischung bei Raum-Temp., Entfernen des Lsgm. im Vakuum u. Versetzen des Rückstandes mit W. (Meth. **A**); aus Methanol gelbe Nadeln; 32%. — *N-Äthyl-*, F. 117—119°, Meth. **A**; aus Methanol hellgelbe Nadeln; 40%. — *N-[n-Propyl]-*, F. 111—113°, nach Meth. **B** (vgl. nachst.); aus Methanol hellgelbe Nadeln; 35%. — *N-Isopropyl-*, F. 146—147°, Meth. **B**; aus Methanol gelbe Nadeln; 42%. — *N-[n-Butyl]-*, F. 90—92°, durch Zutropfen von n-Butylamin (0,01 Mol) unter Kühlen zu einer gerührten Lsg. von **III** (0,005 Mol) in abs. Aceton, 3std. Stehen der Rk.-Mischung bei Raum-Temp. u. Zugeben von W. zur Fällung des Rk.-Prod. (Meth. **B**); aus Methanol hellgelbe Plättchen oder Nadeln; 40%. — *N-Isobutyl-*, F. 111—112°, Meth. **B**; aus Methanol hellgelbe Nadeln; 42%. — *N-[sek.-Butyl]-*, F. 116—118°, Meth. **B**; aus Methanol hellgelbe Nadeln; 50%. — *N-Isoamyl-*, F. 100—101°, Meth. **B**; aus Methanol hellgelbe

Nadeln; 52%. — *N-[n-Octyl]-*, F. 95—96°, Meth. **B**; aus Methanol hellgelbe Nadeln; 48%. — *N-Allyl-*, F. 115—116°, Meth. **B**; aus Methanol gelbe Nadeln; 55%. — *N-[β-Hydroxyäthyl]-*, F. 144—146°, durch Zugeben einer Lsg. von 0,01 Mol Äthanolamin in Aceton unterhalb 5° zu einer gerührten Lsg. von 0,005 Mol **III** in abs. Aceton u. Versetzen der Rk.-Mischung mit W. (Meth. **C**); aus Methanol gelbe Nadeln; 45%. — *N-[β-Hydroxypropyl]-*, F. 149—150°, Meth. **C**; aus Methanol gelbe Nadeln; 40%. — *N-Cyclohexyl-*, F. 142—144°, Meth. **D** (s. unten); aus Dioxan gelbe Plättchen; 40%. — *N-Benzyl-*, F. 111—113° (Methanol), Meth. **B**; 48%. — *N-Phenyl-*, F. 174—175°, Meth. **B**; aus Methanol gelbe Nadeln; 75%. — *N-[p-Tolyl]-*, F. 189—191°, Meth. **B**; aus Methanol gelbe Nadeln; 70%. — *N-[o-Tolyl]-*, F. 149—151°, Meth. **B**; aus Methanol gelbe Nadeln; 74%. — *N-[α-Naphthyl]-*, F. 159—161°, Meth. **B**; aus Methanol gelbe Nadeln; 70%. — *N-[p-Chlorphenyl]-*, F. 196—197°, Meth. **B**; aus Methanol gelbe Nadeln; 73%. — *N-[p-Bromphenyl]-*, F. 207—208° (Zers.), Meth. **B**; aus Methanol gelbe Nadeln; 60%. — *N-[m-Hydroxyphenyl]-*, F. 250° (Zers.), Meth. **B**; aus Methanol orangegelbe Nadeln; 45%. — *N-[p-Hydroxyphenyl]-*, F. 260° (Zers.), Meth. **B**; aus Methanol orangefarbene Nadeln; 40%. — *N-[p-Methoxyphenyl]-*, F. 190—191° (Zers.), Meth. **B**; aus Methanol rötlichgelbe Nadeln; 70%. — *1.2-Bis-{2-methyl-3-[5-nitrofuryl-(2)]-acryloyl}-hydrazin*, F. 242° (Zers.), durch Zugeben einer alkohol. Lsg. von 0,34 Mol Hydrazinhydrat unter Eiskühlung u. Rühren zu einer Lsg. von 0,005 Mol **III** in abs. Bzl. u. 2 std. Stehen bei Raum-Temp. (Meth. **D**); aus Dioxan gelbe Nadeln; 40%. — *N.N'-Bis-{2-methyl-3-[5-nitrofuryl-(2)]-acryloyl}-äthylendiamin*, F. 266° (Zers.), Meth. **D**; aus Dioxan gelbe Prismen; 50%. — 2-Methyl-3-[5-nitrofuryl-(2)]-acrylsäureester: *-methylester*, F. 125—127°, Meth. **E** (vgl. nachst. Verb.); aus Methanol gelbe Nadeln; 50%. — *-äthylester*, F. 80—82°, durch Kochen von 0,005 Mol **III** mit A. auf dem Wasserbad, bis sich **III** vollständig gelöst hat u. Versetzen der abgekühlten Rk.-Mischung mit W. (Meth. **E**); aus Methanol hellgelbe Nadeln; 60%. — *-propylester*, F. 56—57°, Meth. **E**; aus Methanol hellgelbe Nadeln; 50%. — *-isopropylester*, F. 75—76°, Meth. **E**; aus Methanol hellgelbe Nadeln; 60%. — *-isobutylester*, F. 45—46°, Meth. **E**; aus Methanol hellgelbe Nadeln; 50%. — *-sek.-butylester*, F. 40—42°, Meth. **E**; aus Methanol hellgelbe Nadeln; 55%. D. Holzner. 3061□

Synthese von Furanderivaten. 23. Mitt. 4-[5-Nitrofurfuryliden]-2-cyancrotonamide. Haruo Saikachi und Keizo Suzuki. (Chem. pharmac. Bull. [Tokyo] **8**, 53—55, Jan. 1960; engl.) — 19. vgl. vorst. Referat. — Durch Kondens. von 3-[Furyl-(2)]-acrolein (**I**) mit Cyanessigsäureäthylester in alkal. Medium (NaOH) erhält man den *Äthylester* von **II** (s. unten) in guter Ausbeute, aus dem durch Erhitzen in alkal. Lsg. leicht *4-Furfuryliden-2-cyancrotonsäure* (**II**) entsteht. Durch Nitrieren von **II** mit konz. HNO_3/Acetanhydrid in der Kälte wird *4-[5-Nitrofurfuryliden]-2-cyancrotonsäure* (**III**) erhalten, aus der beim Erhitzen mit PCl_5 in abs. Bzl. das *Säurechlorid* (**IV**) entsteht. Durch Umsetzung von **IV** mit einer Anzahl von Aminen wurden 22 *Amide* von **III** dargestellt u. auf ihre Wirksamkeit gegenüber *Staph. aureus* u. *E. coli* untersucht. Auf Grund der sehr geringen Wasserlöslichkeit zeigten die Amide nicht die gewünschte Anti-Bakterienaktivität.

Versuche: *4-Furfuryliden-2-cyancrotonsäure* (**II**), $C_{10}H_7NO_3$, F. 224° (Zers.), durch Erwärmen nachst. Esters mit 10%ig. NaOH auf dem Wasserbad unter gelegentlichem Umschütteln, bis der Ester sich gelöst hat; aus Methanol rotes Kristallpulver; 74% (Ausbeute). *Äthylester*, $C_{12}H_{11}NO_3$, F. 107—108°, durch Zutropfen von 10%ig. methanol. NaOH unter Kühlen u. Rühren zur Lsg. äquimol. Mengen **I** u. Cyanessigester in Methanol u. 1 std. Stehen; aus Methanol blaßgelbe Nadeln; 80%. — *4-[5-Nitrofurfuryliden]-2-cyancrotonsäure* (**III**), $C_{10}H_6N_2O_5$, F. 234° (Zers.), durch Zutropfen von rauchender HNO_3 (D. 1,5) zu Acetanhydrid unterhalb 0°, langsames Zugeben von **II** zu der Nitriermischung unterhalb —5° u. 1 std. Rühren des Rk.-Gemisches; aus Dioxan gelbe Prismen; 40%. *Säurechlorid* (**IV**), $C_{10}H_5ClN_2O_4$, F. 148° (Zers.), durch Kochen von **III** mit PCl_5 in Bzl. bis **III** vollständig gelöst ist; aus Bzl. gelbe Nadeln; 74%. *Amid*, $C_{10}H_7N_3O_4$, F. 199° (Zers.), durch Einleiten eines geringen Überschusses von trockenem NH_3 unter Kühlen in eine Lsg. von **IV** in abs. Aceton, bis die Kristallabscheidung beendet ist u. 3 std. Aufbewahren der Rk.-Mischung im Eisschrank (Meth. **A**); aus Dioxan braune pulverförmige Substanz; 52%. — 4-[5-Nitrofurfuryliden]-2-cyancrotonsäureamide: *N-Methyl-*, $C_{11}H_9N_3O_4$, F. 236° (Zers.), Meth. **A**; aus Dioxan braune pulverförmige Substanz; 48%. — *N-Äthyl-*, $C_{12}H_{11}N_3O_4$, F. 234° (Zers.), Meth. **A**; aus Dioxan gelbe Nadeln; 52%. — *N.N-Diäthyl-*, $C_{14}H_{15}N_3O_4$, F. 132—133°, durch Zutropfen eines geringen Überschusses des entsprechenden Amins unter Kühlen zur Lsg. von **IV** in abs. Aceton, 3 std. Stehen bei Raum-Temp. u. Versetzen der Rk.-Mischung mit W. (Meth. **B**); aus Methanol gelbe Nadeln; 55%. — *N-[n-Propyl]-*, $C_{13}H_{13}N_3O_4$,

F. 207° (Zers.), Meth. **B**; aus Methanol gelbe Nadeln; 63%. — *N.N-Di-n-propyl-*, $C_{16}H_{19}N_3O_4$, F. 92—93°, Meth. **B**; aus Methanol gelbe Plättchen; 52%. — *N-Isopropyl-*, $C_{13}H_{13}N_3O_4$, F. 205° (Zers.), Meth. **B**; aus Methanol gelbe Nadeln; 58%. — *N-[n-Butyl]-*, $C_{14}H_{15}N_3O_4$, F. 173—174°, Meth. **B**; aus Methanol gelbe Nadeln; 58%. — *N.N-Di-n-butyl-*, $C_{18}H_{23}N_3O_4$, F. 100—101°, Meth. **B**; aus Methanol gelbe Prismen; 55%. — *N-Isobutyl-*, $C_{14}H_{15}N_3O_4$, F. 171—172°, Meth. **B**; aus Methanol gelbe Nadeln; 58%. — *N-sek.-Butyl-*, $C_{14}H_{15}N_3O_4$, F. 149—151°, Meth. **B**; aus Methanol gelbe Plättchen; 55%. — *N-Isoamyl-*, $C_{15}H_{17}N_3O_4$, F. 165—166°, Meth. **B**; aus Methanol gelbe Plättchen; 58%. — *N.N-Diisoamyl-*, $C_{20}H_{27}N_3O_4$, F. 97—98°, Meth. **B**; aus Methanol gelbe Plättchen; 55%. — *N-Phenyl-*, $C_{16}H_{11}N_3O_4$, F. 275° (Zers.), durch Zutropfen eines geringen Überschusses des entsprechenden Amins unter Kühlen zur Lsg. von **IV** in abs. Aceton, 3std. Stehen bei Raum-Temp. u. Sammeln des krist. Rk.-Prod. (Meth. **C**); aus Dioxan gelbe Prismen; 77%. — *Amid* $C_{17}H_{13}N_3O_4$, F. 204° (Zers.), Meth. **B**; aus Dioxan gelbe Nadeln; 62%. — *Amid* $C_{17}H_{13}N_3O_4$, F. 281° (Zers.), Meth. **C**; aus Dioxan gelbe Plättchen; 76%. — *Amid* $C_{17}H_{13}N_3O_4$, F. 238° (Zers.), Meth. **C**; aus Dioxan gelbe Nadeln; 78 %. — *Amid* $C_{16}H_{11}N_3O_4$, F. 273° (Zers.), Meth. **C**; aus Dioxan rote Nadeln; 72%. — *Amid* $C_{16}H_{11}N_3O_5$, F. 255° (Zers.), Meth. **C**; aus Dioxan orangegelbe Nadeln; 70%. — *Amid* $C_{17}H_{13}N_3O_5$, F. 262° (Zers.), Meth. **C**; aus Dioxan rote Nadeln; 77%. — *Amid* $C_{16}H_{10}ClN_3O_4$, F. 249° (Zers.), Meth. **C**; aus Dioxan gelbe Plättchen; 74%. — *Amid* $C_{16}H_{10}BrN_3O_4$, F. 272° (Zers.), Meth. **C**; aus Dioxan gelbe Plättchen; 76%. D. Holzner. 3061 □

Konfigurationen der Oxime des Thenylidenacetons. Giovanni Pappalardo. (Gazz. chim. ital. **89**, 1736—48, Juli/Aug. 1959; Parma, Univ., Ist. di Chim. farmaceut. e tossicol.; ital.) — Von den beiden isomeren Thenylidenacetonoximen gibt die anti-Form (**I**, F. 114,5°) bei der Beckmann-Umlagerung mit PCl_5 in Ae. oder mit Toluolsulfochlorid in Pyridin *2-[Thienyl-(2)]-1-acetamidoäthylen*, das durch Säurehydrolyse in *Thienylacetaldehyd*, NH_3 u. Essigsäure zerfällt, während das syn-Isomere (**II**, F. 124°) *Thenylidenessigsäuremethylamid* liefert. Thenylidenaceton (**III**) kondensiert mit Trioxymethylen u. Piperidin- (**VI**) oder Morpholinhydrochlorid (**VII**) zu Mannich-Basen, die mit Hydroxylamin 2 gut trennbare *Oximisomere* liefern. Die Konfiguration dieser beiden Oxime läßt sich durch die Zers. ihrer CH_3J-Derivv. mit Alkali beweisen, wobei die syn-Form kein reines Prod., die anti-Form aber ein *Isoxazolin-Deriv.* in fast theoret. Ausbeute liefert. Da dieselben Oxime auch durch Mannich-Rk. aus **I** u. **II** zugänglich sind, ist auch deren Konfiguration damit bewiesen.

Versuche: *anti-Thenylidenacetonoxim* (**I**), C_8H_9NOS, F. 114,5—115°, aus 10 g **III** in A., KOH u. Hydroxylaminhydrochlorid (**V**) durch 48std. Rk.; aus verd. A. weiche Nadeln; 6 g (Ausbeute). *Benzoyl-Deriv.* (**IV**), $C_{15}H_{13}NO_2S$, F. 132—133°; aus Bzl. Prismen; gibt mit 15% KOH in wss. alkohol. Lsg. (1:1) **I**. — *2-[Thienyl-(2)]-1-acetamidoäthylen*, C_8H_9NOS, F. 124—125°, a) aus **I** in abs. Ae. durch 10std. Rk. mit PCl_5 bei 0°; aus wss. A. perlmutterartige Blättchen; b) aus **I** u. p-Toluolsulfonsäurechlorid in Pyridin durch 18std. Rk. bei 0°; aus verd. A. leuchtende Schuppen; Hydrolyse mit 10%ig. H_2SO_4 liefert 2-Benzoylacetaldehyd (*Semicarbazon*, F. 132°), *Ammoniak* u. *Essigsäure*. — *syn-Thenylidenacetonoxim* (**II**), C_8H_9NOS, F. 123,5—124,5°, a) aus 5,5 g **I** in abs. A. durch Sättigen mit trockenem HCl-Gas u. 24std. Stehen; aus A. Prismen; gibt mit 10%ig. HCl **III**; 2 g; b) aus **III** in A. u. **V** durch 24std. Stehen, Neutralisieren mit verd. NH_3, Benzoylieren des Isomerengemisches, PAe.-Extraktion u. Verseifen des Extraktes mit KOH in A./W. neben **IV**. *Benzoyl-Deriv.*, $C_{15}H_{13}NO_2S$, F. 114°; aus PAe. Nadeln. — *β-[Thienyl-(2)]-acrylsäuremonomethylamid*, C_8H_9NOS, F. 136—137°, a) aus **II** in Ae. u. PCl_5 durch 30std. Rk.; b) aus äther. Lsg. von β-[Thienyl-(2)]-acrylsäurechlorid u. Methylamin; aus W. leuchtende Schuppen. — *5-Morpholino-1-[thienyl-(2)]-penten-(1)-on-(3)-hydrochlorid*, $C_{13}H_{18}ClNO_2S$, F. 178—179°, aus **III** in abs. A., **VII** u. Paraformaldehyd bei 0° (Meth. **A**); aus A. Nadeln; 80%. — *anti-5-Morpholino-1-[thienyl-(2)]-penten-(1)-on-(3)-oxim* (**VIII**), $C_{13}H_{18}N_2O_2S$, F. 139—140°, a) aus vorst. Verb. in verd. A. u. **V** durch 24std. Rk. bei Zimmer-Temp., Lösen des Nd. in verd. A., Gießen in 6% NH_3, mehrstd. Stehen bei 0° u. Kristallisieren aus Aceton/Ae. neben **IX**; aus A. Prismen; b) aus **I** nach **A** durch 10std. Kochen. *Jodmethylat*, $C_{14}H_{21}JN_2O_2S$, F. 171—172°, aus **VIII** u. CH_3J in Aceton in 12 Std.; aus A. Prismen. — *syn-5-Morpholino-1-[thienyl-(2')]-penten-(1)-on-(3)-oxim* (**IX**), $C_{13}H_{18}N_2O_2S$, F. 150—151°, analog **VIII**; aus A. nadelförmige Prismen. *Jodmethylat*, $C_{14}H_{21}JN_2O_2S$, F. 174,5°; aus A./Ae. Prismen. — *5-Piperidino-1-[thienyl-(2')]-penten-(1)-on-(3)-hydrochlorid*, $C_{14}H_{20}ClNOS$, F. 182—183°; aus 30 g **III** u. **VI** nach **A** durch 1½std. Kochen; aus abs. A. Nadeln; 32 g. — *syn-5-Piperidino-1-[thienyl-(2')]-penten-(1)-on-(3)-oxim*, $C_{14}H_{20}N_2OS$, F. 164—165°, analog **VIII**; aus A. Prismen. *Jodmethylat*, $C_{15}H_{23}JN_2OS$, F. 182—183° (A.). — *anti-5-Piperidino-1-[thi-*

enyl-(2')]-penten-(1)-on-(3)-oxim, $C_{14}H_{20}N_2OS$, F. 149,5—150° (A.), analog **VIII**; 25% *Jodmethylat* (**X**), $C_{15}H_{23}JN_2OS$, F. 177—179°; aus A. gelblichweiße Kristalle. — *3-{β-[Thienyl-(2')]-vinyl}-4.5-dihydroisoxazol*, C_9H_9NOS, F. 116—117°, a) aus **X** durch Erwärmen mit 15%ig. NaOH; aus A. Prismen, gibt mit Chromat in 10%ig. H_2SO_4 *α-Thiophencarbonsäure* u. HCN; b) aus *Thenylidenacetaldehydoxim* (C_7H_7ONS, F. 147—148°; aus Bzl. Nadeln) in abs. Ae. durch Rk. mit äther. Nitrosylchlorid bei 0° über *Thenylidenacethydroxamsäurechlorid* (C_7H_6ClNOS, F. 108—109°; aus n-Hexan weiche Nadeln) u. Umsetzen mit 10%ig. NaOH u. trockenem Äthylen in Äther.

L. Johannsen. 3071 □

Über die Darstellung von β-Alkyltryptaminen durch Alkylierung von Indolyl-(3)-acetonitrilen. Jean Meier. (Bull. Soc. chim. France **1962**, 290—92, Febr.; Paris, Centre de Rech. Roussel-Uclaf; franz.) — β-Alkyltryptamine werden aus Indolyl-(3)-acetonitrilen über *1-Benzylindolyl-(3)-acetonitrile* mit Alkylhalogeniden in fl. NH_3 in Ggw. von $NaNH_2$, Red. u. Debenzylierung gewonnen.

Versuche: 1-Benzylindolyl-(3)-acetonitrile: *Unsubstituiert* (**I**), $C_{17}H_{14}N_2$, F. 96° (A.), aus Indolyl-(3)-acetonitril in Ae. durch Eintragen in eine Lsg. von Na in fl. NH_3, Versetzen mit Benzylchlorid u. 1½ std. Rk. bei —50°; 84% (Ausbeute). — Analog: *5-Methoxy-*, $C_{18}H_{16}N_2O$, F. 79°; 72,5%. — *6-Methoxy-*, $C_{18}H_{16}N_2O$, F. 95°; 77%. — Propionitrile: *α-[1-Benzylindolyl-(3)]-* (**II**), $C_{18}H_{16}N_2$, F. 50°, aus **I** durch Rk. mit Methyljodid in fl. NH_3 in Ggw. von $NaNH_2$ bei —50°; 95%. — Analog: *α-[1-Benzyl-5-methoxyindolyl-(3)]-*, $C_{19}H_{18}N_2O$, F. 70°; 80%. — *α-[1-Benzylindolyl-(3)]-n-valeronitril*, $C_{20}H_{20}N_2$, F. 70°; 92%. — *α-[1-Benzylindolyl-(3)]-isovaleronitril*, $C_{20}H_{20}N_2$, F. 75°; 90,5%. — *α-[1-Benzylindolyl-(3)]-isobutyronitril*, $C_{19}H_{18}N_2$, F. 128°; 72%. — *α-[1-Benzylindolyl-(3)]-β-äthylbutyronitril*, Öl; 94%. — *α-[1-Benzyl-6-methoxyindolyl-(3)]-isobutyronitril*, $C_{20}H_{20}N_2O$, F. 135°; 91%. — 1-Benzyltryptamine: *β-Methyl-* (**III**), aus **II** durch 2std. Kochen mit $LiAlH_4$ in Ae., Öl; 96%. *Pikrat*, $C_{24}H_{23}N_5O_7$. — Analog: *β-Propyl-*; 87%. *Pikrat*, $C_{26}H_{27}N_5O_7$, F. 160°. — *β-Isopropyl-*; 88%. *Pikrat*, $C_{26}H_{27}N_5O_7$, F. 140°. — *β.β-Dimethyl-*; 75%. *Pikrat*, $C_{25}H_{25}N_5O_7$, F. 184°. — *β.β-Diäthyl-*; 81%. *Benzoat*, $C_{28}H_{32}N_2O_2$, F. 159°. — *5-Methoxy-β-methyl-*; 73%. *Benzoat*, $C_{26}H_{28}N_2O_3$, F. 153°. — *6-Methoxy-β.β-dimethyl-*; 60%. *Pikrat*, $C_{26}H_{27}N_5O_8$, F. 220°. — Tryptamine: *β-Methyl-*, *Acetat*, $C_{13}H_{18}N_2O_2$, F. 125°, aus **III** in Ae. durch Umsetzung mit einer Lsg. von Na in fl. NH_3 u. Isolierung als Acetat; 65%. — Analog: *β-Propyl-*, *Acetat*, $C_{15}H_{22}$·N_2O_2, F. 136°; 67%. — *β-Isopropyl-*, *Acetat*, $C_{15}H_{22}N_2O_2$, F. 150°; 68%. — *β.β-Dimethyl-*, $C_{12}H_{16}N_2$, F. 105—107°; 78%. — *β.β-Diäthyl-*, $C_{14}H_{20}N_2$, F. 124°; 71,5%. — *5-Methoxy-β-methyl-*, *Benzoat*, $C_{19}H_{22}N_2O_3$, F. 120—123°; 60%. — *6-Methoxy-β.β-dimethyl-*, *Acetat*, $H_{15}C_{22}N_2O_3$, F. 142°; 71%. Eberhard Riedel. 3081 □

Synthese der 4-Halogenderivate von 1-Amino-8-naphtholactam (4-Halogennaphthostyrile) auf Acenaphthen-Basis. A. P. Karischin und D. M. Kusstol. (Журнал Общей Химии [J. allg. Chem.] **31 (93)**, 1655—60, Mai 1961; Poltawa, Pädagog. Inst.; russ.) — *6(„4")-Chlor-*, *6(„4")-Brom-* u. *6(„4")-Jodnaphthostyril* (**II**) lassen sich günstig durch Halogenieren von Naphthostyril (**I**) in wss. Lsg. darstellen. **II** wird ferner durch reduktive Cyclisierung von 5-Jod-8-nitro-1-naphthoesäure (**III**) mit Fe^{2+} in NH_4OH erhalten. Durch Hydrolyse, Diazotieren u. reduktives Verkochen führt man **II** in *4.4'-Dijoddinaphthyl-(1.1')-dicarbonsäure-(8.8')* (**IV**) über, die man durch Einw. von konz. H_2SO_4 zu *4.10(„2.7")-Dijodanthanthron* (**V**) cyclisiert. Zu *6(„4")-Fluornaphthostyril* (**VI**) führt die Red. von 5-Fluor-8-nitro-1-naphthoesäure (**VII**) oder die Schiemann-Rk. von 6(„4")-Aminonaphthostyril. **VI** wird in die zu **IV** u. **V** analogen Verbb. umgewandelt. **VII** erhält man durch Nitrieren der ebenfalls durch Schiemann-Rk. zugänglichen 5-Fluor-1-naphthoesäure. In essigsaurer Lsg. liefert die Jodierung von **I** das *4.6(„2.4")-Dijodderivat*.

Versuche: 6(„4")-Halogennaphthostyrile: *6(„4")-Chlor-*, F. 247—253°, durch Zutropfen von wss. NaOCl zu 3,38 g **I** in 25%ig. HCl bei 25—26°; 4,02 g (Ausbeute). — *6(„4")-Brom-*, F. 236—239°, durch Zutropfen von wss. $KBrO_3$ zu 3,38 g **I** u. KBr in 15%ig. H_2SO_4 u. 5 Min. langes Rühren; 4,95 g. — *6(„4")-Jod-* (**II**), $C_{11}H_6JNO$, F. 232 bis 233°, aus A. gelbe Nadeln, a) durch Zutropfen von wss. $FeSO_4$ zu 2 g **III** in 28%ig. NH_4OH; 1,4 g; b) durch je ½ std. Erwärmen von **I** mit J_2 in verd. HNO_3 auf 40—50°, 60—70° u. 80—90° u. ¼ std. Kochen; 90%. — *4.6(„2.4")-Dijod-*, $C_{11}H_5J_2NO$, F. 266 bis 267° (A.), durch Kochen von 1,69 g **I** mit J_2/HJO_3 in Essigsäure bis zur Entfärbung; aus Essigsäure gelbe Nadeln; 3,3 g. — *6(„4")-Fluor-* (**VI**), $C_{11}H_6FNO$, F. 252—253°, aus A. gelbe Nadeln, a) analog **II** nach a) aus **VII**; 72,7%; b) durch Diazotieren von 6(„4")-Aminonaphthostyril in verd. HCl mit wss. $NaNO_2$ bei —2°, Gießen in wss. $NaBF_4$ u. Zers. des erhaltenen *Diazoniumfluoborats* bei 163—164°. — *5-Jod-8-nitro-*

1-naphthoesäure (**III**), $C_{11}H_6JNO_4$, F. 290—291° (Zers.; Essigsäure), durch Zutropfen von rauchender HNO_3 zu 5 g 5-Jod-1-naphthoesäure, 2 Min. langes Rühren u. Verdünnen mit W.; 3,15 g. — *4.4'-Dijoddinaphthyl-(1.1')-dicarbonsäure-(8.8')* (**IV**), $C_{22}H_{12}J_2O_4$, F. 370°, durch Kochen von **II** mit 6%ig. KOH, Zutropfen von 50%ig. H_2SO_4, Diazotieren mit wss. $NaNO_2$ bei —2°, ½ std. Rühren, Neutralisieren mit 10%ig. Soda-Lsg., Eingießen in eine Lsg. von CuCl u. $NaHCO_3$ in verd. NH_4OH, ½ std. Stehen u. Ansäuern mit H_2SO_4; gelbe Nadeln; 75,8%. — *4.10(„2 7")-Dijodanthanthron* (**V**), $C_{22}H_8J_2O_2$, F. 370°, durch 1 std. Erwärmen von **IV** in konz. H_2SO_4 auf 40° u. Gießen in W.; 62,8%. — *5-Amino-1-naphthoesäure* (**VIII**), *Methylester*, $C_{12}H_{11}NO_2$, F. 48—49°, durch 40 Min. langes Erhitzen von 5-Nitro-1-naphthoesäuremethylester mit $NaHSO_3$ in wss. A.; aus A. gelbe Nadeln. — *5-Fluor-1-naphthoesäure*, $C_{11}H_7FO_2$, F. 213—214°, durch Diazotieren von 6,71 g **VIII**-Hydrochlorid in 4%ig. HCl mit wss. $NaNO_2$ bei —2°, Eingießen in wss. $NaBF_4$ u. Kochen des erhaltenen *Diazoniumfluoborats* (Zers. bei 103—104°; 79%) in Chlorbenzol bis zum Aufhören der BF_3-Entw.; aus Chlorbenzol gelbe Blättchen; 3,2 g. *Methylester*, $C_{12}H_9FO_2$, F. 22°, $Kp._{753}$ 193—194°, analog aus **VIII**-Methylester durch trockene Zers. des *Diazoniumfluoborats* bei 112—114°. — *5-Fluor-8-nitro-1-naphthoesäure* (**VII**), $C_{11}H_6FNO_4$, F. 180—181°, durch Zugeben von rauchender HNO_3 zu vorst. Säure u. Verdünnen mit W.; aus Chlorbenzol gelbe Nadeln. — *4.4'-Difluordinaphthyl-(1.1')-dicarbonsäure-(8.8')*, $C_{22}H_{12}F_2O_4$, F. 315—316° (Zers.), analog **IV** aus **VI**; aus Essigsäure Nadeln; 82%. — *4.10(„2.7")-Difluoranthanthron*, $C_{22}H_8F_2O_2$, F. 370°, analog **V** aus vorst. Verb.; aus Nitrobenzol orangefarbene Nadeln; 99,4%.

H.-E. Toussaint. 3081 □

Anwendung der Robinsonschen Dehydrierungsreaktion. 5. Mitt. **Synthese von 2.3-Dimethoxy-5-methyl-10b.11-dihydro-6H-indolo-[2.1:a]-isoindoliumjodid.** (Ergänzung zur 1. Mitt.) Yuichi Kanaoka. (Chem. pharmac. Bull. [Tokyo] **7**, 647, Juli 1959; Hokkaido, Univ., Pharmaceut. Inst., Med. School; engl.) — 4. vgl. C. **1962**, 6408; 1. vgl. C. **1961**, 14268. — *2.3-Dimethoxy-5-methyl-10b.11-dihydro-6H-indolo-*[*2.1:a*]-*isoindoliumjodid* [$C_{18}H_{20}JNO_2$, F. 245—247° (Zers.), Prismen aus Methanol–Ae.], entsteht in 63%ig. Ausbeute aus N-Methyl-3-[3.4-dihydroxybenzyl]-2.3-dihydroisoindol (**I**) durch 20 Min. lange Rk. mit Chloranil (**II**) in A. in Ggw. von K-Acetat, Methylieren mit Dimethylsulfat in wss. K_2CO_3 u. Versetzen mit KJ. Auch in der Isoindolinreihe geben also tert. Amine, wie **I**, bei der Oxydation mit **II** *Indoliumsalze*, während sek. Amine durch Weiteroxydation der ursprünglich gebildeten Base in *Indol-Derivv.* übergehen.

E. Huschenbeth. 3081 □

Praktische Bemerkungen zur Darstellung von p-Anisyltrithion. R. F. Rekker, D. J. Reiding, D. Mulder und W. Th. Nauta. (Recueil Trav. chim. Pays-Bas **81**, 581—82, Juli 1962; Amsterdam, N. V. Koninklijke Pharmac. Fabrieken v/h Brocades-Stheeman and Pharmac., Res. Dep.; engl.) — Vff. beschreiben ein verbessertes Verf. zur Darst. u. Reinigung von größeren Mengen *5-*[*p-Methoxyphenyl*]*-1.2-dithiolthion-(3)* (*p-Anisyltrithion*; vgl. Böttcher u. Lüttringhaus, Liebigs Ann. Chem. **557**, [1947], 89).

Versuche: *p-Anisyltrithion*, F. 106—107°, durch Erhitzen von 4,9 kg Anethol u. 4,3 kg S während 1 Std. auf 220°, nach Abkühlen auf 100° Zugabe von Dimethylformamid u. Kristallisation nach Zugabe von Bzl.; 15—18% Ausbeute, Reinheit 98 bis 100%. Daneben entsteht *Bis-p-*[*methoxyphenyl*]*-dimethylthiophen*, F. 172—173°.

A. Trede. 3112 □

Über einige Derivate des 1.2-Diphenyl-4-butylpyrazolidindions-(3.5). 3. Mitt. **Quantitative Bestimmung.** G. Franchi. (Farmaco [Pavia], Ediz. sci. **12**, 650—54, Aug. 1957; Siena, Univ., Ist. di Chim. Farm.; ital.) — 2. vgl. C. **1958**, 5364. — Vf. berichtet über eine Meth. zur quant. Best. von 1.2-Diphenyl-4-butylpyrazolidindion-(3.5) (Butazolidin; **I**), die auf der Rk. von Xanthydrol (**II**) mit der äquimol. Menge **I** beruht, wobei W. abgespalten wird u. *1.2-Diphenyl-4-xanthyl-4-butylpyrazolidindion-(3.5)* (**III**) entsteht. Die Best. ist auch in Ggw. von Pyramidon (**IV**) ausführbar. **III** kann auch zur Unterscheidung von **I** von Antipyrin u. von **IV** dienen. Die Bedingungen für die gravimetr. Best. von **I** als **III** sind beschrieben.

Versuche: *1.2-Diphenyl-4-xanthyl-4-butylpyrazolidindion-(3.5)* (**III**), $C_{32}H_{28}N_2O_3$, F. 168° (A.), a) durch kurzes Aufkochen äquimol. Mengen **I** u. **II** in Essigsäure u. Abkühlen; b) analog a) in mit Essigsäure angesäuertem Äthanol. V. Tesar. 3122 □

Eine neue Darstellungsmethode für Antipyrin-4-sulfonsäure. Bolesław Janik und Barbara Łucka. (Dissertat. pharmac. [Warszawa] **13**, 219—23, 1961; Kraków, Akad. Med., Kat. Chem. farmac.; engl.) — Antipyrin-4-sulfonsäure (**I**) wurde durch Sulfonierung von Antipyrin in 10%ig. Oleum erhalten. Dargestellt wurde eine Reihe ihrer Ester u. Amide. **I** bildet mit bas. organ. N-Verbb. krist. Salze.

Versuche: *Antipyrin-4-sulfonsäure* (**I**), $C_{11}H_{12}N_2O_4S$, F. 276°, durch Eintragen von 50 g pulverisiertem Antipyrin in 10%ig. Oleum bei $<10°$, 1 std. Erwärmen des

Gemisches auf 60° u. Eingießen in 500 ml eisgekühlten abs. A.; 60%. *Chlorid*, $C_{11}H_{11}\cdot ClN_2O_3S$, F. 190°, mit PCl_5. — Antipyrin-4-sulfonsäureester u. -amide, aus dem Säurechlorid u. Phenolen bzw. Aminen durch Erwärmen u. Kristallisation aus A.: *Phenylester*, $C_{17}H_{16}N_2O_4S$, F. 154—155°. — *Guajacylester*, $C_{18}H_{18}N_2O_5S$, F. 170—171°. — *β-Naphthylester*, $C_{21}H_{18}N_2O_4S$, F. 198—199°. — *Amid*, $C_{11}H_{13}N_3O_3S$, F. 236°. — *Hydroxylamid*, $C_{11}H_{13}N_3O_4S$, F. 185—186°. — *Butylamid*, $C_{15}H_{21}N_3O_3S$, F. 166—167°. — *Äthanolamid*, $C_{13}H_{17}N_3O_4S$, F. 182—183°. — *Dimethylamid*, $C_{13}H_{17}N_3O_3S$, F. 173—175°. — *Diäthylamid*, $C_{15}H_{21}N_3O_3S$, F. 155—157°. — *Anilid*, $C_{17}H_{17}N_3O_3S$, F. 201—203°. — *Benzylamid*, $C_{18}H_{19}N_3O_3S$, F. 153—154°. — *Phenylhydrazid*, $C_{17}H_{18}N_4O_3S$, F. 173 bis 175°. — *α-Naphthylamid*, $C_{21}H_{19}N_3O_3S$, F. 191°. — *p-Bromanilid*, $C_{17}H_{16}BrN_3O_3S$, F. 201—203°. — *3-Hydroxy-4-carboxyanilid*, $C_{18}H_{17}N_3O_6S$, F. 236—238°. — *Cyclohexylamid*, $C_{17}H_{23}N_3O_3S$, F. 146—147°. — *Diphenylamid*, $C_{23}H_{21}N_3O_3S$, F. 185°. — *Piperidid*, $C_{16}H_{21}N_3O_3S$, F. 168—169°. — *Morpholid*, $C_{15}H_{19}N_3O_4S$, F. 160—161°. — *Sulfanilamid*, $C_{17}H_{18}N_4O_5S_2$, F. 225—226°. — *p-Guanidinosulfonylanilid*, $C_{18}H_{20}N_6O_5S_2$, F. 205—206°, mit Sulfaguanidin. — *p-[Thiazolyl-(2)-aminosulfonyl]-anilid*, $C_{20}H_{19}N_5O_5S_3$, F. 162°, mit Sulfathiazol. — *p-Sulfanilid*, $C_{17}H_{17}N_3O_6S_2$, F. >360°. — *Resorcin-bis-[antipyryl-(4)-sulfonat]*, $C_{28}H_{26}N_4O_8S_2$, F. 238—239°. — *Piperazin-bis-[antipyryl-(4)-sulfonat]*, $C_{26}H_{30}\cdot N_6O_6S_2$, F. >360°. F. Urban. 3122□

4-substituierte 1-Carbäthoxythiosemicarbazide und ihre Umsetzung in 4-substituierte Thiourazole. 6. Mitt. zur Chemie der substituierten Thiosemicarbazide und Thioharnstoffe. M. Tišler. (Arch. Pharmaz. Ber. dtsch. pharmaz. Ges. **292/64**, 90—95, Febr. 1959; Ljubljana, Jugoslavien, Univ., Inst. für organ. Chem.; dt.) — 5. vgl. C. **1960**, 7842. — 4-substituierte 1-Carbäthoxythiosemicarbazide werden durch Einw. von wss. Alkali in *4-substituierte Thiourazole* [*3-Mercapto-1.2.4-triazolone-(5)*] übergeführt.

Versuche: 4-substituierte 1-Carbäthoxythiosemicarbazide, durch kurzes Erhitzen von Hydrazinmonocarbonsäureäthylester mit dem entsprechenden Isothiocyanat: *o-Tolyl-* (**I**), $C_{11}H_{15}N_3O_2S$, F. 83—85° (Chlf./CCl_4); ca. 100% (Ausbeute). — *m-Tolyl-*, $C_{11}H_{15}N_3O_2S$, F. 120,5° (Chlf./CCl_4); ca. 100%. — *o-Methoxyphenyl-*, $C_{11}H_{15}\cdot N_3O_3S$, F. 154° (Chlf./$CCl_4$); ca. 100%. — *p-Methoxyphenyl-*, $C_{11}H_{15}N_3O_3S$, F. 155 bis 156° (Chlf./CCl_4); ca. 100%. — *2.3-Dimethylphenyl-*, $C_{12}H_{17}N_3O_2S$, F. 151° (Chlf./CCl_4); ca. 100%. — *2.4-Dimethylphenyl-*, $C_{12}H_{17}N_3O_2S$, F. 114° (Chlf./CCl_4); ca. 100%. — *2.5-Dimethylphenyl-*, $C_{12}H_{17}N_3O_2S$, F. 107° (Chlf./CCl_4). — *m-Chlorphenyl-*, $C_{10}H_{12}\cdot ClN_3O_2S$, F. 143° (A.); ca. 100%. — *p-Chlorphenyl-*, $C_{10}H_{12}ClN_3O_2S$, F. 155° (A.); ca. 100%. — *p-Bromphenyl-*, $C_{10}H_{12}BrN_3O_2S$, F. 153° (A.); ca. 100%. — *Benzyl-*, $C_{11}H_{15}\cdot N_3O_2S$, F. 127° (Chlf./$CCl_4$); ca. 100%. — *Cyclohexyl-*, $C_{10}H_{19}N_3O_2S$, F. 124° (Chlf./CCl_4); ca. 100%. — *Phenyl-*, $C_{10}H_{13}N_3O_2S$, F. 146° (wss. A.), a) analog **I**; ca. 100%; b) durch kurzes Kochen von 4-Phenylthiosemicarbazid, wasserfreiem Na-Acetat u. Chlorameisensäureäthylester in Ae. u. Eindampfen. — *p-Tolyl-* (**II**), $C_{11}H_{15}N_3O_2S$, F. 157° (Chlf./CCl_4), a) analog **I**; ca. 100%; b) analog vorst. Verb. nach b); c) durch Erhitzen von 4-[p-Tolyl]-thiosemicarbazid in A. mit Äthylxanthogenameisensäureäthylester. — *p-Tolylisothiocyanat*, durch 1std. Erhitzen von **II** mit konz. HCl. — 4-substituierte Thiourazole, durch kurzes Erhitzen vorst. Verbb. mit 10%ig. KOH u. Ansäuern: *Phenyl-*, $C_8H_7N_3OS$, F. 195°. *Disulfid*, F. 284—286°, durch Rk. mit J_2. — *m-Tolyl-*, $C_9H_9N_3OS$, F. 180°. *Disulfid*, F. 253—254°. — *2.3-Dimethylphenyl-*, $C_{10}H_{11}N_3OS$, F. 194°. *Disulfid*, F. 252—253°. — *p-Methoxyphenyl-*, $C_9H_9N_3O_2S$, F. 240°. — *Cyclohexyl-*, $C_8H_{13}N_3OS$, F. 185—186°. *Disulfid*, F. 275—276°. — *Benzyl-*, $C_9H_9N_3OS$, F. 218—219°. — *m-Chlorphenyl-*, $C_8H_6\cdot ClN_3OS$, F. 205—206°. *Disulfid*, F. 257°. — *p-Chlorphenyl-*, $C_8H_6ClN_3OS$, F. 217—218°. — *p-Bromphenyl-*, $C_8H_6BrN_3OS$, F. 245—247°. — *p-Tolyl-* (**III**), $C_9H_9N_3OS$, F. 223—225°, a) analog vorst. Verb.; b) analog a) durch Erhitzen mit konz. NH_4OH; ca. 100%; c) analog a) aus 1-[p-Tolylcarbamyl]-semicarbazid ($C_9H_{12}N_4OS$, F. 222°); 82%. *Disulfid*, $C_{18}H_{16}N_6O_2S_2$, F. 283—284° (wss. A.). — *1-Methyl-4-[p-tolyl]-thiourazol-S-methyläther*, $C_{11}H_{13}N_3OS$, F. 230° (A.), durch Zugabe von CH_3J zur Lsg. von 0,35 g **III** in wss. KOH, ½std. Stehen u. Filtration; 0,1 g; daneben durch Ansäuern des Filtrats mit HCl auf pH 3 *4-[p-Tolyl]-thiourazol-S-methyläther* [$C_{10}H_{11}N_3OS$, F. 174—175° (W./wenig A.); 0,23 g]. L. Lamza. 3153

Verwendung von Kationenaustauscherharzen bei der von-Pechmann-Reaktion. S. S. Israelstam und E. V. O. John. (Chem. and Ind. **1958**, 1262, 27/9.; Johannesburg, Univ. of the Witwatersrand, Dep. of Chem. and Chem. Engng.; engl.) — Bei der von-Pechmann-Rk. können als Katalysatoren an Stelle von konz. H_2SO_4 Kationenaustauscher verwendet werden, die durch verd. HCl u. anschließende Trocknung aktiviert werden müssen. Phenole (Resorcin, Phloroglucin, Pyrogallol, Orcin) u. β-Ketosäureester (Acetessigsäureäthylester, α-Methylacetessigsäureäthylester, α-Äthylacetessigsäureäthylester) werden in äquimol. Mengen mit 30% Austauscherharz bei 150° zu den entsprechenden *Cumarinen* umgesetzt. Durch Zugabe von n-Hexan als Lsgm. wird die Ausbeute stark erhöht. G. Ziebarth. 3211

Dehydratisierung von tertiären Fluorenyl-(9)- und Xanthyl-(9)-carbinolen. Neue Fälle, die der Hofmannschen Regel entsprechen. Jean Rigaudy und Kha-Vang-Thang. (C. R. hebd. Séances Acad. Sci. **249**, 1008—10, 14/9. 1959; Paris, École Supérieure de Phys. et Chim. ind., Labor. de Chim. organ.; franz.) — Fluorenyl-(9)- (**I**) u. Xanthenyl-(9)-dimethylcarbinol (**II**) geben bei Dehydratisierung *9-Isopropylidenfluoren* bzw. *-xanthen*, während sich aus den entsprechenden Methylphenylcarbinolen *9-[1-Phenylvinyl]-fluoren* bzw. *-xanthen* bildet.

Versuche: *9-Isopropylidenfluoren*, $C_{16}H_{14}$, F. 114°, aus **I** durch Wasserabspaltung mit H_2SO_4 in der Kälte oder durch Erhitzen mit Oxalsäure (Meth. **A**); Ozonolyse gibt *Fluorenon* [80% (Ausbeute)] u. *Aceton* (**V**). — *9-Isopropylfluoren*, $C_{16}H_{16}$, F. 53° (im zugeschmolzenen Röhrchen), durch Hydrieren von vorst. Verb. in Ggw. von Raney-Ni (Meth. **B**). — *Fluorenyl-(9)-methylphenylcarbinol*, $C_{21}H_{18}O$, F. 108° (Zers.), aus Fluorenyl-(9)-Li u. Acetophenon. — *9-[1-Phenylvinyl]-fluoren*, $C_{21}H_{16}$, F. 88° (Zers.), aus vorst. Verb. nach **A**; Ozonolyse bei —30° ergibt *9-Benzoylfluoren* (85%) u. *Formaldehyd* (**III**). — *9-[1-Phenyläthyl]-fluoren*, $C_{21}H_{18}$, F. 86° (Zers.), aus vorst. Verb. nach **B**. — *Xanthenyl-(9)-dimethylcarbinol* (**II**), $C_{16}H_{16}O_2$, F. 115° (Zers.), a) durch Kondens. von Methyl-MgJ u. 9-Carbomethoxyxanthen; b) aus Xanthyl-(9)-Li u. **V**. *Acetat*, $C_{18}H_{18}O_3$, F. 99° (Zers.). — *9-Isopropylxanthhydrol*, $C_{16}H_{16}O_2$, F. 76° (Zers.), aus **II** mit konz. H_2SO_4 in der Kälte. — *9-Isopropylidenxanthen*, $C_{16}H_{14}O$, F. 82° (Zers.), durch Rk. von **II** mit $POCl_3$ in Pyridin bei 0°; Ozonolyse bei —50° ergibt *Xanthon* (**IV**; 87%) u. **V**. — *Xanthenyl-(9)-methylphenylcarbinol*, $C_{21}H_{18}O_2$, durch Kondens. von Xanthyl-(9)-Li u. Acetophenon. *Acetat*, $C_{23}H_{20}O_3$, F. 128° (Zers.). — *9-[1-Phenylvinyl]-xanthen*, $C_{21}H_{16}O$, F. 69° (Zers.), durch Erhitzen vorst. Verb. mit Oxalsäure auf 140°; Ozonolyse bei Zimmer-Temp. u. —30° ergibt **III** (22—32%), **IV** (60%) u. *Benzoesäure* (43%).

A. Kumm. 3211□

Die Doppelmethopikrate bestimmter heterocyclischer tertiärer Amine. Frederick G. Mann und F. C. Baker. (J. chem. Soc. [London] **1961**, 3845—51, Sept.; Cambridge, Univ., Chem. Labor.; engl.) — Bei der Rk. der Methojodide (MJ) von Pyridin, 2-, 3-, 4-Methylpyridin, Chinolin, Chinaldin, Lepidin bzw. Isochinolin mit Na-Pikrat in wss. oder alkohol. Lsg. unter verschiedenen Bedingungen entstehen entweder die normalen *Methopikrate* (*MP*) oder *Doppelmethopikratnatriumpikrate* (*DMP*) der Zus. $[R\cdot CH_3]\cdot C_6H_2N_3O_7\cdot NaC_6H_2N_3O_7$, die von sehr unterschiedlicher Beständigkeit sind; am stabilsten ist das DMP des 4-Methylpyridins; einige DMP geben beim Umkristallisieren die entsprechenden *MP*, in anderen Fällen lassen sich aus den MP mit Na-Pikrat-Lsg. die *DMP* darstellen. Mit Pikrinsäure-Lsgg. liefern die MJ im allg. die *MP*, daneben entstehen aus den MJ von Pyridin bzw. 4-Methylpyridin *Doppelmethopikrathydrogenpikrate* der Zus. $[R\cdot CH_3]\cdot C_6H_2N_3O_7\cdot C_6H_3N_3O_7$.

Versuche: *Pyridin*, *DMP*, $C_{12}H_{10}N_4O_7\cdot C_6H_2N_3NaO_7$, F. 216—219° (W., Methanol oder A.), aus dem MJ (F. 118°) mit überschüssigem Na-Pikrat in A. oder H_2O. *Methohydrogendoppelpikrat*, $C_{12}H_{10}N_4O_7\cdot C_6H_3N_3O_7$, F. 60—62° (äthanol. Pikrinsäure), a) durch Zugabe des MJ (in W.) zu Pikrinsäure (in normalem W.) u. mehrstd. Stehen; b) durch Rk. des MJ mit methanol. Pikrinsäure u. Einengen bei 20°. Daraus durch Kristallisieren aus A. oder W. das *MP*, $C_{12}H_{10}N_4O_7$, F. 117° (A.), welches auch aus dem MJ mit äthanol. Pikrinsäure entsteht. — *2-Methylpyridin*, *DMP*, $C_{13}H_{12}N_4O_7\cdot C_6H_2N_3NaO_7$, F. 211—212° (W., Methanol oder A.), aus dem MJ (F. 229°) mit einem großen Überschuß Na-Pikrat in W., Methanol oder A. oder aus dem MP mit wss. Na-Pikrat. *MP*, $C_{13}H_{12}N_4O_7$, F. 113° (A.), aus dem MJ mit einem geringen Überschuß Na-Pikrat in W. oder mit gesätt. äthanol. Pikrinsäure. — *3-Methylpyridin*, *$ZnCl_2$-Deriv.*, 2 $C_6H_7N\cdot HCl_3Zn$, F. 146° (A.). *MJ*, $C_7H_{10}JN$, F. 99—100° (Aceton). *DMP*, F. 169—172° (Methanol oder A.), aus dem MJ mit Na-Pikrat in A. oder Methanol. *MP*, F. 120° (W.), aus dem MJ mit Na-Pikrat in W. oder A. (neben dem DMP) oder mit äthanol. Pikrinsäure oder durch Kristallisieren des DMP aus H_2O. — *4-Methylpyridin*, *MJ*, F. 149—150° (A.). *DMP*, F. 216°(W., Methanol, A. oder Essigsäure), aus dem MJ mit Na-Pikrat in W., A. oder Methanol. *MP*, F. 151° (W.), aus einer konz. Lsg. des MJ in W. mit gesätt. wss. Pikrinsäure. *Methohydrogendoppelpikrat*, $C_{13}H_{12}N_4O_7\cdot C_6H_3N_3O_7$, F. 112° (W. oder A.), aus einer verd. Lsg. des MJ in W. mit überschüssiger wss. Pikrinsäure oder aus dem MP mit gesätt. äthanol. Pikrinsäure. — *Chinolin*, *MJ*, F. 134° (A.). *DMP*, $C_{16}H_{12}N_4O_7\cdot C_6H_2N_3NaO_7$, F. 204—206° (vorgeheiztes Bad; A.), aus dem MJ mit überschüssigem Na-Pikrat in A. oder Methanol. *MP*, $C_{16}H_{12}N_4O_7$, F. 169° (W.), aus dem MJ mit Na-Pikrat in W. oder mit Pikrinsäure in W., Methanol oder A. oder durch Umkristallisieren des DMP aus W. oder Methanol. —

Chinaldin, MJ, $C_{11}H_{12}JN$, F. 195° (A.). *DMP*, $C_{17}H_{14}N_4O_7 \cdot C_6H_2N_3NaO_7$, F. 219—220° (Methanol oder A.), aus dem MJ mit überschüssigem Na-Pikrat in W., Methanol oder A. oder aus dem MP mit Na-Pikrat in Methanol. *MP*, $C_{17}H_{14}N_4O_7$, F. 141° (W.), aus dem MJ mit Pikrinsäure in W. oder A. oder durch Umkristallisieren des DMP aus H_2O. — *Lepidin, MJ*, F. 174° (A.). *DMP*, $C_{17}H_{14}N_4O_7 \cdot C_6H_2N_3NaO_7$, F. 205—206°, aus dem MJ mit Na-Pikrat in C_2H_5OH. *MP*, $C_{17}H_{14}N_4O_7$, F. 161° (W.), aus dem MJ mit Na-Pikrat in W. oder mit Pikrinsäure in W., Methanol oder A. oder durch Umkristallisieren des DMP aus W., A. oder Methanol. — *Isochinolin*, F. 24°. *MJ*, F. 159° (A.). *DMP*, $C_{16}H_{12}N_4O_7 \cdot C_6H_2N_3NaO_7$, F. 218—236° (äthanol. Na-Pikrat), durch Zutropfen des MJ (in A.) zu äthanol. Na-Pikrat. *MP*, $C_{16}H_{12}N_4O_7$, F. 169° (W.), durch Rk. des MJ mit Na-Pikrat in W., Methanol oder A. (neben dem DMP) oder durch Umkristallisieren des DMP aus W., A. oder Methanol. W. Hoffmann. 3231□

Darstellung und Persäureoxydation von 2-[p-Dimethylaminostyryl]-pyridin. L. Pentimalli. (Tetrahedron [London] **14**, 151—60, Okt. 1961; Bologná, Facolta Chimica Ind., Ist. di Chimica degli Intermedi; engl.) — Vf. beschreibt die Darst. von *2-[p-Dimethylaminostyryl]-pyridin* (I) aus dem entsprechenden 1-Oxid (II) durch Reduktion. Die stufenweise Oxydation von I mit Perbenzoesäure zeigt, daß O zunächst am Amino-N-Atom angelagert wird. UV-Spektren s. Original.

Versuche: *2-[p-Dimethylaminostyryl]-pyridin-1-oxid* (II), F. 200—201°, durch 6std. Erhitzen von 2-Picolin-1-oxid, p-Dimethylaminobenzaldehyd u. KOH in wasserfreiem Pyridin am Rückfluß, Gießen in kaltes W., 20 Min. langes Rühren, Filtrieren, Waschen mit W., Trocknen, Schütteln mit kaltem Aceton u. Filtrieren; lange hellgelbe Nadeln aus A.; 57% (Ausbeute). — *2-[p-Dimethylaminostyryl]-pyridin* (I), F. 139° (Methanol), durch Zugabe von Fe-Pulver zur Lsg. von II in Eisessig bei 90°, 20 Min. langes Rühren bei 100°, Zugabe von wss. NaOH, Filtrieren, Waschen mit W., Trocknen u. Extrahieren mit Bzl.; 60%. — *2-[p-Dimethylaminostyryl]-pyridin-N-oxid*, $C_{15}H_{16}N_2O$, F. 100° (Zers.), durch Rk. von I mit Perbenzoesäure in $CHCl_3$ oder CCl_4 über Nacht, Schütteln mit gesätt. Na_2CO_3-Lsg., Trocknen mit Na_2CO_3, Filtrieren u. Verdampfen des $CHCl_3$; glänzende farblose Platten aus Bzl. — *2-[p-Dimethylaminostyryl]-pyridin-N.N'-dioxid*, $C_{15}H_{16}N_2O_2$, F. 148°, durch Oxydation a) von I mit 3 Moll. Perbenzoesäure in $CHCl_3$ bei 15°; b) von II mit 1,2 Moll. Perbenzoesäure in $CHCl_3$; hellgelbe Prismen aus Pyridin. — *2-Styrylpyridin*, F. 89—90°, durch Kondens. von α-Picolin mit Benzaldehyd in Eisessig u. Acetanhydrid; weiße Platten aus Ligroin. — *2-Styrylpyridin-N-oxid*, F. 162—163°, a) durch Kondens. von 2-Picolin-N-oxid u. Benzaldehyd mit $KOCH_3$ in Methanol; b) durch Oxydation der Base mit 36%ig. H_2O_2 in Eisessig; fast farblose Prismen aus Benzol. Gottfried Schreiber. 3231□

Reaktion von Aldehyden und Aminen mit 8-Hydroxychinaldin und Chinolinol-(8). 2. Mitt. A. B. Sen, M. S. Saxena und Sudha Mehrotra. (J. Indian chem. Soc. **37**, 640—42, Okt. 1960; Lucknow, Univ., Chem. Dep.; engl.) — 1. vgl. C. **1961**, 7222. — Im Hinblick auf die Unters. ihrer Amöbicidalaktivität u. ihrer Eignung zur Fällung von Metallionen werden substituierte *Methylamine* durch Kondens. von aromat. Aldehyden u. Aminen mit 8-Hydroxychinaldin (I) u. 8-Hydroxychinolin (II) hergestellt. Keine Umsetzung konnte zwischen I u. p-Nitranilin mit Resorcylaldehyd, p-Hydroxybenzaldehyd u. 1-Hydroxy-2-naphthaldehyd sowie zwischen II u. p-Nitranilin mit m-Hydroxybenzaldehyd u. 1-Hydroxy-2-naphthaldehyd erzielt werden. Farb-Rkk. mit H_2SO_4, HNO_3 u. $FeCl_3$ werden angegeben.

Versuche: α-[8-Hydroxychinaldinyl-(7)]-benzylamine, durch 60tägiges Stehen der Komponenten: *N-[p-Nitrophenyl]-* (III), $C_{23}H_{19}N_3O_3$, F. 203°, aus I, Benzaldehyd u. p-Nitranilin; 12,3% (Ausbeute). — *N-[o-Methoxyphenyl]-*, $C_{24}H_{22}N_2O_2$, F. 140°, analog III mit o-Methoxyanilin; 38%. — *N-[Thiazolyl-(2)]-*, $C_{20}H_{17}N_3OS$, F. 175°, analog III mit 2-Aminothiazol; 14%. — *N-[Pyridyl-(2)]-*, $C_{22}H_{19}N_3O$, F. 160° (Zers.), analog III mit 2-Aminopyridin; 34%. — 8-Hydroxychinaldine: *[N-(p-Nitrophenyl)-α-(m-hydroxyphenyl)-aminomethyl]-*, $C_{23}H_{19}N_3O_4$, F. 203°, aus I, p-Nitranilin u. m-Hydroxybenzaldehyd; 7%. — *7-{N-[Thiazolyl-(2)]-α-[m-hydroxyphenyl]-aminomethyl}-*, $C_{20}H_{17}N_3O_2S$, F. 196°, analog vorst. Verb. aus 2-Aminothiazol; 28%. — *7-{N-[Thiazolyl-(2)]-α-[p-hydroxyphenyl]-aminomethyl}-*, $C_{20}H_{17}N_3O_2S$, F. 185°, analog vorst. Verb. mit p-Hydroxybenzaldehyd; 22%. — *7-{N-[p-Nitrophenyl]-α-[furyl-(2)]-aminomethyl}-*, $C_{21}H_{17}N_3O_4$, F. 170°, aus I, p-Nitranilin u. Furfuraldehyd; 35%. — 8-Hydroxychinoline: *7-{N-[Thiazolyl-(2)]-α-[furyl-(2)]-aminomethyl}-*, $C_{17}H_{13}N_3O_2S$, F. 175°, aus II, Furfuraldehyd u. 2-Aminothiazol; 43%. — *7-{N-[m-Nitrophenyl]-α-[furyl-(2)]-aminomethyl}-*, $C_{20}H_{15}N_3O_4$, F. 208°, aus Furfuraldehyd, II u. m-Nitranilin; 32%. — *7-{N-[Thiazolyl-(2)]-α-[4-hydroxy-3-methoxyphenyl]-aminomethyl}-*, $C_{20}H_{17}N_3O_3S$, F. 186°, aus II, Vanillin u. 2-Aminothiazol; 25%. W. Hampel. 3231□

Tetrahydropyridoferrocen. J. M. Osgerby und P. L. Pauson. (Chem. and Ind. **1958**, 1144—45, 30/8.; Sheffield, Univ., Chem. Dep.; engl.) — β-Ferrocenyläthylmethylamin (I) bildet mit Formaldehyd *Methylen-bis-[β-ferrocenyläthylmethylamin]*, das sich in Ggw. von Säure zu *N-Methyltetrahydropyrido-[3.4]-ferrocen* (**II**) cyclisiert. Durch Cyclisierung von N-Formyl-β-ferrocenyläthylamin wird die entsprechende *Dihydro-Verb.* gebildet, die mit $LiAlH_4$ zu *Tetrahydropyrido-[3.4]-ferrocen* (**III**) red. werden kann. **III** gibt mit Dimethylsulfat wieder **II**. Wenn dieselbe Cyclisierung mit dem N-Acetyl-Deriv. durchgeführt wird, entsteht *2-Methyldihydropyrido-[3.4]-ferrocen*, das sich wahrscheinlich zur aromat. Verb. dehydrieren läßt. G. Ziebarth. 3231

Polymethinfarbstoffe der Indolizinreihe. F. N. Stepanow und L. I. Lukaschina. (Журнал Общей Химии [J. allg. Chem.] **30** (**92**), 2850—53, Sept. 1960; Moskau, Inst. für Zwischen-Prodd. u. Farbstoffe; russ.) — Es werden *Trimethin-* u. *Pentamethinfarbstoffe der Indolizinreihe* dargestellt u. ihre Absorptionsspektren (400 bis 800 mμ) in A. angegeben.

Versuche: *Bis-[1.2-dimethylindolizyl-(3)]-trimethincyaninbromid*, $C_{23}H_{23}BrN_2$, F. 273—275° (A.), durch 1/2 std. Kochen von 0,29 g 1.2-Dimethylindolizin (**I**), 0,4 g KBr, 0,35 g 1.1.3-Triäthoxypropen-(2) (**II**) u. 3 ml Acetanhydrid, chromatograph. Reinigung aus Chlf. an Al_2O_3, Elution mit A.; 642 mμ (λ_{max}); 41% (Ausbeute). *Perchlorat*, $C_{23}H_{23}\cdot ClN_2O_4$, Zers. >300° (Aceton), man gibt zu 0,122 g **I**-Perchlorat u. 84 mg Malonaldehyddianil (**III**) 3 ml Acetanhydrid; 642 mμ; 28,3%. — *Bis-[2.3-dimethylindolizyl-(1)]-trimethincyaninbromid*, $C_{23}H_{23}BrN_2$, F. 242—243°, aus 0,29 g 2.3-Dimethylindolizin (**IV**), 0,4 g KBr, 0,35 g **II** u. 3 ml Eisessig; 691 mμ; 44%. *Perchlorat*, $C_{23}H_{23}ClN_2O_4$, Zers. >300° (A.), man gibt zu 0,183 g **IV**-Perchlorat u. 0,168 g **III** 8,5 ml Acetanhydrid u. rührt 10 Min.; 629 mμ; 19%. Daneben *1-[3-Anilinoallyliden]-2.3-dimethylindolizinium-perchlorat*, $C_{19}H_{19}ClN_2O_4$, Zers. >300° (A.); 546 mμ; 32%. — *[1.2-Dimethylindolizyl-(3)]-[2.3-dimethylindolizyl-(1)]-trimethincyaninperchlorat*, $C_{23}H_{23}ClN_2O_4$, F. 293—295° (Zers.), durch 2 std. Kochen von 50 mg 1-[3-Anilinoallyliden]-2.3-dimethylindoliziniumperchlorat mit 31 mg **I**-Perchlorat in 2 ml Butanol; 669 mμ; 84%. — *1-[5-Anilinopentadien-(2.4)-yliden]-2.3-dimethylindoliziniumperchlorat*, $C_{21}H_{21}ClN_2O_4$, F. 298—300° (Zers.; Pyridin), man läßt 0,123 g **IV**-Perchlorat u. 0,124 g Glutaconaldehyddianil (**V**) in 2 ml Pyridin 16 Std. lang stehen, gibt 0,123 g **IV**-Perchlorat u. 3 Tropfen Piperidin zu u. läßt 16 Std. lang stehen; 694 mμ; 34,8%. — *3-[5-Anilinopentadien-(2.4)-yliden]-1.2-dimethylindolizinium-perchlorat*, $C_{21}H_{21}ClN_2O_4$, Zers. >300°, durch 1/2 std. Kochen von 0,5 g **I**, 6 Tropfen $HClO_4$ u. **V**-Hydrochlorid in 4 ml Butanol; 646 mμ; 15,2%. — *Bis-[1.2-dimethylindolizyl-(3)]-pentamethincyaninperchlorat*, $C_{25}H_{25}ClN_2O_4$, Zers. >300° (A.), man erhitzt 0,15 g **I** u. 0,15 g **V**-Hydrochlorid in 2 ml Eisessig 1 Min. auf dem Wasserbad, gießt in 15 ml A. u. verd. mit 100 ml Ae.; 755 mμ; 12,8%. Helmut Schäfer. 3231

7-Azaindolderivate. 1. Mitt. **Ein neuer Typ der Schließung des Pyrrolinringes bei der Reaktion von Trichlorkollidin mit sekundären Aminen.** L. N. Jachontow und M. W. Rubzow. (Журнал Общей Химии [J. allg. Chem.] **30** (**92**), 3300—06, Okt. 1960; Chem.-Pharmazeut. Allunions-Ordshonikidse-Forsch.-Inst.; russ.) — Die Kondens. von „Trichlorkollidin“ [I; 4-Methyl-3-(β-chloräthyl)-2.6-dichlorpyridin] mit Dimethyl- (**II**), Diäthyl- (**III**), Di-n-butylamin (**IV**) u. N-Methylanilin (**V**) führt prim. zu den 2-Dialkylamino-4-methyl-3-[β-chloräthyl]-6-chlorpyridinen, die unter Abspaltung von Alkylchlorid als Endprodd. *1-Methyl-*, *1-Äthyl-*, *1-n-Butyl-* bzw. *1-Phenyl-4-methyl-6-chlor-7-azaindolin* liefern. Daneben entsteht aus **I** immer *2.6-Dichlor-4-methyl-3-vinylpyridin* (**VI**). Bei der Rk. von **I** mit Anilin (**VII**) u. Piperidin (**VIII**) entstehen *1-Phenyl-4-methyl-6-phenylamino-7-azaindolin* bzw. *2-Piperidino-6-chlor-* (**IX**) u. *2.6-Dipiperidino-3-[β-chloräthyl]-4-methylpyridin* (**X**). **IX** u. **X** werden zu den entsprechenden *Vinylverbb.* dehydrochloriert. **I** u. Diphenylamin (**XI**) reagieren zu *2-Diphenylamino-3-vinyl-4-methyl-6-chlorpyridin.*

Versuche: *1.4-Dimethyl-6-chlor-7-azaindolin*, $C_9H_{11}ClN_2$, $Kp._9$ 149—150°, F. 66°, man erhitzt 4,5 g **I** u. 7,5 ml 24,3%ig. **II**-Lsg. in Chlorbenzol 7 Std. im Rohr auf 140°; 54,5% (Ausbeute) [daneben *2.6-Dichlor-3-vinyl-4-methylpyridin* (**VI**), $Kp._{14}$ 140—143°; n_D^{20} 1,5712; 13%]. *Hydrochlorid*, $C_9H_{12}Cl_2N_2$, F. 192—193°. — *1-Äthyl-4-methyl-6-chlor-7-azaindolin*, $C_{10}H_{13}ClN_2$, $Kp._7$ 157—158°, man erhitzt 4,5 g **I** u. 3 g **III** 7 Std. im Rohr auf 140°; n_D^{20} 1,5660; 23% (daneben 15% **VI**). *Hydrochlorid*, $C_{10}H_{14}Cl_2N_2$, F. 136—137° (Aceton). — *1-n-Butyl-4-methyl-6-chlor-7-azaindolin*, $C_{12}H_{17}ClN_2$, $Kp._1$ 147—148°, aus 8,96 g **I** u. 9,68 g **IV** (7 Std. im Rohr auf 140°); n_D^{19} 1,5507; 17%. Daneben 9% *2-Di-n-butylamino-3-[β-chloräthyl]-4-methyl-6-chlorpyridin*, $C_{16}H_{26}Cl_2N_2$, $Kp._1$ 175°. — *1-Phenyl-4-methyl-6-chlor-7-azaindolin*, $C_{14}H_{13}ClN_2$, $Kp._5$ 238—240°, F. 116,5—117° (Bzl.), aus 8,96 g **I** u. 8,56 g **V** (7 Std. im Rohr auf 190°); 91%. — *1-Phenyl-4-methyl-6-phenylamino-7-azaindolin*, $C_{20}H_{19}N_3$, F. 97—98° (Ligroin). *Hydrochlorid*, $C_{20}H_{20}ClN_3$, F. 210 bis 211°, man erhitzt 4,5 g **I** u. 7,5 g **VII** 7 Std. auf 190° u. verd. mit 50 ml abs. A.;

hellgelb; 88,1%. — *2-Piperidino-3-[β-chloräthyl]-4-methyl-6-chlorpyridin* (**IX**), $C_{13}H_{18}Cl_2N_2$, Kp.$_1$ 154°, man erhitzt 8,96 g **I** u. 6,4 g **VIII** 7 Std. auf 110°, behandelt mit W. u. Ae., extrahiert die äther. Phase mit 30 ml 15%ig. HCl u. dest. die äther. Lsg.; 21%. Daneben 23,2% **VI**, 34,6% **I** u. (aus dem HCl-Extrakt) *2.6-Dipiperidino-3-[β-chloräthyl]-4-methyl-pyridin* (**X**), $C_{18}H_{28}ClN_3$, Kp.$_{11}$ 207—209°; n_D^{20} 1,5568; 18,2%. — *2.6-Dipiperidino-3-vinyl-4-methylpyridin*, $C_{18}H_{27}N_3$, Kp.$_{0,8}$ 185—186°, durch 8std. Kochen von 0,5 g **X** in 5 ml abs. A. u. 80 mg NaOH; n_D^{20} 1,5554; 93%. — *2-Piperidino-3-vinyl-4-methyl-6-chlorpyridin*, $C_{13}H_{17}ClN_2$, Kp.$_1$ 108—110°, analog vorst. Verb. aus **IX**; n_D^{20} 1,5836; 92,4%. — *2-Diphenylamino-3-vinyl-4-methyl-6-chlorpyridin*, $C_{20}H_{17}ClN_2$, Kp.$_{0,5}$ 220 bis 221°, F. 182—183°, aus 5,6 g **I** u. 8,6 g **XI** (12 Std. bei 310°); 25%.

Helmut Schäfer. 3231

Heterocyclensynthesen mit Malonylchlorid. 3. Mitt. Der Verlauf der Reaktion mit einfachen Ketonen und zusätzliche Beweise für die Konstitutionen der Produkte. J. A. Elvidge. (J. chem. Soc. [London] **1962**, 2606—11, Juli; London, Imp. Coll. of Sci. and Technol., Organ. Chem. Res. Labor.; engl.) — 2. vgl. C. **1954**, 7418. — Die Umsetzung von Malonylchlorid mit Ketonen zu *bicycl. Chlordioxopyranodioxinen* (vgl. 1. Mitt., C. **1953**, 6482) verläuft in 2 Stufen: Zuerst entsteht durch Selbstkondens. von Malonylchlorid *6-Chlor-4-hydroxypyranon-(2)-carbonsäurechlorid-(3)* (**I**), das mit Ketonen reagiert. Aus der Lsg. von **I** in Dioxan wird mit W. *6-Chlor-4-hydroxypyranon-(2)-carbonsäure-(3)* (**II**) erhalten. **II** gibt mit $SOCl_2$ **I**, Umsetzung von **I** mit Benzophenon liefert *7-Chlor-2.2-diphenyl-* u. nach Zusetzen von Butylamin *7-Butylamino-2.2-diphenyl-4.5-dioxopyrano-[4.3:d]-[1.3]-dioxin.* Analog werden aus **I** mit Acetessigester *7-Chlor-2-äthoxycarbonylmethyl-2-methyl-*, mit Acetophenon *7-Chlor-2-methyl-2-phenyl-* u. mit Aceton *7-Chlor-2.2-dimethyl-4.5-dioxopyrano-[4.3:d]-[1.3]-dioxin* erhalten. Letztes gibt mit N-Methylanilin die entsprechende *7-N-Methylanilino-Verbindung.* Der Rk.-Mechanismus wird diskutiert.

Versuche (z. T. mit S. J. Davis): *6-Chlor-4-hydroxypyranon-(2)-carbonsäure-(3)* (**II**), $C_6H_3ClO_5$, F. 136° (Zers.), aus Malonsäuredichlorid in wasserfreiem Dioxan durch 7tägiges Stehen, Eindampfen u. Behandeln mit W.; 41% (Ausbeute); daneben *Malonsäure* [F. 135° (Zers.)]. *Methylester* (**III**), F. 148—149° (Ae.), a) aus der Dioxan-Lsg. u. Methanol (10 Min.); 35%; b) aus **II** in Dioxan u. Oxalsäurechlorid bei 80° (5 Std.) u. Aufnehmen in Methanol; c) aus **II** in Bzl. u. PCl_5, Kochen (15 Min.) u. Zusetzen von Methanol. *Äthylester*, $C_8H_7ClO_5$, F. 125° (PAe.), aus 1 g **I** in Ae. u. A.; 0,5 g. *Chlorid* (**I**), aus 0,2 g **II** u. $SOCl_2$ auf dem Wasserbad (15 Min.); viscoses Öl. — 4.5-Dioxopyrano-[4.3: d]-[1.3]-dioxine, aus frisch bereitetem **I** u. Ketonen auf dem Wasserbad: *7-Chlor-2-äthoxycarbonylmethyl-2-methyl-*, $C_{12}H_{11}ClO_7$, F. 118° (CCl_4), mit Acetessigsäureäthylester; 63%. — *7-Butylamino-2.2-diphenyl-*, F. 166°, mit Benzophenon über die *7-Chlor-Verb.* [F. 177—178° (Zers.); 54%] u. Zusetzen von Butylamin in $CHCl_3$. — *7-Chlor-2-methyl-2-phenyl-*, F. 140° (Zers.), mit Acetophenon; 99%. — *7-Chlor-2.2-dimethyl-*, $C_9H_7ClO_5$, F. 185° (Zers.), mit Aceton; aus Bzl. prismat. Nadeln; 71%. — *7-N-Methylanilino-2.2-dimethyl-*, $C_{16}H_{15}NO_5$, F. 160° (Zers.), aus vorst. Verb. in Chlf. u. N-Methylanilin; aus A. Nadeln. — Die Kernresonanz- u. IR-Spektren sind für einen Teil der Verbb. angegeben.

H. Gleinig. 3252□

Synthesen in der Pyrimidinreihe. 3. Mitt. Darstellung einiger Alkylaminoalkylpyrimidylsulfide und ihnen nahestehender Verbindungen. I. Ch. Feldman und G. M. Cheifetz. (Журнал Общей Химии [J. allg. Chem.] **31** (**93**), 755—58, März 1961; Leningrad, Chem.-Pharmazeut. Inst.; russ.) — 2. vgl. C. **1962**, 15967. — Durch Kondens. von Chlorpyrimidinen mit β-Dialkylaminoäthylmercaptanen wurde eine Anzahl von *Bis-* u. *Tris-[β-dialkylaminoäthylmercapto]-pyrimidinen* u. analogen Verbb. dargestellt. Die Verbb. wurden auf ihre hemmende Wrkg. gegenüber dem Ehrlich'schen Adenocarcinom untersucht.

Versuche: 5-Nitropyrimidine: *2.4-Bis-[β-diäthylaminoäthylmercapto]-, Dihydrochlorid*, $C_{16}H_{31}Cl_2N_5O_2S_2$, F. 232—234° (Zers.; abs. A.), man gibt zu 0,02 Mol 2.4-Dichlor-5-nitropyrimidin in 25 ml abs. A. unter Kühlung 0,025 Mol β-Diäthylaminoäthylmercaptan u. rührt $^1/_2$ Std. unter Kühlung u. $1^1/_2$ Std. bei 20° (bei den nachst. Verbb. erhitzt man 2 Std. auf dem Wasserbad); 85% (Ausbeute). — Analog: *2.4-Bis-[β-dimethylaminoäthylmercapto]-, Dihydrochlorid*, $C_{12}H_{23}Cl_2N_5O_2S_2$, F. 224—225° (Zers.; abs. A.); 70—73%. — *4.6-Bis-[β-diäthylaminoäthylmercapto]-, Dihydrochlorid*, $C_{16}H_{31}Cl_2N_5O_2S_2$, F. 238—240° (Zers.; abs. A.); 75%. — *2.4.6-Tris-[β-diäthylaminoäthylmercapto]-, Trihydrochlorid*, $C_{22}H_{45}Cl_3N_6O_2S_3$, F. 216° (Zers.); 70%. — *2-Chlor-4-[β-phenylaminoäthylmercapto]-, Hydrochlorid*, $C_{12}H_{12}Cl_2N_4O_2S$, F. 99—100° (PAe.-n-Octan); 73%. — Pyrimidine: *2.4-Bis-[β-diäthylaminoäthylmercapto]-, Dihydrochlorid*, $C_{16}H_{32}Cl_2N_4S_2$, F. 242 bis 243° (Zers.; abs. A.); 95—97%. — *2.4-Bis-[β-dimethylaminoäthylmercapto]-, Dihydrochlorid*, $C_{12}H_{24}Cl_2N_4S_2$, F. 233—235° (abs. A.); 80%. — *5-Methyl-2.4-bis-[β-diäthylaminoäthyl-*

mercapto]-, *Dihydrochlorid*, $C_{17}H_{34}Cl_2N_4S_2$, F. 239—240° (abs. A.); 67%. — *2.4.6-Tris-[β-diäthylaminoäthylmercapto]*-, *Trihydrochlorid*, $C_{22}H_{46}Cl_3N_5S_3$, F. 208—211° (in zugeschmolzener Capillare; abs. A.–abs. Ae.); 79%. — *2-Amino-6-methyl-4-[β-diäthylaminoäthylmercapto]*-, *Hydrochlorid*, $C_{11}H_{21}ClN_4S$, F. 178° (abs. A.); 78%. — *2-Amino-6-methyl-4-[α-furfuryl]-mercapto-*, *Hydrochlorid*, $C_{10}H_{12}ClN_3OS$, F. 130° (Aceton); 73%. — *2-Amino-6-methyl-4-[β-(o-methoxyphenylamino)-äthylmercapto]*-, *Hydrochlorid*, $C_{14}H_{19}ClN_4OS$, F. 219° (abs. A.); 50%. — *2-Amino-6-methyl-4-[2-phenylaminopropyl-(1)-mercapto]*-, *Hydrochlorid*, $C_{14}H_{19}ClN_4S$, Zers. > 150° (abs. A.); 55%. Helmut Schäfer. 3272

Benzo-[c]-cinnolin und sein N.N'-Dihydroderivat. André Etienne und René Piat. (Bull. Soc. chim. France **1962**, 292—95, Febr.; Paris, Conservatoire nat. des Arts et Métiers, Labor. de Chim. industr.; franz.) — Aus o-Chlornitrobenzol (**I**) wird durch Ullmann-Rk. in Dimethylformamid *2.2'-Dinitrobiphenyl* gewonnen, das durch Red. mit $LiAlH_4$ in *Benzo-[c]-cinnolin* (**II**) übergeführt wird. **II** wird in A. in Ggw. von Pd-Katalysator zu *5.6-Dihydrobenzo-[c]-cinnolin* (**III**) hydriert, das die Eigg. eines N.N'-disubstituierten Hydrazins zeigt. **III** gibt mit Acetanhydrid (**IV**) oder Succinanhydrid (**V**) die *N-Acetyl-* bzw. *N-Succinyl*-Verb., mit Phthalsäureanhydrid (**VI**) *10.15-Dihydro-10.15-dioxophthalazino-[2.3:a]-benzo-[c]-cinnolin*, mit Malonsäurediäthylester (**VII**) *2.3-Dihydro-1.3-dioxo-1H-pyrazolo-[1.2:a]-benzo-[c]-cinnolin* bzw. mit Malonsäureäthyl-n-butylester (**VIII**) das *2-n-Butyl-Deriv.*, mit Acetessigsäureäthylester (**IX**) in Dimethylformamid *1-Oxo-3-methyl-1H-pyrazolo-[1.2:a]-benzo-[c]-cinnolin*. **III** ist unter Bldg. eines Peroxids autoxydabel. **II** gibt mit Na in Ae. oder Tetrahydrofuran ein reaktionsfähiges *5.6-Di-Na-Deriv.* (**X**), das mit Acetylchlorid (**XI**) die *5.6-Diacetyl-5.6-dihydro-Verb.* liefert oder in Ae. in Ggw. von Luft unter Bldg. von Na_2O_2 u. **II** zers. wird. Mit CO_2 liefert **X** die *5.6-Dicarbonsäure*, die nur als Di-Na-Salz isolierbar ist.

Versuche: *2.2'-Dinitrobiphenyl*, F. 123° (A.), aus **I** durch 8std. Kochen mit aktiviertem Cu-Pulver in Dimethylformamid; orangefarbene Prismen; 94% (Ausbeute). — *Benzo-[c]-cinnolin* (**II**), F. 156° (Cyclohexan), aus vorst. Verb. in Bzl. mit einer Suspension von $LiAlH_4$ in Ae.; gelbe Nadeln; 84%. — Benzo-[c]-cinnoline: *5.6-Dihydro-* (**III**), F. 122°, aus **II** durch Hydrierung in A. in Ggw. von Pd–Tonerde-Katalysator (0,6% Pd); 74%. *Peroxid*, F. 100° (Zers.), aus 0,131 g **III** in Ae. durch Behandeln mit O_2 bei —15°; hellgelb; 0,146 g. — *5-Acetyl-5.6-dihydro-*, $C_{14}H_{12}N_2O$, F. 114° (Cyclohexan), aus **III** u. **IV** durch 2 Min. lange Rk. unter H_2 bei —15°; Nadeln; 87%. — *5-Succinyl-5.6-dihydro-*, $C_{16}H_{14}N_2O_3$, F. 162° (30%ig. A.), aus **III** durch Erhitzen mit **V** in Toluol unter N_2; Nadeln; 100%. — *2.3-Dihydro-1.3-dioxo-1H-pyrazolo-[1.2:a]*-, $C_{15}H_{10}N_2O_2$, F. 210° (Cyclohexan/Bzl.), aus **III** durch Kochen mit **VII** in A. in Ggw. von Na-Alkoholat; Stäbchen; 87%. — *2-n-Butyl-2.3-dihydro-1.3-dioxo-1H-pyrazolo-[1.2:a]*-, $C_{19}H_{18}N_2O_2$, F. 138° (Cyclohexan), aus **III** u. **VIII**; Nadeln; 83%. — *1-Oxo-3-methyl-1H-pyrazolo-[1.2:a]*-, $C_{16}H_{12}N_2O$, F. 134° (Cyclohexan), aus **III** durch Kochen mit **IX** in Dimethylformamid; Nadeln; 92%. — *10.15-Dioxo-10.15-dihydrophthalazino-[2.3:a]*-, $C_{20}H_{12}N_2O_2$, F. 261° (Methylcellosolve), aus **III** u. **VI** durch Kochen in Toluol; gelbe Prismen; 89%. — *5.6-Diacetyl-5.6-dihydro-*, $C_{16}H_{14}N_2O_2$, F. 170° (30%ig. A.), aus **II** in Ae. oder Tetrahydrofuran durch Verrühren mit Na unter N_2 u. Umsetzung der violetten Lsg. mit **XI**; Blättchen; 79%. — *5.6-Dihydrobenzo-[c]-cinnolindicarbonsäure-(5.6)*, *Dinatriumsalz*, aus **II** in Tetrahydrofuran durch Umsetzung mit Na unter N_2 u. Behandeln der violetten Lsg. mit CO_2; hygroskop.; 97%. Eberhard Riedel. 3272□

Nitrierung von Chinazolin. K. Schofield. (Chem. and Ind. **1957**, 1068, 3/8.; Exeter, Univ. of Exeter, Washington Singer Labor.; engl.) — Die in der Arbeit von Dewar u. Maitlis (C. **1958**, 2392) angegebene Theorie zur Nitrierung von Chinazolin (**I**) wird kritisiert, u. es wird festgestellt, daß **I** in saurer Lsg. ein Kation unter Wasseranlagerung bildet, das für die Richtung der Substitution zum $C_{(6)}$-Atom verantwortlich ist. P. Becker. 3272

Chinazoline. 3. Mitt. Die Struktur des hydratisierten Chinazolin-Kations. Adrien Albert, W. L. F. Armarego und E. Spinner. (J. chem. Soc. [London] **1961**, 5267, Dez.; Canberra, Australian Nat. Univ., Inst. of Advanced Studies, Dep. of Med. Chem.; engl.) — 2. vgl. C. **1962**, 134. — Durch Vgl. der Eigg. des hydratisierten Chinazolin (**I**)-Kations (**Ia**) u. des hydratisierten 3-Methylchinazoliniumions (**II**) sowie der aus **II** erhaltenen *Pseudobase* (**IIa**) wird für **Ia** die cycl. Struktur bewiesen. **IIa** gesitzt die Konstit. des *4-Hydroxy-3.4-dihydro-3-methylchinazolins*. Das durch UV-Spektroskopie als kurzlebiges Zwischenprod. beim Zugeben von überschüssigem Alkali zu einer **I**-Lsg. in verd. wss. Säure auftretende neutrale Prod. besitzt die Konstit. des *4-Hydroxy-3.4-dihydrochinazolins*. — Die UV-Spektren von **I**, **IIa**, 3.4-Dihydro-3-methylchinazolin,

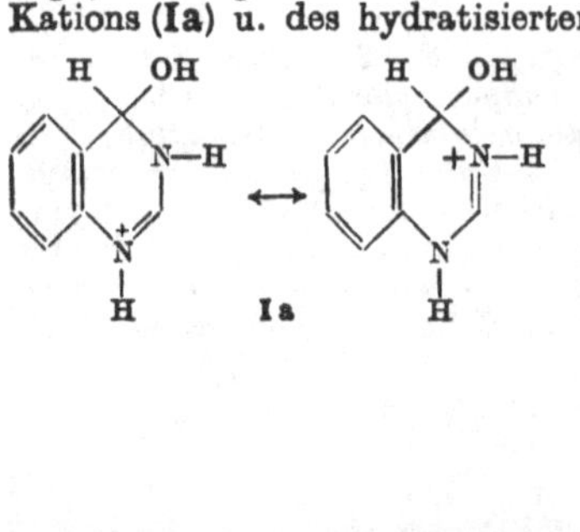

Ia

o-Aminobenzylalkohol, 3.4-Dihydrochinazolin, 3.4-Dihydro-4-methylchinazolin, 3.4-Dihydrochinazolinium-4-sulfonat u. 4-Cyan-3.4-dihydrochinazolin werden tabellar. angegeben u. besprochen.

Versuche: *3.4-Dihydro-4-hydroxy-3-methylchinazolin* (**IIa**), $C_9H_{10}N_2O$, F. 167 bis 168°, durch Zugeben von 33%ig. KOH zum **II**-Jodid in W. unter Kühlung; aus W. Nadeln; 70% (Ausbeute); R_F 0,79 (3%ig. NH_4Cl-Lsg.; aufsteigend bei 5°). — *3.4-Dihydro-4-methoxy-3-methylchinazoliniumjodid* („*3-Methylchinazoliniumjodidmethanolat*"), gibt mit Alkali kein **IIa**; R_F 0,89. — *3.4-Dihydro-4-methylchinazolin*, $C_9H_{10}N_2$, F. 78—79°, $Kp._{2,5}$ 124°, durch Schütteln des Pikrats [F. 234—236° (Zers.)] mit 5n NaOH u. Chlf.; 70%. Gibt mit $K_3[Fe(CN)_6]$ *4-Methylchinazolin* (*Pikrat*, F. 180—181°).

F. Heller. 3272□

Die Struktur eines durch die Hefe Eremothecium ashbyii gebildeten Ribitylpteridins. Walter S. McNutt. (J. Amer. chem. Soc. **82**, 217—21, 5/1. 1960; New Haven, Conn., Connecticut Agricult. Exp. Stat.; engl.) — Vgl. C. **1959**, 2504. — Aus Kulturen der Hefe *Eremothecium ashbyii* wird eine *Verb. A* (**I**) isoliert, die eine starke Säure vom pK_a 3,95 darstellt u. durch verd. NaOH in 75%ig. Ausbeute zu Harnstoff abgebaut wird. 1 Mol **I** verbraucht 3 Mol $NaJO_4$ unter Bldg. von 1 Mol HCHO, 2 Mol HCOOH u. einer *Verb.* (**II**), die im UV-Spektrum **I** ähnelt, dessen Maxima aber nach kürzeren Wellenlängen verschoben sind. Red. von **II** mit $NaBH_4$ gibt *6-Methyl-8-[β-hydroxyäthyl]-2.4.7-trioxohexahydropteridin*. Es wird gefolgert, daß **I** *6-Methyl-8-[D-ribityl-(1)]-2.4.7-trioxohexahydropteridin* ist. Das synthet. **I** ist ident. mit dem isolierten **I**. Die Acidität scheint von einer Iminogruppe herzurühren. Radioakt. **I**, das in Kulturen von *E. ashbyii* in Ggw. von $^{14}C_{(2)}$-Guanin gebildet wurde, zeigt nach dem NaOH-Abbau $^1/_4$ der Aktivität im Harnstoff-C-Atom. Verdünnung mit synthet. **I** zeigt die Identität beider Substanzen. IR- u. UV-Spektren s. Original.

Versuche: *Verb.* $C_9H_8N_4O_4 \cdot H_2O$ (**II**), F. ca. 245° (Zers.), durch Rk. von 123 mg **I** in W. mit 260 mg $NaJO_4$ neben *Ameisensäure* u. *Formaldehyd* (Dimedon-Deriv., F. 189 bis 191°); 67 mg (Ausbeute). — *6-Methyl-8-[β-hydroxyäthyl]-2.4.7-trioxohexahydropteridin*, aus 10 mg vorst. Verb. durch $^1/_2$std. Rk. mit $NaBH_4$ in W. bei Raumtemperatur. — *6-[β-Hydroxyäthylamino]-2.4-dihydroxypyrimidin* (**III**), $C_6H_9N_3O_3$, F. 253—256°, aus 1,49 g 6-Chlor-2.4-dihydroxypyrimidin, suspendiert in W., u. β-Hydroxyäthylamin, 7std. Erhitzen des *β-Hydroxyäthylaminsalzes* (F. 194—196°) im Bombenrohr auf 120—130°; aus W. Kristalle; 0,71 g. — *5-Nitroso-6-[β-hydroxyäthylamino]-2.4-dihydroxypyrimidin*, $C_6H_8N_4O_4$, F. 255° (Zers.), aus 40 mg vorst. Verb., $NaNO_2$ u. 1 Tropfen CH_3COOH durch Rk. in der Kälte (Meth. **A**); tiefrote Kristalle; pK_a 4,5; 32 mg. — *6-Methyl-8-[β-hydroxyäthyl]-2.4.7-trioxohexahydropteridin*, $C_9H_{10}N_4O_4 \cdot H_2O$, F. >315°, aus 0,7 g **III** nach **A**, Versetzen mit 6 ml W. u. 1,5 g $NaHSO_3$ u. 1std. Erhitzen des erhaltenen *5-Amino-6-[β-hydroxyäthylamino]-2.4-dihydroxypyrimidins* (F. >315°; gelbe Kristalle) mit W., CH_3COOH u. Brenztraubensäureäthylester; gelbe Kristalle aus 50%ig. Essigsäure; pK_a 4,2; 0,25 g. — *6-Methyl-8-[D-ribityl-(1)]-2.4.7-trioxohexahydropteridin* (**I**), $C_{12}H_{16}N_4O_7$, F. 259—262° ($H_2O/HCl/CH_3OH$), nach Maley u. Plaut (C. **1960**, 10635) über *6-[D-Ribityl-(1)-amino]-2.4-dihydroxypyrimidin* (F. 182—185°), *5-Nitroso-6-[D-ribityl-(1)-amino]-2.4-dihydroxypyrimidin-Na-Salz* (F. 167—170°) u. *6-Methyl-8-[D-ribityl-(1)]-2.4.7-trioxohexahydropteridin-Na-Salz* (F. 280—282°). E. Koßmehl. 3272□

Beitrag zur Untersuchung der symm.-Triazolopyridazine und symm.-Triazolopyrimidine. David Libermann und Robert Jacquier. (Bull. Soc. chim. France **1962**, 355—61, Febr.; Issy-les-Moulineaux, Labor. de Carbo-Synth.; Montpellier, Inst. de Chim.; franz.) — Die Cyclisierung von 3-Hydrazino-6-methylpyridazin (**I**) mit HCOOH liefert *6-Methyl-symm.-triazolo-[4.3:b]-pyridazin*. 6-Methyl-8-chlor-symm.-triazolo-[4.3:b]-pyridazin gibt mit Hydrazinhydrat (**II**) das *8-Hydrazino-Deriv.*, das mit HCOOH nur das *8-N'-Formylhydrazino-Deriv.* bildet. Aus 6-Methyl-8-hydroxy-symm.-triazolo-[4.3:b]-pyridazin (**III**) wird mit P_2S_5 das *8-Mercapto-Deriv.* hergestellt. 4-Amino-1.2.4-triazol(**IV**) wird mit den entsprechenden β-Ketoestern zu *6-Benzyl-* u. *6-Phenyl-8-hydroxy-symm.-triazolo-[4.3:b]-pyridazin* cyclisiert. 6-Phenyl- (**V**) u. 6-Benzyl-2-hydrazino-4-hydroxypyrimidin (**VI**) bilden bei der Cyclisierung mit HCOOH Isomerengemische der entsprechend substituierten *symm.-Triazolo-[2.3:a]-* u. *symm.-Triazolo-[4.3:a]-pyrimidine*, die getrennt u. zur Identifizierung in Derivv. übergeführt werden. *7-Hydroxy-5-benzyl-symm.-triazolo-[2.3:a]-pyrimidin* (**VII**) wird ferner durch Kondens. von 3-Amino-1.2.4-triazol (**VIII**) mit γ-Phenylacetessigsäureäthylester (**IX**) hergestellt. **VII** liefert beim Erwärmen mit $POCl_3$ auf dem Wasserbad die *7-Chlor-Verb.*, mit P_2S_5 in Pyridin die *7-Mercapto-Verb.*, die beide mit **II** in A. die *7-Hydrazino-Verb.* geben.

Versuche: symm.-Triazolo-[4.3:b]-pyridazine: *6-Methyl-8-hydroxy-* (**III**), $C_6H_6N_4O$, F. 297—298° (Zers.; A.), aus **IV** u. Acetessigsäureäthylester in Tetrahydro-

furfurylalkohol durch Erhitzen auf 170—200°; 74% (Ausbeute). — *6-Methyl-8-chlor-*, F. 187—188° (W.), aus **III** durch Erhitzen mit $POCl_3$ auf 110—120°; 80%. — *6-Methyl-*, $C_6H_6N_4$, F. 167—169° (Bzl.), a) aus vorst. Verb. durch Hydrierung in Ggw. von MgO u. 5%ig. Pd-Kohle; b) aus 2 (g) **I** durch 6std. Kochen mit HCOOH; 1,3 g; c) aus 21 **IV** durch 12std. Kochen mit 4.4-Dimethoxybutanon-(2) in Xylol; 5,3 g. *Pikrat*, $C_{12}H_9N_7O_7$, F. 172—173° (A.). — *6-Methyl-8-hydrazino-*, $C_6H_8N_6$, F. 223—225° (Zers.), aus 5 vorst. Verb. durch 1std. Kochen mit **II** in A.; 1,2 g. — *6-Methyl-8-N'-formylhydrazino-*, $C_7H_8N_6O$, F. 267—270° (Zers.; W.), aus 0,8 vorst. Verb. durch 5std. Kochen mit HCOOH; 0,25 g. — *6-Methyl-8-mercapto-*, $C_6H_6N_4S$, F. 228—230° (50%ig. A.), aus 14,5 **III** durch 1std. Kochen mit P_2S_5 in Pyridin; gelb; 5,1 g. — *6-Benzyl-8-hydroxy-*, $C_{12}H_{10}N_4O$, F. 211°, aus 5 **IV** u. 13 **IX** analog **III**; 3 g. — *6-Phenyl-8-hydroxy-*, $C_{11}H_8N_4O$, F. 283° (85%ig. Essigsäure), aus 7 **IV** u. 2 Benzoylessigsäureäthylester (**X**) durch 5std. Erhitzen auf 150°; 6,5 g. — symm.-Triazolo-[2.3 : a]-pyrimidine: *7-Hydroxy-5-benzyl-* (**VII**), $C_{12}H_{10}N_4O$, F. 236°, a) aus 40 **VI** durch 8std. Kochen mit HCOOH, Extraktion des Rk.-Prod. mit sd. Essigsäurebutylester u. des Rückstands mit sd. A. u. Isolierung aus den A.-Phasen; 14,3 g; b) aus **VIII** u. **IX** in Tetrahydrofurfurylalkohol durch 1std. Erhitzen in Ggw. von Piperidin auf 170—180°; 48,67%. — *7-Chlor-5-benzyl-*, $C_{12}H_9ClN_4$, F. 103°, aus 5 **VII** durch Kochen mit $POCl_3$; 4 g. — *7-Hydrazino-5-benzyl-*, $C_{12}H_{12}N_6$, F. 212° (CH_2Cl_2/A.), aus 3,5 vorst. Verb. durch 3std. Kochen mit **II** in A.; 2 g. *Dihydrat*, $C_{12}H_{12}N_6 \cdot 2\,H_2O$, F. 161—162°, aus 3,4 nachst. Prod. durch 3std. Kochen mit **II** in A.; 2 g. — *7-Mercapto-5-benzyl-*, $C_{12}H_{10}N_4S$, F. 243—244° (Zers.; A.), aus 4,28 **VII** durch 12std. Kochen mit P_2S_5 in Pyridin; 3,4 g. — *7-Hydroxy-5-phenyl-* (**XI**), $C_{11}H_8N_4O$, F. 290° (Isobutanol), a) aus 40 **V** durch 6std. Kochen mit HCOOH, Extraktion des Rk.-Prod. mit A. u. Kristallisation des Unlöslichen aus Isobutanol; 16 g; b) aus 5 **VIII** u. 12 **X** durch 3std. Kochen in Essigsäure; 3 g; c) aus 10 **V** durch 1std. Kochen mit Formamid; 9 g. — *7-Chlor-5-phenyl-*, $C_{11}H_7ClN_4$, F. 159° (Bzl.), aus 5 **XI** durch Kochen mit $POCl_3$; 3,5 g. — *7-Hydrazino-5-phenyl-*, $C_{11}H_{10}N_6$, F. 244—245° (A.), aus 1,3 vorst. Verb. durch 2std. Kochen mit **II** in Alkohol. — symm.-Triazolo-[4.3 : a]-pyrimidine: *5-Hydroxy-7-benzyl-*, $C_{12}H_{10}N_4O$, F. 207—208° (W.), a) neben **VII** aus den Essigsäurebutylesterphasen; 2 g; b) aus **VI** durch 3½std. Erhitzen mit HCOOH auf 50—60°. — *5-Hydroxy-7-phenyl-*, $C_{11}H_8N_4O$, F. 240° (Isobutanol), a) neben **XI** aus den A.-Phasen; 12 g; b) aus 20 **V** durch 4std. Erhitzen mit HCOOH auf 50—60°; 4,1 g.
Eberhard Riedel. 3272□

Beitrag zur Untersuchung der symm.-Triazolopyridazine und symm.-Triazolopyrimidine. David Libermann und Robert Jacquier. (Bull. Soc. chim. France **1962**, 887, April; franz.) — Vgl. vorst. Referat. — Vff. weisen ergänzend zur l. c. referierten Arbeit auf die Synth. von *5-Hydroxy-7-methyl-symm.-triazolo-[2.3:a]-pyrimidin* (F. 266—267°, durch Decarboxylierung der aus 3-Aminotriazol u. α-Äthoxyäthylidenmalonsäurediäthylester gebildeten Säure) durch Williams (J. chem. Soc. [London] **1961**, 3046) hin.
Eberhard Riedel. 3272□

Cyclische Amidine. 15. Mitt. **Derivate von Tricyclochinazolin.** M. W. Partridge, H. J. Vipond und J. A. Waite. (J. chem. Soc. [London] **1962**, 2549—56, Juli; Nottingham, Univ.; engl.) — 14. vgl. C. **1962**, 849. — Die Kondens. von o-Cyananilin (**I**) mit Anthranilsäuremethylester-p-toluolsulfonat (**II**) bei 210° zum *Tricyclochinazolin* (**III**; vgl. Butler u. Partridge, C. **1960**, 9217) verläuft vermutlich über *4-Oxo-2-o-aminophenyl-3.4-dihydrochinazolin* (**IV**), da **IV** mit dem p-Toluolsulfonat von **I** **III** gibt, während es mit p-Toluolsulfonsäure (**VI**) **III** nur mit einer Ausbeute von 0,75% bildet. *Substituierte Tricyclochinazoline* (**A**) werden aus **IV** u. **VI** mit einigen **I**-Derivv. bzw. aus **IV**-Derivv. mit **VI** u. **I** dargestellt. **IV** u. seine Substitutions-Prodd. werden aus N-[o-Cyanphenyl]-o-nitrobenzamiden durch Umsetzung mit alkal. H_2O_2 oder durch Erhitzen von 4-Oxo-2-o-nitrophenyl-4H-3.1-benzoxazin (**XX**)-Derivv. mit Harnstoff (**VII**) auf 180 bis 190° über die entsprechenden o-Nitrophenyl-Derivv. gewonnen. 2-o-[2-(p-Toluolsulfonamido)-benzamido]-phenyl-4-oxo-3.4-dihydrochinazolin (**XVI**) wird zu **III** cyclisiert. Aus 4-Hydroxy-2-o-nitrophenylchinazolin (**VIII**) gewonnenes *4-Chlor-2-o-nitrophenylchinazolin* wird mit o-Cyan-, o-Carboxy- bzw. o-Carbomethoxyarylaminen in *4-Arylamino-Derivv.* übergeführt, die zu *4-Arylamino-2-o-aminophenylchinazolinen* red. werden; therm. oder in Ggw. von 100%ig. H_3PO_4 werden diese zu **A** cyclisiert. *3.8.13-Trimethyltricyclochinazolin* wird durch Pyrolyse von 2-Cyan-4-methylanilin-p-toluolsulfonat (**IX**) gewonnen. **XX** reagiert nicht mit **I** $< 250°$. 1-, 3-u. 4-Methyltricyclochinazolin sind carcinogen.

Versuche: *2-Amino-5-fluorbenzoesäure*, $C_7H_6FNO_2$, F. 182—183°, aus 15 g 5-Fluorisatin in 2,5n NaOH durch ¼std. Rk. mit 30%ig. H_2O_2 bei 80—90°; Nadeln aus Xylol; 7 g (Ausbeute). — o-Nitrobenzamide: *N-[o-Cyanphenyl]-* (**X**), $C_{14}H_9N_3O_3$, F. 205—206°, aus 11,8 g **I** in Bzl. u. Pyridin durch 1std. Schütteln mit 20 g o-Nitrobenzoylchlorid (**XI**) in Bzl.; Nadeln aus A.; 16,4 g. — Analog: *N-[2-Cyan-4-methyl-*

phenyl]-, $C_{15}H_{11}N_3O_3$, F. 185—186°; aus A. Nadeln; 61%. — *N*-[*2-Cyan-4-bromphenyl*]-, $C_{14}H_8BrN_3O_3$, F. 196—197°; aus Essigsäure Prismen; 58%. — 2-o-Nitrobenzamidobenzoesäuren: *5-Methyl-* (**XII**), $C_{15}H_{12}N_2O_5$, F. 229,5—231°, aus 65 g **XI** in Bzl. durch Verrühren mit 49 g 2-Amino-5-methylbenzoesäure in 0,8n NaOH; aus Butanol Prismen; 69 g. — Analog: *3-Methyl-*, $C_{15}H_{12}N_2O_5$, F. 209—210°; aus A. Nadeln; 88%. — *5-Brom-*, $C_{14}H_9BrN_2O_5$, F. 251—252°; aus Butanol Prismen; 75%. — *5-Fluor-*, $C_{14}H_9 \cdot FN_2O_5$, F. 252—253°; aus A. Prismen; 70%. — 2-o-Nitrophenyl-4-oxo-4H-3.1-benzoxazine: *6-Methyl-*, $C_{15}H_{10}N_2O_4$, F. 186,5—188°, aus 68 g **XII** durch 1std. Kochen mit Acetanhydrid; aus CH_3COOH Nadeln; 58 g. — Analog: *8-Methyl-*, $C_{15}H_{10} \cdot N_2O_4$, F. 186—187°; aus Essigsäure Nadeln; 86%. — *6-Brom-*, $C_{14}H_7BrN_2O_4$, F. 145 bis 146°; aus A. Nadeln; 86%. — *6-Fluor-*, $C_{14}H_7FN_2O_4$, F. 170—171°; aus Essigsäure Prismen; 92%. — 2-o-Nitrophenylchinazoline: *4-Hydroxy-* (**VIII**), F. 227—229° (Toluol oder Butanol), a) aus 5 g **X** in Dioxan durch 1½std. Kochen mit 20%ig. NaOH u. 30%ig. H_2O_2; 87%; b) aus **XX** u. **VII** durch ½std. Erhitzen auf 180—190°; 87%. — Analog: *4-Hydroxy-6-methyl-*, $C_{15}H_{11}N_3O_3$, F. 271—273°; aus Butanol Prismen; 88 bzw. 92%. — *4-Hydroxy-8-methyl-*, $C_{15}H_{11}N_3O_3$, F. 286—288°, nach b); aus Essigsäure Prismen; 74%. — *4-Hydroxy-6-brom-*, $C_{14}H_8BrN_3O_3$, F. 279—280°; aus Essigsäure Prismen; 90 bzw. 79%. — *4-Hydroxy-6-fluor-*, $C_{14}H_8FN_3O_3$, F. 248—249°, nach b); aus wss. 2-Methoxyäthanol Nadeln; 68%. — *4-Chlor-*, $C_{14}H_8ClN_3O_2$, F. 179—181°, a) aus **VIII** durch 1¼std. Kochen mit $SOCl_2$ in Dimethylformamid; hellgelbe Nadeln aus abs. Aceton; 96%; b) aus 40 g **VIII** durch 2½std. Erhitzen mit $POCl_3$ auf 140°; 29,9 g. — *4-o-Methoxycarbonylanilino-* (**XIII**), $C_{22}H_{16}N_4O_4$, F. 187—188°; aus Essigsäure gelbe Nadeln. *Hydrochlorid*, $C_{22}H_{17}ClN_4O_4$, F. 232—233°, aus 2,85 g vorst. Verb. durch 1std. Kochen mit Anthranilsäuremethylester u. konz. HCl in Aceton; aus CH_3OH gelbe Nadeln; 4 g. — Analog: *4-o-Carboxyanilino-*, $C_{21}H_{14}N_4O_4$, F. 309—311°; 70%. *Hydrochlorid*, $C_{21}H_{15}ClN_4O_4$, F. 253—255°. — *4-o-Cyananilino-*, $C_{21}H_{13}N_5O_2$, F. 186—187°; 74%. — *4-[o-Carbomethoxy-p-methylanilino]-* (**XXI**), $C_{23}H_{18}N_4O_4$, F. 196—197°; 74%. *Hydrochloridäthanolat*, $C_{25}H_{25}ClN_4O_5$, F. 173—174° (Zers.). — *4-[2-Carbomethoxy-5-methylanilino]-*, $C_{23}H_{18}N_4O_4$, F. 214—215°; 69%. *Hydrochlorid*, $C_{23}H_{19}ClN_4O_4$, F. 217 bis 219° (Zers.). — *4-[2-Cyan-5-methylanilino]-*, $C_{22}H_{15}N_5O_2$, F. 197—199°; 83%. *Hydrochlorid-Essigsäuresolvat*, $C_{24}H_{20}ClN_5O_4$, F. 192—193° (Zers.). — *4-[2-Cyan-5-methoxyanilino]-*, $C_{22}H_{15}N_5O_3$, F. 197—198°; 76%. *Hydrochlorid*, $C_{22}H_{16}ClN_5O_3$, F. 161—162°. — 2-o-Aminophenylchinazoline: *4-Hydroxy-* (**IV**), F. 240—241°, a) aus **VIII** durch Behandlung mit Na-Dithionit in 2n NaOH bei 80°; 57%; b) aus **VIII** durch Erwärmen mit 80%ig. Hydrazinhydrat u. Raney-Ni in A. auf 60—65°; 64%. — Analog nach b): *4-Hydroxy-6-methyl-* (**XVIII**), $C_{15}H_{13}N_3O$, F. 223—224°; aus Isopropanol Nadeln; 76%. *Hydrochlorid*, $C_{15}H_{13}N_3O \cdot HCl$, F. 279—281°; hellgelbe Nadeln. — *4-Hydroxy-8-methyl-* (**XXII**), $C_{15}H_{13}N_3O$, F. 259—260°, aus Butanol Nadeln; 78%. — *6-Brom-4-hydroxy-* (**XIV**), $C_{14}H_{10}BrN_3O$, F. 264—265°; aus Butanol Nadeln; 67%. — *6-Fluor-4-hydroxy-* (**V**), $C_{14}H_{10}FN_3O$, F. 266—267°; aus A. Nadeln; 68%. — *4-o-Methoxycarbonylanilino-* (**XVII**), $C_{22}H_{18}N_4O_2$, F. 192—193° (Butanol), a) aus **XIII** in Essigsäure durch Red. mit H_2 in Ggw. von Adams-Katalysator; aus Butanol Nadeln; 63%; b) aus **XIII** analog **IV** nach b); 76%. *Hydrochlorid*, $C_{22}H_{19}ClN_4O_2$, F. 176—178°; Nadeln aus 2n HCl. *Acetyl-Deriv.*, $C_{24}H_{20}N_4O_3$, F. 212—213°; aus Essigsäure Nadeln. — Analog nach b): *4-[2-Methoxycarbonyl-4-methylanilino]-*, $C_{23}H_{20}N_4O_2$, F. 152—153°; aus Methanol Nadeln; 75%. — *4 [2-Methoxycarbonyl-5-methylanilino]-* (**XXIV**), $C_{23}H_{20}N_4O_2$, F. 182—183°; aus Butanol Nadeln; 90%. — *4-[2-Cyan-5-methylanilino]-* (**XXV**), $C_{22}H_{17}N_5$, F. 195—196° (Zers.); aus Toluol Nadeln; 59%. — *4-[2-Cyan-5-methoxyanilino]-* (**XIX**), $C_{22}H_{17}N_5O$, F. 201—203° (Zers.); aus Butanol gelbe Nadeln; 60%. — 4-Hydroxychinazoline: *2-[o-(o-Nitrobenzamido)-phenyl]-*, F. 272—273°, aus **IV** u. **XI**; 63%. — *2-[2-(o-Phthalimidobenzamido)-phenyl]-*, $C_{29}H_{18}N_4O_4$, F. 316—318° (Toluol), aus **IV** u. o-Phthalimidobenzoylchlorid durch Kochen in Pyridin; 57%. — *2-[2-(o-Aminobenzamido)-phenyl]-* (**XV**), $C_{21}H_{16}N_4O_2$, F. 314—316°, a) aus vorvorst. Verb. analog **IV** nach b); aus Butanol Nadeln; b) aus vorst. Verb. durch Kochen mit 80%ig. Hydrazinhydrat in 2-Methoxyäthanol; 50%. — *6-Methyl-2-[2-(o-nitrobenzamido)-phenyl]-*, $C_{22}H_{16}N_4O_4$, F. 272—273° (Butanol), durch 1½std. Kochen von **XVIII** u. **XI** in abs. Bzl./Pyridin; 0,87 g; daneben Verb. $C_{29}H_{19}N_5O_7$, F. 249—250°; 0,045 g. — *6-Methyl-2-[2-(o-aminobenzamido)-phenyl]-* (**XXIII**), $C_{22}H_{18}N_4O_2$, F. 317 bis 320°, aus vorst. Verb. a) durch Red. mit N_2H_4 u. Raney-Ni; aus Butanol Nadeln; 58%; b) durch Red. mit H_2 in Ggw. von Adams-Katalysator in CH_3COOH; 52%. *Acetyl-Deriv.*, $C_{24}H_{20}N_4O_3$, F. 295—297°; aus Butanol Prismen. — *2-o-[2-(p-Toluolsulfonamido)-benzamido]-phenyl-* (**XVI**), $C_{28}H_{22}N_4O_4S$, F. 266—267°, aus **IV** u. 2-p-Toluolsulfonamidobenzoylchlorid; aus Butanol Nadeln; 61%. — *Tricyclochinazolin* (**III**), F. 319 bis 320°, a) aus 3 g **I** u. 8 g **II** durch 40 Min. langes Erhitzen auf 210°; 27%; daneben *6-Amino-12-hydroxyphenhomazin*, $C_{14}H_{11}N_3O$, F. 213—215°; gelbe Prismen aus CH_3OH; 0,4 g

(*Diacetyl-Deriv.*, $C_{18}H_{15}N_3O_3$, F. 238—239°; Prismen aus CH_3COOH); b) aus 0,6 g **IV** durch $^3/_4$std. Erhitzen mit **I** u. **VI** auf 210°; 0,49 g; c) aus 0,1 g **XV** durch $1^1/_2$std. Kochen mit P_2O_5 in Xylol; 20 mg; d) aus **XVI** analog c); 17%; e) aus **XVII** analog c); 14%; f) aus **XVII** durch 3std. Erhitzen mit 100%ig. H_3PO_4 auf 160°; 77%. — Analog folgende Tricyclochinazoline (**A**; gelbe Nadeln aus Toluol oder Xylol): *1-Methyl-*, $C_{22}H_{14}N_4$, F. 292—294°, nach b) aus **XXII**; 31%. — *2-Methyl-*, F. 278—279°, a) nach b) aus **IV** u. 5-Methyl-**I**; 31%; b) aus **XXIV** nach f); 80%; c) durch 1std. Erhitzen von **XXV** auf 210°; 30%. — *3-Methyl-*, F. 266—267°, a) aus **IV** u. 4-Methyl-**I** nach b); 31%; b) aus **I** u. **XVIII** nach b); 33%; c) nach c) aus **XXIII**; 23%; d) aus **XXI** nach f); 70%. — *4-Methyl-*, F. 246—248°, aus **IV** u. 3-Methyl-**I** nach b); 20%. — *3-Brom-*, $C_{21}H_{11}BrN_4$, F. 290—291°, a) aus **IV** u. 4-Brom-**I** nach b); 34%; b) aus **XIV** u. **I**; 35%. — *3-Fluor-*, $C_{21}H_{11}FN_4$, F. 322—323°, aus **IV** u. 4-Fluor-**I** nach b); 30%. — *3.8-Dimethyl-*, $C_{23}H_{16}N_4$, F. 273 bis 275°, nach b) in $^3/_4$ Std. bei 255° aus **XVIII** u. 4-Methyl-**I**; 42%. — *3.8-Dibrom-*, $C_{21}H_{10}Br_2N_4$, F. 325—326°, aus **XIV** u. 4-Brom-**I** nach b); 18%. — *3.8-Difluor-*, $C_{21}H_{10}F_2N_4$, F. 336—338°, aus **V** u. 4-Fluor-**I** nach b); 29%. — *3.8.13-Trimethyl-*, $C_{24}H_{18}N_4$, F. 388—390°, aus **IX** durch $^3/_4$std. Erhitzen auf 210°; aus Xylol gelbe Nadeln; 11%. — *2-Methoxy-*, $C_{22}H_{14}N_4O$, F. 250—251° (Toluol), aus 1 g **XIX** durch 2std. Erhitzen auf 255°; 0,73 g. — *2-Hydroxy-*, $C_{21}H_{12}N_4O$, F. 367—369° (wss. Pyridin), aus vorst. Verb. durch Kochen in HBr; 92%. — UV-Maxima der **A** sind tabellar. aufgeführt.

Eberhard Riedel. 3272□

Darstellung von Dehydromorpholinen aus β-Cyanäthylestern von Acetylenalkoholen. G. A. Schwechgeimer. (Известия Академии Наук СССР, Отделение Химических Наук [Nachr. Akad. Wiss. UdSSR, Abt. chem. Wiss.] **1960,** 1870—71, Okt.; Zelinsky-Inst. für organ. Chem. der Akad. der Wiss. der UdSSR; russ.) — Das durch Verseifen von 2-[β-Cyanäthoxy]-2-methylbutanon-(3) (I) mit H_2O_2 dargestellte *2-[β-Carbaminyläthoxy]-2-methylbutanon-(3)* läßt sich entgegen den Erwartungen nicht mit NaOBr zu *2.2.3-Trimethyl-Δ³-dehydromorpholin* (II) oxydieren; bei der Rk. fällt allein *Bromoform* als identifizierbares Prod. an. Zu II führt jedoch eine Synth., bei der *2-[β-Carbomethoxyäthoxy]-2-methylbutanon-(3)* (III) über das entsprechende Hydrazonhydrazid u. das Azid in *2-[β-(N-Carbomethoxyamino)-äthoxy]-2-methylbutanon-(3)* (**IV**) umgewandelt wird, das sich durch Erhitzen mit CaO u. wenig W. zu **II** cyclisieren läßt. Das Urethan **IV** ist auch durch Hydratisieren des entsprechenden Butins in Ggw. von $HgSO_4$ zugänglich.

Versuche: *2-[β-Carbaminyläthoxy]-2-methylbutanon-(3)*, $C_8H_{15}NO_3$, Kp. 176 bis 179°, a) durch Zutropfen von 35 g **I** (Kp.$_{18}$ 96—97°) zu 40%ig. H_2O_2 in Ggw. von KOH, 1std. Erwärmen auf 50°, Sättigen mit K_2CO_3 u. Ausziehen mit Essigester; 30,2 g (Ausbeute); b) durch 5std. Rühren von 14,5 g 3-[β-Carbaminyläthoxy]-3-methylbutin-(1) mit $HgSO_4$ in W. bei 95°; 9,2 g. — *2.2.3-Trimethyl-Δ³-dehydromorpholin* (II), $C_7H_{13}NO$, Kp.$_{32}$ 63—67°, Kp. 143—147°, D_4^{20} 0,9350, n_D^{20} 1,4408, a) durch 10std. Kochen von III mit Hydrazinhydrat in abs. A., Eindampfen, Lösen in verd. H_2SO_4/Ae., Zugeben von wss. $NaNO_2$, Ausäthern, Verdünnen mit abs. CH_3OH, Abdestillieren des Ae., 8std. Kochen, Eindampfen, Erhitzen von 22 g des erhaltenen rohen *2-[β-(N-Carbomethoxyamino)-äthoxy]-2-methylbutanons-(3)* (**IV**) mit 70 g CaO u. W.; 6,2 g; b) durch 12std. Rühren von 34 g 3-[β-Carbomethoxyäthoxy]-3-methylbutin-(1) mit $NH_2OH \cdot HCl$ in Ae.-Methanol bei 20°, 18std. Erwärmen auf 50—55°, Zugeben von 10 g p-Toluolsulfonsäure u. 48 g p-Toluolsulfochlorid, 8std. Rühren, Eindampfen, Lösen in gesätt. K_2CO_3-Lsg., Ausziehen mit Ae., Bzl. u. Essigester, Eindampfen (25 g), 3std. Kochen von 29 g des Rückstands mit $HgSO_4$ in verd. H_2SO_4 u. Erhitzen des erhaltenen **IV** mit CaO u. W. wie unter a); 5,8 g. *Pikrat*, $C_{13}H_{16}N_4O_8$, F. 178—181° (A.). — *2.3-Dimethyl-2-äthyl-Δ³-dehydromorpholin*, $C_8H_{15}NO$, Kp.$_{26}$ 74—78°, Kp. 167—170°, analog II nach a); D_4^{20} 0,9478, n_D^{20} 1,4517. *Pikrat*, $C_{14}H_{18}N_4O_8$, F. 198—200° (A.). H.-E. Toussaint. 3282□

Über partiell alkylierte Hexathiaadamantane. Kjell Olsson. (Ark. Kemi **14,** Nr.34, 371—86, 15/10. 1959; Univ. of Uppsala, Chem. Inst., Labor. of Org. Chem.; engl.) — Thioessigsäure (I) reagiert, im Gegensatz zu Dithioessigsäure (**VI**), mit Ameisensäure (**II**) in Ggw. von $ZnCl_2$, je nach dem Verhältnis der Rk.-Partner, zu *Hexathiaadamantan* (**III**) u. den möglichen *Methylderivaten*. Wie I reagieren auch Thiopropionsäure (**IV**; Kp. 108 bis 110°) u. Thio-n-buttersäure (**V**; Kp. 128—129°) zu den entsprechenden *Äthyl-* bzw. *Propylderivaten*. IR-Spektren wurden gemessen.

Versuche (FF. korr.): *Hexathiaadamantan* (III), Zers. bei ca. 300°, durch Versetzen von 7,6 g **I** u. 49 g **II** mit $ZnCl_2$ (0,5 g/ml Säure), 1wöchiges Stehen bei Raum-Temp., Fällen mit HCl u. Extraktion mit sd. Dimethylsulfoxid (DMS); 200 mg (Ausbeute). *Methyl-Deriv.*, Zers. bei ca. 300°, $C_5H_6S_6$, aus 7,6 g **I** u. 8,7 g **II**, Extraktion mit sd.

Pyridin u. anschließende Extraktion des Rohprod. mit sd. DMS; 1,1 g, daneben III. *Dimethyl-Deriv.*, $C_6H_8S_6$, aus 7,6 g I u. 1,2 g II u. Extraktion mit sd. Pyridin; rhomb. Kristalle; 900 mg, daneben *Monomethyl-* u. *Trimethylderivat. Trimethyl-Deriv.*, $C_7H_{10}S_6$, Zers. bei ca. 300°, aus 7,6 g I u. 0,47 g II u. Extraktion mit A. u. Bzl.; aus Pyridin Nadeln; 800 mg, daneben *Dimethyl-* u. 250 mg *Tetramethylderivat. Tetramethyl-Deriv.*, F. 224—225° (Ligroin), durch Sättigen einer Lsg. von VI u. II in Ae. mit HCl u. 12 std. Stehen; sublimiert im Vakuum; *Äthyl-Deriv.*, $C_6H_8S_6$, Zers. bei ca. 300°, aus 9,0 g IV u. 5,8 g II u. Extraktion mit Xylol; aus Xylol Nadeln; 400 mg, daneben III u. *Diäthylderivat. Diäthyl-Deriv.*, $C_8H_{12}S_6$, F. ca. 250° (Zers.), aus 9 g IV u. 1,09 g II u. Extraktion mit Bzl.; aus Pyridin rhomb. Kristalle; 1,4 g, daneben *Äthylderivat. Triäthyl-Deriv.*, $C_{10}H_{16}S_6$, F. 209—210°, aus 9,0 g IV u. 0,46 g II u. Extraktion mit konz. HCl/Chlf. u. mit Essigsäureäthylester; aus Aceton Nadeln; 400 mg. *n-Propyl-Deriv.*, $C_7H_{10}S_6$, Zers. bei ca. 300°, aus 10,4 g V u. 2,5 g II u. Extraktion mit A. u. mit Toluol; aus Toluol silbrige Tafeln; 250 mg, daneben das *Di-n-propylderivat. Di-n-propyl-Deriv.*, $C_{10}H_{16}S_6$, F. 179—182°, aus 10,4 g V u. 0,96 g II u. Extraktion mit A. u. PAe.; mkr. Säulen; 200 mg. *Tri-n-propyl-Deriv.*, $C_{13}H_{22}S_6$, F. 198—199°, aus 10,4 g V mit 0,43 g II u. Extraktion mit konz. HCl/Chlf. u. mit Essigsäureäthylester; aus Aceton Nadeln; 1,1—1,2 g. P. Becker. 3354

Synthese von 1-Desoxy-1-azido-2.3.5-tri-O-benzoyl-α-D-lyxofuranose. M. Nys und J. P. Verheijden. (Bull. Soc. chim. belges **69**, 57—62, Jan./Febr. 1960; Bruxelles, Univ., Labor. de Chim. Organ.; franz.) — D-Lyxosediäthylmercaptal (II) wird mit $HgCl_2$, HgO u. CH_3OH in *Methyl-D-lyxofuranosid* übergeführt, das bei der Benzoylierung mit Benzoylchlorid (III) in Pyridin *Methyl-2.3.5-tri-O-benzoyl-D-lyxofuranosid* (V) liefert. V wird durch selektive Hydrolyse u. Acetylierung in *1-O-Acetyl-2.3.5-tri-O-benzoyl-D-lyxofuranose* (VI) umgewandelt, die durch aufeinanderfolgende Behandlung mit HCl in Ae. u. mit Na-Azid in Acetonitril (IV) in *1-Desoxy-1-azido-2.3.5-tri-O-benzoyl-α-D-lyxofuranose* (I) übergeht. I kann mit Verbb., die akt. CH_2-Gruppen enthalten, z. B. Cyanacetamid, kondensiert werden. Für I, V u. VI sind die IR-Maxima aufgeführt. Für I ist das IR-Spektrum graph. wiedergegeben.

Versuche: *Methyl-D-lyxofuranosid*, $C_6H_{12}O_5$, F. 93—94°, durch 24 std. Rühren von II, $HgCl_2$ u. HgO in abs. CH_3OH bei Raum-Temp., Ausfällen von überschüssigem $HgCl_2$ mit Pyridin, Neutralisation der filtrierten Lsg. mit 1n NaOH u. vollständiges Eindampfen der filtrierten Lsg.; $[\alpha]_D^{20}$ +135° (c = 1,1; Bzl.); 61% (Ausbeute). — *Methyl-2.3.5-tri-O-benzoyl-D-lyxofuranosid* (V), $C_{27}H_{24}O_8$, $Kp._{0,003}$ 300° (Bad-Temp.), durch Zugabe von 2,1 ml III zu 500 mg vorst. Verb. in Pyridin bei 0°, 1 std. Kochen, Aufgießen auf Eis, wiederholte Chlf.-Extraktion, Einengen der vereinigten, mit $NaHSO_3$, Na_2CO_3 u. W. gewaschenen Chlf.-Lsgg., Chromatographie der zurückbleibenden 2,14 g Sirup an Al_2O_3 u. Elution mit Bzl.–Ae. (4:1); $[\alpha]_D^{20}$ +53° (c = 1,0; Bzl.). — *1-O-Acetyl-2.3.5-tri-O-benzoyl-D-lyxofuranose* (VI), $C_{28}H_{24}O_9$, F. 104—104,5° (abs. A.), durch ½ std. Rühren von 550 mg V mit 1,5 ml 30% HBr enthaltender Essigsäure bei 20°, Zugabe von 1,1 ml Eisessig, Abkühlen auf 0°, Einrühren von 0,7 ml W. bei 0°, ½ std. Rühren bei 20°, Verdünnen mit W., wiederholte Chlf.-Extraktion, Eindampfen der mit $NaHCO_3$ neutral gewaschenen Chlf.-Extrakte im Vakuum, 3 tägiges Aufbewahren des Rückstands mit Pyridin u. Acetanhydrid bei 20°, Eindampfen des Rk.-Gemisches im Vakuum, Schütteln des Rückstands mit Chlf.–W., wiederholte Chlf.-Extraktion der wss. Phase u. Eindampfen der vereinigten, neutral gewaschenen Chlf.-Lsgg.; $[\alpha]_D^{20}$ +67° (c = 0,95; Bzl.); 259 mg. — *1-Desoxy-1-azido-2.3.5-tri-O-benzoyl-α-D-lyxofuranose* (I), $C_{26}H_{21}N_3O_7$, durch 3 tägiges Aufbewahren einer Lsg. von VI in mit HCl gesätt. Ae. bei —3°, Abdestillieren des Ae. bei 15°, Entfernen von restlichem HCl durch Dest. mit Bzl. u. Toluol, 1½ std. Kochen des Rückstands mit Na-Azid u. IV unter Rühren, Eindampfen der filtrierten Lsg., Chromatographie an Kieselgel u. Elution mit Bzl.–Ae. (2:1); $[\alpha]_D^{22}$ +125° (c = 0,4; Bzl.); 86%. G. Marquard. 3400

Darstellung und Eigenschaften von Acetochlorgalaktosamin. R. Heyworth und D. H. Leaback. (Chem. and Ind. **1958**, 1145, 30/8.; Stanmore, Middlesex, Brockley Hill, Royal Nat. Orthopaedic Hosp., Inst. of Orthopaedics, Dep. of Biochem.; engl.) — Durch längere Behandlung von Galaktosaminpentaacetat mit Acetanhydrid-HCl wird *2-Acetamido-3.4.6-tri-O-acetyl-1-chlor-2-desoxy-α-D-galaktose* [*Acetochlorgalaktosamin*, I, $C_{14}H_{20}ClNO_8$, F. 130°, $[\alpha]_D^{18}$ +138° (c = 0,7; Chlf.), Platten aus Essigsäureäthylester] erhalten, die sich in *1.3.4.6-Tetra-O-acetyl-2-amino-2-desoxy-α-D-galaktosehydrochlorid* [$C_{14}H_{22}ClNO_9$, F. 150—190° (Zers.), $[\alpha]_D^{18}$ +139° (c = 0,3; W.)] umlagert. I läßt sich mit p-Nitrophenol in *p-Nitrophenyl-2-acetamido-3.4.6-tri-O-acetyl-2-desoxy-β-D-galaktosid* [$C_{20}H_{24}N_2O_{11}$, F. 184°, $[\alpha]_D^{20}$ —7° (c = 0,5; Aceton), aus A. Nadeln] überführen, das durch O-Entacetylierung *p-Nitrophenyl-2-acetamido-2-desoxy-β-D-galaktosid* [F. 197°, $[\alpha]_D^{20}$ +22° (c = 0,13; W.)] gibt. G. Ziebarth. 3400

Synthese von 1-[o-Carboxyphenylamino]-1-desoxy-D-fructose. Franz Lingens und Heinrich Hellmann. (Liebigs Ann. Chem. **630,** 84—88, 17/5. 1960; Tübingen, Univ., Chem. Inst., Biochem. Arbeitsgruppe; dt.) — Es werden *N-[o-Carboxyphenyl]-D-* u. *-L-arabinosylamin, -2-desoxy-D-glucosylamin* u. *-4.6-O-benzal-D-glucosylamin* (**I**) durch Rk. von Anthranilsäure (**II**) mit den entsprechenden Zuckern dargestellt. D-Ribose (**III**) u. 4.6-O-Benzalglucose (**IV**) werden außerdem mit Anthranilsäuremethylester (**V**) zu *N-[o-Carbomethoxyphenyl]-D-ribosylamin* bzw. *-4.6-O-benzal-D-glucosylamin* umgesetzt. Aus N-[o-Carboxyphenyl]-D-ribosylamin bzw. **I** werden unter Amadori-Umlagerung *1-[o-Carboxyphenylamino]-1-desoxy-D-ribulose* bzw. *-1-desoxy-4.6-O-benzal-D-fructose* (**VI**) dargestellt. Benzaldehydabspaltung bei **VI** führt zu *1-[o-Carboxyphenylamino]-1-desoxy-D-fructose.*

Versuche: N-[o-Carboxyphenyl]-glykosylamine: *-D-arabinosyl-*, $C_{12}H_{15}NO_6$, F. 164—166° (Zers.), aus *D*-Arabinose u. **II** in A./W. durch kurzes Erwärmen auf 80°; $[\alpha]_D^{22}$ —76,8° (15 Min.) → —47,3° (70 Std.) (c = 1,0; Pyridin); 96% (Ausbeute). — *-L-arabinosyl-*, $C_{12}H_{15}NO_6$, F. 162—163° (Zers.), analog aus *L*-Arabinose; $[\alpha]_D^{22}$ +82,3° (9 Min.) → +48,2° (65 Std.) (c = 1,1; Pyridin); 96%. — *-D-ribosyl-*, $[\alpha]_D^{21}$ —53,2° (9 Min.) → +4,7° (66 Std.) (c = 1,0; Pyridin). — *-D-glucosyl-*, $[\alpha]_D^{22}$ +78,5° (10 Min.) → +62,2° (65 Std.) (c = 1,2; Pyridin). *Tetraacetylderiv.*, $C_{21}H_{25}NO_{11}$, F. 184—186°; $[\alpha]_D^{22}$ —69,7° (c = 1,0; Pyridin). — *-2-desoxy-D-glucosyl-*, $C_{13}H_{17}NO_6$, F. 157—158,5° (Zers.), durch kurzes Erwärmen u. mehrtägiges Stehen von 2-Desoxy-*D*-glucose u. **II** in A./W. (Meth. **A**); 29%. — *-4.6-O-benzal-D-glucosyl-* (**I**), $C_{20}H_{21}NO_7 \cdot 0,5\ C_2H_5OH$, F. 160—162° (Zers.), durch kurzes Kochen von **IV** u. **II** in A.; $[\alpha]_D^{23}$ —59,8° (12 Min.) → —53,8° (6 Tage) (c = 1,0; Pyridin); 93%. — 1-[o-Carboxyphenylamino]-zucker: *-1-desoxy-4.6-O-benzal-D-fructose* (**VI**), $C_{20}H_{21}NO_7$, F. 192—194° (Zers.), a) durch 4 std. Erhitzen von **I** in Dimethylformamid auf 100° (Meth. **B**); $[\alpha]_D^{23}$ —119,2° (c = 1,0; Pyridin); 80%; b) durch 1 std. Erhitzen von **I** in abs. Dioxan oder Glykolmonomethyläther auf 100°; 80%; c) durch $^3/_4$ std. Erhitzen von **I** in Pyridin/Eisessig auf 100°. — *-1-desoxy-D-fructose,* durch 2 std. Erhitzen von **VI** in verd. Essigsäure auf 100°. — *-1-desoxy-D-ribulose,* aus nachst. Verb. nach **B**. — N-[o-Carbomethoxyphenyl]-glykosylamine: *-D-ribosyl-*, $C_{13}H_{17}NO_6$, F. 136—138° (Zers.), aus **III** u. **V** nach **A**; $[\alpha]_D^{25}$ —58° (15 Min.) → —56,5° (48 Std.) (c = 0,99; Pyridin); 45%. — *-4.6-O-benzal-D-glucosylamin,* $C_{21}H_{23}NO_7$, F. 182° (Zers.), durch $^1/_2$ std. Kochen von **IV** u. **V** in A.; 47%. J. Gante. 3400

Über die Umwandlung des Prunins in Kämpferol-7-glucosid und seine biogenetische Bedeutung. Henri Pacheco. (C. R. hebd. Séances Acad. Sci. **251,** 1077—79, 29/8. 1960; franz.) — Durch Lösen von Prunin (7-[β-D-Glucopyranosyloxy]-5.4'-dihydroxyflavanon) in 2 n Na_2CO_3, Abkühlen auf 0°, wiederholte Zugabe von 30%ig. H_2O_2 innerhalb von 40 Std. bei 0°, Einstellen mit Essigsäure auf pH 4 u. papierchromatograph. Aufarbeitung wird *Aromadendrin-7-glucosid* (*7-[β-D-Glucopyranosyloxy]-3.5.4'-trihydroxyflavanon*; **I**), F. 175°, erhalten. **I**, das sich zu *Glucose* (**II**) u. *Aromadendrin* hydrolysieren läßt, liefert durch 2 std. Kochen mit 10%ig. $NaHSO_3$-Lsg. *Kämpferol-7-glucosid* (*7-[β-D-Glucopyranosyloxy]-3.5.4'-trihydroxyflavon*; **III**), F. 250° (W.), das bei der sauren Hydrolyse in *Kämpferol* u. **II** gespalten wird u. durch Acetylierung ein *Heptaacetylderiv.* (**IV**), $C_{35}H_{34}O_{18}$, F. 240° (A.; Nadeln), bildet. Für **I, III** u. **IV** sind die UV-Maxima angegeben. G. Marquard. 3450

Indolalkaloide. V. Boekelheide und V. Prelog. (Progr. org. Chem. **3,** 218—66, 1955; Rochester, N.Y., Univ. of Rochester; Zürich, Swiss Federal Inst. of Technol.; engl.) — Übersicht über Struktur u. Synth. von Alkaloiden des Yohimbin-, Corynanthein-, Alstonin-, Cinchonamin- u. Erythrin-Typs. — 170 Literaturstellen. A. Henze. 3500 □

Die Struktur von Echitamin. D. Chakravarti, R. N. Chakravarti, R. Ghose und Robert Robinson. (Tetrahedron Letters [London] **1960,** Nr. 11,

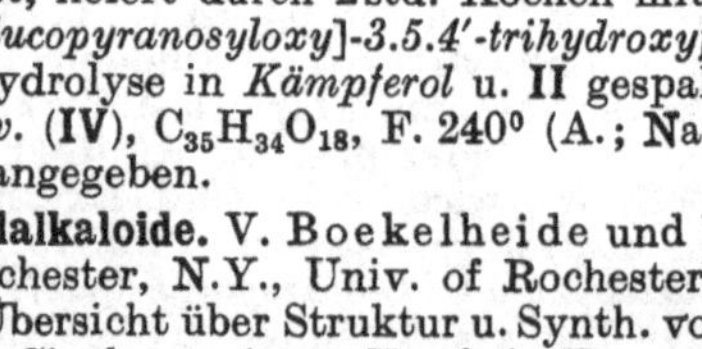

I

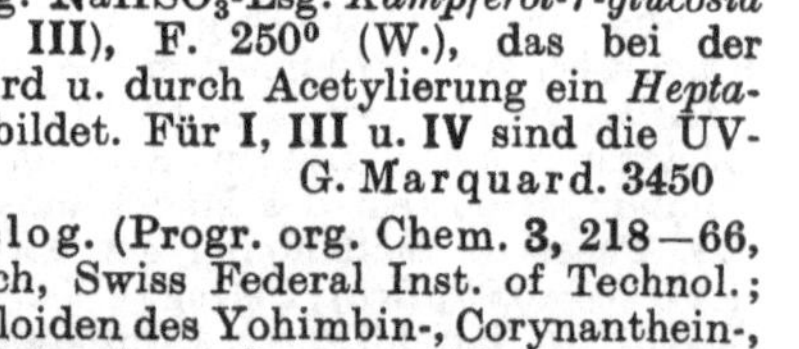

II

25—26, Mai; Calcutta, School of Trop. Med.; engl.) — Vgl. C. **1962,** 16328. — Auf Grund der Beobachtungen anderer Autoren schlagen Vff. für *Echitaminchlorid* Struktur **I** u. für *Echitinolid* Struktur **II** vor. G. Teege. 3500 □

Echitamin. A. J. Birch, H. F. Hodson, B. Moore, H. Potts und G. F. Smith. (Tetrahedron Letters [London] **1960**, Nr. 19, 36—42, Aug.; Manchester, Univ., Dep. of Chem.; engl.) — Vgl. C. **1961**, 13552. — Die Vers.-Ergebnisse der Vff. können nicht in Einklang mit den Strukturformeln für *Echitamin* (**I**) gebracht werden, die von Couroy u. Mitarbeitern (Tetrahedron Letters [London] **1960**, Nr. 6, 1), Chakravarti u. Mitarbeitern (vgl. C. **1962**, 16328 u. vorst. Ref.) u. Chatterjee u. Mitarbeitern (Chem. and Ind. **1960**, 265) vorgeschlagen wurden. Echitinolid (**II**) wird durch Hofmann-Abbau in eine amorphe *Base A* (**III**), $C_{22}H_{30}N_2O_4$, mit CO-, OH- u. NH-Banden im IR-Spektrum übergeführt. Das UV-Spektrum ändert sich beim Ansäuern nicht. An bas. Al_2O_3 lagert sich **III** in eine *Base B* (**IV**), F. 169—173°, um. CO- u. OH-Banden sind gegenüber **III** nach kürzeren Frequenzen verschoben. Die NH-Bande u. die UV-Maxima sind nach höherer Frequenz bzw. Wellenlänge verschoben. Die UV-Maxima verlagern sich beim Ansäuern jedoch wieder nach kürzeren Wellenlängen. Die Isobutenylgruppe ist bei dieser Umlagerung von **III** u. **IV** nicht beteiligt, da *β*-Dihydroechitinolid beim Hofmann-Abbau ebenfalls ein analoges Methinbasenpaar liefert. Weder **I** noch **II** lagern selbst in konz. HCl ein Proton an; **II** läßt sich jedoch durch Acetanhydrid/Na-Acetat leicht acetylieren. Diacetylechitaminchlorid gibt bei Hydrierung eine *Di-O-acetylbase* (**V**), $C_{26}H_{34}N_2O_6$, mit intakter -$COOCH_3$-Gruppe. Die UV-Maxima von **V** werden in saurem Medium nach kürzeren Wellenlängen verschoben; beim Alkalisieren wird **V** unverändert zurückgewonnen. Durch Kochen von **V** mit wss. methanol. NaOH entsteht **II**. **II** u. Isoechitinolid (F. 182—184°; aus Ae. Platten) werden durch $LiAlH_4$ selbst in sd. Ae. nur langsam reduziert. **I** gibt bei Ozonisierung *Formaldehyd* statt Acetaldehyd. Bei der Rk. von Des-**N**-echitinolid ($C_{20}H_{23}NO_4$, F. 172—174°) mit Na in fl. NH_3 entsteht ein *α.β-disubstituiertes Indol*, das als *Methylester*, $C_{21}H_{29}NO_4$, F. 142—143°, charakterisiert wird.
G. Teege. 3500

Die Struktur von Neolin. K. Wiesner, H. W. Brewer, D. L. Simmons, D. R. Babin, F. Bickelhaupt, J. Kallos und T. Bogri. (Tetrahedron Letters [London] **1960**, Nr. 3, 17—24, Febr.; New Brunswick, Univ., Organ. Chem. Labor.; Montreal, St. Mary's Hospital, Res. Labor.; engl.) — *Neolin* (**I**) [$C_{24}H_{39}NO_6$, F. 162°, pK_a 6,7] erhält nebenst. Struktur. **I** läßt sich zu einem *Phenanthren* $C_{18}H_{18}$ oder $C_{19}H_{20}$ (*Trinitrobenzolat*, F. 184°) u. *1-Methyl-3-azaphenanthren* (*Pikrat*, F. 208°) dehydrieren. Mit Acetanhydrid /Pyridin gibt **I** ein öliges, bas. *Diacetat* (**II**), $C_{28}H_{43}NO_8$ u. mit Eisessig in Ggw. von p-Toluolsulfonsäure ein *Triacetat* (**III**), $C_{30}H_{45}NO_9$, F. 161°. Durch CrO_3 wird **I** zu *1.19-Diketoneolin* ($C_{24}H_{35}NO_6$, F. 175°, pK_a 4,08) oxydiert, das mit $NaBH_4$ zu *1-Ketoneolin* [**IV**; $C_{24}H_{37}NO_6$, F. 176°; pK_a 5,03; $[\alpha]_{323}$ −243° (Chlf.), $[\alpha]_{317}$ +1450° (Eisessig)] red. werden

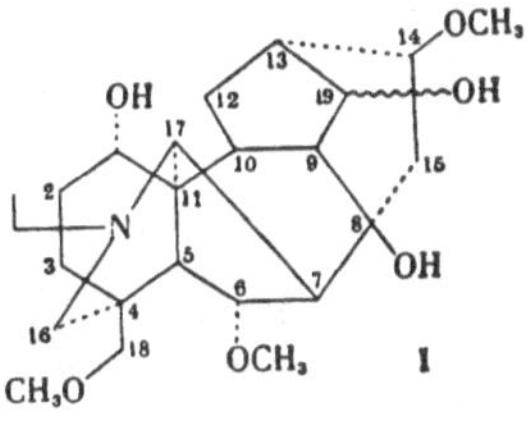

I

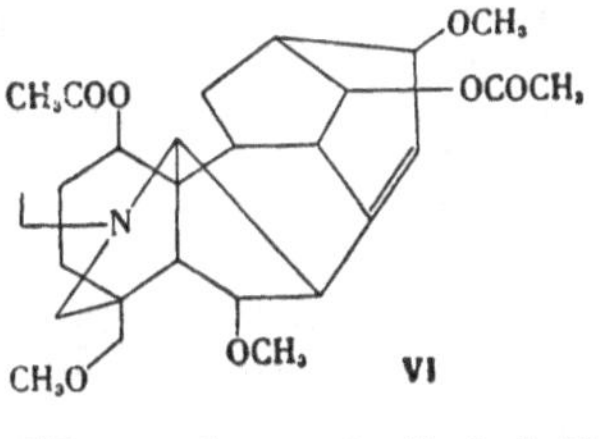

VI

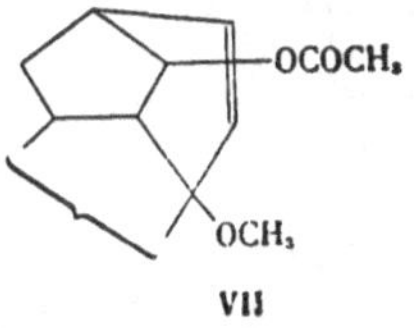

VII

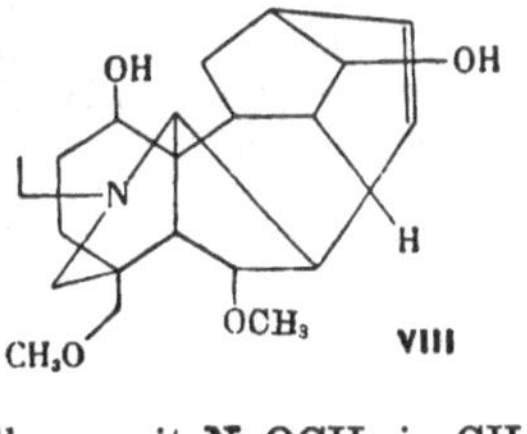

VIII

kann. **IV** tauscht zwei alkohol. Protonen bei der Behandlung mit $NaOCH_3$ in CH_3OD gegen D-Atome aus. Bei der $KMnO_4$-Oxydation liefert **II** ein Amidgemisch, aus dem nach milder Hydrolyse mit alkohol. NaOH *N-Desäthylneolin* (**V**), $C_{22}H_{35}NO_6$, F. 205° (20% Ausbeute), isoliert wird. **V** läßt sich durch Acetylieren u. $LiAlH_4$-Red. wieder in **I** zurückverwandeln. Mit CH_3J in CH_3OH u. Ggw. von Na_2CO_3 gibt **V** *N-Desäthyl-N-methylneolin*, $C_{23}H_{37}NO_6$, F. 210°, das nach Quaternisieren mit CH_3J in Nitromethan beim alkal. Abbau eine *Base* $C_{23}H_{35}NO_5$, F. 241°, liefert. **III** geht bei 200° in *Pyroneolindiacetat* (**VI**), $C_{28}H_{41}\cdot NO_7$, F. 183°, über. In methanol. $HClO_4$ gibt **VI** unter Umlagerung *Isopyroneolindiacetat*-(**VII**)-*hydroperchlorat*, $C_{28}H_{41}NO_7\cdot HClO_4$, F. 253°. Bei gleicher Rk. in CD_3OH entsteht die entsprechende Verb. mit einer deuterierten Methoxylgruppe, $C_{27}H_{38}NO_6(OCD_3)\cdot HClO_4$. **VI** u. **VII** lassen sich mit Alkali zu den entsprechenden *Diolen*, $C_{24}H_{37}NO_5$, F. 172° bzw. 151°, verseifen. Bei Hydrierung entstehen daraus zwei verschiedene *Dihydroverbb.*, $C_{24}H_{39}NO_5$, F. 149° bzw. 180°. Acetylierung von **V** mit Acetanhydrid/p-Toluolsulfonsäure gibt *N-Desäthyl-N-acetylneolintriacetat*, $C_{30}H_{43}NO_{10}$, F. 205°, das zu *N-Desäthyl-N-acetylpyroneolindiacetat* pyrolysiert wird. Red. dieser Pyroverb. mit $LiAlH_4$ führt zu einer *Verb.*

VIII, $C_{23}H_{35}NO_4$, F. 191°, die andererseits auch durch $LiAlH_4$-Red. von **VI** entsteht. Diese Rk. ist analog den Red. von Pyrodelphonin u. α-Oxopyrodelphonin zu einer öligen *Verb.* $C_{23}H_{35}NO_5$. G. Teege. 3500□

Chemische Untersuchungen von Tylophora asthmatica. 3. Mitt. Die endgültige Struktur von Tylophorin. T. R. Govindachari, M. V. Lakshmikantham, B. R. Pai und S. Rajappa. (Tetrahedron [London] **9**, 53—57, April 1960; Madras, Presidency Coll., Dep. of Chem.; engl.) — 2. vgl. C. **1962**, 13771. — Die l. c. vorgeschlagene Struktur für *Tylophorin* als *2'.3'.6'.7'-Tetramethoxyphenanthro-[9'.10':6.7]-indolizidin* (I) wird gesichert durch die Bldg. von *2.3.6.7-Tetramethoxyphenanthren-9.10-dicarbonsäureimid* (II) bei der Oxydation des Tylophorinisomethohydroxyds. **II** wird auch aus *2.3.6.7-Tetramethoxyphenanthren-9-aldehyd* (III) synthetisiert. **III** ergibt mit Nitromethan (**N**) das entsprechende *9-[2-Nitrovinyl]-phenanthrenderiv.* (IV), das durch Red. mit $LiAlH_4$ u. Acetylieren *2.3.6.7-Tetramethoxy-9-[2-acetylaminoäthyl]-phenanthren* (V) ergibt. Oxydation des aus **V** mit $POCl_3$ durch Cyclisierung entstandenen *2'.3'.6'.7'-Tetramethoxyphenantho-[9'.10':4.5]-2.3-dihydro-6-methylpyridins* (VI) mit $KMnO_4$ führt zu **II**. Die Zn-Staub-Dest. von **I** liefert *9.10-Dimethylphenanthren.* Emde-Abbau-Verss. werden beschrieben.

Versuche (einige UV-Spektren sind angegeben [UV]): *2.3.6.7-Tetramethoxy-9-[2-nitrovinyl]-phenanthren* (IV), $C_{20}H_{19}NO_6$, F. 250° (Zers.; Eisessig), durch 2std. Erhitzen von 1,5 g **III** mit **N** in Ggw. von NH_4-Acetat in Eisessig; 1,2 g (Ausbeute). — *2.3.6.7-Tetramethoxy-9-[2-acetylaminoäthyl]-phenanthren* (V), $C_{22}H_{25}NO_5 \cdot {}^1/_2\, H_2O$, F. 190° (A.), durch mehrstd. Rühren von 1,4 g **IV** mit $LiAlH_4$ in Tetrahydrofuran bei 30°, Zers. mit W., Aufnehmen in Ae., Einengen, 1std. Kochen mit Acetanhydrid u. Na-Acetat, Extrahieren mit Chlf. u. Eindampfen; 0,8 g. — *2'.3'.6'.7'-Tetramethoxyphenanthro-[9'.10':4.5]-2.3-dihydro-6-methylpyridin* (VI), $C_{22}H_{23}NO_4$, F. 180° (Methanol), aus 0,4 g **V** durch 1std. Kochen mit $POCl_3$, Gießen in Eiswasser, Alkalisieren mit NH_4OH, Extraktion mit Chlf., Einengen u. Chromatographie mit Bzl. an Al_2O_3. *Pikrat,* $C_{28}H_{26}N_4O_{11}$, F. 245° (Zers.; Eisessig). — *2.3.6.7-Tetramethoxyphenanthren-9.10-dicarbonsäureimid* (II), $C_{20}H_{17}NO_6$, F. 355° (Zers.; Pyridin), durch Kochen von **VI** mit CH_3J in Chlf., Rk. des *Methojodids* mit wss. $KMnO_4$-Lsg. bei 30° unter Rühren, Stehen über Nacht, Ansäuern u. Extraktion mit Chlf. u. Chromatographie an Al_2O_3. — *9.10-Dimethylphenanthren* F. 135—137° (A.), sublimiert bei 160—180° ($2 \cdot 10^{-3}$ Torr), durch ${}^3/_4$std. Erhitzen von 50 mg **I** mit 5 g Zn-Staub im Pyrex-Rohr unter N_2 auf 450—500° u. Sublimation des Rk.-Prod. aus 20 Ansätzen; UV; < 1 mg. — *2.2'-Diacetyl-4.5.4'.5'-tetramethoxydiphenyl,* $C_{20}H_{22}O_6$, F. 212° (A.–Eisessig), durch Diazotieren von 5 g 6-Aminoacetoveratrol u. Red. der Diazolsg. mit NH_2OH in ammoniakal. $CuSO_4$-Lsg. bei 10°; 3 g. — *2.3.6.7-Tetramethoxy-9.10-dimethylphenanthren,* $C_{20}H_{22}O_4$, F. 225° (A.), durch 4std. Kochen von 4 g vorst. Verb. mit 40 g amalgamiertem Zn in konz. HCl–A.; UV; 1,2 g. — *Isodihydrohomotylophorin* (VII), F. 200—202° (Bzn.–PAe.), durch 5std. Kochen von 0,25 g **I**-Methojodid mit HgCl in wss. A., Filtrieren, Einengen, Erhitzen mit 5%ig. Na-Amalgam in W. auf 100°, Stehen über Nacht u. Extrahieren mit Bzl.; $[\alpha]_D^{30} \pm 0°$; 75 mg. — *cis-Isodihydrohomotylphorinmethin,* $C_{26}H_{33}NO_4$, F. 155—156° (Ae.), analog **VII** aus 0,9 g Tylophorinmethinmethojodid; 0,4 g. — *Tetrahydrohomotylophorinmethin,* $C_{26}H_{35}NO_4$, F. 138—140° (Ae.), durch 3std. Hydrierung nach Adams in verd. HCl, a) aus vorst. Verb.; b) aus *trans-Isodihydrohomotylophorinmethin.* F. Hofmann. 3500□

Synthese von Verbindungen mit Jasminal ähnlichen Strukturen aus den Inhaltsstoffen des Citronellaöls. Ping-Hsien Yeh. (Perfum. essent. Oil Rec. **52**, 697—703, Nov. 1961; Taiwan, Provincial Res. Inst.; engl.) — Vf. synthetisierte durch Kondens. von Cyclohexanon (III) mit durch SeO_2-Oxydation von *Tetrahydrocitral* (I) erhaltenem *2-Hydroxy-3.7-dimethylocten-(2)-al* *2-[2-Hydroxy-3.7-dimethylocten-(2)-yliden]-cyclohexanon,* aus Benzaldehyd (IV) u. **I** bzw. *Citronellal* (II) *2-Benzylidentetrahydrocitral* bzw. *-citronellal* u. aus **I** bzw. **II** bzw. *Citral* (V) die *Aldole* u. „*2-Tetrahydrocitrylidentetrahydrocitral*“ (*2-Tetrahydrogeranylidentetrahydrocitral*) bzw. *2-Citronellylidencitronellal* bzw. „*2-Citrylidencitral*“ (*2-Geranylidencitral*).

Versuche: *Tetrahydrogeraniol,* $C_{10}H_{22}O$, $Kp._{20}$ 119—120°, aus 405 g Geraniol-Fraktion von Citronellaöl ($Kp._{10}$ 97—107°), durch Hydrierung an Adams-Katalysator bei 25—27°; $D.^{20}$ 0,8403; n_D^{20} 1,4465; 380 g (Ausbeute). — *Tetrahydrocitral* (I), $C_{10}H_{20}O$, $Kp._{20}$ 88—91°, durch Überleiten von 158 g Dampf vorst. Verb. mit Luft bei 120 mm Hg u. 350—380° über Cu-Gaze; $D.^{20}$ 0,8245; n_D^{20} 1,4260; 64,1 g. — *2-Hydroxy-3.7-dimethylocten-(2)-al,* $C_{10}H_{18}O_2$, $Kp._{10}$ 74—76°, durch Zutropfen von 16,7 g SeO_2 in A. zu 49,5 g **I** in sd. A., 5std. Kochen, Filtrieren, Einengen, Gießen u. W., Ansäuern mit verd. H_2SO_4, Ausäthern, Waschen mit 5%ig. Soda-Lsg., Extraktion mit 10%ig. NaOH, Ansäuern u. Ae.-Extraktion; $D.^{20}$ 0,8682; n_D^{20} 1,4351; 28% (daneben *Tetrahydro-*

geraniumsäure, aus dem Soda-Auszug; 5,1 g.) *Dinitrophenylosazon*, $C_{22}H_{26}N_8O_8$, F. 199 bis 200°, aus Bzl. rote Nadeln. — *2-[2-Hydroxy-3.7-dimethylocten-(2)-yliden]-cyclohexanon*, $C_{16}H_{26}O_2$, Kp.$_4$ 143—146°, aus 3 g vorst. Verb. durch Stehen über Nacht mit 1,8 g III in äthanol. 5%ig. KOH u. Neutralisieren mit 2n H_2SO_4; D.^{20} 0,9470; n_D^{20} 1,488; 1 g. — *Citronellal* (II), Kp.$_3$ 65°, aus Citronellaöl durch Kolonnen-Dest.; D.^{20} 0,8550; n_D^{20} 1,4480. — *2-Benzylidentetrahydrocitral* (*α-[1.5-Dimethylhexyl]-zimtaldehyd*), $C_{17}H_{24}O$, Kp.$_3$ 153—154°, aus I u. IV durch 24std. Stehen in äthanol. 0,2n NaOH, Neutralisieren mit 2n H_2SO_4, Einengen u. Ausäthern; D.^{20} 0,9261; n_D^{20} 1,5096; 40,4%. *Semicarbazon*, $C_{18}H_{27}N_3O$, F. 100—101°, Platten. — *2-Benzylidencitronellal* (*α-[1.5-Dimethylhexen-(4)-yl]-zimtaldehyd*), $C_{17}H_{22}O$, Kp.$_3$ 157—158°, aus II analog vorst. Verb.; D.^{20} 0,9207; n_D^{20} 1,5071; 16,5%. *Semicarbazon*, $C_{18}H_{25}N_3O$, F. 102—103°, Platten. — *2-Tetrahydrocitrylidentetrahydrocitral*, $C_{20}H_{38}O$, Kp.$_{0,1}$ 138—139°, aus I analog vorvorst. Verb. durch 48std. Stehen in äthanol. KOH; D.^{20} 0,8546; n_D^{20} 1,4562; 33,6%; daneben *2-[1-Hydroxytetrahydrogeranyl]-tetrahydrocitral* (*Tetrahydrocitralaldol*), $C_{20}H_{40}O_2$, Kp.$_{0,1}$ 169—170°; D.^{20} 0,8934; n_D^{20} 1,4656; gibt bei längerem Stehen *saures Prod.*, Kp.$_{0,1}$ 138—140°, D.^{20} 0,8583; n_D^{20} 1,4540. — *2-Citronellylidencitronellal*, Kp.$_{0,1}$ 125—126°, aus 40 g II durch 48std. Stehen in äthanol. 2n KOH; D.^{20} 0,8851; n_D^{20} 1,4851; 14,5 g; daneben *Citronellalaldol*, Kp.$_{0,1}$ 164—165°; D.^{20} 0,9352; n_D^{20} 1,4937; 7,9 g. — *2-Citrylidencitral*, Kp.$_{0,1}$ 112—113°, aus 40 g V (Kp.$_3$ 80°, aus Lemongras-Öl; D.^{20} 0,8870; n_D^{20} 1,4879) analog vorst. Verb.; polymerisiert sich bei Dest.; D.^{20} 0,9081; n_D^{20} 1,5182; 12 g; daneben *Citralaldol*, Kp.$_{0,1}$ 153—154°, D.^{20} 0,9647; n_D^{20} 1,5157; 5,8 g. H.-J. Kötzsch. 3600□

Derivate des $\Delta^{1.8,9}$-p-Menthadienyl-10-carbinols. Kyoichi Suga und Shoji Watanabe. (Bull. chem. Soc. Japan 32, 1100—03, Okt. 1959; Matsudo-shi, Chiba Univ., Fac. of Technol., Dep. of Appl. Chem.; engl.) — Vgl. C. **1961**, 10564. — Dargestellt werden verschiedene *Derivv.* von $\Delta^{1.8,9}$-p-Menthadienyl-10-carbinol (I). Das *Na-Salz* des *sauren Maleats* besitzt die gleiche Schaumkraft wie Na-Cetylsulfat. IR-Spektrum von I-*Hydroxymethyläther* u. UV-Spektren von *6-[4-Methylcyclohexen-(3)-yl]-heptadien-(3.5)-on-(2)* u. *7-[4-Methylcyclohexen-(3)-yl]-octadien-(4.6)-on-(3)* s. Original. Versuche: *$\Delta^{1.8,9}$-p-Menthadienyl-(10)-carbinol* (I), Kp.$_4$ 102—106°, aus d-Limonen u. Paraformaldehyd (II), D.$_4^{17}$ 0,9603; n_D^{17} 1,5020; $[\alpha]_D^{10}$ +37,2°. *Phenylurethan*, F. 56—57°. *Hydroxymethyläther*, $C_{12}H_{20}O_2$, Kp.$_5$ 155—162°, durch 6std. Erhitzen von 4 g I u. 0,8 g II im Bombenrohr auf 150—170°; D.$_4^{20,5}$ 1,0306; $n_D^{20,5}$ 1,5066; 1,5 g (Ausbeute). *Hydrogenmaleat*, $C_{15}H_{20}O_4$, durch 3std. Erhitzen von 2 g I u. 2 g Maleinsäure auf 100°; n_D^{12} 1,4921; 3 g (*Ag-Salz*, $C_{15}H_{19}AgO_4$, aus dem Ester u. $AgNO_3$). *Hydrogenphthalat. Hydrogensuccinat. Palmitat*, durch Zutropfen von 3,0 g Palmitinsäurechlorid in abs. Ae. zu 1,5 g I in abs. Ae., mehrstd. Stehen, Chromatographie an Al_2O_3 u. Eluieren mit Methanol; n_D^{19} 1,4794; 2,0 g. *Caprylat*, n_D^{18} 1,4797; $[\alpha]_D^{15}$ +11,7. *Phenylacetat*, Kp.$_4$ 150°; n_D^{17} 1,5270; $[\alpha]_D^{15}$ +26,0. *Cinnamat*, n_D^{11} 1,4822; $[\alpha]_D^{11}$ +15,1. *Isovalerat*, n_D^{19} 1,4884. *Äthyläther*, $C_{13}H_{22}O$, Kp.$_{4-5}$ 96—97°, durch Zugabe von I zu $NaNH_2$ in Bzl. unter Schütteln bei 60—65°, Zugabe von Äthylbromid nach Beendigung der NH_3-Entw., 3std. Rühren, mehrstd. Stehen u. fraktionierte Dest.; D.$_4^{23}$ 0,9353; n_D^{23} 1,4921; 90%. *Methyläther*, Kp.$_{12}$ 85—86°, D.$_4^{24,5}$ 0,9317; n_D^{25} 1,4870; 80%. *Allyläther*, Kp.$_{17}$ 115—118°, D.$_4^{24,5}$ 0,9293; n_D^{23} 1,4927; 80%. *Benzyläther*, Kp.$_{10}$ 175—179°, D.$_4^{23}$ 0,9885; n_D^{23} 1,5300; 90%. — *3-[4-Methylcyclohexen-(3)-yl]-buten-(3)-al-(1)*, Kp.$_4$ 88°, durch Zugabe (25 Min.) von 9 g I in Aceton u. Eisessig zu 4 g CrO_3 in W. u. Eisessig unter Schütteln bei 50—55°, 4½std. Rühren der Lsg., Gießen in W., Extraktion mit Ae. u. fraktionierte Dest.; n_D^8 1,5045; 3,5 g. *2.4-Dinitrophenylhydrazon*, $C_{17}H_{20}N_4O_4$, F. >220°, aus Pyridin/Methanol rote Kristalle. *Semicarbazon*, $C_{12}H_{19}N_3O$, F. 192°; aus Methanol Nadeln. — *6-[4-Methylcyclohexen-(3)-yl]-heptadien-(3.5)-on-(2)*, Kp.$_3$ 125—133°, durch 40std. Kochen von 5 g I u. 18,5 g Al-Isopropylat in 150 g Aceton u. abs. Bzl.; n_D^{10} 1,5271; 1,0 g. *2.4-Dinitrophenylhydrazon*, $C_{20}H_{24}N_4O_4$, F. 179—180°; aus Essigsäureäthylester rote Nadeln. — *7-[4-Methylcyclohexen-(3)-yl]-octadien-(4.6)-on-(3)*, Kp.$_2$ 125—132°, durch 60std. Kochen von 7 g I u. 24 g Al-Isopropylat in 200 g Methyläthylketon u. abs. Bzl.; n_D^{23} 1,4806; 2,0 g. *2.4-Dinitrophenylhydrazon*, $C_{21}H_{26}N_4O_4$, F. 203°; aus Essigsäureäthylester/A. rote Nadeln. P. Becker. 3600

Extrakte aus neuseeländischen Myrtaceae. 4. Mitt. Triterpensäuren aus der Rinde von Leptospermum ericoides. R. E. Corbett und E. H. McCraw. (J. Sci. Food Agric. 10, 29—31, Jan. 1959; Dunedin, New Zealand, Univ. of Otago, Chem. Dep.) — 3. vgl. C. **1959**, 9251; 5. vgl. C. **1962**, 14520. — Vff. isolierten aus gepulverter äußerer Rinde von *Leptospermum ericoides* durch 40std. Hexanextraktion, Einengen, Zugabe von NaOH, Abfiltrieren der Na-Salze, Lösen in CH_3OH, Entfärben mit Kohle, Ansäuern mit konz. HCl u. Chromatographie an Silicagel mit Bzl./Ae. *Ursolsäureacetat*, $C_{32}H_{50}O_4$, F. 285° (90%ig. A.), $[\alpha]_D^{20}$ +64,9° (c = 0,445; Dioxan) (*Methylester*, F. 245°)

u. durch nachfolgende Ae.-Extraktion des Extraktes u. Chromatographie an Silicagel mit Bzl./Ae. *Betulinsäure*, $C_{30}H_{48}O_3$, F. 302° (A.), Nadeln, $[\alpha]_D^{20}$ +10,5° (c = 0,4; CH_3OH) (*Acetat*, F. 290°; *Methylester*, F. 215°; *Acetatmethylester*, F. 206°) u. eine *Säure* $C_{30}H_{48}O_4$, *Methanolat*, $C_{30}H_{48}O_4 \cdot CH_3OH$, F. 280° ($CH_3OH$), $[\alpha]_D^{20}$ −20,6° (c = 0,16; Dioxan) [*Methylester*, $C_{31}H_{50}O_4$, F. 255° (CH_3OH), $[\alpha]_D^{20}$ −28,4° (c = 0,218; Dioxan)].

H.-J. Kötzsch. 3600□

Hydroborierung. 1. Mitt. **Reaktion von Diboran mit Δ⁴-Cholesten-3-on.** Luciano Caglioti und Gian-Franco Cainelli. (Atti Accad. naz. Lincei, Rend., Cl. Sci. fisiche, mat. natur. [8] **29**, 555–61, Dez. 1960; Milano, Politecn., Ist. di Chim. Gen.; C. N. R., Centro di Chim. Ind.; ital.) — Das bei der Umsetzung von Δ^4-Cholesten-3-on (I) mit überschüssigem B_2H_6 in Tetrahydrofuran (THF) u. anschließender Oxydation des nicht isolierten Zwischenprod. mit H_2O_2 u. Alkali als Hauptprod. erhaltene *Diol* (**II**) erweist sich auf Grund seines IR-Spektrums als ident. mit dem von Fieser u. Stevenson (C. **1950/54**, 5364 S) beschriebenen *3β.4α-Dihydroxy-5α-cholestan.* Daneben entsteht eine geringe Menge *3β-Hydroxy-Δ⁴-cholesten* (**III**). **III** läßt sich durch erneute Einw. von B_2H_6 u. alkal. H_2O_2 in **II** überführen. **II** bildet mit Acetanhydrid (**VI**) ein *Diacetyl-Deriv.* (**IV**). Durch aufeinanderfolgende Oxydation mit HJO_4 u. H_2O_2 erhält man aus **II** eine *Dicarbonsäure*, die als *Dimethylester* (**V**) charakterisiert wird. Das IR-Spektrum von **II** ist graph. wiedergegeben; Maxima der IR-Spektren sind von **II**, **IV** u. **V** aufgeführt.

V

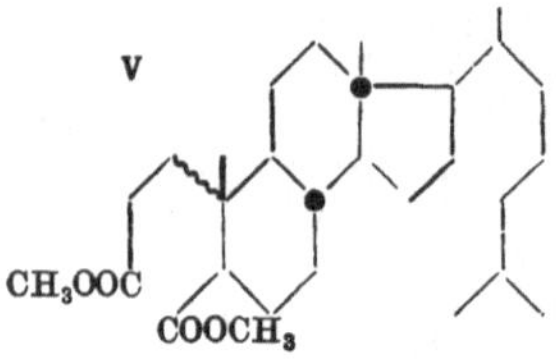

Versuche (mit A. Reggio): *3β.4α-Dihydroxy-5α-cholestan* (**II**), $C_{27}H_{48}O_2$, F. 237 bis 238° (THF-Heptan), a) durch 2std. Einw. von überschüssigem B_2H_6 in THF auf 1 g **I** in THF bei 0° unter N_2, 5 Min. langes Kochen des Gemisches mit 5% ig. methanol. KOH u. 30% ig. H_2O_2, Eingießen in W., Ae.-Extraktion u. Einengen der mit $FeSO_4$-Lsg. gewaschenen Ae.-Phase; $[\alpha]_D^{22}$ +22° (c = 0,9; Chlf.); 750 mg (Ausbeute); b) analog aus 386 mg **III**; 230 mg. *Diacetyl-Deriv.* (**IV**), $C_{31}H_{52}O_4$, F. 160° (Ae.–CH_3OH), durch 1std. Rk. von 65 mg **II** mit **VI** u. Pyridin bei 60° u. Einengen; $[\alpha]_D^{22}$ +32° (c = 1,2; Chlf.); 68 mg. — *Dicarbonsäuredimethylester* (**V**), $C_{29}H_{50}O_4$, F. 121–123° (wss. CH_3OH), durch 40 Min. lange Einw. von wss. HJO_4 auf 260 mg **II** in CH_3OH-Pyridin (3 : 1) bei Raum-Temp., 4std. Oxydation der 250 mg Rk.-Prodd. mit 30% ig. H_2O_2 in Essigsäure bei 100°, Ae.-Extraktion u. Umsetzung der isolierten 160 mg *Säure* mit CH_2N_2; $[\alpha]_D^{22}$ −11° (c = 1,14; Chlf.). — *3β-Hydroxy-Δ⁴-cholesten* (**III**), F. 133–135° (wss. CH_3OH), durch Einengen der Mutterlauge von **II**, Chromatographie der 600 mg Rückstand an Al_2O_3 u. Elution mit Bzl.; $[\alpha]_D^{22}$ +42° (c = 1,027); 150 mg. G. Platzer. 3700□

Einfluß von Raney-Nickel auf die A/B-Ringverknüpfung von Steroiden. D. Chakravarti, R. N. Chakravarti und M. N. Mitra. (Nature [London] **193**, 1071, 17/3. 1962; Calcutta, Bethune Coll., Dep. of Chem.; School of Tropica Med., Dep. of Chem.; engl.) — Erhitzen von Diosgenin in p-Cymol in Ggw. von Raney-Ni liefert *Δ⁴-Dehydrotigogenon* [$C_{27}H_{40}O_3$, F. 185–186°; *Oxim*, F. 224° (Zers.); *Semicarbazon*, F. 247° (Zers.)]. Mit Raney-Ni-Überschuß wird *Tigogenon* [$C_{27}H_{42}O_3$, F. 204–206°, $[\alpha]_D^{32}$ −54° (Chlf.); *Oxim*, F. 254–256° (Zers.); *Semicarbazon*, F. 263° (Zers.)] erhalten. Cholesterin gibt in sd. p-Cymol in Ggw. von Raney-Ni *Δ⁴-Cholestenon*, mit Raney-Ni-Überschuß *Cholestanon*. Analog liefern Hecogenin *Hecogenon*, Stigmasterin *Δ²²-Dehydrositostanon* u. β-Sitosterin *Sitostanon*. Zur Umwandlung der 3-Hydroxysteroide in die *3-Ketosteroide* ist ein H-Acceptor nicht erforderlich. Die vorst. Verbb. haben trans-Konfiguration in bezug auf die A/B-Ringverknüpfung. Steroide mit entsprechender cis-Konfiguration liefern unter gleichen Bedingungen die trans-Isomeren; so z. B. Smilagenon u. Epismilagenin *Tigogenon*, Sarsasapogenin *Neotigogenon* u. Koprostanon *Cholestanon*.

H. Gleinig. 3700□

Konstitution des Arenobufagins. Peter Hofer, Horst Linde und Kuno Meyer. (Tetrahedron Letters [London] **1959**, Nr. 7, 8–11, Juli; dt.) — Vorl. Mitt. zu den C. **1961**, 13559 referierten Arbeiten. B.-G. Brodda. 3700□

Totalsynthesen von Steroiden. J. W. Cornforth. (Progr. org. Chem. **3**, 1–43, 1955; London, Med. Res. Council, Nat. Inst. for Medical Res.; engl.) — Übersicht über die Synth. von Equilenin, Östron u. nichtaromat. Steroiden der letzten 20 Jahre. — 56 Literaturstellen. H. Henze. 3750□

Ein neuer Weg zur Synthese von Steroidverbindungen. Totalsynthese von dl-Östron. Ss. N. Anantschenko, W. N. Leonow, A. W. Platonowa und I. W. Torgow. (Доклады Академии Наук СССР [Ber. Akad. Wiss. UdSSR] **135**, 73–76, 1/11. 1960;

Inst. für Chem. der Naturstoffe der Akad. der Wiss. der UdSSR; russ.) — Die Hydrierung von 3-Methoxy-$\Delta^{1.3.5,10.8.14}$-D-homoöstrapentaen-17a-on in Tetrahydrofuran über Pd/$CaCO_3$ liefert *8,9-Dehydro-D-homoöstronmethyläther* [F. 125—127° (A.-Essigester); 77% (Ausbeute)], dessen *Äthylenketal* [I; $C_{22}H_{28}O_3$, F. 145—146° (Essigester); 77%] durch $LiAlH_4$ zu *3-Methoxy-$\Delta^{2.5,10}$-D-homoöstradien-17a-onäthylenketal* [$C_{22}H_{32}O_3$, F. 152—154° (Essigester); 64%] red. wird. Dieses geht bei der Einw. von CrO_3/Pyridin bei 70—80° in *D-Homoöstronmethylätheräthylenketal* [II; F. 141—142° (Essigester); 75%] über, das man auch durch Red. von I mit K in fl. NH_3-Dioxan erhält. Durch n-HCl in sd. Eisessig wird II zu *D-Homoöstronmethyläther* [$C_{20}H_{26}O_2$, F. 162—163° (Essigester); 96%] hydrolysiert, der mit Furfurol in methanol. KOH bei 50—60° das *17-Furfuryliden-Deriv.* [$C_{25}H_{28}O_3$, F. 161—162° (Aceton); 96%], mit Benzaldehyd analog das *17-Benzyliden-Deriv.* [$C_{27}H_{30}O_2$, F. 146—147° (Essigester)] liefert. Ersteres oxydiert man in bekannter Weise mit H_2O_2 in Methanol zu *3-Methoxy-D-homomarrianolsäure* [F. 223—224° (wss. Aceton)], deren Pyrolyse in Ggw. von $PbCO_3$ *dl-Östronmethyläther* [F. 143—144° (Essigester)] ergibt. H.-E. Toussaint. 3750□

Über einige neue Ester des Chloramphenicols. 1. Mitt. In Wasser unlösliche Acylglykolate. C. Concilio, A. Tezza und E. Trivellato. (Farmaco [Pavia], Ediz. sci. **12**, 655—62, Aug. 1957; Vicenza, G. Zambon e C. S.P.A., Rep. Ric.; ital.) — Vff. synthetisieren zur Prüfung auf pharmakolog. Wrkg. eine Anzahl von in W. unlösl. u. geschmackfreien *Acylglykolsäureestern* (**A**) des *Chloramphenicols* (**I**). Die **A** werden durch Rk. von **I** mit *Acylglykolsäurechloriden* (**B**) in Dioxan erhalten. Zur Gewinnung der **B** setzt man Glykolsäure (**II**) mit Palmitinsäurechlorid (**III**), Stearinsäurechlorid (**IV**), Benzoylchlorid (**V**) u. Zimtsäurechlorid (**VI**) um u. behandelt die entstandenen *Acylglykolsäuren* mit $SOCl_2$. Die Ester-Bldg. erfolgt an der prim. OH-Gruppe des **I**. Für die **A** sind UV-Maxima angegeben.

Versuche: O-Acylglykolsäuren: *O-Palmitoyl-*, F. 84—86°, durch 8std. Kochen äquimol. Mengen **II** u. **III** in Ae. u. Abkühlenlassen. — *O-Stearoyl-*, F. 90—91,5°, wie vorst. aus **II** u. **IV**. — *O-Benzoyl-*, F. 110—111°, aus **II** u. **V** in Dioxan. — *O-Cinnamoyl-*, F. 125 bis 126°, aus **II** u. **VI** in Dioxan. — O-Acylglykolsäurechloride (**B**): durch 4std. Kochen vorst. Verbb. mit überschüssigem $SOCl_2$, Abdestillieren von $SOCl_2$ u. Benzolextraktion des Rückstandes. *Palmitoyl-*, F. 49—51°. — *Stearoyl-*, F. 72—76°. — *Benzoyl-*, F. 32 bis 35°. — *Cinnamoyl-*, F. 70—71°. — Chloramphenicolacylglykolsäureester (**A**): durch 1std. Aufbewahren äquimol. Mengen **I** u. **B** in Dioxan in Ggw. von Pyridin; Eingießen in Eiswasser, Absaugen u. Umkristallisieren aus PAe.-Äther. *Palmitoyl-*, F. 60 bis 62°; $[\alpha]_D^{20}$ +16,5° (c = 1%; A.). — *Stearoyl-*, F. 72,5—73,5°; $[\alpha]_D^{20}$ +16,7° (c = 1%; A.). — *Benzoyl-*, F. 137—138° (Bzl.); $[\alpha]_D^{20}$ +31° (c = 1%; A.). — *Cinnamoyl-*, F. 141 bis 142° (A.); $[\alpha]_D^{20}$ +34° (c = 1%; A.). V. Tesar. 3900□

Griseofulvinanaloga. 1. Mitt. Modifikation des aromatischen Ringes. V. Arkley, J. Attenburrow, G. I. Gregory und T. Walker. (J. chem. Soc. [London] **1962**, 1260—68, April; Greenford, Middlesex, Glaxo Labor. Ltd.; engl.) — Alkylierung von 7-Chlor-6-hydroxy-4.4'-dimethoxy-6'-methylgrisen-(3')-dion-(3.2') (**I**; zur Nomenklatur vgl. Grove u. Mitarbeiter, C. **1953**, 4874) gab *6-Alkoxyanaloga* (**A**) *des Isogriseofulvins* (**XI**). Säurehydrolyse der **A** gab die entsprechenden *3.2'.4'-Trione* (**B**), aus denen durch Methylierung *6-Alkoxyanaloga* (**C**) *von Griseofulvin* (**II**) entstanden. Weiter wurden Griseofulvinsäure (**IV**) u. Norgriseofulvinsäure (**V**) zu *2'-* u. *4'-Enoläthern* alkyliert, die durch Chromatographie voneinander getrennt wurden. Das 6-O-Benzylanalogon (**VIII**) von **II** wurde hydrogenolyt. zu *7-Chlor-6-hydroxy-4.2'-dimethoxy-6'-methylgrisen-(2')-dion-(3.4')* gespalten. **II** gab mit MgJ_2 in Ae. die *4-O-Desmethyl-Verb.* (**III**), aus welcher **II**-Analoga (**D**) mit modifizierten Substituenten in 4-Stellung erhalten werden konnten. Das so aus **III** u. Bromessigsäurebenzylester (**XIV**) dargestellte *4-Carboxymethoxy-7-chlor-6.2'-dimethoxy-6'-methyl-3.4'-dioxogrisen-(2')* (**IX**), das sich nicht zum Säurechlorid umsetzen ließ, gab mit Dialkylaminoalkylaminen in Ggw. von Dicyclohexylcarbodiimid bzw. Äthoxyacetylen die entsprechenden *Amide*; die Meth. der gemischten Anhydride führte hier nicht zum Erfolg. — Die Hydrolyse von **II** zu **IV** wurde experimentell verbessert. *5-Allyl-***III**, *5-Allyl-* u. *5-Propyl-***II** wurden durch Claisen-Umlagerung von *4-O-Allyl-***III** (**VII**) bzw. dessen Methylierung u. anschließende Hydrierung erhalten, während der Vers. von Fries-Umlagerungen von 4- oder 6-O-Acetyl-**II** erfolglos blieb. **II** wurde in das *2'.4'-Bis-äthylenketal* (**VI**) von **IV** übergeführt, das sich selektiv zum *2'-Monoketal* hydrolysieren ließ. Das 4'-Monoketal von **IV** entsteht in geringer Ausbeute bei der Rk. von **IV** mit Glykol (**XII**) in Ggw. von Pyridinhydrochlorid (**XIII**). Verss., das Bis-Ketal von **IV** mit wss. Alkali zum Bis-Ketal von **V** zu hydrolysieren, waren vergeblich. Dieses Ketal wurde aber aus **I** erhalten u. zum *2'-Monoketal* hydrolysiert.

Versuche (FF. korr.; $[\alpha] = [\alpha]_D^{20-23}$ mit c = 1 ± 0,3 in Aceton): *7-Chlor-4.6-dimethoxy-6'-methylgrisantrion-(3.2'.4')* (**IV**; *Griseofulvinsäure*), F. 265° (Zers.), aus **II** u.

2n H_2SO_4/CH_3COOH (45 Min. bei 100°); $[\alpha]_D$ +397° (c = 1,02; als Na-Salz in wss. CH_3OH); 92% (Ausbeute). — *7-Chlor-6-hydroxy-4.4'-dimethoxy-6'-methylgrisen-(3')-dion-(3.2')* (**I**), $C_{16}H_{15}ClO_6$, F. 269° (CH_3OH), durch 5std. Kochen von 150 g **IV** mit 0,5n NaOH unter Rühren, Kühlen, Filtrieren [→ *1.2.3.4-Tetrahydro-6-chlor-7.9-dimethoxy-4-methyldibenzofuranon-(2)*, F. 137–138° (A.); [α] –29°; 39%], Ansäuern des Filtrats u. 5std. Kochen des rohen *7-Chlor-6-hydroxy-4-methoxy-6'-methylgrisantrions-(3.2'.4')* (**V**; *Norgriseofulvinsäure*; 80,9 g) in Ggw. von p-Toluolsulfonsäure u. 2.2-Dimethoxypropan in abs. CH_3OH; [α] +231°; 23%. *Acetat*, $C_{18}H_{17}ClO_7$, F. 197–198° (A.); [α] +162°. — *7-Chlor-4-hydroxy-6.2'-dimethoxy-6'-methylgrisen-(2')-dion-(3.4')* (**III**), F. 117–119°, durch Trocknen des Hydrats im Vakuum bei 100°. *Hydrat*, $C_{16}H_{15}ClO_6 \cdot H_2O$, F. 140 bis 143° (wss. CH_3COOH), aus **II** u. MgJ_2-Ätherat in sd. Bzl. (3std. Rühren); [α] +322°; 79%. *Acetat*, $C_{18}H_{17}ClO_7$, F. 196–197° (A.); [α] +246°. *Benzoat*, $C_{23}H_{19}ClO_7$, F. 184–185° (A.); [α] +222°. *Methansulfonat*, $C_{17}H_{17}ClO_8S$, F. 191° (A.); [α] +224°. — *7-Chlor-6-methoxy-4-hydroxy-6'-methylgrisantrion-(3.2'.4')*, *Hydrat*, $C_{15}H_{13}ClO_6 \cdot H_2O$, F. 144° (Zers.; wss. CH_3COOH), aus **III** u. Mineralsäure; [α] +257°. — *7-Chlor-4-hydroxy-6.4'-dimethoxy-6'-methylgrisen-(3')-dion-(3.2')*, *Hydrat*, $C_{16}H_{15}ClO_6 \cdot {}^1/_4\, H_2O$, F. 127–133° (Zers.; wss. CH_3COOH), analog **III** aus **XI**; [α] +212°; 89%. — *7-Chlor-2'.2';4'.4'-bis-[äthylendioxy]-4.6-dimethoxy-6'-methylgrisanon-(3)* (**VI**), $C_{20}H_{23}ClO_8$, F. 198–199° bzw. 226° (2 Formen; CH_3OH), aus **II** u. **XI** in Ggw. von Pyridinhydrochlorid (**XIII**) bzw. BF_3-Ätherat in Bzl.; [α] –104°; 93 bzw. 71%. Erhitzen mit CH_3COOH/2n H_2SO_4 (45 Min. bei 100°) gab 78% **IV**. — *7-Chlor-2'.2'-äthylendioxy-4.6-dimethoxy-6'-methylgrisandion-(3.4')*, $C_{18}H_{19}ClO_7$, F. 205–207° (CH_3OH), aus **VI** u. wss. CH_3COOH (30 Min. bei 90–95°); [α] –147°; 60%. — *7-Chlor-4'.4'-äthylendioxy-4.6-dimethoxy-6'-methylgrisandion-(3.2')*, $C_{18}H_{19}ClO_7$, F. 260–263° (Essigester/PAe.), aus 5 g **IV** u. **XII** in Ggw. von **XIII** in sd. Bzl. (17 Std.) unter Wasserabscheidung; [α] +54°, 0,5 g. — *7-Chlor-2'.2';4'.4'-bis-[äthylendioxy]-6-hydroxy-4-methoxy-6'-methylgrisanon-(3)*, $C_{19}H_{21}ClO_8$, F. 271–272° (CH_3OH), aus **I** u. **XIII** in Bzl.; [α] –94°; 84%. — *7-Chlor-2'.2'-äthylendioxy-6-hydroxy-4-methoxy-6'-methylgrisandion-(3.4')*, $C_{17}H_{17}ClO_7$, F. 218–221° (A.), aus vorst. Verb. u. wss. CH_3COOH (30 Min. bei 90–95°); [α] –133°. — *7-Chlor-2'.2';4'.4'-bis-[äthylendioxy]-4-hydroxy-6-methoxy-6'-methylgrisanon-(3)*, $C_{19}H_{21}ClO_8$, F. 249° (A.), a) aus **III** u. **XII** in Ggw. von BF_3-Ätherat in Bzl.; [α] –105°; b) aus **VI** u. MgJ_2 (74%). — 7-Chlor-4.4'-dimethoxy-6'-methylgrisen-(3')-dione-(3.2') (**A**; FF. aus A. oder wss. A.) durch 18std. Kochen von **I** mit Diazoäthan bzw. dem entsprechenden Alkylhalogenid in Aceton in Ggw. von K_2CO_3 [Meth. A]: *6-Äthoxy-*, $C_{18}H_{19}ClO_6$, F. 202–203°, [α] +206°; 25%. — *6-n-Propoxy-*, $C_{19}H_{21}ClO_6$, F. 162–164°, [α] +198°; 22%. — *6-Isopropoxy-*, $C_{19}H_{21}ClO_6$, F. 185–187°, [α] +196°; 33%. — *6-n-Butoxy-*, $C_{20}H_{23}ClO_6$, F. 161–164°, [α] +194°; 33%. — *6-Allyloxy-*, $C_{19}H_{19}ClO_6$, F. 182–183°, [α] +199°; 24%. — *6-Benzyloxy-*, $C_{23}H_{21}ClO_6$, F. 215 bis 217°, [α] +174°; 32%. — Analog folgende 7-Chlor-6.2'-dimethoxy-6'-methylgrisen-(2')-dione-(3.4') (**D**; FF. aus A. oder wss. A.) aus **III**: *4-Äthoxy-*, $C_{18}H_{19}ClO_6$, F. 211–213°, [α] +324°; 85%. — *4-n-Propoxy-*, $C_{19}H_{21}ClO_6$, F. 186–188°, [α] +313°; 91%. — *4-Isopropoxy-*, $C_{19}H_{21}ClO_6$, F. 124°, [α] +295°; 57%. — *4-n-Butoxy-*, $C_{20}H_{23}ClO_6$, F. 168–169°, [α] +300°; 75%. — *4-Allyloxy-* (**VII**), $C_{19}H_{19}ClO_6$, F. 202–204°, [α] +308°; 91%. — *4-Benzyloxy-*, $C_{23}H_{21}ClO_6$, F. 244°, [α] +284°; 74%. — *4-[β-Dimethylamino-äthoxy]-*, $C_{20}H_{24}ClNO_6$, F. 160°, [α] +272°; 86% (Monohydrat). *Äthobromid*, $C_{22}H_{29}BrClNO_6$, F. 196°, $[\alpha]_D$ +256°; 79% (Monohydrat). — *4-[β-Diäthylaminoäthoxy]-*, $C_{22}H_{28}ClNO_6$, F. 183–186°, [α] +262°; 79%. — *4-[2-Dimethylamino-1-methyläthoxy]-*, $C_{21}H_{26}ClNO_6$, F. 201–202°, [α] +279°; 78%. — *4-[Phenylcarbamoylmethoxy]-*, $C_{24}H_{22}ClNO_7$, F. 257 bis 258°, [α] +277°; 62%. — *4-[p-Chlorphenylcarbamoylmethoxy]-*, $C_{24}H_{21}Cl_2NO_7$, F. 235 bis 236°, [α] +248°; 100%. — *4-[Benzylcarbamoylmethoxy]-*, $C_{25}H_{24}ClNO_7$, F. 183–187°, [α] +245°; 70%. — *4-[2-Pyrrolidinoäthoxy]-*, $C_{22}H_{26}ClNO_6$, F. 157–159°, [α] +258°; 56%. — *4-[2-Piperidinoäthoxy]-*, $C_{23}H_{28}ClNO_6$, F. 187°, [α] +259°; 74% (Monohydrat). — 7-Chlor-4-methoxy-6'-methylgrisantrione-(3.2'.4') (**B**), durch Alkylierung von **I** nach A oder durch 20std. Kochen von **I** mit dem entsprechenden Alkylhalogenid in Aceton in Ggw. von Ag_2O [Meth. B] u. 1std. Erhitzen der rohen **A** mit 2n $H_2SO_4/CH_3 \cdot COOH$ auf 100°: *6-n-Propoxy-*, $C_{18}H_{19}ClO_6$, F. 211–214° (CH_3COOH), nach B; [α] +246°; 79%. — *6-Isopropoxy-*, F. 221–224° (CH_3COOH), nach B, [α] +365° (in $NaHCO_3$-Lsg.); 74%. — *6-n-Butoxy-*, $C_{19}H_{21}ClO_6$, F. 193–194° (Essigester), nach B; [α] +239°; 81%. — *6-Allyloxy-*, $C_{18}H_{17}ClO_6$, F. 200° (Essigester), nach A; [α] +244°; 80%. — *6-Benzyloxy-*, *Solvat*, $C_{22}H_{19}ClO_6 \cdot {}^1/_2\, CH_3COOC_2H_5$, F. 134° (Zers.; Essigester), nach A; [α] +199°; 76%. — *6-Hexadecyloxy-*, $C_{31}H_{45}ClO_6$, F. 122–127°, nach B; [α] +155°; 78%. — *6-Carboxymethoxy-*, $C_{17}H_{15}ClO_8$, F. 90° (Zers.), nach B; [α] +181°; 42%. — *6-[2-Diäthylamino-äthoxy)-*, *Hydrochlorid*, $C_{21}H_{27}Cl_2NO_6$, F. 221–224° (CH_3OH/Diisopropyläther), nach A; [α] +207°; 28% (Hemihydrat). — 7-Chlor-4.2'-dimethoxy-6'-methylgrisen-(2')-dione-(3.4') (**C**, FF. aus A. oder wss. A.): durch Rk. der entsprechenden **B** mit äther.

CH_2N_2 in CH_3OH oder Aceton in Ggw. von $(C_2H_5)_3N$, Zers. mit CH_3COOH, Eindampfen im Vakuum, Lösen in Essigester, Waschen mit 1n Soda-Lsg. u. W., Eindampfen, ½ std. Kochen in A. u. CH_3COOH mit Girard-Reagens P, Gießen in $NaHCO_3$-Lsg., Extraktion mit Essigester (→ **A**) u. Ansäuern auf pH 1 oder Chromatographie an Al_2O_3: *6-Äthoxy-*, $C_{18}H_{19}ClO_6$, F. 215—217°, [α] +314°; 17%. — *6-n-Propoxy-*, $C_{19}H_{21}ClO_6$, F. 187—189°, [α] +305°; 33%. — *6-Isopropoxy-*, $C_{19}H_{21}ClO_6$, F. 190—191°, [α] +310°; 28%. — *6-n-Butoxy-*, $C_{20}H_{23}ClO_6$, F. 181—183°, [α] +299°; 23%. — *6-Allyloxy-*, $C_{19}H_{19}ClO_6$, F. 173°, [α] +305°; 31%. — *6-Hexadecyloxy-*, $C_{32}H_{47}ClO_6$, [α] +201°; 20%. — *6-Methoxycarbonylmethoxy-*, $C_{19}H_{19}ClO_8$, F. 206—208°, [α] +271°; 27%. — *6-Benzyloxy-* (**VIII**), $C_{23}H_{21}ClO_6$, F. 192—194°, [α] +260°; 18%. — *7-Chlor-2'-isopropoxy-4.6-dimethoxy-6'-methylgrisen-(2')-dion-(3.4')*, $C_{19}H_{21}ClO_6$, F. 196° (CH_3OH), aus **IV** u. Isopropyljodid nach A u. Chromatographie; [α] +293°; 45%; daneben 33% *7-Chlor-4'-isopropoxy-4.6-dimethoxy-6'-methylgrisen-(3')-dion-(3.2')*, F. 189° (CH_3OH), [α] +198°. — *6.2'-Di-n-butoxy-7-chlor-4-methoxy-6'-methylgrisen-(2')-dion-(3.4')*, $C_{23}H_{29}ClO_6$, F. 94—96° (Ae./PAe., dann wss. A.), durch 19std. Kochen von **V**, n-Butyljodid u. AgO_2 in sd. Aceton u. Trennung mit Girard-Reagens P; [α] +248°; 23%; daneben *6.4'-Di-n-butoxy-7-chlor-4-methoxy-6'-methylgrisen-(3')-dion-(3.2')*, F. 130—131° (Diisopropyläther), [α] +180°; 19%. — *7-Chlor-6-hydroxy-4.2'-dimethoxy-6'-methylgrisen-(2')-dion-(3.4')*, F. 287° (Essigester/PAe.), aus **VIII** u. H_2 in Ggw. von 5%ig. Pd/Kohle in Essigester bei Raum-Temp. u. normalem Druck; [α] +338°; 86%. *Acetat*, $C_{18}H_{17}ClO_7$, F. 232—239° (Zers.; Essigester); [α] +282°. — *7-Chlor-4-hydroxy-6.2'-dimethoxy-5-allyl-6'-methylgrisen-(2')-dion-(3.4')*, F. <100°, durch 1 std. Kochen von **VII** in Dimethylanilin unter N_2; $[\alpha]_D$ +405° (c = 0,64; 1n Na_2CO_3-Lsg.); 38%. — *5-Allylgriseofulvin*, $C_{20}H_{21}ClO_6$, F. 132—132,5° (Aceton/Hexan), aus 1,5 g vorst. Verb. u. äther. CH_2N_2; [α] +278°; 0,65 g. — *5-n-Propylgriseofulvin*, $C_{20}H_{23}ClO_6$, F. 113—114°, durch Hydrieren von 0,35 g vorst. Verb. an 5%ig. Pd/Kohle in Essigester; [α] +252°; 0,22 g. — *4-Benzyloxycarbonylmethoxy-7-chlor-6.2'-dimethoxy-6'-methylgrisen-(2')-dion-(3.4')*, $C_{25}H_{23}ClO_8$, F. 167—168° (A.), aus **III** u. **XIV** nach A; [α] +233°. — *4-Carboxymethoxy-7-chlor-6.2'-dimethoxy-6'-methylgrisen-(2')-dion-(3.4')* (**IX**), *Hydrat*, $C_{18}H_{17}ClO_8 \cdot H_2O$, F. 240° ($CH_3COOH$), durch Hydrieren vorst. Verb. analog vorvorst. Verb.; [α] +274°; 82%. *Methylester*, $C_{19}H_{19}ClO_8$, F. 267° (CH_3COOH), $[\alpha]_D$ +239° (Pyridin). *3-Diäthylaminopropylamid*, $C_{25}H_{33}ClN_2O_7$, F. 103,5—106,5° (A./Diisopropyläther), a) aus **IX** u. Dicyclohexylcarbodiimid in Dioxan in Ggw. von Pyridin durch Zugabe von 3-Diäthylaminopropylamin (**X**) u. 16std. Stehen bei Raum-Temp.; 20%; [α] +226°; b) durch 24std. Stehen von **IX**, Äthoxyacetylen in Dioxan bei Raum-Temp., Zugabe von **X** u. 6std. Stehen; 17%. Analog: *Diäthylaminoäthylamid, Solvat*, $C_{24}H_{31}ClN_2O_7 \cdot ½ [(CH_3)_2CH]_2O$, F. 105—110°, [α] +217°; a) 13,6 bzw. b) 9,9%. J. Rothe. 3900□

Griseofulvinanaloga. 2. Mitt. **Einige 3'-Alkylgriseofulvinsäuren und ihre Enoläther.** G. I. Gregory, P. J. Holton, Hilary Robinson und T. Walker. (J. chem. Soc. [London] **1962**, 1269—76, April; engl.) — 1. vgl. vorst. Referat. — Einige *3'-substituierte Griseofulvinsäuren* sowie ihre *2'-* u. *4'-Enoläther* wurden durch Alkylierung von Griseofulvinsäure (**I**; zur Nomenklatur vgl. Grove u. Mitarbeiter, C. **1953**, 4874) dargestellt. Weitere Methylierung von *3'-Methylgriseofulvinsäure* (**II**) gab das *3'.3'-Dimethyl-Deriv.*; unter den Nebenprodd. der Benzylierung von **I** konnte *3'.3'-Dibenzylgriseofulvinsäure* (**V**) isoliert werden, welche hydrogenolyt. zu *3'-Benzylgriseofulvinsäure* gespalten werden konnte. Michael-Addition von **I** an Methylvinylketon (**III**) gab das *3'-[3-Oxobutyl]-Deriv.*, das zu *3'-[3-Oxobutyl]-griseofulvin* methyliert werden konnte; daneben wird *3'-[3-Oxobutyl]-isogriseofulvin* isoliert. Weitere Umsetzungen sowie IR- u. UV-Spektren sind beschrieben. 3'-Benzylgriseofulvin (**IX**) wird mit MgJ_2 in Ae. zu *3'-Benzyl-7-chlor-4-hydroxy-6'-methyl-6-methoxygrisantrion-(3.2'.4')* gespalten. Bei dem Vers., *3'-Allylgriseofulvinsäure* (**VII**) durch Claisen-Umlagerung von 2'- oder 4'-O-Allylgriseofulvinsäure darzustellen, wurde neben anderen, nichtidentifizierten Prodd. eine Verb. isoliert, die auf Grund ihres IR-Spektrums u. der Methyl-Best. als *7-Chlor-4.6-dimethoxy-2'.3'-[1-oxa-2-methyltrimethylen]-* oder *-2'.3'-[1-oxatetramethylen]-6'-methylgrisen-(2')-dion-(3.4')* formuliert wird. Verss., den 4'-Methylenoläther von **VII** zu **VII** zu hydrolysieren, schlugen fehl.

Versuche (FF. korr.; [α] = $[\alpha]_D^{18-22}$ in Aceton mit c = 0,8—1,2): *7-Chlor-4.6-dimethoxy-3'.6'-dimethylgrisantrion-(3.2'.4')* (**II**; *3'-Methylgriseofulvinsäure*), $C_{17}H_{17}ClO_6$, F. 248—250,5° (Ketoform) bzw. 267,5—270° oder 271.5—272,5° (Enolformen; Essigester/CH_3OH), a) aus **I** u. CH_3J in Aceton/W. in Ggw. von K_2CO_3 durch 4std. Kochen; 35% (Ausbeute, Ketoform); $[\alpha]_D$ +407° (c = 1; als Na-Salz in H_2O); b) aus **IV** u. CH_3COOH/2nH_2SO_4 in 35 Min. bei 100°; 73%. — *7-Chlor-4.6-dimethoxy-3'.3'.6'-trimethylgrisantrion-(3.2'.4')*, $C_{18}H_{19}ClO_6$, F. 128 u. 150,5—152° (A.), analog **II** nach a) aus 6,1 g **II**;

[α] +30°; 0,6 g. — *7-Chlor-2'-äthoxy-4.6-dimethoxy-6'-methylgrisen-(2')-dion-(3.4')*, F. 206 bis 207°, durch 5½ std. Kochen von 30 g **I** u. C_2H_5J in Aceton in Ggw. von K_2CO_3, Eindampfen im Vakuum, ¾ std. Kochen mit Girard-Reagens P in A./CH_3COOH, Gießen in $NaHCO_3$-Lsg., Waschen mit Essigester, Ansäuern auf pH 1 mit 2n HCl u. Extraktion mit Essigester; Nadeln aus A.; [α] +319° (c = 0,59); 17%; daneben: 37% *7-Chlor-4'-äthoxy-4.6-dimethoxy-6'-methylgrisen-(3')-dion-(3.2')*, F. 192—194° (A.), aus den Wasch-Fll.; [α] +218°; 0,69 g *7-Chlor-4'-äthoxy-3'-äthyl-4.6-dimethoxy-6'-methylgrisen-(3')-dion-(3.2')*, $C_{20}H_{23}ClO_6$, F. 185—186° (A.), aus der Mutterlauge durch Chromatographie an Al_2O_3; [α] +280°; u. 0,17 g *7-Chlor-2'-äthoxy-3'-äthyl-4.6-dimethoxy-6'-methylgrisen-(2')-dion-(3.4')*, $C_{20}H_{23}ClO_6$, F. 133—139° (A.), [α] +286°. — *7-Chlor-3'-äthyl-4.6-dimethoxy-6'-methylgrisantrion-(3.2'.4')*, $C_{18}H_{19}ClO_6$, F. 217—218° (CH_3COOH), aus einem Gemisch der beiden vorst. 3'-Äthyl-Verbb. u. CH_3COOH/2n H_2SO_4 in 45 Min. bei 100°; [α] +267°; 51%. — *3'-Allyl-7-chlor-4.6-dimethoxy-6'-methylgrisantrion-(3.2'.4')* (**VII**), F. 162—168°, aus 26,8 g **I** u. Allylbromid (**VI**) in wss. KOH in Ggw. von Cu-Pulver durch 5 std. Rühren; [α] 220°; 15,9 g. — *3'-Propyl-7-chlor-4.6-dimethoxy-6'-methylgrisantrion-(3.2'.4')*, F. 125—130° (Chlf.), a) aus 3,5 g **VII** u. H_2 in Ggw. von 5%ig. Pd/Kohle in Essigester; 3,5 g; b) durch Rk. von **X** mit CH_3COOH/2nH_2SO_4. — *3'-Benzyl-7-chlor-4.6-dimethoxy-6'-methylgrisantrion-(3.2'.4')* (*3'-Benzylgriseofulvinsäure*), $C_{23}H_{21}ClO_6$, F. 207—209° (CH_3COOH), a) durch 100 Min. langes Erhitzen von 140 g **I** u. Benzylbromid in wss. KOH in Ggw. von NaJ u. Cu-Pulver auf 100°, Extraktion mit Essigester, Extraktion mit 1n Soda-Lsg. u. Ansäuern mit 2n HCl; $[\alpha]_D$ +192°; 40%; b) analog a) in 4½ Std. aus 44,2 g **I** ohne NaJ; 21,5 g; c) durch Schütteln von **V** u. 5%ig. Pd/Kohle in CH_3OH/CH_3COOH mit H_2; 70%; d) durch Hydrolyse von **IX** oder **VIII**. — *2'-Benzyloxy-7-chlor-4.6-dimethoxy-6'-methylgrisen-(2')-dion-(3.4')*, $C_{23}H_{21}ClO_6$, F. 204—206°, a) neben vorst. Verb. nach a) bzw. b) durch Einengen der mit Soda-Lsg. extrahierten Essigester-Lsg.; Prismen aus Essigester; [α] +202°, 9,2 bzw. 2,15 g; b) aus dem $(C_2H_5)_3N$-Salz von **I** u. äther. Phenyldiazomethan; 10%. — *Benzylacetat*, Kp. 213—216°, durch Eindampfen der Mutterlauge vorst. Verb. nach a), 1 std. Erhitzen mit CH_3COOH/2nH_2SO_4 auf dem Dampfbad u. Chromatographie; daneben 5,0 g *3'.3'-Dibenzyl-7-chlor-4.6-dimethoxy-6'-methylgrisantrion-(3.2'.4')* (**V**), $C_{30}H_{27}ClO_6$, F. 146—149,5° (A.), [α] —159°; 5,0 bzw. 1,2 g. — *4'-Benzyloxy-7-chlor-4.6-dimethoxy-6'-methylgrisen-(3')-dion-(3.2')*, F. 184°, aus **I** u. Benzylalkohol in Ggw. von p-Toluolsulfonsäure; [α] +184°. — *3'-Benzyl-7-chlor-4-hydroxy-6-methoxy-6'-methylgrisantrion-(3.2'.4')*, $C_{22}H_{19}ClO_6$, F. 143—146° (wss. CH_3·COOH u. A.), aus 1 g **IX** u. MgJ_2 in sd. Bzl. (3 Std.); [α] +205°; 0,65 g. — 7-Chlor-4.6-dimethoxy-6'-methylgrisen-(2')-dione-(3.4'), durch Alkylierung der entsprechenden Trione-(3.2'.4'), a) in Aceton mit Diazoalkanen in Ae. in Ggw. von $(C_2H_5)_3N$ bei Raum-Temp. [Meth. A], b) in Toluol mit Diazoalkanen in Toluol [Meth. B] oder c) in Aceton mit Alkylhalogeniden u. K_2CO_3 durch 16—20 std. Kochen in Aceton [Meth. C] u. Umkristallisieren aus A.: *2'-Methoxy-3'-methyl-*, $C_{18}H_{19}ClO_6$, F. 166,5—170,5°, nach A; [α] +291°; 14%. — *2'-Methoxy-3'-allyl-*, $C_{20}H_{21}ClO_6$, F. 140,5—142,5°, nach A; [α] +264°; 12%. — *2'-Methoxy-3'-benzyl-* (**IX**; *3'-Benzylgriseofulvin*), $C_{24}H_{23}ClO_6$, F. 148—150°, nach A; [α] +278°; 13%. — *2'-Äthoxy-3'-benzyl-*, $C_{25}H_{25}ClO_6$, F. 152—153°, nach B bzw. C; [α] +271°; 21 bzw. 13%. — *2'-n-Propoxy-3'-benzyl-*, $C_{26}H_{27}ClO_6 \cdot H_2O$, F. 89°, nach B; [α] +248°; 13%. — *2'-n-Butoxy-3'-benzyl-*, $C_{27}H_{29}ClO_6$, nach A bzw. C; [α] +225°; 3 bzw. 4%. — *2'-[3-Brompropoxy]-3'-benzyl-*, $C_{26}H_{26}BrClO_6$, nach C; [α] +210°; 10%. — *2'-Methoxy-3'-n-propyl-*, $C_{20}H_{23}ClO_6$, F. 115—116°, nach A; [α] +284°; 10%. — *2'-n-Propoxy-3'-n-propyl-*, $C_{22}H_{27}ClO_6$, F. 106,5—107,5°, nach B; [α] +260°; 15%. — 7-Chlor-4.6-dimethoxy-6'-methylgrisen-(3')-dione-(3.2'), neben den vorst. Isomeren: *4'-Methoxy-3'-methyl-* (**IV**), $C_{18}H_{19}ClO_6$, F. 249—250°, [α] +348°; 22%. — *4'-Methoxy-3'-allyl-*, $C_{20}H_{21}ClO_6$, F. 169—170,5°, [α] +274°; 26%. — *4'-Methoxy-3'-benzyl-* (**VIII**), $C_{24}H_{23}ClO_6$, F. 150—152°, [α] +224°; 45%. — *4'-Äthoxy-3'-benzyl-*, $C_{25}H_{25}ClO_6$, F. 137,5 bis 141,5°, [α] +218°; 27 bzw. 49%. — *4'-n-Propoxy-3'-benzyl-, Hemihydrat*, $C_{26}H_{27}ClO_6 \cdot ½ H_2O$, F. 112—113°, [α] +222°; 15%. — *4'-n-Butoxy-3'-benzyl-*, $C_{27}H_{29}ClO_6$, F. 152 bis 153,5°, [α] +220°; 10 bzw. 22%. — *4'-Allyloxy-3'-benzyl-, Hemihydrat*, $C_{26}H_{25}ClO_6 \cdot ½ H_2O$, F. 102—103°, nach C (als einziges Prod. der Rk. aufgeführt); [α] +205°; 22%. — *4'-[3-Brompropoxy]-3'-benzyl-, Hydrat*, $C_{26}H_{26}BrClO_6 \cdot H_2O$, F. 145—147°, [α] +197°; 50%. — *4'-Methoxy-3'-n-propyl-* (**X**), $C_{20}H_{23}ClO_6$, F. 206—207°, [α] +305°; 25%. — *4'-n-Propoxy-3'-n-propyl-*, $C_{22}H_{27}ClO_6$, F. 148—149°, [α] +282°; 22%. — *7-Chlor-4.6-dimethoxy-6'-methyl-3'-[3-oxobutyl]-grisantrion-(3.2'.4')*, aus 20 g **I** u. **III** in CH_3OH in Ggw. von $(C_2H_5)_3N$ (148 std. Stehen); 22,6 g roh. — *7-Chlor-4.6.2'-trimethoxy-6'-methyl-3'-[3-oxobutyl]-grisen-(2')-dion-(3.4')*, $C_{21}H_{23}ClO_7$, F. 129,5—130,5° (A.), aus 22,6 g vorst. Verb. u. CH_2N_2 in Ae./Aceton in Ggw. von $(C_2H_5)_3N$; [α] +295°; 1,7 g; daneben 1,5 g *7-Chlor-4.6.4'-trimethoxy-6'-methyl-3'-[3-oxobutyl]-grisen-(3')-dion-(3.2')*, F. 187,5 bis 190° (A.), [α] +286°. — *2'-Allyloxy-7-chlor-4.6-dimethoxy-6'-methylgrisen-(2')-*

dion-(3.4'), $C_{19}H_{19}ClO_6$, F. 175—177° (A.), durch 3std. Kochen von 30 g **I** u. **VI** in Aceton in Ggw. von K_2CO_3 u. $CaSO_4$; [α] +294°; 15%; daneben 12,3 g *7-Chlor-4.6-dimethoxy-3'.3'-diallyl-6'-methylgrisantrion-(3.2'.4')* (?). — *4'-Allyloxy-7-chlor-4.6-dimethoxy-6'-methylgrisen-(3')-dion-(3.2')*, F. 156,5—159,5°, a) neben vorst. Verb.; [α] +202°; 13%; b) aus **I** u. Allylakohol in Bzl. in Ggw. von p-Toluolsulfonsäure; 76%. — *7-Chlor-4.6-dimethoxy-2'.3'-[1-oxa-2-methyltrimethylen]- oder -2'.3'-[1-oxatetramethylen]-6'-methylgrisen-(2')-dion-(3.4')*, F. 183—185° (A. oder Aceton), durch ½std. Kochen vorst. bzw. vorvorst. Verb. in Dimethylanilin; [α] +278°; 4 bzw. 10%. J. Rothe. 3900□

Griseofulvinanaloga. 3. Mitt. **Halogenderivate des Griseofulvins.** T. Walker, W. K. Warburton und G. B. Webb. (J. chem. Soc. [London] **1962**, 1277—82, April; engl.) — 2. vgl. vorst. Referat. — Ausgehend von Griseofulvinsäure (**I**; zur Nomenklatur vgl. Grove u. Mitarbeiter, C. **1953**, 4874) synthetisierten Vff. *Halogen-Derivv.* mit Cl, Br oder J in 3'-, Cl oder Br in 5- oder Cl in 3'- u. 5-Stellung u. entsprechende *2'-* bzw. *4'-Enoläther.* Mit J_2 reagierte **I** nur in Ggw. von K-Acetat. Die Verw. von JCl statt J_2 vermeidet die teilweise Red. durch die gebildeten J^--Ionen. **I**, das mit 1 Val Cl_2 in Ggw. von K-Acetat das *3'-Chlor-Deriv.* (**VI**) lieferte, reagierte mit 2 Val Cl_2 zu einem Gemisch von **VI** mit dem *3'.3'-Dichlor-Deriv.*, das von KJ unter Bldg. von J_2 zu **VI** red. wird. Mit >2 Val Cl_2 wurde in Abwesenheit von K-Acetat *5.3'.3'-Trichlorgriseofulvinsäure* gebildet, die mit KJ in CH_3COOH oder $CrCl_2$ in Aceton zu *5.3'-Dichlorgriseofulvinsäure* (**IV**) red. wird. **IV** geht durch Rk. mit KJ bei 100° in *5-Chlorgriseofulvinsäure* über. Die Struktur der 5-Chlor-Verbb. folgt aus ihren UV-Spektren u. dem Abbau des 2'-Methylenoläthers von **IV** mit 2n CH_3ONa zu *3.5-Dichlor-4.6-dimethoxysalicylsäure*, die auch durch Chlorieren der durch Abbau von Griseofulvin erhältlichen 3-Chlor-4.6-dimethoxysalicylsäure dargestellt wurde. Griseofulvin (**II**) reagierte in CH_3COOH nicht mit Br_2 allein; durch Rk. mit 2 bzw. 1 Val Br_2 unter Zusatz von 1 bzw. ½ Val $(CH_3COO)_2$·Hg u. anschließende Chromatographie an Al_2O_3 entstand *5.3'-Dibrom-* (**V**) bzw. *5-Bromgriseofulvin* + etwas **V**. Analoge Bromierung von 3'-Bromgriseofulvinsäure (**III**) gab das *3'.3'.5-Tribrom-Deriv.*, das sich mit KJ nicht stufenweise entbromieren ließ, sondern ein Gemisch von Mono-, Di- u. Tribrom-Derivv. lieferte. Dagegen ließ sich die durch Hydrolyse von **V** erhältliche *5.3'-Dibromgriseofulvinsäure* mit KJ in *5-Bromgriseofulvinsäure* überführen. Mit LiBr reagierte **V** zu *5.3'-Dibrom-7-chlor-4-hydroxy-6.2'-dimethoxy-6'-methylgrisen-(2')-dion-(3.4')*. Die Strukturen der Br-Derivv. werden durch Vgl. ihrer UV- u. IR-Spektren mit denen der Cl-Analoga gefolgert. Die durch Bromieren von **II** vor der Chromatographie erhaltene Verb. ist nach dem IR-Spektrum offenbar *2'-Acetoxy-5.3'-dibrom-7-chlor-4.6.2'-trimethoxy-6'-methylgrisandion-(3.4')*.

Versuche (FF. korr.; [α] = $[\alpha]_D^{18-22}$ in Aceton mit c = 0,8—1,2): *3'-Bromgriseofulvinsäure* [**III**; *3'-Brom-7-chlor-4.6-dimethoxy-6'-methylgrisantrion-(3.2'.4')*], $C_{16}H_{14}Br$·ClO_6, F. 248—250° (nach Zers.), aus **I** u. Br_2 in Dimethylformamid (DMF) durch Rühren u. 16std. Stehen bei Raum-Temp.; [α] +263° (c = 1,0; 0,1n Soda-Lsg.); 91% (Ausbeute). — *3'-Jodgriseofulvinsäure*, $C_{16}H_{14}ClJO_6$, F. 209° (Zers.), aus **I** u. JCl in DMF in Ggw. von CH_3COOK; Prismen aus Acetonitril; [α] +188° (c = 1,0; 0,1n Soda-Lsg.); 75%. — *3'-Chlorgriseofulvinsäure* (**VI**), $C_{16}H_{14}Cl_2O_6$, F. 286° (Zers.; Acetonitril), aus **I** u. Cl_2 in DMF/CCl_4 in Ggw. von CH_3COOK; [α] +331° (c = 1,0; 0,2n Soda-Lsg.); 91%. — *5.3'.3'-Trichlorgriseofulvinsäure*, $C_{16}H_{13}Cl_3O_6$, F. 153—155°, aus **I** u. Cl_2 in CCl_4 durch 24std. Rühren; Prismen aus CH_3COOH; [α] —3,3°; 74%. — *5.3'-Dichlorgriseofulvinsäure* (**IV**), $C_{16}H_{13}Cl_3O_6$, F. 214,5—216,5° (Bzl.), aus vorst. Verb. u. KJ in wss. CH_3COOH (10 Min.); [α] +220°; 92%. — *5-Chlorgriseofulvinsäure*, F. 243° (Zers.; Nitromethan), aus **IV** u. KJ in wss. CH_3COOH (4std. Erhitzen auf dem Wasserbad); $[\alpha]_D$ +372° (c = 0,35; 0,2n Na_2CO_3); 55%. — *3.5-Dichlor-2-hydroxy-4.6-dimethoxybenzoesäure*, F. 181 bis 182,5° (Bzl.), durch 5std. Kochen von **IV** mit methanol. CH_3ONa. — 7-Chlor-4.6-dimethoxy-6'-methylgrisen-(2')-dione-(3.4'), aus den halogenierten **I**-Derivv., a) u. Diazoalkanen in Ae./Aceton in Ggw. von $(C_2H_5)_3N$; b) u. Allylalkohol in sd. Bzl. in Ggw. von p-Toluolsulfonsäure (16std. Kochen unter H_2O-Abscheidung); c) u. Benzyl- bzw. Allylbromid in sd. Aceton in Ggw. von K_2CO_3 (6 Std.): *2'-Methoxy-3'-brom-*, $C_{17}H_{16}BrClO_6$, F. 187—189° (CH_3OH), nach a); [α] +250°. — *2'-Äthoxy-3'-brom-*, $C_{18}H_{18}$·$BrClO_6$, F. 144—146° (CH_3OH), nach a); [α] +243°. — *2'-n-Propoxy-3'-brom-*, $C_{19}H_{20}$·$BrClO_6$, F. 160—161° (A.), nach a); [α] +220°. — *2'-n-Butoxy-3'-brom-*, $C_{20}H_{22}BrClO_6$, F. 181—182° (A.), nach a); [α] +215°. — *2'-Benzyloxy-3'-brom-*, $C_{23}H_{20}BrClO_6$, F. 211° (Zers.; CH_3OH), nach c); [α] +191°. — *2'-Methoxy-3'-jod-*, $C_{17}H_{16}ClJO_6$, F. 193,5—195° (CH_3OH), nach a); [α] +235°. — *2'-Äthoxy-3'-jod-*, $C_{18}H_{18}ClJO_6$, F. 174—176,5°, nach a); [α] +233°. — *2'-n-Propoxy-3'-jod-*, $C_{19}H_{20}ClJO_6$, F. 140—141° (A.), nach a); [α] +216°. — *2'-n-Butoxy-3'-jod-*, $C_{20}H_{22}ClJO_6$, F. 177—178° (A.), nach a); [α] +206°. — *2'-Benzyloxy-3'-jod-*, *Benzolat*, $C_{23}H_{20}ClJO_6C_6H_6$, F. 179—181° (Bzl.), nach c); [α] +138°. —

2'-Methoxy-3'-chlor-, $C_{17}H_{16}Cl_2O_6$, F. 188,5—190° (CH_3OH), nach a); [α] +278°. — *2'-Äthoxy-3'-chlor-*, $C_{18}H_{18}Cl_2O_6$, F. 149—152° (CH_3OH), nach a); [α] +241°. — *2'-n-Propoxy-3'-chlor-*, $C_{19}H_{20}Cl_2O_6$, F. 146—148° (A.), nach a); [α] +235°. — *2'-n-Butoxy-3'-chlor-*, $C_{20}H_{22}Cl_2O_6$, F. 175° (A.); nach a); [α] +232°. — *2'-Benzyloxy-3'-chlor-*, $C_{23}H_{20}ClO_6$, F. 209° (Zers.; CH_3OH), nach c); [α] +190°. — *2'-Methoxy-5.3'-dichlor-*, $C_{17}H_{15}Cl_3O_6$, F. 169—171° (CH_3CN), nach a); [α] +221°. — *2'-Methoxy-5-chlor-*, $C_{17}H_{16}Cl_2O_6$, F. 90—93° (Diisopropyläther), nach a). — 7-Chlor-4.6-dimethoxy-6'-methyl-grisen-(3')-dione-(3.2'), neben vorst. Isomeren durch Chromatographie an Al_2O_3 oder Extraktion mit Ae.: *4'-Methoxy-3'-brom-*, $C_{17}H_{16}BrClO_6$, F. 246—249° (Zers.; CH_3CN), [α] +246°. — *4'-Äthoxy-3'-brom-*, $C_{18}H_{18}BrClO_6$, F. 204—207° (CH_3OH), [α] +199°. — *4'-n-Propoxy-3'-brom-*, $C_{19}H_{20}BrClO_6$, F. 219° (A.), [α] +240°. — *4'-n-Butoxy-3'-brom-*, $C_{20}H_{22}BrClO_6$, F. 188—190° (Bzl.), [α] +225°. — *4'-Allyloxy-3'-brom-*, $C_{19}H_{18}BrClO_6$, F. 193 bis 194° (CH_3OH), nach b) (ohne Isomeres); [α] +253°. — *4'-Benzyloxy-3'-brom-*, $C_{23}H_{20}BrClO_6$, F. 221—223° (Zers.; CH_3OH), [α] +208°. — *4'-Methoxy-3'-jod-*, $C_{17}H_{16}ClJO_6$, F. 240° (Zers.; CH_3NO_2), [α] +192°. — *4'-Äthoxy-3'-jod-*, $C_{18}H_{18}ClJO_6$, F. 229 bis 230° (CH_3NO_2), [α] +194°. — *4'-n-Propoxy-3'-jod-*, $C_{19}H_{20}ClJO_6$, F. 225° (Zers.; A.), [α] +192°. — *4'-n-Butoxy-3'-jod-*, $C_{20}H_{22}ClJO_6$, F. 200—201° (A.), [α] +176°. — *4'-Allyl-oxy-3'-jod-*, $C_{19}H_{18}ClJO_6$, F. 188—190° (CH_3OH), nach c) (ohne Isomeres); [α] +186,5°. — *4'-Benzyloxy-3'-jod-*, $C_{23}H_{20}ClJO_6$, F. 188—190° (CH_3OH), [α] +165°. — *4'-Methoxy-3'-chlor-*, $C_{17}H_{16}Cl_2O_6$, F. 257—259,5° (CH_3OH/Essigester), [α] +334°. — *4'-Äthoxy-3'-chlor-*, $C_{18}H_{18}Cl_2O_6$, F. 213—216° (CH_3OH), [α] +315°. — *4'-n-Propoxy-3'-chlor-*, $C_{19}H_{20}Cl_2O_6$, F. 200—201° (A.), [α] +309°. — *4'-n-Butoxy-3'-chlor-*, $C_{20}H_{22}Cl_2O_6$, F. 182—184° (A.), [α] +296°. — *4'-Allyloxy-3'-chlor-*, $C_{19}H_{18}Cl_2O_6$, F. 194—195° (CH_3OH), nach b) (ohne Isomeres), [α] +311°. — *4'-Benzyloxy-3'-chlor-*, $C_{23}H_{20}Cl_2O_6$, F. 245—247° (Zers.; Aceton), [α] +251°. — *4'-Methoxy-5.3'-dichlor-*, $C_{17}H_{15}Cl_3O_6$, F. 222,5—224,5° (CH_3COOH), [α] +289°. — *4'-Methoxy-5-chlor-*, $C_{17}H_{16}Cl_2O_6$, F. 188,5—190,5° (CH_3OH/Essigester). — *2'-Acetoxy-5.3'-dibrom-7-chlor-4.6.2'-trimethoxy-6'-methylgrisandion-(3.4')*, $C_{19}H_{19}Br_2ClO_8$, aus 1 g **II** u. 1,5 g Br_2 in CH_3COOH in Ggw. von 1 g $(CH_3COO)_2Hg$ (16 Std. bei Raum-Temp.); Schaum; [α] −122°. — *5.3'-Dibromgriseofulvin* [**V**; *5.3'-Dibrom-7-chlor-4.6.2'-trimethoxy-6'-methylgrisen-(2')-dion-(3.4')*], $C_{17}H_{15}Br_2ClO_6$, F. 188 bis 190° (Isopropanol), durch Chromatographie von 1,28 g vorst. Verb. in Bzl. über Al_2O_3; $[\alpha]_D$ +180°; 1,12 g. — *5.3'-Dibromgriseofulvinsäure*, $C_{16}H_{13}Br_2ClO_6$, F. 200—202° (Isopropanol/Diisopropyläther), aus 0,75 g vorst. Verb. in 2n H_2SO_4/CH_3COOH (40 Min. langes Erhitzen auf dem Wasserbad); [α] +163°; 0,72 g. — *5-Bromgriseofulvinsäure*, $C_{16}H_{14}BrClO_6$, F. 237° (Zers.; CCl_4/Chfl.), a) aus 200 mg vorst. Verb. u. KJ in wss. CH_3COOH; $[\alpha]_D$ +310° (c = 1; 2n Na_2CO_3); 160 mg; b) durch 1std. Kochen von 250 mg nachst. Verb. in CH_3COOH/2n H_2SO_4 u. Gießen in W.; 200 mg. — *5-Bromgriseofulvin*, $C_{17}H_{16}BrClO_6$, F. 112—115° (CH_3OH), durch Zugabe von 9,235 g Br_2 in CH_3COOH zu 1,0 g **II** u. ½ Mol Hg(II)-Acetat in CH_3COOH, 20 Min. langes Stehen, Gießen in W., Abfiltrieren (→ F. 65—150°, [α] +165°; 930 mg) u. Chromatographie an Al_2O_3 mit Bzl. (→ 0,07 g **V**) u. Bzl./5% Ae.; [α] +249°; 0,35 g. — *5.3'.3'-Tribrom-7-chlor-4.6-dimethoxy-6'-methylgrisantrion-(3.2'.4')*, *Trihydrat*, $C_{16}H_{12}Br_3ClO_6 \cdot 3\,H_2O$, F. 98—101° aus 2,0 g **III** u. $Br_2/(CH_3COO)_2Hg$ in CH_3COOH (3std. Rühren); [α] 0°; 2,2 g roh. — *5.3'-Dibrom-7-chlor-4-hydroxy-6.2'-dimethoxy-6'-methylgrisen-(2')-dion-(3.4')*, $C_{16}H_{13}Br_2ClO_6$, F. 215° (Zers.), aus 0,5 g **V** u. LiBr in sd. Aceton (2 Std.); [α] +172°; 0,32 g.

J. Rothe. 3900□

Griseofulvinanaloga. 4. Mitt. Die Darstellung und Eigenschaften einiger Chloride. L. Stephenson, T. Walker, W. K. Warburton und G. B. Webb. (J. chem. Soc. [London] **1962**, 1282—92, April; engl.) — 3. vgl. vorst. Referat. — Griseofulvinsäure (**I**; zur Nomenklatur vgl. Grove u. Mitarbeiter, C. **1953**, 4874) wurde durch $POCl_3$, bes. in Ggw. von W. u. LiCl, in ein Gemisch der entsprechenden *4'-* (**II**) u. *2'-Chlor*-Verb. (**III**), die sich von Isogriseofulvin (**XIII**) bzw. Griseofulvin ableiten, umgewandelt. Mit PCl_3 in sd. Bzl. reagierte **I** nicht, mit PCl_5 in Chlf. oder mit reinem $POCl_3$ nur schlecht. Mit $POCl_3$ in Dimethylformamid (DMF) entstand **II**. 3'-substituierte Griseofulvinsäuren gaben mit $POCl_3$/W./LiCl vorwiegend die entsprechenden **II**-*Derivv.*; ebenso entstanden **II**- bzw. **III**-*Derivv.* aus den 2'-Enaminen u. 2'-Enoläthern bzw. den 4'-Enaminen u. 4'-Enoläthern. Umsetzung der **III**- u. der **II**-Derivv. mit Mercaptanen unter alkal. Bedingungen gab die entsprechenden *Thioäther*, mit Phenol u. niederen Alkoholen *Äther* u. mit N-Basen *Amine*. Mögliche Mechanismen der Rkk. werden diskutiert.

Versuche ([α] = $[\alpha]_D^{20}$ in Aceton mit c = 1): *7.4'-Dichlor-4.6-dimethoxy-6'-methylgrisen-(3')-dion-(3.2')* (**II**), $C_{16}H_{14}Cl_2O_5$, F. 248—250,5° (CH_3COOH), a) durch Zufügen von etwas W. zu $POCl_3$, Zusatz von 16,15 g **I**, 20 Min. langes Erhitzen auf 100°, Eindampfen, Extraktion u. Chromatographie; [α] +282°; 4,73 g (Ausbeute); b) analog a) aus 17 g I in Ggw. von LiCl u. Trennen mit Girard-Reagens P; 1,8 g; c) durch Zugeben von $POCl_3$ zu 1,7 g I in DMF u. 1 std. Stehen; 1,75 g; d) durch 1 std. Erhitzen von 1,7 g Griseofulvin, $POCl_3$ u. LiCl auf dem Dampfbad; 1,74 g; e) aus 1,7 g Griseofulvamin u. LiCl in $POCl_3$; 10,5 g; daneben 100 mg I. — *7.2'-Dichlor-4.6-dimethoxy-6'-methyl-grisen-(2')-dion-(3.4')* (**III**), F. 200—201,5° (CCl_4 oder A.), a) neben **II** nach a) bzw. b); [α] +370°; 4,20 bzw. 2,40 g; b) durch 5 std. Erhitzen von 1,76 g **XIII** mit $POCl_3$ in Ggw. von W. u. LiCl; 1,70 g; c) durch 1¼ std. Erhitzen von 80 g **VI**, $POCl_3$ u. LiCl in Ggw. von W. auf dem Dampfbad, Einengen im Vakuum, Zugabe von 2n HCl u. 1 std. Erhitzen auf dem Dampfbad; 94,5%; daneben 6,5 g I. — *Griseofulvin*, durch Kochen von **III** mit Na_2CO_3 in W./CH_3OH. — *3'-Brom-7.4'-dichlor-4.6-dimethoxy-6'-methylgrisen-(3')-dion-(3.2')*, $C_{16}H_{13}BrCl_2O_5$, F. 213—216° (CH_3COOH), a) aus 2,0 g 3'-Bromgriseofulvinsäure (**X**) mit $POCl_3$ in DMF in 40 Min.; $[\alpha]_D^{20}$ +212° (c = 0,66); 0,76 g; b) aus 2,05 g **X** mit $POCl_3$ in Ggw. von W. u. LiCl (25 Min. langes Kochen); 2,3 g. — *7.3'.4'-Trichlor-4.6-dimethoxy-6'-methylgrisen-(3')-dion-(3.2')* (**IV**), $C_{16}H_{13}Cl_3O_5$, F. 235,5—237,5° (CH_3COOH), a) aus 1,87 g 3'-Chlorgriseofulvinsäure u. $POCl_3$/DMF; [α] +258°; 0,80 g; b) aus 0,49 g 3'-Chlorgriseofulvin u. $POCl_3$/W./LiCl 5 Std. bei 100°; 0,48 g; c) analog b) aus 3'-Chlorisogriseofulvin (**XII**). — *3'-Chlorisogriseofulvin* (**XII**), F. 250—255°, durch 10 Min. langes Kochen vorst. Verb. in CH_3OH mit K_2CO_3. — *3'-Benzyl-7.4'-dichlor-4.6-dimethoxy-6'-methylgrisen-(3')-dion-(3.2')*, $C_{23}H_{20}Cl_2O_5$, F. 170,5—171,5° (Isopropanol) aus 2,14 g 3'-Benzylgriseofulvinsäure u. $POCl_3$/W. (10 Min. bei 100°); [α] +158°; 0,52 g. — *3'-Benzyl-7.2'-dichlor-4.6-dimethoxy-6'-methylgrisen-(2')-dion-(3.4')* (**V**), *Hemihydrat*, $C_{23}H_{20}Cl_2O_5 \cdot \frac{1}{2} H_2O$, F. 123—125°, a) aus 6,6 g 3'-Benzylisogriseofulvin (**XIV**) u. $POCl_3$/W./LiCl (über Nacht, dann bei 100°); [α] +279°; 60%; daneben 0,35 g des vorst. *Isomeren*; b) durch 3 std. Erhitzen von 1,0 g **XI**, LiCl, $POCl_3$ u. W. auf dem Dampfbad; 0,8 g. — *4'-Amino-7-chlor-4.6-dimethoxy-6'-methylgrisen-(3')-dion-(3.2')* (*Isogriseofulvamin*), Methanolat (**VI**), $C_{16}H_{16}ClNO_5 \cdot CH_3OH$, F. 321—322° ($CH_3OH$), durch 1½ std. Einleiten von NH_3 in eine Suspension von 2 g **XIII** in abs. CH_3OH; $[\alpha]_D^{22}$ +359° (CH_3OH); 1,2 g. — *4'-Amino-7.3'-dichlor-4.6-dimethoxy-6'-methylgrisen-(3')-dion-(3.2')* (**VII**), $C_{16}H_{15}Cl_2NO_5$, F. 320° (Zers.; CH_3NO_2), a) aus 0,71 g **IV** u. NH_3-Gas in CH_3OH; [α] +285°; 0,65 g; b) aus **XII** analog a); 85%. — Analog folgende 4'-Amino-7-chlor-4.6-dimethoxy-6'-methylgrisen-(3')-dione-(3.2'): *3'-Brom-*, *Hemimethanolat*, $C_{16}H_{15}BrClNO_5 \cdot \frac{1}{2} CH_3OH$, F. 290—295° (Zers.; CH_3OH), aus 3'-Bromisogriseofulvin; [α] +227°; 81%. — *3'-Benzyl-* (**XI**), *Hemihydrat*, $C_{23}H_{22}ClNO_5 \cdot \frac{1}{2} H_2O$, F. 183—185° ($CH_3OH$), aus **XIV**; [α] +196°; 90%. — *3'-n-Propyl-* (**XV**), $C_{19}H_{22}ClNO_5$, F. 145—150° (CH_3OH/Ae.), aus 3'-n-Propylisogriseofulvin; [α] +225°; 87%. — *7.2'.3'-Trichlor-4.6-dimethoxy-6'-methylgrisen-(2')-dion-(3.4')* (**VIII**), $C_{16}H_{13}Cl_3O_5$, F. 212,5—215° u. 221—224,5° (CH_3COOH), durch 5 std. Erhitzen von **VII** u. $POCl_3$/W./LiCl auf 100°, Aufarbeiten u. 2 std. Erhitzen mit CH_3COOH/2n H_2SO_4 auf dem Dampfbad; [α] +335°; 56%. — *7.2'-Dichlor-4.6-dimethoxy-6'-methyl-3'-n-propylgrisen-(2')-dion-(3.4')*, $C_{19}H_{20}Cl_2O_5$, F. 196—198°, analog vorst. Verb. aus **XV** (4 Std.); [α] +307°; 74%. — *7-Chlor-4'-mercapto-4.6-dimethoxy-6'-methylgrisen-(3')-dion-(3.2')* (**IX**), F. 244—245,5° (Zers.; CH_3COOH), aus 3,6 g **II** u. H_2S in abs. Aceton in Ggw. von $(C_2H_5)_3N$ (4tägiges Stehen); 2,58 g. — *7-Chlor-4'-methylmercapto-4.6-dimethoxy-6'-methylgrisen-(3')-dion-(3.2')*, $C_{17}H_{17}ClO_5S$, F. 229,5 bis 232,5° (CH_3CN), aus 0,71 g **IX** u. äther. CH_2N_2 in abs. Aceton in Ggw. von $(C_2H_5)_3N$; 0,35 g. — *Bis-[7-chlor-4.6-dimethoxy-6'-methyl-3.2'-dioxogrisen-(3')-yl-(4')]-disulfid*, $C_{32}H_{28}Cl_2O_{10}S_2$, F. 289° (Zers.; DMF), aus 1,78 g **IX** u. CH_3COOK in DMF mit Br_2; 0,95 g. — *7-Chlor-4.6-dimethoxy-6'-methyl-4'-phenoxygrisen-(3')-dion-(3.2')*, $C_{22}H_{19}ClO_6$, F. 207 bis 208,5° (Essigester), aus **II** u. Phenol in sd. Butanon in Ggw. von K_2CO_3 in 4 Std.; $[\alpha]_D^{20}$ +93,5° (c = 0,5); 75%. — Thioäther von 7-Chlor-4.6-dimethoxy-6'-methylgrisen-(3')-dionen-(3.2'), aus **II** u. Mercaptanen in Aceton in Ggw. von $(C_2H_5)_3N$ in 24 Std. bei Raum-Temp.: *4'-Äthylmercapto-*, $C_{18}H_{19}ClO_5S$, F. 177—179° (CH_3NO_2); [α] +236°; 60%. — *4'-Phenylmercapto-*, $C_{22}H_{19}ClO_5S$, F. 229—231° u. 244 bis 245° (CH_3NO_2); $[\alpha]_D^{20}$ +110° (c = 0,5); 60%. — *4'-Benzylmercapto-*, $C_{23}H_{21}ClO_5S$, F. 145—147° (CH_3OH); $[\alpha]_D^{20}$ +181° (c = 0,2); 40%. — *4'-[2-Dimethylaminoäthylmercapto]-*, $C_{22}H_{28}ClNO_5S$, F. 97—102° (Isopropanol); 20% (gereinigt über das *Hydrochlorid*). — *4'-[2-Hydroxyäthylmercapto]-*, $C_{18}H_{19}ClO_6S$, F. 138—140° (Bzl./Ae.); [α] +232° 57%. *Acetat*, $C_{20}H_{21}ClO_7S$, F. 162—163° (A.); [α] +196°; 85%. — *7-Chlor-2'-äthoxy-4.6-dimethoxy-6'-methylgrisen-(2')-dion-(3.4')*, F. 203—206° (A.), aus 1 g **III** u. sd. abs. A. in Ggw. von K_2CO_3 in 45 Min.; [α] +317°; 0,4 g. — *7-Chlor-4.6-dimethoxy-6'-methyl-2'-n-propoxygrisen-(2')-dion-(3.4')*, F. 158—160°, analog vorst. Verb. aus **III** u. Propanol in 15½ Std.; [α] +288°; 50%. — *7.3'-Dichlor-4.6-dimethoxy-6'-methyl-2'-phenoxygrisen-(2')-dion-(3.4')*, $C_{22}H_{18}Cl_2O_6$, F. 260—262° (CH_3CN), aus **VIII** u. C_6H_5ONa in abs. Aceton in 10 Min. bei Raum-Temp.; [α] +171°; 50%. — Thioäther von 7-Chlor-4.6-dimethoxy-6'-methylgrisen-(2')-dionen-(3.4'), aus **III** bzw. 3'-substituierten

III-Derivv. u. entsprechenden Mercaptanen in einem abs. Lsgm. in Ggw. von $(C_2H_5)_3N$: *2'-Methylmercapto-*, $C_{17}H_{17}ClO_5S$, F. 251—253° (CH_3NO_2), in 40 Std. bei 25° in Aceton; [α] +500°; 65%. — *2'-Äthylmercapto-*, $C_{18}H_{19}ClO_5S$, F. 185—187° (A.), in 40 Std. bei 25° in Aceton; [α] +475°; 40%. — *2'-n-Propylmercapto-*, $C_{19}H_{21}ClO_5S$, F. 166,5—168° (CH_3OH), in 24 Std. bei 80° in Butanon; [α] +459°; 30%. — *2'-n-Butylmercapto-*, $C_{20}H_{23}ClO_5S$, F. 154,5—156,5° (A.), in 24 Std. bei 56° in Aceton; [α] +429°; 35%. — *2'-[2-Hydroxyäthylmercapto]-*, $C_{18}H_{19}ClO_6S$, F. 181—183° (Essigester), in 220 Std. bei 25° in Aceton; 83%. — *2'-[2-Phthalimidoäthylmercapto]-*, $C_{26}H_{22}ClNO_7S$, F. 204—206° (A.), in 110 Std. bei 25° in Aceton; [α] +373°; 47%. — *2'-[Imidazolyl-(2)-mercapto]-*, *Hydrochlorid*, $C_{19}H_{18}Cl_2N_2O_5S$, F. 215—216° (A./Aceton), in 10 Std. bei 78° in A.; $[\alpha]_D$ +350° (W.); 42%. — *2'-Phenylmercapto-*, $C_{22}H_{19}ClO_5S$, F. 229—231° u. 244—245° (CH_3NO_2), in 0,17 Std. bei 25° in Aceton; [α] +110°; 50%. — *2'-[2-Diäthylaminoäthylmercapto]-*, $C_{22}H_{28}ClNO_5S$, F. 135,5—137,5° (Isopropanol), in 24 Std. bei 25° in Aceton; 70%. *Hydrochlorid*, $C_{22}H_{29}Cl_2NO_5S$, F. 231—233°; $[\alpha]_D$ +378° (c = 0,5; W.). — *2'-Benzylmercapto-*, $C_{23}H_{21}ClO_5S$, F. 210—212° (Essigester), in 16 Std. bei 25° in Aceton; [α] +336°; 40%. — *2'-Allylmercapto-*, $C_{19}H_{19}ClO_5S$, F. 153—154° (A.), in 16 Std. bei 25° in Aceton; [α] +443°; 65%. — *3'-Brom-2'-methylmercapto-*, $C_{17}H_{16}BrClO_5S$, F. 190—193° (CH_3OH), in 20 Min. bei 25° in Aceton; [α] +408°; 54%. — *3'-Chlor-2'-methylmercapto-*, $C_{17}H_{16}\cdot Cl_2O_5S$, F. 192,5—195° ($CH_3OH$), in 18 Std. bei 25° in Aceton; [α] +471°; 65%. — *3'-Chlor-2'-äthylmercapto-*, $C_{18}H_{18}Cl_2O_5S$, F. 184,5—186,5° (A.), in 18 Std. bei 25° in Aceton; [α] +385°; 66%. — *3'-Chlor-2'-n-propylmercapto-*, $C_{19}H_{20}Cl_2O_5S$, F. 135—137° (Isopropanol), in 18 Std. bei 25° in Aceton; [α] +373°; 70%. — *3'-Chlor-2'-n-butylmercapto-*, $C_{20}H_{22}Cl_2O_5S$, F. 103,5—106,5° (Isopropanol), in 18 Std. bei 25° in Aceton; [α] +350°; 55%. — *3'-Chlor-2'-allylmercapto-*, $C_{19}H_{18}Cl_2O_5S$, F. 133,5—135,5° (A.), in 18 Std. bei 25° in Aceton; [α] +342°; 20%. — *3'-Chlor-2'-benzylmercapto-*, $C_{23}H_{20}Cl_2O_5S$, F. 136,5—138,5° (CH_3OH), in 18 Std. bei 25° in Aceton; [α] +202,5°; 30%. — *3'-Benzyl-2'-methylmercapto-*, *Hemiäthanolat*, $C_{24}H_{23}ClO_5S\cdot ½\ C_2H_5OH$, F. 219—220° (A.), in 24 Std. bei 40° in Aceton; [α] +455°; 62%. — *3'-Benzyl-2'-äthylmercapto-*, $C_{25}H_{25}ClO_5S$, F. 178—180° (A.), in 96 Std. bei 40° in Aceton; [α] +465°; 63%. — *3'-Benzyl-2'-n-propylmercapto-*, $C_{26}H_{27}ClO_5S$, F. 115—116° (Isopropanol), in 22 Std. bei 100° in Aceton; [α] +451°; 67%. — *3'-Benzyl-2'-n-butylmercapto-*, *Hemiäthanolat*, $C_{27}H_{29}ClO_5S\cdot ½\ C_2H_5\cdot OH$, in 60 Std. bei 40° in Aceton; [α] +390°; 60%. — *3'-Benzyl-2'-allylmercapto-*, $C_{26}H_{25}ClO_5S$, F. 127—129° (Isopropanol), in 48 Std. bei 40° in Aceton; [α] +465°; 55%. — *3'-Benzyl-2'-benzylmercapto-*, $C_{30}H_{27}ClO_5S$, F. 159—161° (A.), in 48 Std. bei 40° in Aceton; [α] +337°; 40%. — *3'-n-Propyl-2'-methylmercapto-*, $C_{20}H_{23}ClO_5S$, F. 119—121° (A.), in 60 Std. bei 40° in Aceton; [α] +457°; 78%. — *3'-n-Propyl-2'-n-propylmercapto-*, $C_{22}H_{27}ClO_5S$, F. 112—113° (A.), in 54 Std. bei 100° in Pentanon-(3); [α] +423°; 60%. — *3'-n-Propyl-2'-n-butylmercapto-*, $C_{23}H_{29}ClO_5S$, F. 90—91° (A.), in 100 Std. bei 100° in Pentanon-(3); [α] +402°; 40%. — *3'-n-Propyl-2'-allylmercapto-*, $C_{22}H_{25}ClO_5S$, F. 109 bis 110° (A.), in 70 Std. bei 50° in Aceton; [α] +425°; 36%. — *3'-n-Propyl-2'-benzylmercapto-*, $C_{26}H_{27}ClO_5S$, F. 132—133° (CH_3OH), in 40 Std. bei 100° in Pentanon-(3); [α] +254°; 57%. — Amine von 7-Chlor-4.6-dimethoxy-6'-methylgrisen-(2')-dionen-(3.4'), durch Rühren von III u. Aminen in wss. Dioxan unter N_2 bei pH 11—12 (NaOH-Zugabe): *2'-[2-Diäthylaminoäthylamino]-*, $C_{22}H_{29}ClN_2O_5$, F. 132—134° (Aceton/Hexan), aus dem Hydrochlorid u. Soda-Lsg./Essigester; [α] +421°. *Hydrochlorid*, $C_{22}H_{30}Cl_2N_2O_5$, F. 230—232° (A.), aus 4 g **III** durch Zugabe von 2n HCl u. Essigester zur rohen Base; 8,5 g. — *2'-[3-Dimethylaminopropylamino]-*, *Hydrochlorid*, $C_{21}H_{28}Cl_2\cdot N_2O_5$, F. 236° (Zers.; A.); [α] +338° (W.). — *2'-[3-Diäthylaminopropylamino]-*, *Hydrochlorid*, $C_{23}H_{32}Cl_2N_2O_5$, F. 217—220° (A./Ae.); [α] +366°. — Analog folgende 7-Chlor-4.6-dimethoxy-6'-methylgrisen-(3')-dione-(3.2') aus **II**: *4'-[2-Diäthylaminoäthylamino]-*, *Hydrogenoxalat*, $C_{24}H_{31}ClN_2O_9$, F. 202—205° (Zers.; A.); [α] +244° (W.). — *4'-Piperidino-*, $C_{21}H_{24}ClNO_5$, F. 185—190° (A.), aus **II** u. Piperidin (über Nacht bei Raum-Temp.); [α] +415°; 80%. — *4'-Pyrrolidino-*, $C_{20}H_{22}ClNO_5$, F. 248—253°, wie vorst. Verb. aus **II** u. Pyrrolidin; [α] +319°; 48%. J. Rothe. 3900□

Der alkalische Abbau von Dihydrostreptomycin. W. J. Polglase. (J. org. Chemistry **27,** 1923, Mai 1962; Vancouver, Univ. of British Columbia, Dep. of Biochem.; engl.) — Alkal. Abbau von Dihydrostreptomycin führte zu *Didesguanyldihydrostreptomycin* (**I**).

Versuche: *Didesguanyldihydrostreptomycinbicarbonat* $(C_{19}H_{37}N_3O_{12})_2\cdot H_2CO_3$, F. 156° ($CH_3OH$), aus Dihydrostreptomycinsesquisulfat u. $Ba(OH)_2$-Lsg. u. 28std. Kochen des Filtrats; $[\alpha]_D^{24}$ —121° (c = 1; W.); 68% (Ausbeute). *Dekaacetat*, F. 259 bis 260°. *Freie Verb.* (**I**), $C_{19}H_{37}N_3O_{12}$, aus vorst. Bicarbonat durch Erhitzen auf 110° (Vakuum, 2 Std.). *Trihydrochlorid*, $C_{19}H_{37}N_3O_{12}\cdot 3\ HCl$, aus dem Bicarbonat u. konz. HCl in CH_3OH; 91%. K. Maier. 3900□

D. Makromolekulare Chemie

Intrinsicviscosität als Funktion des Geschwindigkeitsgradienten. 2. Mitt. Milan Čopič. (J. Chim. physique Physico-Chim. biol. **53,** 440—44, Mai 1956; Ljubljana, Jugoslavija, Fiz. Inst. „Jozefa Stefana"; franz.) — 1. vgl. C. **1958,** 4802. — Unter Zugrundelegung eines Hantelmodells u. Berücksichtigung des tensoriellen Charakters der hydrodynam. Wechselwrkg. wird die Intrinsicviscosität $[\eta]$ von Ketten-Moll. ohne innere Viscosität berechnet; der Einfl. des Lsgm. wird nicht berücksichtigt. Es ergibt sich so: $[\eta] = [\eta]_0 (1 - 0{,}187\ \beta^2 + 0{,}08\ \beta^4 - 0{,}06\ \beta^6 + \cdots)$, wobei der Parameter β ein Maß für den Geschw.-Gradienten darstellt. Daraus folgt, daß $[\eta]$ mit steigendem β abfällt. Diese theoret. Ergebnisse stehen in qual. Übereinstimmung mit experimentellen Daten (Polystyrol in Bzl. bzw. Methyläthylketon, wobei der Abfall von $[\eta]/[\eta]_0$ mit steigendem β für Bzl. stärker als für Methyläthylketon ist, während der berechnete Verlauf dazwischenliegt). O. Fuchs. 4000□

Gradientenabhängigkeit der Intrinsicviscosität von frei flexiblen linearen Makromolekülen. Anton Peterlin. (J. chem. Physics **33,** 1799—1802, Dez. 1960; Detroit, Mich., Wayne State Univ., Dep. of Chem.; engl.) — Theoret. Behandlung. Beim laminaren Fließen erfolgt die Ausdehnung eines statist. verknäuelten Makromol. ungleichmäßig. Die mittleren Abstände zwischen benachbarten Kettenelementen nehmen dabei wesentlich langsamer zu als diejenigen zwischen solchen, die auf der Mol.-Kette weit auseinanderliegen. Da sich die letzteren in entgegengesetzter, die ersten jedoch in gleicher Richtung bewegen, ergibt sich somit ein negativer bzw. positiver Beitrag zur hydrodynam. Wechselwrkg., wobei die ungleichmäßige Ausdehnung zu einer wesentlich schnelleren Abnahme der negativen Glieder führt. Demzufolge nimmt die hydrodynam. Wechselwrkg. zuerst mit dem Gradienten zu, was zunächst zu einem Abfall der Intrinsicviscosität proportional dem Quadrat des Gradienten führt. Mit Bleiben der Ausdehnung des Knäuels nehmen jedoch die positiven Glieder desgleichen so weit ab, daß die Viscosität nach Durchlaufen eines Minimums wieder größer wird u. schließlich sogar den Ausgangswert bei einem Gradienten von Null überschreitet. Diese Zunahme hört auf, wenn die Wurzel aus dem mittleren Quadrat des Abstandes der Kettenenden sich der Länge des gestreckten Mol. nähert. E. Uhlein. 4000□

Eine Drei-Komponenten-Theorie des Sedimentationsgleichgewichtes in einem Dichte-Gradienten. John E. Hearst und Jerome Vinograd. (Proc. nat. Acad. Sci. USA **47,** 999—1004, Juli 1961; California Inst. of Technol., Gates and Crellin Labor. of Chem., Norman W. Church Labor. of Chem. Biol.; engl.) — In einer Drei-Komponenten-Theorie des Sedimentationsgleichgewichts in einem Dichtegradienten berücksichtigen Vff. Solvatations- u. Druckterme. Es zeigt sich, daß eine schwimmfähige makromol. Substanz eine Gaußsche Konz.-Verteilung hervorruft. Aus der Standardabweichung dieser Verteilung ergeben sich dann bei Kenntnis einiger Daten der Ultrazentrifuge sowie der partiellen spezif. Vol. u. Aktivitäten das wasserfreie u. das solvatisierte Molgew. des Makromoleküls. G. M. Neumann. 4000□

Geometrie linearer Polymerer. 7. Mitt. **Einfluß von Volumeneffekten auf die Form der Makromoleküle in Lösung.** O. B. Ptitzyn. (Высокомолекулярные Соединения [Hochmolekulare Verbind.] **2,** 390—96, März 1960; Inst. für hochmol. Verbb. der Akad. der Wiss. der UdSSR; russ., Auszug: engl.) — 6. vgl. C. **1962,** 9359. — Auf Grund der früher (vgl. l. c.) entwickelten statist. Meth. wird der Einfl. der Vol.-Effekte auf die Form der Makromoll. in Lsg. behandelt. Gleichungen für die Beziehung zwischen Strömungsdoppelbrechung u. opt. Anisotropie einerseits u. den Faktoren, die die Form der Moll. beeinflussen, andererseits werden abgeleitet u. besprochen. Die Vol.-Effekte erhöhen die dynamoopt. Konst. der Form von Lsgg. von Makromoll.; in der Nähe des Θ-Punktes beträgt dieser Anteil an der Zunahme der linearen Dimensionen der Ketten ca. 25%. R. K. Müller. 4000□

Die Thermometrie als Methode der Untersuchung der Kinetik der Polymerisation. 1. Mitt. **Grundlagen der Methode und Versuchsanlage.** G. W. Korolew, B. W. Pawlow und A. A. Berlin. (Высокомолекулярные Соединения [Hochmolekulare Verbind.] **1,** 1396—1402, Sept. 1959; Labor. für anisotrope Strukt. der Akad. der Wiss. der UdSSR; russ., Auszug: engl.) — Zur Verfolgung der Kinetik exothermer Polymerisations-Rkk. wird eine Kombination Wheatstonescher Brücken mit einer Registriervorr. entwickelt. Vff. geben Gleichungen für kinet. Berechnungen bei isothermen u. adiabat. Prozessen. In Verss. wird gezeigt, daß die nach der thermometr. Meth. erhaltenen Kurven für die Kinetik der Polymerisation von *Methylmethacrylat* bei 25° in Ggw. von Dibenzoylperoxid/Dimethylanilin (1 : 1) mit den nach der gravimetr. Meth. erhaltenen gut übereinstimmen. R. K. Müller. 4000□

Diffusionskontrollierte Reaktionen bei der Polymerisation freier Radikale. P. E. M. Allen und C. R. Patrick. (Makromolekulare Chem. **47,** 154—67, 1961; Birmingham, England, Univ., Chem. Dep.; engl.) — Rkk., deren Geschw. durch die Diffusions-Geschw. der Rk.-Teilnehmer bestimmt wird, nennen Vff. „diffusionskontrolliert". Dieser Fall liegt z. B. bei den Rekombinations-Rkk. von Radikalen in Lsg. vor. Es wird gezeigt, daß für die Geschw.-Koeff. k_{AB}, k_{AA} u. k_{BB} der Abbruch-Rkk. zwischen den ungleichartigen bzw. gleichartigen Radikalen A u. B die Beziehung $k_{AB} = k_{AA} + k_{BB}$ gilt, wobei die k-Werte definiert sind durch $-d[A]/dt = -d[B]/dt = k_{AB}[A][B]$, $-d[A]/dt = 2k_{AA}[A]^2$ u. $-d[B]/dt = k_{BB}[B]^2$; dagegen ist der oft verwendete geometr. Mittelwert von k_{AB} für solche Rkk. nicht anwendbar. Die Berücksichtigung der durch den Polymerisationsgrad P charakterisierten Größe der Makroradikale ergibt für den mittleren Koeff. $\overline{k_t}$ der Abbruch-Rkk. die Beziehung $I - 2\overline{k_t}[P]^2 = 0$, wobei I = Bldg.-Geschw. der Radikale. Für den Fall, daß der Geschw.-Koeff. k_p der Wachstums-Rk. prakt. unabhängig von P ist, folgt daraus: $-d[M]/dt = k_p[M]\,I^{1/2}\,(2\overline{k_t})^{-1/2}$. Bei höheren Umsätzen bei der Polymerisation ist die einfache Diffusionskontrolle der Wachstums-Rk. mit den Diffusions-Geschw. kleiner Moll. in polymeren Gelen unvereinbar. O. Fuchs. 4000□

Ausmessung der Absorptionsverteilung in Polyäthylenproben mit verschiedener Anisotropie. Rudolf Kaiser. (Kolloid-Z. **158,** 108—14, Juni 1958; Darmstadt, TH, Inst. für techn. Phys.; dt.) — Die Messungen der Absorption von polarisiertem IR (6,8, 13,7 u. 13,9 μ) an *Hochdruckpolyäthylen*-Folien (Schichtdicke ca. 20 μ) wurden unter verschiedenen Neigungswinkeln α der Folie zum Lichtstrahl durchgeführt, was durch Drehen um die Z- oder die Y-Achse erreicht wurde. Polarisatorrichtung u. Drehachse stehen senkrecht aufeinander. Die Richtung der Z-Achse entspricht der Bearbeitungsrichtung. Zur Konstruktion des Absorptionsellipsoids, das dem der klass. Kristalloptik entspricht, wird jeweils in Richtung des elektr. Vektors $\mathfrak{E}$ der Wert $1/\sqrt{K}$ (K = Absorptions-Konst.) aufgetragen. Der Winkel φ zwischen $\mathfrak{E}$ u. der Drehachse im Probeninneren wird aus α mit n = 1,55 aus dem Brechungsgesetz erhalten. Die Ergebnisse zeigen, daß sich K_x durch Extrapolation aus K-Messungen in der XY- sowie in der XZ-Ebene meist ausreichend genau bestimmen läßt. In Lsgm.-Folien sind die Ketten-Moll. isotrop verteilt. In techn. Folien, die um 400% gedehnt wurden, stellt sich vermutlich um die Dehnungsrichtung keine Rotationssymmetrie ein, sondern die Ketten bilden in den kristallinen Bereichen teilweise eine Schichtstruktur. In ungedehnten techn. Folien scheinen die Ketten in kristallinen Bereichen nicht rotationssymm. um die Bearbeitungsrichtung zu liegen. R. Junge. 4010□

Untersuchung der dielektrischen Verluste und der Ultraschall-Absorption in Polypropylen. B. I. Ssashin, W. Ss. Skurichina und Ju. A. Ilin. (Высокомолекулярные Соединения [Hochmolekulare Verbind.] **1,** 1383—89, Sept. 1959; Forschungsinst. für Polymerisationsplaste; russ., Auszug: engl.) — Es werden **4** Proben von *Polypropylen* (I) vom Molgew. ca. 100000 mit 7—10% niedrigmol. Komponenten u. 19—2% atakt. Anteilen ($D.^{30}$ 0,893—0,907) u. einem Kristallinitätsgrad von 44—65% untersucht. Bei >—35° (Glaspunkt) wird nur eine Art von dielektr. u. mechan. Verlusten von Relaxationscharakter beobachtet; sie hängen mit der Wärmebewegung der Makromoll. in den amorphen Gebieten zusammen. Bei I ist die dielektr. Permeabilität bei 20°, unabhängig von der Frequenz, 2,25 ± 0,04; ihre Abhängigkeit von Dichte u. Temp. kann aus den Bindungsrefraktionen berechnet werden. Der spezif. räumliche elektr. Widerstand nimmt bei 50—150° nach einem Exponentialgesetz ab. Die Ultraschallabsorption gibt einen Maßstab für den Kristallinitätsgrad. R. K. Müller. 4010□

Zur Bestimmung der kristallinen Fraktion von isotaktischem Polypropylen aus der Röntgenstreuung. A. Weidinger und P. H. Hermans. (Makromolekulare Chem. **50,** 98—115, 1961; Utrecht, Niederlande, AKU, Inst. for Cellulose Res.; engl.) — Die von Vff. früher (vgl. Makromolekulare Chem. **44/46,** [1961], 24) für Polyäthylen beschriebene Meth. der röntgenograph. Best. des Kristallisationsgrades x wird auf *Polypropylen* (I) übertragen, wobei die bei den Streuwinkeln 2 Θ = 14,0, 17,0, 18,5 u. 21,2° auftretenden Streumaxima zugrunde gelegt werden. Bedeuten O_{kr} bzw. O_{am} die Summe der Flächen unter diesen 4 Maxima bzw. die Fläche des amorphen Untergrundes, so gilt beim Vgl. von 2 I-Proben: $x_1/x_2 = O_{kr,1}/O_{kr,2}$ u. $(1 - x_1)/(1 - x_2) = O_{am,1}/O_{am,2}$. Auf Grund von an verschiedenen I-Proben ausgeführten Messungen ergeben sich die Beziehungen: $O_{kr} = 1202 - 1{,}299 \cdot O_{am}$ u. $x = 1 - 0{,}00108 \cdot O_{am}$. Die so erhaltenen x-Werte stimmen mit den von Ruland (C. **1963,** 529) bestimmten überein, sind aber kleiner als die von Natta u. Mitarbeitern (vgl. C. **1958,** 12121) erhaltenen. O. Fuchs. 4010□

Thermooxydative Zersetzung von Polypropylen. 1. Mitt. Allgemeine Charakteristik der Oxydation. W. B. Miller, M. B. Neiman, W. Ss. Pudow und L. I. Lafer. (Высокомолекулярные Соединения [Hochmolekulare Verbind.] **1**, 1696—1702, Nov. 1959; Inst. für chem. Phys. der Akad. der Wiss. der UdSSR; russ.) — *Polypropylen* (Molgew. 200000) wird bei 500 Torr O_2-Druck u. 120—150° einer oxydierenden Zers. unterworfen. Die Aktivierungsenergie des Prozesses wird zu 22 kcal/Mol berechnet. Die Rk.-Geschw. wird durch freie Radikale bildende Stoffe (z. B. Peroxide) erhöht, durch solche, die freie Radikale abgeben (Inhibitoren), herabgesetzt; daher wird ein verzweigter Kettenmechanismus angenommen. Die Rk.-Prodd. enthalten W., CH_2O, Acetaldehyd, CO, CO_2 u. Peroxide. Eine empir. Gleichung für die Abhängigkeit der Länge der Induktionsperiode von der Hydroperoxid-Konz. wird abgeleitet. Die Anfangsstufe, Entw. u. Abbruch der Kette sowie die Bldg. von Verzweigungen erfolgen vor allem in der festen Phase. R. K. Müller. 4010□

Thermooxydative Zersetzung von Polypropylen. 2. Mitt. Kinetik des Anfangsstadiums der Oxydation. W. B. Miller, M. B. Neiman und Ju. A. Schljapnikow. (Высокомолекулярные Соединения [Hochmolekulare Verbind.] **1**, 1703—06, Nov. 1959; russ.) — 1. vgl. vorst. Referat. — Die kinet. Kurven der Anfangsstufe der Oxydation von *Polypropylen* (F. 152°) bei 120—150° unter verschiedenen O_2-Drucken (p) zeigen deutlich autokatalyt. Charakter. Bei niedrigem p (150—200 Torr) ist die Induktionsperiode proportional dem Anfangsdruck (p_0), bei höherem p ändert sich diese Abhängigkeit etwas. Die Aktivierungsenergie bei 100 (500) Torr ist 26,0 ± 0,5 (22,5 ± 0,5) kcal/Mol. Beim Abstellen der O_2-Zufuhr werden die vorhandenen Hydroperoxide unter Bldg. von freien Radikalen zersetzt u. damit erneut Oxydation eingeleitet. Bei längerer Induktionsperiode bleibt die Druckabhängigkeit der Oxydations-Geschw. prakt. unverändert. R. K. Müller. 4010□

Sulfochlorierung von Polypropylen. D. Je. Iljina, B. A. Krenzel und A. W. Toptschijew. (Высокомолекулярные Соединения [Hochmolekulare Verbind.] **3**, 995—99, Juli 1961; Inst. für petrochem. Synth. der Akad. der Wiss. der UdSSR; russ., Auszug: engl.) — Es wurde die photochem. Sulfochlorierung von *Polypropylen* mit SO_2/Cl_2 in Abhängigkeit von der Temp. (0—70°), dem $Cl_2 : SO_2$-Verhältnis (0,5—5), der Zugabe-Geschw. u. der Rk.-Dauer untersucht. Die Verss. wurden mit Stereoblockpropylen (Erweichungs-Temp. 168—172°, 23% amorpher, ätherlösl. Anteil) in CCl_4 bei Bestrahlung mit einer 200-W-Lampe vorgenommen. Der S-Geh. des Polymerisats betrug durchschnittlich ca. 3 (maximal 10) %, der Cl-Geh. ca. 30 (maximal 55) %. Mit Erhöhung der Temp. u. des $Cl_2 : SO_2$-Verhältnisses sinkt der S-Geh., u. der Cl-Geh. steigt (Tabellen, graph. Darst.). Die Viscosität fällt mit zunehmendem Sulfochlorierungsgrad ab, bes. aber bei Erhöhung des S-Gehalts. Die Eigg. des *sulfochlorierten Polypropylens* können durch die Rk.-Bedingungen in sehr weiten Grenzen variiert werden. So erhält man bei konst. Cl-Geh. von ca. 37% durch Variieren des S-Geh. von 0—6% ein kristallines Prod., einen Kautschuk oder aber ein festes, vernetztes Polymeres. Helmut Schäfer. 4010

Das Molekulargewicht von Butadien–Styrol-Copolymeren. 2. Mitt. Tieftemperaturpolymere. Yung-Shih Cheng, Mei-Na Yuan und Jen-Yuan Chien. (Acta chim. sinica **24**, 217—22, Juni 1958; Acad. Sinica, Inst. of Appl. Chem.; chin., Auszug: engl.) — Viscosität u. osmot. Druck von 6 gut fraktionierten Proben von durch Emulsionspolymerisation bei 5° dargestellten *Butadien–Styrol-Copolymeren* wurden in Toluol gemessen. Die Polymerprobe war völlig lösl. im Lösungsmittel. Alle Fraktionen zeigen hinsichtlich des k′-Wertes ein normales Viscositätsverhalten. Die durch lineare Extrapolation der $(\pi/C)^{1/2}$, C-Kurve erhältlichen Daten des osmot. Druckes bei 25° liefern die Werte von $\overline{M}_n$ u. A_2, die der Gleichung $R\,T\,A_2 = 7{,}41 \cdot 10^5 - \overline{M}_n^{-0{,}275}$ folgen. Das Verhältnis $A_2 \overline{M}_n/[\eta]$ ist ein konst., um 16% geringerer Wert als das bei Hochtemp.-Polymeren. Die Intrinsicviscosität–Molgew.-Beziehung in Toluol bei 30° wird durch $[\eta] = 2{,}95 \cdot 10^{-2} \cdot M^{0{,}75}$ ml/g wiedergegeben. Der Vgl. mit bei 50° polymerisierten Makromoll. zeigt ein $[\eta]$-Tieftemp./$[\eta]$-Hochtemp.-Verhältnis von $\simeq$ 1,24 bei gleichem Molekulargewicht. Der Unterschied der $[\eta]$-Werte beruht wahrscheinlich auf Unterschieden in der Kettenkonfiguration bzw. auf dem unterschiedlichen Geh. an cis-1.2- u. trans-1.4-Addukten. K. Zieloff. 4010

Polymerisation von Vinylchlorid mit dem Tri-n-butylboran–Sauerstoff-System. G. Talamini und G. Vidotto. (Makromolekulare Chem. **50**, 129—36, 1961; Padua, Italy, Univ., Inst. of Phys. Chem., Labor. of the Sicedison S.p.A.; engl.) — *Vinylchlorid* (I) wurde bei 25° unter Verw. von $B(n\text{-}C_4H_9)_3$ (II) in Ggw. von O_2 polymerisiert; die II-Konz. wurde von $0{,}4 \cdot 10^{-3}$ bis $3{,}3 \cdot 10^{-3}$ Mol/Mol I variiert, während die O_2-Konz.

stets $1,3 \cdot 10^{-4}$ Mol/Mol I betrug. Der Polymerisationsverlauf wurde dilatometr. verfolgt. Die Zeit-Umsatz-Kurven zeigen bei $U = 4-8\%$ einen autokatalyt. Verlauf; ferner tritt infolge der Koagulation der Polymerteilchen eine Diskontinuität in den Kurven auf. Die Rk.-Ordnung beträgt 0,56 hinsichtlich II (vermutlich durch eine Okklusion der Kettenradikale durch das ausgefällte Polymere größer als 0,5). Aus Polymerisations-Verss. zwischen -20 u. 25^0 ergibt sich eine Bruttoaktivierungsenergie von 9,6 kcal/Mol; die Aktivierungsenergie der Start-Rk. berechnet sich daraus zu 16 kcal/Mol. Das Molgew. von *Polyvinylchlorid* steigt bei konstantem $[II] = 2 \cdot 10^{-3}$ u. für $U = 10\%$ mit wachsender Polymerisations-Temp. an u. geht bei -30^0 durch ein hohes Maximum (Verss. zwischen -78 u. 25^0). O. Fuchs. 4010□

Kompression flexibler Kettenmoleküle in Lösung. Robert Simha und J. L. Zakin. (J. chem. Physics **33**, 1791—95, Dez. 1960; Los Angeles, Calif., Univ. of Southern California, Dep. of Chem.; New York, N.Y., New York Univ., Dep. of chem. Engng.; engl.) — Theoret. werden Ausdrücke für die Kompression von Knäuel-Moll. in guten Lsgm. bei endlichen Konzz. abgeleitet, wobei im Gegensatz zu früheren Behandlungen des Problems nicht von einer Expansion des effektiven, auf einen Knäuel wirkenden Drucks ausgegangen wird. Die neue Form schließt auch den Bereich der red. Konzz. $C/C_0 \geq 1$ (C_0 = Konz., bei der die Überlappung der Außen-Vol. beginnt, die die kugelförmigen Knäuel in der Fl. im Durchschnitt beanspruchen) ein. Als Beispiel wurden die Vol.-Verhältnisse V_c/V_0 für Lsgg. von *Polystyrol* in Toluol unter Verw. von Literaturwerten der Intrinsicviscosität in einem weiten Konz.-Bereich berechnet. Man fand, daß diese nur schwach vom Molgew. abhängig sind; die Red. steigt demnach auf 30% für den wahrscheinlichsten Vol.-Bedarf bei $C/C_0 = 1$. E. Ühlein. 4010□

Vinylpolymerisation. 51. Mitt. **Die durch Bortrifluorid-Äther-Komplexe katalysierte kationische Polymerisation.** Minoru Imoto und Shuzo Aoki. (Makromolekulare Chem. **48**, 72—79, Aug. 1961; Osaka, Japan, Osaka City Univ., Inst. of Polytechnics; engl.) — 50. vgl. C. **1961**, 11352. — *Styrol* wird in Ggw. des $BF_3 \cdot O(C_2H_5)_2$-Komplexes polymerisiert, nicht dagegen mit dem BF_3·Tetrahydrofuran (THF)-Komplex. Für den Fall der Polymerisation mit BF_3·Ae. in Bzl. bei 30^0 wurde die Brutto-Geschw.-Konst. nach der Gleichung $-dM/dt = k[M]^2[C]$, worin [M] u. [C] die Konz. des Monomeren bzw. die von BF_3·Ae. bedeuten, zu 0,17 $(\text{Mol/Liter})^{-2}$ berechnet. In Ggw. von 10^{-3} Mol/Liter H_2O verläuft die Polymerisation bedeutend schneller. Entsprechend zeigt das Syst. mit BF_3·THF in Ggw. von H_2O eine gewisse Aktivität. Aus den Ergebnissen wird geschlossen, daß wahrscheinlich das aus dem BF_3·Ae.-Komplex gebildete $C_2H_5^+$-Kation die Polymerisation von Styrol auslöst, während die Ringöffnung von BF_3·THF unter Bldg. des $OCH_2 \cdot CH_2 \cdot CH_2^+ \cdot CH_2^+$-Kations zu schwierig ist, der Katalysator daher nicht die Polymerisation aktiviert. Beide Katalysator-Syst. regen jedoch die Polymerisation von *n-Butylvinyläther* (I) an. Nach einer Induktionsperiode verläuft sie rasch; die Polymerisations-Geschw. verläuft nach der Gleichung $R_p = k[M]^2[C]^x$, worin für BF_3·Ae. $x = 4,75$ u. für BF_3·THF $x = 3,25$ gefunden wurde. Für die Polymerisation von I in Ggw. von BF_3·THF wird die Bldg. eines $C_4H_9^+$-Kations formuliert; dieses soll dann die Polymerisation von I auslösen. H. G. Kirschner. 4010

Vinylpolymerisation. 52. Mitt. **Copolymerisation von Vinylchlorid mit N-Vinylcarbazol, Acenaphthylen und Glycidylmethacrylat.** Minoru Imoto und Senzo Shimizu. (Chem. high Polymers [Tokyo] **18**, 747—50, 1961; jap., Auszug: engl.) — 51. vgl. vorst. Referat. — *Vinylchlorid* (I) wurde mit *N-Vinylcarbazol* (II), *Acenaphthylen* (III) bzw. *Glycidylmethacrylat* (IV) copolymerisiert. Nach der Meth. von Fineman-Ross wurden die Reaktivitätsparameter der Monomeren berechnet: **I**, $r_1 = 0,17$; **II**, $r_2 = 4,77$; **I**, $r_1 = 0,001$, **III**, $r_2 = 64$; **I**, $r_1 = 0,04$; **IV**, $r_2 = 8,84$. Die Erweichungspunkte der **I**/**II**- u. **I**/**III**-*Copolymeren* sind höher als der des reinen Polyvinylchlorids (**V**). Ferner wurde gefunden, daß das **I**/**IV**-Copolymere die Verfärbung von **V** beim Erhitzen verzögert. Das **I**/**IV**-Copolymere wird durch Behandeln mit H_2SO_4 in Tetrahydrofuran (THF) oder mit H_3PO_4 in THF, je bei Raum-Temp., mit Äthylendiamin, Diäthylentriamin bzw. Äthylenglykol in THF, je bei 100^0 im Einschlußrohr, oder mit Adipinsäure in Substanz bei 160^0 unter Gelierung vernetzt. E. Herr. 4010□

Vinylpolymerisation. 53. Mitt. **Die Polymerisation von Vinylchlorid in Gegenwart von Acetaldehyd.** Minoru Imoto, Kiichi Takemoto und Yoshikazu Nakai. (Makromolekulare Chem. **48**, 80—88, Aug. 1961; engl.) — 52. vgl. vorst. Referat. — Die mit Azo-bis-isobutyronitril (AIBN) angeregte Polymerisation von *Vinylchlorid* (VC) wurde bei 50^0 in THF in Ggw. von *Acetaldehyd* (I) untersucht. Es wurde gefunden, daß bei einem Verhältnis $VC:I \geqq 1:1$ die Polymerisations-Geschw. proportional der Monomeren-Konz. u. der Quadratwurzel der Initiator-Konz. u. umgekehrt proportional der

I-Konz. ist: $R_p = k \cdot [VC] \cdot [AIBN]^{1/2} \cdot [CH_3CHO]^{-1}$. Der viscosimetr. bestimmte Polymerisationsgrad der Polymeren lag zwischen 50 u. 100. Daraus ergibt sich die Kettenübertragungs-Konst. für **I** zu $1{,}1 \cdot 10^{-2}$ u. für THF zu $2{,}4 \cdot 10^{-3}$. Die Löslichkeit der Polymeren in verschiedenen Lsgm. ist angegeben. Im Gegensatz zum *Polyvinylchlorid* (PVC) des Handels ist das erhaltene PVC in THF in der Hitze u. Kälte nur wenig (trübe Lsg.) löslich. Die FF. liegen im Bereich von 155—180°. Das Verhältnis D_{635}/D_{692} der IR-Spektren wächst mit steigendem I-Geh. während der Polymerisation, was für eine Zunahme der Kristallinität spricht. Aus dem IR-Spektrum (C=O-Bande bei 1710 cm^{-1} u. CH_3-Bande bei 1360 cm^{-1}) u. aus chem. Analysen des aus dem Polymeren hergestellten 2.4-Dinitrophenylhydrazons wird geschlossen, daß bei der Polymerisation 1 oder 2 I-Einheiten in die PVC-Kette eingeführt werden. H. G. Kirschner. 4010

Abhängigkeit der Radioluminescenzausbeute von Kunststoffscintillatoren von ihrem Polymerisationsverfahren. Zenon Polacki. (Nukleonika [Warszawa] **6,** 643—48, 1961; Gdańsk, Politechn., Kat. Fiz. I; pol.) — Lsgg. von *Anthracen* ($5{,}85 \cdot 10^{-3}$ g/g), *p-Terphenyl* ($1{,}12 \cdot 10^{-3}$ g/g) u. *1.4-Bis-[5-phenyloxazolyl-(2)]-benzol* ($7{,}02 \cdot 10^{-5}$ g/g) in *Styrol* wurden therm. u. in Ggw. von Dibenzoylperoxid (**I**) bei 70° polymerisiert. Die Luminescenz wird durch **I** weder in der Monomeren-Lsg. noch im Polymeren gelöscht. Die Radioluminescenz wird in den Polymeren, die in Ggw. von **I** hergestellt wurden, um 20—30% verstärkt. Mit steigender Polymerisations-Temp. wird die Radioluminescenzausbeute kleiner. Die Photoluminescensausbeute hängt dagegen weniger von der Polymerisations-Temp. ab. Da bei der Radioluminescenz die Energieübertragung über das Lsgm. (Polystyrol) verläuft, ist das mittlere Molgew. des Polymeren von großem Einfl. auf die Erscheinung. Bei der Photoanregung wird die Energie direkt an den Scintillator abgegeben. F. Urban. 4010□

Anionenaustauscherharze aus Copolymeren des Styrols und Divinylbenzols. B. N. Laskorin, P. G. Ioanissiani, N. L. Alexejewa, G. N. Nikulskaja und K. F. Perelygina. (Журнал Прикладной Химии [J. angew. Chem.] **34,** 881—88, April 1961; russ.) — Durch Emulsionspolymerisation von *Styrol* mit *Divinylbenzol* (**I**) in Stärke-Lsg. werden *Copolymere* dargestellt u. der Chlormethylierung mit Chlordimethyläther (**II**) unterworfen. Die *chlormethylierten Copolymeren* werden mit Pyridin (**III**), Chinolin, α-Picolin, *α.α'*-Dipyridyl, Trimethyl-, Triäthyl-, Diäthylamin u. Polyäthylenamin in die *quatern. Aminderivv.* der Copolymeren übergeführt. Die Austauschkapazität der erhaltenen Anionenaustauscher gegenüber Uransalzen u. Na_2SO_4, der Quellungs-Koeff. in W., das Schüttelvol. u. die mechan. Festigkeit wurden bestimmt. Der mit **III** erhaltene Austauscher besitzt die größte Austauschkapazität.

Versuche: Man rührt 60 g Styrol, 30 g einer 20%ig. Lsg. von **I**, 0,6 g Dibenzoylperoxid, 1,2 g lösl. Stärke u. 200 ml W., erhitzt in $^3/_4$ Std. auf 90—97°, rührt 3—4 Std. auf dem sd. Wasserbad, wäscht mit W. u. trocknet; 97% (Ausbeute). — Chlormethylierung: Man läßt 100 g des Copolymeren in 200 ml **II** 1 Std. lang quellen, gibt 100 ml **II** u. 10 g $SnCl_4$ zu, rührt 3—4 Std. bei 56—58° u. trocknet; 130 g. — Aminierung: Man erhitzt 100 g der chlormethylierten Copolymeren u. 200 g **III** 2—4 Std. auf 60—70°, behandelt mit NaCl-Lsg. u. HCl bei pH 2—3 u. trocknet; 110—115 g.

Helmut Schäfer. 4010

Polymerisation von Styrol und Methylmethacrylat in Lösung. M. R. Gopalan und M. Santappa. (Makromolekulare Chem. **50,** 83—97, 1961; Madurai, India, Madurai Centre, Univ. of Madras; engl.) — *Styrol* (**I**) bzw. *Methylmethacrylat* (**II**) wurden in Toluol (**III**) als Lsgm. bei 60° unter Verw. von Azodiisobutyronitril (**IV**) polymerisiert. Der Rk.-Verlauf wurde dilatometr. verfolgt. Von den nach verschiedenen Umsätzen erhaltenen Polymeren wurde das Molgew. viscosimetr. bestimmt. Die Konzz. von **I, II** u. **IV** wurden in weiten Grenzen variiert. Ferner wurden **I** u. **II** in **III** u. in Äthylacetat (**V**) bei 70° mit Di-tert.-butylperoxid (**VI**) polymerisiert. Die Größe $A = k_t/k_p^2$ ist für **IV** unabhängig von der Monomer-Konz. [M] (M = **I** bzw. **II**), fällt aber bei **I** unterhalb [M] = 10% mit fallendem [M] stark ab; die Wirksamkeit von **IV** beträgt 60% für [M] der Größenordnung von 50% u. fällt mit abnehmendem [M] ab. $R_i/2$ [**IV**] beträgt ca. $7 \cdot 10^{-6}$ für **I** u. $5 \cdot 10^{-6}$ für **II** u. fällt mit abnehmendem [M] ab. Andererseits beträgt $R_i/2$ [**VI**] ca. $2 \cdot 10^{-8}$ für **I** in **III**, $3 \cdot 10^{-8}$ für **I** in **V**, $7 \cdot 10^{-8}$ für **II** in **III** u. $2 \cdot 10^{-8}$ für **II** in **V**. Die Unterschiede zwischen **I/III** u. **I/V** werden auf die verschieden starke Wechselwrkg. zwischen den Radikalen u. den **III**-bzw. **V**-Moll. zurückgeführt; die aus **III** so entstandenen Radikale scheinen für die Einleitung der Polymerisation von **I** noch aktiver zu sein als die primär aus **VI** gebildeten Radikale. Die für $R_i/2$ [**VI**] von **II** in **III** bzw. **V** gefundenen Werte sind vermutlich auf polare Einfl. zurückzuführen. Ein ausführliches kinet. Schema, das die Kettenübertragung mit dem Lsgm. einschließt sowie die entsprechenden Gleichungen sind angegeben. O. Fuchs. 4010□

Kondensation und Polykondensation einiger Polysäurehalogenide mit ω-dicarbanionischen Polymeren. Gilles Finaz und Paul Rempp. (C. R. hebd. Séances Acad. Sci. **253,** 457—59, 17/7. 1961; Strasbourg, Centre de Rech. sur les Macromol.; franz.) — Ausgangsmaterial sind „lebende" Polymeren nach Szwarc, wie z. B. in homogener Phase anion. polymerisierte Styrole; verwendet wird das *Tetramere* von *α-Methylstyrol* in Tetrahydrofuran mit je einer carbanion. (Na) Endgruppe. Diese Endgruppen werden mit $COCl_2$, $SOCl_2$ oder PBr_3 in Toluol umgesetzt. Je nach dem Verhältnis Tetrameres/anorgan. Säurechlorid entstehen entweder polymere ω-Säurechloride der Form $-CH_2CH(C_6H_5)COCl$, oder es tritt sekundäre Polykondens. (PK) ein. Durch die PK entstehen lineare Ketten, in die mehr oder weniger regelmäßig CO, SO bzw. P–OH-Gruppen eingebaut sind. Bei der Mol.-Vergrößerung durch PK ist der Umsatz der carbanion. Endgruppen prakt. quantitativ. Die präparative Bedeutung der PK-Rkk. wird erörtert. M. Hagedorn. 4010□

Über Struktur und Polymerisation von Trifluorvinylverbindungen. 2. Mitt. **Vorläufige Ergebnisse der Untersuchung der Polymerisation von Trifluorvinylverbindungen.** A. Ja. Jakubowitsch, N. N. Stefanowskaja, L. P. Michailowski, Ss. L. Fajerman, O. P. Ssolowowa, Ss. M. Rosenstein und W. A. Ginsburg. (Журнал Всесоюзного Химического Общества им. Д.И. Менделеева [J. chem. Allunions-Mendelejew-Ges.] **6,** 712—13, 1961; russ.) — 1. vgl. C. **1963,** 1253. — *α.β.β-Trifluorstyrol* (**I**) u. sein *p-* u. *o-Methylderiv.* zeigen nur geringe Polymerisationsfähigkeit. Desgleichen ist bei *Perfluorbutadien, Methyl-, Phenylperfluoracrylat* oder *Perfluoracrylonitril* die Polymerisationstendenz gering. Bei der Copolymerisation können die Perfluorvinylgruppen in hochmol. Polymere eingebaut werden; der Copolymerisations-Koeff. der Perfluor-Verbb. u. damit ihr Geh. im Copolymeren sind klein. Als Grund für die geringe Polymerisationstendenz wird die π–π-Konjugation der perfluorierten Vinylgruppe mit den konjugierten Doppelbindungen sowie der Einfl. der F-Atome angesehen. Beide Einfl. bedingen, daß sich bei Einw. von Radikalinitiatoren entweder keine oder sehr wenige akt. Radikale der entsprechenden Monomeren bilden. *Perfluoräthylen* (ohne π–π-Konjugation) u. *1.1.2-Trifluor-3-trifluormethylbutadien-(1.3)* (mit einer nichtperfluorierten Vinylgruppe) polymerisieren dagegen leicht. Helmut Schäfer. 4010

Oxydative Polykondensation von Diacetylenverbindungen. I. L. Kotljareswki, L. B. Fischer und Je. Ss. Domnina. (Известия Академии Наук СССР, Отделение Химических Наук [Nachr. Akad. Wiss. UdSSR, Abt. chem. Wiss.] **1961,** 1905—07, Okt.; Inst. für Chem. der sibir. Abt. der Akad. der Wiss. der UdSSR; russ.) — Durch oxydative Polykondens. von *1.4-Diäthinylbenzol* (**I**), *1.4-Dihydroxy-1.4-diäthinylcyclohexan* (**II**), *9.10-Dihydroxy-9.10-diäthinyl-9.10-dihydroanthracen* (**III**), *9.10-Dihydroxy-9.10-diäthinyl-9.10-dihydrophenanthren* (**IV**) u. *9.10-Diäthinylanthracen* (**V**) wurden die entsprechenden *Linearpolymeren* der Struktur $(C{\equiv}C-R-C{\equiv}C)_n$ erhalten.

Versuche: *1.4-Bis-[1'-hydroxyäthyl]-benzol,* F. 78,4—80°, durch Hydrierung von 45 g p-Diacetylbenzol in 600 ml A. an Raney-Ni; 86,5% (Ausbeute). — *p-Divinylbenzol,* man leitet 180 g vorst. Verb. mit 180 g Dioxan in 1 Std. bei 330° über 50 g Al_2O_3; 15,7 g. — *1.4-Bis-[1.2-dibromäthyl]-benzol,* F. 156—157°, a) man gibt zu 195 g der aus p-Diäthylbenzol erhaltenen Dehydrierungs-Prodd. bei —15° in 4 Std. in 150 ml CCl_4 77 ml Br_2 u. rührt $1^1/_2$ Std.; 20—50 g; b) durch Bromierung von 15 g p-Divinylbenzol in CCl_4; 35,7 g. — *1.4-Diäthinylbenzol* (**I**), F. 95°, durch Dehydrobromierung von 22 g vorst. Tetrabromderiv.; 4,5—5 g. — *Polydehydro-1.4-diäthinylbenzol,* a) $(C_{10}H_4)_6H_2 \cdot HCl$, Zers. > 120°, man leitet in **3,6 g I,** 70 ml Dioxan, 20 g Cu_2Cl_2, 32 g NH_4Cl, 10 Tropfen konz. HCl u. 100 ml W. unter Schütteln O_2 ein, bis dieser nicht mehr aufgenommen wird; orangerot; unlösl. in W. u. organ. Lsgm.; 3,14 g; b) $(C_{10}H_4)_5H_2 \cdot H_2O$, man schüttelt 1,3 g **I** u. 0,1 g Cu_2Cl_2 in 16 ml Pyridin unter O_2 u. zers. mit HCl–W.; dunkelgelb; 1,1 g. — *Polydehydro-1.4-dihydroxy-1.4-diäthinylcyclohexan,* durch Schütteln von 0,15 g Cu_2Cl_2, 1,35 g **II** u. 15 ml Pyridin unter O_2; unlösl. in organ. Lsgm.; 1,1 g. — Analog: *Polydehydro-9.10-dihydroxy-9.10-diäthinyl-9.10-dihydroanthracen,* aus 1,6 g **III**; dunkelbraunes Pulver; 1,4 g. — *Polydehydro-9.10-dihydroxy-9.10-diäthinyl-9.10-dihydrophenanthren,* aus 1,1 g **IV**; dunkelbraunes Pulver; 0,9 g. — *Polydehydro-9.10-diäthinylanthracen,* aus 2,54 g **V**; schwarz; 2,3 g. Helmut Schäfer. 4010

Über die Reaktion von Polyvinylalkohol mit Polymethacrylsäure. M. F. Schosstakowski, A. M. Chomutow und N. M. Chomutowa. (Известия Академии Наук СССР, Отделение Химических Наук [Nachr. Akad. Wiss. UdSSR, Abt. chem. Wiss.] **1961,** 1890—91, Okt.; Zelinsky-Inst. für org. Chem. der Akad. der Wiss. der UdSSR; russ.) — Beim Zusammengeben der 10%ig. wss. Lsgg. von *Polyvinylalkohol* u. *Polymethacrylsäure* (1 : 0,5—0,5 : 1 Mol) reagieren prakt. quant. äquimol. Mengen der Komponenten zu einem *Polyester* räumlicher Struktur, der infolge Kettenvernetzung in W. u. den üblichen organ. Lsgm. unlösl. ist. Die saure Hydrolyse liefert die Ausgangs-Verbb. zurück. Helmut Schäfer. 4010

Mit Schwefelsäure-Metallsulfat-Komplexen katalysierte stereospezifische Polymerisation von Vinylisobutyläther. S. Okamura, T. Higashimura und T. Watanabe. (Makromolekulare Chem. **50,** 137—46, 1961; Kyoto, Japan, Kyoto Univ., Fac. of Engng., Dep. of Polymer Chem.; engl.) — *Vinylisobutyläther* (**I**) wurde in n-Hexan (**II**) mit dem Komplex (**III**) aus H_2SO_4 u. $Al_2(SO_4)_3$ bei 30° unter starkem Rühren des Gemisches polymerisiert. Der dabei entstandene *Polyvinylisobutyläther* (**IV**) läßt sich mit Methyläthylketon (**V**) in einen lösl. u. einen unlösl. Teil zerlegen; letzterer ist kristallin u. besitzt isotakt. Struktur. [η] von **IV** (Messungen in Bzl. bei 30°) geht bei wachsendem Umsatz U durch ein schwaches Maximum; der in **V** unlösl. Teil W_p steigt mit zunehmendem U auf einen Grenzwert (ca. 17%) an. Bei wachsender **III**-Konz. fällt [η] im [**III**]-Bereich von 0,1—0,7 g/Liter stark ab, während W_p konst. bleibt; bei höherem [**III**] (Verss. von 0,9—3,0 g/Liter) fällt [η] bei steigendem [**III**] nur noch schwach ab u. W_p steigt an. Bei Erhöhung der **I**-Konz. bleibt [η] unverändert u. W_p sinkt ab. Bei konst. **I**/**II**/**III**-Verhältnis u. steigender Polymerisations-Temp. t (Verss. zwischen 0 u. 40°) geht [η] bei 20° durch ein steiles Maximum; W_p nimmt mit steigendem t wenig zu. W_p der so erhaltenen **IV**-Proben ist größer als W_p der mit $BF_3 \cdot O(C_2H_5)_2$ bei —78° erhaltenen. Ähnliche Ergebnisse wie mit **III** wurden mit den Komplexen aus H_2SO_4 u. $MgSO_4$ bzw. $Cr_2(SO_4)_3$ erhalten. Wird bei der Polymerisation nicht gerührt, so erfolgt im Rk.-Gefäß eine Trennung des gebildeten **IV** in einen oberen gelösten Teil u. einen unteren Teil, der an der **III**-Oberfläche sitzt; W_p des letzteren ist größer als W_p des ersteren (Verss. mit verschiedenen **I**- u. **III**-Konzz.). Daraus folgt, daß die Bldg. des stereospezif. **IV** an der **III**-Oberfläche stattfindet. [η] des oberen Teiles steigt mit wachsendem [**I**] stark an. O. Fuchs. 4010□

Inhibierungseffekt und Struktur von Inhibitoren. 3. Mitt. Inhibierte Polymerisation von Vinylacetat. S. A. Ssinitzyna und Ch. Ss. Bagdassarjan. (Журнал Физической Химии [J. physik. Chem.] **34,** 1110—16, Mai 1960; Moskau; russ., Auszug: engl.) — 2. vgl. C. **1960,** 14720. — Zur Unters. der inhibierten Polymerisation von Vinylacetat (**I**) werden die Anfangspolymerisations-Geschw. in Ggw. von Inhibitoren u. die Kettenlänge des erhaltenen *Polyvinylacetats* (**II**) bestimmt. Der Mechanismus der Inhibierung beruht darauf, daß jedes Inhibitor-Mol. 2 kinet. Ketten abbricht, die nicht erneuert werden. Die **II**-Moll. entstehen durch Disproportionierung. Elektronendonatoren u. -acceptoren als Substituenten am aromat. Ring erhöhen die Rk.-Fähigkeit des C_6H_5-Radikals gegenüber dem **II**-Radikal. Die **I**-Polymerisation wird durch alle Nitroderivv. wirksam inhibiert. Die Rk.-Fähigkeit des **II**-Radikals ist 3—4mal größer als die des Polymethylmethacrylatradikals. R. K. Müller. 4010□

Cyclische Trimere von Ketoketenen. G. F. Pregaglia, G. Mazzanti und M. Binaghi. (Makromolekulare Chem. **48,** 234—36, Aug. 1961; Milano, Italy, Politecnico, Ist. di Chim. Ind.; engl.) — Durch Polymerisation von *Dimethylketen* bei niedriger Temp. in Ggw. eines Friedel-Crafts-Katalysators wie $AlCl_3$ oder $AlBr_3$ wurde ein Polymeres erhalten, dem die Struktur des *Hexamethylcyclohexantrions-(1.3.5)* zugeschrieben wird. Die Bldg. von Tetramethylcyclobutandion-(1.3) wurde nicht beobachtet. Durch Wahl des Polymerisationsmediums u. der Rk.-Bedingungen kann die Ausbeute u. Richtung der Polymerisation (z. B. auch zum linearen *Polydimethylketen*) beeinflußt werden. H.-G. Kirschner. 4010

Über die Polymerisation des Acrylonitrils in flüssigem Ammoniak und die dabei auftretenden Verfärbungen des Polymerisats. W. Thümmler. (Mber. dtsch. Akad. Wiss. Berlin **1,** 683—89, 1959; Leipzig, Forschungsgemeinschaft d. Dt. Akad. Wiss., Inst. für Chem. u. Technol. der Plaste; dt.) — Durch Polymerisation von *Acrylonitril* in fl. NH_3, das in 350 ml 2 g Na enthält, innerhalb 3 Std. bei —70° entsteht ein nur in Dimethylformamid lösl., orangefarbenes bis rotes *Polymerisat* (**I**) von niedrigem Polymerisationsgrad. Unter Zugrundelegen des IR-Spektrums von **I** werden Vorstellungen über die Bldg. u. Struktur von **I** u. zur Erklärung der Verfärbung entwickelt. Die Verfärbung kann durch Ausbldg. von Ringen mit Ketiminstruktur u. durch Übergang der CN-Gruppen in CN-Konjugation (C=N—C=N) zustande kommen. M. Hagedorn. 4010□

Weichmachen von Acrylsäure-Styrol-Blockcopolymeren. W. A. Kargin, W. A. Kabanow, N. A. Plate und N. P. Pawlitschenko. (Высокомолекулярные Соединения [Hochmolekulare Verbind.] **2,** 433—40, März 1960; Moskau, Univ. Chem. Fak.; russ., Auszug: engl.) — *Blockcopolymere* aus *Acrylsäure* (**I**) u. *Styrol* (**II**) sowie aus **I** u. **I**-**II**-Copolymeren mit verschiedenem **I**-Geh. werden mit Glycerin, Tetralin u. deren Gemischen plastiziert. Die Unters. der thermomechan. Eigg. zeigt, daß der Glaspunkt der **I**–**II**-Copolymeren mit deren **I**-Geh. ansteigt. Die thermomechan. Eigg. der plastizierten Copolymeren können mit dem Vorhandensein von Mikrogebieten erklärt werden, mit denen Polymere von **I** u. **II** angereichert sind. R. K. Müller. 4010□

Das Eisen(III)-Oxalat-Ionenpaar als Initiator bei Vinylpolymerisationen. R. V. Subramanian und M. Santhappa. (Current Sci. **25,** 218, Juli 1956; Madras, Univ., Phys.-chem. Labor.; engl.) — Im Hinblick auf die Verw. von $[Fe_2C_2O_4]^+$ (**I**) als Photosensibilisator für Vinylpolymerisationen (VP) in wss. Lsg. werden die Stabilitätsbedingungen, die Gleichgewichts-Konst. der Bldg.-Rkk. u. die Extinktion von **I** zwischen 170—400 mμ bestimmt. Bei pH ~ 0,7 u. Bestrahlung mit UV-Licht von 365 mμ regt **I** die VP fast unverzüglich an. Für *Methylmethacrylat* werden die Werte für den Monomerenverbrauch, die Kettenlänge u. die Quantenausbeute für die Fe^2-Ion-Bldg. ermittelt. Das Oxalat-Radikalion $C_2O_4^-$ initiiert die VP; Kettenabbruch erfolgt durch Rekombination. Die maximale Quantenausbeute in Ggw. des Radikalions betrug ~ 0,5, ein wesentlich höherer Wert als der mit Ionenpaarkomplexen aus Fe^{3+} u. OH-, Cl-, Azid- u. Citratanionen. M. Hagedorn. 4010□

Zusammenhang zwischen dem statischen Abbau und der Deformierung fester amorpher Polymerer. M. I. Bessonow und Je. W. Kuwschinski. (Высокомолекулярные Соединения [Hochmolekulare Verbind.] **2,** 397—402, März 1960; Inst. für hochmol. Verbb. der Akad. der Wiss. der UdSSR; russ., Auszug: engl.) — Für amorphe feste Polymere gilt die für Metalle u. Legg. gefundene Beziehung zwischen der mechan. Lebensdauer τ u. der Kriech-Geschw. v: $\log \tau + m \log v = \log c$, wobei die Konst. m u. log c von der Temp. u. der Natur des Materials abhängen, wie in Unterss. an *Polymethylmethacrylat* (**I**), **I** + 6% Dibutylphthalat, *Ebonit, Acetylcellulose, Polystyrol* u. einem *Copolymeren* aus *Methylmethacrylat* u. *Methacrylsäure* gezeigt wird. Für diese Stoffe werden in einer Tabelle die Werte von m u. log c bei 20 bzw. 20—80° mitgeteilt. R. K. Müller. 4010□

Die stereospezifische Polymerisation von Alkylacrylaten durch Organometallverbindungen. Tsutomu Makimoto, Teiji Tsuruta und Junji Furukawa. (Makromolekulare Chem. **50,** 116—28, 1961; Kyoto, Japan, Kyoto Univ., Dep. of Synthetic Chem.; engl.) — *n-Butyl-* (**I**), *Isobutyl-* (**II**), *sek.-Butyl-* (**III**) u. *tert.-Butylacrylat* (**IV**) wurden unter Verw. von n-Hexan (**V**) bzw. Toluol (**VI**) bzw. Ae. bei —70 bis —78° polymerisiert. Die Ausbeuten an Polymeren betragen für die im folgenden genannten Katalysatoren u. bei den in () genannten Rk.-Zeiten (in Std.) für **I**—**IV**: $B(n\text{-}C_4H_9)_3$ (**VII**) + Dibenzoylperoxid (**VIII**) in **V** 86,6, 96,2, ca. 100 u. 93,8 (je 24); $n\text{-}C_4H_9Li$ (**IX**) in **VI** 23,1, 43,0, 62,5 u. 81,1 (24); C_6H_5MgBr (**X**) in Ae. 11,5, 15,2, 50,2 u. 24,5 (24); $n\text{-}C_4H_9Li \cdot Al(C_2H_5)_3$ (**XI**) in **VI** 14,2, 20,5, 34,9 u. 37,0 (70); $n\text{-}C_4H_9Li \cdot Cd \cdot (C_2H_5)_2$ (**XII**) in **VI** Spuren, 49,0, 70,0 u. 92,5 (24); $SrZn(C_2H_5)_4$ (**XIII**) in **VI** 23,4, 54,8, ca. 100 u. 82,9 (60); $CaZn(C_2H_5)_4$ (**XIV**) in **VI** 38,2, 36,8, 97,8 u. ca. 100 (24). Ferner wurden **I**—**IV** in **V** mit Azodiisobutyronitril (**XV**) bei 60—65° polymerisiert; die Ausbeuten betragen nach 30 Std. 95,3, 88,4, ca. 100 u. 90,1. Die mit **XV** bzw. **VII/VIII** hergestellten Polymeren sind amorph u. leicht löslich. Alle **I**-Polymeren sind amorph, doch unterscheiden sich die in Ggw. von **XII, XIII** u. **XIV** erhaltenen im IR-Spektrum deutlich von den mit **XV** hergestellten. Kristallin (Röntgenanalyse) sind die **II**-Polymeren mit **XII, XIII** u. **XIV** als Initiatoren, die **III**-Polymeren mit **X, XII, XIII** u. **XIV** als Initiatoren u. die **IV**-Polymeren mit **IX**—**XIV** als Initiatoren. Die mit **XIII** erhaltenen Polymeren von **II**—**IV** sind isotakt.; sie besitzen eine dreizählige Schraubenstruktur mit den Gitter-Konst. 17,92, 17,92 u. 6,42 Å (**II**), 17,92, 10,34 u. 6,49 (**III**) bzw. 17,92, 10,50 u. 6,48 (**IV**). Die kristallinen Polymeren lassen sich durch Extraktion mit Aceton (**XVI**) in einen lösl. u. einen unlösl. Teil zerlegen, wobei der kristalline Anteil des unlösl. Prod. höher ist als der des löslichen. F. der unlösl. Teile der Polymeren von **I**—**IV** beträgt 43—47°, 72—81°, 125—130° bzw. 198—200°. Mit **XIII, XIV** oder **XV** hergestelltes *Polymethylacrylat* (**XVII**) ist amorph. Zur Hydrolyse der Polymeren wurden 1,5 g Polyacrylat in 10 cm³ **XVI** gelöst; nach Zusatz von 1,5 Val NaOH in 20 cm³ W. u. 80 cm³ **XVI** wurde das Gesamtgemisch mehrere Std. auf 50—60° unter Rühren erhitzt; nach Abdest. von **XVI** Eingießen der restlichen Lsg. in **XVI**, wobei *Poly-Na-Acrylat* ausfällt, das über einen Ionenaustauscher in *Polyacrylsäure* (**XVIII**) umgesetzt wurde. Der in **XVI** unlösl. Teil von kristallinem **IV**-Polymerem wurde in Chlf. mit methanol. HCl hydrolysiert (Rk.-Dauer mehrere Tage). Amorphe **XVIII** wurde aus dem in Ggw. von **XV** hergestellten **I**- u. **IV**-Polymeren erhalten; kristalline **XVIII** wurde aus dem mit **XIII** hergestellten **XVII** u. aus dem mit **XIII** hergestellten **I**- u. **II**-Polymeren sowie aus dem mit **IX** hergestellten **IV**-Polymeren erhalten. Daraus folgt, daß auch das **I**-Polymere u. **XVII**, je mit **XIII** hergestellt, isotakt. Struktur besitzen; sie scheinen aber schwer zu kristallisieren. Zu den vorgenannten Ergebnissen vgl. auch Kawasaki u. Mitarbeiter, C. **1963,** 534. O. Fuchs. 4010□

Der Mechanismus von strahlungsinduzierten Änderungen in Vinylpolymeren. Audrey Todd. (J. Polymer Sci. **42**, 223—47, Jan. 1960; Edgbaston, Birmingham, Univ., Chem. Dep.; engl.) — Filme von *Polymethylmethacrylat* (**I**), *Polymethylacrylat* (**II**), *Polyvinylacetat* (**III**), *Polystyrol* (**IV**), *Poly-p-methoxystyrol* (**V**) u. *Polyacrylonitril*(**VI**) wurden im hohen Vakuum mit γ-Strahlen (^{60}Co) bestrahlt. Die dabei entstandenen flüchtigen Zers.-Prodd. wurden massenspektrograph. analysiert; von den polymeren Rückständen wurden Viscositätsmessungen ausgeführt u. das Löslichkeits-Verh. untersucht; ferner wurden von den Rückständen von **I**- u. **II**-Proben, die ^{14}C in der Estergruppe enthielten, die Aktivitäten gemessen. Die atomare Zus. der Gesamtmenge an flüchtigen Prodd. aus **I** beträgt O : H : C = 0,95 : 1,8 : 1,0; Vf. schließt daraus, daß diese Prodd. aus einer primär abgespaltenen $COOCH_3$-Gruppe entstanden sind. Dasselbe gilt für **II**. Enthält der **I**-Film p-Benzochinon (**VII**) oder $\alpha.\alpha$-Diphenylpikrylhydrazyl (**VIII**), so werden im Wesentlichen die gleichen Ergebnisse erhalten, nur ist die Gesamtmenge an flüchtigen Prodd. nun etwas geringer. **IV** u. **V** spalten keine phenylhaltigen Prodd. ab. Die stärkere Bldg. von H_2, CH_4 u. C_2H_6 bei **V** im Vgl. zu der bei **IV** wird auf eine primäre Abspaltung von CH_3-Gruppen aus **V** zurückgeführt. **VI** liefert größere Mengen H_2, ferner auch HCN. Die Analyse der **III**-Zers.-Prodd. ist etwas unsicher; das mol. Verhältnis $CH_4 : H_2$ beträgt 0,7 : 1. Die polymeren Rückstände von **I** sind lösl., die der übrigen unlösl.; Vf. schließt daraus, daß Polymere, die quatern. C-Atome besitzen, abgebaut werden, während die übrigen vernetzen. $[\eta]$ von **I** nimmt durch die Bestrahlung stark ab, viel weniger jedoch in Ggw. von **VII** oder **VIII**. Die Farbe von **I** u. **II** wird durch die Strahlen nicht geändert, während **III** u. **V** leicht gelb u. **VI** bernsteinfarben werden. Für jede Spaltung der Hauptkette von **I** wird weniger als eine $COOCH_3$-Seitengruppe entfernt. Bei den übrigen Polymeren besteht kein Zusammenhang zwischen der Vernetzungs-Rk. u. der Abspaltung von Seitengruppen. Diese Ergebnisse stehen in Einklang mit den mit ^{14}C-markierten Proben. Zur Deutung der beobachteten Abbau- u. Vernetzungs-Rkk. werden radikal. Mechanismen diskutiert. O. Fuchs. 4010□

Die organometallisch katalysierte Polymerisation von Propiolacton. Shohei Inoue, Yoshindo Tomoi, Teiji Tsuruta und Junji Furukawa. (Makromolekulare Chem. **48**, 229—33, Aug. 1961; Kyoto, Japan, Kyoto Univ., Dep. of Synthetic Chem.; engl.) — *β-Propiolacton* (**I**) wurde unter N_2 in Ggw. verschiedener Organometall-Verbb. mit u. ohne Cokatalysator polymerisiert. Von den geprüften Verbb. regen lediglich die Organometall-Verbb. der Metalle der Gruppe I A u. II A des Period. Syst. die Polymerisation an. Das Polymere ist kristallin u. besteht aus einem weißen Pulver vom F. 85 bis 95°; red. Viscosität 0,15—0,2 (0,5% in $CHCl_3$ bei 20°), meist lösl. in $CHCl_3$ u. HCOOH. Es ist nach UR-Analyse ein Polyester. In Ggw. von O_2, H_2O oder A. sind Metallalkyle des Zn, Cd u. Al wirksame Katalysatoren, nicht dagegen die des B, Hg u. Sn. *β-Butyrolacton* wird mit Hilfe von $Zn(C_2H_5)_2$–O_2 zu einem weißen Pulver polymerisiert, mit BF_3·Ätherat jedoch nur zu einem Öl. γ-Butyrolacton wird durch beide Syst. nicht zur Polymerisation angeregt. Bei der Copolymerisation von **I** mit Propylenoxid wird durch irgendeinen der genannten Katalysatoren lediglich **I** polymerisiert. Die Katalysatoren werden in drei Gruppen eingeteilt: A: Verbb. des Li, Na, K, Mg katalysieren ohne Cokatalysatoren; B: die des Zn, Cd, Al benötigen einen Cokatalysator; C: inakt. sind Hg, B, Sn. H. G. Kirschner. 4010

Hydrolyse von Polyacrylamid und seinen Copolymeren. Sing-Tuh Voong und Shu-Kou Tsiou. (Acta chim. sinica **24**, 228—39, Juni 1958; Peking, Univ.; chin., Auszug: engl.) — Untersucht wurde die alkal. u. saure Hydrolyse von *Polyacrylamid* (**I**). Mit verd. Alkali oder verd. Säure ist die Hydrolyse unvollständig, während sie mit konz. Alkali u. Säure quant. verläuft. Im Bereich von 0,6—3,3n NaOH bei 100° liegt der Hydrolysengrad bei 65—70%. Die Van Slyke-Meth. kann zur quant. Best. der Amid-Gruppe in Polymeren benutzt werden, wobei Nitril-Gruppen nicht stören. Die Identitätsperiode von **I** wurde durch Röntgen-Analyse zu 5,2 Å bestimmt. *Copolymere* von **I** mit *Acrylsäure, Allylalkohol* bzw. *Vinylacetat* wurden dargestellt u. ihr Verh. bei der alkal. Hydrolyse untersucht. Die Daten für vollständige Hydrolyse der beiden letzten stützen die Annahme, daß der Maskierungs- oder abstoßende Effekt der benachbarten, negativ geladenen Carboxylgruppen eine wichtige Rolle bei der unvollständigen Hydrolyse spielt. Einige N-alkylsubstituierte Polyacrylamide u. ihre Copolymeren wurden dargestellt. Die völlige Hydrolyse nimmt ab in der Reihe: **I** $>$ *Poly-N-methylacrylamid* $>$ *Poly-N.N-dimethylacrylamid* $>$ *Poly-N.N-diäthylacrylamid*. Neben der Maskierungswrkg. der negativ geladenen Gruppen darf die durch die N-Alkyl- u. N.N-Dialkylgruppen polymerer Moll. verursachte ster. Hinderung nicht vernachlässigt werden.
K. Zieloff. 4010

Kristallisationskinetik von Polycapronamid. Masakazu Inoue. (J. Polymer Sci. **55**, 753—66, Dez. 1961; Nagoya, Japan, Toyo Rayon Co., Ltd., Plastics Dep.;

engl.) — Der Verlauf der Kristallisation von *Polycapronamid* (I, F. 220° = T_m) wurde durch Messen der Temp.-Differenz $\Delta T + T_I - T_B$ zwischen dem Innern der rasch unter den F. unterkühlten I-Probe u. dem umgebenden Bad verfolgt. T_I fällt bei konst. T_B = 205° zunächst ab, bleibt bei Beginn der Kristallisation zunächst einige Min. konst. ($\Delta T = 0$), steigt dann auf einen konst. Wert ($\Delta T = 2$) an u. fällt schließlich auf T_B ab. Der Wiederanstieg von ΔT ist um so schwächer ausgeprägt, je höher T_B ist. Andererseits wurde die Längenänderung einer zylindr. I-Probe beim Abkühlen gemessen. Die Ergebnisse lassen sich für $T_B > 205°$ durch $\ln[(h_0-h_\infty)/(h_t-h_0)] = kt^n$ darstellen, wobei h_t= Länge zur Zeit t. Aus den Verss. folgt, daß die isotherme Kristallisation von I in 2 Stufen stattfindet. In der 1. Stufe ist n = 4 zwischen T_B = 210—215° u. n = 2,5 unterhalb T_B = 207°. Bei der 2. Stufe tritt eine Relaxation der Mol.-Verschlingungen unter Bldg. vollkommenerer Kristalle auf; die Geschw. der Dichteänderung nimmt hier (im Gegensatz zur 1. Stufe) mit wachsendem T_B zu. Die Kristallisations-Geschw. fällt mit steigendem Molgew. von I ab. Zwischen log k u. $T_m/T_B\Delta T$ bzw. $T_m^2/T_B(\Delta T)^2$ besteht eine lineare Beziehung, doch steigt T_m mit wachsendem T_B von T_m = 220° bei T_B = 205° auf 225° bei T_B = 215° an. Unter T_B = 200° ist eine isotherme Kristallisation nicht möglich, da es keinen stabilen unterkühlten Zustand gibt. O. Fuchs. 4010□

Lichtstreuungs- und Viscositäts-Untersuchungen an Poly-4-vinylpyridin. Allan G. Boyes und Ulrich P. Strauss. (J. Polymer Sci. **22**, 463—76, Dez. 1956; New Brunswick, State Univ. of New Jersey, Rutgers Univ., School of Chem.; engl.) — Die untersuchten 7 fraktionierten u. 3 unfraktionierten Proben von *Poly-4-vinylpyridin* werden durch Polymerisation von 4-Vinylpyridin ($Kp._{11}$ 58°) in Toluol mit Dibenzoylperoxid oder in Bzl. mit Azodiisobutyronitril als Katalysator bei 50° hergestellt, aus Lsgg. in tert.-Butanol mit Bzl. fraktioniert gefällt, die Fraktionen mit ähnlicher Viscosität vereinigt u. nochmals fraktioniert. Die Proben hatten Molgew. zwischen $7\cdot10^4$ u. $2\cdot10^6$; die N-Werte zeigten einen Geh. an 3—8% N-freien Fremdsubstanzen an. Die Lichtstreuung wird mit einfallendem monochromatisiertem Licht von 4360 Å bei 25° im Aminco-Mikrophotometer gemessen, die Viscosität bei 25° in Bingham-Viscosimetern. Für die Beziehung der Grenzviscosität [η] zum Molgew. M wurde in Butanon : Isopropanol = 86 : 14 $[\eta] = 3{,}80\cdot10^{-4}\cdot M^{0,57}$, in 92,01 Gew.-%ig. A. dagegen $[\eta] = 1{,}20\cdot10^{-4}\cdot M^{0,73}$ gefunden. Ferner werden die Beziehungen zwischen dem 2. Virial-Koeff. u. den Mol.-Dimensionen geprüft. Der negative Temp.-Koeff. der Löslichkeit von Poly-4-vinylpyridin in tert.-Butanol–Bzl.-Gemisch weist auf eine starke Solvatation durch Wasserstoffbindung zwischen Pyridin u. den OH-Gruppen des Lsgm. hin. W. Rittler. 4010□

Einige Besonderheiten der verstärkenden Wirkung von Rußen, die sich aus den Gesetzmäßigkeiten des Zerreißens gefüllter Gummis ergeben. A. I. Lukomskaja. (Высокомолекулярные Соединения [Hochmolekulare Verbind.] **1**, 1287—94, Sept. 1959; Forsch.-Inst. für Reifenind.; russ., Auszug: engl.; Rubber Chem. Technol. **34**, 57—65, Jan./März 1961; engl.) — An Proben von mit Ruß gefülltem, vulkanisiertem *Naturkautschuk* (I), *Na-Butadienkautschuk* (II) u. *Butadien–Styrol-Kautschuk* (III) werden Zerreiß-Verss. durchgeführt. Ungefüllte Proben zeigen dabei geradlinigen Bruch, gefüllte winkligen Bruch, u. zwar bestehen bei II u. III mit hohem Kanalruß-Geh. 2 Gebiete winkligen Bruchs bei hohen Temp. u. geringen Geschw. sowie bei niedrigen Temp. u. hohen Geschw., bei kleinerem Kanalruß-Geh. u. bei therm. Ruß nur ein Gebiet, ebenso bei gefülltem Gummi aus I bei Geschw. von 40—100 mm/min u. —40 bis +100°. Durch längere Einschnitte wird das Gebiet winkligen Bruchs nach höheren Geschw. u. in einen breiteren Temp.-Bereich verschoben. R. K. Müller. 4030□

Strukturchemische Untersuchungen über das kolloidale Verhalten von Hochmolekularen. 7. Mitt. Einfluß von m-Benzopurpurin auf das kolloidale Verhalten von Methylcellulose. Saburo Inokawa. (J. chem. Soc. Japan, pure Chem. Sect. [Nippon Kagaku Zassi] **81**, 1310—12, Aug. 1960; Kyôto-Daigaku, Rigakubu, Kagaku-Kyôsitu; jap., Auszug: engl. S. A 90). — 6. vgl. C. **1961**, 14683. — Sowohl m-Benzopupurin (I) als auch Kongorot (II) verursacht eine Gelierung der wss. Lsg. von *Methylcellulose* (III). Die bei Raum-Temp. an III micellar oder mol. adsorbierte I-Menge zeigt im Vgl. zu der adsorbierten II-Menge kaum einen Unterschied. Während die an III adsorbierten I-Moll. beim Erhitzen jedoch wieder in Lsg. gehen, bleiben die II-Moll. auch bei höheren Temp. an III fest gebunden. E. Maekawa. 4050□

Rheologische Eigenschaften konzentrierter Lösungen von Polymeren. G. W. Winogradow und W. N. Manin. (Высокомолекулярные Соединения [Hochmolekulare Verbind.] **2**, 329—36, März 1960; Inst. für erdölchem. Synth.; russ., Auszug: engl.) — Die Abhängigkeit der Schubspannung τ von Lsgg. von *Äthylcellulose* (8—20 g/100 ml) in Methylcellosolve von der Deformation (Drehwinkel γ von Zylindern des Rotationsviscosimeters) bei der Deformations-Geschw. D = 1,61 s^{-1} (Torsion mit Modul 0,46 g/cm · $Grad^{-1}$) wird bei — 20 bis + 80° untersucht. Diese Syst. sind thixotrop, sie unterscheiden sich von typ. Pasten (Pseudogelen) durch größere Elastizität, stärkere Abhängigkeit der Festigkeitsgrenzen (FG) von D u. größere Abnahme der relativen effektiven Viscosität mit steigender Temperatur. Wie bei den Pseudogelen kann das Verhältnis der FG zu τ nach einsetzendem Fließen bei Zunahme von D abnehmen; es ändert sich bei Änderung der Temp. u. der Konz. nicht monoton. R. K. Müller. 4050□

Enzymatische Umwandlung von Amylopektin in ein glykogenähnliches Polysaccharid. Zeenat H. Gunja und D. J. Manners. (Chem. and Ind. **1959,** 1017, 8/8.; Edinburgh, Univ., Dep. of Chem.; engl.) — Ein aus Kartoffelstärke dargestelltes *Amylopektin*-Präp. wird bei 20° u. pH 6 mit einem aus Hefe erhaltenen Enzym (**E**) behandelt, das frei von α-Amylase, Isoamylase u. Maltase ist. Nach 24 Std. wird **E** inaktiviert u. das erhaltene *Polysaccharid* (PS) untersucht. PS ist lösl. in kaltem W. ($[\alpha]_D$ + 198°), die Lsg. wird durch J_2 rotbraun gefärbt. Durch Perjodatoxydation, anschließende Red. mit KBH_4 u. saure Hydrolyse wird keine Glucose erhalten. **E** hat deshalb vermutlich 1→2-1→3- u. α-1→6-Bindungen gebildet. Für PS wird eine hochverzweigte, glykogenähnliche Struktur angenommen. L. Lamza. 4050

Darstellung und Polykondensation der dimeren γ-Aminobuttersäure. Herstellung von Poly-γ-aminobuttersäure. Shunsuke Murahashi, Hikaru Sekiguchi und Heimei Yuki. (C. R. hebd. Séances Acad. Sci. **248,** 1521—23, 9/3. 1959; franz.) — Das durch Einw. von $SOCl_2$ auf γ-Phthalimidobuttersäure (**I**) erhaltene *Chlorid* wird nach Schotten-Baumann mit γ-Aminobuttersäure (**II**) in *N-[γ-Phthalimidobutyryl]-γ-aminobuttersäure* (**III**) übergeführt. **III** wird durch Abspalten des Phthalsäurerestes mit Hydrazinhydrat in *N-[γ-Aminobutyryl]-γ-aminobuttersäure* (**IV**) verwandelt. Direktes Erhitzen von **IV** oder Erhitzen von **IV** in p-Phenylphenol führt ausschließlich zur Pyrrolidon-(2)-Ringbildung. Erhitzen von **IV** in Tetraäthylpyrophosphit (**V**), das in Diäthylphosphinsäure (**VI**) gelöst ist, im Einschlußrohr auf 100° verwandelt **IV** in weiße, pulverförmige *Poly-γ-aminobuttersäure* mit einem Polymerisationsgrad < 30.

Versuche: *γ-Phthalimidobutyrylchlorid,* F. 66,5°, durch Einw. von $SOCl_2$ auf **I** bei Raum-Temp., 40 Min. langes Erhitzen auf 40°, Einengen im Vakuum u. Dest. mit n-Hexan; aus Ae./PAe. Schuppen; 91% (Ausbeute). — *N-[γ-Phthalimidobutyryl]-γ-aminobuttersäure* (**III**), $C_{16}H_{18}N_2O_5$, F. 129°, durch abwechselnde Zugabe vorst. Chlorids (1 Mol) in Dioxan u. einer wss. Lsg. von K_2CO_3 zu einer Lsg. von 1 Mol **II** in Dioxan/K_2CO_3 unter Rühren bei 5—8°, Dest. im Vakuum bei 35°, Neutralisieren mit 3n H_2SO_4, Extraktion mit Äthylacetat u. Fällen mit Ae.; aus Äthylacetat u. PAe. feine Nadeln; 59%. — *N-[γ-Aminobutyryl]-γ-aminobuttersäure* (**IV**), $C_8H_{16}N_2O_3$, F. 186°, durch Stehen einer Lsg. von **III** in A. u. $NH_2NH_2 \cdot H_2O$ über Nacht, Abfiltrieren des **IV**–*Phthalsäuredihydrazid-Komplexes,* Ansäuern mit Essigsäure (pH 6,2—6,6), Dest. der wss. Lsg. im Vakuum bei 35° u. Fällen aus A. mit Aceton; maximal 90%. — *Poly-γ-aminobuttersäure,* $(C_4H_7NO)_n$, F. 235—237°, durch Erhitzen von **IV** in **V** u. **VI** im Rohr auf 100°.
M. Hagedorn. 4070□

Die Säurekonstante eines Proteinkonjugats in D_2O. W.-Y. Wen und I. M. Klotz. (J. physic. Chem. **65,** 1085—86, Juni 1961; Evanston, Ill., Northwestern Univ., Dep. of Chem.; engl.) — Die Säure-Konst. von *1-Dimethylaminonaphthalin-5-sulfonsäure-Glycin-* (**I**) u. *-Serumalbumin-Konjugaten* (**II**) in H_2O u. D_2O wurden mittels pH-Titration bestimmt. Für **I** wurden gefunden: pK 3,99 (H_2O) bzw. 4,47 (D_2O); für **II**: pK 1,47 bzw. 1,84. Der große Unterschied in der Stärke der H-Bindung in fl. W. u. in Hydratationswasser (Protein) wird durch den Austausch von H_2O in D_2O nur wenig beeinflußt.
W. Betcke. 4070□

Lichtstreuung. 15. Mitt. **Fortlaufende Untersuchung der Änderungen des Molekulargewichtes von Teilchen mit Hilfe der Winkel-Extrapolationsmethode der Lichtstreuung.** P. Kratochvíl, P. Munk und B. Sedláček. (Collect. czechoslov. chem. Commun. **26,** 1274—82, Mai 1961; Prag, Tschechoslow. Akad. der Wiss., Inst. für makromol. Chem.; dt.) — 13. vgl. C. **1961,** 14178; 14. vgl. Collect. czechoslov. chem. Commun. **25,** [1960], 1214. — Die Winkel-Extrapolations-Meth. von Zimm [1948] wurde für die Unters. der Änderungen des Molgew. u. der Teilchengröße mit dem Unterschied verwendet, daß die einzelnen Werte R_Θ der Winkelabhängigkeit der Intensität des Streulichtes im Verlaufe der Rk. gemessen werden, wobei die Zeit der einzelnen Messungen notiert wird. Zur Best. der entsprechenden Strahlungshülle u. dadurch auch zur Best. des wirklichen Molgew. werden die einzelnen Messungen für die gewählten Zeitpunkte interpoliert. Wenn die Interaktions-Konst. B = 0 ist, sind die Ergebnisse direkt verwendbar, andernfalls ist es notwendig, die Meßergebnisse mit Hilfe der experimentell

bestimmten Abhängigkeit B vom Molgew. zu korrigieren. Die Hauptvorteile der Meth., die in einem beträchtlichen Bereich der Molgew. Anwendung finden kann, sind ihre Schnelligkeit u. der kleine Probenverbrauch. Die Meth. wurde an Lsgg. von aggregierendem wärmedenaturiertem *Albumin* überpüft; die Resulate sind graph. dargestellt.
L. Matoušek/Prag. 4070

Polymere aus Gelatine und Vanadin-, Molybdän- u. Wolframsäure. S. Kumar und B. C. Sinha. (J. sci. ind. Res. [New Delhi], Sect. B **20,** 38—39, Jan. 1961; Calcutta, Central Glass and Ceramic Res. Inst.; engl.) — Die auf Zugabe von 0,14m Lsgg. von Vanadin-, Molybdän- bzw. Wolframsäure bei pH 1,4—4,3 zu 1—4%ig. *Gelatine*-Lsgg. entstehenden Ndd. sind in überschüssiger Gelatine-Lsg. lösl., werden aber durch überschüssige Säure-Lsg. zu einem kautschukartigen, in W. unlösl. *Polymeren* (I) koaguliert. Gereinigtes, getrocknetes I enthält 0,057—0,236 g/Metallatom auf 100 g I. Hinweis auf Vorgänge beim Gerben von Leder (Gelatine) mit amphoteren Metallhydroxiden, darunter auch V, Mo u. W. Charakterist. für I ist die kautschukähnliche Elastizität, die mit zunehmendem Geh. an Säuren — sinkender Geh. an Gelatine, sinkender pH-Wert — ausgeprägter wird. Beim Erwärmen erweicht I zu einer an Glas fest haftenden Masse u. wird in W. wieder elastisch. Es wird vermutet, daß die Elastizität durch Ausbldg. von H-Bindungen zwischen dem Polymeren u. polaren Wasser-Moll. zustande kommt.
M. Hagedorn. 4070□

Synthese von Jodproteinen als Ersatzstoffe von Thyroidhormonen. 1. Mitt. **Synthese von Jodproteinen aus Casein.** Dimitrie A. Isăcescu und Petra Ionescu. (Comun. Acad. Republ. Populare romîne [Bucureşti] **8,** 571—75, Juni 1958; Bucureşti, Fac. de farmacie, Labor. de chim. biol.; rum., Auszug: franz.) — 2. vgl. C. **1962,** 14928. — Die Überführung von Casein (I) in *jodiertes Casein* verläuft in zwei Phasen, Jod-Einw. u. Nachfolge-Rkk., u. wird beeinflußt durch die Zahl der J-Atome auf 1 Mol. Tyrosin, den pH-Wert, die Jodierungsdauer, die Temp. u. den Katalysator. Es wird eine Vorschrift zur Herst. von an Thyroxin gebundenem Jod durch Jodierung von I bei pH 7—8 in 20 Std. bei 60—65° in Ggw. von Mn_3O_4 als Katalysator mit einer Maximalausbeute von 6,75 Atomen Jod/Tyrosin-Mol. gegeben.
M. Hagedorn. 4070□

Verhalten von Clupein gegenüber einem Ionenaustauscher vom Carbonsäure-Typ. Shin-ichi Ishii. (J. chem. Soc. Japan, pure Chem. Sect. [Nippon Kagaku Zassi] **81,** 1341—44, Aug. 1960; Tôkyô-Daigaku, Rigakubu, Seibutu-Kagaku-Kyôsitu; jap., Auszug: engl. S. A91.) — Das aus dem Samenkern des Herings, *Clupea pallasii*, isolierte stark bas. *Clupein* (I) wird aus annähernd neutralen Lsgg. am Ionenaustauscher Amberlite XE-64 (II) stark adsorbiert; es kann nur mit NaCl-Lsgg., deren Konz. höher als 2,5 Mol/Liter ist, eluiert werden. Da I aus sauren Lsgg. an II nur schwach adsorbiert wird, ist das adsorbierte I mit verd. HCl-, H_3PO_4- oder Oxalsäure-Lsg. (pH <2) leicht eluierbar. Dinitrophenylclupein wird stärker als I an II adsorbiert. Während I oder stark bas. Oligopeptide, wie Arginylarginin, von beigemischten Salzen mittels Chromatographie an II leicht getrennt werden können, bleibt der Vers. zur chromatograph. Fraktionierung von I erfolglos.
E. Maekawa. 4070□

Spezifischer Abbau von Protamin und anschließende N-Peptidyl → O-Peptidylwanderung. 2. Mitt. **Selektive Spaltung der O-Peptidbindungen im umgelagerten Clupein.** Koichi Iwai. (J. chem. Soc. Japan, pure Chem. Sect. [Nippon Kagaku Zassi] **81,** 1302—07, Aug. 1960, Tôkyô-Daigaku, Rigakubu, Seibutu-Kagaku; jap., Auszug: engl. S. A89). — 1. vgl. C. **1961,** 13206. — *Clupeinsulfat* (I; 60 mg) wird unter Eiskühlung in 1 ml konz. H_2SO_4 gelöst, das Gemisch 30 Min. bei Zimmer-Temp. geschüttelt, nach 95std. Stehen bei 20° auf —10 bis —15° gekühlt, mit 10 ml abs. Ae. der gleichen Temp. versetzt u. der ausgefallene Nd. abzentrifugiert. Das farblose Prod. (140 mg) wird in 8 ml eines 1:1-Gemisches aus 0,1 m Essigsäure u. 0,1 m Na-Acetat (pH 4,7) unter Zusatz von 5 ml W. gelöst, die Lsg. mit 5 ml 0,1 m $BaCl_2$-Lsg. versetzt, der ausgefallene Nd. filtriert u. das Filtrat im Vakuum eingeengt. Die durch Umlagerung der CONHCH- in $COOCH_2$-Gruppen von Hydroxyaminosäuren entstandenen Esterbindungen des so erhaltenen *Clupeinhydrochlorids* (II) werden durch Einw. von 6n HCl bei 21° zum größten Teil hydrolysiert. Bes. werden die O(Serin)–Acyl-Bindungen in 4 Std. zu ca. 50% u. in 12 Std. zu ca. 70% hydrolysiert, wobei Serin die N-endständigen Gruppen der erhaltenen Peptidgemische bildet. Andererseits wird II an den Threoninresten unter denselben Bedingungen nur wenig hydrolysiert, offenbar weil die N → O-Acylumlagerung an den Threoninresten verhältnismäßig schwer stattfindet. An den Argininresten wird II kaum hydrolysiert. Eine ähnlich selektive Hydrolyse, jedoch in geringerem Maße, wird auch in einer 1 m NH_2OH-Lsg. (pH 6, 8 oder 10) beobachtet, während die Hydrolyse in wasserfreiem NH_2NH_2 kaum selektiv ist.
E. Maekawa. 4070□

Über Untersuchungen an künstlichen Huminsäuren. F. Scheffer, E. Welte, W. Ziechmann (unter Mitarbeit von A. Niemann und M. Schatz). (Z. Pflanzenernähr., Düng., Bodenkunde **69** (**114**), 58—65, 1955; Göttingen, Univ., Agrikulturchem. u. Bodenkundl. Inst.; dt.) — Vff. geben einen Überblick über Meth. u. Ergebnisse der Unters. synthet. *Huminsäuren* (I) als Beitrag zur Klärung des Mechanismus der I-Bildung. Die Meth. zur Molgew.-Best. ergaben für die auf Chinonbasis aufgebauten I (auch mit N) Teilchen-Gew. zwischen 600 u. 1000. Die Uneinheitlichkeit der I wurde durch Papierchromatographie u. Papierelektrophorese (3 Fraktionen) aufgezeigt. Für die Oxydation des Hydroxychinons wurde auf Grund des zeitlichen Verlaufs der O_2-Aufnahme 4 Rk.-Phasen diskutiert: Rk. zu kristallisationsfähigen Vorstufen, Polymerisation bzw. Polykondens. bei gleichzeitiger Ringspaltung, Copolymerisation oder Kondens. mit den bes. reaktionsfähigen Spaltstücken, Inhibition. Durch diese Rk.-Folge sind die I letzlich auch monomeruneinheitlich. Hieraus wird auf die Fragwürdigkeit bisheriger Konstit.-Formeln der I hingewiesen. Die I auf der Basis mehrwertiger Phenole sind röntgenamorph. Sie bilden an den phenol. OH-Gruppen mit polyvalenten Kationen schwerlösl. Salze (Humate). Das Äquivalent-Gew. der Ba-Humate liegt bei 124 (abhängig vom Alkalitätsgrad). G. Plötner. 4090□

E. Biologische Chemie. Physiologie. Medizin

E_1. Allgemeine Biologie und Biochemie

Adaptation biochemischer Systeme. F. Chytil. (Českoslov. Fysiol. **9**, 537—41, Nov. 1960; Praha, ČSAV, Labor. pro fysiol. a patofysiol. přeměny látek; tschech.) — Übersicht über neuere Arbeiten. — 40 Literaturangaben. R. K. Müller. 4100□

Über die Verhältnisse der Methionin- und Cysteinwerte, die sich unter Einwirkung von Cystein im tierischen und pflanzlichen Organismus bilden. Simion Oeriu. (Rev. Chim. [Bucarest] **3**, 119—25, 1958; Bukarest, Chemotherapeut. Abt. der Akad. der rumän. Volksrepublik, Med. Fak., Labor. für Biochem.; dt.) — Der Geh. des Rattenblutserums an *Cystein* (I), *Methionin* (II), *red. Glutathion* (III), *Cystin* (IV) u. *oxydiertem* **III** (V) ist vom Alter der Tiere abhängig. Die Werte von **I**, **II** u. **III** nehmen mit steigendem Alter ab, während **IV** u. **V** zunehmen. Vf. behandelt alte Ratten mit 50 mg **I** oder **II**/kg Körper-Gewicht 16 Tage lang. Dabei steigt der **I**- u. **II**-Geh. des Serums merklich an, während der **IV**-Geh. abnimmt. Das gleiche Bild ergibt sich für Meerschweinchen, Hunde u. Kaninchen, die Wrkg. von **II** ist allg. stärker als die von **I**. Die Verfütterung von **I** u. **II** an alte Ratten senkt in deren Serum auch den **V**-Geh., gleichzeitig aber auch den **III**-Gehalt. Kulturen von *Aspergillus niger*, deren Protein unter normalen Bedingungen kein **II** enthält, bauen auf einem **I**- oder **II**-haltigen Nährboden **II** in ihr körpereigenes Protein ein. Vf. nimmt an, daß seine Beobachtungen für die Unters. des Alterns allg. Bedeutung haben. A. Gude. 4100□

Untersuchungen über die Plastein-Reaktion. 3. Mitt. Isolierung und Charakterisierung von weiteren Plastein-Bausteinen. Helmut Determann und Otmar Zipp. (Liebigs Ann. Chem. **649**, 203—12, Nov. 1961; Frankfurt/M., Univ., Organ. Chem. Inst.; dt.) — 1. vgl. C. **1961**, 2663. — Vff. untersuchten an einem sauren Hexapeptid die *Plastein* (I)-Rk. unter dem Einfl. von *Pepsin* u. führten mit dem aus dem Proteolysat isolierten Peptid eine enzymat. Sequenzanalyse durch. Als Ausgangsmaterial diente Wittepepton, aus dem die Aminosäuren von den I-akt. Peptiden mit Sephadex G25 abgetrennt werden konnten. Das Peptidmaterial wurde zur I-Bldg. bei pH 4 mit Pepsin 9 Std. bei 37° inkubiert (Ausbeute 16%). Die I-Verdauung erfolgte dann mit Pepsin bei pH 1,9 während 10 Std. bei 37°. Das erhaltene Peptidgemisch wurde ebenso wie das aus der Sephadexsäule erhaltene, durch Hochspannungselektrophorese in Pyridin-Acetatpuffer bei pH 6.5 in saure, neutrale u. bas. Fraktionen zerlegt. Aus der sauren Fraktion wurde nach präparativer Papierchromatographie ein einheitliches Peptid isoliert, das nach Sequenzanalyse mit Leucinaminopeptidase u. Carboxypeptidase als Hexapeptid der Zus. H·Tyr (Asp, Val)·Glu·Glu·Ileu·OH erkannt wurde. Die bas. Fraktion ließ sich nach Vortrennung an Anionenaustauschersäulen (Dowex 1-X2) nur in zwei Komponenten zerlegen. Für diese wurden ebenfalls mit Carboxypeptidase, Leucinaminopeptidase u. Dinitrofluorbenzol hauptsächlich Leucin, Isoleucin u. Valin als Endgruppen gefunden. Die Aminosäuren wurden nach Papierchromatographie als Ninhydrin-Kupferkomplexe bestimmt. M. Frohne. 4100□

Faltungsstrukturen in Hämoproteinreaktionen. Philip George und R. L. J. Lyster. (Proc. nat. Acad. Sci. USA **44**, 1013—29, Okt. 1958; Univ. of Pennsylvania, John Harrison Labor. of Chem.) — Vff. versuchen die ausgeprägte Rk.-Spezifität der

Hämoproteide durch Verschiedenheiten in der Anordnung der prosthet. Gruppen im Apoferment zu erklären. Grundlage ihrer Analyse bildet die pH-Abhängigkeit von Gleichgewichts-Konst. einiger Komplexe mit charakterist. pK-Werten. Unterschiede im Verh. von *Ferriperoxydase* (**I**) u. *Ferrikatalase* (**II**) gegenüber den anderen Hämoproteiden werden durch eine Faltungsstruktur erklärt, die eine Protonenbeteiligung bei der Bindungs-Rk. bei **I** u. **II** erlaubt. 5. u. 6. Koordinationsstelle bei **I** u. **II** sind nach Ansicht der Vff. mit dem Protein verbunden. Die Faltungstiefe ist flacher als bei Cytochrom c. Im weiteren wird für zweifach gebundene Hämoproteide eine allg. Formel für die Gleichgewichts-Konst. unter Berücksichtigung der verschiedenen Faltungsvariationen abgeleitet. Beziehungen zwischen Funktion u. Struktur werden diskutiert. — 46 Literaturangaben. K. Ruckpaul. 4100□

Fraktionierung von Polypeptiden und Proteinen an Dextrangelen. J. Porath. (Clin. chim. Acta [Amsterdam] **4**, 776—78, Nov. 1959; Uppsala, Univ., Inst. of Biochem; engl.) — Durch Chromatographie an Säulen von gequollenem Dextrangel (*Sephadex*), das als Molekularsieb wirkt, lassen sich Salze, *Aminosäuren* u. andere Verbb. mit niedrigem Molgew. von Protein-Lsgg. abtrennen. Ebenso lassen sich Peptide mit dazwischen liegendem Molgew. u. sogar *Proteine* durch Verw. verschiedener Dextrangele reinigen. K. F. Müller. 4100□

Gelstruktur und Diffusion von Proteinen. Ch. Wunderly. (Clin. chim. Acta [Amsterdam] **4**, 754—59, Nov. 1959; Zürich, Univ. Clin., Med. Dep.; engl.) — Die Gel-Eigg. von Agargelen, die mit Äthylenglykol u. mit Carboxymethylcellulose gemischt waren, sowie Gemische von Agargelen mit Mikroemulsionen von Cholesterin, Tristearin u. Cetylalkohol-enthaltendem n-Tributylphosphat wurden untersucht. Die Diffusion wurde mit *Serumalbumin*, *γ-Globulin* u. α_2-*Makroglobulin* getestet. K. F. Müller. 4100□

Untersuchungen über Eiweißkörper mittels schwach alkalischer Biuret-Reaktion. 1. Mitt. **Prüfung und Verbesserung der Reaktionsbedingungen.** Takashi Nakajima. (Seikagaku [Biochemie, Tokyo] **30**, 374—78, 25/8. 1958; Tōkyō, Ika-Shika-Daigaku, Shigaku-Bu, Seikagaku-Kyōshitsu; jap.) — Bei den Verss., die Basizität des $CuSO_4 \cdot 5\,H_2O$–Na_2CO_3-Gemisches durch Zusatz von $^1/_{32}$ m *p-Hydroxybenzoesäure* (**I**), $^1/_4$ m *Borsäure* (**II**) oder 2 m *Bernsteinsäure* (**III**) zu senken (Extinktionsmessungen an *Pferdeserumalbumin-* u. *Pepton*-Lsgg. bei pH 8,8; λ_{max} 560 mμ), gab **I** die besten Resultate. F. Mossner. 4100

Untersuchungen über Eiweißkörper mittels schwach alkalischer Biuret-Reaktion. 2. Mitt. **Über den Aktivitätsgrad des Peptidbindungsteils verschiedener Proteine.** Takashi Nakajima. (Seikagaku [Biochemie, Tokyo] **30**, 378—84, 25/8. 1958; jap.) — 1. vgl. vorst. Referat. — Läßt man Eiweiß-Lsgg. [*Pferdeserumalbumin* (**I**). *Pferdeserumglobulin* (**II**), *Fibrinogen* (**III**), *Rinderglobin* (**IV**), *Ricin* (**V**), *Edestin* (**VI**), *Casein* (**VII**), *Gelatine* (**VIII**) u. *Polypepton* (**IX**)] mit schwach alkal. Biuret-Reagens (zu 1 Vol.-Teil einer Lsg. aus 5 Teilen 5%ig. $CuSO_4 \cdot 5\,H_2O$ u. 3 Teilen 5%ig. Na_2CO_3 kommen 0,5% *p-Hydroxybenzoesäure* in dest. W.; pH 9,4 durch NaOH) reagieren u. mißt die Extinktion, dann nimmt in nativem Zustand die Reaktivität in folgender Reihe ab: **IX** > **IV** > **II** > **VII** > **III** > *Pseudoglobulin Nr. II* > *Euglobulin* > *Pseudoglobulin Nr. I* > *Eieralbumin* > **VI** > **V**. Die Beziehungen zwischen Konz. u. Extinktion sind linear. Werden die Protein-Lsgg. erhitzt (20—60°), so nimmt die Extinktion für **IV**, **I**, Pseudoglobulin Nr. I u. II, Euglobulin, Eieralbumin, **VIII** u. **V** zwischen 30 u. 40° zu. F. Mossner. 4100

Untersuchungen über Eiweißkörper mittels schwach alkalischer Biuret-Reaktion. 3. Mitt. **Über den Aktivitätsgrad des Peptidbindungsteils von Trypsin und „Nagaze".** Takashi Nakajima. (Seikagaku [Biochemie, Tokyo] **30**, 384—87, 25/8. 1958; jap.) — 2. vgl. vorst. Referat. — Eine mittels der schwach alkal. Biuret-Rk. durchgeführte Unters. der Reaktivität des Peptidbindungsteils von *Trypsin* (**I**; Mochida) u. „*Nagaze*" (**II**; Nagase Sangyosei, aus *Bacillus subtilis* gewonnene *Proteinase*) u. der dabei durch 1 std. Erhitzen auf 10—60° herbeigeführten Veränderungen ergab folgendes: Bei 8—10° sind die Extinktion-Konz.-Beziehungen bei **I** u. **II** linear, jedoch wird mehr *Casein* als *Albumin* (Pferd) gespalten. Erhitzen von *Serumalbumin* (**III**) u. **II** zeigt, daß die Extinktion von **II** bereits zwischen 10 u. 20° sowie zwischen 20 u. 30° in höherem Maße ansteigt als die von **III**; von 30—50° nimmt sie bei **II** stark, bei **III** u. **I** nur langsam zu. Das Temp.-Optimum der enzymat. Wirksamkeit von **I** liegt bei 35°, das von **II** bei 45°. F. Mossner. 4100

Die Anwendung der Sakaguchi-Reaktion zur Bestimmung von DNP-Arginin. William Manson. (Biochim. biophysica Acta [Amsterdam] **44**, 182—84, 21/10. 1960; Ayr, Great Britain, Hannah Dairy Res. Inst., Biochem. Dep.; engl.) — Die Sakaguchi-

Rk. liefert unter Einhaltung bestimmter Vorsichtsmaßnahmen u. Modifikationen bei der Best. von *Dinitrophenylarginin* (*DPN-Arginin*; **I**) (Unters. von Proteinendgruppen) ausreichend genaue Ergebnisse. Als Standard dient reinstes **I** (F. 258—259°; ε_{max} 17600 bei 355 mμ in 1%ig. NaOH). K. Maier. 4100□

Die Messung der Diffusion von Sauerstoff durch viscose Flüssigkeiten. J. S. Longmuir und Janina Milesi. (J. polarogr. Soc. **1960,** 18—20, London, Inst. of Dis. of the Chest Brompton, Dep. of Biochem.; engl.) — Vgl. C. **1961,** 8694. — Die Diffusion von O_2 durch Gemische von Glycerin u. Salz-Lsgg. wird polarograph. mit einer Capillarelektrode mit zurückstehendem Hg-Meniskus (recessed electrode) gemessen. G. Bock. 4102□

Die Wirkung des Kalium-Ions auf die Chromosomenmatrix. Akira Yuasa und Reiko Kawada. (Sci. Pap. Coll. gen. Educat., Univ. Tokyo **9,** 229—33, Dez. 1959; Tokyo, Univ. of Tokyo, Coll. of Gen. Educat., Biol. Inst.; engl.) — Es wird bestätigt, daß die Chromosomenmatrix zum Zwecke der Darstellbarkeit der Chromonemata (mit Hilfe Acetocarmin-Lsg.) durch einzelne oder die kombinierte Wrkg. der drei Faktoren Alkalisierung, osmot. Druck u. K^+ zerstört werden kann. Als bestes Reagens wird dafür 0,1%ig. wss. Lsg. von *KOH* oder *NaOH* angesehen; geeignet ist auch wss. *Saccharose*-Lsg., isoton. gegenüber 0,1%ig. wss. Lsg. von KOH bzw. NaOH; sie zerstört zwar nicht die Matrix, vergrößert jedoch die Differenz der Lichtbrechungsindices zwischen Matrix u. Chromonemata. U. Tausendfreund. 4130□

Über die Empfindlichkeit der sexuellen Episomen und der Colicinogenität von Escherichia coli K 12 gegen den Zerfall von Radiophosphor. Robert Lavallé und François Jacob. (C. R. hebd. Séances Acad. Sci. **252,** 1678—80, 13/3. 1961; Bruxelles, C.E.R.I.A.; Paris, Inst. Pasteur, Serv. de Génétique microbienne; franz.) — ^{32}P-markierte Zellen von *Escherichia coli* K 12 F^+ (enthalten den Geschlechtsfaktor F in den genet. Elementen, die man hier Episomen, analog zu Chromosomen, nennt) wurden mit nichtmarkierten Receptorzellen F^- gekreuzt. Der übertragene Faktor F^+ ist markiert u. geht bei Lagerung der Zellen in fl. Luft mit dem Zerfall des *P* verloren, ohne die Lebensfähigkeit der Zellen zu beeinflussen. Die Übertragung des die *Colicin* (**I**)-Bldg. übertragenden Faktors eines entsprechend markierten Stammes ergibt keine ^{32}P-abhängige Abnahme der **I**-Bldg., woraus geschlossen wird, daß für die Übertragung dieses Faktors Phosphor keine oder nur eine unwesentliche Rolle spielt. F. Radler. 4130□

Methacrylsäureester als Einbettungsmittel in der Histologie. Th. v. Hirsch und J. W. Boellaard. (Z. wiss. Mikroskop. mikroskop. Techn. **64,** 24—29, Nov. 1958; München, Max-Planck-Inst., Dt. Forsch.-Anst. für Psychiatrie, Hirnpathol. Inst.; dt.) — Die Einbettungstechnik in monomere Methacrylsäureester mit nachfolgender Polymerisation läßt sich auch für die Herst. histolog. Präpp. unter Benutzung eines gewöhnlichen Mikrotoms anwenden. Als Einbettungsmedium wurde Methylmethacrylat benutzt, das sich mit Benzoylperoxid entweder unter Zusatz von wenig (5 g auf 10 ml) Polyäthylenglykol als Weichmacher klar oder mit viel (12 g) + 3 g Dibutylphthalat paraffinartig polymerisieren läßt. Die Technik ergibt geringe Schrumpfungsartefakte u. gestattet die serienmäßige Herst. von 3-μ-Schnitten. W. Betcke. 4150□

Verwendung von Diastase in der cytologischen Technik. Arun Kumar Sharma und Archana Sharma. (Acta histochem. [Jena] **12,** 241—46, 30/12. 1961; Calcutta, Univ., Botany Dep., Cytogenetics Labor.; engl.) — *Diastase*-Vorbehandlung von Chromosomen-Präpp. verringert das Anschwellen der Chromosomen, ohne auf die vitalen Aktivitäten der Zelle (alkal. Phosphatase-Aktivität) einzuwirken. M. Metze. 4150□

Über den Ausfall der Reaktion nach Okamoto, Kadato und Aoyama in der lactierenden Milchdrüse des Goldhamsters. Friedrich Ehrenbrand. (Acta histochem. [Jena] **12,** 337—39, 30/12. 1961; Mainz, Joh.-Gutenberg-Univ., Anatom. Inst.; dt.) — Die von Okamoto, Kadato u. Aoyama [1948] zur Erfassung von *Glucose* (**I**) bzw. *Galaktose* (**II**) angegebene chemohistolog. Rk. (Überführung von **I** bzw. **II** in Ba-Gluconat oder -Lactat u. anschließend Umwandlung in Ag-Verb.), die von Müller [1955] überprüft u. zur Unters. von Leber, Niere u. Darm herangezogen wurde, zeigte sich an Schnitten von lactierenden Milchdrüsen des Goldhamsters nur unter besonderen Bedingungen geeignet für den **I**- bzw. **II**-Nachweis. Die nativen Kryostatschnitte (Kryostat-Syst. Dittes-Duspiva) müssen sofort noch im Kryostaten in das Fixationsgemisch gebracht werden. Im Cytoplasma der sezernierenden Acinusepithelien traten dann tiefschwarze granulaartige Silber-Ndd. auf. M. Metze. 4150□

Der Nachweis von oxydativ spaltbaren Phosphorsäureestern in der Haut. Karl Scheibner. (Acta histochem. [Jena] **12,** 247—54, 30/12. 1961; Karl-Marx-Stadt,

Stadtkrankenhaus Küchwald; dt.) — Es wurden in histolog. Schnitten von normaler Kopfhaut *oxydativ spaltbare Phosphorsäureester* im kollagenen Bindegewebe, der Hornschicht u. der inneren Wurzelscheide nachgewiesen. M. Metze. 4150□

Zur Blockierung mit quartären Ammoniumbasen. Günther Geyer. (Acta histochem. [Jena] **12**, 343—45, 30/12. 1961; Jena, Friedr.-Schiller-Univ., Anatom. Inst.; dt.) — An Formalin-fixierten Rattengewebeschnitten wurden verschiedene histochem. Meth. mit *Cetylpyridiniumchlorid* (I) u. *Oligo-N-methylmorpholinopropylenoxidsalz* (II) blockiert. I blockiert die Substrate des Sulfonsäure-Nachw. u. der Bracco-Curti-Rk. sowie die Mastzellen gegenüber verschiedenen Färbemeth. u. der Eisenbindungs-Rk. vollständig. II wirkt ähnlich, aber schwächer als I. M. Metze. 4150□

Die Fluorochromierung von Geweben des medizinischen Blutegels (Hirudo medicinalis L.) mit Pyronin G. Theodor Schmidt. (Acta histochem. [Jena] **12**, 193—228, 30/12. 1961; Halle, Martin-Luther-Univ. Halle-Wittenberg, Anatom. Inst. u. Zool. Inst.; dt.) — Vf. versucht an Geweben von *Hirudo medicinalis* L. durch Best. der Fluorescenzfarben als sichtbarer Ausdruck der Farbstoff-Substrat-Beziehungen Aufschluß über die elektr. Ladungsverhältnisse am fixierten Schnitt zu erhalten. Es wurde der Xanthenfarbstoff *Pyronin G* (I; *3.6-Bis-[dimethylamino]-xanthyliumchlorid*, bas. Farbstoff, $C_{17}H_{19}ClN_2O$, Molgew. 302,8) als Fluorochrom u. als Diachrom verwendet. u. zu diesem Zwecke papierchromatograph. u. elektrophoret. aufgetrennt. Eine Reihe von Lsgm.-Gemischen wurde dazu entwickelt. I zeigte sich als bas. Farbstoff, der im sauren Bereich mit steigender $C_{H_3O^+}$ dissoziert, als Kation gelb fluoresciert u. von pH 8,1 bis 10,2 sowohl als gelb fluorescierendes Kation als auch schon als blau fluorescierendes Basen-Mol. vorliegt (violette Mischfluorescenz). Bei pH 10,2 dissoziert I nicht mehr, hier liegt sein Farbumschlagspunkt. Die Farbbasen-Moll. liegen dann fast rein vor u. fluorescieren von nun an mit steigender C_{OH^-} ultramarinblau. I wurde nach verschiedenen Meth. gereinigt u. dabei das *Xanthon* (Biehringer [1896]) isoliert. Wahrscheinlich ist die blau fluorescierende Farbbase mit Xanthon identisch. Einige Gewebe von Hirudo wurden mit gestuft gepufferten I-Lsgg. in den pH-Bereichen 1,2; 4,5; 6,6; 8,1 u. 11,4 fluorochromiert u. die Fluorescenzfarben in Abhängigkeit von der Konz. u. dem pH der Farbstoff-Lsg., sowie dem IEP der Gewebe (Epithel des Mitteldarmes u. Längsmuskulatur) mit der Farbmeßtafel nach Ostwald (B) bestimmt u. die Maxima der Elektroadsorption u. der IEP_e der jeweiligen Gewebestrukturen ermittelt. Unterss. an Spodogrammen u. Testsalzaschen wiesen auf eine selektive elektrostat. Affinität von I zum *Ca* hin, die sich am Schnitt u. am Spodogramm als Ionenaustauschadsorption auswirkt. — 92 Literaturangaben, 12 Farbtafeln. M. Metze. 4150□

Wirkung von Aceton und Phenol auf in vitro kultivierte Zellinien. Donald M. Pace und Alice Elliott. (Cancer Res. **22**, Nr. 1 [Part I], 107—12, Jan. 1962; Lincoln, Nebr., Univ. of Nebraska, Dep. of Physiol., Inst. for Cell. Res.; engl.) — *Aceton* (I; 10 mg/ml) ist tox. für Mäuse-Fibroblasten (a) u. Humanhautzellen (b); a-Zellen sind weniger I-empfindlich als b-Zellen. *Phenol* (II; 0,2 mg/ml) ist für beide Zellarten sehr tox. u. tötet sie in 1—2 Stunden. In Konz. von 0,1 u. 0,16 mg/ml überleben einige a-Zellen 10 Tage. Trotzdem scheinen die b-Zellen weniger II-empfindlich zu sein als die a-Zellen. M. Metze. 4160□

Chemie und Nachweis von Bence-Jones-Proteinen. B. Jirgensons, T. Ikenaka und V. Gorguraki. (Clin. chim. Acta [Amsterdam] **4**, 876—82, Nov. 1959; Houston, Tex., Univ. of Texas, M. D. Anderson Hosp. and Tumor Inst.; Dep. of Biochem.; engl.) — Die Aminosäuren-Zus. u. endständigen *Aminosäuren* zweier typ. Proben von *Bence-Jones-Proteinen*, die aus dem Harn von Patienten mit multiplem Myelom isoliert wurden, wurden bestimmt. Die Aminosäuren-Zus. der beiden Proben („Ti" u. „Pu") war sehr ähnlich; bemerkenswert ist der hohe Geh. an *Hydroxyaminosäuren*. Eine der beiden Proben („Pu") wurde durch Ionenaustauschchromatographie an Diäthylaminoäthylcellulose in Subfraktionen (T_1, T_2 u. T_3) zerlegt, deren Aminosäuren-Zus. ebenfalls bestimmt wurde. Beide Proben enthalten als endständige Aminosäuren „Halbcystin" (I) neben Asparaginsäure. I wurde jedoch nur in einer Subfraktion (T_1) gefunden. Die Proteine zeigen eine charakterist. Flockung mit Propanol (bei Raum-Temp., besser noch bei 37°); diese Eig. kann zum Nachw. in Urin für diagnost. Zwecke verwendet werden. K. F. Müller. 4160□

Enzymhistochemie der äthionininduzierten Lebercirrhose und des Hepatoms. Max Wachstein und Elizabeth Meisel. (J. Histochem. Cytochem. [Baltimore] **7**, 189—201, Mai 1959; Brooklyn, N.Y., St. Catherin's Hosp., Dep. of Pathol.; engl.) — Es wurden Vgl. zwischen der normalen Histochemie der Leberfermente u. den Verhältnissen bei der durch Dauerverabreichung von DL-*Äthionin* bei Ratten bewirkten Lebercirrhose bzw. dem Lebercarcinom angestellt u. dabei die Aktivitäten der *alkal. Phosphatase* (I), *sauren*

Phosphatase (**II**), *Glucose-6-phosphatase* (**III**), *Glycerophosphatase* (pH 7,2; **VIII**), *5-Nucleotidase* (**IV**), *Adenosintriphosphatase* (ATP), *unspezif. Esterase* (**V**), *Bernsteinsäuredehydrogenase* (**VI**), *Diphosphopyridinnucleotiddiaphorase* (**VII**) histochem. durch Färbe-Rk. bestimmt. Bei der Nekrotisierung der Leberzellen werden die normalen Enzym-Rkk. geringer u. verschwinden schließlich völlig, lediglich die Rkk. auf **I** u. ATP können in einzelnen nekrot. Zellen stärker werden. In den Gallengängen ist die **I**-Färbung stärker, ebenso die **IV**- u. ATP-Färbung. In den Kupfferschen Sternzellen ist die Färbung für **I** u. **V** stark. In den sich dann bildenden Ovalzellen ist kaum Fermentaktivität, außer geringer **V**- u. **VII**-Aktivität, zu finden. Sinusoide in diesem Gebiet weisen **I**- u ATP-Aktivität auf, jedoch spielen hier entzündliche Rkk. eine Rolle. In den Zellen der dann auftretenden cirrhot. Phase kommt es zu einer Reihe von Färbe-Rkk., die auch in der normalen Leberzelle zu finden sind, die zonale Aufteilung der normalen Leber ist jedoch nicht anzutreffen, die Färbeintensität ist unterschiedlich verteilt, meist ist ATP- u. **IV**-Aktivität in den Gallengängen nachweisbar. In Gegenden, in denen sich Adenofibrose zeigt, liegt starke ATP-Rk. vor u. geringe **IV**-Rk., im Cytoplasma der irregulären Gänge geringe **V**-, **VI**-, **VII**-Aktivität, keine **II**-, **III**-, **VIII**-Aktivität, in den Capillaren u. oft im Lumen der irregulären Gänge **I**-Aktivität. Bei der möglichen Endphase, dem Lebercarcinom, enthalten die Zellen verschiedene Mengen **V**-, **VI**-, **II**- u. **VII**-Aktivität; es lassen sich keinerlei Gallengänge nachweisen; dieser Mangel an Gallengängen ist auch bei einigen regenerierenden Noduli ohne deutlichen Hinweis auf Malignität festzustellen; das Fehlen einer Gallengangsfärbung in cirrhot. Lebernoduli könnte als Zeichen einer drohenden Entw. in Richtung auf ein Carcinom gedeutet werden. — 40 Literaturangaben.
U. Tausendfreund. 4160□

p-Phenylendiaminoxydase- und Xanthindehydrogenase-Spiegel im Serum während der Lebercarcinogenese in der Ratte. W. J. P. Neish. (Experientia [Basel] **15**, 336—37, 15/9. 1959; Sheffield, Univ., Cancer Res. Unit.; engl.) — Während der Verfütterung von carcinogenem *3'-Methyl-4-dimethylaminoazobenzol* (**I**) an Albinoratten nimmt die *p-Phenylendiaminoxydase*-Konz. im Serum zu Beginn rasch ab, um am Ende der Fütterungsperiode langsam wieder auf den Normalwert zu steigen. Alle **I**-gefütterten Tiere entwickelten Lebertumoren. Eine Abnahme der Serum-*Xanthindehydrogenase* wird nur zu Beginn des Wachstums von Lebertumoren beobachtet. Die mit **I** gefütterten Tiere zeigen deutliche Anämieerscheinungen. Außerdem läßt sich eine schwache methämoglobinogene Wrkg. feststellen. G. Kirsten. 4160□

Die Ribonucleasen von Mäuse-Ascitestumoren. J. S. Colter, Jeanne Kuhn und K. A. O. Ellem. (Cancer Res. **21**, 48—51, Jan. 1961; Philadelphia, Pa., Wistar Inst. of Anatomy and Biol.; engl.) — Best. der *Ribonuclease* (**I**)-Aktivität in 7 verschiedenen Mäuse-Ascitestumoren (Ehrlich tetraploid, Lettré hyperdiploid, Sarkom 37, Sarkom 180, Krebs-2, TA 3 u. Andervont-Ascitestumor) ergab in allen Fällen 2 Aktivitätsoptima, u. zwar zwischen pH 4,7 u. 5,4 sowie zwischen pH 8,5 u. 9,3. In Anwesenheit von *p-Chlormercuribenzoat* liegt dagegen nur 1 Optimum (pH 7,0—7,3) vor; die **I**-Aktivität ist z. T. beträchtlich erhöht. Vff. nehmen an, daß in den Tumorzellen ein in saurem u. alkal. Milieu dissoziierbarer Ferment–Inhibitor-Komplex vorliegt. Diese Annahme wird gestützt durch die Tatsache, daß auf Zusatz eines aus Ehrlich-Ascitescarcinomzellen isolierten **I**-Inhibitors zu **I** aus Pankreas das pH-Optimum von 7 nach 9 verschoben wird.
R. Reiss. 4160□

Vergleich der Adenosintriphosphatase-Aktivität von Zellkernen und Mitochondrien eines Mammaadenocarcinoms der Maus. Leo A. Miller und Anna Goldfeder. (Cancer Res. **21**, 64—70, Jan. 1961; New York, N.Y., Univ., Dep. of Hosp., Dep. of Biol., Cancer Res. Labor.; engl.) — Unterss. über die Verteilung der *Adenosintriphosphatase* (**I**)-Aktivität zeigen, daß die Zellkerne eines transplantierten Mammaadenocarcinoms einen höheren **I**-Geh. aufweisen als die der Leber des gleichen Mäusestammes. In den Zellen des Carcinoms verteilt sich die **I**-Aktivität wie folgt: Kerne 36%, Mitochondrien 44%, Mikrosomen 12% u. Zell-Fl. 8%. Die **I**-Aktivität wird vollständig inhibiert, wenn die Zellkerne oder Mitochondrien mit *Äthylendiamintetraessigsäure* (**II**) behandelt werden. Die **II**-Wrkg. kann durch Ca^{2+} oder Mg^{2+} wieder aufgehoben werden. Dinitrophenol ist ohne Einfl. auf die **I**-Aktivität von Zellkernen u. Mitochondrien. R. Reiss. 4160□

Veränderungen der Aktivitäten von Dipeptidase und saurer Proteinase im Blutplasma Ascitestumor-tragender Mäuse. Rolf Ottoson und Bengt Sylvén. (Arch. Biochem. Biophysics **87**, 41—47, März 1960; Stockholm, Karolinska Inst., Cancer Res. Div. of Radiumhemmet.; engl.) — Es wird eine Mikrometh. zur Best. *saurer Proteinasen* im pH-Bereich 2,0—6 beschrieben, die Harnstoff-denaturiertes Hämoglobin als Substrat verwendet. Normales Mäuseplasma enthält 2 verschiedene Gruppen Proteinasen mit pH-Optima zwischen 2 u. 5. Im Verlauf des Ascitestumorwachstums wurde spätes Ansteigen der *Dipeptidase*-Gesamtaktivität pro Vol. Blutplasma beobachtet. Die sauren

Plasmaproteinasen fielen anfangs fast bis zum Nullwert ab, nach 7tägigem Tumorwachstum jedoch stiegen ihre Aktivitäten stetig an bis zur doppelten Normalaktivität. Es wird angenommen, daß die Anstiege z. T. aus der Masse der Ascitesenzyme resultieren. — 30 Literaturangaben. H. G. Trüper. 4160□

Die Wirkung von Glucose auf den Glutaminverbrauch von Ehrlich-Ascitestumorzellen. Elling Kvamme und Gerd Svenneby. (Cancer Res. **21**, 92—98, Jan. 1961; Oslo, Ulleval Hosp., Central Labor.; engl.) — Inkubation von Ehrlich-Ascitestumorzellen mit *Glutamin* (I) führt zu einer schnellen Verstoffwechselung von I unter Bldg. der äquivalenten Menge *Glutaminsäure* (II) u. NH_3. Aus Asparagin bzw. anderen Aminosäuren wird kein NH_3 in Freiheit gesetzt. I bzw. II stimulieren nicht den O_2-Verbrauch der Carcinomzellen. Die aus I gebildete II wird nur sehr langsam von den Zellen verbraucht. PO_4^{3-} stimuliert den I-Verbrauch, nicht aber Brenztraubensäure oder α-Ketoglutarsäure; II hat eine geringe inhibitor. Wirkung. Zusatz von *Glucose* wirkt ebenfalls inhibitor., jedoch dürfte dieser Effekt in erster Linie auf eine durch die Glykolyse bewirkte pH-Verschiebung zurückzuführen sein. — 29 Literaturangaben. R. Reiss. 4160□

Tyrosin, Tryptophan und Nucleinsäuren im Plasma von Ratten nach Behandlung mit p-Dimethylaminoazobenzol. Spektrophotometrische Untersuchungen. Tommaso Baglioni und Piera Lado. (Tumori **48**, 21—29, Jan./Febr. 1962; Milano, Ist. Naz. per lo Stud. e la Cura dei Tumori, Div. Biol. Sperim.; ital.) — Bei normalen, mit Cantero-Futter gefütterten (a), mit Cantero-Futter gefütterten u. mit *p-Dimethylaminoazobenzol* behandelten Mäusen (b) sowie bei Hepatommäusen (c) wurde der Geh. an *Tyrosin* (I), *Tryptophan* (II) u. *Nucleinsäuren* (III) in der Vena cava posterior u. in der Vena suprahepatica UV-spektrophotometr. bestimmt. Der I-Geh. war nur bei ♀ Tieren den Gruppen a u. b verringert, bei c dagegen normal. Der II-Geh. war bei allen Tieren der Gruppen a, b u. c leicht verringert. Der III-Geh. war bei allen Tieren der Gruppe a verringert, bei den Gruppen b u. c dagegen erhöht. K. Zingraf. 4160□

Langkettige Fettsäuren in Ratten-Hepatom-Homogenaten und Eigenschaften von Hepatommitochondrien. P. Emmelot. (Cancer Res. **22**, Nr. 1 [Part I], 38—48, Jan. 1962; Amsterdam, Netherlands Cancer Inst., Antoni van Leeuwenhoek-Huis, Dep. of Biochem.; engl.) — Aus Rattenhepatom BY448-Homogenaten wurde eine Fraktion isoliert, die *freie langkettige Fettsäuren* (I) enthält. Diese I aktivieren *Mg^{2+}-Adenosintriphosphatase*, hemmen *2.4-Dinitrophenol-Adenosintriphosphatase*, entkoppeln die oxydative Phosphorylierung u. hemmen die Succinatoxydation von Rattenlebermitochondrien. Die I wirken außerdem auf das Schwellen von Lebermitochondrien in zweierlei Weise: durch Hemmung des Elektrontransports wird die Schwellung verhindert, durch Entkoppelung der Phosphorylierung wird die Schutz-Wrkg. von Succinat verhindert u. so die Schwellung herbeigeführt. Die Homogenate von anderen Hepatomen enthalten bedeutend weniger I u. wirken viel schwächer. Es wird angenommen, daß die I an die Mitochondrien bei deren Isolierung in verschiedenem Maße (je nach Hepatom) adsorbiert werden. — 37 Literaturangaben. M. Metze. 4160□

Die antifibrinolytische Aktivität bei primären Lebercarcinomen. H. C. Kwaan, R. Lo und A. J. S. McFadzean. (Clin. Sci. **18**, 251—61, Mai 1959; Hongkong, Univ., Dep. of Med. u. Queen Mary Hosp.; engl.) — Während nach subkutaner *Adrenalin* (I)-Injektion oder Ischiaemie bei Patienten mit Lebercirrhose die *fibrinolyt. Aktivität* im Plasma um ein Mehrfaches ansteigt, bleibt der Effekt bei Bestehen eines Lebercarcinoms aus. Die fehlende Aktivierung des fibrinolyt. Syst. beruht auf einem Antiaktivator, der in Lebercarcinomgewebe in viel größeren Mengen vorkommt als im normalen Lebergewebe. Damit wird das gehäufte Auftreten von Thrombosen bei Lebercarcinom erklärt. Nach Ansicht der Vff. ist die fehlende Aktivierung des fibrinolyt. Syst. nach I-Injektion oder Ischaemie von diagnost. Bedeutung für die Feststellung eines Lebercarcinoms auf dem Boden einer Cirrhose. L. Lachhein. 4160□

Änderungen im Leberstoffwechsel während der Carcinogenese oder Regenerierung in der Rattenleber. William T. Burke. (Cancer Res. **22**, Nr. 1 [Part I], 10—14, Jan. 1962; Morgantown, W.Va., West Virginia Univ., Med. Center, Dep. of Biochem.; engl.) — *Protein* (I)-Synth. u. *Aminosäure* (II)-Stoffwechsel wurden aus der isolierten perfundierten Rattenleber während Carcinogenese (a) (durch Azofarbstoff) u. Regenerierung (b) untersucht. Bei a u. b waren I-Synth. erhöht u. II-Abbau erniedrigt. Der II-Stoffwechsel war qual. mit dem einer normalen Leber ähnlich, die Unterschiede bezogen sich auf Quantitäten der einzelnen Aminosäuren. — 34 Literaturangaben. M. Metze. 4160□

Einfluß von Urethan auf die Entwicklung von spontaner Leukämie und auf die Auslösung von Hämangiomen in AKR- und C 58-Stämmen von Mäusen. Sadahisa

Kawamoto, A. Kirschbaum, M. L. Ibanez, J. J. Trentin und H. G. Taylor. (Cancer Res. **21**, 71—74, Jan. 1961; Houston, Tex., Univ. of Texas, M. D. Anderson Hosp. and Tumor Inst., Dep. of Pathol., Pediatrics Sect.; Baylor Univ., Coll. of Med., Dep. of Anatomy and Surg.; engl.) — Intraperitoneale Injektion von *Urethan* (I) führt bei Mäusen mit hoher Leukämiequote (Stamm AKR u. C 58) zu einem etwas früheren Auftreten der Leukämie, ohne die Leukämiehäufigkeit signifikant zu erhöhen. I bewirkt die Bldg. von Hämangiomen in Leber, Dünndarm u. Pankreas. Bei den nichtleukäm. Tieren ist der prozentuale Anteil an Hämangiomen größer als bei den leukämischen. R. Reiss. 4160□

Die Lipidzusammensetzung von Epidermis und Dermis von Mäusen unter der Methylcholanthren-Carcinogenese. C. Carruthers und B. Davis. (Cancer Res. **21**, 82—85, Jan. 1961; Buffalo, N.Y., Roswell Park Memor. Inst., Biochem. Res. Dep.; engl.) — In Unterss. an ♀ Mäusen wird gezeigt, daß Pinselungen mit *Methylcholanthren* (I; bis zu 18 Applikationen) keine Veränderungen in der Zus. der *Lipide* der Dermis bewirken. Ebenfalls kein Unterschied in der Lipid-Zus. besteht zwischen der Anagen- (Wachstumsphase der Haarfollikel) u. der Telogen- (Ruhephase)-Dermis. Demgegenüber nimmt in der Epidermis mit fortschreitender Hyperplasie der *Wasser*-Geh. u. der Geh. an *Phospholipiden* zu, der an *Gesamtlipiden* ab. Der *Cholesterin* (II)-Geh. steigt unter der I-Pinselung an, während der Geh. an *Triglyceriden* u. II-*Estern* prakt. unverändert bleibt. Der Geh. an II u. II-*Estern* der Epidermis von ♂ Mäusen ist bei beginnender Hyperplasie höher als der von ♀ Tieren. Die höchsten II-, W.- u. Phospholipid-Geh. sowie die niedrigsten Geh. an Gesamtlipiden, *Neutralfetten* u. Triglyceriden finden sich in den I-induzierten Tumoren. R. Reiss. 4160□

Orales Griseofulvin als cocarcinogenes Mittel für Methylcholanthreninduzierte Hauttumoren. Louis L. Barich, Jan Schwarz und Donna Barich. (Cancer Res. **22**, Nr. 1 [Part I], 53—55, Jan. 1962; Cincinnati, Ohio, Jewish Hosp.; Univ. of Cincinnati, Coll. of Med., Dep. of Dermatol. and Pathol.; engl.) — Hohe Dosen (1000—1500 mg/kg) des Antibioticum *Griseofulvin* (I), oral an Mäuse verabreicht, denen *Methylcholanthren* (II) appliziert wurde, zeigten eine Tumor-fördernde Wrkg., auch wenn kleinere Dosen (10 bis 15 mg/kg) 6 Wochen lang (vor, während u. nach II-Applikation) verabreicht wurden, trat die Wrkg. auf, 4wöchige Verabreichung reichte nicht zur Wrkg. aus. M. Metze. 4160□

Die carcinogenen Aktivitäten von verschiedenen Derivaten des Dibenzanthracens. Charles Heidelberger, Marilyn E. Baumann, Lois Griesbach, Anne Ghobar und Therese M. Vaughan. (Cancer Res. **22**, Nr. 1 [Part I], 78—83, Jan. 1962; Madison, Wis., Univ. of Wisconsin, Med. School, McArdle Memorial Labor.; engl.) — Unterss. an Mäusen (subkutane Injektion u. direkte Applikation auf die Haut) ergaben keine carcinogene Aktivität bei folgenden Verbb.: 1.2.5.6-Dibenzanthrachinone: *3.4-Chinon*, *9.10-Chinon*; bei 1.2.5.6-Dibenzanthracen u. den Derivv.: *3.7-Dimethoxy-*, *3.7-Diacetoxy-*, *3.4-Dihydroxy-3.4-dihydro-*, sowie *2-Phenylphenanthren-3.2'-dicarbonsäure*. Schwache Carcinogenität zeigten: *2.6-Dimethyl-1.2-benzanthracen* u. *3-Methoxy-1.2.5.6-dibenzanthracen*. Mittlere Wirksamkeit zeigte *3.4-Dimethoxy-1.2.5.6-dibenzanthracen*. Ein akt. Carcinogen war *9-Methoxy-1.2.5.6-dibenzanthracen*, u. *9.10-Dimethyl-1.2.5.6-dibenzanthracen* war entgegen Literaturangaben ein kräftiges Carcinogen. M. Metze. 4160□

Auslösung von Neoplasmen in der Schilddrüse der Ratte durch Röntgenbestrahlung der Drüse. S. Lindsay, G. E. Sheline, G. D. Potter und I. L. Chaikoff. (Cancer Res. **21**, 9—16, Jan. 1961; San Francisco, Calif., School of Med., Dep. of Pathol. and Radiol.; Berkeley, Calif., Univ. of California; engl.) — Bestrahlung der Schilddrüse von Ratten mit 500, 1000 bzw. 2000 r oder Bestrahlung der einen Hälfte der Drüse mit 1000 r führt im Vgl. zu unbestrahlten Kontrollen zu einer proportional der Bestrahlungsdosis abnehmenden Größe der Drüsen. Gutartige Tumoren wurden in 30 von 74 Tieren, die einen Zeitraum von 2 Jahren überlebten, gefunden. Bei 9 Tieren traten papilläre oder follikuläre Carcinome auf. — 27 Literaturangaben. R. Reiss. 4160□

Übergang von Thymidin in die Desoxyribonucleinsäure des Knochenmarks und der Darmschleimhaut von Mäusen und dessen Reaktion auf die Applikation von 5-Fluoruracil. Edwin O. Field, Joseph P. Kriss und Lucie A. Tung. (Cancer Res. **21**, 2—8, Jan. 1961; Stanford, Calif., Univ., School of Med., Dep. of Med. and Radiol.; engl.) — Die Aufnahme von *^{3}H-Thymidin* (I) in die *Desoxyribonucleinsäure* (II) des Knochenmarks von Mäusen wird durch *5-Fluoruracil* (III) bis auf das Doppelte verstärkt. Die größten Effekte werden bei i. v., die geringsten bei oraler Applikation beobachtet. III ist dagegen prakt. ohne Einfl. auf den I-Einbau in II der Darmschleimhaut, außer bei Anwendung hoher Dosen bzw. im Hungerzustand. Entfernung der Leber führt zu keiner Erhöhung der III-Wirkung. R. Reiss. 4160□

Veränderungen des Pyrimidin-Stoffwechsels von gegen 6-Azauridin resistenten L5178Y-Leukämiezellen. C. A. Pasternak, G. A. Fischer und R. E. Handschumacher. (Cancer Res. **21,** 110—117, Jan. 1961; New Haven, Conn., Yale Univ., School of Med., Dep. of Pharmacol.; engl.) — Vergleichende Unterss. über den Stoffwechsel von L5178Y (normal) u. L5178AzUR- (resistent gegen *6-Azauridin*) Leukämiezellen ergaben folgendes: Das Ausmaß der Bldg. von *Uridylsäure* aus Orotsäure ist bei beiden Zelltypen gleich. Der Einbau von Uridin in die *Nucleinsäuren* liegt bei den normalen Zellen 30 mal höher als bei den resistenten. Die Bldg. *phosphorylierter Derivv.* von *Uridin* u. *Azauridin* ist bei den resistenten Zellen wesentlich erniedrigt. Die Unterss. sprechen für eine Schädigung des *Pyrimidin*-Stoffwechsels bei den resistenten Zellen, u. zwar dürfte zumindest die Aktivität der *Uridinphosphokinase* verändert sein.
R. Reiss. 4160□

Pharmaca-Wirkung auf einen bestimmten Stoffwechselweg und auf das Wachstum von Mäusetumoren. Azauridin und Decarboxylierung von $^{14}C_{(7)}$-Orotsäure. Nancy C. Bruemmer, James F. Holland und Paul R. Sheehe. (Cancer Res. **22,** Nr. 1, [Part I] 113—19, Jan. 1962; Buffalo, N.Y., Roswell Park Memorial Inst.; engl.) — Es wurde das Tumorwachstum in vivo u. die Decarboxylierung von *$^{14}C_{(7)}$-Orotsäure* (I) in vitro an 5 transplantablen Mäusetumoren nach Behandlung mit *Azauridin* (II) untersucht. Es zeigte sich, daß die Wachstumshemmung mit der Stoffwechselhemmung ($^{14}CO_2$-Abgabe als Maß für die *Orotidylsäuredecarboxylase*-Aktivität) nicht immer parallel geht, u. somit die Möglichkeit, aus der in vitro-Stoffwechselhemmung auf die in vivo-Tumorhemmung schließen zu können, nicht bewiesen wurde. M. Metze. 4160□

Enzymatischer Abbau von Azaserin. John A. Jacquez und James H. Sherman. (Cancer Res. **22,** Nr. 1 [Part I], 56—61, Jan. 1962; New York, N.Y., Cornell Univ., Graduate School of Med. Sci., Sloan-Kettering Div. and Sloan-Kettering Inst. for Cancer Res., Div. of Exp. Chemotherapy; engl.) — Unterss. mit Acetonpulverextrakten von Mäuseleber sollten das darin enthaltene *Enzym* (I) näher charakterisieren. I spaltet einige O-Ester des *L-Serins* schnell zu Pyruvat u. Ammoniak, so auch *Azaserin* (II; *O-Diazoacetyl-L-serin*). Sein pH-Optimum liegt bei 7,2. Es wird gehemmt durch *Fluorid.* K_m für II beträgt 2,3—$2{,}4 \cdot 10^{-3}$m, pH 7,3—7,4. Substrate sind O-Ester von Serin mit relativ wenig ionisierter Endgruppe am Säureteil. Der Rk.-Mechanismus ist wahrscheinlich eine α,β-Eliminierung, die Säure, Pyruvat u. NH_3 als Endprodd. liefert. — 22 Literaturangaben. M. Metze. 4160□

Azaserin-Resistenz eines Plasmazellneoplasmas ohne gleichzeitige Veränderung des aktiven Transports des Inhibitors. E. P. Anderson und John A. Jacquez. (Cancer Res. **22,** Nr. 1 [Part I], 27—37, Jan. 1962; Bethesda, Md., Nat. Inst. of Health, Nat. Cancer Inst.; New York, N.Y., Cornell Univ. Graduate School of Med. Sci., Sloan-Kettering Div., Sloan-Kettering Inst. for Cancer Res.; engl.) — Vgl. vorst. Referat. — *Azaserin* (I)-resistente u. -sensible Linien des Plasmazellneoplasmas 70429 zeigten keine signifikanten Unterschiede im akt. I-Transport u. auch nicht im intracellulären I-Abbau, so daß die I-Resistenz nicht auf unterschiedlichen I-Transport oder -Abbau zurückzuführen ist. — 34 Literaturangaben. M. Metze. 4160□

Der Einfluß einiger Purin-Analoga auf das Wachstum von H. Ep. # 1- und Hühnerembryofibroblasten-Zellen. Marvin A. Rich, Amaury G. Perez und Maxwell L. Eidinoff. (Cancer Res. **22,** Nr. 1, [Part I] 3—9, Jan. 1962; New York, N.Y., Cornell Univ., Med. Coll., Sloan-Kettering Div.; Rye, N.Y., Sloan-Kettering-Inst., Div. of Biol.; engl.) — Zellkulturen vom H. Ep. # 1-Stamm (Human-Cervicalcarcinom) u. von Fibroblasten von Hühnerembryonen wurden mit *6-Mercaptopurin, 6-Thioguanin, 8-Azaguanin* u. ihren entsprechenden *Ribonucleosiden* inkubiert. Die Purine u. ihre Riboside waren alle Wachstumsinhibitoren. *Inosin* u. *Adenosin* (jedoch nicht Guanosin) hoben die Inhibitor-Wrkg. auf. M. Metze. 4160□

E$_2$. Enzymologie. Gärung

Der Einfluß von Lösungsmitteln auf die Aktivität einiger Enzyme. P. Elödi. (Acta physiol. Acad. Sci. hung. **20,** 311—23, 1961; Budapest, Hungarian Acad. of Sci., Inst. of Biochem.; engl.) — Es wurde der Einfl. von *N.N'-Dimethylformamid* auf die Aktivität folgender Enzyme untersucht: *D-Glyceraldehyd-3-phosphatdehydrogenase* (I), *Aldolase* u. die proteolyt. Enzyme *Pepsin, Trypsin* u. *Chymotrypsin.* Die Enzyme reagierten unterschiedlich. Die I-Aktivierung ist mit einer Veränderung der sek. u. tert. Struktur verbunden. M. Metze. 4200

Mitochondriale Lokalisierung oxydativer Enzyme: Färbungsergebnisse mit zwei Tetrazoliumsalzen. Alex B. Novikoff, Woo-Yung Shin und Joan Drucker. (J. biophysic. biochem. Cytol. **9,** 47—61, Jan. 1961; New York City, Yeshiva Univ.,

Albert Einstein Coll. of Med., Dep. of Pathol.; engl.) — Ein Vgl. der mit *Nitro-BT* (*2.2'-Di-p-nitrophenyl-5.5'-diphenyl-3.3'-[3.3'-dimethoxy-4.4'-biphenylen]-ditetrazoliumdichlorid*; I) u. *MTT-Co*$^{2+}$ (*3-[4.5-Dimethylthiazolyl-(2)]-2.5-diphenyltetrazolium-Co*$^{2+}$; II) als Acceptoren (Substrat *DPNH*) erzielten Ergebnisse bei der Färbung von Gefrierschnitten Formol-Ca-fixierter Rattenniere u. Menschenleber mit Lipofuscingranula zeigte, daß I, mindestens im lichtmkr. Bereich, die intracelluläre Lokalisierung der *oxydativen Enzyme* wiedergibt, während II hierfür nicht geeignet ist. Die Ablagerung von II-Formazan wird vorwiegend von physicochem. Faktoren bestimmt. K. Maier. 4210□

Untersuchungen über Gehalt und Organisation der Atmungsenzyme der Mitochondrien. Ronald W. Estabrook und Andrew Holowinsky. (J. biophysic. biochem. Cytol. **9,** 19—28, Jan. 1961; Philadelphia, Univ. of Pennsylvania, Johnson Found. for Med. Physics and Div. of Biol., Bot. Labor.; engl.) — Auf Grund mathemat. Berechnungen unter Verw. spektrophotometr. Daten u. solcher von Allard u. Mitarbeitern [1952] enthält ein „Durchschnittsmitochondrion" aus Rattenleber ca. 17000 Mol. von jedem Cytochromfarbstoff. Die Beziehung zwischen Farbstoff-Geh. u. Vol. der Mitochondrien verschiedener Gewebe wurde bestimmt. Es werden Vorstellungen über die Organisation der Atmungsenzyme, die mit der Membranstruktur der Mitochondrien verbunden sind, diskutiert. K. Maier. 4210□

Einige Enzymaktivitäten einer partikelhaltigen Fraktion von Schallmazeraten von Escherichia coli. Robert E. Asnis, Victor G. Vely und Mary Catherine Glick. (J. Bacteriol. **72,** 314—19, Sept. 1956; Philadelphia, Univ. of Pennsylvania, School of Med., Dep. of Microbiol.) — Von einer partikelhaltigen, durch Differentialzentrifugation gewonnenen Fraktion aus Schallmazerat von *Escherichia coli* werden *Succinat, Lactat, Formiat, α-Glycerophosphat, H_2* u. *Diphosphopyridinnucleotid* oxydiert. Unter anaeroben Bedingungen u. bei Ggw. einer oxydierbaren Verb. wird von den Partikeln Methylenblau, Neotetrazolium u. Nitrat reduziert. Phosphatase u. Lipase waren nicht nachweisbar, eine geringe Aktivität von *Katalase, Formicohydrogenlyase* u. *Adenosintriphosphatase* war vorhanden. Es wird festgestellt, daß die partikelhaltige Fraktion eine gewisse Ähnlichkeit mit entsprechenden Fraktionen aus Säugerzellenextrakten aufweist. — 29 Literaturangaben. F. Radler. 4210□

Kristalline Milchsäuredehydrogenase aus Schweine-Skelettmuskel. G. Jécsai. (Acta physiol. Acad. Sci. hung. **20,** 339—46, 1961; Budapest, Hungarian Acad. of Sci., Biochem. Inst.; engl.) — Es wird ein vereinfachtes Verf. zur Isolierung von *Milchsäuredehydrogenase* (I) aus Schweineskelettmuskel beschrieben [2-Stufen-Fraktionierung mit $(NH_4)_2SO_4$ u. Kristallisation durch Dialyse gegen $(NH_4)_2SO_4$-Lsg.]. Die so gewonnene I enthält nur 1—3% Verunreinigungen u. ist bei der Elektrophorese homogen. I aus Schweineskelettmuskel ist stofflich nicht von I aus Rinderherzmuskel verschieden. M. Metze. 4210

Milchsäuredehydrogenase in Mitochondrien des Rattenhirnes und im Cytoplasma bei Noble-Collip-„drum"-Schock. H. Ninomiya, B. W. Haines, R. W. Buxton und M. Michaelis. (Enzymologia [Den Haag] **23,** 380—84, 15/11. 1961; Baltimore, Md., Univ. of Maryland, School of Med., Div. of Experim. Surgery; engl.) — Best. der *Milchsäuredehydrogenase* (I) in Mitochondrien u. überstehenden Fraktionen bei Tieren ohne u. mit Noble-Collip-„drum"-Schock ergab im Schock eine Verminderung der I in den Mitochondrien u. eine Vermehrung im Cytoplasma. Werden zum Cytoplasma der Kontrolltiere aber Mitochondrien aus Schock-Präpp. zugesetzt, so erfährt die I eine starke Verminderung. A. Hesse. 4210□

Der histochemische Nachweis der Succinodehydrogenase mit Stilbentetrazoliumchlorid. Frank Wohlrab. (Acta histochem. [Jena] **12,** 310—18, 30/12. 1961; Leipzig, Karl-Marx-Univ., Pathol. Inst.; dt.) — 10—20 μ dicke Gefrierschnitte lebensfrischer Meerschweinchenorgane u. -gewebe wurden bei 37° mit einem Medium inkubiert, das *5.5'.3.3'-Tetraphenyl-2.2'-di-p-stilbentetrazoliumchlorid* (*Stilben-TC*; I) in 0,0003 m Konz. enthielt. I bildet nach Red. neben einem lipoidlösl. Monoformazan ein lipoidunlösl. Diformazan (II). Die II-Granula ermöglichen im Fettgewebe eine intramitochondriale Lokalisation der *Succindehydrogenase.* M. Metze. 4210□

Einbau von ^{14}C und ^{32}P in die Zellen des Knochenmarks nach Verabreichung von Desoxycytidylsäure. L. Beneš und V. Drášil. (Českoslov. Fysiol. **9,** 569—70, Nov. 1960; Brno, ČSAV, Biofys. ústav; tschech.) — Eine Suspension von Knochenmarkzellen aus den langen Knochen von Meerschweinchen (nach Bestrahlung mit 600 r) wird 6 Std. lang bei 37° mit *^{14}C-Formiat* (3,3 μc/ml) bzw. *$Na_2H^{32}PO_4$* (5 μc/ml) inkubiert, dann 30 μg *Desoxycytidylsäure* (I)/ml zugegeben. Bei nichtbestrahlten Zellen werden in 123 (Zellen) ^{32}P, in 99 ^{14}C eingebaut, bei bestrahlten Zellen in 46 ^{32}P, in 45 ^{14}C. Der Zusatz von I fördert den Einbau von ^{32}P u. ^{14}C stark bei nichtbestrahlten, schwächer bei bestrahlten Zellen. I muß einer der Faktoren sein, die die Reticularzellen zur Synth. von *Desoxyribonucleinsäure* sowie auch zur Mitose u. a. Differenzierungen stimulieren. R. K. Müller. 4210□

Strukturuntersuchungen an Ribonuclease. 4. Mitt. Die Absorption der in Wasserstoffbrückenbindung befindlichen Peptid-NH-Gruppe im nahen Ultrarot. Jan Hermans jun. und Harold A. Scheraga. (J. Amer. chem. Soc. **82,** 5156—60, 5/10. 1960; Ithaca, N.Y., Cornell Univ., Dep. of Chem.; engl.) — 3. vgl. C. **1961,** 9451. — Frühere Verss. hatten ergeben, daß 20 *Ribonuclease* (I)-Wasserstoffe unterhalb der Übergangs-Temp. bei pH 4,8 nicht mit Deuterium austauschbar sind, da diese vermutlich an unzugänglichen H-Brückenbindungen beteiligt sind. Absorptionsmessungen im nahen UR zeigen, daß diese H-Atome eher an N als an O gebunden sind u. deshalb wahrscheinlich ein Teil des H-Brückenbindungs-Syst. des Kernpeptids bilden. Auf Grund der IR-Unters. an CH_3OH, Anilin u. Poly-γ-benzyl-L-glutamat (II) kann zwischen NH- u. OH-Gruppen mit u. ohne H-Brückenbindung unterschieden werden. Die 20 in H-Brückenbindung befindlichen NH-Gruppen des I-„Kerns" sind mittels eines IR-Differenzspektrums erfaßbar, wenn I gegen völlig deuterierte I in D_2O gemessen wird. Eine verhältnismäßig gute quant. Best. der Zahl der NH von I in D_2O gelang mit Hilfe eines Eichspektrums von II mit internen H-Brückenbindungen. K. Maier. 4210□

Eine alkalische Desoxyribonuclease S_1 der Larven des Seidenspinners. 1. Mitt. **Eigenschaften und Wirkungsweise.** Jun-Ichiro Mukai und Kazuo Yamafuji. (Enzymologia [Den Haag] **23,** 214—24, 15/8. 1961; Fukuoka (Japan), Kyushu Univ., Agric. Chem. Inst.; engl., Auszug: dt.) — Vgl. C. **1959,** 8204. — Da eine begrenzte Depolymerisation der *Desoxyribonucleinsäure* (I) des Wirtes ein wesentlicher Anfangsschritt bei der nachfolgenden Reproduktion der viralen I sein kann, wird im Acetonpulver aus Larven des Seidenspinners die *alkal. Desoxyribonuclease* (II) untersucht. Gereinigte II wird optimal bei pH 11,5 u. 45° in Ggw. von 0,005 m $Mg(CH_3CO_2)_2$. Demnach handelt es sich um eine II vom sog. „Typ I"; diese hydrolysiert 3'.5'-Phosphodiesterbindungen in Desoxypolynucleotidketten an der 3'-Stellung spezif. zwischen der 3'-OH-Gruppe des Pyrimidinnucleotidrestes u. dem folgenden Purinnucleotid-5'-phosphat, während Esterbindungen von Thymidin-5'-phosphat resistent zu sein scheinen; demnach wird das Enzym als „II S_1" bezeichnet. — Aus den Prodd. der Hydrolyse wurden 2 neue Dinucleotide, *5'-Phosphodesoxyguanylthymidin* (III) u. *5'-Phosphodesoxyadenylthymidin* isoliert. III wird durch I aus Pankreas nicht gespalten; hieraus folgt, daß eine Oligonucleotidkette, die von Pankreas-I gespalten werden kann, mindestens 3 Nucleotideinheiten enthalten muß, gleichgültig, ob diese eine Phosphorylgruppe in Endstellung besitzt oder nicht besitzt. A. Hesse. 4210□

Desoxyribonucleinsäure-hydrolysierende Enzyme. M. Laskowski. (Postępy Biochem. **6,** 3—11, 1960; Marquette Univ. School of Med., Wis., Dep. of Biochem.; pol.) — Übersicht über die Spezifität der die *Desoxyribonucleinsäure* hydrolysierenden Enzyme gegenüber dem Zuckeranteil, ihre Wrkg.-Weise (*Exonuclease, Endonuclease*) u. die Typen der gebildeten Prodd. (Fragmente mit einfach verestertem Phosphat am $C_{(5')}$- oder $C_{(3')}$-Atom) u. die Abhängigkeit der Aufnahmefähigkeit für Endonucleasen von der chem. Natur der Basen an der Aufnahmestelle. — 40 Literaturangaben. R. K. Müller. 4210□

Fermenthistochemische Untersuchungen des Lymphknotens. 3. Mitt. **Adenosintriphosphatase und 5-Nucleotidase in den Zellen des Lymphknotentupfpräparates.** Helga Rinneberg und Karl Lennert. (Klin. Wschr. **39,** 971, 15/9. 1961; Heidelberg, Univ., Path. Inst.; dt.) — 2. vgl. Klin. Wschr. **39,** [1961], 923. — Es werden die *Adenosintriphosphatase* (I)-, *5-Nucleotidase* (II)- u. *Glycerophosphatase* (III)-Aktivitäten der Zellen des menschlichen Lymphknotentupf-Präp. mitgeteilt: I-Aktivität in Plasmazellen, Plasmavorstufen, Langhans-Riesenzellen; I- u. II-Aktivität: Mittlere reticuläre Reizzellen; I-, II- u. III-Aktivität: Histiocyten, Reticulumzellen einschließlich Gefäßendothelien, Epitheloidzellen, Kerntrümmerphagen, neutrophile Granulocyten, eosinophile Granulocyten, Gewebemastzellen. P. Gregorzewski. 4210

Herstellung und charakteristische Eigenschaften einer gereinigten Muskel-Adenosintriphosphatase. Iris Maggiolo Barbato und Norman R. Alpert. (Arch. Biochem. Biophysics **93,** 255—61, Mai 1961; Chicago, Ill., Univ., Coll. of Med., Dep. of Physiol.; engl.) — Durch Digitoninbehandlung u. anschließende $(NH_4)_2SO_4$-Fällung wurde eine cholesterinfreie *Adenosintriphosphatase* aus Rattenmuskeln erhalten. Bei der Einw. des Fermentes auf Adenosintriphosphorsäure in Ggw. von Mg^{2+} wurde sofort nach Rk.-Beginn eine sehr starke Aktivität, ähnlich der Rk. mit Actomyosin beobachtet.

Das untersuchte Enzym-Präp. verhält sich im wesentlichen wie das von Kielley u. Meyerhof [1955] isolierte. Das pH-Optimum liegt bei ca. 7,0. E. Lück. 4210□

Nucleotide. 45. Mitt. Derivate von β-2-Amino-2-desoxy-D-glucose(β-D-Glucosamin)-1-phosphat. G. Baluja, B. H. Chase, G. W. Kenner und Sir Alexander Todd. (J. chem. Soc. [London] **1960,** 4678—81, Nov.; Cambridge, Univ., Chem. Labor.; engl.) — **44.** vgl. C. **1959,** 15373. — *2-Acetamido-2-desoxy-β-D-glucose* (β-N-Acetylglucosamin)-*1-phosphat* (I) wurde ausgehend von 2-Desoxy-2-phthalimidoglucose hergestellt. Verss., I in das β-Anomere (II) von Uridindiphosphat-N-acetylglucosamin (III) durch Rk. des Tri-n-octylammoniumsalzes mit 2.'3'-Di-O-benzyluridin-5'-benzylphosphorylchlorid u. anschließende Hydrogenolyse überzuführen, verliefen negativ, da anscheinend der 1-Pyrophosphatrest durch die benachbarte 2-Acetamidogruppe ersetzt wurde. II ist wahrscheinlich viel unbeständiger als das natürliche Coenzym III. Versuche: *[3.4.6-Tri-O-acetyl-2-amino-2-desoxy-β-D-glucose-1-(dibenzylphosphat)]-dibenzylphosphat,* $C_{40}H_{47}NO_{15}P_2$, F. 146—147°, aus 3.4.6-Tri-O-acetyl-2-amino-1-bromdesoxy-α-D-glucosehydrobromid u. Ag-Dibenzylphosphat in trockenem Acetonitril durch 52std. Schütteln unter Licht- u. Feuchtigkeitsausschluß; $[\alpha]_D^{19}$ +23,7° (c = 0,9, Chlf.); 64% (Ausbeute). — *2-o-Carboxylbenzamido-2-desoxy-D-glucose,* $C_{14}H_{17}NO_8$, F. 184°, aus D-Glucosaminhydrochlorid u. $NaHCO_3$ in W. mit Phthalsäureanhydrid in Dioxan (3 Tage, Raum-Temp.); Nadeln; $[\alpha]_D^{20}$ +67,3° (c = 0,9, W.); 82%. — *1.3.4.6-Tetra-O-acetyl-2-desoxy-2-phthalimido-β-D-glucose* (IV), $C_{22}H_{23}NO_{11}$, F. 95—97° (Äthylacetat–PAe.), 146—148° (nach Trocknen bei 65° im Vakuum), aus vorst. Verb. durch 5min. Kochen mit Acetanhydrid; Prismen; $[\alpha]_D^{20}$ +59,4° (c = 3,8, Bzl.); 89%. — *3.4.6-Tri-O-acetyl-1-brom-2-desoxy-2-phthalimido-β-D-glucose,* $C_{20}H_{20}BrNO_9$, F. 130°, aus vorst. Verb. mit 50%ig. HBr in Eisessig (3 Std., Raum-Temp.); Nadeln; $[\alpha]_D^{20}$ +18,1° (c = 3,0, Bzl.); 50%. — *1-Chlor-*Verb., $C_{20}H_{20}ClNO_9$, F. 154°, aus **IV** in trockenem Ae. durch Sättigen mit trockenem HCl bei 0° (4 Tage, 0°); Prismen; $[\alpha]_D^{19}$ +27,5° (c = 3,2, Bzl.); 86%. — *3.4.6-Tri-O-acetyl-2-desoxy-2-phthalimido-β-D-glucose-1-[dibenzylphosphat],* $C_{34}H_{34}NO_{13}P$, F. 138—139,5°, a) aus vorst. 1-Brom-Verb. u. Ag-Dibenzylphosphat in trockenem Bzl. durch 48std. Schütteln unter Lichtausschluß, b) aus vorst. 1-Chlor-Verb. u. Ag-Dibenzylphosphat in trockenem Bzl. durch 90min. Kchen unter Lichtausschluß; Nadeln (CH_3OH), $[\alpha]_D^{19,5}$ +11,1° (c = 3,6, Bzl.); 65,81%. — *3.4.6-Tri-O-acetyl-2-desoxy-2-phthalimido-β-D-glucose-1-[cyclohexylammoniumbenzylphosphat],* $C_{33}H_{41}N_2O_{13}P$, F. 226° (Zers.), aus vorst. Verb. u. Cyclohexylammoniumthiocyanat in sd. trockenem Äthylmethylketon (30 Min.); Nadeln; $[\alpha]_D^{19}$ +23,1° (c = 2,2, Chlf.); 83%. — *1-Phosphat-Deriv.,* $C_{20}H_{22}NO_{13}P$, Zers. beim Erhitzen, aus vorst. Verb. mit Pd–Kohle u. H_2 in reinem Dioxan; mkr.-krist.; 100%. — *2-Amino-2-desoxy-β-D-glucose-1-phosphat,* $C_6H_{14}NO_8P$, F. 178—179° (Zers.), aus vorst. Verb. u. 100%ig. N_2H_4-Hydrat durch Erhitzen (8—9 Min.) unter Rühren auf 100° in redest. Methoxyäthanol; mkr.-krist. Pulver. *Di-Na-Salz,* $C_6H_{12}NNa_2O_8P$, 2 H_2O, durch Neutralisation der Säure u. Fällen mit Alkohol. — *2-Acetamido-2-desoxy-β-D-glucose-1-[dinatriumphosphat],* $C_8H_{14}NNa_2O_9P$, F. 170—171° (Zers.), aus vorst. Na-Salz u. Acetanhydrid in W. unter kräftigem Schütteln (6 Min.), Fällung mit A.; mkr.-krist. Pulver; $[\alpha]_D^{19}$ —1,6° (c = 2,5, W.); 60%. K. Maier. 4210□

Einfluß von 2.4-Dinitrophenol auf die intra- und extracelluläre Elektrolytverteilung in vivo. 5. Mitt. Th. Günther, H.-J. Dulce und E. Schütte. (Naunyn-Schmiedebergs Arch. exp. Pathol. Pharmakol. **239,** 278—82, 1960; Berlin, Freie Univ., Physiol.-Chem. Inst.; dt.) — **4.** vgl. C. **1961. 4771.** — Es wurde in vivo der Einfl. von *2.4-Dinitrophenol* (I) auf die Elektrolyt- u. Wasserverteilung in Leber u. Muskulatur von Ratten untersucht. Nach subkutaner Injektion von 4 mg I/100 g (aus einer Lsg. von 100 mg I in 8,0 ml 0,15 m $NaHCO_3$, pH 7,0) kommt es im Serum zu einem Abfall der *Na*-Konz. von 155 auf 150 mm u. einem Anstieg der *K*-Konz. von 6,8 auf 8,6 mm; die *Cl*-Konz. ändert sich nicht. In den Leberzellen nimmt die Na-Konz. um 7,5 mm zu, die K-Konz. um 41,0 mm ab (Einwanderung von Na bei Auswanderung von K, so daß die Serum-Konz.-Änderungen sek. Natur sind); der akt. Transport von K in der Leber wird infolge Entkopplung von Atmung u. oxydativer Phosphorylierung durch I gehemmt; mit dieser Hemmung ist eine Aufnahme von 14,3 mm Cl u. 5,8 g H_2O/100 g in die Zellen verbunden; der Na-Transport ist möglicherweise nur sek. betroffen (Ausgleich des Kationenverlustes), vielleicht aber auch akt. gehemmt. Die unter gleichen Vers.-Bedingungen zu beobachtende Abnahme der Na- u. K-Konz. in den Muskelzellen läßt sich durch Verdünnung erklären; durch I wird nur der akt. Transport von K gehemmt, derjenige von Na nicht beeinflußt; die Muskelzelle kann wahrscheinlich ihren K-Bestand trotz schlechteren Transportes aufrechterhalten, weil die K-Konz. des Serums gestiegen ist. Cl- u. Wasser-Geh. in den Muskelzellen nehmen zu. U. Tausendfreund. 4210□

Die Phosphatasen des Kaktus. 2. Mitt. **Reinigung und Eigenschaften.** G. G. Sanwal und P. S. Krishnan. (Enzymologia [Den Haag] **23,** 85—93, 15/5. 1961; Lucknow, Lucknow Univ., Div. of Biochem.; engl.) — 1. vgl. C. **1961,** 11369. — In Homogenat aus den Phyllokladen des Kaktus *Nopalea dejecta* findet sich eine *Phosphatase* (I), die durch Zentrifugieren der Extrakte (1600·*g*; 45 Min.) u. selektive Extraktion des Nd. mit 5%ig. NaCl-Lsg. 30fach gereinigt wurde. Aus der Einw. von I auf *β-Glycerophosphat* (II), *Pyrophosphat* (III), *Fructosediphosphat* (VII), *Glucose-1-phosphat* (VIII) bzw. *Glucose-6-phosphat* (IX) ergab sich, daß die durch Fraktionieren mit $(NH_4)_2SO_4$ teilweise gereinigte I *Phosphomonoesterase* (IV)-Wrkg. u. *Pyrophosphatase* (V)-Wrkg. zeigt. V hat auch *Glycerophosphatase* (VI)-Wrkg.; V u. VI sind entweder ident. oder nahe verwandt. V u. VI wirken gegen II u. III optimal bei pH 5,5—6,0; in Ggw. von Mg^{2+} wird V jedoch gehemmt, VI dageben bei pH 6,0 erheblich aktiviert. — VII wird optimal bei pH 6,0 gespalten; die Wrkg. gegen VIII hat 2 Optima bei pH 5,0 u. pH 7,0; IX wird bei pH 5,5 u. 7,0 optimal gespalten. Die Wrkg. gegen VII wird durch Mg^{2+} bei pH 5,0 aktiviert, während die Wrkg. gegen VIII durch Mg^{2+} gehemmt wird. — Auffallend ist, daß die Wrkg. gegen II bei 60° bei 15 Min. Einw.-Dauer optimal ist. A. Hesse. 4210□

Über die Hemmung der molybdänabhängigen Nitratreduktase durch Wolframat bei Neurospora crassa. Harald Aurich. (Arch. Mikrobiol. **33,** 46—48, 1959; Leipzig, Univ., Physiol.-chem. Inst.; dt.) — Der kompetitive Antagonist des *Molybdäns* ist *Wolfram.* Bei dem Pilz *Neurospora crassa,* bei welchem Mo einen Bestandteil der *Nitratreduktase* (I) darstellt, hemmt eine 10^5fach höhere W-Konz. den Mo-Effekt an I vollständig. Bei 10^4facher Konz. besteht Hemmung um 70%, bei 10^2facher Konz. besteht kein Einfluß. W. Weuffen. 4210□

Untersuchungen über enzymatische Nitritreduktion. 3. Mitt. **Einflüsse von Metallionen auf die lösliche Komponente und auf die Teilchenkomponente der Nitritreduktase.** Akira Asano. (J. Biochemistry [Tokyo] **47,** 678, Mai 1960; Nagoya, Nagoya Univ., Fac. of Sci., Dep. of Chem.; engl.) — 2. vgl. C. **1962,** 12332. — Die *Nitritreduktase* (I) eines halotoleranten Micrococcus (Stamm 203) besteht (l. c.) aus einer *lösl.* u. einer *unlösl. Komponente* (Ia bzw. Ib). Ia u. Ib sind für sich allein unwirksam, ergeben aber nach Vereinigung volle Aktivität. Ib konnte durch Behandlung mit Pankreaslipase oder mit Schlangengift (nicht aber durch Desoxycholat, Isobutanol oder tert. Amylalkohol) lösl. gemacht werden u. dann durch Fällungen mit $(NH_4)_2SO_4$ weiter gereinigt werden. — Nach Reinigung u. Dialyse war Ia durch Cu^+ u. Cu^{2+}, Ib durch Fe^{2+} u. Fe^{3+} aktivierbar. — I wird durch CO gehemmt, wobei ein CO-bindendes Pigment (II) eine Rolle spielt. Für die bei fraktioniertem Zentrifugieren des Lysates auftretende intracelluläre Verteilung von II werden nähere Angaben gemacht. A. Hesse. 4210□

Enzymatische Untersuchungen über den Pyridoxinstoffwechsel. 4. Mitt. **Eine Pyridoxindehydrogenase aus Backhefe.** Yoshimasa Morino und Yukiya Sakamoto. (J. Biochemistry [Tokyo] **48,** 733—44, Nov. 1960; Osaka, Univ., Med. School, Biochem. Dep.; engl.) — 3. vgl. C. **1961,** 17988. — *Pyridoxindehydrogenase* (I) wurde aus Backhefeextrakt durch $(NH_4)_2SO_4$-Fraktionierung u. $Al(OH)_3$-Gel (Cγ)-Behandlung ca. 80fach angereichert. I benötigt Triphosphopyridinnucleotid (II); DPN ist unwirksam. I hat ein pH-Optimum von 9,3. Co^{2+} u. Mg^{2+} aktivieren I, p-Chlormercuribenzoesäure (III) hemmt. Die III-Hemmung wird durch Präinkubation des Apoenzyms mit II verhindert u. durch Zusatz von red. Glutathion aufgehoben. I scheint an der Oxydo-Red.-Rk. zwischen der $HOCH_2$- u. Formylgruppe in 4-Stellung des Pyridinrings beteiligt zu sein. 5-Desoxypyridoxin u. 5-Desoxypyridoxal sind gute I-Substrate. Das I-Vork. in Mikroorganismen wurde untersucht. K. Maier. 4210□

Carboxylierung von Propionat durch Nocardia corallina. C. L. Baugh, D. S. Bates, G. W. Claus und C. H. Werkman. (Enzymologia [Den Haag] **23,** 225—30, 15/8. 1961; Ames, Iowa, Iowa State Univ., Dep. of Bact.; engl.) — An dem Bakterium *Nocardia corallina* wird eine *Propionsäurecarboxylase* (I) nachgewiesen, welche die Carboxylierung von Propionsäure unter Bldg. von *Methylmalonylcoenzym A* katalysiert. Die I-Wrkg. erfordert Ggw. von red. Coenzym A (CoA), Adenosintriphosphat, $MgCl_2$ u. „gebundenem" Biotin. Die Rk. wird durch Avidin vollständig gehemmt. — I wirkt optimal bei pH 8,4 (rascher Abfall der Aktivität nach der sauren Seite, langsamerer Abfall nach der alkal. Seite). — Es wird gezeigt, daß zwischen *Malonyl-CoA* u. *Äthylmalonyl-CoA* einerseits u. *Propionyl-CoA* andererseits eine Transcarboxylierung erfolgt. A. Hesse. 4210□

Die Glucosedissimilation durch Mycobacterium tuberculosis H_{37}Ra. M. Indira und T. Ramakrishnan. (J. sci. ind. Res. [New Delhi] Sect. C **21,** 1—6, Jan. 1962; Bangalore, Indian Inst. of Sci., Pharmacol. Labor.; engl.) — Die Intermediären des glykolyt. u.

des Hexosemonophosphatabbaues *Glucose-6-phosphat*, *Fructose-6-phosphat*, *Fructose-1.6-diphosphat*, *Ribose-5-phosphat* u. *6-Phosphogluconat* wurden durch intakte Zellen von *Mycobacterium tuberculosis* nur sehr langsam abgebaut. Für *Glucose* waren die Zellwände etwas durchlässiger. Der Umsatz der genannten Verbb. durch Aceton-getrocknete Zellen war noch geringer. Zellfreie Extrakte oxydierten keines der Substrate. Die Extrakte besaßen *Hexokinase-*, *Phosphoglucoisomerase-*, *Phosphofructokinase-* u. eine *Aldolase*-Aktivität. Sämtliche Dehydrogenasen waren *TPN*-spezifisch. TPN wurde in Ggw. von *Glycerin*, *α-Glycerophosphat* u. *Lactat* durch den zellfreien Extrakt red., so daß die entsprechenden Dehydrogenasen im Extrakt vorhanden sein dürften. Daneben wurden *Glucose-6-phosphatdehydrogenase*, *6-Phosphoglucodehydrogenase*, *Pentosephosphatisomerase*, *Transketolase* u. *Transaldolase* gefunden. In frischen Extrakten wurde außerdem eine *DPNH-Oxydase*, jedoch keine *TPNH-Oxydase* gefunden. J. Boelter. 4210□

Die enzymatische Hydrolyse von vollständig und von teilweise acetylierten Derivaten der Glucose. 1. Mitt. Ya'acov Zvi Frohwein und Jeshayahu Leibowitz. (Enzymologia [Den Haag] **23**, 202—07, 15/8. 1961; Jerusalem, Hebr. Univ., Dep. of Biol. Chem.; engl.) — Vff. fanden, daß Enzyme, welche Acetyl-Derivv. der Glucose (**IV**) spalten, in der Natur weitverbreitet sind, so werden *6-O-Acetylglucose* (I), *2.3.4.6-Tetraacetylglucose* (II) u. *1.2.3.4.6-Pentaacetylglucose* (III) von *Esterase* aus Hefe, keimender Gerste, *Aspergillus oryzae*, Handels-Präpp. von *Takadiastase* (**V**), *Pektinase* u. hochgereinigtem *Emulsin* gespalten. Die Bldg. von freier **IV** aus **I** u. **II** konnte in jedem Falle aus **III** nur in beschränktem Umfang nachgewiesen werden. — Bei Spaltung von **II** u. **III** wurden teilweise entacetylierte Derivv. der **IV** als wahrscheinliche Zwischenprodd. nachgewiesen. Bei Hydrolyse von **I** durch **V** erscheinen im Hydrolysat auch *Polyacetylglucosen*, offenbar infolge intermol. Acetylübertragung. — Die *Acetylase* (**VI**) von *Aspergillus niger* scheint mit dessen Tannase nicht ident. zu sein. **VI** wirkt gegen **II** im Gebiet von pH 4,8—9,2; jedoch ist die Wrkg. bei pH $<6,0$ sehr gering; bei pH $>8,5$ erfolgt bereits alkal. Hydrolyse. **VI** wird am besten bei 27—28° angewendet; bei 20° ist die Wrkg. ziemlich gering, bei 37° erfolgt Inaktivierung. A. Hesse. 4210□

Die enzymatische Hydrolyse von vollständig und von teilweise acetylierten Derivaten der Glucose. 2. Mitt. Ya'acov Zvi Frohwein und Jeshayahu Leibowitz. (Enzymologia [Den Haag] **23**, 208—13, 15/8. 1961; engl., Auszug: dt.) — 1. vgl. vorst. Referat. — Es wurde die Einw. der l. c. untersuchten Enzym-Präpp. außer auf die l. c. mit **I** (6-O-Methylglucose), **II** u. **III** bezeichneten Acetylglucosen gegen folgende Verbb. untersucht: *1β-Methyl-2.3.4.6-tetraacetylglucosid* (**IV**), *1β-Methyl-6-acetylglucosid* (**V**), *1β-Methylglucosid* (**VI**), *1α-Methyl-2.3.4.6-tetraacetylglucosid* (**VII**), *1α-Methyl-6-O-acetylglucosid* (**VIII**), *1α-Methylglucosid* (**IX**), *Äthylacetat* (**X**), *Acetyltriäthylcitrat* (**XI**). Sämtliche Substrate werden in teilweise verschiedener Weise gespalten; die Spaltprodd., welche je nach den Enzym-Präpp. verschieden sind, werden in einer Tabelle zusammengestellt. Bes. werden die Wrkg. gegen **I**, **V** u. **IX** miteinander verglichen. — *Glucosidasen* (**XII**) aus Hefe wirken optimal bei pH 6,8 (sind noch bei pH 4,8 wirksam); *Acetylasen* (**XIII**) wirken optimal bei pH ca. 8,5 u. sind bei pH $<5,8$ prakt. unwirksam. Im Gebiet von pH 4,0—8,0 wirkt **XIII** der *Hefe* geringer als die **XII**, u. bildet so den begrenzenden Faktor für die Gesamtspaltung von **VIII**. — *Hefe* enthält keine *β*-**XII** u. entacetyliert **IV**, **V**, **VII** u. **VIII** kaum. — *Emulsion* wirkt nicht gegen **IX**, entacetyliert aber dessen Acetylderivate. — Gerstenextrakt u. *Pektinase* scheinen *α*-**XII** u. *β*-**XII** zu enthalten. — Vergleichende Verss. mit Hefeextrakt bei verschiedenem pH zur Spaltung von **IX**, **VIII** u. **I** ergaben bei **VIII** gute Korrelation zwischen Demethylierung u. Bldg. von *Glucose* (**XIV**). In keinem Fall, auch nicht bei pH 4,8, konnte **I** in den Hydrolyse-Prodd. von **VIII** gefunden werden. Das pH-Optimum (7,5) der Bldg. von **XIV** aus **VIII** ist dasselbe wie das der langsamer wirkenden **XIII**. In keinem Fall wird **XIV** leichter aus **VIII** als aus **I** gebildet. **I** u. **VIII** scheinen gegenseitig die Geschw. der **XIV**-Bldg. zu hemmen, während **I** die Demethylierung von **VIII** hemmt. — Es scheint, daß dieselbe Deacetylase auf **I** u. auf **VIII** wirkt. — *β*-**XII** scheinen nicht auf Acetylglucoside zu wirken; das scheint deutlich zu sein, wenn Emulsion bei pH 5,0 (wo **XII**-Wrkg. ihr Maximum, **XIII**-Wrkg. fast ihr Minimum hat) auf **V** oder **IV** wirkt. — **XII** der *Pektinase* wirkt sogar bei pH 7,0 (nahe dem Optimum des **XIII**) gegen **IV** demethylierend, wobei ein Gemisch von anscheinend Mono-, Di- u. Triglucosiden gebildet wird. — *Takadiastase* bewirkt überraschenderweise eine Transacetylierung: Bei Einw. auf **I** u. **VIII** entstehen nämlich nicht **XIV** u. **IX**, sondern *Polyacetate*. — Von allen Präpp. wirkt lediglich Pektinase auch auf **X** u. **XI**. — Die Befunde machen es wahrscheinlich, daß eine spezif. *Zuckeracetylase* existiert, die nicht gegen einfache Acetylester wirkt. Ferner ergibt sich, daß vollständige oder teilweise Entacetylierung nicht von einer vorangehenden Abspaltung der glucosid.

Gruppe abhängig ist. β-XII wirken auf acetylierte β-Glucoside; eine entsprechende Hydrolyse der α-Glucoside konnte nicht nachgewiesen werden. A. Hesse. 4210□

Die charakteristischen Eigenschaften einer Polygalakturonase aus Bacillus polymyca. Charles W. Nagel und Reese H. Vaughn. (Arch. Biochem. Biophysics **93,** 344—52, Mai 1961; Davis, Calif., Univ. of California, Dep. of Food Sci. and Technol.; engl.) — Die beste Ausbeute an *Polygalakturonase* (I) wurde in einem biotinhaltigen Nährmedium mit 3% Pektin erhalten. Pektin ist der beste Nährboden, weniger gut verhalten sich Pektinsäure u. Galakturonsäure. I braucht zum Wirksamwerden Ca^{2+}. Das pH-Optimum liegt bei 8,9—9,4, der pH-Bereich der größten Stabilität zwischen 5 u. 8. Unter pH 5 tritt sehr schnell Zers. der I ein. Das Temp.-Optimum liegt bei 45°. Durch Chromatographie der aus *Bacillus polymyxa* isolierten I auf einer Cellulosesäule wurde eine Trennung in 2 sehr ähnliche Einzelkomponenten erreicht. E. Lück. 4210□

Leucinaminopeptidase in der Rattenplacenta. Väinö K. Hopsu, S. Ruponen und S. Talanti. (Acta histochem. [Jena] **12,** 305—09, 30/12. 1961; Univ. of Turku, Dep. of Anatom.; Helsinki, Veter. Coll., Dep. of Anatom.; engl.) — Placentaschnitte von Ratten (13.—21. Tag der Gravidität) wurden histochem. (Meth. von Nachlas, [1957]) auf *Leucinaminopeptidase* (I) untersucht. Am stärksten war die I-Aktivität in den großen Zellen, etwas geringer im Labyrinth. Die physiolog. Bedeutung von I wird diskutiert. M. Metze. 4210□

Aufhebung der Rückkopplungshemmung, die die Isoleucinbiosynthese kontrolliert. Masaya Hayashibe und Teijiro Uemura. (Nature [London] **191,** 1417—18, 30/9. 1961; Sendai, Tohoku Univ., Dep. of Agric., Labor. of Microbiol.; engl.) — In *B. subtilis* Stamm 14 läßt sich eine beträchtliche *Threonindesaminase* (I)-Aktivität nachweisen. Wachsen die Zellen in einem Medium mit *α-Aminobuttersäure* (II), so wird die I-Aktivität vermindert. Die I-Aktivität wird jedoch sowohl bei normalen Zellen, als auch bei solchen, die in Ggw. von II gewachsen sind, stimuliert, wenn II dem I-Best.-Medium zugesetzt wird. Die I-Aktivität wird jedoch durch *Isoleucin* (III; 10^{-3}m) vollständig gehemmt. Wirken II u. III gleichzeitig in verschiedener Konz., so ist die Aufhebung der durch III bedingten Hemmung von I von der II-Konz. abhängig. *Leucin* u. *Valin* üben selbst keine Wrkg. auf I aus, vermögen jedoch, ähnlich wie II die durch III bedingte Hemmung zu vermindern. Die Bedeutung dieser Befunde für den negativen Rückkopplungsmechanismus der II-Biosynth. bei B. subtilis wird diskutiert.
P. Schwerdtfeger. 4210□

Untersuchungen an Gewebe-Arginase und die Entstehung von Harnstoff in dem Knorpelfisch Mustelus canis. James W. Campbell. (Arch. Biochem. Biophysics **93,** 448—55, Mai 1961; Woods Hole, Mass., Marine Biolog. Labor.; Houston, Tex., William Marsh Rice Univ., Dep. of Biol.; engl.) — Leber, Niere u. Rektaldrüsen des Knorpelfisches *Mustelus canis* wiesen die höchste *Arginase* (I)-Aktivität auf. Das pH-Optimum der Fisch-I wurde mit 9,4 bestimmt. E. Lück. 4210□

Über den Einfluß von d-Penicillamin auf mit Vitamin B_6 in Beziehung stehende Enzyme. Kōzō Yamada, Shunzi Sawaki, Somei Utumi und Sumihiko Hayami. (Med. and Biol. [Tokyo] **45,** 53—56, 20/10. 1957; Nagoya Daigaku, Igaku-Bu, Naikagaku-Kyōshitsu; jap.) — *Arginindecarboxylase* aus *Escherichia coli communior* wird durch $1{,}2 \cdot 10^{-3}$m *α-Penicillamin* in ihrer Aktivität zu ca. 16% gehemmt.
F. Mossner. 4210

Serum-Ornithin-Carbamoyl-Transferaseaktivität bei der normalen und der durch Pruritus komplizierten Schwangerschaft. Hans Reichard, Nils Wiqvist und Sven Yllner. (Acta obstetr. gynecol. scand. **40,** 244—51, 1961; Stockholm, Karolinska Sjukhuset, Dep. of Int. Med., King Gustaf V Res. Inst.; Dep. of Women's Dis.; Nat. Inst. of Public Health, Dep. of Ind. Health.; engl.) — Während bei gesunden Frauen verschiedener Schwangerschaftsstadien die Serumaktivität der *Ornithin-Carbamoyl-Transferase* (I; einschließlich Rh-sensibilisierter Frauen) nur in ca. 15% der Fälle erhöht ist, findet sich bei 80% der Frauen, die während der Schwangerschaft an Pruritus leiden, eine erhöhte I-Aktivität im Serum (bei 50% sogar stark erhöht). Es wird deshalb ein enger Zusammenhang zwischen dem Auftreten von Pruritus in der Schwangerschaftszeit u. Leberzellstörung angenommen. Die gesonderte Prüfung der I-Aktivität in Homogenaten von verschiedenen Genitaltraktgeweben schwangerer Frauen sowie von kindlichen Geweben u. Amnion-Fl. zeigen, daß diese Gewebe den Serum-I-Spiegel nicht beeinflussen. Die Leber von Kindern mit Erythroblastose infolge Rh-Sensibilisierung der Mutter wird offenbar nicht in dem Maße beeinträchtigt, daß sie zu einer Freisetzung von I-Aktivität führt (keine erhöhte Serum-I-Aktivität im Nabelschnurblut dieser Kinder). — Zusätzliche vorläufige Unterss. an gesunden Männern u. nichtschwangeren

Frauen zeigen, daß die Normwerte für I-Aktivität unter 25 Jahren bei 0,030 μMol CO_2/0,5 ml Serum liegen u. über 25 Jahren 0,060 μMol CO_2/0,5 ml Serum betragen.
U. Tausendfreund. 4210□

Intracelluläre Lokalisierung von Glutaminase I in Rattenleber. S. R. Guha. (Enzymologia [Den Haag] 23, **94**—100, 15/5. 1961; Lucknow, Central Drug Res. Inst.; engl.) — *Glutaminase I* (**I**) ist in der Mitochondrienfraktion der Rattenleber lokalisiert. Die Fraktionierung der Gewebe erfolgt besser nach DeDuve u. Mitarbeitern (C. **1957**, 11340) als nach Schneider [1950]. — Weiteres Fraktionieren der Mitochondrien durch ein Absetzverf. zeigt, daß **I** u. *Cytochromoxydase* in den gleichen Mitochondrien lokalisiert sind. **I** scheint von der Regel abzuweichen, nach welcher sich sämtliche Hydrolasen in den Lyosomen befinden. A. Hesse. 4210□

Die enzymatische Umwandlung von Cystamin und Thiocysteamin in Thiotaurin und Hypotaurin. D. Cavallini, C. De Marco und B. Mondovì. (Enzymologia [Den Haag] **23**, 101—10, 15/5. 1961; Modena, Univ., Inst. of Biol. Chem.; Rom, Univ., Inst. of Biol. Chem.; engl.) — Aus Schweineniere wurde ein Enzym-Präp. erhalten, welches eine hohe *Diaminoxydase*-Wrkg. sowie ein *Enzym* aufweist, das *Thiotaurin* (**II**) aus *Cystamin* (**I**) bildet. Nach Verss. mit ^{35}S-**I** verläuft die Rk. in folgenden Stufen: **I** → *Cystaldimin* → *Thiocysteamin* → *Hypotaurin* → **II**. A. Hesse. 4210□

Untersuchungen über die Proteinsynthese in Seidendrüsen. 3. Mitt. **Radioaktive Substanzen in Zelltrümmern.** Yoshiaki Miura, Hirowo Ito, Shigeo Tanaka, Kenhiko Momose, Kiyoshi Sunaga und Eiji Araki. (J. Biochemistry [Tokyo] **51**, 267—73, April 1962; Chiba, Chiba Univ., School of Med., Dep. of Physiol. Chem.; engl.) — 2. vgl. J. Biochemistry [Tokyo] **50**, [1961], 526. — Zelltrümmer von Seidendrüsen von *Bombyx mori* L. wurden auf ihren $^{14}C_{(2)}$-*Glycin* (**I**)-Einbau untersucht. Zusatz einer Mischung aus 19 Aminosäuren (außer **I**) erhöhte die Radioaktivität im Seidendrüsen-Präp. um 44%, was auf eine schnelle *Protein*-Synth. (unter Zusatz des erforderlichen Materials) schließen läßt. Wenn Enzyme zugesetzt werden, wird der **I**-Einbau in Protein verdoppelt. Durch Gelfiltration von Zelltrümmerextrakten u. Autoradiographie von markierten Zelltrümmerhydrolysaten konnte festgestellt werden, daß einige Bestandteile der Zelltrümmer — nämlich die Stoffwechsel-Zwischenprodd. von Protein, die enzymat. auf das Partikelprotein übertragen werden — peptidartige Substanzen sind mit besonderer Bedeutung für die Nucleinsäuren. M. Metze. 4210□

Untersuchung des pH-Einflusses auf den Polymerisationsgrad von Trypsin durch die Lichtstreuungsmethode. Salvanie Guinand. (C. R. hebd. Séances Acad. Sci. **245**, 1672—74, 4/11. 1957.) — Vf. bestimmt nach der Lichtstreuungs-Meth. das Molgew. des *Trypsins* bei pH 2,5 u. geringer Ionenstärke zu ca. 23000. Es wird eine pH-abhängige Dimerisierung des Trypsins festgestellt, die bei pH 5 u. hoher Ionenstärke ein Maximum hat u. unter pH 2,5 u. über 8 u. geringer Ionenstärke nicht mehr auftritt. Die Gleichgewichts-Konst. der Dimerisierung wird für verschiedene pH mitgeteilt. A. Gude. 4210□

Die Disulfidbrücken des kristallisierten Pepsins. Olga O. Blumenfeld und Gertrude E. Perlmann. (J. org. Chemistry **236**, 2472—76, Sept. 1961; New York, N.Y., Rockefeller Inst.; engl.) — Im pH-Bereich zwischen 5,0 u. 5,7 werden die *S—S*-Brücken von *Pepsin* (**I**) durch *Mercaptoäthanol* (**II**) red., wobei gleichzeitig die enzymat. Aktivität aufgehoben wird. Die Red. ist stark pH-abhängig; bei pH-Werten $<5{,}0$ erfolgt keine Reduktion. In Ggw. von 8,0m *Harnstoff* (**III**) oder *Guanidin·HCl* (**IV**) wird der pH-Bereich, in dem eine Red. erfolgt, um 1,0—1,5 pH-Einheiten zur sauren Seite verschoben. Die **3** S—S-Brücken von **I** sind unterschiedlich reaktionsfähig; in Ggw. von **III** oder **IV** erlangen sie jedoch die gleiche Rk.-Fähigkeit. Bereits die Spaltung einer S—S-Bindung führt zur Inaktivierung von **I**. Es scheinen im nativen Zustand nur 2 S—S-Brücken durch **II** red. zu werden; die 3. kann durch Einw. von *p-Chlormercuribenzoat* (**V**) angegriffen werden. Möglicherweise verhindert **V** auch nur die Reoxydation der Bindung, die mit N-Äthylmaleimid bzw. Jodacetat nicht reagiert.
P. Schwerdtfeger. 4210□

Relative Oxydations-Reduktions-Potentiale der Hämgruppen von zwei löslichen Doppelhämproteinen. T. Horio, M. D. Kamen und H. De Klerk. (J. biol. Chemistry **236**, 2783—87, Okt. 1961; Waltham, Mass., Brandeis Univ., Graduate Dep. of Biochem.; engl.) — Die Unterss. wurden an 2 Proteinen mit verschiedenen prosthet. Hämgruppen, der lösl. *Cytochromoxydase* (**I**) von *Pseudomonas aeruginosa* (enthält 1 Häm vom a_2-Typ u. 1 Häm vom c-Typ) u. der Hämproteinvariante (**II**) von *Rhodospirillum rubrum* (enthält 2 nicht näher charakterisierbare, spektrochem. differenzierbare Hämgruppen) durchgeführt. Bei der stufenweisen Titration von **I** mit Ascorbinsäure läßt sich spektrophotometr. der relative Red.-Zustand der einzelnen Hämgruppen erfassen. Die Ergebnisse stehen im Einklang mit der Annahme einer konst. Differenz der Halb-Red.-

Potentiale (E_m) von 70 meV, wobei das a_2-Häm der stärker negative Partner ist. Analoge Unterss. an **II** ergaben keine signifikanten Gleichgewichtsdifferenzen für E_m (0—10 meV) der beiden Hämgruppen. P. Schwerdtfeger. 4210□

Untersuchungen über die Lipoproteinlipase. 3. Mitt. Die Post-Heparin-Lipoproteinlipase beim Menschen unter normalen und pathologischen Bedingungen. F. Sandhofer, S. Sailer und H. Braunsteiner. (Klin. Wschr. **39**, 968—71, 15/9. 1961; Wien, II. Univ. Med. Klin.; dt.) — 1. vgl. Klin. Wschr. **39**, [1961], 585. — Die Enzymaktivität im Plasma von 194 Frauen u. Männern zeigt keine Abhängigkeit von Alter u. Geschlecht, es besteht aber positive Korrelation zwischen Körper-Gew. u. Aktivität. Ausgeprägte Erniedrigung fand sich bei Hepatitis, Verschlußikterus u. Graviden, eine mäßige Erhöhung bei Diabetes mellitus. P. Gregorzewski. 4210□

Untersuchungen über Lipaseaktivität in Rattengeweben. P. L. Hágony, L. Vekerdi und T. Keleti. (Enzymologia [Den Haag] **23**, 321—26, 15/11. 1961; Budapest, Oncopatholog. Res. Inst.; engl.) — Organe (Pankreas, Darm, Leber, Milz) von normalen Ratten zeigen im Geh. an *Lipase* (**I**, bestimmt an Einw. auf Sonnenblumenöl) nur geringe Unterschiede gegenüber Organen von tumortragenden Ratten. Der **I**-Geh. im Pankreas ist bedeutend höher als der **I**-Geh. der anderen Organe, die anscheinend eine von Pankreas-**I** verschiedene **I** enthalten. A. Hesse. 4210□

Immunität der Imker gegen einige Bestandteile des Bienengiftes: Phospholipase-A-Antikörper. A. H. Mohammed und M. M. A. El Karemi. (Nature [London] **189**, 837—38, 11/3. 1961; Kairo, Ain Shams Univ., Med. Fac., Physiol. Dep.; engl.) — Untersucht wird die Wrkg. von Normalserum u. Serum von Imkern auf die *Phospholipase-A* (**I**)-Aktivität (**I**-Aktivität) des *Bienengifts* (**II**) durch Best. der Koagulationsverzögerung von Eigelb. Normalserum erhöht **I** um 6, 3 oder **2**% beim Verhältnis Serum zu **I** in ml/g von 2000:1, 4000:1, 8000:1. Bei 16000:1 wird **I** um 25% gehemmt. Imkerserum hemmt **I** in allen Konzz. um 18, 4, 39 oder 15%. D. Ziebarth. 4210□

Intermediärer Stoffwechsel von Phospholipiden in Gehirngewebe. Mikrobestimmung von Cholinphosphokinase. Richard E. McCaman. (J. biol. Chemistry **237**, 672—76, März 1962; Indianapolis, Ind., Indiana School of Med., Inst. of Psychiatric Res.; engl.) — An der Demyelinierung der peripheren Nerven ist neben anderen Enzymen eine *Cholinphosphokinase* (**I**) beteiligt. Zur Best. von **I** läßt man ein Gewebestück von 0,4—22 µg Trocken-Gew. in 10 µl eiskaltem W. auf eine Lsg. mit 0,1m 1-Aminopropanol (pH 10,2), 20 mMol $MgCl_2$, 22 mMol ^{14}C-Methylcholin u. 10 mMol Adenosintriphosphat (ATP) bei 38° (optimale Temp.) während 30 Min. einwirken, stoppt die Rk. mit 3 µl 1,5n Trichloressigsäure u. trennt das *^{14}C-Phosphorylcholin* (**II**) vom *^{14}C-Cholin* (**III**) mittels Dowex 1-X 8 (OH^-) ab. **II** wird mit n HCl eluiert, nachdem **III** mit W. u. 0,01n HCl herausgewaschen ist. Zur Entfernung von W. u. HCl erfolgt Behandlung mit CH_3OH u. mit Toluol (das je Liter 4 g 2.5-Diphenyloxazol u. 0,3 g 1.4-Bis-[2-phenyloxazolyl-(5)]-benzol enthält). Die **II**-Menge wird im Scintillationsspektrometer auf Grund der bekannten spezif. Aktivität von **III** ermittelt. — **I** wirkt optimal bei pH 10,2—10,9 mit steilem Abfall der Kurve nach der sauren Seite (bei pH 7,0 findet man nur 15% der Optimal-Wrkg.). **I** scheint einen spezif. Bedarf an ATP zu haben. — Eine teilweise Reinigung der **I** gelingt durch Fraktionieren mit $(NH_4)_2SO_4$. Die größte **I**-Menge findet sich im Gehirn, weiter in glatter Muskulatur (Magen), Niere, Darmschleimhaut; geringe **I**-Mengen sind in Leber, Herz u. Skelettmuskel. Für die Verteilung im Nervengewebe wird eine Tabelle gegeben, aus der hervorgeht, daß weitgehend myelinierte Gebiete die geringste Aktivität haben u. daß eine relativ große **I**-Aktivität sich in Cortex, Cerebellum u. Colliculus findet. A. Hesse. 4210□

Vergleich zwischen der manometrischen und der Testpapier-Methode zur Bestimmung der Cholinesteraseaktivität im Serum. Zulema Jabsa, M. Schönfelder und H. Breuer. (Klin. Wschr. **39**, 966—68, 15/9. 1961; Bonn, Univ., Chirurg. Klin. u. Polyklin.; dt.) — Wenn man die Meßwerte der Testpapier-Meth. (in Min.) mit y u. die der manometr. Meth. nach Ammon (in µLiter CO_2/20 Min./0,1 ml Serum) mit x bezeichnet, so lautet die Transformationsgleichung $y = 1710/x$. P. Gregorzewski. 4210□

Cholinesterase und Glykolyse der Retina von im Dunkeln aufgezogenen Ratten. Robert Liberman. (Science [Washington] **135**, 372—73, 2/2. 1962; San Francisco, Calif., Univ. of California, School of Med., Dep. of Pharmacol.; engl.) — Ratten des S-3-Tryon-Stammes von der Geburt bis zum Alter von 17 Wochen im Dunkeln gehalten, zeigten eine erheblich niedrigere *Acetylcholinesterase* (**I**)-Aktivität in der Retina im Vgl. zu Kontrolltieren. Die Aktivität der *Pseudocholinesterase* sowie die glykolyt. Aktivität zwischen beiden Gruppen waren nur wenig verschieden. Der **I**-Geh. der Retina machte ca. 95% der Gesamt-*Cholinesterase*-Aktivität aus. Möglicherweise ist die Synth. von **I** vom *Acetylcholin*-Geh. in der Retina abhängig, der bei den im Dunkeln gehaltenen Tieren niedriger zu sein scheint. J. Boelter. 4210□

Die Abnahme der Acetylcholinesteraseaktivität entlang der peripheren Nerven. L. Lubińska, S. Niemierko, B. Oderfeld und L. Szwarc. (Science [Washington] **135**, 368—70, 2/2. 1962; Warsaw, Poland, Nencki Inst. of Exper. Biol., Dep. of Neurophysiol. and Biochem.; engl.) — Der Geh. an *Acetylcholinesterase* (**I**) im Zwerchfellnerv, im Hypoglossalnerv, im Nerv des linken Schulterblattes sowie im Wadennerv des Hundes nahm mit der Entfernung vom Zellkörper ab. Die Abnahme war bei in der ganzen Länge zugänglichen Nerven proportional der Entfernung. Die Annahme, daß die **I**-Abnahme mit der Länge des Axons zunimmt, konnte nur z. T. bestätigt werden. Die Ursachen der **I**-Verteilung sind noch nicht geklärt. **I** wurde mit *Acetylthiocholin* bestimmt (Hemmung der *Pseudocholinesterase* durch *Diisopropylfluorphosphat*). J. Boelter. 4210□

Oxydation von Brenzcatechin, DOPA und Dihydroxyindol in Gegenwart von Proteinen. Annie Kodja und Simone Bouchilloux. (C. R. Séances Soc. Biol. Filiales **155**, 836. 1961; Marseille, Fac. de Méd. et de Pharm., Labor. de Chim. Biol.; franz.) — Vff. untersuchten die Oxydation von *Brenzcatechin* (**I**), *3.5-Dihydroxy-L-phenylalanin* (**II**) u. *5.6-Dihydroxyindol* (**III**) durch *Polyphenoloxydase* in Ggw. verschiedener *Proteine* [Rinderserumalbumin (**IV**), *Ovalbumin* (**V**), menschliches Serum]. Die Rk.-Prodd. wurden sowohl papierchromatograph. (W. als Fließmittel) als auch papierelektrophoret. in verschiedenen Puffern untersucht u. die O_2-Aufnahme in der Warburg-App. verfolgt. Die Ergebnisse zeigen, daß die Chinone von **II** u. **III**, im Gegensatz zu **I**, weder mit den NH_2- noch den SH-Gruppen der Proteine reagieren. Die gebildeten Melaninpigmente werden durch die untersuchten Proteine u. die α_2-, β- u. γ-*Globuline* des menschlichen Serums gebunden u. wandern bei Papierchromatographie mit diesen gemeinsam. Bei der Papierelektrophorese erfolgt bei **V**, jedoch nicht bei **IV**, eine Dissoziation von Protein u. Pigment. P. Schwerdtfeger. 4210□

Einfluß von exogenem Thyroxin auf Enzyme und Glykogen der Leber und Ascorbinsäure in der Nebenniere bei Albinoratten. Y. R. Saxena, P. N. Viswanathan, R. M. L. Mehrotra und P. S. Krishnan. (Enzymologia [Den Haag] **23**, 57—70, 15/5. 1961; Lucknow, Indien, Lucknow Univ., Dep. of Pathol. and Bacteriol.; Med. Coll., Div. of Biochem.; engl.) — Bei wachsenden Albinoratten, denen 10 Wochen lang einen Tag um den anderen 0,05 mg *Thyroxin* (**I**) subkutan injiziert wurde, zeigten die Enzyme der Leber folgendes Verhalten. *Aldolase, Xanthinoxydase* u. *Rhodanase* waren nicht wesentlich verändert. *Phosphorylase* (**II**; nach Sutherland u. Wosilait bestimmt) u. *Phosphoglucomutase* erfuhren eine geringe Verminderung der spezif. Aktivität, nicht aber der Gesamtaktivität. — Spezif. Aktivität u. Gesamtaktivität von *Phosphohexoisomerase* u. *Katalase* waren erhöht, von *Glucose-6-phosphatase* jedoch erniedrigt. — Die Best. der **II** nach Klingworth u. Cori deutet auf Ggw. von wesentlichen Mengen eines Faktors in den normalen Tieren hin, der hinsichtlich seiner Stimulierung durch Adenylsäure der „Muskelphorylase b" entspricht: Durch Behandlung mit **I** wird diese Fraktion erheblich vermindert. — Bei *Fructose-1.6-diphosphatase*, deren Aktivität durch **I**-Injektionen nicht verändert wurde, erfolgt die an sich bekannte Aktivierung durch Papain nur bei unbehandelten, nicht aber bei behandelten Tieren; ein Grund hierfür wurde bisher nicht gefunden. — Die Ansicht der Literatur, daß **I** auf ein bestimmtes Enzym wirkt, kann nicht bestätigt werden. — Entgegen anderen Angaben erfährt der *Glykogen*-Geh. der Leber durch **I**-Behandlung eine wesentliche Erhöhung (von z. B. 0,10 g-% auf 0,69 g-%). — Der Geh. der Nebennieren an *Ascorbinsäure* (**III**) wird durch Injektionen von **I** geringfügig (von 304 mg/100 g auf 350) erhöht; jedoch ist der Gesamt-Geh. an **III** der Gewebe von 88 μg/100 g auf 54 erniedrigt. A. Hesse. 4210□

Fixierung und Inaktivierung von Histamin durch Gewebepräparate aus Rattenniere. Jean-Charles Schwartz und Guillaume Valette. (C. R. hebd. Séances Acad. Sci. **254**, 3597—99, 14/5. 1962; Paris, Fac. de Pharm., Labor. de Pharmacodynam.; C.E.A.; franz.) — In einer Warburg-App. beobachteten Vff. während 1 Std. bei 37° die Fixierung von 40 μg *Histamin* (**I**) durch 0,3—0,4 mm dicke Schnitte aus Rattenniere in einer NaH_2PO_4 (**II**)-enthaltenden wss. Salz-Lsg. (NaCl, $CaCl_2$, KCl, $MgCl_2$, $NaHCO_3$, Glucose). In Ggw. von O_2 u. **II** erreicht die Fixierung von **I** bis zu 30%, bei O_2 ohne **II** nur 28%, in Ggw. von N_2 ohne **II** 5%. Es bildet sich eine wahrscheinlich von einer Energiequelle abhängige starke Anreicherung von **I** in den Parenchym-Präpp. aus, welche für ein akt., biolog. an ein Atmungs- u. Ferment-Syst. gebundenes Phänomen spricht. M. Blaschette-Huttinger. 4210□

Die Wirkung von Antidecarboxylasen auf die in vivo-Umwandlung von 3.4-Dihydroxyphenylalanin in Dopamin. G. F. Murphy und T. L. Sourkes. (Arch. Biochem. Biophysics **93**, 338—43, Mai 1961; Quebec u. Montreal, Canada, McGill-Univ., Allan Memorial Inst. of Psychiatry; engl.) — Durch Injektions-Verss. mit verschiedenen Aminosäuren an Ratten wurde die Decarboxylierung von *3.4-Dihydroxyphenylalanin* (**I**) studiert. D-I u. L-I führen zu einer verstärkten Ausscheidung von *Dopamin* (**II**) durch den Harn. Daneben wird auch D-I, nicht aber L-I ausgeschieden. *α-Methyl-m-tyrosin*, *α-Methyl-5-hydroxytryptophan* u. *α-Methyl-2.5-dihydroxyphenylalanin* hemmen die in vivo-Umwandlung von **I** in **II**. E. Lück. 4210□

Hemmungsanalytische Untersuchungen an einigen Ektoenzymen holzzerstörender Pilze. Horst Lyr. (Enzymologia [Den Haag] **23**, 231—48, 15/8. 1961, Eberswalde, Humboldt-Univ. zu Berlin, Inst. für Forstbotanik; dt.) — Untersucht werden die von holzzerstörenden Pilzen (*Fomes marginatus*, *Collybia velutipes*, *Coniophora cerebella*, *Phellinus igniarius*, *Trametes versicolor*) in das Kulturmedium abgegebenen Ektoenzyme. Unter diesen werden *Cellulase*, *Xylanase* (**I**), *Pektinase* (**II**) u. *Proteinase* stark, *Amylase* u. *Laccase* (**III**) schwach durch SH-Gruppen aktiviert. Durch bekannte SH-Gruppengifte sowie durch „Entkopplungsgifte" wie Pentachlorthiophenol, Trichlorphenol, 4.6-Dinitro-o-kresol, Pinosylvinmonomethyläther u. (gegen **I**) auch γ-Thujaplicin (**IV**) u. 8-Oxychinolin (**V**) erfolgt Hemmung. Diese ist für die einzelnen Enzyme verschieden stark. — Die auffallende Hemmung von **II** durch Phenol u. einige seiner Derivv. dürfte durch eine Oxydation oder Rk. von SH-Gruppen bedingt sein. — Die schwermetallhaltigen Enzyme *Peroxydase* u. **III** werden am stärksten durch Metallkomplexbildner (wie Tannin, Gallussäure, **V**, Natriumazid) gehemmt, während **IV** ohne Wrkg. ist. A. Hesse. 4210□

Untersuchungen über milchkoagulierende Enzyme aus palästinischen Pflanzen. Shoshana Cuckerman-Stark und Jeshayahu Leibowitz. (Enzymologia [Den Haag] **23**, 71—77, 15/5. 1961; Jerusalem, Hebr. Univ., Dep. of Biol. Chem.; engl.) — Extrakte aus Knospen, Blättern, reifen u. unreifen Früchten sowie Latex der Feige (*Ficus carica*) u. aus Samen von *Ricinus communis* zeigten einen Geh. an *milchkoagulierenden Enzymen* (**I**), der dem Geh. der tier. *Lab*-Präpp. gleichkommt u. dem von *Ficin* des Handels überlegen ist. **I** wirkt im Gebiet von pH 5,3—7,3 mit Optimum bei pH 5,4; bei pH $<$5,4 erfolgt spontane Koagulierung der Milch. Die **I**-Wrkg. ist bei 34° ausgeprägter als bei 20—24°; bei 4—5° ist **I** unwirksam. — Die **I**-Präpp. aus palästin. Ficus bewirken keine Hydrolyse von Protein. A. Hesse. 4210□

Untersuchung über die endogene Fermentation von Bäckerhefe nach Induktion durch Azide, 2.4-Dinitrophenol und Arsenite. T. G. Brady, P. F. Duggan, C. McGann und E. Tully. (Arch. Biochem. Biophysics **93**, 220—30, Mai 1961; Cork, Ireland, Univ. Coll., Dep. of Biochem.; engl.) — Bäckerhefe vergärt in Ggw. von *Aziden*, *2.4-Dinitrophenol* (**I**) oder *Arseniten* bei pH 4,5 u. Luftzutritt einen Teil ihrer Reserve-Kohlenhydrate zu CO_2 u. Alkohol. Unter anaeroben Bedingungen tritt eine starke Verringerung der Gärtätigkeit ein, Azide hemmen zu 90%, **I** u. Arsenite zu ca. 50%. Fluoride u. Arsenate hemmen die durch Azide hervorgerufene Gärung, Jodacetat, welches nur die exogene, nicht aber die endogene Fermentation beeinflußt, hemmt nicht.
E. Lück. 4270□

E_3. Mikrobiologie. Bakteriologie. Immunologie

Der Einfluß von Formaldehyd auf die Form von Bakteriengeißeln. E. Leifson. (J. gen. Microbiol. **25**, 131—33, Mai 1961; Chicago, Ill., Loyola Univ., Stritch School of Med. and Graduate School; engl.) — Zusatz von 5—10% (Vol./Vol.) *Formalin* (**I**; 40%ig. Formaldehyd) zu Bakterienkulturen vor der Geißelfärbung verändert bei manchen Bakterien die Form der Geißeln. Dieses Merkmal kann für taxonom. Zwecke Bedeutung haben. Durch Verw. von **I** als Fixierungsmittel für die Geißelfärbung werden außerdem die pathogenen abgetötet, u. schleimbildende Bakterien u. Kapselbakterien, bes. halophile Meeresbakterien, lassen sich leichter färben. W. Knöbel. 4300□

Die Wirkung der Wasserstoffionenkonzentration auf die Verwertung von Kaliumnitrit durch Colletotrichum gloeosporoides Penz. K. S. Thind und Livlin Duggal. (Current Sci. **26**, 393, Dez. 1957; Amritsar, Panjab Univ., Dep. of Bot.) — Es wird gezeigt, daß KNO_2 von *Colletotrichum gloeosporoides* bei pH 8—10 als N-Quelle verwendet werden kann, während es bei niedrigeren pH-Werten tox. ist. F. Radler. 4310□

Ca-Bedarf verschiedener Azotobacter-Arten. G. L. Bullock, J. A. Bush und P. W. Wilson. (Proc. Soc. exp. Biol. Med. **105**, 26—30, Okt. 1960; Madison, Wis., Univ. of Wisconsin, Dep. of Bact.; engl.) — Es wurde kein spezif. *Ca*-Bedarf bei *Azotobacter agilis* beobachtet. Bei anderen Species wird verschieden viel Ca^{2+} zum Wachstum benötigt, je nachdem ob freies oder gebundenes N zur Ausnutzung zur Verfügung steht. Bei *A. indicus* hemmt Ca^{2+} das Wachstum, gleichviel welche N-Quelle zur Verfügung steht. P. Gregorzewski. 4310□

Neuer biologischer Effekt der Gase der Heliumgruppe. H. R. Schreiner, R. C. Gregoire und J. A. Lawrie. (Science [Washington] **136**, 653—54, 18/5. 1962; Tonawanda, N.Y., Union Carbide Corp., Linde Co., Res. Labor.; engl.) — Vff. beobachteten das Wachstum des Pilzes *Neurospora crassa* in einer Atmosphäre aus *He, Ne, Ar, Kr* oder *X* mit jeweils 5% O_2. Es bestand ein enger Zusammenhang zwischen der Wachstums-Geschw. R (mm/h; 30°) u. dem Molgew. M. des Edelgases: $R = 3{,}88 - 0{,}1785 \cdot M^{1/2}$. M. Blaschette-Huttinger. 4310□

Eine Untersuchung über die Veränderungen in den physiologischen Eigenschaften von Dhar-Hefe bei Züchtung in Kulturen, die entweder Rohrzucker, Äthylalkohol oder Methylalkohol als Kohlenstoffquelle enthalten. Krishna Bahadur. (Arch. Mikrobiol. **33,** 49—51, 1959; engl.) — Durch die Verw. von verschiedenen Kohlenstoffquellen in Nährböden (*Rohrzucker, A.* oder *Methylalkohol*) werden die physiolog. Eigg. von Hefen verändert. Wenn solche Hefestämme dann wieder auf gleichmäßig zusammengesetzten Nährböden gezogen werden, so erhalten sie nach u. nach ihre ursprünglichen Eigg. wieder zurück. Jedoch ist ein Resteffekt der erworbenen neuen Eigg. selbst nach einem Monat noch erhalten. Der Autor untersuchte dabei bes. die Eigg. der Hefen, Alkohol u. Säure zu bilden u. Zucker zu verbrauchen. W. Weuffen. 4310

Wachstumsuntersuchungen an einer Purin benötigenden Mutanten von Vibrio cholerae. J. R. Kidwai und C. R. Krishna Murti. (J. sci. ind. Res. [New Delhi] Sect C **21,** 10—13, Jan. 1962; Lucknow, Central Drug Res. Inst.; engl.) — Das aerobe Wachstum von *Vibrio cholerae* in einem *Glucose*-Mineralsalzmedium wurde durch *Argininhydrochlorid* (**I**) u. *Adeninsulfat* (**II**) stimuliert u. war bis zu bestimmten **I**- u. **II**-Konzz. diesen proportional. **II** konnte durch *Thymin, Uracil, 4-Amino-5-imidazolcarboxamid, Methionin, Histidin* (**III**), *Glutamin* (**IV**), *Glycin* (**V**), **V** + *Ribose* (**VI**) + *Folsäure* (**VII**), *Cyanocobalamin,* **IV** + **VI**, *Na-Formiat* (**VIII**), **IV** + **VIII**, **V** + **VII**, *Asparaginsäure* (**IX**), **IX** + *Biotin* (**X**) bzw. **X** nicht ersetzt werden. *Guanin* u. *Hypoxanthin* konnten **II** vollständig ersetzen. **I** konnte durch **III**, *Lysin, Citrullin, Kreatin* oder *Ornithin* nicht ersetzt werden. *Benzimidazol* (**XI**) u. *6-Amino-2-hydroxypurin* (**XII**) hemmten das Wachstum von V. cholerae stark. Die Wrkg. von hohen **XI**-Konzz. konnte durch **II** nicht aufgehoben werden. Die Wachstumshemmung des wilden Stammes durch **XII** konnte durch **II** stärker abgeschwächt werden als im auxotrophen Stamm. Die Wachstumskurven der Stämme V_{37}, V_{43} u. $InSb^6$ in mit **I** u. **II** ergänztem Medium glichen einander. J. Boelter. 4310□

Die Wechselwirkung von Stigmasterin und 2.4-Dinitrophenol beim Wachstum von Tetrahymena piriformis. Robert L. Conner. (Science [Washington] **126,** 698, 11/10. 1957; Bryn Maur, Pa., Bryn Maur Coll., Dep. of Biol.) — Einige steroide u. nichtsteroide Wachstumsinhibitoren rufen bei *T. piriformis* einen Steroidbedarf hervor, der durch *Stigmasterin* (**I**) gedeckt werden kann. Die Wachstumshemmung von *Tetrahymena* durch *2.4-Dinitrophenol* ist durch **I** linear umkehrbar. K. Maier. 4310□

5-Aminoimidazol und sein Ribosid von Biotin-Mangel-Hefe. J. D. Woodward und C. Rainbow. (J. gen. Microbiol. **25,** 141—49, Mai 1961; Birmingham, Univ. of Birmingham, Dep. of Appl. Biochem.) — Die Hauptkomponenten eines früher beschriebenen *diazotierbaren Amins* („Amin“ 1), das sich in Kultur-Lsg. von *Saccharomyces cerevisiae* (Hefe **47**) bei Wachstum in einem definiertem Biotin-Mangelmedium anhäufte, wurden als *5-Aminoimidazol* (**II**) u. als *Aminoimidazolribosid* (**III**) identifiziert, wobei **III** überwog. Die eine Komponente war chromatograph. u. elektrophoret. ident. mit synthet. **II**. Dieselbe Übereinstimmung ergaben Bratton & Marshall- u. Pauly-Farbreaktionen. Die molaren Verhältnisse von Formiat: NH_3-N: Gesamt-N in den Hydrolysaten von synthet. **II** u. von gereinigtem **I** stimmten ziemlich gut überein. Durch den Umsatz von gereinigtem **I** mittels Nucleosidase von Lactobacillus brevis L 4 zu der freien Base u. zu Ribose wurde **III** nachgewiesen. Ruhende Zellen einer *Escherichia coli*-Mutanten setzten **I** u. synthet. **II** zu *5-Aminoimidazol-4-carbonsäureamid* um. W. Knöbel. 4315□

Pseudomonas aureofaciens nov. spec. und seine Farbstoffe. A. J. Kluyver. (J. Bacteriol. **72,** 406—11, Sept. 1956; Delft, Niederlande, Technol. Univ., Labor. for Microbiol.) — Ein gelb gefärbter Pseudomonasstamm wurde isoliert u. *P. aureofaciens* benannt. Zwei der in Chlf. lösl. Farbstoffe konnten chromatograph. isoliert werden. Das eine Pigment wurde als *Phenazin-α-carbonsäure*, $C_{13}H_8N_2O_2$, F. 239—241°, grünlichgelbe Nadeln, identifiziert. Der zweite Farbstoff ist ebenfalls eine *Phenazinverbindung*, $C_{13}H_8N_2O_3$, F. 200—225° (nicht scharf), wahrscheinlich eine Hydroxyphenazincarbonsäure oder ein Phenazincarbonsäure-N-oxid. F. Radler. 4315□

Pseudomonas aureofaciens Kluyver und sein charakteristischer Farbstoff Phenazin-α-carbonsäure. William C. Haynes, Frank H. Stodola, Joan M. Locke, Thomas G. Pridham, Howard F. Conway, Virgil E. Sohns und Richard W. Jackson. (J. Bacteriol. **72,** 412—17, Sept. 1956; Peoria, Ill., U. S. Dep. of Agric.,

Northern Utilization Res. Branch.) — Vgl. vorst. Referat. — Es wird eine genaue Beschreibung von *Pseudomonas aureofaciens* Kluyver gegeben. Der Farbstoff *Phenazin-α-carbonsäure* (I), $C_{13}H_8N_2O_2$, F. 241°, wurde durch Kristallisation aus Dimethylformamid u. Ae.-Chlf. gewonnen u. identifiziert. In Submerskulturen wurden 1,18 g I je Liter gebildet. Eine Reihe von pflanzenpathogenen Bakterien u. Pilzen werden bei Konzz. von 75—200 μg I je ml Nährlsg. vollständig gehemmt. F. Radler. 4315□

Tricarbonsäurecyclus-Aktivität bei Acetobacter pasteurianum. Tsoo E. King, Elwell H. Kawasaki und Vernon H. Cheldelin. (J. Bacteriol. **72**, 418—21, Sept. 1956; Corvalis, Oreg., Oregon State Coll., Dep. of Chem. and Sci. Res. Inst.; engl.) — Ruhende (lyophilisierte) Zellen von *Acetobacter pasteurianum* vermögen alle Säuren des Tricarbonsäurecyclus quant. zu oxydieren. Außerdem wurden die Enzyme *cis-Aconitase*, *Fumarase* u. *Oxalacetatcarboxylase* nachgewiesen. Die Oxydation von Succinat wird durch Malonat gehemmt. Von einer dialysierten, lösl. Fraktion werden Coenzym A, Diphosphopyridinnucleotid u. Glutathion zur Oxydation von α-Ketoglutarat u. Pyruvat benötigt. Diese Ergebnisse zeigen, daß die Oxydationen von A. pasteurianum sich von denen von *A. suboxydans* unterscheiden. F. Radler. 4320□

Gegenseitige Abhängigkeit von Hyaluronsäure und M-Protein bei Streptokokken-Aerosolinfektion bei Mäusen. J. T. Custod, R. I. Lytle, B. H. Johnson und P. F. Frank. (Proc. Soc. exp. Biol. Med. **103**, 751—53, April 1960; Great Lakes, Ill. U. S. Naval Training Center, Naval Med. Res. Unit No. 4, Div. of Biochem. and Bact.; engl.) — Es wird im Mäuse-Vers. gezeigt, daß nur diejenigen Streptokokkenstämme aerosolinfektiös sind, die nachweisbare Mengen von *Hyaluronsäure* bilden. Infektiös sind aber nur die Stämme, die außerdem Typenspezifität zeigen. P. Gregorzewski. 4320□

Der Einfluß von 3-Methylpenten-(3)-säure auf die Biosynthese des Ergosterins durch Hefe (Saccharomyces cerevisiae). L. Molho, D. Molho und C. Mentzer. (Biochem. Pharmacol. **1**, 174—78, Jan. 1959; Lyon, Univ., Chaire de Chem. Biol.; franz.) — *3-Methylpenten-(3)-säure* (I) steigert, lebender Bierhefe in einer Konz. von $2 \cdot 10^{-5}$ zugesetzt, die Biosynth. des *Ergosterins* (II), so daß der II-Geh. der Zellen mehr als doppelt so hoch wird. Geprüfte Verbb.: (Kontrolle, 0,57 g I/100 g Trockensubstanz): *Zimtsäure*, 0,42; *β-Methylzimtsäure* 0,44; *Dimethylbenzoesäure* 0,50; *Benzoesäure* 0,51; *3.4.5-Trimethoxybenzoesäure* 0,24; *α-[p-Methoxyphenyl]-propionsäure* 0,61; *Phenylisocrotonsäure* 0,40; *Thiophandicarbonsäure-(2.5)* 0,25; *Dimethylacrylsäure* 0,36; *β-Methyl-β-isobutylacrylsäure* 0,47; I, 1,16—1,33; *Squalen* 1,36. K. Maier. 4320□.

Antimykotische Wirkung einiger Amide von Dichloracetaldehyd und Bromal, William D. Easterly jun. und James E. Dusenberry. (J. pharmac. Sci. **50**, 42—43, Jan. 1961; Little Rock, Ark., Univ. of Arkansas, School of Pharmacy.; engl.) — Die *Dichloracetaldehyd-Derivv.* von *α-Chloracetamid* (I), *Benzamid* u. *Phenylacetamid* u. das *Bromal-Deriv.* von I zeigten antimykot. Wrkg. gegen *Aspergillus niger* u. *Trichoderma viride*. K. Zingraf. 4330□

Zerstörung von Mitomycin durch Streptomyces- caespitosus-Mycel. A. Gourevitch, T. A. Pursiano und J. Lein. (Arch. Biochem. Biophysics **93**, 283—85, Mai 1961; Syracuse, N.Y., Bristol Labor., Res. Div.; engl.) — Die Zerstörung von *Mitomycin* (I) tritt nicht während der Wachstumsphase von *Streptomyces caespitosus* ein, wohl aber unter anaeroben Bedingungen. Zusätze von 0,1% Na-Laurylsulfat, $HgCl_2$ u. Toluol zu den Ansätzen verhindern die I-Zerstörung vollständig, andere als antimikrobiell wirksam bekannte Stoffe verhindern sie aber nur teilweise, meist wenig. Der I-Abbau tritt bei pH 7 am schnellsten ein, das Temp.-Optimum des Abbaus liegt bei 37°. E. Lück. 4340□

Die Verwendung des Thioninblau-Empfindlichkeitstestes bei der Untersuchung von Brucella. W. J. B. Morgan. (J. gen. Microbiol. **25**, 135—39, Mai 1961; Weybridge, Surrey, Central Vet. Labor.; engl.) — 171 vorwiegend aus Milch u. Fetusmaterial isolierte *Brucella*-Kulturen wurden auf Empfindlichkeit gegen *Thioninblau* (I), *bas. Fuchsin* (II), *Thionin* u. auf Agglutination in monospezif. Seren untersucht. Dabei erwiesen sich 3 Gruppen von *Brucella abortus*, abweichend vom Standardstamm, als empfindlich gegen I. Die Stämme einer Gruppe (4,7% der geprüften Kulturen) ähnelten B. abortus Stamm 19 (Vaccine-Stamm), die der 2. Gruppe (15,2%) waren farbstoffempfindlich (gehörten zu B. abortus Type II Wilson), die 3. Gruppe wurde bisher nicht beschrieben. Ihre Kulturen wuchsen auf II, brauchten zum Wachstum Zuführung von CO_2 u. waren für Meerschweinchen virulent. W. Knöbel. 4350□

Ein bioautographisches System für Gewebekultur. Joseph E. Grady, William L. Lummis und Charles G. Smith. (Proc. Soc. exp. Biol. Med. **103**, 727—30, April 1960; Kalamazoo, Mich., Upjohn Co.; engl.) — Carcinomzellen werden mit 10 ml Eagle-

Medium u. 10% Rinderserum in Petri-Schalen inkubiert, dekantiert u. mit Agar überschichtet. Nachdem der Agar festgeworden ist, legt man die Papierchromatogramme mit den zu testenden Substanzen darauf u. inkubiert nochmals 24 Std. lang; akt. Verbb. hinterlassen eine Hemmzone. P. Gregorzewski. 4360□

Untersuchungen über den Lepromintest. 1. Mitt. Der Einfluß der Bakterien- und Gewebekomponenten bei Leprominverdünnungen. D. L. Leiker. (Int. J. Leprosy **29,** 157—67, April/Juni 1961; Rotterdam; engl.) — Die Bakterienkomponenten im *Lepromin* fungieren nach Ansicht des Vf. nicht als Fremdkörper, da Suspensionen des Stammes 875 der säurefesten Bacillen bei Leprafällen starke Rkk., Suspensionen von *Mycobacterium leprae* oder *tuberculosis* jedoch keine Rkk. hervorrufen. — Die durch die normalen Hautelemente im Lepromin hervorgerufenen Rkk. können durch Verdünnen des aus bacillenreichem Gewebe hergestellten Mittels vermieden werden. U. Tausendfreund. 4370□

Untersuchungen über den Lepromintest. 2. Mitt. Ablesezeit und Geschwürbildung bei der Leprominreaktion. D. L. Leiker. (Int. J. Leprosy **29,** 168—71, April/Juni 1961; engl.) — Zwar ist bei der *Lepromin*-Rk. in der 4. Woche mit erhöhtem Prozentsatz an Geschwür-Bldg. zu rechnen, die Größe der Rk.-Herde nimmt jedoch nach der 3. Woche nur noch unbedeutend zu; die Geschwüre selbst tragen zu keiner größeren Resistenz-Bldg. bei. Einteilung der Rkk. sollte deshalb nur nach der Größe der palpablen Infiltration vorgenommen werden. U. Tausendfreund. 4370□

Ergebnisse wiederholter Injektionen von Lepromin bei Tuberkuloidfällen. John Garrod und H. W. Wade. (Int. J. Leprosy **29,** 149—56, April/Juni 1961; Alupe, Kenya, East African Leprosy Res. Center; Culion, Philippines, Leonard Wood Mem.; engl.) — Bei 15 tuberkuloiden Leprafällen wurde versucht, durch serienmäßige Injektionen eine Modifizierung der Rk. auf *Lepromin* zu erzielen. Die Rk.-Fähigkeit kann in derartigen Fällen jedoch nur mäßig beschleunigt u. nicht intensiviert werden; die maximale Rk.-Fähigkeit scheint bereits durch die Infektion selbst erreicht zu werden. U. Tausendfreund. 4370□

Untersuchungen über die Bedeutung einzelner Lipoid- und Proteinfraktionen des Serums als Streptolysininhibitoren. 2. Mitt. Die Ergebnisse präparativ-elektrophoretischer Untersuchungen. F. Scheiffarth, G. Berg, F. Legler, E. Roller und H. Schön. (Klin. Wschr. **39,** 949—51, 15/9. 1961; Erlangen, Univ., Med. Klinik. dt.) — Der Hauptanteil des *Antistreptolysin* (**I**)-Geh. ist in den β- u. γ-Globulinfraktionen enthalten. Beziehungen zwischen **I**- u. *Protein*-Geh. lassen sich am deutlichsten für die γ-Globulinfraktion nachweisen. Von den Lipoiden zeigen die *Phosphatide* der β-Fraktion die engsten Beziehungen zum **I**-Geh. des Serums. P. Gregorzewski. 4370□

Beitrag zur Untersuchung der Antibioticum-Wirkung auf die Immunität. A. Fari. (Ann. Inst. Pasteur **97,** Suppl. zu Nr. 5, 1—87, Nov. 1959; Paris, Inst. Pasteur, Serv. de Chim. Therapeut. B.) — Am Beispiel des *Chloramphenicols* wird festgestellt, daß *Antibiotica*-Behandlung geringere Antikörper-Bldg. hervorruft, was auf verschiedene Ursachen zurückzuführen ist, u. a. darauf, daß die antigene Struktur der Bakterien verändert wird. — 392 Literaturangaben. M. Metze. 4370□

Vorläufige Untersuchungen über die Prophylaxe der experimentellen Poliomyelitis beim Affen durch Injektion von Antikörperglobulinen aus Kuhmilch. Pierre Lépine, J.-André Thomas und Jean Leclerc. (C. R. hebd. Séances Acad. Sci. **254,** 3467—69, 2 Tafeln, 14/5. 1962; franz.) — Die optimale Immunisierung der Kühe wird erreicht durch wöchentliche Injektionen virulenter *Poliomyelitisviren* vom Typ I in die Milchkanäle. Die *Antikörper* des Lactoserums werden 3 Tage nach den Injektionen gewonnen. Es tritt eine allg. Hyperimmunisierung der Kühe mit einer vorwiegend dem Typ I entsprechenden Antikörper-Bldg. auf. Die gereinigten *Lactoglobuline* bewirken beim Affen keinerlei Unverträglichkeit; bei intracerebraler Inokulation virulenter Poliomyelitisviren (Typ I) verhindern sie selbst nach einigen Std. noch das Entstehen von experimenteller Poliomyelitis. M. Blaschette-Huttinger. 4370□

Induktion von Polyhedrosisvirus durch Oxime. K. Yamafuji, M. Tonokawa und F. Yoshihara. (Enzymologia [Den Haag] **23,** 111—16, 15/5. 1961; Fukuoka (Japan), Kyushu Univ., Agric. Chem. Inst.; engl.) — Es wird gezeigt, daß bei Larven des Seidenspinners *Bombyx mori* die *Polyedervirus*-Erkrankung auch durch *Pyruvatoxim*, *α-Ketoglutaratoxim* u. ganz bes. durch *Glucoseoxim* induziert werden kann. — Durch diese Virogene wird die *Katalase* der Zellen gehemmt, ohne daß die Atmung der Larven herabgesetzt wird. A. Hesse. 4374□

Der Einfluß von Dinitrophenol auf Nierenzellkulturen von Rindern nach Maul- und Klauenseuche-Viren-Infektionen. Jerome Polatnick. (Arch. Biochem. Biophysics **93,** 316—20, Mai 1961; Greenport, Long Island, N.Y., M. S. Dep. of Agric.,

Agric. Res. Serv., Animal Disease and Parasite Res. Div., Plum Island Animal Disease Labor.; engl.) — *Dinitrophenol* hemmt in Konzz., die die Gewebeatmung u. Glykolyse beeinflussen, das Wachstum der Maul- u. Klauenseucheviren nicht. E. Lück. 4374□

Einfluß der Steroide vom Cortisontypus auf die cytopathogene Aktivität von Viren in Gewebekulturen. 2. Mitt. Untersuchungen der Wirkung des Prednisolons auf die cytopathogene Aktivität des Virus Morbilloso (Edmonston-Stamm). F. Coraggio, L. Valoroso, G. Solazzo und C. Galeota. (Boll. Soc. ital. Biol. sperim. **36,** 1427—30, 31/12. 1960; Neapel, Univ., Ist. di Patol. Spec. Med. e Metodol. Clin.; ital.) — 1. vgl. C. **1962,** 9027. — Die Unterss. werden nach verschiedenen Aspekten vorgenommen. Es zeigt sich, daß *Prednisolon* (200 μg/ml) auf die Zellen gegen die cytopathogenen Effekte des *Virus morbilloso* eine Schutz-Wrkg. ausübt, die nur unter besonderen Vers.-Bedingungen erhalten werden kann, u. zwar wenn der Nährboden Lactalbumin u. Kalbsserum enthält. F. Kren. 4374□

Einfluß der Steroide vom Cortisontypus auf die cytopathogene Aktivität von Viren in Gewebekulturen. 3. Mitt. Untersuchung der Wirkung des Prednisolons auf die cytopathogene Aktivität des Virus Typ I von Poliomyelitis (Brunhilde). F. Coraggio, L. Valoroso, C. Galeota und G. Solazzo. (Boll. Soc. ital. Biol. sperim. **36,** 1430—32, 31/12. 1960; Neapel, Univ., Ist. di Patol. Spec. Med. e Metodol. Clin.; ital.) — 2. vgl. vorst. Referat. — Analog vorst. Unterss. übt *Prednisolon* (200 μg/ml) in Gewebekulturen, wenn es einmalig 1 Std. nach der Infektion zugesetzt wird, einen Schutzeffekt auf die durch den *Poliomyelitisvirus* Typ I (Brunhilde) induzierte cyto-pathogene Wrkg. aus. F. Kren. 4374□

Untersuchungen über den Bakteriophagen und die Desoxyribonuclease eines Stammes von B. subtilis. Kenji Watanabe und Kazuo Yamafuji. (Enzymologia [Den Haag] **23,** 353—72, 15/11. 1961; Fukuoka, Japan, Kyushu Univ., Agric. Chem. Inst.; engl.) — Der sporenbildende *Bacillus subtilis var. amyloliquefaciens* Fukumoto-K 49, der für techn. Herst. von *Amylase* verwendet wird, dient als Wirt für einen neuen *Bakteriophagen* (**I**), der aus dem Lysat isoliert u. angereichert wurde. Das **I**-Teilchen hat eine einzigartige Form: Walzenförmiger Kopf (50·120 mμ) mit langem Schweif (15·250 mμ). **I** vermehrt sich am stärksten bei pH 7 u. 37° in 40 Min. Inkubationszeit mit einer Bruchgrenze von 70 bis ca. 90. Die **I**-Aktivität bleibt beim Erhitzen bis 65° unverändert u. nimmt mit weiterer Temp.-Steigerung allmählich ab. Protoplasten von B. subtilis-K 49 können das Wachstum von **I** unterstützen, wenn die Zellen vor Lysozymbehandlung infiziert werden. — Aus den Zellen von B. subtilis kann nach Zerstörung mittels Ultraschall eine *Desoxyribonuclease* (**II**) extrahiert werden, die bei pH 8,5 u. 35° maximale Wrkg. hat. **II** wird bei 70° in 5 Min. zerstört. **II** ist bei pH 7 beständig, verliert aber ihre Wrkg. langsam bei pH 8,5. **II** wird durch Mg^{2+}, Mn^{2+} oder Ca^{2+} aktiviert, durch Schwermetalle, Äthylendiamintetraessigsäure oder Citrat gehemmt. SH-Reagentien (p-Chlormercuribenzoesäure, Monojodessigsäure, Ferricyanid) hemmen. Dagegen sind Azid, Cystein, Nitroso-R-Salz, 8-Azaguanin, 8-Azaxanthin ohne Einfluß. — Wahrscheinlich handelt es sich bei **I** um eine Desoxyribonuclease vom Typ 1. A. Hesse. 4374□

E_4. Pflanzenchemie. Pflanzenphysiologie. Pflanzenpathologie

Die Bestandteile von „Orthosiphon stamineus" Benth. 1. Mitt. Neutrale Fraktionen. Gaetano di Modica und Pier Filippo Rossi. (Gazz. chim. ital. **88,** 737 bis 45, Aug./Sept. 1958; Turin, Univ., Ist. di Chim.; ital.) — Die analyt. Unters. des PAe.-Extraktes (**I**) von *Orthosiphon stamineus* Benth (Lippenblütler) ergab *β-Sitosterin* (**II**) u. *α-Amyrin* (**III**).

Versuche: **I** wird verseift u. es bleiben zurück 73,4 g Unverseifbares (a). — Man extrahiert das vereinigte Waschwasser 3 mal mit Äthylacetat, verdampft den gewaschenen u. getrockneten Extrakt zur Trockne u. gewinnt 6 g (b). — Man kocht a 1 Std. lang mit 200 ml abs. A. (5 mal), filtriert, konz. das Filtrat auf 250 ml, dampft das filtrierte Konzentrat zur Trockne ein, extrahiert den Rückstand 4 mal mit 200 ml sd. Methanol, filtriert u. erhält eine 1. Sterinfraktion u. durch Eindampfen der Mutterlaugen zur Trockne u. Lösen des Rückstandes in 500 ml sd. 95%ig. A. eine 2. Sterinfraktion. — Durch mehrmaliges Umkristallisieren aus A. u. dann Methanol erhält man β-Sitosterin (**II**), $C_{29}H_{50}O$, F. 134—136° (weiße Kristalle); ca. 0,5% vom Gesamt-**I**, die Liebermann-Burchard-Rk. zeigt eine violette, rasch nach blau u. allmählich nach grün umschlagende Färbung. Acetyl-Deriv., $C_{31}H_{52}O_2$, F. 121—124°, aus Methanol Nadeln; $[\alpha]_D^{20}$ —35° (c = 2,0; in Chlf.). Digitonid, F. 220—225°. — Hydrierung nach Kuhn u. Möller [1934] von 19,55 mg **II** in 6 ml Essigsäure–Dekalin (1:1) in Ggw. von 19 mg PtO_2

zeigt eine Doppelbindung an. — Die Abtrennung der Triterpenfraktion aus der alkohol. Mutterlauge von **II** erfolgt durch Einengen u. einige Tage Stehenlassen, dabei entsteht ein gelber krist. Nd. (3,5 g), F. 158—173°, Liebermann-Rk.: Rotviolettfärbung. Reinigen vorst. Prod. durch Chromatographie an 100 g Al_2O_3, Elution mit PAe.-Bzl. (1:1) liefert 2,6 g krist. Prod., fraktionierte Kristallisation aus A. u. Methanol ergibt α-Amyrin (**III**), $C_{30}H_{50}O$, F. 182—183°, $[\alpha]_D^{21}$ +84° (c = 1,94; in Chlf.). Acetyl-Deriv., $C_{32}H_{52}O_2$, F. 220—222°, aus A., Kristalle. — Nach Eindampfen der alkohol. Lsg. nach der Fällung von **III**, Wasserdampf-Dest. der flüchtigen Ölfraktion, mehrmaligem Ausäthern des Destillats u. Verdampfen des Ae. verbleibt ein *gelbliches Öl* (8,5 g), n_D^{21} 1,4963, daraus resultieren durch fraktionierte Dest. *2 hellgelbe Öle*, $Kp._{0,1}$ 70°, $[\alpha]_D^{21}$ −3,6° (c = 1,64; in Chlf.) u. $Kp._{0,1}$ 90°, $[\alpha]_D^{21}$ −3,1° (c = 1,97; in Chlf.) u. $Kp._{0,1}$ 90°, $[\alpha]_D^{21}$ −3,1° (c = 1,97; in Chlf.). Man erhält durch mehrmaliges Digerieren von b in Methylenchlorid–Methanol (1:1) u. in verd. Methanol ein *gelbgrünliches Prod.*, F. 185—210°, daraus durch Chromatographie an SiO_2 u. Elution mit PAe. u. 2%ig. Äthylacetat, dann mit PAe. u. 30%ig. Äthylacetat eine *gelbliche Fraktion*, F. 68—269° u. durch mehrmalige Umkristallisation aus Methanol *3 Fraktionen* vom F. 225—227°, $[\alpha]_D^{20}$ +59,4 (c = 0,90), F. 235—237°, $[\alpha]_D^{21}$ +52,1 (c = 0,73) u. 268—269°, $[\alpha]_D^{18}$ +54,4 (c = 0,45 in A.), alle 3 zeigen eine charakterist. Liebermann-Rk.: Rotfärbung, die stufenweise in violett u. dann langsam in blaugrün übergeht. G. Platzer. 4420□

Über das Zusammenwirken verschiedener Faktoren bei der Anthocyanentfärbung von Begonien. Hans-Ludwig Jürgensmeier. (Planta **56**, 233—36, 1961; Freiburg/Br., Univ., Bot. Inst.; dt.) — Vf. fand eine Korrelation zwischen *Anthocyan* (**I**)-Geh. u. Aktivität der *Oxalsäureoxydase*. Hohe Fermentaktivität hat geringeren **I**-Geh. zur Folge. Vf. vermutet weiterhin einen Zusammenhang zwischen Ascorbinsäuremenge u. **I**-Bldg., weil der Ascorbinsäure-Nachw. immer nur bei hohen **I**-Mengen möglich war. W. Hiller. 4450□

Die Biogenese des Pyridinringes von Nicotin. E. Leete. (Chem. and Ind. **1957**, 1270, 21/9.; Los Angeles, Calif., Univ. of California, Dep. of Chem.; engl.) — In anorgan. Nährlsg. gezogene 3 Monate alte *Nicotiana tabacum* (var. Maryland Mammoth)-Pflanzen verwerteten zugesetztes $^{14}C_{(7a)}$-*DL-Tryptophan* (**I**) nicht für die *Nicotin* (**II**)-Synthese. $^{14}C_{(2)}$-*Ornithin* wurde dagegen eingebaut. **I** diente auch nicht als Vorstufe von *Damascenin* (2-Methylamino-3-methoxybenzoesäuremethylester) in *Nigella damascena*. Anscheinend fehlt in *N. tabacum* u. vielleicht in den höheren Pflanzen allg. die Stoffwechselfolge **I** → Kynurenin → 3-Hydroxyanthranilsäure → Nicotinsäure. K. Maier. 4460□

Die Biogenese von Nicotiana-Alkaloiden. 6. Mitt. **Der Piperidinring von Anabasin.** Edward Leete. (J. Amer. chem. Soc. **80**, 4393—94, 20/8. 1958; engl.) — 5. vgl. C. **1962**, 3862. — *Cadaverindihydrochlorid* (*1.5-Diaminopentandihydrochlorid*; **I**) wurde aus 1.3-Dibrompropan über 1.3-Dicyanopropan durch katalyt. Hydrierung synthetisiert. *Nicotiana glauca* (N.gl.) wurde auf einem **I**-enthaltenden Medium gezüchtet, daraus das Hauptalkaloid *Anabasin* (**II**) isoliert u. dessen Radioaktivität bestimmt. Es zeigte sich, daß die Hauptaktivität im Piperidinring lokalisiert war u. nur sehr wenig im Pyridinring. Bei Zugabe von radioakt. Lysin kann **II** mit nur geringer Aktivität isoliert werden. Abbau-Verss. von **II** u. Vgl. der Aktivitäten zeigten, daß **I** ohne vorherigen Abbau in **II** eingebaut wird. E. Heise. 4460□

Inhibitoren der Hill-Reaktion. Norman E. Good. (Plant Physiol. **36**, 788—803, Nov. 1961; London, Canada, Pesticide Res. Inst., Univ. Sub Post Office; engl.) — Die Beeinträchtigung der als Hill-Rk. bezeichneten photochem. Red. von Chloroplasten (Chlp.) durch Inhibitoren wird an der Hemmung der Red. von K-Ferricyanid mittels belichteter Chlp. verfolgt. Über 200 Verbb. der allg. Formel R—NH—CX—R′ (Acylanilide, Acylamide, Thioacylanilide, Phenyl- u. Alkylharnstoffe u. Phenylthioharnstoffe) sowie verwandte Verbb. u. herbicid wirkende Triazine werden untersucht, z. B. auf den Einfl. der Substitutionsposition im Benzolring. So wird u. a. festgestellt: Das Hemmungsvermögen der Chloranilide nimmt in der Reihenfolge 3,4- (substituiert) > 3.5- u. 3- u. 4- > 2.4.6- > unsubstituiert u. 2.4.5- > 2.5- u. 2,3- > 2 ab; die p- u. m-Nitrogruppe inhibieren etwas, die p-Dimethylaminogruppe stark; Triazine mit zwei Imino-H-Atomen hemmen stärker als solche mit nur einem. Acylanilide, Phenylharnstoffe u. Triazine hemmen die **I**-Rk. in Ggw. von K-Ferricyanid oder Flavinmononucleotid als Elektronenacceptoren, nicht dagegen mit N-Methylphenazonium-Ion. Dadurch wird angedeutet, daß die Wrkg. der untersuchten Verbb. auf einer Hemmung des Mechanismus in den Chlp. beruht, welcher normalerweise für die Oxydation von H_2O zu mol. O_2 verantwortlich ist. Überlegungen, das Hemmungsvermögen mit dem Bindungsbestreben des Imino-H in Verbindung zu bringen, treffen nur teilweise zu. M. Hagedorn. 4460□

Lichtinaktivierung der Phosphorylierungsaktivität von Chloroplasten. Giorgio Forti und André T. Jagendorf. (Biochim. biophysica Acta [Amsterdam] **44**, 34—40,

21/10. 1960; Baltimore, Md., Johns Hopkins Univ., McCollum Pratt Inst.; engl.) — Die Unters. der Lichtinaktivierung von Hill-Rk. u. Phosphorylierungsfähigkeit isolierter Spinatchloroplasten ergab eine größere Empfindlichkeit des *Adenosintriphosphat* (I)-bildenden Syst. als des Elektrontransportsystems. Es sind Bedingungen festlegbar, unter denen eine Lichtvorbehandlung die Fähigkeit der Chloroplasten zur Red. von Triphosphopyridinnucleotid nur um 5% red., die I-Bldg. dagegen um 50% senkt. Cofaktoren der cycl. Photophosphorylierung, wie Phenazinmethosulfat, Pyocyanin u. bes. Vitamin K_5, verhindern die Lichtinaktivierung großenteils. Adenosindiphosphat verhindert den Schutz, Phosphat oder Arsenat stellen diesen wieder her.

K. Maier. 4460□

Aufnahme von Phosphat und Sulfat durch Weizenwurzeln bei niederer Temperatur. G. W. Butler. (Physiol. Plantarum [Copenhagen] **12**, 917—25, 1959; Palmerston North, New Zealand, Plant Chem. Div.) — Bei konst. ^{32}P- bzw. ^{35}S-Konz. wurde die Zunahme der Radioaktivität in Abhängigkeit von der Träger-Konz. u. der Zeit bei 1° ermittelt. Für den „*apparent free space*" normaler Wurzeln ergaben sich Werte von 18—20%, bei (morpholog. veränderten) P-Mangelwurzeln betrug der „apparent free space" 36%. Im Gegensatz zum Phosphat erfolgt der ^{35}S-Sulfat-Einbau in niederen Bereichen unabhängig von der Trägerkonzentration. Demnach wird Sulfat in geringerem Maße resorbiert als Phosphat. Durch *2.4-Dinitrophenol* ($5 \cdot 10^{-4}$m) wird der ^{32}P-Einbau nur schwach gehemmt.

H. Kaltwasser. 4480□

Resorption und Verwendung von 3-Phosphoglycerinsäure in Phaseolus radiatus. T. Ramasarma, K. C. Leibman und K. V. Giri. (Naturwissenschaften **48**, 107, 2. Febr.-H. 1961; Bangalore, India, Dep. of Biochem., Indian Inst. of Sci.; engl.) — Nach Behandlung mit $^{14}C_{(1)}$-*3-Phosphoglycerinsäure* (I) speichert *Phaseolus radiatus* in vivo Rohrzucker (II). Unter sterilen Bedingungen gehaltene Pflanzen mit (a) u. ohne (b) I im Nährmedium werden mit Äthanol extrahiert u. auf I u. II analysiert. b-Pflanzen haben einen konstanten Phosphorgehalt. Der ^{14}C-Einbau zeigt nach der Chromatographie u. Autoradiographie keine Aktivität in Glucose, Fructose u. II, d. h. die II-Anreicherung wird nicht durch die Anwesenheit von I erklärt. 65% der resorbierten ^{14}C-Aktivität erscheinen im respirator. CO_2. Vff. haben in der Pflanze Glycerinsäurekinaseaktivität gefunden, dadurch erscheint es möglich, daß resorbierte Glycerinsäure rephosphoryliert wird u. dann einen regulären, oxydativen Rk.-Weg eingeht.

H. Kluge. 4480□

Untersuchungen über den Indolyl-(3)-essigsäure-Stoffwechsel. 7. Mitt. **Stoffwechsel radioaktiver Indolyl-(3)-essigsäure in Erbsenwurzeln.** W. A. Andreae, J. R. Robinson und M. W. H. Van Ysselstein. (Plant Physiol. **36**, 783—87, Nov. 1961; London, Ontario, Canada, Pesticide Res. Inst.; Canada Dep. of Agric.; engl.) — 6. vgl. C. **1962**, 5726. — Frühere Unterss. über die Umwandlung von markierter *Indolyl-(3)-essigsäure* (I) in intakten Pflanzengeweben betrafen nur die Atmungs-Prodd.; jetzt werden auch die decarboxylierten Prodd. untersucht. Mit $^{14}C_{(1\ \text{oder}\ 2)}$ in der Seitenkette oder mit $^{14}C_{(7a)}$ im Indolkern markierte I wird zu Kultur-Lsgg. gegeben, in denen 5 mm-Wurzelspitzen von 2 Tage alten Alaska-Erbsenkeimlingen 24 Std. gehalten werden. Die Unters. ergibt, daß dann die Wurzelspitzen als einzig feststellbares Umwandlungs-Prod. Indolylacetasparaginsäure enthalten; die Kultur-Fl. ist davon frei. Sie enthält unveränderte I u. drei mit Ehrlich- oder Salkowski-Reagens keine Indol-Rk. gebende Decarboxylierungs-Prodd.: 2 $^{14}C_{(2\ \text{u.}\ 7a)}$-markierte Prodd. in größerer Menge u. ein nur $^{14}C_{(7a)}$-markiertes. Umwandlungsbilanz für 2 μMol I in 20 ml: 52% unverändert in der Kultur-Fl., 17% verbunden mit Asparaginsäure, 19% decarboxyliert u. 6% ohne Decarboxylierung abgebaut.

M. Hagedorn. 4485□

Die Stimulierung der Pflanzenentwicklung durch einige Uracilanalogen. Z. Šormová, K. Šebesta, J. Bauerová, O. Melichar und F. Šorm. (Experientia [Basel] **16**, 189, 15/5. 1960; engl.) — Vff. untersuchen die stimulierende Wrkg. von *5-Bromuracil* (I) u. *5-Nitrouracil* (II), indem Samen für 24 Std. in Lsgg. von 5—50 μg/ml eingeweicht wurden. I beschleunigte in der Regel die Entwicklung. Tomaten reiften dadurch 10—14 Tage früher. Bei Salat lag die erste Ernte durch I- oder II-Behandlung um 20% höher u. bei Gurken durch I um 20—40%. Bei mit II behandelten Gurken verlängern sich die Ovarien schneller, so daß sie bei voll entwickeltem Perianth 4—5mal länger im Vgl. zu den Kontrollen sind. Cytolog. Unterss. ergaben, daß I u. II die Mitose sehr stark erhöhen. Der Rk.-Weg von I ist in Pflanzen anders, als er bei Mikroorganismen bekannt ist. Wird I in Sämlinge infiltriert, so erreicht der I-Abbau schon nach 1 Std. ein Maximum.

W. Hiller. 4485□

Ribosenucleinsäure und Blühinduktion. Dieter Hess. (Planta **56**, 229—32, 1961; Freiburg/Br., Univ., Botan. Inst.; dt.) — Die Unterss. erfolgten an *Streptocarpus wendlandii*. Mit Ribonuclease behandelte Stecklinge von blühinduzierten Pflanzen zeigten gegenüber den Kontrollen eine Verzögerung in der Regeneration von Blättern u. Blüten. Das Verhältnis *Guanin* : *Adenin* ist in der *Ribonucleinsäure* (I) induzierter Pflanzen höher als in I von vegetativen. Behandlung mit *2-Thiouracil* während der Induktion verzögert bzw. blockiert die Inflorescenz-Bldg., ohne das Wachstum zu beeinflussen, *Äthionin* hat die gleiche Wirkung. Während der Induktion sind die Wuchsstoffe nicht der das Wachstum begrenzende Faktor, da Anwendung von *Gibberellsäure* u. *Indolyl-(3)-essigsäure* während dieser Periode keine Wrkg. hat. Inokuliertes Tabakmosaikvirus vermehrt sich nur unter nichtinduktiven Bedingungen. Die Stoffwechselaktivität der I ist während der Induktion herabgesetzt, d. h. es wird weniger radioakt. Phosphat während dieser Zeit aufgenommen. Gibberellsäure ist in der Lage, die Aktivität unter nichtinduktiven Bedingungen zu erhöhen. W. Hiller. 4485□

Untersuchungen zur biologischen Aktivität der Phenylborsäure. Barbara Haccius und Dietrich Massfeller. (Planta **56,** 174—88, 1961; Mainz, Univ., Botan. Inst.; dt.) — *Kalanchoe blossfeldiana* u. Gewächshausgurken wurden mit *Phenylborsäure* mit einer Konz. von 250 ppm behandelt. Bei Kalanchoe traten Blütenanomalien auf, die in der Regel eine geringere Zahl von Petalen hatten. Auch bei Gurken traten Blütenanomalien auf. Die Wrkg. war hier von dem Stadium bei der Anwendung abhängig. W. Hiller. 4485□

Physiologische Wirkungen von S.S.S-Tributyltrithiophosphat und sein Abbau durch Blätter der Baumwolle, gezeigt an den mit ^{32}P und ^{35}S markierten Verbindungen. F. R. H. Kattermann und Wayne C. Hall. (Plant Physiol. **36,** 816—19, Nov. 1961; Agric. and Mechan. Coll. of Texas, Coll. Stat.; engl.) — *S.S.S-Tributyltrithiophosphat* (I) wird als Entblätterungsmittel verwandt. An Baumwolle (Bw)-Blättern wird der Einfl. von I auf die Atmung u. auf die SH-Gruppen der wasserlösl. Proteine des Bw-Blattes sowie Geschw. u. Art des Abbaus von I im Blatt vor u. während des Abwerfens untersucht. Vor dem Abwerfen erscheint die Atmung in I-behandelten Bw-Blättern deutlich angeregt. Der spezif. Sulfhydryl-Geh. der jungen u. reifen Blätter wird durch I auf denjenigen alter oder sich auf natürliche Weise ablösender Blätter gesenkt. Vor dem Blattabwurf u. während desselben scheint I direkt in drei wasserlösl. phosphorhaltige u. drei wasserlösl. schwefelhaltige Abbau-Prodd. verwandelt zu werden; in $CHCl_3$ lösl. Umwandlungs-Prodd. wurden nicht gefunden. Die annähernde Geschw. des I-Abbaus liegt je Std. bei ca. 1,2% der Gesamtmenge. M. Hagedorn. 4485□

Bestimmung der östrogenen Aktivität des Rotklees mit ovarektomierten unreifen Mäusen. R. E. Munford und D. S. Flux. (J. Dairy Res. **28,** 265—75, Okt. 1961; Palmerston North, Univ. of New Zealand, Massey Agric. Coll.; engl.) — Die östrogene Aktivität von 100 g kältegetrocknetem Rotklee entspricht der von 6,7 μg *Diäthylstilböstrol.* P. Gregorzewski. 4485□

Welkstoffe und Antibiotica. 23. Mitt. Über die Isolierung von Culmomarasmin, einem peptidartigen Welkstoff aus dem Kulturfiltrat von Fusarium culmorum (W.G. SM.) Sacc. J. Kiss, St. Naef-Roth, E. Hardegger, A. Boller, F. Lohse, E. Gäumann und Pl. A. Plattner. (Helv. chim. Acta **43,** 2096—2101, 1/12. 1960; Zürich, ETH, Organ.-chem. Labor. u. Inst. für spez. Botan.; Basel, F. Hoffmann-La Roche & Co., Akt.-Ges., Chem. Forschungsabt.; dt.) — 22. vgl. C. **1961,** 10901. — Aus Kulturfiltrat von *Fusarium culmorum,* einem Erreger von Keimlingskrankheiten, Ähren- u. Wurzelfusariosen verschiedener Getreidearten, wurde durch Adsorption der welkakt. Fraktionen an Asmit (Nr. 173N), einem Adsorberharz mit schwachen Anionen-Eigg., fraktionierte Elution mit CH_3OH, Extraktion des Eindampfrückstandes mit Ae. u. Aceton zur Abtrennung von Begleitstoffen (z. B. D-Weinsäure), Extraktion akt. Materials mit Dimethylformamid, Adsorption an HCl-vorbehandelter, gewaschener Norit-Suprakohle u. fraktionierte Fällung aus Dimethylformid mit abs. Ae. ein Welktoxin, *Culmomarasmin* (I), F. 215—218° (Zers.); $[\alpha]_D^{22}$ —0,6 ± 0,2°; pK 5,7 u. 8,4 ± 0,1; s_{20} $0,62 \cdot 10^{-13}$; mikrokristallin, erhalten. I enthält viel N, S u. Cl, die Aminosäurehydrolyse spricht für Ggw. von Cys, Leu, Ser, Asp, Glu, Ala, Val, allo-Ileu, Pro, Gly, Thr, so daß I Polypeptidcharakter hat. K. Maier. 4490□

Anomale Wirkung von Pentachlornitrobenzol auf das durch Pythium sp. verursachte damping off-Vorkommen. Ian A. S. Gibson, M. Ledger und E. Boehm. (Phytopathology **51,** 531—33, Aug. 1961; Kikugu, East Africa, East Africa Agric. and Forestry Res. Org., Kenya Forest Dep.; engl.) — Entseuchung von Bodenproben mit *Pentachlornitrobenzol* bei Befall von *Pythium sp.* führt zu einem verstärkten Auftreten des Welkens (damping off) bei *Pinus radiata* u. *P. patula.* Wrkg. beruht auf einer Hemmung von *Penicillium paxilli,* das gewöhnlich *Pythium sp.* hemmt. P. Gregorzewski. 4490□

Durch die Injektion verschiedener Lipide in den Markkanal von Ricinus ausgelöste Reaktionen. Michel Bernfeld. (C. R. hebd. Séances Acad. Sci. **245**, 348—50. 17/7. 1957; franz.) — Durch Injektion verschiedener *Fette* in den Markkanal des Stammes von *Ricinus sanguineus* wird Warzen-Bldg. auf der Oberfläche der Pflanze ausgelöst. Diese Wrkg. wird durch Verseifung der Fette aufgehoben; jedoch behält die unverseifbare Fraktion eine bestimmte Wirksamkeit. K. Zingraf. 4495□

E5. Tierchemie. Tierphysiologie. Tierpathologie

Die Wechselbeziehungen zwischen dem gesamten austauschbaren Natrium, Kalium, Chlorid und dem fettfreien Gewebe des Menschen. J. Crooks, M. M. Bluhm und F. P. Muldowney. (Clin. Sci. **18**, 175—84, Mai 1959; Glasgow, Western Infirmary, Gardiner Inst., Univ., Dep. of Med., and Western Reg. Hosp. Board, Physics Dep.; Dublin, St. Vincent's Hosp., Dep. of Med.; engl.) — Das gesamte austauschbare Na^+, K^+ sowie Cl^- korreliert besser mit dem Gew. des fettfreien Gewebes als mit dem gesamten Körpergewicht. Zwischen Na^+ u. K^+, Na^+ u. Cl^- sowie K^+ u. Cl^- besteht ebenfalls ein enger statist. Zusammenhang. L. Lachhein. 4510□

Neuraminlactosesulfat, eine neue, aus der Milchdrüse von Ratten isolierte Verbindung. Raul Carubelli, Leonard C. Ryan, Raul E. Trucco und Ranwel Caputto. (J. biol. Chemistry **236**, 2381—88, Sept. 1961; Oklahoma City, Okla., Oklahoma Med. Res. Inst., Biochem. and Psychosom. Sect.; Univ. of Oklahoma, School of Med., Dep. of Biochem.; engl.) — Extrakte von Rattenmilchdrüsen werden an Dowex-1 (Formiat) fraktioniert, wobei als neues Neuraminsäure-Deriv. *Neuraminlactosesulfat* (I) erhalten wird. I besteht aus N-Acetylneuraminsäure, Lactose u. Sulfat, die zusammen 88% des besten Präp. ausmachen. Ionophorese- u. Neutralisations-Verss. zeigen das Vorhandensein von 2 sauren Gruppen. Bei saurer Hydrolyse wird als Spaltprod. von I Lactosesulfat erhalten. Orientierende Unterss. zeigen, daß der Sulfatrest an der Galaktose haftet, während die reduzierende Gruppe im Glucose-Mol. lokalisiert ist. Zwischen dem 1. u. 6. Tag post partum werden 0,23 mg I u. 3,4 mg Neuraminlactose/g frische Milchdrüse gefunden. P. Schwerdtfeger. 4520□

Die Zusammensetzung der freien Aminosäuren des Herzens von Helix pomatia. A. Jullien, J. Cardot und J. Ripplinger. (C. R. Séances Soc. Biol. Filiales **155**, 819 bis 820, 1961; Besançon, Fac. de Sci., Labor. de Zool.; franz.) — Die Herzen von überwinternden Weinbergschnecken werden in 80% ig. A. homogenisiert, der Extrakt nach dem Einengen mit Ae. entfettet u. durch zweidimensionale Papierchromatographie untersucht. Mengenmäßig am stärksten ist unter den freien *Aminosäuren Glutaminsäure* vertreten; es folgen *Alanin, Ornithin* (I), *Asparaginsäure* u. *Prolin.* Außerdem wurden nachgewiesen: *Leucin, Valin, Serin, Threonin, Glycin, Histidin, Phenylalanin, Hydroxyprolin* u. *Glutamin* sowie Spuren von *Tyrosin,* während Arginin (II) fehlt. Da freies II bei Helix pomatia (bes. in der Leber) auftritt, nehmen Vff. an, daß II durch eine sehr akt. *Arginase* zu *Harnstoff* u. I abgebaut wird. P. Schwerdtfeger. 4520□

Darstellung und Eigenschaften von guanidiniertem Eiereiweiß. A. F. S. A. Habeeb. (Canad. J. Biochem. Physiol. **39**, 729—36, April 1961; Ottawa, Canada, Nat. Res. Council, Div. of Appl. Biol.; engl.) — Bei pH 9,5 reagiert *1-Guanyl-3.5-dimethylpyrazolnitrat* spezif. mit den ε-Aminogruppen von *Lysin.* Konfigurationsänderungen infolge der Guanidinierung konnten mittels Sedimentation, Diffusion u. Elektrophorese nicht festgestellt werden. K. Zingraf. 4520□

Die Phosphopeptide gewisser Gewebeextrakte. Marc Ledig, Hélène Feigenbaum und Paul Mandel. (C. R. hebd. Séances Acad. Sci. **253**, 2003—04, 30/10. 1961; Strasbourg, Fac. de Méd., Inst. de Chim. Biol.; franz.) — Rattenleber bzw. Rattenhirn wird sukzessiv mit 10% ig. Trichloressigsäure u. A.-Ae. extrahiert, der Rückstand mit n/2 NaOH hydrolysiert, das alkal. Hydrolysat mit $HClO_4$ behandelt u. eingeengt. Die saure Lsg. wird mit KOH auf pH 6,8 eingestellt, über eine Säule mit Aktivkohle (Activit XL 50) gegeben u. der Durchlauf sowie das Eluat (A./NH_4OH/W.; 50:2:48) durch Papierelektrophorese bei pH 3,5 (Pyridin/Essigsäure/W.; 6:20:974) u. 9 V/cm aufgetrennt. Die aus dem Durchlauf bzw. Eluat isolierten Komponenten wurden durch Papierchromatographie (Propanol/Essigsäure/W.; 60:20:20) weiter fraktioniert, wobei neben *Inositmonophosphat* u. *-diphosphat* 12 *Phosphopeptide* (I) isoliert werden konnten. Die I enthalten 6—8 Aminosäurereste/Molekül. Nach Gaben von $H_3{}^{32}PO_4$ ist die spezif. Aktivität der verschiedenen I unterschiedlich. Nach Ansicht der Vff. handelt es sich bei den Phosphopeptiden um Bruchstücke der Phosphatidopeptide von LeBaron u. Folch-Pi (J. Neurochem. **1**, [1956], 101). P. Schwerdtfeger. 4520□

Fettsäure-Zusammensetzung des indischen Haifisch- und Rochenleberöls. S. P. Pathak und B. N. Trivedi. (Indian J. appl. Chem. **22,** 194—98, 1959; Varanasi, Banaras Hindu Univ., Dep. of Chem. Eng. and Chem. Technol.; engl.) — Das Öl des Haifisches (*Carcharias tricuspidatus*) enthält 41,1% gesätt. Säuren (29,6 Palmitinsäure, 5,4 Stearinsäure, 5,9 Myristinsäure u. wenig Arachidin- u. Behensäure) u. 58,9% ungesätt. Säuren (12,5 C_{16}, 20,1 C_{18}, 23,8 C_{20} u. höhere sowie wenig C_{14}), das Öl des Rochens *Rhynocobatus djeddenis*) hat eine ähnliche Zusammensetzung. P. Gregorzewski. 4520□

Die ungesättigten Fettsäuren im Menhadenöl: die C_{18}-, C_{20}- und C_{22}-Reihe. W. Stoffel und E. H. Ahrens jun. (J. Lipid Res. **1,** 139—46, Jan. 1960; New York, N.Y., Rockefeller Inst.; engl.) — Menhadenöl (Maifisch) enthält mehr als 44 *Fettsäuren* (I). Es wurden 23 ungesätt. I in der C_{16}-, C_{18}-, C_{20}- u. C_{22}-Reihe nachgewiesen, die zusammen ca. 95% der gesamten ungesätt. I darstellen. K. Zingraf. 4520□

Polyungesättigte Fettsäuren bei Lepra. A. M. Dhople und N. G. Magar. (Int. J. Leprosy **29,** 183—88. April/Juni 1961; Bombay, Inst. of Sci., Dep. of Biochem.; engl.) — Bei lepromatösen, tuberkuloiden u. maculoanästhet. Leprafällen ist im Serum eine Erhöhung des Geh. an *Gesamtfettsäuren* zu konstatieren, der Prozentsatz an *Polyensäuren* (außer Triensäuren) ist jedoch geringer als normal. Mit steigendem Alter steigen die Werte an Gesamtfettsäuren, der Prozentsatz an Diensäuren sinkt. Außer beim lepromatösen Typ ist der Prozentsatz der Hexaensäuren höher als der der Pentaensäuren. Die Anteilwerte der Polyensäuren sinken allg. von Dien- zu Hexaensäuren.
U. Tausendfreund. 4520□

Die Protein-Antiprotein-Reaktion. Pierre Grabar. (Ann. Inst. Pasteur **97,** 613—25, Nov. 1959; Paris, Inst. Pasteur, Serv. de Chimie microbienne; franz.) — Übersicht [Proteine als Antigene u. Antikörper u. deren Antigen–Antikörper-Rk.; Rk.-Orte („antigenic site"); Bedeutung der endständigen NH_2-Gruppe; Helixstruktur u. Antigen–Antikörper-Rk.; Einfl. der Denaturierung bzw. des enzymat. Abbaus; Präcipitation; Valenz u. Mechanismus bei der Antigen–Antikörper-Rk.; Immunseren; Kreuzrk.].
M. Metze. 4551□

Die Hapten-Antihapten-Reaktion. J.-M. Dubert. (Ann. Inst. Pasteur **97,** 679—96, Nov. 1959; Inst. Pasteur; franz.) — Übersicht (Meth. der Unters., Rk.-Gleichungen, Anwendung bei Unters. der Heterogenität der Antikörper). — 43 Literaturangaben. M. Metze. 4551□

Heterogenität des Anti-Protein-Antikörper. Claude Lapresle. (Ann. Inst. Pasteur **97,** 626—35, Nov. 1959; Paris, Inst. Pasteur, Serv. de Chim. microbienne; franz.) — Zusammenfassung der Ergebnisse eigener Arbeiten u. der anderer Autoren. [Serum-*Albumin* (I) als Antigenbeispiel, vor u. nach enzymat. Abbau durch Milzextrakt bzw. Trypsin, seine Wirksamkeit bei der Präcipitation der entsprechenden Kaninchen-Antialbumin-Antikörper. Entsprechend den verschiedenen wirksamen Gruppierungen am I werden verschiedene heterogene Antikörper gefällt]. M. Metze. 4551□

Antigene in Eiern und Entwicklungsstufen des Seeigels. 1. Mitt. Immunologische und physikochemische Eigenschaften. Jane Couffer-Kaltenbach und Peter Perlmann. (J. biophysic. biochem. Cytol. **9,** 93—104, Jan. 1961; Stockholm, Univ., Wenner-Gren Inst. for Exp. Biol.; engl.) — In unbefruchteten Eiern u. Embryonen von *Paracentrotus lividus* wurden mehrere *Antigene* (I) immunolog. u. physikochem. charakterisiert. In Eiern u. Embryonalstufen wurden 6 immunolog. ident. I festgestellt, die auch verschiedene gemeinsame physikochem. Eigg. (z. B. gleiche Hitzeempfindlichkeit) besaßen. K. Maier. 4551□

Veränderungen von ^{131}J-markiertem Immun-Rinder-γ-Globulin während des Überganges in den Kreislauf nach oraler Gabe an junge Ratten. F. W. R. Brambell, R. Halliday und W. A. Hemmings. (Proc. Roy. Soc. [London], Ser. B **153,** 477—89, 28/2. 1961; Bangor, Univ., Coll. of North Wales, Dep. of Zoology, Unit of Embryology; engl.) — ^{131}*J-Rinder-γ-Globulin* wird im Darm junger Ratten unter Zurückhaltung der Antikörper resorbiert, ist jedoch danach, falls es immun war, noch durch Antisera fällbar.
H.-G. Floß. 4551□

Anwendung der zweidimensionalen Technik auf die „crossing"-Papierelektrophorese immunologischer Reaktionen. S. Nakamura, K. Takeo, A. Katuno und S. Tominaga. (Clin. chim. Acta [Amsterdam] **4,** 893—900, Nov. 1959; Ube (Japan), Yamaguchi Med. School, Inst. for Med. Chem.; engl.) — Prinzip, Durchführung u. Anwendungen der 2-dimensionalen „crossing"-Papierelektrophorese werden beschrieben. Bei der Anwendung dieser Technik auf die Antigen–Antikörper-Rk. wird die Elektrophorese des Antiserums allein in der einen Richtung durchgeführt, dann wird das Antigen auf einem Streifen aufgetragen, so daß es auf jede Fraktion des Antiserums trifft u. eine 2. Elektrophorese wird im rechten Winkel zur ersten gestartet. K. F. Müller. 4551□

Die Ausscheidung von Aminosäuren im Urin bei Patienten mit Steinerkrankungen. Mary G. McGeown. (Clin. Sci. **18**, 185—94, Mai 1959; Belfast, Queen's Univ., Dep. of Med.; engl.) — Bei Patienten mit Nierensteinen findet sich bei Chromatographie des Urins bei 20% der Patienten eine verringerte Ausscheidung von *Aminosäuren*. Bei 30% werden sehr große Mengen von Cystein ohne entsprechende Vermehrung anderer Aminosäuren ausgeschieden. Die durchschnittliche Ausscheidung von Aminosäure-N ist bei Patienten mit Nierensteinen etwas geringer als bei normalen Personen, ohne daß ein Zusammenhang zur Harnweginfektion, der Konz. von Harnstoff im Blut, einer vermehrten Ausscheidung von Ca^+ oder Phosphaten im Urin besteht. L. Lachhein. 4552□

Morphologische und topochemische Untersuchungen an der organischen Substanz der Kalkkonkremente aus dem Gehirngewebe des Goldhamsters. Franciszek Kłapkowski und Hans Luppa. (Acta histochem. [Jena] **12**, 229—40, 30/12. 1961; Halle-Wittenberg, Martin-Luther-Univ., Anatom. Inst.; dt.) — Es wurde die *organ. Substanz* (**I**) der Kalkkongremente aus dem Gehirngewebe des Goldhamsters (*Mesocricetus auratus* Waterhouse) histochem. (Polysaccharid- u. Protein-Nachw.-Rkk.) untersucht. Es konnten neutrale Mucopolysaccharide (peripher gelegen), saure Mucopolysaccharide mit Sulfatestergruppen u. z. T. Nucleinsäuren-enthaltende basophile Proteine nachgewiesen werden. **I** wird anscheinend extracellulär auf dem Boden eines in den Gewebespalten ausgefällten Materials gebildet. — 26 Literaturangaben. M. Metze. 4552□

In vivo-Versuche zur Milchbildung. Zeitlicher Verlauf und nähere Lokalisierung des Einbaues von radioaktivem Sulfat in Casein und Molkenproteine. Richard Schober, Walter Christ, Dorothea Enkelmann, Norbert Heimburger, Helmut Hilpert, Barbara Hindelang, Willy Niclaus und Inge Prinz. (Milchwissenschaft **16**, 295—98, Juni 1961; Wangen i. Allg., Staatl. Milchwirtschaftl. Lehr- u. Forschungsanstalt; dt.) H.-G. Floß. 4555□

Neuraminsäure und ihre Beziehung zur chronischen Bronchitis. 3. Mitt. Kohlenhydratbestandteile des Sputums. M. Z. Atassi, S. A. Barker und M. Stacey. (Clin. chim. Acta [Amsterdam] **4**, 823—27, Nov. 1959; Birmingham, Edgbaston, Univ., Chem. Dep.; engl.) — 2. vgl. Clin. chim. Acta [Amsterdam] **4**, [1959], 741. — Durch schwache Säurehydrolyse des Sputums von Patienten mit chron. Bronchitis werden Ribose, 2-Desoxyribose, Fructose u. ein Gemisch von 4 Nonosaminsäuren, einschließlich *N-Acetyl* (**I**)-, *N.O-Diacetyl-* u. *N-Glykolylneuraminsäure*, in Freiheit gesetzt. **I** wurde in krist. Form aus dem Gemisch isoliert; sie erwies sich durch Röntgenpulverdiagramm, IR-Spektrum, Zers.-Punkt u. chromatograph. Verh. ident. mit einer authent. Probe. Durch stärkere Hydrolyse werden *Galaktose* (**II**), *Mannose* (**III**), *Fucose* (**IV**) u. *Hexosamine* in Freiheit gesetzt; eines der Hexosamine wurde in krist. Form gewonnen u. als *D-Glucosaminhydrochlorid* identifiziert. Eine durch isoelektr. Fällung erhaltene Mucoproteinfraktion enthielt Nonosaminsäure (5,4%), Glucosamin (12,8%), Galaktosamin (2,0%) u. 13,4% Gesamthexosen (**II, III** u. **IV**). Die Aminosäuren in der Mucoproteinfraktion wurden identifiziert als: *Glutaminsäure, Alanin, Arginin, Serin, Glycin, Valin, Asparaginsäure, Threonin, Tyrosin, Prolin, Phenylalanin, Leucin, Isoleucin, Lysin* (Spuren) u. (wahrscheinlich) *α-Aminobuttersäure*. K. F. Müller. 4555□

Spezifität im Wirkungsbereich der Hormone. Charles Dodds. (Rend. Ist. super. Sanità **19**, 197—214, 1956; Londra, Univ., Courtauld Inst. of Biochem.; ital.) — Übersicht. — 30 Literaturangaben. K. Zingraf. 4558□

Der Zink-Gehalt des Preßsaftes von menschlicher Prostata. A. R. Mackenzie, T. Hall und W. F. Whitmore jun. (Nature [London] **193**, 72—73, 6/1. 1962; New York, N.Y., Memorial Hosp., Dep. of Surg., Urol. Serv.; Sloan-Kettering Inst., Div. of Biophysics; engl.) — Prostatapreßsaft enthält — auf Trockengewicht bezogen — mehr *Zn* als sonst irgend ein menschliches Gewebe oder Sekret. Die Fähigkeit des Prostataepithelgewebes, ein an Zn außerordentlich reiches Sekret zu bilden, ist vereinbar mit der Hypothese, daß der Prostata die Aufgabe zukomme, die Spermatozoen mit Zn zu versorgen. P. Nachtwey. 4559□

Die Rolle der Ribonucleinsäure in der Entwicklung des Eierstocks der Hausfliege. Norman Mitlin und Charles F. Cohen. (J. econ. Entomol. **54**, 651—53, Aug. 1961; Beltsville, Md., U.S.D.A., Agric. Res. Serv., Entom. Res. Div.; engl.) — Die Zus. der *Ribonucleinsäure* (*RNS*) wurde beim Wachstum des Ovars von normalen u. resistenten Hausfliegen (*Musca domestica* L.) in 24-Std.-Intervallen bestimmt. Die Basen wurden identifiziert u. ihre Mengen quant. bestimmt. *Adenin* u. *Uracil* überwogen. Signifikante Unterschiede in der Zus. der Nucleinsäure wurden nicht gefunden. Eine Schätzung des RNS-Geh. im normalen Zustande zeigte eine 2½ fache Steigerung des Eierstock-Gew. zwischen dem Ausschlüpfen u. 9 Std. danach. P. Nachtewy. 4559□

Die Rolle der Proteinsynthese bei der frühen Östrogen-Reaktion. Gerald C. Mueller, John Gorski und Yoshio Aizawa. (Proc. nat. Acad. Sci. USA **47,** 164—69, 15/2. 1961; Madison, Wis., Univ. of Wisconsin, Med. School, McArdle Memorial Labor.; engl.) — Ovariektomierten Ratten wurde intraperitoneal das Antibioticum *Puromycin* (**I**) injiziert. Sie erhielten gleichzeitig bei einem Teil der Verss. *Östrogen* (**II**) durch Applikation durch die Schwanzvene. **I** hemmt die Protein-Synth. im Uterus. Gleichzeitig angebotenes ^{14}*C-Glycin* (**III**) wird in Anwesenheit von **I** kaum noch in Protein eingebaut (Hemmung ca. 90%). Der Einbau von **III** in Nucleinsäuren wird dagegen durch **I** nicht beeinflußt. In Anwesenheit von **II** wird der Einbau von **III** in die Purine auf ca. 300% gesteigert. Diese Steigerung unterbleibt bei gleichzeitiger Applikation von **I**. Die Inkorporation von ^{32}P in die Nucleinsäuren u. Phospholipide des Uterus wird durch **I** gesteigert. Die weitere Steigerung des ^{32}P-Einbaus unter **II**-Einw. wird bei gleichzeitiger Anwesenheit von **I** verhindert. **I** verhindert außerdem die Hormon-induzierte Wasserimbibition des Uterus. U. Mothes. 4559□

Verwendbarkeit von 17α-Acetoxyprogesteron zur Verhinderung der Läufigkeit von Hündinnen. H. S. Bryan. (Proc. Soc. exp. Biol. Med. **105,** 23—26, Okt. 1960; engl.) — 2,5 mg/kg im Futter verhindern die Läufigkeit, nach Absetzen der Behandlung setzt der Cyclus wieder ein. P. Gregorzewski. 4559□

Allylöstrenol bei der Behandlung des drohenden Abortes. N. E. Borglin. (Acta obstetr. gynecol. scand. **40,** 262—70, 1961; Malmö, Gen. Hosp., Dep. of Obstet. and Gyn.; engl.) — *Allylöstrenol* (**I**; *17α-Allyl-17β-hydroxyöstr-4-en*; akt. Prinzip des Präp. *Gestanon,* Organon,) wird zur Behandlung von drohendem Abort, habituellem Abort u. zur Abwendung von Abort bei Operationen empfohlen. In Vgl.-Unterss. mit *17α-Methyl-19-nortestosteron* u. *17α-Hydroxyprogesteroncaproat* erwies sich **I** (5—30 mg/Tag, peroral) als ebenso oder sogar stärker wirksam zur Erhaltung der Schwangerschaft wie die beiden anderen Substanzen. **I** übt keine virilisierende Nebenwrkg. auf die Mutter oder maskulinisierende Wrkg. auf den ♀ Fötus aus. **I** wird als z. Z. bestes Präp. zur Behandlung von drohendem u. habituellem Abort angesehen. U. Tausendfreund. 4559□

Über die blutcholesterinsenkende Wirkung androgener Hormone. Isaac Vaissman, Luiz Cantisano und Pascoal O. Granato. (Ärztl. Forsch. **15,** I/530—33, 10/11. 1961; Rio de Janeiro, Nat.-Univ. von Brasilien, 1. Med. Klin., Inst. für Stoffwechselforsch.; dt.) — Ausgehend von den Ergebnissen, die eine Verminderung der *Androsteron* (**I**)-Bldg. beim Myxödem u. Vermehrung bei Hyperthyreose zeigten, wurde geprüft, ob **I** (ähnlich wie das Schilddrüsenhormon) bei verschiedenen biolog. Geschehnissen als Vermittler auftritt. Es wurde deshalb die Wrkg. von androgenen Präpp. auf den *Cholesterin* (**II**)-Spiegel des Blutes untersucht. In 16 von 17 Fällen (6 normaler **II**-Geh., 11 hypercholesterinäm.) konnte nach Androgenbehandlung (jeden 2. Tag 25 mg *Testosteronpropionat* bei ♂, bzw. 25 mg *Androsteronolbenzoat* bei ♀, bis zur Gesamtmenge von 150 mg i.m.) ein deutliches Absinken der Blut-**II**-Spiegels festgestellt werden. — Den Androgenen kann offenbar eine hypocholesterinäm. Wrkg. zugeschrieben werden; es ist auch der Schluß berechtigt, daß ihnen möglicherweise eine thyreomimet. Eig. zukommt. Die Tatsache, daß bei ♂ trotz höherer Androgen-Bldg. die Arteriosklerose häufiger ist, zeigt, daß die Androgene nicht die wichtigsten Faktoren bei der Beeinflussung des **II**-Stoffwechsels sind. U. Tausendfreund. 4559□

Wirkung von Dosis und Anwendungszeitpunkt von 19-Nortestosteron auf die Differenzierung des Lymphoidgewebes in der Bursa Fabricii von Hühnerembryonen. M. Appaswami Rao, Richard L. Aspinall und Roland K. Meyer. (Endocrinology **70,** 159—66, Febr. 1962; Madison, Wis., Univ. of Wisconsin, Birge Hall, Dep. of Zool.; engl.) — *19-Nortestosteron* (**I**), zwischen dem 5. u. 17. Bruttag in den Eiklaranteil von Hühnereiern injiziert, hemmte die weitere Differenzierung. Wenn es vor der Faltung verabreicht wird, bleibt die Bursa Fabricii ein Epithelsack. Höhere Dosen von **I**, nach dem 11. Tag angewandt, bewirkten pyknot. Veränderungen des Epithels. Mit steigender Dosierung von **I** nahmen der Desoxyribonucleinsäure-Geh. u. der Lymphknoten-Index ab. K. Zingraf. 4559□

Zum Stoffwechsel des Δ^1-17α-Methyltestosterons (Dianabol) und 17α-Methyltestosterons in der Rattenleber. Ludger Lutzmann und Erich Gerhards. (Klin. Wschr. **39,** 953—56, 15/9. 1961; Marburg, Univ., Frauenklinik u. Med. Klinik; dt.) — Der Abbau von *Dianabol* (*17α-Methyl-17β-hydroxyandrosta-1.4-dien-3-on*) u. *17α-Methyltestosteron*) durch Inkubation mit Rattenleberschnitten ist etwa gleich groß, in 3 Std. werden etwa 85% des Einsatzes metabolisiert, es werden 8 ($A-A_8$) UV-akt. Stoffwechselprodd. qual. nachgewiesen. Östrogene werden nicht nachgewiesen. P. Gregorzewski. 4559□

Cytochemische Untersuchungen an der menschlichen Schwangerschaftshypophyse. J. E. Jirásek. (Acta histochem. [Jena] **12,** 319—29, 30/12. 1961; Prag, Karls-Univ., Med. Fak., Embryol. Inst.; Anst. für Mütter- u. Kinderfürsorge; dt.) — Mit Hilfe von Meth., die zum Nachw. von Mucoproteinen dienen, können die einzelnen Zellarten des Hypophysenvorderlappens von Schwangeren klassifiziert u. Veränderungen in der Zellzus. des Gewebes (je nach Änderung der *Hormon*-Sekretion) festgestellt werden. M. Metze. 4560□

Nachweis hypophysärer Gonadotropine im Harn von Kindern. G. Knappe, G. Dörner und F. Stahl. (Klin. Wschr. **39,** 971—72, 15/9. 1961; Berlin, Charité, Inst. für exp. Endokrin.; dt.) — Mit Hilfe einer empfindlichen biolog. Meth. konnte auch im Harn von 2—8jährigen Kindern *Gonadotropine* nachgewiesen werden. P. Gregorzewski. 4560□

Wachstum bei jungen hypophysektomierten Meerschweinchen. Barbara E. Clayton und Janet M. Worden. (J. Endocrinology **18,** XXXII. Mai 1959; London, St. Thomas's Hosp., Med. School; engl.) — Trotz deutlich sichtbarer Veränderungen an endokrinen Organen (verkleinerte Nebennieren, Schilddrüsen u. Ovarien) kann bei in jugendlichem Alter (vor dem 28. Tage) hypophysektomierten Meerschweinchen ein, wenn auch verlangsamtes, beinahe normales Wachstum beobachtet werden; damit stimmt überein, daß die Gesamt-N-, -Kohlenhydrat- u. Fettwerte des Körpers bei beiden Tiergruppen weitgehend ähnlich sind. Makroskop. u. mkr. läßt sich eine Vergrößerung des Hypophysenstieles mit dunkelfärbenden Zellen erkennen, die möglicherweise für das Wachstum der hypophysektomierten Tiere verantwortlich sind. U. Tausendfreund. 4560□

Wirkung des Wachstumshormons der Hypophyse bei ausgewachsenen Ratten mit Kaliummangelernährung. Jerome D. Stein, Leslie L. Bennett und Marjorie M. Nelson. (Endocrinology **70,** 223—27, Febr. 1962; San Francisco, Calif., Univ. of California, School of Med., Dep. of Physiol. and Anat.; engl.) — 0,5 mg *Wachstumshormon* (I) täglich bewirkte bei ♀ Ratten, welche ein Futter mit 6, 12 oder 24% *Casein* (II) erhielten, eine positive N-Bilanz, die vom II-Geh. des Futters abhängig war. Dagegen konnte I die negative K^+-Bilanz bei Tieren, welche K-armes Futter mit 6% oder 24% Eiweiß erhielten, nicht beseitigen, während die Verringerung des N-Geh. im Harn nach I durch den K-Mangel im Futter nicht beeinflußt wurde. K. Zingraf. 4560□

Fettmobilisierende Wirksamkeit der Schweinehypophysenfraktion H bei Kaninchen, Meerschweinchen, Ratten und Mäusen. Daniel Rudman, Floyd Seidman, Stanley J. Brown und Robert L. Hirsch. (Endocrinology **70,** 233—42, Febr. 1962; New York, N.Y., Goldwater Memor. Hosp., Columbia Univ. Res. Serv.; Columbia Univ., Coll. of Physic. and Surg., Dep. of Med. and Pathol.; engl.) — Injektion von Schweinehypophysenextrakt *Fraktion H* (vgl. Rudman u. Seidman, C. **1959,** 17254; C. **1962,** 17079) bewirkte bei Kaninchen eine Zunahme der *freien Fettsäuren* (I) im Serum u. Fettgewebe sowie der *Triglyceride* in Serum, Leber u. Niere, eine Hyperämie des Fettgewebes, eine Verringerung des CO_2-Geh. im Serum, jedoch keine Veränderung des Blutzuckers u. keine Acetonurie. Bei Inkubation mit perirenalem Fettgewebe wurde die Freisetzung von freiem I aus diesen in das Medium gesteigert. Ähnliche Wrkg. wurden bei Meerschweinchen, nicht jedoch bei Ratten u. Mäusen beobachtet. K. Zingraf. 4560□

Rückenmark und ACTH-Freisetzung bei adrenalektomierten Ratten nach elektrischer Reizung. E. S. Redgate. (Endocrinology **70,** 263—66, Febr. 1962; Cleveland, Ohio, Western Res. Univ., School of Med., Dep. of Physiol.; engl.) — Elektr. Reizung der Hinterpfoten adrenalektomierter Ratten mit durchschnittenem thorakalem Rückenmark bewirkte keine Freisetzung von *Adrenocorticotropem Hormon* (*ACTH*), die Gefäßbahn trägt also offenbar nicht zur Ausschüttung von ACTH bei. Dagegen erfolgte Freisetzung von ACTH bei den Tieren nach elektr. Reizung der intakten Nervenbahnen in den Vorderpfoten im gleichen Maße wie bei Tieren mit intaktem Rückenmark. K. Zingraf. 4560□

Das Glykogen in Nebennierenrinde und -mark. Einfluß des Alters und des Geschlechts. H. Planel und A. Guilhem. (C. R. Séances Soc. Biol. Filiales **153,** 844 bis bis 848, 30/9. 1959; Toulouse, Fac. de Med., Labor. d'Histologie; franz.) — Vff. untersuchten die Verteilung des *Glykogens* in den verschiedenen Teilen von Nebennierenrinde u. -mark bei Maus, Ratte, Meerschweinchen, Kaninchen, Katze, Hund, Schwein, Rind, Pferd, Schaf u. Mensch. B. Görlich. 4561□

Adrenalin-induzierte Veränderungen im Aortengewebe von Kaninchen im Vergleich mit Veränderungen im menschlichen Aortengewebe beim Altern. Sv. Bertelsen. (Acta pathol. microbiol. scand. **53,** 335—44, 1961; Copenhagen, Univ., Inst. of Pathol.

Anat., Rheumatic Res. Labor.; engl.) — Die histochem. Unters. *Adrenalin* (I)-induzierter Veränderungen in der Aortenwand von Kaninchen ergab primäre Lokalisierung der Veränderungen in der Media. Sie sind durch eine Zunahme an sulfatierten Mucopolysacchariden, Perjodsäure–Schiff-Reagens-positiver Substanz u. Kollagenfibrillen u. Mineralisation der Grundsubstanz zwischen den elast. Fibrillen charakterisiert. Ferner tritt sekundär eine Proliferation der Intima auf. Die I-induzierten Veränderungen der Aorta werden mit Veränderungen des menschlichen Aortengewebes beim Altern verglichen. K. Maier. 4561 □

Umkehrung der Hemmwirkung von Adrenalin und Histamin auf den Rattenuterus. Kjell Briseid Jensen und Anne Marie Vennerød. (Acta pharmacol. toxicol. [København] **18,** 298—306, 1961; Oslo, Pharmaceut. Inst., Biol. Dep.; engl.) — *1-Dichlorphenyl-2-isopropylaminoäthanol* (I) kehrte die Hemmwrkg. von *Adrenalin* (II) auf den isolierten Rattenuterus in 9 von 30 Fällen um, die Hemmwrkg. von *Histamin* (III) in 13 von 28 Fällen. Die I-Wrkg. auf II u. III war nie parallel, die Uterus-Kontraktionen traten zu anderen Zeiten auf (sofort bzw. später). Die II-Stimulierung war durch *Dibenzyline* blockierbar, nicht aber durch Mepyramine, bei III war das Gegenteil der Fall. Diese Ergebnisse zeigen, daß die II- bzw. III-Stimulierung qual. verschieden sind. M. Metze. 4561 □

Die Wirkung von Histamin auf die Adrenalin-Hemmung am Rattenuterus. Kjell Briseid Jensen und Anne Marie Vennerød. (Acta pharmacol. toxicol. [København] **18,** 307—12, 1961; Oslo, Univ., Pharmaceut. Inst., Biolog. Dep.; engl.) — Vgl. auch vorst. Referat. — Am isolierten Rattenuterus wurde die Hemmwrkg. von *Adrenalin* (I) u. *Histamin* (II) vergleichweise untersucht u. eine Klassifizierung der beiden Substanzen gegeben. Die Hemmwrkg. von I wird durch II (250—1000 mal höhere Konzz.) sofort verringert. Da II selbst ebenfalls den Uterusmuskel hemmt, ist anzunehmen, daß es auf dieselben Strukturen einwirkt wie I. I wirkt vermutlich akt. als Depressorsubstanz. *Papaverin* u. *Mepyramin* erhöhen die I-Hemmwrkg., sie wirken also auf andere Muskelstrukturen wie I. Um festzustellen, ob auch II als akt. Antagonist wirkt wie I, müßte seine Hemmwrkg. ebenfalls durch andere Substanzen reduzierbar sein. *Tolazoline* reduziert die I-Wrkg. u. in einigen Experimenten auch die II-Wrkg., die Ergebnisse lassen jedoch noch keine genaue Charakterisierung der II-Wirkungsweise zu. M. Metze. 4561 □

Norepinephrin-Freisetzung während respiratorischer Acidose bei adrenalektomierten Hunden. R. A. Millar und M. E. Morris. (Anestesiology **22,** 62—66, Jan./Febr. 1961; Montreal, Canada, Montreal Neurol. Inst., Dep. of Anest.; McGill Univ.; engl.) — Bei adrenalektomierten Hunden in leichter Pentothal-Succinylcholin-Narkose wurden bei respirator. Acidose (infolge intermittierender Ventilation mit 20% CO_2 in O_2) eine deutliche Zunahme der *Norepinephrin*-Konz. im Plasma beobachtet. Der Epinephrin-Geh. im Plasma verhielt sich unregelmäßig. K. Zingraf. 4561 □

Wirkung von Arzneimitteln auf den Noradrenalin-Gehalt des Hirns und peripherer Gewebe und ihre Bedeutung. Saroj Sanan und Marthe Vogt. (Brit. J. Pharmacol. Chemotherapy **18,** 109—27, Febr. 1962; Edinburgh, Univ., Dep. of Pharmacol.; Brabraham, Cambridge, A.R.C. Inst. of Animal Physiol.; engl.) — Hohe Dosen von *Methoserpidin* verringerten bei Kaninchen u. Menschen den *Noradrenalin* (I)-Geh. der Sympathicusganglien, nicht aber des Hirns, u. wirkte nicht sedierend; bei Katzen verringerten sie auch den I-Geh. des Hirns u. wirkten sedierend. *Guanethidin* verringerte den I-Geh. in Sympathicusganglien von Kaninchen u. Katzen, die Wrkg. auf den I-Geh. des Hirns war unregelmäßig. Wiederholte i.v. Injektionen von *Dimethylphenylpiperaziniumjodid* veränderten den I-Geh. bei Kaninchen nicht. *Dexamphetamin* verringerte bei Kaninchen den I-Geh. im Hirn u. im Ganglion cervicale superius. *Pheniprazin* u. *Phenylhydrazinobutan* erhöhten den I-Geh. im Hirn von Kaninchen u. in den Ganglien von Katzen. K. Zingraf. 4561 □

Wirkung von Pharmacis auf den Steroidstoffwechsel von Rattenlebermikrosomen. K. Leybold und Hj. Staudinger. (Klin. Wschr. **39,** 952—53, 15/9. 1961; Gießen, Justus-Liebig-Univ., Physiol.-Chem. Inst.; dt.) — Die Hydrierung von Ring A der Steroide *Cortison* u. *Testosteron* durch Rattenlebermikrosomen wird durch Stoffe ganz verschiedener chem., pharmakolog. u. physiolog. Eigg. gehemmt. Die stärkste Hemmung zeigt *Quercetinpolyphosphorsäureester* ($5{,}0 \cdot 10^{-5}$ m) u. unter anderen *Stilböstrol, Hexöstrol, Östriol, Östradiol, Ascorbinsäure, Phenylbutazon, Imipramin.* P. Gregorzewski. 4561 □

Über den Einfluß der Nebenniere auf den Wasser-, Elektrolyt- und Mucopolysaccharidgehalt der Haut. Th. Günther, H. J. Dulce und E. Schütte. (Naunyn-Schmiedebergs Arch. exp. Pathol. Pharmakol. **242,** 201—06, 1961; Berlin, Freie Univ., Physiol.-Chem. Inst.; dt.) — Normale u. adrenalektromierte (adr.) Ratten erhielten *Cortisonacetat* (I; 9 mg/Tag) bzw. *Aldosteronacetat* (II; 2,5 µg/Tag) injiziert, nach 7 Tagen

Behandlung wurden die Tiere getötet u. die Veränderungen in der Haut festgestellt: *Wasser*-Geh. nimmt bei adr. Tieren zu, I-Zufuhr senkt ihn wieder, II hat keinen Einfluß. Die Wasserzunahme erfolgt extracellulär unter Konstantbleiben des Na-Verteilungsraumes. Es ist anzunehmen, daß die Vermehrung des Kollagen-gebundenen W., in dem keine Elektrolyte gelöst sind, die Wasserzunahme bewirkt. *Na-* u. *Cl*-Geh. der Haut (bezogen auf Trockensubstanz) wird bei adr.-Tieren nach I vermindert, bei normalen Tieren verringert sich nach I nur der Cl-Gehalt. Der *Hexosamin*-Geh. ist in keinem der untersuchten Fälle unterschiedlich. M. Metze. 4561 □

Gewicht und Desoxyribonucleinsäure-Gehalt der Nebennieren bei experimenteller Thyreotoxikose. H. L. Krüskemper und S. H. Hassan. (Klin. Wschr. **39,** 973—75, 15/9. 1961; Bonn, Med. Univ.-Poliklinik; dt.) — *Trijodthyronin* (0,05 mg/100 g/Tag, 4—16 Tage) bewirkt eine starke Zunahme des Nebennieren-Gew. normaler Ratten, gleichzeitig nimmt der Geh. an *Desoxyribonucleinsäure* zu. P. Gregorzewski. 4562 □

Angeborene enzymatische Störungen der Schilddrüsenhormon-Synthese. E. Werner. (Mschr. Kinderheilkunde **110,** 213—14, März 1962; Berlin-Charlottenburg, Univ.-Kinderklinik; dt.) — Vf. diskutiert Anomalien im Schilddrüsenstoffwechsel, die zu einer vermehrten Bldg. von *Thyreoid-stimulierendem Hormon* führen. Wie Unterss. mit ^{131}J zeigen, läßt sich die auf einem Enzymdefekt der Schilddrüse beruhende Störung durch *Thyreoidin*-Gaben beheben. G. Kirsten. 4562 □

Zur extrathyreoidalen Schilddrüsenhormonbildung. H. Spitzy. (Sonderbände zur Strahlentherapie **45 (4),** 350—57, 1960; Bad Hall, Paracelsus-Inst., Chem. Abt.; Graz, Univ., Med.-Chem. Inst. u. Pregl-Labor.; dt.) — Verabreichung von *Jodid* (I) an schilddrüsennormale Hunde erniedrigt das *eiweißgebundene J* (PBJ) des Blutserums, elementares J_2 steigert dieses erheblich. Langanhaltende Zufuhr großer I-Mengen an thyreoidektomierte Tiere steigert PBJ gleichfalls. Mittels ^{131}J wurde nachgewiesen, daß das überhöhte PBJ nur *Dijodtyrosin* (II) u. *Monojodtyrosin* (III), die Schilddrüsenhormonvorstufen, enthält. In vivo-Injektion von 1 mg J_2 in den Skelettmuskel von Ratten führten ebenfalls nur zur Bldg. von II u. III, d. h. die Synth. von Schilddrüsenhormon ist offensichtlich ausschließlich auf das Schilddrüsengewebe beschränkt. K. Maier. 4562 □

Peripherer Stoffwechsel von Thyroxin und Trijodthyronin bei Jodmangelratten. Joseph D. Feldman. (Proc. Soc. exp. Biol. Med. **103,** 860—62, April 1960; Pittsburgh, Pa., Univ. of Pittsburgh School of Med., Dep. of Pathol.; engl.) — Jodmangel-Ratten erhalten subkutan *Propylthiouracil* u. 15 Min. später *Thyroxin* oder *Trijodthyronin;* danach wird die Radioaktivität von Blutproben u. nach 24—72 Std. bei der Autopsie auch die von einzelnen Organen bestimmt. Die Halbwertszeit u. die Verteilungs-Geschw. ist bei Jodmangeltieren u. Kontrollen gleich, der tägliche Hormonabbau ist gegenüber den Kontrollen verringert. P. Gregorzewski. 4562 □

Untersuchungen über die biologische Wirksamkeit der Jodthyro-N-methyläthanolamine. R. Michel, J. Klepping, R. Truchot und H. Tron-Loisel. (C. R. Séances Soc. Biol. Filiales **155,** 1458—62, 1961, herausgeg. 15/1. 1962; Dijon, École Nat. de Med., Labor. de Chim. pharmaceut. et de Physiol.; franz.) — Vgl. auch C. **1961,** 13885 u. 16560. — Vff. exponieren Kaulquappen (*Rana esculenta*) in *3.5.3'-Trijodthyro-N-methyläthanolamin* (I)-, *3.5-Dijodthyro-N-methyläthanolamin* (II)- u. zum Vgl. *DL-Thyroxin* (III)-enthaltendes W. u. beobachten innerhalb von 10 Tagen die Metamorphose der Tiere. Ferner wird der O_2-Verbrauch von normalen u. thyreoidektomierten Ratten nach Zufuhr von II u. III in Kurzzeit- (3½ Std.) u. Dauerverss. (6 Wochen) ermittelt. Es zeigt sich, daß I u. II eine deutliche metamorphogene Wrkg. besitzen, die 37 bzw. 51% von der des III beträgt. Die thyreomimet. Eigg. von I u. II (2—6 μg/100 g) sind gering, der O_2-Verbrauch wird bei thyreoidektomierten Tieren kaum beeinflußt. Beide Verbb. verursachen nach Zufuhr von *Thiouracil* innerhalb von 10 Tagen eine Gew.-Zunahme der Thyreoidea; weisen also im Gegesatz zu III eine antigoitrogene Wrkg. auf. Bei anästhetisierten u. atropinisierten Kaninchen führt I 2,5—5 μMol/kg) zu einer mäßigen Hypotension, während II in gleicher Dosierung keinen Einfl. auf den Blutdruck ausübt; beide Verbb. zeigen also keine sympathicomimet. Eigenschaften. P. Fahrnlaender. 4562 □

Anwendung von L-Carnitin bei Schilddrüsenüberfunktion. E. Strack, H. Blösche, H. Bemm und W. Rotzsch. (Dtsch. Z. Verdauungs- u. Stoffwechselkrankh. **21,** 253—59, 1962; Leipzig, Karl-Marx-Univ., Physiol.-Chem. Inst. u. Med. Klin.; dt.) — Bei 5 Hyperthyreotikern wurde nach Verabreichung von *L-Carnitin* (I) eine Grundumsatzsenkung u. teilweise Besserung der nervösen Symptome beobachtet. I beeinflußt die Schilddrüse nicht direkt (unveränderte Radiojodteste), verändert aber die Bindung von Schilddrüsenhormon an spezif. Eiweißkörper. Die Ausscheidung von I im Harn war bei den untersuchten Fällen verzögert. K. Zingraf. 4562 □

Die Reinigung von thyroxinbindendem Globulin und thyroxinbindendem Präalbumin. J. R. Tata. (Clin. chim. Acta [Amsterdam] **6,** 819—32, Nov. 1961; London, Mill Hill, Nat. Inst. for Med. Res.; engl.) — Beschreibung verschiedener Methoden. — 30 Literaturangaben. M. Metze. 4562□

Die Reaktion von epididymalem Fettgewebe auf kleine Insulinkonzentrationen. Der Einfluß von Cortison. P. Riet Correa, E. Magalhaes und M. E. Krahl. (Proc. Soc. exp. Biol. Med. **103,** 704—706, April 1960; Porto Alegre, Univ. do Rio Grande do Sul, Fac. de Med., Inst. de Fisiol. Exp.; engl.) — Durch *Cortisonacetat*-Injektion (7 mg, mehrere Gaben über 3½ Tage verteilt, subkutan) an Ratten wird die Glucoseaufnahme bzw. die CO_2-Bldg. von Fettgewebe nach Zugabe von *Insulin* stark verringert. Zum Beispiel sinkt die CO_2-Bldg. von 80 μLiter/g/Std. auf 22 u. die Glucose-Aufnahme von 1,9 mg/g/3 Std. auf 1,2. P. Gregorzewski. 4564□

Die Ergebnisse der Formaldehyd–Resorcin–Fuchsin-Färbung nach Fixierung in Chromalaun–Formalin. Miklós Krutsay. (Acta histochem. [Jena] **12,** 340—42, 30/12. 1961; Keszthely, Ungarn, Bez.-Krankenhaus; dt.) — Die *Formaldehyd–Resorcin–Fuchsin*-Färbung zeigt nach Fixierung in *Chromalaun–Formalin* gute Resultate. Das Verf. ist besonders geeignet zur Unters. der elast. Fasern, des Neurosekrets u. der β-Zellen des Pankreas. M. Metze. 4564□

Immunochemische Unterscheidung zwischen Insulinen mit identischer Aminosäurefolge. Solomon A. Berson und Rosalyn S. Yalow. (Nature [London] **191,** 1392—93, 30/9. 1961; Bronx, N.Y., Veterans Admin. Hosp., Radioisotope Serv.; engl.) — Krist. ^{131}J-Rinder-*Insulin* (I) im Gemisch mit verschiedenen Konzz. an unmarkiertem Rinder-I, Schweine-I u. Spermwal-I u. ident. Konzz. an menschlichem (oder Meerschweinchen) Antiserum (gegen Rinder-I) wurde 4 Tage bei 4° inkubiert u. danach der durch Antikörper gebundene Anteil des ^{131}J-I durch Papierchromatographie u. -elektrophorese bestimmt. Die Meth. beruht auf der Tatsache, daß freies ^{131}J-I an der Auftragstelle verbleibt, während das antikörpergebundene ^{131}J-I mit den Inter-β-globulinen wandert. Verschiedene Antiseren reagieren mit den 3 untersuchten I-Arten ähnlich, während einige deutlich einen Unterschied zwischen Spermwal-I u. Schweine-I in bezug auf die Konkurrenz gegenüber Rinder-I machen. Finnwal-I u. Spermwal-I zeigen ähnliche Reaktionen. Nach Ansicht der Vff. handelt es sich bei den Unterschieden zwischen Spermwal-I u. Schweine-I (da die Aminosäurefolge die gleiche ist) um Differenzen in der sek. oder tert. Struktur. P. Schwerdtfeger. 4564□

Eine Untersuchung der Technik des isolierten Rattendiaphragmas zur Bestimmung der Insulinwirkung. G. Pozza und S. Eridani. (Clin. chim. Acta [Amsterdam] **4,** 889—92, Nov. 1959; Milan, Univ., Inst. of Gen. Clin. and Therapeut. Med.; engl.) — Die Literatur über die Plasma-*Insulin* (I)-Best. durch die Rattendiaphragma-Meth. wird kurz besprochen; auf Diskrepanzen über Daten von normalem I-Geh. in Humanserum wird hingewiesen. Die Schwierigkeit der Best. des abs. Plasma-I-Geh. durch die Technik wird diskutiert; die Meth. ist anwendbar zur I-Best. mit Hilfe von Relativwerten. K. F. Müller. 4564□

Der Einfluß von 2.3-Dimercaptopropanol auf die hypoglykämische Insulinwirkung. Oscar V. Dominguez. (Proc. Soc. exp. Biol. Med. **103,** 749—51, April 1960; Mexico City, D.F., Inst. Politecnico Nacional, Dep. de Farmacol., E.N.C.B.; engl.) — 30 Min. vor 0,7 I.E. *Insulin*/kg (i.v.) verabreichtes *2.3-Dimercaptopropanol* (BAL, 70 mg/kg, i.m.) verursacht bei Kaninchen eine signifikante Erhöhung des Blutglucosespiegels. P. Gregorzewski. 4564□

Klinische Untersuchungen über den Stoffwechsel der Brenztraubensäure und α-Ketoglutarsäure. 2. Mitt. **Untersuchungen über den Brenztraubensäure- und α-Ketoglutarsäurestoffwechsel bei Patienten mit Diabetes mellitus unter besonderer Berücksichtigung der Beeinflussung durch Insulin und Thiamin.** Michimasa Yoneda. (Jap. Arch. intern. Med. **5,** 313—20, 1958; Kyoto Univ., Med. Fac., 1. Med. Clin.; jap., Auszug: engl.) — 1. vgl. C. **1960,** 1241. — Im nüchternen u. Ruhezustand war bei Diabetes mellitus-Patienten der Blut-*Brenztraubensäure* (I)-Spiegel etwas höher als bei normalen Personen, während umgekehrt der Blut-*α-Ketoglutarsäure* (II)-Spiegel bei einigen Patienten mit erheblicher Hyperglykämie niedrig lag. Nach subkutaner Zufuhr von 10 Einheiten *Insulin* stieg bei Diabetikern der Blutspiegel von I u. II an u. die I- u. II-Ausscheidung im Harn war anschließend gegenüber normalen Personen beträchtlich erhöht. Nach 5 mg *Thiamin* (III) subkutan sank der Blut-I-Spiegel ab u. die I- u. II-Ausscheidung im Harn verringerte sich während der beiden Std. nach der Vitaminzufuhr. Es wird angenommen, daß bei Diabetes mellitus-Patienten infolge Störung der Glykolyse die I-Bldg. sowie der I-Abbau behindert sind u. der I-Abbau über II im Tricarbonsäurecyclus durch III gebessert wird. K. Maier. 4564□

Der Einfluß von Sulfonylharnstoffen auf den Atmungsquotienten bei diabetischen und normalen Tieren. Paolo Cerletti und Carlo Gregolin. (Clin. chim. Acta [Amsterdam] **4**, 579—82, Juli 1959; Rome, Italy, Univ., Inst. of Biol. Chem.; engl.) — An Alloxan-Diabetesratten wird der Einfl. von *N^1-n-Butyl-N^2-p-tolyl-(3)-sulfonylharnstoff* (I) auf den Atmungsquotienten (R. Q.) untersucht. I beeinflußt R. Q. nicht, bewirkt aber eine Empfindlichkeitsabnahme der Tiere gegenüber *Insulin*. Es wird über den Wrkg.-Mechanismus von I diskutiert. H. Struck. 4564□

Vergleich von Phosphatfraktionen, Glykogen und Fett bei Kontrolltieren und stark alloxandiabetischen Ratten. Clarissa H. Beatty, Ruth D. Peterson, Rose Mary Bocek und Edward S. West. (Amer. J. Physiol. **196**, 1246—49, Juni 1959; Portland, Oreg., Univ. of Oregon Med. School, Dep. of Biochem.) — Vff. verwendeten zur Analyse Beinmuskel von normalen u. alloxandiabet. Ratten. Bezogen auf fettfreie Substanz zeigten die diabet. Ratten im Vgl. zu den normalen eine Abnahme des *Kreatinphospats, gesamten säurelösl. Phosphats* u. *Gesamtphosphats. Anorgan. Phosphat, Adenosindi- + -triphosphat, Kreatin, Nichtkollagenprotein* u. *Gesamt-N* hatten bei den diabet. Tieren den gleichen Betrag wie bei normalen Tieren. Die diabet. Tiere zeigten einen Anstieg des in Trichloressigsäure extrahierbaren *Glykogens* u. des Fettes. Die Gew. von Darm u. Leber im Verhältnis zum Körper-Gew. waren bei den diabet. Ratten doppelt so hoch. W. Hiller. 4564□

Die Wirkung von Panax Ginseng auf den Alloxandiabetes. Chen Tsuo, Ching-Ch'u Yen und Hai-P'eng Lei. (Acta pharmac. sinica **7**, 208—12, Sept. 1959; Peking, Chin. Acad. of Med. Sci., Inst. of Materia Med.; chin., Auszug: engl.) — Mit Hilfe eines aus *Panax Ginseng* hergestellten *alkohol. Extraktes* (anschließend getrocknet, pulverisiert u. in W. gelöst), der durch die Magensonde in Dosen von 0,52 g Droge/kg/Tag 3 Tage vor der Hervorrufung eines *Alloxan*-Diabetes an (vorwiegend mit Mais gefütterte) Ratten verabreicht wurde (nach Alloxan, 200 mg/kg subkutan noch weitere 2 Wochen), konnte eine geringe Schutzwrkg. gegenüber der Entw. des Diabetes ausgeübt werden, die sich jedoch nicht an einer Verminderung der Morbidität oder Mortalität, sondern nur an einer Verminderung des Blutzuckerspiegels, u. das auch nur bei ♂ Tieren, zeigte. Bei bereits alloxandiabet. ♂ Tieren konnte entweder mit 7 Tage nach der Vergiftung einsetzender 14 tägiger Behandlung mit 0,5 g/kg/Tag oder mit einer zwischen dem 11. u. 15. Tag gegebenen einmaligen Dosis von 0,5 g/kg eine Blutzuckersenkung hervorgerufen werden. Diese kurative Wrkg. von Panax Ginseng ist jedoch offenbar nicht sehr stark, da bereits bei einer zwischen dem 32. u. 36. Tag gegebenen 0,5 g/kg-Dosis keine Wrkg. mehr verzeichnet werden konnte. — Merkwürdigerweise hatte 14tägige Verabreichung von 1 g/kg/Tag keine Wirkung. U. Tausendfreund. 4564□

Die Wirkung von Panax Ginseng auf alloxandiabetische Ratten unter verschiedenen Diätformen. Keng-Tao Liu, Hsiu-Chuan Chi und Chen-Yu Sung. (Acta pharmac. sinica **7**, 213—17, Sept. 1959; Peking, Chin. Acad. of Med. Sci., Inst. of Materia Med., Dep. of Pharmacol; chin., Auszug: engl.) — Vgl. auch vorst. Referat. — Mit Mais unter 5% *Panax Ginseng*-Zulage gefütterte ♂ Ratten erwiesen sich gegenüber der diabetogenen Wrkg. von 200 mg *Alloxan*/kg, intraperitoneal, als ebenso empfänglich wie nichtbehandelte Kontrollen, was Häufigkeit der Hyperglykämie, Höhe des Blutzuckerspiegels u. Mortalität anbetrifft. Durch eine Weiterfütterung von Panax Ginseng kam es jedoch zu einer langsamen Erniedrigung des Blutzuckerspiegels bis zur Norm, der sich auch nach der Absetzung von Panax Ginseng nicht wieder hob. Bei Verabreichung einer Kost mit hohem Protein-Geh. (Fischmehl, Bohnen, Weizen, Hefe, Lebertran) konnte durch 5%ig. Zufütterung von Panax Ginseng kein Erfolg erzielt werden.
U. Tausendfreund. 4564□

Der Stoffwechsel von ^{14}C-markiertem Histamin bei schwangeren und nichtschwangeren Frauen. Karen Nilsson, S.-E. Lindell, R. W. Schayer und H. Westling. (Clin. Sci. **18**, 313—19, Mai 1959; Lund, Univ., Inst. of Physiol.; engl.) — Nach Injektion von *^{14}C-Histamin* erscheinen sowohl bei schwangeren als auch bei nichtschwangeren Frauen 62—99% der Aktivität binnen 12 Std. im Urin wieder. Die Bldg. von *Imidazolylessigsäure* ist bei beiden Gruppen ebenfalls gleich, obwohl in vitro das Plasma schwangerer Frauen eine bedeutend höhere *Histaminase*-Aktivität aufweist als das nichtschwangerer. L. Lachhein. 4569□

Die pharmakologische Wirksamkeit der Abbauprodukte des Histidins und Histamins am isolierten Meerschweinchendarm. K.-O. Mosebach. (Klin. Wschr. **39**, 80—83, 15/1. 1961; Bonn, Univ., Physiol.-Chem. Inst.; dt.) — Von den wichtigsten prim. u. sek. Abbau-Prodd. des *Histidins* u. *Histamins* (I) mit unzerstörtem Imidazolring zeigt keines auch nur annähernd die Wrkg. von I am isolierten Meerschweinchendarm. Eine eindeutige Wrkg. weist nur *Imidazolylessigsäure* (II) — doch um Größenordnungen kleiner als I — auf; die an *Imidazolylacetaldehyd* beobachtete Wrkg. hängt vermutlich mit Verunreinigung durch I zusammen; II dürfte eine Rolle als Reizstoff bei Erythem-Bldg. u. allerg. Erkrankungen spielen. — Ohne Wrkg. sind die Abbau-Prodd. *Imidazolylbrenztraubensäure, Imidazolylmilchsäure, Imidazolylacrylsäure* (*Urocaninsäure*), *Oxymethylimidazol, Imidazolylformaldehyd* u. *Imidazolylcarbonsäure*; sonstige methylierte u. acetylierte Prodd. wurden nicht berücksichtigt. U. Tausendfreund. 4569□

Hemmung der 5-Hydroxytryptophan-Toxizität durch Methysergid bei der Maus. J. Kärjä, N. T. Kärki und E. Tala. (Acta pharmacol. toxicol. [København] **18,** 255—62, 1961; Univ. of Turku, Dep. of Pharmacol.; engl.) — *Methysergid* (*N-[1-Hydroxymethylpropyl]-4-methyl-(+)-lysergsäureamid*; *Deseril*; I) senkt die *5-Hydroxytryptophan* (II)-Toxizität nach Vorbehandlung mit dem Aminooxydasehemmer *Pheniprazine* bei Mäusen. *Lysergsäurediäthylamid* (*Lysergid*) u. *Ergotamin* hatten die gleiche Wrkg. wie I; *Phentolamine* hatte entgegengesetzte Wirkung. Die pyrogene II-Wrkg. wurde durch I red. u. der temperatursenkenden Wrkg. wurde entgegengewirkt. M. Metze. 4569□

Isolierung und Identifizierung des Acetylcholinreceptorproteins aus elektrischem Gewebe. Seymour Ehrenpreis. (Biochim. biophysica Acta [Amsterdam] **44,** 561—77, 18/11. 1960; New York, Columbia Univ., Coll. of Physicians and Surg., Dep. of Neurol. and Biochem.; engl.) — Zur Isolierung des *Acetylcholinreceptor* (I)-*Proteins* wurden die Proteine des elektr. Gewebes von *Electrophorus electricus* mit Phosphatpuffer, pH 7,5, Ionenstärke 1, extrahiert u. mittels $(NH_4)_2SO_4$ fraktioniert. Gleichgewichtsdialyse lieferte eine Proteinkomponente (II), die Acetylcholin u. verwandte tert. u. quart. N-Derivv., wie *d*-Tubocurarin (III), Atropin, Prostigmin u. Benzoylcholin bindet. Die Bindungsstärke dieser Verbb. differiert stark. II bildet mit III einen Niederschlag. III fällt leicht eine große Zahl von Makromoll., wie Nucleinsäuren, saure Polysaccharide usw.; während aber diese Komplexe durch Dialyse bei neutralem pH leicht in Lsg. gehen, ist der II–III-Nd. nur durch pH-Steigerung auf 9 in Lsg. zu bringen. Receptor-II wurde durch III-Fällung elektrophoret. homogen erhalten. Die Identifizierung mit dem Zell-I erfolgte durch die strenge Parallelität zwischen der Bindungsstärke verschiedener Verbb. u. ihrer Beeinflussung der elektr. Aktivität der isolierten Einzelelektroplax aus elektr. Gewebe. Andere geprüfte Makromoll. wiesen eine deutlich von Receptor-II verschiedene Bindungscharakteristik auf. K. Maier. 4569□

Vergleichbare Wirkungen von Angiotensin und Noradrenalin auf konsekutive Gefäßabschnitte. Björn Folkow, Börje Johansson und Stefan Mellander. (Acta physiol. scand. **53,** 99—104, Okt. 1961; Göteborg, Univ. of Göteborg, Dep. of Physiol.; engl.) — Ein Vgl. der Wrkg. von *l-Noradrenalin* (I) u. *Angiotensin* (II) auf Gefäßabschnitte („resistance vessels and capacitance vessels" nach Mellander [1960]) in der Hautmuskelregion der Katze zeigte, daß wahrscheinlich die I-Receptoren sowohl in arteriellen als auch venösen Abschnitten der Zirkulation zu finden sind, während die II-Receptoren auf die glatte Muskulatur der präcapillaren Gefäßregion beschränkt sind. M. Metze. 4569□

Produkte der milden Säure- und Alkalihydrolyse der M- und N-Blutgruppensubstanzen. Elżbieta Romanowska. (Nature [London] **191,** 1408—09, 30/9. 1961; Wrocław, Poland, Ludwik Hirszfeld Inst. of Immun. and Exp. Therapy, Dep. of Biochem.; engl.) — Die durch Phenolextraktion aus menschlichem Erythrocytenstroma erhaltenen *M*- u. *N-Blutgruppensubstanzen* werden mit 0,05n H_2SO_4 40 Min. bei 80° (a) bzw. mit 0,02n $Ba(OH)_2$ 15 Min. bei 80° (b) hydrolysiert. Bei Hydrolyse nach a konnte auf Grund charakterist. Rkk. (Diphenylamin u. 2-Thiobarbitursäure), der papierchromatograph. Wanderung u. der Umwandlung in 2-Carboxypyrrol *N-Acetylneuraminsäure* (I) nachgewiesen werden. Bei Hydrolyse nach b konnten I, geringe Konzz. an *Chromogen I*, Spuren von *N-Acetylhexosamin, Galaktose* (II) u. zwei unbekannte Verbb. (C_1 u. C_2) nachgewiesen werden. Durch Hydrolyse nach a sowie durch Einw. von Influenzavirus (Stamm Lee) wird C_1 in I u. II gespalten. C_2 liefert bei Hydrolyse nach a nur I, während Influenzavirus C_1 in I u. Chromogen I spaltet. Die Bindung von I ist in beiden Disacchariden α-ketosidisch. Nach Ansicht des Vf. sind C_1 u. C_2 essentielle Bestandteile der prosthet. Gruppe der M- u. N-Mucoide. P. Schwerdtfeger. 4572□

Erhöhte Eisenresorption ohne Zunahme der Geschwindigkeit der Erythropoiese. Gerald A. Mendel. (Nature [London] **192,** 878—79, 2/12. 1961; Chicago, Argonne Cancer Res. Hosp.; engl.) — Verschiedene Vers.-Bedingungen wie z. B. Gaben von *Erythropoietin* u. einer Reihe anderer Stoffe führen beim Menschen zu erhöhter *Fe*-Resorption unter gleichzeitigem Ansteigen der Erythropoiese (Ep). Gaben von $^{89}SrCl_2$ (4 μc/g) red. die Ep im Knochenmark junger ♀ Mäuse (CF Nr. 1) innerhalb von 11 Tagen von normalerweise 38,8 auf 4,1% (Tabelle), wobei die Fe-Resorption (als $^{59}FeSO_4$) im Darm von normalerweise 15,5 auf 11,6% zurückgeht. Unter O_2-Mangel steigt bei normalen Mäusen Fe-

Resorption (33,1%) u. Ep (56,5%) an, während bei milzektomierten Tieren nach ^{89}Sr-Gaben wohl die Fe-Resorption (30,3%) ansteigt, die Ep jedoch auf 4,0% absinkt. Mögliche Folgen erhöhter Fe-Aufnahme bei gleichzeitig verminderter Fe-Nutzung durch das Rückenmark werden diskutiert. G. Kirsten. 4572□

Die Strukturen von Ferritin und Apoferritin: einige vorläufige röntgenologische Ergebnisse. Pauline M. Harrison. (J. molecular Biol. **1**, 69—80, April 1959; Sheffield, Univ., Dep. of Biochem.; engl.) — Es werden röntgenolog. Unters.-Ergebnisse über die Struktur von *Apoferritin* (aus Pferdemilz) u. 2 krist. Formen von *Ferritin*, *A* u. *B* mitgeteilt. Alle 3 Formen zeigen gleiches Gittermuster, A ist pseudokub. (a = 130, b = 130, c = 184 Å), die beiden anderen kub. (a = 184 Å). Jedes Mol. Apoferritin besitzt eine Gruppensymmetrie (432) mit 24n Untereinheiten. Die B-Struktur ist vermutlich ident. (432; 43m oder m 3 m). Wenn die Micelle aus 4 Partikeln am Scheitel eines Tetraeders oder 8 Partikeln am Scheitel eines Kubus besteht, dann ist jedes Partikelchen wahrscheinlich aus 3 Untereinheiten zusammengesetzt. A enthält vermutlich eine zweifache Achse. Entweder liegen demnach 2 Arten von Ferritin vor, in denen die Micellen verschieden orientiert sind oder A nutzt die volle Symmetrie des Mol. nicht aus. Für Apoferritin u. A ist ein Mol.-Durchmesser von 111—112 Å ermittelt worden, die kub. Anordnung der luftgetrockneten Kristalle zeigt ein a von 158 u. 156 Å. Das Molgew. von A beträgt 747000, das von Apoferritin dürfte ähnlich sein. U. Tausendfreund. 4572□

Wirkung von Hämoglobin auf die Harnstoffkonzentration in Erythrocyten. H. V. Murdaugh jun. und E. M. Doyle. (J. Lab. clin. Med. **57**, 759—62, Mai 1961; Birmingham, Ala., Univ. of Alabama, Dep. of Med.; Duke Univ., Schools of Med., Dep. of Med.; Durham, N.C., Veter. Admin. Hosp.; engl.) — Im Gegensatz zu der Annahme, daß *Harnstoff* (**I**) eine völlig frei in den Körper-Fll. diffundierende Substanz sei, wurde in Erythrocyten des Menschen eine höhere **I**-Konz. als im Plasma gefunden; der Quotient für **I** in Erythrocyten-Fl./Plasma-Fl. betrug im Durchschnitt 1,19 (Standardabweichung 0,02). Es konnte nachgewiesen werden, daß **I** durch *Hämoglobin* (von Mensch u. Rind) gebunden wird (beim Menschen zu 13%; energieunabhängig). Unterschiede des Quotienten nach Mahlzeiten gegenüber Fasten wurden nicht gefunden. Das Bestehen einer Konz.-Differenz für **I** läßt die Auslegung von Vers.-Daten, die auf der gleichmäßigen Verteilung von **I** in den Gewebe-Fll. beruhen, problemat. werden.
U. Tausendfreund. 4573□

Über die Methämoglobinrückbildung und die Beziehungen des Stoffwechsels zum Kationentransport bei Kälbererythrocyten. Helga Weimann und Horst Banaschak. (Acta biol. med. german. **2**, 439—45, 1959; Berlin, Humboldt-Univ., Inst. für Pharmakol. u. Toxikol.; dt.) — Vgl. C. **1960**, **6902**. — Es wurde versucht, Beziehungen zwischen dem Stoffwechsel- u. Kationentransport-Syst. der Kälber- u. Rindererythrocyten zu finden (Kälbererythrocyten zeichnen sich durch hohen Stoffwechsel sowie hohen *K*- u. geringen *Na*-Geh. aus, während Rindererythrocyten hohen Na- u. niedrigen K-Geh. bei auffallend niedrigem Stoffwechsel aufweisen); dabei wurde zunächst die Methämoglobinrückbldg.-Geschw. von Kälbererythrocyten in Abhängigkeit vom Alter der Tiere bestimmt: bei Gegenüberstellung der rückbildenden Syst. der Zellen u. ihres K-Geh. findet sich für Zellen mit höchstem K-Geh. eine zunächst noch niedrige Aktivität DPN-abhängiger Syst., während die Aktivität der TPN-abhängigen Syst. sehr hoch ist; mit fortschreitendem Alter gleicht sich die hohe Aktivität der Syst. schnell dem Niveau der Rindererythrocyten an, während der K-Geh. noch länger relativ hoch bleibt.
U. Tausendfreund. 4573□

Die angeborenen Anomalien der Erythrocyten und des Blutfarbstoffs. Klaus Betke. (Mschr. Kinderheilkunde **110**, 159—63, März 1962; Tübingen, Univ.-Kinderklinik; dt.) — Übersicht über kongenitale Anomalien im Stoffwechsel von Erythrocyten u. *Blutfarbstoff* wie z. B. Methämoglobinämie u. anderen hämolyt. Anämien. — 57 Literaturangaben. G. Kirsten. 4573□

Untersuchungen über die Zerstörung von Glutathion-instabilen Erythrocyten. Der Einfluß von Fava-Bohnen und Primaquine auf diese Zellen in vivo. Mortimer S. Greenberg und Helena Wong. (J. Lab. clin. Med. **57**, 733—46, Mai 1961; Boston, Mass., Lemuel Shattuck Hosp., Med. Serv.; Harvard Med. School, Dep. of Med.; engl.) — Da weder über den Mechanismus der hämolyt. Rk. beim Favismus noch die Art der Wrkg. von Fava-Bohnen (oder Derivv.) auf die *Glutathion* (**I**)-instabilen Erythrocyten Klarheit herrscht, wurden Beobachtungen bei einem Fall von Favismus mit denen bei experimentell durch Oxydantien (*Primaquine*; **II**) erzeugter hämolyt. Anämie verglichen. Es konnten dabei folgende Resultate erzielt werden: Die **I**-Instabilität bei Erythrocyten von Personen mit Favismus ist nicht der einzige Faktor bei der hämolyt. Rk. auf Fava-Bohnen; **I**-instabile Erythrocyten von Personen mit Favismus sind gegenüber **II** empfindlich; die

durch tägliche **II**-Verabreichung an **I**-instabilen Erythrocyten zustande kommende Hämolyse geht vorwiegend intravasculär vor sich, die in vivo-Hämolyse-Geschw. steht in Abhängigkeit zum Grad der **I**-Instabilität der Erythrocyten in vitro; bei normalen Personen führt die Ingestion von Fava-Bohnen nicht zu einer Veränderung von **I**-instabilen Erythrocyten. Durch Ascorbinsäure als reduzierend wirkendem Mittel (1,2 g/Tag) kann die Überlebenszeit der **I**-instabilen Erythrocyten bei **II**-Einw. verlängert werden. Die Beziehung zwischen **I**-Konz. u. Stabilität der Erythrocyten sowie ihrer Lebensfähigkeit in Ggw. von **II** stützt die Anschauung, daß entweder **I** selbst zur Aufrechterhaltung der Erythrocytenintegrität notwendig ist oder daß seine Konz. als Ausdruck eines anderen essentiellen Erythrocytenfaktors anzusehen ist. — 30 Literaturangaben.
U. Tausendfreund. 4573□

Vergleiche der elektrophoretischen Wanderungsgeschwindigkeit der Erythrocyten und Chylomikronen und dem Serumcholesterinspiegel bei Atheromatose. D. F. Davies. (Clin. Sci. **18**, 263—68, Mai 1959; Wrexham, N. Wales, War Mem. Hosp. Dep. of Pathol.; engl.) — Die elektr. Wanderungs-Geschw. (EW) der Chylomikronen bzw. Erythrocyten ist nach Ansicht der Vff. ein besserer Hinweis für das Vorhandensein einer Atheromatose als der *Cholesterin* (**I**)-Spiegel. Ein Zusammenhang zwischen EW u. **I** besteht nicht. L. Lachhein. 4573□

Beitrag zur Kenntnis einiger Lipidfraktionen der menschlichen Erythrocyten. G. Maggioni, E. Bottini, C. Joppolo und G. Antognoni. (Boll. Soc. ital. Biol. sperim. **36**, 904—08, 15/9. 1960; Rom, Univ., Clin. Pediatr.; ital.) — Die Unterss. werden am Blut des normalen Kindes u. Erwachsenen sowie an Nabelschnurblut durchgeführt. Es werden chromatograph. Meth. beschrieben, durch die bewiesen wird, daß das gesamte in den Erythrocyten vorhandene *Cholesterin* (**I**) in freier Form vorliegt; in allen 3 Blutarten ergeben sich bei **I** u. *P* als abs. Werte geringe Unterschiede. Dagegen ist der Geh. an *Gesamtlipiden* in der Nabelschnur am größten, beim Kind geringer u. beim Erwachsenen am geringsten (sowohl je Einheit der Masse als auch der Oberfläche). Die Unterschiede haben nicht nur quant. Charakter. F. Kren. 4573□

Antihistamin-Aktivität in Extrakten von Pferde-Eosinophilen. R. K. Archer, W. Feldberg und B. A. Kovacs. (Brit. J. Pharmacol. Chemotherapy **18**, 101—08, Febr. 1962; Newmarket, Equine Res. Stat. of the Animal Health Trust; Mill Hill, London, Nat. Inst. for Med. Res.; engl.) — Suspensionen der Eosinophilen von 5 von 9 Ponies oder wss. Extrakte davon schützten Meerschweinchen gegen ein 0,6%ig. *Histamin*-Aerosol. Die Schutzdauer betrug $<$23 Stunden. K. Zingraf. 4573□

Protaminsulfat-induzierte Eosinophilie bei Ratten. 1. Mitt. **Einfluß auf das Zentralnervensystem, das periphere autonome Nervensystem und die Hypophysen-Nebennieren-Verbindung.** T. Tjabbes. (Arch. int. Pharmacodynam. Thérap. **135**, 197—206, 1/1. 1962; Groningen, Univ., Dep. of Pharmacol.; engl.) — Im Ratten-Vers. wird die Wrkg. von *Protaminsulfat* (**I**, 8 mg/100 g, intraperitoneal) auf das Blut untersucht. Nach 4 Std. erreicht die eosinophile Rk. ihr Maximum. **I** erhöht die Anzahl der Eosinophilen signifikant, während die Zahlen der Lymphocyten u. Neutrophilen keine Veränderungen zeigen. Bei hypophys- oder adrenalektomierten Ratten verursacht **I** eine sehr starke Erhöhung der zirkulierenden Eosinophilen. 2,5—5 mg des Antihistaminicums *Pyranisaminehydrochlorid* schützen nicht vor dieser **I**-Wirkung. Ebensowenig hat Vorbehandlung mit *Atropinsulfat*, *Hexamethoniumchlorid* oder *Dibenzyline* einen Einfl. auf die **I**-Wirkung. *Na-Pentobarbital* u. *Ae.*-Narkose schützen vor der **I**-induzierten Eosinophilie.
P. Gregorzewski. 4573□

Protaminsulfat-induzierte Eosinophilie bei Ratten. 2. Mitt. **Der Einfluß auf Hypothalamus und Rückenmark.** T. Tjabbes, P. G. Smelik und D. de Wied. (Arch. int. Pharmacodynam. Thérap. **135**, 207—17, 1/1. 1962; Groningen, Univ., Dep. of Pharmacol.; engl.) — 1. vgl. vorst. Referat. — Im Ratten-Vers. wird gezeigt, daß eine bilaterale Läsion des ventralen hinteren Hypothalamus vollständig eine durch *Protaminsulfat* (**I**) induzierte Eosinophilie verhindert. Dagegen ist eine bilaterale Verletzung des vorderen Hypothalamus unwirksam. Eine Durchtrennung des Rückenmarks zwischen C_7 u. Th_1 verhindert ebenfalls eine Eosinophilie durch **I**. Eine Transektion bei S_1 ist ohne Wirkung. P. Gregorzewski. 4573□

Das biologische Verhalten von normalem und denaturiertem menschlichem Plasmaalbumin. T. Freeman. (Clin. chim. Acta [Amsterdam] **4**, 788—92, Nov. 1959; Ridgeway, London, Nat. Inst. for Med. Res.; engl.) — Bei der Unters. des menschlichen Plasmaproteinstoffwechsels mit Hilfe markierter Proteine ist es wichtig zu wissen, daß jedes Präp. des markierten Proteins sich genauso verhält wie das ursprüngliche nichtmarkierte Protein. Zum Nachw. von Proteinmoll., die so verändert wurden, daß sie im Körper verschieden behandelt werden, wurden 2 biolog. Test-Meth. vorgeschlagen. Die

1. Meth. beruht auf der Retention von stark denaturiertem Protein durch Organe; der größte Teil des denaturierten Proteins kann in der Leber der Ratte 15 Min. nach i.v. Injektion gefunden werden. Die 2. Meth. beruht auf der Messung der biolog. Halbwertszeit von markiertem *Albumin*. Kaninchen, die gegen menschliche Plasmaproteine tolerant gemacht sind, wird das markierte Protein i.v. injiziert u. die Halbwertszeit wird gemessen. Denaturiertes Albumin wird während einer Woche oder länger schneller ausgeschieden als normales Protein. K.-F. Müller. 4574□

Vergleichende immunelektrophoretische und polarographische Untersuchung von Trichloressigsäure- und Perchlorsäureextrakten des normalen menschlichen Serums. B. Robert, Ch. de Vaux St. Cyr, L. Robert und P. Grabar. (Clin. chim. Acta [Amsterdam] **4**, 828—40, Nov. 1959; Paris, Fac. de Méd., Serv. de Biochimie; Inst. Pasteur, Serv. de Chimie microbienne; franz.) — Die Zus. der *Perchlorsäure*- u. *Trichloressigsäure*-Extrakte von normalem Humanserum wurde durch immunchem. u. polarograph. Meth. u. durch Best. von *Gesamt-N*, *Hexosen* u. der *Sialsäure* (**I**) untersucht. Die $HClO_4$-Extrakte gaben bei der Immunelektrophorese 6 getrennte Fällungsstreifen von denen der wichtigste *Seromucoinsäure* (**II**) zu sein scheint. Die Trichloressigsäurefiltrate gaben einen deutlichen u. manchmal 2 schwächere Fällungsstreifen bei der Immunelektrophorese. Der deutliche Streifen ist immunolog. von **II** nicht zu unterscheiden, unterscheidet sich jedoch von **I** durch seine chem. Zus. u. sein polarograph. Verhalten. Die chem. Zus. u. das polarograph. Verh. der $HClO_4$-Extrakte ähnelt dem der Seromucoinsäure von Schultze [1955]. Das polarograph. Verh. der $HClO_4$- u. Trichloressigsäurefiltrate wurde als Funktion ihrer chem. u. immunochem. Zus. untersucht. Es scheint, daß die Polysaccharidgruppierung der **II** u. speziell ihr **I**-Geh. bei der Best. der immunchem. Spezifität weniger wichtig ist; sie bestimmt jedoch die elektrophoret. Beweglichkeit. K. F. Müller. 4574□

Die Beziehungen zwischen dem Glucose-, Ascorbinsäure- und Glutathiongehalt des Blutserums und dessen Fähigkeit zur Reduktion von Triphenyltetrazoliumchlorid. Yoshio Sawada und Takashi Sudo. (Med. and Biol. [Tokyo] **45**, 56—60, 20/10. 1957; Kumamoto Daigaku, Taishitsu Igaku-Kenkyusho, Keitaigaku-Kenkyubu; jap.) — Serolog. Unterss. an 20 Personen mit Lungentuberkulose ergaben folgende Korrelations-Koeff.: Zwischen *Glucose* u. *red. Triphenyltetrazoliumchlorid* (**I**) 0,416, zwischen *Ascorbinsäure* u. **I** 0,468 u. zwischen *Glutathion* u. **I** 0,107. F. Mossner. 4574

Untersuchungen über eine quantitative Eiweißbestimmung. P. Gerhardt Scheurlen. (Clin. chim. Acta [Amsterdam] **4**, 760—66, Nov. 1959; Tübingen, Med. Univ.-Klinik; dt.) — Der mit gewissen Indicatorfarbstoffen bei der colorimetr. pH-Best. zu beobachtende sog. „Proteinfehler" wurde hinsichtlich seiner Abhängigkeit von der Natur des Proteins bei Bromphenolblau untersucht. Serumalbumin des Rindes u. des Menschen bedingen einen deutlich höheren Proteinfehler als Proteingemische verschiedener Art oder reine γ-Globulinfraktionen. K. F. Müller. 4574□

Normalwerte des Glycerins im menschlichen Serum und deren Veränderungen nach Arterenol-Injektionen. K. Schwarz, K. P. Eymer, K. Kopetz und K. F. Weinges. (Klin. Wschr. **39**, 975—76, 15/9. 1961; München, Univ., II. Med. Klin.; dt.) — Der Normalwert des freien *Glycerins* (**I**) im Serum von 100 Vers.-Personen beträgt im Mittel 276 μMol/Liter. *Arterenol*-Injektion (subkutan, 0,5 mg) führt innerhalb von 30 Min. zu einem über 100%ig. Anstieg des **I**-Geh. im Serum. P. Gregorzewski. 4574□

Die Reaktion von Antibioticis des Tetracyclintyps mit Serumlipoproteinen. L. Lacko, J. Kořínek und M. Burger. (Clin. chim. Acta [Amsterdam] **4**, 800—06, Nov. 1959; Prague, Czechoslovac. Acad. of Sci., Inst. of Hemat. and Blood Transfusion, Inst. of Biol.; engl.) — *Chlortetracyclinhydrochlorid* (**I**) u. *Lipoproteine* des menschlichen Serums geben in Ggw. von Ca^{2+} eine Fällung; der Komplex Lipoprotein-**I**-Ca^{2+} löst sich in Ggw. von Mg^{2+} wieder auf. Unter optimalen Bedingungen wird die β-Lipoproteinfraktion quant. zusammen mit einem Teil der α-Lipoproteine gefällt. Die Lipoproteine werden im nativen Zustand erhalten; ihre elektrophoret. Beweglichkeit, ihre Diffusion in Agargel u. ihre Fällbarkeit mit Kaninchenantiserum bleiben unbeeinflußt. Die Rk. kann zur Gewinnung von Lipoproteinen des menschlichen Serums dienen. K.-F. Müller. 4574□

Die Wechselwirkung zwischen Acridin-Farbstoffen und Blutplasmaproteinen. M. Šťastný und J. Hořejší. (Clin. chim. Acta [Amsterdam] **6**, 782—93, Nov. 1961; Prag, Inst. of Hematol. and Blood Transfusion; engl.) — Die Wechselwrkg. von Acridinfarbstoffen (*Rivanol* [**I**], *Trypaflavin*, *5-Aminoacridin* u. *Atebrin*) mit Blutplasmaproteinen ist eine elektrostatische, es werden bei der Rk. unlösl. Komplexe gebildet (in stöchiometr. Verhältnissen). Es werden optimale Bedingungen für die Isolierung von *γ-Globulin* angegeben. M. Metze. 4574□

Funktionen von Heparin im Lipoprotein-Stoffwechsel. Christian B. Anfinsen. (Rend. Ist. super. Sanità **19,** 181—96, 1956; Bethesda, Md., Nat. Heart Inst., Labor. di Fisiol. Coll. e Metabolismo.) — Übersicht. K. Zingraf. 4574□

Immunchemische Untersuchung von Fibrinogen und seinen Derivaten. J. Salmon. (Clin. chim. Acta [Amsterdam] **4,** 767—75, Nov. 1959; Liège, Univ., Inst. de Clin. et de Pathologie med.; franz.) — Durch Fällungs-Meth. u. Immunelektrophorese ließ sich zeigen, daß das menschliche *Fibrinogen* (I) 3 Gruppierungen enthält, welche die Antigen-Eigg. bestimmen. Eine dieser Gruppierungen kann ein durch Thrombin in Freiheit gesetztes *Fibrinopeptid* sein. Die Prodd. der Fibrinolyse u. der Fibrinogenolyse werden durch das Antifibrinogenserum gefällt; sie lassen sich durch immunolog. Meth. differenzieren. Die Seren des *Antifibrins* u. der Antifibrinolyse-Prodd. fällen **I** u. die Prodd., aus denen sie stammen; ihre Rkk. beweisen jedoch nur 2 antigene Gruppen im **I**-Molekül. Einige *Thrombin*-ähnliche Substanzen rufen im **I**-Mol. die gleichen immunchem. Veränderungen hervor wie Thrombin. K.-F. Müller. 4574□

Die Konzentration nichtgebundener Aminosäuren in menschlichen Blutplättchen. Rapier H. McMenamy und Charles C. Lund. (Biochim. biophysica Acta [Amsterdam] **45,** 603—05, 18/12. 1960; Boston, Mass., Harvard Med. School, Dep. of Biol. Chem. and Dep. of Surgery; Boston City Hosp., 5th Surgical Serv.; engl.) — Vgl. C. **1961,** 1995. — Im Dialysat lysierter Blutplättchen wurden die mittleren Konzz. von 22 Verbb., vorwiegend Aminosäuren, papierchromatograph. bestimmt. *Alanin,* 1160 (μMol/kg W.; Blutplättchen mit *81*% W. angenommen; 2,9 (Blutplättchen/Plasmaverhältnis); *α-Amino-n-buttersäure,* 120; 4,2; *Arginin,* 120; 1,7; *Glutaminsäure,* 3600; 1,7; *Glutamin,* 850; 1,7; *Histidin,* 300; 3,3; *Lysin,* 410; 2,0; *Methionin,* 160; 7,4; *Ornithin,* 870; 10,2; *Phenylalanin,* 270; 5,0; *Prolin,* 600; 3,2; *Tryptophan,* 100; 5,5; *Threonin,* 930; 5,6; *Tyrosin,* 280; 4,0; *Valin,* 550; 2,7; *Ergothionein,* 50; *Äthanolamin,* 350; *Leucin* ± *Isoleucin,* 920; 4,5; *Serin* + *Glycin,* 5000; 8,2; *Taurin,* 22800; groß; *Harnstoff,* 4900; 0,9; *O-Phosphoäthanolamin,* 2300; hoch; *Serotonin,* 140; hoch. K. Maier. 4574□

Das Blutgerinnungssystem des Karpfens (Cyprinus carpio L.). Zbigiew Jara. (Wiss. Z. Ernst Moritz Arndt-Univ. Greifswald, math.-naturwiss. R. **8,** 79—81, 1958/59; Wroclaw, Univ., Inst. für angewandte Zool.; dt.) — Das Blutgerinnungs-Syst. des Karpfens ist im Gegensatz zu dem autokatalyt. Syst. der Säugetiere als homeostat. Syst. zu bezeichnen (ähnlich wie auch bei der menschlichen Hämophilie das Verh. des Gerinnungs-Syst. durch Homeostase gekennzeichnet ist). Die Ergebnisse der Unterss. sprechen dafür, daß bei allen Wirbeltieren der Mechanismus der Blutgerinnung im Grunde einheitlich ist u. die vorkommenden Unterschiede bei Fischen u. Vögeln auf einen Mangel an Blutplättchen zurückzuführen sind, die durch leicht zentrifugierbare u. weniger zum Zerfall neigende Spindelzellen ersetzt werden. U. Tausendfreund. 4574□

Entstehung thromboplastischer Aktivität mit Hilfe des Russel-Viper-Giftes. Andrew C. Peacock. (J. Lab. clin. Med. **57,** 703—10, Mai 1961; Bethesda, Md., US. Dep. of Health, Educ. and Welfare, Nat. Inst. of Health, Nat. Cancer Inst.; engl.) — Es ist gelungen, ein etwas klareres Bild über die Vorgänge zu gewinnen, die bei der Entstehung thromboplast. Aktivität während der Inkubation von Russel-*Vipergift* (I) mit *Ca,* einem *Phospholipid* u. *accessor. Serum-* u. *Plasmafaktoren* vor sich gehen: Die 1. Rk.-Stufe bezieht **I** u. die accessor. Faktoren ein (bei welchen es sich wahrscheinlich um den Stuart-Prower Serumfaktor bzw. *Faktor X* sowie um den *Faktor V* des Plasmas handelt); bei der 2. Stufe handelt es sich um eine Rk. des Prod. der 1. Rk. mit Phospholipid. Durch Variation der Konzz. der Serum- u. Plasmafaktoren kann sowohl die Geschw. der Rk. als auch die maximal erreichbare Aktivität beeinflußt werden; durch Variation der Konz. des Phospholipids wird nur die erreichbare Aktivität, nicht aber die Geschw. der Rk. beeinflußt. Durch Veränderung der **I**-Konz. wird vorwiegend die Geschw. der Rk. beeinflußt, was auf katalyt. enzymat. Wrkg. schließen läßt.
U. Tausendfreund. 4574□

Das Phänomen der Gerinnung von Kieselgur durch Blutserum. 2. Mitt. Der Ca-Gehalt von Blutserum und Kieselgur, und die Umkehrbarkeit der Gerinnung durch Ca^{2+}. Shōjirō Satō. (Med. and Biol. [Tokyo] **45,** 45—48, 20/10. 1957; Tōhoku Daigaku, Kōsankimbyō Kenkyusho; jap.) — Zur Klärung des Einfl. von Ca^{2+} auf die Gerinnbarkeit von Kieselgursuspensionen (Sus.) durch Blutserum wurde zunächst der *Ca*-Geh. im Blutserum von Menschen, Rindern, Hunden, Kaninchen, Schweinen u. Hühnern bestimmt. Mit einem Durchschnitt von 14 mg Ca/100 cm^3 ist er bei Kaninchen am höchsten. Die für die Gerinnungs-Verss. benutzte Sus. enthielt nur 0,2 mg Ca/100 cm^3. Zugabe von $2{,}5 \cdot 10^{-2}$ Mol *Citrat*/Liter zu menschlichem Blut mit $2{,}5 \cdot 10^{-3}$ Mol Ca/Liter läßt nach 30 Min. die Gerinnung von Sus. verschwinden. Auf Zugabe von 2,5·

10^{-2} m $CaCl_2$ tritt jedoch wieder Gerinnung ein. Die gleiche Umkehrbarkeit der Rk. zeigt sich, wenn anstatt Citrat 2,5 · 10^{-2} m *Äthylendiamintetraessigsäure* verwendet wird. — Zusatz wss. Lsgg. von NaCl, NH_4Cl, $(NH_4)_2SO_4$, $MgCl_2$ u. $CaCl_2$ verringert mit steigender Konz. die Gerinnung, was bei den 1wertigen Salzen deutlicher ist als bei den 2wertigen.

F. Mossner. 4574

Die Anwesenheit von Glutamin im Harn von Kindern unter einem Jahr. N. F. Tolkachevskaya. (Clin. chim. Acta [Amsterdam] **4**, 807—18, Nov. 1959; Moscow, Inst. of Pediatrics of USSR Med. Acad.; engl.) — Es wird gezeigt, daß *Glutamin* (**I**) im Harn von Kindern vom 1. Lebenstag an anwesend ist. Der **I**-Geh. ist scharfen Schwankungen unterworfen u. ist bei den Allerjüngsten oft null. Der Einfl. von Wachsein u. Schlaf auf den **I**-Geh. des Harns von 2—3jährigen Kindern wurde untersucht. Ein Einfl. von O_2-Inhalation auf den **I**-Geh. des Harns wurde beobachtet.

K.-F. Müller. 4577□

Die Nahrung als Serumcholesterinquelle des Menschen. C. Bruce Taylor, Dorothy Patton, Nelson Yogi und George E. Cox. (Proc. Soc. exp. Biol. Med. **103**, 768—72, April 1960; Chicago, Ill., Presbyterian St. Luke's Hosp.; engl.) — Es wird gezeigt, daß, im Gegensatz zum Hund u. zur Ratte, bei denen bei hohen *Cholesterin* (**I**)-Gaben mit dem Futter die Hauptmenge des Serum-**I** aus dem Futter stammt (74—94%), beim Menschen nur 24—31% Serum-**I** aus der Nahrung kommen, während der Rest durch extrahepat. Gewebe gebildet wird. P. Gregorzewski. 4585□

Endokrine Störungen bei der Abwesenheit von Thiamin. Schutzfunktion der Ascorbinsäure. Paul Delost und Thérèse Terroine. (Arch. Sci. physiol. **13**, 115—50, 1959; Paris, Sorbonne, C.N.R.S., Serv. d'Endocr. Exp. Bellevue, Labor. de Biochim. de la Nutrit.; franz.) — Unterss. an Ratten haben ergeben, daß *Ascorbinsäure*-Zusatz zur Nahrung in allen Fällen stark gegen die Auswrkg. der *Thiamin*-Avitaminose u. gegen nichtspezif. Störungen durch die damit einhergehende Unterernährung schützt. — 84 Literaturangaben. A. Gude. 4587□

Die Ausscheidung von Cholin und Thiamin durch die Nierentubuli beim Huhn. Barbara R. Rennick. (J. Pharmacol. exp. Therapeut. **122**, 449—56. April 1958; Syracuse, State Univ. of New York, Upstate Med. Center, Dep. of Physiol; engl.) — *Tetraäthylammonium, Thiamin* (**I**), *Cholin* (**II**) u. *Hexamethonium* werden beim Huhn durch die Nierentubuli ausgeschieden. Der bas. Cyaninfarbstoff *1'-Äthyl-3.6-dimethyl-2-phenyl-4-pyrimidyl-(2')-cyaninchlorid* (Nr. 863) hemmt die Ausscheidung von **I** u. **II**.

K. Zingraf. 4587□

Die durch Lichteinwirkung begünstigte Bildung eines Oxydans durch Pyridoxalphosphat, Mn^{2+} und Aminosäuren. Mendel Mazelis. (Arch. Biochem. Biophysics **93**, 306—11, Mai 1961; Albany, Calif., West. Reg. Res. Labor.; engl.) — Die Kombination von *Pyridoxalphosphat*, Mn^{2+} u. Aminosäuren, bes. *DL-Serin* u. *DL-Methioninsulfon*, nicht aber *DL*-Homocystein, bewirkt bei pH 7 u. unter Einw. von Licht eine nichtenzymat. Bldg. eines *Oxydans* (Oxydation von J). Mn^{2+} kann nicht durch andere Metallionen ersetzt werden. Die oxydierende Substanz ist wahrscheinlich nicht H_2O_2, weil Katalasen die Rk. nicht beeinflussen. E. Lück. 4587□

Isotopen- und mikrobiologische Untersuchungen der Vitamin-B_{12}-Verteilung in normalen und Hepatom-tragenden Ratten. Olga Stein, Y. Stein, J. Aronovitch, N. Grossowicz und M. Rachmilewitz. (Cancer Res. **18**, 849—52, Aug. 1958; Jerusalem, Univ., Med. School; engl.) — p-Dimethylaminoazobenzol-Hepatom-tragenden Ratten wird *^{60}Co-Vitamin B_{12}* (**I**) injiziert u. dessen Verteilung im Organismus nach 1, 2, 7 u. 12 Tagen bestimmt. **I** findet sich zunächst hauptsächlich im Serum, nimmt jedoch rasch ab. Auch in der Milz ist eine Abnahme der **I**-Konz. zu beobachten, während für Lebergewebe das Gegenteil gilt. Die Aufnahme von **I** im Tumorgewebe ist nicht zeitabhängig. Die Bestimmung der Gesamtkonz. an Vitamin B_{12} zeigt, daß im Tumorgewebe nur ca. 20% des im nichtneoplast. Gewebe vorkommenden Vitamins enthalten sind.

O. A. Neumüller. 4587□

Oxydation von $^{14}C_{(26)}$-Cholesterin durch Rattenlebermitochondrien. Wirkung von Nicotinsäure. David Kritchevsky, Michael W. Whitehouse und Ezra Staple. (J. Lipid Res. **1**, 154—58, Jan. 1960; Philadelphia, Pa., Wistar Inst. of Anat. and Biol.; Univ. of Pennsylvania, School of Med., Dep. of Biochem.; engl.) — Vgl. auch C. **1962**, 9798. — In Mitochondrien-Präpp. aus der Rattenleber war die Oxydation von *$^{14}C_{(26)}$-Cholesterin* (**I**) nach oraler Gabe von *Nicotinsäure* (**II**) oder bei Zusatz von K-Nicotinat in vitro gesteigert. Nach 3wöchiger Verfütterung von **I** bestanden keine Unterschiede in der **I**-Konz. im Serum im Vgl. zu den Kontrollen. **II** besaß nur geringen Einfl. auf die Oxydation von *$^{14}C_{(2)}$-Na-Pyruvat* u. eine geringe Hemmwrkg. auf die Oxydation von *$^{14}C_{(1)}$-Na-Octanoat*. K. Zingraf. 4587□

Plasmaeiweiß. 7. Mitt. **Abbauort von Serumalbumin.** F. B. Armstrong, S. Margen und H. Tarver. (Proc. Soc. exp. Biol. Med. **103,** 592—96, März 1960; San Francisco, Univ. of California, School of Med., Dep. of Biochem.; engl.) — 6. vgl. Proc. Soc. exp. Biol. Med. **103,** [1960], 323. — Nach Injektion von ^{131}*J-Serumalbumin* bei Kaninchen konnte in einer Lsg., die das Lumen eines isolierten Dünndarmabschnittes passiert hatte, die Ggw. von radioakt. Material nachgewiesen werden, das in Trichloressigsäure unlösl. war; es handelte sich offenbar um Albumin, dessen größter Teil wahrscheinlich in einem beträchtlichen Teil des Gastrointestinaltraktes enzymat. abgebaut wird. K. Zingraf. 4594□

In vivo-Untersuchungen der Methanbildung im Rinderpansen. Dissimilation von Acetat. R. A. Oppermann, W. O. Nelson und R. E. Brown. (J. gen. Microbiol. **25,** 103—11, Mai 1961; Urbana, Ill., U.S.A., Univ. of Illinois, Dep. of Dairy Sci.; engl.) — Wenn $^{14}C_{(2)}$*-Acetat* (**I**) bzw. $^{14}C_{(1)}$*-Acetat* (**II**) 18 Std. nach Fütterung des Tieres dem Pansen zugeführt wurden, dürften maximal 5,6% bzw. 2% des CH_4 u. 11% bzw. 10% des CO_2 im Pansen vom $C_{(CH_3)}$ des **I** bzw. vom $C_{(COOH)}$ des **II** her stammen. Bei Zuführung von **I** unmittelbar nach der Fütterung dürften maximal 3,2% des CH_4 u. 4,2% des CO_2 vom $C_{(CH_3)}$ des **I** ableitbar gewesen sein. Der Hauptanteil der abgeleiteten Radioaktivität der flüchtigen Säuren des Pansens fand sich in der Buttersäurefraktion. W. Knöbel. 4594□

Quantitative Einflüsse von Gallensalzen und Fettsäuren auf die Cholesterinresorption bei der Ratte. George V. Vahouny, C. H. Woo und C. R. Treadwell. (Amer. J. Physiol. **193,** 41—46, April 1958; Washington, D.C., George Washington Univ. School of Med., Dep. of Biochem.; engl.) — Vgl. auch C. **1960,** 16490. — Vff. untersuchen an ♂ Ratten den Einfl.von verschiedenen Molverhältnissen *Ölsäure* (**I**) u. *Natriumtaurocholat* (**II**) auf die Resorption von *Cholesterin* (**III**) u. auf die Verteilung der *Lipide* (**IV**) in der Lymphe des Milchbrustganges. Bei Ratten mit Gallenfisteln fanden sie eine deutliche Red. der **IV** in der Lymphe. Die Verabreichung von **I, II** u. **III** allein oder in verschiedenen Kombinationen führte bei diesen Tieren im Vgl. zu normalen Tieren nicht zur Erhöhung des **IV**-Spiegels. Intragastr. Verabfolgung von bis zu 432 mg **II** in einer Emulsion, die 50 mg **III** u. einen Überschuß Fettsäuren neben *Albumin* enthielt, führte zu keiner bedeutenden Resorption von **III**. Dies unterstreicht die Wichtigkeit der kontinuierlichen Zirkulation der Gallenbestandteile für die Resorption von **III**. Bei Tieren mit Lymphfistel erwies sich ein Molverhältnis 8 : 4 : 1 von **I** : **II** : **III** am wirksamsten für eine optimale **IV**- u. **III**-Resorption aus dem Darm u. auf die *Phospholipid*-Produktion in der Darmmucosa. Nach Gabe von Emulsionen, die Fettsäuren u. Gallensalz in einer für die Resorption von 50 mg **III** optimalen Menge enthielt, deren **III**-Geh. aber erhöht wurde, trat kein Resorptionsanstieg ein. Die Vers.-Ergebnisse zeigen die Notwendigkeit des gleichzeitigen Vorhandenseins von Fettsäuren, Gallensalz u. **III** im günstigen Molverhältnis für eine optimale Resorption von Fettsäuren u. **III** bei der Ratte. H. Zöllner. 4594□

Die mit der Arbeit während einer isotonischen Muskelkontraktion verbundene Hydrolyse von Phosphokreatin. W. F. H. M. Mommaerts, K. Seraydarian und G. Maréchal. (Arch. int. Physiol. Biochim. **70,** 127—28, Febr. 1962; Los Angeles, Univ. of California, Los Angeles, County Heart Ass. Cardiovasc. Res. Labor.; franz.) — Die Menge des bei isoton. Muskelkontraktion hydrolysierten *Phosphokreatins* (**I**) ist eine Funktion der geleisteten Arbeit (W) u. der Verkürzung des Muskels nach der Formel Δ **I** $= A + b_s x + b_w W$ (A = 0,45 μMol **I** je g Muskel u. Kontraktion; b_s = chem. Verkürzungs-Koeff. = 0,89 ± 2,16 μMol·cm·cm^{-1}; b/b_w = chem. Arbeits-Koeff. = 0,0026 ± 0,0006 μMol·gcm^{-1} g^{-1}). K. Zingraf. 4595□

Altersabhängigkeit des cellulären Elektrolyt- und Wassergehaltes. H. J. Dulce und Th. Günther. (Naunyn-Schmiedebergs Arch. exp. Pathol. Pharmakol. **242,** 207 bis 213, 1961; Berlin, Freie Univ., Physiol.-Chem. Inst.; dt.) — Ratten, 7 Wochen (a), 12 Monate (b) u. 2 Jahre (c) alt, zeigten folgende Unterschiede: *Na* nimmt von a → c zu (Leber u. Muskel) außer im Serum (a : 151, b : 152,5, c : 143,5 mMol/Liter); *K*: umgekehrte Verhältnisse; *Cl* nimmt von a → c zu (Leber u. Muskel), im Serum bleibt es gleich. Der Gesamtwasser-Geh. in Leber u. Muskel nimmt von a → c etwas ab, das extracelluläre W. dagegen zu. M. Metze. 4596□

Elektrolyt im denervierten und reinnervierten Muskel. Z. Drahota. (Proc. Soc. exp. Biol. Med. **103,** 849—51, April 1960; Prague, Czechoslovak. Acad. of Sci., Inst. of Physiol.; engl.) — Verss. an ♂ Ratten zeigen, daß noch 20 Tage nach der Denervierung des Extensor digitorum longus der *K*-Geh. des Muskels normal ist (Nichtkollagen-Protein-N : K). Die fettfreie Trockensubstanz u. der *K*-Geh. (K/Muskel) nehmen gleich-

mäßig um 50% ab. Die Gesamt-Na- u. -Cl-Menge bleiben unverändert. Nach Reinnervierung normalisieren sich der Ionen-Geh. u. das Muskeltrockengew. wieder.
P. Gregorzewski. 4596□

Der Bedarf und die Gewebeverteilung von Magnesium und deren Beeinflussung durch die Umgebungstemperatur und die Calciumaufnahme bei der Ratte. D. M. McAleese und R. M. Forbes. (J. Nutrit. **73,** 94—106, Jan. 1961; Urbana, Ill., Univ. of Urbana, Div. of Animal Nutrition; engl.) — Vgl. auch C. **1961,** 8735. — Einen maximalen Gew.-Zuwachs erreicht man bei jungen Ratten mit 115 ppm *Mg* im Futter. Dieser Bedarf wird durch die Umgebungs-Temp. u. die Vers.-Dauer nicht beeinflußt, wohl aber durch den *Ca*-Geh. der Diät, u. zwar beträgt der Mg-Bedarf bei 0,2, 0,4 u. 0,8% Ca: 100, 116 u. 130 ppm Mg. Zur Aufrechterhaltung des normalen Mg-Blutspiegels (2,57 mg/100 ml) sind, unabhängig von der Temp. u. Vers.-Dauer, jedoch abhängig vom *Ca*-Angebot, 285, 399 u. 413 ppm notwendig. Der normale Mg-Geh. der Knochen wird bei 10° durch 221 ppm u. bei 23° durch 354 ppm Mg aufrechterhalten.
P. Gregorzewski. 4596□

Der Einbau von radioaktiv markiertem Schwefel (^{35}S) in den Knorpel normaler und Vitamin-C-frei ernährter Meerschweinchen. B. Jasiński und R. Lotmar. (Experientia [Basel] **15,** 345—46, 15/9. 1959; Zürich, Univ., Rheumaklinik, Inst. für Physikal. Therapie; Basel, Robapharm AG; dt.) — Es wird bestätigt, daß *Vitamin-C*-Mangelmeerschweinchen etwa nur halb so viel $^{35}SO_4^{2-}$ zur Synth. von *Chondroitinsulfat* des Knorpelgewebes verwerten können wie normale Tiere.
U. Tausendfreund. 4596□

Die angeborenen Anomalien des Kohlenhydratstoffwechsels. G. Fanconi. (Mschr. Kinderheilkunde **110,** 138—48, März 1962; Zürich, Univ.-Kinderklinik; dt.) — Übersicht über angeborene Anomalien im *Kohlenhydrat*-Stoffwechsel, die Verdauungsinsuffizienz verursachen, mit Melliturie einhergehen oder zur Speicherung von *Glykogen* in den Organen führen wie z. B. enterale u. intermediäre Enzymopathien, Diabetes mellitus, Spontanhypoglykämien, Fructosurie, Galaktosämie u. Glykogenosen. — 37 Literaturangaben.
G. Kirsten. 4596□

Wege des Glucosestoffwechsels in der Rinderretina. M. Ataur Rahman und Margaret Kerly. (Biochem. J. **78,** 536—40, März 1961; London, Univ. Coll. London, Dep. of Biochem.; engl.) — Die spezif. Aktivität des CO_2, das sich während der Inkubation von Rinderretina mit markierter *Glucose* (I) in einem mit Phosphat oder Bicarbonat gepufferten Medium bildet, ist niedriger, die der gebildeten *Milchsäure* dagegen höher als nach der vorgegebenen I-Aktivität zu erwarten ist. Dabei bildet sich sowohl in phosphat- als auch in bicarbonatgepuffertem Medium nahezu gleichviel $^{14}CO_2$ aus $^{14}C_{(1)}$-I u. $^{14}C_{(6)}$-I. Das Verhältnis der Aktivitäten der Milchsäure, die sich aus $^{14}C_{(1)}$-I u. $^{14}C_{(6)}$-I bildet, ist dagegen in beiden Medien nur ca. 0,75. — Es wird hieraus geschlossen, daß 1 von 4 I-Moll. über den Hexosephosphatstoffwechselweg umgesetzt wird. Die Unterss. wurden in einer modifizierten Warburg-App. durchgeführt. Das gebildete CO_2 wurde in $BaCO_3$ überführt u. dessen Aktivität gemessen. Die Milchsäure wurde nach Aufarbeitung des Inkubationsansatzes zu Acetaldehyd oxydiert, der Aldehyd mit Dimedon gefällt u. die Aktivität des Deriv. bestimmt. Die spezif. Aktivität der verwendeten I wurde aus der Aktivität des CO_2 bzw. $BaCO_3$, das sich bei ihrer Oxydation mit Persulfat bildet, ermittelt.
K. Heyns. 4596□

Angeborene Störungen des Fructosestoffwechsels. A. Rosenkranz. (Mschr. Kinderheilkunde **110,** 170—71, März 1962; Wien, Univ.-Kinderklinik; dt.) — Vf. untersucht die Symptome bei angeborenen Störungen des *Fructose* (I)-Stoffwechsels, nämlich essentieller Fructosurie u. hereditärer I-Intoleranz. Änderungen im I-Spiegel des Blutes u. des Serumphosphat-Geh. dienen zur Diagnostizierung dieser Krankheiten.
G. Kirsten. 4596□

Die Halbwertszeitwerte von Galaktose und Bromsulfalein unter pathologischen Bedingungen. C. L. J. Vink. (Clin. chim. Acta [Amsterdam] **4,** 883—88, Nov. 1959; Leiden, Univ. Hosp., Pediatrics Dep.; engl.) — Die Ausscheidungs-Geschw. von *Galaktose* (I) u. *Bromsulfalein* (II) wurden durch die vom Alter „unabhängigen" Meßwerte des Vf. (C. **1961,** 17279) bestimmt. Es scheint, daß beide Teste geringe, jedoch signifikante, patholog. Resultate bei Patienten mit gewissen extrahepat. Krankheiten geben können. Bei Lebererkrankungen wurden verminderte Ausscheidungs-Geschw. von I u. II gefunden. Obwohl der Einfl. einiger extrahepat. Faktoren bei den I- u. II-Testen wichtig ist, geben diese allg. keine so klaren patholog. Ergebnisse wie bei Lebererkrankungen.
K.-F. Müller. 4596□

Angeborene Stoffwechselanomalien. Die angeborenen Störungen des Eiweißstoffwechsels. Kurt Schreier. (Mschr. Kinderheilkunde **110,** 129—37, März 1962; Heidelberg, Univ.-Kinderklinik; dt.) — Übersicht über die Steuerung des Zellstoffwechsels durch Gen-Wrkg. sowie über Krankheitserscheinungen, die auf dem Einfl. neuer Genvarianten beruhen wie z. B. Porphyrie oder Enzymopathien u. die zur Anhäufung von Metaboliten im Organismus führen können. Vf. diskutiert die durch vollständige Irreversibilität gekennzeichneten angeborenen totalen oder partiellen Enzymdefekte, z. B. der *Plasmaproteine*, *Blutgerinnungsfaktoren* u. *Purinkörper*, die auf Fehlern in der Eiweißmatrize (Molekularkrankheiten) oder fehlenden Matrizen beruhen. Stoffwechselanomaliebedingte Mangelerscheinungen infolge Fehlens bestimmter Aminosäuren oder Vitamine werden besprochen. — 50 Literaturangaben. G. Kirsten. 4596□

Ausscheidung von 4-Aminoimidazol-(5)-carbonsäureamid und Kreatin : Kreatinin-Verhältnisse bei Muskeldystrophie in Mensch und Maus. E. G. McGeer, P. L. McGeer, J. R. Miller, D. Derry und C. Nichol. (Canad. J. Biochem. Physiol. **40,** 13—23, Jan. 1962; Vancouver, Univ. of British Columbia, Kinsmen Labor. of Neurol. Res., Dep. of Psychiatry; engl.) — Vgl. C. **1962, 3885.** — Die Ausscheidung von *Kreatin* (I), *Kreatinin* (II) u. *4-Aminoimidazol-(5)-carbonsäureamid* (III) wird bei genet. bestimmter Muskeldystrophie in Mensch u. Maus untersucht. Weder bei Kindern noch bei Mäusen zeigt sich eine anormale **III**-Ausscheidung pro kg Körper-Gew. gegenüber den gesunden Kontrollen vergleichbaren Alters (Tabellen). Das **I/II**-Verhältnis beträgt bei menschlichen Muskeldystrophiefällen 1,47 im Vgl. zu 0,33 bei gesunden Kontrollen. Sowohl normale als auch dystroph. Mäuse zeigen im Vgl. zum Menschen „Kreatinurie". Das **I/II**-Verhältnis bei dystroph. Mäusen ist höher als bei den Kontrolltieren, jedoch nur innerhalb der ersten beiden Lebensmonate, während denen es 1,6 bzw. 2,3 beträgt, um nach 2 Monaten auf 1,8 bei den dystroph. Tieren abzusinken. G. Kirsten. 4596□

Die angeborenen Anomalien des Lipoidstoffwechsels. N. Zöllner. (Mschr. Kinderheilkunde **110,** 148—58, März 1962; München, Univ., Med. Poliklinik; dt.) — Übersicht über Symptome, Diagnose, Pathogenese, Therapie u. Genetik von Anomalien im *Lipoid*-Stoffwechsel, wie z. B. Lipoidosen, Hyperlipämie oder die durch Mangel an *β-Lipoprotein* gekennzeichnete Abetalipoproteinämie. — 76 Literaturangaben. G. Kirsten. 4596□

Ernährung und Stoffwechsel der Methyldonatoren und verwandter Verbindungen bei der Schmeißfliege Phormia regina (Meigen). Ernest Hodgson, Vernon H. Cheldelin und Robert W. Newburgh. (Arch. Biochem. Biophysics **87,** 48—54, März 1960; Corvallis, Oreg., State Coll., Sc. Res. Inst., Dep. of Chem., Dep. of Entomol.; engl.) — Außer für *Carnitin* (I) u. *2.2-Dimethylaminoäthanol* (II) konnte für *γ-Butyrobetain* (III) u. *O-Acetylcarnitin* (IV) gezeigt werden, daß sie in der Diät von *Phormia regina Cholin* (V) ersetzen können. (Phormia regina zeigt unter sterilen, bestimmten Bedingungen **V**-Bedürftigkeit.) Die Wrkg. des **V**-Hemmstoffes *2-Amino-2-methylpropanol* konnte durch **I—IV** u. **V** aufgehoben werden. Die Reihenfolge der Wirksamkeit ist **V** > **II** > **III** > **I**. Als normale Bestandteile der Larven wurden Serin-, Äthanolamin- u. **V**-enthaltende Phospholipide gefunden. Obwohl Formiat anscheinend nicht in der Biosynth. von Methylgruppen zur **V**-Synth. verwendet wird, konnte der Umbau zu CO_2 nachgewiesen werden. Die **V**-Biosynth. aus Äthanolamin scheint nicht aufzutreten oder unbedeutend zu sein. — 33 Literaturangaben. H.-G. Trüper. 4596□

Die Lipidkomponente des Elastins. F. J. Loomeijer. (J. Atherosclerosis Res. [Amsterdam] **1,** 62—66, Jan./Febr. 1961; Groningen, Univ., Inst. of Physiol., Dep. of Physiol. Chem.; engl.) — Aus den Peptidketten des Proteins *Elastin* (I) (aus Rinderaorten u. -ligamentum nuchae) wurde durch mehrere Hydrolyse-Verff. eine *fluorescierende organ. Säure* (II) abgespalten. **II** ist gesätt., besteht aus einer Kette von ca. 12 C-Atomen, enthält möglicherweise Ketogruppen, bildet ein gelbes, deutlich süßlichriechendes Öl, das bei Aufbewahrung bei Raum-Temp. in ein Gemisch zahlreicher fluorescierender Verbb. übergeht. **II** ist an die Peptidkette gebunden, so daß in **I** vielleicht Lipopeptideinheiten vorkommen. K. Maier. 4596□

Die physiologische Funktion der Ketonkörper. 3. Mitt. **Hopkins Memorial Lecture.** H. A. Krebs. (Biochem. J. **80,** 225—33, Aug. 1961; London, Royal Inst.; engl.) — 47 Literaturangaben. K. Maier. 4596□

Wirkungen und Schicksal von Lipoperoxiden in Küken und Ratten. Johs. Glavind, Ebbe Søndergaard und Henrik Dam. (Acta pharmacol. toxicol. [København] **18,** 267—77, 1961; Copenhagen, Polytechnic Inst., Dep. of Biochem. and Nutrit.; engl.) — Verschiedene *Peroxide* (Triglyceride, Äthyllinoleat, Phospholipide, freie Fettsäure, Cholesterin, Butylhydroperoxid) wurden an Küken u. Ratten parenteral verabreicht u. ihr unterschiedliches Verh. im Organismus untersucht. M. Metze. 4596□

Über den Nucleinsäuregehalt des normalen und hypertrophischen Kaninchenherzens. Vorl. Mitt. H. Nowy, H. D. Frings und K. Rey. (Experientia [Basel] **15,**

70—71, 15/2. 1959; München, Univ., Med. Poliklinik; dt.) — An (durch künstliche Aorteninsuffizienz) mäßig hypertroph. gemachten Herzen ♂ Kaninchen wurde die Veränderung des Nucleinsäure-Geh. im Myocard untersucht. *Gesamt-P* u. *anorgan. P* bleiben auch im hypertroph. Herzen unverändert (linkes Ventrikelmyocard), das Verhältnis *Desoxyribonucleinsäure* (*DNS*)-*P*/*Ribonucleinsäure* (*RNS*)-*P* verschiebt sich jedoch von normal 1 : 2,9 auf 1 : 4. Daraus geht hervor, daß bei der Hypertrophie der Geh. des Myocards an DNS gegenüber der Norm vermindert ist, während der RNS-Geh. erhöht erscheint. Das Verh. der DNS entspricht den Erwartungen, da der DNS-Geh. sich normalerweise nur durch Mitose vermehrt, während die Massenzunahme bei der Hypertrophie nur von der Größenzunahme des Kerns u. amitot. Kernteilungen begleitet ist. Das Verhältnis DNS/RNS scheint die Veränderungen der Kern–Plasma-Relation wiederzugeben. U. Tausendfreund. 4597□

Serumtransaminase bei Leberstörungen. Ihre Beziehung zu Lebertesten. T. Ratnam. (Clin. chim. Acta [Amsterdam] **4**, 867—75, Nov. 1959; Ceylon, Univ., Dep. of Med.; engl.) — Bei infektiöser Hepatitis u. Leber- u. Gallenblasencarcinomen wurde eine starke Erhöhung der Serum-*Glutaminsäure-Oxalessigsäure-Transaminase* (**I**) gefunden; bei Lebercirrhose u. amöb. Hepatitis war diese Erhöhung gering. Die Erhöhung der *Alkaliphosphatase* war bei Lebercirrhose u. amöb. Hepatitis normal bis gering, bei Gelbsucht u. infektiöser Hepatitis jedoch stärker. Bei den meisten Lebererkrankungen war die Konz. an *verestertem Cholesterin* (**II**) geringer als an freiem **II**. Der Takata–Ara-Test war in den meisten Fällen von Lebercirrhose positiv. Der Plasmaprotein-Geh. war bei infektiöser Hepatitis, Lebercirrhose u. Leberabszeß niedriger als bei anderen untersuchten Krankheiten; im Spätstadium der Lebercirrhose war er wesentlich geringer als im Frühstadium. In ca. 60% der Krankheitsfälle entsprach der Globulin-Geh. dem Albumin-Geh. oder war höher als letzterer. Die **I**-Spiegel zeigten keine Korrelation mit anderen Lebertesten. K.-F. Müller. 4597□

Polysaccharidanalyse von Leberbiopsieproben, die bei Laparotomie erhalten wurden. S. A. Barker, M. Stacey und D. J. Tipper. (Clin. chim. Acta [Amsterdam] **4**, 861—66, Nov. 1959; Edgbaston, Birmingham, Univ., Chem. Dep.; engl.) — Es wird eine allg. Fraktionierungs-Meth. unter Verw. von „Cetavlon" beschrieben, die auf Unters. von 2 Leberbiopsieproben angewandt wurde. In einem Fall enthielt die Probe ein *Glykogen* mit durchschnittlicher Kettenlänge von 5,1 Glucoseresten. Die Leber hatte einen sehr niedrigen *Glucose-6-phosphatase*-Gehalt. Die andere Probe enthielt 1,47% (Trockengew.) von normalem Glykogen mit partiell dialysierbarem Glucosan. K. F. Müller. 4597□

Die Rolle der Leber bei der Schutzwirkung von Arginin. Pietro M. Gullino, Vithal B. Mitbander und Thomas B. Moore. (J. Lab. clin. Med. **57**, 671—82, Mai 1961; Bethesda, Md., US. Dep. of Health, Educ. and Welfare, Public Health Serv., Nat. Inst. of Health, Nat. Cancer Inst., Labor. of Biochem.; engl.) — An Ratten unter akuter *NH_3*-Vergiftung (durch Ammoniumacetat), unter chron. Hyperammonämie (durch Dowex-50-Ammoniumsalz) sowie bei hepatektomierten Ratten wurde die protektive Wrkg. von *L-Argininhydrochlorid* (**I**; 1,0—8,0 mMol/kg in 1 ml W.) untersucht. Während **I** bei einer akuten NH_3-Vergiftung gegenüber 100fach über der Norm liegenden Blut-NH_3-Werten Schutz-Wrkg. ausübt, ist eine Schutz-Wrkg. bei chron. Vergiftung nur gegenüber 10fach über der Norm liegenden NH_3-Blutwerten erkennbar; durch niedrigere, jedoch langdauernde Hyperammonämie kann die Schutz-Wrkg. von **I** gegenüber akuter NH_3-Vergiftung annuliert werden; diese annulierte Schutz-Wrkg. kann durch Injektion von *Leberhomogenaten* wiederhergestellt werden, so daß freies NH_3 eine spezif. Schädigung eines mit dem NH_3-Stoffwechsel befaßten Leber-Syst. hervorzurufen scheint, wobei diese Schädigung nicht nur vom abs. NH_3-Spiegel, sondern auch von der Dauer der NH_3-Wrkg. abhängt; eine Komponente, welche **I** zur Bldg. von Harnstoff (**II**) verwertet, wird durch das Homogenat wahrscheinlich wieder funktionstüchtig gemacht (die durch NH_3 geschädigte Leber verwertete weniger **I** als die normale Leber); bei teilhepatektomierten Ratten mit hohen Blut-NH_3-Werten wird durch kleine **I**-Dosen die allg. **II**-Ausscheidung gesteigert. Die Schutz-Wrkg. von **I** ließ sich nicht in direkten Zusammenhang mit der Menge an freiem **I** im Blut oder der Höhe der Ammonämie bringen; während der akuten NH_3-Vergiftung sinkt der Geh. des Leberblutes an freiem **I** rascher bei durch **I** geschützten Tieren als bei normalen Tieren. Dem Verabreichungsweg des NH_3-Spenders kommt bei der akuten Vergiftung eine bes. Bedeutung zu (nach intraperitonealer Vergiftung rascher, durch **I** beeinflußbarer NH_3-Blutspiegelanstieg, nach subkutaner Vergiftung langsamer, nicht beeinflußbarer Anstieg). — Es wurde auch die Wrkg. von *L-Ornithin* u. *L-Citrullin*, auch gegenüber *Isonicotinsäurehydrazid*, geprüft. U. Tausendfreund. 4597□

Thioacetamid in der experimentellen Leberforschung. Johannes Brodehl. (Klin. Wschr. **39,** 956—62, 15/9. 1961; Kiel, Univ., Pathol. Inst.; dt.) — Chron. *Thioacetamid*-Intoxikation verursacht bei Ratten Lebercirrhose. P. Gregorzewski. 4597□

Untersuchungen über die Kollagenfasern. 2. Mitt. **Vergleichende chemische, polarisations- und elektronenmikroskopische Untersuchungen über die Kollagenfasern mit Chrondroitinschwefelsäure als Grundsubstanz.** M. Németh-Csóka. (Acta histochem. [Jena] **12,** 255—76, 30/12. 1961; Pécs, Komitats-Krankenh.; dt.) — 1. vgl. Acta Histochem. **8,** [1960], 282. — Zur Unters. der Grundsubstanz des Bindegewebes wurde *Kollagen* (**I**) aus Rattenhaut mit *Chondroitinschwefelsäure* (**II**; aus Nasenscheidenwandknorpel des Rindes) zur Faser-Bldg. gebracht u. dieser Vorgang als Modellexperiment für die physiolog. Vorgänge bei der Faser-Bldg. ausgewertet. Größere Menge u. Polymerität von **II** haben dickere Fasern mit höherem **II**-Geh. u. mehr Fasern zur Folge. Das elektronenmkr. Bild der Fasern wird durch den **II**-Geh. u. die **II**-Polymerität beeinflußt. Obwohl bei der Ausbildung der prim. Fibrillenaggregate **II** eine wesentliche Rolle spielt, besteht in den entstandenen Fibrillen zwischen **II** u. dem Fibrillärsyst. des **I**-Eiweißes keine enge Beziehung. M. Metze. 4597□

Verkalkung von Kollagen. M. S. Santanam. (J. molecular Biol. **1,** 65—68, April 1959; Madras, Univ. of Madras, Dep. of Phys.; engl.) — Zum besseren Verständnis der Vorgänge bei der Knochen-Bldg. wurde die Ablagerung von *Ca-Phosphat* in Form von *Apatit*-Kristallen innerhalb von Kollagenfasern untersucht. Kollagenfasern zeigen in 0,1 m NaH_2PO_4 zusammen mit 0,1 m $CaCl_2$ innerhalb der Fasern Kristalle von $CaH \cdot PO_4 \cdot 2\,H_2O$. In Ggw. kleiner Mengen *NaF*, hinzugefügt zu $CaCl_2$, taucht in den Fasern krist. CaF_2 auf. Bei Verw. einer 10%ig. Suspension von präcipitiertem Ca-Phosphat zeigt das Muster innerhalb der Fasern große Ähnlichkeit mit Knochenschnitten, wenn auch die Partikelgröße der Hydroxylapatitkristalle größer als normal ist. Durch Zufügung von *Citronensäure* (**I**; 0,02 mg/ml) wird die Partikelgröße beeinflußt u. optimale Ergebnisse werden bei weiterer Zugabe von 10% NH_3 u. Einstellung auf pH 7,6 erzielt. Durch mehr **I** (2 mg/ml) wird die Ablagerung von Apatitkristallen völlig verhindert, das Muster entspricht gewöhnlichem Kollagen ohne organ. Salzeinlagerungen. 10 mg **I**/ml dagegen führen zur Ablagerung von *Calciumcitrattetrahydrat.* Auch andere Salze beeinflussen die Ablagerung des Apatits: Mehr $CaCl_2$ sowie $CaCO_3$ hemmen, CaF_2 führt zu Mischkristallen, es kommt zu Mustern von Fluorit u. Apatit; CaF_2 10:1 hemmt die Apatitablagerung völlig, zur CaF_2-Ablagerung kommt es erst, wenn dieses ausschließlich Verw. findet. U. Tausendfreund. 4597□

Die Aufnahme freier Fettsäuren durch den Skelettmuskel während der Reizung. B. Issekutz jun. und John J. Spitzer. (Proc. Soc. exp. Biol. Med. **105,** 21—23, Okt. 1960; Philadelphia, Pa., Lankenau Hosp.; Hahnemann Med. Coll. and Hosp.; engl.) — Am Schenkelmuskel des anästhetisierten Hundes erfolgt eine Aufnahme *freier Fettsäuren* an der Seite der elektr. Reizung. P. Gregorzewski. 4597□

Die Verwendung von Mikroinjektionsmethoden sowie großer Nerven- und Muskelfasern bei der Untersuchung aktiver Transportvorgänge und muskulärer Kontraktionen. P. C. Caldwell. (Pflügers Arch. ges. Physiol. Menschen Tiere **272,** 215—22, 1961; Plymouth, Marine Biol. Ass. of United Kingdom, Labor.; engl.) — Vortrag über die in den letzten Jahren an der Arbeitsstätte des Vf. (u. meist von ihm selbst) an großen Nerven- u. Muskelfasern von Meeresbewohnern (Tintenfische u. Krebse) durchgeführten Verss. über Kationentransport u. Muskelkontraktion. — 19 Literaturangaben. U. Tausendfreund. 4597□

Elektronische Bestimmung der intracellulären Konzentration und der Gesamtströmung von Natrium im Axon des Tintenfischnervs. John W. Moore und William J. Adelman jun. (J. gen. Physiol. **45,** 77—92, Sept. 1961; Bethesda, Md., Nat. Inst. of Health, Nat. Inst. of Neurol. Dis. and Blindness, Labor. of Biophys.; Woods Hole, Mass., Marine Biol. Labor.; engl.) — Zur Best. des intracellulären *Na*-Geh. von Nervenfasern wird eine am Riesenaxon des Tintenfisches erprobte u. in guter Übereinstimmung mit direkten Meth. stehende Meth. empfohlen, bei der die physiolog. Funktion des Nerven erhalten bleibt u. andere Messungen gleichzeitig erfolgen können. Es handelt sich um die Best. des Potentials durch die Axonmembran unter elektron. Kontrolle mit Hilfe der „voltage clamp“-Technik. Als Na-Strömungsfaktor des ruhenden Axons ergab sich ein Wert von 40 pMol/cm²/Sekunde. Durch rasche Reizung kommt es zur Steigerung der Na-Akkumulation. U. Tausendfreund. 4598□

Wirkung der Verminderung externer bivalenter Ionen auf die Natriumbewegung im Tintenfischriesenaxon. William J. Adelman jun. und John W. Moore. (J. gen. Physiol. **45,** 93—103, Sept. 1961; Bethesda, Md., Nat. Inst. of Health, Nat. Inst. of Neurol. Dis. and Blindness, Labor. of Biophys.; Woods Hole, Mass., Marine Biol.

Labor.; engl.) — Vgl. auch vorst. Referat. — In künstlichem Meerwasser läßt sich am isolierten Riesenaxon des Tintenfisches („voltage clamp"-Technik) ein langsamer Anstieg der internen *Na*-Konz. feststellen, welcher durch Verminderung der externen *Ca*- u. *Mg*-Konzz. (auf 0,1faches der Norm) verdoppelt wird; gleichzeitig wird bei Verminderung der externen Konzz. der bivalenten Ionen die Aktionspotentialamplitude vermindert; das Ruhepotential wird nur wenig verändert; es kommt zu einer Verschiebung der Volt-Axe bei der Aufstellung der Funktion zwischen Na-Leitfähigkeit u. Membranpotential. U. Tausendfreund. 4598□

Histochemische Untersuchungen über das Glykogen im Zentralnervensystem. Glykogenhaltige Synapsen um die Purkinjezellen. Tentscho Gentschev. (Acta histochem. [Jena] **12,** 330—36, 30/12. 1961; Sofia, Inst. für Neurol. u. Psychiatrie; dt.) — Im Gehirn von 60 Vers.-Tieren (vorwiegend Mäuse) wurde histochem. *Glykogen* (**I**) nach einer leicht modifizierten „Freeze substitution"-Meth. u. anschließender **I**-Färbung nach Schabadasch nachgewiesen. An der Oberfläche u. in der Nähe der Purkinjezellen zeigen sich charakterist. **I**-haltige Synapsen, deren Struktur an die der echten Synapsen erinnert. Sie sind sehr labil unter pharmakolog. Einfluß. Vermutlich stellt **I** eine „Diffusionsbarriere" dar, die den synapt. Raum verschließt u. somit bei der synapt. Übertragung eine wichtige Rolle spielt. M. Metze. 4598□

Nachweis einer Proximodistalbewegung von Phospholipiden, die im Nervenzellkörper synthetisiert werden, entlang des Axons. N. Miani. (Nature [London] **193,** 887—88, 3/3. 1962; Univ. of Padua, Dep. of Anatomy; engl.) — Durch Einführen einer ^{14}C-Aminosäure bzw. ^{32}P (Orthophosphat) als Eiweiß- bzw. Phospholipid (**I**)-Vorstufe auf den Boden des 4. Ventrikels läßt sich eine Proximodistal-Bewegung der in den Nervenzellen von Kaninchen synthetisierten Verbb. zum Distalsegment der hypoglossalen u. Vagusnerven hin nachweisen. Die Geschw. von **I** entlang des intakten Nervs beträgt ca. 1,7 mm/Std. (Kurven). Die Bewegung geht jeweils nur bis zur Unterbrechung der Nervenbahn. 5 Tage nach Einführen der radioakt. Vorstufe lassen sich folgende gewanderten **I** nachweisen: *Phosphatidylcholin, -äthanolamin* u. *-serin, Phosphoinositid* sowie wahrscheinlich *Phosphatidsäure, Serin-* u. *Äthanolaminplasmalogen.* Ferner sind alkali- u. Hg-stabile **I** in den Proben anwesend. G. Kirsten. 4598□

Ein Vergleich der Verteilung von Lysosomenzymen und 5-Hydroxytryptamin mit der von Acetylcholin in subcellulären Fraktionen von Meerschweinchenhirn. V. P. Whittaker. (Biochem. Pharmacol. **1,** 351—52, März 1959; Cambridge, Babraham, ARC Inst. of Animal Physiol, Dep. of Biochem.) — Die Mitochondrienrohfraktion von Meerschweinchenhirn ist durch Zentrifugieren in einem Dichtegradienten in 3 Hauptfraktionen zerlegbar: a) Partikel weniger dicht als 0,8m Saccharose (**I**), 2—5 μ $\varnothing$; b) zwischen 0,8 u. 1,2m **I**, 0,07 μ; c) dichter als 1,2m **I** (vorwiegend Mitochondrien). b, in der vorwiegend gebundenes *Acetylcholin* (**II**) lokalisiert ist, enthält hauptsächlich auch *saure Phosphatase*, c *β-Glucuronidase.* Gebundenes *5-Hydroxytryptamin* (**III**) findet sich vorwiegend in b. Die unterschiedliche Verteilung von **II** u. **III** in Gesamthirn machen eine Lokalisierung beider im gleichen Partikel unwahrscheinlich.

K. Maier. 4598□

Aufnahme von Brenzcatechinaminen durch adrenergische Nervengranula. U. S. von Euler und F. Lishajko. (Acta physiol. scand. **53,** 196, Okt. 1961; Stockholm, Karolinska Inst., Fac. of Med., Dep. of Physiol.; engl.) — In vitro-Verss. mit Granula aus Rindermilznerven zeigen, daß Nervengranula *Brenzcatechinamine* (**I**) aus der Inkubations-Fl. aufnehmen, wenn sie vorher **I** abgegeben hatten (20 μg/ml *Noradrenalin* (**II**) pro ml Inkubations-Fl. ergeben eine **II**-Aufnahme von 95% der ursprünglichen **II**-Menge in den Granula). M. Metze. 4598□

E₆. Pharmakologie. Therapie. Toxikologie. Hygiene

Der Begriff des Antimetaboliten in der Pharmakologie. Anwendung auf die physiologisch-pathologische Bedeutung des Hydroxytryptamins (Enteramin–Serotonin) in der Klinik und in der Neurologie. D. W. Woolley. (Rend. Ist. super Sanità **19,** 231—46, 1956, New York, N.Y., Rockefeller Inst. for Med. Res.; ital.) — Übersicht.

K. Zingraf. 4600□

Cäsium-137-Belastung bei schwedischen Lappen und Rentieren. Kurt Lidén. (Acta radiol. [Stockholm] **56,** 237—40, Sept. 1961; Lund, Univ. of Lund, Radiat. Phys. Dep.; engl.) — Bei 3 Lappländern konnte ein ^{137}*Cs*-Geh. des Gesamtkörpers mit Ganzkörperzähler von 196, 242 u. 361 nc gegenüber Bewohnern von Südschweden mit 5,9 nc (also 20—40mal mehr) ermittelt werden. Hauptursache für diesen einzigartig hohen ^{137}Cs-Geh. im Menschen dürfte der Verzehr von Rentierfleisch mit einer Aktivität von 25 nc ^{137}Cs/kg sein. U. Tausendfreund. 4601□

Die Ausscheidung von radioaktivem Material nach Anwendung von Tris-[^{14}C-äthylenimino]-symm.-triazin bei normalen Mäusen. Edwin I. Goldenthal, Moreshwar V. Nadkarni und Paul K. Smith. (J. Pharmacol. exp. Therapeut. **122**, 431—41, April 1958; Washington, D. C., George Washington Univ., School of Med., Dep. of Pharmacol.) — Nach intravenöser Anwendung von Tris-[^{14}C-äthylenimino]-symm.-triazin bei Ratten u. Mäusen waren 90% der Radioaktivität (RA) innerhalb weniger Min. aus dem Blut verschwunden. 68—73% der injizierten RA wurden in den ersten 24 Std. im Harn ausgeschieden, 4—6% in den zweiten 24 Stunden. Es traten mindestens 16 Abbau-Prodd., darunter Kreatinin u. Harnstoff (weniger als 1%) im Harn auf. Faeces u. Ausatemluft enthielten nur wenig RA. K. Zingraf. 4601 □

Einfluß bestimmter physikalischer Faktoren auf den röntgenologischen Nachweis von Cholesteringallensteinen. Pekka Virtama. (Acta radiol. [Stockholm] **56**, 193—201, Sept. 1961; Helsinki, Univ. Central Hosp., Med. Clin. II, Roentgen Dep.; engl.) — Zur möglichen röntgenolog. Erkennung von *Cholesterin*-Gallensteinen eignen sich am besten relativ niedrige Spannungen bei hohen Konzz. des Kontrastmittels (Biligrafin, Solu-Biloptin, Bilijodon-Natrium); Faktoren, welche den Kontrast u. die Auflösung steigern, verbessern auch die Steinnachweismöglichkeit. U. Tausendfreund. 4601 □

Selenaufnahme durch Schweinegewebe. C. A. Grant, B. Thafvelin und R. Christell. (Acta pharmacol. toxicol. [København] **18**, 285—97, 1961; Stockholm, State Veter. Med. Inst.; Royal Inst. of Technol., Div. of Nuclear Chem.; Isotope Techn. Labor.; engl.) — Da *Se* in der Therapie von Lebernekrose der Schweine wirksam ist, war es notwendig, wegen seiner Toxizität die Se-Retention in den verschiedenen Geweben zu untersuchen. Es wurden den Tieren *Na-Selenit* mit der Nahrung verabreicht. Die Niere nahm mehr Se (1,1—2,6 mg/kg Niere) auf als Leber oder Muskel. Die Dauer der Se-Behandlung hatte keinen Einfl. auf den Se-Geh. der Gewebe. Obwohl die Se-Geh. relativ niedrig waren, ist Vorsicht bei der Dosierung geboten, u. nur im Notfall ist die Verw. von Na-Selenit angebracht. — 43 Literaturangaben. M. Metze. 4606 □

Die Schwefeldioxidinhalation. Ein Verhaltensvergleich der glatten Muskeln der Bronchial- und Pulmonargefäße. Harry Salem und Domingo M. Aviado. (Arch. environment. Health **2**, 656—62, Juni 1961; Philadelphia, Pa., Univ. of Pennsylvania, School of Med., Dep. of Pharmacol.; engl.) — Beim anästhesierten Hund hat die Inhalation von 200—850 ppm SO_2 folgende Wrkg.: Pulmonar- u. Bronchoconstriction mit vorhergehender u. folgender Bronchodilatation, Erhöhung des Blutdrucks in den Pulmonararterien, Verringerung der Myocardkontraktionskraft u. Bradycardie u. system. Schock. P. Gregorzewski. 4606 □

Mechanismus der Hemmwirkung von NaF und Na-Fluoracetat auf die Herzfunktion und den Kohlenhydratstoffwechsel des isolierten Herzens des Ochsenfrosches. Koroku Hashimoto. (Japan. J. Physiol. **11**, 212—21, 15/4. 1961; Tokyo, Univ., Fac. of Med., Dep. of Pharmacol. and Iatrochem. Inst. of the Pharmacol. Res. Found., Inc.; engl.) — *NaF* in Konzz. über 0,01m hemmt die aerobe Glykolyse, steigert den O_2-Verbrauch, hemmt die Glucoseaufnahme u. die Herztätigkeit. *Na-Fluoracetat* vermindert den O_2-Verbrauch, steigert die Glucoseaufnahme u. hat keinen Einfl. auf die Herztätigkeit. U. Mothes. 4607 □

Die Äthanolausscheidung im menschlichen Harn. Frank Lundquist. (Acta pharmacol. toxicol. [København] **18**, 231—38, 1961; Copenhagen, Univ., Inst. of Forensic Med.; engl.) — An 15 Personen wurde das Verhältnis von Harn–A.-Konz. zu Blut–A.-Konz. zu 1,35 durchschnittlich bestimmt (55 Harnsammelperioden). Die Ergebnisse unterstützen die Annahme, daß die Nieren nicht die Fähigkeit zur A.-Konzentrierung haben. Die Anwendung für gerichtschem. Unterss. wird angegeben. M. Metze. 4607 □

Unwirksamkeit von Äthanol auf den Noradrenalin-, Dopamin- oder 5-Hydroxytryptaminspiegel im Gehirn. Jan Häggendal und Margit Lindquist. (Acta pharmacol. toxicol. [København] **18**, 278—80, 1961; Göteborg, Univ., Dep. of Pharmacol; engl.) — Entgegen den Ergebnissen von Gursey u. Olson (C. **1961**, 4422) stellten Vff. fest (an Kaninchen), daß Äthanol (i.v. verabreicht) seine typ. Wrkg. entfalten kann, ohne Veränderungen im *Noradrenalin-*, *Dopamin-* oder *5-Hydroxytryptamin*-Spiegel hervorzurufen. M. Metze. 4607 □

α-Ketosäuren bei der β-Aminopropionitrilintoxikation (Lathyrismus). K. Juva und E. Kulonen. (Acta pharmacol. toxicol. [København] **18**, 263—66, 1961; Univ. of Turku, Dep. of Med. Chem.; engl.) — Die *Brenztraubensäure-* u. *α-Ketoglutarsäure-*Konzz. waren bei *β-Aminopropionitril*-behandelten Kükenembryonen u. im Blut lathyr. Ratten leicht erhöht. M. Metze. 4607 □

Einfluß der Struktur aliphatischer Substituenten auf die Stärke der biologischen Wirkung von Substanzen. R. Zahradník. (Arch. int. Pharmacodynam. Thérap. **135,** 311–29, 1/2. 1962; Prague, Czechoslovakia, Inst. of Industr. Hyg. and Occupat. Dis.; engl.) — Messungen der biolog. Wirkstärke (physikal. Toxizität) der Glieder einer homologen Reihe aliphat. Verbb. vom Typ R—X können mittels der Gleichung $\log(\tau_i/\tau_{\ddot{A}t}) = \alpha\beta$ miteinander verglichen werden [τ_i bzw. $\tau_{\ddot{A}t}$ = molare Konz. des i-ten Gliedes bzw. des Äthyl-Deriv., welche für die gewählte Wrkg. erforderlich war; β = Konst., welche den Substituenten R (unabhängig von der Art von X u. vom biolog. Objekt) charakterisiert, α charakterisiert das biolog. System]. β wurde für 25 aliphat. Gruppen (R) bestimmt. — 44 Literaturangaben. K. Zingraf. 4607□

Einfluß von Alkoholen und Kaliumsalzen von Xanthogensäuren auf verschiedene biologische Objekte. M. Chvapil, R. Zahradník und B. Čmuchalová. (Arch. int. Pharmacodynam. Thérap. **135,** 330–43, 1/2. 1962; Prague, Czechoslovakia, Inst. of Industr. Hyg. and Occup. Dis.; engl.) — Vgl. vorst. Referat. — Die vorst. (l. c.) beschriebene Formel wurde durch die Unters. der biolog. Wirkstärken von 21 Alkoholen u. 17 K-Salzen von folgenden Alkylxanthogensäuren an verschiedenen biolog. Objekten bestätigt: *Methyl-, Äthyl-, Isopropyl-, tert.-Butyl-, n-Propyl-, Isobutyl-, Neopentyl-, sek.-Butyl-, tert.-Amyl-, n-Butyl-, Isoamyl-, n-Amyl-, n-Hexyl-, Isohexyl-, tert.-Hexyl-, tert.-Heptyl-, n-Octyl-, sek.-Octyl-, n-Decyl-, Cyclohexyl-, Allyl-, Benzyl-.* — 22 Literaturangaben. K. Zingraf. 4607□

Untersuchungen über den Einfluß von Aminoacetonitril auf das Bindegewebe des Hamsters. O. Wegelius, E. Moltke und M. O. Dyrbye. (Experientia [Basel] **15,** 349–50, 15/9. 1959; Copenhagen, Univ. Inst. of the Med. Anatomy, Connective Tissue Res. Labor.; engl.) — Es wird gezeigt, daß *Aminoacetonitril* einen deutlichen Einfl. auf das Bindegewebe des Hamsters ausübt (Dosierungen 10–20 mg/Tag), der sich an der verminderten Zugfestigkeit von Wundrändern äußert. An den Mastzellen konnten keine morpholog. Veränderungen beobachtet werden, ebenso war die Anreicherung von ^{35}S im Wundgewebe wie die Konz. von *Hydroxyprolin* u. *Hexosamin* im Aortengewebe nicht signifikant verändert. U. Tausendfreund. 4607□

Gewebeverteilung von ^{32}P-Parathion. Autoradiographische Technik. Torsten Fredriksson und Jerry K. Bigelow. (Arch. environmental Health **2,** 663–67, Juni 1961; Atlanta, U.S. Dep. of H.E. and W., Public Health Serv., Communicable Disease Center, Technol. Branch, Toxicol. Section; engl.) — Bei Mäusen wird nach subkutaner Injektion *Parathion* nur langsam resorbiert. Die höchste Aktivität erscheint in den Speicheldrüsen u. im braunen Nackenfett (Winterschlafdrüse). Hohe Radioaktivität zeigen auch Leber, Nieren, Fettgewebe, weniger hohe Magen- u. Darmwand, Schilddrüse, Milz u. Lungen. Die geringste Aktivität nehmen Zentralnervensyst., Muskulatur u. Knochenmark auf. Die Ausscheidung erfolgt hauptsächlich über die Nieren. P. Gregorzewski. 4607□

Wirkung von Mercaptanen bei der Kälteagglutininkrankheit. Stephan E. Ritzmann und William C. Levin. (J. Lab. clin. Med. **57,** 718–32, Mai 1961; Galveston, Tex., Univ. of Texas, Med. Branch, Dep. of Int. Med. and Hematol. Res. Labor.; engl.) — Da *Kälteagglutinine* (**I**) als Makroglobuline mit Empfindlichkeiten gegenüber SH-Gruppen beschrieben sind, wurde die Wrkg. von *Mercaptanen* auf ihre Aktivität in vitro u. in vivo untersucht. **I** wurde von einem 65jährigen Mann gewonnen u. war charakterisiert durch γ_1–β_1-Position, S_{20} von 15,5 u. hohen Kohlenhydrat-Gehalt. Durch Inkubation des Serums (2 ml) mit *Kalium-Penicillin-G* (Sqibb; 20000 Einheiten), *dl-Penicillamin* (*dl-Dimethylcystein,* Aldrich Chem. Comp.; 20 mg; **II**), *Cysteamin* (*β-Mercaptoäthylamin,* K & K Labor. Inc. Jamaica; 0,2 ml 1%ig. Lsg.) oder *Mercaptopyridoxin* (*Vitamin* B_6*–SH*; *3-Mercaptomethyl-4-hydroxymethyl-5-hydroxy-6-methylpyridin,* Merck AG.; 20 mg; **III**) konnte der Titer von **I** in vitro herabgesetzt werden. **II** verminderte die Menge makromol. **I** in der Ultrazentrifuge u. bewirkte vorübergehende Veränderungen der **I**-Fraktion im Elektroserogramm. Durch perorale Verabreichung von 2000 mg **II**/Tag für die Dauer von 10 Tagen oder i.v. Injektion von 600 mg **III**/Tag kam es zu einer deutlichen Verminderung des **I**-Titers u. der Säurehydrolyse in der Kälte; die thermale Amplitude der **I**-Aktivität wurde vermindert; die ^{51}Cr-Überlebenszeit der Erythrocyten wurde verlängert; der Allgemeinzustand besserte sich. Die Wrkg. war nur auf die Behandlungsdauer beschränkt. Es wird angenommen, daß der zugrundeliegende Mechanismus auf einer Depolymerisierung u. Inaktivierung des Makroglobulins durch die Mercaptane beruht. U. Tausendfreund. 4607□

Antiseptisch wirksame 4-Hydroxyindane. Herbert Grasshof. (Arzneimittel-Forsch. **11,** 506–07, Mai 1961; Eschwege, Chem. Labor., Firma M. Woelm; dt.) — Übersichtsarbeit über einige durch Chlor bzw. Alkyl substituierte *4-Hydroxyindane.* — 13 Literaturangaben. P. Gregorzewski. 4607□

Über die Wirkung von Nicotin auf den Harnkonzentrierungsmechanismus. Dieter P. Mertz. (Naunyn-Schmiedebergs Arch. exp. Pathol. Pharmakol. **242**, 247—60, 1961; Freiberg Br., Univ. Med. Poliklinik; dt.) — 17 jüngeren Vers.-Personen werden i.v. (a) 0,04—0,06 (mg), 0,01—0,015 (b) u. 0,0067—0,01 (c) *Nicotinbitartrat* (**I**)/kg Körpergewicht injiziert. Im Fall a tritt in den ersten 30 Min. nach Injektion eine Verminderung des Harnflusses um 37%, der Inulinclearance um 23%, der PAH (p-Aminohippursäure)-Clearance um 13% u. der Filtrationsfraktion um 12% auf. Im Fall b nimmt der Harnfluß ab (29%), die osmol. Clearance (20%) u. renale Na-Ausscheidung (21%) zu. Im Fall c ist kein Effekt zu beobachten. — 37 Literaturangaben. M. Metze. 4608□

Untersuchungen über die myospasmolytische Komponente des Lindensplints. L. Cima und G. Fassina. (Arch. ital. Sci. farmacol. [3] **11**, 288—98, Juli 1961; Padova, Univ., Ist. di Farmacol.; ital.) — Nur Blüten u. Splint, nicht aber Rinde, Blätter u. grüne Zweige von *Tilia silvestris* Desf. u. *Tilia platyphylla* Scop. besitzen eine myospasmolyt. Wrkg., die vermutlich auf Vanillin, seine Derivv. oder verwandte Verbb. zurückzuführen ist. K. Zingraf. 4608□

Iproniazid und experimenteller Lathyrismus. Vorl. Mitt. K. Juva, Leena Mikkonen, Taina Tuominen und E. Kulonen. (Experientia [Basel] **15**, 350—51, 15/9. 1959, Turku, Finland, Univ. of Turku, Dep. of Med. Chem.; engl.) — Es wurde an Ratten die Hypothese geprüft, nach der die Aminooxydase bei der Entgiftung von *β-Aminopropionitril* (**I**) beteiligt sei; es wurden zu diesem Zweck zu einer 75% *Lathyrus odoratus*-enthaltenden Kost 430 mg *Iproniazid* (**II**; *Marsilid*, Roche)/1000 g gefügt, so daß trotz unterschiedlicher Freßmengen doch immer das gleiche Verhältnis **I**/**II** aufgenommen wurde. Es zeigte sich, daß **II** den experimentellen Lathyrismus verstärkt. Unter der Voraussetzung, daß *Monoaminooxydase*-Hemmung die volle Wrkg. von **II** darstellt, muß demnach die schädigende Wrkg. von **I** durch eine Stoffwechselinterferenz mittels seiner Aminogruppe zustande kommen. U. Tausendfreund. 4610□

Der Einfluß von Crotonylidenisonicotinsäurehydrazon und Mesityloxidhydrazon auf die experimentelle Tuberkulose. S. K. Gupta, I. S. Mathur und B. Mukerji. (Arch. int. Pharmacodynam. Thérap. **135**, 178—86, 1/1. 1962; Lucknow, Central Drug Res. Inst.; engl.) — *Crotonylidenisonicotinsäurehydrazon* (**I**) u. *Mesityloxidisonicotinsäurehydrazon* (**II**) zeigen in vitro u. bei infizierten Meerschweinchen eine sehr ähnliche Aktivität gegenüber Tuberkelbacillen wie *Isonicotinsäurehydrazid*. Allmählich entwickelt sich Resistenz gegenüber **I** u. **II**, diese zunehmende Resistenz wird von einer abnehmenden *Katalase*- u. *Peroxydase*-Aktivität begleitet. Die akute Toxizität von **I** u. **II** beträgt nur $^1/_5$ der von Isonicotinsäurehydrazid. P. Gregorzewski. 4610□

Die Wirkungen von 4.4′-Diaminodiphenylselenid, Diphenylsulfon und 4.4′-Diaminodiphenyl bei der Behandlung der Lepra murium. W. A. Hadler und L. M. Ziti. (Int. J. Leprosy **29**, 191—95, April/Juni 1961; Ribeirão Preto, Fac. of Med., Dep. of Histol. and Embryol.; São Paulo, Butantan Inst., Labor. of Chemotherapy; engl.) — An Ratten wurde nach intraperitonealer Impfung mit *Mycobacterium leprae murium* die Wrkg. von strukturell zu 4.4′-Diaminodiphenylsulfon verwandten Verbb. untersucht. *4.4′-Diaminodiphenylselenid* u. *Diphenylsulfon* bewirkten keine Veränderungen u. zeigten also keine therapeut. Wirkung. *4.4′-Diaminodiphenyl* (*Benzidin*) war nicht nur unwirksam vom therapeut. Standpunkt aus, sondern verkürzte unabhängig von der tox. Wrkg. durch Beschleunigung der Entw. der Läsionen noch die Überlebenszeit. U. Tausendfreund. 4610□

Nierenschäden beim Hamster nach künstlicher Diät mit 5.7-Dichlor-8-hydroxychinaldingehalt. Frede Christensen und Henrik Dam. (Acta pharmacol. toxicol. [København] **18**, 249—54, 1961; Copenhagen, Polytechnic Inst., Dep. of Biochem. and Nutrit.; engl.) — Gibt man Hamstern eine Diät mit hohem Saccharose- oder Glucose-Geh., tritt oft schwere Diarrhöe auf. Zu deren Verhütung verabreichtes antibakterielles *Sterosan* (*5.7-Dichlor-8-hydroxychinaldin, Chlorquinaldol*; **I**) ruft schwere Nierenschäden hervor. Die verwandte Verb. *Vioform* (*5-Chlor-7-jod-8-hydroxychinolin*) ruft diese Schäden nicht hervor. Die Schäden nach **I** treten in den Tubulizellen der Rinde auf. Die Glomeruli bleiben anscheinend unbeeinflußt. Vermutlich erhöht die verwendete Basaldiät die Empfindlichkeit der Tubulizellen gegenüber der schädigenden Wrkg. gewisser Pharmaca. M. Metze. 4610□

Antimalariaeigenschaften von Phenylamidinharnstoffverbindungen. Y. Ch. Chin, Y. Y. Wu, B. Skowrońska-Serafin, T. Urbański, J. Venulet und K. Jakimowska. (Bull. Acad. polon. Sci., Sér. Sci. chim. **8**, 109—12, 1960; Peking, Inst. „Materia Med.", Acad. of Med. Sci., Warszawa, Katedra Techn. Org. II, Politechn. Inst. Leków; engl.) — Die Wrkg. gegen Malaria (*P. gallinaceum*) von p-substituierten Phenylamidinharnstoff-Verbb. wurde untersucht. Nur die *p-Nitro*-Verbb. (**I**) u.

p-Amino-Verb. (beides als *Hydrochloride*) waren wirksam. Die Wirksamkeit von **I** gegen Malaria ist 4mal geringer als von *Paludrin* (**II**). Für **I**: DL_{50} = 1200 mg/kg/Maus, DL_{50} = 1790 mg/kg/Ratte, für **II**: DL_{50} = 45 mg/kg. H. Dahlg. 4610□

Experimentelle Untersuchungen über die Therapie der durch Endotoxin hervorgerufenen Kreislaufinsuffizienz. Max H. Weil und Bruce S. Miller. (J. Lab. clin. Med. **57,** 683—93, Mai 1961, Los Angeles, Calif., Univ. of Southern California, School of Med., Dep. of Med.; Duarte, Calif., City of Hope Med. Center, Dep. of Cardiol.; engl.) — An Hunden wurde der Einfl. von *Metaraminol* (*Aramine*, Merck Sharp & Dohme; **I**; 50 mg des Bitartrats/Liter 5%ig. Glucose-Lsg. in die Femoralvene für die Dauer von 20 Min. in einer Geschw., die zur Aufrechterhaltung eines um 20 mm Hg unter der Norm liegenden Blutdrucks ausreicht), *Prednisolon* (*Hydeltrasol*, Merck Sharp & Dohme; **II**; i.v. Injektion von 1mal 20 mg/kg; 15 Min. nach dem Schock), *Dibenzyline* (Smith Kline & French; **III**; 1mal 2,5 mg/kg i.v.) u. *Phentolamin* (*Regitine*, Ciba; **IV**; 1mal 10 mg des Methansulfats/kg i.v.) auf den durch *Escherichia coli*-Endotoxin hervorgerufenen Schock untersucht. Durch **II** u. **I** ließ sich die Überlebenszeit verlängern u. (bei **II**) die Zahl der Überlebenden geringfügig erhöhen; die längste Überlebenszeit konnte durch Kombination von **I** u. **II** erzielt werden; auch die Schädigung des Organismus (erkennbar an der geringeren Erhöhung der Serum-Glutaminsäure-Oxalessigsäure-Transaminase-Spiegel, der geringeren Blut-pH-Verminderung u. der Aufrechterhaltung des Harnflusses) war dabei am geringsten. **III** u. **IV** wirkten nicht günstig u. ließen die Überlebenszeit eher noch kürzer u. die Zahl der Überlebenden geringer werden. — 35 Literaturangaben. U. Tausendfreund. 4610□

Der Einfluß einer Vorbehandlung mit Thyroxin, anorganischem Jod und essentiellen Phospholipiden auf die Tetanustoxinempfindlichkeit des Meerschweinchens. H. R. Schoen und R. Voss. (Klin. Wschr. **39,** 972—73, 15/9. 1961; Gießen, Univ., Chirurg. Klin.; dt.) — Durch Verabreichung essentieller *Phospholipide* wird der Zeitpunkt vom Auftreten der ersten Tetanuszeichen bis zum Beginn der generalisierten Krämpfe hinausgeschoben. Durch eine allg. Stoffwechselsteigerung (Einfl. der endokrinen Syst.) wird der letale Ausgang verzögert, durch Stoffwechseldrosselung wird die Inkubationszeit des Tetanus verlängert. P. Gregorzewski. 4610□

Der Einfluß von Neomycin auf die Cholesterinatherosklerose bei Kaninchen. Edwin R. Fisher. (Proc. Soc. exp. Biol. Med. **103,** 857—60, April 1960; Pittsburgh, Pa., Univ. of Pittsburgh and Vet. Admin. Hosp., Dep. of Pathol.; engl.) — Kaninchen, die außer einem Futter mit 2% *Cholesterin* täglich 50 mg *Neomycin* (**I**) oral oder i.m. 70 Tage lang erhalten, zeigen eine geringere Gewichtszunahme, eine Erhöhung der Serumlipide u. eine verstärkte Aorta-Atherosklerose u. Eingeweidelipoidosis. Bei oralen **I**-Gaben sind diese Symptome stärker ausgeprägt als nach i.m. Verabreichung.
P. Gregorzewski. 4611□

Klinische Beobachtungen mit einer neuen entzündungshemmenden Verbindung, dem Wismutdiphenylylacrylat. A. Longaretti und F. Bianchi. (Gazz. med. ital. **121,** 42—43, Febr. 1962; Magenta, Osped. Civ., Rep. di Med.; ital.) — Rectal verabreichtes *Wismutdiphenylylacrylat* (*Bi-Flogan*) besaß eine deutliche Wrkg. auf die allg. u. lokalen Symptome der Entzündung in 44 Fällen. Die Verträglichkeit war gut.
K. Zingraf. 4615□

Über den Einfluß von Chlorpromazin auf Überlebenszeit und Erholungslatenz des Gehirns. H. Hirsch und V. Schlosser. (Naunyn-Schmiedebergs Arch. exp. Pathol. Pharmakol. **239,** 274—77, 1960; Köln, Univ., Inst. für normale und patholog. Physiol.; dt.) — An isolierten Katzenköpfen konnten bei kompletter Hirnischämie die Überlebenszeit der spontanen Rindenpotentiale (Zeit vom Beginn der Ischämie bis zum Erlöschen der Potentiale) u. die Erholungslatenz der Rindenpotentiale (Zeit vom Ende der Ischämie bis zur Wiederkehr der ersten Potentiale) durch 2 mg *Chlorpromazin* (**I**) nicht verändert werden. Voraussetzung für den fehlenden Einfl. von **I** auf Überlebenszeit u. Erholungslatenz ist die Konstanz des arteriellen Druckes u. der Gehirntemperatur.
U. Tausendfreund. 4620□

Über den Einfluß von Chlorpromazin auf den menschlichen Geruchssinn. Misao Matsuzaki und Kiyoya Ooi. (Med. and Biol. [Tokyo] **45,** 49—52, 20/10. 1957; Fukushima Kenritsu Ika Daigaku, Eiseigaku-Kyoshitsu; jap.) — 36 ♂ u. 26 ♀ erhielten i.m. Injektionen von 12,5—25 mg *Chlorpromazin* (**I**) nach voraufgegangener Einführung (a) des handelsüblichen Thiaminderiv. „*Allinamin*" (**II**; 0,031—0,5%ig. wss. Lsg.) oder nach i.v. Injektion (b) von 5 mg **II**. **I** setzt die Geruchsempfindung sowohl bei a als auch bei b herab. Die Reaktionszeiten sind bei ♂ etwas geringer als bei ♀. F. Mossner. 4620

„Potenzierung" von Meperidin durch Promethazin. Arthur S. Keats, Jane Telford und Yoshio Kurosu. (Anesthesiology **22,** 34—41, Jan./Febr. 1961; Houston, Tex., Baylor Univ. Coll. of Med., Div. of Anesthesiol.; Jefferson Davis Hosp.; engl.) —

Die sedative Wrkg. von *Meperidin* (I) beim Menschen wurde durch Kombination mit *Promethazin* (II) deutlich gesteigert (additive Wrkg.), dagegen wurde die analget. u. die atemlähmende Wrkg. von I durch II nicht beeinflußt u. die Nausea u. das Erbrechen infolge von I durch II nicht verhütet. K. Zingraf. 4620□

Die Wirkung von Cocain, Guanethidin, Reserpin, Hexamethonium, Tetracain und Psicain auf die Noradrenalinfreisetzung aus dem Herzen. Ruth Lindmar und E. Muscholl. (Naunyn-Schmiedebergs Arch. exp. Pathol. Pharmakol. **242**, 214—27, 1961; Mainz, Univ., Pharmakol. Inst.; dt.) — Unterss. am isolierten Kaninchenherzen, bei denen die *Noradrenalin* (I)-Freisetzung durch (a) *Thyramin* bzw. (b) *1.1-Dimethyl-4-phenylpiperaziniumjodid* stimuliert wurde, zeigten folgenden Einfl. folgender Pharmaca: bei a unterdrückten *Cocain* (II) u. *Guanethidin* (III) die I-Freisetzung, bei b blockierten II, III, *Tetracain, Psicain* u. *Hexamethonium* die I-Freisetzung, was auf einen unterschiedlichen Mechanismus der I-Freisetzung durch beide Substanzen (a; b) schließen läßt. — 34 Literaturangaben. M. Metze. 4620□

Amphetamin, Diäthylpropion und Tranylcypromin. Eine psychopharmakologische Untersuchung über die Beziehung zwischen Struktur und Aktivität. B. Melander und Gisela Gliniecke. (Acta pharmacol. toxicol. [København] **18**, 239—48, 1961; Stockholm, AB KABI, Res. Dep.; engl.) — Die chem. verwandten Verbb. *Amphetamine* (*2-Phenylisopropylamin*; I), *Diäthylpropion* (*1-Benzoyl-1-diäthylaminoäthan*; II) u. *Tranylcypromin* (*trans-2-Phenylcyclopropylamin*; III) wurden im Warburg-App. mit Tyramin als Substrat auf ihre in vitro-*Monoaminoxydasen* (IV)-Hemmung untersucht. Nur III kann als IV-Hemmer betrachtet werden. Unterss. an Mäusen zeigen, daß die 3 Verbb. nicht die gleichen psychopharmakolog. Eigg. haben: I ist ein Stimulans, II u. III senken die psych. Aktivität. M. Metze. 4620□

Spasmolytische Wirksamkeit von 1-Phenylamino-2-[γ.γ-diphenylpropylamino]-3-[methylamino]-butan. C. Milani, F. Berti und P. Tirone. (Arch. ital. Sci. farmacol. [3] **11**, 261—69, Juli 1961; Milano, Dompé Farmaceutici, Labor. Ric.; ital.) — *1-Phenylamino-2-[γ.γ-diphenylpropylamino]-3-[methylamino]-butan* (I) zeigte in vivo u. in vitro (Meerschweinchenileum u. -gallenblase; Rattenuterus; Kaninchendünndarm u. -herz) eine myospasmolyt. Wrkg. vom Papaverin (II)-Typ. I besitzt etwa die gleiche Toxizität wie II, ist aber 4mal stärker wirksam, u. die Wrkg.-Dauer ist 10mal länger. K. Zingraf. 4620□

Untersuchungen über Verhalten und pharmakologische Wirkung von Piperacetazine, einem wirkungsvollen Tranquillizer. D. L. Knapp, G. C. Stone, W. E. Hambourger und V. A. Drill. (Arch. int. Pharmacodynam. Thérap. **135**, 152—66, 1/1. 1962; Chicago, Ill., G. D. Searle & Co.; engl.) — Es wird die Wrkg. von parenteral verabreichtem *Piperacetazine* (*3-Acetyl-N-{3-[4-(β-hydroxyäthyl)-piperidino]-propyl}-phenthiazin*) an Hunden, Ratten u. Mäusen untersucht u. mit *Chlorpromazin* (II) verglichen. I wirkt 2,5—8mal stärker beruhigend als II, potenziert 3,5mal stärker die Hexobarbitalnarkose, schützt 40mal stärker als II gegen die tox. Wrkg. von *Amphetamine* u. 50mal stärker als II gegen Erbrechen nach *Apomorphin*. Bei Mäusen beträgt die Toxizität nur 50% der von II nach i.v. Applikation. P. Gregorzewski. 4620□

Experimentelle Bestimmung der zentralen Wirkung von krampferzeugenden Hydraziden. J. Knoll, K. Kelemen, Berta Knoll und J. G. Nievel. (Acta physiol. Acad. Sci. hung. **19**, 169—78, 1961; Budapest, Med. Univ., Inst. of Pharmacol.; engl.) — Krämpfe, durch *Semicarbazid* (I), *Thiosemicarbazid* (II) oder *Isonicotinsäurehydrazid* (III) hervorgerufen, werden durch *Vitamin* B_6 (IV) in verschiedener Weise, bes. durch verschieden hohe Dosen verhindert. Unterschwellige Dosen von I, II u. III machen Mäuse überempfindlich gegen akust. Reize, die unter Krämpfen zum Tode führen. Auch hier wirkt IV als Antagonist. Sedativa sind z. T. antagonist. wirksam, so *Phenobarbital, Gluthetimid, Amytal, Urethan, Chloralhydrat, Paraldehyd* u. *NaBr. Diphenylhydantoin* ist unwirksam. Die Tranquillizer *Reserpin, Chlorpromazin* u. *6.7-Dimethyl-2-piperidinomethyltetralonhydrochlorid* sind unwirksam, *Meprobamat* nur in hoher Dosierung etwas wirksam. Die convulsive Wrkg. von *Metrazol, Coffein, Nikethamid, Strychnin, Cocain* u. *Amphetamin* (V) wird von den drei Hydraziden verschieden stark potenziert, die von *Prostigmin* nicht. Die durch V hervorgerufene Motilität von Mäusen wird durch unterschwellige Dosen von I u. II herabgesetzt. Diese Beeinträchtigung wird ebenfalls durch IV aufgehoben. W. Holland. 4620□

Wirkung der Inhibitoren der Monoaminooxydase auf die elektrische zerebrale Aktivität des Kaninchens. F. Savoldi, G. C. Maggi und S. Noli. (Boll. Soc. ital. Biol. sperim. **36**, 1423—25, 31/12. 1960; Pavia, Univ., Ist. di Fisiol. umana Clin. Neuropatol.; ital.) — Kaninchen erhalten i.v. 30—100 mg *1-Isonicotinoyl-2-isopropylhydrazinphosphat*/kg bzw. 50—100 mg *1-[2-(Benzylcarbamoyl)-äthyl]-isonicotinoylhydrazin-*

phosphat/kg; bei einigen Tieren wird noch der Antagonismus gegenüber *Pentamethylentetrazol* (I; 3—10 mg/kg u. 15—20 mg) u. *Reserpin* (1 mg/kg) geprüft. Es zeigt sich, daß die Inhibitoren der Monoaminooxydase im Zeitpunkt ihres maximalen biolog. Effekts (nach ca. 6 Std.) ein Maximum der Aktivierung des Elektrocardiogramms bewirken u. die Konz. von *5-Hydroxytryptamin* u. *Noradrenalin* erhöhen. I erhöht die Krampfschwelle, u. Reserpin verhält sich gegenüber den Inhibitoren als Antagonist.

F. Kren. 4620□

Über den Einfluß protrahierter Cholinesterasehemmung auf die Ergebnisse verschiedener portaler und hepataler Kreislaufuntersuchungen. H. Frischauf, E. Rissel, N. Stefenelli und F. Wewalka. (Klin. Wschr. **39**, 87—92, 15/1. 1961; Wien, Univ., I. Medizin. Klinik; dt.) — Es wird gezeigt, daß durch protrahierte *Cholinesterase* (I)-Hemmung mit Hilfe von *BC 51* (*Ubretid*; ein *Hexamethylen-bis-*[*N-methylcarbamoyl-1-methyl-3-hydroxypyridiniumbromid*]; Österreichische Stickstoffwerke), 1 mg i.m., eine über Tage anhaltende Verstärkung des Blutflusses zur Leber erzielt werden kann. Die Resultate der ^{131}J-Bengalrot-Probe sowie der ^{198}Au-Probe zeigten während der I-Hemmung bei Patienten ohne Leberkrankheiten, bei protrahiert verlaufender Hepatitis u. bei einem Teil der untersuchten Fälle von Lebercirrhose überwiegend einen verstärkten Blutzufluß zu den Leberzellen an. Die portale Strömung, die mit der Acetylenprobe untersucht wurde, war nach I-Hemmung nicht oder uneinheitlich verändert.

U. Tausendfreund. 4620□

Wirkungen von 2-Methyl-2-butylpropandiol-(1.3)-dicarbamat auf den Kreislauf. B. Taccardi, M. Maccari und A. Valli. (Arch. ital. Sci. farmacol. [3] **11**, 207—15, Juli 1961; Pavia, Univ., Ist. di Fisiol. Generale; Milano, Serv. Sci. Simes, Ist. di Cardiol. Sperim.; ital.) — *2-Methyl-2-butylpropandiol-(1.3)-dicarbamat* (*Mebutamat*, ein Deriv. des Meprobamats) bewirkte am narkotisierten Kaninchen eine deutliche Abnahme des Blutdrucks; es besaß dagegen am isolierten Kaninchenohr keine gefäßerweiternde Wrkg. u. beim Hund keine negativ inotrope Wrkg. auf das Herz. Vff. nehmen an, daß die Blutdrucksenkung durch eine Wrkg. auf die Gefäßregulationszentren des Zentralnerven-Syst. zustande kommt. K. Zingraf. 4627□

Einige Aspekte der allgemeinen Pharmakologie von 2-Methyl-2-butylpropandiol-(1.3)-dicarbamat (Mebutamat). M. Preti. (Arch. ital. Sci. farmacol. [3] **11**, 216—24, Juli 1961; Vicenza, Labor. Ric. Zambon, Div. Farmacobiol.; ital.) — Vgl. auch vorst. Referat. — *Mebutamat* (I; DL_{50} Ratte i.v. 300 mg/kg, oral 1400 mg/kg; Maus i.v. 390 mg/kg) besitzt beim Chloralose-narkotisierten Hund bereits in Dosen von 4 bis 5 mg/kg i.v. eine blutdrucksenkende Wrkg., unabhängig von einer Erweiterung der peripheren Gefäße. In dieser Dosierung beeinflußt es das Herz oder die Atmung nicht. Die blutdrucksenkende Wrkg. von I ist stärker, die sedative u. muskelerschlaffende Wrkg. dagegen geringer als die von Meprobamat. Beim Kaninchen wurde auch eine krampfhemmende Wrkg. gegenüber dem Cardiazolkrampf beobachtet.

K. Zingraf. 4627□

Hämodynamische Untersuchungen über Mebutamat. V. Baldrighi, G. Baldrighi, L. G. De Caro jun., V. Ferrari, C. Montemartini und L. Tronconi. (Arch. ital. Sci. farmacol. [3] **11**, 225—37, Juli 1961; Pavia, Univ., Ist. di Patol. Spec. Med. e Metodol. Clin.; ital.) — Vgl. auch vorst. Referate. — 10—20 mg *Mebutamat* (I)/kg i.v. bewirkten bei Chloralose-narkotisierten Hunden eine Abnahme des Blutdrucks u. des peripheren Widerstandes u. eine Zunahme der Muskeldurchblutung, während das Herz-Min.-Vol. unbeeinflußt blieb. Die Herzarbeit wurde verringert u. die Coronardurchblutung gesteigert. Es konnte bestätigt werden, daß der Angriffspunkt der Wrkg. von I in den Vasomotorenzentren des Zentralnerven-Syst. liegt. K. Zingraf. 4627□

Weitere Erfahrungen mit methylierten Thiobarbituraten. David W. Barron und John W. Dundee. (Brit. J. Anaesthesia **33**, 130—31, März 1961; Belfast, Northern Ireland, Queen's Univ., Dep. of Anaesth.; engl.) — *Methylierte Thiobarbiturate* sind für klin. Anwendung als Narkosemittel ungeeignet. K. Zingraf. 4627□

Numorphan. Eine neue Ergänzung der Narkose. Mark Swerdlow und P. R. Brown. (Brit. J. Anaesthesia **33**, 126—29, März 1961; Manchester, England, Salford Hosp. Group; engl.) — Bei Operationen, bei denen keine Muskelrelaxantien erforderlich waren, war *Numorphan* (*14-Hydroxydihydromorphinon*) als Narkosehilfsmittel bei der Einleitung der Narkose dem *Pethidin* überlegen. K. Zingraf. 4627□

Wirkungen von Atropin auf den Herzrhythmus bei wachen und narkotisierten Menschen. R. E. Jones, S. Deutsch und H. Turndorf. (Anesthesiology **22**, 67—73, Jan./Febr. 1961; Philadelphia, Pa., Univ. of Pennsylvania, School of Med., Dep. of Anesthesiol.; engl.) — Bei 11 mit Ae. narkotisierten Patienten trat nach 0,4 mg *Atropin* (I) ausgeprägte Sinustachycardie auf. Bei *Cyclopropan* (II)-Narkose bewirkte I bei niedriger II-Konz. eine Vaguserregung mit nachfolgender Tachycardie, bei höherer

II-Konz. traten nach den Symptomen der Vaguserregung Kammerarrhythmie u. ausgeprägte Tachycardie auf. Bei *Halothan*-Narkose bewirkte **I** ebenfalls zunächst eine Vaguserregung, auf welche eine geringe Zunahme der Herzfrequenz folgte. Bei *Thiopental*- oder $N_2O + O_2$-Narkose bewirkte **I** lediglich eine geringe Zunahme der Herzfrequenz. K. Zingraf. 4627 □

Gaschromatographie: Eine Analysenmethode für die anästhesiologische Forschung. Frank W. Summers und John Adriani. (Anesthesiology **22,** 100—07, Jan./Febr. 1961; New Orleans, La., Charity Hosp., Dep. of Anesthesiol.; Louisiana State Univ., School of Med., Dep. of Surg.; engl.) — Kurze Einführung in die Meth. der Gaschromatographie mit Beschreibung der Analyse von Narkosegasen u. Blutgasen. — 12 Literaturangaben. K. Zingraf. 4627 □

Bewirkt Thalidomid (Contergan) keine Schäden? Hans Joachim Raffauf. (Dtsch. med. Wschr. **86,** 935—38, 12/5. 1961; Essen, Städt. Krankenanst., Psychiatr. u. Nervenklinik; dt.) — *Thalidomid* (*α-Phthalimidoglutarsäureimid*; *Contergan*, Chemie Grünenthal GmbH.) ruft eine Symptomatik bei einer Reihe von Patienten (bes. jenseits 40 Jahre) hervor, die einer funikulären Myelose gleicht, manchmal auch uncharakterist. polyneurit. Syndrom; die Störungen dauern noch viele Monate nach Absetzen an, sind jedoch nach nur kurzdauernder Einw. reversibel. U. Tausendfreund. 4627 □

Klinische Prüfung eines Arzneimittels mit spasmolytischer und analgetischer Wirkung. D. Carbonera und E. Resegotti. (Gazz. med. ital. **121,** 31—36, Febr. 1962; Pavia, Univ., Ist. di Clin. Chir. Generale e Terap. Chir.; ital.) — In der klin. Prüfung an 89 Patienten mit Gallen- u. Nierenkolik war die schmerzstillende Wrkg. einer Kombination von *α-N-[β-Diäthylaminoäthyl]-phenylessigsäureisoamylesterdihydrochlorid*, *Scopolamin-n-brombutylat* u. *Δ^3-Piperiden-3-toloxypropanol-(2)* (Clitumnia, Simes) derjenigen äquivalenter Dosen der Einzelkomponenten deutlich überlegen. K. Zingraf. 4627 □

Die Veränderungen der Serumeiweißfraktionen auf die Verabreichung großer Pyramidongaben. I. Gy. Fazekas, B. Rengei und Á. Gy. Fazekas. (Arch. Toxikol. **19,** 321—24, 1962; Szeged, Ungarn, Univ., Inst. für gerichtl. Med.; dt.) — Vff. haben papierelektrophoret. an untersuchten Serumeiweißfraktionen ihre früheren Befunde erhärtet, daß große *Pyramidon*-Gaben an Kaninchen (6 Tage lang täglich 3 mal 0,1 g Pyramidon/kg, subkutan) schwere renale Schädigungen hervorrufen. K. Lohs. 4627 □

Elektromyographische Untersuchungen der Wirkung von LSD 25 auf die neuromuskuläre Reizübertragung beim Kaninchen. C. Perris. (Experientia [Basel] **15,** 351—52, 15/9. 1959; Cremona, Ospedale Psich. Provinciale, Labor. di EEG; dt.) — An Kaninchen wurde mittels elektromyograph. Unterss. die Wrkg. von *Lysergsäurediäthylamid* (LSD 25) auf den neuromuskulären Übergang geprüft. Es ließ sich zeigen, daß LSD 25 in den Dosierungen von 0,05, 0,1 u. 0,15 mg i.v. weder eine curareähnliche noch eine Anticurare-Wrkg. entfaltet; LSD 25 interferierte auch in keiner Weise mit der mäßigen Anticurarewrkg. von *Serotonin* (*5-Hydroxytryptamin*; *5-HT*). Die negativen Ergebnisse lassen sich vielleicht durch die Beobachtungen von Thompson u. Mitarbeiter [1954 u. 1955] erklären, welche feststellen, daß LSD 25 bei Labor.-Tieren einen geringen Einfl. auf die eigentliche *Cholinesterase* hat, während es elektiv die *Pseudocholinesterase* hemmt. Es bestätigt sich ferner, daß der Antagonismus zwischen LSD 25 u. 5-HT sich nicht überall entfaltet. U. Tausendfreund. 4628 □

Die Übertragung von Succinylcholin durch die Placenta. Frank Moya und Niels Kvisselgaard. (Anesthesiology **22,** 1—6, Jan./Febr. 1961; New York, N.Y., Columbia Univ., Coll. of Physic. and Surg., Dep. of Anaesthesiol. and Obstetr. and Gynecol.; Presbyterian Hosp., Anaesthesiol. Serv.; Sloane Hosp. for Women; engl.) — *Succinylcholin*, welches Müttern in den üblichen klin. Dosen verabfolgt wurde, passierte die Placentaschranke nicht. K. Zingraf. 4628 □

Untersuchung der Placentaschwelle für Succinylcholin. Niels Kvisselgaard und Frank Moya. (Anesthesiology **22,** 7—10, Jan./Febr. 1961; engl.) — Vgl. auch vorst. Referat. — Bei gesunden Schwangeren mußten 300—500 mg *Succinylcholin* (**I**) verabreicht werden, bis kleine Mengen davon im Nabelschnurblut des Kindes nachgewiesen werden konnten; ein Einfl. von **I** auf die Kinder konnte indessen nicht beobachtet werden. Bei Kaninchen waren Injektionen mit dem 1000fachen der lähmenden Minimaldosis erforderlich, damit die Foeten mit erschlaffter Muskulatur zur Welt kamen u. auf Reizung nicht ansprachen. K. Zingraf. 4628 □

Hydrolyse von Succinylcholin durch Placentahomogenate. Frank Moya und Lawrence Margolies. (Anesthesiology **22,** 11—14, Jan./Febr. 1961; engl.) — Vgl. auch vorst. Referat. — Bei Inkubation von *Succinylcholin* (**I**) mit Homogenaten von frischer

Placenta wurde nur einer geringer enzymat. Abbau von I, dagegen eine beträchtliche alkal. Hydrolyse von I beobachtet. Die Zerstörung von I durch die Placenta trägt nicht wesentlich zum Verh. der Placentaschranke bei. Die Cholinesterase in der Placenta ist fast ausschließlich spezif. Acetylcholinesterase. K. Zingraf. 4628□

Die Anwendung von Toxiferin zur Erzeugung einer chirurgischen Erschlaffung. Francis F. Foldes, Bernard Wolfson und Martin Sokoll. (Anesthesiology **22**, 93—99, Jan./Febr. 1961; Pittsburgh, Pa., Mercy Hosp., Dep. of Anesthesiol.; Univ. of Pittsburgh, School of Med., Dep. of Surg., Sect. on Anesthesiol.; engl.) — *Toxiferin* (I) wurde bei 157 Patienten in Thiopental-N_2O-O_2-Narkose (allein oder zusammen mit Succinylcholin) oder in *Halothan* (II)-Narkose zur endotrachealen Inkubation oder zur chirurg. Erschlaffung vor Inzision der Bauchhöhle angewandt. Die neuromuskuläre Wrkg. von I wurde durch II potenziert, während die blutdrucksenkende Wrkg. von II durch I nicht beeinflußt wurde. I bewirkte keine Histaminausschüttung u. hatte prakt. keinen Einfl. auf Pulsfrequenz u. Blutdruck. *Edrophonium* u. *Neostigmin* hoben die neuromuskuläre Wrkg. von I auf. I ist das Mittel der Wahl, wenn ein Muskelrelaxans mit langer Wrkg.-Dauer erforderlich ist. K. Zingraf. 4628□

Die Wirkung von Halothan auf das durch Kaiserschnitt zur Welt gebrachte Neugeborene. J. B. Montgomery. (Brit. J. Anaesthesia **33**, 156—60, März 1961; Manchester, England, Manchester Royal Infirmary, Dep. of Anaesth.; St. Mary's Hosp.; engl.) — Die Anwendung von *Thiopenton* (I), *Suxamethonium* (II), N_2O u. O_2 (künstliche Atmung) bei der Entbindung mittels Kaiserschnitt hatte eine günstigere Wrkg. auf Atmung, Kreislauf u. Muskeltonus des Neugeborenen als die Verw. von I, II, N_2O, O_2 u. *Halothan* (spontane Atmung). K. Zingraf. 4628□

Muskelschmerzen nach Suxamethonium und Suxethonium. Richard Burtles. (Brit. J. Anaesthesia **33**, 147—50, März 1961; London, Middlesex Hosp.; engl.) — Da nach Anwendung von *Suxethonium* (I) etwa gleich häufig wie nach *Suxamethonium* (II) Muskelschmerzen auftreten u. die I-Wrkg. nicht so zuverlässig ist, besteht kein Grund zu der Empfehlung, II nicht mehr u. stattdessen I zu verwenden. Seine Anwendung sollte jedoch auf Patienten beschränkt bleiben, bei denen die Vorteile einer raschen u. vollständigen paralyt. Wrkg. alle Nachteile aufwiegen, so z. B. bei Muskelsteifheit von längerer Dauer. K. Zingraf. 4628□

Muskelschmerzen bei Kindern nach Suxamethoniumchlorid. G. H. Bush und F. Roth. (Brit. J. Anaesthesia **33**, 151—55, März 1961; Liverpool, England, Alder Hey Children's Hosp.; engl.) — Vgl. auch vorst. Referat. — Nach i.v. Anwendung von *Suxamethonium* trat bei Kindern von 5—14 Jahren in 10%, bei Kindern von 5—9 Jahren jedoch nur in 3% der Fälle Muskelschmerz auf. Unterschiede in der Schmerzhäufigkeit bestanden auch zwischen Jungen u. Mädchen. K. Zingraf. 4628□

Spasmolytische Aktivität von Asaron und dem ätherischen Öl aus Acorus calamus Linn. P. K. Das, C. L. Malhotra und N. S. Dhalla. (Arch. int. Pharmacodynam. Thérap. **135**, 167—77, 1/1. 1962; New Delhi, Lady Hardinge Med. Coll., Dep. of Pharmacol. and Therapeut.; engl.) — Das *äther. Öl* (I) aus *Acorus calamus* Linn. u. *Asaron* (II) wirken entspannend auf das isolierte Ileum von Ratte, Meerschweinchen u. Kaninchen. II wirkt stärker als I, aber schwächer als *Papaverin*. In sehr geringer Konz. erhöhen I u. II den Tonus u. die Amplitude der Kontraktion des isolierten Ileums. Gegenüber *Acetylcholin*, *Histamin* u. $BaCl_2$ zeigen I u. II antispasmod. Aktivität. Beide Substanzen wirken leicht entspannend auf das isolierte Hundeluftröhren-Präp., doch bei einigen Präpp. wurden auch schwache Spasmen erzeugt, die durch Vorbehandlung mit *Atropinsulfat* red. wurden. In Dosen von 0,1—1,0 mg/Tier erzeugen I u. II bei Ratten leichte vasoconstrictor. Wrkg., bei Meerschweinchen wirken beide schützend gegen das durch *Acetylcholin* u. *Histamin* induzierte Asthma. 5—20 mg/kg wirken bei Hunden leicht hypotensiv. P. Gregorzewski. 4628□

Untersuchungen über die neuromuskuläre Übertragung. 1. Mitt. **Einfluß von Alkalose und Acidose auf die neuromuskuläre Übertragung.** Ingrid Gamstorp und Erik Vinnars. (Acta physiol. scand. **53**, 142—50, Okt. 1961; Boston, Mass., Massachusetts General Hosp., Harvard Med. School, Dep. of Neurol. and Pediatr.; engl.) — Unterss. an Kaninchen (Nervus ischiadicus-Reizung) zeigten, daß Alkalose u. Acidose (respirator.) keinen bedeutsamen Einfl. auf die neuromuskuläre Übertragung haben. M. Metze. 4628□

Untersuchungen über die neuromuskuläre Übertragung. 2. Mitt. **Einfluß von Hyperkaliämie auf die neuromuskuläre Übertragung.** Ingrid Gamstorp und Erik Vinnars. (Acta physiol. scand. **53**, 151—59, Okt. 1961; engl.) — 1. vgl. vorst. Referat. — Experimentelle Hyperkaliämie (i.v. Infusion von isoton. *KCl*-Lsg. ½—1½ ml/s, ½ bis 3½ Std. lang) verlängert beim Kaninchen u. a. die neuromuskuläre Leitungszeit u. die Rk.-Zeit. M. Metze. 4628□

Untersuchungen über die neuromuskuläre Übertragung. 3. Mitt. **Einfluß von Veränderungen in Blut-pH und CO_2-Spannung auf die Wirkung von Tubocurarin und Dimethyltubocurarin.** Ingrid Gamstorp und Erik Vinnars. (Acta physiol. scand. **53,** 160—73, Okt. 1961; engl.) — 2. vgl. vorst. Referat. — Im Gegensatz zu *Dimethyltubocurarin*, das weder durch pH- noch durch CO_2-Spannungsänderungen in seiner Wrkg. beeinflußt wurde, zeigte *Tubocurarin* (**I**) eine erhöhte Wrkg. bei Acidose, eine verminderte bei Alkalose. CO_2-Gabe (10—20%) erhöhte die Blockwrkg. von **I**. M. Metze. 4628□

Einige neue neuromuskulär blockierende Agentien. H. O. J. Collier, J. M. Z. Gladych, Barbara Macauley und E. P. Taylor. (Nature [London] **182,** 1424—26, 22/11. 1958; Ware, Herts, Allen and Hanburys, Res. Div.) — Auf der Suche nach Muskelrelaxantien von ähnlicher, aber kürzerer Wrkg. als (+)-*Tubocurarin* (**I**) wurden neue bis-quart. symm. Bisester (**II**), unsymm. Monoester (**III**) u. symm. Bisamide (**IV**) synthetisiert: **II**, aus N-Alkyltetrahydropapaverinen durch Quaternierung mit ω-Bromalkylester oder aus Tetrahydropapaverin mit ω-Bromalkylester u. Quaternierung mit Alkylhalogenid oder -sulfat; **III** aus ω-Bromalkylcarbonsäuredialkylaminoalkylester u. Quaternierung mit Alkylhalogenid u. Behandlung mit N-Alkyltetrahydropapaverin; **IV** aus Dicarbonsäuredichloriden u. überschüssigem Äthylenamin, Überführung der erhaltenen Bisamide $Cl(CH_2)_2NHCO(CH_2)_nCONH(CH_2)_2Cl$ in die Jod-Derivv. u. Quaternierung mit N-Alkyltetrahydropapaverinen. Mit Phosgen an Stelle der Säurechloride entstanden die entsprechenden Harnstoffe. Bei der Prüfung an der Katze (i.v., isometr. Kontraktion des Tibialis anterior-Muskels bei Reizung des motor. Nervs, arterielle Blutdrucksenkung) war Verb. **V** (s. unten) 7fach wirksamer als Suxamethonium, von lang dauernder Wrkg. u. wurde nicht von Neostigmin antagonisiert. Geprüfte Verbb.: Bernsteinsäure-bis-[β-tetrahydropapaveryl-(2)-äthyl]-ester-dimethobromid u. analoge Verbb.: *Malonsäure-* (u. *-diäthobromid*), *Adipinsäure-*, *Oxalsäure-*; Malonsäure-bis-[γ-tetrahydropapaveryl-(2)-propyl]-ester-dimethobromid u. die analoge Verb.: *Oxalsäure-*; ω-[Tetrahydropapaveryl-(2)]-capronsäure-[β-dimethylaminoäthyl]-esterdimethobromidjodid (**V**) u. die analoge Verb.: *-n-valeriansäure-[γ-dimethylaminopropyl]-esterdimethobromidjodid*; *N.N'-Bis-[β-tetrahydropapaveryl-(2)-äthyl]-oxalsäurediamiddimethojodid*; *N.N'-Bis-[β-tetrahydropapaveryl-(2)-äthyl]-harnstoff.* K. Maier. 4628□

Klinische Prüfung von 3-Piperidino-1.1-diphenylpropyl-(1)-methansulfonat. R. Amici. (Gazz. med. ital. **121,** 37—41, Febr. 1962; Milano, Ist. Neurol. „C. Besta", Div. Neurol.; ital.) — Die Prüfung von *3-Piperidino-1.1-diphenylpropyl-(1)-methansulfonat* (*Lyseen*) erfolgte an 50 Patienten mit Muskelspasmen verschiedener Genese. Die Ergebnisse waren bes. bei spast. Erscheinungen infolge von Hirn- oder Rückenmarksverletzungen, bei Parkinsonismus, Ischialgien u. Wadenkrämpfen ausgezeichnet. Nebenwrkg. traten bei einer Tagesdosis von 2—12 mg nicht auf. K. Zingraf. 4628□

Über die Wirkung eines Veresterungsproduktes auf Mandelsäure mit 3.5.5-Trimethylcyclohexanol auf den Hirnkreislauf. Carlo Gentili, Elio Lugaresi und Gian Giuseppe Rebucci. (Clinica terapeut. [Roma] **22,** 803—22, 15/5. 1962; Bologna, Univ., Clin. delle Malat. Nerv. e Ment.; ital.) — Vff. haben bei 136 Patienten mit verschiedenen Störungen der Hirndurchblutung eine deutliche gefäßspasmolyt. Wrkg. von *Mandelsäure-3.5.5-trimethylcyclohexylester* (*Cyclospasmol*) beobachtet, die durch rheograph. Unterss. bestätigt wurde. Die beste Wrkg. wurde in Fällen von Gefäßsklerose mit vorwiegend subjektiven Symptomen erzielt. K. Zingraf. 4628□

Wirkung einiger Herzglykoside in vitro auf die Motilität des isolierten Meerschweinchenuterus in Ruhe und nach Reizung mit Oxytocin. F. R. Sonnino, P. P. Gazzaniga und G. Hecht-Lucari. (Arch. ital. Sci. farmacol. [3] **11,** 187—90, Juli 1961; Roma, Univ., Ist. di Patol. Generale e Ist. di Clin. Ostetr. e Ginecol.; ital.) — 2 γ *Lanatosid A*/ml, 4 γ *Lanatosid C*/ml, *k-Strophanthosid* (>1 : 500000) u. *Digitoxin* lösen am isolierten Meerschweinchenuterus Kontraktionen aus. Kleinere Dosen, die diese Wrkg. nicht besitzen, modifizieren die Wrkg. von Oxytocin. Die Wrkg. ist oft trotz mehrfachen Auswaschens irreversibel. K. Zingraf. 4630□

Isolierung eines neuen blutdrucksenkenden Faktors aus den Wurzeln von Rauwolfia serpentina Benth. Salimuzzaman Siddiqui. (Chem. and Ind. **1957,** 1270—71, 21/9.; Karachi, Pakistan, Council of Sci. and Ind. Res., Central Labor.; engl.) — Aus frischen, nicht getrockneten Wurzeln von *Rauwolfia serpentina* wurden durch 5malige Dialyse mit A. ca. 80% der Alkaloide entzogen u. in 4 Gruppen zerlegt. 1. PAe.-lösl. „Oleoalkaloid"-Fraktion, *Res-ajmalin*, grünliche, viscose, ölige Fl. mit 2,5% *Reserpin* (**I**) u. 0,5% *Rescinnamin* (**II**) sowie einigen schwächeren Basen u. Spuren von *Ajmalin* (**III**). 2. Äthylacetat–Bzl.-lösl. Alkaloidkomplex, *Ajmalexin*, cremefarbenes Pulver mit 5,5% **I**, 2,2% **II**, weiteren schwachen Basen u. einigen unbekannten, grün u. gelblichorange fluorescierenden Substanzen. 3. *Serpajmalin*-Fraktion, vorwiegend mit den stärkeren Basen *Serpentin, Serpentinin*, **III** u. 2 unbekannten Substanzen. 4. Cremefarbenes Pulver mit den stärkeren Basen u. 2 unbekannten, grünlich bzw. gelblichorange fluorescierenden Substanzen. Die von **I** u. anderen schwächeren Basen freie, ca. 40% der Gesamtalkaloide enthaltende Fraktion 3 besaß eine viel stärkere blutdrucksenkende Aktivität als reines **I** ohne dessen sedative u. zentral dämpfende Wirkung. K. Maier. 4630□

Untersuchungen über die Verwendung von synthetischem Hypertensin II bei der Behandlung des cardiovaskulären Schocks. S. Karpman-Boutet, R. Nedey und G. Vourc'h. (Anesthésie, Analgésie, Réanimat. **18**, 24—49, Jan./Febr./März 1961; Suresnes, Seine, Hôp. Foch; franz.) — Vff. haben *Hypertensin II* (**I**) in Fällen schweren Schocks mit Beteiligung cerebraler Zentren angewendet u. eine Blutdrucksteigerung noch in Fällen erreicht, in denen Neosynephrin oder Noradrenalin versagten. Die Wrkg. von **I** nimmt im Laufe der Infusion nicht ab u. läßt keine sek. Hypotonie aufkommen. Heinrich Herrmann. 4630□

Über ein neues Mittel gegen Herzflimmern: Amotriphen. A. Bentivoglio, A. Jori und A. Mortari. (Boll. Soc. ital. Biol. sperim. **36**, 1503—06, 31/12. 1960; Mailand, Univ., Ist. di Farmacol.; ital.) — Es wird die Wrkg. von *3-Dimethylamino-1.1.2-tris-[4-methoxyphenyl]-propen-(1)-hydrochlorid* (**I**; intraperitoneal; *Amotriphen*; *Myosdil*; DL_{50} = 300 mg/kg) im Vgl. zu *Procainamid* (**II**) auf die Arrhythmie durch *Aconitin* bei Ratten (i.v. 25 bzw. 50 μg/kg) u. durch Digoxin bei Meerschweinchen (i.v. 300 μg/kg) untersucht. Werden 45 mg **I**/kg 60 Min. vor dem Aconitin gegeben, dann wird dessen arrhythmisierender Effekt gehemmt. Ebenso wirken 100 mg **I**, oral gegeben, u. 40 mg **II**/kg, doch erscheint die Schutz-Wrkg. von **II** weniger umfangreich u. andauernd. Gegenüber Digoxin schützen **I** u. **II** (15 mg/kg) 70% der Tiere. F. Kren. 4630□

Synthese und biologische Eigenschaften eines fluorierten Analogen des Triparanols. Nguyen P. Buu-Hoï, Pierre Jacquignon, Florian Delbarre, France-Germain Richet und François Périn. (C. R. hebd. Séances Acad. Sci. **252**, 2323—24, 10/4. 1961; Paris, Inst. du Radium; franz.) — Vff. beschreiben die Synth. sowie die chem. u. biolog. Eigg. eines fluorierten Analogons des *Triparanols* (**I**), nämlich des *p-Fluorbenzyl-p-tolyl-p-[β-diäthylaminoäthoxy]-phenylcarbinols* (**II**). **II** ist wie **I** ein Hemmstoff der Cholesterin-Synth. beim Menschen u. zeigt außerdem noch ausgeprägte alopeciante Eigg. (Haarausfall).

Versuche: *p-Fluorbenzyl-p-tolyl-p-[β-diäthylaminoäthoxy]-phenylcarbinol* (**II**), $C_{27}H_{32}FNO_2$, F. 104°, durch portionsweisen Zusatz einer Lsg. von 30 g p-Methyl-p'-[β-diäthylaminoäthoxy]-benzophenon ($Kp._{22}$ 263—264°) in 100 ml Ae. zu einer äther. Lsg. von p-Fluorbenzylmagnesiumchlorid (aus 4 g Mg u. 17,2 g p-Fluorbenzylchlorid in 300 ml wasserfreiem Ae.) unter Rühren u. Kühlen, 15 Min. langes Erwärmen unter Rückfluß, Zers. mit NH_4Cl-Lsg., Umlösen des Rückstandes aus Isopropanol. — Erwärmen von **II** mit wasserfreier HCOOH, Extraktion mit Ae. liefert α-[p-Tolyl]-α-[p-(β-diäthylaminoäthoxy)-phenyl]-β-[p-fluorphenyl]-äthylen, $C_{27}H_{30}FNO$, $Kp._{0,8}$ 237—238°; n_D^{22} 1,6180, gelbes, viscoses Öl. B. Görlich. 4630□

Aspekte der pharmakologischen Wirkung der Anticholesterinaemica. Beobachtungen und Untersuchungen über die paradoxe Hypercholesterinämie. I. Taddei und F. Bianchi Bandinelli. (Arch. ital. Sci. farmacol. [3] **11**, 270—87, Juli 1961; Siena, Univ., Ist. di Farmacol.; ital.) — *4-Diphenylylmethylcarbinol* (*Diascleril*; **I**) u. *4-Diphenylyläthylessigsäure* (*Liosol*) bewirkten bei der Katze eine Verringerung des *Cholesterin*-Geh. im Blut, beim Kaninchen dagegen zunächst eine Zunahme u. später eine Verringerung unter den Ausgangswert. Es wurde weiter beobachtet, daß das Cholesterinolysevermögen des Serums bei der Katze schon ursprünglich größer war als beim Kaninchen u. bei Verabreichung von **I** noch zunahm. — 28 Literaturangaben. K. Zingraf. 4630□

Akute Kaliumoxalatvergiftung (Kleesalzvergiftung). Walter Neugebauer. (Arch. Toxikol. **19**, 275—77, 1962; Münster/Westf.; dt.) — Es wird von einem Selbstmordfall berichtet, bei dem 20 g *Kleesalz*, auf nüchternen Magen eingenommen, unter schnellem allg. Verfall u. Bewußtseinstrübung innerhalb von 75 Min. zum Tode führten. K. Lohs. 4675□

Dauerschädigungen nach Triorthokresylphosphatvergiftung. Walter Neugebauer. (Arch. Toxikol. **19**, 278—83, 1962; Münster/Westf.; dt.) — Vf. berichtet über 2 Fälle von *Orthokresylphosphat*-Vergiftung, bei denen noch 14 Jahre nach erfolgter Einw. des Giftes eine Schädigung vorhanden war. Es sind vor allem die hochgradigen spast. Lähmungen, die trotz Behandlung als stationärer Dauerzustand ohne Neigung zur Progredienz das Vergiftungsbild bestimmen. Im Unterschied zu einer amyotroph. Lateralsklerose wurden keine Atrophien u. auch kein hirnorgan. Psychosyndrom beobachtet. K. Lohs. 4675□

Ein Suicidversuch mit Valamin mit einem Beitrag zur Elimination und Therapie. H. Langecker, G. Neuhaus, K. Ibe und M. Kessel. (Arch. Toxikol. **19**, 293—301, 1962; Berlin, Schering Akt.-Ges., Hauptlabor.; FU, I. Medizin. Klinik; dt.) — Vff. berichten über einen Suicid-Vers. mit 40 g *Valamin* (*Carbaminsäure-1-äthinylcyclohexylester*), der zu 4tägiger Bewußtlosigkeit u. ventilator. Insuffizienz führte. Die Schätzung des Valamin-Geh. u. seiner Metabolite in Blut-, Harn- u. Dialysatproben wurde am Chromatogramm vorgenommen. Geeignete Therapie wird vorgeschlagen.
K. Lohs. 4675□

Der Cholesterinstoffwechsel bei Menschen, die einer langen Bleieinwirkung ausgesetzt sind. G. Ss. Konikowa. (Терапевтический Архив [Therap. Arch.] **33**, Nr. 7, 104—09, Juli 1961; Forschungsinst. für Arbeitshygiene u. Prophylaxe, Klin. Abt., Klin.-Biochem. Labor.; russ., Auszug: engl.) — 49 Personen unter 40 Jahren, die beruflich 5—10 Jahre lang der Pb-Einw. ausgesetzt waren, zeigten im Blutserum Erhöhung des Gesamt-*Cholesterin* (**I**)-Geh. auf 240 mg%, Verringerung des Verhältnisses Phospholipid (**II**)/**I** auf 0,84 (normal 1,05), Erhöhung des nicht an Eiweiß gebundenen **I** auf 52 mg% (normal 13,8 mg%), Erhöhung des locker an Eiweiß gebundenen **I** auf 146 mg% (normal 128,9 mg%), Verringerung des Verhältnisses **II**/**I** (beide nicht an Eiweiß gebunden) auf 0,34 (normal 1,37). Die Veränderungen sind bei Intoxikationserscheinungen stärker.
I. v. Kloch-Kornitz. 4681□

F. Pharmazeutische Chemie. Desinfektion

Zur Gestaltung des Abschnittes „Tabletten" im DAB VII. Weitere Vorschläge für Monographien. 10. Mitt. F. Biedebach und G. Manns. (Pharmaz. Ztg. verein. Apotheker-Ztg. **107**, 128—39, 25/1. 1962; Frankfurt/M.; dt.) — 9. vgl. Pharmaz. Ztg. verein. Apotheker-Ztg. **106**, [1961], 852. — Übersicht. — 53 Literaturhinweise.
J. Lehmberg. 4766□

Über die Genauigkeit der Tablettenherstellung mit handbetriebenen und mechanischen Maschinen. Veli E. Krogerus und T. Niemioja. (Farmaseuttinen Aikakauslehti [Farmac. Notisbl.] **71**, 1—21, Jan. 1962; finn.) — Mit einer handbetriebenen Excentermaschine u. einer mechan. Maschine läßt sich bei der Tabletten-Herst. eine ausreichende Genauigkeit erzielen, nicht dagegen mit einer Handhebelpresse.
S. Beckmann. 4766

Untersuchung der Faktoren, welche das Zerfallen der Tabletten beeinflussen. Tibor Bánó, Tibor Szarvas und Lajos Aradi. (Gyógyszerészet [Pharmazie] **6**, 95 bis 97, März 1962; Budapest, Med. Univ., Pharmaz. Inst.; ung.) — Den Tablettenzerfall beeinflussen 3 Faktoren: die Größe des Druckes bei der Tablettierung, die Durchnässungsfähigkeit des Kapillar-Syst. u. die Porosität der Tabletten. Die beiden letzten Faktoren beeinflußt Stärke günstig.
G. Ligeti. 4766

Über die Löslichkeit einiger ortho-, meta- und parasubstituierter Verbindungen in bestimmten Reihen organischer Lösungsmittel. Erik Bergroth. (Farmaseuttinen Aikakauslehti [Farmac. Notisbl.] **70**, 91—105, Mai 1961; finn.) — Die Löslichkeit einiger o-, m- u. p-isomeren Verbb. in Methanol, A., n-Propanol, Aceton, Butanon-(2) u. Pentanon-(2) (nachst. Werte in dieser Reihenfolge) wurde bei 20° u. 30 Min. Auflösungszeit (g/ml) bestimmt: *o-Aminophenol* 5,12; 3,00; 1,89; 9,29; 6,48; 3,93; *m-Aminophenol* 27,26; 14,99; 7,95; 32,60; 20,80; 14,34; *p-Aminophenol* 3,57; 1,73; 2,57; 3,40; 2,59; 1,15; *Acetyl-o-aminophenol* 1,88; 1,18; 0,80; 1,71; 1,35; 1,08; *Acetyl-m-aminophenol* 26,51; 17,52; 10,21; 10,67; 13,22; 8,57; *Acetyl-p-aminophenol* 19,41; 12,38; 8,27; 7,25; 4,70; 3,44; *o-Hydroxybenzoesäure* 33,13; 28,19; 22,25; 29,44; 23,56; 20,92; *m-Hydroxybenzoesäure* 27,86; 22,54; 16,34; 20,72; 15,69; 12,63; *p-Hydroxybenzoesäure* 32,45; 24,36; 19,46; 20,55; 20,58; 17,09; *Phthalsäure* 16,36; 9,11; 4,34; 4,01; 2,00; 1,23; *Isophthalsäure* 1,71; 1,49; 0,86; 0,55; 0,29; 0,22; *Terephthalsäure* 16,87; 8,86; 4,35; 3,91; 1,81; 1,24; *o-Dinitrobenzol* 2,26; 1,45; 0,90; 22,07; 17,79; 13,66; *m-Dinitrobenzol* 4,63; 2,54; 1,64; 43,61; 35,11; 26,70; *p-Dinitrobenzol* 1,13; 0,58; 0,30; 7,98; 6,33; 4,22 g/100 ml. Im allg. nimmt die Löslichkeit in den Alkoholen u. Ketonen mit zunehmender C-Zahl dieser Lsgm. ab. Die Verb. mit dem höheren F. hat meist die geringere Löslichkeit. Die Löslichkeit der vorst. Substanzen in Pentan, Hexan u. Heptan war sehr gering.
S. Beckmann. 4786

Über Salepschleime. Risto Tikkanen, Helmi Anttila und Irmeli Larkka. (Farmaseuttinen Aikakauslehti [Farmac. Notisbl.] **70**, 143—69, Juli/Aug. 1961; finn.) — Die Viscosität von 1%ig. Salepschleim (I) nimmt unabhängig von der Art der Herst. rasch ab. Zusatz von Säure bis pH 3 oder von Na-Nitrat hemmen den Viscositätsabfall.

Kochen oder Anfeuchten des zur Herst. von I verwendeten Drogenpulvers mit A. verbessert die Viscosität des Schleimes. Zusatz von Methyl-p-hydroxybenzoat zu I wirkt fungistat., nicht aber bakteriostatisch. In Ggw. von Na-Citrat bewirkt Bi-Subnitrat die Bldg. von Ndd., die vermieden werden, wenn I nach der Vorschrift der Ph. Helv. V zubereitet wird. Durch Bi-Subsalicylat- u. -Subcarbonat entstehen keine Niederschläge. Die Sedimentation durch Bi-Subnitrat wurde durch Elektrolyte (Peptisatoren) nicht verhindert; eine Ausnahme bildet $Na_4P_2O_7$ in hoher Konzentration. Agar, Gelatine, Methylcellulose u. Propylglykolalginat erhöhen die Viscosität der I-Suspensionen, aber auch die Neigung zur Gelbildung. Da der pH-Wert der I rasch bis 8,2 ansteigt, werden die Alkaloide von zugesetztem Belladonna-Extrakt zersetzt; durch Phosphatpuffer kann der pH-Wert von I auf 7 herabgedrückt u. die Zers. der Alkaloide vermieden werden. S. Beckmann. 4786

Sorbinsäure als Konservierungsmittel. Göran Gustavsson. (Farmaseuttinen Aikakauslehti [Farmac. Notisbl.] **70,** 79—80, April 1961; schwed.) — *Sorbinsäure* ist als Konservierungsmittel für solche pharmazeut. Zubereitungen bes. geeignet, die oberflächenakt. nicht ionisierte Stoffe enthalten, von welchen viele anderen Konservierungsmittel inaktiviert werden. S. Beckmann. 4786

Über die Haltbarkeit der Mutterkornalkaloide. 5. Mitt. **Der Einfluß der Alkoholkonzentration und von Ascorbinsäure und Sorbinsäure auf die Haltbarkeit des Ergotamins im Mutterkornextrakt.** Pekka Heinänen, Leo Tuderman und Hilkka Salovaara. (Farmaseuttinen Aikakauslehti [Farmac. Notisbl.] **70,** 109—21, Juni 1961; Helsinki, Yliopiston Farmasian laitos; finn.) — 4. vgl. C. **1962,** 9812. — Nach Vorschrift der Ph. Fenn. VII mit 70% ig. A. hergestellte Mutterkornextrakte haben nach 6 Wochen nur noch 15% des ursprünglichen Ergotamin (I)-Gehalts. Mit abs. A. hergestellte Extrakte enthalten zwar weniger I, sind aber haltbarer, so daß sie nach 1 Woche mehr I enthalten als mit wss. A. hergestellte Extrakte. Ascorbinsäure (II) erhöht die Haltbarkeit des I in den Extrakten wesentlich, Sorbinsäure hat keinerlei stabilisierende Wirkung. Zur Herst. der Mutterkornextrakte ist 90% ig. A. in Ggw. von II als Stabilisator am geeignetsten. Beim Chromatographieren der Extrakte wirken die zugesetzten Stabilisatoren störend. Sie können durch Schütteln mit feingemahlenem Na_2CO_3 in Ggw. von etwas W. entfernt werden. S. Beckmann. 4790

Über den Hyoscyamingehalt und die Hygroskopizität auf verschiedene Weise hergestellter Belladonnaextrakte. Risto Tikkanen, Aarno Launonen und Pentti Saari. (Farmaseuttinen Aikakauslehti [Farmac. Notisbl.] **70,** 200—20, Okt. 1961; Helsinki, Yliopiston farmasian laitos; finn.) — Die Vorschriften verschiedener Arzneibücher zur Herst. von Belladonnaextrakten unterscheiden sich nur durch die Art des Eindampfens. Nach der Ph. Fenn. wird bei der höchsten Temp. eingedampft, wodurch die Verluste an Hyoscyamin (I) am größten (15,8 bzw. 19,4%) sind. Beim Eindampfen im Vakuum sind die Verluste geringer, am geringsten bei der Meth. der Ph. Helv. (2,5%). Die nach Ph. Dan., Ph. Fenn. u. Ph. Nord. hergestellten Extrakte mit 1,4% I sind am stärksten hygroskopisch. Extrakte mit einem niedrigeren I-Geh. sind weniger hygroskopisch. Zusatz von Lactose oder Saccharose zu den Extrakten wirkt sich günstig auf deren Konsistenz aus. Zusatz von Aerosil setzt die Hygroskopizität nicht herab, wohl aber die Neigung zur Klumpenbildung. S. Beckmann. 4790

Neuere Angaben zur Inkompatibilität des basischen Phenylquecksilber(II)-Metaborats. György Kedvessy und Mihály Kata. (Gyógyszerészet [Pharmazie] **6,** 135—36, April 1962; Szeged, Med. Univ., Pharm. Inst.; ung.) — *Phenyl-Hg (II)-Metaborat* (I) wird oft in Augentropfen als Konservierungsmittel verwendet. Vff. stellten fest, daß I in wss. Lsgg. mit bereits 1 mg/100 g Br^- einen sichtbaren Nd. bildet, mit J^- in noch größerer Verdünnung. I ist gegen Cl^- — im Gegensatz zu Literaturangaben — auch empfindlich, in einer Verdünnung 1 : 30000 erscheint ein Niederschlag. Dieser Befund soll bei der Bereitung von Augentropfen in Betracht gezogen werden. G. Ligeti. 4790

Schnellverfahren zur Ermittlung der Reaktionskinetik der Zersetzung wässeriger Luminalnatriummodellösungen. Erik Zajta. (Acta pharmac. hung. **32,** 129—39, Mai 1962; Budapest, Med. Univ., Pharm. chem. Inst.; ung.) — Vf. untersuchte die Prüfung der Stabilität eines homogenen Syst. auf reaktionskinet. Wege. Als Modell diente eine 10% ig. Luminal-Na-Lsg., deren Zers. unter verschiedenen Umständen untersucht wurde. Die Zers. verläuft entsprechend einer Rk. erster Ordnung. Die Temp.-Abhängigkeit der Geschw.-Konst. steht im Einklang mit der Arrheniusschen Theorie der therm. Aktivierung. Die Zers.-Geschw. wurde durch den sog. Wandeffekt nicht beeinflußt, aber durch mechan. Bewegung gesteigert. Auf Grund der Befunde können die Gesetzmäßigkeiten der Rk.-Kinetik für die beschleunigten Stabilitäts-Unterss. hydrolysierender Lsgg. angewendet werden. G. Ligeti. 4790

Über Stabilitätsprüfmethoden bei Arzneizubereitungen mit homogener Flüssigkeitsphase. 1. Mitt. László Kiss, Erik Zajta und Béla Rozsondai. (Gyógyszerészet [Pharmazie] **6**, 81—86, März 1962; Budapest, L. Eötvös Univ., Lehrst. physik. Chem. u. Radiologie; ung.) — Die Gesetze der chem. Rk.-Kinetik, welche für die Best. der Stabilität von Arzneizubereitungen mit homogener Phase wichtig sind, werden besprochen. Die bei der Stabilitätsprüfung gegenwertig gebräuchliche Meth. (Anwendung der van't Hoff-Arrheniusschen Theorie u. Best. des Temp.-Koeff. der Rk.-Geschw.) werden erörtert. Theoret. wird bewiesen, daß richtige Ergebnisse nur mit der ersten Meth. erhalten werden können. G. Ligeti. 4790

Über Stabilitätsprüfmethoden bei Arzneizubereitungen mit homogener Flüssigkeitsphase. 2. Mitt. László Kiss, Erik Zajta und Béla Rozsondai. (Gyógyszerészet [Pharmazie] **6**, 129—35, April 1962; ung.) — 1. vgl. vorst. Referat. — Die üblichen Meth. zur Stabilitätsprüfung wurden an wss. Lsgg. von *Kalmopyrin* (Ca-Acetylsalicylat) u. *Phenobarbitural-Na* als Modellsubstanzen studiert. Die Verss. ergaben, daß von den Meth. nur die auf der Anwendung der van't Hoff-Arrhenius-Theorie beruhende die richtigen Ergebnisse liefert. G. Ligeti. 4790

Bewertung der Wirkung von Antoxydantien auf die Haltbarkeit der Salbengrundlagen mit tierischen und pflanzlichen Fetten unter Anwendung der beschleunigten Methode des aktiven Sauerstoffes. L. Zathurecký und G. Somoskeöy. (Českoslov. Farmac. **10**, 497—506, Dez. 1961; Bratislava, Chem. úst. Slov. akád. vied, us. prírodn. lát.; tschech.) — Vff. studierten den Einfl. von Licht, Temp., Feuchtigkeit, Verpackungsmaterial u. Antioxydantien auf die Oxydations-Geschw. von Schweinefett (Adeps suillus Ph Bs II). Zwischen dem log der Geschw.-Konst. u. dem reziproken Wert der Erwärmungs-Temp. wurde lineare Abhängigkeit gefunden u. diese Beziehung als Grundlage einer Meth. zur Abschätzung der Haltbarkeit von Salbengrundlagen verwertet. Es wurde die Haltbarkeit von Adeps suillus, Adeps lanae, Oleum helianthi u. anderer Salbengrundlagen mit u. ohne Antioxydantien u. unter Zusatz von 0,01 u. 0,02% Gallussäurepropylester (I), 0,02% Gallussäureoctylester, 0,02% Gallussäuredodecylester, 0,02% Butylhydroxyanisol, 0,02% Butylhydroxytoluol, 0,02% Tetramethylthiuramdisulfid u. 0,05% Antrancin 20 geprüft u. I als am besten geeignet befunden. H.-W. Wache. 4792□

Neue Arzneimittel. Anonym. (Dtsch. Apotheker-Ztg. **97**, Nr. 50, Beil.: Neue Arzneimittel u. Spezialitäten **4**, Nr. 12, 57—59, Dez. 1957; dt.) — *Andantol-Chinin* (Homburg, BRD): Dragees mit 3 (mg) N^{10}-[β-Dimethylaminopropyl]-4-azophenothiazinhydrochlorid, 50 mg Chinascorbinathydrochlorid, 150 Amidopyrin. Gegen Erkältungskrankheiten. — *Asthmasterne* (Retorta, BRD): Tabletten mit 50 (mg) Dihydroxypropyltheophyllin, 30 Benzylmandelat, 5 Khellin, 20 Ephedrinhydrochlorid, 300 Phenazon mit Coffeincitrat, 20 Coffein, 5 Kieselsäure. Antasthmaticum. — *Azulon* (Homburg, BRD): Tabletten mit 2 mg wasserlösl. 1.4-Dimethyl-7-isopropylazulen. Stomachicum. — *Ergaloid* (Kali-Chemie, BRD): Dragees mit 0,25 (mg) Ergotamintartrat, 5 Epidosin, 0,075 Reserpin. Gegen vegetative Dystonie. — *Ginsora* (Cascan, BRD): Lsg. von 1,5 (mg) Thiaminhydrochlorid, 10 Nicotinamid, 2,5 Pyridoxinhydrochlorid, 50 Ascorbinsäure, 12,5 Cholinbitartrat, 46 Rutin-Coffein-Addukt, 75 Na-Glycerophosphat, 225 Weißdornextrakt, 750 Ginseng-Auszug je 15 ml Tonicum. — *Gynodal* (Homburg, BRD): Pelvitorien mit 75 mg 4-Butylaminosalicylsäurediäthylaminoäthylesterhydrochlorid. Antidysmenorrhoicum. — *Neopyrin* (Knoll, BRD): Suppositorien für Kinder mit 100 (mg) Phenacetin, 100 Amidopyrin, 50 Bromisoval, 25 Neo-Octinummucat. Gegen Erkältungskrankheiten. — *Priatan* (Chem. Werke Minden, BRD); Suppositorien mit 15 (mg) 1-Dimethylphenyliminothiazolidinhydrorhodanid, 15 Ephedrinhydrorhodanid, 100 Theophyllin, 40 Papaverin, 15 Phenobarbital, 100 Amidopyrin. Antasthmaticum. — *Retidian* (Dr. Thilo, BRD): Ampullen mit 70 (mg) Inosit, 60 Rutin, 50 Vitamin K. Gegen Retinitis diabetica. — *Sanamycin* (Bayer, BRD): Suppositorien mit 0,5 mg Actinomycin C. Gegen Lymphogranulomatose. — *Selectomycin* (Grünenthal, BRD): Tabletten mit 100 (mg) u. Kapseln mit 250 Spiramycin. Antibioticum.
K. Gerecke. 4800□

Neue Arzneimittel. Anonym. (Subsidia med. [Wien] **10**, 98—114, Juni 1958; dt.) — *Prestonal* (Geigy, Schweiz): Ampullen mit Prodekoniumbromid. Myorelaxans. — *Amphenon* (Upjohn, USA): Kapseln mit 250 mg 3.3-Bis-[p-aminophenyl]-butanon-(2). — *Pyrrolamidol* (Wellcome, USA): 1-[3-Methyl-4-morpholino-2.2-diphenylbutyryl]-pyrrolidin. Analgeticum. — *Temposil* (Lederle, USA): Ca-Carbimidcitrat. Gegen Alkoholismus — *Norlutin* (Parke-Davis, USA): 17α-Äthinyl-19-nortestosteron. Gestagen. — *Rolicton* (Searle, USA): Amisometradine. Diureticum. — *Nilevar* (Searle, USA): 17-Äthyl-19-nortestosteron. Anabolicum. — *H.P.P./1* (Distillers, England): Cyanocobalamin-

Peptid-Komplex. Antianämicum. — *Ferrolip* (Eaton, USA): Fe-Cholincitrat. Antianämicum. K. Gerecke. 4800□

Neue Arzneimittel. Anonym. (Subsidia med. [Wien] **10**, 235—41, Dez. 1958; dt.) — *Melleril* (Sandoz, Schweiz): 3-Methylmercapto-10-{2'-[N-methylpiperidyl-(2'')]-äthyl-(1')}-phenothiazin (Thioridazin). Tranquillizer. — *Dilabron* (Breon, USA): 1-[3'.4'-Dihydroxyphenyl]-2-isopropylaminobutanol-(1)-hydrochlorid. Broncholyticum. — *Anisindion* (Schering, USA): 2-[p-Methoxyphenyl]-indandion-(1.3). Antikoagulans. — *Ostensin* (Wyeth, USA): N-[γ-Trimethylammoniumpropyl]-N-methylcamphidiniumbismethylsulfat. Antihypertensivum. K. Gerecke. 4800□

Beruhigungs- und Anregungsmittel für das Zentralnervensystem. R. Howe und E. H. P. Young. (Rep. Progr. appl. Chem. **45**, 233—48, 1960; Imp. Chem. Ind. Ltd., Pharmaceut. Div.; engl.) — Fortschrittsbericht. — 154 Literaturhinweise. W. Wesly. 4806□

Neuromuskuläre Blockierungsmittel. J. J. Lewis. (Rep. Progr. appl. Chem. **45**, 220—32, 1960; Glasgow, Univ., engl.) — Fortschrittsbericht. — 156 Literaturhinweise. W. Wesly. 4806□

Strahlungsschutzmittel. Peter Alexander. (Rep. Progr. appl. Chem. **45**, 257—59, 1960; London, Chester Beatty Res. Inst.; engl.) — Fortschrittsbericht. W. Wesly. 4806□

Ein vorläufiger Bericht über die Haltbarkeit einiger flüssiger Multivitaminpräparate. Karl-Erik Bonn, Eva Castrén, Else Husman, Pirkko Kovakoski und Matti Wuokko. (Farmaseuttinen Aikakauslehti [Farmac. Notisbl.] **70**, 193—99, Okt. 1961; engl.) — In 8 fl. Multivitamin-Präpp. wurde die Änderung des Geh. an Vitamin A nach Carr-Price, an Riboflavin mikrobiol. u. Ascorbinsäure jodometr. bei 15tägigem Aufbewahren in angebrochenen Flaschen verfolgt. Bei mehreren Präpp. war der Geh. an einzelnen Vitaminen schon beim Öffnen der Flasche weit unter dem deklarierten. Meist wurde ein verschieden rasches Absinken des Vitamin-Geh. festgestellt, in einzelnen Fällen blieben die Geh. konst. oder zeigten gar eine schwer zu erklärende steigende Tendenz. S. Beckmann. 4808

Neuere Reinigungsverfahren. S. M. Partridge. (Rep. Progr. appl. Chem. **45**, 259, 1960; Cambridge, Low Temp. Res. Stat.; engl.) — Fortschrittsbericht über die Verw. von Ionenaustauschern zur Isolierung u. Reinigung von hochmol. Verbb., bes. Eiweißstoffen (Enzyme). — 23 Literaturhinweise. W. Wesly. 4808□

Die Eisen- und Palladiumkomplexe des Chlorpromazins. Pál Majlát und István Bayer. (Acta pharmac. hung. **32**, 116—18, Mai 1962; Budapest, Landesinst. Pharmaz.; ung.) — Die Fe^{3+}- u. Pd^{2+}-Komplexe des *Chlorpromazins* wurden untersucht u. festgestellt, daß beide 1 : 1-Komplexe sind. Ein Fe-Chlorpromazin–Oxalsäure-Komplex (1 : 3 : 3) wurde auch isoliert. G. Ligeti. 4810

Antibiotische Wirksamkeit von natürlichen Cumarinen. 3. Mitt. **Wirkung von Ostruthin auf grampositive Mikroorganismen.** V. Dadák. (Českoslov. Farmac. **10**, 280—84, Juli 1961; Brno, univ., přírod. fak., biochem. úst.; tschech.) — 2. vgl. Českoslov. Farmac. **9**, [1960], 456. — *6-Geranyl-7-hydroxycumarin* (*Ostruthin*) hemmt das Wachstum grampositiver Mikroorganismen (Staphylococcus aureus). — 18 Literaturangaben. E. Vevera. 4810

Nachweis einer Verfälschung von Radix Pimpinellae DAB 6 durch Radix Heraclei spondylii mit Hilfe der Dünnschichtchromatographie. L. Hörhammer, H. Wagner und B. Lay. (Pharmazie **15**, 645—47, Nov. 1960; München, Univ., Inst. für pharmazeut. Arzneimittellehre; dt.) — *Radix Pimpinellae* DAB 6 enthält wesentlich weniger Cumarin-Derivv. als die Wurzel von *Heracleum sphondylium* (Hs). Beide Drogen lassen sich durch Dünnschichtchromatographie der PAe.-Auszüge unterscheiden. Das entwickelte Chromatogramm (12 cm Höhe, Chlf. als Laufmittel) wird mit einer 20%ig. Lsg. von wasserfreiem $SbCl_5$ in CCl_4 besprüht u. 2—3 Min. auf 110° im Trockenschrank erhitzt. Für Hs ist bes. ein blauer Fleck R_F 0,40 kennzeichnend. Ohne Besprühen erscheinen alle Flecken der Hs-Auszüge im UV fluorescierend, was bei denen der Pimpinella-Droge im Bereich von R_F 0,08—0,25 u. bei R_F 0,60 nicht der Fall ist. Ph. Fresenius. 4818□

Die Anwendung statistisch auswertbarer Testverfahren zur Prüfung der Keimfreiheit. Simone Bodin. (Ann. pharmac. franç. **19**, 267—76, April 1961; Albert Rolland, Centre de Rech. Labor.; franz.) — Vf. erörtert an Hand von Formeln u. graph. Darst. die statist. Zusammenhänge hinsichtlich der Sterilisation großer oder kleiner Proben bei den in Flaschen oder Ampullen abgefüllten Arzneimitteln, die auf verschiedene Weise sterilisiert wurden. H. Meiner. 4832□

Quantitative Spektrophotometrie. Lars Britschgi. (Farmaseuttinen Aikakauslehti [Farmac. Notisbl.] **70**, 241—48, Dez. 1961; finn.). — Übersicht über die Anwendung der Spektrophotometrie zur quant. Best. von Arzneimitteln. S. Beckmann. 4880

Untersuchung der Qualitätsindexe der Galenica und Arzneimittel. 11. Mitt. **Trockenrückstand von flüssigen Präparaten.** 2. Mitt. **Bemerkungen zur Trockenrückstandbestimmung in dem Tschechoslowakischen Arzneibuch 2.** M. Melichar. (Českoslov. Farmac. **11,** 15—19, Jan. 1962; Brno, Univ., farm. fak. Olomouc, Palack. univ., lékař. fak.; tschech.) — 10. vgl. Pharmazie **17,** [1962], 234; 9. vgl. C. **1963,** 988. — Vf. schlägt eine Verbesserung der Trockenrückstand-Best.-Meth. von fl. Präpp. nach dem Tschechoslowak. Arzneibuch vor u. standardisiert die Trockenrückstandsmenge auf 120—180 mg pro 1000—1250 mm^2 Abdampffläche, die Temp. auf 105 $\pm$ 1^0, die Form des Gefäßes u. die Plazierung im Trockenschrank. Fehlergrenze $\pm$ 2%. H.-W. Wache. 4880□

Wassergehaltsbestimmung in Arzneisubstanzen. 1. Mitt. György Szász und Otto Papp. (Gyógyszerészet [Pharmazie] **6,** 89—91, März 1962; Budapest, Med. Univ., Inst. pharm. Chem.; ung.) — Übersicht. — 13 Literaturangaben. G. Ligeti. 4880

Wassergehaltsbestimmung in Arzneisubstanzen. 2. Mitt. György Szász und Otto Papp. (Gyógyszerészet [Pharmazie] **6,** 125—28, April 1962; ung.) — 1. vgl. vorst. Referat. — Vff. besprechen Praxis u. Theorie des Karl-Fischer-Verf., die Technik der visuellen, opt. u. elektr. Endpunkt-Best., wie auch die seit der ersten Publikation des Verf. ausgeführten Abänderungen. — 22 Literaturangaben. G. Ligeti. 4880

Komplexometrische Eisenbestimmung. R. M. Sederquist. (Farmaseuttinen Aikakauslehti [Farmac. Notisbl.] **71,** 89—94, Febr. 1962; schwed.) — Die komplexometr. Best. von Fe^{2+} u. Fe^{3+} mit Äthylendiamintetraessigsäure in pharmazeut. Präpp. wurde nachgeprüft. Bes. geeignet ist die indirekte Meth. der Rücktitration mit m/100 $ZnSO_4$-Lösung. S. Beckmann. 4880

Über die komplexometrische Bestimmung von Wismut, Zink und Magnesium in pharmazeutischen Präparaten. Anna Liukkonen. (Farmaseuttinen Aikakauslehti [Farmac. Notisbl.] **70,** 74—78, April 1961; finn.) — In pharmazeut. Präpp. kann Bi durch Titration mit 0,1 m Komplexon III-Lsg. bei pH 2—4 in Ggw. von Brenzcatechinviolett sehr genau u. rasch bestimmt werden. Zn u. Mg werden bei pH 10 in Ggw. von Eriochromschwarz komplexometr. titriert. S. Beckmann. 4880

Beiträge zur bromatometrischen Bestimmung des Antimonpentasulfids nach Zersetzung mit konzentrierter Salzsäure. Dénes Köszegi und Ferenc Gaizer. (Acta pharmac. hung. **32,** 119—21, Mai 1962; Szeged, Med. Univ., Pharm. chem. Inst.; ung.) — Die Best. beruht auf der Überführung der Verb. in $SbCl_3$ durch konz. HCl. Das Verf. wurde von Vff. weiterentwickelt. Der während des Lösens entstandene H_2S kann durch Zugabe von Marmorstückchen u. daraus entwickeltes CO_2 quant. ausgetrieben u. dann Sb^{3+} mit 0,1 n $KBrO_3$ genau bestimmt werden. G. Ligeti. 4880

Schnellmethode zur Bestimmung des freien Jod- und Jodidgehaltes der Jodtinktur nebeneinander. Pál Rózsa. (Acta pharmac. hung. **32,** 97—101, Mai 1962; Budapest, Landesinst. Hyg.; ung.) — Die Jodide werden in Ggw. von 20—30% HCl mit HNO_2 zu δ-geladenem J oxydiert, dieses bildet in stark saurer Lsg. JCl, welches im eine hohe DK aufweisenden Milieu heterolyt. dissoziiert. So kann der J-Geh. nach Zugabe von KJ nach der Rk. $JCl + KJ = KCl + J_2$ mit $Na_2S_2O_3$ gemessen werden. Die Meth. ist zur Prüfung der 0,1 u. 0,01 n Jodtinktur anwendbar. Der freie J-Geh. der Tinktur wird mit $Na_2S_2O_3$ unmittelbar titriert. Aus der Lsg. wird nach Alkalisieren der A. ausgekocht u. nach starkem Ansäuern tropfenweise $NaNO_2$-Lsg. zugetropft, bis die Lsg. citronengelb erscheint. Das NO wird durch Carbamid bzw. durch aus diesem gebildeten N_2 u. CO_2 ausgetrieben u. nach Zugabe von $KHCO_3$ u. später KJ die Titration mit $Na_2S_2O_3$ ausgeführt. G. Ligeti. 4880

Chemische Untersuchung Polyäthylenglykol enthaltender Arzneizubereitungen. 2. Mitt. **Colorimetrische Untersuchung von wäßrigen Lösungen.** Katalin Dupcza, Ilse Kelemen, Gábor Vastagh und Eva Zábrák. (Acta pharmac. hung. **32,** 102—08, Mai 1962; Budapest, Hygien. Inst.; ung.) — 1. vgl. C. **1961, 13646.** — Es wurde der Einfl. der zur Solubilisation von wasserunlösl. Verbb. verwendeten Polyoxyäthylen-Derivv. [Polyoxäthen-1500 (**I**), Polyoxäthenstearat (**II**) u. Sorboxäthenstearat (**III**)] auf die in der Arzneimittelkontrolle verwendeten colorimetr. Meth. untersucht. Die Farb-Rk. von Salicylsäure mit Fe^{3+} wird von **I, II** u. alkohol. Lsg. von **III** nur von $>$ 5% beeinflußt, doch stört 0,1%ig. wss. Lsg. von **III**. Die Best. von Sulfathiazol nach Rózsa [1958] ist neben genannten Stoffen nicht durchführbar. Die Best. von Fe mit Dipyridyl ist bis zu einer Konz. von 0,1% der Hilfsstoffe brauchbar. G. Ligeti. 4880

Mikrochemische Untersuchungsmethoden der Drogenazulene. Ernö Tyihák. (Acta pharmac. hung. **32,** 122—28, Mai 1962; Budapest, Inst. Heilpflanzenforsch.; ung.) — Zur orientierenden quant. Best. des Prochamazulen-Geh. der Kamillendrogen wurde eine colorimetr. Schnellmeth. entwickelt. Das Grundprinzip des Verf. ist die direkte Zugabe von Stahlschem EP-Reagens zur Droge (ohne Sublimation oder Lsgm.-Extraktion) bei einem Temp.-Optimum von 60°. Die Azulen-Verbb. können durch Br- oder Cl-Dampf in der Droge lokalisiert werden. G. Ligeti. 4880

Verfahren zur Gehaltsbestimmung des Sulfamethoxypyridazins (Quinoseptil) mit besonderer Rücksicht auf die instrumentelle Endpunkterfassung. György Milch. (Gyógyszerészet [Pharmazie] **6**, 103—06, März 1962; Budapest, Chinoin A. G.; ung.) — Es wurden eine acidimetr. u. drei potentiometr. (mit 0,5m $NaNO_2$, 0,1 n $AgNO_3$ bzw. 0,1 n $KBrO_3$) Meth. ausgearbeitet. Genauigkeit ± 0,5—0,3%. G. Ligeti. 4880

Mikroanalytischer Nachweis einiger natürlicher und synthetischer Diuretica. H. Kala. (Pharmazie **15**, 622—28, Nov. 1960; Halle-Wittenberg, Univ., Pharm. Inst.; dt.) — Beschreibung u. Abb. von Schwermetallkomplexen von *Coffein, Theobromin, Theophyllin, Nephramid, 2-[p-Chlorphenylamino]-4-amino-symm.-triazin* (*Triazurol*), *6-Chlor-7-aminosulfonyl-1.2.4-benzothiadiazin-1.1-dioxid* (*Salunil*) u. *6-Chlor-7-aminosulfonyl-3.4-dihydro-1.2.4-benzothiadiazin-1.1-dioxid* (*Disalunil*). Ph. Fresenius. 4880□

Spektrophotometrische Bestimmung von Hydrochlorothiazid. J. Vachek. (Českoslov. Farmac. **10**, 515—17, Dez. 1961; Praha, Výzk. úst. farm. a biochem.; tschech.) — Zur Best. von *Hydrochlorothiazid* (*6-Chlor-7-aminosulfonyl-3.4-dihydro-1.2.4-benzothiadiazin-1.1-dioxid*; **I**) eignet sich die aus der Rk. von **I** mit Phenol in konz. H_2SO_4 entstehende Färbung. Das Absorptionsmaximum des Rk.-Prod. wird bei 510 mμ gemessen. **I** kann auch im UV-Bereich bei 272 mμ in Methanol bestimmt werden. H.-W. Wache. 4880□

Stabilitätsuntersuchung Papaverinhydrochlorid enthaltender Lösungen. István Rácz. (Acta pharmac. hung. **32**, 109—15, Mai 1962; Budapest, Med. Univ., Pharmaz. Inst.; ung.) — Vf. beschreibt eine papierchromatograph. Meth. zur Trennung u. Identifizierung des *Papaverinhydrochlorids* (**I**) u. seiner Zers.-Prodd. *Papaverinol* (**II**) u. *Papaveraldin* (**III**) unter Verw. von Papier SS 2043/a mit Phosphat–Citrat-Puffer (**IV**) vom pH 2,2 imprägniert u. n-Butanol–**IV** (1 : 1) als mobiler Phase. Entw. erfolgt mit J-Dampf oder konz. H_2SO_4. R_F-Werte: **I** 0,41, **II** 0,35, **III** 0,80. Die Meth. eignet sich zum Nachw. der Zers.-Prodd. des **I** in Injektions-Lsgg., wenn diese 1% erreichen. — 37 Literaturangaben. G. Ligeti. 4880

(—)-Ephedrin- und (+)-Pseudoephedrin-papierchromatographische Trennung und quantitative Erfassung. K. Hiller. (Pharmazie **16**, 600—03, Dez. 1961; Berlin, Humboldt-Univ., Pharmazeut. Inst.; dt.) — Die in Ephedra-Arten vorkommenden Isomeren (—)-*Ephedrin* u. (+)-*Pseudoephedrin* werden papierchromatograph. mit wassergesätt. Ae. als Laufmittel u. alkal. gepuffertem Papier getrennt. Beste Trennung ergeben H_3BO_3–NaOH- (nach Sörensen u. Clark) u. $Na_2B_4O_7$–H_3BO_3-Puffer (nach Palitzsch). Aus Ephedrakraut werden die Alkaloide durch Wasserdapmf-Dest. vorher isoliert. Die quant. Best. der getrennten Alkaloide erfolgt als Cu-Dithiocarbaminat-Komplex. Zu 10—50 μg Alkaloid in 10 ml 0,1n HCl fügt man 3 ml Chlf., 1 ml Cu-Acetat–CS_2-Reagens (5 ml 0,1%ig. äthanol. Cu-Acetat-Lsg. u. 7 ml CS_2 u. 1 ml Eisessig werden mit A. auf 25 ml aufgefüllt) u. 3 ml Ammoniak-Fl. (D. 0,91), schüttelt 5 Min., läßt kurz stehen, trennt die Chlf.-Phase ab, schüttelt erneut 1 Min. mit 1 ml Chlf., ergänzt die vereinigten Chlf.-Lsgg. auf 4 ml, trocknet mit Na_2SO_4 u. dekantiert in eine 1-cm-Küvette. Die Messung erfolgt im Pulfrich-Photometer bei Filter S 42. G. Zessin. 4880□

Die Bestimmung von Vitamin E in Gegenwart von Vitamin A in pharmazeutischen Präparaten. Eva Castrén. (Farmaseuttinen Aikakauslehti [Farmac. Notisbl.] **70**, 181—86, Sept. 1961; engl.) — Zur Best. von Vitamin E in Ggw. von Vitamin A wird letzteres aus dem PAe.-Extrakt von Tabletten, Kapseln, öligen oder wss. Lsgg. durch Adsorption an mit sd. 2n HCl behandeltem, mit W. gewaschenen u. getrockneten Bolus alba entfernt. Das Vitamin E wird nach anschließender Hydrolyse in bekannter Weise, z. B. mit $FeCl_3$ u. o-Phenanthrolin bestimmt. S. Beckmann. 4880

Photometrische Bestimmung einiger Stoffe der Vitamin-B-Gruppe. B. Kakać und Z. J. Vejdělek. (Českoslov. Farmac. **10**, 522—40, Dez. 1961; Praha, Výzk. úst. farm. a biochem.; tschech.) — Übersicht u. krit. Bewertung der photometr. Best.-Meth. der Vitamine B_1, B_6, B_{12}, Nicotinsäureamid, Nicotinsäure, Pantothensäure, Biotin, Folsäure, p-Aminobenzoesäure, Inosit u. Cholin. — 317 Literaturangaben. H.-W. Wache. 4880□

Eine automatisierte Methode für die Bestimmung von Terramycin. T. C. Grenfell, D. J. McLaughlin und Jacques M. Kelly. (Ann. New York Acad. Sci. **87**, 857—63, 22/7. 1960; Brooklyn, N.Y., Chas. Pfizer & Co., Inc.; engl.) — Die Analyse beruht auf folgender Grundlage: Das Antibioticum wird von begleitenden Verbb. getrennt (Filtration, fl.–fl.-Extraktion), die zu analysierende Lsg. wird auf pH 2 gebracht u. mit

0,01n HCl so verd., daß 10 ml Lsg. ca. 0,5 mg *Terramycin* enthalten. Zur Lsg. werden 10 ml 0,5%ig. $FeCl_3$-Lsg. in 0,01n HCl zugefügt. Nach 10 Min. wird die Färbung bei 490 mμ im Colorimeter gemessen. Durch angepaßte Pumpen u. Mischungsgefäße ist eine kontinuierliche automat. Analyse u. Registrierung möglich. — Fließschemen u. Analysenbeispiele. W. Hiller. 4880□

National Lead Co., New York, übert. von: **Walter W. Braun**, Lewiston, N.Y., V.St.A., *Therapeutische Ce-Verbindungen.* (**Can. P. 554 677** vom 10/10. 1953, ausg. 18/3. 1958. A. Prior. 13/10. 1952. — C. **1960,** 8606 [A. P. 2 885 323].)

Laboratoires Français de Chimiothérapie, Paris, übert. von: **Guy Hagemann**, Vincennes, Seine, **Lucien Penasse** und **Jean Teillon**, Paris, Frankreich, *Serinderivate.* (**Can. P. 555 376** vom 12/7. 1955, ausg. 1/4. 1958. F. Prior. 19/8. 1954. — C. **1957,** 12839 [E. P. 775 946].)

UCLAF, Paris, Frankreich, *Derivate von* DL-*Lysin.* (**E. P. 865 157** vom 12/7. 1957, ausg. 12/4. 1961. F. Prior. 17/7. 1956. — C. **1961,** 10288 [F. P. 1 176 117].)

Nepera Chemical Co., Inc., Yonkers, N.Y., übert. von: **John V. Scudi**, Springfield, N.J., und **Leon E. Tenenbaum**, Brooklyn, N.Y., V.St.A., *Aryläther des Glycerin-bis-chloralhemiacetals.* (**Can. P. 568 466** vom 26/12. 1952, ausg. 6/1. 1959. A. Prior. 27/12. 1951. — C. **1956,** 6756 [A. P. 2 666 082].)

Sterling Drug, Inc., New York, übert. von: **Alexander R. Surrey**, Albany, N.Y., V.St.A., *N-Aralkyl-N-[acyloxyalkyl]-halogenalkanamide.* (**Can. P. 554 717** vom 11/2. 1955, ausg. 18/3. 1958. A. Prior. 19/2. 1954. — C. **1961,** 7314 [Belg. P.535 868].)

Takeda Pharmaceutical Industries Ltd., Osaka, Japan (Erfinder: **Katsutada Masuda Ashiya**), *Substituierte Phenylalkylamide.* (**Schwz. P. 358 811** vom 4/9. 1957, ausg. 31/1. 1962. Jap. Prior. 5/9. 1956 u. 15/6. 1957. — C. **1961,** 11427 [F. P. 1 190 543].)

Alkaloida Vegyészeti Gyár, Tiszavasvári, Ungarn, *Dihydroxyphthalidderivate.* (**E. P. 861 865** vom 27/5. 1957, ausg. 1/3. 1961. Ung. Prior. 25/5. 1956. — C. **1959,** 13258 [D. A. S. 1 054 090].)

Farbwerke Hoechst Akt.-Ges., vormals Meister Lucius & Brüning, Frankfurt/M., *Sulfonylharnstoffe.* (**E. P. 876 608** vom 6/12. 1957, ausg. 6/9. 1961. D. Prior. 6/12. 1956. — C. **1959,** 13258 [D. A. S. 1 032 734].)

Hamol Akt.-Ges., Zürich, übert. von: **John C. Somogyi** und **Gottfried Schappi**, Ruschlikon-Zürich, Schweiz, *Formaldehydderivate von Monoaminodicarbonsäuren.* (**Can. P. 568 570** vom 19/4. 1955, ausg. 6/1. 1959. Schwz. Prior. 6/5. 1954. — C. **1958,** 11 901 [E. P. 781 212].)

Takeda Pharmaceutical Industries Ltd., Osaka (Erfinder: **Sueo Tatsuoka**, Suita, **Kuniyoshi Tanaka**, Toyonaka, **Yoshio Ueno**, Takarazuka, und **Mikio Honjo**, Osaka), Japan, *Herstellung von Kainsäure.* (**Schwz. P. 358 802** vom 7/5. 1956, ausg. 31/1. 1962. Jap. Prior. 7/5. 1955 u. 24/3. 1956. — C. **1962,** 2460 [E. P. 833 358 u. A. P. 2 954 384].)

Takeda Yakuhin Kogyo Kabushiki Kaisha, Osaka (Erfinder: **Sueo Tatsuoka, Yoshio Ueno, Hiroshi Morimoto, Hayao Nawa, Jisaburo Ueyanagi, Ritsuo Nakamori** und **Toshiro Matsuoka**), Japan, *Herstellung von Kainsäure und ihren Derivaten.* (**Jap. A. S. 1 184/1959** vom 31/3. 1955, ausg. 6/3. 1959. — C. **1962,** 8719 [F. P. 1 167 574].)

Eli Lilly & Co., übert. von: **Edmund C. Kornfeld** und **Eugene J. Fornefeld**, Indianapolis, Ind., V.St.A., *Benz-[cd]-indoline.* (**Can. P. 554 982** vom 29/4. 1953, ausg. 25/3. 1958. A. Prior. 1/8. 1952. — C. **1958,** 5455 [A. P. 2 749 353].)

American Cyanamid Co., New York, N.Y., übert. von: **Richard W. Young**, Riverside, Conn., V.St.A., *1.3.4-Oxadiazolsulfonamide.* (**Can. P. 554 467** vom 2/5. 1955, ausg. 18/3. 1958. A. Prior. 23/6. 1954. — C. **1957,** 4193 [A. P. 2 763 660].)

Merck & Co., Inc., Rahway, N.J., übert. von: **James M. Sprague**, Gwynedd Valley, und **Carl Ziegler**, Elkins Park, Pa., V.St.A., *1.3.4-Thiadiazolderivate.* (**Can. P. 554 661** vom 29/10. 1955, ausg. 18/3. 1958. A. Prior. 9/12. 1954. — C. **1956,** 7610 [A. P. 2 724 715].)

Chemiewerk Homburg Akt.-Ges., Frankfurt/M., *N-Substituierte 2-Phenyl-7-aminoalkoxychromone.* (**E. P. 860 336** vom 29/5. 1959, ausg. 1/2. 1961. D. Prior. 30/5. 1958. — C. **1959,** 13573 [D. A. S. 1 054 091].)

Ciba Ltd., Basel, übert. von: **Karl Hoffmann** und **Ernst Urech**, Binningen, und **Eugen Tagmann**, Basel, Schweiz, *Tetrahydropyridine.* (**Can. P. 568 454** vom 21/4. 1952, ausg. 6/1. 1959. Schwz. Prior. 28/4. 1951 u. 3/4. 1952. — C. **1953,** 9241 [Oe. P. 174 912] u. C. **1959,** 13575 [Schwz. P. 313 715].)

Imperial Chemical Industries Ltd. (Erfinder: **Edwin Harry Paterson Young**), *Herstellung von Piperidinderivaten.* (**Aust. P. 230 744** vom 7/2. 1958, ausg. 10/11. 1960. E. Prior. 13/2. 1957. — C. **1962,** 3552 [Oe. PP. 207 842 u. 207 844].)

Consortium de Produits Chimiques et de Synthèse, übert. von: **Henri Passedouet**, Bezons, Seine-et-Oise, Frankreich, *Glucurolactonisonicotinoylhydrazon.* (**Can. P. 554 902** vom 6/8. 1953, ausg. 25/3. 1958. F. Prior. 5/12. 1952. — C. **1956,** 14432 [E. P. 728 716].)

Farbenfabriken Bayer Akt.-Ges., Leverkusen, *Diamino-5.8-chinolinchinone.* (**E. P. 884 883** vom 6/5. 1960, ausg. 20/12. 1961. D. Prior. 21/5. 1959. — C. **1962,** 4261 [D. A. S. 1 114 194].)

F. Hoffmann-La Roche & Co. Akt.-Ges., Basel, Schweiz, *Herstellung von substituierten 2-Hydroxybenzo-[a]-chinolizinen.* (**Ind. P. 65 179** vom 9/9. 1958, ausg. 15/11. 1960. — C. **1961,** 9895 [D. A. S. 1 083 268].)

Ciba Ltd., Basel, übert. von: **Jean Druey**, Riehen, und **Paul Schmidt**, Therwil, Schweiz, *4-Substituierte Pyridazone-(3).* (**Can. P. 568 429** vom 20/8. 1954, ausg. 6/1. 1959. Schwz. Prior. 4/9. 1953, 20/1., 29/1. u. 25/5. 1954. — C. **1959,** 16423 [Oe. P. 195 432].)

Henri Morren, Forest-Brüssel, Belgien, *Piperazinderivate.* (**Can. P. 568 379** vom 18/10. 1954, ausg. 6/1. 1959. Belg. Prior. 30/10. 1953. — C. **1958,** 5454 [Schwz. P. 322 817].)

Henri Morren, Forest-Brüssel, Belgien, *Piperazinäther.* (**Can. P. 568 380** vom 18/10. 1954, ausg. 6/1. 1959. Belg. Prior. 30/10. 1953. — C. **1959,** 3908 [Schwz. P. 322 818].)

Henri Morren, Forest-Brüssel, Belgien, *N-Benzhydrylpiperazinäther.* (**Can. P. 568 381** vom 18/10. 1954, ausg. 6/1. 1959. Belg. Prior. 30/10. 1953. — C. **1959,** 3908 [Schwz. P. 322 819].)

Henri Morren, Forest-Brüssel, Belgien, *Substituierte N-Benzhydrylpiperazine.* (**Can. P. 568 382** vom 18/10. 1954, ausg. 6/1. 1959. Belg. Prior. 30/10. 1953. — C. **1959,** 3908 [Schwz. P. 322 820].)

Farbwerke Hoechst Akt.-Ges., vormals Meister Lucius & Brüning, Frankfurt/M. (Erfinder: **Heinrich Ruschig**, Bad Soden/Taunus, **Robert Fugmann, Hans Eggert, Ernst Fischer** und **Ernst Lindner**, Frankfurt/M.), *Herstellung von 2.3-Diphenyl-1.4-dioxotetrahydrophthalazinen.* (**Schwz. P. 359 712** vom 5/8. 1955, ausg. 15/3. 1962. Schwz. Prior. 7/8. 1954 u. 15/7. 1955. — C. **1957**, 4776 [D. B. P. 956 044].)

Soc. des Usines Chimiques Rhône-Poulenc, Paris, übert. von: **Raymond J. Horclois**, Malakoff, Seine, Frankreich, *Phenthiazinderivate.* (**Can. P. 555 065** vom 3/11. 1955, ausg. 25/3. 1958. F. Prior. 4/11. 1954 u. 3/10. 1955. — C. **1960**, 12436 [D. A. S. 1 034 637].)

Soc. des Usines Chimiques Rhône-Poulenc, Paris, übert. von: **Raymond J. Horclois**, Malakoff, Seine, Frankreich, *Phenthiazinderivate.* (**Can. P. 555 066** vom 3/11. 1955, ausg. 25/3. 1958. F. Prior. 4/11. 1954 u. 3/10. 1955. — C. **1959**, 11349 [D. A. S. 1 040 032].)

Soc. des Usines Chimiques Rhône-Poulenc, Paris, übert. von: **Robert M. Jacob**, Ablon-sur-Seine, Seine-et-Oise, und **Jacques G. Robert**, Paris, Frankreich, *Phenthiazinderivate.* (**Can. P. 555 067** vom 21/11. 1955, ausg. 25/3. 1958. E. Prior. 29/11. 1954, 22/2. u. 13/5. 1955. — C. **1960**, 2281 [F. P. 1 167 679].)

Soc. des Usines Chimiques Rhône-Poulenc, Paris, übert. von: **Robert M. Jacob** und **Jacques G. Robert**, Ablon-sur-Seine, Seine-et-Oise, Frankreich, *Phenothiazinderivate.* (**Can. PP. 568 431** vom 31/10. 1955, ausg. 6/1. 1959. F. Prior. 8/11. 1954, 22/6., 26/7. u. 27/9. 1955, **568 432, 568 433** u. **568 434** vom 13/11. 1957, ausg. 6/1. 1959. F. Prior. 8/11. 1954, 22/6. u. 27/9. 1955, u. **568 435** vom 13/11. 1957, ausg. 6/1. 1959. F. Prior. 26/7. u. 27/9. 1955. — C. **1960**, 2280 [E. P. 789 703].)

Soc. des Usines Chimiques Rhône-Poulenc, Paris, übert. von: **Raymond J. Horclois**, Malakoff, und **Edouard Suau**, Choisy-le-Roi, Seine, Frankreich, *Phenthiazinderivate.* (**Can. P. 568 621** vom 28/10. 1955, ausg. 6/1. 1959. F. Prior. 6/11. 1954 u. 3/8. 1955. — C. **1959**, 8652 [D. A. S. 1 018 868].)

Dr. Karl Thomae G. m. b. H. (Erfinder: **Klaus Hasspacher**), *2.4-Dioxodihydro-5.6-benz-1.3-thiazine.* (**Aust. P. 232 158** vom 23/10. 1958, ausg. 23/2. 1961. — C. **1961**, 15843 [D. A. S. 1 079 050].)

Sandoz Akt.-Ges., Basel, übert. von: **Jürg Rutschmann**, Oberwil, Schweiz, *Hydrazide der Podophyll- und Pikropodophyllsäure.* (**A. P. 2 977 359** vom 2/6. 1958, ausg. 28/3. 1961. Schwz. Prior. 3/6. 1957. — C. **1961**, 75490 [Oe. P. 203 642].)

Usines Chimiques des Laboratoires Français, übert. von: **Paul Bellet**, Paris, Frankreich, *Colchicosidderivate.* (**Can. P. 555 094** vom 20/2. 1954, ausg. 25/3. 1958. F. Prior. 25/2. 1953. — C. **1958**, 11025 [E. P. 739 944].)

Badische Anilin- & Soda-Fabrik Akt.-Ges., übert. von: **Horst Pommer** und **Wilhelm Sarnecki**, Ludwigshafen/Rh., *Verbindungen der β-Cyclogeranylidenreihe.* (**A. P. 3 006 939** vom 10/3. 1959, ausg. 31/10. 1961. D. Prior. 17/1. 1957. — C. **1960**, 4610 [D. A. S. 1 035 647].)

N. V. Philips' Gloeilampenfabrieken, Eindhoven, Niederlande, *Herstellung von Hydrierungsprodukten der Vitamin-D-Gruppe.* (**Oe. P. 218 180** vom 4/3. 1957, ausg. 10/11. 1961. Niederl. Prior. 6/3. 1956. — C. **1959**, 16098 [D. A. S. 1 049 857].)

Organon, Inc., West Orange, N.J., V.St.A., übert. von: **Stefan Antoni Szpilfogel**, Oss, Niederlande, *Herstellung von 11-Hydroxysteroiden.* (**A. P. 3 002 984** vom 29/4. 1959, ausg. 3/10. 1961. Niederl. Prior. 12/5. 1958. — C. **1962**, 3557 [D. A. S. 1 097 444].)

Ciba Ltd., Basel, übert. von: **Leopold Ruzicka** und **Hans Heusser**, Zürich, Schweiz, *Δ^{14}-Steroide.* (**Can. P. 568 543** vom 14/2. 1955, ausg. 6/1. 1959. Schwz. Prior. 24/2. 1954 u. 31/1. 1955. — C. **1959**, 224 [F. P. 1 128 939].)

Upjohn Co., übert. von: **John A. Hogg, Philip F. Beal** und **Frank H. Lincoln jun.**, Kalamazoo, Mich., V.St.A., *Carboxysteroide.* (**Can. P. 568 418** vom 15/7. 1953, ausg. 6/1. 1959. A. Prior. 30/8. u. 6/11. 1952. — C. **1959**, 4633 [A. P. 2 752 366].)

Upjohn Co., übert. von: **John A. Hogg, Philip F. Beal** und **Frank H. Lincoln jun.**, Kalamazoo, Mich., V.St.A., *20-Keto-21.21-dihalogen-21-alkoxyoxalylsteroide.* (**Can. P. 568 419** vom 15/7. 1953, ausg. 6/1. 1959. A. Prior. 30/8. 1952. — C. **1958**, 5756 [A. P. 2 774 776].)

Upjohn Co., übert. von: **John A. Hogg, Philip F. Beal** und **Frank H. Lincoln jun.**, Kalamazoo, Mich., V.St.A., *11.21-Dihydroxy-$\Delta^{4,17,20}$-pregnadien-3-on und seine Ketale.* (**Can. P. 568 420** vom 15/7. 1953, ausg. 6/1. 1959. A. Prior. 30/8. 1952 u. 30/3. 1953. — C. **1959**, 10343 [Niederl. P. 86 001].)

Upjohn Co., übert. von: **John A. Hogg, Philip F. Beal** und **Frank H. Lincoln jun.**, Kalamazoo, Mich., V.St.A., *11α.21-Dihydroxy-$\Delta^{4,17,20}$-pregnadien-3-on und seine Ester.* (**Can. P. 568 421** vom 15/7. 1953, ausg. 6/1. 1959. A. Prior. 30/8. 1952 u. 30/3. 1953. — C. **1957**, 8594 [E. P. 749 194].)

Upjohn Co., übert. von: **John A. Hogg** und **Frank H. Lincoln jun.**, Kalamazoo, Mich., V.St.A., *21-Formylsteroide.* (**Can. P. 568 422** vom 15/7. 1953, ausg. 6/1. 1959. A. Prior. 30/8. 1952. — C. **1957**, 4194 [F. P. 1 092 318].)

Merck & Co., Inc., Rahway, übert. von: **David Taub**, Metuchen, und **Norman Lord Wendler**, Summit, N.J., V.St.A., *Herstellung von 16-Ketosteroiden der Pregnanreihe.* (**A. P. 2 942 012** vom 28/11. 1956, ausg. 21/6. 1960. **D. A. S. 1 101 414** Kl. 12o vom 27/11. 1957, ausg. 9/3. 1961. A. Prior. 28/11. 1956. — C. **1962**, 16774 [E. P. 841 998].)

Laboratoires Français de Chimiothérapie, Paris (Erfinder: **Georges Muller**, Nogent-sur-Marne, und **Milutin Stefanovic**, Paris), Frankreich, *Herstellung von 17-Acetyl-$\Delta^{1,4}$-androstadien-11β.17β-diol-3-on.* (**D. A. S. 1 122 946** Kl. 12o vom 8/6. 1959, ausg. 1/2. 1962. F. Prior. 8/7. 1958. — C. **1962**, 16775 [F.P. 1 238 729].)

Upjohn Co., Kalamazoo, übert. von: **Herbert C. Murray**, Hickory Corners, und **Durey H. Peterson**, Kalamazoo, Mich., V.St.A., *17β-Hydroxy-17α-methylätiocholan-3.11-dion.* (**Can. P. 554 733** vom 11/3. 1954, ausg. 18/3. 1958. A. Prior. 28/5. 1953. — C. **1955**, 10329 [A. P. 2 697 110].)

Upjohn Co., übert. von: **William P. Schneider**, Kalamazoo, Mich., V.St.A., *17α-Hydroxy-21-acyloxy-Δ^{4}-pregnen-3.11.20-trion.* (**Can. P. 554 734** vom 11/6. 1954, ausg. 18/3. 1958. A. Prior. 13/8. 1953. — C. **1958**, 8138 [A. P. 2 751 402].)

Ciba Ltd. (Erfinder: **Ernst Gäumann** und **Hans Bickel**), *Gewinnung des Antibioticums Grysomycin.* (**Aust. P. 232 829** vom 25/9. 1958, ausg. 23/3. 1961. Schwz. Prior. 1/11. 1957 u. 2/9. 1958. — C. **1960**, 14453 [D. A. S. 1 070 782].)

Ciba Ltd., Basel, Schweiz, *Herstellung des Antibioticums Holomycin.* (**Ind. P. 65 005** vom 20/8. 1958, ausg. 30/11. 1960. — C. **1961**, 4457 [D. A. S. 1 085 297].)

Ciba Ltd. (Erfinder: **Vladimir Prelog** und **Ernst Gäumann**), *Herstellung des Antibioticums A 9578.* (**Aust. P. 232 816** vom 21/7. 1958, ausg. 23/3. 1961. Schwz. Prior. 26/7. 1957 u. 8/7. 1958. — C. **1960**, 4936 [D. A. S. 1 058 216].)

G. Analyse. Laboratorium

Laboratoriumskolonne für die Mikrofraktionierung. A. I. Lewin. (Журнал Прикладной Химии [J. angew. Chem.] **31**, 1655—61, Nov. 1958; russ.) — Beschreibung einer Kolonne mit innen angeätzter Rektifikationssäule. Die Ätzung erhöht den Wirkungsgrad um das Zweifache. Ch. Weiske. 5038□

Ein modifizierter Wasserrheostat. Ping-Yuan Yeh und Chen-Pin Yu. (J. chem. Educat. **36**, 473, Sept. 1959; Taiwan, China Nat. Taiwan Univ.; engl.) — Beschreibung eines Flüssigkeitsrheostats (Fl. 20%ig. NaCl-Lsg.) mit Cu-Spiralelektroden u. Wasserkühlung. Eingangsspannung 100 V, variierbare Spannung zwischen 15 u. 75 V. Verwendbar zur Regulierung von Heizbädern, Rührern u. a. Ch. Weiske. 5046□

Papier als Träger bei der Chromatographie. Olavi Perilä. (Suomen Kemistilehti A **32**, 227—35, 1959; finn.) — Übersicht über die Papiersorten für Papierchromatographie, ihre Verunreinigungen, ihre mechan. u. Ionenaustausch-Eigg. u. die Herst. hydrophober Papier. — 11 Literaturangaben. S. Beckmann. 5062□

Eine zum Auftragen ziemlich großer Mengen von Lösungen auf Papierchromatogramme geeignete Apparatur. D. van der Sijde und J. de Flines. (J. Chromatogr. [Amsterdam] **2**, 436—37, Juli 1959; Delft, Royal Netherlands, Fermentation Ind. Ltd., Res. Labor.; engl.) — Bei der beschriebenen App. wird das Papier an der Auftragstelle mit einem kräftigen, ca. 110° warmen Luftstrom von unten angeblasen. Man kann so größere Mengen Lsgg. rasch auftragen, z. B. 0,5 ml in 2 Minuten. K. Prchal. 5062□

Papierchromatographische Reagentien in Aerosol-Sprühflaschen. Klaus Wegmann. (J. Chromatogr. [Amsterdam] **2**, 321, Mai 1959; Porz/Rh.; engl.) — Vf. schlägt zum Besprühen von Chromatogrammen die Verw. von Sprühdosen aus Blech vor, wie sie z. B. für Insekticide üblich sind u. die neben einem inerten Treibgas das Reagens, z. B. Ninhydrin, enthalten. Der Vorteil liegt neben ihrer einfacheren Handhabung, bes. in der gleichmäßigeren Verteilung des Sprühgutes. F.-M. Friedrich-Anderseck. 5062□

Neue Entwicklungen in der Gasanalyse. A. van der Wiel. (Chem. Weekbl. **58**, 2—8, 6/1. 1962; Amsterdam, Shell Internat. Res. Mij. N.V., Kon./Shell-Labor.; niederl.) — Übersicht über die älteren Verff. der Gasanalyse u. Grundzüge, Ausführung u. Anwendung der Gaschromatographie, bes. zur Spurenanalyse. — 10 Literaturhinweise. W. Wesly. 5086□

Die elektrolytische Bestimmung von Kohlenmonoxid. P. J. Ovenden. (J. electroanalyt. Chem. [Amsterdam] **2**, 80—87, Jan./Febr. 1961; Edinburgh, Nat. Coal Board, Scot. Div. Labor.; engl.) — Eine Elektrolysierzelle mit einer vibrierenden Pd-Mikroelektrode zur Best. von CO in der Luft wird beschrieben. Ein Phosphat–Borat-Puffer dient als Elektrolyt. Während die Zelle von der Luft durchströmt wird, wird die Elektrode intermittierend anod. polarisiert. Der Diffusionsgrenzstrom hängt linear vom CO-Partialdruck in CO/O_2-Gemischen ab. W. Betcke. 5088□

a) Elemente und anorganische Verbindungen

Beiträge zur Analytik des Fluors. E. Schulek, F. Geörch, J. Laszlovszky und E. Körös. (Ann. Univ. Sci. Budapestinensis Rolando Eötvös nominatae, Sect. Chim. **2**, 547—59, 1960; Budapest, Eötvös Univ., Inst. für anorg. u. analyt. Chem.; dt.) — Als F^--Best.-Verf. erwies sich folgende Modifikation der gravimetr. PbClF-Meth. als bes. genau. Die Lsg. der Probe in 50 ml W. wird mit 0,3—0,5 g NaCl versetzt u. mit 0,1n HCl gegen Methylrot durch Farb-Vgl. auf das pH einer 0,75%ig. $PbCl_2$-Lsg. gebracht. Nach Zusatz von weiteren 0,5 ml 0,1n HCl wird die Lsg. zum Sieden erhitzt u. tropfenweise mit 50—75 ml 0,25%ig. $PbCl_2$-Lsg. versetzt. Der gut krist. Nd. wird mit PbClF-Lsg., 3 Tropfen W. u. A. gewaschen u. im Luftstrom getrocknet. Bei Verw. entsprechender Reagensmengen ist die Meth. auch als Mikro-Verf. (0,4—4 mg F^-) anwendbar. — Als Dest.-Trennverf. für F^- erwies sich die Wasserdampf-Dest. als H_2SiF_6 aus schwach salzsaurer Lsg. nach Carbonat-Aufschluß u. Zusatz von $ZnCl_2$ im Halbmikro-Maßstab als die beste Methode. Borsäure muß als Methylester verflüchtigt werden. — Weiter wurden Meth. zur komplexometr. Best. des Pb im PbClF-Nd. u. zur direkten Titration des F^- gegen $Th(NO_3)_4$-Maßlsg. in Ggw. von Brenzcatechinviolett als Indicator untersucht. W. Betcke. G 246□

Eine optische Methode zur Bestimmung von Perchlorat. Hermann Kurz und Gerhard Renner. (Z. analyt. Chem. **186**, 368—69, 1962; Tübingen, Univ., Pharmakol. Inst.; München, Univ., Pharmakol. Inst.; dt.) — ClO_4^--Ionen werden mit Nitron im Überschuß gefällt. Nach Filtration wird das überschüssige Nitron mit alkohol. NaOH in einen roten Farbstoff umgewandelt, dessen Absorption bei 490 nm gemessen wird. — Ein Proben-Vol. von 1 ml ($\leqq$ 800 μg ClO_4^-) wird mit 1 ml 0,3% ig. Nitron-Lsg. in 5% ig. Essigsäure versetzt, im sd. Wasserbad erhitzt u. 1 Std. im Eisbad stehengelassen. Nach dem Abfiltrieren werden zu 0,2 ml Filtrat 3 ml 1n NaOH-Lsg. in 80% ig. A. gegeben. Gemessen wird die Extinktion nach 10 Min.; Fehler der Einzelmessung $\pm$ 14 μg. H.-G. Peter. G 247 □

Bestimmung von Jodid und Bromid in Gegenwart von Chlorid im Überschuß durch Trennung mit Ionenaustauscherharzen. Giancarlo Maura. (Rassegna Chim. **13**, 5—8, Jan./Febr. 1961; Roma, Univ., Ist. di Chim. appl. ed ind.; ital.) — Das durch HNO_2 in Freiheit gesetzte J wird an der Säule vermutlich durch Bldg. von Polyjodiden adsorbiert. Man wäscht die Harze mit dest. W., erhält durch Elution mit einer 10% ig. Na_2SO_3-Lsg. eine Jodid-Lsg., bestimmt J^- colorimetr. oder nach der Meth. von Fresenius u. Br^- nach Beseitigung von HNO_2. Zur Trennung werden je 5 ml Amberlit IRA 400 (Röhm & Haas), Imac S 4 (Imacti) u. Kastel A 300 (Montecatini) in 8-cm-Säulen bei einer Durchgangs-Geschw. von 0,25 Vol. Lsg./Vol. Austauscher·Min. benutzt, wobei die Harze in Cl^-- oder SO_4^{2-}-Form prakt. dieselben Ergebnisse liefern. — 11 Literaturangaben. G. Platzer. G 249 □

Spezifischer, empfindlicher elektronischer Nachweis von Jod über die Trägerinjektion in einen Anthracen-Kristall. Mortimer M. Labes, Orest N. Rudyj und Paul L. Kronick. (J. Amer. chem. Soc. **84**, 499—500, 5/2. 1962; Philadelphia, Pa., Labor. for Res. and Dev.; Franklin Inst., Chem. Div.; engl.) — Vff. untersuchten den Effekt, den eine J_2-, H_2O-, SO_2-, O_2-, HCl- u. NO_2-Atmosphäre auf die durch Trägerinjektion erhöhte Gesamt-Dunkelleitfähigkeit eines Anthracen-Kristalls unter Vermeidung jeglicher Oberflächenleitfähigkeit ausübt. Meßbare Leitfähigkeitsänderungen wurden bei J_2-Dampf-Drucken von bereits 10^{-5} mm (im stat. Syst.) bzw. bei Konzz. von 0,2 ppm im Gasstrom beobachtet. Die Ansprech-Geschw. lag unter 3 Min. bzw. bei 10 Sek. (50% des Maximalwerts wurden nach 30 Sek. u. ein weiterer leichter Anstieg während 20—30 Min. gemessen). Senkrecht zur AB-Ebene stiegen die Leitfähigkeiten auf das 1,5-, 6- bzw. 30fache bei J_2-Dampfdrucken von 10^{-4}, 10^{-2} bzw. 10^{-1} mm an; parallel zur AB-Ebene setzte der Anstieg erst oberhalb 10^{-3} mm ein, war dann jedoch größer als senkrecht zur AB-Ebene (Faktor 15 bzw. 175 bei 10^{-2} bzw. 10^{-1} mm). — Die Leitfähigkeitsänderungen in Ggw. von H_2O, SO_2, O_2 u. HCl waren bei ca. 10000 mal stärkerer Konz. als der die doppelte liefernden J_2-Konz. $<$1,2fach. Lediglich NO_2 zeigte ähnliche Effekte wie J_2. In diesem Falle dürften Ladungs-Übergangs- u./oder Kernsubstitutions-Prozesse mit NO_2 stattfinden. Die Deutung des J_2-Einfl. auf die Leitfähigkeit beschränkt sich auf die Annahme einer Wechselwrkg. der Gasphasen-Acceptoren mit dem KW-Stoff-Kristall, da Diffusionsmechanismen wegen der raschen Ansprech-Geschw. unwahrscheinlich sind. Der Effekt dürfte als empfindlicher J_2-Nachw. verwendbar sein. D. Jörchel. G 249 □

Mercurimetrische Bestimmung von Thiosulfat. Sándor A. Kiss. (Z. analyt. Chem. **182**, 251—53, 1961; Kazincbarcika, Ungarn, Borsodi Vegyi Kombinat; dt.) — $S_2O_3^{2-}$-Ionen (10—30 mg) lassen sich in boratgepufferter Lsg. bei einem pH-Wert von 7,5 nach der Dead-stop-Meth. mit einer eingestellten 0,01 m $HgCl_2$-Lsg. titrieren. Die Best. wird von Sulfat- u. Nitrit-Ionen nicht gestört, der störende Einfl. von Sulfiten wird durch Zusatz von Formaldehyd-Lsg. eliminiert. H. Nentwig. G 253 □

Die Bestimmung von Thiosulfat in Sulfid enthaltenden Proben. A. De Sousa. (Chemist-Analyst **50**, 76, Sept. 1961; Lisbon, Portugal, Univ., Fac. of Sci.; engl.) — In der Probe-Lsg. wird $S_2O_3^{2-}$ mit Br_2 oxydiert. Ist S^{2-} bzw. HS^- zugegen, so wird dieses vorher durch Zusatz von $CdCO_3$ als CdS gefällt u. das CO_2 weggekocht. Die überschüssiges Br_2 enthaltende Lsg. wird bis zur Farblosigkeit gekocht, mit HCl angesäuert u. dann mit einer bekannten Menge 0,1 m $BaCl_2$-Lsg. (im Überschuß) versetzt. Die Lsg. wird mit NaOH neutralisiert, mit einem gleichen Vol. A., 5 ml konz. Ammoniak auf je 100 ml u. einigen Tropfen Metalphthalein-Lsg. versetzt u. (in Ggw. des Sulfat-Nd.) gegen 0,1 m EDTA-Lsg. titriert. W. Betcke. G 253 □

Titration von Polythionaten mit einer Natriumhypochlorit-Standardlösung. Niels Hofman-Bang und Margit Tang Christiansen. (Acta chem. scand. **15**, 2061, 1961; Copenhagen, TU of Denmark, Chem. Dep. A.; engl.) — Zur quant. Best. von $S_4O_6^{2-}$ eignet sich Oxydation mit überschüssiger 0,05 m NaOCl-Lsg. in sd. alkal. Lsg. (30 Sek.) nach $S_2O_6^{2-} + 7\,ClO^- + 6\,OH^- \rightarrow 7\,Cl^- + 4\,SO_4^{2-} + 3\,H_2O$, Versetzen mit KJ u. H_2SO_4 u. Titrieren des J_2 mit $Na_2S_2O_3$. $S_2O_6^{2-}$, $S_3O_6^{2-}$ u. $S_5O_6^{2-}$ können auf diese Weise nicht bestimmt werden. A. Blaschette. G 253 □

Beiträge zur Analytik des Selens und der Selenverbindungen. E. Schulek, E. Körös und L. Barcza. (Ann. Univ. Sci. Budapestinensis Rolando Eötvös nominatae, Sect. Chim. **2**, 205—13, 1960; Budapest, Eötvös Univ., Inst. für anorg. u. analyt. Chem.;

dt.) — Auf der Grundlage der Überführung von Se in Kaliumselenocyanid, der Zers. des $SeCN^-$ mit Br_2 unter Oxydation des Se zu SeO_4^{2-} u. Bldg. von BrCN u. der jodometr. Best. des Letzteren wurde ein Verf. zur Best. von elementarem Se im Halbmikro- u. Mikro-Maßstab ausgearbeitet. — 4—40 mg Se werden mit 0,2 g KCN, einigen Tropfen A. u. 10—15 Tropfen W. auf dem Wasserbad zur Trockne eingedampft. Der Rückstand wird in W. aufgenommen u. die Lsg. auf 100 ml aufgefüllt. 1—10 ml dieser Lsg. werden nach Verdünnen u. Zusatz von 1 g H_3BO_3 10 Min. lang gekocht. Nach dem Abkühlen wird die Lsg. mit $HClO_4$ gegen p-Äthoxychrysoidin neutralisiert u. mit überschüssigem Bromwasser versetzt. Der Br_2-Überschuß wird mit einigen ml 5%ig. Phenol-Lsg. gebunden, die Lsg. mit 1—2 ml 20%ig. $HClO_4$ angesäuert u. mit 0,2 g KJ versetzt u. das ausgeschiedene Jod maßanalyt. bestimmt. Cl^- u. SO_4^{2-} stören nicht. — Ferner wird eine Übersicht über Meth. zum Nachw. u. zur Best. von SeO_3^{2-} neben SeO_4^{2-} gegeben.

W. Betcke. G 254□

Mikrobestimmung des Selens durch Polarographie des Diphenyldipiazselenols. Claude Le Peintre. (C. R. hebd. Séances Acad. Sci. **252**, 1968—70, 27/3. 1961; Paris, Serv. Contrôle des Eaux; franz.) — Vf. nimmt Bezug auf Unterss. von Hoste u. Gillis (C. **1956**, 1394), die eine spektrophotometr. Best.-Meth. auf Spuren von Se durch 3.3′-Diaminobenzidin (**I**) beschrieben haben, sowie auf die bekannte Tatsache, daß **I** mit H_2SeO_3 Diphenyldipiazselenol (**II**) in saurer Lsg. liefert u. berichtet über eine polarograph. Unters. von **II** in saurer u. alkal. Lösung. Im ersten Fall enthält die Lsg. pro Liter 2,5 mg Se, 200 mg **I**-Chlorhydrat, 11,75 g 0,1n NH_4ClO_4-Lsg. u. die notwendige Menge $HClO_4$ zur Einstellung eines pH-Wertes von 2,5. Auf die gleiche Weise wurde eine nicht Se enthaltende Lsg. polarograph. untersucht. Beobachtet wurden 2 der Konz. des **II** proportionale Stufen, deren Halbstufenpotentiale mit Bezug auf die bei 20° gesätt. Kalomelelektrode zu —0,17 u. —0,63 V gemessen wurden u. wobei die Höhen der 1. u. 2. Stufe im Verhältnis 2 : 1 standen. Für die Polarographie in alkal. Lsg. enthielt 1 Liter 2,5 mg Se, 200 mg **I**-Chlorhydrat, 5,3 g 0,1n NH_4Cl-Lsg., 10 cm^3 einer 0,1m EDTA-Lsg. u. soviel NH_3, um einen pH-Wert von 9,3 einzustellen. Beobachtet wurden 2 der Konz. von **II** proportionale Stufen, deren Halbstufenpotentiale mit Bezug auf die bei 20° gesätt. Kalomelelektrode —0,69 u. —0,88 V waren u. wobei die Höhen der Stufen für eine gegebene Konz. in einem großen pH-Bereich (7—9,5) konst. sind. Die Praxis der Mikro-Best. des Se auf Grund der obigen Beobachtungen wird genau beschrieben.

C. Gottfried. G 254

Gravimetrische Bestimmung von Silicium in Gegenwart von Bor. Laszlo C. Pasztor. (Analytic. Chem. **33**, 1270—72, Aug. 1961; Pittsburgh, Pa., Jones and Laughlin Steel Corp., Graham Res. Labor.; engl.) — Es wird eine neue gravimetr. Best.-Meth. für Si beschrieben, auf die die Ggw. von B keinen Einfl. hat. Die Proben werden in Säure gelöst u. bei Ggw. von Glycerin durch Erhitzen dehydratisiert. Dann erfolgt die Ausfällung mit Gelatine-Lsg., das Prod. wird 20 Min. lang bei 1000° geglüht u. als SiO_2 gewogen. Die Best.-Meth. arbeitet genau u. schnell; sie wird zur Si-Best. in Eisen, Stahl, Schlacke u. anderen Erzproben mit verschiedenem B-Geh. angewendet.

K. Ohls. G 261□

Phosphatnachweis in Gegenwart von Arsenat. Ramesh Chandra. (J. chem. Educat. **38**, 408, Aug. 1961; Jullundur, Punjab, India, D.A.V. Coll.; engl.) — Zum Nachw. von PO_4^{3-} in Ggw. von AsO_4^{3-} werden zunächst beide Anionen gemeinsam mit Magnesia-Mischung ausgefällt u. AsO_4^{3-} auf dem üblichen Wege nachgewiesen. Dann werden 20 mg des Nd. in 0,5 ml W. suspendiert, durch Zusatz von 1—2 Tropfen einer 5n HCl gelöst u. zu dieser Lsg. 1 Tropfen 5n HCl u. 25—50 mg $Na_2S_2O_4$ hinzugefügt. Nach 1 Min. wird zentrifugiert u. das Zentrifugat mit 1 ml konz. HNO_3 versetzt, wobei S ausfällt. Nun wird die Lsg. bis zum Verschwinden des Nd. gekocht u. abschließend mit 1 ml einer NH_4-Molybdat-Lsg. unter Erhitzen bis zum Kochen versetzt. Ein gelber Nd. oder eine Gelbfärbung beweist die Anwesenheit von PO_4^{3-}.

W. Hein. G 264□

Abtrennung und Bestimmung des Arsens. Anwendung zur Bestimmung des Arsens in der Zink- und Bleiindustrie. N. Dreulle. (Chim. analytique [4] **43**, 165 bis 68, April 1961; Auby, Co. Roy. Asturienne des Mines, Labor. des Usines; franz.) — Während die bisherigen Meth. der As-Best. oft sehr zeitraubend u. schwierig sind, gestattet die neue Meth. eine leichte Ausführung größerer Reihenanalysen in verhältnismäßig kurzer Zeit. Das nach dem Aufschluß der Probe in Lsg. befindliche As wird mittels einer Lsg. von Na-Äthylxanthat in CCl_4 extrahiert u. in wss. Lsg. nach der Methylenblau-Meth. von Zinzadze colorimetriert. Sn u. Cu stören nicht, dagegen aber Sb.

A. Leibbrandt. G 265□

Gemeinsame polarographische Bestimmung von Arsen(III) und Antimon(III). R. Geyer und M. Geissler. (Z. analyt. Chem. **187**, 251—57, 1962; Leuna-Merseburg,

TH für Chem., Inst. für analyt. Chem.; dt.) — Die in schwach alkal. Grund-Lsg. auftretende, sehr gut ausgebildete As-Stufe ist bei Anwesenheit von Sb, das vorher abgeschieden wird, nicht mehr auswertbar. Dagegen kann im schwach sauren Bereich für die gemeinsame Sb–As-Best. eine Mischung aus 2 Teilen gesätt. $Ca(OH)_2$-Lsg. u. 8 Teilen 0,1 m Citronensäure-Lsg. als Grund-Lsg. (pH 2,5) verwendet werden. In dieser Lsg. ergeben sowohl Sb(III) als auch As(III) je eine irreversible, gut entwickelte Red.-Stufe. Die Halbstufenpotentiale betragen für Sb $-0{,}467 \pm 0{,}005$ V u. für As $-0{,}89 \pm 0{,}01$ V (gegen die normale Hg_2Cl_2-Elektrode). Es lassen sich daher Sb u. As bei vergleichbaren Mengenverhältnissen gut nebeneinander aus einem Polarogramm bestimmen. Nachweisbar ist As neben Sb bis zu einem Molverhältnis Sb : As wie 60 : 1. Die Sb-Stufe wird nur durch Pb u. Cd, die As-Stufe durch Ni u. Zn gestört. J. Peters. G 266□

Die Bestimmung von Stibin. R. Holland. (Analyst **87**, 385—87, Mai 1962; West Drayton, Middlesex, Admiralty Engng. Labor.; engl.) — Die Meth. wurde zur Best. von SbH_3 in den von Pb-Akkumulatoren entwickelten Gasen ausgearbeitet. Das Gas wird eine bestimmte Zeit lang durch eine schwefelsaure Lsg. von KJ u. J_2 geleitet. Das entstandene J_2 wird mit Na-Hypophosphit reduziert. Die gelbe Lsg. wird gegen W. als Kompensations-Lsg. bei 425 nm photometriert. Bei Verw. von 1-cm-Küvetten können 1—70 mg SbH_3/Liter mit einer Standardabweichung von 0,5 mg/Liter bestimmt werden. Die Ergebnisse stimmen mit den nach der Rhodamin-B-Meth. erhaltenen überein. H_2S stört, da es zu S oxydiert wird u. so eine Trübung der Lsg. verursacht. AsH_3 stört nicht. Die Extinktion ist temperaturabhängig; sie verringert sich um ca. 0,5% bei einer Temp.-Erhöhung um 1°. In verschlossenen Flaschen war sie 18 Monate lang konstant. P. Kurzmann. G 266□

Flammenphotometrische Bestimmung von Lithium in Lithiummineralien. V. M. Benson, J. L. Kassner, E. E. Creitz und H. A. Ice. (U.S. Dep. Interior, Bur. Mines Rep. Invest. **1961**, Nr. 5755, 1—10; engl.) — Die pulverisierte Probe (ca. 0,5 g) wird mit 5 ml $HClO_4$, 5 ml konz. HNO_3 + 10 ml HF langsam bis zum beginnenden Rauchen abgedampft. Das Abdampfen mit HF wird bis zu 5mal (bis nahezu alle $HClO_4$ verflüchtigt ist) vorsichtig unter Vermeidung von Nd.-Bldg. wiederholt. Die Lsg. wird mit 25 ml Citrat-Puffer (210 g Citronensäuremonohydrat + 226 g Diammoniumcitrat/Liter) versetzt u. auf 250 ml aufgefüllt (pH 2,9—3,6). Die Emission wird bei 671 mμ bestimmt. W. Betcke. G 273□

Ein Gerät für die Bestimmung von Kalium in Natriumchlorid. G. H. Laycock. (J. sci. Instruments **35**, 171—73, Mai 1958; Stevenston, Ayrshire, I.C.I. Ltd., Nobel. Div.; engl.) — Vf. beschreibt ein Gerät für die automat. Best. von K in NaCl-Kristallen (Gew. der Probe: 2,4 g) mit einer Genauigkeit von $\pm 5\%$ bei K-Geh. von 0—4%. Die Best. erfolgt durch photoelektr. Lichtbeugungsmessungen an durch Fällung erzeugten, in der Lsg. suspendierten Teilchen (Größe ca. 10 μ) von Kaliumhexanitritocobaltat(III). Dauer einer Best.: 1 Minute. G. Gattow. G 275□

Bestimmung von Kalium in Silicatmineralien und Gesteinen durch Neutronenaktivierungsanalyse. John W. Winchester. (Analytic. Chem. **33**, 1007—12, Juli 1961; Cambridge, Mass., MIT, Dep. of Geol. and Geophys.; engl.) — Vf. beschreibt ein Verf. zur Best. von K in natürlichen Silicatmineralien durch Neutronenaktivierungsanalyse, bei dem unter Verw. von Al als Absorber u. eines Endfensterzählrohrs die β-Strahlung von ^{42}K mit der Energie von 3,55 meV gemessen wird. Die Genauigkeit der Meth., die durch Ggw. seltener Elemente allg. nicht gestört wird, beträgt ca. 1%. J. Kraetsch. G 275□

Natriumtriphenylcyanoborat als Reagens zum Nachweis und zur Bestimmung des Cäsiums. J. Havíř. (Collect. czechoslov. chem. Commun. 26, 1775—83, Juli 1961; Brno, Militär. Akad. „A. Zápotocký"; dt.) — Es wurde die Verwendbarkeit von Na-Triphenylcyanoborat (I) zum Nachw. von K^+, Rb^+, Cs^+, NH_4^+, Tl^+, Ag^+ u. Cu^+ sowie zur gravimetr. Best. von Cs^+ untersucht u. ein Verf. zur argento- u. thallo- bzw. spektrophotometr. Best. von I-Anionen entwickelt. Ferner wurden die Beweglichkeit (λ) dieser Ionen u. die Löslichkeits-Prodd. von Cs^+-, Tl^+- u. Ag-I ermittelt. I-Salze aller angeführten Kationen weisen gegenüber den entsprechenden Salzen der Tetraphenylborsäure (II) eine wesentlich höhere Löslichkeit in W. auf. Jedoch ist die Fällung von Cs^+ mit Na-I zum Cs-Nachw. brauchbar; die Grenz-Konz. (p_D) beträgt im Reagensglas 3,2 (weißer Nd. von Cs-I bzw. schwache Trübung nach ca. 5 Min.), beim Tüpfeln unter dem Mikroskop 5,2 (Bldg. typ. Kriställchen von Cs-I beim langsamen Einengen der Rk.-Lsg.). Analog können auch Tl^+, Ag^+ u. Cu^+ nachgewiesen werden (p_D im Reagensglas 4,3; 4,5; 3,9); unter dem Mikroskop gelingt der Tl^+-Nachw. selbst in $5 \cdot 10^{-6}$n Tl^+-Lösung. Dieses letzte Verf. kann ggf. auch zum Nachw. von Rb, K u. NH_4^+ dienen. Die übrigen üblicherweise vorkommenden Kationen werden mit I nicht gefällt. Die als

Reagens verwendete 3% ig. wss. Na-I-Lsg. ist in diffusem Tageslicht prakt. beständig, im UV-Licht oder in γ-Strahlung wird sie zersetzt. Cs-I ist in Aceton (III) bzw. in 50% ig. wss. III-Lsg., Methyläthylketon, Acetylaceton u. Tetrahydrofuran leicht, in Dioxan schwer lösl., in Bzl. unlösl., Tl^+- u. Ag-I lösen sich in III. Ag-I ist lichtempfindlich, Cu^+-I entflammt beim Glühen. Durch Ce^{4+}- u. Hg^{2+}-Salze wird I zersetzt. — Gravimetr. Best. von Cs: Ca. 50—60 mg Probe (Cs_2SO_4) werden in 5 ml W. gelöst u. mit 5 ml ca. 7% ig. Na-I-Lsg. gefällt. Nach 12 Std. wird der Nd. abgesaugt, 2mal mit je 1ml kaltem W. gewaschen, 1 Std. bei 100° getrocknet u. gewogen. Die Ergebnisse sind um ca. 4,6% zu niedrig; Rb wird teilweise mitgefällt. — Maßanalyt. Best. von I-Anionen: A) Titration gegen Tl^+-Lsg.: Wss. Probe-Lsg. (Na-I) wird gegen 0,05m $TlNO_3$-Lsg. konduktometr. titriert. Die Leitfähigkeit der titrierten Fl. nimmt vom Titrationsbeginn an mäßig, nach dem Äquivalenzpunkt rascher zu. Die Ggw. von $\leqq$10% III stört prakt. nicht. B) Titration gegen Ag^+-Lsg.: Es wird gegen 0,05m $AgNO_3$-Lsg. potentiometr. titriert (Ag- u. gesätt. Hg_2Cl_2-Elektrode). In der Nähe des Äquivalenzpunktes stellt sich das Potential rasch ein. Bei Titrationen von $5\cdot10^{-3}$ bis $5\cdot10^{-4}$m I-Lsgg. liegt der Wendepunkt bei 0,260 V; die Best. ist selbst bei den kleinsten I-Konzz. in den angegebenen Grenzen verläßlich. In dieser Weise läßt sich auch Cs in Cs-I indirekt bestimmen. Durch die Ggw. von III werden die Ergebnisse herabgesetzt. Cl^- u. Br^- werden zusammen mit I titriert, J^- fällt zu Beginn aus. Statt potentiometr. kann man auch konduktometr. bzw. nephelometr. titrieren; das letztere Verf. eignet sich für sehr verd. I-Lsgg., wobei die Extinktion der titrierten Lsg. bis zum Äquivalenzpunkt zunimmt u. dann unverändert bleibt. — Spektralphotometr. Best. von I-Ionen: Wss. I-Lsgg. haben im UV-Bereich eine ähnliche Lichtabsorption wie die von II-Anionen. Deutliche Absorptionsmaxima von I liegen bei 263 u. 270 mμ; die entsprechenden mol. Extinktions-Koeff. von I betragen in ca. $2\cdot10^{-4}$ bis $5\cdot10^{-4}$m Lsgg. 1242 $\pm$ 8 bzw. 921 $\pm$ 14. Die Extinktion von ca. $1\cdot10^{-3}$ bis $4\cdot10^{-5}$m I-Lsgg. folgt bei diesen Wellenlängen dem Lambert-Beerschen Gesetz. — Der durch Leitfähigkeitsmessungen ermittelte λ-Wert des I-Anions bei 20° beträgt 25,0 $cm^2 V^{-1}\cdot s^{-1}$. Die an Hand der argentometr. Titrationen bzw. photometr. Messungen von gesätt. wss. Cs^+- u. Tl^+-I-Lsgg. bestimmten Löslichkeits-Prodd. betragen bei 20° $2\cdot10^{-6}$ bis $3,1\cdot10^{-6}$ (für Cs-I) bzw. $3,0\cdot10^{-9}$ bis $4,3\cdot10^{-9}$ (für Tl-I). Für Ag-I errechnet sich aus der gemessenen Aktivität von Ag^+ in Ggw. von überschüssigem Na-I ein Löslichkeits-Prod. von $1,9\cdot10^{-11}$ (20°).

K. Kámen/Prag. G 277

Flammenspektrophotometrische Bestimmung von Cäsium in Mineralien. W. I. Lebedew. (Журнал Аналитической Химии [J. analyt. Chem.] **16**, 272—74, Mai/ Juni 1961; Moskau, Vernadsky-Inst. für Geochem. u. analyt. Chem. der Akad. der Wiss. der UdSSR; russ., Auszug: engl.) — Es wird eine Meth. zur flammenphotometr. Best. von Cs in Ggw. größerer K-Mengen angegeben, bei der zunächst ein Silicataufschluß mit HF, dann eine Abtrennung der Elemente der 2. u. 3. Gruppe erfolgt. Vor der flammenphotometr. Best. des Cs müssen die Mengen der anderen Alkalimetalle bestimmt werden, da sie die Best. des Cs beeinflussen. Die Auswertung geschieht durch Vgl. mit Standard-Lsgg. ähnlicher Zusammensetzung. Die Messung wird bei 852 nm vorgenommen.

E. Asmus. G 277☐

Gravimetrische Bestimmung von Beryllium mit Acetoacetanilid. Jyotirmoy Das und Siddheswar Banerjee. (Z. analyt. Chem. **184**, 110—14, 1961; Calcutta, St. Paul's C. M. Coll. and City Coll.; engl.) — Vff. beschreiben eine gravimetr. Best.-Meth. für Be^{2+} durch Fällung mit Acetoacetanilid bei pH $>$5,5. Die gebildete Verb. $Be(C_{10}H_{10}NO_2)_2$ kann nach Trocknen bei 110° direkt ausgewogen werden. Die Abtrennung des Be von Al u. Fe bei Ggw. von EDTA u. eine Best. von Be im Beryll werden beschrieben.

K. Ohls. G 281☐

Bestimmung von Beryllium in Erzen und Gesteinen durch eine fluorometrische Verdünnungsmethode mit Morin. Rving May und F. S. Grimaldi. (Analytic. Chem. **33**, 1251—53, Aug. 1961; Washington, D.C., U.S. Geolog. Surv.; engl.) — Vff. beschreiben eine fluorometr. Verdünnungs-Meth. zur Best. von einigen ppm Be in Erzen u. Mineralien mit Morin, die keine Trennungsoperationen erfordert. Bei den optimalen Rk.-Bedingungen, in 0,035m NaOH-Lsg. u. mit 25 bzw. 50 μg Morin/25 ml, können 0,001—0,4 μg Be bestimmt werden. Durch Zusatz von EDTA wird eine Störung von Fe^{3+} bis zu 150 μg Fe_2O_3/25 ml verhindert. Je 1 mg der Oxide von Al, As(V), Cd, Ca, Co, Cu, Ga, Ge, In, Pb, Mg, Mn, Hg, Mo, Ni, Se, Sn, W, V u. Zn in der 25-ml-Probe haben keinen Einfl. auf die Be-Bestimmung. Sb_2O_3 u. Sb_2O_5 stören bis zu 200 μg nicht. Der Einfl. von Th, Lu, Y, Ce(III), Cr(III), Zr, La, Sc, Cr(VI), Er, Tb, Sm, Pt(VI), Ti, U(VI), Fe u. Bi (ergibt weißen Nd.) wird genau untersucht. 1 mg SiO_2, 10 mg B_2O_3

u. je 20 mg ClO_4^-, SO_4^{2-}, NO_3^- sowie 1 mg F^- u. 2 mg Br^- stören nicht, während Tartrat die Fluorescenzintensität des Be-Morinkomplexes erniedrigt.
K. Ohls. G 281□

Die Verwendung der Verdampfungsanalyse zur Erfassung geringster Stoffmengen. 3. Mitt. Der Nachweis und die Bestimmung kleinster Berylliumgehalte. W. Geilmann und Antonio de Alvaro Estebaranz. (Z. analyt. Chem. **190**, 60—66, 1962; Mainz, Univ., Anorg.-analyt. Inst.; dt.) — 2. vgl. C. **1960**, 3653. — Be läßt sich in ng-Mengen als Fluorid verdampfen, auf einem Kühlfinger kondensieren u. spektrograph. bestimmen. Zu Bldg. des Fluorids wird die Probe mit reinstem CeF_3 gemischt u. bei ca. 1000° im feuchten N_2-Strom erhitzt. Spektrograph. sind Be-Mengen <0,2 ng erfaßbar, so daß z. B. zur Best. von Be-Geh. in der Größenordnung von $1 \cdot 10^{-3}$% nur Einwaagen von 1—2 mg erforderlich sind. Bei noch kleineren Be-Geh. sind größere Einwaagen erforderlich. Der maximale Fehler liegt bei ca. 20%. Be-Mengen von 10^{-3} bis 10^{-6}% wurden in Bauxiten, Granit, Diabas, Lepidolith bzw. Li-Glas, CaF_2, BaF_2, MgF_2, Flußspaten u. Kryolithen nachgewiesen.
P. Kurzmann. G 281□

Eine Untersuchung über Natrium-5-(3-nitrophenylazo)-salicylat als spektrophotometrisches Reagens auf Magnesium. D. Betteridge und John H. Yoe. (Talanta [London] **9**, 355—64, April 1962; Charlottesville, Va., Univ. of Virginia, Dep. of Chem., Pratt Trace Analysis Labor.; engl.) — Vff. beschreiben Verff. zur Best. von Mg mit Na-5-(3-Nitrophenylazo)-salicylat (I). I reagiert bei pH 10,5 mit Mg unter Bldg. eines gelben 1 : 1-Chelatkomplexes (Absorptionsmaximum 450 mμ). Die Empfindlichkeit der Rk. ist 0,01 μg Mg/cm³ bei $\log I/I_0 = 0{,}001$. Das Beersche Gesetz ist in reinen Lsgg. im Bereich von 0,05—2,5 ppm Mg erfüllt. Von 78 untersuchten Ionen bildet nur noch Ca mit I eine farbige Verb., jedoch stören bis zu 40 ppm Ca nicht. Außerdem kann man durch Zusatz von Sr u. Ba Störungen durch Ca beseitigen oder verringern. Alle Elemente, die bei pH 10,5 Ndd. bilden, stören. Fehler ≦10% werden durch 100 ppm PO_4^{3-} in Ggw. von 1 ppm Mg u. durch 0,1 (Mol/Liter) Cl^- 0,01 SO_4^{2-}, CH_3COO^- u. NO_2^- sowie durch 0,001 NO_3^- in Ggw. von 0,5 ppm Mg hervorgerufen. Die Standardabweichungen des Verf. sind bei reinen Lsgg. 0,7%, bei von Vff. auf Mg analysierten Ziegeln 12,6% u. bei einer Al–Si-Leg. 9,7%. Die Arbeitsvorschriften für diese Analysen sind angegeben.
J. Kraetsch. G 282□

Photometrische Bestimmung von Magnesium mit Pikraminazo. Ss. I. Gussew, Je. W. Ssokolowa und S. A. Bitowt. (Журнал Аналитической Химии [J. analyt. Chem.] **16**, 674—78, Nov./Dez. 1961; Perm, Med. Inst.; russ., Auszug: engl.) — Vff. stellten ein neues Reagens auf Mg, das 4-[2-Hydroxy-3.5-dinitrophenylazo]-1-hydroxynaphthalin (Pikraminazo) durch Kuppeln von diazotierter Pikraminsäure mit α-Naphthol her. Das Reagens erlaubt den Nachw. von 0,25 μg/ml Mg^{2+} in Ggw. eines 2000fachen Überschusses von Ti. Zum Nachw. wird eine 0,005%ig. alkohol. Lsg. des Reagenses verwendet. Die Lsg. ist mehrere Monate haltbar. Der Nachw. wird durch die Ionen des Fe, Mn, Zn u. Ni gestört. Diese können mit Na-Diäthyldithiocarbaminat entfernt werden. Es werden Mg-Best. in Gußeisen, Ti u. dessen Legg., Al-Legg., Mineralwässern u. biolog. Material durchgeführt. Die angegebenen Fehler der photometr. Verff. sind ≦3%.
E. Asmus. G 282□

Vergleich einer colorimetrischen Ultramikromethode mit einer amtlichen Methode zur Bestimmung von Calcium. John R. Wilson und Kenneth T. Williams. (J. Assoc. off. agric. Chemists **44**, 269—71, Mai 1961; Albany, Calif., Western Reg. Res. Labor.; engl.) — Ein Vgl. der Standard-Oxalat-Meth. zur Ca-Best. mit einer colorimetr. Ultramikro-Meth. mit Glyoxal-bis-[2-hydroxyanil) (C. **1961**, 7684) zeigt, daß diese neue Meth. schnell u. genau ist u. keine Ca-Abtrennung von störenden Beimengungen erfordert.
A.-M. Fretzdorff. G 283□

Bestimmung von Spuren Calcium in kaustifizierter Soda. Komplexometrische Titration nach Abtrennung mit einem Dowex A-1 Chelat-Harz. A. J. van der Reyden und R. L. M. van Lingen. (Z. analyt. Chem. **187**, 241—50, 1962; Arnhem, A.K.U. and Affiliated Co., Central Res. Inst.; engl.) — Es wird eine Meth. zur Best. von mindestens 2 ppm Ca in 50%ig. käuflichen NaOH-Lsgg. beschrieben. Die Meth. beruht auf einer Vortrennung u. Anreicherung von Ca aus einem großen Vol. der neutralisierten Probe mit Dowex A-1-Harz, anschließender Elution mit verd. HCl u. Titration mit EDTA-Lsg. bei pH 12,2 bis zum visuellen Endpunkt des Mischindicators aus Calcein u. Thymolphthalein. Mg, Fe, Cu, Mn, Ba, Ni, Hg u. Al stören die Best. nicht, wenn Triäthanolamin als Maskierungsmittel verwendet wird.
J. Peters. G 283□

Halbmikrobestimmung von Strontium und Calcium in Gemischen. C. Heitner-Wirguin und A. Albu. (Talanta [London] **9**, 79—81, Jan. 1962; Jerusalem, Hebrew Univ., Dep. of Inorg. and Anal. Chem.; engl.) — Vff. beschreiben eine Meth. zur quant.

Trennung u. Best. von ca. 5 mg Sr u. 0,5—5 mg Ca durch Fällung von Sr mit Na-Rhodizonat (I) u. komplexometr. Titration der beiden Ionen. In der Analysen-Lsg. wurde ein pH von 6—7 eingestellt. Unter Rühren wurde ein Überschuß an I hinzugefügt, der Nd. nach 5 Min. abfiltriert, mit wenig W. gewaschen u. mit 0,5n HNO_3 aufgelöst. Der die Ca- u. Sr-Best. störende I-Überschuß wurde mit Hilfe einer Anionenaustauschersäule (Amberlite IRA 410; Cl^--Form) entfernt. Dazu wurde die saure Lsg. von Sr u. I mit 1n NaOH neutralisiert, durch die Säule geleitet u. mit W. nachgewaschen. Die Lsg. von Ca u. I wurde ohne vorherige Neutralisation durch die Säule geleitet. Das Ca wurde nach Hinzufügen von gesätt. NH_4Cl-Lsg., konz. Ammoniak, A. u. eines komplexometr. Indicators (o-Kresolphthaleinkomplexon, Methylrot u. Bromkresolgrün in konz. Ammoniak gelöst u. mit W. verd.) mit 0,02n EDTA-Lsg. u. das Sr nach Hinzufügen von konz. Ammoniak, A. u. des gleichen Indicators mit 0,05n EDTA-Lsg. titriert.
F. Sarfert. G 284□

Eine Methode zur flammenphotometrischen und röntgenographischen Bestimmung von Strontium und Calcium im Baryt. Rainer Starke und Dietrich Rühlicke. (Bergakademie [Freiberg] **13**, 505—11, Juli/Aug. 1961; Freiberg, Bergakad., Miner. Inst.; dt.) — Beschreibung einer Kombination Zerstäuberbrenner, Spiegelmonochromator, Sekundärelektronenvervielfacher zur flammenphotometr. Best. von Sr u. Ca im $BaSO_4$. Vgl. mit Resultaten, die unter Benutzung eines Interferenzzählrohrgoniometers erhalten wurden. H. Moenke. G 284□

Eine Methode zur Bestimmung von ^{90}Sr unter Verwendung von ^{85}Sr-markiertem Träger. J. Gilat. (J. inorg. nuclear Chem. **16**, 147—48, Nov. 1960; Rehovoth, Israel Atom. Energy Comm. Labor.; engl.) — Vf. berichtet über eine verbesserte Meth. zur Best. von ^{90}Sr in Böden u. Molkereiprodukten. Zum gelösten Prod. wird eine geeignete Menge Träger mit ^{85}Sr zugegeben, es wird eine Carbonatfällung vorgenommen u. der Nd. durch Glühen von organ. Material befreit. Der Rückstand wird in Säure gelöst, mit $Fe(OH)_3$ gereinigt, durch $BaCrO_4$, als Carbonat u. durch $Y(OH)_3$ gefällt. Die angesäuerte Lsg. wird mit einer bekannten Menge an Y-Träger versetzt u. die γ-Aktivität mit der des ursprünglichen Sr-Trägers verglichen. Nach 2 Wochen wird Y als Hydroxid gefällt, umgefällt u. die β-Aktivität des Y-Oxalats ermittelt. D. Hoene. G 284□

Über die Bestimmung des Bariums als Sulfat in Gegenwart von Calciumsalzen. Angelo Tettamanzi. (Atti Accad. Sci. Torino, Cl. Sci. fisiche, mat. natur. **93**, 262—73, 1958/59; Torino, Politecn., Ist. di Chim. Ind.; ital.) — Von der bekannten Tatsache ausgehend, daß bei der Best. des Ba als Sulfat in Ggw. von Ca-Salzen stets etwas $CaSO_4$ von dem $BaSO_4$ mitgerissen wird, bespricht Vf. zunächst die an verschiedenen Seiten vorgeschlagenen Meth. zur quant. Best. des $BaSO_4$ in Ggw. von Ca-Salzen u. berichtet hierauf über eigene Verss. in dieser Richtung, bei denen speziell der Einfl. der Löslichkeit von $BaSO_4 \cdot CaSO_4$ gegenüber HCl genauer untersucht wurde. $BaSO_4$ läßt sich in Ggw. von Ca-Salzen quant. bestimmen, wenn man Lsgg. verwendet, die ca. 1 Gew.-% HCl enthalten. C. Gottfried. G 285

Zur Reduktion des Bariumsulfats während analytischer Bestimmungen. Roque Segura. (Inform. Quím. analít. **15**, 41—56, März/April 1961; Mendora, Argentinien, Univ. Nac. de Cuyo, Cát. Quím. Analít., Fac. Ci. Agrarias; span.) — Der Fehler, der bei gravimetr. Best. von Ba^{2+} u. SO_4^{2-} als $BaSO_4$ durch Red. zu BaS auftritt, ist unter normalen Umständen zu vernachlässigen. Lediglich ein zu schnelles Verbrennen eines doppelten Filters gibt Fehler von —2 bis —4%. Anschließendes Abrauchen mit HNO_3 gibt zu hohe Werte, während die Fehler beim Abrauchen mit H_2SO_4 innerhalb der theoret. Fehlergrenze liegen. K. Huste. G 285□

Die Bestimmung von metallischem Zink durch Messung der Wasserstoff-Entwicklung. G. Lindley. (Lab. Pract. **10**, 628—29, Sept. 1961; Bradford, Engl. Electr. Co., Ltd., Works Chem. Labor.; engl.) — Vf. beschreibt ausführlich eine neue App. zur Messung von H_2, das sich durch Einw. von H_2SO_4 auf Zn entwickelt. Aus der H_2-Menge wird dann der Geh. an metall. Zn bestimmt. Die Genauigkeit der Meth. beträgt $\pm 0,3\%$, wenn Temp. u. Druck konst. gehalten werden. F. Sarfert. G 288□

Die Bestimmung von Zink durch Neutronenaktivierung. T. B. Pierce und P. F. Peck. (Analyst **87**, 369—73, Mai 1962; Harwell, Berks., U. K. Atomic Energy Autorithy, Atomic Energy Res. Establ.; engl.) — Vff. beschreiben ein Neutronenaktivierungs-Verf. zur Best. von Zn, bei dem Zn in radiochem. reiner Form mit einer mit Dithizon (gelöst in CCl_4/Chlf.) beladenen Säule aus Celluloseacetat bei pH 5 abgetrennt wird. Vor der chromatograph. Abtrennung erfolgt eine Behandlung der Zn-Lsg. mit überschüssigem Alkali unter Zusatz von Fe- u. Zn-Trägern sowie eine Fällung des Zn mit Chinaldinsäure, Wiederauflösen u. Oxidieren des Nd. mit $HNO_3/HClO_4$. Nach der Abtrennung fällt man Zn wiederum mit Chinaldinsäure u. bestimmt die Ausbeute sowie die Aktivität des Nd., wobei man sowohl die Aktivität von ^{69}Zn (Halbwertszeit 52 Min.) u. mit 10fach geringerer Empfindlichkeit die von ^{69m}Zn (Halbwertszeit 13,8 Std.) messen kann. Die Ausbeute ist $>$70%. J. Kraetsch. G 288□

Eine neue Methode zum Nachweis von Zinkionen. Shunkichi Nakamura. (Japan Analyst **10**, 858–61, Aug. 1961; Kyoto, Univ., School of Gen. Stud., Dep. of Chem.; jap., Auszug: engl.) — Der Zn^{2+}-Nachw. mit Diäthylanilin (I) u. $K_3[Fe(CN)_6]$ (II) wird von verschiedenen Oxydationsstoffen beeinflußt. In Ggw. von Thioharnstoff (III) u. Rhodamin B (IV) an Stelle von I bildet Zn^{2+} mit II einen weißen Nd., der IV adsorbiert u. eine Purpurfärbung annimmt. Diese ist für Zn spezifisch. Zu einer neutralen oder schwach sauren Zn^{2+} enthaltenden Lsg. wird eine Lsg. von 1 m III u. 0,5% IV u. unter Rühren tropfenweise 0,05 m II gegeben. Es bildet sich ein purpurner Niederschlag. Diese Meth. kann auch zur Tüpfelanalyse verwendet werden, wenn die Lsg. mindestens 2 μg Zn^{2+} pro Tropfen enthält. K. Ross. G 288□

Ionenaustauschtrennung von Cadmium. Maurice M. Vick und E. Lundol Harris. (J. chem. Educat. **38**, 414, Aug. 1961; Baton Rouge, La., Louisiana State Univ.; Abilene, Tex., McMurry Coll.; engl.) — Zum Cd-Nachw. im allg. Trennungsgang werden 10 Tropfen einer salpetersauren Lsg. des Sulfid-Nd. der Cu-Gruppe mit 1 g eines starkbas. Anionenaustauschers (z. B. Dowex-1) in der Br^--Form 30 Sek. lang unter Zusatz von 20 Tropfen einer 0,1 m KBr-Lsg. geschüttelt. Danach wird die überstehende Fl. abgesaugt, das Harz 5–6 mal mit je 20 Tropfen der 0,1 m KBr-Lsg. gewaschen u. dann 1 mal erschöpfend mit konz. Ammoniak behandelt. In der ammoniakal. Lsg. fällt bei Zugabe von 1–2 Tropfen einer Na_2S-Lsg. gelbes CdS aus. W. Hein. G 289□

Spektrophotometrische Bestimmung von Cadmiumspuren. Jacqueline Courtot-Coupez und Pierre Guerder. (Bull. Soc. chim. France **1961**, 1942–44, Okt.; Paris, École Supérieure de Phys. et Chim., Labor. de Chim. anal.; franz.) — Vff. beschreiben ein Verf. zur Best. geringer Cd-Mengen (1 μg/ml), wobei der anion. CdJ_4^{2-}-Komplex in wss. Lsg. mit Kristallviolett (I) bei pH 1,1 gefällt wird u. sich in Ggw. von Isopropylalkohol (II) an der Grenzfläche der beiden Fll. sammelt, da er in beiden unlösl. ist. Die wss. Phase wird abgetrennt. Der Nd. wird bei Zugabe von Aceton zur II-Phase im Gemisch beider Fll. gelöst. Die Extinktion der entstandenen farbigen Lsg. kann am Maximum bei 580 mμ gemessen werden. Die Meth. ist sehr empfindlich u. hat eine Genauigkeit von ca. 5%. Der molare Extinktions-Koeff. des Komplexes wurde mit ca. 130000 ermittelt. Cd läßt sich bei diesem Verf. neben Zn^{2+} (bis 15000 μg/ml), Fe^{2+} (2500), Fe^{3+} (2500), Al^{3+} (500) u. Cu^{2+} (15) bestimmen. Die Einfl. von pH u. J-Konz. wurden diskutiert. — Arbeitsvorschrift: In ein 50 ml Becherglas werden 5 ml der neutralen Cd-Lsg., die maximal 1 μg Cd pro ml enthält, 1 ml H_2SO_4, 1 ml 0,1 m KJ-Lsg. u. 1 ml Lsg. von I (0,4 g/Liter) gegeben, mit W. auf 10 ml aufgefüllt, gerührt, mit 10 ml II versetzt, 5 Min. lang gerührt, vorsichtig die wss. Phase abgetrennt, mit 10 ml Aceton versetzt, gerührt u. die Extinktion der Lsg. bei 580 mμ gegen eine Blindprobe gemessen. Aus der Eichkurve wird der Cd-Geh. der Lsg. ermittelt. H. Fries. G 289□

Photometrische Bestimmung von Cadmiumspuren mit Dithizon. Takashi Ashizawa. (Japan Analyst **10**, 817–22, Aug. 1961; Tokyo, Inst. of Technol., Dep. of Analyt. Chem.; jap., Auszug: engl.) — Es werden die Bedingungen für die Best. von extrem kleinen Mengen Cd durch eine Extraktions-Meth. mit Dithizon (I) beschrieben. Der Einfl. der Konzz. an I, H^+, Ammoniak, NaOH, Zn^{2+} u. CN^- sowie die Vol. der organ. u. wss. Phase u. verschiedene Lsgm. wurde untersucht. 50 ml der Cd-Lsg., die 3 ml 0,1 m KCN-Lsg. enthält u. mit Ammoniak auf pH 10 eingestellt ist, wird 2 mal mit 10 ml Chlf. (II), das $1 \cdot 10^{-4}$ m I enthält, ausgeschüttelt. Der II-Extrakt wird mit 10 ml W. gewaschen u. mit 20 ml 0,1 n HCl ausgezogen u. die wss. Phase mit II gewaschen. Das Cd-Dithizonat wird dann mit 2–5 ml II, das $2 \cdot 10^{-5}$ m I enthält, aus 70 ml 1 n NaOH-Lsg., die 0,5 ml einer 20%ig. NH_4-Citrat-Lsg. u. 0,5 ml 0,1 n KCN-Lsg. enthält, extrahiert. Die Absorption wird bei 518 mμ gemessen. In 2 g Lavaprobe des Vulkans Mihara Japan, konnten 0,06 ppm Cd gefunden werden. K. Ross. G 289□

Qualitative Bestimmung von Quecksilber(I)-ionen mit Kaliumantimonyltartrat. Efthimios Chinoporos und Nicholas Papathanasopoulos. (Analytic. Chem. **33**, 1290, Aug. 1961; Boston, Mass., Suffolk Univ.; engl.) — Vff. beschreiben eine Nachw.-Meth. für Hg_2^{2+} mit K-Antimonyltartrat (I). Eine 2%ig. wss. Lsg. von I wird bereitet u. 1 ml davon zu je 1 ml von 1%ig. wss. Lsgg. der Metallionen Ag^+, Al^{3+}, As^{3+}, Au^{3+}, Ba^{2+}, Bi^{3+}, Ca^{2+}, Cd^{2+}, Co^{2+}, Cu^{2+}, Fe^{3+}, Hg_2^{2+}, K^+, Li^+, Mg^{2+}, Mn^{2+}, Na^+, NH_4^+, Ni^{2+}, Pb^{2+}, Sn^{4+}, Sr^{2+}, Th^{4+}, Ti^{3+}, UO_2^{2+} u. Zn^{2+} gegeben. Mit verd. KOH-Lsg. wird jede Lsg. alkal. gemacht. Bei Ggw. von Hg_2^{2+} erscheint ein schwarzer Nd., während die anderen Lsgg. klar bleiben oder weiße bis schwach gelbe Ndd. ausfallen. Die Au^{3+}-Lsg. wird dunkelpurpurrot. Bei Zugabe von I zu einem Gemisch aller Kationen bildet sich bei Ggw. von Hg_2^{2+} wieder ein schwarzer Nd. (metall. Hg), während bei seiner

Abwesenheit ein weißer Nd. ausfällt. Der schwarze Nd. bildet sich auch, wenn NaOH, NH_4OH oder Pyridin zur Neutralisation der Hg_2^{2+}-haltigen Lsg. benutzt werden. Bei Verw. von NH_4OH oder Pyridin bildet sich mit Au^{3+} keine Farbe aus. Gibt man I zu einer sehr verd. Hg^{2+}-Lsg. u. macht mit Pyridin alkal., so scheidet sich kein schwarzer Nd. ab. Während bei den beschriebenen Verss. Hg^{2+} über Hg_2^{2+} zum Hg red. wird, kann bei Verw. von Pyridin Hg_2^{2+} neben Hg^{2+} erkannt werden. J_2, Br_2, CrO_4^{2-} bzw. $Cr_2O_7^{2-}$ stören. Stark oxydierende Substanzen verhindern den Nachweis. Durch Zusatz von $Cu(NO_3)_2$ wird ihre Störung aufgehoben. Ferner scheint mit I auf einfache Weise ein koll. Au-Sol herstellbar zu sein. K. Ohls. G 290□

Bestimmung von Quecksilberchlorid durch Photoreduktion und Titration nach der Methode von Andrew. R. M. Verma und Sameer Bose. (Indian J. appl. Chem. **23**, 212—16, 1960; Jabalpur, Mohakoshal Mahavidyalya, Dep. of Chem.; engl.) — In Ggw. von Sensibilisatoren [$UO_2(CH_3COO)_2$; $FeCl_3$] wird $HgCl_2$ bei der Belichtung mit Sonnen- oder Hg-Licht durch $Na_2C_2O_4$ zu Hg_2Cl_2 red.; das nach der Meth. von Andrew mit KJO_3 unter Bldg. von JCl zu $HgCl_2$ oxydiert u. so maßanalyt. bestimmt werden kann. — Die Probe-Lsg. (5—15 ml mit 50—150 mg $HgCl_2$) wird mit einem gleichen Vol. 0,2 m $Na_2C_2O_4$-Lsg. u. einigen ml 0,02 m $UO_2(CH_3COO)_2$-Lsg. unter gelegentlichem Schütteln 30—40 Min. lang mit einer 80-W-Hg-Lampe bestrahlt. Nach dem Abkühlen mit Eiswasser werden 50 ml konz. HCl u. ca. 8 ml CCl_4 dazugegeben. Dann wird gegen 0,1 n KJO_3-Lsg. titriert, bis sich die wss. Phase schwach gelb färbt. Nach kräftigem Schütteln nimmt die CCl_4-Schicht die Jodfarbe an. Nun wird weitertitriert, bis diese verschwindet u. nur noch ein schwaches Gelb, das von JCl herrührt, verbleibt. — Der mittlere Fehler beträgt ca. 0,5%. W. Betcke. G 290□

Direkte fluorometrische Bestimmung von Aluminium unter Verwendung von Hämatoxylin. P. P. Ssolodownikow. (Журнал Аналитической Химии [J. analyt. Chem.] **16**, 237—40, März/April 1961; Kasan, Inst. für Flugwesen; russ., Auszug: engl.) — Hämatoxylin (I; $C_{16}H_{14}O_6 \cdot 3\,H_2O$) bildet mit vielen Metallionen gefärbte Verbb., die als innerkomplexe Verbb. angesehen werden. Im Gegensatz zu den meisten anderen ist der Al-Lack in Ggw. freier Essigsäure beständig. Das Verschwinden bzw. Erscheinen der violetten Farbe des Al-Farblackes bei pH 4,8—5,0 wird zur Endpunktsanzeige bei der direkten u. indirekten fluorometr. Best. des Al verwandt. Im Gegensatz zur gewöhnlichen fluorometr. Titration des Al unter Verw. von Säure-Basen-Indicatoren, die im neutralen Medium durchgeführt wird, gestattet I die Best. im essigsauren Medium bei pH 4,8—5,0. Große Mengen Cu, Fe sowie Tartrate, Citrate u. Oxalate stören, Mg (1 : 50), Ca, Mn u. Zn (1 : 10) dagegen nicht. — Zu einer Lsg., die 2—10 mg Al enthält, wird 1 ml 30—40%ig. CH_3COOH u. W. bis zum Vol. von 25 ml hinzugefügt. Die auf 50—60° erwärmte Lsg. wird mit NaCl gesätt. u. mit 1—2 g $NaCH_3COO \cdot 3\,H_2O$ versetzt. Dann wird in Ggw. von I mit 0,2n KF-Lsg. bis zum Umschlag violett–gelb titriert.
Armin Hermann. G 294□

Titrimetrische Bestimmung von Gallium und von Gallium in Gegenwart von Aluminium. Jack E. Mee und John D. Corbett. (Chemist-Analyst **50**, 74—76, Sept. 1961; Ames, Iowa, State Univ., Inst. for Atomic. Res. and Dep. of Chem.; engl.) — Zur komplexometr. Best. von Ga wird die saure, ca. 10 mg Ga enthaltende Probe-Lsg. (40 ml) mit 3 Tropfen einer 0,04 m $CuSO_4$/EDTA-Lsg. (äquivalente Anteile) u. 8 Tropfen alkohol. PAN-Indicator-Lsg. versetzt. Ist Al zugegen, so wird es durch KF-Zusatz maskiert. Dann wird die Lsg. mit gesätt. Na-Acetat-Lsg. u. Ammoniak (1 : 1) auf pH 1,6 bis 2,0 eingestellt, zum Sieden erhitzt u. gegen 0,04 m EDTA bis zum Umschlag auf gelb titriert. W. Betcke. G 295□

Photometrische Bestimmung von Gallium mit Butylrhodamin B. L. M. Skrebkowa. (Журнал Аналитической Химии [J. analyt. Chem.] **16**, 422—25, Juli/Aug. 1961; Moskau, Lomonossow-Univ.; russ., Auszug: engl.) — $GaCl_4^-$ reagiert mit Butylrhodamin B in ähnlicher Weise wie mit Rhodamin B. Der molare Extinktions-Koeff. ist aber im ersteren Falle größer u. beträgt $9 \cdot 10^4$. Das Chlorogallat des Butylrhodamins läßt sich aus salzsaurer wss. Lsg. vollständig mit Toluol extrahieren. Der rotviolette Extrakt besitzt ein Absorptionsmaximum bei 565 nm. Butylrhodamin selbst läßt sich mit Toluol prakt. nicht extrahieren. Vf. arbeitet eine Best.-Meth. für 0,1—1 μg Ga/ml aus, bei der das Ga als Tetrachlorogallat des Butylrhodamins B in Toluol oder Bzl. bestimmt wird. In den untersuchten Proben gleichzeitig enthaltenes Au(III), Fe(III), Sb(V) oder Tl(III), die ebenfalls Färbungen geben, werden mit $TiCl_3$ reduziert.
E. Asmus. G 295□

Ein Beitrag zur polarometrischen Bestimmung des Indiums. J. Doležal und J. Zýka. (Collect. czechoslov. chem. Commun. **26**, 1464—66, Mai 1961; Prag, Karls Univ., Inst. analyt. Chem.; dt.) — Zur polarometr. Best. von In(III) eignet sich die

Bldg. von Komplex-Verbb. mit Äthylendiamintetraessigsäure (I sowie die Bldg. von Ndd. mit Na-Diäthyldithiocarbaminat (II) u. Hexacyanoferrat)(II) ($In_5K[Fe(CN)_6]_4$). Anwendung von I bzw. II wird empfohlen. P. Zuman/Prag. G 296

Eine Schnellmethode zur Bestimmung von Indium mit Hilfe der Neutronenaktivierung. T. B. Pierce und P. F. Peck. (Analyst **86**, 580—84, Sept. 1961; Harwell, Didcot, Berks., U. K. Atomic Energy Authority, A.E.R.E.; engl.) — Vff. beschreiben eine Meth. zur Best. des In-Geh. von Mischungen komplexer Zus. mit Hilfe der Neutronenaktivierungsanalyse. Die Erfassungsgrenze von ^{116}In ($t_{1/2}$ = 54 Min.) liegt nach der Aktivierung über 1 Halbwertszeit bei $5 \cdot 10^{-12}$ g. Die unbedingt notwendige schnelle Abtrennung des ^{116}In aus dem Gemisch der anderen bei dem Neutronenbeschuß gebildeten Nuclide erfolgt in einer Trennsäule, die auf Celluloseacetat als Trägersubstanz fixiertes Dithizon u. ein organ. Lsgm. enthält. Ca. 100 mg des Materials (z. B. Meteoritgestein oder sonstige Mineralien) werden genau eingewogen u. zusammen mit In-Standard-Lsgg. (in verd. HNO_3 gelöstes In-Blech, ca. 10 μg In/Probe) 1 Std. lang einem Neutronenfluß von ca. 10^{12} n/cm²·s ausgesetzt. 5—15 Min. nach Bestrahlungsende werden die Proben im Ni-Tiegel mit Na_2O_2 10 Min. lang auf 480° erhitzt. Das Rk.-Prod. wird unter Zusatz von 5 ml Träger-Lsg. (4 mg In/ml verd. HNO_3) in wenig HCl (spezif. Gew. 1,18) durch Erwärmen klar gelöst. Die mit Ammoniak (spezif. Gew. 0,880) gefällten, abzentrifugierten Hydroxide werden in wenig 72%ig. $HClO_4$ gelöst, u. diese Lsg. bis zum Auftreten von $HClO_4$-Dämpfen zur Abscheidung von SiO_2 eingeengt. Mit 2n $CH_3 \cdot COONa$-Lsg. wird die Lsg. auf pH 5 eingestellt, durch Glaswolle filtriert, durch Schütteln mit Chlf. gesätt. u. nach Entfernung des Chlf.-Überschusses auf die Trennsäule (2 cm ∅, 20 cm lang) gegeben. Zur Herst. der Säulenfüllung wird Celluloseacetat (16—22 mesh Flocken) unter Rühren mit einer gesätt. Lsg. von Dithizon in einer Mischung von gleichen Vol.-Teilen Chlf. u. CCl_4 versetzt, nach vorsichtigem Trocknen im Luftstrom in einer Puffer-Lsg. (2n CH_3COONa-Lsg. mit HCl vom spezif. Gew. 1,18 auf pH 5 eingestellt u. mit Chlf. gesätt.) suspendiert u. so in die Säule eingetragen. Nach Aufgabe der Analysen-Lsg. wird die Säule mit einer Durchfluß-Geschw. von 15—25 ml/Min. mit 50 ml der Puffer-Lsg., 100 ml einer 5%ig. wss., mit Chlf. gesätt. EDTA-Lsg. u. 100 ml 0,01n $HClO_4$ (Chlf. gesätt.) gewaschen. Die Elution des In erfolgt mit 1n HCl (Chlf. gesätt.). Aus den ersten 150 ml des Eluates fällt man mit Ammoniak $In(OH)_3$, löst den Nd. nach Aufkochen der Lsg. u. Abzentrifugieren in wenig HCl vom spezig. Gew. 1,18, verd. auf 25 ml, versetzt mit 3 ml einer 5%ig. 8-Hydroxychinolin-Lsg. in 96%ig. A., erwärmt auf 60° u. fällt mit 2%ig. wss. CH_3COONH_4-Lsg. das In-Oxinat. Der abzentrifugierte Nd. wird mit heißem 5%ig. A. gewaschen, in 96%ig. A. suspendiert, so in ein Al-Zählschälchen übergeführt, unter einer IR-Lampe getrocknet u. zur Best. der chem. Ausbeute gewogen. Die γ-Spektren werden mit einem Scintillationszählrohr aufgenommen. W. Hein. G 296□

Volumetrische Bestimmung des Thalliums mit Tetraphenylborat. Francisco Bermejo Martinez und Ramón Martinez de la Riva Labarta. (Inform. Quím. analít. **15**, 31—35, März/April 1961; Santiago de Compostela, Spanien, Fac. de Ci., Cát. de Quím. Analít.; span.) — Vff. bestimmen im Halbmikro- u. Mikromaßstab Tl^+ durch Ausfällen mit Tetraphenylborat (Kalignost, I) im Überschuß u. Rücktitration mit quatern. Ammoniumverb. (Cetyldimethylbenzylammoniumchlorid). Als Indicator erwies sich Titangelb dem Bromphenolblau mit u. ohne Acetatzusatz überlegen. Nach dem Ausfällen des Tl^+ mit I wird ohne abzufiltrieren langsam bis zur Rosafärbung titriert. Bes. in der Nähe des Äquivalenzpunktes ist starkes Rühren erforderlich, da sich sonst der Nd. schon rosa anfärbt. Bei Einwaagen von 0,224—11,220 mg betrug der maximale Fehler 0,002 mg. Tl^{3+} wird vorher mit Bi-, Cd- oder Ag-Reduktoren in schwefelsaurer Lsg. red.; organ. Verbb. werden auf nassem Wege zerstört, u. Tl als $TlCl_3$ mit Ae. extrahiert u. dann wie oben verfahren. K. Huste. G 297□

Amperometrische Bestimmung von Thallium mit Cersulfat. D. Singh und V. S. Agarwala. (J. sci. ind. Res. [New Delhi], Sect. B, **21**, 212—13, Mai 1962; Varanasi, Banaras Hindu Univ., Dep. of Chem.; engl.) — Tl(I) läßt sich amperometr. gegen $Ce(SO_4)_2$-Lsg. titrieren. Die Best. wird unter Verw. zweier polarisierter Elektroden bei konst. Spannung in 2n HCl bei 70° durchgeführt. 0,2 mg Tl lassen sich erfassen. As, Bi, Cd, Cr(III), Cu(II), Fe(III), Hg(II), Pb, Sb(V), Se, Sn(IV), Te u. Zn stören nicht. W. Betcke. G 297□

Beiträge zur Mikroanalytik des Thalliums. I. P. Alimarin und I. Krausz. (Ann. Univ. Sci. Budapestinensis Rolando Eötvös nominatae, Sect. Chim. **2**, 491—95, 1960; Budapest, L. Eötvös Univ., Inst. für anorgan. u. anal. Chem.; dt.) — Vgl. C. **1961**, 12575. — Es wurden ein gravimetr. (A) u. ein maßanalyt. (B) Verf. zur Best. von Tl mit Kalignost (I) im Mikromaßstab ausgearbeitet. A. Die 400 μg—2 mg Tl^+ enthaltende Lsg. (10 ml) wird mit 0,1 g Na-Acetat versetzt, erhitzt, mit 2 ml 5%ig. I-Lsg. vermischt

u. für 15 Min. auf ein Wasserbad gestellt. Nach ½ Std. wird der Nd. mit einem Mikrofilter abfiltriert u. 1 Std. lang bei 120° getrocknet. — B. Die Probe-Lsg. wird nach dem Verdünnen auf 10 ml mit überschüssiger (2 ml) 0,01n I-Lsg. versetzt u. der I-Überschuß in Ggw. von Eosin gegen 0,01n $AgNO_3$-Lsg. zurücktitriert. W. Betcke. G 297□

Nachweis von Spuren Thallium mit Ionenaustauschern. Kiyoshi Kato und Hidetake Kakihana. (J. chem. Soc. Japan, pure Chem. Sect. [Nippon Kagaku Zasshi] **81,** 452—54, März 1960; Nagoya, Siritu-Kôgyô-Kôtôgakkô; jap., Auszug: engl. S. A31.) — Der Anionenaustauscher Dowex 1-X 1 (Cl^--Form) wird mit Alizarin S beladen u. dann in einer Probe-Lsg., die aus einer $TlNO_3$-Lsg. durch Oxydation mit Br-Wasser u. durch Neutralisation mit Na-Acetat oder Ammoniak auf pH 5,5—6,5 vorbereitet wurde, bei Raum-Temp. stehengelassen, wobei ca. 10 μg Tl (Grenz-Konz. 1 : $3 \cdot 10^3$) durch eine rötlich-violette Färbung des Austauschers nachgewiesen werden können. Der Austauscher Dowex 1-X 1 (J^--Form) wird mit KJ-Lsg. behandelt, mit W. gewaschen u. in einer mit HNO_3 auf pH 1 angesäuerten Lsg. von Tl^+ stehengelassen. 0,01 μg Tl wird nach 2 Std. durch eine hellgelbe Färbung des Austauschers nachgewiesen (Grenz-Konz. 1 : $3 \cdot 10^6$). Der Nachw. wird durch Cu, Ag, Hg, Ti, Pb, Bi, UO_2, Fe, Vanadat u. Thiosulfat gestört. E. Maekawa. G 297□

Das Anionenaustauschverhalten von Yttrium, Neodym und Lanthan in verdünnten alkoholhaltigen Salpetersäurelösungen. R. A. Edge. (J. Chromatogr. [Amsterdam] **5,** 526—30, Juni 1961; Cape Town, South Africa, Univ., Dep. of Chem.; engl.) — Vf. untersuchte die Trennung von Y, Nd u. La in verd. HNO_3 in Ggw. von A. am Anionenaustauscher *Dowex-1,8 X* (50—100 Mesh, Nitratform). Als Elutionsmittel wurden 0,8n HNO_3 mit 0,20, 40 u. 80% A. bzw. 80%ig. wss. A. mit 0,16, 0,8 u. 1,6n HNO_3 verwendet. Die Fließgeschw. in den verwendeten Säulen von 22·1,9 cm betrug bei Probenmengen von 1 mg jedes Elementes (in Form seines Nitrates) 1 ml/Minute. Die Fraktionen von 20 ml wurden zur Trockne eingedampft u. die erhaltenen Rückstände durch Emissionsspektroskopie im Kohlelichtbogen (4,5 A) eines Quarzspektrographen (Hilger E **492**) analysiert. Die Spektren wurden photograph. registriert u. daraus halbquant. Elutionskurven konstruiert. Sowohl steigende A.-Konzz. in 0,8n HNO_3 als auch steigende HNO_3-Konzz. in 80%ig. wss. A. bewirken steigende Adsorption der Elemente am Austauscher. M. Finke. G 300□

Die Adsorption von Yttrium, Neodym und Lanthan an einem stark basischen Austauscherharz aus verdünnter, alkoholhaltiger Salzsäure. R. A. Edge. (J. Chromatogr. [Amsterdam] **5,** 539—40, Juni 1961; engl.) — Vgl. vorst. Referat. — Vf. beschreibt die Adsorption von Y, Nd u. La aus A.-haltiger wss. HCl an *Amberlite JRA CG* 400 (100—200 mesh) in Säulen von 14·1,4 cm. Als Laufmittel wurden benutzt: 1n HCl mit 0,50 u. 80% A. bzw. 80%ig. A. mit 0,1, 1,0 u. 2,0n HCl. Fraktionsgröße, Elutions-Geschw. u. Analyse der Proben durch Funkenspektroskopie wie in vorst. Referat. Mit ansteigendem A.- bzw. HCl-Geh. zeigen die Elemente steigende Adsorption. Sie lassen sich am benutzten Harz mit keinem der untersuchten Syst. voneinander trennen. M. Finke. G 300□

Flammenphotometrische Bestimmung von Europium in Gegenwart der übrigen Seltenen Erden. Erich Ruf. (Angew. Chem. **73,** 338—41, 21/5. 1961; Essen, Th. Goldschmidt AG., Unters.-Labor.; dt.) — Das Flammenspektrum von Eu weist in der H_2/O_2-Flamme 3 empfindliche Linien bei **459,** **463** u. **466** nm auf. Das optimale O_2/H_2-Verhältnis wurde zu 0,6685 : 0,3167 [kg/cm²] gefunden. Die Emission wurde von der Säure-Konz. der Lsg. im Bereich von ca. 0,2—3n HCl im wesentlichen nicht beeinflußt. Bei allen 3 Eu-Linien treten trotz kleinstmöglicher Spaltbreite teilweise beträchtliche Störungen durch die Ceriterden auf; einen noch größeren Störeinfl. besitzen die Yttererden. Durchlässigkeitswerte der Seltenen Erden bei **459** nm, der empfindlichsten Eu-Linie, werden tabellar. mitgeteilt. In Ggw. mehrerer Seltener Erden tritt in der Flamme eine gegenseitige Beeinflussung ein, die Einzeldurchlässigkeiten addieren sich nicht linear. Zusatz organ. Lsgm. steigert die Empfindlichkeit der Eu-Emission u. die der übrigen Seltenen Erden im gleichen Verhältnis. Die flammenphotometr. Best. des Eu ist nach dem Zumisch-Verf. möglich. Der Störeinfl. anderer Seltener Erden kann durch Zugabe von $AlCl_3 \cdot 6\,H_2O$ weitgehend unterdrückt werden. Genaue Arbeitsvorschriften werden für die Best. von Eu bei Kenntnis der übrigen Seltenen Erden, ohne Kenntnis des Ce- u. La-Geh. u. in Ggw. aller Seltener Erden mitgeteilt. Gerhard Schulze. G 309□

Neue Anwendung der Neutronen-Aktivierungs-Analyse auf die Polarographie von Holmium. Hiroshi Hamaguchi, Jinzo Hashimoto, Kyoichi Hosohara und Yoshio Narusawa. (Bull. chem. Soc. Japan **33,** 562—63, April 1960; Tokyo, Univ. of Educ., Fac. of Sci., Dep. of Chem.; engl.) — Unmittelbar nach der Elektroden-Red. von Ho wurde der Hg-Tropfen 2 Tage lang mit 10^{11} Neutronen/cm² s bestrahlt u. dann die Menge an ^{166}Ho aus der β-Aktivität bestimmt. Sie ist extrem niedrig. Hieraus u. aus dem Polarogramm für Ho^{3+} wird geschlossen, daß nicht der Ho-Wasserkomplex zum Metall red. wird, sondern die durch Dissoziation des Komplexions gebildeten H-Ionen entladen werden. M. Wiedemann. G 313□

Über die analytische Gruppe für Titan(IV) in organischen Reagentien. L. Sommer. (Talanta [London] **9**, 439—47, Mai 1962; Brno, CSSR, Purkyně Univ., Inst. für analyt. Chem.; engl.) — Aus theoret. Überlegungen über analyt. Donatoratomgruppen in organ. Reagentien u. der Bewertung zahlreicher organ. Reagentien wird vom Vf. eine Gruppierung als schemat. universelle analyt. Gruppe für Ti(IV) abgeleitet. Da die Gruppe nur wenig selektiv ist, untersucht Vf. die Verbb. Quercetin, Rutin, Protocatechualdehyd, Pyrogallol-4-carbonsäure, Gallussäure, Protocatechusäure, Hydroxyhydrochinon, Dihydroxymaleinsäure, Ascorbinsäure, 5-Sulfosalicylsäure, 4-(2-Pyridylazo)-orcin, Eriochromcyanin R, Resoflavin, die Di-Na-Salze der Chromotropsäure u. der Brenzcatechin-3.5-disulfonsäure sowie die Na-Salze der 2.3-Dihydroxynaphthalin-6-sulfonsäure, der 2-Arsonophenyl-1-azo-2-chromotropsäure u. der 2-Arsono-4-methylphenyl-1-azo-2-chromotropsäure. Zum direkten, selektiven u. empfindlichen Nachw. von Ti(IV) ist am besten die Chromotropsäure bei pH 0—1 geeignet, da hier der störende Einfl. fremder Ionen gering ist u. Störungen durch Fe(III), Ce(IV), Cr(VI), Tl(III) u. V(V) durch Red. mit Ascorbinsäure beseitigt werden können. J. Kraetsch. G 321□

Die Polarographie von Ti(IV) und Zr(IV) in einem Medium von Methanol und Methanol-Wasser. Pier Giorgio Desideri und Francesco Pantani. (Ricerca sci. **30**, 2000—08, Dez. 1960; Firenze, Univ. Ist. di Chim. analyt.; ital.) — $TiCl_4$ ergibt in methanol. Lsg. $Ti(CH_3O)_2Cl_2$. Der Lsg.-Mechanismus von $ZrOCl_2$ ist noch nicht aufgeklärt. Ti^{4+} in abs. CH_3OH in Ggw. von 0,5 m LiCl wird an der Hg-Tropfelektrode reversibel zu Ti^{3+} red. u. liefert 2 Stufen: $E_{1/2} = -0{,}414$ bis $-0{,}309$ bzw. $-1{,}247$ bis $-1{,}275$ V. Die Stufenhöhe ist proportional der Ti^{4+}-Konz. bis zu 10 mMol/Liter. Die 1. Stufe entspricht der Red. von 1 Elektron u. die 2. Stufe der von 1,3 Elektronen. Die Red. von Ti^{4+} in 10% W. enthaltendem CH_3OH ergibt eine andere Stufe bei $-0{,}690$ V. Die $E_{1/2}$-Werte nehmen mit zunehmendem Wasser-Geh. zu, während die Höhe der 1. Stufe abnimmt u. die der 2. Stufe ansteigt. Höhere Cl^--Konzz. führen zu einer Abnahme der Stufenhöhe, von $E_{1/2}$ der 1. Stufe u. zu einer minimalen Änderung von $E_{1/2}$ der 2. Stufe. $ZrOCl_2$ in CH_3OH wird in Ggw. von 0,5 m LiCl reversibel red. ($E_{1/2} = -1{,}224$ bis $-1{,}263$ V). Die $E_{1/2}$-Werte nehmen in 40 bzw. 80% W. enthaltendem CH_3OH von $-1{,}402$ bis $-1{,}487$ V zu. Der Temp.-Koeff. der Stufenhöhe steigt regelmäßig um 1,3%/s an u. die Red. entspricht 1,2—1,5 Elektronen. Die Stufenhöhe steigt durch Zugabe von HCl an. Die Arbeitsbedingungen zur quant. Best. von Ti^{4+} u. Zr^{4+} werden festgelegt. G. Platzer. G 322□

Komplexometrische Methode zur Bestimmung von Zirkonium mit Indicator Xylenolorange. A. Je. Klygin und N. Ss. Koljada. (Заводская Лаборатория [Betriebs-Labor.] **27**, 23—24, 1961; russ.) — Zr-Al-Legg. werden durch Behandlung mit konz. HCl + H_2O_2, Zr-U-Legg. durch Schmelzen mit $NaHSO_4$ bei 600—800° u. nachfolgendes Auslaugen mit W. gelöst. Die 2—20 mg Zr enthaltende Lsg. wird mit 50 ml 1n H_2SO_4 u. 1 g Na_2SO_4 versetzt u. 10 Min. lang gekocht. Nach weiterer Zugabe von 80 ml W. wird die Lsg. zum Sieden gebracht. Zur heißen Lsg. wird 1 ml 0,05%ig. Xylenolorange-Lsg. zugefügt u. das Gemisch mit 0,02 m Trilon B-Lsg. titriert (Farbumschlag von Himbeerrot nach Gelb). Der mittlere Fehler der Meth. beträgt 0,21—1,8%. Die Best. wird durch Ggw. von Fe^{3+}, In^{3+}, Sc^{3+}, Th^{4+}, Y^{3+}, Ni^{2+}, Co^{2+} (Mengen ≤ 10 mg) u. prakt. jeder Menge von Al^{3+}, La^{3+}, Ce^{3+}, Zn^{2+}, Cd^{2+}, Mn^{2+} u. Mg^{2+} nicht gestört. Cl^-, NO_3^-, VO_3^- (Mengen ≤ 100 mg) u. MoO_4^{2-} stören nicht. Ionen, die mit Zr bzw. Xylenolorange beständige Komplex-Verbb. bilden (PO_4^{3-}, $C_2O_4^{2-}$, F^- bzw. Bi^{3+}), stören. S. Baryschnikow. G 322

Bestimmung von löslichem und unlöslichem Zirkonium in Magnesiumlegierungen. R. H. A. Crawley. (Analytica chim. Acta [Amsterdam] **26**, 281—84, März 1962; Leicester, Whetstone, Engl. Electr. Co. Ltd., Atom. Power Dep.; engl.) — In einer Probe bestimmt man den gelösten Anteil von Zr durch Extraktion mit Trioctylphosphinoxid. In einer 2. Probe bringt man das unlösl. Zr durch Zusatz von HF in Lsg. u. extrahiert wie bei der 1. Probe; man erhält hierbei die Gesamtmenge an Zr. Die beiden Extrakte werden nach Zusatz von Pyridylazonaphthol spektrophotometr. ausgemessen. Die Differenz beider Messungen ergibt den Geh. an unlösl. Zr. J. Peters. G 322□

Bestimmung von Zirkonium in Nioblegierungen. Ju. A. Tschernichow und W. M. Wladimirowa. (Заводская Лаборатория [Betriebs-Lab.] **26**, 1207—08, 1960; Forschungsinst. für Ind. der Seltenen Metalle; russ.) — 0,3 g >2% Zr-haltige Legg. werden in 20 ml HNO_3 (1 : 1) (einige ml HF werden zugefügt) unter Erwärmen gelöst. Nach Zugabe von 15 ml H_2SO_4 (1 : 1), Abdampfen u. Zusatz von 2 g $KHSO_4$ wird das

Gemisch geschmolzen, die Schmelze mit 20%ig. Weinsäure-Lsg. ausgelaugt u. die entstehende Lsg. mit W. auf 50 ml aufgefüllt. 5–10 ml der Lsg. u. 10 ml HCl (1 : 1) werden nach Aufkochen u. Abkühlung mit ca. 20 ml W., 1 g CH_3COONH_4, einem Überschuß von 0,01 m Komplexon-Lsg. u. 2–3 Tropfen Tropeolin-00-Lsg. (Indicator) versetzt u. mit Ammoniak auf rosagelbe Färbung (pH 2) eingestellt. Der Überschuß an Komplexon-Lsg. wird amperometr. (Elektrodenspannung = 0,3 V) mit 0,01 m Bi-Lsg. zurücktitriert. Legg. mit $<2\%$ Zr sollen vorerst nach einem anderen Verf. (Rösten, Schmelzen mit K_2CO_3, Auslaugen der Schmelze mit W., Veraschen u. Schmelzen mit $K_2S_2O_7$ des wasserlösl. Anteils) behandelt werden. S. Baryschnikow. G 322

Square wave-Polarographie mit besonderem Bezug auf die Analyse von Zirkonium und Hafnium. D. F. Wood und R. T. Clark. (Analyst **87,** 342–48, Mai 1962; Witton, Birmingham, Imp. Metal Ind. (Kynoch) Ltd., Kynoch Works, Res. Dep.; engl.) – Es werden Verss. beschrieben, die die Anwendbarkeit eines Mervyn-Harwell-Square wave-Polarographen bei der direkten Best. von Verunreinigungen u. Leg.-Bestandteilen in Zr zeigen sollten. Cu, Pb, Mo, W u. Zn können direkt bestimmt werden, Cu u. Mo sogar nebeneinander. In Hf lassen sich Cu, W u. Cd nach einfachem Lösen der Probe bestimmen. P. Kurzmann. G 323□

Analytische Untersuchungen der Sebacinsäure und der Tetrachlorphthalsäure in Hinblick auf die Bestimmung von Thorium. Paul E. Wenger und I. Kapétanidis. (Recueil Trav. chim. Pays-Bas **79,** 567–73, Juni 1960; Genf, Univ., Labor. des Miner., de analyt. Chem. et de Microchem.; franz.) – Vff. bestimmen die pK-Werte der Sebacinsäure (I) zu **4,40** bzw. 5,22 u. der Tetrachlorphthalsäure (II) zu stark bzw. 2,94. Die zur gravimetr. Best. von Th u. der Seltenerdmetalle wichtigen Löslichkeits-Prodd. folgender Salze betrugen bei 20°: $Th(I)_2 = 1{,}66 \cdot 10^{-18}$, $La_2(I)_3 = 6{,}62 \cdot 10^{-26}$, $Ce_2(I)_3 = 4{,}21 \cdot 10^{-25}$, $Pr_2(I)_3 = 1{,}01 \cdot 10^{-26}$, $Nd_2(I)_3 = 2{,}11 \cdot 10^{-25}$. $Th(II)_2 = 2{,}88 \cdot 10^{-20}$, $La_2(II)_3 = 1{,}73 \cdot 10^{-25}$, $Ce_2(II)_3 = 9{,}12 \cdot 10^{-25}$, $Pr_2(II)_3 = 2{,}08 \cdot 10^{-26}$, $Nd_2(II)_3 = 3{,}73 \cdot 10^{-25}$. Dieter Heinrich. G 324□

Amperometrische Bestimmung von Thorium als Selenit. G. S. Deshmukh und O. P. Asthana. (Z. analyt. Chem. **187,** 81–86, 1962; Varanasi, India, Banaras Hindu Univ., Div. of Analyt. Chem.; engl.) – Es wird ein Verf. zur amperometr. Titration von Th mit SeO_3^{2-}-Lsg. beschrieben. Die Titration erfolgt in 0,9 m NH_4-Acetat-Lsg. in 60–70% A. (pH 6,2–6,4) bei –1,0 V (gegen die gesätt. Hg_2Cl_2-Elektrode). Man erhält eine Titrationskurve, die etwa die Form eines umgekehrten L hat. Die Genauigkeit des Verf. ist vergleichbar mit den klass. Methoden. Es wird angenommen, daß die Rk. zur Bldg. des normalen Selenits, $Th(SeO_3)_2$, führt. NO_3^- u. SO_4^{2-} stören bis zu einer Konz. von 0,005 bzw. 0,007 m nicht. ClO_4^- stört, da unter den Vers.-Bedingungen ein gallertartiger Nd. entsteht. Ce(III) u. U können bis zu einem 1- bzw. 3fachen Überschuß vorhanden sein. J. Peters. G 324□

Über die Verwendung von Ionenaustauschern und Chelatbildnern bei der chemischen Analyse von Sedimentgesteinen. K. Fahlbusch. (Neues Jb. Geol. Paläontol., Mh. **1961,** 534–47, Okt.; Darmstadt, TH, Inst. für Geol. u. techn. Gesteinskunde; dt.) – Arbeitsvorschriften. H. Noack. 5290

b) Organische Verbindungen

Ein elektrisch beheizter Ofen für die organische Elementaranalyse. Tetsuo Mitsui. (Mikrochim. Acta [Wien] **1961,** 704–09; Kyoto, Japan, Kyoto Univ., Coll. of Agric., Dep. of Agric. Chem.; engl.) – Es werden ein aufklappbarer u. ein automat. Verbrennungsofen für die organ. Elementaranalyse beschrieben. Beide sind in der Konstruktion ähnlich, lassen sich rasch aufheizen bzw. abkühlen u. zeichnen sich dadurch aus, daß sich die Temp. gleichmäßig über die gesamte Länge verteilt. K. Ohls. 5352□

Grundlagen der konduktometrischen Kohlenstoffbestimmung. W. Schmidts und W. Bartscher. (Z. analyt. Chem. **181,** 54–59, 1961; Bochum, Heinr. Wösthoff o.H.G., Entw.-Labor.; dt.) – An Hand einfacher Überlegungen u. Schaltskizzen wird das Meßprinzip zur relativ konduktometr. C-Best. erläutert. E. Faulhaber. 5352□

Bestimmung von Kohlenstoff und Wasserstoff in organischen Fluorverbindungen. A. D. Campbell und A. M. G. MacDonald. (Analytica chim. Acta [Amsterdam] **26,** 275–80, März 1962; Birmingham, Univ., Chem. Dep.; engl.) – Eine Schnellmeth. zur Best. von C u. H in organ. F-Verbb. wird beschrieben, wobei die Verbb. wie üblich verflüchtigt werden. Das Verbrennungsrohr (36 cm Länge u. 9 mm Ø) ist mit MgO zur F-Absorption u. als Katalysator sowie mit Ag zum Abfangen von S gefüllt. Die Beleganalysen zeigten die Brauchbarkeit dieser Füllung auch bei der Best. in F-freien

Verbindungen. 3—6 mg einer Analysenprobe werden in einem Pt-Schiffchen im Verbrennungsrohr 3—4 cm vom Ofen entfernt mit einem Bunsenbrenner 7 Min. lang mäßig u. 4 Min. lang stark erhitzt u. verflüchtigt. Die verflüchtigte Substanz gelangt mit einem O_2-Strom von 80—100 ml (12 ml/min) in den auf 850° aufgeheizten Ofen. Der im Ofen befindliche Teil des Rohres ist mit einer 10 cm dicken Schicht von MgO-Körnern (14—40 mesh), die aus einem Gemisch von „leichtem" u. „schwerem" MgO (1 : 3) bestehen u. 2 Std. lang bei 800° geglüht wurden, gefüllt, an die sich, durch eine 1 cm dicke Schicht Glaswolle getrennt, eine 7-cm-Schicht Ag-Gaze anschließt. An das aus dem Ofen herausragende Ende des Verbrennungsrohres werden das Absorptionsrohr für H_2O u. das für CO_2 üblicher Bauweise befestigt. CO_2 u. H_2O werden gravimetr. bestimmt. O_2 wird wie üblich gereinigt u. N-Oxide von MgO absorbiert. Die Absorptionsrohre für H_2O u. CO_2 werden 7 bzw. 11 Min. nach Beendigung der Verbrennung gewogen. Die App. wird genau beschrieben. Für die Analyse von Perfluorperhydropyren mußte auf 950° geheizt werden. H. Fries. 5352 □

Mikroanalytische Bestimmung von Fluor. Al Steyermark. (J. Assoc. off. agric. Chemists **44**, 258—63, Mai 1961; Nutley, N.J., Hoffmann-La Roche, Inc.; engl.) — Vgl. C. **1961**, 16590. — Zur Best. von F in organ. Verbb. empfiehlt Vf. die Verbrennung der organ. Substanz im O-gefüllten Kolben nach Schöniger u. Best. des F durch Titration mit Th-Nitrat. 5-Fluoruracil, m-Trifluormethylbenzoesäure, Teflon u. 5-Fluoruracil im Gemisch mit einer nicht gewogenen Menge F-freier organ. Substanz dienten als Testsubstanzen der angegebenen Meth. durch verschiedene Analytiker. A.-M. Fretzdorff. 5352 □

Analyse organischer Verbindungen nach der Methode der Hochfrequenztitration. K. Cruse. (Z. analyt. Chem. **181**, 180—93, 1961; Clausthal, Bergakad., Physikal.-chem. Inst.; dt.) — Das Wirk-, Blindkomponenten- u. Ausschlag-Verf. werden erläutert u. ein Überblick über die Anwendungsmöglichkeiten der Hochfrequenztitration zur Best. organ. Säuren u. Basen, für Fällungstitrationen, zur Best. von Zustandsdiagrammen, Festlegung von Eluierzonen in der Säulenchromatographie sowie zur techn. Überwachung chem. Prozesse gegeben. — 19 Literaturangaben. E. Faulhaber. 5364 □

Analyse binärer Tetrachloralkangemische. K. I. Ssakodynski und N. N. Umnik. (Журнал Аналитической Химии [J. analyt. Chem.] **16**, 375—76, Mai/Juni 1961; Moskau, Karpow-Physikal.-chem. Forschungsinst.; russ., Auszug: engl.) — Die Analyse bin. Tetrachloralkan (I)-Gemische (Rk.-Prodd. von CCl_4 mit Äthylen) beruht auf der Best. des spezif. Gew. des zu untersuchenden Prod., welche durch Messung der Tropfen-Geschw. in zähen Medien erfolgt. Als Medien werden wss. $Na_2S_2O_3$- u. NaCl-Lsgg. angewandt. Für I-Gemische mit $C_5—C_7$ werden $Na_2S_2O_3$-Lsgg., für $C_7—C_9$-, $C_9—C_{11}$-, $C_{13}—C_{15}$- u. $C_{11}—C_{13}$-Gemische NaCl-Lsgg. angewandt. Die Best. erfolgen bei $25 \pm 0,1°$. Die Fehlergrenze der Best. beträgt $\pm 0,5$—1,0%. S. Baryschnikow. G 510

Die Charakterisierung einiger ungesättigter Aldehyde in Mikrogrammengen. D. A. Forss, E. A. Dunstone, J. F. Horwood und W. Stark. (Austral. J. Chem. **15**, 163—68, Febr. 1962; Melbourne, C.S.I.R.O., Dairy Res. Sect.; engl.) — Zur Unterscheidung zwischen Nonen-(2-trans)-al, den Nonadien-(2.6-trans.trans)-al, Nonadien-(trans-2.cis-6)-al, Nonadien-(trans-2.trans-4)-al u. n-Nonanal eignet sich bes. die Gaschromatographie mit Carbowax 400 u. a. als stationärer Phase u. papierchromatograph. Verfahren. IR-spektrometr. lassen sich nur die Nonadienalisomeren gut unterscheiden. Retentionszeiten bzw. relative R_F-Werte (für die 2.4-Dinitrophenylhydrazone der Aldehyde) sind angegeben. W. Betcke. G 520 □

Chromatographische Trennung und Identifizierung unverzweigter, aliphatischer Alkohole als p-Nitrophenylazobenzoesäureester mit Hilfe der Infrarot-Analyse und der Röntgenbeugung. Rolf Bosvik, Knut V. Knutsen und C. F. Erik von Sydow. (Analytic. Chem. **33**, 1162—64, Aug. 1961; Gothenburg, Sweden, Swedish Inst. for Food Preservation Res.; engl.) — Die in Fruchtaromen enthaltenen Alkohole lassen sich als Ester der p-Nitrophenylazobenzoesäure (I) durch eine Kombination von Papierchromatographie, IR-Analyse u. Röntgenbeugung trennen u. identifizieren. Die in Bzl. gelösten Estermischungen (ca. 5—10 μg eines jeden Esters enthaltend) wurden auf Schleicher & Schüll-Papier Nr. 2045 bM (imprägniert durch 20 Min. langes Eintauchen in eine 30%ig. N.N'-Dimethylformamid-Lsg. in Aceton) aufgetragen u. mit 2.2.4-Trimethylpentan aufsteigend chromatographiert. Nach 16 Std. betrugen die R_F-Werte der I-Ester des *Methanols* 0,26, *A.* 0,45, *Propanols* 0,58, *Butanols* 0,70, *Pentanols* 0,80, *Hexanols* 0,88, *Heptanols* 0,93 u. *Octanols* 0,96. Nach Elution der ausgeschnittenen einzelnen Flecken mit Aceton durch absteigende Chromatographie ergaben sowohl die IR-Spektren als auch die Röntgenbeugungsmessungen zur Identifizierung hinreichende Unterschiede zwischen diesen Estern. W. Hein. G 560 □

Identifizierung von Alkoholen durch Farbreaktionen. Glenn M. Christensen. (Analytic. Chem. **34**, 1030—32, Juli 1962; Duluth, Minn., Univ. of Minnesota, Dep. of Chem.; engl.) — Vf. berichtet in tabellar. Form über die Farb-Rkk. von 20 Alkoholen u. von W. mit aromat. Reagentien in Ggw. konz. H_2SO_4. Folgende Alkohole wurden untersucht: *Methanol, A., 1-* u. *2-Propanol, 1-* u. *2-Butanol, 2-Methyl-1-* u. *2-Methyl-2-propanol, 1-, 2-* u. *3-Pentanol, 3-Methyl-1-butanol, 2-Methyl-2-butanol, 1-Hexanol, 1-Heptanol, 1-Octanol, Äthylenglykol, Glycerin, Cyclopentanol* u. *Cyclohexanol.* Als Reagentien wurden verwendet: Phenol, Hydrochinon, Resorcin, Phloroglucin, Pyrogallol, p-Nitrophenol, 1- u. 2-Naphthol, p-Aminophenol, p-Anisidin, p-Hydroxybenzoesäure, Chlortriphenylmethan, 1-Nitroso-2-naphthol, Benzidin, Carbazol, 1-Naphthylamin, 1.2-Naphthochinon, 1.4-Naphthochinon, N-Phenylanilin, o-Kresol, 5-Methylresorcin, Thymol, Brenzcatechin, Pikrinsäure u. Guajakol. 5 mg bzw. 5 μl des Reagens wurden mit 3,0 ml des Alkohols u. 5,0 ml konz. H_2SO_4 versetzt u. geschüttelt; nach 10 Min. wurde die Farbe registriert. An Hand der Tabelle ist leicht die Einordnung u. Identifizierung eines unbekannten Alkohols möglich. Gerhard Schulze. G 560□

Quantitative Bestimmung einwertiger Alkohole mit Acrylonitril. Ss. I. Obtemperanskaja, A. P. Terentjew und M. M. Buslanowa. (Журнал Аналитической Химии [J. analyt. Chem.] **16**, 372—74, Mai/Juni 1961; Moskau, Lomonossow-Univ.; russ., Auszug: engl.) — Die Lsg. von 1 mMol der zu untersuchenden Substanz, 5 ml Dioxan (I) u. 0,2—0,3 g KOH wird mit I auf 100 ml aufgefüllt. 1 ml der Lsg. u. 2 ml einer 1n Acrylonitril-Lsg. in I werden 1—1½ Std. lang bei Zimmer-Temp. oder ¼—½ Std. lang bei 35—40° (prim. Alkohole) bzw. 3—6 Std oder 1—1½ Std. lang bei 35—40° (sek. Alkohole) stehengelassen, mit 25 ml einer 1m Na_2SO_3-Lsg. versetzt u. gegen gemischten Thymolphthalein–Alizaringelb-Indicator mit 0,1n HCl bis zur Gelbfärbung zurücktitriert. Dies Resultate der Best. stimmen mit den theoret. Werten prakt. überein. S. Baryschnikow. G 560

Bestimmung von Aminosäuren durch Chromatoelektrophorese (Anwendung des Reagens von Barrolier). Michel Severin, Jean Casimir und Marcel Renard. (Bull. Inst. agronom. Stat. Rech. Gemblaux **28, 445**—51, 1960; franz.) — Die durch Papierelektrophorese getrennten Aminosäuren werden mit Barrolier-Reagens angefärbt, die Farbflecke ausgeschnitten, mit Methanol eluiert u. die Lsg. colorimetr. ausgewertet. E. Lück. G 950□

Die Anwendung von mit Isotopen markierten Reagentien zur Untersuchung von Submikrogramm-Mengen der Aminosäuren. J. K. Whitehead. (Biochem. J. **80**, 35 P—36 P, Sept. 1961; London, Middlesex Hosp. Med. School, Barnato-Joel Labor.; engl.) — Die Verw. von ^{3}H- u. ^{14}C-markiertem 1-Fluor-2.4-dinitrobenzol zur Unters. N- u. C-terminaler Gruppen geschieht in alkal. Lösung. Danach werden ^{14}C-markierte 2.4-Dinitrophenyl-Derivv. bekannter Aktivität zugegeben. Nach Extraktion wird die Mischung zweidimensional chromatographiert u. jeder Fleck nach Verbrennung durch Messung im Durchflußzählrohr untersucht. Die ^{3}H-Zählrate ergibt den Anteil der DNP-Aminosäure-Derivv. aus der Originalmischung, die ^{14}C-Zählrate ein Maß der Substanzverluste während der Analyse. Ergebnisse von hydrolysiertem Insulin (1 μg) zeigen gute Übereinstimmung mit Werten, die durch Verw. von ^{3}H- u. ^{14}C-markiertem Acetanhydrid erhalten wurden. L. Holzhey. G 950□

Colorimetrische Mikrobestimmung von Cystein und Cystin. P. Dubouloz, J. Fondarai und R. Pavone-Marville. (Analytica chim. Acta [Amsterdam] **26**, 249—52, März 1962; Marseille, Fac. de Méd., Labor. de Phys.-Biol.; franz.) — Es wird ein Verf. zur Mikro-Best. von Cystin (I) u. Cystein (II) beschrieben, das auf der Rückbldg. der Farbe einer durch Licht-Einw. entfärbten Lsg. von Thiofluorescein (I) durch I u. II beruht. Unter der Einw. des Lichtes werden wahrscheinlich die SH-Gruppen von I oxydiert. Die SH-Gruppen anderer Stoffe, wie H_2S, II, Glutathion, Cysteamin u. protein. gebundenes SH, können in alkal. Lsg. die Entfärbung durch Red. wieder rückgängig machen. Die Red. wird durch Erwärmen beschleunigt u. die Extinktion der Lsg. bei 5850 Å gemessen, wo das Spektrum des Farbstoffes ein Maximum aufweist. I wird vor der Best. durch KCN in II umgewandelt. Das Verf. ist sehr empfindlich u. für biolog. Unterss. gut geeignet. H. Fries. G 950□

Schnelle Bestimmung des Cystins. W. Vervack. (Agricultura [Louvain] [2] **8**, 697—702, Dez. 1960; Louvain, Univ., Centre de Rech. Zootechn.; franz.) — Der Meth. liegt folgendes Prinzip zugrunde: Oxydation des Cystins–Cysteins zu Cysteinsäure durch Persäuren (Perameisensäure) u. Chromatographie auf Amberlite IR-120-Säule, wobei mit Hilfe eines Puffers bei pH 3,25; 0,2m u. 50° eluiert wird. Günstigste Konz. der Lsg. für die Säule ist 0,400—0,100 mg Cystin, da zu starke Verdünnungen leicht Irrtümer herbeiführen. Die Meth. ist vollkommen quant. u. reproduzierbar. Dauer 2 Std.. statt, wie vorher, 3 Tage. A. Leibbrandt. G 950□

Mercurimetrische Bestimmung von Cystin. Mieczysław Wroński. (Z. analyt. Chem. **184**, 193—97, 1961; Łódź, Univ., Inst. für Chem. Technol.; dt.) — Vf. beschreibt eine neue Best.-Meth. von Cystin, die auf der Red. mit HJ u. H_3PO_2 u. anschließender Titration des entstandenen Cysteins in mit NaOH alkalisierter Lsg. mit o-Hydroxymercuribenzoesäure bei Ggw. von Thiofluorescein als Indikator beruht. Für die Best. des Cystin-Geh. in Wolle wird die Probe 10—15 Min. lang mit HJ, HCl u. H_3PO_2 auf 150—160° erhitzt u. dann das Rk.-Prod. titriert. Der Cystin-Geh. der Wolle betrug 10,0%, der Variations-Koeff. war dabei 0,7%. K. Ohls. G 950□

Anwendung der Methode von Roth-Schuster zur Tryptophanbestimmung. W. Vervack. (Agricultura [Louvain] [2] **8**, 707—16, Dez. 1960; I.R.S.I.A.; franz.) — Vff., die ein Coleman-Universalspektrophotometer benutzen statt des von Roth-Schuster [1939] verwandten Pulfrich-Photometers, modifizieren die Meth. zur Best. des Gesamttryptophans in tier. u. pflanzlichen Proben durch Verw. reinen Caseins zur Aufstellung der Bezugskurve. Enthalten jedoch die Proben viel Celluloselignin u. wenig Gesamteiweiß, fallen die Resultate im allg. zu hoch aus. Infolge einer Rk. des Lignins mit dem Oxydationsgemisch (100 ml 70%ig. H_2SO_4 u. 60 ml 25%ig. HNO_3) entstehen gefärbte Substanzen, die das Oxydations-Prod. des Tryptophans beeinflussen u. eine Korrektur der Ergebnisse erforderlich machen. A. Leibbrandt. G 3081□

Quantitative Bestimmung der Flavonol- beziehungsweise Flavanon-Gruppen enthaltenden Verbindungen. Pál Spanyár und Anna Inczédy. (Konzerv- és Hütöipari Kutató Intézet Közleményei [Mitt. Forsch.-Inst. Konserven- u. Kühlind.] **1958**, 13 bis 14; ung.) — Vff. bestimmen einige Flavonole u. Flavanone auf Grund ihres Kupplungsvermögens mit Diazo-Verbb. colorimetrisch. Arbeitsvorschrift, Eichkurven für Morin, Quercetin, Quercitrin, Hesperidin, Rutin u. Hesperitin werden angegeben. Die Best. der Verbb. nebeneinander wird von den Vff. im weiteren untersucht. E. Horváth. G 3211□

Eine neue Modifikation für die Trennung von Zuckern durch Papierchromatographie. Werner G. Jaffé. (Acta ci. venezolana **12**, 135—36, Nov. 1961; München, MPI für Eiweiß- u. Lederforsch.; span.) — Beschreibung des papierchromatograph. Nachw. von Zuckern unter Verw. von Äthylmethylketon–Aceton–W. (10:4:1) u. $AgNO_3$ als Entwickler. Die Meth. ist geruchlos, bei gewöhnlicher Temp. durchführbar u. sehr empfindlich. K. Zingraf. G 3400□

Über die papierchromatographische Bestimmung von Zuckern. Nils Hellström. (Kungl. Lantbrukshögskolans Ann. **25**, 47—55, 1959; Uppsala, Roy. Agric. Coll., Inst. of Org. Chem.; engl.) — Vf. untersucht die quant. papierchromatograph. Best. der Zucker *Raffinose, Lactose, Maltose, Saccharose, Galaktose, Glucose, Mannose* (I), *Fructose* (II), *Arabinose* u. *Xylose*. Trotz z. T. gleicher R_F-Werte (z. B. bei **I** u. **II**) im Laufmittel n-Butanol/Essigsäure/W. (12:3:5) ist eine quant. spektrophotometr. Auswertung der Streifen durch Wahl geeigneter Anfärbe-Meth. möglich. Während z. B. **I** u. **II** mit Anilin/Diphenylamin gleich angefärbt werden, gibt Anilin/Hydrogenphthalat nur mit **I** u. das Anthronreagens nur mit **II** eine Färbung. E. Moisar. G 3400□

Trennung und quantitative Bestimmung von Methylarabinosiden unter Verwendung einer Stärke-Säule mit verbesserter automatischer Kontrolle. Dwight F. Mowery jun. (Analytic. Chem. **31**, 1911—13, Nov. 1959; New Bedford, Mass., MIT; engl.) — α- u. β-Methylarabinopyranoside u. -furanoside werden mit Hilfe einer Stärkesäule u. Butanol–Pyridin–W. (10:3:3) als Eluiermittel chromatograph. getrennt. Zum Erzielen einer annehmbaren Durchfluß-Geschw. muß ein Druck von 25 lbs./sq.in. angewendet werden, der mit einer Fl.-Pumpe erzeugt wird, da sich sonst Luft u. N_2 im Lsgm. lösen. Die Fraktionen werden automat. gesammelt u. gezählt. Zur spektrometr. Best. wird Anthron in 90%ig. H_2SO_4 als Reagens verwendet. W. Betcke. G 3400□

Eine vereinfachte Methode der Gegenstromverteilung für die Analyse von Carotinoiden. Giorgio Nebbia und Elsa M. Pizzoli. (Boll. Lab. chim. provinc. **10**, 364—74, 1959; Bari, Univ., Ist. di Merceol.; ital.) — Es wird eine Meth. zur Craig-Gegenstromverteilung von Carotinoiden zwischen Hexan u. 97%ig. CH_3OH in 10 Stufen beschrieben, die eine Trennung in 3 Fraktionen ermöglicht: KW-Stoffe u. Alkoholester in der Oberphase; ein-, zwei- u. mehrwertige Alkohole in der Unterphase. G. Platzer. G 3550□

Gaschromatographische Trennung von sauerstoffhaltigen Terpenverbindungen an Niedertemperatur-Säulen. Padma R. Datta und Heino Susi. (Analytic. Chem. **34**, 1028—29, Juli 1962; Philadelphia, Pa., U. S. Dep. of Agric., Eastern Utilization Res. and Dev. Div.; engl.) — Zur gaschromatograph. Analyse von Gewürzölen wurden Glasperlensäulen mit einer polaren (0,125% Hyprose S. P. 80; **A**) u. einer nichtpolaren

Phase (0,2% Dow Corning 710; **B**) bei 110 bzw. 100° Detektor-Temp. verwendet. Die Retentionszeiten (RZ) von 6 Alkoholen, 8 Aldehyden u. 3 Estern (bezogen auf Tetralin) sind aufgeführt. Die RZ (bis auf die der Ester) sind bei **A** durchweg länger. Bei Verw. von **B** werden die Terpene in der Ordnung ihrer Kp. eluiert. Eine vollständige Trennung der Alkohole gelingt nur mit **A**. W. Betcke. G 3600□

c) Bestandteile von Pflanzen und Tieren

Die Erscheinung der Gram-Positivität; ihre Erklärung und ein negativer Beweis hinsichtlich der Rolle der Sulfhydrilgruppen als Begründung. J. W. Bartholomew, T. Mittwer und Harold Finkelstein. (Stain Technol. **34**, 147—54, Mai 1959; Los Angeles, Calif., Univ. of Southern California, Dep. of Bacteriol.; engl.) — Die Kriterien für den Ausfall u. die Beweiskraft der Gram-Rk. werden untersucht. Die von Fischer u. Larose angenommene maßgebliche Rolle von SH-Gruppen innerhalb des Färbemechanismus muß danach als nicht erwiesen angesehen werden. W. Betcke. G 5661□

Volutin als Substrat für die Gram-Reaktion. Kiyoshi Harada. (Stain Technol. **34**, 119—23, Mai 1959; Higashimurayama, Tokyo, Inst. for Leprosy „Tamazenseyen"; engl.) — Stark verd. (0,01—0,0002%ig.) essigsaure Kristallviolett-Lsg. wird in einem modifizierten Gram-Verf. als Farb-Lsg. benutzt. Dabei wird in grampositiven Bakterien nur das Volutin gefärbt, während der Zellrest ungefärbt bleibt. Als Substrat für die Färbung kann außer dem Mg-Ribonucleinsäureprotein im Cytoplasma auch ein Metaphosphorsäure–Ribonucleinsäure-Komplex im Volutin u. Desoxyribonucleinsäure in den Zellkernen grampositiver Zellen angesehen werden. W. Betcke. 5661□

Über die derzeitige Bedeutung der Vitalfärbung, speziell der Vitalfluorochromierung in der Cytologie und über Möglichkeiten ihrer weiteren Anwendung, insbesondere in Kombination mit anderen Methoden. D. Wittekind. (Mikroskopie [Wien] **14**, 9—25, Mai 1959; Heidelberg, Univ., Med. Klinik; dt.) — Übersicht mit bes. Hinweisen auf die Vitalfluorochromierung in Verbindung mit anderen Techniken der Lebendbeobachtung, wie Phasenkontrastmikroskopie u. Zellrefraktometrie. — 82 Literaturangaben. W. Betcke. 5662□

Verluste an Spurenelementen bei der Mineralisierung von organischem Material. Eine radiochemische Untersuchung. J. Pijck, J. Hoste und J. Gillis. (Proc. int. Symposium Microchem. **1958**, 48—58, Ghent, Univ., Inst. of Analytic. Chem.; engl.) — Mit Hilfe der radiochem. Analyse wurde untersucht, in welchem Ausmaß Verluste an den Spurenelementen Ag, As, Au, Co, Cr, Cu, Fe, Hg, Mn, Mo, Pb, Sb, V u. Zn bei der Mineralisierung organ. Materials (Pferdeblut, tier. Gewebe, Harn u. Zuckerrübenblätter) auftreten. Bei der trockenen Veraschung entstanden schon bei 400° hohe Verluste an Ag, As, Au, Fe, Hg u. Sb, oberhalb 700° konnte keines der zugesetzten Elemente quant. wiedergefunden werden. Zur völligen Zerstörung des organ. Materials wurden je nach Temp. 3—24 Std. benötigt. Es wurde nicht untersucht, ob die Verluste durch Verdampfung oder Adsorption durch die Tiegelwand verursacht wurden. Bei der Naßoxydation mit $H_2SO_4:HClO_4:HNO_3 = 1:1:3$ Vol.-Teile wurden für As, Au, Fe, Hg u. Sb zu niedrige Werte gefunden. Die Verluste ließen sich durch Verw. eines Rückflußkühlers vermeiden. Die Oxydation war nach ca. 1½ Std. beendet. — 161 Literaturhinweise. G. Bock. 5664□

Veraschungsmethoden zur Bestimmung von Cäsium in pflanzlichen und tierischen Geweben. Clifton Blincoe. (Analytic. Chem. **34**, 715—16, Mai 1962; Reno, Nev., Univ. of Nevada, Dep. of Agric. Chem.; engl.) — ^{134}Cs wurde Labor.-Ratten durch Injektion u. Alfalfa-Pflanzen durch Stehenlassen in einer dieses Isotop enthaltenden wss. Lsg. zugeführt. Der ^{134}Cs-Geh. in Muskeln, Knochen, Leber u. oberird. Pflanzenteilen wurde vor u. nach der trockenen bzw. nassen Veraschung durch Messung der γ-Aktivität bestimmt. Die trockene Veraschung wurde bei 500° durchgeführt, die nasse durch 2—4 Tage langes Behandeln mit konz. HNO_3. Bei der trockenen Veraschung der Leber ergaben sich Cs-Verluste von 8%, der Muskeln Verluste von 15%. Bei Knochen ergaben sich keine Verluste. Die Cs-Verluste sind auf die Flüchtigkeit der Cs-Salze zurückzuführen; das Ausbleiben von Verlusten bei der trockenen Veraschung von Knochen auf deren hohen Ca-Gehalt. Bei der nassen Veraschung von Leber, Muskeln u. Alfalfa-Pflanzen ergaben sich keine Cs-Verluste. P. Kurzmann. 5664□

Trennung der flüchtigen aliphatischen Säuren mittels Papierchromatographie. R. Osteux, J. Guillaume und J. Laturaze. (J. Chromatogr. [Amsterdam] **1**, 70—85, Jan. 1958; Lille, Fac. de Méd et de Pharm., Labor. de Chim. Biol.; Inst. Pasteur; franz.) — Es wird ein Verf. zur Trennung u. Identifizierung der flüchtigen aliphat. Carbonsäuren C_1—C_6 (**A**) in biolog. Material beschrieben. Ca. 10—50 ml der ca. 0,5—5 mMol **A** enthaltenden Lsg. werden mit 1 ml konz. H_2SO_4, 15 ml 10%ig. wss. Na-Wolframat-Lsg.

(evtl. anwesende Ketosäuren werden dann mit 2.4-Dinitrophenylhydrazin gefällt u. abfiltriert) u. 15 ml 50%ig. $MgSO_4$-Lsg. versetzt u. in 20 Min. mit H_2O-Dampf 250 ml Destillat übergetrieben. Milchsäure geht evtl. in Spuren mit über; in diesem Fall wird ein 2. Mal destilliert. CO_2 wird aus dem Destillat 3 Min. lang mit N_2 ausgetrieben, das Destillat mit 0,1n Na_2CO_3-Lsg. in Ggw. von 1%ig. o-Kresolsulfonphthalein (I)-Lsg. titriert, ein geringer Na_2CO_3-Überschuß zugegeben, auf 1 ml eingedampft, 5 Min. lang mit der berechneten Menge Permutit 50 oder Amberlite IR-120 geschüttelt, in eine Vorlage mit der äquivalenten Menge 1n Morpholin (II)-Lsg. filtriert, mit 1 ml-Portionen W. nachgewaschen, bis die vorgelegte Lsg. orange wird u. 1 Tropfen II zugesetzt. 5 bis 20 μl dieser Lsg. mit 0,5–3 μMol II-Salze der **A** auf Whatman Nr. 3 bei Zimmer-Temp. aufgetrocknet u. absteigend entwickelt: a) Zur Trennung der geradkettigen **A** 24 Std. lang mit Butanol–Cyclohexan–Propylenglykol–NH_3-Lsg. (22° Bé)–II–W. (30:30:10:0,07:0,5:3,7): R_F-Werte: *Ameisen-* (**III**) 0,29, *Essig-* (**IV**) 0,36, *Propion-* (**V**) 0,49, *Butter-* (**VI**) 0,62, *Valerian-* (**VII**) 0,70 u. *Capronsäure* (**VIII**) 0,80; b) zur Trennung der iso- von den n-**A** 4 Tage lang mit Benzylalkohol (**IX**), gesätt. mit 1,5n NH_3-Lsg., als Durchlaufchromatogramm: R_F bezogen auf **VII** = 1: **III** 0,17, **IV** 0,20, **V** 0,36, *Isobuttersäure* 0,51, **VI** 0,61, *Isovaleriansäure* 0,82, **VIII** > 1. Zur Anfärbung werden die Chromatogramme im Fall a) 20 Min. lang bei Zimmer-Temp. u. 10 Min. lang bei 50°, im Fall b) 45 Min. lang bei Zimmer-Temp. getrocknet. Besprüht wird im Fall a) mit einer 1:3-, im Fall b) (das noch **IX**-haltige Papier) mit einer 1:1-Mischung von Indicator-Lsg. (0,2 g I, 0,3 ml 1n Na_2CO_3-Lsg., 15 ml W. u. 70 ml A.) u. Puffer-Lsg. (10 g Na-Veronal in 100 ml W. u. 150 ml A.): Gelbe Flecken auf rotem Grund. Nachw.-Grenze 0,05 μMol **III** bis 0,15 μMol **VIII**. Die Meth. bewährte sich bes. bei der Unters. der Gärungsprozesse von anaeroben Bakterien. K. Prchal. 5666□

Identifizierung und chromatographische quantitative Bestimmung von Xylose und Arabinose in Pentosanen von Soja-Samen. Alejandro Troparevsky, Aldo E. A. Mitta und Maria L. Pisarello. (An. Asoc. quím. argent. **46**, 253–57, Sept. 1958; Buenos Aires, Univ., Fac. de Ci. Exactas y Naturales, Cát. de Quím. Biol.; span.) — Die von Vff. untersuchten Soja-Samen enthalten 10,64% Feuchtigkeit, 4,26% Gesamtpentosen u. 9,49% Hexosen, *Xylose* (I) wurde mit Essigester:Pyridin:W.:Aceton (2:1:1:1) u. *Arabinose* (II) mit Phenol:W. (9:1) papierchromatograph. identifiziert. Nach dem Eluieren der Chromatogramme mit 4 ml W. ergab die quant. colorimetr. Best. bei 460 nm innerhalb von 1–3 Min. mit 0,3 ml Phenol:W. (9:1) u. 10 ml konz. H_2SO_4 als Reagens für I 0,35% u. für II 3% des Soja-Samen. Die Differenz von 0,91% zu den Gesamtpentosen ist wahrscheinlich Ribose.

Versuche: I u. II aus 5 g mit Ae. entfetteten Soja-Samen, 6,5 ml HCl (d = 1,125) u. 65 ml W. durch 1 std. Kochen am Rückfluß, Zugabe von 13 ml Na_2WO_4-Lsg., Einengen auf dem Wasserbad, Aufnehmen mit Pyridin durch 10 Min. langes Erwärmen auf 100°, Filtrieren, Einengen im Vakuum bei 40°, Aufnehmen in W. u. papierchromatograph. Identifizieren. W. Clauß. 5666□

Bestimmung von Umbelliferon in Pilosella. Micheline Haag-Berrurier. (C. R. hebd. Séances Acad. Sci. **248**, 1864–67, 23/3. 1959; Strasbourg, Fac. des Pharm.; franz.) — *Umbelliferon* wird mit abs. A. aus der Pflanze extrahiert, durch Chromatographie an einer Al_2O_3-Säule von Begleitstoffen abgetrennt u. mit 95%ig. A. eluiert. Nach dem Abdampfen des Lsgm. wird der Rückstand in einer $KH_2 \cdot PO_4$–Na_2HPO_4-Puffer-Lsg. (nach Sörrensen, pH 7,16) gelöst. Anschließend wird die Fluorescenz dieser Lsg. gemessen. Der relative Fehler zweier Parallel-Best. ist 2%.

G. Krien. 5666□

A. Ss. Ssadykow, A. Issmailow und D. Usbekowa, **Bestimmung von Gossypol in Baumwollstauden.** Das pflanzliche Material (Samenkerne, Wurzelrinde, Blätter) wird mit der 4fachen Menge peroxidfreiem Ae. extrahiert, die konz. äther. Lsg. mit 1%ig. wss. Borax-Lsg. ausgeschüttelt, letztere mit 2%ig. HCl angesäuert u. mit Chlf. extrahiert. Die Chlf.-Lsg. wird mit $SbCl_3$ in Chlf. u. 1 Tropfen Acetanhydrid versetzt u. nach 3 Std. mit Grünfilter colorimetriert. (**UdSSR. P. 122 827** vom 3/2. 1959.)

L. Großner. 5667

H. Angewandte Chemie

H_1. Allgemeine chemische Technologie

Betrachtungen über die Berechnung des r_{max}- und des K-Wertes beim Fundamentalprozeß der Gegenstromverteilung. Guido Pancrazio und Paolo Del Grande (Gazz. chim. ital. **88**, 728–36, Aug./Sept. 1958; Rom. Labor. Ricerche ORMA-ITR;

ital.) — Zur Berechnung der Gegenstromverteilung werden gewöhnlich 2 Näherungsformeln benutzt, um die Lage von r_{max}, dem Stadium des Substanzmaximums, zu finden. Stets gültige u. genaue Werte liefert ein neuer Ausdruck, nämlich r_{max} als kleinster, ganzzahliger Wert, der $\geqq (Kn - 1)/(K + 1)$ ist. Hierin bedeuten K den Teilungs-Koeff. u. n die Anzahl der Verteilungen. Auf Grund der partiellen Differenzierungen der binom. Gleichung von Craig [1944] wurde eine neue Größe K_{max} gewonnen. Sie gibt jenen Teilungs-Koeff. an, bei dem ein Substanzmaximum für ein bestimmtes Stadium r der Verteilung erhalten wird. Dieses entspricht zugleich dem von Craig als Schwerpunkt einer Gegenstromverteilung bezeichneten N-Wert (zugleich als Scheitelpunkt der Verteilungskurve zu verstehen). Daraus ist auch, wenn man die Lage der maximalen Substanzmenge, also r_{max}, kennt, eine eindeutige K-Best. nicht möglich, weil meist zu einem bestimmten $T_{n,r}$ (Substanzmenge im Stadium r bei n Verteilungen) 2 verschiedene K gehören (glockenförmige Kurve). W. Metzener. 5800□

Kolonneninhalt und Druckverlust bei Gas-Flüssigkeitsströmung in einem vertikalen Rohr. G. A. Hughmark und B. S. Pressburg. (A.I.Ch.E. Journal **7,** 677—82, Dez. 1961; Baton Rouge, La., Univ.; engl.) — Vff. führten Unterss. über die Aufwärtsströmung von Luft–Fl.-Mischungen unter isothermen Bedingungen in einem Rohr durch. Der Druckverlust wurde an 20 ft. voneinander entfernten Stellen mit einem Hg-Manometer gemessen. Der Fl.-Inhalt dieses Abschnittes wurde durch Schließen von 2 Schnellschlußventilen u. anschließenden Abzug der Fl. ermittelt. Als Fll. wurden verwendet: W., gesätt. wss. Na_2CO_3-Lsg., Kerosin, Trichloräthylen u. 2 Öle mit der Viscosität 5,8 bzw. 28,6 cP. Die Ergebnisse entsprachen nicht den von Lockhart-Martinelli für horizontale Strömung entwickelten Gleichungen. Von Vff. entwickelte Beziehungen zwischen Kolonneninhalt bzw. Druckverlust u. den physikal. Eigg. der Fll., der totalen Massen-Geschw., dem Luft–Fl.-Verhältnis u. der Schub-Geschw. zeigten im Mittel weniger als 15% Abweichung von den experimentell ermittelten Werten.
Gerhard Günther. 5800□

Probleme der Werkstoff-Forschung bei Chemieapparaten. Kurt Richard. (Chemie-Ing.-Techn. **33,** 1—12, Jan. 1961; Frankfurt/M.-Hoechst, Farbwerke Hoechst AG.; dt.) F. Zeidler. 5804□

Neue Legierungen für außergewöhnliche Arbeitsbedingungen. E. G. Holmberg. (Chem. Engng. Progr. **57,** Nr. 4, 74—78, April 1961; Internat. Nickel Co., Inc.; engl.) — Übersicht über Zus. u. mechan. Eigg. neuer, zur Verw. in korrosiven Medien bei bes. hohen bzw. tiefen Temp. geeigneter Werkstoffe: Ni-Stahl ASTM–A 353, austenit., rostfreier Cr-Ni-Stahl, Typ 304 (L), Incoloy 804 mit 42 (%) Ni, 30 Cr, 2 Fe, Inconel mit 78 Ni, 15 Cr, Rest Fe, 60 Cr–40 Ni-Leg., 65 Ni–35 Cr-Leg., 42 Ni–21 Cr–3 Mo–1 Mn–1,75 Cu-, 1,00 Ti-Rest Fe-Leg., 50 Ni–1 1 Co–19 Cr–10 Mo—$\leqq$ 5 Fe–3,15 Ti–1,63 Al-Leg., ausscheidungsgehärtete Cr–Ni-Stähle: 17—4 pH, 13—7 pH, pH 15—7 Mo, AM 350 u. AM 355 u. metall. Ti, Zr u. Mo. W. Wesly. 5804□

Widersprüche in Veröffentlichungen über den Wärmeübergang an kryogene Flüssigkeiten. William Squire. (Int. J. Heat Mass Transfer **3,** 347, Dez. 1961; San Antonio, Texas, Southwest Res. Inst., Dep. of Mechan. Sci.; engl.) — Zwischen den Vers.-Ergebnissen verschiedener Autoren, die den Wärmeübergang von Metallrohren oder -drähten an sd. Fll. bestimmten, liegen folgende Widersprüche vor: Mulford u. Mitarbeiter (LA-1416, Tech. Info. Service, U. S. Atomic Energy Commission [1952]) fanden für den Übergang vom nucleate- zum Filmsieden an fl. sd. H_2 eine krit. Temp. von 2° K bei einem Wärmefluß von 6 W/cm² u. an fl. sd. N_2 4° K bei 6 W/cm² (Cu-Rohr, 12 mm ∅; 540 mm Hg); Ruzicka (Pergamon Press, London [1959]) fand für N_2 12° K; 11 W/cm² (Pt-Draht, Cu-Draht u. -Rohr, 0,051—20 mm ∅; 1 atm); Weil u. Mitarbeiter (C. R. Acad. Sci., Paris **230,** [1950], 196; Bull. Inst. Int. Froid **1955—2** [1954], 85 bis 88) fanden für N_2 10° K; 10 W/cm² (Cu-, Pt- u. Pb-Draht; 1 atm) u. für H_2 (J. Physique Radium **12,** [1951], 890) 2° K; 3 W/cm² (Pb-Draht; 1 atm). J. Martins. 5816□

Phasengrenzflächen bei der Mischung von zwei Flüssigkeiten. Ferdinand Rodriguez, L. C. Grotz und D. L. Engle. (A. I. Ch. E. Journal **7,** 663—65, Dez. 1961; South Charleston, W.Va., Union Carbide chem. Co.; engl.) — Vff. beschreiben Verss. zur Feststellung des Zusammenhanges zwischen Verteilungsgrad u. Rührintensität in einem Syst. von 2 unmischbaren Flüssigkeiten. Als Vers.-Paar wurde *2-Äthylhexanol/W.* gewählt. Die jeweilige mittlere Partikelgröße wurde durch das Ausmaß der Lichttransmission bestimmt. Die hierzu erforderliche App. u. die ihr zugrunde liegende Theorie werden beschrieben. Als wichtigstes ergab sich, daß über den Bereich von 0,27—0,67 des Verhältnisses der Durchmesser von Rührer u. Behälter die Größe der Phasengrenzfläche pro Einheits-Vol. eindeutig von dem Kraftaufwand pro Einheits-Vol. abhängt.
Gerhard Günther. 5822□

Festphasentransport von Glycerin und Natriumchlorid in Harzen. M. T. Tayyabkhan und R. R. White. (A. I. Ch. E. Journal **7**, 672—76, Dez. 1961; Ann Arbor, Mich., Univ.; engl.) — Am Kationenaustauscher Dowex-50 [I; sulfoniertes Polystyrol, vernetzt mit Divinylbenzol (II)] wurden mit einer geeigneten Vers.-Technik, die beschrieben wird, Diffusions-Geschw. u. Absorptions-Gleichgew. für NaCl u. Glycerin bestimmt. An Variablen wurden untersucht: Vernetzung (2—12% **II**), Temp. (25—80°), Konzz. der Lsgg., Teilchengröße des **I** u. Strömungs-Geschw. des eluierenden Wassers. Die Diffusions-Geschw. nimmt mit abfallender Vernetzung u. steigender Temp. zu, von den übrigen Variablen ist sie unabhängig. Für die Gleichgew.-Konzz. an adsorbiertem gelöstem Stoff gilt das gleiche. Gerhard Günther. 5826□

Klassierung von feinkörnigen Feststoffen. R. T. Hukki. (Aufbereitungs-Techn. **1**, 509—17, Dez. 1960; Helsinki; dt.) — Die gebräuchlichen Verff. der Klassierung von Feinstkörnungen werden erörtert. Beim neuen Verf. der Umkehrsiebung von unten nach oben wird das Aufgabegut unter die Siebfläche geleitet; ein Fl.-Strom reißt in einer Aufwärtsbewegung die kleinen Körner mit sich durch das Sieb, wogegen Überkörner unter dem Sieb verbleiben. Dieses Verf. erhöht die Kapazität der Mahleinheiten u. beschränkt die hohen Umlaufmengen. Die wirksame Ausscheidung übermäßiger Feinstoffanteile u. Schlämme erspart teilweise Entschlammungsvorgänge u. führt zu besseren Ergebnissen bei der Flotation, Cyanidlaugung, Magnetscheidung, Auslaugung usw.
W. Wesly. 5828□

Über den hydraulischen Widerstand einer Gas–Flüssigkeits-Schicht in Sieb-Apparaten. I. P. Muchlenow und E. Ja. Tarat. (Журнал Прикладной Химии [J. angew. Chem.] **32**, 2006—13, Sept. 1959; Leningrad, Technol. Lensowjet-Inst.; russ.) — Vgl. C. **1959**, 12961; **1960**, 1628. — Der hydraul. Widerstand eines Siebbodens setzt sich aus dem des Gitters ΔP_1 u. dem des darüberstehenden Gas–Fl.-Gemisches ΔP_2 zusammen. Verss. zeigen, daß ΔP_2 von konstruktiven Einzelheiten des Gitters, der Gas-Geschw. w_G in den Öffnungen, der Viscosität von Gas u. Fl. u. vom spezif. Gew. γ_G des Gases prakt. unabhängig ist. Unter Schaumbedingungen ist ΔP_2 wesentlich kleiner als beim Durchperlen von Gas. Bei den w_G, bei denen Schäumen eintritt (1—4 m/s), nimmt ΔP_2 bei Zunahme von w_G stark ab. Bei gleicher Ausgangsschichthöhe h_0 der Fl. ist ΔP_2 unter Schaumbedingungen wenig (um 1—3 mm Wassersäule) höher als beim Durchperlen. Die Intensität ist bei gleichem ΔP_2 unter Schaumbedingungen wesentlich größer. Bei konst. Temp. u. ohne Stoffübertragung ist $\Delta P = \Delta P_1 + \Delta P_2 = 1{,}45\ k(\gamma_G w_0^2/2\ g) + 0{,}85\ h_0\gamma_{Fl} + 0{,}2 \cdot 10^4\ \sigma$ (kg/m²) (σ = Oberflächenspannung kg/m).
R. K. Müller. 5828□

Benetzung der Apatit-Oberfläche mit Gemischen von Ölsäure und Petroleum in wässerigem Medium. Janusz Barcicki. (Przemysł chem. **40**, 390—93, Juli 1961; Lublin, PAN, Inst. Chem. fiz.; pol.) — Die Fähigkeit zur Verdrängung von W. von der Oberfläche eines festen Körpers durch eine Emulsion wird mit der Gleichung $\Delta E = 2 \cdot \gamma_{A/B} \cdot \cos\Theta$ (ΔE = Differenz der Adhäsion der Fl. A u. B zum Festkörper, der jeweils in A u. B eingetaucht ist, γ = Einheit der Energie an der Phasengrenzfläche A/B, Θ = Grenzwinkel) beschrieben. Petroleum u. Ölsäure benetzen im Gemisch feuchten Apatit besser als beide Komponenten einzeln. Bei pH $>$10 wirkt die hohe OH^--Konz. der Benetzung entgegen. F. Urban. 5828□

Dreidimensionale Filtration an einem kreisförmigen Filterblatt. Howard Brenner. (A. I. Ch. E. Journal **7**, 666—71, Dez. 1961; New York, N.Y., Univ.; engl.) — Vf. definiert zunächst 2- u. 3-dimensionale Filtration. Bei der 2-dimensionalen Filtration steht das zu filtrierende Medium in einem Zylinder gleichen Durchmessers über der kreisförmigen Filterfläche, bei der 3-dimensionalen jedoch in einem seitlich prakt. unbegrenzten Raum über diesem Filter, so daß bei der Filtration ein in 3 Dimensionen wachsender sphäroider Kuchen aufgebaut wird. Die Theorie dieser beiden Filtrationstypen wird ausführlich behandelt. Ergebnisse entsprechender Experimente werden mitgeteilt u. daraus Folgerungen für die Praxis des Filtrierens gezogen.
Gerhard Günther. 5830□

Druckdifferenzprüfung von Rohren. G. H. Symons. (Mater. Res. Standards **1**, 539—41, Juli 1961; Detroit, Mich., Wolverin's Plant.; engl.) — Zur Prüfung der Dichtigkeit eines Gefäßes wird seine Fähigkeit, einen bestimmten Luftdruck zu halten, ermittelt. Dazu erzeugt man in 2 Prüfbehältern den gleichen Luftdruck u. verbindet sie dann durch ein U-förmiges Manometer. Nach genügender Wartezeit beobachtet man, ob zwischen beiden Gefäßen ein Druckunterschied vorliegt. W. Wesly. 5834□

Beitrag zur Kenntnis des Rührens. 12. Mitt. **Homogenisierung mischbarer Flüssigkeiten im turbulenten Bereich.** J. Procházka und J. Landau. (Collect. czechoslov. chem. Commun. **26**, 2961—73, Dez. 1961; Prague, Czechoslov. Acad. Sci., Inst. Chem. Process Fundamentals and Inst. Chem. Technol., Dep. Chem. Engng.; engl.) — 11. vgl.

C. **1962,** 13155. — Theoret., auf einem neuen Diffusionsmodell aufgebaute, sowie experimentelle Behandlung der Homogenisierung mechan. durchgerührter mischbarer Fll. im turbulenten, durch die Beziehung $n\theta$ = const gek. Bereich (n = Rührerdrehzahl, θ = Homogenisierungszeitdauer; die Konst. ist nur von der geometr. Anordnung abhängig). Als Resultat werden für drei Rührerformen (Turbine, dreiflügeliger Propellerrührer u. Vierschaufelrührer) Gleichungen angegeben, welche das Prod. $n\theta$ in Abhängigkeit von Rührer- u. Behälterdurchmesser sowie vom Homogenitätsgrad darstellen.
M. Ryba/Prag. 5840

Verallgemeinerte Gleichungen zur Berechnung von Füllkörperkolonnen unter verschiedenen Hydrodynamischen Bedingungen. W. W. Kafarow und W. Ss. Murawjew. (Журнал Прикладной Химии [J. angew. Chem.] **32,** 1992—2001, Sept. 1959; russ.) — Vgl. C. **1959,** 12961, **1960,** 15519. — Die Kriteriengleichungen der Stoffübertragungsprozesse bei Zweiphasenströmung in Füllkörperkolonnen (FK) werden durch die Einführung des Faktors f des dynam. Oberflächenzustandes ergänzt. Bei Gegenstrombewegung der 2 Phasen werden 4 Fälle unterschieden: Tropfenfilm-, Stromfilm-, Turbulenz- u. Emulgierungsbedingungen. Ein charakterist. u. krit. Punkt für FK ist der Inversionspunkt, an dem das Gebiet der getrennten Phasen in das Emulsionsgebiet übergeht. Die verschiedenen Phasen zeigen charakterist. Werte für das Verhältnis der Gas-Geschw. $w_0/w_{0inv.}$. (Film $<$0,45, Turbulenz 0,85—1,0), mit dessen Zunahme der in der Gleichung für f enthaltene Koeff. C nach einer Parabelkurve zunimmt. Die Abhängigkeit der Gleichungswerte von den drei hydrodynam. Bedingungen für leicht- u. schwerlösl. Gase u. W. werden in Diagrammen dargestellt. R. K. Müller. 5844□

Die Kontrolle der Eigenschaften von synthetisierten Adsorbenten vom Molekularsiebtyp nach der Methode der Gaschromatographie. N. I. Lulowa, L. I. Pigusowa, A. I. Tarassow und A. K. Fedossowa. (Химия и Технология Топлив и Масел [Chem. Technol. Brennstoffe Öle] **6,** Nr. 8, 59—63, Aug. 1961; Allunions-Forsch.-Inst. für Verarbeitung von Erdöl u. Erdgas u. Produktion synthet. Kraft- u. Treibstoffe; russ.) — Untersucht wird eine schnelle u. sichere Meth. zur Kontrolle der Qualität synthetisierter Molekularsiebe bei der Trennung von O_2, N_2, CH_4 u. CO mit Hilfe der Gaschromatographie. Die Qualität synthetisierter Proben einheim. *Zeolithe* entspricht hierbei den in der Literatur beschriebenen. W. Hantzsch. 5848□

Die Entfernung von Ruß aus Gasen. Jan Krakowski und Jerzy Pikoń. (Przemysł chem. **40,** 398—402, Juli 1961; Gliwice, Politechn. Śląska, Kat. Maszyn. chem.; pol.) — Das Abgas der Aktivrußproduktion wird durch Einleiten von Wasserdampf u. Einsprühen von W. (50—100 μ Tropfengröße) von Ruß befreit. In einer halbtechn. Anlage wurde eine Reinigung von 0,5 g auf 2 mg Ruß/m^3 Gas erzielt.
F. Urban. 5850□

Zur Frage der Beziehungen zwischen einzelnen Faktoren der normalen Technologie der Arsen-Soda-Schwefelreinigung. W. M. Kakabadse und N. G. Ssicharulidse (Кокс и Химия [Koks u. Chem.] **1960,** Nr. 11, 43—45; Grusin. Polytechn. Inst.; russ.) — Vgl. C. **1960,** 2645 u. 8733. — Für die Regelung der Gasreinigung (Entfernung von H_2S) u. die Regenerierung des As-Soda-Absorbenten (**I**) in Abhängigkeit von der Aktivität von **I**, der Rk.-Zeit von **I** mit dem Gas u. dem Verhältnis As_2O_3/H_2S werden Berechnungsformeln gebracht. F. Otto. 5850□

Die Entwicklung von Schwimmbett-Wäschern. A. W. Kielback. (Chem. Engng. Progr., Symposium Ser. **57,** Nr. 35, 51—54, 1961; Arvida, Quebec, Canada, Aluminium Co. of Canada; engl.) — Zum Auswaschen der bei der elektrolyt. Al-Gewinnung aus Al_2O_3 in Ggw. von Kryolith u. anderen F enthaltenden Salzen anfallenden Gase (HF, CO, CO_2, SO_2) u. des F, Al_2O_3, C u. Teer enthaltenden Rauches dient ein Wäscher (Abb.), in dem ein Leichtkugelbett nach oben u. unten durch ein Gitter begrenzt wird. Der von oben nach unten strömenden Wasch-Fl. steigen Gas u. Rauch entgegen, wobei die Kugeln vom unteren Gitter angehoben werden u. dabei dem Gas-Rauch-Gemisch zahlreiche Durchströmungskanäle bieten. Auf diese Weise sind ca. 95% der Fluoride u. bis 99% der Feststoffe auszuwaschen. W. Wesly. 5852□

Gegensinniger Gas- und Flüssigkeitstrom in Wäschern mit unregelmäßig eingeschütteten Raschig-Ringen. F. R. Whitt. (Brit. chem. Engng. **5,** 179—82, März 1960; London, War office; engl.) — Der Gasstrom bewegt sich an den Außenwänden der Ringe (— = 0,5″ u. weniger). Eine gleichmäßige Verteilung des Gasstromes auf die Innen- u. Außenseite konnte erst bei Ringen ab ⌀ = 22″ beobachtet werden. Die Fl. verteilt sich bei den kleinen Ringen gleichmäßig auf die Innen- u. Außenseite, doch bei den großen Ringen geht sie vollständig nach innen. F. Rosendahl. 5852□

Diffusion und Wärmeleitung in festen Katalysatoren. Knud Østergaard. (Dansk Kemi **43,** 89—94, Juni 1962; Inst. for kemiteknik, DtH; dän.) — Vf. gibt eine

Übersicht über die Berechnungs-Meth. von Effektivitätsfaktoren fester Katalysatoren u. deren Abhängigkeit von der katalyt. Rk.-Kinetik, den Rk.-Bedingungen u. den Eigg. des Katalysators. Diffusion von Fremdstoffen u. Wärmeleitung verändern Geschw., Ordnung, Selektivität u. Temp.-Unabhängigkeit der katalyt. Reaktion. W. Knoch. 5862□

Untersuchung des Rektifikationsprozesses in einer Füllkörperkolonne bei vermindertem Druck. N. I. Gelperin und N. N. Selenetzki. (Журнал Прикладной Химии [J. angew. Chem.] **32**, 2001—05, Sept. 1959; russ.) — Bei den untersuchten Zweistoffgemischen werden die Gleichgew.-Kurven der Konz. der niedriger sd. Komponente im Dampf u. in der Fl. (y bzw. x Mol.-%) dargestellt. Der Trennungs-Koeff. α nimmt beim Syst. Äthylbenzol–Chlorbenzol nur von 1,10 bei 760 Torr auf 1,12 bei 20 Torr zu, beim Syst. n-Octan–Toluol (für x = 50) von 1,90 auf 2,03, beim Syst. Diphenyloxid–Äthylsalicylat (für x = 50 u. 180 → 5 Torr) von 2,24 auf 2,28, beim Syst. Menthol–Menthon (x = 50, 180 → 5 Torr) von 1,60 auf 3.12. Die Abhängigkeit des Wrkg.-Grades (WG) einer Füllkörperkolonne (Zahl der theoret. Böden) von der Dampf-Geschw. u. vom Arbeitsdruck wird für diese Syst. in Diagrammen dargestellt. In allen Fällen nimmt der WG bei fallendem Druck zu, obwohl es sich um Syst. mit verschiedenem α handelt; offenbar gilt diese Gesetzmäßigkeit für alle oder die meisten fl. Gemische. R. K. Müller. 5864□

Über einige Füllstandsmeßverfahren in ortsfesten Behältern mit Hilfe radioaktiver Strahler. K. Diebner und H. Völcker. (Kerntechn., Isotopentechn. u. -chem. **3**, 379—81, Aug. 1961; Kiel, Univ., Inst. für Reine u. Angewandte Kernphys.; Flensburg, Schiffsingenieurschule; dt.) — Verschiedene Möglichkeiten, die Höhe der Füllung mittels radioakt. Strahler in Vorratsbehältern zu messen, werden behandelt. Dabei werden unterschieden: Verff., die das Durchdringungsvermögen von Gammastrahlung u. die Absorption des Füllguts ausnützen; Verff., die das Verlangsamungsvermögen für Neutronen der Substanzen verwenden, u. solche, bei denen durch Kernprozesse Sekundärstrahlen entstehen. M. Wiedemann. 5886□

Absolute Bestimmung der spezifischen Oberfläche mit dem Blaineschen Apparat nach Zagar und Schumann. H. Humpola. (Stavivo **38**, 201—03, Juni 1960; Brno, výzk. pracoviště OSMO; tschech.) — Das von Žagar u. Schumann (C. **1955**, 1809) vorgeschlagene Verf. wird erläutert. Es ermöglicht die Best. der spezif. Oberfläche im Bereich 1500—9000 cm²/g mit guter Reproduzierbarkeit. R. K. Müller. 5888□

Korrosionsversuche an den Wärmeaustauschern des Kernreaktors BR 2. P. Renders. (Bull. Centre belge Étude Doc. Eaux **1961/III**, 131—41; Centre Étude de l'Énergie Nucléaire; franz.) Labor.-Verss. über die Korrosion an Heizelementen, Anschlüssen aus Stahl, Al u. Be, Wärmeaustauschern u. a. am Kernreaktor BR 2 verliefen relativ positiv. Gut bewährt hat sich als kathod. Schutz Aluminium 3 S, plattiert mit Aluminium 72 S. Die auftretenden Korrosionsarten u. Maßnahmen dagegen wurden beschrieben. A. Leibbrandt. 5894□

Einige Reaktionen zwischen Thoriumoxid und hemmenden Flüssig-Schwermetallen. G. H. Broomfield, J. M. Matthews und A. Bartlett. (J. nuclear Energy, Part B **1**, 221—28, Febr. 1961; Harwell, Berks., Atomic Energy Res. Establishment; engl.) — Zur Darst. fl. Metallsuspensionen, die als Brutmantel innerhalb von Flüssigmetallreaktoren Verw. finden, wird ThO_2 mit Pb-, eutekt. Pb–Bi- u. Bi-Schmelzen bei 500—600° vermischt. Die bis zu 18 Vol.-% ThO_2 enthaltenden Suspensionen werden nach Zirkulation in therm. u. Pumpenkreislauf-Syst. auf Rkk. des ThO_2 mit dem als Korrosionshemmstoff zugesetzten Mg u. Zr untersucht. Es zeigt sich, daß Mg bei eutekt. Konz. in Bi mit 0,54% Mg u. in Pb mit 2,2% Mg bei Temp. über 400° teilweise ThO_2 unter Bldg. der festen, intermetall. Verbb. $ThBi_2$ u. $ThPb_3$ red., die die therm. Konvektion der Suspension während des Kreislaufs behindern; bei normalem Zusatz von 0,1% Mg wird dagegen die Löslichkeit des gebildeten Th in der Suspension bei 400° nicht überschritten. Einfl. des ThO_2 auf den Korrosionsschutz der im Syst. verwendeten Stahlröhren durch ZrN-Filmtechnik werden dagegen nicht festgestellt. Die rheolog. Eigg. der Bi-Schmelzen werden durch suspendiertes ThO_2 nicht beeinträchtigt. In Pb-Schmelzen zeigt sich dagegen mit der Zeit ein Absetzen des ThO_2 an der Oberfläche; davon abgesehen sind jedoch alle untersuchten Suspensionen physikal. stabil. H. D. Freyer. 5894□

Betrachtungen über die Feststoff–Phase-Beziehungen im Wirbelbett. 1. Mitt. Max Leva. (Brit. chem. Engng. **5**, 703—07, Okt. 1960; engl.) — Es werden mathemat. Gleichungen u. die sich daraus ergebenden Beziehungen wiedergegeben, mit denen es möglich ist, den Übergang in den Fließzustand u. den Raumbedarf des ausgedehnten Bettes zu berechnen. F. Rosendahl. 5904□

Quantitative Charakteristik von Reaktoren mit Wirbelschicht auf Grund der Vermischung fester Teilchen. I. Ja. Tjurjajew und A. L. Zailingold. (Журнал Прикладной Химии [J. angew. Chem.] **33**, 1785—90, Aug. 1960; russ.) — Es wurde die Abhängigkeit der Wirksamkeit des Mischens (MW) fester Teilchen von den hydromechan. Bedingungen in der Wirbelschicht von feinkörnigem Material untersucht u. festgestellt, daß die MW direkt proportional der angegebenen linearen Geschw. des Gases u. der Teilchengröße u. umgekehrt proportional dem Verhältnis von Schichthöhe/Ø der App. ist. Es wurde ferner eine mathemat. Abhängigkeit gefunden, die bei den angegebenen Bedingungen eine quant. Charakteristik des Reaktors mit Siedeschicht auf Grund der tatsächlichen Teilchenmischung ermöglicht. C. Kozák. 5904□

Molybdän-Wolfram-Katalysatoren bei der Chlorierungsreaktion von Paraffinkohlenwasserstoffen. Ss. D. Mechtijew und A. Je. Kalauschin. (Азербайджанское Нефтяное Хозяйство [Erdöl-Wirtsch. Aserbaidshan.] **40**, Nr. 10, 37—39, Okt. 1961; russ.) — Über Mo-W-Katalysatoren werden aus gasförmigen paraffin. KW-Stoffen *Mono-*, *Di-* u. *Polychlorbutane* gewonnen. Mo- u. W-Chloride weisen eine gute katalyt. Wirksamkeit u. Beständigkeit auf. Es wird ein Herst.-Verf. für die genannten Chloride angegeben. Ergebnisse der Röntgenstrukturanalyse des Kontaktes sind angeführt. H. V. Adolphi. 5904□

H_2. Betriebsschutz. Feuerschutz

Experimentelles Material zur Begründung der höchstzulässigen Phenolkonzentration in der Luft. B. M. Muchitow. (Гигиена и Санитария [Hyg. u. Sanitätswes.] **27**, Nr. 6, 16—24, Juni 1962; Zentr. Inst. für Ärztefortbldg.; Lehrstuhl für Kommunalhygiene; russ.) — Verss. am Menschen zeigen, daß die Geruchsgrenze für *Phenol* (**I**) 0,022 (mg/m³), die Grenze der reflektor. Einw. (RE) auf die Lichtempfindlichkeit des Auges (LE) 0,0155 u. auf die der Bldg. des bedingten elektrocorticalen Reflexes 0,0156 beträgt. Durch **I**-Konzz. von 0,0125 u. 0,0137 mg/m³ wird die RE auf die LE sowie die elektr. Aktivität des Gehirnes nicht beeinflußt. Die einmalige höchstzulässige sowie die mittlere 24 Std.-Konz. des **I** in der Luft wurde vom Vf. auf 0,01 mg/m³ festgesetzt. Verss. an weißen Ratten zeigen, daß nach 61 Tagen chron. Intoxikation mit **I**-Konzz. von 5 u. 0,1 mg/m³ Luft eine Veränderung der motor. Chronaxie des Porphyrinumsatzes u. der Cholinesteraseaktivität eintritt; bei **I**-Konz. von 0,01 mg/m³ treten diese Erscheinungen nicht auf. S. Baryschnikow. 5930

Kornanalyse von Mikrosorbanfilterproben im Rahmen gravimetrischer Staubmessungen. Karl Georg Schmidt. (Staub **22**, 134—38, 1/3. 1962; Bonn, Hauptverb. der gewerblichen Berufsgenossenschaften, Staubforsch.-Inst.; dt.) — Beschreibung eines Gerätes zur Sedimentationsanalyse kleiner Staubmengen u. zur Gewinnung einer Fraktion $< 5\ \mu$ aus Filterproben. Bei Anwendung von Vorabscheidern für groben Staub liefert die Aufbereitung der Probe einen Grundwert, auf den man die mit verschiedenartigen, gravimetr. Staubsammelgeräten gewonnenen Werte bezieht. W. Wesly. 5932□

Über das Auftreten von Kohlensäure im Werra-Gebiet. Walther Müller. (Freiberger Forschungs-H., Reihe A, Heft **101**, 1—99, Juli 1958; dt.) — Anlaß zu der Monographie war ein schwerer CO_2-Ausbruch auf der Schachtanlage Menzengraben bei Stadtlangsfeld/Rhön am 7. Juli 1953. Vf. behandelt zunächst die geolog. Verhältnisse in den CO_2-gefährdeten Gruben im Werra-Kaligebiet, dann allg. Auftreten von CO_2 über Tage in Tiefbohrungen, Schächten u. in den Grubenbauen. Nach einem Überblick über die Vorgänge bei CO_2-Ausbrüchen werden kurz die Betriebserschwernisse in ausbruchsgefährdeten Gruben, der heutige Stand der bergmänn. Erfahrungen u. vorbeugende Maßnahmen zur Verhütung von Unfällen u. Schäden bei Gasausbrüchen behandelt. C. Gottfried. 5936

Arbeiten mit gasförmigem Fluor und Chlortrifluorid im Laboratorium. Joseph Gordon und F. L. Holloway. (Ind. Engng. Chem., int. Edit. **52**, Nr. 5, 63 A—66 A, Mai 1960; Gen. Chem. Div., Allied Chem. Corp.; engl.) — Übersicht über die Sicherheitsmaßnahmen beim Arbeiten mit gasförmigem F_2 u. ClF_3, bes. die Aufbewahrung in geschlossenen Behältern. W. Wesly. 5936□

Die Gefährlichkeit organischer Peroxide. A. M. E. Siemens. (Brit. Plastics **35**, 357—60, Juli 1962; London, Novadel Ltd.; engl.) — Unters.-Meth. (Zers.-Punkt, Reibung, Fallhammer, Druck-Entw. u. Entflammungs-Temp.) zur Festlegung der sicheren Handhabung von organ. Peroxiden werden mitgeteilt. Die Ergebnisse sind in 7 Tabellen zusammengefaßt. G. Heintz. 5936□

Explosion eines Wärmeaustauschers in einer Stickstoff-Waschanlage. S. F. Bohlken. (Chem. Engng. Progr. **57**, Nr. 4, 49—52, April 1961; Ymuiden, Niederl., N. V. Mekog. Labor.); engl.) — Die Explosion eines Wärmeaustauschers einer N-Waschanlage für konvertiertes Gas ist wahrscheinlich auf die Ggw. von NO (akkumuliert zu harzähnlichen Prodd.) zurückzuführen. Zur Verhütung solcher Vorkommnisse werden mehrere Maßnahmen getroffen, wie Zusatz von $Na_2Cr_2O_7$ zum CO_2-Waschwasser, laufende, selbsttätige NO-Best. (Oxydation mit $KMnO_4$), Begrenzung des zulässigen NO-Geh. auf 0,01 mg/kg. W. Wesly. 5936□

Sicherheit von Baumaterialien, die bei der Sprengstoffherstellung verwendet werden. F. van Zeggeren. (Canad. J. chem. Engng. **39,** 175—78, Aug. 1961; McMasterville, Quebec, Canada, Canadian Ind. Ltd., Centr. Res. Labor.; engl.) — Übersicht über die in Sprengstoffabriken durch Funken, Reibung, Stoß oder Wärme drohenden Gefahren u. die Sicherheitsmaßnahmen. — 16 Literaturangaben. W. Wesly. 5936□

Die in den USA und der UdSSR gegenwärtig gültigen maximal zulässigen Konzentrationen giftiger Gase, Dämpfe und Stäube in der Luft von Fabrikationsräumen. R. Ss. Worobjewa. (Гигиена и Санитария [Hyg. u. Sanitätswesen] **27,** Nr. 8, 79—85, Aug. 1962; Med. Ssetschenow-Inst., Lehrstuhl für Arbeitshygiene; russ.) — Aus dem Vgl. der in den USA u. in der UdSSR festgesetzten Normen für die höchstzulässigen Konzz. von giftigen Gasen u. Dämpfen sowie Staubteilchen in der Luft geht hervor, daß in den USA Normen für 69 Verbb., bes. für Aerosole der Bunt- u. Seltenen Metalle fehlen, die in der UdSSR bereits vorgesehen sind. Normen für die höchstzulässige Konz. einiger Verbb. sind nur in der amerikan. Reglementierung vorhanden. — 11 Literaturangaben. S. Baryschnikow. 5940

Der 3.4-Benzpyrengehalt in den Abgasen von Kokereien und in den Verunreinigungen der Luft. N. Ja. Janyschewa, I. Ss. Kirejewa und N. N. Ssershantowa. (Гигиена и Санитария [Hyg. u. Sanitätswesen] **27,** Nr. 8, 3—7, Aug. 1962; Ukrain. Forsch.-Inst. für Kommunalhygiene; russ.; Auszug: engl.) — Der Geh. an *3.4-Benzpyren* (**I**) in den Abgasen, die an den oberen Oberflächen der Koksöfen abgenommen wurden, beträgt 1,27—276,9 γ/m^3. Der **I**-Geh. der Luft 500m unter dem Winde der Kokereien beträgt 0,0540—0,533 γ/m^3. Es wurde der **I**-Geh. im Fabrikstaub in 500 bis 2000 m Entfernung von einer Kokerei im Laufe von 6 Monaten verfolgt. S. Baryschnikow. 5948

United Chemicals (London) Ltd. (Erfinder: Andrew Bandi Futo und Frank Allsop), **Schutzmaterial gegen ionisierende Strahlungen,** bestehend aus einem bei wenigstens 1000 lbs./sq.in. gepreßten Block aus wenigstens 70 (Gew.-%) eines zerkleinerten dichten Materials (Baryt, Eisengrieß, Magnetit, Witherit, calcinierter Magnesit, Hämatit, Ilmenit, Kupferschlacke usw.) u. bis 30 Zement. — Beispiel: 90 Baryt, 10 Zement, 0,25 Pektat. (**Aust. P. 228 958** vom 22/7. 1958, ausg. 21/7. 1960. E. Prior. 23/7. 1957.) K. Demmler. 5932

Chemische Fabrik Grünau Akt.-Ges., Frankfurt/M., **Feuerlöschmittel,** enthaltend 50—90 (Teile) NH_4-Phosphat, 15—30 $(NH_4)_2SO_4$ (**I**) u. 8—20 $BaSO_4$ (**II**), z. B. 50 $(NH_4)H_2PO_4$, 16 $(NH_4)_2HPO_4$, 22 **I**, 12 **II**, je 1 SiO_2, Mg-Stearat, 1 Hexamethylentetramin u. 2 $Ca_3(PO_4)_2$. (**Ind. P. 66 597** vom 31/1. 1959, ausg. 13/8. 1960. E. Prior. **12/1.** 1959.) C. Lüttgen. 5945

H_3. Elektrotechnik

Erosion-Prüfverfahren mit schiefer Ebene und Kriechspuren flüssiger Verunreinigungen. K. N. Mathes und E. J. Mc Gowan. (Nat. Acad. Sci. — Nat. Res. Council, Publ. Nr. **973,** 121—24, Jan. 1962; Schenectady, N. Y., Gen. Electr. Co.; engl.) — Fehlerhaftes, elektr. Verh. der Oberfläche von Isoliermitteln (Erosionen u. Kriechströme) wird durch viele Faktoren beeinflußt. Bei bekannten u. reproduzierbaren Betriebsbedingungen läßt sich die Eignung von Werkstoffen bzgl. Festigkeit gegen Erosionen u. Kriechströme durch die Prüfung mit Kriechspuren fl. Verunreinigungen auf der schiefen Ebene vergleichen. Man nimmt aber an, daß Art u. Konz. der Isolationsverunreinigungen stark schwanken, so daß eine Normung des genannten Prüf-Verf. nur dann gerechtfertigt ist, wenn Art u. Konz. einer Verunreinigung festgelegt werden können. W. Wesly. 5956□

Elektrische Gasokklusion in Heißkathoden-Entladungsröhren. G. Carter. (Vacuum [Crawley, Sussex] **9,** 190—200, Juli/Sept. 1959; Liverpool, Univ., Dep. of Electr. Engng.; engl.) — Die Okklusion von Restgasen in Entladungsröhren kann auf chem. Prozessen zwischen Gas u. Elektroden bzw. dem Material der Kolbenwand beruhen. In der vorliegenden Unters. wird demgegenüber der Fall der elektr. oder elektromechan. Sorption (nach Langmuir) behandelt, bes. für den Fall extrem niedriger Drücke ($< 10^{-6}$ mm Hg). Die Gassorption ist in diesem Fall abhängig von der Elektronenemission der Kathode u. damit dem Ionisierungsgrad des Gases. In einer Tabelle sind

Werte verschiedener Autoren sowie solche des Vf. über die maximale Sorptions-Geschw. in l/s/mA zusammengestellt, u. zwar für Restgase, N_2, He, Ne, Ar u. Kr. Die Mengen liegen zwischen 0,1 u. 10 ml/s/mA. Der *Clean-up*-Effekt wird physikal. gedeutet als eine Wechselwrkg. der mit einer gewissen Geschw. auf die Kolbenwand auftreffenden Ionen. Dabei muß angenommen werden, daß diese Gase in die Mol.-Struktur des Glases bis zu einer Tiefe von größenordnungsmäßig 10 Mol.-Schichten eindringen. Eine andere Deutung geht von der Annahme aus, daß die ionisierten Gasatome in Oberflächenrisse des Glases eindringen u. dort okkludiert werden. Welcher der beiden Mechanismen, oder ob eine Kombination beider für den elektr. *Clean-up*-Effekt maßgebend ist, kann auf Grund des vorliegenden Materials nicht entschieden werden. W. Reusse. 5974□

Gießen von dünnen Folien. Anwendung bei der Fabrikation von Dielektrika für keramische Kondensatoren. G. Dumoulin. (Bull. Soc. franç. Céram. **1961**, Nr. 52, 21—26, Juli/Sept.; Le Condensateur Céram.; franz.) — Um Dielektrika mit einer Dicke von ca. $^1/_{10}$ mm herzustellen, wird der auf eine ebene horizontale Platte gegossene Schlicker unter einem Messer entlang geführt, dessen Entfernung von der Platte die Dicke der Folie bestimmt. Die von der Platte abgelöste Folie darf weder Löcher, Unebenheiten u. Staub aufweisen. Da die Brenn-Temp. gestanzter u. gegossener Kondensatoren oft sehr verschieden sind, was z. B. einen starken Einfl. auf die dielektr. Eigg. von $BaTiO_3$-Kondensatoren hat, müssen in diesen Fällen Korrektionen vorgenommen werden. A. Leibbrandt. 5982□

English Electric Co. Ltd., London, England, **Herstellung von Gegenständen mit elektronisch leitender Oberfläche.** Man erhitzt Gegenstände, die ganz oder nur an ihrer Oberfläche aus Glas der nachfolgend genannten Zus. bestehen, in O-haltiger Atmosphäre bis dicht unter dem Erweichungspunkt des Glases liegenden Temperaturen. Zus. des Glases: 36—55 (Mol-%) Mn-Oxide (berechnet als MnO), 0—20 Al_2O_3, 35—56 SiO_2. Bis zu 5 MnO können durch ein Alkalioxid ersetzt sein. (**Niederl. P. 98071** vom 12/9. 1958, ausg. 15/5. 1961. E. Prior. 13/9. 1957.) F. Böhm. 5953

Siemens & Halske Akt.-Ges., Berlin und München, **Herstellung von hochreinem Silicium** oder anderer *Halbleiterkörper*, bei dem ein langgestreckter, dünner, an seinen Enden durch Elektroden gehaltener, aus hochreinem Si u. dgl. bestehender Trägerkörper sehr geringer Leitfähigkeit durch einen über die Elektroden zugeführten elektr. Strom auf hohe Temp. erhitzt u. durch den aus einer den Träger umgebenden, bes. an ihm entlang strömenden Atmosphäre aus einer gereinigten gasförmigen, ggf. mit reinem H_2 vermischten Halbleiter-Verb., wie $SiHCl_3$, abgeschiedenen u. an den Träger ankristallisierenden Halbleiter allmählich zu einem dicken Halbleiterkörper verstärkt wird. Die Betriebsstromquelle reicht allein zu einer genügenden anfänglichen Vorwärmung des Trägers nicht aus. Daher werden neben ihr zusätzliche Mittel zur Vorwärmung, z. B. eine Hilfsstromquelle hoher Spannung, Erhitzung durch Wärmestrahlung von außen, Bespülung mit heißen Gasen, u./oder zur Verminderung seiner Abkühlung (Anwendung eines Vakuums) in einem derartigen Ausmaß angewendet, daß die mit der erzielten Temp.-Steigerung immer flacher werdende Stromspannungscharakteristik des Trägers, u. zwar nur in ihrem abfallenden, instabilen Bereich, von der Stromspannungscharakteristik der im Verein mit den äußeren Schaltelementen geeignet zur dimensionierenden Betriebsstromquelle geschnitten wird, woraufhin der Träger allein durch den von der Betriebsstromquelle gelieferten Betriebsstrom trotz der im Betrieb auftretenden starken Kühlung unter Beibehaltung eines Arbeitspunktes im abfallenden, instabilen Bereich der Stromspannungscharakteristik des Trägers auf der zur Zers. der Halbleiter-Verb. u. zur kompakten Abscheidung des Halbleiterstoffs auf dem Träger erforderlichen Temp. gehalten wird. — Schaltschema, Diagramme. (**Oe. P. 213 842** vom 21/10. 1959, ausg. 10/3. 1961. D. Prior. 23/12. 1958.) W. Wittholz. 5953

Comp. Générale de Télégraphie sans Fil, Frankreich (Erfinder: Micheline Calis und René Clement), **Herstellen eines keramischen Dielektrikums.** Eine Mischung aus 80—100 (g) $CaTiO_3$, 10—30 Bi_2O_3 u. 3—6 TiO_2 wird bei $\leq 1300^0$ gebrannt; 20—50 $TiO_2 \cdot 2\,MgO$ sowie bis zu 50 SnO_2 können der Ausgangsmasse zugesetzt werden. Diese besteht z. B. aus 85 $CaTiO_3$, 15 Bi_2O_3, 5 TiO_2, 20 $TiO_2 \cdot 2\,MgO$ u. 20 SnO_2. (**F. P. 1 215 269** vom 13/11. 1958, ausg. 15/4. 1960.) Hans Hoffmann. 5957

A. K. Wardenburg, B. L. Ajsenberg und I. Ja. Kaplunow, **Herstellung elektrisch isolierender Imprägnier- und Gießmassen** auf Vinylbasis, dad. gek., daß zwecks Verringerung der Flüchtigkeit der Monomeren eine Vorpolymerisation durchgeführt wird u. danach bis zu 20% Dimethacrylate zugesetzt werden. — Styrol, ggf. im Gemisch mit $\leq 20\%$ Butylmethacrylat, wird mit Benzoylperoxid bis zu einer Viscosität von 5—15 Min. (Viscosimeter W 3—4; 20°) vorpolymerisiert, danach werden ≦20% Triäthylenglykoldimethacrylat zugesetzt. (**UdSSR. P. 122 186** vom 22/11. 1958.) L. Großner. 5957

G. A. Kotljarewski, R. Ss. Barschtein und W. G. Gorbunowa, **Froststbeständiges Kabel-Plastikat** (bis —60° beständig) auf PVC-Grundlage, wobei ein Weichmacher im Verhältnis 1:1 oder 2:3 zum Polymeren zugesetzt wird, aus 1 (Mol) Phthalsäureanhydrid, 2 Triäthylenglykol, 2 Sebacinsäure u. 2 Fettalkohol (C_4—C_6), mit Molgew. 1000—1200. Dabei verhalten sich die niedermol. Monoester zu den hochmol. Polyestern wie 1:1. (**UdSSR. P. 118 350** vom 17/3. 1958.) B. Pankow. 5957

N. V. Philips' Gloeilampenfabrieken, Eindhoven, Niederlande, **Magnetogrammträger, insbesondere Magnettonband,** dessen magnetisierbare Schicht auf je 12 m² wenigstens 1 g Molybdänsulfid mit einer Teilchengröße zwischen 0,5 u. 10 μ zur Verringerung des Reibungszuges enthält. (**Oe. P. 216 234** vom 2/9. 1959, ausg. 10/7. 1961. Niederl. Prior. 5/9. 1958.) W. Wittholz. 5959

N. V. Philips' Gloeilampenfabrieken (Erfinder: Gerard Heinrich Jenker), **Ferromagnetisches Material,** bestehend aus 2—21 (Mol.-%) AO, 5—45 MeO u. 52—83 Fe_2O_3, wobei A Ba, Sr, Pb, Ca u. Me, Fe, Mn, Co, Ni, Zn, Mg, Cu oder den 2wertigen Komplex Li + Fe(III)/2 bedeutet. (**Aust. P. 230 631** vom 15/4. 1958, ausg. 3/11. 1960. Niederl. Prior. 18/4. 1957.) C. Lüttgen. 5959

Research Institute for Iron, Steel and other Metals of the Tohoku University, Japan (Erfinder: Yoshimitsu Kikuchi), **Ferritherstellung.** Zur Herst. eines magnetostriktiven Schwingungselements wird eine feingepulverte Mischung aus 30—60 (Mol-%) Fe_2O_3, 0,1—65 NiO, 0,1—65 CuO, 0,1—40 ZnO u./oder CuO u. 0—20 CoO nach dem Verformen bei 1000—1450° gesintert. — 3 Diagramme. (**F. P. 1 214 857** vom 24/5. 1958, ausg. 12/4. 1960. Jap. Prior. 28/5. 1957.) Hans Hoffmann. 5959

Farbenfabriken Bayer Akt.-Ges., Deutschland (Erfinder: Franz Hund), **Ferritherstellung für Hochfrequenzzwecke.** Zu einer Mischung aus wss. Lsgg. von 2wertigen Fe-Salzen u. Salzen anderer 2wertiger Metalle, wie Co oder Ni, werden zur Ausscheidung der Metallionen alkal. Fällungsmittel zugefügt, worauf die Fl. mit einem Oxydationsmittel, bes. mit Luft oder einer aromat. Nitro-Verb. (Nitrobenzol), behandelt wird. Nach Abtrennen des Nd. wird dieser auf ca. 1200° in Ggw. von Luft oder von O_2 erhitzt. (**F. P. 1 213 359** vom 19/1. 1959, ausg. 31/3. 1960.) Hans Hoffmann. 5959

Dow Chemical Co., übert. von: Roy C. Kirk und John L. Robinson, Midland, Mich., V.St.A., **Magnesium-Elektrode für Primärelemente.** Mg-Legg. mit 1—12% Al werden erhitzt bis oberhalb ihrer Solidus-Temp., jedoch noch unterhalb ihrer Liquidus-Temp. u. schnell abgekühlt, wobei die Abkühlungs-Geschw. größer als 500° F/min sein soll. Ein Teil der Leg. wird dabei in die feste Verb. $Mg_{17}Al_{12}$ umgewandelt, durch welche ein schnelles Ansprechen der Mg-Elektrode bei der Inbetriebnahme des Elements bewirkt wird. (**A. P. 2 952 727** vom 4/4. 1957, ausg. 13/9. 1960.) F. Laaß. 5971

G. I. Bjeljajew, **Rückgewinnung verbrauchter aktiver Elektrodenbestandteile** bei alkal. Cd/Ni- u. Fe/Ni-*Akkumulatoren.* Statt die Bestandteile der negativen Elektrode im Cd/Ni-Akku mechan. von der metall. Haut zu trennen, wird die Gesamtplatte zerschnitzelt u. das Metall magnet. abgetrennt. Die akt. Masse wird dann 4mal mit W. (80—90°) gewaschen, bei 60—80° getrocknet u. zur Wiederverw. fein zermahlen (UdSSR. P. 109 540). Die Fe-Kathode im Fe/Ni-Akku wird vor dem Zerschnitzeln mit kaltem W. gewaschen u. bei 350—400° getrocknet. Nach der Metallabtrennung wird die verbleibende Masse gemahlen, gesiebt u. 30 Min. bei 540—620° behandelt (UdSSR. P. 117 958). Ähnlich wird die Ni-haltige Anode von Fe getrennt u. aufgearbeitet (UdSSR. P. 120 236). (**UdSSR. PP. 109 540** vom 17/12. 1947, **117 958** [Zusatz-Pat.] vom 3/2. 1958 u. **120 236** [Zusatz-Pat.] vom 27/1. 1958.) B. Pankow. 5971

Electric Storage Battery Co., N.J., übert. von: Joseph C. Duddy, Langhorne, Pa., V.St.A., **Diaphragma für Ag–Zn- oder Ni–Cd-Akkumulatoren** werden hergestellt durch Einbringen von Ionenaustauscherharz in weite Poren aufweisende Träger (I) in Form von Filmen oder Röhrchen aus Polyäthylen, Polyvinylchlorid oder deren Mischpolymere oder aus Asbest. Zum Beispiel werden **I** mit Methacrylsäure, der geringe Mengen Divinylbenzol u. Benzoylperoxid zugefügt sind, imprägniert u. dann auf 95° erhitzt. — Zeichnungen. (**A. P. 2 965 697** vom 5/11. 1956, ausg. 20/12. 1960.) F. Laaß. 5971

American-Marietta Co., Stoner-Mudge Co. Division, Chicago, Ill., übert. von: Daniel M. Gray, Sewickley, Pa., V.St.A., **Separatoren für Akkumulatoren** werden aus Papier, welches wenigstens 90% α-Cellulose enthält u. eine Dicke von

0,031 in. aufweist, durch Imprägnieren mit einer Lsg. hergestellt, die ein Mischpolymer (I) aus Vinylchlorid u. Vinylidenchlorid (bes. Mischverhältnis 60:40) u. als Lsgm., z. B. Bzl., Toluol oder Xylol, enthält. In 100 (lbs.) Papier werden dabei 18 **I** eingebracht. Als zusätzliches Imprägniermittel dient ein mit trocknenden Ölen modifiziertes, öllösl., in der Hitze nicht härtbares Phenol-Aldehyd-Harz, z. B. ein Prod. mit 50% Harz aus 1 Mol p-Phenylphenol u. 1 Mol Formaldehyd u. mit 50% Tungöl, welches in Mengen von 5—25%, bezogen auf **I**, aufgebracht wird. (**A. P. 2 953 622** vom 26/2. 1957, ausg. 20/9. 1960.) F. Laaß. 5971

N. V. Philips' Gloeilampenfabrieken, Eindhoven, Niederlande, **Natriumdampfentladungslampe,** die ein im wesentlichen aus Ne bestehendes Edelgasgemisch enthält. Die Innenseite des Entladungsgefäßes besteht aus einem sich prakt. nicht verfärbenden Boratglas der Zus. 13—26 (%) B_2O_3, 0—20 Al_2O_3, 0—8 SiO_2, 55—85 Erdalkalioxide u. 0—3 Alkalioxide, unter der Bedingung, daß der Geh. an $BaO = 40—65$, an $SiO_2 + B_2O_3 = 15—30$ u. an $SiO_2 + Al_2O_3 = 5—25$. (**Oe. P. 218 623** vom 5/1. 1961, ausg. 11/12. 1961. Niederl. Prior. 9/1. 1960.) O. Kayser. 5973

N. V. Philips' Gloeilampenfabrieken, Eindhoven, Niederlande, **Natriumdampfentladungsröhre** mit positiver Säule, die eine Edelgasfüllung enthält. Die Innenseite des Entladungsgefäßes besteht aus einem Boratglas folgender Zus.: 13—26 (%) B_2O_3, 0—20 Al_2O_3, 0—8 SiO_2, 55—85 Erdalkalioxide u. 0—3 Alkalioxide, wobei der Geh. an BaO 40—65, an $SiO_2 + B_2O_3$ 15—30 u. an $SiO_2 + Al_2O_3$ 5—25 beträgt. (**Oe. P. 218 624** vom 5/1. 1961, ausg. 11/12. 1961. Niederl. Prior. 9/1. 1960.) O. Kayser. 5973

Commissariat à l'Énergie Atomique, Paris (Erfinder: André Barthaire, Chatenay-Malabry, André Benoit, Paris, und Pierre Jacquet, Sain-Mandé), Frankreich, **Zählrohr zur Strahlungsmessung.** Bei der Herst. werden seine z. B. aus Mo-haltigem rostfreiem Stahl bestehenden Metallflächen elektrolyt. poliert, bes. in einem Bad aus H_3PO_4, H_2SO_4 u. Chromsäure. Zum Vorbeizen dient eine wss. Lsg. von 10 (%) HNO_3 u. 2—3 NaF. Wenn als Polierelektrolyt ein Bad aus 95 Essig- u. 5 Perchlorsäure dient, wird anschließend mit HNO_3 elektrolyt. passiviert. (**D. A. S. 1 010 655** Kl. 21g vom 28/5. 1955, ausg. 19/6. 1957. **Schwz. P. 337 959** vom 27/5. 1955, ausg. 15/6. 1959. **Belg. P. 538 543** vom 27/5. 1955, ausg. 3/7. 1959. Alle F. Prior. 1/6. 1954. **F. P. 1 105 641** vom 1/6. 1954, ausg. 6/12. 1955.) H. Kessel. 5975

Westinghouse Electric Corp. (Erfinder: Jacob van Broekhoven und Robert W. Repsher), V.St.A., **Phosphorescierendes Material** zum Überziehen von *Leuchtröhren.* Man verwendet Halophosphate (I) einer Teilchengröße von 4—11 μ. Die Verbb. **I** entsprechen der allg. Formel 3 $M_3(PO_4)_2$, 1 $M'L_2$ (L = Halogen oder Halogengemisch; M u. M' = 2wertige Metalle, bes. Erdalkalimetalle). — Zeichnung; Diagramm. (**F. P. 1 210 300** vom 17/9. 1958, ausg. 8/3. 1960. A. Prior. 18/9. 1957.) M. F. Müller. 5975

Radio Corp. of America, übert. von: Joseph A. Davis, Marion, Ind., V.St.A., **Herstellung eines Luminescenzmaterials.** Man glüht ZnS, in dem 0—10 (Mol-%) des Zn durch Cd u. 0—10 des S durch Se ersetzt sind, mit 0,001—0,1 Gew.-% Ag, Cu, Au oder Mn als Aktivator u. mit 1—4 (Gew.-%) $MgCl_2$, 0,5—4,0 NH_4Cl u. 0,05—2 Na_3PO_4 bei 900—1100°. (**A. P. 2 956 028** vom 23/5. 1958, ausg. 11/10. 1960.) K. Demmler. 5975

British Thomson-Houston Co. Ltd., London, England (Erfinder: Robert Stirling Wells), **Leuchtstoff,** bestehend aus einer festen Lsg. von Zn-Orthosilicat u. Ca-Silicat, aktiviert mit Mn, wobei das Mol-Verhältnis von CaO:Zn nicht weniger als 1:200 u. nicht mehr als 1:1 beträgt, das Mn als $MnCl_2 \cdot 4\,H_2O$ in das Ausgangsmaterial eingebracht ist u. auf jedes (Mol.) Zn u. CaO 0,0125—0,05 $MnCl_2$ kommen. (**E. P. 843 462** vom 11/10. 1955, ausg. 4/8. 1960.) K. Demmler. 5975

British Thomson-Houston Co. Ltd., London, England (Erfinder: Robert Stirling Wells), **Herstellung eines Leuchtstoffs,** der bei Erregung mittels kurzer UV- oder Kathodenstrahlen violett oder blauviolett luminesciert. Ein Gemisch aus GeO_2, MgO, MgF_2 u. TiO_2 oder Verbb. des Ge, Mg, F u. Ti, die beim Erhitzen GeO_2, MgO, MgF_2 u. TiO_2 bilden, wird unter nichtreduzierenden Rk.-Bedingungen auf 1100 bis 1200° erhitzt, wobei auf 1 (Mol) GeO_2 4,0—10 MgO + MgF_2 u. 0,0625—0,5 TiO_2 kommen u. das Mol-Verhältnis von MgO:MgF_2 zwischen 2,0:1 u. 200:1 liegt. (**E. P. 857 333** vom 30/11. 1956, ausg. 29/12. 1960.) K. Demmler. 5975

Sylvania Electric Products, Inc., Wilmington, Del., V.St.A., **Herstellung eines elektroluminescierenden Leuchtstoffes auf Zinksulfidbasis,** wobei bis zu 20 (Mol-%) Cd eine entsprechende Menge Zn u. bis zu 30 Se eine entsprechende Menge S ersetzen können, indem man das Grundmaterial mit soviel eines aus Cu u. einem Halogenid bestehenden Aktivator bei 1000—1300° glüht, daß ein Zwischenprod. mit $1 \cdot 10^{-4}$ bis $5 \cdot 10^{-3}$ Grammatomen Aktivator pro Mol. Grundstoff entsteht, u. man das erhaltene

Zwischenprod. nochmals unter Zusatz von wenigsten $1 \cdot 10^{-5}$ Grammatomen Aktivator pro Mol. Aktivator bei 700—950° glüht. (**E. P. 843 907** vom 17/12. 1958, ausg. 10/8. 1960. A. Prior. 30/12. 1957.) K. Demmler. 5975

Westinghouse Electric Corp., Pittsburgh, Pa., übert. von: Normann C. Beese, Verona, N.J., V.St.A., **Stabilisieren der Leuchtkraft von feinteiligem Leuchtmaterial** für Fluorescenzlampen. Man bringt bes. durch Befeuchten mit einer wss. Lsg. u. anschließendes Trocknen auf das Material $BaCl_2$ oder eine bei 300—675° in Ggw. von CO_2 u. Feuchtigkeit in $BaCO_3$ umsetzbare Ba-Verb. in Mengen von 0,005 bis 0,14 Gew.-% des Materials auf. (**A. P. 2 951 767** vom 29/10. 1958, ausg. 6/9. 1960.) K. Demmler. 5975

Westinghouse Air Brake Co., V.St.A. (Erfinder: Harvey L. Goering, Kenneth E. Hassler und Carl L. Meyer), **Kupferlegierung für die Herstellung asymmetrischer Leiter und Gleichleiterelemente.** Nach dem F. P. 1 161 273 wirken Konzz. von *Se* $>10^{-6}$ u. von *S* $5 \cdot 10^{-6}$ im Cu schädlich. Gemäß dem F. P. 72 146 sollen die Verunreinigungen (O_2 eingeschlossen) $\leqq 200 \cdot 10^{-6}$ sein, u. zwar Se $\leqq 2 \cdot 10^{-6}$, *Te* $\leqq 2 \cdot 10^{-6}$, S $\leqq 10 \cdot 10^{-6}$. Das Cu enthält noch zugefügtes *Pb* zwischen 50 u. $10000 \cdot 10^{-6}$. (**F.P. 72146** vom 3/8. 1957, ausg. 30/3. 1960. A. Prior. 30/10. 1956. **Zusatz zu F. P. 1 161 273; C. 1960, 5969.**) W. Hauswald. 5977

South African Council for Scientific & Industrial Research, Pretoria, Südafrikanische Union, **Herstellung von halbdurchlässigen Membranen aus Pergamentpapier.** Pergamentpapier wird mit einer sauren wss. Lsg. behandelt, die 1. ein Salz, welches N-Methylolamidgruppen besitzt, 2. ein Phenol mit mindestens 2 H-Atomen am Kern, die Formaldehyd anlagern u. 3. Formaldehyd enthält. Das imprägnierte Pergamentpapier wird auf 120° erhitzt u. getrocknet. Verw. zum *elektrodialyt. Entmineralisieren* von Wasser. (**E. P. 828 382** vom 1/11. 1957, ausg. 17/2. 1960. Südafrikan. Prior. 9/11. 1956.) P. Mayer. 5993

H_5. Anorganische Industrie

Versuche zum Ausschmelzen von Schwefel aus polnischem schwefelhaltigem Erz. Stefan Pawlikowski, Maria Ługowska und Stefan Pleśniak. (Chemik [Warszawa] **14**, 332—35, Sept. 1961; Gliwice, Politechn. Śląska, Kat. Technol. Wielk. Przem. nieorgan.; pol.) — Poln. *S*-Erz aus der Gegend von Tarnobrzeg mit 15—35% S wurde versuchsweise im Labor.-Maßstab ausgeschmolzen. Es wurde höchstens $^1/_3$ des im Erz enthaltenen S gewonnen. Die Ausbeute steigt mit der Härte des Erzes u. mit abnehmendem Geh. an Aluminiumsilicaten. Der im Erz verbleibende S kann zu SO_2 verbrannt werden. — 17 Literaturangaben. F. Urban. H 253□

Über die Anwendung von Reduktionsmitteln für die Regeneration verbrauchter Schwefelsäure. M. Ss. Wituchnowskaja und Je. A. Beljanskaja. (Журнал Прикладной Химии [J. angew. Chem.] **33**, 2427—34, Nov. 1960; Dnepropetrowsk, Chem.-Technol. Inst.; russ.) — Bei Verw. von CO als Red.-Mittel (RM) für SO_3 ist die Red.-Geschw. (RG) klein gegenüber der Geschw. der therm. Zers. (ZG) nach $2\,SO_3 \rightarrow 2\,SO_2 + O_2$. Daher treten größere Mengen SO_2 erst bei 700—800° auf, wenn das Gleichgewicht dieser Rk. sich nach der rechten Seite verschiebt. Umgekehrt ist bei Verw. von festem C als RM die RG größer als die ZG, u. es werden schon bei 500° 86% des SO_3 nach $2\,SO_3 + C \rightarrow 2\,SO_2 + CO_2$ zu SO_2 red.; dies Rk. verstärkt sich mit steigender Temp. bis zu einem Grenzwert, aber auch die Zers. nimmt zu, bes. stark von 600° an. Bei der Red. von SO_3 an C werden bei 700° 98% SO_3 in SO_2 übergeführt, bei 800° geht die Rk. weiter zu S. Wenn der in CO_2, CO u. O_2 + S übergeführte Anteil des SO_2 mit x, y u. z bezeichnet werden u. $A = SO_3 + SO_2 + CO_2$, $B = O_2$, $C = CO$ ist, ergeben sich die Gleichungen $x = [A(200 - 2a)]/[100 - (A + B + C)] - 2a$; $y = (100\,C - 2aC)/[100 - (A + B + C)]$; $z = (200\,B - 2aB)/[100 - (A + B + C)]$ (a = Ausgangsmenge des SO_3). Auf diese Weise können die Analysenwerte des Endgases (O_2, CO, saure Oxide) ausgewertet werden. R. K. Müller. H 253□

Auslaugung von Selen aus Schlamm nach der Methode des Leningrader Bergbauinstitutes auf einer versuchstechnischen Anlage. W. P. Gluchow, T. G. Ssitnikowa und I. A. Fedotow. (Цветные Металлы [Nichteisenmetalle] **34**, Nr. 1, 83—84, Jan. 1961; russ.) — Für das Ausbringen von *Se* dient Schlamm aus der elektrolyt. Raffination von *Cu*, bestehend aus 6—8 (%) *Se*; 1,0 *Te*; 19—20 *Cu*; 25 *Ni*; 1,5 *Fe*; 3,0 *S*; 25—30 *W.*, in welchem *Se* als *Naumannit* (Ag_2Se) oder als *Selenid* der *Pt*-Metalle vorhanden ist. Das Rösten des Schlamms in Ggw. von Na_2CO_3 erfolgt bei Beschickung des Ofens mit 800 bis 900 kg, Temp. 620—650°, Dauer 2—3 Std., Luftverbrauch 6 Nm^3/kg, wonach im Abbrand 0,05—0,1% Sb verbleibt. Else Heinemann. H 254

Union Carbide Corp., V.St.A. (Erfinder: Charles Richard Bater und Richard Slade Paul), **Reinigen von Wasserstoff.** Der N_2 u. CO enthaltende rohe H_2 wird $< -180^0$ mit bei dieser Temp. noch fl. KW-Stoffen mit 2—3 C-Atomen, z. B. Gemischen von Propan–Propylen, Propan–Äthan, Propylen–Äthan, Äthylen–Äthan, gewaschen, wobei der Dampfdruck der Wasch-Fl. ca. $^1/_{500}$ des N_2 bei gleicher Temp. beträgt. Die Wasch-Fl. wird regeneriert u. im Kreislauf geführt. — 4 Anlageschemata. (**F. P. 1 209 714** vom 1/9. 1958, ausg. 3/3. 1960. A. Prior. 6/9. 1957.) W. Wittholz. H 238

British Oxygen Co. Ltd., England, **Herstellung von Wasserstoff.** Methan oder methanreiche Gase werden mit O_2 in Ggw. von Ni-Katalysatoren bei 700—900° in CO u. H_2 gespalten, anschließend wird durch Zuführen von Wasserdampf CO in CO_2 u. H_2 umgewandelt. Nach Abtrennen der Verunreinigungen, bes. CO_2, aus dem Endprod. wird dieses verflüssigt. — Verf.-Schema. (**F. P. 1 217 272** vom 9/12. 1958, ausg. 3/5. 1960. E. Prior. 11/12. 1957.) W. Wittholz. H 238

Union Carbide Corp., übert. von: Arthur C. Jenkins, Tonawanda, Adam H. Malik, Buffalo, N.Y., und Roy L. Pruett, Charleston, W. Va., V.St.A., **Zersetzung von Ozon.** Man leitet ein O_3 enthaltendes Gas bei Temp. zwischen normaler Temp. u. -150^0 durch ein kristallines Zeolithmolekularsieb. (**A. P. 2 980 494** vom 13/4. 1959, ausg. 18/4. 1961.) K. Demmler. H 239

Deutsche Gold- und Silber-Scheideanstalt vormals Roessler, Frankfurt/M. (Erfinder: Hans Herzog, Konstanz, und Gerhard Käbisch, Rheinfelden), **Reaktivierung von Suspensions-Edelmetall-Katalysatoren** durch Behandeln mit Ammoniak, bes. in fl. Form. — Beispiele für die Reaktivierung der zur *Herst. von* H_2O_2 *nach dem Anthrachinon-Verf.* in die Hydrierstufe verwendeten *Pd-Mohr-Suspensionskatalysatoren.* (**D. A. S. 1 112 501** Kl. 12g vom 23/4. 1960, ausg. 10/8. 1961.) H. Roos. H 241

Phillips Petroleum Co., übert. von: Robert A. Findlay, Bartlesville, Okla., V.St.A., **Entfernen von Kohlensäure aus Ammoniak** durch Waschen mit Aufschlämmungen von Oxiden oder Hydroxiden der Erdmetalle, bes. CaO, wobei der Unterteil der Waschkolonne mit W. gewaschen wird. — Verf.-Schema. (**A. P. 2 955 910** vom 7/4. 1958, ausg. 11/10. 1960.) K. Demmler. H 243

Farbenfabriken Bayer Akt.-Ges., Leverkusen (Erfinder: Günter Henrich, Opladen), **Gewinnung von praktisch wasserfreiem Hydrazin** aus wss.Hydrazinlösung. Der Ausgangs-Lsg. wird je Mol. zu bindendes W. 0,2—0,5 Alkalihydroxid zugesetzt, aus dieser Mischung das N_2H_4 mit einem Amin der Formel NH_2R, wobei R ein Aryl- oder Alkylarylrest ist, in fl. Phase extrahiert, der Extrakt von der wss. Lsg. getrennt u. aus dem Extrakt das N_2H_4, bes. durch Dest., abgetrennt. (**D. A. S. 1 101 377** Kl. 12i vom 16/12. 1958, ausg. 9/3. 1961. **E. P. 890 240** vom 15/12. 1959, ausg. 28/2. 1962. D. Prior. 16/12. 1958.) E. Miessgang. H 243

René Magimel-Pelonnier und Léon Etcheverry, Frankreich, **Fließfähiger Schwefel.** Schwefelblume wird mit sehr kleinen Mengen Monomethyltrichlorsilan (I) rasch verrührt, oder man leitet in eine kleine, mit Schwefelblume beschickte, angewärmte Retorte unter schwacher Bewegung des S I-Dampf ein. Der S wird leicht beweglich u. gleicht in der Masse einer Flüssigkeit. (**F. P. 1 214 652** vom 28/1. 1959, ausg. 11/4. 1960.) W. Wittholz. H 253

Soc. d'Électro-Chimie, d'Électro-Métallurgie et des Aciéries Électriques d'Ugine, Frankreich (Erfinder: Alphonse Marcel Geyer), **Gewinnung von Natriumborhydrid** durch Extraktion mineralölhaltiger Rk.-Lsgg. bei 25—30° mit aliphat. Aminen, wie Monomethyl-, n-Propyl-, Isopropyl-, n-Butyl-, Isobutylamin, die sowohl Mineralöl als auch $NaBH_4$, aber nicht die Verunreinigungen lösen. Anschließend wird das tern. Gemisch dest., um das Lsgm. wiederzugewinnen. Aus dem Dest.-Rückstand krist. $NaBH_4$ aus, das vom Mineralöl getrennt u. mit Ae. gewaschen wird. (**F. P. 1 203 918** vom 29/7. 1958, ausg. 21/1. 1960.) W. Wittholz. H 258

Carlo Erba S. p. A., Italien, **Herstellung von Natriumborhydrid** durch Umsetzen von $NaHAl(OC_2H_5)_3$ mit BF_3 in einem Lsgm., wie Tetrahydrofuran, auch im Gemisch mit Xylol. Das entstandene $NaBH_4$ wird durch Extraktion mit Pyridin aus der Rk.-Masse gewonnen. (**F. P. 1 214 569** vom 23/1. 1959, ausg. 11/4. 1960. It. Prior. 24/1. 1958.) W. Wittholz. H 258

J. M. Huber Corp., V.St.A. (Erfinder: Robert B. Takewell und Frank W. Selfridge), **Herstellung von Ruß** aus KW-Stoffen durch vollständige Verbrennung unter Bldg. von heißen Gasen. Diese werden mit feinverteilten KW-Stoffen gemischt u. in einer Crackkammer unter Kohlenstoff-Bldg. behandelt. — 4 Zeichnungen. (**F. P. 1 235 328** vom 2/9. 1958, ausg. 8/11. 1960. A. Prior. 3/9. 1957.) M. F. Müller. H 260

Phillips Petroleum Co., V.St.A. (Erfinder: William Robert King), **Agglomerieren von Flockenruß** unter Zusatz von 40—55% W. u. unter Rühren in einem horizontalen Heizofen. Das granulierte Material wird dabei fortlaufend aus der App. abgelassen. — 2 schemat. Zeichnungen der Anlage. (**F. P. 1 203 601** vom 19/3. 1958, ausg. 20/1. 1960. A. Prior. 20/3. 1957.) M. F. Müller. H 260

Badische Anilin- & Soda-Fabrik Akt.-Ges., Deutschland (Erfinder: Paul Feiler), **Herstellung von aktiver Kohle** in diskontinuierlichem Betriebe aus kohlehaltigem Material durch Behandlung mit Gasen u./oder Dämpfen in der Drehtrommel. Dabei wird in mehreren Aktivierungsintervallen gearbeitet, wobei zwischendurch der von den entweichenden Gasen mitgerissene Staub in mehreren Etappen in Entstaubern oder Multicyclonen entfernt wird. Der dabei anfallende Staub wird in den Aktivierungsprozeß zurückgenommen. (**F. P. 1 233 849** vom 13/8. 1959, ausg. 12/10. 1960. D. Prior. 16/8. 1958.) M. F. Müller. H 260

Manufactures de Produits Chimiques du Nord (Établissements Kuhlmann), Frankreich (Erfinder: Philippe Kaikinger), **Herstellung von Phosphorsäure.** Der Aufschluß erfolgt in 2 Stufen. In der 1. Stufe wird bei 70—78° ein Teil des Rohphosphates mit einem Teil H_2SO_4 unter Zusatz von verd., der Gipswaschung entstammender H_3PO_4 aufgeschlossen, wobei die Aufschlußmasse umgepumpt wird. In der 2. Stufe wird der restliche Teil Rohphosphat mit dem restlichen Teil H_2SO_4, ebenfalls unter Umpumpen der Aufschlußmasse, aufgeschlossen. Beide Stufen stehen durch Überlauf miteinander in Verbindung. Zweckmäßig gibt man die H_2SO_4, gesondert vom Rohphosphat, den Aufschlußbehältern auf. — Vorrichtung. (**F. P. 1 212 825** vom 25/8. 1958, ausg. 25/3. 1960.) W. Wittholz. H 264

Soc. An. des Manufactures des Glaces et Produits Chimiques de Saint-Gobain, Chauny & Cirey, Frankreich (Erfinder: Jean Marty), **Herstellung von Alkaliorthophosphaten** durch Neutralisation einer H_3PO_4-Lsg. mit Alkalicarbonat in 2 Stufen. In der 1. Stufe erfolgt die Vorneutralisation bei 30°, ggf. unter Zusatz von Reinigungsmitteln ($BaCO_3$, Aktivkohle, $FeSO_4$), bis der Quotient Na_2O (oder Äquivalente):P_2O_5 zwischen 1 u. 1,2, bes. zwischen 1,08 u. 1,10 liegt. Diese Lsg. wird ohne Filtration in der 2. Stufe bei 70° vollends neutralisiert, bis der Quotient 1,67 beträgt. — Das Prod. dient bes. zur Herst. von *Polyphosphaten.* (**F. P. 1 211 677** vom 23/9. 1958, ausg. 17/3. 1960.) W. Wittholz. H 264

Soc. d'Électro-Chimie, d'Électro-Métallurgie et des Aciéries Électriques d'Ugine, Frankreich (Erfinder: André Sablé), **Umwandlung von Dolomit in** *Magnesiumhydroxid* oder *-oxid.* Gelöschter, pulverisierter u. getrockneter Dolomit wird fortlaufend in eine $MgCl_2$-Lsg., die 0,15—1 Mol $MgCl_2$ je Liter enthält, unter leichtem Rühren eingetragen. Nach kurzer Zeit beginnt Flockenbildung. Es wird so lange, ohne die Flocken zu dispergieren, weitergerührt, bis die Behandlungs-Fl. eine Konz. von 0,005 Mol $MgCl_2$ je Liter aufweist. Die feste, aus $Mg(OH)_2$ bestehende Phase läßt sich leicht filtrieren. — Schema der Anlage. (**F. P. 1 207 075** vom 30/6. 1958, ausg. 15/2. 1960.) W. Wittholz. H 282

Alfred M. Thomsen, San Francisco, Calif., V.St.A., **Aufarbeitung von wasserfreiem Magnesiumchlorid.** Man setzt gepulvertes $MgCl_2$ einem aus MgO u. etwas $MgCl_2$ enthaltenden Fließbett zu, leitet auf 450—550° erhitzte Luft hindurch, wobei Cl_2 u. MgO gebildet wird, zieht in dem Maße, wie $MgCl_2$ zugesetzt wird, MgO ab, setzt das MgO einem aus im wesentlichen chlorfreiem MgO bestehenden Fließbett zu, leitet auf 450—550° erhitzte Luft u. Dampf zu u. erhält reines MgO u. HCl. — Verf.-Schema. (**A. P. 2 954 277** vom 15/7. 1959, ausg. 27/9. 1960.) K. Demmler. H 282

Anaconda Co., New York, N.Y., übert. von: Frederick Laist, Los Angeles, Calif., V.St.A., **Herstellung von Kieselsäure und eisenfreier Tonerde.** Das Rohmaterial bes. Ton, wird calciniert, mit HCl gelaugt u. aus der vom SiO_2-Rückstand getrennten Lsg. werden die Al- u. Fe-Chloride auskrist., die man bei 1500—1900° F calciniert. Die erhaltene, Fe-haltige Rohtonerde wird mit Na_2CO_3 bei $>$1500° F gesintert, das Na-Aluminat durch Auslaugen mit W. vom Eisenoxidrückstand abgetrennt u. durch Einw. von CO_2 $Al(OH)_3$ gefällt, das z. B. bei 1800° F zu hochgrädigem Al_2O_3 calciniert wird, während die Lauge auf in das Verf. zurückzuführendes Na_2CO_3 aufgearbeitet wird. (**A. P. 2 947 605** vom 22/10. 1956, ausg. 2/8. 1960.) K. Demmler. H 294

Matholin Corp., Baltimore, Md., übert. von: **Bernard H. Nicolaisen**, Kenmore, N.Y., V.St.A., *Hydrazinherstellung.* (**Can. P. 554 657** vom 10/6. 1954, ausg. 18/3. 1958. A. Prior. 12/6. 1953. — C. **1957**, 5678 [E. P. 765 004].)

Badische Anilin- & Soda-Fabrik Akt.-Ges., Ludwigshafen/Rh., übert. von: **Karl Wintersberger, Kurt Jockers** und **Hermann Meier**, *Herstellung von Hydroxylamin.* (**A. P. 3 009 779** vom 24/2. 1954, ausg. 21/11. 1961. D. Prior. 25/2. 1953. — C. **1955**, 5624 [D. B. P. 920 963].)

Edelbert Kesting, Pullach bei München, *Chlorate*. (**Can. P. 554 816** vom 8/1. 1952, ausg. 25/3. 1958. D. Prior. 5/6. 1951. — **C. 1958**, 4597 [A. P. 2 731 325].)

N. V. Philips' Gloeilampenfabrieken, Eindhoven, Niederlande, *Isolieren von radioaktivem J-131*. (**Belg. P. 571 045** vom 8/9. 1958, ausg. 15/12. 1961. Niederl. Prior. 9/9. 1957. — **C. 1960**, 14481 [D. A. S. 1 080 081].)

Badische Anilin- & Soda-Fabrik Akt.-Ges., Deutschland (Erfinder: **Georg Wittmann**), *Herstellung SO_2-haltiger Gase*. (**F. P. 1 234 607** vom 7/9. 1959, ausg. 18/10. 1960. D. Prior. 10/9. 1958. — **C. 1961**, 5572 [D. A. S. 1 076 646].)

Avesta Jernverks Aktiebolag, Avesta, Schweden, *Herstellung von Bisulfitlösungen*. (**Ind. P. 65 241** vom 15/9. 1958, ausg. 26/10. 1960. — **C. 1962**, 8379 [Oe. P. 211 652].)

Deutsche Gold- und Silber-Scheideanstalt vormals Roessler, Deutschland, *Herstellung eines kristallinen Natrium-Ammonium-Salzes der Caro'schen Säure*. (**F. P. 1 266 670** vom 8/6. 1960, ausg. 15/11. 1961. D. Prior. 13/6. 1959. — **C. 1962**, 6173 [D. A. S. 1 113 212].)

Phillips Petroleum Co., übert. von: **Lyle W. Pollock**, Bartlesville, Okla., V.St.A., *Herstellung von Ruß*. (**Can. P. 568 445** vom 11/6. 1951, ausg. 6/1. 1959. A. Prior. 19/6. 1950. — **C. 1950/54**, 5801 S [E.P. 719 221].)

Columbian Carbon Co., New York, übert. von: **Carl W. Sweitzer**, Garden City, N.Y., V.St.A., *Herstellung von Ruß*. (**Can. P. 568 595** vom 12/8. 1955, ausg. 6/1. 1959. A. Prior. 10/6. 1955. — **C. 1959, 14849** [F. P. 1 136 025].)

Monsanto Chemical Co. (Erfinder: **Wilson Huntley Power**), *Kieselsäure-Hydroorganosole*. (**Aust. P. 231 558** vom 17/2. 1958, ausg. 19/1. 1961. A. Prior. 18/2. 1957. — **C. 1960**, 8992 [D. A. S. 1 072 603].)

Carborundum Co., übert. von: **John P. Swentzel** und **Kenneth C. Nicholson**, Niagara Falls, N.Y., V.St.A., *Herstellung von Siliciumnitrid*. (**Can. P. 568 458** vom 27/6. 1952, ausg. 6/1. 1959. — **C. 1959**, 3263 [Schwz. P. 326 155].)

Nordengren & Co. A/B, übert. von: **Rolf G. J. Nordengren**, Landskrona, Schweden, *Phosphorsäure*. (**Can. P. 554 681** vom 8/2. 1956, ausg. 18/3. 1958. Schwed. Prior. 16/2. 1955. — **C. 1959**, 3940 [D. A. S. 1 027 647].)

United Kingdom Atomic Energy Authority (Erfinder: **Harold Augustus Walker** und **Thomas Elwyn Edwards**), London, England, *Herstellung von radioaktivem Cäsiumsulfat*. (**D. A. S. 1 118 767** Kl. 121 vom 6/12. 1957, ausg. 7/12. 1961. E. Prior. 7/12. 1956. — **C. 1961**, 13 682 [E. P. 835 043].)

Pechiney Comp. de Produits Chimiques et Électrométallurgiques, Paris, Frankreich, übert. von: **Pierre Tardieu**, Edea, Kamerun, und **René Pérrières**, La Tronche, Frankreich, *Tonerdegewinnung*. (**A. P. 3 009 778** vom 23/7. 1957, ausg. 21/11. 1961. F. Prior. 31/7. 1956. — **C. 1960**, 5284 [D. A. S. 1 068 682].)

Armour Research Foundation of Illinois Institute of Technology (Erfinder: **Frederic Victor Schossberger**), *Herstellung von trocknen Alkalichlortitanaten*. (**Aust. P. 230 076** vom 3/2. 1958, ausg. 22/9. 1960. A. Prior. 8/2. 1957. — **C. 1959**, 16449 [A. P. 2 857 243].)

Farbenfabriken Bayer Akt.-Ges., Deutschland (Erfinder: **Gerhard Heinze**), *Herstellung von Chromsäureanhydrid*. (**F. P. 1 235 641** vom 9/7. 1959, ausg. 4/11. 1960. D. Prior. 17/7. 1958. — **C. 1960**, 2309 [D. A. S. 1 065 394].)

United States Borax & Chemical Corp., Los Angeles, Calif., V.St.A., *Entfernen und Rückgewinnung von Alkylaminsalz enthaltenden Flotationsmitteln aus Flotationskonzentraten*. (**Ind. P. 64 867** vom 5/8. 1958, ausg. 2/8. 1960. — **C. 1960**, 9342 [D. A. S. 1 066 511].)

H_6. Silicatchemie. Baustoffe

Über den Verlauf des Glasschmelzens. D. B. Ginsburg. (Стекло и Керамика [Glas u. Keram.] **17**, Nr. 8, 10—12, Aug. 1960; russ.) — Untersucht wurde der Einfl. der Temp. auf den Glasschmelzprozeß. Das Ausgangsmaterial, bestehend aus 72,28 (%) SiO_2, 1,53 Al_2O_3, 0,12 Fe_2O_3, 7,45 CaO, 4,13 MgO, 0,40 SO_3, 14,09 Na_2O, wurde brikettiert, mit 0,94—1,01 Liter/min Gas u. 2,53—3 Liter/min O_2 bis 1600° erhitzt u. die Temp.-Stadien mit einem Thermoelement gemessen. Das Verh. der erhaltenen Glasschmelze wurde bei 5 Stadien untersucht u. graph. ausgewertet. Else Heinemann. 6174

Die elektrische Leitfähigkeit einiger Industriegläser im geschmolzenen Zustand. K. A. Kosstanjan und K. Ss. Ssaakjan. (Стекло и Керамика [Glas u. Keram.] **17**, Nr. 8, 7—9, Aug. 1960; russ.) — Die elektr. Leitfähigkeit (L) von Elektrovakuumglas wurde im Pt-Ofen mit Hilfe einer Wechselstrombrücke bei 1100—1400° untersucht. Es erwies sich, daß die L durch die den elektr. Strom übertragenden beweglichen Basenionen (Na_2O) erhöht wird. Die chem. Zus. der Industriegläser, die Abhängigkeit der L von der Temp. sowie Formeln für die Berechnung der L werden tabellar., graph. u. rechner. gebracht. Else Heinemann. 6200

Einfluß verschiedener Schleifverfahren auf die Festigkeit von Quarzglas. R. Stoll, P. F. Forman und J. Edelman. (C. R. Sympos. Résistance mécan. Verre Moyens améliorer, Florence **1961**, 377—92, 1962; Norwalk, Conn., Perkin-Elmer Corp.; engl.) — Der Einfl. verschiedener Schleif-Verff. auf das Bruch-Verh. von Quarzglas wurde durch Brechen von Probestücken bestimmt, die unter bestimmten Bedingungen so hergestellt wurden, daß möglichst wenig Oberflächenrisse auftraten. Im Gegensatz zu den konventionellen Verff., die im allg. die Oberflächenfehler nicht vermindern, wurde bei Anwendung eines Feinschleif-Verf. (minimaler Materialabtrag durch Abstimmung der Teilchengrößen) eine wesentliche Erhöhung der Festigkeit von Quarzglas beobachtet. H. Noack. 6204

Analogien zwischen Glas und keramischen Erzeugnissen. E. Plumat. (Bull. Soc. franç. Céram. **1961,** Nr. 52, 37—60; Glaverbel, Labor. de Rech.; franz.) — Als Grundbestandteile von Glas u. Keramiken treten SiO_2 u. Al_2O_3 auf. Bei Berührung von geschmolzenen Gläsern mit feuerfesten Erzeugnissen können ähnliche Rkk. wie beim Aufbringen von Glasuren auf den Scherben ablaufen. Bei der theoret. Deutung von Sintervorgängen, des Schmelzens, der Struktur u. der Abkühlung der Gläser, kann die klass. Keramik auf Arbeiten über die Bldg. von inneren, kontrollierten Spannungen zwischen Kristallen u. glasigen Rückständen zurückgreifen. A. Leibbrandt. 6206□

Innere Spannungen in Keramiken. Jorgen Selsing. (J. Amer. ceram. Soc. **44,** 419, 1/8. 1961; Barberton, Ohio, Ohio Brass Co.; engl.) — Infolge des Unterschiedes in der therm. Ausdehnung der verschiedenen Phasen (Glas- u. Kristallphase) in Keramikkörpern entstehen während des Abkühlens innere Spannungen. Es werden mehrere Gleichungen angegeben, die diese Beziehungen erläutern. R. Walcker. 6206□

Die Messung der Schlagfestigkeit. A. Dindsdale. (Bull. Soc. franç. Céram. **1961,** Nr. 52, 3—12, Juli/Sept.; British Ceram. Res. Assoc.; franz.) — Ein neues Verf. zur Best. der Schlagfestigkeit keram. Erzeugnisse wird beschrieben u. gezeigt, wie man sie von der stat. Festigkeit ableiten kann. Im einzelnen werden der Einfl. von Probenform, Scherbenstärke, Krümmung u. die Grenzen für Rotation u. Biegeschwingungen untersucht. A. Leibbrandt. 6206□

Ein Plastizitätsmesser für die Fabrikationskontrolle. A. Baudran und C. Bardin. (Bull. Soc. franç. Céram. **1961,** Nr. 52, 27—36, Juli/Sept.; Serv. des Études et Rech. Techn. et Ind. de la Soc. Franç. de Céram.; franz.) — Es wird eine krit. Überprüfung der Plastizitätsmessungen bei keram. Herst.-Verff. durchgeführt u. ein Plastizitätsmesser beschrieben, der auf folgendem Prinzip beruht: eine zylindr. Probe wird bei konst. Torsions-Geschw. tordiert, wobei maximale Torsionskraft u. Torsionswinkel bei Brucheintritt bestimmt werden. A. Leibbrandt. 6206□

Cyanit. Eine Materialübersicht. T. A. Klinefelter und James D. Cooper. (U. S. Dep. Interior, Bur. Mines, Inform. Circ. **1961,** Nr. 8040, 1—55; Washington, D.C., Bur. Mines.; engl.) — Cyanit, Andalusit, Sillimanit, Dumortierit u. Topas, die modernen Rohstoffe der hochfeuerfesten keram. Industrie, ihre Vork. in Indien, Afrika u. bes. USA, Aufbereitungs-Meth., chem. u. physikal. Eigg. u. die Verff. zur Gewinnung des wichtigen Zwischenerzeugnisses Mullit werden kurz behandelt. Wegen der gestiegenen Preise für Importmaterialien ist die heim. Erzeugung von Cyanit u. auch die Synth. von Mullit aus heim. Rohstoffen beträchtlich gestiegen. Die verschiedenen Fabrikationsprozesse werden behandelt. R. Kaiser. 6208□

Tonerde für die keramische Industrie. I. P. Forshaw. (J. Canad. ceram. Soc. **30,** 98—105, 1961; Aluminum Co. of Canada, Ltd., Arrida Works; engl.) — Die für die Verw. in Keramikwaren wesentlichen Eigg. von Al_2O_3 werden beschrieben. G. Frikell. 6208□

Die Aufbereitung der Rohstoffe in automatischen keramischen Betrieben. E. Räkers. (Interceram [Lübeck] **1961,** Nr. 2, 78—84, Mühlacker; engl.) — Vf. erläutert die Gründe u. die Bedeutung der Automatisierung, macht Angaben über Geologie u. Aufbereitung des Tons, über die Vorteile der Großraumpufferung für die Verbesserung des aufbereiteten Materials u. geht weiterhin auf die Vorteile der Heißaufbereitung mit Dampf u. die automatisierte Feuchtigkeitsregelung ein. Neben der Beschreibung der hierfür geeigneten Maschinen werden die elektr. Schaltungsmöglichkeiten abgehandelt u. es wird auf die Möglichkeit der Anwendung von modernen Meth. in grob- u. feinkeram. Betrieben hingewiesen. G. Frikell. 6208□

Untersuchungen über die Beständigkeit von Porzellanemail auf Aluminium gegen chemischen Angriff und gegen Einfluß der Witterung. A. L. Sopp jun., P. F. Wallace und R. W. Ricker. (Ceram. Age **75,** Nr. 4, 66—70 u. 72, April 1960; engl.) — Die Best. der Beständigkeit gegenüber 6%ig. sd. Citronensäure-Lsg. ergab gute Übereinstimmung mit der Wetterbeständigkeit, die an im Freien 3 Jahre lang beobachteten Proben ermittelt wurde u. die sich auf Wechsel der Farbe, Nachlassen des Glanzes u. das Anhaften von Schmutz beziehen. Als weitere Schnell-Unters. wurde die Beständigkeit gegen 5%ig. Lsg. von Na-Pyrophosphat, die ebenfalls brauchbare Übereinstimmung zeigte, ermittelt. Das Unters.-Verf. nach Pej gab weniger gut übereinstimmende Ergebnisse mit der Praxis. An Hand von Kurven werden die Einfl. der Trocken- u. Brenndauer, Höhe der Temp. u. der Mahlbehandlung auf die Unters.-Ergebnisse dargestellt. G. Frikell. 6212□

Beschaffenheit und Eigenschaften einiger Tone aus West-Canada. J. G. Brady. (J. Canad. ceram. Soc. **30,** 72—86, 1961; Ottawa, Ontario, Canada, Dep. of Mines and Techn. Surv.; engl.) — Sidney-Ton mit geringem Montmorillonit-Geh. ist sehr plast.

u. schwer zu trocknen. Ton von Alberta Cypress Hills, dessen Plastizität (P) vom Geh. an Kaolinit herrührt, läßt sich gut pressen u. ergibt wegen des hohen Geh. an nichtplast. Bestandteilen Formkörper geringer Festigkeit. Ein Geh. an Chlorit beeinflußt die P in gleicher Weise, jedoch stärker als Illit, u. kommt bes. in nichtfeuerfesten Tonen vor. Beimischungen von Calcit u. Dolomit in größeren Mengen bewirken sehr kurze Brennzeiten. Beim Unterbrennen sind die Prodd. weich, beim Überbrennen hart, glasartig u. deformiert, wodurch eine sehr genaue Temp.-Kontrolle notwendig ist. Heterogene Mischungen zeigen niedrige Erweichungstemperaturen. Tone u. Schiefer mit Kaolinit als Hauptbestandteil mit relativ geringen Beimengungen von CaO, MgO, Na_2O u. K_2O sind schwerer schmelzbar u. benötigen längere Brennzeiten. Quarz wurde in allen Proben, z. T. in Mengen bis zu 50%, gefunden. Glimmer war in allen, Feldspat in den meisten Proben enthalten. Letzterer wirkt als Flußmittel. Illit. Ton erhöht seine Plastizität durch Zusatz von glimmerigen Materialien. Muskovit oder Biotit haben wahrscheinlich die entgegengesetzte Wirkung. Die Wrkg. von Glimmer ist abhängig von der Kornfeinheit. G. Frikell. 6216□

Einige physikochemische Untersuchungsmethoden für gebrannte Tone. 2. Mitt. **Archälogische Ferrakoiten.** M. Guillot und D. Halot. (Bull. Soc. franç. Céram. **1961**, Nr. 52, 61—65, Juli/Sept.; Paris, Fac. de Pharmacie; franz.) — 1. vgl. C. **1962**, 17527. — Durch langsame Wiederanlagerung von CO_2 bei langem Liegen von alten Ziegeln in feuchten Böden u. durch atmosphär. Einfl. erhält die thermogravimetr. Kurve manchmal einen sehr ähnlichen Verlauf wie die des entsprechenden Rohtons. Dagegen bleiben im Röntgenpulverdiagramm die durch Brennen oberhalb 900° eingetretenen Veränderungen auch nach der Wiederanlagerung von CO_2 erhalten. Es wird nur der Wert für den nach dem Brennen verbliebenen freien Kalk erhöht. Diese Unterss. erstreckten sich hauptsächlich auf pun. Ziegel aus Ausgrabungen in Karthago u. Utika. Vergleichende Unterss. dazu wurden durchgeführt mit Tonen aus benachbarten Gegenden, die wahrscheinlich zur Herst. dieser alten keram. Stücke verwendet wurden. A. Leibbrandt. 6216□

Systematische Durchführung von Versuchen in der Keramik. 2. Mitt. George Dean und P. R. Jones. (J. Amer. ceram. Soc. **43**, 283—87, Juni 1960; Morgantown, West Va., West Virginia Univ., Dep. of Chem. Engng.; engl.) — 1. vgl. C. **1959**, 261. — An stranggepreßten, halbverglasten, gebrannten Formkörpern werden die den Bruchmodul beeinflussenden Faktoren, bes. Teilchengrößenverteilung, Anmachwassermenge u. Lufteinschlüsse untersucht. Zur Erreichung der zu fördernden Plastizität waren 22—28% W. notwendig. Die optimale Bruchfestigkeit wurde außerhalb dieser Grenzen ermittelt. Vergrößerung des Wasser-Geh. ergab geringere Festigkeit des gebrannten Scherbens, vergrößerte Schwindung u. Porosität. Es wurden empir. Gleichungen aufgestellt, aus denen die Abhängigkeit der physikal. Eigg. der Prodd. von den gewählten Faktoren ersichtlich wird u. die zur Vorausabschätzung der zu erwartenden Ergebnisse dienen können. G. Frikell. 6216□

Erforschung des technologischen Vorganges der Herstellung von sehr dichten Schamotteformsteinen. František Tomšů. (Hutnické Listy **15, 40—44**, Jan. 1960; Bratislava, Výzk. úst. hutní keramiky; tschech.) — Zur Herst. von Schamottesteinen hoher Dichte mit ca. 40% Al_2O_3 u. $<14\%$ Porosität wird kompaktgebranntes Magerungsmittel (85—90%) u. niedrigsinternder Ton (15—10%) verwendet. Die Komponenten werden fein gemahlen ($<0{,}09$ mm), in halbtrockenem Zustand (5—6% W.) mit 700 bis 1000 kg/cm² u. bei 1435—1480° gebrannt. R. K. Müller. 6218□

Einfluß der Körnung der Schamotte auf die Eigenschaften keramischer Massen für sanitäre Zwecke. L. Lécrivain. (Bull. Soc. franç. Céram. **1961,** Nr. 52, 13—19, Juli/Sept.; Serv. des Contrôles et Rech. Phys. de la Soc. Française de Céram.; franz.) — Untersucht wird der Einfl. von Schamottekörnungen auf die Eigg. von sanitärkeram. Scherben (Ausdehnung, Brennschwindung, Bruchfestigkeit, Porosität). Ferner wurden die Brenn-Temp. für die Schamotte, Art des Bindetons u. die Art des Tones bestimmt. Die Ausdehnung wird nur wenig vom Kornaufbau der Schamotte beeinflußt, die anderen Kenngrößen, bes. Porosität u. mechan. Festigkeit, ändern sich jedoch stark mit der Korngröße. Gute Eigg. weisen Keramiken mit einem großen Anteil feinkörniger Schamotte auf, jedoch muß beachtet werden, daß Gießschlicker mit zu viel Schamottefeinkorn erhöhte Viscosität u. Thixotropie besitzen. A. Leibbrandt. 6218□

Merkmale und Eigenschaften von feuerfesten Materialien in Zuckerfabriken. Leopoldo Cini. (Ind. saccarif. ital. **54,** 123—32, Mai/Juni 1961; Bologna, Univ., Fac. d'Ing.-Centro Ceram.; ital.) — Es werden die Betriebsbedingungen von in einer Zuckerfabrik verwendeten feuerfesten Materialien unter besonderer Berücksichtigung der Kalköfen untersucht u. auf Grund der neuesten Literaturangaben einige Betrachtungen über die zwischen CaO u. den Komponenten der Auskleidungen aus feuerfestem Material auftretenden Rkk. mitgeteilt. Über einige neue Anwendungen von bas. Materialien vom Typ Magnesit/Cr bei hoher Temp. wird diskutiert (Diagramme u. Abb.). G. Platzer. 6218□

Die Glasphase in feuerfesten Steinen. M. Kantzer. (Silicates ind. **23**, 185–90, April 1958; Labor. Glaces de Boussois; franz.) — Der glasige Anteil in feuerfesten Steinen wird aus dem Unterschied der Dilatometerkurve mit u. ohne Belastung bestimmt. Die Vor- (gute chem. Resistenz) u. Nachteile (Fließen bei höheren Temp.) des Vorhandenseins der Glasphase werden besprochen. E.-M. Amrhein. 6218□

Die Beziehung zwischen Porosität, Brenntemperatur und Korrosionsfestigkeit von gegossenem Sillimanit. T. S. Busby und J. Eccles. (Glass Technol. **2**, 159–66, Aug. 1961; Sheffield, Brit. Glass Ind. Res. Ass.; engl.) — Zur Durchführung der Verss. werden gleichmäßige Blöcke gegossen, wobei dem Schlicker 0–9% Naphthalin zugesetzt werden, um dadurch beim Brennen eine bestimmte Porenstruktur u. -größe zu erhalten. Durch Eintauchen in eine Glasschmelze von angegebener Zus. u. Unters. der in Höhe des Glasspiegels entstandenen Anschmelzungen sowie deren Ausmessung kann der Korrosionswiderstand festgestellt werden. Sein Verhältnis zur scheinbaren Porosität kann unter Einbeziehung einer Konst. durch eine Formel ausgedrückt werden. Mikrophotos erläutern die Ergebnisse. L. Kühnert. 6218□

Emission von feuerfesten Alumosilicaten im Infrarot. R. Alègre. (Silicates ind. **23**, 253–60, Mai 1958; franz.) — Es wurde die Reflexion von Licht im Wellenlängenbereich von 1–12 μ bei Zimmer-Temp. u. bei 1000° von 3 Aluminiumsilicaten gemessen. Je nach dem Si/Al-Verhältnis dominierten die Si—O-Bande bei 9 μ bzw. die Al—O-Bande bei 11,5 μ. Die Al-reichen Proben waren bis 11 μ durchlässiger als die Al-armen. Unter Berücksichtigung dieser Eigg. werden Hinweise auf eine günstige Zus. von feuerfesten Steinen gegeben. E.-M. Amrhein. 6218□

Neueste Fortschritte in der Entwicklung von verlustarmen Elektrokeramiken. Sonja S. Singer. (Interceram [Lübeck] **1961**, Nr. 2, 93–100; engl.) — Ident. mit der C. **1962**, 9855 referierten Arbeit. G. Frikell. 6220□

Betrachtungen zum Sintervorgang (Anwendungsbeispiel: Schneidewerkzeug aus Sinterkorund). L. Gion. (Silicates ind. **23**, 241–47, Mai, 327–32, Juni 1958; Co. Gén. Électro-cér; franz.) — Nach einer ausführlichen theoret. Behandlung der Sinterprobleme werden prakt. Anwendungsbeispiele besprochen. E.-M. Amrhein. 6220□

Strukturbetrachtungen beim Sintern fester Phasen, speziell von Oxiden. Roman Pampuch. (Silicates ind. **23**, 119–24, März, 191–95, April 1958; Gliwice, Inst. Materialow Ogniotrwalgch; engl.) — Es werden die Vorgänge beim Sintern von sehr reinen Metalloxiden u. von BeO bei Zusatz verschiedener Oxide experimentell u. theoret. behandelt. Die Sinterung setzt bei einer bestimmten Temp. ein. Diese Anfangstemp. kann aus den thermodynam. Daten (Gitterenergie, molare Oberflächenenergie u. a.) berechnet werden. E.-M. Amrhein. 6220□

Eine Methode zur Erzeugung sehr dichten Zirkoniumoxids. Karl A. Sense. (J. Amer. ceram. Soc. **44**, 465, 1/9. 1961; Costa mesa, Calif., Astropower, Inc.; engl.) — Vf. berichtet über eine Herst.-Meth. für gesinterte dichte Zirkonerde mit 2,05 Mol-% HfO_2. Ausgangs-Prod. war eine Hf-haltige Zirkonylnitrat-Lsg., welche nach ihrer Eindampfung durch Sinterung des Rückstandes, Verpressen zu Scheibchen u. Glühen in einem Ta-Ofen ein monoklines Prod. mit der Dichte 5,77 lieferte. Von Graphit völlig gereinigte Preßstücke waren nahezu rissefrei. R. Kaiser. 6220□

Portugiesische Normung. Neue Bedingungen für Puzzolanzemente. A. Virella. (Cemento-Hormigón [2] **27** (**29**), 342, 347, 348, Juli 1961; span.) R. Kaiser. 6222□

Italienische Puzzolane und Puzzolanzemente. R. Turriziani. (Silicates ind. **23**, 181–84, April, 265–70, Mai 1958; Rome, Inst. Chim. Appl. Ind.; franz.) — Es wird über Zus. u. Eigg. von $CaO-H_2O$- u. $CaO-H_2O-CaSO_4$-Puzzolanen u. den daraus gewonnenen Zementen berichtet. Der chem. Angriff durch Sulfate wird näher erläutert. Aus Röntgenaufnahmen über einen Zeitraum bis zu einem Jahr geht hervor, daß die Zemente nach einer Woche ausgehärtet sind. E.-M. Amrhein. 6222□

Zement: Wissenschaftliche, technische und wirtschaftliche Probleme. Henri Lafuma. (Mém. Soc. Ing. Civils France **1961**, Nr. 9, 55–67, Sept.; franz.) — Vf. gibt einen Überblick über die Entw. der Zementindustrie u. den Fortschritt der chem. u. physikal. Erkenntnisse. Die im Klinker enthaltenen Verbb. u. die Theorien über den Abbindevorgang werden erläutert sowie Hinweise auf die zukünftige Entw. in techn. u. wissenschaftlicher Richtung gegeben. G. Frikell. 6222□

Kenngrößen und Eigenschaften von Bindemitteln für Zement-Materialien. Raymond J. Schutz. (Nat. Acad. Sci. — Nat. Res. Council, Publ. **1960**, Nr. 830, 49–51; engl.) I. Koschitzki. 6222

Analogien und Unterschiede der Calcium-, Strontium- und Bariumzemente. Al. Braniski. (Studii Cercetări Metalurgie [Bucureşti] **6**, 219—40, 1961; rum.; Rev. roum. Métallurgie **6**, 273—95, 1961; franz.) — Die Analogien u. Besonderheiten der verschiedenen bas. u. nichtbas. Zementrohstoffe, die Ca-, Sr- u. Ba-Hochofenschlacken u. Zemente werden beschrieben. Die Begrenzung der Felder der Silicatzemente, der Tonerdezemente u. der bas. Hochofenschlacken im Dreistoffdiagramm Erdalkalioxid–Tonerde–Kieselsäure wird erörtert. Vergleichende Betrachtungen behandeln den Aufbau der Ca-, Sr- u. Ba-Silicate während des Brennvorgangs der Zementklinker, die Bldg.-Temp. u. FF. der Klinker-Verbb., die charakterist. Eigg. der Ca-, Sr- u. Ba-Zemente, ihre Hydratation, die Eigg. der Reinzementpasten, Mörtel u. Betone aus verschiedenen Erdalkalizementen u. den Schutz der Mörtel u. Betone aus silicat. Ca-, Sr- u. Ba-Zementen durch übliche Dichtungsmittel. A. Braniski. 6222

Über den Hydratationsprozeß beim Portlandzement. Renato Turriziani. (Ind. ital. Cemento **29**, 185—89, Juli/Aug., 219—23, Sept., 244—46, Okt., 276—80, 282, Nov. 1959; Roma, Ist. di Chim. Appl. Ind.; ital.) — Bericht über eigene u. Literaturarbeiten zur Klärung der Hydratations-Rkk. u. der Identifizierung der Hydratations-Prodd. beim Abbinden von Portlandzement (PZ). Chem., röntgenograph., differentialthermoanalyt. u. mkr. Best. werden angewendet. Nach Besprechung der Gleichgewichte in wss. Lsg., soweit sie für PZ von Bedeutung sind, wird bei 4 PZ (hydraul. Modul von 2,02—2,55, Tonerdemodul von 1,38—11,37) der Hydratationsverlauf ermittelt. Die Hydratations-Prodd. bestehen aus $Ca(OH)_2$, Calciumsilicathydraten, aus nadelförmigen, quatern. Etteringit u. hexagonalen, tern. C_3AH_2O, evtl. auch aus Mischkristallen von $C_4F(H_2O)-C_4(H_2O)$-Komponenten. Auch das Vorhandensein von Mischkristallen der Zus. $4\,CaO \cdot R_2O_3(H_2O)$ ist möglich. Der anfangs vorhandene Gips ist nach wenigen Std., meistens als Trisulfat, fixiert. Die Hydratationsneigung der einzelnen tern. Verbb. ist unabhängig vom Vorhandensein anderer Komponenten. — 47 Literaturangaben. W. Anika. 6222

Produkte hydrothermaler Hydratation von Zementen aus geothermalen Bohrlöchern. R. A. Kennerley. (New Zealand J. Sci. **4**, 453—68, Sept. 1961; Wellington, Dominion Labor., Dep. of Sci. and Ind. Res.; engl.) — Es wurden Zementmörtelproben untersucht, die hydrothermalen Bedingungen in geothermalen Bohrlöchern unterworfen wurden. Haupt-Rk.-Prodd. waren neben $CaCO_3$ u. $Ca(OH)_2$ Dicalciumsilicat-α-hydrat u. bei Verw. von Diatomit-Puzzolanerde eines oder mehrere Mineralien der Tobermoritgruppe; β- u. γ-Hydrate von Dicalciumsilicat waren Nebenbestandteile. Der Umfang, in welchem der Zement von geothermalen Fll. ausgelaugt wird, ist von geringer Bedeutung. E. Schulte. 6222□

Untersuchungen über den dynamischen Elastizitätsmodul von Zement bei verschiedenen Temperaturen. Kazuo Takahashi. (J. Fac. Agric., Iwate Univ. [Morioka, Japan] **5**, 57—65, Nov. 1960; jap., Auszug: engl.) — Aus mit 53% W. angemachtem Zementbrei wurden Probekörper hergestellt u. untersucht. Es wurde festgestellt, daß der Elastizitätsmodul (E_D) mit steigender Temp. geringer wird. Bei feuchtem Zement nimmt innerhalb der Temp. von 0—55° E_D bei Zunahme der Temp. um 1° um 400—500 kg/cm² ab. Beim Gefrieren des Beton nimmt E_D schlagartig zu. Die Größe der durch die Temp.-Änderung bedingte Veränderung von E_D wird vom Feuchtigkeits-Geh. der Probe während der Unters. bestimmt. G. Frikell. 6222□

Korrosionsfestigkeit von Zementen mit Aschezusätzen von Elektrofiltern TEZ. G. N. Babatschew und P. Ss. Pentschew. (Гидротехническое Строительство [Hydrotechn. Bau] **30**, Nr. 10, 26—31, Okt. 1960; Bulg. Forsch.-Inst. für Bauten; russ.) — Unterss. werden an 3 Arten Portlandzement (I) u. 8 Zementmischungen mit 40% Zusatz von Flugasche von Kraftwerken der Zus.: 50,7% SiO_2, 30% Al_2O_3, 7,6% Fe_2O_3 u. 3,3% CaO über 3 u. 6 Monate vorgenommen. In 5%ig. Na_2SO_4-Lsg. wird reiner I in 3 Monaten zerstört. Die hohe Konz. von SO_4-Ionen führt zur Bldg. von Calcithydrosulfoaluminaten u. Gips, wodurch Spannungen entstehen. Ein Zusatz von 40% Asche macht I gegen Sulfat-Einw. beständig, auch bei hohem Geh. an $3\,CaO \cdot Al_2O_3$ im I. Bei Lagerung von Zementmischungen in 5%ig. $MgCl_2$-Lsg. ist die Stabilität geringer als bei I. In der Lsg. von 0,15% $CaSO_4$, 5% NaCl, 0,8% $MgCl_2$ u. 0,5% $MgSO_4$ zeigt I geringere Stabilität als in natürlichem Wasser. Der vergleichsweise hohe Geh. an Mg-Ionen verstärkt die Zerstörung durch Rk. mit OH-Ionen des $Ca(OH)_2$. Durch Zusatz von Asche wird die Beständigkeit erhöht. J. Lehmberg. 6222

Stabilisation von Zementböden. J.-P. Leyder. (Silicates ind. **23**, 261—64, Mai, 333—37, Juni 1958; Centre Rech. Routières; franz.) — Es wird ausführlich der Einfl. von Stabilisatoren, bes. $CaCl_2$, auf die Eigg. (Abbindezeiten, Festigkeit, innere Reibung) von Zement, der im Straßenbau verwendet wird, beschrieben.
E.-M. Amrhein. 6222□

Die hauptsächlichen Anwendungen der Hochofenschlacke. G. Delbart. (Rev. Métallurgie **58**, 723—34, Sept. 1961; Sci. de l'IRSID; franz.) — Nach Beschreibung der Eigg. von Hochofenschlacken werden verschiedene Verw.-Möglichkeiten, z. B. für den Straßenbau, die Bodenstabilisierung, als Ersatz natürlicher Sande, Bahndammschotter, Zusatz zum Beton, für bakteriolog. Filter angeführt. A. Leibbrandt. 6224□

Über das Blähverhalten von als Leichtzuschlagstoff geeigneter Tone, Schiefer und präkambrischer Gesteine aus Wisconsin. W. A. Cole, G. F. Hanson und W. T. Westbrook. (U. S. Dep. Interior, Bur. Mines, Rep. Invest. **1961**, Nr. 5906, 1—26; engl.) — Die unteren Maquoketa-Schiefer (Südosten des Staates Wisconsin) zeigen Bläh-Eigg., die ihre Verw. als Zuschläge für Leichtbeton rechtfertigen. Die dolomit. Schiefer weisen eine etwas zu geringe Blähung auf, jedoch sind die physikal. Eigg. dieser Prodd. zufriedenstellend. Nur eine von den 4 ermittelten Lagerstätten mit geeignetem Material ist wirtschaftlich rentabel. G. Frikell. 6224□

Einfluß der Dampfbehandlung auf die wichtigsten Eigenschaften des Betons. Elmo C. Higginson. (J. Amer. Concrete Inst. Proc. **58**, 281—98, Sept. 1961; Denver, Colo., Concr. Labor. Branch, U. S. Bur. of Reclamation; engl.) — Dampfbehandelter Beton ist nach anschließender Lufttrocknung feucht behandeltem Beton hinsichtlich Durchlässigkeit u. Druckfestigkeit unterlegen. Die höchste Festigkeit wurde bei Dampf-Temp. von 100—160° F erzielt, wobei nach längerem Altern bei 130° F gleiche bzw. höhere Festigkeiten erreichbar sind. Die Frostresistenz ist geringer bei dampfbehandeltem Beton ohne 7tägige Nachbehandlung mit W., wohl aber steigt die Sulfatresistenz bei dampfbehandeltem Beton an. H. Schumann. 6224□

Beitrag zur Erforschung der feuerfesten Betone. Al. Braniski. (Studii Cercetări Metalurgie [Bucureşti] **6**, 85—102, 1961; rum.) — Nach einer kurzen Einführung in das Problem der feuerfesten Betone untersucht Vf. den Einfl. verschiedener Zemente auf die Feuerfestigkeit der Betone, die Ursache der erhöhten Feuerfestigkeit der Sr- u. Ba-Tonerdezemente im Vgl. zu den Ca-Tonerdezementen, die mineralog. Zus. der feuerfesten Ba-Tonerdezemente, den Einfl. des Zement-Geh. auf die Kaltdruckfestigkeit des ungebrannten u. während 6 Std. bei 1000 bzw. 1400° gebrannten feuerfesten Betons u. schließlich den Einfl. der Zementmenge auf die Feuerfestigkeit der Betone mit Ba-Tonerdezement im Vgl. zu den Betonen mit feuerfestem Ca-Tonerdezement auf Calciumdialuminatbasis. A. Braniski. 6224

Verbesserung der Gebrauchs- und der keramischen Eigenschaften von Dinasmörteln. W. D. Zigler und B. Je. Pindrik. (Кокс и Химия [Koks u. Chem.] **1960**, Nr. 3, 28—31; Ukrain. Forschungsinst. für feuerfeste Massen; russ.) — Durch Zusatz von 0,15% Na_2CO_3 u. 0,10% *Sulfitschlempe* zu feuerbeständigen Mörteln wird infolge Ionenaustausch u. Adsorption von oberflächenakt. Stoffen auf den Tonteilchen die Schubspannung verringert u. das Fließvermögen erhöht, u. infolge von Bldg. gelartiger hydrophiler Schichten die Stabilität der Mörtel ohne Beeinträchtigung der Feuerbeständigkeit verbessert. F. Otto. 6226□

Koeffizienten der Schallabsorption von Vermiculitmörteln. C. G. Balachandran und T. V. S. Murty. (J. sci. ind. Res. [New Delhi], Sect. B **17**, 286—87, Juli 1958; Roorkee, Centr. Build. Res. Inst.; engl.) — Vermiculit, als Baustoff zunehmend geschätzt wegen seiner Leichtigkeit, Feuerfestigkeit u. wegen seines akust. Dämmvermögens, ergab in Probeplatten zur Unters. des Schallschluckvermögens für Mischungen mit Zement folgende Maxima der Absorptions-Koeff. bei Frequenzen von 2000 Hz: 0,48 (Mischung 2:1), 0,74 (Mischung 8:1). Bei niederen Frequenzen lagen die Grenzwerte der Mischungen tiefer, ebenso auch bei 4000 Hz. R. Kaiser. 6226□

Die Abgabe von Feuchtigkeit aus frischem Mörtel an Ziegelsteine. J. I. Davison. (Mater. Res. Standards **1**, Nr. 5, 385—88, Mai 1961; Canada, Div. of Building Res. of Nat. Council; engl.) — An 3 verschiedenen Mörtelproben, Kalk:Sand = 1:3, Portlandzement:Kalk:Sand = 1:1:6 bzw. 1:2:9 u. 6 Sorten Ziegeln mit unterschiedlicher Porosität wurde die innerhalb von 5 Min. vom Mörtel abgegebene Menge Feuchtigkeit bestimmt. Innerhalb gewisser Grenzen nimmt die Feuchtigkeitsabgabe (FA) mit der Porosität der Ziegel zu. Bei geringerem Geh. an W. nimmt die Plastizität des Mörtels u. gleichzeitig FA ab. Hiermit wird auch die ermittelte geringere Bindefestigkeit zwischen dem Mörtel u. der darüberliegenden Schicht Ziegeln gegenüber der darunterliegenden Schicht erklärt. G. Frikell. 6226□

Bestimmung von Chloriden in Gips und Gipsprodukten. H. Surkevicius. (Mat. Res. Standards **1**, 624—25, Aug. 1961; Victoria, Austr., Div. of Building Res., Commonwealth Sci. and Ind. Res. Organiz.; engl.) — Da wegen der geringen Löslichkeit von Gips die direkte Best. von Cl^- bei geringem Geh. an Cl^- falsche Ergebnisse liefert, wird eine Meth. vorgeschlagen, bei der Proben in Mengen von 5—100 g mit einem 2—3fachen Überschuß von 0,05n $AgNO_3$-Lsg. behandelt, anschließend mit heißer 1%ig. HNO_3 u. W. ausgewaschen werden u. das so extrahierte Chlorid durch Titration mit 0,05n NH_4CNS nach Volhard bestimmt wird. Das Verf. liefert auch bei einem Geh. an 0,01% NaCl genaue Werte, wie an Hand von Reihen-Unterss. nachgewiesen wird. G. Frikell. 6226□

Auswahl, Verwendung und Leistungsfähigkeit von Bindemitteln. John Hans Graham. (Nat. Acad. Sci. — Nat. Res. Council, Publ. Nr. **830,** 33—38, 1960; engl.) I. Koschitzki. 6228

Bindematerialien für die Innenausstattung, ihre Eigenschaften, Anwendungsmöglichkeiten und ihre zukünftige Entwicklung. Phyllis H. Larsen. (Nat. Acad. Sci. — Nat. Res. Council, Publ. Nr. **830,** 39—42, 1960; engl.) I. Koschitzki. 6228

Die Bestimmung der Festigkeit unter dem Gesichtspunkt der Auswahl und Prüfung von festen mineralischen Baustoffen. H. Breyer. (Rev. techn. luxembourg. **53,** 174—79, Juli/Sept. 1961; Kassel, Gesteinsprüfstelle der Dt. Bundesbahn; franz.) — Vf. führt aus, daß die heute angewendeten Unterss. gemäß DIN 52104 zur Feststellung der Festigkeit der Baumaterialien im gefrorenen Zustand oder nach einem 25fachen Temp.-Wechsel zwischen -15^0 u. Temp. oberhalb des Gefrierpunktes ungeeignet sind u. keine prakt. Bedeutung haben. Wenn bei Aufnahme von W. mehr als 85% des Porenraumes gefüllt ist, muß wegen der Vol.-Vergrößerung beim Gefrieren des W. Zerstörung der Probe eintreten. Entscheidend ist demnach der verbliebene freie Porenraum u. nicht die Festigkeit des Materials. G. Frikell. 6228□

Kunststoffe und Glas im Bauwesen. K. Claus. (Chem. Industry 643—44, Okt. **1961**; Nürnberg; dt.) — Die Vorteile u. Vorzüge neu entwickelter Bauelemente, bes. Polyesterbauplatten mit u. ohne Verstärkung durch Glasfasern, werden an Hand von Beispielen, unter Angabe ihrer physikal. Eigg. u. im Vgl. mit den klass. Rohstoffen, wie Sand, Zement, Kalk, Kieselsteine, Eisen u. Silicatglas dargestellt. G. Frikell. 6228□

Fortschritte in der Mikrochemie. A. Lacuort. (Silicates ind. **20,** 57—65, Febr., 110—18, März 1955; Brüssel, Univ.; franz.) — Es wird die Leistungsfähigkeit fast aller bekannten alten u. modernen Analysen-Meth. chem. u. physikal. Art für die Mikroanalyse von organ. Stoffen, Metalloxiden, Metallen u. bes. Schlacken aufgezeigt u. mit Verff. verglichen, wie sie in England u. Deutschland üblich sind. Die Meth. wurden bes. deshalb weiter entwickelt, um die Zus. der einzelnen Phasen in mikroheterogenen Syst. (Schlacken) zu analysieren. E.-M. Amrhein. 6240□

Silicatanalysen. Probenahme und Bestimmung der Feuchtigkeit und des Gehaltes an Siliciumdioxid, Tonerde und Titandioxid. W. Schmied. (Interceram [Lübeck] **1961,** Nr. 2, 85—88 u. 93; Freising; engl.) — Vf. gibt eine ausführliche Beschreibung der Unters.-Meth. zur Best. von SiO_2, Al_2O_3 u. TiO_2. Prakt. Hinweise u. krit. Betrachtungen unter Einbeziehung der Probenahme u. der Best. der Feuchtigkeit der Analysenproben zeigen die Problematik der Silicatanalysen. G. Frikell. 6240□

Untersuchungen an einigen in Japan vorkommenden Tonen. 1. Mitt. Schlämmanalysen und Bestimmung der chemischen Zusammensetzung. Takamura Suzuki. (Rep. Government chem. ind. Res. Inst., Tokyo **56,** 181—87, Mai 1961; jap., Auszug: engl.) — An 19 untersuchten Proben, die durch Ausschlämmen in 3 Fraktionen, Hauptteil (F_1), Zwischenfraktion (F_2) u. Feinstschlamm (F_3) fraktioniert wurden, ergab sich eine Zunahme der Dichte u. eine Abnahme des Glühverlustes von F_1 nach F_3. Der Geh. an Al_2O_3 war am größten in F_1, derjenige von SiO_2 u. CaO zeigte bei F_3 die größten Werte. Diese Unterschiede waren bei den verschiedenen Tonen sehr unterschiedlich ausgeprägt. Der durch Behandlung mit HCl u. NaOH ermittelte Geh. an Unlöslichem war bei F_1 kleiner als bei F_2 u. F_3. Bei einem Ton blieb er unter 1—2%. Die Unters. der Teilchengrößen-Zus. ergab bei der Darst. in einem Diagramm für F_1 ein Maximum, für F_2 u. F_3 zwei Maxima. G. Frikell. 6248□

Untersuchungen an einigen in Japan vorkommenden Tonen. 2. Mitt. Schlämmanalysen und thermische Untersuchungen der Tonfraktionen. Takamura Suzuki. (Rep. Government chem. ind. Res. Inst., Tokyo **56,** 188—96, Mai 1961; jap., Auszug: engl.) — 1. vgl. vorst. Referat. — Ein Teil der untersuchten Tone enthält kein Kaolin, während andere aus den Mineralien der Kaolingruppe bestehen. Die Tone der ersten Gruppe enthalten gewisse Mengen Bauxit. Ein Ton mit besonderen therm. Eigg. enthielt Cl u. F. Er wurde auf Grund der Beziehungen zwischen Calcinierungs-Temp. u. Cl-Geh. als zermahlener Zunyit identifiziert. G. Frikell. 6248□

Quantitative spektrographische Analyse feuerfester Zirkon-Tonerdeerzeugnisse. J. Vilnat und I. Voinovitch. (Bull. Soc. franç. Céram. **1961,** Nr. 52, 67—76, Juli bis Sept.; Labor. de Chim.-Phys. de la Soc. Franç. de Céram.; franz.) — Gegenüberstellung von 2 spektograph. Analysen-Verff., die mit 1. Pulvern u. 2. Lsgg. arbeiten. Für die Best. geringer Mengen Ti, Fe, Ca, Mg ist im Vgl. zur chem. Analyse das 1. Verf. unter Verw. eines Gleichstromlichtbogens geeignet. Die 2. Meth., bei der die Lsgg. in einen Wechselstromlichtbogen eingespritzt werden, gestattet die Best. von SiO_2, ZrO_2 u. Al_2O_3. A. Leibbrandt. 6248□

Gültigkeit des Klinkerkontrolltestes im Drehofen zur Messung des Litergewichts des Klinkers. Michel J. M. Jaspers. (Silicates ind. **23**, 125–130, März, 196–202, April 1958; franz.) — Der PL-Test (= Liter-Gew.-Best.) wird als eine einfache, jedoch sichere Meth. dargestellt, um den Brandzustand von Klinkern zu bestimmen. Die Best. wurden an Rohstoffen mit verschiedenen Zusätzen durchgeführt. E.-M. Amrhein. 6252□

Carborundum Co., Niagara Falls, übert. von: **Kenneth M. Taylor**, Lewiston, N.Y., V.St.A., *Formkörper aus Bornitrid und feuerfesten Oxiden.* (Can. P. **568 583** vom 10/6. 1955, ausg. 6/1. 1959. A. Prior. 25/10. 1954. — C. 1959, 5603 [E. P. 784 704].)

Carborundum Co., Niagara Falls, N.Y., übert. von: **Herbert S. Schroeder**, Red Bank, N.J., V.St.A., *Abriebfeste Körper.* (Can. P. **568 586** vom 24/5. 1955, ausg. 6/1. 1959. A. Prior. 2/8. 1954. — C. 1958, 4300 [E. P. 779 181].)

H_7. Agrikulturchemie. Schädlingsbekämpfung

Swift & Co., Chicago, Ill., übert. von: Derrick H. Stassfort, Calumet City, und Everett N. Mortenson, Chicago, Ill., und Marion Dwight Sanders, Chesterton, Ind., V.St.A., **Düngemittel mit hohem Stickstoffgehalt.** In Rk.-Kammern wird 1 Mol. konz. H_2SO_4 mit 1 Mol. wasserfreiem NH_3 zu NH_4HSO_4 umgesetzt, das mit festem Superphosphat innig vermischt wird. Das Gemisch wird mit solchen Mengen einer Lsg. von NH_4NO_3 in NH_3 versetzt, daß das NH_4HSO_4 zu $(NH_4)_2SO_4$ umgewandelt u. das Superphosphat ammonisiert wird. Das N_2:P_2O_5-Verhältnis in dem Düngemittel soll $>0{,}5:1$ betragen. Die Zers. des NH_4NO_3 u. N-Verluste werden vermieden. Bei Zusatz von KCl zu dem Gemisch tritt auch keine Zers. dieses Salzes ein. (**A. P. 2 965 468** vom 1/4. 1955, ausg. 20/12. 1960.) H. Karst. 6291

George S. Pfaus, Hopewell, N.J., und Reuben A. Posner, New York, N.Y., übert. von: Jacob S. Joffe, New Brunswick, N.J., V.St.A., **Herstellung von Düngemitteln.** Organ. Stoffe, welche Humate enthalten, z. B. Stallmist, Fäkalien oder ihre Gemische mit Urin, Stroh, Sägespänen oder Torfmull, Abwasserklärschlamm, Kaffeegrund, Futtermittel- u. Schlachthausabfälle werden mit wasserlösl., mineral. Düngemitteln u. 2,5–3% Gips vermischt, worauf das Gemisch durch Erhitzen auf ca. 982° getrocknet wird. Die Masse wird dann unter Zusatz von W. u. feinverteilten, wasserlösl. Düngesalzen zu Granalien von ca. 0,5–2 mm Korngröße granuliert, die Granalien werden mit einem Überzug aus W., NH_4NO_3 u. wasserlösl. Haftmitteln, z. B. Harze, Gummi, Leim u. dgl., versehen u. bei 100–150° getrocknet. Um diese Prodd. mit nützlichen Bodenbakterien anzureichern, werden bakterienreiche Böden durch Zusatz von dolomit. Kalkstein auf pH 6,5–7,0 eingestellt, die Bakterien 5–10 Tage bei 20–25° zur Entw. gebracht, die Böden auf ca. 5–7% Wasser-Geh. getrocknet, mit 0,1–0,25% ig. Melasse- oder Stärke-Lsgg. extrahiert, der Extrakt abgetrennt u. auf die vom Trockner kommenden granulierten organomineral. Düngemittel aufgesprüht. Die Düngemittel zersetzen sich im Boden sehr langsam u. rufen an den Pflanzenwurzeln keine Verbrennungsschäden hervor. Sie stimulieren die Keimung des Saatgutes u. fördern durch CO_2-Entw. das Pflanzenwachstum. (**A. P. 2 951 755** vom 10/12. 1958, ausg. 6/9. 1960.) H. Karst. 6291

American Dross Disposal Corp., übert. von: Harry B. Gorby, Oklahoma City, Okla., V.St.A., **Schnelle Kompostierung von organischen Abfallstoffen.** Organ. Abfallstoffe, z. B. sortierter oder unsortierter Müll, Stallmist, Abwasserklärschlamm u. Industrieabfälle, werden zu kleinen Teilchen zerkleinert u. während ihres Falles auf Kompostierungshaufen bis auf Feuchtigkeits-Geh. von ca. 40–60 (%) angefeuchtet. Die poröse Masse wird bei 50–70° u. pH von ca. 6,5–7,5 fermentiert bis ihr Wasser-Geh. ca. 35 beträgt. Diese Maßnahmen u. die aerobe Vergärung werden wiederholt bis die Fermentation der Masse beendet ist. Die kompostierten Düngemittel werden zur Reifung auf Haufen gelagert, abgesackt oder getrocknet. Ohne Impfung mit Mikroorganismenkulturen werden in 10–30 Tagen Humusdüngemittel gewonnen. Geringe Mengen Abwasserklärschlamm oder teilweise kompostierter Masse können den Abfallstoffen zur Beschleunigung der Vergärung zugesetzt werden. (**A. P. 2 947 619** vom 22/3. 1957, ausg. 2/8. 1960.) H. Karst. 6295

Symphorien Georges Dziedzic, Joseph Raphaël Velle und Louis Schwab, Frankreich, **Kompostdünger mit Spurenelementen.** Man schichtet Torf-

u. Bimssteinmehl, zerkleinertes Stroh, pulverisierte Eichenrinde u. gelöschten Kalk, gibt dann die Spurenelemente in entsprechender Menge als Komplexsalze mit Äthylendiaminotetraessigsäure hinzu u. beimpft mit Bakterien, z. B. Proteuskulturen. Nach 6—8 Wochen ist die Kompostierung beendet. (**F. P. 1 217 846** vom 10/12. 1958, ausg. 5/5. 1960.) W. Wittholz. 6295

Heyden Newport Chemical Corp., New York, N.Y., übert. von: Nathaniel Tischler, Middlesex County, N.J., V.St.A., **Unkrautbekämpfungsmittel,** enthaltend 2.3.6-Trichlorphenylessigsäure (I), deren Salze, Amide oder Ester u. ein übliches Verdünnungsmittel. — Man erhält I durch Rk. von Trichlorbenzylchlorid mit NaCN unter Bldg. von Trichlorbenzylcyanid u. anschließende Hydrolyse mit H_2SO_4. — Anzuwendende Menge: 1—2% I/Acre. (**A. P. 2 977 212** vom 2/6. 1958, ausg. 28/3. 1961.) H. Nebelsiek. 6313

Imperial Chemical Industries Ltd., London, übert. von: Robert Coles Brian, George William Driver, Ronald Frederick Homer und Richard Lewis Jones, Manchester, England, **Unkrautvernichtungsmittel,** enthaltend eine Verb. der allg. Formel I, in der R u. R' Alkylreste mit nicht >4 C-Atomen bedeuten u. X einen anion. Rest darstellt, u. einen üblichen Trägerstoff. — Beispiele für I: *4.4'-Dipyridyl-di-(β-hydroxyäthobromid)*, F. 281° (Zers.); *4.4'-Dipyridyl-4'-(β-chloräthobromid)*, F. >350°; *4.4'-Dipyridyl-di-(β-äthoxyäthojodid)*, F. 218—220°; *4.4'-Dipyridyl-di-(β-carboxyäthochlorid)*, F. 314° (Zers.); *4.4'-Dipyridyl-di-(γ-carboxyäthoxypropobromid)*, F. 216—218°; *4.4'-Dipyridyl-di-(N.N-diäthylcarbamylmethochlorid)*, F. 296°; *4.4'-Dipyridyl-N.N'-bis-(γ-trimethylaminopropyl)-tetrabromid*, F. 290° (Zers.). — Man erhält z. B. die erstgenannte Verb. durch 16std. Erhitzen unter Rückfluß von 10 (Teilen) 4.4'-Dipyridylhydrat u. 50 Äthylenbromhydrin. (**A. P. 2 972 528** vom 25/3. 1957, ausg. 21/2. 1961. E. Prior. 4/4. 1956.) H. Nebelsiek. 6313

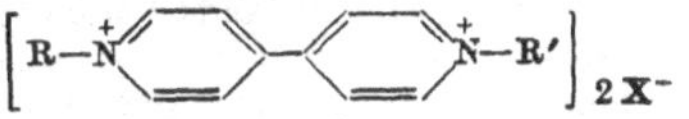

I

E. I. du Pont de Nemours & Co., übert. von: Raymond W. Luckenbaugh, Wilmington, Del., V.St.A., **Unkrautbekämpfungsmittel,** enthaltend eine Verb. der allg. Formel I, in der X für H, Cl, Br oder eine Alkylgruppe mit <5 C-Atomen steht, Y H, Cl, Br, Alkylgruppen mit <5 C-Atomen oder eine Nitrogruppe bedeutet mit der Einschränkung, daß Y nur für eine Nitrogruppe stehen kann, wenn X ein Halogenatom ist, n eine ganze Zahl <4 darstellt, R für eine Alkylgruppe mit <5 C-Atomen steht, A H, Cl, Br, Alkylgruppen mit <5 C-Atomen, Alkali- oder Erdalkalimetall bedeutet u. B H, Cl, Br oder Alkylgruppen mit <5 C-Atomen darstellt. — Man erhält I durch Rk. des Dialkylesters der Malonsäure mit substituiertem Harnstoff in Ggw. von Natriumäthoxyd u. anschließender Verdünnung mit W. u. Ansäuerung. — In Stäuben wendet man I in Mengen von 25—90% an, in fl. Lsgg., z. B. in Ketonen oder Kerosin, in Mengen von 0,5—50%. (**A. P. 2 959 475** vom 19/2. 1957, ausg. 8/11. 1960.) H. Nebelsiek. 6313

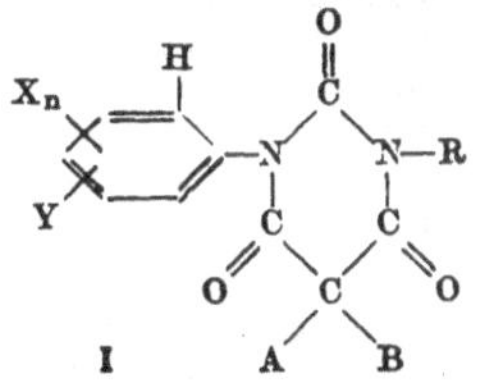

Monsanto Chemical Co., St. Louis, übert. von: Angelo J. Speziale, Kirkwood, Mo., V.St.A., **Herbicides Mittel mit selektiver Wirkung,** bestehend aus α-Chlor-N-(2-furfuryl)-N-alkylacetamid, bes. -äthylacetamid. In einer Menge von 1—15 pounds/acre verhindert es das Keimen von Gräsersamen. (**A. P. 2 929 702** vom 26/12. 1957, ausg. 22/3. 1960.) C. Lüttgen. 6313

Monsanto Chemical Co., St. Louis, übert. von: Philip H. Santmyer, Florissant, Mo., V.St.A., **Mittel zur Bekämpfung von Nematoden,** bestehend aus 0,001—0,1%ig. wss. Lsgg. von *Alkali-, bes. Na-Salzen der N-(n-Propyl)-dithiocarbaminsäure*. (**A. P. 2 945 781** vom 12/12. 1958, ausg. 19/7. 1960.) C. Lüttgen. 6313

Monsanto Chemical Co., St. Louis, Mo., übert. von: Joseph W. Baker und George A. Saul, Nito, W. Va., V.St.A., **Mittel gegen Nematoden,** gek. durch den Geh. von O.O-Dimethyl-2.4-dichlorbenzoylphosphonat. (**A. P. 2 924 553** vom 18/9. 1956, ausg. 9/2. 1960.) C. Lüttgen. 6313

Charles R. Phillips, Louis P. Graenberg und Robert K. Hoffman, Frederick, Md., V.St.A., **Mittel zum Sterilisieren des Bodens,** bes. zur Bekämpfung von *Nematoden*, bestehend aus einer wss., 1%ig. Lsg. von β-Propiolacton. Der Boden wird dabei desinfiziert u. gleichzeitig von Unkräutern befreit. (**A. P. 2 967 100** vom 25/9. 1958, ausg. 3/1. 1961.) H. Nebelsiek. 6313

Monsanto Chemical Co., St. Louis, übert. von: Norman J. Lewis, Kirkwood, Mo., V.St.A., **Mittel zur Bekämpfung von Nematoden,** bestehend aus einem

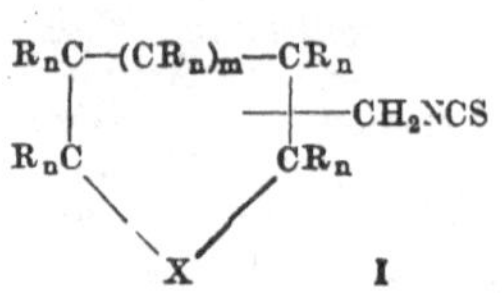

I

Isothiocyanat der allg. Formel **I**, in der R H, Halogen u. C_1–C_3-Alkylreste, n 1 oder 2, m 0 oder 1, wobei, wenn m = 0, die Summe aller n 3,5 oder 7, u. wenn m = 1, die Summe aller n 5,7 oder 9 beträgt, u. X ein Chalkogen mit einem Atomgewicht von 10—40 ist, bes. Furfuryl-, Tetrahydrofurfuryl-, Dihydrofurfurylisothiocyanat. Das Mittel wird in einer Menge von ca. 25—600 pounds/acre dem Boden in dispergierter Form zugeführt. (**A. P. 2 946 720** vom 13/5. 1957, ausg. 26/7. 1960.) C. Lüttgen. 6313

Spencer Chemical Co., übert. von: Thomas R. Hopkins, Joplin, Mo., Ralph P. Neighbors, Miami, Okla., und Otto L. Hoffmann, Pittsburg, Kans., V.St.A., **Mittel zur Bekämpfung von Nematoden,** bestehend aus einem inerten Träger, einem oberflächenakt. Stoff u. einer Verb. der allg. Formel $CH_2X-CHXC(R)=O$, in der X für Br oder Cl u. R für den Piperidin-, Pyrrolidin-, Isoindolin-, 1.2.3.4-Tetrahydrochinolin- oder -isochinolin-, Tetrahydroisoindolin-, Piperazin-, N-Alkylpiperazin, 3- oder 4-Hydroxypiperidinrest oder $-NHR$ u. $-N(R_3)R_2$ stehen, wobei R_1 ein Phenylazophenyl-, Naphthyl-, niederer Phenylalkyl-, Biphenyl, Halogen-Dihalogen- oder Nitrophenylrest, R_2 ein evtl. substituierter Phenyl-, niederer Alkyl- oder Phenylalkyl-, Phenylazophenyl-, Naphthyl- u. niederer Cycloalkylrest u. R_3 ein Phenyl oder niederer Cycloalkylrest ist oder eine der unter R_1 angeführten Bedeutungen haben kann, bes. N-(4-Chlorphenyl)-, N-Phenyl-, N-(2-Chlorphenyl)-, N-(3-Chlorphenyl-, N-(2.4-Dichlorphenyl)-, N-(4-Nitrophenyl)-, N-(4-Methylphenyl)- u. N-(4-Phenylazophenyl)-α.β-dichlorpropionamid. (**A. P. 2 957 800** vom 14/12. 1956, ausg. 25/10. 1960.) C. Lüttgen. 6313

Merck & Co., Inc., Rahway, übert. von: John D. Garber, Cranford, und Harold C. Reynolds, Plainfield, N.J., V.St.A., **Pflanzenschutzmittel,** bestehend aus einem inerten Tonpulver, bes. Attapulgit, Pyrophyllit, Diatomeenerde, mit einem Geh. von 0 001—1% Streptomycin, bes. in Form des Sulfats. (**A. P. 2 956 922** vom 5/12. 1955, ausg. 18/10. 1960.) C. Lüttgen. 6313

Minerals & Chemicals Corp. of America, Menlo Park, übert. von: Charles Gerald Albert, Basking Ridge, N.J., V.St.A., **Trägermaterial für giftige Thiophosphorsäureester,** bestehend aus SiO_2-haltigem Material (**I**), bes. Attapulgit, Diatomeenerde, Montmorillonit, dad. gek., daß das **I** vor dem Mischen mit dem Ester mit einem vollständig hydroxyäthylierten oder -propylierten Alkylendiamin, bes. N.N.N'.N'-Tetrakis-(2-hydroxypropyl)-äthylendiamin, imprägniert wurde, um die Zers. des Esters durch das **I** zu unterbinden. (**A. P. 2 941 923** vom 14/1. 1958, ausg. 21/6. 1960.) C. Lüttgen. 6313

Dow Chemical Co., Midland, Mich., übert. von: Lisby L. Wade und Mark G. Norris jun., Lake Jackson, Tex., V.St.A., **Verfahren zum Schutz von Warmblütern gegen Parasiten** durch Verabreichen eines system. Mittels, das einen Phosphorsäureester der allg. Formel **I** enthält, wobei X_1 Cl oder den tert. Butylrest (**II**) u. X_2 H oder Cl bedeutet, mit der Maßgabe, daß, wenn X_1 = **II**, X_2 = H ist, bes. O.O-Dimethyl-O-(2.4-dichlorphenyl)-phosphat. (**A. P. 2 943 018** vom 1/8. 1958, ausg. 28/6. 1960.) C. Lüttgen. 6313

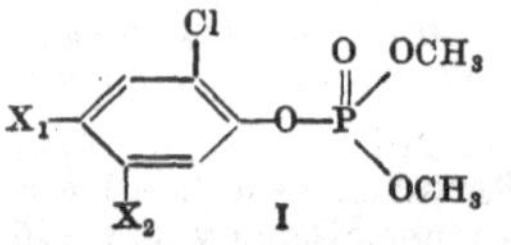

I

Standard Oil Co., Chicago, Ill., übert. von: Richard E. Van Strien, Griffith, Ind., V.St.A., **Mittel gegen saugende Insekten, besonders Aphiden,** gek. durch den Geh. von Tri-(n-butyl)-, -(isooctyl)-trimellitat oder Di-(n-butyl)-decyl-trimellitat. (**A. P. 2 955 979** vom 15/4. 1959, ausg. 11/10. 1960.) C. Lüttgen. 6313

Soc. d'Électro-Chimie, d'Électro-Métallurgie et des Aciéries Électriques d'Ugine, Frankreich, *Herstellung von Phosphatdüngemitteln.* (**F. P. 1 219 381** vom 26/12. 1958, ausg. 17/5. 1960. — C. **1962,** 3604 [D. A. S. 1 110 185].)

J. R. Geigy Akt.-Ges., übert. von: **Hans Gysin,** Basel, und **Enrico Knüsli,** Riehen, Schweiz, *Mittel zur Beeinflussung des Pflanzenwachstums.* (**Can. P. 554 576** vom 31/8. 1954, ausg. 18/3. 1958. Schwz. Prior. 2/9. 1953. — C. **1959,** 9713 [D. B. P. 970 322].)

J. R. Geigy Akt.-Ges., übert. von: **Alfred Margot** und **Hans Gysin,** Basel, Schweiz, *Acylierte Hydrazone.* (**Can. P. 554 577** vom 24/5. 1955, ausg. 18/3. 1958. Schwz. Prior. 26/5. 1954. — C. **1957,** 13466 [Oe. P. 188 702].)

Farbenfabriken Bayer Akt.-Ges. (Erfinder: **Ewald Urbschat** und **Ferdinand Grewe**), *Herstellung von fungicid wirksamen Phenylazoformamiden.* (**Aust. P. 230 075** vom 21/1. 1958, ausg. 22/9. 1960. D. Prior. 7/2. 1957. — C. **1960,** 15192 [D. A. S. 1 068 723].)

Shell Development Co., New York, N.Y., V.St.A., übert. von: **Nicolaas Dost** und **Gerarda F. E. M. Klap-Dierick,** Amsterdam, Niederlande, *Fungicides Mittel.* (**Can. P. 568 598** vom 28/6. 1955, ausg. 6/1. 1959. Niederl. Prior. 30/7. 1954. — C. **1959,** 1921 [A. P. 2 790 743].)

Hooker Electrochemical Co., Niagara Falls., übert. von: **Richard H. Kimball**, Lewiston, N.Y., V.St.A., *Trennung der Hexachlorcyclohexanisomeren*. (**Can. P. 554 768** vom 29/12. 1951, ausg. 18/3. 1958. A. Prior. 23/1. 1951. — C. **1957**, 2585 [E. P. 727 477].)

Soc. des Usines Chimiques Rhône-Poulenc, Paris, übert. von: **Jean Metivier**, Arpajon, Seine-et-Oise, und **Roger Boesch**, Paris, Frankreich, *Äther und Thioäther*. (**Can. P. 554 715** vom 19/12. 1955, ausg. 18/3. 1958. F. Prior. 23/12. 1954, 22/6. u. 16/11. 1955. — C. **1957**, 1282 [F. P. 1 117 302] u. C. **1959**, 1251 [D. P. [DDR] 13 727].)

Farbenfabriken Bayer Akt.-Ges. (Erfinder: **Walter Lorenz** und **Reimer Colln**), *Herstellung von Phosphonsäureestern*. (**Aust. P. 230 968** vom 5/9. 1958, ausg. 24/11. 1960. D. Prior. 28/9. 1957. — C. **1961**, 17728 [F. P. 1 202 741].)

Imperial Chemical Industries Ltd., England, *Schneckenbekämpfungsmittel*. (**F. P. 1 204 553** vom 17/4. 1958, ausg. 27/1. 1960. E. Prior. 17/4. 1957 u. 2/4. 1958. — C. **1962**, 8038 [D. A. S. 1 110 941].)

H_8. Metallurgie. Korrosion

Laboratoriumsversuche zur Verarmung von Schlacken, bei der Verarbeitung von suspendierten Kupferkonzentraten. W. G. Schtschurowski. (Известия Академии Наук Казахской ССР, Серия Металлургии, Обогащения и Огнеупоров [Nachr. Akad. Wiss. KasachSSR, Ser. Metallurgie, Erzaufbereit. feuerfeste Mater.] **1960**, Nr. 3, 57—68; russ.) — Die Verarmung an *Cu* von Schlacken mit 40—45% SiO_2 kann durch einfaches Überhitzen erreicht werden. Bei Schlacken mit 24—28% SiO_2 konnte durch Überhitzen der Cu-Geh. des Prod. nur bis auf 0,7—0,8% herabgesetzt werden. Die Verarmung der vom Stein abgetrennten Schlacken soll zweckmäßig unter einer Steinschicht durchgeführt werden. Durch das Auftragen von Pyrit auf die Schlakkenoberfläche sowie durch das Überhitzen mit elektr. Strom mit gleichzeitiger Zugabe von Pyrit, Pyrrhotin bzw. Sulfidkonzentrat können bessere Verarmungen der Schlacken suspendierter Cu-Konzentrate erreicht werden. S. Baryschnikow. 6360

Neuzeitliche Entwicklungen der Roheisenhochofenkonstruktion, der Rohmaterialien und des Hochofenbetriebes. Donald M. Morrison. (Mines Mag. **51**, Nr. 9, 25—26, 34, Sept. 1961; Cleveland, Ohio, Arthur G. McKee & Co.; engl.) — Kurzer Überblick über die Entw. in den letzten 15 Jahren bes. in den USA. H. Hochstein. 6370□

Rauchgasentstaubung bei Lichtbogenöfen. Wolf Muhlrad. (Stahl u. Eisen **81**, 41—46, 5/1. 1961; Paris; dt.) — Die physikal. u. chem. Beschaffenheit des in Lichtbogenöfen bei der Stahlerzeugung auftretenden Gases u. Staubes werden mitgeteilt u. Anlagen zum Auffangen beschrieben. Diese Anlagen dienen zum Entstauben u. Reinigen der Rauchgase vor ihrem Abführen in die Atmosphäre, bes. durch Sackfilter. Die trockene Rückgewinnung des abgeschiedenen *Eisenoxid*-Staubes wird behandelt. H. Hochstein. 6370□

Die Verwendung von Gas zum Schmelzen von Gußeisen im Kupolofen. Maurice Decrop. (Fonderie **1961**, 429—41, Dez.; Centre techn. des Ind. de la Fonderie; franz.) — Es wird über Verff. zum Ersatz des gesamten Kokses im Kupolofen durch eine *Gasflammen*-Beheizung berichtet. Bei diesen Verff. ist der Kupolofen entweder mit einer SiO_2- oder Al_2O_3-Auskleidung versehen. Es werden Angaben über das Verh. der feuerfesten Ofenauskleidung, über den Ofenbetrieb mit Al_2O_3-Auskleidung u. über die Zus. des so erhaltenen *Gußeisens* gemacht. Auch werden Verss. unter Verw. von schnell sich abnutzenden *SiC*-Ofenauskleidungen angestellt. Da sich der Kupolofenbetrieb mit reiner Gasbeheizung als unwirtschaftlich erwies, wurden weitere Verss. mit einer gemischten *Gas–Koks*-Beheizung zum Schmelzen des Gußeisens gemacht u. für diesen Ofenbetrieb eine Wärmebilanz aufgestellt. Die Verss. bezogen sich auf verschiedene Schmelzschichten u. auf ein doppeltes Einblasen von Luft. Schließlich wurden noch Schmelzverss. in einem kontinuierlichen Gasflammofen mit direkter Flamme u. mit einem Gasflammstrahlungsofen ausgeführt. H. Hochstein. 6370□

Anwendung von Erdgas und flüssigen Brennstoffen in der Hüttenindustrie. Władysław Gebicki. (Przegląd techn. **1961**, Nr. 36, 5, Sept.; pol.) — Beim Betrieb größerer Hütteneinheiten ist Kokereigas mit niedrigem Heizwert nicht mehr ausreichend. Beschrieben wird die Energieversorgung von Hüttenwerken in der UdSSR. F. Urban. 6370□

Betriebsergebnisse beim Brikettieren von Gichtstaub. Wilhelm Wolf und Helmut Wysocki. (Stahl u. Eisen **81**, 559—61, 27/4. 1961; Dortmund; dt.) — Der Verf.-Weg u. die mechan. Vorr. für die Herst. von Kissenbriketts werden beschrieben. 10%ig. Sulfitablauge dient als Bindemittel für die aus Gichtstaub u. SM-Schlacke geformten Briketts. Verhüttungs-Verss. im Hochofen bis zu 25 Möller-% werden behandelt u. Angaben über die Wirtschaftlichkeit gemacht. H. Hochstein. 6376□

Automatisierung des Prozesses der Antimonsublimation aus Erzen durch Wirbelschichtröstung. M. I. Manzewitsch. (Цветные Металлы [Nichteisenmetalle] **34**, Nr. 4,

12—17, April 1961; Forsch.-Inst. für Nichteisenmetalle; russ.) — Ausgearbeitet u. in einer Vers.-Anlage erprobt wird das Schema der Automatisierung einer Sublimationsröstung von *Sb*-Erzen in der Wirbelschicht unter Beheizung des Ofens mit einem festen Brennstoff. Die Temp.-Regulierung der Wirbelschicht wird durch die Erzaufgabe verwirklicht. Zur Reglung der Gasatmosphäre wird ein Schema mit 2 unabhängigen Syst. nämlich der automat. Stabilisierung des Kohlenverbrauchs u. des Luftverbrauchs vorgeschlagen. Zur Überwachung der Gasatmosphäre u. zu höherer automat. Korrektion wird die automat. Analyse derselben angewendet. H. Hochstein. 6378□

Fließbettrösten von Nickelsulfid. W. Curlook und H. J. Roorda. (Canad. Mining metallurg. Bull. **54**, 152—56, Febr. 1961; Copper Cliff, Ontario, International Nickel Co. of Canada; engl.) — Berichtet wird über das Fließbettrösten von feinem Ni_3S_2-Konzentrat in einer Versuchsanlage. Vor dem Rösten wurde das feine Konzentrat zu Körnern von $^1/_8''$ Ø pelletisiert u. die Röstung bei 2000°F, 800°F über der Erweichungs-Temp. von Ni_2S_2 aber unter der von *NiO* vorgenommen. F. Vier. 6378□

Zusammenhang zwischen Fehlerneigung grüner Formsande und Naßfestigkeit. Wilhelm Patterson und Dietmar Boenisch. (Gießerei **48**, 157—66, 6/4. 1961; Aachen, TH.; dt.) K. Hillinger. 6382□

Die Bedeutung der Festigkeit feuchter, tongebundener Formsande, insbesondere der Naßfestigkeit. Wilhelm Patterson und Dietmar Boenisch. (Gießerei techn. wiss. Beih. **13**, 157—193, Juli 1961; Aachen, TH., Gießerei-Inst.; dt.) — Die Prüfung auf Naßfestigkeit ist ein neues Unters.-Verf., das die Zugfestigkeit in einer Feuchtigkeits-Kondens.-Zone, hervorgerufen durch oberflächliche Erhitzung des Sandkörpers, mißt. Besprochen werden die Zusammenhänge zwischen Naßfestigkeit u. Eigg. des Bindetones, Naßfestigkeit u. Gußfehlern. Die Naßfestigkeit kann gesteuert werden durch Sandfeuchtigkeit, Tonanteil, Sodazusatz („Aktivierung"), Güte des Tones, Kollerzeit, Säuregrad sowie Beschaffenheit der Sandkörner. — 66 Literaturangaben. H.-G. Peter. 6382□

Die Verwendung von Zirkonkonzentraten in der Gießerei. K. M. Tkatschenko und M. Ss. Lipman. (Литейное Производство [Giesserei-Betr.] **1962**, Nr. 1, 7—8, Jan.; russ.) — Die Verw. von Zirkonkonzentraten als Schichtgemische u. Farben in ausländ. Gießereien wird erörtert u. über Verss. mit Zirkonkonzentraten aus den wichtigsten sowjet. Fundorten mit unterschiedlicher chem. u. mineralog. Zus. berichtet. Die mineralog. Hauptbestandteile derselben sind: 89,5—93 (%) $ZrSiO_4$, 2—3 TiO_2 (Rutil), 1—2 Al_2SiO_5, 2—2,4 *Quarz* u. 0,5—0,8 *Fe-Oxid*. Die Unterss. zeigen, daß bei Ggw. einer wesentlichen Menge an Fe_2O_3 u. P_2O_5 die Konzentrate nicht die erforderliche Oberflächenreinheit von Gußstücken mit einem Gewicht über 4 t gewährleisten. Gute Resultate werden nur bei ausreichend gereinigten Zirkonkonzentraten erzielt, die nicht über 0,11 Fe_2O_3 u. 0,1 P_2O_5 enthalten. H. Hochstein. 6382□

Allgemeine Angaben über die Steigerbemessung von Sandguß. Michel Jeancolas. (Fonderie **1961**, **43**—55, Febr.; Centre techn. des Ind. de la Fonderie.; franz.) — Prakt. Regeln für die Steigerberechnung. — 22 Literaturangaben. K. Hillinger. 6382□

Verminderung der Metallverluste in einer Messinggießerei. H. St. John. (Foundry Trade J. **111**, 45—46, 13/7. 1961; engl.) W. Wesly. 6382□

Über den Erstarrungsablauf und die Größe und Aufteilung des Volumendefizits bei Gußlegierungen. Wilhelm Patterson und Siegfried Engler. (Gießerei techn.-wiss. Beih. **13**, 123—156, Juli 1961; Aachen, TH., Gießerei-Inst.; dt.) — Aus der Theorie des Kristallwachstumsvorganges werden Modellvorstellungen über den Erstarrungsablauf entwickelt. Die an Legg. des *Al–Cu*-Syst. beobachteten Erstarrungsarten werden den Modellfällen zugeordnet. Die Größe des Vol.-Defizits wird durch Leg. u. Gießtemp. festgelegt. Die Aufteilung des Vol.-Defizits richtet sich nach der Tragfähigkeit der Randschale u. dem Speisungsvermögen. Glattwandige, rauhwandige u. endogen-schalenbildende Erstarrung haben hohe Tragfähigkeit der Randschale u. gutes Speisungsvermögen zur Folge (Begünstigung von Makrolunkern). Schwammartige u. breiartige Erstarrung verursachen geringe Tragfähigkeit der Randschale u. niedriges Speisungsvermögen (Entstehung von Einfallstellen u. Schrumpfungsporen). — 33 Literaturangaben. H.-G. Peter. 6382□

Untersuchung der Reduzierbarkeit von Sinter. Jacob Willems und Günther Quade. (Stahl u. Eisen **81**, 552—58, 27/4. 1961; Duisburg-Ruhrort; dt.) — Auf einer Vers.-Pfanne wurden Sinter aus Venezuela- u. aus Kiruna-Erz hergestellt u. untersucht. Die unterschiedliche Abhängigkeit des Oxydationsgrades bei der Sintersorten vom Brennstoff-Geh. wurde auf die bei der Sinterung herrschenden Bedingungen zurückgeführt. Das Ergebnis der Red.-Verss. war ebenfalls unterschiedlich, wobei sich die Reduzierbarkeit als vom Oxydationsgrad des Sinters u. vom Ausgangsstoff abhängig erwies. Durch Zusätze von *Kalkstein*-Mehl konnte bes. bei einem Sinter aus deutschen Erzen der Oxydationsgrad u. dadurch auch die Reduzierbarkeit verbessert werden. Eine große Anzahl von Betriebssintern wurde auf ihre Reduzierbarkeit untersucht u. hierbei deren Abhängigkeit vom Oxydationsgrad als das Vorherrschende herausgestellt. Ein Vgl. von Red.-Vers.-Ergebnissen von Sintern u. Erzen führt zu einer schlechteren Einstufung der Sinter gegenüber Erzen, was im Gegensatz zu Betriebsergebnissen steht. Die Eigg., der Sinter im Hochofen werden hervorgehoben, wie sie sich aus der gleichmäßigen Schüttung u. Gasverteilung ergeben. Die dadurch hervorgerufene bessere Durchgasung führt am Hochofen beim Einsatz von Sinter zu gleichem Koksverbrauch wie beim Einsatz von Erzen. Diskussion. H. Hochstein. 6390□

Vorversuche über das Verhütten von Eisenerz-Pellets im Hochofen. Paul Maertens und Arthur Poos. (Stahl u. Eisen **81**, 778—82, 8/6. 1961; Seraing u. Lüttich; dt.) — Die Möglichkeiten der Verhüttung von Pellets aus schwed. Erzkonzentraten im Hochofen wird in Vorverss. untersucht, wobei Pellets von 30—40 u. 20—25 mm ∅ verwendet wurden. Die Pellets scheinen die Durchgasungsverhältnisse im Hochofen günstig zu beeinflussen. Es wird ein starker Anstieg der indirekten Red. beobachtet, wobei bes. die Pellets mit kleinem ∅ günstige Werte ergeben u. bei 515 kg Pellets im Möller eine indirekte Red. von 70% erreicht wurde. Diese gute Reduzierbarkeit sowie der sehr geringe Geh. der Pellets an Gangart bewirken eine erhebliche Koksersparnis. Der Gichtstaubentfall wird nicht vermindert. H. Hochstein. 6390□

Grundsätze der Behandlung zur Minette-Anreicherung. A. Bragard. (Rev. univ. Mines, Métallurg., Mécan., Trav. publ., Sci. Arts appl. Ind. [9] **17 (104)**, 730—45, Dez. 1961; C.N.R.M.; franz.) — Die Anreicherung von saurer lothring. u. luxemburg. Minette ist wegen der möglichen Beseitigung eines großen Anteils ihrer SiO_2-Geh. von großer wirtschaftlicher u. betrieblicher Bedeutung, da es hierdurch möglich wird, an Stelle der weniger häufig vorkommenden kalkhaltigen Minetten die aufbereiteten, von SiO_2 weitgehend befreiten Minetten bei der Herst. selbstgängiger Minette-Möller zu verwenden. Die Grundzüge dieser Aufbereitungsbehandlung (gravimetr. Meth. u. Magnetscheidung unter W.) werden erörtert. Die bei Vorverss. erhaltenen Ergebnisse rechtfertigen eine betriebliche Weiterentw. der Methode. H. Hochstein. 6390□

Untersuchungen über die Destillation metallischer Elemente aus flüssigem Eisen unter vermindertem Druck. Hermann Schenck und Hans-Heinrich Domalski. (Arch. Eisenhüttenwes. **32**, 753—60, Nov. 1961; Aachen, TH., Inst. für das Eisenhüttenwes.; dt.) — An Schmelzen aus den Zweistoff-Syst. *Fe–Mn*, *Fe–Cu* u. *Fe–Sn* sowie aus dem Dreistoff-Syst. *Fe–Mn–C* wurde das Destillations-Verh. der metall Fe-Begleitstoffe unter Schutzgas bei Drücken von 0,001—40 Torr untersucht. Bei induktiver Beheizung der Schmelze besteht in Fe-reichen Legg. zwischen der verdampften Menge des Begleitstoffes u. der Vers.-Dauer eine exponentielle Abhängigkeit. Die Verdampfungs-Geschw. folgt der Gleichung $-dN/dt = k \cdot N$. Die für *Mn*, *Cu* u. *Sn* ermittelten Dest.-Kennzahlen erlauben die Vorausberechnung der Abnahme der Leg.-Stoffe in Fe-Schmelzen während der Vakuumbehandlung. Die Verdampfungs-Geschw. nimmt mit steigender Temp. zu. Mit größer werdender Höhe des Schmelzbades u. — bei Mn-Legg. — mit steigendem C-Geh. wird die Verdampfungs-Geschw. erniedrigt. Die Dest.-Kennzahl deutet den Rk.-Mechanismus derart, daß die verdampfenden Anteile den Strömungen innerhalb der fl. Schmelze folgend nach Aufnahme der Verdampfungsenergie an der Badoberfläche ihren Aggregatzustand ändern. Je nach Höhe des Schutzgasdruckes ist die Diffusions-Geschw. des Dampfes durch die Phasengrenzschicht oder die Nachlieferung der verdampfenden Stoffe aus der Schmelze der Teilschritt mit der geringsten Geschwindigkeit. Die Vers.-Ergebnisse bestätigen bekannte theoret. Überlegungen über den Verdampfungsvorgang. — 21 Literaturangaben. H. Hochstein. 6390□

Oberflächen- und Volumenzähigkeit einfachster Eisenschlacken. W. G. Korpatschew, Ss. I. Popel und O. A. Jessin. (Известия Академии Наук СССР (Москва), Черная Металлургия [Hochschulnachr. (Moskau), Eisenmetallurgie] **5**, Nr. 1, 41—47, 1962; Uraler Polytechn. Inst.; russ.) — Durch die Meth. abklingender Schwingungen einer Scheibe wird im Temp.-Bereich von 1250—1400° die Zähigkeit von Schmelzen *FeO–Fe_2O_3–SiO_2* u. *FeO–Fe_2O_3–CaO*, die reich an FeO sind u. bis 31% SiO_2 u. 28% CaO enthalten, gemessen. Dabei wird gefunden, daß die Vol.-Zähigkeit (Werte im Inneren der Masse) verhältnismäßig klein ist u. nur mit einer Erhöhung der CaO- u. SiO_2-Konzz. etwas zunimmt. Die Abhängigkeit der Zähigkeit von der reziproken Temp. wird in Annäherung durch eine einfache Exponentialformel bei einer Aktivierungsenergie des viscosen Fließens von 10—19 kcal/Mol beschrieben. Aus den Unters.-Ergebnissen wird gefolgert, daß einatomige Ionen in den Schlacken für den Zähfluß verantwortlich sind. Ferner wird ermittelt, daß häufig die Oberflächenschicht der Schlacken eine erhöhte Zähigkeit besitzt, die mit einer Erhöhung der SiO_2- u. CaO-Konz. zu- u. mit einer Temp.-Erhöhung abnimmt. Es wird angenommen, daß diese Erscheinungen durch das Auftreten von strukturierten Oberflächenschichten, die durch Ferrite oder Silicate gebildet werden, bedingt sind. H. Hochstein. 6390□

Die physikalisch-chemischen Eigenschaften von titan-magnesiahaltigen Schlacken mit hohem Tonerdegehalt. W. Ja. Miller und N. M. Babuschkin. (Сталь [Stahl] **21**, 391—97, Mai 1961; Uraler Forsch.-Inst. für Eisenhüttenkunde; russ.) — Als Ergebnis von Unterss. der Zähigkeit u. des Entschwefelungsvermögens von *Ti–MgO*-haltigen Schlacken mit verschiedenem Al_2O_3-Geh. wurden die günstigsten Grenzen der Schlacken-Zus. hinsichtlich Basizität, *Mg*- u. Al_2O_3-Geh. ermittelt. Die Schlacken, die beim Schmelzen von Agglomeraten aus hochangereicherten Konzentraten von Ti–MgO-haltigen Erzen erhalten werden, entsprechen hinsichtlich ihrer Eigg. den für einen normalen Hochofenbetrieb erforderlichen Bedingungen. H. Hochstein. 6390□

Der Einfluß von Magnesia auf das Entschweflungsvermögen der Hochofenschlacken. W. M. Sudin, N. N. Babarykin, A. L. Galatonow und I. Ss. Kulikow. (Сталь [Stahl] **21**, 385—91, Mai 1961; Magnitogorsk, Kombinat u. Inst. für Metallurgie der Akad. der Wiss. der UdSSR; russ.) — Die untersuchten Hochofenschlacken besitzen die geringsten Zähigkeitsschwankungen bei Temp.-Veränderungen bei *MgO*-Geh. von 9—12%. Eine Voraussetzung der besten Ausnutzung der Entschwefelungsfähigkeit der Schlacke ist ein gleichmäßiger Ofengang u. eine vollständige Red. der Fe-Oxide bis zum Eintritt in das Hochofengestell. Die Entschwefelungsfähigkeit von *Kalk* u. MgO wird mit einer Zunahme der Schlackenbasizität erhöht, wobei ein teilweiser Ersatz von CaO durch die gleiche Menge MgO die Entschwefelungsfähigkeit stärker in sauren Schlacken verbessert als in basischen. In Schlacken mit 8—12% MgO u. einer Schlackenzahl von 1,03—1,13 war das Entschwefelungsvermögen von MgO um 1,10—1,50 mal größer als das von CaO. H. Hochstein. 6390□

Die Kinetik der Entschwefelung von flüssigem Eisen. W. A. Grigorjan. (Известия Академии Наук СССР (Москва), Черная Металлургия [Hochschulnachr. (Moskau), Eisenmetallurgie] **5**, Nr. 1, 33—40, 1962; Moskau, Stahl-Inst.; russ.) — Experimentell wird die Geschw. des *S*-Übergangs aus fl. Fe in eine Schmelze aus Oxiden in Abhängigkeit von der Durchmischungs-Geschw. der Schlackenphase, ihrer Zus. u. Zähigkeit sowie auch von der Temp. untersucht. In allen Fällen kann diese Übergangs-Geschw. durch eine kinet. Gleichung erster Ordnung beschrieben werden. Es wird gezeigt, daß der S-Übergang aus dem Metall in eine bas., neutrale oder saure Schlacke durch konvektive Diffusion in der Schlackenphase bestimmt wird. Die Ergebnisse der Unters. werden als Gleichungen der Abhängigkeit des Koeff. der Massenübertragung von der Intensität der Durchmischung u. den physikal. Eigg. der Schmelze, d. h. von der kinemat. Zähigkeit der Schmelze (cm^2/s) dargestellt. Die Temp.-Abhängigkeit der Entschwefelungs-Geschw. wird mitgeteilt. Die Aktivierungsenergie des S-Übergangs aus dem fl. Metall in saure oder neutrale Schlacken wird berechnet. H. Hochstein. 6400□

Die Reinigung von Gußeisen durch Oxydationsprozesse. R. H. T. Dixon. (Brit. Foundryman **54**, 162—70, April 1961; Birmingham, Intern. Nickel Co.; engl.) — Vgl. C. **1961**, 2768. — Das Aufblasen von O_2 auf die Oberfläche von schmelzfl. Gußeisen bei hohen Temp. entfernt u. vermindert den Geh. folgender Elemente: *Sb, B, Ca, Cr, Ga, Ge, Pb, Mn, Mo, Nb, P, K, Si, Ag, Na, S, Te, Sn, Ti, W, V, Zn* u. *Zr. As,* Sn u. Sb lassen sich aus den Gußeisenschmelzen nur schwer entfernen, jedoch in Ggw. einer Kalkschlacke können auch die Schmelzen von Sn u. Sb durch O_2-Aufblasen bei hohen Temp. gereinigt werden. As, *Co, Cu* u. *Ni* sind durch diese Behandlung nicht aus der Schmelze entfernbar. Unter sonst gleichen Bedingungen beschleunigt ein Rütteln der Schmelze den Reinigungsprozeß durch Entfernen von C, Si u. Mn sowie der Spurenelemente Pb u. Ti, jedoch wird dad. die Entfernung von Sn Sb oder As nicht beeinflußt. H. Hochstein. 6402□

Der Einfluß einer homogenisierenden Glühung auf die Neuverteilung des Siliciums und die mechanischen Eigenschaften von magnesiumhaltigem Gußeisen mit grauem Bruch. W. G. Permjakow, R. P. Todorow, G. I. Koschownik und A. W. Belotzki. (Известия Высших Учебных Заведений (Москва), Черная Металлургия [Hochschulnachr. (Moskau), Eisenmetallurgie] **1960**, Nr. 10, 143—47, Kiew, Polytechn. Inst.; russ.) — Der Einfl. der Haltedauer bei der homogenisierenden Glühung von *Mg*-haltigem ferrit. Temperguß bei 1050° auf die mechan. Eigg. u. auf die *Si*-Neuverteilung wird untersucht, wobei sich zeigt, daß diese Homogenisierung sich günstig auf die Veränderung der plast. Kennwerte des Tempergusses auswirkt. Die Festigkeit u. Härte werden dabei etwas erniedrigt. Die Verbesserung der plast. Eigg. nach der Homogenisierungsbehandlung steht im Einklang mit der bisherigen Vorstellung, wonach Si merklich die plast. Eigg. des Ferrits erniedrigt. Im ungeglühten Gußeisen treten viele Bereiche auf, die sich hinsichtlich des Si-Geh. stark von der mittleren Zus. des Gußeisens unterscheiden. Offenbar bewirken die Si-reichsten Bereiche der metall. Grundmasse insgesamt eine Gußeisenversprödung. Die Si-Neuverteilung während der Homogenisierungsbehandlung bei 1050^0 ergibt eine gleichförmige metall. Grundmasse, wodurch die plast. Eigg. des Gußeisens erhöht werden. H. Hochstein. 6402□

Der Einfluß von Mangan und Silicium auf die elektrokapillaren Eigenschaften von Gußeisen in geschmolzener Schlacke. B. W. Patrow. (Известия Академии Наук СССР (Москва), Черная Металлургия [Hochschulnachr. (Moskau), Eisenmetallurgie] **5,** Nr. 1, 48–51, 1962; Leningrad, Polytechn. Inst.; russ.) —Untersucht wird der Einfl. der Zus. von Gußeisen, bes. von *Si-* u. *Mn*, auf seine elektrokapillare Eigg. in geschmolzenen, aus $CaO–SiO_2–Al_2O_3–Na_2O$ bestehender synthet. Schlacke. Hierbei zeigt sich, daß die Bindung der O-Atome mit Si fester als mit Fe ist. Bei einem Ersatz von Al_2O_3 durch SiO_2 wird die Konz. von O_2 u. Si in der Grenzschicht der Schlacke verstärkt, u. es nimmt daher die Rk. der Schlacke mit dem Metall zu u. die Zwischenphasenspannung ab. H. Hochstein. 6402□

Beeinflussung der Eigenschaften von duktilem Eisen durch die Zusammensetzung. J. F. Wallace und L. J. Ebert. (Metal Progr. **80,** 92–98, 142–43, Dez. 1961; Cleveland, Case Inst. of Technol.; engl.) — Bei der Wärmebehandlung von duktilen Eisen erhöht *Si* den krit. Temp.-Bereich u. erhöht die Neigung des Gußeisens zum Anlassen, während *Mn* die krit. Temp. herabsetzt, die Härtbarkeit verbessert u. die Neigung zum Anlassen verringert. Durch Auswahl einer geeigneten Warmbehandlung kann *Gußeisen mit Kugelgraphit* mit außerordentlich hoher Zugfestigkeit u. Streckgrenze sowie mit einem mäßigen Formänderungsvermögen hergestellt werden. H. Hochstein. 6404□

Besonderheiten der Temperaturfunktion der Geschwindigkeit des Entkohlungsprozesses von flüssigem Stahl. M. G. Kraschennikow und Ss. I. Filippow. (Известия Академии Наук СССР, (Москва), Черная Металлургия [Hochschulnachr. (Moskau), Eisenmetallurgie] **5,** Nr. 1, 20–32, 1962; Moskau, Stahl-Inst.; russ.) — Die kinet. Gesetzmäßigkeiten der *C*-Oxydation in Abhängigkeit von der C-Konz. in der fl. Stahlschmelze werden erörtert u. die Abhängigkeit der Entkohlungs-Geschw. vom Verbrauch an Oxydationsmittel angegeben. Die Oxydations-Geschw. des C in Ggw. von *Si* u. *Mn* wird durch Vers.-Schmelzen ermittelt u. der Einfl. der Temp. der Schmelze auf die Oxydations-Geschw. des C angegeben: Auf Grund der hierbei erhaltenen Ergebnisse wird der Temp.-Einfl. der Oxydations-Geschw. des C in Abhängigkeit vom Oxydationsmittelverbrauch bei Temp. $\geqq 1500^0$ u. die Aktivierungsenergie mitgeteilt. Der Verlauf der C-Oxydation in Ggw. von Si u. Mn u. die Temp.-Funktionen des Entkohlungs-Geschw. des Stahlbades bei verschiedenen Intensitäten des Oxydationsmittelzufuhr werden graph. mitgeteilt. In Übereinstimmung mit der Theorie ist das Eintreten des O_2 aus der Gasphase in die Rk.-Zone auf der Metalloberfläche das entscheidende Stadium des Oxydationsprozesses. Hierfür wird eine Berechnungsgleichung aufgestellt. H. Hochstein. 6408□

Die Ausrichtung und der Charakter der Erstarrung von Blöcken von verschiedener Form. Ss. Ja. Skoblo. (Сталь [Stahl] **22,** 219–23, März 1962; Metallurg. Shdanow-Inst.; russ.) — Mit einer Abnahme des Verhältnisses H:D (senkrechte u. waagerechte Erstarrung) u. mit einer Zunahme der Konizität der Stahlblöcke wird die spezif. axiale Verschiebungs-Geschw. der festen Phase im Block erhöht, d. h. die Erstarrungsausrichtung wird einheitlicher. Hierbei wird die Dichte der axialen Zone am größten. H. Hochstein. 6408□

Die Möglichkeit einer weiteren Korngrößenüberwachung außer der bei 1700^0 F erfolgenden. H. W. Mc Quaid. (Metal Progr. **80,** 65–66, Dez. 1961; engl.) — An Stelle der Korngrößenüberwachung von Stahl, die aus einer 8std. Aufkohlung bei 1700^0 F in Zementierkisten, Polierung, Ätzung u. mkr. Prüfung mit der Maßgabe besteht, daß das aus Fe_3C bestehende Netzwerk eine Aussage über Fein- oder Grobkorn-Bldg. ermöglicht, wird eine neue Meth. vorgeschlagen, deren Aufgabe darin besteht, den geringsten Geh. an Regelelementen, z. B. an *Al*, zu verwenden, die benötigt werden, um die verlangte Vergröberungs-Temp. zu ermitteln. H. Hochstein. 6408□

Grundlagen von Stählen, in denen die Sprödbruchneigung durch Kaltverformung nur wenig beeinflußt wird. L. Gillemot und M. Rónay. (Acta techn. Acad. Sci. hung. **35–36,** 185–95, 1961; dt.) — Durch Verss. wird bestätigt, daß die Kaltverformungsempfindlichkeit von Stählen, die sich bes. im Absinken der Kerbschlagzähigkeit oder in der an anderen eingekerbten Probekörpern gemessenen Sprödbruchneigung äußert, auf die Verunreinigungen durch Einlagerungsatome zurückzuführen ist, die die Versetzungen blockieren. Dieser Einfl. läßt sich durch Bindung der geringen verunreinigenden Einlagerungselemente auf chem. Wege vermindern, so daß auch weniger kaltverformungsempfindliche Stähle entwickelt werden können. Die Festigkeit eines niedriglegierten Stahles mit 0,15 (%) *C*, 0,75 *Ti*, 0,86 *Mn*, 0,31 *Si*, 0,024 *P* u. 0,004 *S* bleibt bei einer Kaltverformung zwischen 25 u. 65% prakt. konst. u. hat einen Wert von ca. 65 kp/mm², während die 0,2-Grenze 60 kp/mm² beträgt. Daneben liegt seine Kerbschlagzähigkeit bei 15—20 mkp/cm², die selbst im nicht kaltverformten Zustand als sehr hoch bezeichnet werden kann. H. Hochstein. 6408□

Die Herstellung von niedriglegiertem Bessemer-Stahl für Eisenbahnschienen. M. A. Gerschgorn, D. Ss. Kasarnowski, I. G. Filonow, A. D. Kutzenko und D. P. Uljanow. (Сталь [Stahl] **21**, 404—08, Mai 1961; Ukrain. Inst. für Metalle u. Dsershinski-Werk; russ.) — Die Möglichkeit u. Zweckmäßigkeit der betriebsmäßigen Herst. von niedriglegiertem Bessemer-Schienenstahl werden ermittelt u. durch nachst. Technologie gewährleistet: 1. Geringer Cr-Abbrand [im Mittel 4,7 (%)] u. niedriger *O*-Geh. im Stahl (0,0022—0,0039); 2. gleichbleibender *Al*-Geh. in fester Lsg. (0,009 bis 0,025) u. gleichbleibender *Cr*-Geh. (1,06—1,20); 3. geringe Mengen nichtmetall. Einschlüsse mit günstiger Form (kugelförmig) u. sehr geringer Geh. an *Cr-Oxiden* im Stahl. (0,00014—0,00043 Cr_2O_3); 4. nur etwa die Hälfte des *N*-Geh. im Vgl. zu einem unlegierten Bessemer-Stahl u. 5. hohe Festigkeits-Eigg. der Schienen aus niedriglegiertem Stahl Zur Gewährleistung dieser Zus. u. Eigg. wird Cr der Schmelze in Form von fl. *Ferrochrom* analog der Zugabe von Mn zugesetzt. Durch Verss. wird die Möglichkeit der Herst. dieses Stahles ohne oder mit minimaler Verw. von Ferro-Legg. durch Red. der Leg.-Elemente aus den Erzen oder den Erzkonzentraten festgestellt. H. Hochstein. 6410□

Die Raffination von Konverterstahl mit flüssiger synthetischer Schlacke im Konverter. Ss. G. Woinow, L. F. Kossoi, M. M. Schumow, A. G. Schalimow, O. M. Tschechomow, T. B. Andrejew, Ss. G. Afanassjew und Je. Ss. Kalinnikow. (Сталь [Stahl] **22**, 226—32, März 1962; russ.) — Legierter Konverterstahl, der durch eine synthet. CaO–Al_2O_3-Schlacke raffiniert ist, ist bzgl. seiner Güte besser als normaler Konverterstahl u. steht hinter einem normalen Elektrostahl an Qualität nicht zurück. Bei der Raffinierung mit synthet. fl. Schlacke im Konverter muß man die Schmelze mit einem bis zu 0,1% *S* haltigem Roheisen unabhängig vom *Mn*-Geh. im Roheisen führen. H. Hochstein. 6410□

Verbesserung der Eigenschaften des H11-Stahles durch Vakuumschmelzen. P. E. Ruff und R. W. Steur. (Metal Progr. **80**, 79—84, Dez. 1961; Columbus, Ohio, North American Aviation, Inc.; engl.) — Ein in einem elektr. beheizten Vakuumofen erschmolzener *H 11*-Stahl mit 0,40 (%) *C*, 0,30 *Mn*, 0,90 *Si*, 5,00 *Cr*, 1,30 *Mo* u. 0,50 *V* ist reiner als ein gleich zusammengesetzter, jedoch an der Luft erschmolzener Stahl u. die auf die Eigg. des Stahles einwirkenden Einschlüsse sind auch gegenüber den Einschlüssen von lufterschmolzenen Stählen an Größe, Form u. Verteilung verschieden. Hierdurch wird die überlegene Querduktilität, die gleichmäßigeren Eigg., die höhere Kerb-Zug-Festigkeit sowie die größere Dauerstandfestigkeit der vakuumerschmolzenen Stähle begründet. H. Hochstein. 6410□

Untersuchungen über das Umwandlungsverhalten, die Kerbschlagzähigkeit und die Neigung zur interkristallinen Korrosion von Eisen–Chrom-Legierungen mit Chromgehalten bis 30%. Ewald Baerlecken, Wilhelm Anton Fischer und Klaus Lorenz. (Stahl u. Eisen **81**, 768—78, 8/6. 1961; Düsseldorf, Phoenix-Rheinrohr A.-G. u. MPI für Eisenforsch.; dt.) — Das Umwandlungs-Verh. ferrit. Cr-Stähle mit C-Geh. bis 31% u. N-Geh. bis 0,2% wurde mit der magnet. Waage untersucht. Das Zähigkeits-Verh. dieser Stähle wurde durch die Aufnahme von Kerbschlagzähigkeits-Temp.-Kurven, das Kornzerfalls-Verh. durch die Ermittlung der Abschreck-Temp., bei der erstmals Kornzerfall nach der Prüfung in $CuSO_4$–H_2SO_4-Lsg. auftritt, beurteilt. Durch thermomagnet. Unterss. der Leg.-Syst. *Fe–Cr*, *Fe–Cr–C* u. *Fe–Cr–N* bis zu 1400° wurden die magnet. Eigg. des α- u. γ-*Mischkristalls* dieser Legg. ermittelt. Durch Anwendung bekannter thermodynam. Beziehungen wird die Zus. der α- u. γ-Phase bei hohen Temp. angegeben. Im Syst. Fe–Cr liegt die stärkste Ausdehnung des γ-Gebietes bei 1075°. Die bei dieser Temp. die Abgrenzung des heterogenen Bereiches kennzeichnenden Cr-Geh. betragen Cr_α = 10,6% u. C_{γ} = 11,5%. Der Einfl. zunehmender C- u. N-Geh., vergleichsweise auch den von Ni-Zusätzen, auf die Ausdehnung des Zwei-Phasen-Bereichs wurde festgelegt. Die Anwendbarkeit thermomagnet. Messungen zur Darst. isotherm. Schnitte in Dreistoff-Syst. wurde am Beispiel des isotherm. Schnittes für das Syst. Fe–Cr–C bei 1150° nachgewiesen. Die Unters. des Zähigkeits-Verh. zeigte, daß das Leg.-Element *Cr* die Zähigkeit nicht beeinflußt. Maßgebend hierfür sind die Geh. an *C* u. *N*. Die zulässigen

Summen-Geh. dieser Stahlbegleitelemente zur Einhaltung eines zähen Zustands nehmen mit dem Cr-Geh. ab, da mit steigendem Cr-Geh. die Löslichkeit des α-Mischkristalls für C u. N verringert wird. Erhöhte C- u. N-Geh. können durch ihre kornverfeinernde Wrkg. das Zähigkeits-Verh. bedingt verbessern. Das Kornzerfalls-Verh. ferrit. Cr-Stähle wird maßgeblich durch C beeinflußt. Kornzerfallsempfindlichkeit liegt sowohl bei den umwandlungsfreien als auch bei den umwandlungsfähigen Cr-Stählen nach dem Abschrecken von hohen Temp. dann vor, wenn der Ferritmischkristall mehr als ca. 0,01% C gelöst hat. Ein höherer C-Geh. wird selbst bei schroffer Abkühlung ausgeschieden. Die den Kornzerfall verursachenden Korngrenzenausscheidungen werden elektronenmkr. sichtbar gemacht. Bei den umwandlungsfreien Cr-Stählen wird mit zunehmendem Cr-Geh. die Kornzerfallsempfindlichkeit wegen Erhöhung der Lsg.-Temp. des Chromcarbids mit steigendem Cr-Geh. verringert. Bei umwandlungsfähigen Stählen wird wegen der unterschiedlichen Löslichkeit des C im Ferrit u. Austenit bei gleichbleibendem Gesamt-C-Geh. der Leg. mit dem Austenitanteil zunehmend die Kornzerfallsbeständigkeit verbessert. H. Hochstein. 6410□

Verfestigung der Stähle 30ChNMA und 30ChGSNA. Ss. I. Ssachin und O. G. Ssokolow. (Металловедение и Термическая Обработка Металлов [Metallkunde therm. Metallbearb.] **1962,** Nr. 1, 14—19, Jan.; russ.) — Durch Temp.-Erniedrigung u. Erhöhung des Verformungsgrades von unterkühltem Austenit bis auf 60—70% mit seiner nachfolgenden Umwandlung in Martensit kann man die Festigkeit *mittellegierter Baustähle* mit einer Stärke bis zu 20 mm um 25—30% erhöhen. Die Stahlverfestigung tritt wahrscheinlich infolge einer starken Verfeinerung der Struktur, des Auftretens von Verzerrungen u. einer bestimmten Martensitorientierung auf. Eine plast. Verformung des unterkühlten Austenits erhöht bei einem Abnahmegrad von 60—70% die Vollständigkeit der martensit. Umwandlung bei der Härtung. Eine Tiefkühlung nach der thermomechan. Behandlung (Tmb) bewirkt eine zusätzliche Stahlverfestigung infolge einer Umwandlung des Restaustenits. Die Anwendnng von Zwischenhaltezeiten bei Verformungs-Temp. u. der Rekristallisations-Temp. des unterkühlten Austenits während der Tmb gibt die Möglichkeit der Erzielung hoher Festigkeits-Eigg. bei kleinen wechselnden Abnahmen u. erleichtert wesentlich die plast. Verformung des Stahles bei niedrigeren Temperaturen. Nichtmartensit. Prodd. der isotherm. Umwandlung des sich bei der Tmb bildenden Austenits beeinflussen die mechan. Eigg. der bei tiefer Temp. angelassenen Stähle nachteilig. Die plast. Verformung beschleunigt den isotherm. Umwandlungsvorgang des Austenits im Ar′-Bereich. H. Hochstein. 6410□

Das Vergießen von nichtrostenden Stählen unter Verwendung von Magnesiumlegierungen. W. P. Franzow, G. P. Malikow, S. M. Ratner und Je. I. Moschkewitsch. (Сталь [Stahl] **22,** 238—39, März 1962; russ.) — Bei steigendem Abgießen des austenit. nichtrostenden *Cr-Ni*-Stahls *1Ch18N9T* mit Zusatz der *Mg*-Legg. *ML1* bis *ML7* auf den Boden einer zugedeckten Kokille (80 g/t Stahl) wird die Güte der Blockoberfläche wesentlich verbessert u. ein um 3% gesteigertes Ausbringen ermöglicht. H. Hochstein. 6410□

Vergießen von hochlegierten Stählen. W. P. Ossipow, W. A. Jefimow, P. A. Matewossjan, W. I. Danilin, M. P. Lapschowa, W. M. Sseliwanow und I. W. Lissow. (Сталь [Stahl] **21,** 415—18, Mai 1961; russ.) — Ein neues Gieß-Verf. für hochlegierte nichtrostende Stähle unter einer fl. synthet. Schlacke ermöglicht eine starke Abnahme der Doppelung u. Haut-Bldg. in den Stahlblöcken sowie eine Erhöhung des Ausbringens. Bei der neuen Gießtechnologie werden saubere Brammen mit guten mechan. Eigg. erzielt. Hinsichtlich der interkristallinen Korrosionsbeständigkeit unterscheiden sich die nach dem neuen Gießverf. erhaltenen nichtrostenden Stähle nicht von den normalen Stählen. H. Hochstein. 6410□

Der Einfluß von Kohlenstoff auf die magnetischen Eigenschaften von Transformatorenstahl. G. N. Schubin, W. W. Drushinin, W. A. Korolewa, T. I. Prassowa, M. I. Scherstjuk und L. K. Kurennych. (Сталь [Stahl] **21,** 445—48, Mai 1961; Werch-Isset, Hüttenwerk; russ.) — In einem grobkörnigen *Transformatorenstahl* wird nach einer elektr. Hochtemp.-Vakuumglühung mit der Abnahme des C-Geh. eine Verringerung der Wattverluste durch Hysterese u. eine geringe Erhöhung derselben durch Wirbelströme festgestellt; bei feinkörnigem Stahl nehmen die Wirbelstromverluste weniger intensiv zu. Die spezif. Verluste können etwas verringert werden, wenn mit einer Zunahme des C-Geh. ein Verschwinden des Zementits u. das Auftreten von *Graphit* erfolgt. Zementiteinschlüsse, die sich im Korninneren befinden, verändern die magnet. Struktur des Stahles stark, da sie den Magnetisierungsprozeß erschweren. Feindisperse C-Einschlüsse verschlechtern die magnet. Kennwerte des Stahles in starkem Maße. H. Hochstein. 6410□

Die Herstellung von Ferrosilicium im geschlossenen Elektroofen. G. Sch. Mikeladse, Je. M. Nadiradse, Sch. M. Besaraschwili, G. A. Dgebuadse, R. N. Zchwediani, D. Ss. Tschikaschua und A. I. Metreweli. (Сталь [Stahl] **21**, 419 bis 422, Mai 1961; Inst. für Metallurgie der Akad. der Wiss. der GrusinSSR u. Sestafon, Ferrolegierungswerk; russ.) — Beim Erschmelzen von 20%ig. *Ferrosilicium* in einem geschlossenem Vers.-Elektroofen wird im Vgl. zu einem offenen Ofen eine Einsparung von 5,5 (%) Quarzit, 9,5 Koksgrus, 5,5 Späne sowie ca. 7% elektr. Energie nachgewiesen. Das gewonnene trockene Abgas enthält über 90% *CO* u. es werden 394 N m^3/t Leg. bei einem Staubanfall von 43 g/N m^3 gewonnen. Die anfallenden Gase besitzen eine Temp. von 485°. H. Hochstein. 6418□

Feuerfeste Metalle Tantal, Niob, Molybdän, Rhenium und Wolfram. Clifford A. Hampel. (Ind. Engng. Chem. **53**, 90—96, Febr. 1961; Skokie, Ill.; engl.) — Überblick über Vork., Metallurgie u. Eigg. von *Ta*, *Nb*, *Mo*, *Re* u. *W*. Heinrich Lange. 6420□

Über die Plastizität einiger Legierungen auf Zinkbasis. A. A. Pressnjakow, U. K. Duissemalijew und Ju. P. Mironenko. (Цветные Металлы [Nichteisenmetalle] **33**, Nr. 11, 76—81, Nov. 1960; russ.) — Bei der Unters. der Plastizität (Pl) von *Zn*-Legg. (*Zn–Al*-, *Zn–Cu*-, *Zn–Pb*- u. *Zn–Cd*-Legg.) bei Temp. von 50—400° wird festgestellt, daß reines Zn zwei Temp.-Zonen mit hoher Pl u. 2 Sprödigkeitszonen (Sp) besitzt. Über die Lage der Zonen werden Temp.-Angaben gemacht. Mit einer Zunahme des Leg.-Geh. der Legg. nimmt ihre Pl gesetzmäßig ab u. bleibt in den Sp unverändert oder wird nur etwas erhöht. Bei der Leg. des Zn mit Al (bis 0,25%) wird eine Erhöhung der Pl der Mischkristalle im Vgl. zu reinem Zn festgestellt. Der Wechsel von der stat. Kraftwrkg. zur dynam. führt zu einer starken Zunahme der Pl des Zn u. seiner Legg. mit Al. Nach einer langandauernden Homogenisierung wird die Pl der Legg. wesentlich erhöht, wobei sich die 1. Zone der erhöhten Pl auf Kosten der 2. Sp verbreitert, die Pl der Legg. in der 2. Sp erhöht wird, aber die 2. Zone der erhöhten Pl weniger scharf ausgedrückt wird. Analoge Veränderungen der Pl werden auch bei den Zn–Cu-Legg. festgestellt. Die Festigkeit sowohl von reinem Zn als auch von seinen Legg. wird mit der Erhöhung der Unters.-Temp. nicht monoton verändert. Die Festigkeitskurven der Legg. der Syst. Zn–Cu u. Zn–Pb haben gegenüber denen von reinem Zn (2 Maxima) nur ein Maximum bei Temp., die der 1. Zone hoher Pl entsprechen. Zn-Al-Legg. zeigen außerdem zwischen 50 u. 100° ein Minimum der Festigkeit. Allg. ist die Gesetzmäßigkeit der Veränderung der Festigkeit mit einer Veränderung des Legierungsgrades: je höher dieser ist, desto höher ist auch die Bruchfestigkeit. H. Hochstein. 6426□

Zur Frage der Verbesserung der Bleischmelzen in Schachtöfen. I. W. Paramonow. (Цветные Металлы [Nichteisenmetalle] **33**, Nr. 11, 27—32, Nov. 1960; russ.) — Eine method. Zunahme des *Pb*-Geh. in den Agglomeraten soll durch eine systemat. Kürzung der Einführung von Flußmittelzusätzen in die Beschickung u. durch einen im Verlauf von 1—2 Jahren durchgeführten Übergang des Schmelzbetriebes in den Schachtöfen auf die Verw. von prakt. flußmittelfreiem Agglomerat erreicht werden. Bei Vorhandensein von Schlackenverdampfungsanlagen auf den Bleihütten soll ein Wechsel der Schachtöfen auf eine Schmelzung mit Erzeugung hochzinkhaltiger Schlacken unter nachfolgender Auslaugung von Pb u. Zn vorgenommen werden. H. Hochstein. 6430□

Phasenbestimmung in Nickellegierungen. J. W. Wilson und J. F. Radavich. (Metal Progr. **79**, Nr. 5, 94—96, Mai 1961; Shelbyville, Ind., General Electric Co.; Lafayette, Ind., Purdue Univ.; engl.) — Die Phasen der für Turbinenschaufeln verwendeten DCM-Leg. mit 14—16 (%) *Cr*, 3,35—3,65 *Ti*, 4,4—4,8 *Al*, 4,5—6,0 *Mo*, 4,0—6,0 *Fe*, 0,070—0,090 *B*, Rest *Ni*, wurden mkr., elektronenmkr. u. röntgenograph. untersucht. Die Matrix bildet im Ni Mischkristall. Im Gußzustand treten die γ'-Phase, Ni_3Al, ein Borid-Komplex M_3B_2 u. eine $Ti(C, N)$-Phase auf, u. zwar bei den Korngrenzen, bis auf die γ'-Phase, die hauptsächlich in der Matrix beobachtet wurde. Bei Wärmebehandlung geht die Carbonitrid-Phase in ein anderes komplexes Carbid über. Die feinkörnige Leg. ist gegen interkristalline Oxydation anfälliger als eine grobkörnige u. kommt daher schneller zum Bruch. F. Vier. 6434□

Chrom und Vanadin. Earl T. Hayes. (Ind. Engng. Chem. **53**, 105—08, Febr. 1961; Washington, D.C., Bureau of Mines; engl.) — Überblick über Herst. u. Eigg. von *Cr* u. *V*. Heinrich Lange. 6440□

Leichtmetalle in der Kerntechnik. H. H. Hausner. (Aluminium **37**, 808—13, Dez. 1961; New York; dt.) — Überblick über *Al*, *U–Al*- u. *Pu–Al*-Legg., *Boral* (Mischung von B_4C u. *Al*), *Mg*, *Be*. — 17 Literaturangaben. F. Vier. 6442□

Die Gewinnung von Calcium durch Dissoziation von Calciumcarbid. A. Ss. Mikulinski und F. Ss. Maron. (Журнал Прикладной Химии [J. angew. Chem.] **33**, 835—41, April 1960; Uraler Forsch.-Inst. für Chemie; russ.) — Durch Erhitzung von CaC_2 auf 1720—1770° bei einem Anfangsdruck von 0,5—1,0 mm können kompaktes metall. *Ca* der Reinheit 94,8—98,2%, hochwertiger 97%ig. *C* u. wenig Asche enthaltender *Graphit* hergestellt werden. Die Ausbeuten an Ca u. Graphit betragen 80 bzw. 90%. Es wurde festgestellt, daß der Dissoziation des techn. CaC_2 die Rk. von CaC_2 mit dem im Prod. enthaltendem *CaO* unter Bldg. von Ca-Dämpfen u. *CO* vorangeht. S. Baryschnikow. 6442

Entspannungsvorgänge bei Aluminium. E. Nachtigall. (Aluminium **37**, 788—91, Dez. 1961; Ranshofen (Österreich); dt.) — Nur bei Al-Legg. mit höherer Festigkeit (*AlMg 3, 5, 7*) war ein klarer Ablauf der Entspannungsvorgänge zu beobachten. Zunächst tritt ein Erholungsvorgang ohne Veränderung des Gefügebildes mit geringer Abnahme der Festigkeit u. Härte u. Zunahme der Dehnung auf. Darauf folgt die Rekristallisation mit rascherem Absinken der Festigkeit u. charakterist. Streuung der Makrohärte u. unter zunehmender Kornumwandlung. Nach Erreichen der niedrigsten Festigkeit folgt die sek. Rekristallisation unter Kornwachstum. Die niedrig legierten Werkstoffe u. *Rein-Al* zeigen in den einzelnen Entfestigungsphasen rascheren Erholungsabfall mit undeutlicheren Übergängen. Die Beziehungen zwischen Geschw. der Rekristallisation, Glühtemp. u. durch die Kaltverformung bestimmter freier Energie folgen dem Gesetz von Vanliempt. F. Vier. 6446□

Einfluß des Zirkoniums auf die strukturellen, mechanischen und technologischen Eigenschaften der Legierung 7075. C. Panseri und E. Di Russo. (Alluminio **30**, 549—60, 1961; Mailand/Novara, I.S.M.L.; ital.) — Ein *Zr*-Geh. von 0,15—0,20% erhöht die „krit. Kaltverformung" der US-Leichtleg. *7075* mit den Leg.-Zusätzen 1,6 (%) *Cu*, 2,5 *Mg*, 5,6 *Zn*, 0,3 *Cr*, Rest *Al*, verhütet die Rekristallisation stranggepreßter u. geschmiedeter Werkstücke bei Hochtemp.-Wärmebehandlungen, erhöht ferner die mechan. Festigkeit sowie vermutlich auch die Ermüdungsgrenze. Ein Einfl. auf die plast. Eigg. in der Wärme sowie auf Änderung der mechan. Eigg. beim Wechseln der Vergütungsbedingungen besteht nicht. Der antirekristallisierende Einfl. des Zr ermöglich eine Herabsetzung des Cr-Zusatzes, der sonst bei einem Geh. $>$ 0,2% schädliche Ausscheidungen von $CrAl_7$ bewirken könnte. — 13 Literaturhinweise. A. Sander. 6446□

Einflüsse von Sn, Al und Mo auf die Wärmebehandlung von Zr-Legierungen mit 15 Gewichts-% Nb. Yōtarō Murakami, Toshio Enjyō und Riōji Yamamoto. (Suiyokwai-Shi [Trans. Mining metallurg. Alumni Assoc.] **14**, 357—60, Dez. 1961; jap., Auszug: engl.) — Unterss. über das Verh. der ω-Phase in *Zr*-Legg. mit 15 (Gewichts-%) *Nb*, 1—5 *Al*, 1—10 *Sn* oder 1—10 *Mo* während der Wärmebehandlung zeigen, daß die durch Ausscheidung der ω-Phase verursachte Härtung in allen Legg. mit 1—5 Al auftritt. Mit steigendem Al-Geh. steigt die Härte in abgeschreckten Proben; die höchste Härte beobachtete man bei höherer Temperatur. Die Einw. von Sn- oder Mo-Zusätzen auf die Wiedererwärmung läßt sich in Legg. mit 15 (%) Nb u. $>$ 7 Sn oder $>$ 5 Mo (mit Rest-β- u. 2. Phase im abgeschreckten Zustand) nicht feststellen. Mit steigendem Sn- oder Mo-Geh. fällt die durch ω-Phase bewirkte höchste Härte auf die konst. Temp. von ca. 400°. W. Wesly. 6448□

Elektroschmelzen von gerösteten goldhaltigen Konzentraten. I. I. Kerschanski. (Цветные Металлы [Nichteisenmetalle] **33**, Nr. 11, 44—47, Nov. 1960; russ.) — Durch Schmelzverss. mit *Au*-haltigen Abbränden (600 g/t *Au*, 1139 g/t *Ag*, 0,23 (%) *Pb*, 0,19 *Cu*, 17,46 *Fe*, 0,2 *Sb*, 0,27 *As*, 0,66 *S*, 61,6 SiO_2, 0,33 *CaO*), im 25-KW-Elektroofen mit Elektrodenspannungen von 40 u. 70 V u. einer Stromstärke von 300—400 A wird festgestellt, daß eine reduzierende Sodaschmelze der Au-haltigen Konzentrate keine Schwierigkeiten bereitet. Bei einem S-Geh. von 0,66% im Abbrand wird die Bldg. einer Steinphase bei seiner Schmelzung im Elektroofen nicht beobachtet. Zweckmäßig beträgt zu Beginn der Schmelzung die Temp. des Einsatzes 1050—1000° u. am Ende ca. 1200°. Die Wirksamkeit der vom südkaukas. Hütten-Inst. zur Verarbeitung solcher Abbrände ausgearbeiteten pyrometallurg. Meth. mit höheren Ausbringen an Erdmetallen wird durch die Verss. erneut bestätigt. H. Hochstein. 6462□

Über die plastische Verformbarkeit von Hartmetallegierungen durch Druckbeanspruchung. W. Dawihl und G. Altmeyer. (Ann. Univ. Saraviensis **9**, 121—61, 1960/61; Univ. des Saarlandes, Inst. für Werkstofftechnologie und Allgemeine Hüttenkunde; dt.) — Unterss., bes. an *WC—Co*-Hartstoffen zeigen, daß sich die handelsüblichen Hartmetalle mehr oder weniger stark bleibend verformen lassen. Daraus wird geschlossen, daß die harten Carbidkörner in der Bindemittelphase *Co* oder in Co-haltigen Zwischenschichten eingelagert sind. Die Kriechgeschw. war stark von der Belastungszeit abhängig, um so mehr, je höher der Co-Geh. war. Bis kurz unterhalb der Bruchspannung findet jedoch eine Art Verfestigung statt, die in einer schnellen Abnahme der Kriechgeschw. zum Ausdruck kommt. Die plast. Verformung hat keinen Einfl. auf die Vickers-Härte. Stauchverss. unter mehrachsigem Druck in Stahlbuchsen ergaben die 5—10fache plast. Verformung, wie sie sonst bei normalen Druck-Verss. ermittelt wurde. Nochmaliges Sintern dieser stark verformten Proben beeinflußte die Vickers-Härte nicht. Stauchverss. an *TiC* + *TaC*-haltigen Legg. ergaben bei gleichen Co-Geh. eine geringere plast. Verformbarkeit als bei WC-Legierungen. F. Vier. 6476□

Die Verwendung von Stahl 08kp für die Herstellung von Bimetall. Ss. F. Bakuma, Ju. Ja. Silberg und K. M. Chruschtschowa. (Сталь [Stahl] **22,** 267—68, März 1962; russ.) — Ein Bimetallstreifen Stahl/Al ist bei Verw. des Stahles *08kp* mit 0,08 (%) *C*, Spuren *Si*, 0,35 *Mn*, 0,009 *P*, 0,0036 *S* als Basis wesentlich einfacher u. billiger in seiner Herst. als mit einer Basis aus *Armco*-Eisen. Die Bearbeitbarkeit des Bimetalles wird durch den Austausch des Armco-Eisens durch Stahl *08kp* nicht verschlechtert. H. Hochstein. 6478□

Die Einflüsse der Reckgeschwindigkeit und Temperatur auf Metalle. J. R. Kattus. (Metal Progr. **80,** 85—89, Dez. 1961; Birmingham, Ala., Southern Research Inst.; engl.) — Metalle nehmen in ihrer Festigkeit mit steigender Reckgeschw. zu; dieser Effekt wird bei erhöhten Temp. sehr groß. Unter der Voraussetzung einer schnellen Belastung u. kürzerer Verweilzeiten auf Temp. behält der Verfestigungsmechanismus, wie die Ausscheidung u. Kalthärtung oder martensit. Umwandlung, etwas von seiner Wirksamkeit bis zu viel höheren Temp. bei. H. Hochstein. 6480□

Kurzprüfung der Zerspanbarkeit von Automatenstählen nach dem Gewichtsvorschubverfahren. Heinz Becker. (Stahl u. Eisen **81,** 46—50, 5/1. 1961; Dortmund; dt.) — Die Anforderungen an einen Support einer Drehbank für Zerspanungs-Verss. nach dem Gewichtsvorschub-Verf. werden angegeben u. die automat. Drehweg- u. Drehzahlmessung beschrieben. Der Einfl. der Schneidhaltigkeit des Meißels, der Reibung zwischen Support u. Gleitschiene sowie des Belastungsgewichts auf die Ergebnisse von Gewichtsvorschub-Verss. wird bestimmt. H. Hochstein. 6480□

Übergangstemperatur-Wechselbeziehungen in legierten Baustählen. G. M. Orner und C. E. Hartbower. (Welding J. **40,** Nr. 10, Suppl.: Welding Res. 459s—467s, Okt. 1961; Cambridge, Mass., Manufacturing Labor. Inc.; engl.) — Durch Verss. wird nachgewiesen, daß zwischen der „low blow"-Übergangs-Temp. (höchste Temp., bei der sich ein Anfangsriß in einer dicken Platte von selbst ausbreiten kann) u. den Temp., bei denen Sprödbruch unter vier Betriebsfällen auftritt, eine Beziehung besteht. H. Hochstein. 6480□

Bestimmung der Fließgrenze von Stählen auf magnetischem Wege. Paul Reti. (Fertigungstechn. u. Betr. **11,** 389—92, Juni 1961; Czepel, Ungarn; dt.) — Das Verf. beruht auf der Messung von Feldstärken bei Änderungen der magnet. Feldstärke $<$ 0,1 Oe, wobei ein Permeameter die tangentiale Komponente der Feldstärke feststellt. Aus den in Abhängigkeit von der Belastung aufgezeichneten Werten der tangentialen Feldstärke wird im gleichzeitig aufgenommenen Zerreiß-Schaubild die physikal. Fließgrenze ermittelt. W. Wesly. 6480□

Beitrag zum Kriechverhalten unlegierter Stähle bei hohen Temperaturen. Eugen Schmidtmann, Karl Mauer und Hermann Schenck. (Arch. Eisenhüttenwes. **32,** 761—68, Nov. 1961; Aachen, TH, Inst. für das Eisenhüttenwes.; dt.) — Das stationäre Kriechen untersuchter, unlegierter Stähle kann zwischen 450° u. dem Ac_1-Punkt für Spannungen $\geq$ 10 kg/mm² durch eine Beziehung von Dorn [1957] beschrieben werden. Die gefundenen Aktivierungsenergien für das Kriechen der Stähle, die in der Größenordnung der Aktivierungsenergie für die Selbstdiffusion von α-Fe liegen, sowie die Gültigkeit der angegebenen Beziehung bei Spannungen $\geqslant$ 10 kg/mm² lassen den Schluß zu, daß das Kriechen durch einen Klettervorgang bestimmt wird. Die geringen Unterschiede der Aktivierungsenergien werden auf den Einfl. des Mn-Geh. zurückgeführt. Am Ac_1-Punkt wird ein Teil des Ferrits in Austenit umgewandelt, wobei eine Vol.-Verringerung u. hierdurch bedingt eine Gitterverspannung auftreten. Die dadurch verursachte Spannungsverfestigung bewirkt einen unstetigen Abfall der Kriechgeschw., dessen Betrag vom C-Geh. u. damit von der anfallenden Austenitmenge abhängig ist. Mit steigendem Austenit-Geh. bestimmt dieser in steigendem Maße das Verformungs-Verh. u. bewirkt im $\alpha + \gamma$-Gebiet nach Durchlaufen eines Höchstwertes infolge seines höheren Verfestigungsvermögens einen erneuten Abfall der Kriechgeschwindigkeiten. H. Hochstein. 6480□

Der Einfluß einer plastischen Verformung bei tiefer Temperatur auf die Festigkeit von Cu, Ag und Al. M. J. Druyvesteyn. (Métaux **37,** 121—24, März 1961; franz.) — An *Cu*-, *Ag*- u. *Al*-Drähten mit Durchmessern von 1,5—2 mm wurde der Einfl.

einer bei 78° K in fl. N_2 durchgeführten plast. Torsion auf die Metalle untersucht. Nach einer plast. Torsion, die einer plast. Verformung der Oberfläche um 5% äquivalent war, hatte sich die Festigkeit von Cu u. Ag um 18%, die von Al um 8% vermindert. Die Erholung findet in verschiedenen Stufen statt. Zwischen diesen Stufen tritt bei Cu auf der Kurve eine horizontale Strecke von 180—300° K auf. Vor Auftreten der zweiten Stufe erscheint bei Cu zuweilen ein Maximum. Für Ag ist dieses Maximum ausgeprägter. Es wird als sehr wahrscheinlich angenommen, daß dieser Einfl. einer plast. Verformung auf Versetzungen zurückzuführen ist. Vf. bespricht die in der Literatur beschriebenen 2 Modelle zur Berechnung dieses Einflusses. C. Gottfried. 6480□

Über das Langzeitverhalten von Leichtmetallen. F. Stüssi. (Aluminium **37,** 783—87, Dez. 1961; Zürich; dt.) — Es werden die Grundzüge einer auf physikal. Erkenntnissen beruhenden Theorie der Dauerfestigkeit entwickelt. Das Langzeit-Verh. der Metalle kann durch ein einheitliches Langzeitgesetz zutreffend beschrieben werden, das die Ermüdungsfestigkeit bei konst. Mittelspannung u. Funktion der Lastwechselzahl, die Zeitstandfestigkeit, die Relaxation u. das Kriechen als Funktion der Belastungsdauer erfaßt. Bei den meisten Al-Legg. nimmt schon mit zunehmender Belastungsdauer die stat. Festigkeit bei Raum-Temp. geringfügig ab. Dem wird durch Einführung einer „Kriechvarianten" bei der Ermüdungsfestigkeit Rechnung getragen. F. Vier. 6480□

Der Einfluß der Warmverformung auf den Verlauf der Ermüdungsfestigkeitskurven bei Umlaufbiegung von Avional 22. C. Panseri und L. Mori. (Alluminio **29,** 563—66, Dez. 1960; ital. — C. **1961,** 15543.) G. Platzer. 6480□

Die Verbreitung von Ermüdungsrissen in eingeritzten Leichtlegierungsproben. C. Panseri, L. Mori und D. Morri. (Ist. sperim. Metalli leggeri, Mem. Rapp. [11] Nr. **270,** 3—11; Alluminio **30,** 347—55, 7/8. 1961; Mailand-Novara, ISML; ital.) — Es werden die Verbreitungs-Eigg. von in Proben eingeritzten Ermüdungsrissen durch Ermüdungs-App. mit Umlaufbiegung (Modell ISML-FR-S mit 11500 U/min) für folgende Leicht-Legg. bestimmt: *Avional 24 TN, 24 TA 17/10* u. *TA 20/48* u. *Peraluman 50 R.* Die erhaltenen Ergebnisse werden mit den Hypothesen über die an die dynam. Beanspruchung gebundenen Gefügeveränderungen in Beziehung gebracht. G. Platzer. 6480□

Die Zerreißprobe (Tear-Test) bei Blechen aus Leichtlegierungen. L. Mori. (Alluminio **30,** 241—49, Mai 1961; Ist. sperim. Metalli leggeri, Mem. Rapp. [11] Nr. **267,** 3—10, 1961; Novara, I.S.M.L., Div. Ric.; ital.) — Nachprüfung des während des Weltkriegs in den USA entwickelten Tests an geschweißten u. bei unterschiedlichen Temp. belasteten *Pe 35-, Av 24-* u. *Eg 65-*Blechen führte zu wichtigen, mittels normaler Zugfestigkeitsprüf-Meth. nicht zu gewinnenden Kennwerten. Ausführung der Zerreißprobe u. Meßergebnisse werden an 14 Abb. näher besprochen. A. Sander. 6480□

Bohren von Löchern zum Messen von Restspannungen. Arthur J. Bush. (Metal Progr. **79,** Nr. 5, 91—93, Mai 1961; East Pittsburgh, Pa., Westinghouse Electric Co.; engl.) — Zum Aufheben der Restspannungen werden kleine Löcher in das Metall gebohrt. In bestimmten Abständen wird das Bohren unterbrochen, u. die Spannungsänderungen werden durch um die Löcher angeordnete Spannungsmesser bestimmt. Für qual. Messungen kann auch an den Bohrungen aufgebrachter spröder Lack verwendet werden. F. Vier. 6480□

Eine Untersuchung der Einflüsse von Veränderlichen auf die gespeicherte Energie einer Kaltverformung. A. L. Titchener und M. B. Bever. (Trans. metallurg. Soc. AIME **215,** 326—35, 1959, herausgeg. 1960; Cambridge, Mass., Inst. of Technol.; engl. — C. **1961,** 14941.) H. Hochstein. 6490□

Möglichkeiten des Duktilitätsanstiegs bei Kaltverformung. Jean Hérenguel, Donald Whitwham und Pierre Priester. (C. R. hebd. Séances Acad. Sci. **252,** 2710—12, 3/5. 1961; Le Havre, Tréfileries et Laminoirs, Centre de Rech. d'Antony; franz.) — Vff. untersuchen den Verlauf der mechan. Eigg. einer *Mg*-Leg. mit 0,6% *Zr* bei der Kaltverformung. Die rekrist. Leg. kann nach dem Warmwalzen zwischen 120 u. 320° (Querschnittsverminderung 15%) auf Grund der auftretenden Duktilität weiter kalt (ca. 50°) gewalzt werden. Von den kaltgewalzten Proben werden Festigkeit u. Dehnung in Walzrichtung als Funktion des beim Walzen erreichten Verformungsgrades angegeben. Die Anisotropie im harten Zustand ist nach dem Warmwalzen in der Walzebene gering u. ändert sich bei der Lagerung bei Raum-Temp. nicht. Der duktile Zustand der kaltverformten Proben wird auch bei Tiefzieh-Verss. gezeigt u. mit dem rekrist. Zustand verglichen. Herbert Müller. 6490□

Anisotropie als ein Aktivposten für gute Ziehbarkeit. R. L. Whiteley, D. E. Wise und D. J. Blickwede. (Sheet Metal Ind. **38,** 349—53, 358, Mai 1961; Bethlehem Steel Co.; engl.) — Durch Verss. wird nachgewiesen, daß die Tiefziehfähigkeit von beruhigtem Stahl annähernd durch zwei Parameter beurteilt werden kann, die durch den einfachen Zug-Vers. noch erhalten werden. So kann die wahre Ziehbarkeit eines Stahls durch sein Spannungsverhältnis gemessen werden, während seine Reckbarkeit durch seine gleichförmige Dehnung bestimmt wird. Der Parameter, der in der Praxis von großer Bedeutung ist, hängt von dem in Frage stehenden spezif. Vorgang ab. Der Einfl. einer guten Bildsamkeit des Werkstoffs auf seine Ziehbarkeit tritt hinter der Wrkg. der Anisotropie von Stahl zurück. H. Hochstein. 6490□

Verarbeitungsuntersuchungen an Blechen aus Nioblegierungen. Andrew F. Trabold und Steven Bank. (Metal Progr. **79**, Nr. 5, 103—07, Mai 1961; Bethpage, L.I., N.Y., Grumman Aircraft Engng. Corp.; engl.) — Vorläufige Unterss. ergaben, daß sich D-31-Bleche aus einer *Nb*-Leg. mit 10% *Mo* u. 10% *Ti* verhältnismäßig gut verformen ließen. Ihre Verarbeitungscharakteristiken ähneln denen von austenit. rostfreien Stählen. Bei guter Biegefestigkeit läßt die Schweißbarkeit viel zu wünschen übrig. Die Leg. läßt sich kalt schneiden, Grübchen-Bldg. ist bei 500° F, nicht aber bei Raum-Temp. möglich. F. Vier. 6490□

Verletzbarkeit eines Metalls bei der thermischen Ermüdung. Ju. W. Kosstotschkin und I. A. Oding. (Известия Академии Наук СССР, Отделение Технических Наук, Металлургия и Топливо [Nachr. Akad. Wiss. UdSSR, Metallurg. Brennstoffe] **1960**, Nr. 1, 101—04, Jan./Febr.; Moskau, Zentral. Forsch.-Inst. für Technologie u. Maschinenbau; russ.) — Infolge der Einw. einer bestimmten Anzahl von Erhitzungs- u. Abkühlungswechselfolgen entsteht auf der Oberfläche des Werkstücks ein Netz feinster Risse, die seine Festigkeit erniedrigen. Der Grad dieser Riß-Bldg. u. der Festigkeitserniedrigung hängen von den Metall-Eigg., der Form, den Abmessungen u. vom Charakter des Wärmeübergangs ab. Untersucht wurde der Einfl. der cycl. Erwärmungen u. Abkühlungen auf die Festigkeit der Cr–Ni-Leg. *EI-765* u. des austenit. Stahls *EI-612*, die zur Herst. von Gasturbinenschaufeln verwendet werden. Es ergibt sich, daß die Verletzbarkeit dieser der Einw. einer therm. Ermüdung unterworfenen Legg. auf dem Wege der Unters. auf Dauerfestigkeit beurteilt werden kann. Hierbei ist es erforderlich, daß sich die Vers.-Bedingungen maximal den tatsächlichen Arbeitsbedingungen der Gasturbinenschaufeln annähern. Die Festigkeitskennwerte, wie sie bei Kurzzeit-Verss. erhalten werden, hängen wenig von den cycl. Temp.-Änderungen ab. Die Ergebnisse solcher Unterss. ergeben eine größere Streuung als die Unterss. auf Dauerfestigkeit. H. Hochstein. 6492□

Untersuchungen über das thermocyclische Verhalten von Metallen. W. Epprecht. (Neue Techn. [Zürich] **3**, 269—87, Mai 1961; Zürich, ETH, Inst. für techn. Phys., Abt. für industr. Forschung; dt.) — Unterss. über die Vorgänge bei thermocycl. Beanspruchungen von *Zn*, *Bi* u. *In* mit regellosem Gefüge bei verschiedener Temp. zeigen: Wenn der ganze Temp.-Cyclus unterhalb der Rekristallisationstemp. (RT) liegt, haben die entstehenden Spannungen Gleitvorgänge, Zwillings-Bldg. u. Risse in den Kristallen zur Folge. Die dabei eintretende Verfestigung bringt die Bewegung allmählich zum Stillstand, so daß die Gesamtverformung gering bleibt. Liegt aber der Cyclus ganz oder teilweise oberhalb RT, so werden die sich verformenden Kristalle im oberen Cyclusteil entfestigt. Auch die unterhalb RT starren Kristalle werden verformt. Die Wechselwrkg. zwischen sich bei hoher Temp. verformenden Polygonisationskörnern u. den im ganzen Cyclus gleitfähigen Körnern verursacht eine nicht zum Stillstand kommende, starke Verformung des Metalls. W. Wesly. 6492□

Wärmebehandlung von Schmiedestücken. Herbert Bittersmann und Dieter Metzner. (Fertigungstechn. u. Betr. **11**, 366—71, Juni 1961; Gröditz/Riesa, VEB Stahl- u. Walzwerk; dt.) — Erörterung von Fragen der Wärmebehandlung größerer Schmiedestücke: Umfang der Wärmebehandlung, Probenlage, Öfen einer Wärmebehandlungsanlage, Aufheiz-Geschw., Herdflächenleistung u. Energieverbrauch. W. Wesly. 6492□

Die Wärmebehandlung von Graugußstücken. W. M. Lord. (Brit. Foundryman **54**, 170—80, April 1961; Sandholme Iron Co. Ltd.; engl.) — Die für Grauguß u. Gußeisen mit Kugelgraphit üblichen Wärmebehandlungs-Verff. werden erörtert, u. es wird nachgewiesen, daß durch richtige Auswahl der Wärmebehandlungstechnik wertvolle Material-Eigg. erzielt werden. Der Aufbau, Betrieb u. die Ergebnisse gasgefeuerter Industrieöfen werden im einzelnen für Gußeisen behandelt. H. Hochstein. 6492□

Sehr reines Argon als Schutz für schwerlötbare Metalle. J. W. Hill. (Welding J. **40**, 1035—41, Okt. 1961; Newark, N.J., Linde Co., Div. of Union Carbide Corp.; engl.) — Sehr reine Ar-Atmosphären können als Oberflächenschutz beim flußmittellosen Hartlöten von Super-Legg. u. anderen schwerlötbaren Materialien dienen. Es ist dabei wesentlich, daß in der Verbindungsfläche nur ein geringer Verunreinigungsgrad erhalten wird. Zu diesem Zweck muß sehr reines Ar in den Lötkolben eingefüllt werden. Eine Verschmutzung in diesem Kolben muß weitestgehend vermieden werden, bevor die zu verbindende Fläche eine Temp. erreicht, bei der die Rk. mit dem verunreinigenden Mittel schnell wird. H. Hochstein. 6504□

Neue Methode des Hinterfüllens von Doppel-V-Schweißverbindungen in einer Panzerplatte. J. N. Cordea, R. M. Evans und P. J. Rieppel. (Welding J. **40,** Nr. 10, Suppl.: Welding Res. 433s—440s, Okt. 1961; Columbus, Ohio, Battelle Mem. Inst.; engl.) — Stahlschrot mit einem dünnen Film von aufgebrannter Al-Farbe erweist sich bei Schweiß-Verss. zur Herst. von Doppel-V-Schweißverbindungen am geeignetsten als ein körniges Hinterfüllmaterial für Panzerstahlplatten mit 0,26 (%) *C*, 1,73 *Mn*, 0,46 *Mo*, 0,20 *Si*, 0,20 *Ni*, 0,06 *Cr*, 0,025 *S* u. 0,019 *P*. H. Hochstein. 6506□

Wärmebehandlung und Schweißen für ein Blech aus einer Titanlegierung mit 13% V, 11% Cr und 3% Al, J. F. Rudy, F. A. Crossley und H. Schwartzbart. (Welding J. **40,** Nr. 10, Suppl.: Welding Res. **447**s—458s. Okt. 1961; Chicago, Ill., Illinois Inst. of Technol.; engl.) — Untersucht werden die Einfl. von verschiedenen Kaltwalzgraden u. einer nachfolgenden Lösungswärmebehandlung auf das Alterungs-Verh. eines Bleches aus einer *Ti*-Leg. mit 13 (%) *V*, 11 *Cr* u. 3 *Al*. Bei den Alterungs-Verss. wurde sowohl die isotherm. als auch die Duplexbehandlung angewandt. Die isotherm. Behandlungen wurden zwischen 700 u. 1000° F mit einer Dauer von 2—400 Std. ausgeführt. Die Duplexbehandlungen bestanden aus einer Alterung ähnlich der isotherm. mit einer nachfolgenden raschen Glühung bei 1000—1100° F mit einer Dauer von 5—160 Minuten. Sowohl das Kaltwalzen als auch die beiden Wärmebehandlungs-Verff. ergaben bedeutende Vorteile bzgl. der Zugfestigkeits-Eigg. gegenüber der üblichen Lösungs- u. Ausalterungsbehandlung. Die beim Schweißen bzgl. der Verringerung der Duktilität des Schweißgutes auftretende Schwierigkeit wird erörtert; bei den Verss. erwies sich das Ti-Blech mit der Duplexausalterungsbehandlung am günstigsten. Das zur Reinigung der Schweißmetallkörner angewendete magnet. Rühr-Verf. erhöht die Schweißmetallhomogenität u. verbessert beim Duplex-Verf. die Zugfestigkeitseigenschaften. H. Hochstein. 6506□

Schweißversuche an Zircaloy-2 und Titan unter sich und in Kombination. E. Bodmer und R. Ferrarini. (Neue Techn. [Zürich] **3,** 296—301; Mai 1961; Winterthur, Gebr. Sulzer AG.; dt.) — Ein Verf. zum Verschweißen von *Ti* u. *Zircaloy 2* (Stumpfschweißen unter Ar mit Argonarc-Brenner) wird beschrieben. Die Eigg. der Schweißproben sind gut. Bei 400° u. 100 kg/cm² Belastung ausgeführte Korrosions-Unterss. im Wasserdampf zeigen, daß die Schweißen von Ti auf Zircaloy-2 prakt. nicht verwertbar sind. W. Wesly. 6506□

Herstellung zuverlässiger Naht- und Punktschweißungen in der Nickellegierung René 41, B. M. Wahlin und D. R. Coles. (Metal Progr. **80,** 67—72, Dez. 1961; Seattle, Wash., Boeing Co.; engl.) — Bei der Herst. hochwertiger Naht- u. Punktschweißungen in der vakuumerschmolzenen Ni-Leg. *René 41* mit 19 (%) *Cr*, 11 *Co*, 10 *Mo*, 3,1 *Ti*, 1,5 *Al*, 0,1 *C*, Rest im wesentlichen *Ni*, muß von einem feinkörnigen, im Walzwerk geglühten Blech mit willkürlich verteilten Carbiden ausgegangen werden. Die Abkühlungs-Geschw. nach der Schweißung u. die Schmiedekraft nach dem Schweißen müssen zur Vermeidung von Rissen genau geregelt werden. H. Hochstein. 6506□

Prägepolieren — Oberflächenveredelung durch Umformen. Arthur Meischner und Horst Neumann. (Fertigungstechn. u. Betr. **11,** 371—76, Juni 1961; Werdau, Kraftfahrzeugwerk „Ernst Grube"; dt.) — Beschreibung der Möglichkeiten des Prägepolierens als rationelles Oberflächenbearbeitungsverfahren. W. Wesly. 6510□

Eine Untersuchung über die Erzeugung optischer Gitter durch die Verdampfungstechnik. R. M. Hill und J. R. Battrick. (Austral. J. appl. Sci. **12,** 361—70, 1 Tafel, Dez. 1961; Sidney, C.S.I.R.O., Nat. Standards Labor., Div. of Metrolog.; engl.) — Bei der Erzeugung opt. Gitter mittels der Verdampfungstechnik zeigt sich, daß die Adhäsion des verdampften Films von den Verdampfungsbedingungen abhängt. Gute Filme setzen gutes Vakuum u. geringe Restfeuchtigkeit voraus. Für das Verf. eignen sich *Al* u. *Sb* für den 1. Überzug mit *Cr* für das wirkliche Gitter. W. Wesly. 6516□

Abnahmeerfordernisse für elektrolytisch abgeschiedene Nickel-Chrom-Überzüge. W. G. L. Miller. (Electroplating Metal Finishing **14,** 40—47, Febr. 1961; Ford Motor Co. Ltd.; engl.) — Überblick über die vorgeschriebenen Dicken u. Eigg. der Überzüge. Beschreibung der Prüfverfahren. F. Vier. 6516□

Vorbehandlung von polierten Kupfer- oder Zink-Legierungen vor dem galvanischen Glanzvernickeln. H. Reymond. (Electroplating Metal Finishing **14,** 53—54, Febr. 1961; A. Reymond & Cie. Soc. An.; engl.) — Überblick. F. Vier. 6520□

Eine elektronenmikroskopische Untersuchung von galvanisch aufgebrachten Nickelschichten. Rolf Weil. (Plating **48,** 163—67, Febr. 1961; Hoboken, N.J.,

Stevens Inst. of Technol.; engl.) — Die strukturellen Veränderungen, die an galvan. aufgebrachten Ni-Überzügen bei Freiluftkorrosion auftreten, wurden elektronenmkr. untersucht. Die Struktur aller Ndd. glich sich nach einem Jahr ohne Rücksicht auf ihr Aussehen direkt nach dem Plattieren. Die Bldg. von Löchern, die bis zum Basismetall reichten, wurde beschleunigt durch den Zusatz von *S*-haltigen Agentien zu den Ni-Bädern. Elektronenmkr. beobachtete Lochfraß-Bldg. hatte keine Beziehung zu der mit bloßem Auge beobachteten. F. Vier. 6520□

Schnellanalysenverfahren für stannathaltige Zinkplattierungsbäder. A. E. Sherwood. (Electroplating Metal Finishing **14,** 320—22, Sept. 1961; Bradford, Engl. Electric Co. Ltd.; engl) — Na_2CO_3 wird durch Messen der Druckzunahme über der Probe nach Zusatz von H_3PO_4 infolge der frei werdenden CO_2 bestimmt. *NaOH* wird mit HCl u. Phenolphthalein titriert. Nach der Best. von Na_2CO_3 u. NaOH kann der *Sn*-Geh. aus dem spezif. Gew. des Elektrolyten ermittelt werden. Genaue Verf.-Vorschriften werden gegeben. F. Vier. 6524□

Über die Struktur der unter Einwirkung von 80—160° warmem Wasser auf Aluminium entstandenen Deckschichten. A. Domony. (Aluminium **37,** 351—52, Juni 1961; Budapest, Forschungsinst. für NE-Metalle; dt.) — Nach den Unterss. des Vf. bildet sich bei der Einw. von W. zwischen 20 u. 80° auf Al eine Deckschicht zum überwiegenden Teil aus *Trihydroxid*, die sich über 60—80° in *Böhmit* umzuwandeln beginnt. Über 165° wird die Böhmitschicht bei Reinst-Al angegriffen. Unter 200° entsteht als Korrosions-Prod. überwiegend Trihydroxid, über 200° nimmt der Anteil an Böhmit zu. F. Vier. 6528□

Die Anwendung einer Phosphatierung bei der Kaltstauchung von Befestigungsteilen. F. M. Ladyshenskaja, O. A. Rjabtschikowa, L. I. Fudim, W. A. Tschetwertkowa und L. Ja. Lapschin. (Сталь [Stahl] **21,** 471—74, Mai 1961; Forsch.-Inst. für Metallerzeugnisse; Magnitogorsk, Kalibrierwerk; russ.) — Die *Phosphatierung* von Metall vor dem Kaltstauchen von Befestigungsteilen erhöht die Lebensdauer des Werkzeugs um das 1,5—2fache, verbessert die Oberflächenbeschaffenheit u. verringert den Energieaufwand. Beim Ziehen von Stahl *40 Ch* wurde durch den Phosphatüberzug die Anzahl der erforderlichen Zwischenglühungen erniedrigt. Der Prozeß der Aufbringung der Phosphatschicht umschließt folgende Operationen: 1. Entfettung in der wss. Lsg. von 80—100 (g/Liter) *NaOH*, 25—30 Na_2CO_3 u. 25—35 $Na_3PO_4 \cdot 12\ H_2O$ bei einer Temp. ≧75° im Verlauf von 15—20 Min.; 2. Waschen in W. u. sorgfältiges Beizen; 3. Waschen in kaltem u. warmen W.; 4. Phosphatieren in einer Lsg. 6,6 (g/Liter) *Zn* u. 33,4 H_3PO_4 bei 60—75°; 5. Waschen in W. u. 6. Waschen in einer Seifen-Lsg. (25—30 g Seife auf 1 Liter W.) bei 60—70° in 2—3 Min., u. abschließendes Trocknen. H. Hochstein. 6532□

Nichtrostender Cr-Ni-Stahlguß mit erhöhter Spannungskorrosionsbeständigkeit. M. G. Fontana, F. H. Beck und J. W. Flowers. (Metal Progr. **80,** 99—102, Dez. 1961; Columbus, Ohio, Ohio State Univ.; engl.) — Spannungsrißkorrosion nichtrostender Stähle ist ein Problem von wachsender Bedeutung in der chem. Industrie sowie in Kraftanlagen, die Dampf u. Heißwasser verwenden. Eine höhere Festigkeit u. Spannungsrißkorrosionsbeständigkeit kann bei nichtrostendem *Cr–Ni*-Stahlguß durch Regelung des günstig wirkenden Ferritanteils im Gefüge dieses Werkstoffs erreicht werden. H. Hochstein. 6538□

Über den Übergang der gleichmäßigen Korrosion in punktförmige bei der Hochtemperaturoxydation eines cyclisch beanspruchten Metalles. Je. L. Kasimirowskaja und A. W. Rjabtschenkow. (Журнал Прикладной Химии [J. angew. Chem.] **33,** 841—45, April 1960; russ.) — Durch Unters. an Stahl *EI612* wird gezeigt, daß bei seiner Oxydation $NiCr_2O_4$, $FeCr_2O_4$, u. $NiFe_2O_4$ sowie rhomboedr. α-Fe_2O_3 u. α-Cr_2O_3 entstehen. Bei der Oxydation des Stahls in trockener 0,3% SO_2 enthaltender Luft treten auf den Elektronogrammen (EG) zusätzliche, der hexagonalen Gitterstruktur der *Fe-* u. *Ni-Sulfide* u. dem FeS_2 nahe stehende Linien auf. Auf dem EG einer Stahlprobe, die in einer 0,3% SO_2 u. 6% W. enthaltender Luft aufbewahrt wurde, war die Intensität der vorst., den Fe- u. Ni-Sulfiden entsprechenden Linien abgeschwächt. Die krist. Struktur der Filme im feuchten Gas war stärker ausgeprägt. Beim Übergang aus einer trockenen SO_2-haltigen Luft in eine feuchte wird bei 650° die Korrosions-Geschw. des Stahls bedeutend erhöht. Bei sonst gleichen Oxydationsbedingungen ist der S-Geh. der Korrosions-Prodd., die bei 650° als Blasen auf cycl. belasteten Stahlproben entstehen, 100fach höher als in den Filmen, die an unbelasteten Stahlproben entstehen. S. Baryschnikow. 6538

Einfluß von Chlor auf die Korrosion von Titan in Salzsäure. Ch. L. Zeitlin und W. A. Strunkin. (Журнал Прикладной Химии [J. angew. Chem.] **33,** 2796—99, Dez. 1960; Woroschilow-Inst. für organ. Zwischenprodd. u. Farbstoffe; russ.) — Durch

Ggw. von Cl_2 wird die Korrosions-Geschw. des *Ti* in *HCl* stark erniedrigt. In ständig mit Cl_2 gesätt. HCl bleibt das Metall bei Zimmer-Temp. bei allen HCl-Konzz., bei 60° bei ≧20% HCl u. bei 80° bei ≧10% HCl unverändert. Durch Erhöhung der Cl_2-Konz. in der Säure wird die Schutz-Wrkg. des Halogens erhöht. Zur Gewährleistung der Beständigkeit des Ti soll die HCl period. oder (besser) ständig mit Cl_2 gesätt. werden.
S. Baryschnikow. 6538

Die Verbesserung in der Spannungskorrosionsbeständigkeit der Aluminiumlegierungen D.T.D. 687. G. Thomas. (J. Inst. Metals **89,** 287—88, April 1961; engl.) — Krit. Erörterung der Ergebnisse von vier Arbeiten. H. Hochstein. 6538□

Weitere Beobachtungen über die gleichmäßige Korrosion von Aluminium-Legierungen im Hochdruckdampf. J. N. Wanklyn und N. J. M. Wilkins. (J. Inst. Metals **89,** 289—91, April 1961; Harwell, Berks., Atomic Energy Res. Establ.; engl.) — Die Feststellung (vgl. C. **1960, 9024**), daß eine starke Druckabhängigkeit der gleichmäßigen Korrosion von *Al*-Legg. in Hochdruckdampf besteht, wird erörtert, u. durch neue Verss. wird nachgewiesen, daß stark unterschiedliche Korrosions-Geschw. bei einer gegebenen Temp. u. gegebenem Druck durch Veränderung der Prüfbedingungen erhalten werden können. Es wird angenommen, daß die Trockenheit des Dampfes ein wichtiger Faktor bei der Best. der Korrosions-Geschw. ist u. dieser Faktor den Einfl. des Druckes übertreffen kann. H. Hochstein. 6538□

Praktische Korrosionsfälle und ihre Lösung. J. Laureys. (Cebelcor, Rapp. techn. **1961,** Nr. 94, 21—26, Sept.; franz.) — Beschreibung mehrerer Korrosionsfälle in Bauten (Warm- u. Kaltwasserleitungen u. Heizungsanlagen) u. deren Bekämpfung.
W. Wesly. 6538□

Die Korrosion und die neuen Konstruktionsverfahren im Bauwesen. R. Uzac. (Cebelcor, Rapp. techn. **1961,** Nr. 94, 5—20, Sept.; Paris, Centre Sci. et Techn. du Bâtiment; franz.) — Beschreibung der Korrosion von Metalldächern, Metallfachwerken, Al, Mauern, Mauerwerk, Anstrichen u. von Konstruktionen aus ungeeigneten, nicht zueinander passenden Werkstoffen. W. Wesly. 6538□

Örtliche Korrosion von Gußaluminium in verdünnten Säuren. José Sanz Castrillo. (Quím. e Ind. [Bilbao] **8,** 3—8, Jan./Febr. **1961**; span.) — Guß-Al von >99,7% Reinheit zeigt in verd. H_2SO_4 häufig örtliche Angriffe, die Vf. auf die Ggw. minimaler Mengen *Fe* zurückführt, welche das Al gegen Spannungskorrosion anfällig machen. Als Höchsttoleranz sieht Vf. einen Fe-Geh. von 0,09% an. Darüber hinaus nimmt die Anfälligkeit gegen Säureangriffe linear zu. Durch geeignete lösende therm. Behandlung des Al u. nachfolgende Abschreckung läßt sich die Korrosionsbeständigkeit infolge Homogenisierung des Gefüges verbessern. — **15** Abb. u. Diagramme.
A. Sander. 6538□

Aluminium-Korrosion in wassergekühlten Reaktoren. K. H. Buob und E. Schenker. (Neue Techn. [Zürich] **3,** 288—95, Mai 1961; Würenlingen, Eidg. Inst. für Reaktorforsch.; dt.) — Unterss. über das Korrosions-Verh. von *2S*-Al u. Al (99,5%) in wassergekühlten Kernreaktoren zeigen, daß die Brennstoffelemente Lochfraß aufweisen u. in den verlöteten Zonen stark angegriffen werden. Nach 5jährigem Betrieb sind sie aber noch in gutem Zustand. An den Bestrahlungskanälen zeigte sich Spaltkorrosion; ein mit rostfreiem Stahl in Berührung stehender Al-Flansch wurde örtlich angegriffen, so daß W. in den Kanal eintritt u. weitere Schäden verursachte. Zur Erhöhung der Korrosionsfestigkeit von Al werden strenge Betriebsüberwachung u. Werkstoffauswahl empfohlen. W. Wesly. 6538□

Continental Oil Co., übert. von: John N. Dew und William L. Martin, Ponca City, Okla., V.St.A., **Gewinnung löslicher Mineralien, wie Uran, Vanadium und Radium, aus unterirdischen Lagerstätten.** In diese werden mindestens zwei räumlich getrennte Bohrungen eingebracht. In eine dieser Bohrungen wird kohlehaltiges Material eingeführt u. dieses zur Verbrennung gebracht. Nach der Verbrennung, die durch Einführung mit O_2-haltigen Gasen verstärkt wird, wird durch eine Bohrung zur anderen das Lsgm., das eine wss. Carbonat- oder eine Säure-Lsg. sein kann, hindurchgetrieben u. die Lsg. zu Tage gefördert. Als C-haltiges Material dienen KW-Stoffe. (**A. P. 2 954 218** vom 17/12. 1956, ausg. 27/9. 1960.) W. Hauswald. 6361

Shell Internationale Research Mij. N. V., Den Haag, Niederlande, **Herstellung von Agglomeraten aus Feinerzen.** Die Erze werden zunächst mit einer *Bitumenemulsion*, bestehend aus W. mit einem bituminösem Bindemittel mit einer A.S.T.M.-Penetration bis zu 220 agglomeriert. Das Bitumen soll den Wärmebedarf für eine teilweise Schmelzung des Erzes decken, wenn die Agglomerate anschließend gezündet u.

gesintert werden. Der Wasser-Geh. soll so bemessen werden, daß bei der Sinterung eine poröse Schlacke entsteht. Beispiel: Sintern von *Fe-* u. *Ni-Co*-Erzen. (**E. P. 874 785** vom 4/2. 1960, ausg. 10/8. 1961. F. Prior. 6/2. 1959.) M. Neckermann. 6379

Stolberger Zink Akt.-Ges. für Bergbau und Hüttenbetrieb, Aachen (Erfinder: Erich Pelzel, Stolberg/Rhld.), **Trennung von im flüssigen Zustand nicht vollständig miteinander mischbaren Metallen** verschiedener Dichte, bes. zur Verringerung des Geh. an *Pb* in *Hüttenrohzink*. Das fl. Metallgemisch wird von einer dicht oberhalb der Erstarrungs-Temp. liegenden Temp. langsam bis zur Erstarrung abgekühlt u. dabei die Erstarrung einsinnig mit der Schwereseigerung, d. h. in Richtung der Schwerkraft, geführt, während der Wärmeentzug annähernd gleich der Schmelzwärme der erstarrenden Kristallite (Dendriten) gehalten u. die Wärme damit lediglich im Ausmaß des Freiwerdens der Schmelzwärme entzogen wird. (**D. A. S. 1 125 185** Kl. 40a vom 3/5. 1960, ausg. 8/3. 1962.) M. Neckermann. 6381

Chemetals Corp., New York (Erfinder: Patrick John McGauley, Port Washington), N.Y., V.St.A., **Behandlung sulfidischer Mineralien,** in denen der an *Fe* gebundene *S* das Mol-Verhältnis von S:Fe 1:1 übersteigt, zur Gewinnung von *S*, *Fe* u. *Nichteisenmetallen*. Die Erze werden mit einer dem an Fe gebundenen S-Überschuß entsprechenden Fe-Menge unterhalb des F. des Erzes in nicht oxydierender Atmosphäre bei erhöhter Temp. aktiviert, bis das Mol-Verhältnis von S:Fe kleiner als 1 ist u. das vorhandene FeS in verd. H_2SO_4 lösl. geworden ist, dann die Erze mit verd. H_2SO_4 auslaugt, die Lsg. auf Fe_2O_3 aufarbeitet u. aus dem Rückstand die Nichteisenmetalle gewinnt. (**D. A. S. 1 127 596** Kl. 40a vom 21/1. 1959, ausg. 12/4. 1962. A. Prior. 21/1. 1958.) M. Neckermann. 6381

Pittsburgh Plate Glass Co., Pittsburgh, Pa. (Erfinder: Ricardo Cortez, New Martinsville, W.Va.), V.St.A., **Chlorierung von metallhaltigen Stoffen,** wie *Metalloxide* u. *Carbide*. Ein das zu chlorierende Material suspendiert enthaltender Cl_2-Strom wird in eine auf 650—1300° erhitzte Rk.-Zone geleitet, in der sich die Rk.-Teilnehmer unter Bldg. einer Flamme umsetzen u. die Rk.-Prodd. ohne erhebliche Verringerung der Geschw. des Stromes aus der Flamme abgezogen werden. Beispiel: Chlorierung von *TiC*. — Abbildung. (**D. A. S. 1 126 143** Kl. 40a vom 13/9. 1958, ausg. 22/3. 1962. A. Prior. 15/11. 1957.) M. Neckermann. 6381

E. I. du Pont de Nemours & Co., Wilmington, Del., V.St.A., **Formmasse für hochschmelzende Metalle, wie Ti,** besteht hauptsächlich aus Kohleteilchen, bes. Graphit, einem oder mehreren KW-Stoff-Bindern, die in bestimmten Temp.-Bereichen wirksam werden, einem oder mehreren Dauerbindern auf C-Basis, oberflächenakt. Mitteln u. einer zum Formbarmachen erforderlichen Menge Wasser. Beispiel: 5—15 (Gew.-%) *Stärke*, 6—15 *Pech*, 5—15 *Graphitelektrodenzement*, 0,2—5 *organ., oberflächenakt. Mittel*, 5—25 *Wasser*. (**E. P. 837 207** vom 15/8. 1956, ausg. 9/6. 1960. A. Prior. 19/10. 1955.) W. Schwarzmaier. 6383

Monsanto Chemical Co., St. Louis, Mo., übert. von: Bernard Freedman, Springfield, Mass., V.St.A., **Masse für Schalenformen** besteht aus einer Mischung von 100 Teilen *Sand*, 1—5 eines wärmehärtbaren Phenolharzes aus der Gruppe der *Novolake* u. *Resole*, 0,02—0,75 eines Härters wie *Hexamethylentetramin* u. *Paraformaldehyd*, 0,014—0,83 einer wss. Dispersion enthaltend 30—70 Teile eines festen Wachses aus *Äthylenbisteraramiden* u. *Metallseifen* von *Stearin-*, *Palmitin* u. *Ölsäuren*, 67—22 W., 3—8 eines nicht ionisierten Monoesters einer *Fettsäure* mit 10—24 C-Atomen u. eines *Polyäthylenglykols* mit einem durchschnittlichen Molgew. von wenigstens 200. Die Masse ist freifließend, klebt u. staubt nicht u. liefert Formen mit sehr guter Oberfläche. (**A. P. 2 943 068** vom 23/8. 1957, ausg. 28/6. 1960.) W. Schwarzmaier. 6383

Cesare Airaghi, Genua, Italien, **Metallgußverfahren.** Um Gußstücke mit glatter Oberfläche u. gute Ablösbarkeit von den Formen zu erzielen, behandelt man die Formen mit einer 5—35%ig. Lsg. eines Harzes, wie *Kolophonium* oder *Schellack* in Trichloräthylen, die auch je 5—35% *Talk* oder *Stärke* (für Al-Guß), Plfanzenruß (für Bronze- u. Fe-Guß) u. *Pech*, *Bitumen* oder *Teer* enthalten kann. (**It. P. 538 365** vom 5/7. 1955.) K. Koebke. 6383

National Lead Co., New York, N.Y., V.St.A., **Formmasse für Gießereizwecke** besteht im wesentlichen aus *Sand* (85—95%), einem *Öl* u. geringen Zusätzen von *Fetteindickmitteln*, einer *Seife* oder eines *koll. organophilen Silicats*, z. B. *Dimethyldioctadecylammoniumbentonit*. (**Belg. PP. 550 652** vom 28/8. 1956, ausg. 18/12. 1959. A. Prior. 27/9. 1955 u. **552 320** [Zusatz-Pat.] vom 3/11. 1956, ausg. 31/12. 1959.) W. Schwarzmaier. 6383

Österreichisch-Amerikanische Magnesit Akt.-Ges., Radenthein, Kärnten, Österreich, **Auskleidungsmasse für Gießereizwecke,** bes. für Blockgießformen u.

Blockformaufsätze besteht aus Chromit, Magnesia u. Tonerde, die in freier oder bas. gebundener Form vorliegt u. in ungebranntem Zustand mit W. erhärtet. — Beispiel: 20—40 (Gew.-%) Cr_2O_3, 10—35 Al_2O_3, 10—20 Fe_2O_3, 2—7 SiO_2, 12—30 *MgO*, 4—8 *CaO*. (**D. A. S. 1 110 368** Kl. 31c vom 7/11. 1957, ausg. 6/7. 1961. Oe. Prior. 4/1. 1957.) W. Schwarzmaier. 6383

International Smelting & Refining Co., Montana, übert. von: John M. Casteras, Colonia, N.J., V.St.A., **Formschlichte** besteht im wesentlichen aus einem leichten *KW-Stofföl* mit einem Zusatz von 0,1—2,0 Gew.-% *Lecithin*. In 1 gall. dieses Öls werden 1—10 pounds C, wie *Beinschwarz*, *Graphit*, dispergiert. Beim Gießen von Cu-Barren mit dieser Schlichte werden fehlerfreie Oberflächen erzielt. (**A. P. 2 956 890** vom 12/3. 1957, ausg. 18/10. 1960.) W. Schwarzmaier. 6383

Rolls-Royce Ltd., Derby, England (Erfinder: William Henry Duesbury und Albert Victor Edwards), **Metallgießform oder Kokille** besteht wenigstens teilweise aus einer selbsttragenden Metallpulver-Wasserglasschicht, die durch Wasserentzug oder durch chem. Mittel (CO_2) zum Erhärten gebracht wird. Es werden *Fe*- oder *Cu*-Pulver, ggf. Zusätze von MoS_2 empfohlen. Beim Brennen der Form sintert das Metallpulver zusammen. (**E. P. 866 372** vom 10/10. 1958, ausg. 26/4. 1961.) W. Schwarzmaier. 6383

Maschinenfabrik Andritz Akt.-Ges., Graz-Andritz, Österreich, **Regenerieren gebrauchten Zementsandes,** bes. Formsandes. Der Sand wird zunächst getrocknet u. zerkleinert, sodann unter ständigem Abschöpfen des Wasserüberschusses gewaschen, wobei die Masse in Bewegung gehalten wird. Der *Zement* wird auf diese Weise weitgehend entfernt. (**Belg. P. 543 117** vom 26/11. 1955, ausg. 11/9. 1959. Oe. Prior. 30/11. 1954.) W. Schwarzmaier. 6383

Union Carbide Corp. (Erfinder: Edward Francis Kurzinski), V.St.A., **Behandlung des oberen Teiles einer frisch gegossenen Metallmasse durch Erhitzen** mit einer durch Verbrennung eines Gemisches aus O_2 u. eines Brenngases erhaltenen Flamme zwecks Verringerung der sich normalerweise bei der Erstarrung bildenden Schwindungshohlräume des Metalles, bes. eines nichtrostenden Stahles nach Hauptpatent F. P. 1 069 459, dad. gek., daß ein Vol.-Verhältnis O_2/Brenngas zwischen 1,3 u. 1,8 für Erdgas, zwischen 2,5—4 für Propan u. zwischen 0,5—1,1 für Koksofen- u. Leuchtgas eingehalten wird. Zweckmäßig werden Schlacken auf die Gußoberfläche aufgelegt, u. die Flamme wird auf die äußere Oberfläche der Schlacken gerichtet, so daß ein teilweises Schmelzen vor der Gußkopferhitzung eintreten kann. (**F. P. 72 598** vom 18/12. 1957, ausg. 14/4. 1960. A. Prior. 24/12. 1956. **Zusatz zu F. P. 1 069 459.**) H. Hochstein. 6383

Régie Nationale des Usines Renault, übert. von: Lucien Peras, Billancourt, Frankreich, **Herstellen von Perlitguß.** Beim Druckgießen erstarrt das Gußstück weiß in der Kokille u. wird in noch heißem Zustand der Kokille entnommen u. bei einer Temp. von über 850° $^1/_2$—6 Std. lang geglüht, sodann an der Luft abgekühlt. Das Gußeisen enthält 0,4—3% *Co*. (**A. P. 2 906 653** vom 27/12. 1955, ausg. 29/9. 1959. F. Prior. 1/2. 1955.) W. Schwarzmaier. 6405

Mannesmann Akt.-Ges., Düsseldorf (Erfinder: Gerhard Naeser, Duisburg-Huckingen), **Bestimmung des Phosphorgehalts einer Thomas-Schmelze gegen Ende des Blasens.** Erzielung eines bestimmten P-Geh. im fertigen Thomas-Stahl, dad. gek., daß man die Entphosphorungs-Geschw. gegen Blasende unter sonst gleichen Betriebsbedingungen ermittelt u. vom Unstetigkeitspunkt in der Zeit-Temp.-Kurve ab, der einem P-Geh. der Schmelze von 0,18% entspricht, den Zeitpunkt bestimmt, bei dem der gewünschte P-Geh. im Stahl erreicht ist. — Zeichnung. (**D. B. P. 963 436** Kl. 18b vom 17/4. 1952, ausg. 9/5. 1957. Anmeldung bekanntgemacht 8/11. 1956. **Zusatz zu D. B. P. 826 509.**) G. Apel. 6409

N. V. Philips' Gloeilampenfabrieken, Eindhoven (Erfinder: Adolf Johannes Jakobus Koch, Eduard Maria Henricus Lips und Krijn Jacobus de Vos, Eindhoven), Niederlande, **Magnetisch anisotrope Dauermagnete auf Fe-Grundlage mit Ni, Al u. Co als Hauptlegierungselementen** werden durch Gießen in eine Form hergestellt, wobei durch gerichtete Kühlung eine Kristallisation in magnet. Vorzugsrichtung erzielt wird. Zu diesem Zweck ist der Boden der Gießform gekühlt, die Wände aus exotherm. Masse, die vor dem Eingießen der Magnet-Legg. von außen her durch ein schmelzfl. Metall entzündet wird. (**D. A. S. 1 104 126** Kl. 31 c vom 12/12. 1953, ausg. 6/4. 1961. Niederl. Prior. 17/12. 1952.) W. Schwarzmaier. 6410

Union Carbide Corp., übert. von: Hendrik de W. Erasmus, Lewistown, N.Y., V.St.A., **Herstellung von hochkohlehaltigen Ferrolegierungen.** Man vermischt feingebrochene Erze u. *C* mit einer wss. *Ca-Formiat-Lsg.*, trocknet das verformte Gemisch

u. brennt ca. 3 Std. bei ca. 950°. Dabei geht man bes. von *Mn*- u. *Cr-Erzen* aus. (**A. P. 2 993 761** vom 6/2. 1956, ausg. 25/7. 1961.) H. Nebelsiek. 6419

Hüttenwerke Phoenix Akt.-Ges., Deutschland, **Herstellung von Ferromangan im Hochofen** nach F. P. 1 030 107 unter stark bas. Schlacken, deren (CaO + MgO)/SiO_2-Verhältnis mindestens 1,7 u. bis zu 2,8 beträgt, dad. gek., daß bei der Verhüttung P-haltiger Mn-Erze in dem Gesamtgeh. (CaO + MgO) der MgO-Anteil über 3% beträgt. Zweckmäßig enthalten die Schlacken 6—18% *MgO* u. 18—30% Al_2O_3. (**F. P. 69 166** vom 31/12. 1954, ausg. 22/10. 1958. D. Prior. 15/1. 1954. **Zusatz zu F. P. 1 030 107.**) H. Hochstein. 6419

General Motors Corp., Detroit, Mich., übert. von: Paul J. Shipe, Xenia, Ohio, V.St.A., **Imprägnieren von porösem Eisen mit Kupfer** durch Mischen von *Cu* mit 1—5% *Gußeisen*-Pulver, Erhitzen des zu imprägnierenden Eisenmaterials mit dem Gemisch, z. B. nach Brikettieren, >F. des Cu, aber <F. des Fe. — Vgl. A. P. 2 817 601; C. **1960**, 2342. (**Can. P. 558977** vom 10/5. 1954, ausg. 17/6. 1958. A. Prior. 25/5. 1953.) H.-J. Nitzschke. 6419

Pechiney Comp. de Produits Chimiques et Électrométallurgiques und Métaux et Composés Légers, Seine, Frankreich (Erfinder: Hirsch Loëvenstein und Paul Louis Adrien Belon), **Gewinnung von Zink,** dad. gek., daß das Zn enthaltende Ausgangsgut, bes. das Erz, im Gemisch mit einem metall. Red.-Mittel in einem geschlossenen Behälter über einer fl. Schlacke im Vakuum zur Rk. gebracht wird. Die Erhitzung der Schlacke, die aus Silicaten, z. B. von Ca oder Al, besteht, geschieht durch den Joule-Effekt mittels direktem Stromdurchgang. Das dabei freiwerdende Zn wird kondensiert, der Überschuß an Schlacke period. abgestochen u. zur *Zement*-Herst. verwendet. (**F. P. 61 843** vom 10/7. 1951, ausg. 18/5. 1955. **Zusatz zu F. P. 1 028 422.**) G. Apel. 6427

Soc. d'Électro-Chimie, d'Électro-Métallurgie et des Aciéries Électriques d'Ugine, Seine, Frankreich. **Gewinnung von Nickel aus armen Erzen,** wobei ein *Ferronickel* erhalten wird, dad. gek., daß das Erz vorgewärmt u. portionsweise in eine im Ofen befindliche Fe-Schmelze unter Einblasen eines lebhaften Stromes eines inerten oder reduzierenden Gases oder von Luft eingebracht u. die Schmelze so an Ni angereichert wird. Vor dem Einblasen des Gases oder der Luft kann noch ein Wärme entwickelndes Element, wie *C*, *Mn* oder *Si* der Schmelze zugesetzt werden. (**F. P. 61 956** vom 20/8. 1951, ausg. 1/6. 1955. **Zusatz zu F. P. 1 040 253.**) G. Apel. 6435

Soc. d'Électro-Chimie, d'Électro-Métallurgie et des Aciéries Électriques d'Ugine, Frankreich, **Gewinnung von Nickel aus armen Erzen.** Geschmolzenes, *C*-haltiges *Fe* mit oder ohne Ni wird in das geschmolzene Erz oder beide Schmelzen zusammen werden mit solcher Geschw. in einen Tiegel gegossen, daß die Rk. des C mit dem Erz ein starkes Kochen hervorruft, ohne daß das Bad über den Tiegelrand läuft. (**F. P. 62 963** vom 13/6. 1952, ausg. 1/7. 1955. **Zusatz zu F. P. 1 040 253.**) M. Neckermann. 6435

Ram Autar Sharma und Prem Prakash Bhatnagar, Jamshedpur, Indien, **Herstellung von Chrom-Mangan-Legierungen** durch Red. von Cr- u. Mn-Erzen oder Cr_2O_3 u. MnO_2 mit *Al*-Pulver. (**Ind. P. 65 231** vom 13/9. 1958, ausg. 7/10. 1960.) C. Lüttgen. 6441

United States Atomic Energy Commission, V.St.A., übert. von: Eric Winearls Colbeck, Northwich, England, **Uran-Legierungen** bestehen aus 0,1 bis 5 (%) *Mo*, 0,1—5 *Si*, Rest *U*. Sie besitzen hohe Korrosionbeständigkeit u. sind therm. vergütbar. (**A. P. 2 919 186** vom 2/7. 1946, ausg. 29/12. 1959.) G. Apel. 6449

Sierra Metals Corp., Chicago, Ill., V.St.A., **Tantal-Legierung** besteht aus 5—20 (%) *Cr*, Rest *Ta*, als Verunreinigungen können bis 0,5 *C*, bis 0,8 *O*, bis 0,2 *N* u. bis 5,0 *Fe* enthalten sein. Die Leg. besitzt hohe Warmfestigkeit u. Korrosionsbeständigkeit u. eignet sich für Gasturbinenschaufeln, Ventile von Brennkraftmaschinen, Wärmeaustauschern, Auskleidungen von Retorten u. Behältern in der chem. u. metallurg. Industrie. (**E. P. 828 047** vom 13/6. 1958, ausg. 10/2. 1960. A. Prior. 1/7. 1957.) G. Apel. 6449

Metallwerk Plansee Akt.-Ges. (Erfinder: Richard Kieffer, Karl Sedlatschek und Horst Braun), Reutte, Tirol, Österreich, **Flußsäurebeständige Legierung** besteht aus 10—50 (Atom-%) *W* u./oder *Mo*, Rest *Ta* u./oder *Nb*. (**Oe. P. 207 576** vom 20/6. 1958, ausg. 10/2. 1960.) G. Apel. 6449

Sherritt Gordon Mines Ltd. (Erfinder: Frank Arthur Forward und Wei Cheng Lin), **Vorbehandlung von hitzebeständigem, hochschmelzendem mineralischem Material für die Gewinnung von Gold und Silber.** Man erhitzt das *S*, *Edel*-

metall u. *Pb*, As u./oder *Sb* enthaltende feinzerkleinerte Material in nichtoxydierender Atmosphäre auf >470°, kühlt das so wenigstens z. T. von den Metalloid-Verbb. befreite Material, dispergiert es in einer wss. H_2SO_4-Lsg., behandelt die Dispersion unter Druck bei 90—190° mit O_2 bzw. Luft, trennt die unoxydiertes Material einschließenden, erst fl. u. dann verfestigten S-Kügelchen von der Dispersion, führt sie in das Verf. zurück u. gewinnt aus dem unlösl. Rückstand der Dispersion die Edelmetalle in bekannter Weise. (**Aust. P. 228 549** vom 29/7. 1958, ausg. 30/6. 1960. Can. Prior. 2/8. 1957.) K. Demmler. 6459

Badische Anilin- & Soda-Fabrik Akt.-Ges. (Erfinder: Hans Enderlein und Walter Witschakowski), Ludwigshafen/Rh., **Vergütung langer Rohre** wird mittels Luftabkühlung durchgeführt, indem Luft oder andere Kühlgase kurzzeitig abwechselnd von einem u. vom anderen Ende her durch das auf die Vergütungs-Temp. erhitzte Rohr hindurchgeblasen werden. — Abbildung. (**D. B. P. 952 718** Kl. 18c vom 17/8. 1951, ausg. 22/11. 1956. Anmeldung bekanntgemacht 21/8. 1952. **Zusatz zu D. B. P. 918 641.**) Gottfried Schmidt. 6493

International Nickel Co. (Mond) Ltd., London, England, **Zusammenlöten von Metallgegenständen,** die einer Gebrauchs-Temp. von 550° u. höher ausgesetzt werden sollen. Zum Löten verwendet man eine *Cu-Pd-Mn*-Leg., deren prozentuale Zus. einem beigefügten Diagramm zu entnehmen ist, z. B. eine Leg. aus 75 (%) *Cu*, 20 *Pd* u. 5 *Mn*. (**Niederl. P. 100 772** vom 30/9. 1958, ausg. 15/3. 1962. E. Prior. 1/10. 1957.) F. Böhm. 6505

Gesellschaft für Linde's Eismaschinen Akt.-Ges., Deutschland, **Schutzgasgemisch zum Elektroschweißen** aus 20—70 (Vol.-%) CO_2, 1—10 O_2 u. Rest Ar, welches während des Schweißens aus einer Stahlflasche strömt. (**F. P. 1 223 081** vom 30/4. 1959, ausg. 15/6. 1960. D. Prior. 28/10. 1958.) M. F. Müller. 6507

Mond Nickel Co. Ltd., England (Erfinder: Leon Michael Petryck und George Raymond Pease), **Schweiß- und Schmelzelektrode** aus Weichstahl u. einer Hülle, welche als wesentlichen Bestandteil ein Gemisch aus 25—40 (Teilen) eines Erdalkalicarbonats (Ca-, Sr-Carbonat), 15—30 eines Erdalkalifluorids, 15—30 Kohle, 3—6 Si (bes. Ferrosilicium mit 25—60% Si) u. 2—10 eines Metalles oder Oxids der Seltenen Erden enthält, z. B. Ceroxid; Schweißtemp. 815—955°. Das zu schweißende Stück ist auf 650—870° vorzuwärmen. — Das Gemisch für die Hülle besteht z. B. aus 32 (Teilen) $CaCO_3$, 21 CaF_2, 25 *Graphit*, 4 *Si* in Form von *Ferrosilicium* mit 50% Si, 6 *Ce*, 4 $SrCO_3$ u. 4 *Bentonit*. Diese Bestandteile werden in Pulverform in einer Teilchengröße von 0,4165—0,0431 mm angewandt. Das Pulvergemisch wird mit einem Bindemittel zusammengefügt, z. B. einem Gemisch aus 15 (Teilen) Na_2SiO_3, 2,5 *Invertzucker*-Lsg. (43° Bé) u. 5 *Wasser*. (**F. P. 1 227 984** vom 23/6. 1959, ausg. 26/8. 1960. A. Prior. 24/6. 1958.) M. F. Müller. 6507

Phoenix-Rheinrohr Akt.-Ges. Vereinigte Hütten- und Röhrenwerke (Erfinder: Ewald Baerlecken), Düsseldorf, **Schweißdrähte und -elektroden für laugenbeständige Schweißnähte.** Verwendet werden Schweißdrähte u. -elektroden aus unlegierten oder schwachlegierten Stählen mit einem solchen Geh. an *Ti* oder einem ähnlich starken Carbidbildner, daß der *C* des abgeschmolzenen Schweißdrahtes bzw. der Elektrode dadurch abgebunden wird. Zweckmäßig wird das Zusatzelement ganz oder teilweise erst während des Abbrennens in der Schweißfuge zugesetzt. (**D. B. P. 958 168** Kl. 49h vom 25/4. 1950, ausg. 14/2. 1957. Anmeldung bekanntgemacht 4/10. 1951. **Zusatz zu D. B. P. 945 094.**) H. Hochstein. 6507

F. L. Burmisstrow, **Ätzen von Chrom** zur Erzeugung von Skalen u. ähnlichem durch Behandlung mit $KMnO_4$-Lsg. u. danach mit *Hyposulfit*-Lsg. oder durch Einw. von *HCl* auf die mit *Zn*- oder *Al*-Pulver in Kontakt gebrachte Metalloberfläche. (**UdSSR. P. 122 380** vom 8/1. 1948.) L. Großner. 6513

A. W. Gratschew, **Bad zur Elektropolitur von Al** enthält 120—150(g/Liter) Na_3PO_4, 40—60 *K-Al-Alaun* u. 15—20 *NaOH*. Es wird bei 60—70° mit einer Stromdichte von 2—3 A/dm² gearbeitet. (**UdSSR. P. 122 658** vom 9/3. 1959.) L. Großner. 6513

Československá Socialistická Republika (Erfinder: Jindřich Matějka, Kralupy nad Vltavou), Tschechoslowakei, **Beseitigung der Verunreinigungen aus Salzlösungen für galvanotechnische Zwecke** durch Eintauchen von metall. *Fe* in die Salz-Lsg., in der es sich teilweise löst; nach Herausnahme des Fe setzt man $KMnO_4$ oder ein anderes Oxydationsmittel hinzu, erhitzt u. filtriert vom Nd. ab. (**Tschech. P. 99 583** vom 13/4. 1960, ausg. 15/5. 1961.) L. Macher. 6515

Československá Socialistická Republika (Erfinder: Franz Řiha und Josef Bican, Prag), Tschechoslowakei, **Plattieren von Nichteisenmetallen,** vor allem von *Cu* u. seiner Legg. mit kostspieligen Metallen (*Ag*) u. ihrer Legg. in Form von Platten,

Streifen oder Stäben nach ihrem Erhitzen unter Druck in einem Ofen mit oxydierender Atmosphäre, dad. gek., daß die Platten, Streifen, Stäbe nach dem Erhitzen in den Ofen mit der Oxydationsatmosphäre gelegt werden, um vor dem unter Druck erfolgenden Verbinden in einer Red.-Atmosphäre (H_2) zu verweilen. **(Tschech. P. 99 620** vom 13/5. 1960, ausg. 15/5. 1961.) L. Macher. 6517

N. V. Metallic Industry, Loosdrecht, Niederlande, **Elektrolytisches Verkupfern metallischer Oberflächen.** Man erhält porenfreie, chemikalienbeständige Überzüge, wenn man ein wss. Bad verwendet, das mindestens 25 (g/Liter) *CuSO₄·5 H₂O* (I) (berechnet als Cu), ein bei ca. 100—150° sd. *Diamin* u. eine Monoaminocarbonsäure enthält, deren Cu-Komplex-Verb. eine größere Zers.-Konst. als die Diamin–Cu-Komplex-Verb. besitzt. Das Bad soll einen pH-Wert von 7—10 u. eine Temp. >40° besitzen. — Beispiel für Bad zur Verkupferung von Fe-Gegenständen: 225 **I**, 154 *Äthylendiamin* (70%ig.), 45 *α-Aminopropionsäure*, 0,3 *Na-Laurylsulfonat*. **(Niederl. P. 100 908** vom 6/8. 1955, ausg. 16/4. 1962.) F. Böhm. 6517

A. N. Ssyssojew und N. T. Drobanzewa, **Chromierungselektrolyt** mit selbständiger Einstellung eines optimalen CrO_2/SO_4-Verhältnisses. Zu einer Chromsäure-Lsg. mit 200—400 (g/Liter) Cr_2O_3 werden 50—80 $CaCO_3$ gegeben u. nach Austreiben von CO_2 5—20 $CaSO_4 \cdot 2\ H_2O$. Gearbeitet wird bei 18—20° mit 10—50 A/cm². **(UdSSR. P. 122 379** vom 5/6. 1958.) L. Großner. 6519

N. T. Kudrjawzew, W. M. Tjutina und Ss. M. Firger, **Alkalicyanidelektrolyt zur Herstellung von Überzügen aus Zinklegierungen** besteht aus 32 (g/Liter) *Zn*, 0,75 *Ni* (als Komplexsalze), 73,5—98 *NaCN* u. 60—80 *NaOH*. Die Elektrolyse wird bei 18—20° mit einer Kathodenstromdichte von 1—3 u. einer Anodenstromdichte von 2 A/dm² durchgeführt. Die Leg. enthält 1—2% Ni. **(UdSSR. P. 122 657** vom 5/1. 1959.) L. Großner. 6523

L. N. Lutschanski und I. A. Retschenko, **Herstellung von Überzügen auf Metalloberflächen.** *Nitrocelluloselacke* mit *Diphenylamin* haften auf Metallen, bes. Weißblech u. Al, besser u. sind lichtbeständiger nach 20—30 Min. Bestrahlung des angetrockneten Lackes mit einer Quarzlampe. **(UdSSR. P. 122 280** vom 31/10. 1958.) L. Großner. 6529

Raphaël Frumkin, Frankreich, **Herstellung von Überzügen auf metallischen Rohren,** z. B. für Ölleitungen. Die Rohre werden in ein *schmelzfl. Al-Bad* getaucht, das *Si*, z. B. 12%, enthält. Der Al-Überzug wird dann oxydiert, z. B. durch anod. Behandlung. Der Überzug schützt bes. gegen Korrosion durch H_2S u. KW-Stoffe. **(F. P. 1 246 926** vom 16/10. 1959, ausg. 15/2. 1961.) F. Vier. 6531

Michel Louis Julien Bernard, Frankreich, **Gleichzeitiges Reinigen und Phosphatieren von Leichtmetallen** in einem Bad aus HNO_3 von ca. 48° Bé von Raum-Temp. mit einem Zusatz von höchstens 1% PO_4-Ionen in einem Zeitraum, der zur Erzielung einer Schichtdicke von 40 μ erforderlich ist. Vorhergehendes Einölen der Oberfläche beschleunigt die Phosphatierung. **(F. P. 1 246 716** vom 30/7. 1957, ausg. 10/2. 1961.) H. Baur. 6533

Gerhard Collardin G. m. b. H., Köln (Erfinder: Bruno Blaser, Düsseldorf, und Ernst Mayer, Köln), **Herstellung feinkristalliner, dünner, festhaftender Phosphatschichten auf Metallen.** Einer peroxidhaltigen Phosphatierungs-Lsg., die vorzugsweise H_2O_2 u. $Zn_3(PO_4)_2$ enthält u. deren pH-Wert etwas über dem des Gleichgewichts liegt, werden eine oder mehrere *Amido-* oder *Imino-*Gruppen enthaltende *Stickstoffphosphorsäure-Verbb.* bzw. deren wasserlösl. Salze in Mengen von 0,1—10 g/Liter gemäß D. A. S. 1 090 047 zugesetzt. **(D. A. S. 1 095 625** Kl. 48d vom 27/2. 1959, ausg. 22/12. 1960. **Zusatz zu D. A. S. 1 090 047; C. 1961, 8827.)** H. Baur. 6533

Amchem Products, Inc., Ambler (Erfinder: Ferdinand Philip Heller, Philadelphia), Pa., V.St.A., **Regelung der Dicke und/oder kristallinen Kornstruktur von auf metallischen Oberflächen gebildeten Phosphatüberzügen** durch Behandlung mit chloratbeschleunigten Schwermetallphosphat-Lsgg. unter konstanten Bedingungen von Zeit u. Temperatur. Die Konz. an in der sonst konst. Lsg. vorhandenem Beschleuniger wird im umgekehrten logarithm. Verhältnis zur Dicke u. Grobheit des gewünschten Überzuges geändert. Bei einer Sprühbehandlung wird zur Änderung der Beschleuniger-Konz. entweder eine entsprechend geänderte Menge an Beschleuniger-Lsg. in die die nichtbeschleunigte Lsg. zur Sprühdüse führende Leitung eingeführt oder entsprechende Mengen von unbeschleunigter Phosphatier-Lsg. u. Beschleuniger-Lsg. werden getrennt auf das Werkstück aufgesprüht. **(D. A. S. 1 119 079** Kl. 48d vom 12/3. 1959, ausg. 7/12. 1961.) H. Baur. 6533

British Titan Products Co. Ltd. (Erfinder: **James Dennis Groves**), *Chlorierung von Titanerzen*. (**Aust. P. 228 670** vom 14/1. 1958, ausg. 7/7. 1960. E. Prior. 16/1. 1957. — **C. 1961**, 1722 [F. P. 1 197 946].)

Dow Chemical Co., übert. von: **Douglas S. Chisholm** und **Don F. Hall**, Midland, Mich., V.St.A., *Reduktion von Ti- und Zr-Tetrachlorid*. (**Can. P. 555 270** vom 14/9. 1953, ausg. 1/4. 1958. A. Prior. 20/10. 1952. — C. **1957**, 7170 [E. P. 734 166].)

F. W. Berk & Co. Ltd., übert. von: **Gerald R. Bell**, London, England, *Metallpulver*. (**Can. P. 555 209** vom 22/4. 1955, ausg. 1/4. 1958. — C. **1958**, 12526 [E. P. 745 081].)

Hendrik van der Horst, Olean, N.Y., V.St.A., und **Ingenieursbureau „Lemet Chromium" H. van der Horst N.V.**, Hilversum, Niederlande, *Elektrolytische Erzeugung einer Eisenschicht*. (**Niederl. P. 100 872** vom 8/8. 1953, ausg. 16/4. 1962. A. Prior. 16/1. 1953. — C. **1957**, 12301 [A. P. 2 745 800].)

Metallgesellschaft Akt.-Ges., Frankfurt/M., *Ergänzen von Phosphatierungslösungen*. (**Niederl. P. 100 374** vom 5/9. 1953, ausg. 15/2. 1962. D. Prior. 12/11. 1952. — C. **1958**, 9059 [Oe. P. 184 020].)

C. C. Wakefield & Co. Ltd., übert. von: **Elliott A. Evans** und **John S. Elliott**, London, England, *Korrosionsschutz*. (**Can. P. 555 489** vom 6/2. 1951, ausg. 1/4. 1958. E. Prior. 15/2. 1950 u. 22/1. 1951. — C. **1953**, 9298 [E. P. 680 567].)

H_9. Organische Industrie

VEB Leuna-Werke „Walter Ulbricht", Leuna, **Polysulfosäureester** werden durch Umsetzung aliphat., cycloaliphat. oder aromat. Polysulfochloride, z. B. Propan-1.3-, Hexamethylen-1.6-, Cyclohexan-1.4-, Benzol-1.4-, Diphenyläther-4.4′-disulfochlorid oder Polysulfochloride aus der Sulfochlorierung paraffin. KW-Stoff-Gemische, mit mehrwertigen Phenolen, Bis-phenolen, z. B. Hydrochinon, Brenzcatechin, Pyrogallol, 2.2-Bis-[p-hydroxyphenyl]-propan u. a., oder aliphat. Polyalkoholen, z. B. Äthylenglykol, Glycerin, Hexamethylenglykol, in Ggw. eines Lsgm., z. B. Bzl., u. von Alkalien, wie NH_3 oder NaOH, bei Temp. bis 100° erhalten. — Beispiele. (**Oe. P. 210 874** vom 13/2. 1959, ausg. 25/8. 1960.) Eberhard Riedel. 6573

Snia Viscosa Soc. Nazionale Industria Applicazioni Viscosa S. p. A., Mailand (Erfinder: Werner Muench, Casana Maderno, und Guiseppe Messina, Limbiate), Italien, **Durchführung von Oxydationen in flüssigem Zustand mit sauerstoffhaltigen Gasen.** Luft bzw. O_2-haltiges Gas wird aus einem großen Düsenloch unzerteilt mit hoher Geschw. in eine Mischkammer eingeführt, die mit der umgebenden u. zu oxydierenden Fl. in Berührung steht. Die Feinverteilung des Gases erfolgt in einem oder mehreren über dem Düsenloch angebrachten, bes. cylindr. geformten Rohren. Die Mischkammer hat in ihren Wänden, bes. im unteren u. oberen Teil Öffnungen, damit die zu oxydierende Fl. ungehindert in die Kammer ein- bzw. austreten kann, jedoch ist die Richtung des Gasstromes so festgelegt, daß man durch Umlenkungen, eingebaute Siebe oder Prallbleche u. a. Vorr. den Gasstrom erneut zerteilen u. seinen Weg durch die Fl. verlängern kann. Es können oxydiert werden: Xylol mit Luft zu *Toluylsäure*; Cyclohexylbenzol zu *Cyclohexylbenzolhydroperoxid* in wss. Emulsion. — Vorr., Zeichnung. (**D. A. S. 1 058 511** Kl. 12o vom 26/2. 1955, ausg. 4/6. 1959. It. Prior. 19/10. 1954.) G. Krauß. 6583

Centre National de la Recherche Scientifique (Erfinder: Wiemann und Radeff), Frankreich, **Tieftemperaturspaltung gesättigter oder ungesättigter Kohlenwasserstoffe,** bes. von *Methan*. CH_4 wird bei normalem Druck in einem Kreislauf-Verf. bei 50—400° über einen Dehydrierungskatalysator, bes. Ni, Cu, Fe, unter UV-Bestrahlung geleitet. Als Strahlenquelle dient eine Hg-Bogenlampe. Als Rk.-Prodd. entstehen u. a. *H_2* u. *gesätt. KW-Stoffe*, bes. *Äthan, Propan, Butan*. Bei Durchführung der Spaltung unter Zusatz von O_2, Halogenen, W., H_2, anderen KW-Stoffen oder CCl_4 u. in Ggw. von Ni-, Cu-, Fe- oder Zn-Oxiden wird eine entsprechende Vielzahl anderer Rk.-Prodd. erhalten. (**F. P. 1 234 161** vom 1/4. 1959, ausg. 14/10. 1960.) Eberhard Riedel. H 500

Monsanto Chemical Co., St. Louis, Mo., übert. von: Richard L. Meek, El Dorado, Ark., V.St.A., **Herstellung von Vinylhalogeniden.** C_2H_2 u. HCl werden bei $>150°$ über einem Katalysator zur Rk. gebracht, der in der Weise hergestellt ist, daß man Stoffe mit hoher Oberflächenaktivität (aktiviertes Al_2O_3, SiO_2-Gel, Bimsstein, Asbest oder bes. Aktivkohle) nacheinander oder gleichzeitig mit $HgCl_2$ u. $FeCl_2$ im mol. Verhältnis von 1:1 imprägniert u. bei $>100°$ trocknet. Der Katalysator enthält dann infolge Oxydat.-Red.-Rk. HgCl, $HgCl_2$, $FeCl_2$ u. $FeCl_3$ nebeneinander (zweckmäßig in Mengen von 10—20%). 100%ig. Ausbeute soll durch diesen lange haltbaren Katalysator erzielt werden. (**A. P. 2 847 483** vom 14/10. 1954, ausg. 12/8. 1958.) W. Gräger. H 520

Gulf Research & Development Co., V.St.A. (Erfinder: Alfred Mathias Henke, Vincent Norman Hurd und Rodney Edwin Peterson), **Reinigung von Isopren (I),** das Polymerisationsverhinderer [Butin-(2)] enthält. Man mischt es mit Isopentan (4—30 Vol.-% des I) u. dest., wobei die Verunreinigungen mit der Kopffraktion abgetrennt werden, bis das im Destillier-App. verbleibende I $<0{,}5$ Mol-%, bes. < 0,1 Mol-%, Verhinderer enthält. Das Isopentan bildet mit Stoffen, wie Butin-(2) (Dimethylacetylen), Dimethylsulfid u. α-Acetylenen azeotrope Mischungen, nicht dagegen mit I. (**F. P. 1 174 166** vom 10/4. 1957, ausg. 6/3. 1959. A. Prior. 3/5. 1956.) M. Pankow. H 520

Gulf Research & Development Co., V.St.A. (Erfinder: Alfred Mathias Henke und Harry Chauncey Stauffer), **Reinigen von Isopren** zur Verringerung des Anteils an geradkettigen Acetylenverbindungen. Man leitet das Isopren durch Molekularsiebe mit Kanälen mit 5 Å-Einheiten ∅ (kristalline Zeolithe). — Butin-(2) enthaltendes 95%ig. Isopren wird fl. bei normaler Temp. von unten nach oben durch ein solches Molekularsieb (2,5 × 120 cm; synthet. Ca-Aluminosilicat, vorher 4 Std. lang bei 120° entwässert) mit 1 Vol. Isopren pro Vol. Sieb pro Std. gepumpt. Das Sieb wird durch Verbrennung des adsorbierten Materials bei 482—595° mit einem O_2-haltigen Gas regeneriert. — Zeichnung. (**F. P. 1 192 422** vom 19/12. 1957, ausg. 26/10. 1959. A. Prior. 28/12. 1956.) M. Pankow. H 520

Air Reduction Co., Inc., New York, N.Y., übert. von: Thomas F. Rutledge, Madison, N.J., V.St.A., **1-Alkine** der allg. Formel R—C≡CH (R = Alkyl) erhält man durch Rk. eines Alkylhalogenids der allg. Formel RX (X = Halogen) mit feinverteiltem Na-Acetylid (I, Teilchengröße < 25 μ im Durchmesser; hergestellt nach A. P. 2 777 884) in Dimethylformamid, Dimethylacetamid u. Tris-N.N-dimethylphosphortriamid oder deren Mischungen bei 15—50, bes. 25—50°. — Aus Na-Staub in Xylol u. Acetylen bei 100° → I (Teilchengröße < 5 μ), daraus mit n-Butylbromid bei 25—50° in Ggw. von Dimethylformamid → *1-Hexin*; 81% (Ausbeute). — n-Octadecylbromid → *1-Eikosin*; 90%. — *Zwischenprodukte.* (**A. P. 2 846 491** vom 13/12. 1955, ausg. 5/8. 1958.) G. Krauß. H 530

A. Ja. Jakubowitsch und K. M. Smirnow, **Herstellung von Monofluoracetylen (I)** durch Erwärmen von 1.1-Difluor-2-bromäthylen (II) mit Mg in einem Lsgm., bes. Tetrahydrofuran (III), auf 35—45°. — Zu 27,91 (g) mit J_2 aktivierten Mg-Spänen u. 177 abs. gereinigtem **III** werden unter CO_2-Kühlung 163,25 **II** in 112,5 **III** gegeben, wobei die Temp. bei 35—45° gehalten wird. Danach wird zum Sieden erhitzt, die Gase werden mit einer inerten Fl. gewaschen, gekühlt u. über W. aufgefangen. Die erhaltenen 17,7 Liter Gas werden mit fl. Luft gekühlt u. über einer Podbielniak-Kolonne mit 100 theoret. Böden fraktioniert: 6—8% **I**, Kp. —104°. (**UdSSR. P. 121 789** vom 23/1. 1959.) L. Großner. H 530

Air Reduction Co., Inc., New York, N.Y., übert. von: Thomas F. Rutledge, Madison, N.J., V.St.A., **Methylacetylen (Propin) und Äthylacetylen (1-Butin)** erhält man durch Rk. von feinverteiltem, reinem Na-Acetylid (Teilchengröße < 5 μ im Durchmesser, erhältlich nach A. P. 2 777 884) mit Dimethylsulfat bei 60—160°, bes. 140°, oder Diäthylsulfat bei 100—170° in Ggw. eines Verdünnungsmittels (Xylol, Di-n-butyläther, Di-n-hexyläther oder deren Mischungen), z. B. nach dem Rk.-Schema: $(C_2H_5)_2 \cdot SO_4 + 2\,Na{-}C{\equiv}CH \rightarrow 2\,C_2H_5C{\equiv}CH + Na_2SO_4$. Ausbeuten: 70—100%. (**A. P. 2 848 520** vom 9/11. 1953, ausg. 19/8. 1958.) G. Krauß. H 530

Heyden Newport Chemical Corp., New York, N.Y., übert. von: Robert H. Barth, Ridgewood, N.J., V.St.A., **Herstellung von Äthern mehrwertiger Alkohole** durch Rk. von HCHO oder Paraformaldehyd u. eines niedrigmol. aliphat. Alkohols in alkal. Medium in Abwesenheit von W. mit einem niedrigmol. aliphat. gesätt. Aldehyd. — *Pentaerythritmethyläther*, aus HCHO, CH_3OH u. CH_3CHO. — *Pentaerythritpropyläther*, aus HCHO, Propylalkohol u. CH_3CHO. — *Trimethyloläthanmethyläther*, aus HCHO, CH_3OH u. Propionaldehyd. (**Can. P. 568 455** vom 24/4. 1952, ausg. 6/1. 1959.) H.-J. Nitzschke. H 580

M. A. Ssokolowski und P. M. Sawlin, **Herstellung von Di-[α-carboxyäthyl]-methylphosphit** durch Rk. von Milchsäure (I) mit CH_3POCl_2 (II) in Ggw. tert. organ. Basen. — Zu 18,61 (g) **I** u. 15,8 Pyridin werden innerhalb 1½—2 Std. 13,3 **II** in 50 ml abs. Ae. gegeben, danach wird 1 Std. auf 100° erhitzt, u. nichtumgesetzte Prodd. u. Pyridin-HCl werden im Vakuum destilliert. Ausbeute 18 g. (**UdSSR. P. 122 750** vom vom 13/3. 1959.) L. Großner. H 590

Soc. An. des Manufactures des Glaces et Produits Chimiques de Saint-Gobain, Chauny & Cirey, Frankreich, **Sulfoxylate von Aldehyden,** z. B. von *Formaldehyd,* werden durch katalyt. Red. der Aldehydbisulfit-Verbb. unter 300 at H_2-Druck in Ggw. von Re_2S_7 bei ca. 60° gewonnen; Ausbeute > 90%. (**F. P. 1 234 274** vom 14/5. 1959, ausg. 17/10. 1960.) Eberhard Riedel. H 600

Phillips Petroleum Co., übert. von: Rufus V. Jones, Bartlesville, Okla., V.St.A., **Alkenschwefelsäuren** der allg. Formel I erhält man durch Rk. von 1.1-Dichloralkan (II) mit fl. oder gasförmigem SO_3 bei —20 bis +20, bes. —5 bis +5°, unter

Wasserausschluß, weiterer Rk. des entstandenen α-Chloralkylchlorsulfonsäureesters (III) mit W. bei 10—100, bes. 50—80°. Durch Polymerisieren von **I** entstehen *Polymere* mit der wiederkehrenden Einheit der allg. Formel **IV** u. dem Molgew. von 2—500 oder höher. Durch Hydrolyse der Polymeren erhält man OH-gruppenhaltige Verbb. mit der wiederkehrenden Einheit der allg. Formel **V**. Aus **I** entstehen mit Ba-Verbb. in Ggw. von H_2SO_4 Ba-Salze der allg. Formel **VI**, $R-CH(R')CHCl_2$ **(II)** + SO_3 → $R-CH(R')\cdot CHClSO_3Cl$ **(III)** + H_2O → $R-C(R')=CHOSO_3H$ **(I)** → $-[-C(R)(R')-CH(OSO_3H)-]_x-$ **(IV)** → $-[-C(R)(R')-CH(OH)-]_x-$ **(V)**. **I** + $BaCl_2$ + H_2SO_4 → $R-C(R')=CHOSO_3BaOSO_3H$ **(VI)** + 2 HCl (R u. R' = H, gleiches oder verschiedenes Alkyl, die beide zusammen höchstens 20 C-Atome enthalten; x = z. B. 5—50). — Aus 101 g 1.1-Dichloräthan u. 157 g SO_3 unter Eiskühlung, dann Eingießen auf Eis u. Extrahieren mit Ae. → $CH_3CHClSO_3Cl$; daraus durch Dest. → *Äthylenschwefelsäure* (**VII**), CH_2CHOSO_3H; *Benzylisothioharnstoff-Deriv.*, $C_{10}H_{14}N_2O_4S_2$, F. 160—161,1°. Mit $BaCl_2$ entsteht $CH_2=CHOSO_3BaOSO_3H$; daraus mit Br_2 → $CH_2=CBrOSO_3BaOSO_3H$, entfärbt $KMnO_4$-Lsgg.; dient zum Entfernen von Halogen aus Bleichlösungen. **VII** gibt mit KCN *Acrylsäurenitril*; durch Rk. mit Alkoholen entstehen *Äther*, die sich polymerisieren lassen. **VII** läßt sich polymerisieren u. mischpolymerisieren, bes. mit Butadien, Styrol, Acrylnitril, Vinylchlorid, Acrylsäureäthylester zu harz- oder kautschukartigen Polymeren. — Die Lsg. von **VII** in CCl_4 dient als *Überzugsmasse*. Die **I** sind Zusatzmittel für Kautschuk aus Vinylpyridin u. Butadien, um dessen Dehnfähigkeit zu erhöhen. — α-Chlorpropan-, α-Chlorbutan-, α-Chlor-2-methylpropanchlorsulfat; *Propen-*, *1-Buten-* u. *2-Methylpropenschwefelsäure*. (**A. P. 2 860 123** vom 25/2. 1954, ausg. 11/11. 1958.) G. Krauß. H 600

Union Carbide Corp., übert. von: Lucian W. McTeer, South Charleston, W.Va., V.St.A., **Aldehyddiacylate** der allg. Formel R—COOCH(R')—OOC—R (R u. R' = gesätt. oder ungesätt. Alkyl) erhält man durch Rk. eines aliphat. Aldehyds mit 1—8 C-Atomen mit einem niedermol. Carbonsäureanhydrid bei —20 bis +100, bes. 20—50°, in Ggw. einer Mischung aus Oxal- u. Borsäure als Katalysator, der bes. in einem Säureanhydrid, Isopropyläther, Heptan, Bzl., Cyclohexan u. Dioxan gelöst ist. — Aus 2.4-Hexadienal u. Essigsäureanhydrid in Ggw. einer Mischung aus z. B. 6,2 g Bor- u. 12,6 g Oxalsäure (die bei 60° in 44 cm³ W. gelöst wurden; die Mischung wird bei 80°/30 mm Hg entwässert, der Rückstand in Essigsäureanhydrid gelöst u. die Lsg. mit Bzl. verd.) → *1.1-Diacetoxy-2.4-hexadien*, $Kp._3$ 103—105°; 52,2% (Ausbeute). — Butyraldehyd + Crotonsäureanhydrid → *1.1-Dicrotonoxybutan*, $Kp._1$ 110°; 64,2%. — Crotonaldehyd → *1.1-Dicrotonoxy-2-buten*, $Kp._3$ 138°; 67,8%. — 2-Äthyl-3-propylacrolein → *1.1-Diacetoxy-2-äthyl-2-hexen*, $Kp._{0,5}$ 85—87°; 10,4%. — *1.1-Diacetoxy-2-buten*, $Kp._{10}$ 89°; 94%. — Acrolein → *1.1-Diacetoxypropen*, $Kp._8$ 73°; 69%, u. *1.3-Diacetoxypropen* als Nebenprodukt. — Methacrolein → *1.1-Diacetoxy-2-methyl-2-propen*, $Kp._8$ 80—82°; 47,9%. Ferner können umgesetzt werden: Octatrienal u. Propargylaldehyd mit dem gemischten Anhydrid aus Croton- u. α-Methacrylsäure. (**A. P. 2 866 813** vom 29/3. 1956, ausg. 30/12. 1958.) G. Krauß. H 670

Bergwerksgesellschaft Hibernia Akt.-Ges., Herne (Erfinder: Karl Schmitt, Herne, Josef Disteldorf, Wanne-Eickel, und Wolfgang Baron, Herne), **Isophoron** erhält man z. B. in 78%ig. Ausbeute bei einem Umsatz von 28% aus Aceton durch Kondens. in fl. Phase mittels Alkalimengen von <0,1%, bes. <0,07% in Ggw. von <20% W., bezogen auf die gesamte Fl.-Menge, bei 150—250° u. 10—80 at, wobei man in einem primär völlig homogenen Rk.-Gemisch unter Emulgierung arbeitet. Dabei wird das Rk.-Gemisch kontinuierlich in einmaligem Durchgang durch einen langgestreckten, mit die Fl. zerteilenden Einbauten versehenen Reaktor unter Emulgierung mittels eines Impulsgenerators, ggf. unter Zusatz von Emulgiermitteln, geleitet u. bevorzugt ein Druckreaktor verwendet, der nach Art der bekannten Dünnschichtverdampfer konstruiert ist, u. dann abgezogen. Das Verf. liefert bessere Ausbeuten als z. B. das Verf. des Schwz. P. 269 503 (C. **1951**, I, 3116), weniger höher kondensierte Prodd. u. weniger unerwünschtes Mesityloxid, die z. B. nur zu 13 bzw. 9% im Vgl. zu 22 bzw. 31% gebildet werden, erfordert kürzere Rk.-Zeiten u. ermöglicht eine einfachere Aufarbeitung. (**D. A. S. 1 095 818** Kl. 12o vom 15/9. 1958, ausg. 29/12. 1960.) R. Hauß. H 710

Standard Oil Co., Cleveland, übert. von: James D. Idol jun., Shaker Heights, Robert W. Foreman, Cleveland, und Franklin Veatch, Lyndhurst, Ohio, V.St.A., **Ungesättigte Carbonsäureester** erhält man durch Verestern von α.β-ungesätt. Carbonsäuren mit Alkanolen mit 1—8 C-Atomen im Gaszustand bei 212—750, bes. 450—600° F u. 15—120, bes. 25—35 oder 60—80 Sek. Verweilzeit in Ggw. von W. u. Silicagel als Veresterungskatalysator (Teilchengröße 28—200 Siebmaschen). Das Verhältnis von Säure zu W. bzw. Alkanol beträgt 1:1—8, bes. 1:4, bzw. 1:1—8, bes. 1:2. — Aus (14 Mol-%) Acrylsäure, 57 W. u. 29 A. bei 500° F in Ggw. von 650 g Silicagel (= 910 ml) bei 25 Sek. Verweilzeit → *Acrylsäureäthylester*, Ausbeute ca. 100%. — Methacrylsäure → *Methacrylsäuremethylester*. — *Acrylsäurebutylester*. Zur Veresterung kann auch das durch Oxydation von Acrolein erhaltene Säuregemisch verwendet werden. — *Acrylsäure-2-äthylhexylester*. (**E. P. 841 680** vom 3/11. 1958, ausg. 20/7. 1960. A. Prior. 31/12. 1957. **A. P. 2 947 779** vom 31/12. 1957, ausg. 2/8. 1960.) G. Krauß. H. 810

Union Chimique Belge Soc. An., Brüssel, übert. von: Albert Verheyden, Sint Denijs Westrem, und Paul Ochsner, Uccle, Brüssel, Belgien, **Acrylsäure** erhält man durch katalyt. Decarboxylierung von Maleinsäure in Dampfform in Ggw. von Wasserdampf u. O_2. — Zu Oe. P. 201 579; C. **1961,** 12268 ist nachzutragen: Die Decarboxylierung erfolgt in Ggw. eines Katalysators, der aus 5—30, bes. 10%, frischgefälltem CuO, bezogen auf koll. Fe-freies SiO_2 oder Bimsstein als Träger, 1—50, bes. 10%, eines wasserunlösl. Ba-Salzes, bes. Ba-Carbonat oder -Naphthenat, bezogen auf CuO, u. 0—20% Na-Silicat besteht. Beste genannte Ausbeute 76,8%. (**A. P. 2 902 512** vom 19/8. 1957, ausg. 1/9. 1959. Belg. Prior. 31/8. 1956.) G. Krauß. H 810

Edwin Marshall Meade, Richmond Hill, Ontario, Canada, **Trennung einer Mischung aus Mono- und Polyolefinfettsäuren,** bes. mit 16—22 C-Atomen, erfolgt durch Behandeln mit Na-, K- oder NH_4-Hydroxid in Ggw. eines niedermol. Lsgm. (Alkohole, Ketone mit 1—4 C-Atomen), so daß sich die entsprechenden Hydrogendialkenoate der allg. Formel MX·HX (X = Monoolefinfettsäurerest; M = Na, K, NH_4) bilden, u. Abkühlen der Mischung auf —55 bis +25°, wodurch die sauren Seifen der Monoolefinfettsäuren als Nd. entfernt werden können. Die Lsgm.-Menge beträgt 2—10, bes. 3—5 (Teile) je Teil Fettsäuremischung u. der Wasser-Geh. höchstens 15%. — 280 einer Mischung aus gleichen Teilen Öl- u. Linolensäuren (erhalten durch Vakuum-Dest. von Tallöl; Harzsäure-Geh. <2%) gibt man zu 840 95%ig. Aceton, dann setzt man 12 NaOH in 42 W. unter Rühren zu u. kühlt die Mischung auf —20°. Diese wird im Vakuum filtriert u. der Nd. mit auf —20° gekühltem 90%ig. Aceton gewaschen. Dieser besteht aus *Na-Hydrogendioleat*, weißes, in W. gelierbares Pulver, lösl. in warmem Alkohol oder heißem Aceton; F. ca. 30—100°; durch Ansäuern des Nd. u Filtrats mit verd. H_2SO_4 erhält man 150 *Monoolefinsäuren*, JZ 99,5 u. 130 *Polyolefinsäuren*, JZ. 169. — *NH_4-Hydrogendioleat*, verliert beim Erwärmen NH_3. — Ferner können getrennt werden: Mischungen aus pflanzlichen Fettsäuren, bes. Baumwollsamen- u. Sojabohnenölfettsäuren. (**A. P. 2 915 537** vom 25/9. 1956, ausg. 1/12. 1959. E. Prior. 1/10. 1955.) G. Krauß. H 810

United States of America, Secretary of Agriculture, übert. von: Howard M. Teeter, Morris J. Danzig und John C. Cowan, Peoria, Ill., V.St.A., **Addukte aus langkettigen Fettsäuren und ungesättigten Nitroverbindungen** der allg. Formel **I** (R = H, Alkyl; R' = Alkylen; ein X = NO_2, das andere X = Alkyl, Aryl, Alkaryl, Aralkyl, Cycloalkyl) erhält man durch Rk. von Diolefincarbonsäuren mit konjugierten Doppelbindungen u. wenigstens 8 C-Atomen mit einem Nitroolefin der allg. Formel X—CH=CH—NO_2 bei 50—200, bes. 130—150°, bes. in Ggw. eines Lsgm. (Bzl., Toluol, Xylol, Chlf., Heptan oder Petroleum-KW-Stoffe), bes. im geschlossenen Gefäß unter Druck. —

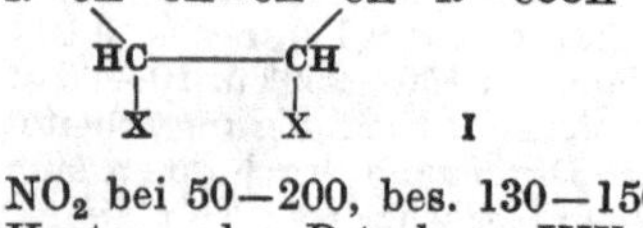

I

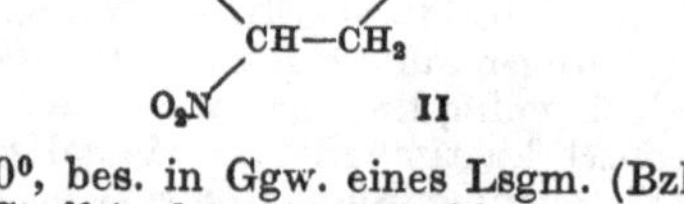

II

Aus 1,6 Mol Nitroäthylen u. 1 Mol 9.11-Octadecadiensäure (**III**) nach 48std. rückfließendem Erhitzen → *Addukt* (**II**), F. 85—90°; 44,5% (Ausbeute); daraus mit H_2 in A. in Ggw. von Raney-Ni u. 40 lbs./sq.in. → *gesätt. Aminosäure*, F. 155—165°; 35%; daraus durch 40 Min. Erhitzen auf 210°/0,05 mm → *Harz*, dessen Lsg. in Tetrahydrofuran beim Aufbringen auf eine Glasplatte einen Überzug bildet. — **III** + β-Nitrostyrol → *Addukt*, 27%. Ferner können umgesetzt werden: 10.12-Octadecadiensäure, Linolsäure u. konjugierte Fettsäuren des Sojabohnen-, Safflor-, Sonnenblumen- u. Baumwollsamenöles mit 1-Nitropropylen, -1-buten, -1-penten, -1-hexen, -1-hepten, -1-octen, 1-Nitro-3-methyl-1-penten, 1-Nitro-2-p-tolyläthylen, 1-Nitro-2-cyclohexyläthylen, 1-Nitro-2-benzyläthylen u. 1-Nitro-2-(p-isopropylphenyl)-äthylen. Durch Red. der NO_2-Gruppe erhält man *Aminosäuren*, die mit sich selbst kondensierte *Polyamide* liefern. Durch Veresterung der Carboxylgruppe entstehen *Nitroester*, die als *Weichmacher* dienen, desgleichen auch die *N-acylierten Ester*. Durch starke Red. entstehen *Aminoalkohole*, die *Zwischenprodd.* zur Herst. von *Polyamiden*, *Weichmachern* u. *Klebstoffen* sind. (**A. P. 2 901 495** vom 1/11. 1956, ausg. 25/8. 1959.) G. Krauß. H 810

Columbia-Southern Chemical Corp., Pittsburgh, Pa., übert. von: Charles D. Hurd, Evanston, Ill., V.St.A., **Acylale** werden nach dem Rk.-Schema $R'OCH_2X$ + RCOONa → $R'OCH_2OCOR$ + NaX (R = H, Alkyl-, substituierter Alkyl-, Aryl- oder substituierter Arylrest mit höchstens 12 C-Atomen, R' = ein- oder mehrfach ungesätt. aliphat. Rest mit 3—12 C-Atomen, X = Halogen, bes. Cl) zweckmäßig unter N_2 u. in Abwesenheit von W. hergestellt. Als Rk.-Komponente kann man einerseits Allyl-, Methallyl-, Crotyl-, Butadienyl- oder 3-Phenyl-2-butenylchlormethyläther u. andererseits Salze der Ameisen-, Essig-, Propion-, 2-Acetoxypropion-, 2-Methoxyäthan- oder Dimethylaminoäthansäure verwenden. Bes. für die Herst. von Homo- oder Mischpolymerisaten geeignet sind Allyloxymethylformiat, $Kp._{23}$ 50,5—52,5°, Kp. 136—138°, n_D^{23} 1,4170, $D._{20}^{23}$ 1,021; Allyloxymethylacetat, Kp. 145—146°, n_D^{23} 1,4154, $D.^{23}$ 0,989, u. Allyloxymethyl-2-acetoxypropionat, $Kp._{0,5}$ 115—118°, n_D^{22} 1,4452. Sie sind als Monomere beständig bei Raum-Temp. ohne Inhibitoren u. polymerisieren erst bei Zusatz von Katalysatoren. (**A. P. 2 847 456** vom 10/7. 1953, ausg. 12/8. 1958.)
W. Gräger. H 810

Eastman Kodak Co., übert. von: Thomas S. Donovan, Rochester, N.Y., V.St.A., **Herstellung von 2-Acyl-1-phenylhydraziden** erfolgt nach $C_6H_5NH—NH_2$ (**I**) + RCOOR' → $RCO—NH—NHC_6H_5$ + R'OH, indem man z. B. zur Lsg. von 12 g Na in 250 (cm^3) CH_3OH 46 Äthylacetat u. 52 **I** (95%ig) gibt, 4 Std. lang am Wasserbad unter Rückfluß erhitzt, dann CH_3OH abdest., Rückstand in 400 W. gießt, mit verd. HCl neutralisiert u. auf 10° abkühlt. Man erhält 58 g (82,1%) *2-Acetyl-1-phenylhydrazin*, $CH_3CO—NH—NHC_6H_5$, F. 129—130°. — *2-Hydroxypivalyl-1-phenylhydrazin*, $HO—CH_2—C(CH_3)_2—CO—NH—NHC_6H_5$, F. 179—180°. — *2-Benzoyl-Verb.*, $C_6H_5CO—NH—NH·C_6H_5$, F. 171—172°. — Zwischenprodd. zur Herst. von als Entwickler dienenden 3-Pyrazolidonen. (**A. P. 2 912 461** vom 14/8. 1957, ausg. 10/11. 1959.)
O. Müller-Meiningen. H 810

Soc. An. des Manufactures des Glaces et Produits Chimiques de St. Gobain, Chauny & Cirey, Paris, übert. von: Armand Jean Courtier, Meudon, Frankreich, **Gewinnung und Reinigung von Dicarbonsäureanhydriden,** die durch katalyt. Oxydation von aromat. KW-Stoffen erhalten werden. Aus den Oxydationsgasen wird das *Malein-* oder *Phthalsäureanhydrid* mit Diphenylpentachlorid, Trikresylphosphat, Dibutylphthalat, Tetrachlorphthalsäureäthylester, Heptachlorpropan, Hexachlorpropan oder Chlornaphthalin ausgewaschen u. aus der erhaltenen Lsg. das Anhydrid mit einem Schleppmittel (gesätt., aliphat. KW-Stoffe mit Kp. 190 bis 250, bes. 205—215°), in dem dieses unlösl. ist, abdest.; durch Schichtentrennung im Destillat erhält man reines Anhydrid. Die Verunreinigungen, wie Benzochinone, bleiben im Rückstand. — Vorr., Zeichnungen. (**A. P. 2 893 924** vom 17/4. 1956, ausg. 7/7. 1959.)
G. Krauß. H 820

Miles Laboratories, Inc., V.St.A. (Erfinder: Robert Joseph Hathaway), **2-Ketogluconsäuremethylester,** F. 173—177° (Zers.), wird durch Umsetzung einer wss. Lsg. des Ca-Salzes der 2-Ketogluconsäure mit einer unlösl. Ca-Salze bildenden Säure (H_2SO_4 oder Oxalsäure), Abtrennung des gebildeten Salzes u. Veresterung mit CH_3OH gewonnen (94% Ausbeute). — Nach einem anderen Verf. wird eine wss. Glucose-Lsg. mit Pseudomonas-Bakterien in Ggw. von so viel $CaCO_3$ vergoren, als während der Gärung Säure gebildet wird. Das daraus gewonnene Rohbierkonzentrat wird mit H_2SO_4 umgesetzt u. nach Abtrennung des entstandenen Salzes wie vorst. verestert (78%). Die anfallenden Veresterungsmutterlaugen werden weiteren Chargen, z. B. vor deren Umsetzung mit H_2SO_4, zugeführt. (**F. P. 1 181 353** vom 20/8. 1957, ausg. 15/6. 1959. A. Prior. 24/8. 1956.)
Eberhard Riedel. H 870

Farbenfabriken Bayer Akt.-Ges., Leverkusen, übert. von: Erich Schmidt, München, und Karl Wamsler, Hamburg, **Mono- und disubstituierte Carbodiimide** (= Cyanamide). Zu D. A. S. 1 018 858; C. **1958,** 11952 ist nachzutragen: Es sind Carbodiimide der allg. Formel $R—N{=}C{=}N—C(CH_3)_3$ aus Thiocarbamiden der allg. Formel $R—NH—C({=}S)—NH—R'$ (R = verzweigtkettiges Alkyl, Cycloalkyl; R' = H, Dialkylaminoalkyl) herstellbar, z. B. aus N-Pentyl-, N-Phenyl-, Diisobutyl-, Diisopropyl-, Dicyclohexyl-, Methyl-tert.-butyl-, N-Dimethylaminopropyl-N'-tert.-butyl-, N-Diäthylaminopropyl-N'-tert.-butylthiocarbamid u. Hexamethylen-bis-(tert.-butylthiocarbamid). Ausbeute 80% u. höher. — Verw. als Vernetzungsmittel u. zur Verbesserung der Färbbarkeit von Cellulose u. deren Derivv. mit sauren Farbstoffen. (**A. P. 2 905 713** vom 28/12. 1956, ausg. 22/9. 1959. D. Prior. 3/1. 1956.) G. Krauß. H 880

N. A. Goldberg und W. G. Golow, **Stabilisierung von Cyanamid** gegen Dimerisierung durch Zusatz von H_3BO_3 zur Schmelze oder Lösung. — Eine 50%ig. wss. Lsg. von Cyanamid ist nach 25 Tagen bei 40° zu 47% dimerisiert, bei Zusatz von 5 H_3BO_3 nur zu 8,7%. (**UdSSR. P. 122 742** vom 18/2. 1959.) L. Großner. H 890

B. P. Fedorow und F. M. Stojanowitsch, **Herstellung von N.N-Dialkylamino-di-[alkylmercapto]-methanen** durch Umsetzung aliphat. Mercaptane oder von Alkylthenylsulfiden mit Dialkylformamiden in Ggw. von $POCl_3$. — Zu 11,06 g Isobutylthenyl-(2)-sulfid in 25 ml Dimethylformamid werden bei 5—3° in 30 Min. 6,4 ml $POCl_3$ gegeben. Am nächsten Tag wird bei 0° in gesätt. CH_3COONa-Lsg. gegossen, mit Ae. extrahiert, die wss. Schicht neutralisiert u. ebenfalls ausgeäthert: 1,58 g *N.N-Dimethylaminodi-[isobutylmercapto]-methan*, $Kp._5$ 122,5—123,5°. — Analog: *N.N-Dimethylamino-di-[tert.-butylmercapto]-methan*, $Kp._6$ 104—104,2°. — *Vulkanisationsbeschleuniger, Insekticide, Pharmazeutica.* (**UdSSR. P. 121 792** vom 24/1. 1959.) L. Großner. H 920

Callery Chemical Co., V.St.A., **Stabiles Dimethylaminoboran,** $(CH_3)_2NH.BH_3$, F. 36° (PAe.), Nadeln, lösl. in Bzl., Ae., Chlf., W., Dimethylamin (I), Äthylenglykol, Pyridin, wird durch kontinuierliche Elektrolyse einer Lsg. von $NaBH_4$ in **I** zwischen einer inerten Anode u. einer Hg-Kathode oder durch Umsetzung von B_2H_6 mit **I** bei 7° oder durch Erhitzen von $NaBH_4$ mit Dimethylammoniumphosphat gewonnen. Das Rk.-Prod. kann aus seiner Lsg. in **I** durch Einengen u. Vakuum-Dest. bei 60°/2 mm oder Kristallisation aus PAe. isoliert werden. (**F. P. 1 200 039** vom 9/3. 1956, ausg. 17/12. 1959.) Eberhard Riedel. H 980

D. I. Lainer, L. A. Malyschewa, L. I. Ssotnikowa, I. W. Trofimowa, N. P. Lobussewitsch, Ss. A. Golubzow und A. P. Belyj, **Herstellung von Dimethylchlorsilan** (I) aus CH_3Cl u. einer SiCu-Leg. mit einem Zusatz von 0,002 bis 0,004% Sb. — 150 g Leg. (90% Si, 10% Cu, 0,002% Sb), Körnung 0,25—0,075 mm werden bei 350—370° unter 4 at im Fließbett mit 300 g CH_3Cl/h umgesetzt. Nach 9 Std. werden 225 g Methylchlorsilane mit 54,9% **I** erhalten. (**UdSSR. P. 122 749** vom 24/1. 1959.) L. Großner. H 980

I. L. Knunjanz, Je. Ja. Perwowa und W. W. Tjulenewa, **Herstellung von Perfluoralkenylphosphonsäureestern** durch Erhitzen von Trialkylphosphiten mit Perfluorolefinen auf 100—180° unter Druck. — 0,1 (Mol) Triäthylphosphit werden mit 0,2—0,6 Perfluorolefin 10—14 Std. im Autoklaven erhitzt (Rk.-Temp. für Perfluorpropylen 140°, für Perfluorisobutylen 100° u. für Perfluoräthylen 170—180°); 30 bis 45% Ausbeute. (**UdSSR. P. 121 784** vom 9/1. 1959.) L. Großner. H 980

Pittsburgh Coke & Chemical Co., Pittsburgh, Pa., V.St.A., **Hydrodealkylierung von alkylierten Phenolen.** Das bekannte Verf. zum Entalkylieren von Alkylphenolen, bes. Kresolen u. Kresylsäure u. deren Gemischen mit alkylaromat. KW-Stoffen, mit einem H_2-haltigen Gas bei erhöhten Temp. u. Drucken (350—550°, bes. 400—450°; 7—150 at, bes. 15—50 at) wird bes. hinsichtlich der Phenolausbeute dadurch verbessert, daß man das zu entalkylierende Ausgangsgut mit H_2 in Ggw. einer solchen Alkalimenge druckerhitzt, die größer ist als die zur Neutralisation der Phenole notwendige Menge. Im Ausgangsgemisch enthaltene alkylaromat. KW-Stoffe werden gleichzeitig mitentalkyliert. — Man erhitzt z. B. ein Gemisch aus 18 (Teilen) geschmolzenem o-Kresol u. 7,5 NaOH in einem Rührautoklav auf 400°, preßt H_2 mit einem Anfangsdruck von 34,5 at ein, läßt die Rk. 15 Min. ablaufen (Maximaldruck 71 at; Enddruck 30,5 at), behandelt den nach Entspannen u. Abblasen der gasförmigen Rk.-Prodd. verbleibenden fl. Rückstand mit 35 25%ig. H_2SO_4 u. gewinnt so 2,4 *Phenol* (15% Ausbeute, bezogen auf das Ausgangskresol) neben 7,8 o-Kresol. Bei einer Rk.-Temp. von 450° u. einem H_2-Maximaldruck von 99 at entstand aus den gleichen Ausgangsmaterialien *Phenol* in einer Ausbeute von 26%. Bei Verdoppelung der Alkalihydroxidmenge u. Verlängerung der Rk.-Zeit auf 45 Min. stieg die Phenolausbeute auf 37%. (**E. P. 851 212** vom 28/2. 1957, ausg. 12/10. 1960.) A. Mohr. H 1060

N. V. de Bataafsche Petroleum Mij., Den Haag (Erfinder: Lucas Alders, Jan Pieter Fortuin, Hendrik Mondria und Gerrit Hendrik Reman, Amsterdam), Niederlande, **Abtrennen von Diisopropylbenzoldihydroperoxiden aus ihren Mischungen mit Diisopropylbenzol und dessen Oxydationsprodukten** erfolgt durch Extraktion mit einer Mischung aus 2 Lsgm., die nur wenig ineinander lösl. sind, im Gegenstrom, von welchen das eine eine wss., neutrale Fl. ist, die 0—80% eines Alkanols mit höchstens 2 C-Atomen enthält, u. das andere ein fl. KW-Stoff (Alkane mit 5—7 C-Atomen) ist. Die Extraktion erfolgt mit W. bei 50—100°, bes. 70—90°, im Verhältnis W.: extrahierendem Gemisch = 20—5 : 1, bes. 15—10 : 1. Enthält das W. 30—60% Methanol, so erfolgt die Extraktion bei 15—25°. — *Zwischenprodd.*, bes. zur Herst. von *Resorcin.* — Vorr., Zeichnung. (**D. A. S. 1 079 047** Kl. 12o vom 26/2. 1958, ausg. 7/4. 1960. **E. P. 816 200** vom 26/2. 1958, ausg. 8/7. 1959. Beide Niederl. Prior. 28/2. 1957.) G. Krauß. H 1060

Air Reduction Co., Inc., New York, N.Y., übert. von: Thomas F. Rutledge, Madison, N.J., V.St.A., **Tertiäre Acetylencarbinole** der allg. Formel **I** (Ar = Phenyl,

Tolyl, Xylyl, Naphthyl, Aryl; R = Alkyl) erhält man durch Rk. von feinverteiltem, in Dioxan dispergiertem Na-Acetylid (**II**, Teilchengröße $<25\,\mu$; hergestellt nach A. P. 2 777 884) mit einem Alkylarylketon der allg. Formel **III** bei 40—80° u. Hydrolyse des entstandenen Na-Salzes. — Ar—CO—R (**III**) + **II** → Ar—C(R)(ONa)—C≡CH + H_2O → Ar—C(R)(OH)—C≡CH (**I**) + NaOH. Aus Na-Staub in Xylol u. Acetylen bei 100° → **II** (Teilchengröße $<5\,\mu$), daraus mit Acetophenon bei 40—80° nach 5 Std. → *3-Phenyl-1-butin-3-ol*, höchste genannte Ausbeute 92%. Ferner können umgesetzt werden: Propiophenon, Butyrophenon, Methyltolylketon, -xylylketon u. Methylnaphthylketon. — *Zwischenprodukte.* (**A. P. 2 910 510** vom 25/7. 1956, ausg. 27/10. 1959.) G. Krauß. H 1070

Farbenfabriken Bayer Akt.-Ges., übert. von: Carl Berres, Leverkusen, **Aromatische Hydroxyaldehyde** erhält man durch Rk. einer aromat. Hydroxyverb., die in o- oder p-Stellung zur OH-Gruppe Alkyl, COOH, Cl oder einen mit dem C-Atom verschmolzenen cycl. Ring enthält, mit HCHO oder Paraformaldehyd u. Hexamethylentetramin oder einer Mischung aus NH_3 oder dessen Salzen mit schwachen Säuren u. HCHO in Ggw. von Eisessig, ggf. unter Zusatz einer starken Mineralsäure bei 90—120°. — Aus 163 (Teilen) 2.4-Dichlorphenol in 300 Eisessig, 75 Paraformaldehyd u. 75 Hexamethylentetramin bei 100°, nach 1 Std. Zusatz von 148 H_2SO_4-Monohydrat, dann bei 118°, Zusatz von 3000 heißem W. → 140 *3.5-Dichlor-2-hydroxybenzaldehyd*, F. 91°; 58—60% (Ausbeute). — 2.4-Dimethylphenol → *3.5-Dimethyl-2-hydroxybenzaldehyd*, F. 23°; 65%. — *2-Hydroxy-5-methyl-*, *2-Hydroxy-3-methyl-5-chlor-*, *2-Hydroxy-3-chlor-5-methylbenzaldehyd*. — β-Naphthol → *2-Hydroxy-1-naphthaldehyd*, F. 83,6°; 81,6 bis 83,6%. — 2.6-Dihydroxynaphthalin → *2.6-Dihydroxynaphthalin-1.5-dialdehyd*, F. 270° (Zers.); 60%. — *2.3-Dihydroxynaphthalin-1.4-dialdehyd*, F. 160° (Zers.). — 2-Naphthol-3-carbonsäure → *2-Hydroxy-3-carboxy-1-naphthaldehyd*, Zers. bei ca. 280°; 77%. (**A. P. 2 903 483** vom 21/5. 1956, ausg. 8/9. 1959. D. Prior. 24/5. 1955.) G. Krauß. H 1140

B. W. Ssuworow, Ss. R. Rafikow und A. D. Kagarlitzki, **Herstellung von Benzonitril** durch oxydierende Ammonolyse von Alkylbenzolen, bes. techn. Gemischen aus der Umsetzung von Bzl. mit der Äthylenfraktion von Kokereigasen, in Ggw. von Sn- oder Ti-Vanadaten. — Durch ein mit 250 g Ti-Vanadat (Schmelze von 18% TiO_2 u. 82% V_2O_5) gefülltes Stahlrohr (Länge 1100 mm; ∅ 21 mm) wird 10 Std. lang bei 380° ein Gemisch von 10,8 (g/h) Toluol, 14,4 NH_3, 56 W. u. 800 Liter Luft/h geleitet: 108,3 g *Benzonitril*, $Kp._{694}$ 186—188°, F. —13°; n_D^{20} 1,5283. (**UdSSR. P. 122 483** vom 10/2. 1959.) L. Großner. H 1210

California Research Corp., Wilmington, Del., übert. von: Irving E. Levine und William G. Toland jun., San Francisco, Calif., V.St.A., **Herstellung von Phthalsäureestern** niedrigmol. Alkohole (1—4 C-Atome). O_2 enthaltendes Gas wird bei 220—375° F durch das fl. Gemisch aus Xylol u. einem Toluylsäure (**I**)-Ester eines niedrigmol. Alkohols (Verhältnis 1 : 1 bis 1 : 5) in Ggw. einer öllösl. Verb. eines Metalls der VII. oder VIII. Gruppe des Period. Syst. geleitet, wobei Phthalsäuremonoester u. **I** entstehen, das Rohprod. wird mit dem entsprechenden Alkohol erhitzt unter Bldg. des *Phthalsäurediesters* u. **I**-Esters, worauf fraktioniert wird, wonach die Fraktion aus **I**-Ester mit frischem Xylol in die Oxydationszone zurückgeführt wird. (**Can. P. 568 481** vom 10/11. 1953, ausg. 6/1. 1959.) H.-J. Nitzschke. H 1220

General Aniline & Film Corp., V.St.A. (Erfinder: Albert Bloom, David Graham und James B. Normington), **Herstellung organischer Mono- und Polyisocyanate** aus einem organ. Salz eines Amins mit einer flüchtigen Säure oder einer Mischung von substituiertem NH_4Cl u. H_2NCOCl bei 100—200° mittels $COCl_2$ in folgenden Lsgm.: Dialkyläther von Alkylenglykolen, $RO[CH(R')CH_2O]_n R$ (R = Alkyl, R′ = H oder niederer Alkylrest; n = 1, 2 oder 3), $C_6H_{6-n}(OR)_n$ (R = C_{1-8}-Alkyl; n = 1 oder 2), $RCOR^1$ (R u. R^1 = C_{1-8}-Alkyl oder R = C_6H_5 u. R^1 = C_{1-4}-Alkyl), $R^1OCORCOOR^2$ (R = Alkylenrest mit mindestens 4 C-Atomen; R^1 u. R^2 = C_{2-14}-Alkyl), $C_6H_4(COOR)_2$ (R = C_{2-14}-Alkyl), R_3PO_4 (R = Alkyl oder Aryl) oder einer Mischung der genannten Stoffe mit einem fl. Alkylbenzol oder aromat. Erdölen. Man kann dabei von den Nitro-Verbb. ausgehen u. sie in den gleichen Lsgm. reduzieren, in denen die weitere Rk. erfolgt. — Man tropft eine 100° heiße Lsg. von 122 g 2.4- u. 2.6-Toluylendiamin in 20 Min. in 203 g Diäthylcarbitol (**I**) zu 609 g **I** von 0—10°, in das man 140 g $COCl_2$ einleitet. Man rührt u. erhitzt die entstandene feine Suspension unter $COCl_2$-Einleiten (1 g/min) 1½ Std. bei 100—165° bis etwas nach völliger Lösung, leitet bei 100° N_2 durch u. trennt durch Fraktionierung *2.4-* u. *2.6-Toluylendiisocyanat* ab. — Verf.-Schema. (**F. P. 1 186 337** vom 21/9. 1957, ausg. 20/8. 1959. A. Prior. 21/9. 1956.) M. Pankow. H 1290

United States Vitamin Corp., New York, N.Y., V.St.A., **N-d-α-Methylphenäthylamide** der allg. Formel $C_6H_5CH_2CH(CH_3)NHCO-R$, in der R = H, $-CH_2OH$, $-CH(OH)CH_3$ ist, erhält man durch Rk. von d-α-Methylphenäthylamin mit HCOOH,

Glykol- oder Milchsäure oder deren Estern unter Rückfluß. — Aus 135,2 g d-α-Methylphenäthylamin u. 120 ml Milchsäureäthylester nach 15std. Rückfluß u. Entfernung des abgespaltenen Alkohols → *N-d-α-Methylphenäthyllactamid*, $Kp._{200-280}$ 146—153°, F. 47—48°; aus sd. Hexan u. Äthylacetat (10 : 3), F. 52—53°; auch erhältlich aus dem Lactid. — Ameisensäureäthylester → *N-d-α-Methylphenäthylformamid*, auch erhältlich aus Äthylendiformiat, aus Hexan u. Äthylacetat (25 : 6) F. 49—50°. — Glykolsäureäthylester → *N-d-α-Methylphenäthylglykolamid*, $Kp._{0,04}$ 156—159°. — Wenig tox. wirkende *Anregungsmittel*, die weder die Nebenwrkg. zeigen noch den Blutdruck erhöhen wie „Benzedrine", „Amphetamine" oder „Sympamine". Die Amide aus dl- oder *l*-α-Methylphenäthylamin sind physiolog. nicht wirksam. (**E. P. 814 570** vom 11/3. 1957, ausg. 10/6. 1959. A. Prior. 22/3. 1956.) G. Krauß. H 1310

Union Carbide Corp., New York (Erfinder: Edward Lewis Morehouse, Snyder), N.Y., V.St.A., **Herstellung von Organosiliciumverbindungen.** Man erhitzt eine Mischung aus einer Verb. der Formel $R(CO)_2M^1$ [M^1 = $(OH)_2$, $(Halogen)_2$, O oder $(OR^1)_2$; R = Alkylen, Arylen, Alkenylen oder ein 2wertiger heterocycl. Ring; R^1 = Alkyl oder Aryl oder eine Gruppe $\equiv Si(CH_2)_aNH$—; a = ganze Zahl ≧ 3] mit einer Verb. $H_2N \cdot (CH_2)_aSi<$ bis zu 300°. — 75 (g) δ-Aminobutylmethyldiäthoxysilan (I) u. 35,6 Dimethylterephthalat werden unter Abdestillieren von 2,4 Alkohol auf 150° u. dann 1 Std. unter Abdestillieren von 12 Alkohol auf 230° erhitzt: Viscose Fl., vermutlich $C_6H_4[CONH \cdot (CH_2)_4Si(CH_3)(OC_2H_5)_2]_2$. — Verw. als Zusatzstoffe zu öligen oder gummiartigen Si-Verbb., soweit sie wärmehärtbar sind für *Überzüge*, als *Schmiermittel* u. *Lichtschutz*, z. B. für Hautpräparate. — Man kann ferner Verbb. mit der Gruppe $RCONH(CH_2)_aSi<$ herstellen, wenn man Aminoalkylsilyl-Verbb., $H_2N(CH_2)_aSi\equiv$ mit Verbb. RCOM bis 300° erhitzt [R = Alkyl, Aryl, Alkenyl oder ein heterocycl. Rest; a = ganze Zahl ≧3;

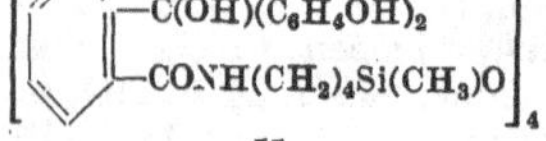

II

M = OH, Halogen, OR oder —OCOR]. — Man erhitzt 102,6 g I nach Zutropfen von 86,4 g Dichloracetat bis 180°; aus dem fl., gelben Rk.-Prod. dest. man bei $Kp._{1,4-2,2}$ 152 bis 157° u. $Kp._5$ 157—210° vermutlich *δ-[Dichloracetylamino]-butylmethyldiäthoxysilan*, $Cl_2CHCONH(CH_2)_4Si \cdot (CH_3)(OC_2H_5)_2$, ab. — Aus cycl. tetramerem δ-Aminobutylmethylsiloxan, $[H_2N(CH_2)_4Si(CH_3)O]_4$, u. Phenolphthalein erhält man bei 50° eine farblose Fl., vermutlich der Formel **II**. — Prodd. dieser Art können als Säure–Base-Indicatoren in Mischungen von Organopolysiloxanen u. bas. Katalysatoren dienen. Im übrigen gleiche Verw. der Prodd. wie oben angegeben. (**F. PP. 1 184 132** u. **1 184 133** vom 9/10. 1957, ausg. 17/7. 1959. **D. A. SS. 1 113 691** Kl. 12o vom 11/10. 1957, ausg. 14/9. 1961 u. **1 126 141** Kl. 39c vom 11/10. 1957, ausg. 22/3. 1962. **E. P. 882 060** vom 3/10. 1957, ausg. 8/11. 1961. Alle A. Prior. 12/10. 1956. **A. PP. 2 928 858** vom 12/10. 1956, ausg. 15/3. 1960 u. **2929829** vom 12/10. 1956, ausg. 22/3. 1960.) M. Pankow. H 1380

National Research Development Corp., übert. von: National Smelting Co. Ltd. (Erfinder: Colin Russel Patrick und John Colin Tatlow), England, **Verarbeitung und Herstellung von Polyfluorcyclohexadienen.** Durch Erhitzen von fluorierten Cyclohexadienen in Ggw. oberflächenakt. Metalle, bes. Ni, Fe oder Stahl, auf >300° werden *Polyfluorbenzole* erhalten. — Die isomeren Oktafluor- oder Heptafluorcyclohexadiene-(1.3) u. -(1.4) können durch kurzzeitiges Erhitzen auf 100—700°, bes. 400—600° bzw. 200—400°, ineinander umgewandelt werden. — *Hexafluorbenzol* (**I**), aus Oktafluorcyclohexadien-(1.4) (**II**) durch Erhitzen in einem Stahlreaktor auf 500°; 72% (Ausbeute); daneben 9% *Dekafluorcyclohexen* u. 6% **III**. — *Pentafluorbenzol*, aus 1H-Heptafluorcyclohexadien-(1.3) (**IV**), das mit einer Geschw. von 2 Liter/Std. durch ein mit einem Stahl („Dixon")-Gitter versehenes Ni-Rohr bei 600° geleitet wird; 80%; daneben 10% **I**. — *1.2.3.5-Tetrafluorbenzol*, aus 1H.5H-Hexafluorcyclohexadien-(1.4) durch Erhitzen im Ni-Rohr mit Ni-Gitter auf 450°; 80%. — *Oktafluorcyclohexadien-(1.3)* (**III**), aus **II** durch 1,6 Min. langes Erhitzen im Ni-Rohr auf 530°. — *1H-Heptafluorcyclohexadien-(1.4)*, aus **IV** durch Erhitzen im Ni-Rohr auf 260°; daneben entsteht *2H-Heptafluorcyclohexadien-(1.3)*. — Weitere Beispiele. (**F. PP. 1 234 662** u. **1 234 663** vom 8/9. 1959, ausg. 19/10. 1960. Beide E. Prior. 11/9. 1958.)

Eberhard Riedel. H 1810

L. M. Koslow, W. I. Burmisstrow und T. M. Channanow, **Herstellung von Nitroalkoholen** aus Nitroparaffinen u. Aldehyden oder Ketonen in Ggw. von Basen unter Ultraschallbehandlung. — 61 g Nitromethan, 265 ml abs. Aceton u. CH_3ONa aus 0,85 g Na u. 35 ml Methanol werden bei 20° 2 Std. mit 21,3 kHz beschallt. Danach wird mit 10n HCl neutralisiert, filtriert u. fraktioniert: *1-Nitro-2-methylpropanol-(2)*, $Kp._{12}$ 79—80°; 51% (Ausbeute). — Analog aus 2-Nitropropan, Cyclohexanon u. CH_3ONa *1-[Nitroisopropyl]-cyclohexanol-(1)*, $Kp._{16}$ 131—132°; 11%. — Aus Nitromethan,

Acetaldehyd u. $Ca(OH)_2$ *3-Nitropentandiol-(2.4)*, F. 65—67° [mit etwas 1-Nitropropanol-(2)]; 83%. (**UdSSR. P. 122 145** vom 19/1. 1959.) L. Großner. H 1870

Feldmühle Papier- und Zellstoffwerke Akt.-Ges., Deutschland, **Phenolkondensationsprodukte.** Carbonyl-Verbb. werden progressiv in eine Mischung aus einem Phenol, einer Säure u. einem Hydroxymercaptan als Katalysator eingetragen u. bei erhöhter Temp. kondensiert. — *2.2-Bis-[p-hydroxyphenyl]-propan*, F. 153°, aus Aceton durch 1½ std. Erhitzen mit HCl-gesätt. Phenol in Ggw. von 1-Mercapto-2-hydroxyäthan oder 1-Mercapto-3-hydroxypropan auf 40°; 97% (Ausbeute). (**F. P. 1 234 620** vom 7/9. 1959, ausg. 18/10. 1960. D. Prior. 20/2. 1959.) Eberhard Riedel. H 2260

Sumio Matsuda, Sakai, Japan, **Stabilisieren von Kunstharzen, Mineral- und Schmierölen.** Eine Lsg. von Brenzcatechinmono- oder -dibenzoat in Nitrobenzol oder Tetrachloräthan läßt man in Ggw. von Friedel-Crafts-Katalysatoren ($AlBr_3$, $AlCl_3$, $FeCl_3$, $ZnCl_2$) u. geringen Mengen HCl reagieren, wobei das Keton entsteht, das man mit Cu-Cr-Oxid unter Druck mit H_2 red. u. Benzylbrenzcatechin (**I**) erhält. — 1 (Mol) Brenzcatechinbenzoat wird in 500 cm^3 Nitrobenzol mit 1,5 $AlCl_3$-Pulver unter Einführen von HCl-Gas 1 Std. bei Temp. bis 50°, dann ohne HCl-Einleitung 10 Std. bei 60—70° gerührt, nach Abkühlen eine größere Menge Salzsäure zugesetzt u. mit Wasserdampf dest., wobei das **Rk.**-Prod. als fester Körper ausfällt. Nach Trocknung hydriert man in CH_3OH-Lsg. mit 20 g Cu-Cr-Oxid 3 Std. bei 120—140° u. einem H_2-Anfangsdruck von 80 kg/cm^2: **I**, F. 89—91°, mit dem man Öl, Nylon oder Fett gegen Oxydation stabilisiert. (**Jap. A. S. 13 938/1960** vom 4/3. 1958, ausg. 22/9. 1960.)

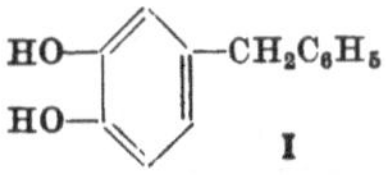

I

M. Pankow. H 2260

Merck & Co., Inc., Rahway, übert. von: Frederick A. Kuehl jun., Rumson, und Clifford H. Shunk, Scotch Plains, N.J., V.St.A., **[3.3-Dimethyl-2.5-dioxopyrrolidinyl-(4)]-propionsäurederivate** der allg. Formel **I** [Y = >$C(R_1)CH_2CH_2COR_2$ oder der Rest **II**; R_1 = H, OH; R_2 = OH, NH_2 oder Alkoxygruppe] werden durch **Rk.** entsprechender 4-Methylpentan-1.3.4-tricarbonsäure-Derivv. $(CH_3)_2C\cdot(COOH)-Y-COOH$, z. B. 4-Methylpentan-1.3.4-tricarbonsäure, mit NH_4OH u. entsprechende Umwandlung des erhaltenen NH_4-Salzes hergestellt. — Vgl. A. P. 2 783 247; C. **1958,** 9573. (**Can. P. 568 616** vom 5/10. 1955, ausg. 6/1. 1959. A. Prior. 24/11. 1954.)

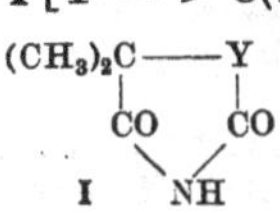

I

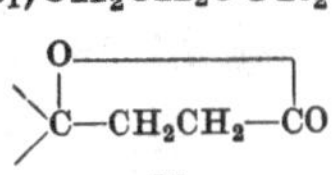

II

H.-J. Nitzschke. H 3081

Richter Gedeon Vegyészeti Gyár R. T. (Erfinder: Kurt Thiele, Máté Kovatsits und Emmerich Weisz), Budapest, Ungarn, **Substituierte 3.5-Dioxopyrazolidinderivate** der allg. Formel **I** erhält man bei der Rk. von substituiertem N-Carbalkoxyhydrazin mit neutralen Fettsäureestern der allg. Formel $CO(X)CH_2-R_3$, in Ggw. bas. Kondens.-Mittel, wie Alkalimetalle, -metallhydride, -amide u./oder Alkalialkoholate, geschmolzen oder in inerten Lsgm. gelöst. In den Formeln bedeuten R_1 = H, Alkyl-, Aryl-, Aralkylgruppen, R_3 = Alkyl-, Alkoxy-, Aralkyl- oder Arylgruppe. — 0,02 (Mol) N-Carbäthoxy-N.N'-diphenylhydrazin, 0,02 Capronsäureester u. 0,022 Na werden 2 Std. lang bei 140° auf dem Ölbad erhitzt. Anschließend kühlt man auf 50° u. setzt 100 ml W. zu. Man extrahiert 6 mal mit 20 ml Ae. u. gewinnt nach bekannten Meth. aus dem Ätherextrakt *1.2-Diphenyl-3.5-dioxo-4-n-butylpyrazolidin.* (**Ung. P. 145 483** vom 30/1. 1957, ausg. 15/11. 1959.) G. König. H 3122

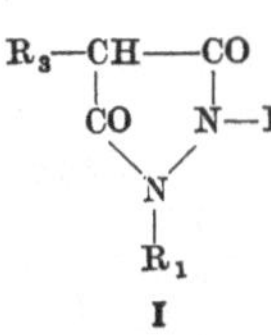

I

Chimie et Atomistique, Frankreich (Erfinder: David Liberman), **Herstellung von Pyridincarbonsäurethioamiden,** dad. gek., daß man in ein α-substituiertes Isonicotinsäurenitril in A. in Ggw. von Triäthanolamin H_2S einleitet. — Aus Methylisopropylketon u. Äthyloxalat stellt man in Ggw. von Na-Äthylat Isobutyrylbrenztraubensäureäthylester ($Kp._5$ 113—116°) her, behandelt diesen mit Cyanacetamid u. Piperidin unter Bldg. von 3-Cyan-4-carbäthoxy-6-isopropylpyridon-(2) (F. 197°), das man zu 6-Isopropyl-4-carboxypyridon-(2) (F. 340°) hydrolysiert; bei der Behandlung mit $POCl_3$ u. PCl_5 geht dieses in 2-Chlor-6-isopropylisonicotinsäureäthylester ($Kp._7$ 142—148°) über, den man in Ggw. von K-Acetat zu 2-Isopropylisonicotinsäureäthylester hydriert ($Kp._6$ 118—122°); daraus 2-Isopropylisonicotinsäureamid, -nitril u. *α-Isopropylisonicotinsäurethioamid*, F. 132°. — *α-[n-Butyl]-isonicotinsäurethioamid*, F. 135°, aus Methyl-n-butylketon über Valerylbrenztraubensäureäthylester ($Kp._{22}$ 150—152°), 3-Cyan-4-carbäthoxy-6-[n-butyl]-pyridon-(2) (F. 114°), 6-[n-Butyl]-4-carboxypyridon-(2) (F. 225°), 2-Chlor-

6-[n-butyl]- ($Kp._5$ 148°) u. 2-[n-Butyl]-isonicotinsäureäthylester ($Kp._4$ 124—130°), 2-[n-Butyl]-isonicotinsäureamid (F. 122°) u. -nitril ($Kp._8$ 102—112°). — *α-[n-Hexyl]-isonicotinsäurethioamid*, F. 124—125°, aus Methyl-n-hexylketon über Önanthylbrenztraubensäureäthylester, 3-Cyan-4-carbäthoxy-6-[n-hexyl]-pyridon-(2) (F. 120°), 6-[n-Hexyl]-4-carboxypyridon-(2) (F. 226—228°), 2-Chlor-6-[n-hexyl]- ($Kp._5$ 185—188°) u. 2-[n-Hexyl]-isonicotinsäureäthylester ($Kp._6$ 162—166°), 2-[n-Hexyl]-isonicotinsäureamid (F. 106 bis 108°) u. -nitril ($Kp._6$ 145—150°). — *α-Phenylisonicotinsäurethioamid*, F. 157°, aus Acetophenon über Benzoylbrenztraubensäureäthylester (F. 40°, $Kp._5$ 167°), 3-Cyan-4-carbäthoxy-6-phenylpyridon-(2) (F. 237°), 6-Phenyl-4-carboxypyridon-(2) (F. 342°), 2-Chlor-6-phenyl- (F. 88—89°) u. 2-Phenylisonicotinsäureäthylester (F. 44°), 2-Phenylisonicotinsäureamid (F. 137°) u. -nitril (F. 75°). (**F. P. 73 108** vom 7/12. 1956, ausg. 23/9. 1960. **Zusatz zu I 215 506; C. 1962, 17 493.**) S. Böttcher. H 3231

Soc. des Usines Chimiques Rhône-Poulenc, Frankreich, **Herstellung von Indolyl-(3)-piperidyl-(2')-methoxymethan,** F. 156—157°, dad. gek., daß man Indolyl-(3)-piperidyl-(2')-methanol (F. 213—214°; hergestellt aus 3-Picoloylindol) in Ae. mit Methanol u. HCl behandelt oder daß man Indolyl-(3)-pyridyl-(2')-methanol in Methanol mit Adams-Pt-Katalysator hydriert. (**F. P. 73 295** vom 7/6. 1958, ausg. 26/9. 1960. **Zusatz zu F. P. 1 216 256; C. 1962, 17 566.**) S. Böttcher. H 3231

Ciba Ltd., Basel, übert. von: Jean Druey, Riehen, und Paul Schmidt, Therwil, Schweiz, **Herstellung von 4-substituierten Pyridazon-(3)-Verbindungen** der allg. Formel I

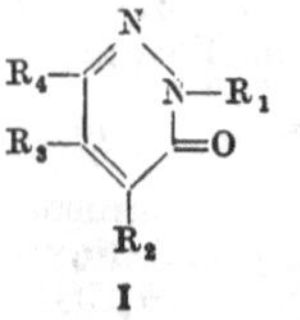

I

(R_1 = H, C_6H_5 oder niedrigmol. Alkylgruppe; R_2 = freie oder veresterte Carboxylgruppe; R_3 u. R_4 = Phenyl- oder niedrigmol. Alkylrest, oder R_3 = H oder Alkylrest u. R_4 = H), z. B. *4-Carboxy-5-methylpyridazon-(3)*, durch Rk. einer in β-Stellung durch R_3 u. in γ-Stellung durch R_4 substituierten, α.β-ungesätt. γ-Oxobuttersäure, welche in α-Stellung eine freie oder veresterte COOH-Gruppe enthält, oder ihrer Acetale, Ketale, Acylate, Bisulfit-Verbb., Oxime, Ester oder Halogenide mit einer Verb. R_1NHNH_2. (**Can. P. 568 430** vom 14/6. 1957, ausg. 6/1. 1959. Schwz. Prior. 4/9. 1953, 20/1., 29/1. u. 25/5. 1954.)
H.-J. Nitzschke. H 3272

Soc. des Usines Chimiques Rhône-Poulenc, Paris, übert. von: Raymond J. Horclois, Malakoff, Seine, Frankreich, **Phenthiazinderivate** der allg. Formel I

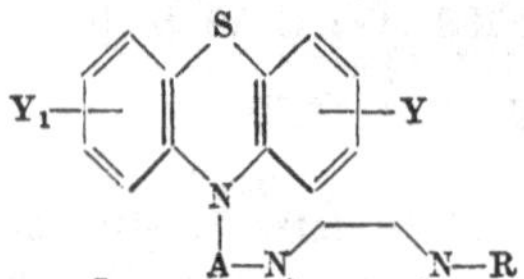

I

II

(A = 2-wertiger gesätt. KW-Stoffrest mit 2—6 C-Atomen; R = H, niedermol. Alkyl-, Aryl- oder Aralkylgruppe; Y u. Y_1 = H, Halogen, niedrigmol. Alkyl-, Alkoxy-, Aryl- oder Aryloxygruppe; der Piperazinring kann auch durch eine oder mehrere CH_3-Gruppen C-substituiert sein) u. ihre *Salze* erhält man durch Rk. des entsprechenden Phenthiazins **II** (X = Halogen, Schwefel- oder Sulfonsäurerest) mit einem ggf. N-monosubstituierten Piperazin. — Vgl. F. P. 1 167 627; C. **1960, 1944.** (**Can. P. 568 539** vom 31/1. 1955, ausg. 6/1. 1959. E. Prior. 27/4. u. 1/7. 1954.) H.-J. Nitzschke. H 3292

Pittsburgh Coke & Chemical Co. (Erfinder: Johnstone S. Mackay und Frank Joseph Vancheri), V.St.A., **Herstellung von Melamin** durch Erhitzen von Dicyandiamid in einem Fließ-Verf. mit NH_3 in Ggw. eines oberflächenakt. Katalysators, bes. von aktivierter Tonerde, Silicagel, ZrO_2, TiO_2, ThO_2 oder Aktivkohle, auf 300—450°, bes. 350—425°. Die Ausbeuten betragen bis zu 97%. — Beispiele. (**F. P. 1 234 585** vom 5/9. 1959, ausg. 18/10. 1960. A. Prior. 11/9. 1958.) Eberhard Riedel. H 3313

F. Hoffmann-La Roche & Co. Akt.-Ges. (Erfinder: Otto Isler, Marc Montavon und Rudolf Rüegg, Basel, und Paul Zeller, Neuallschwil), Schweiz, **Herstellung von 15.15'-Dehydrocarotinoiden,** z. B. *15.15'-Dehydrocryptoxanthin*, Kristalle aus CH_2Cl_2–CH_3OH oder PAe., UV-Absorptionsmaxima bei 430 u. 458 mμ (PAe.), dad. gek., daß man C_2H_2 durch eine metallorgan. Rk. (Grignard- oder Li-Verb.) einerseits mit 8-[2'.6'.6'-Trimethylcyclohexen-(1')-yl]- bzw. 8-[2'.6'.6'-Trimethylcyclohexyliden]-2.6-dimethyloctatrien-(2.4.6)-al-(1) u. andererseits mit deren in 4'-Stellung durch eine OH- oder veresterte OH-Gruppe substituierten Derivv. kondensiert, das erhaltene, in einem Ring in 4'-Stellung durch eine OH- oder Acyloxygruppe substituierte *1.18-Di-[2'.6'.6'-trimethylcyclohexen-(1')-yl]-3.7.12.16-tetramethyl-8.11-dihydroxyoctadecahexaen-(2.4.6.12.14.16)-in-(9)*, z. B. das *4'-Monoacetoxy-Deriv.*, evtl. nach Veresterung, einer doppelten W.- bzw. Säureabspaltung unter Allylumlagerung unterwirft, z. B. durch Behandeln mit wss. oder wasserfreier Halogenwasserstoffsäure (alkohol. HCl, 60%ig. wss. HBr) in Ggw. eines inerten Lsgm. (Ae., CH_2Cl_2, Dioxan), bes. in einem halogenierten KW-Stoff mit großem Dipolmoment (CH_2Cl_2, Chlf.) bei $< 0°$ u. Abspalten von Halogenwasserstoff aus der gebildeten Halogen-Verb. durch Einw. von W. oder einer bas. Verb., das erhaltene Rk.-Prod. evtl. verseift u. die Rk.-Prodd. gewünschtenfalls durch Chromatographie über Al_2O_3 (Brockmann, Aktivitätstufe II) reinigt. — Zwischen-Prodd. für die Synth. von Cryptoxanthin u. dessen Estern. — Die als Ausgangsstoffe benötigten, in 4'-Stellung substituierten C_{19}-Aldehyde können nach den Verff. der D. A. SS. 1 016 702; C. **1958,** 9347, 1 020 023; C. **1959,** 5957 u. 1 016 703; C. **1962,** 16845 hergestellt werden. (**D. A. S. 1 044 807** Kl. 12o vom 16/7. 1956, ausg. 27/11. 1958. **E. P. 802 570** vom 23/7. 1956, ausg. 8/10. 1958. **A. P. 2 819 297** vom 16/7. 1956, ausg. 7/1. 1958. **Belg. P. 549 737** vom 20/7. 1956, ausg. 4/12. 1959. Alle Schwz. Prior. 22/7. 1955. **Schwz. P. 335 660** vom 22/7. 1955, ausg. 14/3. 1959.) R. Link. H 3550

N. V. Eldeka, Den Haag, übert. von: Heinrich Dohmen, Deventer, Niederlande, **Umwandlungsprodukte höhermolekularer Kohlenhydrate** u. ihrer Äther (Stärke, Dextrin, Tylose) werden durch Behandlung mit einer verd. wss. Lsg. einer organ. Säure erhalten. — Zum Beispiel wird Dextrin mit ½—5 ml 80%ig. CH_3COOH pro g auf 65° erwärmt. — Vgl. E. P. 794 569; C. **1959,** 11778. (**Can. P. 568 535** vom 17/1. 1955, ausg. 6/1. 1959. Niederl. Prior. 19/1. 1954.) H.-J. Nitzschke. H 4050

Celanese Corp. of America, New York, N.Y., übert. von: **Adin L. Stautzenberger** und **Alexander F. MacLean,** Clarkwood, Tex., V.St.A., *Abtrennung von organischen Basen.* (**Can. P. 568 608** vom 3/9. 1955, ausg. 6/1. 1959. A. Prior. 24/11. 1954. — C. **1962,** 15400 [E. P. 811 117].)

Heavy Minerals Co., Chicago, Ill., V.St.A., *Dehydrieren von Kohlenwasserstoffen.* (**Belg. P. 554 217** vom 16/1. 1957, ausg. 29/1. 1960. A. Prior. 16/5. 1956. — C. **1962,** 7690 [F. P. 1 163 608].)

Ruhrchemie Akt.-Ges., Oberhausen-Holten, übert. von: **Heinrich Tramm,** Mülheim/Ruhr-Speldorf, **Nikolaus Geiser** und **Helmut Kolling,** Duisburg-Hamborn, *Olefine.* (**Can. P. 555 423** vom 21/3. 1951, ausg. 1/4. 1958. D. Prior. 23/3. u. 6/4. 1950. — C. **1953,** 8983 [Oe. P. 172 925].)

Allied Chemical & Dye Corp., V.St.A. (Erfinder: **George Jacob Meyers** und **Lawrence Delos Schmidt**), *Umsetzung von Kohlenwasserstoffölen mit erhöhter Ausbeute an ungesättigten Kohlenwasserstoffen in Gasform.* (**F. P. 1 164 557** vom 30/8. 1956, ausg. 13/10. 1958. A. Prior. 6/9. 1955. — C. **1962,** 1028 [D. A.S. 1 082 902].)

Imperial Chemical Industries Ltd., London, übert. von: **Dennis A. Dowden,** Norton-on-Tees, County Durham, England, *Katalysatoren.* (**Can. P. 555 350** vom 30/9. 1952, ausg. 1/4. 1958. E. Prior. 22/10. 1951. — C. **1956,** 859 [E. P. 718 723].)

Imperial Chemical Industries Ltd., London, übert. von: **Arthur W. C. Taylor,** Norton-on-Tees, County Durham, England, *Katalytische Hydratation von Olefinen.* (**Can. P. 555 352** vom 17/2. 1953, ausg. 1/4. 1958. E. Prior. 20/2. 1952. — C. **1956,** 13552 [E. P. 727 665].)

Soc. Industrielle des Dérivés de l'Acétylène S.I.D.A., Paris, Seine, übert. von: **Paul Besson,** La Chambre, Savoie, und **Lucien Villemey,** Lyon, Rhône, Frankreich, *Polyole und Ketone.* (**Can. P. 555 442** vom 2/8. 1954, ausg. 1/4. 1958. F. Prior. 11/8. 1953. — C. **1957,** 5990 [F. P. 1 088 279].)

Stamicarbon N.V., Heerlen (Erfinder: **Johan Willem Garritsen,** Geleen, und **Johannes Hubertus Ottenheym,** Sittard), Niederlande, *Alkennitrile durch Wasserabspaltung aus Lactamen.* (**Schwz. P. 349 593** vom 28/12. 1956, ausg. 15/12. 1960. Schwz. Prior. 30/12. 1955. — C. **1960,** 7683 [A. P. 2 827 476].)

Jefferson Chemical Co., Inc., New York, N.Y., übert. von: **Myrl Lichtenwalter,** Austin, und **Justin F. Cooper,** Port Arthur, Tex., V.St.A., *Alkylencarbonate.* (**Can. P. 556 006** vom 15/5. 1953, ausg. 15/4. 1958. A. Prior. 31/10. 1952. — C. **1961,** 3482 [A. P. 2 773 070].)

General Mills, Inc., übert. von: **David Aelony,** Minneapolis, Minn., V.St.A., *Herstellung von N-Alkyl-β-alaninen.* (**Can. P. 554 951** vom 27/5. 1954, ausg. 25/3. 1958. A. Prior. 23/2. 1954. — C. **1961,** 17752 [A. P. 2 816 911].)

National Aluminate Corp. (Erfinder: **David Gordon Braithwaite**), *Organische Bleiverbindungen.* (**Aust. P. 224 830** vom 30/7. 1958, ausg. 19/11. 1959. A. Prior. 31/7. 1957. — C. **1961,** 11893 [E. P. 839 172].)

California Research Corp., Wilmington, Del., übert. von: **Robert T. Adams, Judson C. Butler** und **Charles D. Heaton,** San Francisco, Calif., V.St.A., *Entfernung von Salzen aus Aceton–Phenol-Gemischen.* (**Can. P. 555 227** vom 3/3. 1953, ausg. 1/4. 1958. A. Prior. 8/4. 1952. — C. **1956,** 7365 [F. P. 1 076 392].)

California Research Corp., Wilmington, Del., übert. von: **John R. B. Ellis,** San Rafael, **James A. Robbers,** San Pablo, Calif., und **William J. Rossi,** Glenwood Springs, Colo., V.St.A., *Herstellung von Aceton und Phenol.* (**Can. P. 555 228** vom 12/7. 1954, ausg. 1/4. 1958. A. Prior. 30/7. 1953. — C. **1956,** 11847 [F. P. 1 109 297].)

Shell Development Co., Emeryville, Calif., übert. von: **William C. Smith,** Houston, Tex., und **Bruce Masterton,** Walnut Creek, Calif., V.St.A., *Alkylierung von Phenolen.* (**Can. P. 556 095** vom 25/2. 1952, ausg. 15/4. 1958. A. Prior. 26/12. 1951. — C. **1955,** 4698 [A. P. 2 678 951].)

Continental Oil Co., V.St.A. (Erfinder: **Roy C. Sias** und **Alfred Henry Stepan**), *Herstellung von sulfonierten alkarylierten Kohlenwasserstoffen.* (**F. P. 1 160 715** vom 17/7. 1956, ausg. 29/7. 1958. A. Prior. 10/10. 1955. — C. **1962,** 10276 [Niederl. P. 97 301].)

Imhausen-Werke G. m. b. H. (Erfinder: **Ewald Katzschmann,**) *Herstellung von Säurechloriden ein- oder mehrbasischer Arylcarbonsäuren.* (**UdSSR. P. 122 745** vom 21/4. 1958. — C. **1960,** 8013 [E. P. 813 888].)

Vereinigte Glanzstoff-Fabriken Akt.-Ges., Wuppertal-Elberfeld, übert. von: **Rudolf Lotz,** Klingenberg/M., *p-Aminomethylbenzoesäureester.* (**Can. P. 555 487** vom 30/11. 1954, ausg. 1/4. 1958. D. Prior. 1/12. 1953. — C. **1957,** 1047 [F. P. 1 108 288].)

Carlo Erba S. p. A., Mailand, Italien, *Substituierte Harnstoffe.* (**Belg. P. 563 269** vom 17/12. 1957, ausg. 3/6. 1960. It. Prior. 18/1. 1957. — C. **1961,** 16660 [F. P. 1 187 547].)

Soc. des Usines Chimiques Rhône-Poulenc, Paris (Erfinder: **Igor Scriabine** und **Jacques Paul Marie Bonnart,** Lyon, Rhône), Frankreich, *Herstellung von 2.2-Bis-(p-hydroxyphenyl)-propan.* (**D. A. S. 1 071 713** Kl. 12q vom 2/6. 1958, ausg. 24/12. 1959. **E. P. 823 640** vom 3/6. 1958, ausg. 18/11. 1959. Beide F. Prior. 3/6. 1957. — C. **1961,** 7753 [F. P. 1 179 377].)

Hercules Powder Co., übert. von: **Herman J. Enos jun.**, Wilmington, Del., V.St.A., *Alkylierung von Naphthalin.* (**Can. P. 555 334** vom 26/3. 1954, ausg. 1/4. 1958. A. Prior. 29/6. 1953. — C. **1957**, 8652 [D. B. P. 936 089].)

Merck & Co., Inc., Rahway, übert. von: **Lewis H. Sarett**, Princeton, N.J., V.St.A., *Oktahydronaphthaline* (**Can. P. 556 029** vom 5/3. 1952, ausg. 15/4. 1958. A. Prior. 16/3. 1951. — C. **1961**, 1376 [D. A. S 1 007 321].)

Research Corp., New York, N.Y., übert. von: **Milton D. Soffer**, Northampton, Mass., V.St.A., *1.1-Di-[carboxyalkyl]-tetralone-(2).* (**Can. P. 555 717** vom 24/8. 1950, ausg. 8/4. 1958. A. Prior. 27/4. 1950. — C. **1956**, 12690 [A. P. 2 644 836].)

Merck & Co., Inc., Rahway, übert. von: **Lewis H. Sarett**, Princeton, N.J., V.St.A., *Polyhydrophenanthrene.* (**Can. P. 556 030** vom 22/8. 1953, ausg. 15/4. 1958. A. Prior. 5/9. 1952. — C. **1958**, 1984 [F. P. 1 095 327].)

Jiří Smrt, Prag, Tschechoslowakei, *N-substituierte Äthyleniminearbonsäureester.* (**Ung. P. 145 063** vom 26/7. 1957, ausg. 31/7. 1959. Tschech. Prior. 3/8. 1956. — C. **1961**, 16660 [F. P. 1 190 538].)

Synfarma, Národní Podnik, Hostivar (Erfinder: **Josef Čtvrtink**, Olmütz, **Oldrich Nemecek**, Prag, und **Jiri Mayer**, Brünn), Tschechoslowakei, *4-Substituierte 1.2-Diaryl-3.5-dioxopyrazolidine.* (**Ung. P. 145 493** vom 22/9. 1955, ausg. 15/11. 1959. Tschech. Prior. 24/9. 1954. — C. **1957**, 13130 [A. P. 2 773 880].)

Friedrich Asinger, Max Thiel und **Günter Lipfert**, *Herstellung von 1.2.4-Trithiolanen.* (**UdSSR. P. 121 791** vom 28/6. 1958. — C. **1962**. 2547 [D. P. [DDR] 19 119].)

Merck & Co., Inc., Rahway, übert. von: **Carl H. Hoffman**, Scotch Plains, N.Y., V.St.A., *Zwischenprodukte für α-Liposäure.* (**Can. P. 556 031** vom 16/9. 1955, ausg. 15/4. 1958. A. Prior. 24/9. 1954. — C. **1960**, 13846 [A. P. 2 852 531].)

Imperial Chemical Industries Ltd., London, übert. von: **Gerald A. Silverstone**, Manchester, Lancashire, England, *Hydrierung von Glutarnitril.* (**Can. P. 555 362** vom 27/5. 1955, ausg. 1/4. 1958. E. Prior. 4/6. 1954. — C. **1959**, 3650 [F. P. 1 137 328].)

Imperial Chemical Industries Ltd., London, England, übert. von: **William R. Bamford**, Saltcoats, Ayrshire, Schottland, *5-Äthyl-2-methylpyridin.* (**Can. P. 555 364** vom 2/8. 1955, ausg. 1/4. 1958. E. Prior. 4/10. 1954. — C. **1960**, 1677 [F. P. 1 161 008].)

Ruhrchemie Akt.-Ges., Oberhausen-Holten, übert. von: **Karl Büchner**, Duisburg-Hamborn, und **August Hagemann**, Duisburg-Meiderich, *Formylierte Terpene.* (**Can. P. 555 422** vom 23/2. 1950, ausg. 1/4. 1958. D. Prior. 17/3. 1949. — C. **1952**, 7893 [D. B. P. 829 890].)

H_{10}. Färberei. Organische Farbstoffe

Untersuchung der die Gleichmäßigkeit des Farbausziehens beeinflussenden Faktoren. István Sellö und Adrienne Fleischl-Sárdi. (Magyar Textiltechn. [Ung. Textiltechn.] **1956, 73**—76, Febr.; ung.) — Die gegen Ende des Färbens stattfindende *Egalisierung* des *Farbaufziehens* rührt nicht so sehr von einer Wanderung des schon aufgezogenen Farbstoffs im Textilgut (Konz.-Gefälle im Textilgut) her, vielmehr findet dann ein Aufziehen von Restfarbstoff aus dem Farbbad zu den mindergefärbten Bereichen des Textilgutes statt. Das Verhältnis beider egalisierender Faktoren kann je nach Dauer des Färbens, der Temp., der Elektrolyt- sowie Oberflächenaktivstoff-Konz. verschoben werden. T. Krakkay. 7002□

Spektroskopische Untersuchung des Mechanismus der Anfärbung von Textilmaterialien. O. K. Dobosi, L. Lang und G. Chorwat. (Журнал Прикладной Химии [J. angew. Chem.] **34**, 204—08, Jan. 1961; Budapest, Univ., Lehrstuhl für phys. Chem.; russ.) — Verschiebungen im Farbton, die einer spektralen Verschiebung des Farbstoffs entsprechen, werden durch eine Änderung der Bindungsenergie zwischen Farbstoff u. Substrat hervorgerufen. Die Bindung zwischen Farbstoff u. Faser umfaßt eine ganze Reihe von Bindungstypen. Der wahre Färbemechanismus hängt von der Faden- u. Farbstoffstruktur ab, bes. von der Art, Zahl u. Anordnung der zur Sekundärbindung befähigten Gruppen. R. Wittwer. 7002□

Dispersol CWL, ein Egalisiermittel für die Wollfärberei. J. G. Graham Textilis [Gent] **17**, Nr. 10, 25—30, 1961; Manchester, England, Chem. Ind. Ltd., Dyestuffs Div.; franz.) — Unter Angabe anwendungstechn. Hinweise werden Wrkg.-Mechanismus u. Anwendungsweise des kationakt. Textilhilfsmittels *Dispersol CWL* beschrieben, das eine *Egalisierung* der Färbung beim Aufziehen von Säure- u. Chromfarbstoffen aus saurem u. neutralem Bad bewirkt. H. Sontag. 7006□

Betriebsprobleme bei der Färbung mit Sulfaniloliv. Kálmán Szabó. (Magyar Textiltechn. [Ung. Textiltechn.] **8**, 76—77, Febr. 1956; ung.) — Bei der *Färbung* mit *Sulfaniloliv* kommen trotz Einhaltung der Färbevorschriften oft gelbliche oder bläuliche Farbtöne, sogar im gleichen Textilgut, vor. Es wird festgestellt, daß dies vom verschiedenen Red.-Grad des mit Na_2S red. Farbstoffes im Textilgut herrührt. Es ist unerläßlich, den Farbstoff erst nach vollständigem Lösen des pulverisierten Na_2S zum Farbbad zuzugeben, die Na_2S-Konz., die Temp. u. das Flottenverhältnis genau konst. zu halten, nach dem Färben reichlich zu spülen sowie die Oxydation mit einer Misch-Lsg. von $CuSO_4$ u. $K_2Cr_2O_7$ zu vollziehen. T. Krakkay. 7020□

Das färberische Verhalten von Polyacrylonitrilfasern, insbesondere von Dralon-Neu. Walter Hees. Textilis [Gent] **17,** Nr. 10, 17–20, Okt. 1961; Farbenfabriken Bayer Akt.-Ges.; franz.) — Nach einem Überblick über die chem. Zus. der marktgängigen *Acrylfasern* u. ihren Handelsbezeichnungen wird auf die Ergebnisse der neueren Forschung über den Chemismns des Färbens dieser Fasern mit bas. Farbstoffen eingegangen, wonach das Fixierungsvermögen dieser Fasern direkt proportional ihrem Geh. an freien Säuregruppen ist. Auf Grund dieser Erkenntnisse wurden in jüngster Zeit Acrylfasern entwickelt, die sich durch ein erhöhtes Farbfixierungsvermögen für bas. Farbstoffe auszeichnen. Am Vgl. des färber. Verh. von *Dralon* u. *Dralon-Neu* wird dieser techn. Fortschritt erläutert. H. Sontag. 7020□

Bedrucken von Maschenwaren mit Pigmenten. Jezry Brzeziński und Andrzej Spodenkiewicz. (Przegląd wlókienniczy **15,** 412–15, Aug. 1961; pol.) — Übersicht über die Technologie des *Bedruckens* von *Wollstoffen.* Es werden Rezepturen zur Herst. von *Pigmentfarben* für den Stoffdruck angegeben. F. Urban. 7022□

Die Färbung von Sämischleder. Jindřich Jakl. (Kožařství **11,** 223–26, Aug. 1961; n. p. Týniště nad Orlicí, výzk. pracov. Rukavič. záv.; tschech.) — Behandelt wird die Waschechtheit bei *Färbung* von *Sämischleder* u. die Gerbung mit Fischölen. E. Knopp. 7024□

Farbechtheit beim Waschen. Virgil D. Lyon. (Amer. Dyestuff Reporter **51,** P 131–32, 19/2. 1962; E. I. du Pont de Nemours & Co.; engl.) — Es wird eine Übersicht über die üblichen Waschprüfungen des AATCCC gegeben, ihre Entw. u. Bedeutung u. die Arbeiten, die im Gang sind, um sie mit den Haushaltungs- u. Industriewäschen, die praktiziert werden, in Übereinstimmung zu halten. L. Jentgen. 7028□

Konstitution und Verwendung von Küpenfarbstoffen. E. R. Schober. (Textile J. Australia **36,** 1364–66, 1369, 1400–02, 1404, 20/11. 1961; Beacon, N.Y., Putman Chem. Corp.; engl.) — Die Geschichte u. Chemie der *Küpenfarbstoffe* wird behandelt u. Hinweise werden gegeben, um einige Schwierigkeiten bei ihrer Anwendung zu beheben. Bes. Aufmerksamkeit wird dem Problem des Egalisierens u. der Durchdringung, der Pigmentierung u. der Pigmentwanderung gewidmet. L. Jentgen. 7068□

Oxydationspotential in Lösungen von Küpenfarbstoffen. M. Ss. Sacharjewski, Je. G. Mussorok, Ch. M. Jakubow und W. A. Lentowskaja. (Вестник Ленинградского Университета, Серия Физики и Химии [Nachr. Leningrader Univ.] **14,** Nr. 4 [Ser. Physik Chem.] Nr. 1, 94–97, 1959; russ., Auszug: engl.) — Es wurde die Abhängigkeit des Oxydationspotentials vom Verhältnis der Konzz. an oxydierter u. red. Form der Küpenfarbstoffe Küpenrot „KCh", Küpengoldgelb „ShCh", Küpendunkelgrün „Sh" u. Küpenblau „O" untersucht. In den Lsgg. der Küpenfarbstoffe, in denen die oxydierte Form koll. vorliegt, besteht eine lineare Abhängigkeit des Oxydationspotentials von lg C_{Ox}/C_{Red}. Der Tangens des Neigungswinkels ist etwas kleiner als der theoret. berechnete. Helmut Schäfer. 7068

Spektrophotometrische Bestimmung der Farbe von Wollwaren. F. G. Lennox. (Textile Res. J. **29,** 906–12, Nov. 1959; Melbourne, Victoria, Australia, C.S.I.R.O., Wool Res. Labor.; engl.) — Eine Meth. zur Best. der Absorptionsspektren von schwach gefärbten, z. B. vergilbten, Wollwaren im sichtbaren u. UV-Bereich wird beschrieben. Die im einzelnen erhaltenen Ergebnisse zeigen, daß Vergilbungen, die durch Hitze-Einw. oder UV-Bestrahlung entstehen im UV-Bereich, bes. zwischen 3100–3300 Å wesentlich stärker absorbieren als im sichtbaren Bereich oberhalb 3900 Å. Außerdem können rasch u. zuverlässig solche Ausrüstungschemikalien erkannt werden, die im sichtbaren oder UV-Bereich absorbieren. H. G. Fröhlich. 7086□

Ciba Ltd., Basel, Schweiz, *Färben von Kunststoffen.* (**Ind. P. 66 061** vom 8/12. 1958, ausg. 8/6. 1960. — C. **1961,** 9210 [Schwz. P. 348 548].)

Farbwerke Hoechst Akt.-Ges., vormals Meister Lucius & Brüning, Frankfurt/M., *Feste haltbare Diazoniumverbindungen.* (**Ind. P. 65 277** vom 16/9. 1958, ausg. 16/12. 1960. — C. **1962,** 8429 [Niederl. P. 97 423].)

General Aniline & Film Corp., New York, N.Y., V.St.A., *Azofarbstoffe.* (**F. P. 1 180 626** vom 20/9. 1956, ausg. 8/6. 1959. — C. **1960,** 15583 [D. A. S. 1 065 543].)

Imperial Chemical Industries Ltd., London, England, *Azofarbstoffe.* (**F. P. 1 172 715** vom 27/2. 1957, ausg. 13/2. 1959. E. Prior. 27/2. 1956 u. 1/2. 1957. — C. **1961,** 3159 [E. P. 805 560].)

Imperial Chemical Industries Ltd., London, England, *Azofarbstoffe.* (**F. P. 1 188 534** vom 13/8. 1957, ausg. 23/9. 1959. E. Prior. 15/8. 1956 u. 17/7. 1957. — C. **1961,** 3160 [E. P. 802 458].)

Farbwerke Hoechst Akt.-Ges., vormals Meister Lucius & Brüning, Frankfurt/M., *Herstellung wasserunlöslicher Azofarbstoffe.* (**Ind. P. 65 405** vom 30/9. 1958, ausg. 9/12. 1960. — C. **1961,** 18883 [D. A. S. 1 084 402].)

Sandoz Soc. An., Basel, Schweiz, *Metallhaltige Azofarbstoffe.* (**F. P. 1 169 723** vom 15/3. 1957, ausg. 5/1. 1959. Schwz. Prior. 17/3. 1956. — C. **1960,** 14525 [D. A. S. 1 049 515].)

Sandoz Soc. An., Basel, Schweiz, *Metallhaltige Azofarbstoffe.* (**F. P. 1 170 745** vom 21/12. 1956, ausg. 16/1. 1959. Schwz. Prior. 23/12. 1955, — C. **1961,** 3822 [D. A. S. 1 044 314].)

Sandoz Soc. An., Basel, Schweiz, *Chromhaltige Azofarbstoffe.* (**F. P. 1 177 248** vom 11/6. 1957, ausg. 22/4. 1959. Schwz. Prior. 13/6. 1956. — C. **1960,** 15915 [D. A. S. 1 044 312].)

Ciba Soc. An., Basel, Schweiz, *Disazofarbstoffe.* (**F. P. 1 175 489** vom 17/5. 1957, ausg. 26/3. 1959. — C. **1960,** 17287 [D. A. S. 1 060 525].)

American Cyanamid Co., New York, N.Y., übert. von: **Robert S. Long**, Bound Brook, N.J., und **Frederick Brody**, New York, N.Y., V.St.A., *Farbstoffe.* (**Can. P. 555 198** vom 20/6. 1952, ausg. 1/4. 1958. A. Prior. 25/3. 1952. — C. **1956,** 8492 [A. P. 2 679 499].)

Farbenfabriken Bayer Akt.-Ges., Leverkusen (Erfinder: **Carl Taube** und **Karl-Heinz Freytag**), *Metallisierbare Disazofarbstoffe.* (**F. P. 1 180 396** vom 31/7. 1957, ausg. 3/6. 1959. D. Prior. 1/8. 1956. — C. **1961,** 4172 [D. A. S. 1 047 343].)

Farbenfabriken Bayer Akt.-Ges., Leverkusen (Erfinder: **Klaus Böckmann** und **Carl Taube**), *Kupferhaltige Disazofarbstoffe.* (**F. P. 1 182 454** vom 16/8. 1957, ausg. 25/6. 1959. D. Prior. 17/8. 1956. — C. **1960,** 16945 [D. A. S. 1 032 499].)

Farbenfabriken Bayer Akt.-Ges., Leverkusen (Erfinder: **Herbert-Joachim Exner** und **Rolf Pütter**), *Kupferhaltige Trisazofarbstoffe.* (**F. P. 1 169 738** vom 16/3. 1957, ausg. 5/1. 1959. D. Prior. 16/3. 1956. — C. **1961,** 4527 [D. A. S. 1 032 451].)

J. R. Geigy Akt.-Ges., Basel, Schweiz, *Anthrachinonküpfenfarbstoffe.* (**F. P. 1 193 733** vom 10/1. 1958, ausg. 4/11. 1959. Schwz. Prior. 11/1. 1957. — C. **1961,** 11154 [Schwz. P. 348 494].)

H_{11a}. Farben. Anstriche. Lacke. Naturharze

Elektrochemische Vorbehandlung von Magnesium nach dem DOW 17-Verfahren zur Erzeugung einer Haftvermittlung für Lackierungen. Hanns Benninghoff. (Ind.-Lackier-Betr. **29,** 360—64, Nov. 1961; Neumünster; dt.) — Ausführlicher Bericht über das anod. *Passivierungs-Verf. DOW 17* für Mg u. seinen Legierungen. Als Haftgrundlage für Lack- u. Plastschichten wird eine dünne Schicht, ca. 75 μm, erzeugt, während dickere Schichten, ca. 375 μm, mehr dem Verschleißschutz dienen. Vf. gibt eine Anlagebeschreibung, Betriebsdaten, Badrezepte u. Analysenvorschriften für die Überwachung der Badlösung. H. Penn. 7090□

Das Verhalten von TiO_2-Pigmenten in Dispersionsmühlen mit hochtourigem Rührwerk. D. G. Dowling. (J. Oil Colour Chemists' Assoc. **44,** 188—208, März 1961; Billingham, Brit. Ti Prod. Comp. Ltd.; engl.) — Bericht über Mahlverss. unter Variierung, bes. der geometr. u. dynam. Faktoren, zur Erfassung der optimalen Bedingungen für eine Dispersion von TiO_2 in stark ölhaltigem Alkydharzlack als Bindemittel. L. Kempf. 7092

Untersuchung pigmentierter Überzüge für Glasfaserkunststoff-Produkte. Anonym. (Off. Digest Federat. Soc. Paint Technol. **32,** 1449—62, Nov. 1960; Nortwest. Soc. for Paint Technol.; engl.) — Vergleichende Übersicht über pigmentierte Überzüge (Vinyl-Alkyd, Epoxy-Öllack, Epoxy [amingehärtet], Polyamid-Epoxy, Polyurethan, Styrol-Alkyd, Acrylsäurelack, NC-Lack, Urethan) für Glasfaserkunststoff-Gegenstände u. ihre Eigenschaften. W. Wesly. 7092□

Die Chemie, Herstellung und Verwendung von dimerisierten Fettsäuren. L. F. Byrne. (Paint Technol. **26,** Nr. 3, 28—38, März 1962; engl.) — Übersicht. — 26 Literaturangaben. I. Koschitzki. 7096

Handelsübliche Herstellung von Isophthalsäure–Alkyd-Harzen. Anonym. (Off. Digest Federat. Soc. Paint Technol. **32,** 1477—1516, Nov. 1960; CRID-Soc. for Paint Technol.; engl.) — Beschreibung der chem. u. physikal. Eigg. der Phthalsäure-Isomeren u. ihrer Verw. zur Herst. von *Alkyd-Harzen* in Labor. u. Betrieb. W. Wesly. 7096□

Mikrobiologische Zerstörung eines Anstrichfilms. Samuel Shapiro. (Off. Digest Federat. Soc. Paint Technol. **34,** 622—41, Juni 1962; Fort Belvoir, Va., Fungus Control Sect., Materials Branch; engl.) — Vf. beschreibt Möglichkeiten u. Stufen der Zerstörung durch Schwammbefall. *Pullularia sp.* wurde als die häufigste Art festgestellt. Zur Unterscheidung von Schwamm u. Schmutz empfiehlt Vf. die Anwendung von Na-Hypochlorit. Es werden die Anti-Schwamm-Phenyl–Hg-Verbb. u. Tetrachlorphenol besprochen. Akrylanstrich mit 1,5% Phenyl-Hg-Acetat zeigte sich als widerstandsfähig. R. Zeisberger. 7106□

Einwirkung von 2-Chlorbutadien-(1.3) (Chloropren) auf die Oxydation von Fetten. 3. Mitt. W. G. Mchitarjan. (Известия Академии Наук Армянской ССР, Химические Науки [Nachr. Akad. Wiss. ArmenSSR, chem. Wiss.] **11,** 109—18, 1958; Erewan, Med. Inst.; russ., Auszug: engl.) — 5. vgl. C. **1960,** 5558. — Zur Ermittlung der Herst.-Möglichkeit von *Ölfirnis* aus halbtrocknenden Ölen wurde die Einw. von *Chloropren* (**I**) auf die Oxydation von Baumwollsaatöl (**II**) u. Lebertran (**III**) mit Luft-O_2 bei 25° untersucht. Die oxydative Einw. von **I** (Zugaben von 0,2—2,0 ml **I** u. evtl. 1 mg Cu^{2+}/60 ml Fettstoff) auf **II** u. **III** zeigt, daß durch Verw. von **I**, bes. bei gleichzeitiger Zugabe, die Induktionsperiode der Oxydation herabgesetzt u. der Geh. des Prod. an Peroxiden bedeutend erhöht wird. Die Oxydations-Geschw. von **III**

(Delphintran) ist der des **II** überlegen. Durch Zugabe von **I** (bes. in Ggw. von Cu) wird die Viscosität der behandelten **II** u. **III** erhöht. Das Trocknen des mit **I** versetzten **II**, das 30—35 Tage aufbewahrt wurde, erfolgt (bes. in Ggw. von Cu) rascher als ohne I-Zugabe. Durch Einw. von I wird der Geh. der behandelten Fette an Carotinoiden u. an Vitamin A bedeutend herabgesetzt. S. Baryschnikow. 7106

Beständigkeit von Lacken gegen Strahleneinwirkungen. F. B. Waddington. (J. Oil Colour Chemists' Assoc. **44**, 179—87, März 1961; Manchester, Associat. Electrical Ind. Ltd.; engl.) — Übersicht über die Wrkg. verschiedenartiger Bestrahlungen auf Lacke bzw. Lackharze. L. Kempf. 7106

Die Wirkungen der γ-Strahlen auf verschiedene organische Schutzanstriche. Jack Ohr. (Paint Ind. Mag. **76**, 11—15, Sept. 1961; engl.) — Es wurden 20 *Flugzeug-Anstrich-Syst.* der Röntgenstrahlung einer ^{60}Co-Quelle (1,2 MeV) bis zu 1230 Std. ausgesetzt. Dabei zeigt es sich, daß die meisten der weißen Deckfarben schon nach 228 Std. dunkeln. Dieser Effekt ist bei den pigmentreichen matten Farben noch stärker als bei den entsprechenden glänzenden, während letztere beim Bestrahlen schneller erweichen oder abbröckeln. Es zeigt sich, daß gewisse chem. Gruppen in Hochpolymeren einen verschiedenen Widerstandsgrad gegen Veränderung durch Bestrahlung haben. So wird die C—O-Bindung leicht aufgespalten, was bei den Polymeren, die sie in der Hauptkette haben (Polyester) zur Depolymerisation (Erweichung) u. bei den Polymeren, die sie als Brücken zu Hauptketten tragen (Polyvinylformal, Polyvinylbutyral), zum Bruch der C—O-Bindung u. anschließender Vernetzung an den Rk.-Zentren führt. Polymere, die quatern. C-Atome aufweisen, wie Butylkautschuk, Polymethylmethacrylat u. Epoxyharze, werden ebenfalls durch Bestrahlung brüchig. In chlorierten Polymeren, wie Neopren, wird durch Bestrahlung HCl abgespalten, wodurch Rk.-Zentren für die Vernetzung geschaffen werden. Auch Elastomere werden durch Bestrahlung hart u. spröde infolge Vernetzung. Durch Phenylgruppen, bes. in den Seitenketten, wird die Widerstandsfähigkeit von Polymeren gegen Bestrahlung vergrößert. Da die Si—O-Bindung relativ fest ist, besitzen *Silicon-Anstriche* gute Stabilität gegen Bestrahlung.
H. Penn. 7106□

Die Bestimmung der Egalisierung durch ein „draw-down"-Verfahren. Anonym. (Off. Digest. Federat. Soc. Paint Technol. **32**, 1435—45, Nov. 1960; New York, N.Y., Soc. for Paint Technol.; engl.) — Zur Best. der Egalisierung von Anstrichen dient eine „drow-down"-Platte, die eine rasche, reproduzierbare Beurteilung von Anstrichen gestattet. W. Wesly. 7106□

Feuerverzinkter Stahl als Anstrichsuntergrund. K. A. van Oerteren. (Ind.-Lackier-Betr. **29**, 365—67, Nov. 1961; Mühlheim/Ruhr; dt.) — Die Frage, wann die bei schwacher chem. u. normaler atmosphär. Beanspruchung ausreichende Verzinkung angestrichen werden soll, wird an Hand von Beispielen aus der Praxis behandelt. Die Haftung von Anstrichen auf feuerverzinkten Untergründen ist schwieriger, so daß eine Vorbehandlung nötig ist (natürliche Bewitterung, Absäuern, Phosphatierung), oder spezielle Anstrichmittel verwendet werden müssen, wie *Wash-Primer*, *Zinkchromatgrundanstriche*, *Zinkstaubanstrichmittel*, *Zinkstaub/Zinkoxid-Anstrichmittel* (*80/20*) oder *Anstrichmittel*, die auf Grund ihres Bindemittels eine gute Haftung zeigen (z. B. Epoxylacke).
H. Penn. 7106□

Neuere Erkenntnisse bei der Wand- und Deckenbeschichtung in Feuchträumen. H. Heiner. (Zucker **14**, 413—16, 15/8. 1961; Krefeld; dt.) — Vf. berichtet über die zweckmäßige Verw. der *Vinylharzpaste* „Fungizet" der Polychemie GmbH., Frankfurt/M., als wasserfestes u. wasserdampfdichtes Material für die Beschichtung von Wänden u. Decken in Feuchträumen. L. Kempf. 7106

Vergleichsprüfungen von Styrol- und Methylmethacrylat-Epoxyäthern. L. Kovacs. (J. Oil Colour Chemists' Assoc. **42**, 277—82, April 1959; Taubmans Ind., Ltd.; engl.) — Ein Epoxyharz-DCO-Äther wird mit 15, 30 u. 45% Styrol bzw. Methylmethacrylat behandelt. Die Harz-Lsgg. werden unter Verw. von Melamin-Formaldehyd-Harz als Vernetzungsmittel zu *Einbrennemaillierungen* verarbeitet, auf Metallbleche gespritzt u. auf Härte, Adhäsion, Biegsamkeit, Glanz, Feuchtigkeit, Festigkeit gegen chem. Verbb. u. UV-Licht untersucht. W. Wesly. 7106□

Vinylhydrosole. W. A. Riese. (Chem. Rdsch. [Solothurn] **15**, 130—31, 1/3. 1962; dt.) I. Koschitzki. 7106

Flexodruck aus wässerigen Schellack-Dispersionen. Ernst Ludwig Marx. (Dtsch. Farben-Z. **15**, 522—24, Dez. 1961; Budenheim/Rh.; dt.)
I. Koschitzki. 7140

Gaschromatographische Analyse. L. H. Adcock. (Paint Technol. **26**, Nr. 5, 20—25, Mai 1962; engl.) — 19 Literaturangaben. I. Koschitzki. 7152

Einige Anwendungen der Viscositätsmessung auf die Trockenölforschung. G. H. Hutchinson. (J. Oil Colour Chemists' Assoc. **42**, 283—301, April 1959; Hull, John M. Hamilton and Co., Ltd., Humber Oil Works; engl.) — Übersicht über die Verff. zur Schnellbest. der Viscosität von *Trockenölen* u. Oberflächenfilmen auf Ölbasis unter besonderer Berücksichtigung eines Hochtemp.-Viscosimeters. — 18 Schrifttumshinweise. W. Wesly. 7154□

Methoden zur Messung der Dunkelvergilbung bei Weißlacken. Dieter Thomas. (Ind.-Lackier-Betr. **30**, 75—77, März 1962; dt.) — Vf. beschreibt die Messung der Dunkelvergilbung mit dem Elrepho u. anschließende Berechnung mit Hilfe der Stepansenschen Formel. I. Koschitzki. 7158

Bestimmung des Aluminiumgehaltes von Kunstlacken. Gyuláné Kovács und Péter Dávid. (Magyar Kémiai Folyóirat [Ung. Z. Chem.] **67**, 297—98, Juli 1961; Budapest, Csepel Eisen- u. Metallwerke; ung.) — Zur Ausführung der Best. eignet sich die Meth. von Scheibe-Rivas am besten; es wurden jedoch Cu-Elektroden verwendet u. der Lacktropfen wurde durch Erwärmen der Elektroden in einem Glycerinbad auf 120° rasch eingetrocknet. Als Bezugselement diente Co, das als *Co-Resinat* zugesetzt wurde. Vgl.-Lsgg. wurden aus *Kunstlack-Lsgg.* durch Zugabe von Al-Butylat bereitet. Funkenanregung bewährte sich besser als Bogenanregung. Spannung beträgt 20 kV. J. Plank. 7158

Das Reaktionsverhalten pigmentierter Glanz-Polyesterharze. Herbert Niesen. (Dtsch. Farben-Z. **15**, 515—19, Dez. 1961; Detmold; dt.) — Es wird ein Verf. zur Kontrolle u. Beeinflussung der Härtungs-Rk. von pigmentierten Polyesterlacken beschrieben. I. Koschitzki. 7158

Messung der Adhäsion von Anstrichfilmen. E. Hoffmann und O. Georgoussis. (J. Oil Colour Chemists' Assoc. **42**, 267—69, April 1959; Melbourne, Commonwealth Sci. and Ind. Res. Organ., Div. of Building Res.; engl.) — Zur Messung der Adhäsion von *Anstrichfilmen* bestimmt man den Druck, der erforderlich ist, einen Film von einem Substrat oder einem anderen Anstrichfilm abzuheben. Dieser Druck ist ein Maß für die Adhäsion des Anstrichfilms. W. Wesly. 7158□

Die lufttrocknende Lackierung von Kupfer und Messing. Karl Broockmann und Wolfgang Friedrich. (Ind.-Lackier-Betr. **30**, 67—73, März 1962; Köln-Bickendorf, Zentrallabor. der Herbol-Werke, Herbig-Haarhaus AG.; dt.) — Es wird der Nachw. von Metall in der Lackschicht mit Hilfe von qual. (Verseifung, Papierchromatographie, Veraschung) u. quant. Meth. (Verseifung mit anschließender Titration, Veraschung) beschrieben. — 20 Literaturangaben. I. Koschitzki. 7158

Die mit der Härteeinstufung von Oberflächenfilmen verbundenen Schwierigkeiten. J. B. Harrison. (J. Oil Colour Chemists' Assoc. **42**, 270—76, April 1959; Liverpool, Goodlass, Wall and Co., Ltd., Paint Res. Labor.; engl.) — Die Best. der Härte von Oberflächenfilmen nach empir. oder offiziellen Verff. gibt unzuverlässige Werte. Härteangaben, die sich auf die bestehenden Verff. gründen, haben wenig Wert bei Filmen mit Ritzhärten **>2000 g.** **W. Wesly. 7158□**

E. I. du Pont de Nemours & Co., Wilmington, Del., übert. von: Jacob Quentin Umberger, Holmdel, N.J., V.St.A., **Verbessern der physikalischen Eigenschaften von mit Silber, Kupfer, Gold, Pb oder Mn aktivierten, aus Zink-, Cadmium- oder Zink-Cadmiumsalzen eines Chalkogens bestehenden Leuchtstoffen.** Man behandelt den Leuchtstoff mit der wss. Lsg. einer Säure, deren Dissoziationsgrad zum Einstellen eines pH —1 bis 4,5 ausreicht, u. einer wasserlösl. Verb., z. B. Thioharnstoff, Jodide, Thiosulfate u. Thiocyanate der Alkali u. Erdalkalimetalle u. des NH_4, wobei die wasserlösl. Verbb. in Konzz. von 5—55 Gew.-% der Lsgg. angewendet werden, z. B. 46% $Na_2S_2O_3$; als Säuren werden Essigsäure u. H_2SO_4 bevorzugt. (**A. P. 2 965 580** vom 18/7. 1957, ausg. 20/12. 1960.) K. Demmler. 7093

Westinghouse Electric Corp., East Pittsburgh, Pa., übert. von: Henry W. Rimbach, Bloomfield, N.J., V.St.A., **Herstellung eines lumineszierenden Materials.** Mg, Ca, P, F, Ce u. Ce + Mn enthaltende Verbb. werden gemischt u. (auf 800—900° in Luftatmosphäre) erhitzt, wobei die Ausgangsstoffe in Anteilen eingesetzt werden, daß eine Verb. mit 2,15—2,35 (Mol) MgO, 0,70—0,85 CaO je Mol P_2O_5; 2,50—3,30 CaF_2 u. (als Aktivierungsmittel) 0,02—0,10 Ce u. 0,02—0,10 Ce + 0,10 bis 0,40 Mn entsteht. (**A. P. 2 921 912** vom 1/11. 1954, ausg. 19/1. 1960.) E. Miessgang. 7093

Sylvania Electric Products, Inc., übert. von: Francis N. Shaffer und Richard W. Mooney, Towanda, Pa., V.St.A., **Calciumsilicatleuchtstoffe.** In einem mit zweiwertigem Zinn aktivierten β-Ca-Metasilicat liegt das Molverhältnis Ca : Si zwischen 1 : 1 u. 1 : 1,5 u. der Sn-Geh. zwischen 0,0001 u. 0,1 g-Atom pro Mol. SiO_2. In einem mit zweiwertigem Zinn aktivierten β-Ca-Orthosilicat liegen die entsprechenden Zahlenwerte zwischen 2 : 1 u. 2 : 1,2 bzw. zwischen 0,0001 u. 0,15. (**A. P. 2 966 463** vom 11/3. 1959, ausg. 27/12. 1960.) K. Demmler. 7093

Sylvania Electric Products, Inc., Wilmington, Del., übert. von: Richard C. Ropp, Towanda, Pa., V.St.A., **Mit Silber aktivierte Zink-, Cadmium- oder Zinkcadmiumsulfid-Leuchtstoffe** werden hergestellt durch Glühen des entsprechenden Sulfids mit einem Alkali- oder Erdalkalichlorid bei 650—1100°, unmittelbares Waschen des gekühlten Glühprod. mit einer wss. Lsg. eines Alkali- oder Erdalkalithiosulfats u. anschließendes Waschen mit reinem Wasser. Zum Beispiel werden 100 (g) ZnS, enthaltend 0,035% Ag, mit 6 $MgCl_2$ u. 7 $BaCl_2$ geglüht u. mit 1 Liter 2,5%ig. $Na_2S_2O_3$-Lsg. gewaschen. (**A. P. 2 966 464** vom 28/10. 1957, ausg. 27/12. 1960.) K. Demmler. 7093

Sylvania Electric Products, Inc., Salem, Mass., übert. von: Richard C. Ropp, Towanda, Pa., V.St.A., **Herstellung eines mit zweiwertigem Mangan aktivierten Cadmiumleuchtstoffes zur Erzeugung von Kathodenstellen** durch Glühen der erforderlichen Bestandteile in zuerst oxydierender u. anschließend reduzierender Atmosphäre. Zum Beispiel wird ein Gemisch aus $CdNH_4PO_4$ u. $MnNH_4PO_4$ 2 Std. bei 1800 bis 1900° F u. dann 1 Std. bei 1900° F in einem Gasgemisch aus 20 (%) H_2 u. 80 N_2 geglüht. (**A. P. 2 966 465** vom 31/3. 1959, ausg. 27/12. 1960.) K. Demmler. 7093

Phillips Petroleum Co., übert. von: Oliver K. Austin, Bartlesville, Okla., V.St.A., **Abscheiden von Ruß aus den Abgasen der Rußöfen.** Man leitet den rußhaltigen u. mit W. gekühlten Gasstrom in einen elektr. Abscheider sowie durch einen oder mehrere Cyclone u. durch ein Filter, wobei die im elektr. Abscheider u. in den Cyclonen abgeschiedenen Rußmengen mittels einer pneumat. betriebenen, gemeinsamen Förderleitung in ein Rußsammelgefäß geleitet werden, von wo das noch wenig Ruß enthaltende Fördergas in die Leitung zwischen Kühl- u. elektr. Abscheidezone zurückgeführt werden. — Vorrichtung. (**A. P. 2 966 232** vom 2/5. 1958, ausg. 27/12. 1960.) K. Demmler. 7093

Metals Disintegrating Co., Inc., V.St.A. (Erfinder: Alexander Felix Knoll und Loren Curtis Hurd), **Herstellung von Aluminium-Pigmenten,** welche auf W. nicht schwimmende Flocken aus Al-Metall enthalten, die durch Mahlen von Al-Grieß zwischen Walzen unter Zusatz eines Schmiermittels, z. B. Stearinsäure, in Ggw. einer wss. Lsg. von $(NH_4)_2HPO_4$ erhältlich sind. An Stelle des NH_4-Salzes können auch Alkali-, Erdalkali-, Zn- u. Mg-Phosphate verwendet werden, deren wss. Lsg. einen pH-Wert von 1,5—11 besitzen. (**F. P. 1 207 559** vom 26/6. 1958, ausg. 17/2. 1960. A. Prior. 26/6. 1957.) M. F. Müller. 7093

Columbia-Southern Chemical Corp., V.St.A. (Erfinder: Franklin Strain, William Leslie Wilson und Paul Luther Dietz jun.), **Herstellung von TiO_2-Pigment** in feiner Verteilung durch Rk. eines Gemisches eines O_2-haltigen Gases u. $TiCl_4$ in der Dampfphase in Ggw. eines weißen Metalloxids, welches eine Teilchengröße $< 0{,}15\,\mu$ hat. Man verwendet z. B. Al_2O_3 bei 700—1500° Rk.-Temperatur. — 2 Abbildungen. (**F. P. 1 230 753** vom 25/6. 1959, ausg. 20/9. 1960. A. Prior. 30/6. 1958.) M. F. Müller. 7093

Glidden Co., V.St.A. (Erfinder: Frank Oates Rummery, Reuben Roseman, Frederick Lewis Appel und Paul Stanley Hamshey jun.), **Herstellung von TiO_2-Pigment** mit der Struktur des Rutils unter Verw. eines koll. stabilen Kristallzuchtmittels (I) bei der Hydrolyse einer Ti-Sulfatlösung I wird erhalten aus gewaschener Metatitansäure durch Lösen in H_2SO_4, bis pH 8,5 erreicht ist. D e gebildete u. ausgefallene Orthotitansäure wird sulfatfrei gewaschen. Sie wird mit HCl u. HF zu einem homogenen Gemisch verrührt u. danach entweder 5—10 Min. zum Sieden oder längere Zeit bei Raum-Temp. stehen gelassen. Man erhält das gebrauchsfertige I. Dieses wird zu ca. 1% in die zu hydrolysierende Ti-Sulfat-Lsg. eingetragen, welche durch Einw. von H_2SO_4 auf Ilmenitmineral erhalten wurde, u. danach wird durch Kochen hydrolysiert. Das gefällte TiO_2 wird abgetrennt, gewaschen, mit einer geringen Menge Alkaliphosphat behandelt u. schließlich bei 895° calciniert. Man erhält ein Rutil von wenigstens 99%. (**F. P. 1 221 738** vom 8/1. 1959, ausg. 3/6. 1960. A. Prior. 13/1. 1958.) M. F. Müller. 7093

Sandoz Soc. An., Schweiz, **Herstellung von Pigmentpräparaten in Pulverform** für die Verw. in Firnismassen, Druckereifarben u. Celluloseacetaten. Man versprüht die wss. Suspensionen von organ. oder mineral. Pigmenten u. Weichmachungsmitteln, Harzen, plast. Massen, Wachsen oder ihren in der Wärme fl. Gemischen unter Zusatz von sog. „Flushing"-Mitteln, z. B. Diisobutyltartrat, Dicyclohexylphthalat oder Tricyclohexylcitrat, 4-Methylbenzol-1-sulfonsäurecyclohexylamid oder das techn. Gemisch des 2- u. 4-Methylbenzol-1-sulfamids. — 10 (Teile) eines feuchten Filterkuchens von Cu-Phthalocyaninblau (75% Wasser-Geh.) werden 15 Min. mit 3 Dicyclohexylphthalat bei 80° verrührt, wobei 5—6 W. entweichen. Anschließend wird unter Vakuum bei 80° weitergerührt, bis alles W. abgedampft ist. Das Trockenprod. wird danach gemahlen. — 11 weitere Beispiele. (**F. P. 1 222 659** vom 19/1. 1959, ausg. 13/6. 1960. Schwz. Prior. 20/1. 1958.) M. F. Müller. 7093

Comp. Française des Matières Colorantes, Frankreich (Erfinder: Jacques Lenoir, Jean Ligot und Madeleine Maigrot), **Verbesserung der Brillanz von Pigmenten.** Neben dem üblichen Zusatz von Kolophonium oder Harzseifen werden *Zr-Resinate* in Form einer wss. Suspension oder in Pulverform zugesetzt. (**F. P. 1 226 652** vom 26/2. 1959, ausg. 15./7. 1960.) M. F. Müller. 7093

General Aniline & Film Corp., New York, N.Y., übert. von: Leon Katz, Springfield, James Gannon, Newark, und Robert E. Brouillard, Westfield, N.J., V.St.A., **Konditionierung von Polychlorkupferphthalocyaninpigmenten.** Pigmente von gelbstichig-grünem Farbton erhält man, wenn man sie in Ggw. von 2 bis 5 (Gew.-%) einer fl. sulfonierten aromat. Verb. oder 10—30 einer fl. neutralen Verb. der Benzolreihe mit H_2SO_4 unter Anwendung scherender Kräfte vermahlt. Als Zusätze werden z. B. Nitrobenzol, Toluol u. p-Toluolsulfonsäure genannt. (**A. P. 2 930 796** vom 11/2. 1957, ausg. 29/3. 1960.) F. Böhm. 7093

Allied Chemical Corp., übert. von: Frank Backer, North Bergen, N.J., V.St.A., **p-α-Cumylphenol-p-substituierte Phenol-Formaldehydharze.** Man kondensiert p-α-Cumylphenol (I) u. p-substituierten Alkylphenol, der im Alkyl 3—10 C-Atome aufweist, in Ggw. eines sauren Katalysators mit CH_2O zu einem nicht hitzreaktiven Harz. — Z. B. erwärmt man 75 (Gew.-Teile) I mit 38,4 37%ig. CH_2O-Lsg. unter Zusatz von 2 CCl_3COOH 3 Std. lang auf 78—82° u. entwässert im Vakuum bis auf 150°. Das so erhaltene Harz kann mit trocknenden Ölen auf *Lacke* verkocht werden. (**A. P. 2 926 149** vom 24/7. 1956, ausg. 23/2. 1960.) K. Sarre. 7097

Airkem, Inc., V.St.A. (Erfinder: Alton Judson Ward), **Polychrom-Lack** zum *Überziehen von Holz, Stahl, Al-Geweben, plast. Massen, Papier, Beton, Glas*, ggf. unter Aufbringen einer Appreturschicht. Als filmbildender Trägerstoff wird ein Cellulosester, z. B. Celluloseacetat oder -acetatbutyrat, in einem organ. Lsgm. verwendet. Die gefärbten Lacke enthalten bes. Nitrocellulose, außerdem eine größere Menge an Pigmenten u. organ. oder Mineralfarben, sowie Weichmachungsmittel u. Harze als Filmbildner. — Man verwendet z. B. als Lackgrundlage ein Gemisch von 78,65 (Teilen), 2,25 Campher, 0,5 Ricinusöl, 4,8 Celluloseacetatbutyrat ($^1/_2$ Sek.), 3 Celluloseacetatbutyrat (Eastman), 10,8 mit Kolophonium modifiziertes Alkydharz. Von dem Gemisch werden 16,6 Liter mit 56 g Ferrit-Gelb u. 28 g Molybdatorange verrührt. Man erhält das Prod. I. Daneben wird ein Weißlack folgender Zus. hergestellt: 65,01 Toluol, 8,53 Isopropylalkohol, 1,82 Xylol, 2,5 Campher, 0,25 Ricinusöl, 2,76 Celluloseacetatbutyrat (Typ Eastman 381-20), 5,04 Celluloseacetatbutyrat ($^1/_2$ Sek.), 10,8 mit Ricinusöl modifiziertes Alkydharz, 3,29 Lackbenzin. Hiervon werden 1,524 Liter u. außerdem 0,508 Liter gebrannte Umbra zu dem Prod. I gegeben. — Zahlreiche weitere Beispiele. (**F. P. 1 220 778** vom 29/4. 1959, ausg. 27/5. 1960. A. Prior. 29/4. 1958.) M. F. Müller. 7107

Monsanto Chemical Co., St. Louis, Mo., übert. von: Earl C. Chapin, Springfield, und Mary E. Murphy, East Longmeadow, Mass., V. St. A., **Lufttrocknende Überzugsmassen,** enthaltend in einem flüchtigen inerten organ. Lsgm. 1—1,5 (Äquivalente) einer Metall-Verb. (I) u. 1 einer Säuremischung aus a) 0,6—0,9 einer ungesätt. Fettsäure mit 10—18 C-Atomen vom trocknenden oder halbtrocknenden Typ u. b) 0,4—0,1 einer gesätt. oder ungesätt. aliphat. ein- oder mehrbas. Hydroxycarbonsäure mit 2—18 C-Atomen. Geeignete I sind die Hydroxyde, Alkoxyde oder gemischte Alkoxy-Hydroxyde von 3—4wertigen Metallen, wobei die Alkoxygruppen 1—10 C-Atome aufweisen; z. B. Al-Triisopropylester, Tetrabutyltitanat. Zur Vermeidung vorzeitiger Rkk. verwahrt man die akt. Komponenten in zwei Behältern u. vereinigt vor der Verarbeitung. (**A. P. 2 916 392** vom 7/4. 1958, ausg. 8/12. 1959.) P. Krug. 7107

S. C. Johnson & Son, Inc., übert. von: Sylvan O. Greenlee, Racine, Wis., V.St.A., **Überzugsmassen, insbesondere zur Herstellung von entfernbaren Schutzschichten,** wie Selbstglanzschichten, enthalten ein alkalilösl. harzartiges Rk.-Prod. (I) aus einer Monohydroxymonocarbonsäure mit bis zu 8 C-Atomen, wie Hydroxyessigsäure, u. einem mehrwertigen Alkohol der Formel HO — **R** — O — A — [OR'OA]$_n$O — **R** — OH, worin bedeuten: R einen Alkylenrest mit 2—12 C-Atomen, R' einen Alkylenrest mit 2—10 C-Atomen, A einen Phenylen- oder Diphenylalkanrest sowie n 0—2. Die SZ. des I ist 50—100. (**A. P. 2 909 505** vom 14/6. 1954, ausg. 20/10. 1959.) P. Krug. 7107

Wilhelm Kuntara, Schönhofen, Oberpfalz, **Aufkleben von Kunststoff-Folien auf Holz** unter Verw. eines Kaltleimes auf der Basis von Harnstoff-Formaldehyd. Die Kunststoff-Folie trägt einen Verbundbelag aus klebefähigem Material, z. B. körnigem oder faserigem Material. — Belegen von Schiern. — 2 Abbildungen. (**Oe. P. 208 483** vom 10/2. 1958, ausg. 11/4. 1960. D. Prior. 16/2. 1957.) M. F. Müller. 7107

A. Boake, Roberts & Co. Ltd., England, **Herstellung von Esterharzen,** welche geeignet sind, synthet. Harze, z. B. Phenol–Formaldehyd-Harze, in ihren Eigg. zu verändern, durch Veresterung einer sauren organ. Verb. (I) mit einem epoxydierten Öl. Verbb. I sind z. B. natürliche Harze oder eine synthet. 2- oder mehrbas. Säure, wie Phthalsäure. Als alkohol. Komponente wird zur Veresterung ggf. zusätzlich Glycerin u. Kolophonium verwendet. — 100 (Teile) epoxydiertes Tournesolöl werden 30 Min. lang auf 230—240° mit 25 Kolophoniumöl erhitzt. Man erhält ein braunes Öl. — 100 epoxydiertes Sojaöl u. 7,2 Phthalsäureanhydrid werden $1^1/_2$ Std. bei 200° erhitzt, wobei ein braunes viscoses Gel entsteht. — 200 Kolophonium u. 140 epoxydiertes Sojaöl werden 2 Std. bei 230° erhitzt. — 245 Kongokopal, 241 Kolophonium u. 19 Glycerin werden 3 Std. auf 280° u. nach Zusatz von 180 epoxydiertem Sojaöl 2 Std. auf 230° erhitzt. (**F. P. 1 211 460** vom 21/7. 1958, ausg. 16/3. 1960. E. Prior. 22/7. 1957.)
M. F. Müller. 7107

Rohm & Haas Co., V.St.A. (Erfinder: **George Lincoln Brown** und **Robert William Percival**), *Anstrichmittel.* (**F. P. 1 172 683** vom 23/2. 1957, ausg. 13/2. 1959. A. Prior. 23/2. 1956. — C. **1961,** 5976 [Niederl. P. 93 719].)

Minnesota Mining & Mfg. Co., übert. von: **Myron W. Hall,** St. Paul, Minn., V.St.A., *Wasserlösliche filmbildende Polymere.* (**Can. P. 568 554** vom 11/3. 1955, ausg. 6/1. 1959. A. Prior. 1/4. 1954. — C. **1959,** 7641 [E. P. 783 905].)

General Motors Corp., Detroit, Mich., übert. von: **Stanley R. Prance** und **Harry O. Waag,** Dayton, Ohio, V.St.A., *Überzüge.* (**Can. P. 554 598** vom 10/4. 1951, ausg. 18/3. 1958. A. Prior. 27/7. 1950. — C. **1955,** 8744 [A. P. 2 684 310].)

American Cyanamid Co., New York, N.Y., übert. von: **Herbert J. West,** Pittsburgh, Pa., V.St.A., *Überzugsmittel.* (**Can. P. 568 440** vom 27/1. 1947, ausg. 6/1. 1959. A. Prior. 8/11. 1946. — C. **1951,** II, 2116 [A. P. 2 526 179].)

General Aniline & Film Corp., V.St.A. (Erfinder: **Robert Steckler** und **Jesse Werner**), *Epoxyätherharzmischung.* (**F. P. 1 183 212** vom 20/9. 1957, ausg. 3/7. 1959. A. Prior. 4/10. 1956. — C. **1959,** 16172 [A. P. 2 853 468].)

Dominion Rubber Co. Ltd., Montreal, Quebec, Canada, übert. von: **Lucian P. Dosmann,** South Bend, Ind., V.St.A., *Vinylchlorid-Copolymere.* (**Can. P. 554 540** vom 26/8. 1955, ausg. 18/3. 1958. A. Prior. 10/9. 1954. — C. **1959,** 7303 [D. A. S. 1 034 793].)

General Aniline & Film Corp., V.St.A. (Erfinder: **Frederick Adam Hessel** und **Gerald Robinson**), *Herstellung einer vernetzten Polyvinylverbindung.* (**F. P. 1 199 485** vom 27/2. 1958, ausg. 14/12. 1959. A. Prior. 19/4. 1957. — C. **1961,** 3496 [A. P. 2 882 257].)

Torrance & Sons Ltd., England (Erfinder: **Eric Stanley Franklin**), *Diffusion fester Teilchen in Flüssigkeiten.* (**F. P. 1 184 614** vom 12/7. 1957, ausg. 23/7. 1959. E. Prior. 13/7. 1956. — C. **1962,** 599 [E. P. 850 687].)

Plax Corp., V.St.A. (Erfinder: **Alvin Roynham Nielsen, Albert Edward Adakonis** und **Jules Pinsky**), *Verbesserung plastischer Massen.* (**F. P. 1 173 372** vom 27/3. 1957, ausg. 24/2. 1959. A. Prior. 28/3. 1956. — C. **1961,** 11159 [E. P. 842 905].)

E. I. du Pont de Nemours & Co., Wilmington, Del., übert. von: **Walter H. Cobbs jun.,** New York, N.Y., V.St.A., *Orientierung thermoplastischer Folien.* (**Can. P. 568 562** vom 26/3. 1955, ausg. 6/1. 1959. A. Prior. 30/3. 1954. — C. **1962,** 6605 [D. A. S. 1 083 041].)

H_{11} b. Plaste (Kunstharze. Plastische Massen)

Die Kombination von Kautschuk und Kunststoffen. J. Spehar. (Plastica [Delft] **14,** 1011—15, Nov., 1174—77, Dez. 1961; Polymer. Corp. Sarnia, Canada; engl.) — Übersicht über die Eigg. einiger Kautschukarten, Kunststoffe u. Gemische beider Stoffe: *Polystyrol, Polyäthylen-Kautschuk, Acrylnitril–Butadien–Styrol-Harze,* polymerisierbare Monomere, (z. B. *x-970*) u. *Nitrilkautschuk* oder *Styrol–Butadien-Harz, -Nitrilkautschuk*-PVC u. ihre Anwendungen. W. Wesly. 7170 □

Synthetische Harze. Darstellung und Beurteilung ihrer Eigenschaften. Eloisa Biasotto Mano. (Rev. Quím. ind. **29,** Nr. 333, 13—17, Jan., Nr. 334, 13—16, Febr. 1960; Inst. Nac. de Tecnol., Labor. de Borracha e Plásticos; port.) — Zusammenfassender Vortrag über die verschiedenen Typen von Polymeren, ihre Herst. u. ihre Eigenschaften. R. K. Müller. 7170 □

Copolymerisation und Vernetzung. P. Schneebeli. (Rev. Produits chim. **64,** 475—79, 31/10. 1961; Paris, Ecole Nat. Supér. de Chim.; franz.) — Übersicht über die Begriffe Copolymerisation, Vernetzung u. Pfropfung u. über polymerisationsfähigen Ester unter bes. Berücksichtigung von Cyclohexylmethacrylat u. Äthylhexylitaconat.
W. Willenberg. 7170 □

Verpackungsfolien aus Polymeren. Ss. W. Genel und D. W. Konowalowa. (Пластические Массы [Plast. Massen] **1961,** Nr. 8, 43—47; russ.) — Die physikal.-

mechan. Kennzahlen sowie die prakt. Einsatzmöglichkeit im Verpackungswesen von Folien auf Grundlage von *Hoch-* u. *Niederdruckpolyäthylen, Polypropylen, Polyestern, Polyvinylchlorid* (auch mit *Vinylacetat* copolymerisiert), des Copolymeren von *Vinyliden-* u. *Vinylchlorid* (*Saran*), *hydrochloriertem Kautschuk* (Pliofilm), dubliertem *Cellophan/Polyäthylen, Polyamid* u. *Polystyrol* unter besonderer Berücksichtigung automat. Verpackungsanlagen werden an Hand der Literatur beschrieben. — 9 Literaturangaben. O. Kramm. 7170□

Färben von Polyäthylen. S. I. Ssergejewa und Je. M. Kershkowskaja. (Пластические Массы [Plast. Massen] **1962,** Nr. 6, 31—33; russ.) — Das Färben von Polyäthylen kann in Mischapp. unter Zugabe von geeigneten Pigmenten bei 120—150° ausgeführt werden. Ein anderes Verf. ist das Mischen von Polyäthylengranulat im Mischapp. mit den Pigmenten. J. v. Schroeder. 7172□

Herstellung, Eigenschaften, Verarbeitung und Anwendung von Polyfluorcarbonen. Erich P. Frieser und Hans Kreger. (Plastverarbeiter **13,** 49—52, Febr., 126, März, 185, April, 235, Mai 1962; Wien; dt.) — Übersicht über Herst., Eigg. u. Handelsformen von *Polytetrafluoräthylen* (*Teflon, Hostaflon TF, Fluon*) im Vgl. mit *Polytrifluormonochloräthylen* (*Hostaflon C 2*). — 25 Literaturangaben. W. Wesly. 7172□

Untersuchung mechanischer und thermischer Eigenschaften von Copolymeren des α-Chlormethylacrylats mit Methylmethacrylat. Tadeusz Rosner, Arkadiusz Konarzewski und Zenon Joffe. (Przemysł chem. **40,** 394—96, Juli 1961; Szczecin, Politechn., Kat. Włok. sztucznych; pol.) — Durch Blockpolymerisation von Methacrylsäuremethylester mit α-Chloracrylsäuremethylester (I) wird ein *organ. Glas* mit besserer Härte u. höherer Erweichungs-Temp. bei genügender thermoplast. Verarbeitbarkeit erhalten als ohne I. Optimal ist ein I-Anteil im Copolymeren von 75%. Das dabei erhaltene Prod. hat die Brinell-Härte von 30 kg/mm^2 vor dem Tempern u. 40—46 nach dem Tempern. Die Erweichungs-Temp. ist 112°. Störend bei der Polymerisation ist die physiolog. Wrkg. von I. F. Urban. 7172□

Einfluß von Endgruppen in ungesättigten Polyesterharzen auf deren dielektrische Eigenschaften. Z. Kłosowska, R. Ostrysz und P. Penczek. (Plaste u. Kautschuk **9,** 267—69, Juni 1962, Warszawa Polen, Inst. für Kunststoffe; dt.) — Ungesätt. Polyesterharze der Typen Polimal 109 u. 150 aus den Ausgangsmaterialien *Phthalsäureanhydrid, Maleinsäureanhydrid, Styrol* u. *Propylen-* oder *Diäthylenglykol* werden dielektr. Unterss. unterworfen. Während bei den elast. Harzen das Harz mit überwiegendem Geh. an Carboxylendgruppen die besten dielektr. Eigg. zeigt, ergeben sich bei den gehärteten Harzen keine Unterschiede bei überwiegendem Carboxyl- oder Hydroxylendgruppen-Gehalt. Insgesamt verbessert die Härtung durch Erwärmen (150 Std. auf 90°) die dielektr. Eigg., genau so wirkt die Entfernung niedermol. Fraktionen, was gleichzeitig die Zugfestigkeit verbessert. — 11 Literaturangaben. K. H. Gröbe. 7176□

Einkapselung mit Alkyden. J. J. Moylan und J. T. Long. (Austral. Plastics Rubber J. **16,** Nr. 192, 43—45, Juli 1961; Allied Chem. Internat.; engl. — C. **1962,** 1811.) W. Wesly. 7176□

Penton. M. Doucet. (Plastica [Delft] **15,** 184—86, April 1962; Ostende, Hercules Powder Co.; niederl.) — Eigg. u. Verarbeitungsweise von Penton (chlorierter Polyäther). B. Scheifele. 7176□

Gegossene, biegsame Urethanpolymere. C. H. Smith und C. A. Peterson. (Mod. Plastics **38,** Nr. 11, 125—27, 181, Juli 1961; Kansas City, Mo., Bendix Corp., Materials Engng.; Butler Mfg. Co., Plastics Div.; engl.) — Es wird die Abhängigkeit der mechan. u. elektr. Eigg. von der chem. Zus. bei *Urethanpolymeren* auf Polyesterbasis untersucht. Die Polyester werden aus Adipinsäure u. kurzkettigen Diolen in einem solchen Mengenverhältnis hergestellt, daß sich eine Hydroxylzahl von 50—70 ergibt. Hieraus werden mit Diisocyanaten, wie Toluoldiisocyanat (65/35 Mischung von 2.4- u. 2.6-Isomeren), Diphenylmethandiisocyanat u. Dimethyldiphenyldiisocyanat, *Präpolymere* hergestellt, aus welchen mit wasserfreiem 1.4-Butandiol gießfähige, härtende Urethane erhalten werden. Die Polymere der diaromat. Diisocyanate waren in den mechan. Eigg. den Toluoldiisocyanatabkömmlingen im allg. überlegen. Die Variierung der Polyesterkomponente ergab wenig Unterschied. Die elektr. Eigg. waren einheitlich u. durchweg gut. H. Penn. 7180□

Die Silicone und ihre heutige Stellung in der Technik. S. Nitzsche. (Ion [Madrid] **20,** 409—13, Juli 1960; span.) — Übersicht über die techn. Entw. der Siliconchemie, die Herst. der *Silicone,* die Siliconöle, -fette u. -pasten, die Silicone als Imprägniermittel, die *Siliconharze* u. ihre Verw. in Anstrichen, die Siliconkautschuke u. die Verw. von Siliconen im Spritzguß. R. K. Müller. 7188□

Glasfaserwerkstoffe für die Kunststoffindustrie. A. R. Brown. (Austral. Plastics Rubber J. **14,** Nr. 158, 15—17, Nr. 159, 21—24, Sept./Okt. 1958; Wonderglass Pty. Ltd.;

engl.) — Übersicht über die Verw. von *Glasfasern* zur Herst. glasfaserverstärkter Kunststoffe. W. Wesly. 7188□

Die Abbauprozesse in der makromolekularen Chemie. 1. Mitt. Hydrolytischer Abbau. José Mª. Gómez Fatou. (Rev. Plásticos **11**, 223—33, 242, Juli/Aug. 1960; span.) — Die Vorgänge beim hydrolyt. Abbau von natürlichen Kondens.-Polymeren (*Cellulose* u. ihre Derivv.) u. synthet. Kondens.-Polymeren (Polymethacrylamid, Polyvinylacetat) werden beschrieben u. in Gleichungen dargestellt. — 21 Literaturangaben. R. K. Müller. 7198□

Das Verhalten von Celluloseacetatkunststoffen bei Dehnung. Katsuhiko Ito. (Mod. Plastics **38**, Nr. 11, 129—30, 183, Juli 1961; Tokio, Japan, Komagome Bunkyo-ku, Inst. of Phys. and Chem. Res., Plastics Labor.; engl.) — Das Verh. von Linearpolymeren bei der Dehnung, wobei sowohl Deformations- als auch Fließdehnung auftritt, wird am Beispiel von *Celluloseacetatkunststoffen* mit Dimethylphthalatweichmacher untersucht, u. zwar in bezug auf 1. vorangehende Dehnung, 2. Relaxation durch Tempern, 3. Dehnungs-Geschw., 4. Weichmacher-Konz. u. 5. Arbeitstemperatur. Zu 1: Bei gleicher Zugspannung ist die Dehnung um so geringer, je stärker die vorausgegangene Dehnung war. Zu 2: Bei gleicher Temp.-Dauer steigt die Relaxation mit der Temp. u. sinkt mit dem Ausmaß der Dehnung, da durch stärkere Dehnung der Anteil der langsam sich erholenden Fließdehnung zunimmt. Zu 3: Je langsamer die Dehnung erfolgt, um so größer ist der Anteil der Fließdehnung. Zu 4: Mit steigendem Weichmacher-Geh. steigt der Anteil der Fließdehnung. Zu 5: Die Relaxation erreicht bei steigender Arbeits-Temp. ein Maximum, das der Dissoziations-Temp. der Sekundärbindungen der Faden-Moll. entspricht. H. Penn. 7198□

Schichten aus geschäumtem Phenolharz in verstärkten Plast-Platten. R. G. B. Mitchell. (Rubber Plastics Age **43**, 254—55, 257, März 1962; Bakelite Ltd.; engl.) I. Koschitzki. 7204

Erfahrungen mit dem automatischen Pressen von Duroplasten. H. C. M. Smit. (Kunststoffe **52**, 34—35, Jan. 1962; Eindhoven; dt.) — Prakt. Erfahrungen bzgl. Vorwärmen der Masse, Entlüften, Auswerfen usw. beim automat. Pressen von Duroplasten wird mitgeteilt. L. Kempf. 7204

Verstärkte Kunststoffe durchstoßen die Wärmebarriere. H. A. Perry. (Mater. Res. Standards **1**, 122—24, Febr. 1961; Silver Spring, Md., Naval Ordnance Labor.; engl.) — Übersicht über charakterist. Eigg., Konstruktionsprobleme, Verarbeitung u. Prüfung von verstärkten Kunststoffen. L. Kempf. 7204

Die Kunststoffe auf dem Raketengebiet. Mario Bornengo. (Materie plast. **17**, 854—61, Sept. 1961; ital.) — 16 Literaturangaben. B. Scheifele. 7204□

Analyse von Äthylen-Propylen-Mischpolymerisaten mit Hilfe der Infrarotspektroskopie. F. Ciampelli, G. Bucci, T. Simonazzi und A. Santambrogio. (Chim. e Ind. [Milano] **44**, 489—93, Mai 1962; ital.) — Es werden 2 neue Meth. der IR-Spektroskopie für die Analyse von Äthylen-Propylen-Mischpolymerisaten vorgeschlagen. Die eine Meth. ist anwendbar auf Mischpolymerisate, die in den für die IR-Analyse geeigneten Fll. lösl. sind. Es wird hierbei die durch die Methylgruppen bedingte Absorptionsbande bei 7,25 μ benutzt. Der Meßfehler ist kleiner als 3%. Die 2. Meth. bezieht sich auf nichtlösl. Polymerisate u. verwendet das Verhältnis zwischen den Banden bei 8,65 μ u. 2,32 μ. Die Durchführung der Analysen wird beschrieben, die anderen bekannten IR-Meth. werden hinsichtlich ihrer Anwendbarkeit diskutiert. W. Renker. 7210□

Erwärmungs- und Abkühlungsvorgänge von Plasten. W. Holzmüller. (Plaste u. Kautschuk **9**, 259—63, 266, Juni 1962; Leipzig, DAW, Inst. für Physik u. physikal. Chem. der Hochpolymeren; dt.) — Vgl. C. **1962**, 12113. — Erwärmungs- u. Abkühlungsvorgänge an Plasten werden mathemat. untersucht u. Folgerungen für das prakt. Arbeiten an Extrudern u. Schneckenpressen daraus gezogen. K. Gröbe. 7210□

Messungen der Wärmeleitfähigkeit und der spezifischen Wärme von Spritzgußmassen. W. Holzmüller, H. Tautz und K. Seifert. (Plaste u. Kautschuk **9**, 264—66, Juni 1962; Leipzig, Karl-Marx-Univ., Physikal. Inst., Abtlg. Techn. Phys.; dt.) — Für die Verarbeitung in Spritzgußmaschinen, Extrudern oder Kalandern ist es erforderlich, die Temp.-Abhängigkeit der Wärmeleitzahl λ u. der spezif. Wärme c_p zu ermitteln. Durch die Vorbehandlung des Materials bedingt, schwanken die Richtwerte allerdings oftmals, was Rückschlüsse auf die Struktur des Kunststoffes zuläßt. — 12 Literaturangaben. K. Gröbe. 7210□

Beziehung zwischen dem elektrischen Widerstand eines Harzfilmes und dem im Harz pigmentiertem Ruß. Susumu Aso. (J. electrochem. Soc. Japan [Overseas Edit.] **26,** E 107—09, 1958; Kawasaki, Nippon Electric Co.; engl.) — Bei der Unters. der Qualität der Rußpigmentierung eines Filmes aus *Araldit* (Lsgm. Benzylalkohol) wurden zwei verschiedene Rußsorten mit den spezif. elektr. Widerständen von ca. 0,03 u. 0,5 $\Omega \cdot$cm verwendet. Dabei ergab sich, daß der elektr. Widerstand des Filmes die gleichen Erscheinungen zeigte, wie sie bei Untersuchungen an Kohlenstoffgranulaten für Transmitter festgestellt wurden. E. Ühlein. 7210□

Phillips Petroleum Co., V.St.A. (Erfinder: **Glenn Hilburn Dale**), *Gewinnung von Polymeren aus ihren Lösungen.* (**F. P. 1 181 303** vom 19/8. 1957, ausg. 15/6. 1959. A. Prior. 20/8. 1956. — C. **1962,** 7343 [Aust. P. 223 116].)

Badische Anilin- & Soda-Fabrik Akt.-Ges., übert. von: **Hans-Joachim Krause** und **Franz Drexler,** Ludwigshafen/Rh., *Wasserlösliche Mischpolymerisate.* (**A. P. 2 997 465** vom 2/7. 1957, ausg. 22/8. 1961. D. Prior. 7/7. 1956. — C. **1960,** 667 [D. A. S. 1 037 129].)

Farbwerke Hoechst Akt.-Ges., vormals Meister Lucius & Brüning, Frankfurt/M., übert. von: **Werner Grundmann, Ditmar Bachmann, Rudolf Halder,** Hofheim/Taunus, und **Hans Gampp,** São Paulo, Brasilien, *Olefinpolymerisation.* (**A. P. 2 984 657** vom 30/10. 1956, ausg. 16/5. 1961. D. Prior. 4/11. 1955. — C. **1960,** 2705 [F. P. 1 159 508].)

Farbwerke Hoechst Akt.-Ges., vormals Meister Lucius & Brüning, Frankfurt/M., übert. von: **Karl Rehn,** Hofheim, **Ernst Junghanns, Siegfried Sommer** und **Herbert Bestian,** Frankfurt/M., *Reinigen von Polyolefinen.* (**A. P. 3 006 907** vom 17/4. 1956, ausg. 31/10. 1961. D. Prior. 20/4. 1955. — C. **1959,** 8726 [F. P. 1 148 162].)

Farbwerke Hoechst Akt.-Ges., vormals Meister Lucius & Brüning, Frankfurt/M., übert. von: **Herbert Kreuter,** Eschborn, **Siegfried Sommer** und **Hans Günter Kirschner,** Frankfurt/M., *Herstellen von Polyolefinen.* (**A. P. 3 007 904** vom 18/7. 1957, ausg. 7/11. 1961. D. Prior. 27/7. 1956. — C. **1960,** 2362 [Oe. P. 203 713].)

Henkel & Cie. G. m. b. H., übert. von: **Bernhard Raecke,** Düsseldorf, *Olefinpolymerisation.* (**A. P. 3 007 909** vom 18/9. 1957, ausg. 7/11. 1961. D. Prior. 27/9. 1956. — C. **1962,** 4361 [F. P. 1 186 350].)

Imperial Chemical Industries Ltd., London, übert. von: **John Woolley Batty, Arthur Lambert, Gerald Scott,** Blackley, Manchester, **Frank Bebbington** und **Leslie Seed,** Northwich, England, *Polymerisation von äthylenisch ungesättigten Verbindungen mit organischen Hyponitritkatalysatoren.* (**A. P. 2 971 952** vom 7/10. 1957, ausg. 14/2. 1961. E. Prior. 2/5. 1956. — C. **1960,** 11485 [Aust. P. 217 616].)

Montecatini Soc. Gen. per l'Industria Mineraria e Chimica (Erfinder: **Giulio Natta, Giovanni Crespi** und **Mario Bruzzone**), *Herstellung von vernetzten Polymeren von α-Olefinen.* (**Aust. P. 232 313** vom 28/7. 1958, ausg. 23/2. 1961. It. Prior. 1/8. 1957. — C. **1961,** 2458 [Oe. P. 208 072].)

Phillips Petroleum Co., V.St.A. (Erfinder: **William Lloyd Fawcett**), *Olefinpolymerisation.* (**F. P. 1 186 312** vom 5/9. 1957, ausg. 20/8. 1959. A. Prior. 10/9. 1956. — C. **1961,** 3165 [Belg. P. 560 662].)

Phillips Petroleum Co., V.St.A. (Erfinder: **William James Wride**), *Gewinnung von Olefinpolymeren aus ihren Lösungen.* (**F. P. 1 186 322** vom 11/9. 1957, ausg. 20/8. 1959. A. Prior. 14/9. 1956. — C. **1961,** 3165 [Belg. P. 560 787].)

Phillips Petroleum Co., V.St.A. (Erfinder: **Edwin Arnold Houser**), *Polymerisieren von Olefinen.* (**F. P. 1 180 433** vom 31/7. 1957, ausg. 4/6. 1959. A. Prior. 3/8. 1956. — C. **1961,** 3499 [Belg. P. 559 774].)

Phillips Petroleum Co., Del., übert. von: **Howard B. Irvin,** Bartlesville, Okla., V.St.A., *Herstellung von Polymerisaten von ungesättigten Kohlenwasserstoffen.* (**A. P. 3 008 938** vom 9/7. 1956, ausg. 14/11. 1961. — C. **1961,** 3499 [Belg. P. 559 038].)

Union Carbide Corp., New York, N.Y., übert. von: **Juel P. Schroeder,** Bernardsville, und **Edward C. Leonard jun.,** Bloomfield, N.J., V.St.A., *Phosphorylierte Olefinpolymerisate.* (**A. P. 3 008 939** vom 27/12. 1957, ausg. 14/11. 1961. — C. **1962,** 7347 [E. P. 849 059].)

Esso Research and Engineering Co., Del., übert. von: **Walter R. F. Guyer,** Short Hills, N.J., V.St.A., *Polymerisationskatalysator.* (**A. P. 3 008 943** vom 1/12. 1955, aus. 14/11. 1961. — C. **1961,** 15942 [F.P. 1 168 024].)

Phillips Petroleum Co., Del., übert. von: **Emory W. Pitzer,** Bartlesville, Okla., V.St.A., *Polymerisationskatalysator für Olefine.* (**A. P. 2 994 667** vom 23/5. 1956, ausg. 1/8. 1961. — C. **1962,** 3275 [Belg. P 557 564].)

M. W. Kellogg Co., V.St.A. (Erfinder: **George Homer Crawford jun.**), *Polymerisationskatalysator.* (**F. P. 1 182 330** vom 1/7. 1957, ausg. 24/6. 1959. A. Prior. 2/7. 1956. — C. **1961,** 4901 [E. P. 817 308].)

Phillips Petroleum Co., Del., übert. von: **James I. Stevens, John E. Cottle** und **William T. Wise,** Bartlesville, Okla., V.St.A., *Aktivieren von Polymerisationskatalysatoren.* (**A. P. 2 987 487** vom 14/10. 1955, ausg. 6/6. 1961. — C. **1961,** 16296 [F. P. 1 163 891].)

Phillips Petroleum Co., V.St.A. (Erfinder: **Martin Richard Cines**), *Abtrennung des Polymerisationskatalysators.* (**F. P. 1 184 335** vom 14/10. 1957, ausg. 20/7. 1959. A. Prior. 16/10. 1956. — C. **1962,** 5115 [Aust. P. 224 123].)

Phillips Petroleum Co., Del., übert. von: **William L. Stalder,** Bartlesville, Okla., V.St.A., *Entfernen von Katalysatorresten aus Polymerisaten.* (**A. P. 3 008 947** vom 28/12. 1956, ausg. 14/11. 1961. — C. **1961,** 11914 [E. P. 835 593].)

Dow Chemical Co., Midland, Mich., übert. von: **Frank A. Bartolomeo, Harvey D. Ledbetter,** Lake Jackson, und **James M. McDuff,** Angleton, Tex., V.St.A., *Reinigen von Olefinpolymerisaten.* (**A. P. 3 004 963** vom 16/9. 1955, ausg. 17/10. 1961. — C. **1961,** 15583 [F. P. 1 157 860].)

Western Electric Co., Inc., New York, N.Y., V.St.A., *Stabilisierung gesättigter Olefinpolymerer.* (**Niederl. P. 100 724** vom 17/10. 1957, ausg. 15/3. 1962. A. Prior. 29/11. 1956. — C. **1960,** 3056 [Oe. P. 203 213].)

Metal & Thermit Corp., V.St.A. (Erfinder: **Gerry P. Mack**), *Stabilisierungsmittel für halogenhaltige Harze.* (**F. P. 1 188 695** vom 12/12. 1957, ausg. 24/9. 1959. A. Prior. 13/12. 1956. — C. **1961,** 6698 [A. P. 2 935 491].)

Farbwerke Hoechst Akt.-Ges., vormals Meister Lucius & Brüning, Frankfurt/M., übert. von: **Roderich Graf**, Frankfurt/M., und **Ernst Jacob**, Hofheim, *Herstellen von Polyäthylen.* (**A. P. 3 007 908** vom 17/2. 1956, ausg. 7/11. 1961. D. Prior. 19/2. 1955. — C. **1959,** 317 [F. P. 1 147 111].)

National Petro-Chemicals Corp., V.St.A. (Erfinder: **Ralph M. Knight**), *Polymerisieren von Äthylen.* (**F. P. 1 177 595** vom 27/6. 1957, ausg. 27/4. 1959. A. Prior. 28/6. 1956. — C. **1961,** 11539 [E. P. 827 682].)

Phillips Petroleum Co., V.St.A. (Erfinder: **Richard Swine Robinson**), *Polymerisieren von Äthylen.* (**F. P. 1 180 976** vom 8/8. 1957, ausg. 10/6. 1959. A. Prior. 13/8. 1956. — C. **1961,** 3499 [Belg. P. 559 974].)

Ruhrchemie Akt.-Ges. (Erfinder: **Ewald Stiebling, Helmut Kolling, Theodor Notthoff, Bernhard Schleper** und **Franz Schaub**), Oberhausen, *Äthylenpolymerisation.* (**Jap. A. S. 11 690/1960** vom 1/7. 1958, ausg. 22/8. 1960. D. Prior. 8/1. 1957. — C. **1960,** 13209 [F. P. 1 189 048].)

Solvic Soc. An. (Erfinder: **Robert de Coene**), *Polymerisieren von Äthylenverbindungen.* (**Aust. P. 232 327** vom 5/9. 1958, ausg. 23/2. 1961. Belg. Prior. 6/9. u. 16/11. 1957. — C. **1961,** 8494 [F. P. 1 201 943].)

Soc. des Usines Chimiques Rhône-Poulenc, Paris (Erfinder: **Gilbert Bô, Edouard Fichet** und **André Perrot**, Lyon, und **Philippe Perras**, Collon du Aumont d'Or), Frankreich, *Herstellung von Katalysatoren für die Äthylenpolymerisation.* (**Jap. A. S. 13 467/1960** vom 22/3. 1958, ausg. 15/9. 1960. F. Prior. 23/3. 1957. — C. **1960,** 14199 [D. A. S. 1 080 781].)

Imperial Chemical Industries Ltd., London, übert. von: **Jack Ernest Duddington**, Cleveleys, und **Stanley Sherratt**, Welwyn Garden City, England, *Polymerisation von Tetrafluoräthylen.* (**A. P. 3 009 892** vom 26/12. 1957, ausg. 21/11. 1961. E. Prior. 11/1. 1957. — C. **1961,** 12287 [E. P. 821 353].)

Farbenfabriken Bayer Akt.-Ges., Leverkusen, übert. von: **Hans Seifert**, Bergisch-Neukirchen, *Chlormethylierung aromatischer Vinylpolymerisate.* (**A. P. 3 008 927** vom 2/12. 1958, ausg. 14/11. 1961. D. Prior. 24/12. 1957. — C. **1960,** 7702 [D. A. S. 1 058 737].)

N. V. de Bataafsche Petroleum Mij., Niederlande (Erfinder: **Edward Charles Schokal** und **Paul Aloysius Devlin**), *Herstellung von Mischpolymerisaten von Allylalkohol und aromatischen Vinylverbindungen.* (**F. P. 1 181 894** vom 2/9. 1957, ausg. 19/6. 1959. A. Prior. 4/9. 1956 u. 22/7. 1957. — C. **1960,** 17294 [Aust. P. 219 050].)

Union Carbide Corp., V.St.A. (Erfinder: **Roland Henry Peterson**), *Herstellung von Vinylchloridharzschaum.* (**F. P. 1 183 310** vom 24/9. 1957, ausg. 6/7. 1959. A. Prior. 25/9. 1956. — C. **1962,** 4739 [Aust. P. 221 465].)

Montecatini Soc. Gen. per l'Industria Mineraria e Chimica, Mailand, Italien, *Polymerisation von Vinyläthern.* (**Niederl. P. 100 786** vom 18/12. 1958, ausg. 15/3. 1962. It. Prior. 19/12. 1957. — C. **1961,** 8495 [F. P. 1 218 602].)

E. I. du Pont de Nemours & Co., übert. von: **Robert T. Van Ness**, Wilmington, Del., V. St. A., *Herstellung von Polyvinylacetalen.* (**Can. P. 568 579** vom 20/9. 1955, ausg. 6/1. 1959. A. Prior. 10/8. 1954. — C. **1956,** 7670 [A. P. 2 720 501].)

Celanese Corp. of America, New York, N.Y., übert. von: **Wilford Donald Jones**, Summit, N.J., V.St.A., *Emulsionspolymerisation von Vinylacetat.* (**A. P. 3 010 929** vom 20/10. 1954, ausg. 28/11. 1961. — C. **1961,** 4181 [E. PP. 814 067 u. 814 068].)

Rohm & Haas Co., Philadelphia, Pa., V.St.A., *Herstellung von Methyl-β-cyanisobutyrat.* (**Niederl. P. 100 983** vom 13/5. 1957, ausg. 16/4. 1962. A. Prior. 15/5. 1956. — C. **1959,** 2300 [A. P. 2 810 742].)

Union Carbide Corp., V.St.A. (Erfinder: **William Franklin Gorham**), *Di-p-Xylylenpolymere.* (**F. P. 1 188 579** vom 12/11. 1957, ausg. 23/9. 1959. A. Prior. 15/11. 1956. — C. **1961,** 17407 [Jap. A. S. 5285/1959].)

Imperial Chemical Industries Ltd., Millbank, London, übert. von: **John William Croom Crawford**, Welwyn Garden City, und **Dennis Geoffrey Murray Wood**, Bognor Regis, England, *Kristalline Styrolpolymerisate.* (**A. P. 3 009 905** vom 21/5. 1957, ausg. 21/11. 1961. E. Prior. 11/6. 1956. — C. **1960,** 14201 [E. P. 812 176].)

Montecatini Soc. Gen. per l'Industria Mineraria e Chimica, Mailand, Italien, *Herstellung geformter Gebilde aus Polystyrol.* (**Niederl. P. 100 729** vom 7/11. 1957, ausg. 15/3. 1962. It. Prior. 8/11. 1956. — C. **1961,** 2808 [Oe. P. 207 556].)

Badische Anilin- & Soda-Fabrik Akt.-Ges., übert. von: **Heinz Mueller-Tamm, Fritz Stastny** und **Karl Buchholz**, Ludwigshafen/Rh., *Schwer entflammbare Styrolpolymere.* (**A. P. 3 009 888** vom 1/7. 1958, ausg. 21/11. 1961. D. Prior. 13/7. 1957. — C. **1959,** 11418 [D. A. S. 1 050 545].)

Dow Chemical Co., Midland, Mich., V.St.A., *Herstellung von Gegenständen aus schaumförmigem Kunststoff.* (**Niederl. P. 100 731** vom 20/11. 1957, ausg. 15/3. 1962. A. Prior. 23/11. 1956. — C. **1962,** 7352 [Jap. A. S. 8134/1959].)

British Celanese Ltd., London, übert. von: **James G. N. Drewitt**, Spondon, und **James Lincoln**, London, England, *Polyester.* (**Can. P. 554 876** vom 15/3. 1955, ausg. 25/3. 1958. E. Prior. 2/4. 1954. — C. **1958,** 8203 [E. P. 764 964].)

Walker Extract & Chemical Co. Ltd., Bolton, Lancashire, übert. von: **Cyril A. Redfarn**, London, England, *Phenolharze.* (**Can. P. 568 572** vom 26/4. 1955, ausg. 6/1. 1959. E. Prior. 1/5. u. 14/7. 1954. — C. **1959,** 13651 [F. P. 1 147 413].)

Union Carbide Corp., V.St.A. (Erfinder: **Herbert William Mackinney** und **Carl Yale Meyers**), *Wärmehärtbare Trimethylolphenolpolyol-Copolymere.* (**F. P. 1 187 897** vom 30/10. 1957, ausg. 17/9. 1959. A. Prior. 1/11. 1956. — C. **1961,** 3502 [D. A. S. 1 086 889].)

Imperial Chemical Industries Ltd., London, übert. von: **Geoffrey L. Foster**, Maidenhead, Berkshire, **Norman W. Hanson**, Slough, Buckinghamshire, und **Richard M. Ringwald**, London, England, *Ester von Diallyläthermonoxyd-Styrol-Copolymeren.* (**Can. P. 555 355** vom 31/7. 1953, ausg. 1/4. 1958. E. Prior. 13/8. 1952. — C. **1956,** 8766 [F. P. 1 086 582].)

H_{12}. Kautschuk

Dynamische Eigenschaften von kautschukelastischen Materialien und Dämpfung mechanischer Schwingungen. J. C. Snowdon. (Rubber Chem. Technol. **34,** 148 bis 157, Jan./März 1961; Noise Control **6,** 18—23, März/April 1960; Ann. Arbor, Mich., Univ., Fluid and Solid Mech. Labor.; engl.) — Aus der Diskussion der dynam. Eigg.

kautschukelast. Materialien, der Meth. red. Variabler von Ferry u. der Auswahl geeigneter Materialien für Dämpfungselemente gegenüber Schwingungen kann gefolgert werden, daß sich im Idealfall der reelle Teil des komplexen Elastizitätsmoduls u. der Dämpfungsfaktor eines Dämpfungselements mit der Frequenz nur langsam ändern sollten u. daß andererseits der Dämpfungsfaktor des Materials sehr groß sein sollte.
R. Schäff. 7220□

Elastomere. B. S. Garvey jun. (Ind. Engng. Chem., int. Edit. **53**, 856—59, Okt. 1961; King of Prussia, Pa., Pensalt Chemical Corp.; engl.) — Übersicht über den wissenschaftlichen u. techn. Stand. Bericht von Mai 1960—1961. — 113 Literaturhinweise.
A. Sander. 7224□

Äthylen-Propylen-Kautschuk. L. O. Amberg und A. E. Robinson. (Ind. Engng. Chem., int. Edit. **53**, 368—70, Mai 1961; Wilmington, Del., Hercules Powder Co., Res. Center; engl. — C. **1962**, 13601.) R. Schäff. 7224□

Selbstklebender Siliconkautschuk. R. P. de Sieno. (Rubber Wld. **144**, Nr. 1, 75—82, April 1961; Waterford, N.Y., General Electric Co.; engl.) — Ein selbstklebender *Siliconkautschuktyp,* der infolge chem. Wechselwrkg. eine Direkthaftung zwischen Kautschukmischung u. Metall (bes. Stahl, Chromstahl u. VA-Stahl) bewirkt, wird beschrieben. R. Schäff. 7224□

Kaltvulkanisierender Siliconkautschuk als Formenmaterial. Herbert Kantrowitz. (Seifen-Öle-Fette-Wachse **84**, 185—87, 2/4. 1958; dt.) — Vf. empfiehlt für den Formenbau, insbes. für Abformungen von Vorlagen, die *Gießmasse 56* u. die Streichpaste auf Basis kaltvulkanisierenden *Siliconkautschuks* der Fa. Wackerchemie GmbH. Die weitere Regelbarkeit der Topfzeit u. Härtungs-Geschw., die hohe Abformungstreue, die leichte Entformbarkeit der elast. u. dank des geringen Härtungsschwundes sehr maßgetreuen Formen sowie ihre sonstigen vorzüglichen physikal. Eigg., rechtfertigen den Einsatz des Materials. H. Dannenbaum. 7224□

Gemahlene Ruße und ihr Verhalten in Elastomeren. 3. Mitt. Effekte in Styrol-Butadien-Kautschuk und anderen Kautschuken. A. M. Gessler. (Rubber Chem. Technol. **34**, 16—42, Jan./März 1961; Esso Res. & Engng. Co., Chem. Res. Div.; engl.) — 2. vgl. C. **1961**, 8859. — Der Einfl. gemahlener Rußtypen auf das Vulkanisations-Verh. von *Styrol-Butadien-Kautschuk* (I), *Naturkautschuk, Acrylonitril-Butadien-Kautschuk* u. *Chloroprenkautschuk* wurde ermittelt. Bei **I**-Mischungen tritt starke Verzögerung ein, die Vulkanisation wird aber in Ggw. von Glycerin (**II**) oder anderen aliphat. Polyolen sehr beschleunigt. Dieser Effekt wird bei **I** mit Standardrußtypen oder bei anderen Elastomeren nicht beobachtet. Die Verzögerung u. **II**-Aktivierungseffekte treten ferner nur bei S- (nicht bei Peroxidvulkanisation) von **I**-Syst. mit gemahlenem Ruß auf. Bei geeigneter Vulkanisation in Ggw. von **II** führen gemahlene Ruße ähnlich wie bei *Butylkautschuk* (**III**) zu **I**-Vulkanisaten mit verbesserten Eigg. (Zugfestigkeit u. Dehnung sind größer, Modul u. Shorehärte niedriger). In den anderen Polymeren geben gemahlene Ruße ähnliche Ergebnisse wie bei **III** (ohne Verzögerung bzw. **II**-Aktivierungseffekte).
R. Schäff. 7226□

Apparative Untersuchung der Kinetik der Porenbildung in Vulkanisaten. M. A. Albam und A. P. Pisarenko. (Legkaya Prom. **18**, Nr. 2, 30—32, 1958; Rubber Chem. Technol. **34**, 357—60, Jan./März 1961; engl.) — Vgl. auch C. **1930**, 4046. — Eine Unters.-Meth. für die Kinetik der Poren-Bldg. durch Treibmittel in Vulkanisaten bei industriellen Vulkanisationsbedingungen für mikroporöse Kautschuke wurde entwickelt. Die verwendete App. gestattet die Messung der bei der Zers. des Treibmittels in der Vulkanisationsmischung gebildeten Gasmenge. Ferner wurden der Sorptions-Koeff. des Gases u. dessen Zus. bestimmt. Damit ist es möglich, die Kinetik der Zers. des Treibmittels in der Mischung als Funktion der Vulkanisations-Temp., des äußeren Drucks u. anderer Faktoren zu untersuchen. R. Schäff. 7230□

Mechanismus des Bruchs von Hochpolymeren. V. E. Gul. (Rubber Chem. Technol. **34**, 101—18, Jan./März 1961; Uspekhi Khim. i Tekhnol. Polym., Sbornik **2**, 202—22, 1957; engl.) — Nach einer Diskussion der Berechnung der Zugfestigkeit u. der theoret. Zugfestigkeitswerte sowie des Einfl. der Kristallisation u. der Füllstoffe auf die Festigkeit der Polymeren wird die Kinetik des Bruchs von Hochpolymeren an Hand von 43 Literaturangaben u. eigenen Unterss. erörtert. Der entwickelten Konzeption entsprechend kommt es zum Bruch eines *Vulkanisats,* wenn die Energiemenge, die das Material aufgenommen hat, ausreicht, um die Festigkeit der chem. Hauptvalenzbindungen u. die Kräfte der intermol. Wechselwrkg. zu überwinden. Die Energiemenge setzt sich zusammen aus der mechan. Energie der Deformation u. der Energie der therm. Bewegung. R. Schäff. 7230□

Ein neuer „Indentor“-Hysteresemesser. G. Tangorra. (Rubber Chem. Technol. **34**, 347—56, Jan./März 1961; Mailand, Pirelli Rubber Labor.; engl.) — Eine neuartige Unters.-Meth. für die dynam. Eigg. von Elastomeren (gleichzeitige Best. der Steifheit u. Dämpfung des Materials am gleichen Prüfkörper), ihre Theorie u. Durchführung (Beispiele) u. App. werden beschrieben. R. Schäff. 7248□

Esso Research and Engineering Co., Elizabeth, N.J., V.St.A., **Herstellung von hellgefärbten kautschukartigen Mischpolymerisaten,** erhalten aus 85—99,5 (%) C_{4-8}-Isoolefinen u. 15—0,5 C_{4-14}-Multiolefinen, durch Lösen des zuvor in einem Alkylhalogenid suspendierten Prod. in einem C_{5-15}-KW-Stoff, Chlorieren oder Bromieren u. Dest. des Lsgm. unter Zusatz von soviel wss. Alkali, z. B. NaOH, KOH, $Ca(OH)_2$ oder NH_4OH, daß die Suspension ein pH von 6,5—7,5, bes. 6,7—7,3, erhält. Nach Abdestillieren des W. wird ein bes. zur Herst. von weißen oder pastellfarbigen Kautschukteilen geeignetes Prod. erhalten. Der Ausgangsstoff kann ein Mischpolymerisat aus z. B. 2- oder 3-Methyl-1-buten oder Isobutylen u. (Dimethyl-) Butadien, Piperylen, Vinylfulven, Cyclopenta- oder Cyclohexadien oder bes. Isopren sein. Die Halogenierung erfolgt in Hexan, z. B. mit Cl-Gas bei 29° in ca. ½ Stunde. — Beispiele. (**E. P. 847 544** vom 28/4. 1958, ausg. 7/9. 1960. A. Prior. 16/5. 1957.) H. Schindler. 7225

Esso Research and Engineering Co., Del., übert. von: George E. Serniuk, Roselle, N.J., V.St.A., **Aldehydmodifizierte katuschukartige Mischpolymerisate** aus 85—99,5 (Gew.-%) Isobutylen u. 0,5—15 Isopren erhält man durch Lösen des Prod. in einem inerten organ. Lsgm., z. B. Hexan, u. Rk. mit einem aliphat. oder aromat. C_{1-10}-Aldehyd bei 0—200° in Ggw. von BF_3-Ätherat u. Halten der Temp. von 20—100° während 2—240 Min., worauf nach Wasserzusatz das Endprod. gefällt, abgetrennt u. gewaschen wird. Trocknen erfolgt im Vakuum. Als Aldehyde werden Paraformaldehyd u. Trioxan bevorzugt. Die in üblicher Weise vulkanisierten Endprodd. eignen sich bes. zur Herst. von Fahrzeugreifen. Mengenbeispiele. — Tabellen über die physikal. Eigg. u. Abbildung. (**A. P. 2 952 657** vom 2/8. 1956, ausg. 13/9. 1960.) H. Schindler. 7225

Farbenfabriken Bayer Akt.-Ges., Leverkusen (Erfinder: Klaus Schwarzer und Rudolf Stroth), **Herstellung von 4-Nitrodiarylaminen.** Verbb. der allg. Formel **I** werden mit N-acylierten Arylaminen vom Typus HNR_1R_2 umgesetzt. In I ist R_1 ein Cl- oder Br-Atom u. R_2 ein Cl- oder H-Atom, in der Formel für die Amine ist R_1 ein Acetyl- oder Formylrest u. R_2 ein Phenyl-, Nitrophenyl-, Toluyl- oder α-Naphthylrest. Die Rkk. werden bei 150—250, bes. 180—220° in Ggw. eines Acceptors für Halogenwasserstoff (MgO, Alkalicarbonate oder Acetate) u. ggf. eines Katalysators (z. B. 7% Cu-Pulver, berechnet auf die Menge von I) ausgeführt, u. zwar mit einem Aminüberschuß von 1,1—1,5 Mol, bezogen auf **I**; außerdem können inerte Lsgm. angewandt werden, z. B. Xylol oder Nitrobenzol. Die acylierten Amine brauchen nicht als solche angewandt zu werden, man kann die Acylierung auch im Rk.-Gemisch durchführen. — Beispiele: p-Nitrodiphenylamin, F. 122—125°; 4-Nitro-4'-methyldiphenylamin; N-(4-Nitrophenyl)-α-naphthylamin, F. 173—174° (aus Xylol); 4.4'-Dinitrodiphenylamin; 2-Chlor-4-nitrophenylamin, F. 113° (aus A.). Verw. als Zwischenprodd. zur Herst. von *Antioxydationsmitteln für Kautschuk.* (**E. P. 855 719** vom 17/2. 1959, ausg. 7/12. 1960.) A. Kalix. 7227

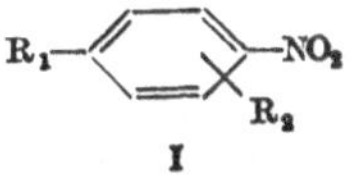

I

American Cyanamid Co., New York, N.Y., übert. von: Frank A. V. Sullivan, Glenbrook, Conn., V.St.A., **Herstellung von N.N'-Dinitroso-N.N'-dialkyl-p-kresol-2.6-disulfonamiden** der allg. Formel **I** (R = Alkyl C_1—C_4). Man löst z. B. 5 (Teile) N.N'-Dimethyl-2.6-p-kresol-2.6-disulfonamid in 77%ig. wss. CH_3COOH, kühlt die Lsg. auf 3—5°, tropft bei dieser Temp. 2,76 $NaNO_2$ zu, rührt noch ½ Std. bei dieser u. ½ Std. bei Raum-Temp., filtriert, wäscht mit W., trocknet u. krist. aus Cyclohexanol–Bzl. → N.N'-Dinitroso-N.N'-dimethyl-p-kresol-2.6-disulfonamid, F. 95°. — Weitere Beispiele zur Herst. der entsprechenden *Diäthyl-*, *Dipropyl-* u. *Dibutyl*-Verbb., die als *Blähmittel* zur Herst. organoplast. Zellkörper, bes. aus Kautschuk, dienen. (**A. P. 2 960 481** vom 30/4. 1956, ausg. 15/11. 1960.) O. Müller-Meiningen. 7227

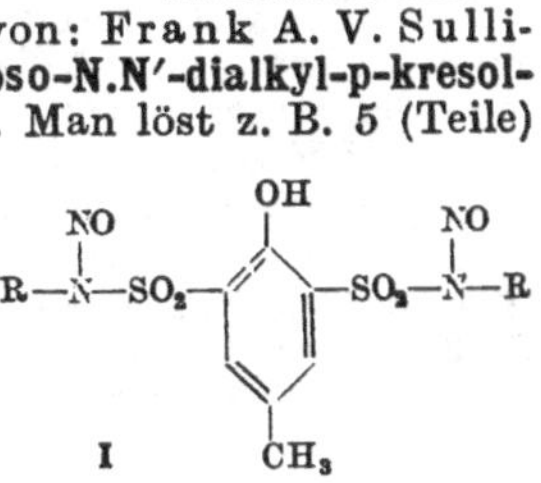

I

Universal Oil Products Co., Des Plaines, übert. von: John G. Gatsis, Chicago, Ill., V.St.A., **Aufarbeitung von Holzteer-Destillaten.** Man extrahiert die Holzteer-, bes. Hartholzteerdestillate, mit einer wss.-alkal. Borat-Lsg. in einer stöchiometr. Konz., die wenigstens dem Pyrogallol (**I**)-Geh. u. dem Pyrogallolmonomethyläther (**II**)-Geh. des Destillats äquivalent ist, um zu einer **I**- u. **II**-haltigen Extraktphase

u. einer die Dialkyläther der 5-Alkylpyrogallole enthaltenden Raffinatphase (**III**) zu gelangen, trennt dann beide Phasen voneinander u. verwendet **III** als nicht verfärbendes *Ozonschutzmittel* für *Kautschuke.* — Extrahiert man z. B. 400 g einer techn. Holzteerfraktion vom Kp. ca. 220—320° mit einer Lsg. von 382 g $Na_2B_4O_7 \cdot 10\ H_2O$ in 1000 g W. bei 100°, so erhält man nach dem Abkühlen 147 g einer Raffinatphase (= 36,8 Gew.-% der Charge), die nur 2,5 Gew.-% o-Hydroxyphenole enthält. Die Extraktphase kann man auf Zimmer-Temp. abkühlen, mit HCl neutralisieren u. mit Ae. u. dann mit Isopropanol extrahieren. Die Raffinatphase wird mit einer Hexanfraktion extrahiert. Die aus den verschiedenen Extrakten erhaltenen o-hydroxyphenol. Verbb. machten 11,5 Gew.-% des Holzteerdestillats u. insgesamt 94,7 Gew.-% der im Destillat enthaltenen Menge aus. (**A. P. 2 934 567** vom 8/8. 1957, ausg. 26/4. 1960.) A. Mohr. 7227

B. B. Chemical Co. Ltd., Leicester, England, **Vulkanisieren von Kautschuk** mit einem unschmelzbaren Phenol-CH_2O-Harz unter Zusatz von PbO. (**E. P. 863 309** vom 3/6. 1957, ausg. 22/3. 1961. A. Prior. 11/6. 1956.) W. Overbeck. 7229

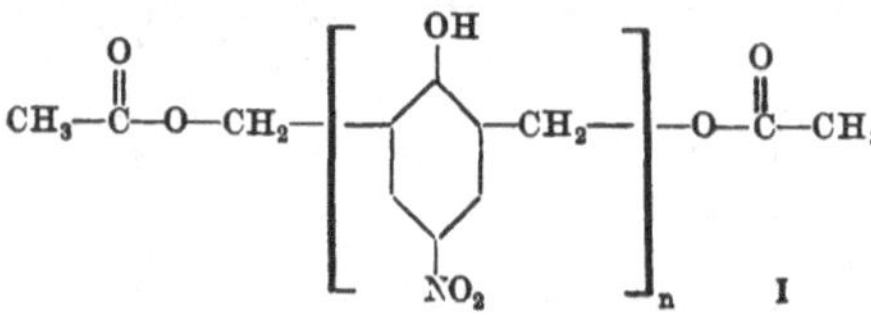

I

United States Rubber Co., New York, N.Y., V.St.A., **Vulkanisieren von Butylkautschuk** durch Zusatz von 0,25 bis 15 Teilen eines Nitrophenols der Formel **I**, in der n = 1 oder 2 ist, also 2.6-Bis-[acetoxymethyl]-4-nitrophenol u. 2.2'-Methylen-bis-[4-nitro-6-acetoxymethylphenol]. (**E. P. 859 398** vom 28/7. 1959, ausg. 25/1. 1961. A. Prior. 7/10. 1958.) W. Overbeck. 7229

Esso Research and Engineering Co., übert. von: Leon S. Minckler jun., Metuchen, Delmer L. Cottle, Highland Park, und Theodore Lemiszka, Rahway, N.J., V.St.A., **Vulkanisieren von halogeniertem Butylkautschuk,** dad. gek., daß man als einziges Vulkanisiermittel ≧ 0,5% $SnCl_2$ verwendet. (**A. P. 2 965 600** vom 16/5. 1957, ausg. 20/12. 1960.) C. Lüttgen. 7229

E. I. du Pont de Nemours & Co., übert. von: John F. Smith, Wilmington, Del., V.St.A., **Vulkanisieren von elastomeren Mischpolymerisaten** aus 30—70% Vinylidenfluorid u. 70—30 Hexafluorpropen, dad. gek., daß man ihnen 2—5 eines Sulfenamids der allg. Formel **I**, in der R einen aromat. KW-Stoffrest oder heterocycl. Rest bedeutet, bes. N.N'-Piperazin-bis-2-thiobenzothiazol u. -bis-thiobenzol u. 5 bis 20 MgO zusetzt u. 1—25 Std. auf 150—260° erhitzt. (**A. P. 2 955 104** vom 17/9. 1958, ausg. 4/10. 1960.) C. Lüttgen. 7229

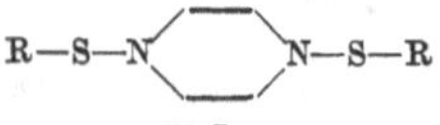

I

Esso Research and Engineering Co., übert. von: Robert E. Clayton, Roselle Park, John R. Briggs, Westfield, und Francis P. Baldwin, Colonia, N.J., V.St.A., **Vulkanisieren von chlorhaltigen Mischpolymerisaten** aus einem C_4—C_8-Isoolefin u. einem C_4—C_6-Multiolefin mit einem Geh. von ≧ 0,5 (%) Cl_2, aber nicht mehr als 1 Atom Cl pro Doppelbindung, bes. chloriertem Butylkautschuk, dad. gek., daß man 0,5—30 ZnO, 0,1—10 MgO, 0,05—10 eines Thiazoylsulfids (**I**) u. 0,1—10 eines C_1—C_{10}-Alkyl-, C_6—C_{12}-Aryl-, C_6—C_{12}-Aralkyl- u./oder C_6—C_{12}-Alkylarylthiuramsulfids u./oder Metall- oder Aminsalze von Thiocarbaminsäuren zusetzt u. 0,1 Min. bis 5 Std. auf 250 bis 400° F erhitzt. Das Erhitzen kann in mehreren Stufen erfolgen. Als **I** kommen in Frage: Benz-, Bis-4.5-dimethylthiazolyldisulfid, Zink-, Dinitrophenyl-, Benzylhexamethylentetrammonium-2- u. Phenylaminomethyl-2-benzthiazolylsulfid. — Abbildung. (**A. P. 2 955 102** vom 5/4. 1957, ausg. 4/10. 1960.) C. Lüttgen. 7229

E. I. du Pont de Nemours & Co., übert. von: Albert L. Moran, Wilmington, Del., V.St.A., **Vulkanisieren von elastomeren Vinylidenfluorid-Hexafluorpropylen-Mischpolymerisaten,** mit 30—70 (%) Hexafluorpropyleneinheiten durch Zusatz von 5—25 eines säurebindenen Mittels, bes. MgO, u. 1—6 eines N.N'-Diarylidendiamins der allg. Formel Ar—CH=N—R—N=CH—Ar, in der Ar einen aromat. Rest. u. R einen gesätt. aliphat. oder cycloaliphat. Rest mit 4—18 C-Atomen bedeutet, bes. N.N'-Dicinnamyliden-1.6-hexandiamin u. N.N'-Disalicylidenhexamethylendiamin u. Erhitzen des Gemisches. (**A. P. 2 951 832** vom 26/9. 1958, ausg. 6/9. 1960. **E. P. 838 281** vom 27/10. 1958, ausg. 22/6. 1960. A. Prior. 18/11. 1957 u. 26/9. 1958.) C. Lüttgen. 7229

Polymer Corp. Ltd., Canada, *Emulsionspolymerisation.* (**F. P. 1 197 682** vom 7/11. 1957, ausg. 2/12. 1959. — C. **1962**, 3652 [D. A. S. 1 108 915].)

Phillips Petroleum Co., V.St.A. (Erfinder: **Paul Gershom Carpenter**), *Pfropfpolymerisation.* (**F. P. 1 172 129** vom 28/1. 1957, ausg. 5/2. 1959. A. Prior. 30/1. 1956. — C. **1960**, 15245 [E. P. 825 882].)

Phillips Petroleum Co., V.St.A. (Erfinder: **Peter John Canterino**), *Halogenieren von kautschukartigen Polymeren.* (**F. P. 1 175 488** vom 15/5. 1957, ausg. 26/3. 1959. A. Prior. 17/5. 1956. — C. **1962**, 2564 [A. P. 2 943 988].)

Phillips Petroleum Co., V.St.A. (Erfinder: **Claude Collins Biard**), *Butylkautschukmischung.* (**F. P. 1 172 267** vom 8/2. 1957, ausg. 9/2. 1959. A. Prior. 27/7. 1956. — C. **1960**, 15245 [E. P. 825 884].)

Polymer Corp. Ltd., Canada (Erfinder: **Ernest Jack Buckler** und **Douglas Cameron Edwards**), *Bromieren von Butylkautschuk.* (**F. P. 1 173 072** vom 19/3. 1957, ausg. 19/2. 1959. A. Prior. 21/3. 1956. — C. **1960**, 16959 [A. P. 2 865 901].)

H_{14}. Zucker. Kohlenhydrate. Stärke

Filtration und Filtrierbarkeit. Giovanni D'Orazi. (Ind. saccarif. ital. **53**, 195 bis 200, Sept./Okt. 1960; Mirandola; ital.) — Auf Grund des Poiseuilleschen Gesetzes, das die Filtration reguliert, wird eine Meth. zur Berechnung einer Filtrierbarkeits-Konst. K für die technolog. Kontrolle des Filtrierungsverlaufes beschrieben. In der Endgleichung ist $K = Q/\sqrt{2\,t}$ (Q = Vol. des Filtrats in der Zeit t). Für eine gute Filtrierbarkeit von Zuckersäften ist eine sorgfältige Vorscheidung unerläßlich, wodurch beachtliche Ersparnisse an CaO ermöglicht werden. G. Platzer. 7412□

Die Filtrierung der Säfte der ersten Saturation in Zuckerfabriken. Guido Malaguzzi-Valeri. (Ind. saccarif. ital. **53**, 181—94, Sept./Okt. 1960; ital.) — Die Verw. von einfachen u. prakt. Formeln für die Kontrolle u. für den voraussichtlichen Verlauf der Filtration unter besonderer Berücksichtigung der Filtration der Säfte der ersten Saturation u. der verschiedenen in Zuckerfabriken gebräuchlichen Filtertypen wird diskutiert. Diese Formeln werden auf die am meisten benützten Filtertypen angewandt, die Merkmale der unterschiedlichen Filtrations-App. erläutert u. die Best. der Koeff. für die Berechnung der Formeln beschrieben. Diagramme für den prakt. Gebrauch sind wiedergegeben. G. Platzer. 7412□

Wirtschaftliche Bewertung der Ertragssteigerung von Zuckerrohr als einer Funktion von Bodenkalium und Düngerkalium. J. A. Silva, J. G. Darroch und R. P. Humbert. (Soil Sci. **90**, 178—84, Sept. 1960; Hawaiian Sugar Planter's Assoc.; engl.) — 22 Kalidüngungs-Verss. von Hawaii u. 90 Düngungs-Verss. von der Insel Kauai, durchgeführt von 1950—1957, wurden statist. ausgewertet u. Ertragskurven entwickelt. Die Grenze der wirtschaftlichen K-Düngung wurde bei 10 bzw. 20% Gewinn in Abhängigkeit vom Boden-K berechnet. Der wirtschaftliche Aufwand (20% Gewinn) bewegt sich auf Hawaii bei 300—600 lbs. Boden-K zwischen 720 u. 170 lbs. Dünger-K, auf Kauai bei 400 bis 600 lbs. Boden-K zwischen über 600 u. 120 lbs. Dünger-K. G. Jagnow. 7440□

Neuere Beiträge zur Chemie der Stärkefraktionen. 11. Mitt. **Die Herstellung ^{14}C markierter Stärke und von Glucose-1-Phosphat.** J. Holló, J. Szejtli, E. László und E. Vándor. (Stärke **14**, 53—58, Febr. 1962; Ind. aliment. Agric. **79**, 103—09, Febr. 1962; Budapest, TU, Inst. Landwirtsch.-Chem. Technol.; dt.) — 10. vgl. C. **1962**, 15061. — Zur Herst. von radioakt. *Glucose-1-phosphat* (**I**) wurde prim. ^{14}C-markierte *Stärke* (**II**) in Tabakblättern mit Hilfe von $Ba^{14}CO_3$ synthetisiert. Erste Phosphorolysen-Verss. führten Vff. mit nichtradioakt. **II** durch. Diese enzymat. Rk. wird verfolgt durch Messung der Abnahme der Farbintensität des J-Amylosekomplexes, durch laufende Viscositäts-Best. des Rk.-Gemisches u. durch papierchromatograph. Abtrennung des **I** u. Best. des verbliebenen Geh. an anorgan. Phosphat. Für letzteres Verf. eignet sich ein Gemisch von Aceton u. 25%ig. Monochloressigsäure 4 : 1. Das Orthophosphat hat einen R_F-Wert von 0,71, **I** dagegen von 0,28. Mit Hilfe einer näher beschriebenen Mikrometh. gelang es Vff., **I** von chromatograph. Reinheit in einer Ausbeute von 42% zu erhalten. Noch besser waren die Resultate, wenn die Phosphorolyse der **II** zunächst bis zur Einstellung des Gleichgewichtes fortgesetzt u. dann von Phosphorylase u. α-Amylase weitergeführt wurde. Auch aus Amylose wurde in gleicher Art **I** erhalten. Auf Grund der gesammelten Erfahrungen stellten Vff. mit ^{14}C universell markiertes **I** her. Die Ausbeute betrug 60,5%, s (spezif. Aktivität) 0,9 mC/mM. — 23 Literaturangaben. M. Ulmann. 7448□

Eine neue Acetylierungsreaktion für Zucker. 2. Mitt. **Versuche zur Aufklärung des Reaktionsmechanismus.** A. Aszalos und V. Prey. (Stärke **14**, 50—52, Febr. 1962; Wien, TH, Inst. Organ. Chem.; dt.) — 1. vgl. Mh. Chem. **91**, [1960], 729. — Aus Verss. zur Acetylierung von Kohlenhydraten in wss. Lsg. bzw. Polysacchariden in wss. Suspensionen mit Essigsäureanhydrid bei konst. pH wird geschlossen, daß OH-Ionen als Katalysator vorhanden sein müssen u. daß der Acetylierungs-Rk. die Bldg. eines intermediären Komplexes aus Essigsäureanhydrid u. OH^- vorausgeht. Entsprechend durchgeführte Acetylierungs-Verss. mit Glucose, A., Glykol u. Methanol, Verbb. mit stark verschiedenen Dissoziations-Konst., ergaben keine wesentlichen Unterschiede in den Rk.-Zeiten. Die OH^- üben somit keinen oder einen nur sehr geringen Einfl. auf die alkohol. OH-Gruppen aus. Nach dieser Acetylierungs-Meth. wird das techn. wichtige *Stärkeacetat* hergestellt. M. Ulmann. 7448□

Zuckeranalytik. László Ravasz. (Élelmiszervizsgálati Közlemények [Lebensmittelanalyt. Mitt.] **5**, 81—90, 1959; Budapest, Inst. kommerz. Qualitätskontrolle; ung.) — Übersicht über das Verh. der Zucker gegen Reagentien, über reduktometr., jodometr. u. physikal. Best. von Zuckern nebeneinander. — 37 Literaturangaben. J. Plank. 7470□

Zur biochemischen Differenzierung von Saccharidgemischen unter Einsatz von Preßhefe. 3. Mitt. **Trennung von raffinosehaltigen Modellgemischen.** K. Täufel, H. Ruttloff und E. Przyborowski. (Nahrung **4**, 891—905, 1960; Potsdam-Rehbrücke, Inst. für Ernährung; dt.) — 2. vgl. Nahrung **4**, [1960], 512. — In Fortsetzung früherer Unterss. zur mengenmäßigen Differenzierung von Saccharidgemischen unter Zuhilfenahme von Preßhefe wird die Eingliederung der *Raffinose* (**I**) als neu hinzukommende Komponente in das Trennschema erörtert. Die Best. von **I** wird unter Zuhilfenahme der bei ihrer partiellen Vergärung durch Hefe entstandenen reduzierenden *Melibiose* (**II**) vorgenommen. **I** wird unter den angewandten Vers.-Bedingungen auch bei Ggw. von leicht dissimilierbaren anderen Sacchariden von den Hefefermenten nicht angegriffen. Citronensäure hydrolysiert beim Erhitzen in bestimmten Zeiten u. bei einer Konz. von 1% **I** spezif. in **II** u. Fructose, ohne hierbei die Maltose anzugreifen. Im Modell-Vers. werden die Gemische **I**/Glucose, **I**/Maltose u. **I**/Maltose/Glucose in die Einzelkomponenten getrennt. Die Grenzen des Verf. werden erörtert. M. Ulmann. 7498□

H_{15}. Gärungsindustrie

Kontinuierliche Gärung. W. D. Maxon. (Ind. Engng. Chem., int. Edit. **52**, 64—65, Jan. 1960; Kalamazoo, Mich., The Upjohn Co.; engl.) — Zur Verbesserung der Regulierung des kontinuierlichen Gärverlaufes werden eine Gleichung entwickelt sowie an Hand der daraus entwickelten Arbeitsweise die Kontrollmöglichkeiten mit Hilfe des „Turbidostat“ u. „Chemostat“ erläutert. Veränderungen im Produktionsablauf zur Verringerung der Infektionsgefahr hatten nicht den erhofften Erfolg, so daß weitere Verss. erforderlich sind. W. Kreipe. 7500□

Flüssigkeitsmischung bei Gärprozessen. J. Y. Oldshue. (Ind. Engng. Chem., int. Edit. **52**, 60, Jan. 1960; Rochester, N.Y., Mixing Equipment; engl.) — Die Bedeutung u. Notwendigkeit der Durchmischung gärender Fll. wird dargelegt. Zur Erzielung optimaler Mischungsverhältnisse sind Gärbottichgröße, Umdrehungszahl u. Größe des Rührwerkes sowie vor allem dessen Schereffekt neben anderen Einfl. entscheidend. W. Kreipe. 7500□

Anwendung von Kontrollinstrumenten bei Gärprozessen. George J. Fuld. (Ind. Engng. Chem., int. Edit. **52**, 65—66, Jan. 1960; Cambridge, Mass., Massachusetts Inst. of Technol., Dep. of Food Technol.; engl.) — Vgl. C. **1961**, **16307**. — Nach der jüngsten Entw. von Elektroden, die auch durch Dampfsterilisationen nicht angegriffen werden, lassen sich automat. pH-Meßgeräte erfolgreich zur Überwachung der Gärprozesse einsetzen. Automat. Nährstoffkontrollen erwiesen sich im stufenweisen Gärbetrieb als unprakt., während sie sich bei kontinuierlicher Arbeitsweise bewährten. W. Kreipe. 7500□

Verfahrenstechnische Fortschritte in der Praxis des Gärbetriebes. Rheologische Eigenschaften der Gärflüssigkeiten. Fred H. Deindoerfer und John M. West. (Ind. Engng. Chem., int. Edit. **52**, 59, Jan. 1960; New Brunswick, N.J., Squibb Inst. for Med. Res.; engl.) — Möglichkeiten zur Charakterisierung von Gär-Fll. auf Grund ihres rheolog. Verh. werden mit Hilfe weniger Beispiele aufgezeigt. Zahlreiche weitere Unterss. sind erforderlich. W. Kreipe. 7500□

Gärungskinetik und Modellprozesse. Fred H. Deindoerfer. (Ind. Engng. Chem., int. Edit. **52**, 63—64, Jan. 1960; Philadelphia, Pa., Univ. of Pennsylvania, School of Chem. Engng.; engl.) — Auf der Grundlage der Abhängigkeit des Wachstums von der Nährstoff-Konz. in Modellprozessen stellt die kinet. Analyse zusammen mit biochem. Befunden eine geeignete Möglichkeit zur Unters. der Rk.-Mechanismen während eines Gärprozesses dar, die für die Kontrolle der Gärführung auch bei mehrstufigen kontinuierlichen Syst. aufschlußreich sein dürfte. — 16 Literaturangaben. W. Kreipe 7500□

Sterilisation der Medien für biochemische Prozesse. Lloyd L. Kempe. (Ind. Engng. Chem., int. Edit. **52**, 66, Jan. 1960; Ann Arbor, Mich., Univ.; engl.) — Neben der Hitzesterilisation als bester Meth. eignen sich auch ionisierende Strahlen in zahlreichen Fällen gut zur Sterilisation von Gärmedien. — 17 Literaturangaben. W. Kreipe. 7500□

Luftsterilisation. Arthur E. Humphrey. (Ind. Engng. Ind., int. Edit. **52,** 62—63, Jan. 1960; Philadelphia, Pa., Univ., School of Chem. Engng.; engl.) — Bei den Ansprüchen, die an ein Filter-Syst. zur Luftsterilisation für submerse, anaerobe Gärprozesse zu stellen sind, findet in den meisten Fällen die Luft-Geschw. zu wenig Beachtung. Es wird daher eine Gleichung für die Best. des Wrkg.-Grades von Luftsterilisationsfiltern entwickelt, die auch die Durchströmungs-Geschw. der Luft neben anderen Faktoren entsprechend berücksichtigt. W. Kreipe. 7500□

Untersuchung über die Verminderung der Abfallverluste beim Mälzen durch das Verfahren des Wiedereinweichens. D. Eyben. (Bull. Assoc. anciens Étudiants Brasserie Univ. Louvain **58,** 1—19, April 1962; Louvain, Brasseries Artois; franz.) — Die beim Mälzen entstehenden Abfallverluste verschiedener Gerstesorten werden durch Wiedereinweichen nach Kirsop u. Pollock [1961] auf ein Mindestmaß beschränkt. Die besten Ergebnisse erhält man bei einer Gesamtkeimzeit von 6 Tagen, wobei nach 3—4tägiger Vorkeimung 24 Std. lang wiedereingeweicht wird. Das Wiedereinweichen verzögert die Spaltung der KW-Stoffe u. die Bldg. der entsprechenden Enzyme u. beschleunigt die Auflösung der N-enthaltenden Stoffe bei leichter Farbvertiefung. Beim Wiedereinweichen entstehen Verluste durch Auflösung u. Gärung, die teilweise den durch Verminderung der Atmungs- u. Wurzelverluste entstehenden Gewinn aufheben. Die mittlere Einsparung beträgt 1,7%. W. Wesly. 7540□

Beitrag zur Untersuchung der Kältetrübung von Bier. 2. Mitt. Aminosäure-Zusammensetzung von Trübungen verschiedener Herkunft. R. A. de Vreker, Th. Voets und R. Lontie. (Bull. Assoc. anciens Étudiants Brasserie Univ. Louvain **58,** 21—32, April 1962; Louvain, Univ., Labor. de Biochim.; franz.) — 1. vgl. C. **1960,** 5672. — Die Verteilung der Aminosäuren von Trübungen mehrerer Biere ist gek. durch hohe Geh. an Glycin (I), Prolin (**II**) u. Glutaminsäure (**III**), wobei **III** eine dem durch Hydrolyse frei gemachten NH_3 fast äquivalente Konz. aufweist. Unter diesen „markanten" Aminosäuren lassen die **II**- u. **III**-Mengen an eine Mitwirkung von Prolaminen (**IV**) denken. Der gefundene **I**-Geh. ist viel höher als der der **IV**. Die Trübungen haben einen hohen Arginin-Geh. (Zahlentafeln). Die bei 25 u. 40° gebildeten, bei 0° isolierten Trübungen haben entsprechend ihren geringeren **II**- u. **III**-Geh. einen weniger ausgesprochenen **IV**-Charakter. Die Fraktionierung der Trübung einer der Proben in lösl. u. unlösl. Anteile (A u. B) bei saurem pH führt zu einer Trennung in Polypeptide mit verschiedener Aminosäurezusammensetzung. Das Verf. von Waldschmidt-Leitz u. Kloos [1959] eignet sich für die Trennung am besten. Das **I**-reiche Dialysat A_1 entspricht beinahe der Gesamttrübung; die **II**- u. **III**-Geh. sind etwas niedriger. Das an **II** u. **III** angereicherte u. **I**-arme Dialysat B_1 ähnelt in der Zus. einem **IV**. Die dialysierbaren Fraktionen zeigen eine ähnliche, sich von der der Kalttrübung unterscheidende Zusammensetzung. A_2 enthält viel **I**. W. Wesly. 7550□

Über die Eiweißstabilisierung von Bier mit Kieselgur. Karl Raible. (Mittl. Versuchsstat. Gärungsgewerbe, Wien, **16,** 11—16, Jan./Febr. 1962; Hamburg, Zentrallabor. der Bavaria- u. St.-Pauli-Brauerei; dt.) — Die Wrkg. des Kieselgur-Präp. *Stabifix* (**I**) auf Bier (B) wurde im großtechn. Maßstab überprüft. Die Verss. zeigten, daß **I** selektiv nur Stoffe aus B entfernt, die mit der Entstehung von Trübungen zu tun haben. Der Geschmack des B wird durch die Anwendung von **I** nicht beeinflußt. Mit **I** behandelte B weisen gegenüber unbehandelten B eine wesentlich bessere Stabilität auf. Unbehandelte B weisen nach 20 bzw. 70 Tagen Kältetrübungen von 800 bzw. 2300 Einheiten auf. Bei behandelten B konnten nach gleicher Lagerdauer nur 120 bzw. 800 Einheiten gemessen werden. Eine weitere Stabilitätssteigerung des B konnte durch Zusatz von 4—8 g Ascorbinsäure zum **I** pro hl erreicht werden. Die zu einer genügenden Stabilisierung erforderlichen **I**-Mengen betragen ca. 50—100 g pro hl. Durch **I** lassen sich beträchtliche Verkürzungen der Lagerzeit erreichen. Verschiedene Meth. zur Anwendung von **I** in der Praxis werden beschrieben. H. J. Pieper. 7550□

Die freien Aminosäuren von Mosten und Weinen. 3. Mitt. Einfluß von zugesetztem Ammoniak und der Gärtemperatur auf das Verhalten der Aminosäuren während der Gärung. J. G. B. Castor und T. E. Archer. (Food Res. **24,** 167—75, März/April 1959; Davis, Calif., Univ., Dep. of Viticult. and Enology; engl.) — 2. vgl. C. **1954,** 11071. — Der Einfl. von zugesetztem NH_4–N (**I**) [$(NH_4)_2HPO_4$ u. $(NH_4)_2CO_3$] u. der Gärtemp. auf das Verh. von 14 Aminosäuren (**II**) während der Mostvergärung zu Wein wird verfolgt. Bei 22° zugesetzter **I** verstärkte die Hefevermehrung u. A.-Produktion. Bei 12° zeigte sich keine Beeinflussung. Die Geh. von 11 der 14 **II** während der Gärung wurden durch den **I**-Zusatz nicht sehr beeinflußt. Bei Glutaminsäure, Asparaginsäure u. Leucin waren Geh.-Änderungen nicht auf den **I**-Zusatz, sondern auf Unterschiede in der Gärtemp. zurückzuführen. Abweichungen von der normalen **II**-Ausnutzung traten bei beiden

Temp. (12 u. 22°) in der 2. Gärphase der Bldg. der Hauptmenge der Gärprodd. auf. Der I im Most betrug 11% des Gesamt-N, verschwand 48 Std. nach Beginn der Gärung u. trat in der 2. Phase nicht wieder auf. Zugesetzter I verschwand bei 22° nach 60 Std.; bei 12° ging er nach 144 Std. auf 5—6 mg/100 ml zurück u. hielt sich dann auf dieser Höhe. Der mittlere Verlust an organ. N betrug 48% des anfänglichen Geh. im Most.

Ph. Fresenius. 7552□

Stufenweise Vorausberechnung submerser Gärungen. W. H. Bartholomew. (Ind. Engng. Chem., int. Edit. **52**, 60—62, Jan. 1960; Milwaukee, Wis., Pabst Labor.; engl.) — Zur Vorausberechnung der Ausbeute bei submersen anaeroben Gärungen von den Vorzüchtungen bis einschließlich zu den eigentlichen Produktionsstufen dienen zahlreiche Daten als Maßstab. Ausbeute u. Zellrespiration hängen von der Aufrechterhaltung der O_2-Konz. über einem krit. Minimum ab. Unter Berücksichtigung des Gasübertragungs-Koeff. u. Drucks läßt sich mathemat. die Absorptionsmenge u. damit die Ausbeute befriedigend ermitteln. W. Kreipe. 7578□

Spektralanalytische Untersuchung von Traubenmost und Boden. O. Siegel und I. Tartter. (Vitis, Ber. Rebenforsch. **2**, 283—87, März 1961; Speyer/Rhein, Pfälz. Landw. Unters.- u. Forschungsanst.; dt.) — Um festzustellen, ob eine Korrelation zwischen dem Geh. an verschiedenen Mineralstoffen eines Weinbergsbodens u. dem Most der darauf geernteten Trauben besteht, wurden spektrograph. 10 Rieslingsmoste u. die dazugehörigen Böden auf Al, Fe, Cu, Mn, Ni, Pb, B, P, Si, Co u. Na untersucht. Die Unterss. zeigten deutlich, daß keine Beziehungen zwischen dem Mineralstoff-Geh. der Moste u. der Böden bestehen. H. J. Pieper. 7604□

Über Anthocyane in Trauben, Mosten und Weinen. Methoden zur Anreicherung und Trennung der Farbkomponenten. F. Drawert. (Vitis, Ber. Rebenforsch. **2**, 288—304, März 1961; Geilweilerhof, Bundesforschungsanst. Rebenzüchtung; dt.) — *Anthocyane* aus verschiedenen Rotweinproben wurden zur Anreicherung mit Pb-Acetat-Lsg. gefällt, die Ndd. mit HCl behandelt u. das Pb-Chlorid abfiltriert. Die so gewonnenen Farbkonzentrate wurden direkt bzw. nach einer Hydrolyse absteigend mit n-Butanol–Eisessig–H_2O (4 : 1 : 5) auf mit Borsäure imprägniertem Papier chromatographiert. Die entwickelten Chromatogramme wurden nach dem Trocknen im Sichtbaren u. UV-Licht ausgewertet. Rote *Vinifera*-Weine unterschieden sich hinsichtlich der Farbstoff-Zus. beträchtlich von Hybriden-Rotweinen. — 72 Literaturangaben. H. J. Pieper. 7606□

Colorimetrische Bestimmung der Sorbinsäure im Wein. H. Schmidt. (Dtsch. Lebensmittel-Rdsch. **58**, 1—4, Jan. 1962; Karlsruhe, Bundesforschungsanst. für Lebensmittelfrischh.; dt.) — Vf. beschreibt eine qual. u. quant. Meth. zur Best. der *Sorbinsäure* (I) im Wein. Zur Beseitigung des störenden A. werden Weinproben nach Versetzung mit Alkali in einem neu entwickelten Schnell-Wasserdampf-Destilliergerät im Vakuum bei 60° bis zur Trockene eingedampft, wobei die I im Rückstand bleibt. Der Rückstand wird mit $MgSO_4$ u. H_2SO_4 versetzt, die I in der gleichen App. mit Wasserdampf übergetrieben u. im Destillat mit K-Dichromat u. H_2SO_4 zu Malondialdehyd (**II**) oxydiert. **II** gibt mit Thiobarbitursäure einen beständigen roten Farbstoff, der colorimetr. bei 532 mμ an Hand von Eichkurven bestimmt wird. Die sehr empfindliche Meth. erlaubt den Nachw. von wenigen mg pro Liter Wein. H. J. Pieper. 7606□

H_{16}. Nahrungs-, Genuß- und Futtermittel

Beobachtungen über die gegenwärtige Säuerung deutscher Brotsorten. Gottfried Spicher. (Dtsch. Lebensmittel-Rdsch. **58**, 4—11, Jan. 1962; Detmold, Bundesforschungsanst. für Getreideverarbeitung; dt.) M. Winiker. 7674□

Verlust des Gehaltes an Thiamin während der Keksfabrikation. Višnja Mikuličić, Ana Pende und M. Filajdić. (Kem. u Ind. [Zagreb] **9**, 301—06, Dez. 1960; Zagreb, Tehnol. fak., Zav. za analitiku namirnica; kroat.) — Bei 2 Kekstypen wird während der Fabrikation ein *Thiamin*-Verlust von 38,6 bzw. 28,7% festgestellt. Mittels Varianzanalyse werden signifikante Unterschiede des Geh. gefunden.

R. K. Müller. 7674□

Untersuchungen über die Lockerung von Feinbackwaren mit Gluconsäurebackpulver. A. Rotsch. (Zucker- u. Süßwaren-Wirtsch. **15**, 203—04, April 1962; Detmold, Bundesforschungsanst. für Getreideverarb.; dt.) — Die Verw. von *Gluconsäurelacton* (**I**) als Triebsäure bei der Herst. von Feinbackwaren erscheint nur in weichen, flüssigkeitsreichen Teigen u. Massen sowie bei Kombination mit Pyrophosphat u. Weinstein vorteilhaft. CO_2-Entw. erfolgt aus I u. Natriumbicarbonat in wss. Aufschlämmung erst oberhalb 60°, im Teig dagegen schon bei Raumtemperatur. M. W. Rothe. 7674□

Untersuchungen über die Triebkraft verschiedener chemischer Teiglockerungsmittel. A. Rotsch. (Zucker- u. Süßwaren-Wirtsch. **15,** 198—203, April 1962; Detmold, Bundesforschungsanst. für Getreideverarbeit.; dt.) — Für spezielle halbdicke Lebkuchen ist allein *Hirschhornsalz* (I) als Triebmittel geeignet, da es nur wenig Vortrieb entwickelt. Bei Gluconsäurelacton, Weinstein, Milchsäure u. Mononatriumcitrat enthaltenden Backpulvern entstanden im Teig bei 22° bereits beträchtliche CO_2-Mengen. Außer I zeigt nur die Kombination saures Natriumpyrophosphat/Soda Vortriebsverzögerung; sie kommt auf Grund geschmacklicher Nachteile für die Praxis nicht in Frage. M. W. Rothe. 7674□

Über einige Faktoren, die die Konsistenz der mit Reismehl als Hilfsmittel hergestellten speisefertigen Konserven beeinflussen. Sándor Monori, Antalné Rajky und Tibor Rékasi. (Budapesti müszaki Egyetem Élelmiszerkémiai Tanszékének Közleményei [Mitt. Inst. Lebensmittelchem. Univ. techn. Wiss. Budapest] **1959,** Nr. II, 16—23; ung.) — Vff. untersuchten Reismehlsorten, welche zur Vermeidung einer Entmischung speisefertiger Konserven gebraucht werden. Da bei der Zubereitung genannter Konserven Kochen, Rühren u. Sterilisieren die Gel-Bldg. beeinflussen, wurden die Verss. unter entsprechenden Bedingungen ausgeführt. Es wurde festgestellt, daß diesen Einfl. am besten die Reissorte Dunghan-Shali widersteht. Das Vorkochen der Speisen soll bei annähernd 100° unter ständigem, aber nicht zu starkem Rühren 15—20 Min. dauern. Das Reismehl wird beim Anwärmen bei 80° zugemischt. Für die Sterilisierung ist die günstigste Temp. 110—115°. Zur Erhaltung der Konsistenz darf die Speise nach dem Sterilisieren keiner groben mechan. Einw. ausgesetzt werden. J. Plank. 7686□

Der Einfluß des Waschens und des Wachsens von Orangen auf die Diphenyl-Absorption. Anna Rajzman. (Bull. Res. Council Israel, Sect. C **10 C,** 131—36, Nov. 1961; Rehovoth, National and Univ. Inst. of Agricult.; engl.) — Mit $Na_2B_4O_7$ vorbehandelte Citrusfrüchte absorbieren aus imprägnierten Einwicklern mehr *Diphenyl* (I) als unbehandelte Früchte. Gewachste Früchte absorbieren am wenigsten I. Der I-Geh. des Fruchtfleisches wird durch das Waschen bzw. Wachsen nicht beeinflußt, sondern lediglich der I-Geh. der Schalen. E. Lück. 7688□

Versuche zur künstlichen Reifung mit Äthylen. Andrásné Köllö und István Bajnok. (Élelmiszervizsgálati Közlemények [Lebensmittelanalyt. Mitt.] **6,** 101—09, 1960; Budapest, Garten- u. Weinbauhochsch.; ung.) — Die künstliche Reifung von Pfirsichen u. Tomaten mit Äthylen ist für unbeschädigte Früchte vorteilhaft. Nach 2—3tägiger Reifung ist Lagern in luftigen, hellen Räumen notwendig, damit die Früchte ihre natürliche Farbe erhalten. In Äthylen gereifte Pfirsiche u. Tomaten entsprachen hinsichtlich Geschmack u. Aroma natürlich gereiften Früchten. J. Plank. 7688□

Über die Veränderungen des Gehaltes an Aminosäuren während der Trocknung von Obst und Weintrauben. A. T. March und Ju. G. Sskorikowa. (Известия Высших Учебных Заведений (Краснодар), Пищевая Технология [Hochschulnachr. (Krasnodar), Nahrungsmittel-Technol.] **1961,** Nr. 3, 55—61; Odessa, Technol. Inst. für Lebensmittel- u. Kälteind., Lehrstuhl für Biochemie u. Mikrobiologie; russ.) — Vff. untersuchten den Geh. an *Aminosäuren* (I) in Pflaumen, Äpfeln u. Weintrauben sowie die Einw. verschiedener Trocknungs-Verff. auf die I-Zusammensetzung. Die quant. I-Zus. wird durch das Trocknen des Prod. nicht beeinflußt, der Geh. an I aber bedeutend herabgesetzt. Als bes. labil erwiesen sich: Valin, Glycin u. Glutaminsäure. S. Baryschnikow. 7688

Wertstoffverluste bei Gemüse und Obst zwischen Ernte und Verzehr. H. Schlottmann, E. Mühlendyck und W. Schuphan. (Dtsch. Lebensmittel-Rdsch. **57,** 270—76, Okt. 1961; Geisenheim/Rheingau, Bundesanst. für Qualitätsforschung pflanzlicher Erzeugnisse; dt.) — Umfassender Bericht über Lagerungs-Verss. mit 15 Gemüse- u. 5 Obstarten. — 21 Literaturangaben. M. Winiker. 7690□

Der Einfluß der Gegenwart des Trubes auf die Qualität von schwarzem Johannisbeersaft, insbesondere auf die Stabilität der Ascorbinsäure. Taina Kuusi. (Valtion tekn. Tutkimuslaitos, Sarja IV [State Inst. techn. Res., Ser. IV] **1961,** Nr. 4, 1—28; Helsinki, State Inst. for Technical Res.; engl.) — Die Stabilität der Ascorbinsäure u. die Qualität von schwarzem Johannisbeersaft werden durch die Anwesenheit des Trubes nicht beeinflußt. Lediglich die Farberhaltung war in den trüben Säften etwas besser. E. Lück. 7706□

Methoden zur Herstellung von Aromen-Konzentraten. M. Burger. (Riechstoffe u. Aromen **11,** 189—90, 192—95, Juni 1961; dt.) — Allg. Ausführungen. M. Winiker. 7714□

Kakaobutterähnliche Fette aus Haushaltsfetten. R. O. Feuge, Norman V. Lovegren und H. B. Cosler. (J. Amer. Oil Chemist's Soc. **35,** 194—99, Mai 1958; Chicago

(Ill.), Southern Reg. Res. Lab. u. Quartermaster Food and Container Inst.; engl.) — Durch Veresterung reiner Mischungen von *Ölsäure*, *Palmitinsäure* u. *Stearinsäure* oder durch Umesterung ihrer Triglyceride u. nachfolgende fraktionierte Kristallisation lassen sich, wie auf Grund vergleichender physikal. Prüfungen festgestellt wird, leicht kakaobutterähnliche Fette herstellen. Der natürlichen Kakaobutter am nächsten kommt ein im wesentlichen aus *Oleopalmitostearin* zusammengesetztes Fett, danach folgt *Oleodistearin*, während *Oleodipalmitin* von den drei Fetten am stärksten von natürlicher Kakaobutter abweicht. Alle 3 genannten Fettmischungen werden als befriedigende Kakaobutter-Ersatz-Prodd. angesehen. Auch durch Umesterung einer Mischung aus 70 Teilen vollständig hydriertem Cottonöl u. 30 Teilen Olivenöl läßt sich ein kakaobutterähnliches Fett herstellen. — 14 Literaturhinweise. H. Spohn. 7726□

Die Fettreifbildung und ihre Ursachen. G. Wolf. (Lebensmittelindustrie **9**, 232 bis 233, Aug. 1962; Leipzig, Inst. f. Süßwarenindustrie; dt.) J. Lehmberg. 7726□

Bakteriologische Untersuchungen zur Frage der Farbhaltung bei streichfähigen Rohwürsten. R. Hadlok. (Fleischwirtschaft **14**, 390—94, Mai 1962; Gießen, Justus-Liebig-Univ., Inst. für Tierärztl. Nahrungsmittelkunde; dt.) — Es wurde festgestellt, daß die Qualität streichfähiger Rohwürste, bewertet nach Farbe, Farbhaltung, Geruch u. Geschmack, mit der Keimzahl/g u. der Keimart in Zusammenhang steht. — 45 Literaturangaben. M. Winiker. 7750□

Sterilisationsverluste bei Rind- und Schweinefleischkonserven. H. J. Sinell und H. U. Höpke. (Fleischwirtschaft **14**, 397—400, Mai 1962; Berlin, Freie Univ., Inst. für Lebensmittelhygiene; dt.) M. Winiker. 7750□

Die Chemie der Walfischprodukte. L. C. Surmon und M. F. Ovenden. (South African ind. Chemist **16**, 62—72, April 1962; Durban, Union Whaling Co., Ltd.; engl.) — Übersicht über Fang, Zerlegung u. Verarbeitung der Walfische, Eigg., Zus. u. Verw. des Walfischleber- u. Walratöls u. des Walfleischextraktes u. -mehles. W. Wesly. 7750□

Über den erhöhten Zinngehalt in Ölkonserven von Trachurus trachurus. N. F. Mosskalenko. (Рыбное Хозяйство [Fischerei-Wirtsch.] **37**, Nr. 7, 71—74, 1961; Forsch.-Inst. für Fischereiwesen u. Ozeanographie des Asowschen u. Schwarzen Meeres; russ.) — Der Einfl. der Meth. des Salzens, der zugegebenen Essigsäure, der Sterilisationsverhältnisse (60 Min. bei 120° bzw. 65 Min. bei 115°), der Lagerungs-Temp. (9—34°) u. der Qualität (Dicke, Porosität) der Verzinnung der Blechdosen auf den Sn-Geh. in Ölkonserven von *Trachurus trachurus* (57—226 mg/kg) wird erörtert. Nach 4 Monaten Lagerung betrug der Sn-Geh. der Konserve 226 (mg/kg) bei Verw. von trockenem Salz, 115 mit Salzlake u. 57 mit Essig + Salz. Bei 2 Monate langer Lagerung bei 34° erhöht sich der Sn-Geh. auf das 2—3fache des Wertes bei 15—20°. S. Baryschnikow. 7752

Erzeugung, Zusammensetzung und Lagerung von Eiern. A. Roper. (Food Technol. Australia **14**, 98—99, 101, März 1962; Lidcombe, N.S.W., Egg Marketing Board of New South Wales; engl.) — Allg. Ausführungen. M. Winiker. 7754□

Bakteriologische Untersuchungen an Milchtransportkannen. P. Kästli. (Schweiz. Milchztg., wiss. Beilage **86**, Nr. 72, 573—80, 25/10. 1960; dt.) M. Winker. 7756□

Freie Aminosäuren in Milch. P. Prodanski. (Dtsch. Milchwirtsch. **9**, 98—99, April 1962; Plovdiv, VIHVP; dt.) — Unterss. von Kuh-, Schaf-, Büffel- u. Ziegenmilch auf freie Aminosäuren u. ihr Verh. bzw. ihre Änderung während der Lagerung unter verschiedenen Temp.-Bedingungen. J. Lehmberg. 7756□

Sterilisierung der Konsummilch. A. Goded y Mur. (Ion [Madrid] **20**, 414—25, Juli 1960; span.) — Übersicht über die modernen Meth. der Milchsterilisierung u. ihre Kontrolle. R. K. Müller. 7756□

Isolierung von 14-Methylpentadecansäure (Isopalmitinsäure) aus Butterfett. R. P. Hansen, F. B. Shorland und N. J. Cooke. (Chem. and Ind. **1959**, 124, 24/1.; Wellington, New Zealand, Dep. of Sci. and Ind. Res., Fats Res. Labor.; engl.) — Aus nichthydriertem Butterfett werden geringe Mengen *14-Methylpentadecansäure* ($C_{16}H_{32}O_2$, F. 61,7—62,7°; n_D^{70} 1,4316. *Methylester*, F. 15,8—16,2°) isoliert, die 3% *Palmitinsäure* enthält. K. Zieloff. 7758

Gehalt an konjugierten Säuren im Milchfett. R. B. Dawidow und M. W. Salaschko. (Известия Высших Учебных Заведений (Краснодар), Пищевая Технология [Hochschulnachr. (Krasnodar), Nahrungsmittel-Technol.] **1962**, Nr. 3, 28—32; Moskau, Timirjasew-Landw.-Akademie, Lehrstuhl für Molkereiwesen; russ.) — Die jahreszeitlichen Schwankungen des Geh. an Dien- (**I**), Trien- (**II**) u. Tetraensäuren (**III**) in Milchfett werden erörtert. Im Sommer beträgt der Geh. an **I**, **II** u. **III** 1500 bis 1800 (mg%) bzw. 50—80 bzw. 6—7. Die entsprechenden Werte im Winter sind

500—700, 30—40 u. 4—5. Bei der Lagerung der Butter bei —10° vermindert sich ihr Geh. an **I, II** u. **III**. Eine Verminderung ihres Geh. in der Butter kann beim Fehlen von Veränderungen der anderen chem.-physikal. Kennziffern als erstes Merkmal des eintretenden oxydativen Verderbs betrachtet werden. S. Baryschnikow. 7758

Zusammensetzung des Milchfettes und Qualität der Butter in Abhängigkeit von der Jahreszeit. M. W. Salaschko. (Известия Тимирязевской Сельскохозяйственной Академии [Nachr. landwirtsch. Timirjasew-Akad.] **1960,** Nr. 6, 209—13; russ., Auszug: engl.) — In einer Vers.-Reihe von 135 Tagen mit einer Gruppe von 12 Kühen wurden Butterproben im Winter, Frühjahr u. Sommer analysiert. In der Vers.-Zeit stieg die JZ. (33,7; 33,2; 38,5) im Sommer um 14,3%, die Brechungszahl um 2%; die Reichert-Meißl-Zahl sank von 30,4 auf 29,3 (Frühjahr) u. 28,5 (Sommer), die Polenske-Zahl war im Winter u. Sommer die gleiche, im Frühjahr um 15% höher; der F. sank von 31,16 auf 30,9 u. 27,9; die Härte betrug 140, 143 u. 97 g/cm² bei 15°. Neue Spektral-Verff. wurden erstmals zur Best. der Vitamine u. der mehrfach ungesätt. Säuren angewandt. An Diensäuren wurden ermittelt (mg%) 1140 (Winter), 1236 (Frühjahr), 1442 (Sommer), an Triensäuren 48; 62; 58; an Tetraensäuren 4,5; 5,15; 5,25 mg%. Carotinoide: 6,2; 6,3; 8,95; Vitamin A: 8,4; 8,5; 11,3; Tocopherol: 3,77; 3,62; 4,94 mg/kg. Stabilität gegen UV-Strahlen: Induktionszeit im Winter 174, im Frühjahr 154, im Sommer 204 Minuten. Freie Buttersäure im Butterplasma: 0,68; 15,41; 0,68 mg%. Bakterienzahl in tausend/ml: 28; 2,3; 35. Geschmack u. Geruch: 42; 40; 43 (in Schätzungsgraden), Konsistenz in gleicher Wertung: 23; 22,4; 23,7. Haltbarkeit bei —10 bis —12°: keine Unterschiede nach 6 Monaten; bei +8 bis +10°: nach 3 Monaten waren die Frühjahrs- u. Winterproben verdorben, die Sommerproben blieben 1. Güte.
A. v. Wilpert. 7758□

Vergleichende Versuche zur Speisequarkherstellung mit Lab und Colepsin. R. Hansen, K. Rödiger und W. Schott. (Dtsch. Milchwirtsch. **8,** 322—25, Nov. 1961; Oranienburg, Inst. für Milchforsch.; dt.) — Verss. zur Herst. von Speisequark u. Schichtkäse ergaben, daß hierbei *Lab* durch *Colepsin* (ein Ferment, das aus den Mägen erwachsener Schlachttiere gewonnen wird) ersetzt werden kann. M. Winiker. 7760□

Kontrolle von Pesticidrückständen nach dem Nahrungsmittel-, Drogen- und Kosmetikgesetz. Curtis R. Joiner. (J. chem. Educat. **38,** 370—74, Juli 1961; Los Angeles, Calif., US Food and Drug Adm.; engl.) — Überblick über die gebräuchlichsten Pesticide (DDT, Methoxychlor, BHC, Heptachlor, Aldrin, Dieldrin, Endrin, Parathion, Malathion) u. deren analyt. Nachw. in Nahrungs- u. Futtermitteln. — 36 Literaturhinweise. Ch. Weiske. 7788□

Empfehlenswerte Methoden zur Analyse von Rückständen von Schädlingsbekämpfungsmitteln in Nahrungsmitteln. — Die Bestimmung kleiner Mengen BHC in Mehl und Speiseölen. Anonym. (Analyst **87,** 220—27, März 1962; engl.) — Mit Hilfe der Verff. von Schechter u. Hornstein [1952] sowie Hancock u. Laws [1955] wurden vergleichende Best. des *BHC*-Geh. von Vollkornbrot u. Erdnußöl durchgeführt. Die analyt. Einzelheiten der angewendeten Verff., die auf einer Extraktion der Schrotkörner mit Dichlormethan bzw. einer chromatograph. Reinigung des Öls, der Dechlorierung des BHC zu Bzl., dessen Überführung in m-Dinitrobenzol, der Farb-Rk. mit Äthylmethylketon u. einer Absorptionsmessung beruhen, sind beschrieben.
W. Betcke. 7798□

Die elektrophoretische Differenzierung der Proteine bei Mehlen aus inländischem und ausländischem Weizen. A. R. Deschreider. (Getreide u. Mehl **12,** 42—46, April 1962; Beilage zu: Mühle; Brüssel, Wirtschaftsminist., Zentrallabor.; dt.) — Die elektrophoret. Trennung von in Milchsäure dispergiertem Weizenkleber ergibt 3 charakterist. Flecke, die bei quant. Auswertung deutliche Unterschiede zwischen belg. Winterweizen einerseits u. belg. Sommerweizen sowie Importweizen andererseits erkennen lassen. Von den 3 Proteingruppen ist eine in 57%ig. A., eine in verd. Milchsäure u. die dritte in verd. Essigsäure löslich. Importweizen-Sorten enthalten mehr bewegliche Proteine als belgische. M. W. Rothe. 7798□

Über die Amylaseaktivität in Getreide und Mehl. Bestimmung der „Fallzahl". Harald Perten. (Getreide u. Mehl **12,** 37—42, April 1962; Beilage zu: Mühle; Stockholm, Statens Hantverksinst.; dt.) — Beschreibung u. Diskussion einer Schnell-Meth. zur *α-Amylase* (**I**)-Best. im Mehl, die auf der Messung der Verflüssigung einer verkleisterten Mehlsuspension beruht u. Aussagen über das Verh. des Mehles während der Verarbeitung zu Brot zuläßt. Die „Fallzahl"-Werte werden nicht nur durch die **I**-Aktivität, sondern auch durch die Angreifbarkeit der Stärke beeinflußt. Roggen- u. Kartoffelstärke sind wesentlich leichter angreifbar als Weizen- u. Maisstärke.
M. W. Rothe. 7798□

Untersuchungen zur Restmengen-Bestimmung von 3-Amino-1.2.4-triazol in Preiselbeeren. E. Kröller. (Dtsch. Lebensmittel-Rdsch. **57**, 107—14, Mai 1961; Berlin-Dahlem, Bundesgesundheitsamt, Max-v.-Pettenkofer-Inst., Abt. Lebensmittelchemie; dt.) — Von den zur Zeit für die Best. von *3-Amino-1.2.4-triazol* (I) bekannten Analysen-Meth. erwiesen sich die auf Diazotierung u. Kupplung basierenden colorimetr. Verff. als am geeignetsten. Eine Meth. zur Best. von I in Preiselbeeren, bei der *Chromotropsäure* als Kupplungskomponente Verw. findet, wird ausführlich beschrieben. — 14 Literaturangaben. M. Winiker. 7808□

Abwandlung des Monier-Williams-Verfahrens zur Bestimmung von Schwefeldioxid. Joel J. Thrasher. (J. Assoc. off. agric. Chemists **44**, 479—84, Aug. 1961; Baltimore, Md., Food and Drug Admin.; engl.) — Das zur SO_2-Best. nach Monier-Williams dienende Gerät (Abb.) wird in verbesserter Form zur SO_2-Best. in getrockneten Früchten (titrimetr. oder gravimetr. als $BaSO_4$) angewandt. Obwohl die Übereinstimmung der titrimetr. u. gravimetr. Werte im allg. befriedigend ist, werden weitere Unterss. empfohlen. W. Wesly. 7808□

Untersuchungen von Medien für die Auszählung von Enterokokken in Gefriergemüse. D. F. Splittstoesser, R. Wright und G. J. Hucker. (Appl. Microbiol. **9**, 303—08, Juli 1961; Geneva, N.Y., Cornell Univ., New York State Agric. Exp. Stat.; engl.) — Die relative Sensitivität u. Spezifität von Vortest-Medien u. Bestätigungstest-Medien für die Auszählung von Enterokokken in Gefriergemüse wurde untersucht. Azid–Dextrose-Bouillon ergab die höchste Anzahl bestätigter Enterokokken, u. ihre Sensitivität war nichtselektiven Medien vergleichbar. Die Verw. von Äthylviolett-Azid-Bouillon als Bestätigungstest-Medium ergab eine bedeutende Anzahl falscher positiver Teste. Zweitägiges Wachstum in Bouillon mit 6,5% NaCl bei 45° erwies sich als spezif. Bestätigungstest für Enterokokken. D. Pöhland. 7810□

Über die Entwicklung der Begriffe Leb- und Honigkuchen sowie den Nachweis von Honig in Lebensmitteln. Wolfgang Sturm und Ernstgeorg Hanssen. (Dtsch. Lebensmittel-Rdsch. **57**, 261—70, Okt. 1961; Hannover, H. Bahlsens Keksfabrik K.G.; dt.) — Zusammenfassender Überblick. — 96 Literaturangaben. M. Winiker. 7812□

Der Nachweis fremder Pflanzenstoffe in Vanille-Extrakt. J. Fitelson. (J. Assoc. off. agric. Chemists **44**, 531—34, Aug. 1961; New York, N.Y., Fitelson Labor., Inc.; engl.) — Eine in mehreren Labor. ausgeführte Nachprüfung des vom Vf. (C. **1962**, 2208) empfohlenen, papierchromatograph. Verf. zum Nachw. von Vanille-Extraktverfälschungen führt zu seiner Empfehlung. W. Wesly. 7826□

Untersuchung des Extraktgehaltes von Kaffee-Ersatzmitteln. 1. Mitt. **Extraktion gerösteter Zichorie.** János Nedelkovits und Henriette Hajnár. (Élelmiszervizsgálati Közlemények [Lebensmittelanalyt. Mitt.] **6**, 115—20, 1960; Budapest, TU, Lehrst. Lebensmittelchem.; ung.) — Es wurde festgestellt, daß die Menge des Zichorienextraktes vom Mahlungsgrad, der Dauer der Extraktion sowie der hierfür benutzten Wassermenge abhängt. J. Plank. 7828□

Untersuchungen über den Nachweis von östrogenen Stoffen in tierischen Lebensmitteln, insbesondere in Geflügelfleisch. 1. Mitt. **Probleme und Nachweismethodik.** W. Thiel und E. Schaal. (Fleischwirtschaft **14**, 400—04, Mai 1962; Krefeld, Staatl. Veterinäruntersuchungsamt; dt.) — Zum Nachw. von östrogenen Substanzen in Geflügelfleisch wurde eine Modifikation der Rk. von Aschheim u. Zondek entwickelt. M. Winiker. 7850□

Feststellung und Auszählung von Fäkal-Indicator-Organismen in marinen Gefrierkonserven. 2. Mitt. **Enterokokken.** H. Raj, W. J. Wiebe und J. Liston. (Appl. Microbiol. **9**, 295—303, Juli 1961; Seattle, Wash., Univ. of Washington, Coll. of Fisheries; engl.) — 1. vgl. Appl. Microbiol. **9**, [1961], 171. — Enterokokken treten in größerer Zahl in den Gefrierkonserven auf als Coliforme u. eignen sich dadurch besser als Indicatoren für Verunreinigung dieser Nahrungsmittel. Die Verw. von Azid–Dextrose-Bouillon, modifiziert durch Zugabe von Bromthymolblau, u. Äthylviolett–Azid-Bouillon als Vor- oder Bestätigungstest war hoch spezif. für die Best. u. Auszählung von Enterokokken in diesen Proben. Tetrazolium–Agar-Medium, als dritter Schritt nach dem Bestätigungstest angewandt, ergibt eine zuverlässige Differenzierung der Streptococcus faecalis-Typen von anderen D-Gruppen-Streptokokken. Ein einfaches Verf. zur weiteren Identifizierung von Streptococcus faecalis-Varietäten u. anderer Enterokokkenarten wird beschrieben. Die auffallende Resistenz aller D-Gruppen-Streptokokken gegenüber Dihydrostreptomycin u. Polymyxin B weist einen möglichen Weg zur Anwendung eines neuen selektiven Mediums für diese Organismen. D. Pöhland. 7852□

Fremdstoffe in Eierprodukten. Joel Thrasher. (J. Assoc. off. agric. Chemists **43**, 565—68, Aug. 1960; Cincinnati, Ohio, Dep. of Health, Educat. and Welfare, Food and Drug Admin.; engl.) — Zusammenstellung von Verff. zur Unters. von gefrorenen Eiern (Gesamtei, Eigelb), fl. oder gefrorenem Eiweiß, Trockeneipulver, Trockeneiweißpulver u. Trockeneigelbpulver. W. Wesly. 7854□

Vergleich zwischen Reduktionsproben mit Resazurin und Methylenblau, Reinheitsproben und Keimgehaltsbestimmungen nach Koch bei Rohmilch. Edda Mützke. (Dtsch. Milchwirtsch. **9**, 100—01, April 1962; Halberstadt, Ingenieurschule; dt.) — Eine generelle Übereinstimmung zwischen den Ergebnissen der Schmutz- u. Red.-Proben besteht nicht. J. Lehmberg. 7856□

Die Bestimmung von Mangan in verhältnismäßig große Mengen Mangan und Calcium enthaltenden Mineralstoffgemischen. Loyd L. Nesbitt. (J. Assoc. off. agric. Chemists **44**, 559, Aug. 1961; Newton, N.J., Limestone Prod. Corp. of America, Lime Crest Res. Labor.; engl.) — Man kocht die Futtermittelprobe mit HNO_3 + HCl, verd., kühlt ab, läßt das Ungelöste über Nacht absitzen, dampft eine aliquote Menge der Lsg. zur Trockne, nimmt mit konz. HNO_3 auf, dampft wieder zur Trockne, nimmt mit W. u. HNO_3 auf, versetzt mit H_3PO_4 u. unter Erwärmen mit KJO_4, kühlt ab u. mißt die Farbstärke des entstandenen $KMnO_4$. Für Proben mit $>$12% Mn u. Mn-Oxide empfiehlt sich die Anwendung der Titration nach Volhard. W. Wesly. 7868□

Colorimetrische Bestimmung von Harnstoff in Futtermitteln. T. J. Potts. (J. Assoc. off. agric. Chemists **44**, 565—67, Aug. 1961; St. Louis, Mo., Ralston Purin and Co.; engl.) — Die Nachprüfung eines colorimetr. Verf. zur Best. von *Harnstoff* in Futtermitteln (Extraktion mit W., Beseitigung von Pigmenten u. Farbstoffen mit akt. Kohle, Rk. mit p-Dimethylaminobenzaldehyd) zeigt, daß das Verf. nicht die Genauigkeit der offiziellen Arbeitsweise aufweist u. daher einer weiteren Unters. bedarf. W. Wesly. 7868□

Die Anwendung des polarisierten Lichts in der Futtermittelmikroskopie. 2. Mitt. **Die Anwendung des polarisierten Lichts für die Unterscheidung und Beurteilung der in Futtermitteln vorkommenden Stärkearten.** W. Huss. (Landwirtsch. Forsch. **14**, 104—21, 1961; dt.) — 1. vgl. C. **1958, 6699.** M. Winiker. 7868□

Patent Protection Corp., New York, N.Y., übert. von: George J. Malecki, Wellesley Hills, Mass., V.St.A., **Erhaltung der Farbe in grünen vegetabilischen Sterilisationskonserven.** Man fügt z. B. Erbsen vor oder während der Konservierung Na-Aluminat zu, um einen Austausch eines wesentlichen Anteils des Mg im Chlorophyll durch das Na im Na-Aluminat zu bewirken. (**A. P. 2 976 157** vom 21/7. 1954, ausg. 21/3. 1961.) H. Maaß. 7685

Harvey's Belgravia Foods Ltd., London, England (Erfinder: Eric George Alexander), **Konservieren von Früchten.** Man fügt außer Saccharin eine Menge Sorbit zu, welche weniger als 30 Gew.-% des Gesamtinhalts, aber mehr als das 450fache des Saccharin-Gew. beträgt. (**E. P. 864 341** vom 18/4. 1956, ausg. 6/4. 1961.) H. Maaß. 7689

Cyklus Ltd., Arosa, Schweiz (Erfinder: Hermann Mohler), **Konservieren von Fleisch oder Gemüse.** Man unterwirft das Gut einem Gefriertrocknungs-Verf. u. fügt vorher ein anorgan. Salz, wie NaCl, oder ein organ. Salz, wie Na-Glutamat, oder während des Verf. ein Antibioticum oder ein Antioxydans zu, oder taucht das Gut bei 40—50° in ein geeignetes haltbares Fett. (**E. P. 867 614** vom 21/7. 1958, ausg. 10/5. 1961.) H. Maaß. 7751

Enzo Bianchi und Fabio Fabbi, Italien, **Kontinuierliches Erhitzen von Nahrungsmitteln,** bes. von *Fleisch* u. Fleischprodukten. Die in künstlichen oder natürlichen Umhüllungen (z. B. Därmen) fertig verpackten Nahrungsmittel, z. B. Würste u. Schinken, befinden sich zwischen Elektroden von geeigneter Form, die mit einer 5 mm dicken porösen Schicht aus Polyvinylchlorid bekleidet sind, welche mit einer z. B. 3%ig. NaCl-Lsg. getränkt ist. Zum Erhitzen schickt man einen Wechselstrom von 50 Hz u. 10—60 V hindurch. Man benötigt je nach der Größe des Kochgutes 10 bis 30 A u. eine Erhitzungsdauer von 30—45 Minuten. (**F. P. 1 232 735** vom 7/8. 1959, ausg. 11/10. 1960. It. Prior. 9/8. 1958.) W. Heyne. 7751

Vasken Tschilinguirian, Seine-Maitime, Frankreich, **Herstellung von Joghurt,** dad. gek., daß der Milch vor dem Impfen mit Joghurtbakterien 0,3% Ca-Gluconat zugesetzt werden. Hierdurch soll schnellere Entw. der Bakterien u. ein gleichmäßigeres, besser verdauliches Prod. erzielt werden. (**F. P. 1 237 357** vom 31/7. 1959, ausg. 25/11. 1960.) W. Heyne. 7757

Pillsbury Co., übert. von: Chastain G. Harrel und William A. Bosin, Minneapolis, Minn., V.St.A., **Herstellung von Futtermitteln.** Normalen, ausgeglichenen

Mischfuttermitteln, die Getreidearten, Mineralsalze, Vitaminkonzentrate u. dgl. enthalten, werden magnet. anziehbare Fe-Verbb., bes. *Ferrum reductum* u. *Fe-Carbonyl*, in geeigneten Mengen u. mit einer Teilchengröße von 3—20 μ innig beigemischt, wobei ein Teil der Teilchen sphär. u. der andere Teil beliebige Form haben soll, die mkr. von der sphär. unterscheidbar ist. Die Unters. der Futtermittelproben wird erleichtert — Fließschema u. mkr. Abbildungen. (**A. P. 2 928 739** vom 30/6. 1958, ausg. 15/3. 1960.)
H. Karst. 7787

Erly-Fat Livestock Feed Co., übert. von: Bartley P. Cardon, Tucson, Ariz., V.St.A., **Metallchelate in Futtermitteln für Wiederkäuer.** Den normalen Futtermitteln für Wiederkäuer, die eine niedrige Verdaulichkeit aufweisen, werden ca. 0,01 bis 0,00001%, bes. 0,001—0,005%, eines nichttox. Spurenelementmetallchelats, bes. des Fe, Co, Cu, Mn, Mo, Zn u. J, beigemischt. Besonders geeignet sind die Spurenelement-Verbb. der Äthylendiamintetraessigsäure, Äthylendiamin-Co-chlorid u. Dimethylglyoxim-Cu. Das Wachstum u. die Aktivität der Bakterien im Tiermagen werden erhöht u. die Verdaulichkeit der Futtermittel wird verbessert. (**A. P. 2 960 406** vom 14/3. 1957, ausg. 15/11. 1960.)
H. Karst. 7787

Central Soya Co., Inc., Fort Wayne, übert. von: Norman F. Kruse und William W. Cravens, Decatur, Ind., V.St.A., **Behandlung von Geflügel zur Färbung der Haut.** Xanthophyll enthaltende Sojabohnenöle werden durch Behandlung mit Alkalien, inerten Adsorptionsmitteln, Erdalkalien, Ionenaustauscherharzen, Al_2O_3, $Ca_3(PO_4)_2$, $CaCO_3$ u. dgl. raffiniert, entfärbt u. gebleicht. Die erhaltenen Ndd. werden von den Ölen abgetrennt u. enthalten ca. 400 Einheiten Xanthophyll je g. Die Ndd. werden feucht oder im getrockneten Zustand in Mengen von ca. 1—4% innig mit normalen, ausgeglichenen Mischfuttermitteln für Geflügel vermischt. Aus den Sojabohnenöl-Ndd. können durch Extraktion mit Lsgm. auch Konzentrate gewonnen werden, die den Futtermitteln beigemischt werden. Das Stauben der Futtermittel wird verhindert, ihre Pelletisierung erleichtert u. eine Färbung der Haut u. des Eidotters der gefütterten Hühner oder Puten erreicht. (**A. P. 2 924 525** vom 3/6. 1957, ausg. 9/2. 1960.)
H. Karst. 7787

F. Hoffmann-La Roche & Co. Akt.-Ges., Basel, Schweiz, *Färben von Nahrungsmitteln.* (**Ind. P. 64 762** vom 25/7. 1958, ausg. 14/6. 1960. — **C. 1959**, 10428 [D. A. S. 1 050 167].)

Charles B. Knox Gelatine Co., Camden, N.J., V.St.A., *Umwandlung von Gelatine mit Dicarbonsäureanhydriden oder -chloriden.* (**E. P. 836 082** vom 17/2. 1958, ausg. 1/6. 1960. A. Prior. 1/3. 1957. — **C. 1960**, 3731 [D. A. S. 1 058 182].)

H_{17}. Fette. Seifen. Wasch- und Reinigungsmittel usw.

Potentiometrische Methode der Untersuchung der Selektizität bei der Fetthydrierung in Lösungsmitteln. L. Ss. Golodowa und D. W. Ssokolski. (Научные Доклады Высшей Школы, Химия и Химическая Технология [Wiss. Hochschulber., Chem. chem. Technol.] **1959**, 28—31; Kasach. Med. Inst.; Kasach. Kirow-Univ.; russ.) — Bei der Hydrierung von Sonnenblumenöl (**I**) u. Methyllinoleat (**II**) in abs. A. bei 30—60° an Raney-Ni werden die Rkk. potentiometr. verfolgt. Das reversible H_2-Potential (V_{H_2}) des Raney-Ni in A. beträgt ca. 700 mV. Bei Zunahme der **I**-Menge von 6 auf 8 ml verschiebt sich V_{H_2}. Die V_{H_2}-Kurve bei der Hydrierung von **I** u. **II** erreicht ihren niedrigsten Wert bei der größten H_2-Aufnahme-Geschw.; nach Aufnahme von $^1/_3$ der theoret. H_2-Menge nimmt V_{H_2} um ca. 100—150 mV zu, nach ca. 50% H_2-Aufnahme wird ein konst. Wert erreicht. Die Analyse der Hydrierungs-Prodd. zeigt bei beginnender Abnahme der Rk.-Geschw. eine Abnahme der Linolsäure von 65 auf 25% bei **I**, von 88 auf 30% bei **II** u. eine Zunahme der Ölsäure von 27,6 auf 60—65% bzw. von 15—18 auf 62% bei geringer Änderung der gesätt. Säuren von 8 auf 12—15% bzw. von 3 auf 10%. Der Ölsäure-Geh. erreicht bei ca. 40% H_2-Aufnahme einen konst. bleibenden Maximalwert, der Linolsäure-Geh. 5—6%. Die potentiometr. Kurve entspricht diesen Veränderungen. Die Sättigung von **I** u. **II** verläuft unter den angewandten Bedingungen ziemlich selektiv. Größere Änderungen des Geh. an gesätt. Säuren treten erst ein, wenn die Linolsäuremenge 7—10% erreicht hat.
R. K. Müller. 7880□

Einfluß des Verschimmelns und von Beschädigungen von Colza-Saat auf die Qualität des Öls. A. Rutkowski, K. Babuchowski und J. Olejnik. (Oléagineux **17**, 91—94, Febr. 1962; Olsztyn, Polen, École Supér. d'Agric.; franz.) — Bei der Lagerung reifer, verschieden feuchter Samen von Winter-Colza, Ernte 1960, bei 20° bis zu 81 Tagen verfärbt sich das Samenöl u. sein Geh. im Samen geht zurück. Die SZ. steigt an, die JZ. sinkt. Eruca- u. Linolensäure werden zuerst abgebaut, Palmitin-, Stearin-, Öl- u. Linolsäure sind stabiler. Im Schimmelrasen tritt unter anderen ungesätt. Fettsäuren auch Erucasäure in erheblicher Menge auf. In zertrümmerten Samen gehen die Vorgänge schneller als in heilen Samen vor sich. M. Hagedorn. 7894☐

Über einen neuen horizontalen Band-Extrakteur. Ph. König. (Fette, Seifen, Anstrichmittel 64, 23—26, Jan. 1962; Frankfurt/M.; dt.) — Nach einem Überblick über die bisher angewendeten kontinuierlichen Extraktions-Verff. zur Gewinnung der Öle u. Fette aus Ölsaaten wird ein neues Verf. mit horizontalem Rahmenbandextrakteur beschrieben, bei dem das Gut in auf Siebbändern aufgesetzten Rahmenkästen bei einmaliger Umschichtung einer Stufengegenstromextraktion unterworfen wird. Vermischung von Miscella höherer u. niedrigerer Konz. wird durch die Rahmenkästenquerwände u. Abtropfzonen vermieden. Geringer Benzinbedarf u. Ausnutzung der Brüden der Schrot-Bzn.-Dest. machen das Verf. besonders wirtschaftlich. R. Ristow. 7894☐

Die Synthese von Waschmitteln des Typus OP auf Grundlage von Phenolen, die aus Torföl isoliert wurden. Ss. A. Dmitrijew, K. D. Korenew und O. N. Zwetkow. (Торфяная Промышленность [Torf-Ind.] 38, Nr. 6, 24—27, 1961; Kalinin, Torfinst.; russ.) — Die Synth. von Waschmitteln *OP* (Polyoxyäthylenäther der Alkylphenole) erfolgt durch der Alkylierung von Phenolen aus der Kreolinfraktion des Torfes, Trennung der erhaltenen Phenole durch Dest. u. Oxyäthylierung der Alkylphenole. Die aus Torföl isolierten Alkylphenole liefern hervorragende Emulgier- u. Waschmittel. Wahrscheinlich sind für diesen Zweck auch Schiefer- u. Steinkohlenphenole geeignet. C. Kozák. 7912☐

Über die fraktionierte Extraktion von Wachsen. E. Finck. (Fette, Seifen, Anstrichmittel 64, 45—51, Jan. 1962; Ludwigshafen/Rh., BASF, Ammoniak-Labor.; dt.) — Eine App. wird beschrieben, die es erlaubt, 2-kg-Mengen von Wachsen mit einem Lsgm. durch stufenweise Temp.-Steigerung fraktioniert zu extrahieren. In Verbindung mit Tropfpunkt, Härte, SZ. u. VZ. der erhaltenen Fraktionen ist eine für techn. Zwecke hinreichende Charakterisierung der Wachse möglich. Das Verf. wurde auf die Unters. einiger Polyäthylenwachse, Paraffine u. Wachssäuren angewandt. Zur Extraktion kommen die Wachse in Form dünner Schuppen. R. Ristow. 7924☐

Verwendung und Behandlung mikrokristalliner Wachse. H. Clary. (Adhäsion 5, 301—04, Juni 1961; dt.) — Verw. von mikrokristallinen KW-Stoffwachsen in Verbindung mit Elastomeren, wie Polyisobutylen, Polybutylen u. Butylkautschuk, ferner Polyäthylen in der Verpackungsindustrie. Steigerung der Adhäsion, Biegsamkeit u. Zugfestigkeit der Wachse sowie Undurchlässigkeit der Schutzpackung für Wasserdampf. W. Presting. 7924☐

Glanzzahlen von Selbstglanzwachsen, Berechnung und Erfahrungswerte. H. Bock. (Seifen-Öle-Fette-Wachse 87, 805—07, 22/11. 1961; Düsseldorf, H. Horten GmbH.; dt.) — Die Glanzmessung der auf DLW-Linoleum uni, schwarz, Noraplan, grau, oder Conti-Gummi, grün, aufgetrockneten Überzüge von Selbstglanzwachsen erfolgt in bekannter Weise mit dem elektr. Glanzmesser nach Lange u. führt zu 20 Meßwerten, die nach statist. Meth. ausgewertet werden. Beispiele zur Berechnung des Mittelwertes u. der Streuung. W. Presting. 7924☐

Putzmittel in Aerosolform. W. Sapper. (Seifen, Öle, Fette, Wachse 34, 559—62, 30/8. 1961; Gersthofen b. Augsburg, Farbwerke Hoechst Akt.-Ges.; dt.) — Für Auto-, Fußböden- u. Möbelpolituren sowie Schuhpflegemittel gelangt als wachshaltiges Oberflächenpflegemittel meist die Form des Sprühaerosols, aber auch des Schaumaerosols, zur Anwendung. Sprühaerosole sind entweder wasserfreie Suspensionen von Hartwachsen in Lsgm. oder WO-Emulsionen (Sprühaerosole), seltener OW-Emulsionen (Schaumaerosole), während für Schaumaerosole nur die OW-Emulsion in Betracht kommt, die häufig selbstglänzend auftrocknet. Für wasserfreie Aerosole werden die Hoechst-Wachse OM u. FL, für Prodd. der WO-Phase E, KSS u. BI, für OW-Emulsionen KSE, N neu u. S vorgeschlagen. Der Hartwachs-Geh. liegt zwischen 2 u. 8%. Paraffine werden nur für wasserfreie Aerosole verwendet. Zusätze von Siliconöl (350 cSt) erleichtern das Poliervermögen. Mit fettlösl. Farbstoffen wird der Wachsansatz angefärbt. Isopropylalkohol (bis 5%) wirkt schaumstabilisierend. Der Treibmittelbedarf (z. B. Frigen 12A = Difluordichlormethan) liegt für Sprühaerosole bei ca. 60%, für Schaumaerosole bei ca. 10%. W. Presting. 7926☐

Methodik und Apparatur zur gaschromatographischen Analyse des Olivenöles. 1. Mitt. P. G. Garoglio und G. Boddi Giannardi. (Olearia [Roma] 15, 127—49, Mai/Juni 1961; Firenze, Univ., Ist. Ind. Agrarie, Centro Anal. Rich. Vini e Olii del Minist. Agricolt. e Foreste; ital.) — Nach einer ausführlichen Beschreibung des Prinzips der Gaschromatographie werden die verschiedenen Möglichkeiten der gaschromatograph. Analyse von Fetten unter besonderer Berücksichtigung des Olivenöls bei gleichzeitiger Diskussion einiger Beispiele eingehend erörtert. H. P. Fiedler. 7932☐

Methodik und Apparatur zur gaschromatographischen Analyse des Olivenöles. 2. Mitt. Theoretische Betrachtungen und experimentelle Ergebnisse. P. G. Garoglio und G. Boddi Giannardi. (Olearia [Roma] **15,** 189—97, Juli/Aug. 1961; ital.) — 1. vgl. vorst. Referat. — Die theoret. Voraussetzungen für die gaschromatograph. Analyse werden aufgezeigt u. besprochen u. neben verschiedenen Gaschromatogrammen von mehreren Olivenölen auch die Chromatogramme von Apiezon, Polyäthylenglykolen u. verschiedenen Fettsäuremethylestern wiedergegeben u. diskutiert. H. P. Fiedler. 7932 □

Automatische Kontrolle des Elektrolytgehaltes von Seifen auf Grund der Viscositätsänderungen. Fredrik T. E. Palmqvist. (Parfumerie, Cosmét., Savons **4,** 452—57, Nov. 1961; Stockholm, Société Alfa-Laval/De Laval; franz.) — Inhaltlich ident. mit der C. **1962,** 1072 referierten Arbeit. H. Sontag. 7938 □

Colorimetrische Vergleichsanalyse von nichtionogenen kapillaraktiven Verbindungen. K. Peter. (Fette, Seifen, Anstrichmittel **61,** 45—48, Jan. 1959; Frankfurt/M.-Höchst; dt.) — Die durch Adsorption von Bromthymolblau an nichtionogene grenzflächenakt. Verbb. von Blau nach Grünlichgelb eintretende — eine pH-Verschiebung vortäuschende — Farbänderung, bes. im grünen Spektralbereich, in dem bereits geringste Mengen nichtionogener Substanzen meßbare Farbänderungen bewirken, läßt sich sowohl visuell als auch mittels lichtelektr. Photometer zur quant. Best. solcher Verbb. verwenden. Die Best. erfolgt in Puffer-Lsgg. nach Soerensen in Form einer Bezugsanalyse mit einer Lsg. mit der zu bestimmenden Substanz. Bei höherem Geh. an Salzen (NaCl, Na_2SO_4) über 0,25% muß dieser ermittelt u. der Vgl.-Probe zugesetzt werden. Rote, grüne u. blaue Lsgg. können nicht, gelblich gefärbte Lsgg. dagegen analysiert werden; trübe bzw. schmutzige Lsgg. werden vorher filtriert. Das Intervall der Analyse erstreckt sich auf ca. 5—20 mg nichtionogene Substanz. H. Spohn. 7942 □

Hartwachse und Hartwachsgehalt. Willi Presting und S. Jänicke. (Seifen-Öle-Fette-Wachse **87,** 533—38, 16/8. 564, 30/8. 1961; Leipzig, Inst. für Verf.-Techn. der organ. Chem.; dt.) — Hartwachse unterscheiden sich von Wachsen geringerer Härte allg. durch ihre verhältnismäßig schlechte Löslichkeit in KW-Stoffen, z. B. Bzn. oder Bzl., bei Zimmertemperatur. Diese Eig. wird herangezogen, um den Hartwachs-Geh. von Wachsen u. Wachskompositionen zu bestimmen. Es wird eine Perkolations-App. beschrieben, in der das zu prüfende Wachs mit einem Gemisch von 85 Vol.-% n-Heptan u. 15 Vol.-% Toluol bei 20° unter gegebenen Bedingungen extrahiert wird. Als Hartwachs-Geh. (%) gilt das Unlösliche. In dem Hartwachsanteil der Synth.-Paraffine werden die sog. „überharten", also besonders schwer lösl. Anteile durch erschöpfende Extraktion mit Methyläthylketon als Unlösliches bestimmt. W. Presting. 7944 □

Standard Oil Co., Cleveland, übert. von: **Arthur L. Jones,** Lyndhurst, und **Ernest C. Milberger,** Mople Heights, Ohio, V.St.A., *Konzentrierung von Carotin in Palmöl.* (**Can. P. 555 068** vom 19/10. 1953, ausg. 25/3. 1958. A. Prior. 31/10. 1952. — C. **1956,** 4590 [E. P. 736 134].)

General Mills, Inc., übert. von: **Royce G. Freese,** Minneapolis, Minn., V.St.A., *β-Aminopropionate.* (**Can. P. 554 950** vom 16/7. 1953, ausg. 25/3. 1958. — C. **1959,** 1308 [A. P. 2 810 752].)

H_{18a}. Holz. Cellulose. Zellstoff. Papier. Papierdruck. Celluloid. Linoleum

Einige Wirkungen von Düngemitteln auf Holzeigenschaften der Weihrauch-Kiefer (Pinus taeda). B. J. Zobel, J. F. Goggans, T. E. Maki und F. Henson. (Tappi **44,** 186—92, März 1961; Raleigh, N.C., North Carolina State Coll.; engl.) — Je einer Gruppe von 16 Jahren alten Kiefern werden 1. keine, 2. eine halbstarke, 3. eine starke Gabe von N, P_2O_5 u. K_2O gegeben. Die Unters. wird 7 Jahre nach Düngungsbeginn durchgeführt u. erstreckt sich auf den Holzabschnitt von 7 Jahren vor der Düngung u. 7 Jahre nach Düngungsbeginn. Mit steigender Düngergabe nimmt das Spezif. Gew. ab. Tracheidenlänge, Geh. an α-Cellulose u. Hemicellulosen tendieren ebenfalls zur Abnahme, aber die Ergebnisse sind nicht statist. gesichert. Der Durchmesser dagegen nimmt gering zu. W. Wergin. 7952 □

Einige anatomische Anpassungen der Loblolly-Kiefer an Boden-Wasser-Defizite. Diana M. Smith und Mary C. Wilsie. (Tappi **44,** 179—85, März 1961; Madison, Wis., Forest Prod. Labor.; Univ. of Wisconsin; engl.) — Untersucht werden Jahresringbreite, Anteil von Spätholz im Jahresring, Zellenzahl auf dem Radius, Breite der Tracheiden u. Spezif. Gew. in den Internodien von drei 15jährigen Bäumen der *Loblolly-Kiefer.* Die Abhängigkeit der Ausbildung dieser Charakteristika vom *Boden–W.-Defizit* in den Monaten Juni bis Oktober der betreffenden Jahre wird festgestellt. Eine enge Korrelation besteht zwischen Jahresringbreite u. Boden–W.-Defizit insofern, als bei steigendem Wasserdefizit der Ring schmaler wird. Ähnliche Verhältnisse, wenn auch weniger übersichtlich, herrschen auch bei den anderen Merkmalen. Geringes Wasserdefizit hatte einen niedrigen Anteil an Spätholz an der Spitze u. einen hohen Spätholzanteil an der Basis zur Folge. Bei steigendem Defizit kann das Verhältnis in Spitze u. Basis umgekehrt werden. W. Wergin. 7952□

Variabilität der Dichte und Faserlänge im Holz von Liriodendron tulipifera. Eyvind Thorbjornsen. (Tappi **44**, 192—95, März 1961; Knoxville, Tenn., Univ. of Tennessee, Agric. Exp. Stat.; engl.) — Von 63 Bäumen des *L.t.* aus den Standorten Ost-Tennessee u. Südost-Kentucky werden Bohrproben entnommen u. die Jahresaltersstufen 1—10, 11—21 u. 21—31 auf *Dichte* u. *Faserlänge* untersucht. Durch Extraktion mit A./Bzl. wird so viel entfernt, daß das Trockengew. 2,5% abnimmt. Im untersuchten Bereich steigen Dichte u. Faserlänge mit den Jahren an. Die Schwankungen der Faserlänge innerhalb eines Baumes sind groß. Als Kriterium für die Zuchtwahl eignet sich die Feststellung der Dichte. W. Wergin. 7952□

Variabilität und Periodizität von Spätholz in einigen Douglas-Fichten mit sekundärem Dickenwachstum. R. W. Kennedy. (Tappi **44**, 161—66, März 1961; Vancouver, B.C., Canada, Univ. of Brit. Columbia, Fac. of Forestry; engl.) — Von 65 bis 81 Jahre alten Stämmen der *Douglasie* werden nach der Fällung im Herbst 1957 die in den Jahren 1954—1957 gewachsenen *Früh-* u. *Spätholzanteile* gemessen u. mit den Daten für Wachstumstage, Nd. u. Temp. verglichen. Der prozentuale Anteil an Spätholz schwankt stark zwischen den Individuen u. den Jahren. Von Einfl. sind Nd.-Menge, Erbanlagen u. für das Wachstum zur Verfügung stehende Zeit. W. Wergin. 7952□

Über anormale Holzfasern. Erich Correns. (Paperi ja Puu **43**, 47—62, 28/2. 1961; Teltow-Seehof, Dt. Akad. der Wiss. zu Berlin, Inst. für Faserstoff-Forsch.; dt.) — Über morpholog. u. stoffliche Eigg. von Rk.-Holzzellen (Druckholz bei Nadelhölzern, Zugholz bei Laubhölzern) auf Grund von mkr. u. röntgenopt. Unterss. u. chem. Analysen wird berichtet. Sich daraus ergebende techn. Probleme werden erörtert. Ferner werden Ergebnisse begonnener pflanzenphysiolog. Unterss. des Instituts an Zugholzzellen mitgeteilt, die einen Einblick in die Lignin-Synth. in vivo bringen sollen. Das Aussetzen der Lignifizierung in den Wänden der Zugholzzellen steht mit der Wachstums-Geschw. in Beziehung. W. Wergin. 7952□

Die Natur der Lignin-Kohlenhydrat-Bindung im Holz. Fraktionierung von mit Äthylenoxid löslich gemachtem, in der Kugelmühle gemahlenem Holz. H. H. Brownell und K. L. West. (Pulp Paper Mag. Canada **62**, Nr. 8, T374—T384, Aug. 1961; Ottawa, Dep. of Forestry, Forest Prod. Res. Branch, Labor.; engl.) — *Gemahlenes Holz* wird bei 100° mit *Äthylenoxid* in $HCON(CH_3)_2$ behandelt. Nach Lösung wird fraktioniert gefällt. Ein Teil der *Kohlenhydrate* wird ligninfrei erhalten. Die ligninreiche Fraktion kann nicht von den noch vorhandenen Kohlenhydratbestandteilen befreit werden. Deshalb wird angenommen, daß hier eine chem. Bindung zwischen *Lignin* u. *Kohlenhydrat* vorliegt. A. Seuffert. 7952□

Chemische Veränderung von Holz. 1. Mitt. **Verwendung von Trifluoressigsäureanhydrid bei der Veresterung von Holz durch Carbonsäuren.** P. C. Arni, J. D. Gray und R. K. Scougall. (J. appl. Chem. **11**, 157—63, Mai 1961; Inveresk, Arthur D. Little Res. Inst.; engl.) — Lufttrockne Sägespäne, gemahlen u. gesiebt (40 mesh), von *Buchenholz* werden mit einer Reihe von z. T. halogensubstituierten Monocarbonsäuren bzw. mit Dicarbonsäuren jeweils bevorzugt in benzol. Lsg. in Ggw. von *Trifluoressigsäureanhydrid* behandelt. Das Anhydrid muß in molarem Verhältnis in bezug auf die veresternde Säure stehen, um den höchstmöglichen Einfl. auf die Bestandteile der Zellwände auszuüben; sie wirkt dann bedingt katalytisch. Die gewissermaßen als Antriebskraft dienende Behandlungsweise liegt dabei in einer Arbeitstemp. von 25—30°; die Behandlungsdauer beträgt 18—24 Stunden. Es tritt dabei gleichzeitig, was durch IR-Prüfung des Holzmusters vor u. nach der Behandlung u. durch die chem. Analyse belegt wird, in die Rk. ein, so daß also eine teilweise Acylierung u. daneben durch Eintritt als Substituent eine Trifluoracylierung in geringem Umfang stattfinden (je nach Vormischung der Komponenten zu 7—30%). Über die grundsätzliche Anwendung der gleichen Meth. auf *Pinus ponderosa* in gleicher Gestalt vgl. nachst. Referat. W. Gottwald. 7952□

Chemische Veränderung von Holz. 2. Mitt. **Verwendung von Trifluoressigsäure als Katalysator bei der Acetylierung von Holz.** P. C. Arni, J. D. Gray und R. K. Scougall. (J. appl. Chem. **11**, 163—70, Mai 1961; engl.) — 1. vgl. vorst. Referat. — Unter Verknüpfung mit einem Weichholz (*Pinus ponderosa*) werden in ähnlicher Weise die Vers.-Reihen fortgesetzt (vgl. vorst. Ref.), um bes. die Wrkg. von *Trifluoressigsäure* (0,8%) als *Katalysator* bei der Acetylierung der Zellwandsubstanzen von *Holz* mit Essigsäureanhydrid unter Verw. von 1% $Mg(ClO_4)_2$ als kombiniertem Agens zu untersuchen. Der Unterschied bei Einw. von tieferer oder höherer Temp. (25 u. 45°) sowie bei Drücken bis zu 20 at wird erfaßt. Es wird festgestellt, daß beim Acetylieren gleichwertiger Muster bis zur gleichen Zunahme des Gew. u. Acetyl-Geh. durch Tief- u. Hochtemp.-Verff. im 1. Falle permanentes Schrumpfen u. eine geringe Abnahme der Quelleigenschaften (ca. 20%), im 2. Falle eine 75%ig. Abnahme der Quelleigenschaften eintritt. W. Gottwald. 7952□

Untersuchungen über die Langzeit-Durchfeuchtung von Spanplatten und über die Wirkung abwechselnder Feuchtigkeitsänderungen auf ihre Eigenschaften. Osmo Liiri. (Valtion tekn. Tutkimuslaitos, Sarja I [State Inst. techn. Res., Ser. I] **1961,** Nr. 21, 1—31; finn.) — Absorption von *Feuchtigkeit* u. lineare Quellung nehmen bei *Spanplatten* (A) in Räumen mit hohem Feuchtigkeits-Geh. dauernd zu u. erreichen nach 2—3 Monaten ein Gleichgewicht, die Dickenquellung nimmt über die ganze Vers.-Dauer von 5 Monaten geringfügig, aber ständig zu. Abwechselndes Feuchten u. Trocknen bewirkt eine mit steigender Cycluszahl langsamer werdende Festigkeitsabnahme von A, wobei sie eine bei größerer Cycluszahl ebenfalls langsamer werdende permanente Dickenquellung erfahren. Werden A abwechselnd gewässert u. getrocknet, sind die Feuchtigkeitsänderungen u. Quellwerte größer als beim Feucht/Trocken-Cyclus; permanenter Dickenzuwachs tritt ebenfalls ein. Ergebnis: die normale, mit Harnstoff/HCHO-Leim verklebte A ist ohne Schutzanstrich für Verw. bei wechselnder relativer Feuchtigkeit ungeeignet. M. Hagedorn. 7952□

Die Löslichkeit von Cellulose in Eisen-Natriumtartrat-Lösung. Carl J. Malm, R. E. Glegg und Margaret Luce. (Tappi **44,** 102—08, Febr. 1961; Rochester, N.Y., Eastman Kodak Co., Cellulose Technol. Div.; engl.) — Für *Cellulose* verschiedener Herkunft wird die *Löslichkeit* in *Fe-Na-Tartrat* bestimmt. Die günstigsten Werte werden bei einem Geh. von 6% freiem Alkali erhalten, die Löslichkeit steigt mit sinkender Temp.; mit Alkali vorbehandelte Cellulose ist weniger lösl. (Minimum bei Behandlung mit 10—14%ig. NaOH) aber nur dann, wenn das Alkali ausgewaschen wird, sonst ergibt sich keine Änderung der Löslichkeit. Wenn die Viscosität [η] der Cellulose von 7,5 auf 4,7 dl/g sinkt, sinkt der unlösl. Anteil von 100 auf 17% (25°, in Fe-Na-Tartrat mit 6% freiem Alkali). Bei allen Verss. wird die unlösl. Faser in der Lsg. durch eine opt. Meth. bestimmt. H. Rossow. 7954□

Natur und Größe der Netzmittelwirkung bei der Viscoseherstellung. W. L. Dean, W. R. Wyatt und L. R. Parks. (Svensk Papperstidn. **63,** 570—76, 15/9. 1960; Memphis, Tenn., Buckeye Cellulose Corp.; engl.) — *Kiefern-Vorhydrolyse-Sulfatzellstoff* (**I**) für Cellophan gibt unter Labor.-Bedingungen, *Alkalicellulose* beim Abpreßgrad „P.W.R." 2,8 die Filtrierbarkeit von 1300 g, nach Zusatz von 0,1% *Dowfax 2 A I* (**II**) die Filtrierbarkeit 1600 g, also nur geringe Verbesserung. Wenn aber 0,1% **II** unter Betriebsbedingungen zur Alkalicellulose von I vor dem Xanthogenieren zugesetzt wird, erhöht sich die Filtrierbarkeit wesentlich. Die Wrkg. anderer Netzmittel, wie *Nacconol, L 730-2,* sowie von Dehydroabietinsäurepolyalkylglykolester auf die Filtrierbarkeit auch bei Alkalicellulosen anderer Zellstoffe nach der CS_2-Zugabe wird geprüft. Am meisten erhöhen Netzmittel die Filtrationstätigkeit bei Zugabe kurz vor der Sulfidierung, aber nur unter Betriebs-, nicht bei idealen Labor.-Bedingungen. E. Borchers. 7954□

Herstellung von Zellstoff unter gleichzeitiger Gewinnung von Ablaugen hoher Konzentration. H. Scholler. (Wbl. Papierfabrikat. **89,** 235—36, März **1961;** München; dt.) — Durch ein sog. Perkolations-Verf. bei dem die Kochlauge während des Kochens stufenweise abgezogen, regeneriert u. dem Prozeß wieder zugeführt wird, wird eine *Ablauge* mit einem Trockensubstanz-Geh. von 26,1% erhalten. Im *Zellstoff* verbleiben nur 3,3% Festsubstanz aus der Lauge. In einer Skizze ist das Schema des Verf. u. in 2 Tabellen sind die qual. Eigg. des Zellstoffs u. die wärmewirtschaftlichen Vorteile des Verf. angegeben. J. Arndt. 7956□

Der Einfluß der Trocknung auf die Festigkeiten des Zellstoffs. R. C. Klye. (APPITA — J. Austral. Pulp Paper Ind. **14,** XXI—XXXV, Mai 1961; Austral. Paper Manufact. Ltd., Botany Mill; engl.) — Die Beobachtung, daß Eukalyptuskraftzellstoff nach der Vortrocknung einen Verlust der Berstfestigkeit von 10—15%, der Bruchlänge von 10% u. der Reißlänge von 5% aufweist, führt zur labormäßigen Unters. der Zusammenhänge zwischen Feuchtigkeit, Mahlung u. Wiederaufschlagung von *Zellstoffen.* Die geschilderten Verhältnisse sind eine Funktion des Wasserrückhaltevermögens. Auf die prakt. Bedeutung der Befunde wird hingewiesen u. die Möglichkeiten einer optimalen Führung der Papiermaschine werden diskutiert. H. Schmiedeknecht. 7956□

Zur Kenntnis des Magnefitverfahrens. Otto Wurz. (Wbl. Papierfabrikat. **89,** 1148—49, Mitte/Ende Dez. 1961; dt.) — Der Aufschluß mit $Mg(HSO_3)_2$ in Abwesenheit von SO_2-Überschuß eignet sich für billigere Hölzer, wie Kiefer, die nicht für das

Sulfat-Verf. vorgesehen sind, erfordert aber Berücksichtigung von Sonderheiten bei der Stoffaufbereitung. Diese, die Zweckmäßigkeit einer Rückgewinnungsanlage u. die Vorteile des *Magefit-Verf.* werden erörtert. M. Hagedorn. 7962□

Kontinuierliche Strohkochung bei hohem und niedrigem Druck. C. B. Tabb. (Ind. Carta **14,** 47—52, Juni 1960; ital.) — Über 2 kontinuierlich arbeitende Zellstoffgewinnungs-Verff. aus Stroh, das Kamyr- (**A**) u. das Celdecor-Verf. (**B**) wird berichtet. **A**, ursprünglich für die kontinuierliche Holzschliffkochung entwickelt, arbeitet bei 170° u. 6 atü mit direkter Dampfheizung u. ca. 3 std. Sulfitkochung. Die Vorteile von **A** sind: Leichte Variierbarkeit der Kochzeiten, Kochtemp. bis 170°, durch direkte Dampfheizung therm. u. chem. gleichmäßige Behandlung des Materials. Es resultiert ein qual. guter Zellstoff. **B** arbeitet mit 8,5—11%ig. NaOH bei ganz geringem Druck u. maximal 125°, wobei das Material ca. 5 Std. lang im Kocher verbleibt. Nach eingehender Beschreibung der App., der Arbeits- u. Verf.-Technik, wird berichtet, daß Roggen- u. Weizenstroh die besten Stoffe liefert vor Hafer-, Gerste- u. Reisstroh. Letztere lassen sich bei **B** teilweise mit Hypochlorit bleichen. W. Anika. 7962□

Über die Oberflächenchemie der Sulfitzellstoffkochung. 1. Mitt. Oberflächenspannungsmessungen über das Flüssigkeitssystem des sauren Bisulfitverfahrens. Henrik H. Bruun. (Acta Acad. Aboensis, Math. Physica **22,** Nr. 5, 1—14, 1961; Åbo, Inst. för träkem.; schwed.) — Die *Oberflächenspannungen* der im Verlauf des sauren *Bisulfitzellstoff-Verf.* entstehenden Fll. bei 20° werden mitgeteilt. Durch das Herauslösen von Holzanteilen geht die Oberflächenspannung von W. von 72 dyn/cm zurück auf z. B. 39 dyn/cm in Sulfitablauge entsprechend der Zunahme der Oberflächenaktivität. Der Einfl. des Zusatzes anderer oberflächenakt. Substanzen auf den Verlauf des Sulfitzellstoff-Verf. wird geprüft. E. Borchers. 7962□

Untersuchungen zur Zellstoffherstellung. 1. Mitt. Möglichkeiten eines erweiterten Salpetersäure–Zellstoff-Prozesses. David L. Brink. (Tappi **44,** 256—62, April 1961; Richmond, Calif., Univ. of California, Forest. Prod. Labor.; engl.) — Ein 2stufiges Verf. zur *Zellstoff-Herst.* wird vorgeschlagen, wobei zunächst das zerkleinerte Holz mit HNO_3 behandelt u. dann mit NH_4OH extrahiert wird. Dabei können Zellstoff u. Düngemittel produziert werden. Es wird erwartet, daß dieses Verf. der Verunreinigung von Flußläufen entgegenwirkt, da die Abwässer zur Berieselung von Feldern dienen können. A. Seuffert. 7964□

Untersuchungen zur Zellstoffherstellung. 2. Mitt. Das zweistufige Salpetersäure–Ammoniumhydroxidverfahren und die Verwendung der Nebenprodukte als Düngemittel. David L. Brink, James Vlamis und Michael M. Merriman. (Tappi **44,** 263—70, April 1961; engl.) — 1. vgl. vorst. Referat. — In der 1. Stufe des Prozesses wird das zerkleinerte Holz mit HNO_3 behandelt, in der 2. mit einer wss. Lsg. von NH_4OH extrahiert. Abwässer, die zu verd. sind, um noch wirtschaftlich aufgearbeitet zu werden, enthalten doch noch einen solchen Geh. an N-Verbb., daß Felder damit berieselt u. *Düngemittel* eingespart werden können. A. Seuffert. 7964□

Ligninverwertung. K. Kratzl. (Österr. Chemiker-Ztg. **62,** 102—15, April 1961; Wien, Univ., Org.-Chem. Inst.; Wien, Österr. Holzforsch.-Inst.; dt.) — Hochmol. *Lignin*(**I**)-Prodd. werden verwendet als wasserunempfindlich machende Zusätze zu Beton, Alkali-**I** wird in der Gummiindustrie; **I** als Phenolharz-Kondens.-Partner, versuchsweise als Bindemittel für Faser- u. Spanplatten, als Basis für Aktivkohle u. in der Agrikulturchemie verwendet. Niedermol. **I**-Abbau-Prodd. finden Verw. zur Vanillingewinnung; Aufarbeiten über hydrierendes Cracken von **I** u. a. nach dem Noguchi-Oshima-Verf. unter Gewinnung verschiedener Phenole wird hingewiesen, ebenso auf Arbeiten über synthet. Fasern auf Vanillinsäurebasis u. die Dimethylsulfidproduktion in USA. M. Hagedorn. 7966□

Kontinuierlicher Säurezusatz bei der Tallölherstellung. Frank E. Sullivan. (J. Amer. Oil Chemists' Soc. **36,** 124—27, März 1959; Poughkeepsie, N.Y., De Laval Separator Cor.; engl.) — In einen Tallseifestrom wird zur Viscositätsverminderung ein Heißwasserstrom u. dann ein Strom verd. H_2SO_4 eingepumpt, das Gemisch zur Rk. durch einen hochtourigen Mischer, ein Vibrationssieb zur Entfernung von Fasern u. Gasen u. eine Düsenzentrifuge geführt, aus der das *Tallöl* abgezogen wird, die Begleit-Fl. in einen Tank gepumpt, daraus oberschichtig das Lignin abgezogen u. die klare Rest-Fl. (Ablauge, verd. H_2SO_4 u. Salze) zur Verdünnung teilweise in den Zentrifugenzulauf zurückgepumpt. Das Verf. erspart das Waschen von rohem Tallöl. Modifizierte Zentrifugen (mit Faserabscheider) machen auch die Siebe überflüssig. (Billige) H_2SO_4/ClO_2-Bleichablaugen als Säure liefern helleres Tallöl. — Fließschema. G. Vogel. 7966□

Darstellung und Eigenschaften von Estern einwertiger Alkohole und Fettsäuren aus Tallöl. S. T. Bauer, Patricia R. Gill und R. E. Price. (J. Amer. Oil Chemists'

Soc. **38,** 127—30, März 1961; DeRidder, La., Crosby Chem., Inc.; engl.) — Der besseren Abtrennung der industriell wichtigen Fettsäuren von den Harzsäuren im Tallöl als Ester (Zwischenverbb. für die Darst. von Weichmachern, Schneidölen, hydraul. Fll., Schmierstoffen) dienen in Pilotanlagen durchgeführten Untersuchungen. Durch Veränderung verschiedener Unters.-Bedingungen (schnelles Abkühlen, Vakuumfraktionierung vor dem Waschen, Benutzung von CO als Waschgas) lassen sich fast farblose Ester von Tallölfettsäuren (vorwiegend Öl- u. Linolsäure) darstellen. Es werden *Darst.* u. *Eigg.* von Methyl-, Butyl-, Amyl-, n-Pentyl-, n-Hexyl-, Isohexyl-, 2-Äthylhexyl-, Isooctyl-, n-Decyl-, Isodecyl-, Tridecyl-, Hexadecyl- u. Eikosylester der Tallölfettsäure beschrieben. N. Trzebowski. 7966□

Analytische Methoden für Tallölprodukte. Richard Herrlinger. (J. Amer. Oil Chemists's Soc. **36,** 119—24, März 1959; Panama City, Fla., Arizona Chem. Co.; engl.) — Überblick über die bisherigen *Meth.* zur *Best.* von Harz- u. Fettsäure, Unverseifbarem, SZ., VZ., Asche, Fe, Abietin- u. Dehydroabietinsäure, Farbe, Härte, Ep. u. opt. Drehung. Nach einer neuen A.S.T.M-Meth. erfolgen dabei: a) Best. der SZ. des Harzes; b) Best. der Harzsäure nach Wolff (5 Min. langes Kochen) oder Linder-Persson) u. c) Berechnung der Fettsäuren (als Ölsäure) nach der Formel Fettsäure (in %) = SZ. — (% Harzsäure × 1,855)/1,986. Die Einführung der IR- u. UV-Spektroskopie u. der Gaschromatographie in die Analyse der *Tallöl-Prodd.* wird besprochen. G. Vogel. 7966□

Die Hydrolyse der Hemicellulosen der Getreideschalen in Gegenwart eines Kationiten. M. Ss. Dudkin. (Журнал Прикладной Химии [J. angew. Chem.] **34,** 199—204, Jan. 1961; russ.) — Vf. untersucht die durch den Kationenaustauscher KU-1 katalysierte Hydrolyse der Hemicellulosen der Körnerschalen von Hafer, Gerste, Hirse, Reis, Buchweizen mit Wasser. Mit zunehmender Dauer, Temp. u. Austauschermenge je Gew.-Einheit des Materials wird die Ausbeute an reduzierenden Stoffen höher. Im Falle von Hirse u. Buchweizen geht zunächst nur Arabinose (**I**) in Lsg., später auch Xylose (**II**) u. Glucose. Bei Hafer treten von Anfang an **I** u. **II** auf. Bei 100° läßt sich der Austauscher wiederholt ohne Regeneration verwenden, bei 170° tritt Inaktivierung ein. R. Wittwer. 7968□

Die Wirkung von Chlor auf Glucose und Alkylglucoside. 1. Mitt. **Die quantitative Reduktion von D-Gluconsäure-δ-lacton zu Glucose mit $NaBH_4$.** Manuel Urquiza und Norman N. Lichtin. (Tappi **44,** 221—23, März 1961; Boston, Mass., Boston Univ., Chem. Dep.; engl.) — Die Red. von *D-Glucose-δ-lacton* zu *D-Glucose* erfolgt quant. beim Arbeiten mit 2,5 Äquivalenten *$NaBH_4$* bei 0° in schwach essigsaurer Lsg.; mit 1 Äquivalent $NaBH_4$ wird in Abwesenheit von Säure Glucose in 90%ig. Ausbeute erhalten. Beim Vers., γ-Lactonen in gleicher Weise zu reduzieren, treten sehr viel weniger gute Ausbeuten auf, es wird mit den γ-Lactonen der D-Arabonsäure, D-Galaktonsäure, D-Gluconsäure, D-Gluco-D-guloheptonsäure u. D-Mannonsäure gearbeitet. H. Rossow. 7968□

Verfahren zur Herstellung von Zellstoff und von Papier und deren charakteristische Unterschiede. H. W. Bialkowsky und P. S. Billington. (Tappi **44,** 195—201, März 1961; Longview, Wash., Weyerhaeuser & Co., Pulp and Paperboard Div., Res. Dep.; engl.) — Nach statist. Angaben über die aufstrebende Entw. der amerikan. Papierfabrikation in der Zeit von 1946—1957 u. den Anteil der 3 Aufschluß-Verff. an dieser Entw. wird ein ausführlicher Überblick über die Durchführung der Verff. der *Zellstoff-Herst.* (Aufschluß durch Sulfit, Sulfat u. neutrales Sulfit) u. der *Papierbereitung* unter besonderer Berücksichtigung des heutigen Standes der Technik gegeben u. auf den Einfl., den sowohl die Rohstoffe (Holzart, Herkunft, Alter der Bäume usw.) als auch die Verarbeitungs-Verff. auf die Eigg. des fertigen Papiers ausüben, verwiesen. H. Sontag. 7974□

Pappelholz als Papierfaserrohstoff. Kurt Engel. (Wbl. Papierfabrikat. **89,** 1168—72, Mitte/Ende Dez. 1961; dt.) — Besprochen werden die Aufzucht von *Pappeln* (**A**) in Plantagen (in Italien) u. im Flurholzanbau, das Aushalten u. Sortieren, die Erfahrungen mit **A**-Holz in anderen europäischen Ländern, die papiertechnolog. Eigg. von **A**-Holz, **A**-Holzschliff, **A**-Halbzellstoff u. **A**-Zellstoff. M. Hagedorn. 7974□

Einige neue Entwicklungen bei Papier aus synthetischen Fasern. R. A. A. Hentschel. (Tappi **44,** 22—26, Jan. 1961; Wilmington, Del., E. I. du Pont de Nemours & Co., Inc.; engl.) — Bei der Herst. von *Papieren* aus *synthet. Fasern* ist die Einbringung eines geeigneten Binders von ausschlaggebender Bedeutung für die Eigg. dieser Papiere. Die bisher meistens angewandte Tränkung der zunächst ohne Bindemittel erzeugten Faservliese mit gelösten Kunststoffen ist wegen der geringen Festigkeit dieser Papierbahnen u. der anschließenden Trocknung schwierig. Außerdem kann die hohe Festigkeit u. Beständigkeit der synthet. Fasern nicht ausgenutzt werden, da die Bindemittel meist andere chem. Eigg. sowie Festigkeiten haben. Es werden nun bes. Bindefasern entwickelt, die den jeweils verwendeten synthet. Fasern chem. angepaßt sind. Diese „Fibrids", die sehr feinfaserig sind, werden der Stoffsuspension zugesetzt u. dann wird ein Faservlies gebildet, dessen Naßfestigkeit relativ hoch ist. Bei der nachfolgenden Trocknung verbinden diese Fibrids durch Sintern oder Schmelzen die Fasern untereinander u. geben so dem Papier die Festigkeit, die je nach Erhitzungsgrad u. Fibridsmenge verschieden sein kann. In Kurvenbildern werden die Eigg. der so aus verschiedenen Fasern u. Fibrids erzeugten Papiere angegeben. Es werden Hinweise auf die besondere Gestaltung einer Papiermaschine zur Herst. von Papieren aus synthet. Fasern gegeben, wobei auf die durch die hohe Verdünnung bedingten Schwierigkeiten bei der Blatt-Bldg. hingewiesen wird. Ebenso treten bei der Trocknung der Papierbahn durch sehr starke Schrumpfung Schwierigkeiten auf. H. Meyer. 7974□

Fluorescenz-Aufhellungsmittel und ihr Verhalten bei der Papierherstellung. A. J. Hinton. (Paperi ja Puu **43**, 111—14, 31/3. 1961; Manchester, England, ICI Ltd., Dyestuffs Div.; engl.) — Die Anwendung der *Aufhellungsmittel* als Zusätze zum Stoff u. in Oberflächenpräparationen, der Einfl. von Harzseife, Al-Sulfat, Alaun u. des pH-Werts auf den *Fluorescenzeffekt*, sowie die Anwendung von Tönungsfarbstoffen für hochweiße Papiere werden besprochen. B. Gnauck. 7980□

Chemische Technik der Papierfabrikation. Trocknung des Papiers. José Orihuela Aguila. (Ion [Madrid] **20**, 13—19, 40, Jan.; 78—85, Febr.; 146—53, März 1960; Játiva, Papelera de S. Jorge; span.) — Vgl. C. **1962**, 11415. — Übersicht über die Bedingungen der Papiertrocknung in der Technik, unter besonderer Berücksichtigung der Heizmeth. u. der Rolle der Luft beim Trocknungsprozeß. R. K. Müller. 7980□

Kohlenwasserstoffharze in Papierbeschichtungen. Paul O. Powers und James F. Pflum. (Ind. Engng. Chem., int. Edit. **53**, 371—74, 5/5. 1961; Clairton, Pa., Pennsylvania Ind. Chem. Corp.; engl.) — Das durch Polymerisation von β-Pinen unter Einw. saurer Katalysatoren hergestellte Polyterpenharz *Piccolyte* (F. 115°) u. das durch Polymerisation von aliphat. Dienen mit Olefinen hergestellte Polydienharz *Piccopale* zeigen in ihren Eigg. eine überraschende Ähnlichkeit mit Polypropylen u. Polyäthylen. Der Zusatz dieser *KW-Stoff-Harze* zu Polyäthylen oder -propylen gibt wasserfeste, heißsiegelfähige Papierbeschichtungen. H. Sontag. 7982□

Die Laboratoriumsversuche mit Fasermaterialien und deren Beziehung zu den Eigenschaften des Papiers. O. Imset. (Ind. Carta **15**, 106—10, Nov. 1961; ital.) — Verschiedene neue App. zur Messung der feuchten Permeabilität u. der Einw. der Feinfraktion sowie der Menge letzterer werden entwickelt. Die Ergebnisse dieser Raffinierungs-Meth. im Labor. u. Betrieb sind meistens sehr unterschiedlich. Es werden Verss. mit *Fasermaterialien* ausgeführt, weil eine straffere Übereinstimmung zwischen Forschung, Kontroll-Verss. u. Betriebsergebnissen erreicht werden soll. Außer auf die normale Fraktionierung von Fasern ist auf den gewöhnlichen Raffinierungstyp u. auf die Anwendung einer die Betriebsraffinierung „nachahmenden" Meth. zurückzugreifen. G. Platzer. 7984□

Elektrostatisches Streichverfahren zur Herstellung gummierter Papiere. F. W. Holt, C. H. Lorenz und R. B. Reif. (Tappi **44**, 54—57, Jan. 1961; Troy, Ohio, Brown Bridge Mills, Inc.; engl.) — Werden Papier mit einer Klebstoffschicht versehen, so neigen diese Papiere stark zum Rollen. Diese Schwierigkeiten werden durch ein neues *Gummierungs-Verf.* vermieden, bei dem der Klebstoff als trockenes, staubförmiges Pulver mit einem ebenfalls staubförmigen thermoplast. Binder vermischt wird. Dieses staubförmige Pulver wird dann in einem Luftstrom aufgewirbelt u. durch eine Düse auf die laufende Papierbahn aufgebracht, wobei die Haftung des Pulvers auf der Papierbahn durch ein *elektrostat. Spannungsfeld* bewirkt wird, das zwischen einem Drahtgitter in der Düse u. der Papierbahn durch Anlegen einer Hochspannung erzeugt wird. Durch heiße Walzen wird dann der thermoplast. Kunststoff erweicht u. so die Klebstoffteilchen auf der Papierbahn zum Haften gebracht. Die Klebstoffschicht besteht bei diesem Verf. aus einzelnen Teilchen u. nicht aus einem Film, durch den das Rollen der Papiere hervorgerufen wird. Die Arbeitsweise von Vers.-Anlagen wird beschrieben, wobei auch einige Angaben über die Leistungsfähigkeit in bezug auf die aufgebrachte Menge Klebstoff in Abhängigkeit von der Geschw. der Papierbahn gemacht werden. Es besteht wahrscheinlich die Möglichkeit mit diesem Verf. auch andere staubförmige Teilchen trocken auf die Papierbahn aufzubringen u. so zu einem Trockenstreichverf. zu kommen, mit denen Papiere mit Strichen versehen werden können, die sich mit den bisherigen nassen Verf. nicht verarbeiten lassen. H. Meyer. 7982□

Hochwirksame Melamin-Naßfestigkeitsharze. Charles S. Maxwell und Ronald R. House. (Tappi **44**, 370—74, Mai 1961; Stamford, Conn., Amer. Cyanamid Co., Stamford Res. Labor.; engl.) — Durch Zusatz einer Überschußmenge an HCHO zu den üblichen koll. *Trimethylolmelaminharz-Lsgg.* u. Einstellung des optimalen pH-Werts (ca. 1,7) mit HCl im gealterten Koll. kann die Wirksamkeit der Harze verbessert werden. Bei geringeren pH-Werten wird die Bldg. des Koll. verhindert. Dieses ist gegenüber Sulfationen weniger empfindlich u. enthält eine erheblich größere Menge an gebundenem HCHO als die üblichen Harzkolloide. Während der Aushärtung tritt eine Abgabe der zusätzlich gebundenen Menge an HCHO auf, durch die die verbesserte *Naßfestigkeit* der behandelten *Papiere* bedingt ist. B. Gnauck. 7986□

Voraussage über die Qualität der Bedruckbarkeit von Papieren nach der Methode der Zusammenfassung mehrerer Untersuchungen. Alex. Glassman. (Tappi **44**, 7—11, Jan. 1961; Chicago, Ill., R. R. Donnelley & Sons Co.; engl.) — Eine neue Meth. zur Beurteilung der *Bedruckbarkeit* verschiedener *Papiere* beim Vierfarbendruck wird ausgearbeitet. Diese Meth. erlaubt die Beurteilung aller gestrichener u. Naturpapiere sowie von holzhaltigen u. holzfreien Papieren. Die Unters. ergibt, daß keine der bisherigen Prüfungs-Meth. in Zahlenwerten angeben kann, weshalb z. B. viele Naturpapiere sich gut bedrucken lassen, während bei anderen ähnlichen Unters.-Werten an Papieren mit sehr geringer Rauhigkeit schlechte Ergebnisse erzielt werden. In Zusammenarbeit von Papierherstellern, Druckfarbenherstellern u. Druckern wird eine Unters.-Reihe durchgeführt, bei der in Labor.-Verss. der Einfl. der Druckfarbe, der Druck-Vorr. u. des Papieres ausgeschaltet werden. Es wird festgestellt, daß zur Beurteilung eines Papieres eine Unters.-Meth. nicht ausreicht, um die Bedruckbarkeit zu beurteilen. Werden jedoch 4—5 Papier-Eigg. untersucht, so wird eine gute Beurteilung der Bedruckbarkeit erhalten, die mit den prakt. Befunden in guter Übereinstimmung steht. Durch Verarbeitung der einzelnen Prüfergebnisse in einem Rechenautomaten kann eine gute Übereinstimmung in Fragen der Bedruckbarkeit mit den prakt. Druckausfall erzielt werden. H. Meyer. 7988□

Die Wirkungen von Viscosität, Druck und Zeit auf das Eindringen von Lacken und Druckfarben in Papier. R. R. Coupe und Baysung Hsu. (Appl. sci. Res. A **10**, 253—64, 1961; Leatherhead, England, Printing, Packaging and Allied Trades Res. Assoc.; engl.) — Das *Eindringen* von *Lacken* u. *Druckfarben* in kalandergeglättete *Papiere* unter *Druck* wird mittels Reflexionsmessungen untersucht. Das Eindringen ist proportional der Quadratwurzel aus dem Verhältnis von Höhe u. Dauer des Drucks zur *Viscosität.* Dieses Verhältnis steht im Einklang mit dem klass. physikal. Gesetz vom Fluß einer viscosen Fl. in ein poröses Material. Es wird gefolgert, daß für die untersuchten Syst. die Druckfarbe unter dem angewandten Druck als homogener Körper ins Papier eindringt, ohne daß ein Herausfiltrieren des Pigments aus der Druckfarbe stattfindet. F. Zeidler. 7988□

Der Einfluß der Preßbarkeit von Papier auf das Eindringen von Druckfarbe. Baysung Hsu. (Appl. sci. Res., A **10**, 277—85, 1961; Leatherhead, England, Printing, Packaging and Allied Trades Res. Assoc.; engl.) — Vgl. vorst. Referat. — Eine Unters. über die verdichtbare Natur von *Papier* zeigt, daß bei hohen *Drücken* zwischen der Porengröße u. der Quadratwurzel aus dem Druck eine lineare Beziehung besteht. Eine Formel für das Eindringen von *Druckfarbe* in Papier als Funktion des Drucks wird abgeleitet; sie stimmt zufriedenstellend mit den experimentellen Ergebnissen überein. Es wird auch gezeigt, daß der mittlere hydraul. Radius von Papierporen direkt aus dem Abfall der diffusen Lichtreflexionen, der durch das Eindringen von Druckerschwärze unter Druck auftritt, berechnet werden kann. F. Zeidler. 7988□

Einfluß von Feuchtigkeit und Druckfarbe auf Gravur-Papiere. Nils J. Lindberg. (Paperi ja Puu **43**, 749—56, 30/12. 1961; engl.) — Untersucht werden die Ursachen für Dimensionsänderungen in Querrichtung des *Papiers.* Hierfür sind in erster Linie verantwortlich: die Erwärmung auf einer Walze, der Einfl. der *Druckfarbe,* ein geringerer Wasser-Geh., als er dem Gleichgewicht mit der Umgebung entspricht. Eine Druckgabe oder die Spannung des Papiers in Längsrichtung scheinen keinen Einfl. auf die Dimension der Querrichtung des Papiers zu haben. B. Gnauck. 7988□

Die Sorption in Leinöl gelöster Kobalttrockner an Papier und die Bedeutung dieses Vorganges für die Trocknung von Druckerschwärze. K. Cleerdin. (J. Oil Colour Chemists' Assoc. **42**, 408—13, Juni 1959; Delft, Techn. Univ., Labor. for Gen. and Techn. Biol.; engl.) — Unterss. über die bei Anwendung von *Co-2-Äthylhexoat* u. *Co-Naphthenat* (gelöst in *Leinöl*) bei verschiedener Feuchtigkeit u. Acidität stattfindende *Sorption* von Co an *Filtrierpapier* zeigen, daß die adsorbierte Co-Menge bei pH 3,0,

6,2 u. 7,5 mit der relativen Feuchtigkeit des Papiers steigt. Bei 60% relativer Feuchtigkeit fällt die adsorbierte Co-Menge mit fallendem pH; bei 20 oder 80% ist die adsorbierte Co-Menge vom pH unabhängig. W. Wesly. 7990□

Linoleum aus Abfällen. D. Demidow. (Строительные Материалы [Baumater., Fertigteile Konstrukt.] **4**, Nr. 1, 12—13, Jan. 1958.) — Vf. berichtet über die Gewinnung von Linoleum aus Abfällen des Polyvinylchloridharzes. Danach erwies sich die Erzeugung des Linoleums aus diesen Abfällen einfacher als die aus pflanzlichen Ölen u. Kork; sie dauert im ganzen nur 5 Stunden. Das erhaltene Linoleum ist widerstandsfähig gegen Säuren, Laugen, Bzn., Petroleum u. Mineralöle. Die Gewinnung von Linoleum beruht auf den thermoplast. Eigg. des Polyvinylchlorids, das beim Erwärmen erweicht u. sich durch Kalandieren verarbeiten läßt. Die daraus erhaltenen Platten sind plastisch. Vf. erläutert in weiteren Ausführungen die Rolle der einzelnen Zusätze zur Herst. des Linoleums. K. Wekua. 7998

Eine biologische Basis für die Probeentnahme bei Untersuchungen von Holzeigenschaften. S. D. Richardson. (Tappi **44**, 170—73, März 1961; Aberdeen, Scotland, Univ. of Aberdeen, Dep. of Forestry; engl.) — Am Holz der Schwarzkiefer werden Messungen der Ringbreite, Dichte u. Tracheidenlänge längs u. quer zum Stamm u. in Jahresringen gleichen Alters durchgeführt. Die Werte streuen innerhalb eines Baumes sehr stark in Abhängigkeit von inneren u. äußeren Faktoren. Es wird darauf hingewiesen, daß zur Beurteilung der *Eigg.* eines Baumes oder verschiedener Bäume die Unters. einer Probe aus einer beliebigen Stelle oder Stammhöhe nicht ausreicht.
W. Wergin. 8004□

Laboratoriumstechnik für die Prüfung von Holzschutzmitteln. Jean M. Taylor. (Pest Technol. [London] **3**, 210—11, 215, Juni 1961; Forest Prod. Res. Labor.; engl.) — Klötzchen von $4 \times 1^1/_2 \times ^1/_2$ in. u. $1 \times ^1/_2 \times ^1/_2$ in. aus *Quercus robur*-Splintholz von gleichem Stärke- u. kontrolliertem Tylose-Geh. werden nach dem Konditionieren u. nach dem Verschließen der Endfasern mit Wachs 1 Min. lang im Holzschutzmittel getränkt, abgelüftet u. bei 25 u. 75% relativer Feuchtigkeit dem Angriff von *Lyctus brunnens* Staph. ausgesetzt. Die großen Klötzchen werden einzeln in Glasgefäßen aufbewahrt u. auf Larven-Entw. u. Schlüpfen, die kleinen (je 3 in einer Blechdose) eine Woche nach Absterben der Käfer (nach ca. 30 Tagen) auf Eiablage u. Larven-Bldg. kontrolliert. Die Meth. ist nur für diesen Käfer geeignet. Es werden Ausführungen zur Bewertung der Schutzmittel gemacht. M. Hagedorn. 8004□

Bestimmung des mittleren Polymerisationsgrades der Cellulose in der komplexen Lösung Eisen–Weinsäure–Ätznatron. Je. A. Nikonowa, A. P. Ssokolowa und L. S. Gurwitsch. (Химические Волокна [Chemiefasern] **1962**, Nr. **3**, 43—44; Allunions Forsch.-Inst. für Fasern; russ.) — Die Best. des Polymerisationsgrades durch Viscositätsmessung von *Cellulose* aus Holz, Baumwolle u. Viscose in Form von Filmen u. Fasern in einer Lsg. von *$Fe(NO_3)_3$–Weinsäure–NaOH* ergab genügende Übereinstimmung mit Messungen in Kupferoxidammoniak. Gegenüber Literaturangaben (vgl. C. **1960**, 3741) wird die Herst. der Komplex-Lsg. für Betriebsverhältnisse vereinfacht.
M. Ulmann. 8006□

Die Bestimmung von Carboxyl in Cellulose. Vergleich verschiedener Methoden des „TAPPI-ACS-ASTM-ICCA-Subcommitee" über die Bestimmung von Carboxyl. William K. Wilson und John Mandel. (Tappi **44**, 131—37, Febr. 1961; Washington, D. C., Nat. Bur. of Standards; engl.) — Eine Reihe von Meth. zur Best. des Carboxyl-Geh. von Papierstoffen wird vergleichend nachgearbeitet. Der Variations-Koeff. für die einzelnen Meth. beträgt bei Stoffen mit ca. 0,5 mMol COOH/100 g Stoff 20% u. sinkt auf 5% bei ca. 5 mMol/100 g Stoff. H. Rossow. 8006□

Emulsions-Xanthogenierung von Zellstoff. Einfluß der Feinstruktur auf die M—W-Kurve. Osakazu Nakao, Hiromitsu Ohya und Nobuhiko Migita. (J. Soc. Textile Cellulose Ind., Japan [Sen-i Gakkaishi] **14**, 387—94, Juni 1958; Tokyo, Japan, Tokyo Univ., Fac. of Agricult.; jap., Auszug: engl.) Die *M-W-Kurve von Zellstoff*, die durch fraktionierte Auflösung bei der *Emulsions-Xanthogenierung* unter Steigerung der NaOH-Konz. erhalten wird, wird in bezug auf Lage u. Gestalt durch Einführung von $[\overline{C}]_0$, der NaOH-Konz., bei der die Hälfte der Substanz in Lsg. geht, u. der Steigerung (n) (Meth. nach Takenaka modifiziert) charakterisiert. Zwischen der Feinstruktur u. diesen Parametern ergeben sich folgende Beziehungen: (n_0) sinkt mit wachsender Ungleichförmigkeit der Verteilung des Orientierungsgrades, sowie mit dem Betrag des Bereiches niedriger Orientierung. Wenn die dem mittlerem Orientierungsgrad entsprechende Konz., $[\overline{C}]_H$ sinkt, nimmt $[\overline{C}]_0$ ab. $[\overline{C}]_0$ hängt jedoch auch von der Verteilung des Orientierungsgrades ab. R. Junge. 8006□

Emulsions-Xanthogenierung von Zellstoff. — Einfluß des Abbaus des Zellstoffs auf die M—W-Kurve. Osakazu Nakao, Makoto Usuda und Nobuhiko Migita.

(J. Soc. Textile Cellulose Ind., Japan [Sen-i Gakkaishi] **17**, 1104—09, Nov. 1961; Tokyo, Japan, Tokyo Univ., Fac. of Agric.; jap., Auszug: engl.) — Vgl. vorst. Referat. — Die *M–W-Kurve* stellt den Zusammenhang zwischen Löslichkeit des Materials nach *Emulsionsxanthogenierung* u. Konz. der NaOH dar. Es wird untersucht, welchen Einfl. verschiedener Durchschnittspolymerisationsgrad u. verschiedene Herkunft des Zellstoffs auf die M–W-Kurve haben. Als Ergebnis wird festgestellt, daß die Struktur des Zellstoffs stärker maßgebend ist als der Durchschnittspolymerisationsgrad. A. Seuffert. 8006☐

Gaschromatographische Bestimmung von Cellulosealkyläthern. John G. Cobbler, E. Paul Samsel und Garth H. Beaver. (Talanta [London] **9**, 473—81, Juni 1962; Midland, Mich., Dow Chem. Co., Midland Div.; engl.) — Zur Best. von Alkoxygruppen in Cellulose wird nach einer modifizierten Zeisel-Meth. mit HJ umgesetzt, die entstandenen Alkyljodide in 2.2.5-Trimethylhexan absorbiert u. ein aliquoter Teil davon im Beckman-Gaschromatographen GC-2 A analysiert. Das 7 ft. lange, $^1/_4$ in. weite Stahlrohr wird mit Sebacinsäuredi-2-äthylhexylester auf Ziegelmehl gefüllt, die Temp. beträgt 75°, der He-Gasstrom 68 ml/Minute. Als Standard wurden benutzt: o-Methoxybenzoesäure bzw. p-Methoxyphenol, p-Äthoxybenzoesäure u. 3-Isopropoxy-n-propylamin. Die Ergebnisse bei der Analyse einiger Alkylcellulosen stimmen mit denen der Zeisel-Meth. gut überein. R. Krämer. 8008☐

Die elektrische Bestimmung von Feuchtigkeit in Papier. T. S. McLeod und A. E. Yallup. (Proc. Instn. electr. Engr., Part B **108**, 449—54, Juli 1961; Plessey Co., Ltd.; Brit. Paper and Board Ind. Res. Assoc.; engl.) — Durch die Aufnahme von *Feuchtigkeit* wird im *Papier* der elektr. Widerstand u. die DK verändert. Die DK ändert sich dabei unabhängig von der Stoff-Zus. des Papieres in fast linearer Weise mit der Feuchtigkeit. Die verschiedenen Möglichkeiten der *Feuchtigkeits-Best.* in Papieren auf elektr. Wege werden besprochen u. die Arbeitsweise der einzelnen Meßinstrumente wird erläutert. Die in der Praxis mit diesen Instrumenten erzielten Ergebnisse sind einander gegenübergestellt. Der Einfl. der Feuchtigkeit auf die DK wird in Zusammenhang mit den Theorien der Bindung von W. an Cellulose verglichen. H. Meyer. 8010☐

Über einige Papierleimungsgradprüfmethoden. Cristofor Simionescu und Emanuel Poppel. (Bull. Inst. polytechn. Iaşi [N. S.] **4** (8), Nr. 1—2, 227—36, 1958; Iaşi, Inst. Politehn., Catedra de Celuloză, Hîrtil şi Fibre artificale; rum.) — 3 Meth. zur Best. des *Papierleimungsgrades* werden miteinander verglichen, u. zwar die Linien-Meth., die Jaime-Meth. u. die elektr. (K.B.B.) Methode. Die letztgenannte wird im Rahmen der neuesten Kenntnisse über das Eindringen von Fll. in Capillaren behandelt. Es lassen sich durch elektr. Messungen 2 Gebiete erkennen: das Eindringungsgebiet der Fl. in das Papier u. das Eindringungsgebiet in die micellaren Zwischenräume. Ersteres gibt den Hydrophobiegrad des geleimten Papiers wieder u. kann durch die Neigung der Kurve, welche das Anwachsen des elektr. Stromes als Funktion von $\Gamma\tau$ ausdrückt, charakterisiert werden. I. Wann. 8010☐

Präzisionsverfahren zur Messung von Dicke und Gewicht von Beschichtungen. Haydn H. Murray und Williams D. Johns. (Tappi **44**, 217—19, März 1961; Elizabeth, N.J., Georgia Kaolin Co.; St. Louis, Mo., Washington Univ.; engl.) — Das Verf., das zur *Best.* von *Dicke* u. *Gew.* anorgan. *Papierstriche* entwickelt wird, beruht auf der Messung der Absorption von Röntgenstrahlen einer Wellenlänge von ca. 1 μ u. Auswertung der Ergebnisse auf Grund der Masse-Absorptions-Koeff., die für 3 Kaolinsorten errechnet werden. An Hand der Kurven läßt sich die Dicke der Schichten aus den Ergebnissen der Röntgenstrahlabsorption ablesen. Die Meth. u. ihre Anwendbarkeit wird am Beispiel der Best. von Gew. u. Dicke verschiedener Papierstriche erläutert. Sie erlaubt eine schnelle Best. der Schichtdicken bei einer Genauigkeit von $\pm 0{,}5\,\mu$. H. Sontag. 8010☐

Vergleichende pH-Messungen an Papieren auf Grund der Prüfung durch Wasserextraktion und mit Glaselektroden an Tupfstellen. Joseph H. Flynn und Leslie E. Smith. (Tappi **44**, 223—27, März 1961; Washington, D.C., Nat. Bureau of Standards; engl.) — Die *PH-Werte* von 56, betreffs Herst. u./oder Zus. verschiedener *Papiere* werden sowohl nach der üblichen Normprüfung (TAPPI T 435) durch *Extraktion* der Papiere mit *W.* u. anschließender Messung des pH-Wertes des W./Papier-Gemisches mit der *Glas-Kalomel-Elektrode*, als auch durch Anpressen der Kalomelelektrode an eine vorher mit W. oder einer elektrolythaltigen Lsg. befeuchteten Stelle des Papiers gemessen. In letzterem Fall wird die Verw. der elektrolythaltigen Lsgg. (bes. 0,1 n KCl-Lsg.) der von W. vorgezogen, da besser reproduzierbare u. weniger mit der Befeuchtungsdauer variierende (raschere Einstellung eines Pseudogleichgewichts) Werte erhalten werden. Die Übereinstimmung mit den nach der Extraktions-Meth. gefundenen Werten ist schlecht, bes. im Bereich hoher pH-Werte. Eine bewertende Beurteilung beider Meth. nach den vorliegenden Ergebnissen ist wegen des komplexen Vorganges der Papierbreibereitung u. der Papier-Herst. nicht möglich. Die neue Meth. hat den Vorteil, schnelle Ergebnisse zu liefern u. das zu untersuchende Material nicht zu zerstören. H. Sontag. 8010□

Feuchtigkeitsaufnahme der Oberfläche von beschichtetem Papier. Eine mikrophotographische Technik zur Messung des Kontaktwinkels von Wasser auf Druckpapieren. Cornelius B. Westerhoff, Richard L. Savage und James A. Reynolds. (Tappi **44**, 367—69, Mai 1961; Naugatuck, Conn., U.S. Rubber Co., Naugatuck Chem.; engl.) — Beschreibung der Meth., bei der ca. 0,5 Sek. nach Aufbringen eines 1 μl großen Tropfens von 0,1%ig. H_3PO_4 auf verschiedene mit Latex (Styrol/Butadien-Polymerisate) beschichtete Offsetpapiere durch *Mikroaufnahme* der *Kontaktwinkel* bestimmt werden kann. B. Gnauck. 8010□

Texaco, Inc., übert. von: Clarence E. Wilkinson, Port Neches, Tex., V.St.A., **Schutz von hölzernen Gegenständen,** bes. in W. stehenden Pfählen. Auf die Gegenstände wird eine Mischung aufgetragen, die aus 0,05—5 (Gew.-%) Cu-8-Chinolinolat, 15—30 Asbest u. 65—85 einer Asphalt-Lsg. besteht, wobei die Asphalt-Lsg. 30—50 flüchtiges Lsgm. enthält. (**A. P. 2 965 516** vom 11/10. 1957, ausg. 20/12. 1960.) P. Krug. 7953

Kerr-McGee Oil Industries, Inc., übert. von: Eugene E. Woodward, Shiprock, N.Mex., V.St.A., **Herstellung wasserbeständiger Cellulosefaserprodukte.** Cellulosefasern werden mit einer wss. Bitumenemulsion innig gemischt, so daß die akt. Bestandteile der Emulsion auf der Faser in Abwesenheit eines Fällungsmittels niedergeschlagen werden. Die Bitumenemulsion enthält als disperse Phase Bitumen u. als Emulgiermittel einen organ. Emulgator (wasserlösl. Seifen) der die Bldg. einer Öl-in-W.-Emulsion bewirkt, in der mindestens 95% der Teilchen eine Größe von 0,1—1,0 μ, 99% unter 4 μ, u. kein Teilchen eine Größe über 6 μ besitzt. Der Bitumenanteil wird so gewählt, daß die Emulsion die maximale Viscosität bei der Emulgier-Temp. besitzt. (**A. P. 2 954 313** vom 17/10. 1955, ausg. 27/9. 1960.) P. Mayer. 7955

Dow Chemical Co., übert. von: Francis E. Windover, Samuel M. Rodgers jun., und Garth H. Beaver, Midland, Mich., V.St.A., **Wasserlösliche thermoplastische Celluloseäther-Mischung,** bestehend aus 50—95 (%) eines in W. lösl. thermoplast. Hydroxyalkylalkylcelluloseäther, dessen Hydroxyalkylgruppe 2—4 C-Atome u. dessen Alkylgruppe 1—3 C-Atome enthält, u. dessen F. zumindest 10° unter der Zers.-Temp. liegt, u. 50—5 Weichmacher, der zu 5—40 aus Glycerinmono-, -di- oder -triacetat besteht. (**A. P. 2 958 607** vom 23/1. 1958, ausg. 1/11. 1960.) W. Overbeck. 7971

Werner Petzold, Rodleben, und Arthur Rivier, Dessau, **Epoxidierte Weichmacher für Celluloseester,** die OH-Gruppen enthalten. Man verwendet Ester der in 9.10-Stellung epoxidierten Ricinolsäure, die in der OH-Gruppe mit einer niedermol. Fettsäure acyliert ist, mit mehrwertigen Alkoholen, deren übrige alkohol. OH-Gruppen mit niedermol. Fettsäuren, bes. CH_3COOH, versetzt sind. — 306 (Gew.-Teile) Ricinusöl u. 22,7 Pentaerythrit werden in Ggw. von 0,2 g KOH bei 200° umgesetzt u. bei 140° mit $(CH_3CO)_2O$ acetyliert. Der Mischester wird mit 1,1 Mol H_2O_2 u. 0,3 Mol 90%ig. HCOOH bei 25° epoxidiert. Man erhält ein gelbliches, nicht destillierbares, zähes Öl, das nicht völlig nitrierte Nitrocellulose geschmeidig u. beim Nacherhitzen auf 150° durch Rk. der Ester mit der Nitrocellulose elast. macht. (**D. P. [DDR] 22 113** Kl. 39b vom 10/3. 1959, ausg. 10/10. 1961 [Wirtschaftspatent].) M. Pankow. 7971

Eastman Kodak Co., Rochester, N.Y., übert. von: Charles J. Kibler und John W. Tamblyn, Kingsport, Tenn., V.St.A., **Witterungsschutzmittel für Celluloseester,** bestehend aus Diphenyl-5.5'-sulfonyl-bis-(salicylat) oder Bis-(m-methoxyphenyl)-4.4'-sulfonyldibenzoat. (**A.P. 2 956 896** vom 14/8. 1959, ausg. 18/10. 1960.) W. Overbeck. 7971

Nitrochemie G.m.b.H., München (Erfinder: Lothar Reinhardt, Aschau, und Helmut Nolte, Waldkraiburg), **Herstellung von Nitraten der Celluloseglykolsäure** mittels HNO_3, dad. gek., daß man Celluloseglykolsäure oder deren Salze mit 80—98 gew.-%ig. HNO_3 bei 10—40° nitriert. Zur Waschung u. Stabilisierung des Nitrates verwendet man enthärtetes Wasser. Die Nitrate fällt man mit W. oder 80—90%ig. H_2SO_4 aus der Rk.-Lsg. um. Man kann aber auch mit W. ausfällen u. hält dabei die Endkonz. der HNO_3 bis höchstens 10%. Hochverätherte nitrierte Celluloseglykolsäuren finden für *Ionenaustauscher*, niedrigverätherte finden für *Lackzwecke* Verwendung. (**D. A. S. 1 119 242** Kl. 12o vom 29/8. 1959, ausg. 14/12. 1961.) G. König. 7971

Mead Corp., Dayton, übert. von: Russell H. Savage, Chillicothe, Ohio, V.St.A., **Wiedergewinnung von Papierstoff aus Wachspapier.** Das Wachspapier wird in der Stoffmühle bei einer Temp. über dem F. des Wachses zur Trennung der Fasern gemahlen, auf eine Temp. unter den F. des Wachses abgekühlt, wobei Wachs u. Pigmentteilchen an der Oberfläche des Bades agglomerieren, wo sie abgetrennt werden. Der Papierstoff wird gewaschen u. bei pH 10,0—11,25 bei einer Temp. unter dem F. des Wachses gebleicht. Die Temp. wird über dem F. des Wachses gesteigert, während der Stoff unter Einw. von $NH_4Al(SO_4)_2 \cdot 12\,H_2O$ gerührt wird bei pH 6,25—6,75, bis das restliche Wachs zusammengelaufen ist, u. beim Abkühlen an der Oberfläche agglomeriert wo es abgezogen wird. Der gebleichte Stoff wird gewaschen, eingedickt u. zu Schichten mit unter 1% Wachs gepreßt. (**A. P. 2 959 513** vom 6/4. 1956, ausg. 8/11. 1960) P. Mayer. 7979

American Cyanamid Co., New York, N.Y., übert. von: Herbert G. Arlt jun., Glenbrook, Conn., V.St.A., **Papierleimungsmittel.** Kolophonium wird mit einem Diels-Alder- Rk.-Prod. von Kolophonium mit Acetylendicarbonsäure versetzt, so daß der Geh. an Acetylendicarbonsäure 2—15% vom Gew. des freien u. gebundenen Kolophoniums beträgt, u. mit einer alkal. Na-Verb. mindestens zu 60% neutralisiert. Das damit geleimte Papier wird widerstandsfähiger gegen Wasser. (**A. P. 2 957 777** vom 31/10. 1957, ausg. 25/10. 1960.) P. Mayer. 7979

American Cyanamid Co., New York, N.Y., übert. von: John H. Daniel jun., Old Greenwich, Conn., V.St.A., **Leimen von Papier.** Cellulosefasern werden mit 0,2—5% eines geradkettigen copolymeren Salzes behandelt, das erhalten wurde durch Copolymerisation von wenigstens einem Monomeren mit einer $CH_2{=}C{<}$-Gruppe, die einen KW-Rest mit mindestens 6 C-Atomen enthält, u. einem copolymerisierbarem Monomeren mit einer Äthylengruppe, das eine bas. N-Gruppe enthält, u. Umwandeln des erhaltenen Copolymeren in ein hydrophiles Salz. Das mol. Verhältnis des KW-substituierten Monomeren zu dem N-enthaltenden Monomeren beträgt 1 : 1—1 : 15. Das behandelte Papier wird zur Entw. der Leim-Eigg. des Copolymeren auf $>100^0$ erhitzt u. besitzt gute wasserabweisende Eigenschaften. (**A. P. 2 964 445** vom 23/11. 1955, ausg. 13/12. 1960.) P. Mayer. 7979

Hercules Powder Co., Wilmington, Del., übert. von: Cyrus A. Weisgerber, Chadds Ford, Pa., V.St.A., **Herstellung von geleimtem Papier.** Zu einer wss. Papierfasersuspension wird eine wss. Emulsion eines Ketendimeren u. Polyvinylamin gegeben. Die Menge wird so gewählt, daß die Konz. des Ketendimeren in der Papierstoffsuspension 0,01—1%, bezogen auf Fasertrockengew. u. von Polyvinylamin 0,001—0,2% beträgt. Der so behandelte Papierstoff wird zu Bahnen geformt. (**A. P. 2 961 366** vom 27/2. 1957, ausg. 22/11. 1960.) P. Mayer. 7979

Hercules Powder Co., Wilmington, Del., übert. von: Cyrus A. Weisgerber, Chadds Ford, Pa., V.St.A., **Herstellung von geleimtem Papier.** Zu einer wss. Papierstoffsuspension wird eine wss. Emulsion von 0,01—1% eines Ketendimeren u. 0,001 bis 0,2% Poly-(alkylenimin), bezogen auf das Fasertrockengew., gegeben u. zu Papier geformt. (**A. P. 2 961 367** vom 27/2. 1957, ausg. 22/11. 1960.) P. Mayer. 7979

Hurlbut Paper Co., übert. von: Hanns F. Arledter, Stockbridge, Mass., V.St.A., **Herstellung von Papier mit hoher Festigkeit.** Es wird eine wss. Suspension von 30—70% Harzpulver (thermoplast. oder wärmehärtendes Harz) u. 70—30 Gew.-% Fasern, von denen 7—35% synthet. Fasern mit einer Länge von 6—15 mm sind, hergestellt, auf der Papiermaschine geformt u. getrocknet. Verw. zur Herst. von Schichtstoffen. (**A. P. 2 962 414** vom 5/3. 1956, ausg. 29/11. 1960.) P. Mayer. 7983

Hurlbut Paper Co., übert. von: Hanss F. Arledter, Stockbridge, Mass., V.St.A., **Herstellung eines Spezialpapiers.** Es wird eine wss. Suspension von 30—70% Harzpulver (thermoplast. oder wärmehärtendes Harz) u. 70—30% groben Fasern mit einem Durchmesser über 2 μ u. 1—20%, bezogen auf das Gew. der groben Fasern, feinen kieselsäurehaltigen Fasern mit einem Durchmesser unter 2 μ, gebildet u. auf der Papiermaschine zu Papier geformt u. getrocknet. Verw. für maßbeständige, schwer entflammbare Schichtstoffe. (**A. P. 2 962 415** vom 5/3. 1956, ausg. 29/11. 1960.) P. Mayer. 7983

Mead Corp., Dayton, übert. von: John W. Smith, Chillicothe, Ohio, V.St.A., **Herstellung von gestrichenem Papier.** Auf die Papierbahn wird eine bemessene Menge einer wss. Suspension von Pigment u. Bindemittel aufgebracht, damit sich eine glatte Oberfläche bildet. Die beschichtete Oberfläche wird behandelt mit einem Elektrolyten zum Koagulieren des Bindemittels, während die Suspension noch fl. ist, wobei das Bindemittel ein deformierbares Gel bildet, in Kontakt gebracht mit einer glatten Oberfläche (Metallwalze) u. getrocknet, während sie in Berührung mit der glatten Oberfläche ist. (**A. P. 2 950 214** vom 25/3. 1957, ausg. 23/8. 1960.) P. Mayer. 7983

Monsanto Chemical Co., St. Louis, Mo., übert. von: Oscar P. Cohen, Longmeadow, John F. Heaps und Elmer H. Rossin, Springfield, Mass., V.St.A., **Papierbeschichtungsmittel,** bestehend aus einer wss. Dispersion von 100 Teilen eines Styrolpolymeren, 2—20 eines Weichmachers u. 10—75 eines organ. Lsgm., Kp. 175 bis 325° F für das Polystyrol, u. wenigstens 100 Wasser. Als Styrolpolymeres wird ein Styrolhomopolymeres u. ein thermoplast. Copolymeres aus mindestens 50% Styrol u. Vinylidenmonomerem u. als Lsgm. werden aromat. KW-Stoffe, Chlor-KW-Stoffe u. Gemische davon verwendet. (**A. P. 2 961 419** vom 7/11. 1956, ausg. 22/11. 1960.) P. Mayer. 7983

Tee-Pak, Inc., Chicago, übert. von: A. Kenneth Parlour, Chicago, Ill., V.St.A., **Herstellung von Produkten aus Cellulosefasern.** Eine Schicht oder ein Gewebe von Cellulosefasern wird zu einer Röhre geformt, an den überlappten Stellen mit einem Cellulose-Lsgm., wie 60% wss. $ZnCl_2$-Lsg., $Ca(SCN)_2$- u. $CaCl_2$-Lsg., H_2SO_4, zur Erweichung des Cellulosematerials behandelt, die erweichten Kanten werden zusammengedrückt u. das Lsgm. entfernt. — Verpackungsmaterial. (**A. P. 2 952 550** vom 15/10. 1956, ausg. 13/9. 1960.) P. Mayer. 7983

Ludlow Corp., übert. von: Robert S. Ives, Lexington, Mass., V.St.A., **Herstellung eines druckempfindlichen Aufzeichnungsmaterials.** Zu einer Lsg. eines wasserunlösl., filmbildenden, thermoplast., polymeren Materials (Cellulose-Derivv.) in einem wassermischbaren, flüchtigen, organ. Lsgm., die 20—300%, bezogen auf das Gew. des Polymeren, eines oberflächenakt. Mittels enthält, wird ein Farbstoff gegeben, der substantiv zu Cellulose, aber nicht zu dem Polymeren ist. Dann wird soviel W. zugesetzt, daß der gebildete Film beim Trocknen milchig wird. Papier wird mit dieser Lsg. überzogen u. der Überzug getrocknet. (**A. P. 2 962 382** vom 25/2. 1958, ausg. 29/11. 1960.) P. Mayer. 7985

Th. Goldschmidt Akt.-Ges., übert. von: Ulrich Holtschmidt, Essen, **Imprägnieren von Papier für Schichtstoffe.** Eine dünne Schicht Papier oder Gewebe wird mit einem ersten Melaminformaldehydharz imprägniert, der Überschuß entfernt u. teilweise getrocknet, dann mit einem zweiten Melaminformaldehydharz imprägniert u. wenigstens teilweise getrocknet, wobei das erste Melaminformaldehydharz beim Verpressen bessere Fließeigg. besitzt als das zweite Melaminformaldehydharz. (**A. P. 2 964 426** vom 20/11. 1958, ausg. 13/12. 1960.) P. Mayer. 7987

American Cyanamid Co., New York, N.Y., übert. von: Norman T. Woodberry, Stamford, Conn., V.St.A., **Herstellung von Papier geringer Naßfestigkeit und hoher Trockenfestigkeit.** Zu einer wss. Cellulosefasersuspension werden 0,1—5%, bezogen auf das Fasertrockengew., eines wasserlösl., ampholyt., geradkettigen Vinylpolymeren gegeben, die behandelten Fasern zu einer Schicht geformt u. auf 190—250° F erhitzt. Das angewendete Polymere besteht überwiegend aus Hydroxyamidinäthylen- u. Carbamyläthylenbindungen im Verhältnis 1 : 100—10 : 1 u. hat ein Molgew. über 100000. (**A. P. 2 959 514** vom 17/2. 1958, ausg. 8/11. 1960.) P. Mayer. 7987

American Cyanamid Co., New York, N.Y., übert. von: John J. Padbury, Old Greenwich, Walzer M. Thomas, Darien, Conn., und Walter H. Schuller, Kendall, Fla., V.St.A., **Herstellung von Papier mit geringer Naßfestigkeit und hoher Trockenfestigkeit.** Eine Papierfasersuspension von Cellulosefasern wird mit einer wss. Lsg. eines kation., linearen Acylamid-Vinylpyridin-Copolymeren mit einem Molgew. $>$10000 u. einem Verhältnis Acrylamid zu Vinylpyridin von 75—99 zu 25—1 versetzt, so daß 0,1—5%, bezogen auf das Fasertrockengew. aufgenommen werden, zu einer Schicht geformt u. auf 190—250° F zum Trocknen u. Härten erhitzt. (**A. P. 2 963 396** vom 6/12. 1957, ausg. 6/12. 1960.) P. Mayer. 7987

Toulmin & Toulmin, Dayton, Ohio, V.St.A., übert. von: Michelangelo de Domenico und Giovan-Battista Ricardo de Domenico, Marseille, Frankreich, **Herstellung von Papier mit erhöhter Naßfestigkeit.** Auf die Oberfläche eines saugfähigen Papiers wird N-hydroxymethyliertes 1.6-Diureidohexan in einem fl. Medium aufgetragen, so daß 0,25—12%, bezogen auf das Papiertrockengew., aufgenommen werden. Der Überschuß wird entfernt u. das Papier 40—180 Sek. oder länger auf 80 bis 130° erhitzt. Die Festigkeit wird erhöht, ohne daß Aussehen, Porosität, Griff u. Absorptionsvermögen sich verändern. (**A. P. 2 965 436** vom 17/5. 1956, ausg. 20/12. 1960.) P. Mayer. 7987

National Gypsum Co., Buffalo, übert. von: William S. Gorman jun., Kenmore, N.Y., V.St.A., **Herstellung einer wasserdampfdichten Deckschicht für Gipsschichtplatten.** Eine Papierschicht von 0,020 in. Stärke wird an einer Oberfläche mit einer Emulsion von 40—70% Grad Nr. 6 Heizöl in W. behandelt, so daß nicht das ganze Papier durchtränkt wird, u. getrocknet. Zwischen 2 Bahnen dieses Papiers, die mit den nicht behandelten Seiten einander zugekehrt sind, wird ein Gipsbrei laufend eingeführt. (**A. P. 2 954 302** vom 10/12. 1956, ausg. 27/9. 1960.) P. Mayer. 7987

Caspar C. Schneider, Staten Island, N.Y., V.St.A., **Wässerige Dispersion zum Wasser- und Fettdichtmachen von Papier,** bestehend aus 5—25 Gew.-% Melamin-Formaldehyd-Harz mit einem Verhältnis Melamin : Formaldehyd von 1 : 2; 0,3—14% koll. Kieselsäure u. 3—12% Polystyrol. Es kann 0,5—3% Wachs eines Erweichungspunktes >325° F zugesetzt werden. Zur Papier-Herst. wird die Papierfasersuspension mit der wss. Harzdispersion versetzt, einer kontrollierten Trocknung unterworfen, geformt u. bei erhöhter Temp. (325° F) gehärtet. — Verw. zur Herst. wasserdichter u. fettdichter Behälter. (**A. P. 2 953 534** vom 8/9. 1954, ausg. 20/9. 1960.) P. Mayer. 7987

Michigan Research Laboratories, Inc., Long Island City, übert. von: Donald K. Pattilloch, New York, und Carl Polowczyk, Elmhurst, N.Y., V.St.A., **Fettdichtes Papier.** Cellulosefasern werden in einem wss. Medium suspendiert u. mit Polyäthylenimin umgesetzt. Das Rk.-Prod. wird mit einer Perfluorfettsäure mit 4—10 C-Atomen umgesetzt u. zu einer Schicht geformt. — Mengenbeispiele. (**A. P. 2 957 796** vom 1/5. 1957, ausg. 25/10. 1960.) P. Mayer. 7987

Dynamit Nobel Akt.-Ges., Troisdorf, Bez. Köln (Erfinder: Ernst Becker, Bad Godesberg-Mehlem, Franz Schoenen und Hubert Laubenberger, Troisdorf), **Herstellung gefärbter Vulkanfiberplatten,** dad. gek., daß man helle, saugfähige Papiere bzw. Cellulosebahnen, bestehend aus Zellstoff-, Lumpen-, Zellwollfasern oder deren Mischungen, mittels wasserlösl. Azofarbstoffe, wasserlösl. Nigrosine oder Küpenfarbstoffe der Anthrachinonreihe im Pergamentierbad direkt echt einfärbt, wobei die Farbstoffe in stufenweise ansteigenden Konzz. der Pergamentierbad-Lsgg. in das Pergamentierbad gebracht werden. (**D. A. S. 1 116 390** Kl. 39b vom 14/2. 1959, ausg. 2/11. 1961.) W. Overbeck. 7987

J. M. Huber Co., Locust, N.J., übert. von: Andries Voet, Borger, Tex., V.St.A., **Herstellung von Druckerschwärzekügelchen aus Ofenruß** mit einer scheinbaren Dichte von 14—20 pounds/cu. ft. u. gutem Dispergierungsvermögen in den üblichen Druckerschwärzeträgern. Man mischt ca. 85—97 (Gew.-Teile) eines flockigen Ofenrußes mit 3—10 Asphaltmaterial als Dispersionsmittel (z. B. Gilsonit, Momjak, Petroleumdestillationsrückstände) u. pelletiert das Gemisch in einer rotierenden Trommel bis zum Erhalt der gewünschten scheinbaren Dichte. (**A. P. 2 960 413** vom 22/8. 1957, ausg. 15/11. 1960.) K. Demmler. 7989

Wilhelm Ritzerfeld und Gerhard Ritzerfeld, Berlin, **Vervielfältigen** mittels Druckformen, die einen Farbvorrat von Triphenylmethanfarbstoffen besitzen. Die mit einem Lsgm. befeuchteten Abzugsblätter haben einen Aufstrich oder Zusatz von Bentonit mit einem Bindemittel, z. B. Acetylcellulose zur Erhöhung der Lichtechtheit der Abdrucke. (**D. A. S. 1 119 302** Kl. 15k vom 11/7. 1959, ausg. 14/12. 1961.) C. Kittler. 7989

Wilhelm Ritzerfeld und Gerhard Ritzerfeld, Berlin, **Vervielfältigen von abdruckfähigen Spiegelbildoriginalen** mit einem Farbvorrat an hektograph. Anilinfarbstoffen auf mit einem Lsgm. befeuchtete lithograph. Druckformfolien, die mit einer aufgestrichenen Schicht, z. B. aus Kaolin, Baryt, Tylose oder Gelatine, versehen sind. (**D. A. S. 1 117 608** Kl. 15k vom 6/3. 1958, ausg. 23/11. 1961.) C. Kittler. 7989

Soc. An. Les Petits-Fils de Leonard Danel, Loos-lez-Lille (Erfinder: Lucien Magnien, Malakoff, Seine), Frankreich, **Vervielfältigung mittels zweier Übertragungsschichten,** die durch Schriftdruck unter Farb-Bldg. aufeinander wirken u. von denen mindestens eine eine freie im W. unlösl. Säure, bes. Fett- oder Wachssäure, enthält, während die andere Schicht aus einer in einem Bindemittel, z. B. Na-Alginat, dispergierten Farbstoffbase besteht. (**D. A. S. 1 118 230** Kl. 15k vom 8/8. 1957, ausg. 30/11. 1961. F. Prior. 10/8. 1956.) C. Kittler. 7989

Wilhelm Ritzerfeld und Gerhard Ritzerfeld, Berlin, **Herstellung von hektographischen Abzügen,** wobei in der Gelatineschicht der Druckform ein aus nicht oder wenig gefärbten Leuko-Verbb. eines Farbstoffes bestehendes Druckbild erzeugt wird. Während gemäß Hauptpatent nach der Entw. die Druckform oxydiert u. in einem getrennten Säurebad behandelt wird, wird nunmehr als Farbstoffkomponente eine solche der Indamine, z. B. m-Toluylendiamin, in die Gelatineschicht eingearbeitet u. nach gerbender Entw. die Druckform mit einer schwach sauren Aktivierungs-Fl., die eine 2. Komponente der Indamine, z. B. N.N-Diäthyl-p-phenylendiamin u. ein Oxydationsmittel, z. B. $CuCl_2$ oder Chinon, enthält, behandelt. (**D. A. S. 1 117 144** Kl. 15k vom 11/12. 1959, ausg. 16/11. 1961. **Zusatz zu D. A. S. 1 102 776; C. 1962, 1861.**) C. Kittler. 7989

Langbein-Pfanhauser Werke Akt.-Ges., Neuß (Erfinder: Martin Otto, Nürnberg), **Herstellung von Schrift- und Bildzeichen, Skalen und dergleichen auf unebenen Flächen.** Die Zeichen werden zunächst auf einem Modell mit proportional vergrößterter, formgleicher Oberfläche aufgebracht, hiervon wird ein auf die erforderliche Größe verkleinertes Negativ photograph. u. hiervon ein Stahlklischee hergestellt, das die Druckfarbe über ein Druckkissen auf den Gegenstand überträgt, worauf die Zeichen fixiert werden. (**D. A. S. 1 115 274** Kl. 15k vom 16/7. 1957, ausg. 19/10. 1961.) C. Kittler. 7989

Addressograph-Multigraph Corp., Wilmington, Del., übert. von: Charles H. Van Dusen jun., Timberlake, und Francis R. Howe, Wakeman, Ohio, V.St.A., **Auftragen der lithographischen Ätze auf Flachdruckformen,** um die nichtdruckenden Stellen farbabstoßend zu machen, mittels eines Trikotgewebes aus Kunstfasern, z. B. Celluloseacetat, Polyhexamethylenadipamid, Polyäthylenterephthalat. (**A. P. 2 958 146** vom 22/4. 1955, ausg. 1/11. 1960.) C. Kittler. 7989

Hercules Powder Co., übert. von: William H. Roberson, Wilmington, Del., V.St.A., **Herstellung von mehrschichtigen Pappen usw.** mit erhöhter Naßfestigkeit, dad. gek., daß man der wss. Faseraufschlämmung ca. 0,05—1% (auf Trockenfaser bezogen) eines dimeren Alkylketens der allg. Zus.: $(RCH{=}C{=}O)_2$ (R = Alkylrest mit $\geqq 8$ C-Atomen, Cycloalkylrest mit $\geqq 6$ C-Atomen, Aryl-, Aralkyl- oder Alkarylrest) zusetzt, aus der Masse Blätter bildet u. diese, z. B. durch Wickeln, mit einem alkal. Klebstoff (Casein, bes. aber Na-Silicat) zu Schichtkörpern formt. Herst. von Überseeversandkartons usw. — Mengenbeispiele. (**A. P. 2 959 512** vom 15/3. 1956, ausg. 8/11. 1960.) G. Vogel. 7993

Allgemeine Holzimprägnierung Dr. Wolman G. m. b. H., Sinzheim, übert. von: **Wolfgang Otto Schulz**, *Holzimprägnierungsmittel.* (**A. P. 3 007 844** vom 13/4. 1959, ausg. 7/11. 1961. — C. **1960**, 8389 [D. A. S. 1 071 935].)

Zellstoffabrik Waldhof, übert. von: **Ernst Battenberg, Mannheim-Waldhof**, und **Heinz Haas**, Weinheim/Bergstraße, *Halbzellstoff.* (**Can. P. 556 136** vom 26/11. 1951, ausg. 15/4. 1958. D. Prior. 28/2. 1951. — C. **196** , 1381 [Oe. P. 175 782].)

Gustav Haglund, Storangen, Schweden, *Holzaufschluß.* (**Can. P. 555 524** vom 28/4. 1954, ausg. 8/4 1958. Schwed. Prior. 7/5. 1953. — C. **1960**, 338 [A. P. 2 849 315].)

Sterling Drug, Inc., New York, N.Y., übert. von: **Eugene W. Schoeffel** und **Daniel M. Barton**, Rothschild Wis., V.St.A., *Wiedergewinnung von $(NH_4)_2SO_3$ aus Zellstoffablaugen.* (**Can. P. 555 458** vom 24/5. 1955, ausg. 1/4. 1958. A. Prior. 24/6. 1954. — C. **1957, 6629** [A. P. 2 752 243].)

Stora Kopparbergs Bergslags Aktiebolag, übert. von: **Knut Ahlborg** und **Karl N. Cederquist**, Falun, Schweden, *Wiedergewinnung von S und Alkali aus Lignocelluloselösungen.* (**Can. P. 555 446** vom 27/10. 1954, ausg. 1/4. 1958. — C. **1960**, 6013 [A. P. 2 864 669].)

Inventa Akt.-Ges. für Forschung und Patentverwertung Luzern, Luzern, übert. von: **Johann Giesen**, Chur, Graubünden, Schweiz, *Spaltung von Lignin.* (**Can. P. 555 998** vom 3/3. 1953, ausg. 15/4. 1958. Schwz. Prior. 5/3. 1952. — C. **1956**, 4877 [D. B. P. 933 988].)

Hawaiian Development Co. Ltd. und **Crown Zellerbach Corp.** (Erfinder: **Delmer D. Hinrichs, Fred L. Schmidt** und **James D. Wethern**), *Herstellung von Druckpapier.* (**Aust. P. 228 648** vom 3/12. 1958, ausg. 7/7. 1960. A. Prior. 14/1. 1958. — C. **1962**, 2212 [F. P. 1 218 668].)

Becker & Co. Ltd., London, England (Erfinder: **Arie Cornelis van der Meer**, Apeldoorn, und **Werner Alfred Wilhelmi**, Bussum, Niederlande), *Herstellung von Papierleim.* (**Schwz. P. 357 617** vom 17/12. 1957, ausg. 30/11. 1961. Niederl. Prior. 19/12. 1956. — C. **1961**, 8159 [Belg. P. 563 319].)

W. S. Hodgkinson & Co. Ltd., Wells, übert. von: **Paul Quinn**, Bath, England, *Herstellung von kunstharzimprägniertem Papier.* (**A. P. 2 999 789** vom 31/3. 1958, ausg. 12/9. 1961. E. Prior. 2/4. 1957. — C. **1961**, 17435 [F. P. 1 200 319].)

Soc. An. Pneumatiques & Caoutchouc Manufacture Kleber Colombes (Erfinder: **René Dioly**), *Fußboden- und Wandbelag.* (**Aust. P. 232 833** vom 13/10. 1958, ausg. 23/3. 1961. — C. **1961**, 18181 [D. A. S. 1 103 285].)

H_{18b}. Textilfasern

„Hidroplex", ein neues wasserabstoßendes Mittel. Tamás Széll. (Magyar Textiltechn. [Ung. Textiltechn.] **8**, 77—82, Febr. **1956**; ung.) — *Hidroplex* (I), ein neues *wasserabstoßendes Mittel* für luftpermeable Hydrophobierung ist Stearatohydroxydichrom(III)-tetrachlorid: $[StCr_2OH]Cl_4$ (St = $C_{17}H_{35}$—COO—). Darst.: 1. Octadecylalkohol + Chromylchlorid → Stearinsäure + bas. $CrCl_3$ → **I**; 2. besser: $CrCl_3$ + NaOH → $CrCl_2OH$; 2 $CrCl_2OH$ + Stearinsäure → **I** in alkohol. Lösung. Vor der Imprägnierung wird mit genügend W. verd. u. CH_3COONa bzw. HCOONa zugegeben. Beim Stehen in wss. Lsg. erfolgt Trübung durch Hydrolyse: $[StCr_2OH]Cl_4 + H_2O \rightarrow [StCr_2(OH)_2]Cl_3$ + HCl. HCl wird durch CH_3COONa weggepuffert. Bei Erwärmen findet Disproportionierung, z. B. zu $[St_3Cr_3(OH)_3]Cl_4$ u. Polykondens. zu hochpolymeren Komplexen statt, die stark hydrophob sind. Das Textilgut wird mit der Komplexsalz-Lsg. getränkt u. optimal bei 115—140° 20 Min. lang getrocknet, wobei der Polykomplex die Fasern überzieht. Soll Fäulnisresistenz erreicht werden, so wird der Imprägnierung eine Tannin–Cu-

Beize vorgeschaltet, was den Vorteil hat, daß das Trocknen schon bei 75—80° (40 Min.) erfolgen kann. Die Ergebnisse experimenteller Hydrophobierprüfungen mit **I** sind angegeben. T. Krakkay. 8028□

Einige Eigenschaften von trans-Chinit-Polyesterfäden. Masao Takahashi. (J. Soc. Textile Cellulose Ind., Japan [Sen-i Gakkaishi] **14,** 374—77, Juni 1958; Otsu, Japan, Toyo Rayon Co. Ltd., Res. Labor.; jap., Auszug: engl.) — Durch Schmelzspinn-Verf. werden ungestreckte Fäden aus *Polyadipinsäure-* (**I**) u. aus *Polysebacinsäure-trans-chinitester* (**II**) erhalten. Durch Strecken bei 95° im Wasserbad nehmen spezif. Gew., Elastizität, Zugfestigkeit u. Zugdehnung (Instron-Meth.) zu. Für das maximal erreichbare Streckverhältnis von 1 : 4 für **I** bzw. 1 : 10 für **II** ergibt sich eine Zugfestigkeit von 2,8 bzw. 3,9 g/den u. eine Zugdehnung von 9 bzw. 12%. Die Abnahme der Festigkeit durch Einw. von UV entspricht etwa der der handelsüblichen Fasern. Röntgenaufnahmen beweisen gute Kristallinität u. Identitätsperioden von 13,5 für **I** u. 18,5 für **II**. Die mögliche Mol.-Struktur, die diese Werte erfüllt, wird diskutiert. R. Junge. 8080□

Untersuchung des Glasflusses für die Herstellung von Glasfasern. M. G. Tschernjak, K. I. Bloch, A. I. Alijew und D. M. Kapusstkin. (Стекло и Керамика [Glas u. Keram.] **17,** Nr. 8, 4—7, Aug. 1960; russ.) — Für die Unters. des Glasflusses wurden radioakt. Glaskugeln von 9—10 g unter Anwendung von Uranoxid u. ^{45}Ca in den Schmelzhafen eingeführt. Auf Grund der Ergebnisse über die Verteilung der Radioaktivität u. der Temp. wird ein Schema der Bewegung der Glasmasse im Schmelzhafen aufgestellt. Else Heinemann. 8082

Die Anwendung der Polarographie in der Textilindustrie. Ferenc Péter. (Magyar Textiltechn. [Ung. Textiltechn.] **1956,** 53—57, Febr.; ung.) — Die Grundlage der Polarographie u. Vorschläge über ihre Anwendung in der *textilchem.* Analyse wird besprochen. In der Cellulosechemie ist sie geeignet zur Best. der α-Cellulose, von Pentosan, der Kupferzahl u. der Methylenblauzahl. In der Eiweißchemie zur quant. Verfolgung der Eiweißhydrolyse, die Best. der Aminosäuren u. von Cystin, in der Farbstoffchemie zur Best. der Farbstoffe mit =C=O-, =C=S-, =C=N- u. —N=N-Gruppen, der Diazoniumsalze sowie der Chrombeizen, in der Ausrüstung zum Nachw. von Schwermetallspuren, z. B. bei der Bleicherei, zur Unters. des Vorkondensators bei der Herst. der Harnstoff/Formaldehyd-Harze, bei den Hilfsstoffen zur Best. von Hydrosulfit, Rongalit, Ludigol (m-Nitrobenzolsulfonsaures Na) u. oberflächenakt. Stoffen. Die Best. beruhen bei Redox-Syst. auf der guten Ausbldg. von reduktiven (oder seltener) oxydativen Wellen, bei Hochpolymeren auf der Unterdrückung des Wellenmaximums vor Erreichung des Grenzstroms. T. Krakkay. 8096□

Schnellbestimmung des Feuchtigkeitsgehalts von Textilien mit Hilfe eines modifizierten Marcussonschen Aufsatzes. Tiborné Asbóth und Béla Mihalik. (Magyar Textiltechn. [Ung. Textiltechn.] **1956,** 57—62, Febr.; ung.) — Der *Feuchtigkeits-Geh.* von *Textilien* durch Xylol-Dest. wird mittels eines verbesserten Marcusson-*Aufsatzes* bestimmt. Die Ergebnisse stimmen sehr gut mit den durch Konditionierung erhaltenen Werten überein u. zeigen eine geringere Streuung. T. Krakkay. 8096□

Mikroskopische Strukturunterlagen an Textilien und Fasern. N. Bigler. (Schweiz. Arch. angew. Wiss. Techn. **28,** 200—12, Mai 1962; Basel, CIBA AG.; dt.) — An einigen Beispielen wird aufgezeigt, wie *Fasern* mit Hilfe des Mikroskopes auf Grund ihrer morpholog. Merkmale voneinander unterschieden, geschädigte Fasern erkannt u. wie die Quellung zur Struktur-Unters. einer Faser eingesetzt werden kann. Es wird beschrieben, wie Zerstörungserscheinungen am Textil der mkr. Beobachtung zugänglich gemacht werden können. Quellungs-Unters. an gefärbter Baumwollfaser zeigen, daß die Faser gegen Scheuerung im nassen Zustand sehr empfindlich ist, dies kann am Abdruck derartig beanspruchter Oberflächen verdeutlicht werden. I. Beßer. 8096□

British Industrial Plastics Ltd., London, England (Erfinder: Arthur Raymond Smith und Norman Forbes Buchanan Maclean), **Textilfinish** enthält als wesentlichen Anteil die wss. Dispersion von *1.3-Bis-hydroxymethylimidazolid-2-on* oder dessen in W. lösl. (partiell) alkyliertes Deriv. u. ferner ein aliphat. Monocarbonsäureamid (oder deren Methylol- oder Äthylolverbindung). — Zu einer Lsg. von 180 *1.3-Bis-methoxymethylimidazolid-2-on* in 195 W. werden unter Rühren 282 Stearylamid u. danach 69 CH_2O-Lsg. (37% ig.) eingerührt; man versetzt mit 12,4 Mineralölsulfonat in 100 W. u. mit 3,8 KOH in 46 Wasser. Der Ansatz wird 1 Std. auf 70° gehalten u. verdickt dabei. Nach Zusatz von in 100 W. gelöstem *oxyäthyliertem Nonylphenol* erhält man eine mit W. verdünnbare Paste. (**E. P. 865 319** vom 28/7. 1958, ausg. 12/4. 1961.) H. Möllering. 8033

Heberlein & Co. Akt.-Ges., Schweiz, **Herstellung von flachen und glatten Erzeugnissen aus Baumwolle und Kunstfasern.** Man behandelt flache Gewebe aus Baumwolle u. gekräuselten Polyamid-, Polyester- oder Polyacrylnitrilfasern mit Alkalilauge von Mercerisierstärke, z. B. NaOH von 22—38 Bé, bis eine deutliche Schrumpfung der Baumwolle erfolgt ist, entfernt die Lauge aus den Geweben u. fixiert diese zweckmäßig zwischen 160 u. 230°; durch Versehen mit einem Kunstharzüberzug kann die den Geweben erteilte gute Knitterechtheit noch weiter verbessert werden; die Gewebe weisen ferner einen angenehmen weichen u. wollähnlichen Griff auf, besitzen eine starke Absorptionsfähigkeit u. gute physiolog. Eigg., sie sind wenig empfindlich gegen chem. Reinigungsmittel u. werden von Motten nicht angegriffen. — Beispiele. (**F. P. 1 262 588** vom 18/1. 1960, ausg. 25/9. 1961. Oe. Prior. 17/1. 1959.) W. Raetz. 8033

Koret of California, Inc., San Francisco, Calif., V.St.A. (Erfinder: William Kirkpatrick Warnock und Frank George Hubener), **Waschbeständige Bügelfalten.** Das Ausgangsgewebe wird mit der wss. Lsg. eines oder mehrerer in W. lösl., hitzevergütbarer Harze imprägniert, auf 70—80% Flottenaufnahme abgepreßt u. vorsichtig getrocknet. Aus dem Gewebe gefertigte Kleidung wird mit Bügelfalten versehen u. dann so hoch erhitzt, daß die Auspolymerisation des aufgebrachten Harzes eintritt. Als Harz geeignet ist z. B. ein *Harnstoff-CH_2O-Vorkondensat.* Desodorierungsmittel können der Flotte zugesetzt sein. (**E. P. 862 653** vom 20/5. 1957, ausg. 15/3. 1961.) H. Möllering. 8033

Jean Louis Jortay, Belgien, **Bleichen von Cellulosetextilstoffen.** Man behandelt das Textilgut in einem durch einen Aldehyd, wie CH_2O, aktivierten Chloritbleichbad, das z. B. $NaClO_2$ u. ggf. NaOCl, sowie auch ein Netzmittel enthält, bei pH ca. 9,5, u. zwar imprägniert man z. B. ein Gewebe aus rohem Leinen oder roher Jute oder Baumwolle zunächst kalt, läßt es dann bei gewöhnlicher Temp. ca. 8 Std. liegen, imprägniert darauf nochmals heiß u. behandelt ggf. noch mit H_2O_2 nach; der End-pH-Wert des Chloritbleichbades liegt etwa beim Neutralpunkt oder im sehr schwach sauren Bereich. Man erzielt auf diese Weise bei stark inkrustierten Cellulosetextilstoffen in wenigen Std. einen sehr hohen Weißgrad ohne vorherige Veredlungsbehandlung. — Beispiele; Diagramme. (**F. P. 1 262 123** vom 9/6. 1960, ausg. 20/9. 1961. Belg. Prior. 11/6. 1959 u. 1/6. 1960.) W. Raetz. 8033

Molins y Puigarnau S.R.C., Spanien, **Verbessern der Bleichwirkungen von Hypochloriten und Phosphat-Hypochlorit-Komplexverbindungen.** Man verstärkt u. verbessert die Cl-Wrkg. dieser Verbb. durch Cl-beständige opt. Bleichmittel, wie 1.4-Dimethyl-7-hydroxy-, 4-Methyl-7-amino-, 4-Benzyl-7-diäthanolamino-, 7-Piperidino-, 3-Propyl-4-methyl-7-hydroxycarboxystyril oder durch Triazinreste substituierte Diaminostilbendisulfonsäuren. Die Mittel dienen zum *Bleichen von Cellulosefaserstoffen.* (**F. P. 1 262 084** vom 7/5. 1960, ausg. 18/9. 1961. Span. Prior. 2/7. 1959.) W. Raetz. 8033

Comp. Française des Matières Colorantes (Erfinder: Xavier Bilger), Seine, Frankreich, **Erhöhung der Beständigkeit von wasserlöslichen kationischen Metallkomplexen.** Man versetzt die alkohol. Lsgg. von wasserlösl. Metallkomplex-Verbb., die im Kation einen organ. Rest, Cr u. ein zweites mehrwertiges Metall, wie Cu, enthalten, mit ein tert. N-Atom enthaltenden heterocycl. Verbb., wie Pyridin (**I**). — Man vermischt z. B. 35 (Teile) des Cu-Salzes des 8-Hydroxychinolins mit 240 Isopropylalkohol zu einer homogenen Suspension, setzt 160 $CrCl_3 \cdot 6\,H_2O_2$ u. nach dem Erhitzen u. Abkühlen 7,9 **I** zu u. erhitzt erneut auf dem Wasserbade; die so erhaltene klare alkohol. Lsg. eines 8-Hydroxychinolin–Cu–Cr–**I**-Komplexgemisches läßt sich beliebig mit W. verdünnen, bleibt länger als 10 Monate beständig u. dient zum *Schutz von Cellulosegeweben gegen Kleinlebewesen.* (**F. P. 1 261 170** vom 5/12. 1957, ausg. 8/9. 1961.) W. Raetz. 8037

Jean Deschamps, Alpes-Maritimes, Frankreich, **Formfestmachen von Geweben.** Man erzielt dauerhafte Falten in Geweben, z. B. Beinkleidern, wenn man sie vor dem Bügeln mit einer ca. 50%ig. Lsg. von NH_4-Thiolactat vom pH 8,5—9, bes. an der Unterseite, bestreicht. (**F. P. 1 260 617** vom 28/3. 1960, ausg. 30/8. 1961.) W. Raetz. 8037

Olin Mathieson Chemical Corp. (Erfinder: Warren N. Parsons und George E. Mona), V.St.A., **Knitterfestmachen von Cellulosetextilstoffen.** Man imprägniert z. B. Gewebe aus Baumwolle, Leinen oder Kunstseide mit einer wss. Lsg., die HCHO, ein Triazinon–HCHO-Rk.-Prod., z. B. aus Tetrahydro-, Tetrahydro-1-äthyl- oder Tetrahydro-1-[β-hydroxyäthyl]-symm.-triazinon-(4) u. ein Rk.-Prod. aus HCHO u. einem Mono- u. bzw. oder Dihydrazid, wie Essigsäurehydrazid oder Diglykolsäuredihydrazid sowie ferner ggf. ein Katalysatorgemisch aus $MgCl_2$ u. einer mehrbas. Säure, wie Citronen- oder Maleinsäure, enthält, u. erhitzt das imprägnierte Gut zwecks Trocknung. Das so behandelte Textilgut ist falten- u. knitterecht, widerstandsfähig gegen Zug, Zerreißen,

Abnutzung u. Cu-Absorption u. besitzt eine schwache Cl-Retention. — Beispiele. (**F. P. 1 261 796** vom 6/7. 1960, ausg. 15/9. 1961. A. Prior. 7/7. 1959.) W. Raetz. 8037

Comp. Française des Matières Colorantes, Paris, Frankreich, **Herstellung von polymeren Phosphornitrilchloriden,** bes. für die *feuerfeste Ausrüstung von Textilien*, dad. gek., daß PCl_5 mit NH_3 oder NH_4Cl bei Temp. über 100° umgesetzt wird, wobei pro Mol PCl_5 weniger als 1 Mol NH_3 bzw. NH_4Cl eingesetzt wird. (**E. P. 865 396** vom 26/7. 1957, ausg. 19/4. 1961. F. Prior. 1/8. 1956.) A. Gradl. 8037

Dunlop Rubber Co. Ltd., London, England (Erfinder: Frederick William Warren), **Gegen Feuer beständige antistatische Treibriemen oder Förderbänder,** z. B. für *Bergwerke* enthalten neben brennbaren Fasern oder Fäden (*Baumwolle, Kunstseide, Nylon* oder *Polyester*) mindestens 15% nichtbrennbare Fäden oder Fasern aus *polymerem Vinyl-* u./oder *Vinylidenchlorid*, denen antistat. Mittel in Mengen von 2—15% einverleibt sind, wie elektr. leitender C, *Polyäthylenglykolmonooleat* oder *Triäthylenglykoldicaprylat*; die Polyglykolester sind auch Weichmacher für Polyvinylchlorid. (**E. P. 866 474** vom 15/9. 1956, ausg. 26/4. 1961.) H. Möllering. 8037

Badische Anilin- & Soda-Fabrik Akt.-Ges., Ludwigshafen/Rh., **Textilfinish und Hydrophobierungsmittel,** bestehend aus dem Gemisch eines wss. Al_2O_3-Gels oder ZrO_2-Gels u. der wss. Lsg. eines Mischpolymeren (K-Wert 20—120), das durch Mischpolymerisation aus 10—95 (%) Methacrylamid, 5—45 Estern aus äthylen. ungesätt. Carbonsäuren u. äthylen. ungesätt. bas. N-Verb. sowie 0—85 amidäthylen. ungesätt. Carbonsäuren erhalten ist. — 5 (Teile) Polymerisat (70 : 30 Methacrylamid u. Methylacrylat; K-Wert 40,5) werden in 950 W. gelöst u. mit 50 wss. Dispersion (mit Geh. an 14 Paraffinwachs u. 10 Al_2O_3-Gel) versetzt. Der Ansatz ist ohne Koagulation lange haltbar u. als Finish geeignet. — Andere Mischpolymerisate enthalten 85 Methacrylamid u. 15 Vinylimidazol oder 80 Methacrylamid u. 20 Diäthylaminoäthylacrylat. (**E. P. 863 748** vom 7/11. 1958, ausg. 29/3. 1961. D. Prior. 3/12. 1957.) H. Möllering. 8037

J. R. Geigy Akt.-Ges., Basel, Schweiz, **Wasserlösliche basische Harze** werden hergestellt, indem man 2-Aminoimidazoline der Formel I, in der A ein aliphat. oder

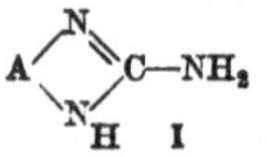

I

cycloaliphat. Rest ist, der α.β-C-Atome an den beiden N-Atomen des Rings, ggf. als Salze, enthält, allein oder in organ. Lsg. auf 120—200° ggf. in Ggw. aromat. Sulfonsäuren, erhitzt, bis ca. $^1/_2$ Mol NH_4 je Mol Ausgangsmaterial abgespalten ist, u. dann ggf. weiterkondensiert mit Vernetzungsmitteln wie CH_2O oder Triazin-Verbb. mit $\geqq$ 1 beweglichen Halogenatom. — Beispiel: 95 (Teile) 4-Methyl-2-aminoimidazolinhydrochlorid, in 250 W. gelöst, werden mit 28 NaOH zunächst auf 50—80° erhitzt u. dann im Vakuum getrocknet. Die Base wird mit A. gelöst u. das NaCl abfiltriert. Die von A. befreite Base, eine ölige Fl., wird 3 Std. auf 130—170° erhitzt, wobei 6 NH_3 abgespalten werden u. eine klare viscose Masse erhalten wird, die sich zu einem wasserlösl. harten bas. Harz verfestigt. Dieses kann in das schwefelsaure Salz, ein blaßgefärbtes Pulver, übergeführt werden. 5 weitere Beispiele. Verw. als *Textilhilfsmittel*, z. B. zum *Naßfestmachen*. (**E. P. 865 686** vom 23/5. 1958, ausg. 19/4. 1961. Schwz. Prior. 27/5. 1957.) W. Overbeck. 8037

Československá Socialistická Republika (Erfinder: Josef Osoha, Gottwaldov), Tschechoslowakei, **Erhöhung des Zusammenhaltes von Gummi mit Textilien** mit Hilfe von Resorcin-Formaldehydharzen, die während der Aufbereitung an der Verbindungsstelle gebildet werden, dad. gek., daß man die Textilien einerseits mit Hexamethylentetramin (**I**) u. andererseits mit dem 0,5—0,6% Resorcin enthaltendem Kautschukgemisch (**II**) als zweitem Bestandteil des Bindematerials versieht. Das **I** trägt man in Form einer 5—40% ig. wss. Lsg. auf die Textilien auf, bevor sie mit dem **II** verbunden werden. (**Tschech. P. 99 551** vom 2/4. 1960, ausg. 15/5. 1961.) L. Macher. 8039

Ciba Ltd., Basel, Schweiz, **Schutz von Cellulose gegen Mikroorganismen.** Man imprägniert das Gut, z. B. Fasern, mit soviel wss. Lsg. eines *Aminoplasts* u. eines Katalysators, daß ein ausreichender fungicider Effekt erreicht wird, u. vergütet ohne Trocknung (also in Ggw. des wss. Lsgm.) durch Erhitzen. — Baumwollgarn wird vor der Haspel durch eine Sprühkammer geführt u. dann in Strangform über Nacht bei 100° gelagert. Besprüht wird mit einer wss. Lsg. mit einem Geh. von 15 (%) *Melamin-CH_2O-Vorkondensat*, 0,75 *Diacetin* u. 0,1 Netzmittel, z. B. oxäthyliertes Octylphenol. Bei einem Harz-Geh. von 10% ist das Garn verrottungsfest. (**E. P. 863 514** vom 23/7. 1959, ausg. 22/3. 1961. Schwz. Prior. 9/9. 1958.) H. Möllering. 8045

Deering Milliken Research Corp., V.St.A. (Erfinder: Dinitry Michael Gagarine), **Verbesserung der Eigenschaften von Cellulosefasern enthaltenden Ge-**

weben durch Imprägnieren mit einem Harz. Vor oder nach dem Auftragen des Harzes wird das Gewebe mit einem Mittel behandelt, welches befähigt ist, sich in alkal. Medium mit der Faser zu verbinden unter Bldg. von Ätherbrücken, welche eine C-Kette mit 3—15 C-Atomen enthalten. Ein solches Behandlungsmittel ist z. B. Polyepoxyd, ein Diglycidyläther des Äthylenglykols, ein Dihalogenhydrin, 1.4-Dichlor-2.3-dihydroxybutan, eine Divinyl-Verb. mit einer Sulfongruppe, Divinylketon oder eine andere Divinyl-Verb. mit einer Ketogruppe, ein Dihalogenpropanol, z. B. 1.4-Dichlorpropanol-(2), Epichlorhydrin. Als Harzsubstanzen sind z. B. genannt: cycl. Äthylenharnstoff–Formaldehydharz, Melamin–Formaldehydharz, Triazinon–Formaldehydharz, Polyepoxyharz, oder Gemische davon. Die Stoffe werden mit 0,5—10% Harz imprägniert u. danach werden die Harze auf der Faser in Ggw. eines Katalysators gehärtet. — Beispiel: Ein appreturfreies, gebleichtes u. getrocknetes Baumwollgewebe wird in 14%ig. NaOH eingetaucht, nach dem Abpressen auf 80% Feuchtigkeit mit 1.3-Dichlorpropanol-(2) bedruckt u. nach 4 Std. gewaschen u. getrocknet. Danach wird das Gewebe in eine wss. Lsg. eingetaucht, welche 5% eines Harzes aus methyliertem Melamin–Formaldehyd u. 2% $Zn(NO_3)_2$ enthält. Nach dem Abpressen u. Trocknen wird 10 Min. bei 150° gehärtet. (**F. P. 1 245 982** vom 22/1. 1960, ausg. 3/2. 1961. A. Prior. 29/1. 1959.)
M. F. Müller. 8045

Heberlein & Co. Akt.-Ges., Wattwil, Schweiz, **Veredlung von cellulosehaltigen Textilgut,** bes. zur Verbesserung der mechan. Eigg., mit Hilfe von ionisierenden Strahlen, bes. γ- oder Röntgenstrahlen. Das Textilgut wird während u./oder nach der Bestrahlung zum Zwecke einer Vernetzung bzw. einer vernetzenden Brücken-Bldg. zwischen den C-Atomen der Mol.-Ketten einer Erwärmung u. ggf. vor der Bestrahlung einer die Vernetzung begünstigenden chem. Behandlung unterworfen. Die Bestrahlung des Textilgutes kann im Vakuum oder in Ggw. oder Abwesenheit von Luft oder eines inerten Gases erfolgen. Die Einw. der Strahlenquelle erfolgt unter Erwärmung des Textilgutes auf 50—80°; ggf. findet die Erwärmung unmittelbar nach der Bestrahlung oder einige Std. oder Tage danach statt. Vor der Bestrahlung wird das Textilgut ggf. mit einem topochem. wirksamen Mittel behandelt, z. B. mit p-Isopropylbenzoylchlorid. Durch die Strahlenbehandlung findet in dem cellulosehaltigen Textilgut ein Rückgang des Polymerisationsgrades statt, indem z. B. die Moll. gespalten werden u. ein Abbau stattfindet. — In den Beispielen wird z. B. die Behandlung von Baumwoll–Zellwollgewebe beschrieben. — Das behandelte Textilgut besitzt eine erhöhte Scheuerfestigkeit. (**Oe. P. 215 946** vom 18/6. 1959, ausg. 26/6. 1961. Schwz. Prior. 21/5. 1959.)
M. F. Müller. 8045

Heberlein & Co. Akt.-Ges., Wattwil, Schweiz, **Veredlung von Textilien** aller Art, bes. von natürlichen u./oder künstlichen cellulosehaltigen Fasern durch Behandlung mit kondensierbaren Substanzen bei nachfolgender Behandung mit ionisierenden Strahlen, bes. γ- oder Röntgenstrahlen, wobei gute Knitterechtheit ohne nennenswerte Verminderung der Faserfestigkeit erzielt wird, dad .gek., daß als Ausgangsgut transparentiertes Feingewebe benutzt wird. — Beispiel: Mercerisiertes u. gebleichtes Baumwoll–Mousseline wird mit H_2SO_4 (50,7° Bé) bei Raum-Temp. während 7 Sek. behandelt, gewaschen u. mit NaOH (30° Bé) 15 Sek. nachmercerisiert, neutral gewaschen u. unter Spannung getrocknet. Das so vorbehandelte Gut wird mit einer Lsg. von 110 g Dimethylol-äthylenharnstoff + 11 g $Zn(NO_3)_2$ im Liter W. imprägniert, abgepreßt u. bei 60—70° getrocknet. Danach wird das Gewebe einer γ-Strahlung in einer Gesamtdosis von ca. $1 \cdot 10^6$ r bei 20° unterworfen. Nach der Bestrahlung wird gewaschen u. unter Spannung getrocknet. (**Oe. P. 215 947** vom 9/2. 1960, ausg. 26/6. 1961. Schwz. Prior. 12/9. 1959. **Zusatz zu Oe. P. 211 785; C. 1962, 15084.**)
M. F. Müller. 8045

Tootal Broadhurst Lee Co. Ltd., England, **Verhinderung des Einlaufens von Geweben** aus Baumwolle u. a. Cellulosestoffen oder regenerierter Cellulose durch Behandlung mit einer Lsg. von Divinylsulfon, welche einen alkal. Katalysator enthält, (NaOH, Na_2CO_3, $NaHCO_3$, Na_2SiO_3) bei pH 8,5—12. — Ein Baumwollgewebe wird mit einer wss. Lsg. imprägniert, die in 100 ml 5 ml Divinylsulfon u. 5 ml 2n Na_2SiO_3-Lsg. enthält. Nach dem Abpressen auf 80% Fl.-Gewichtszunahme wird das Gewebe 25 Min. bei 55° getrocknet u. danach 2 Min. auf 120° erhitzt. (**F. P. 1 245 882** vom 15/1. 1960, ausg. 3/2. 1961. E. Prior. 17/1. 1959.)
M. F. Müller. 8045

Tensora G.m.b.H. für techn. und industr. Erzeugnisse Konservierungsverfahren, Deutschland, **Behandlung von Wolle** zur Verhinderung des Einlaufens u. Vorbehandlung beim Kreppen, Färben u. Strecken durch Einw. einer wss. Lsg., Suspension oder Emulsion von Salzen der Diaminomethandisulfinsäure bei pH 7 bis 10 u. Konzz. bis 20%. — Beispiel: Ein Wollgewebe wird 1 Std. mit einer 5%ig. wss.

Lsg. von K-Diaminomethandisulfinat, die durch Zugabe von Triäthanolamin auf pH 9 gebracht wurde, behandelt u. darauf gewaschen u. getrocknet. Das Gewebe läuft nicht mehr ein. (**F. P. 1 245 857** vom 29/12. 1959, ausg. 3/2. 1961. D. Prior. 2/1. 1959.)
M. F. Müller. 8061

Courtaulds Ltd. (Erfinder: Felix Steinlin), **Herstellung von gefärbten Fäden aus regenerierter Cellulose.** Man dispergiert den Pigmentfarbstoff in einer wss. Lsg. eines nichtfaserbildenden, mit Viscose (I) verträglichen hochpolymeren Stoffes, bes. Polyammonium(methyl)acrylat, u. verteilt die Dispersion in der I-Lsg. vor deren Einführung in das Fällbad. (**Aust. P. 230 953** vom 9/1. 1959, ausg. 24/11. 1960. E. Prior. 28/1. 1958.)
C. Lüttgen. 8075

Courtaulds Ltd., London, England, **Herstellung gefärbter Fäden aus Viscose.** Man bringt zunächst einen Reaktivfarbstoff in Abwesenheit von W. in alkal. Medium mit einem alkalilösl. Aminoplastvorkondensat zur Rk. u. löst das Rk.-Prod. in der Viscose auf, die dann in üblicher Weise versponnen wird. Bevorzugt werden Farbstoffe mit einem Cl-haltigen Cyanurring. — Zum Beispiel kocht man 1 (g) „Cibacron Blue 3 G" mit 4 des Kondens.-Prod. aus 1 (Mol) Harnstoff u. 3 CH_2O in Pyridin, fällt mit Ae. u. verwendet den Nd. zur Spinnfärbung. (**E. P. 862 715** vom 31/1. 1958, ausg. 15/3. 1961.)
F. Böhm. 8075

I. Osbert Jackson, Ballymena, England, **Knitterfestmachen von (Regenerat-) Cellulosetextilien.** Man imprägniert das Gut mit bekannten knitterfestmachenden Mitteln u. Katalysator in 2 Stufen, wobei nach jeder Stufe mit Dampf oder durch Erhitzen vergütet wird. — 17 Beispiele. — Zellwolle wird mit einem Ansatz aus W., CH_2O, NaH_2PO_4, Weinsäure u. Netzmittel imprägniert, getrocknet u. 4 Min. bei 140° vergütet oder 20 Min. bei 98—102° gedämpft. Anschließend erfolgt Nachimprägnierung mit etwa dem gleichen Ansatz, Trocknung u. Dämpfen. (**E. P. 866 387** vom 19/7. 1958, ausg. 26/4. 1961.)
H. Möllering. 8075

Masatsune Sesoko, Kanagawa-ken, und Sangyoikusei Kabushiki Kaisha, Tokyo, Japan, **Herstellung von Celluloseacetatfäden,** die die Vermehrung von Mikroben hemmen. Man setzt der Spinn-Lsg. 0,01—0,2, bes. 0,05—0,15% (bezogen auf Celluloseacetat) einer *Organo-Sn-Verb.*, wie *Tetrabenzyl-Sn, Triäthylphenyl-Sn,* oder *Tribenzylphenyl-Sn,* zu. (**E. P. 862 515** vom 1/12. 1958, ausg. 8/3. 1961. Jap. Prior. 16/12. 1957.)
F. Böhm. 8077

Montecatini Soc. Gen. per l'Industria Mineraria e Chimica (Erfinder: Alfiero Omicini), Italien, **Knitterfeste Stoffe.** Man unterwirft Stoffe aus Polyolefinfasern, bes. Polypropylenfasern, oder deren Gemischen mit Natur- oder anderen Kunstfasern der Einw. von Hitze unter Spannung; man erhitzt die Stoffe bes. 5—10 Min. auf 120—135°, z. B. unter Verw. von Heißluft, Dampf, N_2 oder IR-Strahlen. Die so erhältlichen Stoffe sind knitterecht. — Beispiele. (**F. P. 1 263 078** vom 25/7. 1960, ausg. 29/9. 1961. It. Prior. 30/7. 1959.)
W. Raetz. 8081

Montecatini Soc. Gen. per l'Industria Mineraria e Chimica, Mailand, Italien, und Karl Ziegler, Mülheim/Ruhr (Erfinder: Giulio Natta, Piero Pino und Gian Paolo Lorenzi, Mailand, Italien), **Herstellung von α-Olefinpolymeren,** die in Lsg. opt.-akt. sind. Man polymerisiert opt. akt. α-Olefine CH_2:CHR (R = verzweigte C_{4-8}-Alkylgruppe, von denen wenigstens eine asymm. ist oder Alkylarylgruppe, in der die Alkylgruppe wenigstens 1 asymm. C-Atom enthält), z. B. (+)-3-Methylpenten-(1), (—)-4-Methylhexen-(1), (+)-3-Phenylpenten-(1), (+)-5-Methylhepten-(1), mit dem durch Zusammenbringen einer Verb. eines Metalls der Gruppe 4a, 5a oder 6a des Period. Syst. mit einer Organometall-Verb. eines Metalls der Gruppe 1—3 erhaltenen Katalysator. Man verwendet die Polymeren bes. zur Herst. von *Fasern* hoher mechan. Festigkeit. — 1,44 g (+)-3-Methylpenten-(1) (n_D^{20} 1,3845; zu wenigstens 90% opt. rein) werden in verschlossener Glasampulle mit 0,197 g $TiCl_4$ u. 0,676 g dest. Triisobutyl-Al 1 Std. bei Raum-Temp. gehalten u. danach mit äther. HCl u. CH_3OH gereinigt. (**F. P. 1 245 275** vom 14/1. 1960, ausg. 1/2. 1961. **Oe. P. 216 213** vom 14/1. 1960, ausg. 10/7. 1961. Beide It. Prior. 15/1. 1959.)
M. Pankow. 8081

VEB Farbenfabrik Wolfen, Wolfen, Kr. Bitterfeld (Erfinder: Felix Seidel, Wolfen, Walter Singer, Berlin, und Hans Springer, Jeßnitz), **Herstellung von Fäden und Folien aus Polyvinylchlorid und seinen nachchlorierten Produkten** unter Verw. von $SOCl_2$ als Lösungsmittel. — Eine 30%ig. Lsg. von nachchloriertem Polyvinylchloridpulver mit 72,5% Cl-Geh. in $SOCl_2$ wird mittels eines indifferenten Gases u. in Abwesenheit von Feuchtigkeit in ein wss. Fällbad gepreßt. (**F. P. 1 251 503** vom 4/2. 1960, ausg. 21/4. 1961. **D. P. [DDR] 21 922** Kl. 29b vom 9/12. 1959, ausg. 15/9. 1961 [Wirtschaftpatent].)
M. Pankow. 8081

Wacker-Chemie G.m.b.H., Deutschland, **Erhöhung der Beständigkeit von Polyvinylalkoholfasergut gegen Hitze.** Um die Hitzebeständigkeit in trockenem u.

feuchten Zustand von Fasern, Fäden oder Geweben aus Polyvinylalkohol (I) oder ihrer Färbungen zu verbessern, behandelt man sie mit Emulsionen oder Lsgg. von Siliconölen oder deren Gemischen, z. B. von Organopolysiloxanen oder Organohydrogenpolysiloxanen, wie Dimethylpolysiloxan oder Methylhydrogenpolysiloxan, ggf. unter Zusatz von Rk.-Beschleunigern, wie Zr-Salzen; als nichtionogene Emulgiermittel eignen sich hierbei z. B. Polypropylenglykolmonobutyläther, Polyäthylenglykol-2-äthylhexyläther, Glycerinmonostearat oder Propylenglykolmonolaurat. Man kann so auch mit Aldehyden nachbehandelte I-Faserstoffe veredeln. — Beispiele. (**F. P. 1 261 759** vom 5/7. 1960, ausg. 15/9. 1961. D. Prior. 7/7. 1959.) W. Raetz. 8081

Courtaulds Ltd., London, England (Erfinder: Vera Isabella Furness), **Polyacrylnitril-Spinnlösung** zur Herst. von Fäden, Fasern, Stapelfasern, Bändern u. Filmen. Acrylnitril wird zusammen mit einer oder mehreren polymerisierbaren Verbb. u. einem Thiocyanat in wss. oder wss.-alkohol. Lsg. in Ggw. einer nichtoxydierenden Azo-Verb. als Katalysator u. eines dem Katalysator gegenüber inerten Red.-Mittels unter Einstellung eines pH-Wertes zwischen 3,5 u. 5,5, bes. 4 u. 5, polymerisiert. Die Lsg. wird in dest. W. versponnen. — Zum Beispiel werden gelöst 0,75 (Teile) Azobis-isobuttersäurenitril in einem Gemisch von 69,75 Acrylnitril u. 4,50 Acrylsäuremethylester. Diese Lsg. wird vermischt mit einer Lsg. von 0,75 Thioharnstoffdioxid in 425 einer wss. 51%ig. Na-Thiocyanatlösung. Nach Zusatz von 0,75 Itaconsäure wird der pH-Wert mit NaOH eingestellt u. 1 Std. auf 80° erhitzt. (**E. P. 864 096** vom 11/2. 1958, ausg. 29/3. 1961. **Zusatz zu E. P. 796 294; C. 1960, 7046.**) G. Frikell. 8081

Courtaulds Ltd. (Erfinder: Vera Isabella Furness), London, England, **Verhinderung der Wärmeverfärbung von Polyacrylnitril-Fäden, -Fasern, -Garnen** u. dgl. erfolgt durch Behandlung des Gutes mit der wss. 0,5%ig. Lsg. von NH_4- oder Alkalisalz einer reduzierend wirkenden aliphat. Carbonsäure, bes. *Ameisen-* oder *Oxalsäure.* — Wirkware aus Polyacrylnitrilfäden (Terpolymer mit Geh. an Methylacrylat u. Itaconsäure) wird 1 Std. bei Flottenlänge 50:1 mit einer sd. wss. 0,5%ig. Lsg. von *Na-Formiat* behandelt, gespült u. bei 80° getrocknet. (**E. P. 864 312** vom 14/4. 1958, ausg. 6/4. 1961.) H. Möllering. 8081

Chemstrand Corp., V.St.A. (Erfinder: Julian Jehudah Hirshfeld und Edward Vernon Burnthall), **Flammsicher- und Schmutzabweisendmachen von Polyacrylnitrilfasergut** für *Teppiche* mit Hilfe von Harnstoff–Formaldehyd-Kunstharzen. Man imprägniert zur Herst. von Teppichen geeignete Textilstoffe, welche im wesentlichen Fasern enthalten, die mindestens aus 80 (Gew.-%) Polyacrylnitril bestehen, mit einer Lsg., die ca. 1—35 eines Gemisches aus ca. 20—70 (Teilen) NH_4Br (I), ca. 5 bis 30 Harnstoff (II), ca. 5—60 CH_2O (III) u. zweckmäßig noch ca. 1—7 Guanylharnstoffphosphat (IV) u. ca. 1—15 Hydroxyalkylglyoxalidin (V) enthält, u. trocknet u. erhitzt das imprägnierte Gut auf 127—150° bis zur Entstehung einer wasserunlösl. Imprägnierung. — Man imprägniert z. B. einen Stoff, der aus einem Gemisch eines Mischpolymerisats aus 94 (%) Acrylnitril (**VI**) u. 6 Vinylacetat u. einem Mischpolymerisat aus 50 **VI** u. 50 Methylvinylpyridin (**VII**; in einem Verhältnis, daß das Endprod. 6 **VII** in polymerisierter Form enthält) besteht, mit einer wss. Lsg. aus 55 (Teilen) **I**, 16 **II**, 16 **III**, 3 **IV** u. 10 **V**, trocknet 20 Min. bei 99° u. erhitzt 8 Min. bei 138°. Der imprägnierte Stoff ist flammsicher u. schmutzabweisend. — Erzeugnisse dieser Art eignen sich auch zur Herst. von *Wandbekleidungen, Geweben* oder *Möbelbezügen.* (**F. P. 1 262 391** vom 12/7. 1960, ausg. 22/9. 1961. A. Prior. 16/7. 1959.) W. Raetz. 8081

American Viscose Corp., Philadelphia, Pa., V.St.A., **Polyester aus 4.4-Diphensäure,** die mit 2 Glykolen (I) mit 2—10 C-Atomen, wobei eines eine gerade, das andere eine verzweigte Kette hat, kondensiert wird. I ist verzweigtes Neopentylglykol, Dekamethylenglykol. Rk. in Ggw. eines Katalysators bei höherer Temp. u. vermindertem Druck. — *Fäden, Folien.* (**E. P. 862 652** vom 16/5. 1957, ausg. 15/3. 1961. A. Prior. 17/8. 1956.) F. Koch. 8081

Allmänna Svenska Elektriska A/B, Västerås, Schweden, **Schlichte und Bindemittel für Glasfasern,** bestehend aus z. B. 41 (Teilen) *Carboxymethylcellulose* (2%ig. Lsg.), 5 *Diallylphthalat,* 2 *Vinyltriäthoxysilan* (oder einer ungesätt. organ. Cr-Verb.), 0,2 Benzoylperoxid, 0,3 Emulgator, 0,2 Glyoxal, 0,3 Fettsäureamid-Lsg. (30%ig. in Essigsäure) u. 51 Wasser. Der pH der Schlichte soll zwischen 4 u. 6 liegen. — Als organ. Hydroxy-Verb. ist auch *Polyvinylalkohol* geeignet. (**E. P. 865 380** vom 8/5. 1957, ausg. 19/4. 1961. Schwed. Prior. 5/7. 1956.) H. Möllering. 8083

British Rayon Research Association, Manchester, England (Erfinder: **Francis George Audas**), *Hitzebehandlung von Fäden und Filmen.* (**E. P. 800 091** vom 13/11. 1954, ausg. 20/8. 1958. — **C. 1960,** 5687 [Aust. P. 212 618].)

Ciba Ltd., Basel, Schweiz, *Schrumpf- und Filzfestmachen von Wolle.* (Ind. P. 65 409 vom 30/9. 1958, ausg. 30/6. 1960. — C. 1961, 6729 [Oe. P. 206 397].)

Monsanto Chemical Co., St. Louis, Mo., übert. von: **Elmer H. Rossin**, Melrose, und **Milton J. Scott**, Lexington, Mass., V.St.A., *Feuerbeständige Cellulosematerialien.* (Can. P. 556 032 vom 26/6. 1952, ausg. 15/4. 1958. A. Prior. 30/6. 1951. — C. 1956, 8511 [E. P. 714 214].)

Algemeene Kunstzijde Unie N.V., Arnheim, Niederlande, *Herstellung von Fäden und Filmen aus Viscose.* (E. P. 871 334 vom 14/8. 1957, ausg. 28/6. 1961. A. Prior. 14/9. 1956. — C. 1960, 12208 [Oe. P. 202 264].)

F. P. Research Ltd., Melton Mowbray, England, *Herstellung von Fäden aus Proteinen.* (Niederl. P. 99 713 vom 13/3. 1958, ausg. 15/11. 1961. E. Prior. 14/3. 1957. — C. 1962, 11781 [A. P. 2 947 644].)

Farbenfabriken Bayer Akt.-Ges., Leverkusen (Erfinder: **Joachim Wagner**), *Herstellung glasklarer transparenter Polyamidfäden.* (Aust. P. 230 304 vom 10/3. 1958, ausg. 13/10. 1960. D. Prior. 18/3. 1957. — C. 1959, 11769 [D A. S. 1 047 372].)

B. F. Goodrich Co., Akron (Erfinder: **John Charles McCarty**, Elyria, und **Floyd Donald Stewart**, Akron), Ohio, V.St.A., *Durch Woll-, Küpen- oder Azofarbstoffe anfärbbare Fäden oder Fasern.* (D. A. S. 1 112 806 Kl. 29b vom 13/11. 1958, ausg. 17/8. 1961. — C. 1962, 17613 [Schwz. P. 350 071].)

Vereinigte Glanzstoff-Fabriken Akt.-Ges., Wuppertal (Erfinder: **Wolfgang Jurgeleit**, Aschaffenburg), *Herstellung von feinen Fäden aus hochmolekularen aliphatischen Polyolefinen.* (Schwz. P. 356 864 vom 9/5. 1957, ausg. 31/10. 1961. D. Prior. 16/6. 1956. — C. 1959, 4664 [D. A. S. 1 024 201].)

Crylor, Paris, Frankreich, *Verbesserung des Weißgrades von Acrylfasern.* (E. P. 872 281 vom 26/6. 1959, ausg. 5/7. 1961. F. Prior. 7/7. 1958. — C. 1962, 4393 [F. P. 1 203 094].)

Dow Corning Corp., übert. von: **Harold A. Clark**, Midland, Mich., V.St.A., *Behandlung von Glasfasern.* (Can. P. 555 272 vom 16/9. 1955, ausg. 1/4. 1958. A. Prior. 18/10. 1954. — C. 1959, 10438 [F. P. 1 132 818].)

H_{19}. Brennstoffe. Erdöl. Mineralöle

Erhöhung der Qualität von wärmeisolierenden Torfplatten. M. M. Kalnin und R. I. Schturlukowa. (Торфяная Промышленность [Torf-Ind.] **38**, Nr. 1, 20—22. 1961; Chem. Mendelejew-Gesellschaft der UdSSR, Lett. VR; russ.) — Zur Steigerung der Thermoisolations-Eigg. von Torfplatten werden verschiedene hydrophobe Materialien untersucht. Von diesen hat sich *Petrolatum* (Pl) als geeignet erwiesen, das zu der Torfmasse zugesetzt u. sorgfältig vermischt wird. Das Pl verteilt sich wegen seiner leichten Beweglichkeit in der Masse u. deckt Torffasern gut ab. Die hierzu erforderliche Menge an Pl beträgt 10%, bezogen auf das Gew. der Torfmasse. Da der Torf gegen Pilze u. Mikroorganismen empfindlich ist (die Torfplatten werden schnell zersetzt), werden zu deren Bekämpfung verschiedene Antiseptika verwendet, wie Pentachlorphenol, NaF, $Na_2[SiF_6]$, $(NH_4)_2[SiF_6]$. Es hat sich gezeigt, daß der Zusatz von 1% dieser Stoffe die biolog. Widerstandsfähigkeit der Torfplatten vollkommen gewährleistet.

K. Wekua. 8122□

Die Oxydation von Kohlen und Huminsäuren unter der Einwirkung von Ultraschall. B. I. Lossew und N. G. Lidina. (Доклады Академии Наук СССР [Ber. Akad. Wiss. UdSSR] **133**, 186—88, 1/7. 1960; Inst. für fossile Brennstoffe der Akad. der Wiss. der UdSSR; russ.) — Bei der Einw. von Ultraschall (380 u. 780 kHz, 4—20 W/cm^2, W. u. 1n NaOH) auf Huminsäuren, Braunkohle u. verwitterte Steinkohle bildeten sich unter dem Einfl. der gebildeten OH-Radikale Fettsäuren, wobei Essig- u. Ameisensäure chromatograph. nachgewiesen wurden. Diese ließen sich bei Verw. von NaOH nach einmaliger Beschallung in der wss. Phase nachweisen. Bei Verw. von W. trat zuerst Peptisierung der Huminsäuren ein; erst eine erneute Beschallung des Filtrats lieferte chromatograph. nachweisbar Essig- u. Ameisensäure. Helmut Schäfer. 8124

Technologische Eigenschaften der Untercarbonkohlen des westlichen Donbass. A. M. Miroschnitschenko, B. I. Schtromberg, A. K. Garbar, Ch. M. Moissejewa, M. I. Strujew, W. P. Ssawkowa und A. Je. Tschugunowa. (Кокс и Химия [Koks u. Chem.] **1960**, Nr. 3, 3—8; Charkow, Forschungsinst. für Kohlechem.; russ.). — Die Vorräte an Untercarbon-Kohlen im westlichen Donbass werden auf 7756 Mill. t geschätzt. Diese schwach inkohlten Kohlen haben zum großen Teil S-Geh. unter 2,5% u. sind, bei guten Nebenprodd.-Ausbeuten, für die Verkokung geeignet. Zus., Kennwerte u. Aufbereitbarkeit verschiedener Horizonte u. die Verkokungsergebnisse von reinen Kohlen sowie von Mischungen werden mitgeteilt. F. Otto. 8126□

Die Bedeutung der Reaktionsfähigkeit des Brennstoffs für koksbeheizte Schachtöfen. K. Hedden. (Chem. Engng. Sci. **14**, 317—30, Jan. 1961; Münster, Univ., Inst. für Phys. Chem.; dt.) — Eine neue Meth. zur Best. der Rk.-Fähigkeit von *Koks* wird angegeben u. die Wrkg. der Rk.-Fähigkeit in 4 Fällen behandelt: Hochofen, Kupolofen, Kalkbrennen u. Berechnung der Gas-Zus. bei der Erzeugung von Generatorgas.

F. Rosendahl. 8128□

Flammenlose Verbrennung von Gasen in Röhrenöfen von Erdölraffinierien. I. Ss. Schewzow, D. K. Ssafaralijew, G. M. Steinschnaider und M. A. Alijewa. (Азербайджанское Нефтяное Хозяйство [Erdöl-Wirtsch. Aserbaidshan] **39**,

Nr. 9, 35—38, Sept. 1960; russ.) — Verss. werden mit einem Gemisch von *Naturgas* (spezif. Gew. 0,6558, Heizwert 9163 cal/Nm³) u. *Luft*, die durch Rauchgase auf 80—85° vorgewärmt werden, in einem Vers.-Ofen mit einer Leistung von 1,2 Mill. kcal/Std. nach der Meth. der Fackelverbrennung u. der flammenlosen Verbrennung vorgenommen. Der Leistungs-Koeff. liegt bei der Fackelverbrennung im Durchschnitt um 2% niedriger als bei der flammenlosen Verbrennung. Eine Skizze des Röhrenofens wird gebracht. J. Lehmberg. 8128

Magnetische Beschwerungsmittel für Schwerflüssigkeits-Kohlenaufbereitungsanlagen. D. Pečínka. (Paliva **42,** 52—55, Febr. 1962; Ostrava-Kunčičky, VVUÚ, Pokusné prádlo; tschech.) — Als geeignete *Beschwerungsmittel* erweisen sich sowohl natürliche Magnetite verschiedener Lagerstätten der ČSSR, sowie Abfallstaub beim Rösten von Siderit. Gichtstaub sowie Abfallprodd. aus Hütten u. Maschinenbaufabriken erweisen sich als ungeeignet. Klaus Schmidt. 8134□

Über die Wirkung der Reagentien der Schaumbildner-Sammler bei der Kohleflotation in Gegenwart dünner Schlamme. W. I. Klassen und W. A. Newskaja. (Известия Академии Наук СССР, Отделение Технических Наук, Металлургия и Топливо [Nachr. Akad. Wiss. UdSSR, Abt. techn. Wiss., Metallurg. Brennstoffe **1960**, Nr. 6, 168—72, Nov./Dez.; russ.) — Unterss. werden mit *Terpineol* (250 g/t), sulfuriertem *Kerosin* (600, 1000, 1500, 2000 g/t) u. Rückständen mit 47% *Terpen-Alkoholen* (250 g/t) als Reagentien bei der Flotation dünner Kohleschlamme mit Tonbeimengungen vorgenommen. Die alkohol. Reagentien wirken nicht nur schaumbildend, sondern auch stark u. selektiv peptisierend, bes. auf Tonschlamme. Die Ausbeute an Konzentrat wird um 25% gesteigert. Während der Asche-Geh. des Konzentrats sinkt, steigt er in den Abgängen bis auf 65% an. Der Verbrauch der Reagentien sinkt auf $^1/_4$. Die Leistung der Maschinen steigt um 25%. J. Lehmberg. 8134

Trocknen von Kohle in der Wirbelschicht. M. I. Beilin. (Кокс и Химия [Koks u. Chem.] **1960,** Nr. 9, 10—15; Charkow, Berg-Inst.; russ.) — Unterss. über die Abhängigkeit des Widerstandes der Wirbelschicht von der Luft-Geschw. für Kohlen verschiedener Feinheitsgrade u. bei Zusatz von Schlammen als Basis für die Projektierung von Trockenanlagen. J. Lehmberg. 8134

Die Steinkohlenvermahlung für Dampferzeuger. H. Hennecke. (Mitt. Vereinig. Großkesselbesitzer **1961,** 108—23, April; dt.) — Für die bestmögliche Energieausnutzung von *Steinkohle* in *Dampferzeugern* ist die richtige Auswahl der Mühlen zur Erzeugung von Kohlenstaub ausschlaggebend. Bei den heute ausschließlich verwendeten Mahltrocknungsanlagen schließt sich an die Kohlenmühle eine pneumat. Trocknungs- u. Fördereinrichtung an, deren richtige Wahl ebenso wichtig ist wie die der geeigneten Kohlenmühle. Zur Erleichterung dieser Auswahl werden alle gebräuchlichen Steinkohlenmühlen mit ihren Anwendungsmöglichkeiten u. Kennzahlen beschrieben, so daß bei genügender Kenntnis der Kohle-Eigg., wie Anteil der flüchtigen Bestandteile, Mahlbarkeit (Hardgrove-Zahl) usw., schon eine Vorentscheidung getroffen werden kann. Die behandelten Mühlentypen, die zumeist durch genaue u. übersichtliche Schnittzeichnungen erläutert werden, sind: Rohr-, Kugelring-, Walzenring-, Walzen-, Schüssel-, Pendel-, Schleuderreib-, Gebläseschläger-, Schlagrad- u. Schlägermühlen. Ferner werden die zugehörigen Sichterarten, wie Zentrifugal- u. Schwebesichter, behandelt. Zum Vgl. u. zur Beurteilung der verschiedenen Mühlenarten werden die Anwendbarkeit für Direkteinblasung in die Brennkammer, Kapitaldienst- u. Betriebskosten, Flächen- u. Raumbedarf, Betriebs-Eigg. u. Anwendungsbreite bei verschiedenen Mahlaufgaben herangezogen u. auch über neue Ergebnisse mit Schallisolierung der Mühlen wird berichtet. H. Giehring. 8134□

Der derzeitige Stand der Herstellung von Braunkohlen-Hochtemperaturkoks aus feinkörnigen Briketts in der Deutschen Demokratischen Republik. G. Bilkenroth und E. Rammler. (Bergbautechnik **11,** 171—76, April 1961; Berlin; Freiberg; dt.) — Die neuesten Erkenntnisse in der Brikettierung von Feinstkornkohle u. der *Verkokung* der *Briketts*, wie sie im Kombinat „Schwarze Pumpe“ angewendet werden, wird beschrieben. F. Rosendahl. 8142□

Durchsatzergebnisse bei der Hochtemperaturverkokung von Steinkohle. F. Rosendahl. (Paliva **35,** 268—69, Sept. 1955; Freiberg; tschech.) — Bei der *Verkokung* von *Steinkohle* entsteht zuerst der Tieftemp.-Teer (**A**), der unter dem Einfl. von Hitze in den Hochtemp.-Teer (**B**) übergeht. **A** entsteht aus dem Kohlebitumen u. aus der eigentlichen Kohlesubstanz. **A** wandert zuerst über den Versatz in den Gassammlerraum, wo er sich in **B** umwandelt. Diese 2. Umwandlung kann durch geeignete Maßnahmen beeinflußt werden, während die eigentliche Verkokung ohne Änderung der Koksqualität nicht beeinflußbar ist. Die vorgeschlagenen Änderungen im Gassammlerraum, deren wichtigste die Anbringung einer Ausgleichsvorlage ist, bringt eine Erhöhung an Teer um 10% u. an Rohbenzol von 20%. E. Rotter. 8142□

Zusatz von Magerungsmitteln zu Kokskohlengemischen. J. Kunc. (Paliva **42**, 43—49, Febr. 1962; Běchovice, Ústav pro výzk. paliv; tschech.) — Die Riß-Bldg. in verschiedenen *Kohlengemischen* läßt sich durch Zusatz von *Magerungsmitteln* einschränken. Halbtechn. Verss. zeigen eine Vergrößerung der Festigkeit von Hüttenkoks bzw. Erzeugung von Gießereikoks durch Zusatz von Koksstaub zu Kohlengemischen mit ungeeigneten Verkokungseigenschaften. Klaus Schmidt. 8142□

Die Arbeitsresultate der Ammoniak-Kalk-Abteilung mit Kalkabsatzbehälter. Je. G. Kaplina, I. W. Kolodjashny und G. K. Nagorny. (Кокс и Химия [Koks u. Chem.] **1959,** Nr. 5, 34—38; Moskau, Koksgas-Werk.) — Um die Gipsabscheidungen in den Nebenkolonnen von *Ammoniak-Kalk*-Abteilungen in Kokereien zu verhindern, müssen Reaktor u. Absatzbehälter unter Druck gehalten werden, damit die Temp. des W. nach dem Absatzbehälter um 2—3° höher liegt als die des W. nach der Nebenkolonne. Der Verdampfer der NH_3-Kolonne muß die völlige Entfernung von NH_3 u. von CO_2 aus dem W. vor dem Eintritt in den Entphenolungsskrubber gewährleisten. Unbedeutende Gipsablagerungen in der Nebenkolonne werden durch deren Auswaschung mit NH_3–W. aus dem Verdampfer entfernt. J. Lehmberg. 8142

Untersuchung bei der Verbrennung von Kokereigas in den Heizkanälen der Koksöfen. A. F. Beletzkaja. (Кокс и Химия [Koks u. Chem.] **1960,** Nr. 3, 22—28; Charkow, Forschungsinst. für Kohlechem.; russ.) — Eingehend beschriebene Verss. zeigen, daß die Temp.-Verteilung im Heizkanal von der Ofenkonstruktion u. von der Feuerführung abhängt. Die im prakt. Betrieb oft übliche Messung der Boden-Temp. des Heizkanals kann für bestimmte Ofenkonstruktionen nur bei gleichem Luftüberschuß-Koeff. ein Maß für die Gare des Kokskuchens sein. F. Otto. 8144□

Über einige Ergebnisse bei der Untersuchung der Reaktionsfähigkeit von Koksen. Henri Guérin und Marthe Bastick. (Bull. Soc. chim. France **1961**, 127—33, Jan.; Nancy, Fac. des Sci., Labor. de Chim. Minér. ind.; franz.) — Während der vollständigen Vergasung zahlreicher Koksarten mit CO_2 oder Wasserdampf bei 800—1100° wurden die Entw. der Porenstruktur (BET-Meth. mit N_2 bei —195°, Analyse nach Pierce) u. die spezif. Vergasungs-Geschw. (Thermowaage, Gasanalyse) verfolgt. Im Verlauf der Vergasung treten innere Oberflächen bis zu 200 m^2/g auf. Ausschlaggebend für die Rk. ist die Diffusion der Gase in den Poren des Brennstoffes. Je größer die sich ausbildende Mikroporosität wird, um so schneller erfolgt die Vergasung. Der Porositätsgrad ist seinerseits um so geringer, je größer die Affinität des Kokses gegenüber CO_2 oder Wasserdampf ist. A. Blaschette. 8148□

Erhöhung der Leistung von Generatoren für die Braunkohlenvergasung. B. Kocanda. (Paliva **35,** 274—75, Sept. 1955; Plzen; tschech.) — Eine neue Einfüll-Vorr. (Skizze) für Braunkohlengasgeneratoren, die die Std.-Leistung bei gleichbleibender Gasqualität um 12—18% erhöht u. die Gas-Temp. von 90—120° auf 80—100° senkt, wird beschrieben. E. Rotter. 8148□

Der Taupunkt von in Gasfernleitungen befördertem Gas. Vladimír Koller. (Paliva **35,** 270—74, Sept. 1955; Běchovice, Plynár. úst.; tschech.) — In einem Diagramm ist die Druckabhängigkeit (0—20 at) des *Taupunktes* (+25 bis —15°) für bei 25° u. 10° gesätt. Gase wiedergegeben. Es werden der Verlauf des Druckabfalles in *Druckgasfernleitungen*, der Temp.-Verlauf, die Menge ausgeschiedenen Kondensats, ferner die Best. des Wrkg.-Bereiches innerer Korrosion u. der Staubablagerung im Leitungs-Syst. sowie die Bldg. von KW-Stoff-Hydraten in Erdgasleitungen besprochen. E. Rotter. 8156□

Die Pyrolyse von paraffinhaltigem Solaröl unter Zugabe von überhitztem Wasserdampf in das Pyrolysenschlangenrohr eines Röhrenofens. A. F. Gurewitschew und G. I. Goldstein. (Химия и Технология Топлив и Масел [Chem. Technol. Brennstoffe Öle] **6.** Nr. 8, 38—40, Sept. 1961; Baku, Erdöl- u. Gaswerk; russ.) — Zur Gewinnung eines Maximalertrages an Pyrolysengas mit hohem Äthylen-Geh. bei der Pyrolyse von *Solaröl* ist eine Temp. von 720° unter Zuführung von überhitztem Wasserdampf in einer Menge von 45—50% erforderlich, wobei eine Ausbeute an Pyrolysengas von 54% mit einem Geh. an Äthylen von 22,8 Vol-% (16%, bezogen auf den Rohstoff) erreicht wird. Die Ausbeute an aromat. Fraktionen bei der Pyrolyse des paraffinhaltigen Solaröls beträgt 6,2—6,6%, wobei die Fraktionen von Bzl. u. Toluol, sowie von Xylol hinreichend hoher Qualität sind u. als Grundstoff zur Gewinnung niedrigerer aromat. KW-Stoffe dienen können. W. Hantzsch. 8160□

Zweckmäßiges Verfahren zum Auswaschen von Naphthalin mit Mineralöl und Erfahrungen mit dem Auswaschen von Naphthalin in Naphthalinwäschern und mit Benzolwaschölen. Th. Hybler. (Paliva **35,** 249—55, Sept. 1955; Bratislava, Slov. plyn., n. p.; tschech.) — *Naphthalinwäsche* (**A**) von Leuchtgas in verschiedenen Wäschertypen,

Vorschriften für vollkommene **A**, Theorie von **A** auf Oberflächenwäschern, Prüfmeth. u. Ergebnissen bei Wäsche mit verschiedenen Ölen werden besprochen. E. Rotter. 8166□

Die Adsorption von Naphthalin aus Kokereigas mit Solaröl in einem Apparat mit Zerstäubung der Flüssigkeit im Gasstrom. M. D. Kusnetzow, W. M. Leonenko und W. I. Oratowski. (Кокс и Химия [Koks u. Chem.] **1960**, Nr. 3, 34—36; Donez-Ind.-Inst.; russ.) — Das Solaröl (**I**) wird im Gasstrom zerstäubt, durch ein Venturi-Rohr geleitet u. in einem Cyclon abgetrennt. Man kann das *Naphthalin* bis auf 0,04 g/m³ u. weniger aus dem Gas entfernen. Aus Vers.-Ergebnissen wird mittels Korrelationsrechnung eine Formel zur Ermittlung der Gleichgewichts-Konst. für Naphthalin u. **I** in Abhängigkeit von der Temp. abgeleitet. F. Otto. 8166□

Zur Frage der Gewinnung von Ammoniumsulfat aus Ammoniak des Koksgases. B. A. Tschertkow. (Кокс и Химия [Koks u. Chem.] **1960**, Nr. 9, 44—46; Samoilow-Forsch.-Inst. für Düngemittel u. Insektenbekämpfung; russ.) — Das Produktionsschema für $(NH_4)_2SO_4$ sieht in der Kokerei nur die Absorption von NH_3 u. von H_2S (u. CO_2) sowie die Herst. konz. Ammoniak-W. mit hohem Geh. an H_2S vor. Die Weiterverarbeitung erfolgt in Röstbetrieben für sulfid. Erze oder in Kraftwerken, die Kohle mit hohem S-Geh. verbrauchen, deren SO_2-Gas nach Reinigung von festen Bestandteilen vom Ammoniak-W. absorbiert wird u. konz. NH_4HSO_3- u. $(NH_4)_2S_2O_3$-Lsgg. bildet. Die Trennung in Sulfat u. elementaren S findet bei 100—105° bei normalem Druck statt. Abtrennung des festen S erfolgt durch Filtration, des fl. S durch Erwärmung der Suspension auf 120°. J. Lehmberg. 8168

Kesselaschen als Adsorptionsmaterial beim Nachreinigen von Phenolwässern. R. Riedl, J. Macák und M. Beneš. (Paliva **35**, 260—63, Sept. 1955; tschech.) — *Flugasche* aus Winkler-Generatoren des Werkes Böhlen wird zum Vgl. mit 9 Aschen verschiedener anderer Werke auf ihre *Absorptionsfähigkeit* für *Phenol* (**I**) (50 mg **I**/1000 ml) untersucht (10 Tabellen u. Diagramme). Die sehr guten Absorptions-Eigg. dieser u. anderer Aschen machen sie auch für die Betriebe, wo sie nicht anfallen, zur **I**-Nachreinigung nach der Bzl.- oder Phenolsolvanextraktion geeignet. E. Rotter. 8174□

Zur Frage des plastischen Zustandes von Kohlen als eines kolloiden Systems. L. L. Nessterenko, M. G. Skljar und Ju. B. Tjutjunnikow. (Кокс и Химия [Koks u. Chem.] **1960**, Nr. 9, 15—19; Charkow, Forsch.-Inst. für Kohlechem.; russ.) — Entgegen der Auffassung von Schapiro (C. **1959**, 2331 u. 15874) u. Kusstow (C. **1958**, 10241), wonach die Verkokung als koll.-chem. Vorgang betrachtet wird, weisen Vff. auf die Bedeutung der chem. Umwandlung der Kohle bei ihrer therm. Destruktion für den Plastzustand hin. J. Lehmberg. 8174

Über die Beziehung zwischen den Kurven der 10%igen Destillation und den Gleichgewichtsdestillationskurven bei Teeren. S. Landa und V. Šešulka. (Paliva **35**, 263—67, Sept. 1955; Praha, Vys. škola chem.-technol., kat. synth. pohonn. látek; tschech.) — Aus der Engler-*Siedekurve* läßt sich, wie die Beispiele zeigen (15 Kurven, Tabellen u. Abb.), die *Gleichgewichts-Siedekurve* (**A**) konstruieren. Es wird vom Mittelpunkt der 10%-Kurve ausgegangen, die gleichzeitig der Schnittpunkt von **A** ist, u. die Neigung von **A** aus der Neigung der 10%-Kurve mittels der Gleichung einer kub. Parabel berechnet: $y = 0{,}53077 + 0{,}46137 \cdot x - 3{,}007 \cdot 10^{-3} \cdot x^2 + 1{,}15707 \cdot 10^{-3} \cdot x^3$ in der x die Neigungsgröße der 10%-Kurve ist. E. Rotter. 8176□

Verwertung von Erdgas für Heizzwecke und für die chemische Verarbeitung. Janusz Girzejowski. (Nafta [Katowice] **17**, 72—74, März 1961; pol.) — *Erdgas* aus den Gebieten Dąbrowa Tarnowska, Przeworsk u. aus den Miozänschichten von Lubasow ist prakt. S-frei. Es soll deshalb vorwiegend als *chem. Rohstoff* verwendet werden. F. Urban. 8186□

Zur Kenntnisse der Inhaltsstoffe von Erdölen und verwandten Produkten. 1. Mitt. **Schwefelhaltige Inhaltsstoffe des Benzins aus Tuimasy-Erdöl (UdSSR).** Heinz Prinzler und Rolf Hänel. (Chem. Techn. **13**, 439—42, Juli/Aug. 1961; Leuna-Merseburg, TH für Chem., Inst. für Petrolchem.; dt.) — C. **1962**, 1847. E. Igney. 8188□

Zur Kenntnis der Inhaltsstoffe von Erdölen und verwandten Produkten. 2. Mitt. **Bestimmung der Verbindungstypen des Schwefels am Beispiel der Gasölfraktion des Romaschkino-Erdöls (UdSSR).** Heinz Prinzler und Wilhelm Toufar. (Chem. Techn. **13**, 447—50, Juli/Aug. 1961; dt.) — C. **1962**, 12523. — 1. vgl. vorst. Referat. E. Igney. 8188□

Zur Kenntnis der Inhaltsstoffe von Erdölen und verwandten Produkten. 3. Mitt. **Untersuchung der Benzinfraktion des Rhodener Erdöls (Deutsche Demokratische Republik).** Heinz Prinzler und Wilhelm Thomas. (Chem. Techn. **13**, 450—52, Juli/Aug. 1961; dt.) — C. **1962**, 12523. — 2. vgl. vorst. Referat. E. Igney. 8188□

Zur Kenntnis der Inhaltsstoffe von Erdölen und verwandten Produkten. 4. Mitt. Über die Stoffgruppenverteilung des Zeitzer TTH-Abstreiferproduktes im Siedebereich 160 bis 200°C. Heinz Prinzler, Richard Mahrwald und Dieter Mahler. (Chem. Techn. **13,** 442—46, Juli/Aug. 1961; Zeitz, VEB Hydrierwerk, Forsch.- u. Entw.-Stelle; Leuna-Merseburg, TH für Chem., Inst. für Petrolchem.; dt.) — 3. vgl. vorst. Referat. — Unter Anwendung verschiedener Trenn-Meth., wie Fein-Dest. an Kolonnen, Chromatographie in verschiedenen Varianten, Harnstoffaddukt-Bldg. u. IR-Spektroskopie gelingt die weitgehende Zerlegung des Zeitzer *TTH-Abstreifers* im *Siedebereich von 160—200°* in seine *Stoffgruppen* sowie ihre Kennzeichnung durch eine umfassende Anzahl von physikal. Kennzahlen. E. Igney. 8188□

Vanadin im Erdöl von Węglowka/Polen. Mieczysław Solecki. (Nafta [Katowice] **17,** 187—89, Juli 1961; Inst. Naft.; pol.) — Der Durchschnitts-Geh. des *Erdöls* von *Weglowka* an *V* beträgt 2,06 mg/kg (Grenzen 0,67—4,7). Die Erdölasche enthält im Mittel 2,5% V. Der V-Geh. der Asche ist umgekehrt proportional dem Aschengehalt. F. Urban. 8188□

Untersuchung der Kinetik der Adsorption und Desorption von Asphalt- und Teerbestandteilen des Erdöls in porösen Medien. Georgij Wasiliewicz Rudakow. (Nafta [Katowice] **17,** 70—72, März 1961; Ufa, Baszkirskaja ASRR; pol.) — Der Geh. des *Erdöls* an *Asphalt* u. *Teer* nimmt im Laufe des Abbaus des Lagers ab, da das Gestein diese Komponenten beim Durchgang des Erdöls adsorbiert. Die Abnahme der Konz. verläuft um so schneller, je langsamer das Erdöl durch das poröse Gestein filtriert wird. F. Urban. 8188□

Verwendung der austenitischen Nickel-Gußeisen in der Erdölindustrie. Anonym. (Nickel [Milano] **1961,** Nr. 95, 1—15, Dez.; ital.) — Verw., bes. von *Ni-Resist.* A. Sander. 8190□

Das erste technische Erdöl Sibiriens. Ss. N. Pawlowa, S. W. Driatzkaja, S. N. Baranowa und Ss. W. Sawerschinskaja. (Химия и Технология Топлив и Масел [Chem. Technol. Brennstoffe Öle] **6,** Nr. 9, 8—14, Sept. 1961; Allunions Forsch.-Inst. für Verarbeitung von Erdöl u. Erdgas u. Produktion synth. Kraft- u. Treibstoffe; russ.) — Das Schaim-Erdöl ist schwach S-haltig, bituminös, paraffinreich u. weist einen bedeutenden Geh. an hellen Fraktionen auf. Aus dem Erdöl kann ein Bzn. der Marke *A-66* gewonnen werden. Infolge des hohen Geh. an Naphthen-KW-Stoffen können die Bzn.–Ligroin-Fraktionen als guter Rohstoff für das katalyt. Reformieren dienen. Dieselöldestillate entsprechen den techn. Bedingungen für einen Auto- u. Traktorenkraftstoff. Gemische aus Naphthen–Methan- u. leichten aromat. KW-Stoffen ergeben Flugzeugmotorenöle. Es werden auch Heizöle erhalten. W. Hantzsch. 8190□

Die Verhinderung der Emulsionsbildung bei der alkalischen Reinigung von Erdölprodukten mit Hilfe von Elektrolyten. R. G. Issmailow und L. N. Frumen. (Химия и Технология Топлив и Масел [Chem. Technol. Brennstoffe Öle] **6,** Nr. 8, 28—31, Aug. 1961; Volkswirtschaftsrat der AserbaidshanSSR; Baku, Erdölwerk; russ.) — Bei der alkal. Reinigung von Dieselkraftstoffen unter Anwendung von Elektrolyten als Demulgatoren (Meerwasser, NaCl, Na_2SO_4, $MgSO_4$) wird ein Laugenverbrauch ähnlich dem theoret. notwendigen, eine Neutral-Rk. des wss. Auszuges u. ein geringerer Asche-Geh. im Dieselkraftstoff im Vgl. zu der Auslaugung von Kraftstoffen ohne Elektrolyte gewährleistet. Außerdem kann bei Anwendung von Elektrolyten die Leistung der kontinuierlichen Anlagen für die Raffination von Kraftstoffen bedeutend gesteigert werden. W. Hantzsch. 8190□

Technologische Grundzüge der Erdölverarbeitung in der Deutschen Demokratischen Republik. Hans-Günter Riedel. (Chem. Techn. **13,** 381—86. Juli/Aug. 1961; Böhlen, VEB Kombinat „Otto Grotewohl“, Ing.-Techn. Zentralstelle; dt.) — Die zukünftige Entw. der Chemiewirtschaft in der DDR wird wesentlich durch die Carbo- u. Petrolchemie bestimmt. Die Erdölverarbeitung geschieht nach 3 Prinzipien: energiewirtschaftliche Nutzung, Verwertung u. Veredlung der im Erdöl vorgebildeten Substanzen u. die vielgestaltige Petrolchemie. Über die Gewinnung von Treibstoffen, Schmierölen, Bitumen u. Erzeugnissen der Petrolchemie wird berichtet u. eine sinnvolle Aufteilung der Gewinnung petrolchem. Prodd. aus Kohle u. Erdöl angeführt. E. Igney. 8192□

Untersuchungen über die Zusammensetzung der bei der thermischen Paraffincrackung anfallenden Flüssigspaltprodukte. Karl Smeykal, Gerhard Zimmermann und Hermann G. Hauthal. (Chem. Techn. **13,** 431—36, Juli/Aug. 1961; Leuna, VEB Leuna-Werke „Walter Ulbricht“, Zentrales Vers.-Labor.; dt.) — Die *therm. Spaltung* von *Mittelparaffin* in Ggw. von Wasserdampf in einem Wirbelschichtreaktor liefert bei bestimmten Temp. außer olefinreichen Crackgasen hocholefin. Flüssigspalt-Prodd. mit homologen n-Alkenen als Hauptbestandteile. Die Temp.-Abhängigkeit der Aufspaltung wird dargestellt u. die Zus. der C_5- u. C_6-Fraktion aus einem bei 580° erhaltenen Flüssigspalt-Prod. mittels Rektifikation u. Gaschromatographie ermittelt. In der C_5-Fraktion werden 28% *Diolefine* u. 8% *Cyclopenten* gefunden, in der C_6-Fraktion 7% *Diolefine* u. 14% *Methylcyclopentene* u. *Cyclohexene*. Die C_4-Fraktion der Crackgase enthält 27% *Butadien*. E. Igney. 8196□

Über den Einfluß des Grades der Hydroreinigung des Rohstoffes auf die Resultate des katalytischen Crackens. R. M. Massagutow, G. A. Berg und L. I. Wolkowa. (Химия и Технология Топлив и Масел [Chem. Technol. Brennstoffe Öle] **6**, Nr. 8, 8–13, Aug. 1961; Erdöl-Forsch.-Inst. der BaschkirSSR; russ.) — Der Einfl. des Hydroreinigungsgrades des Rohstoffes (Gasöl) auf die Resultate des katalyt. Crackens bei einem Druck von 50 kg/cm², 370°, einer H-Zirkulation von 800 Liter/Liter des Rohstoffes u. bei verschiedenen Vol.-Geschw. wird untersucht. Es wird bewiesen, daß beim katalyt. Cracken des gereinigten u. ungereinigten Gasöls bis zum gleichen Grad der Koks-Bldg. (4,5%) die Ausbeute an Bzn. aus gereinigtem Rohstoff in Abhängigkeit von der Vol.-Geschw. des zugeführten Rohstoffes um 36–61,5% höher ist. Auch die Gewinnung von Dieselkraftstoff-Fraktionen mit einem S-Geh. bis 1% erfolgt durch Hydroreinigung von Vakuumgasöl aus dem Tschermagusch-Erdöl unter eingangs erwähnten Bedingungen. W. Hantzsch. 8196□

Thermische Spaltung von paraffinischen und naphthenischen Kohlenwasserstoffen. 4. Mitt. Thermische Spaltung von Schwelteer-Neutralölen aus Ube-Kohle. Sunao Yoda. (J. Japan Tar Ind. Assoc. [Coal Tar] **12**, 221–33, Mai 1960; Ube, Ube-Kôsan; jap.) — 3. vgl. J. Japan Tar Ind. Assoc. [Coal Tar] **11**, [1959], 11. — Zur Aufklärung des Rk.-Mechanismus wird die *therm. Spaltung* von reinen KW-Stoffen (n-Heptan, n-Octan, Isooctan u. Methylcyclohexan) untersucht. Diesem Zweck dient ein hohles Quarzrohr (Länge 1000 mm, lichter Ø 21,5 mm), das elektr. auf eine Temp. von 800° erwärmt wird u. in das der KW-Stoff mit einer Geschw. von 60 cm³/h eingetropft wird. Während die entsprechenden Zers.-Gase nach der konz. H_2SO_4-Absorptions-Meth. analysiert werden, werden die fl. Zers.-Prodd. in erster Linie mit einer Fraktionierkolonne von 15 theoret. Böden in 4 Fraktionen zerlegt. Um die einzelnen Inhaltsstoffe jeder Fraktion zu identifizieren, wurden UV-spektroskop. u. gaschromatograph. Unterss. nebeneinander in Anwendung gebracht. Die gasförmigen Zers.-Prodd. bestehen hauptsächlich aus CH_4 u. C_2H_4 u. betragen 65–70%. In den restlichen fl. Rk.-Prodd., die destillativ in 4 Fraktionen getrennt werden, finden sich Bzl. zu 6–10%, Naphthalin zu 1,5–5% (Prozentsätze beziehen sich auf die Gesamtmenge des Prod.). E. Maekawa. 8196□

Ungesättigte Kohlenwasserstoffe im Bezin des thermischen Crackings. A. W. Toptschijew, I. A. Mussajew, S. Ch. Isschakowa, A. N. Kisslinski und G. D. Galpern. (Доклады Академии Наук СССР [Ber. Akad. Wiss. UdSSR] **120**, 1056–58, 11/6. 1958; russ.) — Vgl. C. **1960**, 7389; C. **1961**, 1420. — Therm. Crackbenzin wird in Kolonnen-App. (45 theoret. Böden) in 10 enge Fraktionen (60–150°) zerlegt u. der Olefinenanteil in den Einzelfraktionen aus den Raman-Spektren bestimmt. Die Zus. der ersten 5 Fraktionen (bis 110°) wurde genau bestimmt, in den restlichen Fraktionen (110–150°) konnte nur der Mol.-Bau ermittelt werden (ohne Best. der Lage der Doppelbindungen). Insgesamt wurden 16,71% *Alkene* (C_6–C_9) u. 13,57% *Cyclene* (C_6–C_9) ermittelt. Die Cyclopentene sind stärker vertreten als die Cyclohexene. Die Olefine sind wenig verzweigt. Die Cyclene sind mono- u. disubstituiert. Gesätt. KW-Stoffe, Diolefine sowie Olefine mit quart. C-Atom fehlen. A. v. Wilpert. 8200□

Untersuchung der Toluol-Fraktionen aus dem Leichtöl von Tieftemperaturkohlenteer durch Mischen mit Methanol als azeotropem Agens. H. Markowska-Majewska und J. Werle. (Bull. Acad. polon. Sci., Sér. Sci. chim., géol., géogr. **7**, 535–40, 1959; Warszawa, Zakład Podst. Surowców Org. Inst. Chem. Fiz. PAN, Pracownia fizykochem. Inst. Chem. Ogólnej; engl.) — Eine vergleichende fraktionierte Dest. der Fraktionen 98–103°, 103–109°, 109–116,5°, 116,5–121° für sich u. mit *CH_3OH* als *azeotropem Agens* wird durchgeführt. A. Gutorska. 8200□

Die Abtrennung von Cyclopentan und 2.2-Dimethylbutan aus Gasolin. F. Gotthard, A. Pop, I. Minea, Gh. Şerban und M. Barbul. (Rev. Chim. [Bucureşti] **11**, 313–18, Juni 1960; rum.) — Zusammenfassung der Vers.-Ergebnisse bei der Konz. von *Cyclopentan* aus Gasolin durch einfache Rektifikation u. dessen *Trennung* aus dem Gemisch mit *2.2-Dimethylbutan* durch extraktive Rektifikation mit Anilin. H. Guischard. 8200□

Katalytisches Reforming von Benzinen mit niedriger Octanzahl mit einem mittleren Gehalt von Naphthenkohlenwasserstoffen. N. M. Indjukow, M. A. Gontscharowa, I. I. Ssidortschuk und R. I. Gassanowa. (Химия и Технология Топлив и

Масел [Chem. Technol. Brennstoffe Öle] **6**, Nr. 9, 15–19, Sept. 1961; russ.) – Beim katalyt. Reforming der Benzinfraktionen mit einem mittleren Geh. an *Naphthen-KW-Stoffen* kann man 82,5–90,0% *Bzn.* von hoher Qualität mit einer Octanzahl bis zu 80 u. mehr erhalten. Die Octanzahl verändert sich in den Grenzen von 20 bis 39 Einheiten, je nach Qualität der Ausgangsfraktionen u. der Art des gewählten Verfahrens. Aus den Benzinfraktionen mit mittlerem Geh. an Naphthen-KW-Stoffen kann eine Erhöhung der Ausbeute an Bzl. um 60% u. an Xylol um 45% im Gegensatz zu den entsprechenden Fraktionen eines Paraffinrohstoffes erreicht werden. W. Hantzsch. 8200□

Das Hydrocracken. Andreas Zalai, József Károlyi und Richard Birthler. (Chem. Techn. **13**, 453–59, Juli/Aug. 1961; Budapest, Ung.-Dt. VARGA-Studienges.; Budapest, Hochdruckversuchsinst.; Böhlen, VEB Kombinat „Otto Grotewohl"; dt.) – In modernen Erdölraffinerien ermöglicht das *Hydrocracken* (A), neben Reformierung u. Hydroentschweflung ein Maximum an hochwertigen Fertigprodd. zu erzeugen. Es werden technolog. Bedingungen für das A angeführt, die es gestatten, die Menge der aus einem Roherdöl gewinnbaren Motortreibstoffe u. Qualitätsheizöle wesentlich zu erhöhen u. gleichzeitig die Menge der schwer verwertbaren Nebenprodd., wie Koks, stark aromat. Öle u. Harze, auf ein Minimum zurückzudrängen. E. Igney. 8200□

Hydrocracking von Erdölrückständen. I. Mitt. Marian Rutkowski und Zdzisław Tomasik. (Nafta [Katowice] **17**, 138–43, Mai 1961; Wrocław, PAN, Zakł. Synth. org.; pol.) – Übersicht über Bedingungen der *Hydrocracking*-Verff. von *Erdölprodukten*. F. Urban. 8200□

Beimengungen in reinem Benzol. L. Ja. Koljandr, M. I. Tjaptina und G. M. Fomenko. (Кокс и Химия [Koks u. Chem.] **1960**, Nr. 3, 42–47; Charkow, Forschungsinst. für Kohlechem.; russ.) – Die in reinem *Bzl.* noch vorhandenen Verunreinigungen u. die Nachw.-Grenzen der üblichen Prüfmeth. werden ausführlich besprochen. – 18 Literaturangaben. F. Otto. 8202□

Die oxydierende Entschwefelung von Benzol. N. N. Netschiporenko und B. R. Manoilenko. (Кокс и Химия [Koks u. Chem.] **1960**, Nr. 3, 37–42; Charkow, Polytechn. Inst.; russ.) – Als Vers.-Material dient mit *Thiophen* (I) versetztes reines Benzol. Der I-Geh. wird mittels Bromzahl (BZ) festgestellt. Bei der anod. Oxydation in $(NH_4)_2SO_4$-Lsg. bei Ggw. von H_2SO_4 (II) sind Anoden- u. Kathodenraum u. damit Bzl. u. Elektrolyt durch ein poröses Glasdiaphragma getrennt. Die Stromdichte an der Pt-Anode ist 0,20–0,94 A/cm². Ca. 50% des I werden oxydiert. Bessere Ergebnisse erhält man bei einem Zusatz von 5 g NaCl/Liter. Bei 25° erreicht man durch Behandeln von I-haltigem Bzl. mit einer 20%ig., II enthaltenden $(NH_4)_2S_2O_8$ (III)-Lsg. keine Erniedrigung der BZ. In der Dampfphase, bei 85°, erniedrigen in II-haltiger Lsg. $K_2Cr_2O_7$, III, $KMnO_4$ u. H_2O_2 die BZ um 20–70%, wobei $KMnO_4$ am wirksamsten ist. Die besten Ergebnisse liefert die heterogene katalyt. Oxydation in der Dampfphase mit Fe-haltigen Katalysatoren. In Ggw. eines mit Phosphaten aktivierten Tonkatalysators mit 10% Fe_2O_3 konnte bei Zusatz eines O_2-Überträgers bei 300–390° eine BZ von 0,05 (Ausgangsbenzol 1,47) erreicht werden. F. Otto. 8202□

Harnstoff-Entparaffinierung von Dieselöl aus Bitkower paraffinhaltigem Erdöl. T. I. Schewtschenko. (Химия и Технология Топлив и Масел [Chem. Technol. Brennstoffe Öle] **4**, Nr. 12, 3–5, Dez. 1959; Nadwornaja, Erdölwerk; russ.) – Als optimale Bedingung zur Harnstoffentparaffinierung von Dieselkraftstoff erwies sich ein Gemisch von 70% Harnstoff (bezogen auf Dieselöl), 5% Methanol als Aktivierungsmittel u. eine Rk.-Zeit von 30 Minuten. Hierbei erhält man aus der Dieselkraftstofffraktion von Bitkower paraffin. Erdöl ein leichtschm. *Paraffin* mit einem F. von +33° u. Dieselkraftstoffe mit E. –37°. K. Wekua. 8212□

Ein neues Schema zur Verarbeitung der Anthracenfraktion. P. Ja. Kuleschow und A. T. Mowtschan. (Кокс и Химия [Koks u. Chem.] **1960**, Nr. 6, 36–37; Saporoshje, Kokschem. Fabrik; russ.) – Beschreibung der Verarbeitung der Anthracenfraktion ($D._4^{20}$ 1,137–1,140, Kp. 245–255°, Destillat bis 300° 8–12%, bis 360° 70–85%, Geh. an Rohanthracen 14–18%) mit der automat. Zentrifuge *AG-1200* auf *Anthracen* u. *Anthracenöl* u. Angabe von Kennzahlen sowie der Vorzüge u. Mängel der Zentrifuge. J. Lehmberg. 8216

Über die Verwendung von Brennstoffrückständen in Gasturbinen. B. W. Lossikow, A. D. Fatjanow, Ju. W. Mikulin, L. A. Alexandrowa, G. G. Kosnow und R. M. Beresina. (Химия и Технология Топлив и Масел [Chem. Technol. Brennstoffe Öle] **6**, Nr. 8, 47–53, Aug. 1961; russ.) – Die Wrkg. von *V*, das in Brennstoffrückständen (BR) in einer Quantität von $1 \cdot 10^{-3}$ bis $4 \cdot 10^{-3}$% enthalten ist, auf die Intensität der Korrosion von Baustählen in Gasturbinenanlagen u. bei Temp. von 500—850° wird untersucht. Die Korrosion der Legg. wird bei Temp. über 650° durch die Ggw. von V im BR von mehr als $1 \cdot 10^{-3}$% beschleunigt u. verstärkt sich progressiv mit der Zunahme seines Gehalts. Je höher der Geh. an V im BR ist, um so niedriger ist die Temp., bei der der charakterist. Umbruch der Kurve „Korrosionsverluste–Temp." beobachtet wird, der den Beginn der V-Korrosion (VK) charakterisiert. Ni-Legg. sind bei über 650° 10mal VK-fester als Stahl. Eine Verminderung der VK wird durch Einführung in den BR von darin lösl. organ. Mg-Verbb. u. von NH_3 in die Verbrennungskammer erreicht. Der Einfl. von NH_3 auf die VK wird erklärt. W. Hantzsch. 8216□

Zur Untersuchung der wirklichen korrosiven Aggressivität von Ölen. N. M. Grad und Ju. T. Ssudakow. (Журнал Прикладной Химии [J. angew. Chem.] **33,** 1586 bis 1590, Juli 1960; russ.) — Die durchgeführten Best. der *korrosiven Aggressivität* von Ölen in der Luft u. in O_2 berechtigen zur Annahme, daß die Korrosion von Pb im Maschinenöl SU (Zusatz von 0,12% organ. Säuren C_7—C_9) wahrscheinlich durch Bldg. von Pb(II)-Salzen erfolgt. Ferner wurde die Wrkg. einiger Zusätze auf Pb u. Cd untersucht. H. Treumann. 8220□

Über die Bewertung der Neigung von Schmierölen zur Lackbildung. W. Ss. Demtschenko, G. A. Morosow, L. F. Iwanow und Ju. A. Mikutenok. (Химия и Технология Топлив и Масел [Chem. Technol. Brennstoffe Öle] **6,** Nr. 8, 53—58, Aug. 1961; russ.) — Vgl. C. **1959,** 5340. — Es wird bewiesen, daß bei der Unters. der Neigung von Schmierölen zur Lack-Bldg. in einem beschriebenen Gerät nach Kjuregian alle Betriebsbedingungen für das Öl in der Zylinder–Kolben-Gruppe von Verbrennungsmotoren reproduziert u. Resultate erzielt werden, die denen bei den Motorenprüfungen entsprechen. Bei der Prüfung mit diesem Gerät entfällt die Extraktion der Oxydations-Prodd. des Öls u. die zahlreichen Wägungen, die bei Anwendung des Papok-Geräts (GOST 9352-60) erforderlich sind. Dadurch wird die Dauer der Qualitäts-Best. des Öls sowie die Beurteilung der Wrkg. von Zusätzen zwecks Verringerung der Lack-Bldg. in Ölen bedeutend verkürzt. W. Hantzsch. 8220□

Beurteilung der Wirksamkeit von Zusätzen bei Schmierölen. Henryk Mosurski. (Nafta [Katowice] **17,** 75—77, März 1961; Centr. Labor. Techn. Nafty; pol.) — Korrosionshemmende u. stabilisierende Zusätze zu *Schmierölen* aus der poln. Produktion werden mit der Wirksamkeit ausländ. *Additive* verglichen. F. Urban. 8220□

Schmierung bei Punktberührung. J. F. Archard und M. T. Kirk. (Proc. Roy. Soc. [London], Ser. A **261,** 532—50, 23/5. 1961; Aldermaston, Berks., Assoc. Electr. Ind., Res. Labor.; engl.) — Bei *Punktberührung* rotierender Stahlzylinder ist hydrodynam. *Schmierung* selbst bei hohen Belastungen u. Geschw. zu beobachten. Eine elastohydrodynam. Theorie wird entwickelt, die den Viscositätsanstieg des Schmiermittels u. die elast. Deformation der Oberflächen unter Druck-Einw. berücksichtigt. Damit berechnete Filmdicken stimmen gut mit gemessenen überein, jedoch differiert die aus Viscosität, Rotations-Geschw. u. Krümmungsradius vorhergesagte Änderung der Filmdicke merklich von der experimentell beobachteten. Störende Einfl. der Oberflächen-Mol.-Kräfte sind selbst bei dünnsten Filmen nicht nachweisbar. P. Olschinka. 8220□

Kaltwalzöle. Zustand der Öle während des Anlassens von Stahl und ihre chemischen und physikalischen Eigenschaften. Torkel Berglund. (Jernkontorets Ann. **145,** 25—46, 1961; Meddelands från Jernkontorets tehn. forskningsverks.; schwed.) — Unterss. über die Eigg. von ca. 70 verschiedenen *Ölen* zum *Kaltwalzen* zeigen: Die Schmierfähigkeit wird durch polare Moll., bes. Moll. mit OH- u. COOH-Gruppen, gefördert. Reine Paraffinöle sind Naphthene enthaltenden Ölen unterlegen. Mäßige Alterung der aromat. Bestandteile (CO-Gruppen u. höhere SZ.) scheinen für die Walz-Eigg. günstig zu sein. Die Anlaß-Eigg. reiner Mineralöle fallen mit steigender Viscosität. Fettsäurehaltige Öle, hohe S-Geh. u. Alterung durch Oxydation verschlechtern das Anlassen. Öle, deren suspendierte Fremdstoffe sich nicht absetzen, werden (durch Bleicherde) filtriert oder zentrifugiert. Je reiner ein Öl ist, um so geringer ist die Gefahr, daß es korrodierend auf den *Stahl* wirkt. Bei längerer Berührung mit Stahl verfärben alle Öle, bes. aber solche mit hohem Geh. an fetten Ölen, die Stahlbänder infolge Ablagerung von Alterungs-Prodd. u./oder Verseifung, so daß die Verfärbung (in schwierigen Fällen) durch Polieren beseitigt werden muß. Zur Prüfung der Öle eignet sich die IR-Analyse; daneben geben auch SZ. u. VS. wichtige Aufschlüsse über die Probe. Die O_2-Analyse nach Karrman unterrichtet über die Alterung. W. Wesly. 8220□

Die Beständigkeit von organischen Schmiermitteln gegenüber ionisierenden Strahlen. Gerhard Siewert und Thomas Schikora. (Chem. Techn. **13,** 472—73, Juli/Aug. 1961; Dresden, VEB Konstruktion u. Projektierung kerntechn. Anlagen; dt.) — Die Angaben verschiedener Autoren über die *Strahlenbeständigkeit* von *Schmier-*

stoffen werden zusammengestellt u. ausgewertet. Als Ergebnis wird gefunden, daß bei einer Gesamtbestrahlung bis zu 10^6 rad alle organ. Schmiermittel verwendbar sind u. darüber bis zu 10^{10} rad nach sorgfältiger Auswahl teilweise. Über 10^{10} rad kommen organ. Schmiermittel nicht in Betracht. Am meisten temperatur- u. strahlenbeständige Schmieröle dürften die m-verketteten Polyphenyläther sein, die von 430—480° bei Strahlungsdosen von 10^9 rad/g C verwendbar sind. In der Praxis wird wahrscheinlich mit Fetten, hergestellt aus industriell anfallenden aromat. Ölen unter Zusatz von Kieselsäure, auszukommen sein. E. Igney. 8222□

Über den Chemismus des Gewinnungsprozesses von oxydierten Bitumina. Ss. F. Moisseikow und I. Ss. Starobinetz. (Химия и Технология Топлив и Масел [Chem. Technol. Brennstoffe Öle] **6**, Nr. 9, 41—47, Sept. 1961; Allunions-Erdöl-Forsch.-Inst., Turkmen. Zweigstelle; russ.) — Die Oxydation von Goudron verläuft zeitlich in drei Stadien, die durch verschiedene Intensitäten der Absorption von O_2, Bldg. von Harzen, Asphaltenen, Carbenen u. Carboiden, CO u. niedrigmol. KW-Stoffen charakterisiert werden. Auf Grund der erhaltenen Angaben über den Mechanismus der Oxydation u. der Veränderung der Zus. von Goudron besteht die Möglichkeit, die optimalen Bedingungen für die Gewinnung von *Bitumina* erwünschter Qualität festzulegen. Die Möglichkeit der Gewinnung von Bitumina aus den Erdölen von Dagadshik wird bewiesen. W. Hantzsch. 8224□

Prüfung der Lichtbeständigkeit von Paraffin. Heinz Lüder und Werner Porzig. (Chem. Techn. **13**, 437—39, Juli/Aug. 1961; Rositz, Kreis Altenburg, VEB Teerverarbeitungswerk, Labor.; dt.) — Viele *Paraffinsorten* verändern entsprechend ihrem Reinheitsgrad durch Licht-Einw. u. damit verbundene Oxydations- u. Photo-Rkk. ihre Farbe, den Geruch u. Geschmack. Eine neue Prüf-Meth. gestattet eine quant. Aussage über die Lichtbeständigkeit. Danach ist es möglich, bereits nach 5 Std. auf Grund der im künstlichen UV-Licht eingetretenen Rkk. die *Lichtbeständigkeit* zu messen. Sie entspricht einer halbjährigen Lagerung des Paraffins im diffusen Tageslicht u. gibt Auskunft über die Lagerstabilität. E. Igney. 8226□

Untersuchungen über Teerpech. 15. Mitt. Über die Zusammensetzung von saurem Pech. Shōichi Kikkawa und Haruo Matsuda. (Technol. Rep. Osaka Univ. **8**, 179—90, März 1958; Dep. of Chem. Technol.; engl.) — 13. vgl. C. **1956**, 609. — Die niedrigsd. Fraktionen von *Steinkohlenteerpech* bestehen hauptsächlich aus Alkylmonophenolen. Es wird angenommen, daß die höhersd. Fraktionen Verbb. mit >1 O-Atom im Mol. enthalten, z. B. Diphenole u. Benzoesäure (I)-Homologe. Aus den Fraktionen wird I isoliert. W. Wesly. 8228□

Über die hygienische Bewertung der Asphaltdecken als mögliche Quellen der Verunreinigung der Luft durch cancerogene Stoffe. W. A. Gorbow und W. N. Fomenko. (Гигиена и Санитария [Hyg. u. Sanitätswes.] **27**, Nr. 6, 100—01, Juni 1962; Ssetschenow-Inst. Med., Lehrstuhl für Kommunalhygiene; russ.) — Unterss. zeigen, daß der gegenwärtig in Moskau verwendete Asphalt (2 Sorten) u. das Erdölbitumen des erdölverarbeitenden Betriebes von Ljuberzy (4 Sorten) kein 3.4-Benzpyren enthalten. S. Baryschnikow. 8228

Zur Kenntnis der chemischen Zusammensetzung von Torfen aus Vorkommen in der Deutschen Demokratischen Republik. 1. Mitt. Elementarzusammensetzung und anorganische Bestandteile der Torfe. Ralf Kadner und Wolfgang Fischer. (Freiberger Forsch.-H, Reihe A, Heft **204**, 7—24, Juli 1961; Rostock; dt.) — Vgl. C. **1961**, 6730. — *Torfproben* aus 24 verschiedenen Mooren der DDR werden quant. untersucht. Dabei werden 15 Proben von Niedermoortorfen u. 9 von Übergangs- u. Hochmoortorfen entnommen. Bestimmt werden die Haupttorfbildner, der Zers.-Grad, der pH-Wert u. der quant. Geh. an W., Asche, HCl-Unlöslichem, SiO_2, Al_2O_3, Fe_2O_3, CaO, MgO, Na_2O, K_2O, P, N, S, Cl, C u. H. — Die in Tabellen dargestellten Ergebnisse werden ausführlich diskutiert. Es werden Anhaltspunkte für neue allgemeingültige Vorstellungen über die chem. Beschaffenheit der DDR-Torfe gewonnen. K. Radscheit. 8244□

Untersuchung der Donezkohlen nach den bei der internationalen Klassifikation angenommenen Methoden. A. M. Miroschnitschenko und B. I. Schtromberg. (Кокс и Химия [Koks u. Chem.] **1959**, Nr. 5, 5—10; Charkow, Forsch.-Inst. für Kohle; russ.) — Einteilung der Kohle nach Back- u. Verkokungsfähigkeit mittels der dilatometr. Meth. u. Vgl. der Meth. untereinander u. mit der internationalen Klassifizierung. J. Lehmberg. 8246

Elektronenspinresonanz-Messungen an Exiniten, Vitriniten und Mikriniten in konzentrierter Schwefelsäure. E. de Ruiter und H. Tschamler. (Brennstoff-Chem. **42**, 290—92, Sept. 1961; Brussels, Europ. Res. Assoc., S. A.; dt.) — Vgl. Brennstoff-

Chem. **40,** [1959], 43. — Die Änderung der Radikal-Konz. (RA) u. der Halbwertsbreite ($\Delta H_{1/2}$) von Vitriten u. Gefügebestandteilen verschiedener Inkohlungsgrade (IG) vor u. nach der H_2SO_4-Behandlung werden untersucht. Bei den *Vitriten* (II) nimmt die RA sowohl ohne als auch mit H_2SO_4 bei steigendem IG zu. Die *Mikrinite* (I) haben eine wesentlich größere RA als die II u. die *Exinite* (III), dagegen ist die $\Delta H_{1/2}$ der I kleiner als die der II u. III. Die RA der I ist vom IG fast unabhängig, die der II u. III wächst mit zunehmender Inkohlung. Nach der H_2SO_4-Behandlung erhöht sich die RA unabhängig vom IG um einen bestimmten Faktor, dieser ist bei den I nur halb so groß wie bei den II. Bei den III ist der Faktor 3—4mal größer als bei den I. Die $\Delta H_{1/2}$ steigt nach der H_2SO_4-Behandlung in den III stärker als in den II u. in diesen wesentlich stärkes als in den I. Der Zusammenhang zwischen den Ergebnissen der *Elektronenspinresonanz* u. der Struktur der Gefügebestandteile wird diskutiert.
P. Bornemann. 8246□

Über eine Methode zur Bestimmung der Reaktionsfähigkeit von Koks. I. G. Petrenko. (Кокс и Химия [Koks u. Chem.] **1960,** Nr. 6, 27—29; Inst. für fossile Brennstoffe der Akad. der Wiss. der UdSSR; russ.) — Vorschlag einer neuen Best.-Meth. für die Rk.-Fähigkeit des Kokses mit größter Annäherung an kinet. Rk.-Bedingungen. Da die Rk.-Fähigkeit stark von der Oberflächenaktivität abhängt, muß die differentiale Porosität des Kokses bestimmt werden. Die chem. Aktivität kann charakterisiert werden durch die Rk.-Geschw.-Konst. im Verhältnis zur Oberfläche des Kokses u. stellt eine Größe dar, die aus der Gew.-Änderung des Kokses u. der Gas-Zus. der Rk.-Prodd. berechnet werden kann. J. Lehmberg. 8246

Polarographische Bestimmung von Naphthalin im Koks-Rückgas. A. G. Posdejewa. (Кокс и Химия [Koks u. Chem.] **1960,** Nr. 9, 42—43; Östliches Forsch.-Inst. für Kohlechemie; russ.) — Nach Entfernen der ungesätt. KW-Stoffe u. des H_2S wird die Lsg. mit einer Standard-Lsg. von *Naphthalin* in Dioxan versetzt u. polarographiert. Verss. wurden mit Gasen verschiedener Herkunft durchgeführt. Die erhaltenen Werte liegen niedriger als die mit der chem. Meth. ermittelten, bei der die ungesätt. Verbb. nicht vorher aus dem Gas entfernt wurden, die mit der Pikrinsäure ebenfalls reagieren.
J. Lehmberg. 8250

Zur Bestimmung des Paraffingehaltes von Bitumen. Heinz Heerwig. (Chem. Techn. **13,** 470—71, Juli/Aug. 1961; Rositz, VEB Teerverarbeitungswerk; dt.) — Eine neue Meth. zur *Paraffin-Best.* in *Bitumen* wird beschrieben, die außer der bei verschiedenen Temp. gewonnenen Paraffinmenge in Σ-Gew.-% auch den mittleren Ep. der einzelnen Fraktionen am rotierenden Thermometer, $\overline{\text{Ep}}$. rot., verwendet. Aus der graph. Darst. der Σ-Gew.-% u. dem $\overline{\text{Ep}}$. rot. wird die Paraffinmenge für den $\overline{\text{Ep}}$. rot. von 54° ermittelt. Aceton als Lsgm. erlaubt ein Arbeiten bei relativ hohen Temperaturen. Vgl.-Unterss., auch mit verschiedenen Lsgm., zeigen gute Übereinstimmung. Der Aufwand an Zeit u. Material ist gegenüber bisher angewandten Meth. gering.
E. Igney. 8262□

Die Anwendung der Methode der Verteilungschromatographie für die Trennung von niedermolekularen Säuren, die bei der Oxydation weicher Paraffine erhalten werden. P. G. Guschanskaja, L. F. Ssytschewa, I. Je. Dobkin und L. I. Lew. (Химия и Технология Топлив и Масел [Chem. Technol. Brennstoffe Öle] **6,** Nr. 8, 31—36, Aug. 1961; russ.) — Mit Hilfe einer beschriebenen chromatograph. Schnell-Meth. ist es möglich, niedrigmol. wasserlösl. Säuren zu bestimmen, die sich bei der KW-Stoffoxydation, unmittelbar in wss. Lsgg., bilden. Säuren der Fraktion C_5—C_9, die in W. unlösl. sind, können ebenfalls mittels der genannten Meth. getrennt werden. Die weitere Vervollkommnung der Meth. bzgl. Auswahl von Lsgm. u. Adsorbenten ist vorgesehen. W. Hantzsch. 8262□

Thermographie des Verkokungsprozesses von Steinkohlenpech. T. Ja. Gogolewa und M. A. Stepanenko. (Кокс и Химия [Koks u. Chem.] **1960,** Nr. 3, 47—51; Charkow, Forschungsinst. für Kohlechemie; russ.) — 3 Pechsorten mit einer Erweichungs-Temp. von 65, 145 u. 314° werden bei einer Temp.-Steigerung von 6°/Min. thermograph. untersucht. Die Ergebnisse stimmen mit denen des Viscositäts-Verh., der Gas-Bldg. u. -Zus. sowie der Röntgenanalyse überein. Oberhalb 500° verhalten sich alle 3 Peche gleich, da bei dieser Temp. die Koks-Bldg. beendet ist. F. Otto. 8264□

L. & C. Steinmüller G.m.b.H., Gummersbach/Rhld., **Entgasen fester Brennstoffe.** Diese werden von oben zweckmäßig axial mittels einer Düse, in einen senkrechten Ofen eingeführt; von unten strömt ein heißes Trägergas entgegen, das den Brennstoff in Suspension hält. Die Entgasung findet auf kleinem Raum mit einer kleinen Menge Trägergas statt. Ein Agglomerieren oder Zusammenbacken des Brennstoffes wird hierbei vermieden. (**Belg. P. 554 412** vom 23/1.1957, ausg. 29/1. 1960.) W. Hauswald. 8135

N. V. Briko, Den Haag, übert. von: Heinrich Dohmen, Deventer, Niederlande, **Herstellung von Briketts,** bes. *Brennstoffbriketts.* Als Bindemittel dient ein pulverförmiges Prod., welches durch Erhitzen von höhermol. Kohlehydraten oder deren Äthern mit $^1/_5$—$^1/_{10}$ der Gew.-Menge einer konz., fl., niedermol. aliphat. Monocarbonsäure, bes. 80%ig. CH_3COOH, auch in Gas- oder Dampfform, erhalten wird; das Gemisch wird gepreßt u. ggf. durch Erhitzen getrocknet. Das vorgenannte Bindemittel kann vor dem Zumischen auch mit ebenso behandeltem Polyvinylacetat gemischt werden. (**Can. P. 568 569** vom 19/4. 1955, ausg. 6/1. 1959. Niederl. Prior. 26/4. 1954.) H.-J. Nitzschke. 8137

Simon-Carves Ltd., Stockport, England (Erfinder: Thomas Kennaway und Richard Fritz Heinrich), **Entfernen von Kohlenstaub aus Luft und Gasen.** Der Staub wird mit Öl ausgewaschen, das so beladene Öl mit zerkleinerter Kohle vermischt u. das Gemisch dann brikettiert. (**E. P. 842 711** vom 16/8. 1956, ausg. 27/7. 1960.) W. Hauswald. 8137

Didier-Werke Akt.-Ges., Wiesbaden (Erfinder: Robert Tettweiler), **Härten von Briketts** in kontinuierlich oder diskontinuierlich betriebenen Vertikalöfen. Die Briketts werden zunächst von heißen Gasen mit Temp. durchströmt, bei denen nur eine Verkokung an der Oberfläche erfolgt. Danach wird vollständig verkokt. Das Durchströmen mit heißen Gasen von mindestens 700° durch die oberen Schichten der Brennstoffsäule erfolgt dabei im Abwärtszug. (**E. P. 843 618** vom 8/7. 1957, ausg. 4/8. 1960.) W. Hauswald. 8137

American Cyanamid Co., New York, N.Y., V.St.A. (Erfinder: Kenneth Barkley und Alexander Morton jun.), **Herstellung von kohlehaltigen Gegenständen, die hohen Beanspruchungen ausgesetzt sind, oder von Koks für metallurgische Prozesse.** Nichtblähende Kohle wird mit einem polymerisierbaren Bindemittel (Kohlenteerpech, Petrolpech, schwere olefin. KW-Stoffe, asphalthaltige Bindemittel) in Ggw. eines Polymerisationsmittels vermischt u. die plast. Masse nach gewünschter Verformung auf ca. 900° F erhitzt (ca. 5—10 Min. lang). Als Polymerisation für den Binder dienen z. B. H_2SO_4, Sulfitlaugen, oxydierende Säure, Tallöl oder Gase mit 5 bis 10% O_2. Auf diese Weise können fittings, Ventile, Rohre u. dgl. hergestellt werden. Für die Gewinnung von metallurg. Koks kann die Kohle mit dem Bindemittel unter Zusatz des Polymerisationsmittels zu Briketts geformt werden, u. diese können nach der geschilderten Behandlung im Vertikalofen verkokt werden. (**E. P. 844 758** vom 19/7. 1956, ausg. 17/8. 1960.) W. Hauswald. 8143

British Petroleum Co. Ltd., London, und Warren Nevin Norton Knight, Sunbury-on-Thames, England, **Herstellung von Petrolkoks.** Mindenstens ein Teil des Ausgangsmaterials (schwere Erdölfraktion oder Rückstand) wird zwecks Erhöhung der Koks-Bldg. mit Luft oder O_2 zunächst bei 350—500° F oxydiert u. dann in noch fl. Phase verkokt. Das Einblasen von Luft in die Beschickung erfolgt zweckmäßig in hochdispergierter Form. (**E. P. 844 698** vom 13/12. 1956, ausg. 17/8. 1960.) W. Hauswald. 8143

Great Lakes Carbon Corp., New York, N.Y., V.St.A. (Erfinder: Frederic L. Shea jun.), **Koksherstellung aus hochsiedenden, verflüssigbaren Kohlebitumina.** Der nichtlösl. Anteil wird abgetrennt, das von Feststoffen freie Material auf 400—500° erhitzt u. längere Zeit (ca. 7 Std. lang) auf dieser Temp. bis zur Verfestigung gehalten. Hierauf wird der gebildete Koks bei 500—600° fertig verkokt. Man erhält einen nadelförmigen Koks, wie er für die Herst. von amorphem C u. Graphitelektroden erwünscht ist. (**E. P. 847 840** vom 15/4. 1957, ausg. 14/9. 1960.) W. Hauswald. 8143

Houillères du Bassin de Lorraine, Merlebach, übert. von: Charles Jully, Carling, Frankreich, **Herstellung von metallurgischem Koks aus schwachbackenden Kohlen** (Flammkohle, Fettkohle A oder B; Geh. an flüchtigen Bestandteilen 27—45%). Die Kohle wird zunächst entstaubt, zerkleinert u. Fusit u. Gangarten entfernt. Die so befreite Kohle wird in Korngrößen von 0,3—10 mm u. $>$10—20 mm zerlegt. Nach Zerkleinerung der Korngröße $>$10—20 mm werden beide Korngrößen miteinander gemischt. Diese Mischung wird in $<$3—4 mm u. $>$3—4 mm zerlegt, letztere Korngröße wird durch Zerkleinern auf $<$2 mm gebracht. Beide Korngrößen werden vermischt (Mischung $<$4 mm). Zu dieser Mischung wird eine Kokskohle mit 18—25(%) flüchtiger Bestandteile (Korngröße 3—4 mm) u. C-haltiges Material, wie Koks (Korngröße 100% $<$1 mm), zugesetzt (z. B. auf 65—75 Mischung 9—28 Kokskohle u. 7—16 Koks). Die tern. Mischung, die dann 27—33 flüchtige Bestandteile enthält, wird bei 1150—1350° verkokt. (**A. P. 2 935 450** vom 16/7. 1956, ausg. 3/5. 1960.) W. Hauswald. 8143

N. V. de Bataafsche Petroleum Mij., s'Gravenhage, Niederlande, **Herstellung von Petrolkoks und Graphit.** Ein KW-Stoff-Ölrückstand wird einer therm. Crack- u. Verkokungsbehandlung derart unterworfen, daß Verunreinigungen durch Elemente mit einem großen Absorptionsvermögen für langsame Neutronen vermieden werden. Der Ausgangsstoff soll nicht mehr als 0,06 Gew.-% S aufweisen. Petrolkoks, bes. Graphit, dient als Moderator für Kernreaktoren. (**Belg. P. 567 763** vom 17/5. 1958, ausg. 12/8. 1960.) W. Hauswald. 8145

Soc. de Technique Industrielle, Paris, Frankreich (Erfinder: Daniel Petit), **Herstellung rauchloser Brennstoffe.** Man vermischt mindestens 55% nichtkokende Kohle, die mindestens 30% flüchtige Bestandteile besitzt, mit feinem Halbkoks u. mit Pech oder Teer oder mit Kokskohle (mit hohem Geh. an flüchtigen Bestandteilen) u. bringt diese Mischung in einen rechteckigen Ofen, z. B. von 10 m Länge, 3 m Höhe u. 0,35 m Breite, in dem sie in Halbkoks übergeführt wird. (**E. P. 848 840** vom 13/5. 1957, ausg. 21/9. 1960.) W. Hauswald. 8145

Phillips Petroleum Co., übert. von: James R. Hucley, Bartlesville, Okla., V.St.A., **Gaserzeugung in der Kohleformation** durch Einführen von Luft in entsprechende Bohrlöcher zwecks Bldg. einer Verbrennungsfront. Parallel zu dieser senkrecht verlaufenden Verbrennungsfront liegt die eigentliche Vergasungsfront, in die Luft u. Wasserdampf eingeleitet werden. Unmittelbar hinter dieser Front erfolgt durch Bohrlöcher der Abzug des gebildeten Wassergases. Die hinter der Verbrennungszone austretenden KW-Stoffe werden für sich durch Bohrlöcher gewonnen. (**A. P. 2 958 519** vom 23/6. 1958, ausg. 1/11. 1960.) W. Hauswald. 8149

Gas Council Corp., London, England (Erfinder: Frederick James Dent), **Herstellung von wasserstoffhaltigen Gasen,** bes. von Synth.-Gas ($CO + H_2$). C-haltiges Material, bes. fl. KW-Stoffe, wie Rohöl, wird mit O_2 u. Dampf bei ca. 1200° vergast. Die heißen Gase umspülen eine Reihe senkrechter Rohre, die mit Katalysatoren ausgefüllt sind u. durch die von oben nach unten (also im Gegenstrom zu den heißen Gasen) KW-Stoffe in Dampf- oder Gasform u. Wasserdampf geführt werden. Die in diesen Rohren durch die katalyt. Rk. erzeugten Gase werden den heißen Gasen ggf. zugemischt, u. dieses Gemisch steht dann im Wärmeaustausch mit dem den Rohren zugeführten KW-Stoff + Dampfgemisch. Um die Temp. der heißen Gase zu verringern, kann man auch einen Teil dieser Gase nach erfolgtem Wärmeaustausch in den Bereich oberhalb der Vergasungszone vor dem Wärmeaustausch zurückführen. (**E. P. 845 401** vom 15/7. 1955, ausg. 24/8. 1960.) W. Hauswald. 8153

Richard Schrader und Dieter Petzold, Freiberg, **Herstellung von Gasreinigungsmassen** durch mechan. Aktivierung von gegenüber H_2S wenig akt. eisenoxid- u./oder -hydroxidhaltigen Massen, z. B. Kiesabbrände, Rotschlämme, Hämatite, Magnetite, mittels eines intensiven Mahl- oder Walzprozesses in einer Kugel-, Koll.- oder Schwingmühle oder einem Walzenstuhl, ggf. unter Zusatz von W. u./oder bas. Stoffen. Die aktivierten Massen können mit fl. u./oder festen, ggf. bas., Zuschlägen versehen u. zu Formlingen verarbeitet werden. (**D. P. [DDR] 21 712** Kl. 26d vom 20/10. 1958, ausg. 10/8. 1961 [Wirtschaftspatent].) P. Kühn. 8165

Consolidation Coal Co., Pittsburgh, übert. von: James D. Batchelor, Bethel Park, George P. Curran und Everett Gorin, Pittsburgh, Pa., V.St.A., **Entfernen von Schwefelwasserstoff** durch Überleiten über mit Mn-Oxiden imprägnierte inerte Träger bei ca. 1100° F. Die gebildeten Mn-Sulfide werden durch Oxydation in Mn-Oxide zurückverwandelt. Um hierbei wenig Verluste an Mn-Verbb. zu erleiden, wird man einen kleinen Teil des Stromes des umlaufenden, in Form von Manganoxiden vorliegenden, H_2S-bindenden Mittels kühlen, dann mit HNO_3, H_2SO_4 oder HCl bei 50—200° behandeln, um alle Mn-Verbb. in Form von lösl. Mn-Salzen auszulaugen. Die Träger werden hierauf mit den Salzen in Kontakt gebracht u. erhitzt, damit die Säure-Lsg. verdampft. Die auf den Trägern niedergeschlagenen Salze werden in Mn-Oxide umgesetzt u. können nun erneut für die Bindung von H_2S verwendet werden. Bei der Entfernung von S aus Kohle wird diese in feinverteilter Form mit entsprechend gröberen Inertträgern, die mit Mn-Oxiden imprägniert sind, vermischt u. das Gemisch bei Temp. oberhalb 1100° F mit H_2 behandelt. Trägerstoff u. Kohle werden hierauf getrennt. Das Trägermaterial wird durch Oxydation bei 1300—1600° F regeneriert. (**A. P. 2 927 063** vom 28/10. 1957, ausg. 1/3. 1960.) W. Hauswald. 8173

Victor Schweizer, Pully (Erfinder: Zacharias Blumer sen., Kempten, Zürich), Schweiz, **Anheizmittel für Holz- und Kohlenfeuerungen,** gek. durch einen Klotz aus zerkleinertem u. gepreßtem, brennbarem Material (z. B. zerkleinerte Holzfasern), der mit einer leicht brennbaren u. entflammbaren fl. Substanz durchtränkt ist. (**Schwz. P. 348 685** vom 5/10. 1956, ausg. 31/10. 1960.) W. Hauswald. 8175

Swift & Co., Chicago, übert. von: Raymond W. Starmann, Evergreen Park, und Paul Gibson, Chicago, Ill., V.St.A., **Aufbrechen (fracturing) von gas- und/oder ölführenden Formationen** mittels einer unter hydraul. Druck stehenden Fl., die aus einer Mischung von fl. KW-Stoffen, wie Kerosin, Gasolin, aliphat. Monocarbonsäuren mit 14—24 C-Atomen u. Alkali besteht. Diese Mischung bildet ein Gel, dem ein Ammoniumsalz (Ammoniumsulfat, -acetat-, -phosphat) zugesetzt wird, das in Basenaustausch mit dem Alkali tritt. Die Zugabe von Ammonsalzen verbessert die Eigg. des Gels bei steigenden Temp., u. die Viscositätsverluste werden wesentlich geringer. (**A. P. 2966457** vom 8/5. 1956, ausg. 27/12. 1960.) W. Hauswald. 8187

Pan American Petroleum Corp., übert. von: James L. Lummus, Tulsa, Okla., V.St.A., **Bohrflüssigkeit für Erdölbohrungen.** Als Fl. dient Öl mit einer ausreichenden Menge eines alkohol. Resinats für die gewünschte Gel-Bldg. des Öles. Als Resinate kommen in Frage: Na-, Li- u. K-Salze der Harzsäuren. Als Alkohole werden gesätt. aliphat. Monoalkohole mit 1—12 C-Atomen verwendet. Das alkohol. Resinat besteht zu 20—50 (Gew.-%) aus Alkohol u. 50—80 Resinat. Die Fl. zeichnet sich durch geringe Verluste aus. Am besten eignet sich Methanol, dessen Lösungsvermögen für die Resinate geringer als das von Isopropanol ist. (**A. P. 2 955 082** vom 14/1. 1957, ausg. 4/10. 1960.) W. Hauswald. 8191

Russel L. Sperry, Ojai (O/O Keystone Labs, Inc., Ventura), Calif., V.St.A., **Wässerige Bohrflüssigkeit,** die feste tonige Bestandteile u. zur Viscositätskontrolle ein Alkalisalz einer Polycarbonsäure enthält. Letzteres wird durch Rk. von Kohlenhydraten, einschließlich Sacchariden, mit HCl, SO_3, H_2SO_4 bei 150—350° F u. nachfolgender Behandlung der dabei gewonnenen Harze mit Alkalihydroxid bei 450—600° bis zur Erreichung des gewünschten wasserlösl. Alkalisalzes erhalten. Das Verhältnis von Säure zu Kohlenhydrat auf trockner Basis beträgt 0,3 : 1—1,5 : 1 u. das Verhältnis von Alkalihydroxid zu den Harzen auf trockener Basis 0,3 : 1—1,7 : 1. Das erwähnte Salz kann auch für eine als Bohr-Fl. dienende Öl-in-W.-Emulsion verwendet werden. (**A. P. 2 956 948** vom 4/8. 1958, ausg. 18/10. 1960.) W. Hauswald. 8191

Texaco, Inc., übert. von: Jack L. Cain, New Orleans, La., V.St.A., **Sand- oder Kiespackung in Erdöl führenden Schichten,** die hydrationsfähiges Material enthalten. Bei einem Packungsprozeß, bei dem eine Träger-Fl. (W. oder Formationswasser) zum Absetzen des Sandes in der von der Bohrung durchdrungenen Formation verwendet wird, soll diese Fl. eine alkal. Lsg. mit einem pH-Wert nicht über 12,6 u. in bezug auf $Ca(OH)_2$ gesätt. sein. Die Ca-Ionen-Konz. soll dabei mindestens 200 ppm betragen. Die angewandte Träger-Fl. für die Packung verhindert nicht nur das Schwellen u. Zerkleinern, sondern bewirkt eine Härtung u. Überführung in ein zementhaltiges Material. (**A. P. 2 955 653** vom 10/12. 1957, ausg. 11/10. 1960.) W. Hauswald. 8191

Texaco, Inc., übert. von: Robert A. Da Roza, Sacramento, Calif., V.St.A., **Aufbrechen von ölführenden Formationen** zwecks Steigerung der Ölproduktion. In die die aufzubrechende Formation durchdringende Bohrung wird eine sich ausdehnende Fl. (z. B. Quarzpulver mit einer Korngröße von 1—5 μ in W. in einem Verhältnis 44 : 56 Vol.-Teile) unter einem Druck von 2000—15000 lbs./sq.in. u. höher eingeführt. Als Fl. dient auch eine Lsg., die 12% Hämatit mit einem Korndurchmesser von 0,08 μ u. W. enthält, in dem 10% Ligninsulfonat gelöst sind. (**A. P. 2 965 172** vom 21/5. 1958, ausg. 20/12. 1960.) W. Hauswald. 8191

Pure Oil Co., Chicago, übert. von: George G. Bernard, Crystal Lake, Ill., und Nathaniel L. Remes, Miami, Fla., V.St.A., **Sekundäre Ölgewinnung durch Fluten** mit W., das ein organ. Amin enthält, das zur Bldg. von Ammoniumcarbamat befähigt ist. Diese Carbamat-Bldg. wird in situ durch Einleiten von CO_2 bewirkt. Die Viscosität des Flutwasser wird hierdurch wesentlich erhöht u. ermöglicht damit die Gewinnung eines verhältnismäßig hochviscosen Rohöls. Als Amin kommt u. a. Dimethylamin in Betracht, das in solcher Menge verwendet wird, daß es eine Lsg. mit 10—60% Dimethylcarbamat zu bilden vermag. (**A. P. 2 954 825** vom 24/12. 1957, ausg. 4/10. 1960.) W. Hauswald. 8191

Atlantic Refining Co., Philadelphia, Pa., übert. von: William I. McGuire jun. und Loyd R. Kern, Tex., V.St.A., **Steigerung der Ölproduktion** durch Erhöhung der Permeabilität der entsprechenden Formation. In die Frakturen der Formation wird eine Suspension eingeführt, die Tonerde u. Al-Kügelchen mit einem Durchmesser über 0,03 inch. aufweist. (**A. P. 2 950 247** vom 16/5. 1957, ausg. 23/8. 1960.) W. Hauswald. 8191

Research, Inc., New York, N.Y., übert. von: Clarence A. Johnson und Seymour C. Schuman, Princeton, und Percival C. Keith, Peapack, N.J., V.St.A., **Behandlung olefinischer Kohlenwasserstoffe,** z. B. *Gasolin*, mit H_2 zur Verminderung des Geh. an harzbildenden u. S-Verbb. (Thiophene), dad. gek., daß die mehr

als 20 Vol.-% Olefine u. mehr als 0,3 Gew.-% S in Form cycl. S-Verbb. enthaltende KW-Stoff-Fraktion in Ggw. von Al_2O_3 großer Oberfläche bei 800—1025°F, bes. 825 bis 975°F, 20—400, bes. 20—100, lbs./sq.in. H_2-Partialdruck u. einer Geschw. von 0,05 bis 5 Vol. Fl./Std./Vol. Katalysator so hydriert wird, daß die Hauptmenge der Olefine nicht angegriffen wird; der Katalysator kann Elemente der Gruppe V A, VI A, oder VIII des Period. Syst. enthalten. (**Can. P. 568 574** vom 29/4. 1955, ausg. 6/1. 1959.)
H.-J. Nitzschke. 8195

Standard Oil Co., übert. von: Bernard H. Shoemaker, Chicago, Ill., V.St.A., **Hydroformieren** von Petroleumnaphtha mit einem unzureichenden S-Geh. (S-Konz. in der Hydroformierungszone liegt unterhalb der krit. Grenze, so daß Koks-Bldg. eintritt u. der Katalysator desaktiviert wird) in Ggw. eines Pt-Katalysators auf Al_2O_3-Träger bei $<$350 lbs./sq.in., dad. gek., daß H_2S oder ein Mercaptan als S-liefernde Substanz in solcher Menge in die Hydroformierungszone eingebracht wird, daß das krit. Minimum überschritten wird. So werden Kraftstoffe mit höherer Octanzahl aus solchen mit niedrigerer Octanzahl, die S enthalten, durch Hydroraffination u. anschließende Hydroformierung gewonnen. — Verf.-Schema. (**Can. P. 568 637** vom 22/12. 1955, ausg. 6/1. 1959. A. Prior. 23/12. 1954 u. 29/6. 1955.)
H.-J. Nitzschke. 8201

Continental Oil Co., übert. von: Albert M. Durr jun. und William R. Meador, Ponca City, Okla., V.St.A., **Zusatz für Motor-Treibstoffe, wie Benzin.** Man setzt 0,001—0,2 Vol.-% einer Verb. zu, die im wesentlichen aus einem fl. Ester der Formel $ROOC-(C_nH_{2n})-COOR$ besteht u. ein Molgew. zwischen 328 u. 524 besitzt. R u. R′ sind gesätt. KW-Stoff-Reste mit 2—18 C-Atomen u. gesätt. Alkoxyalkylreste. n steht für eine Zahl von 2—8. — Solche Verbb. sind z. B. Dibutoxyäthyladipat, Di-2-äthylhexylazalat- oder -sebacat, Diisooctylsebacat oder -adipat. Die Zusätze dienen bes. zur Verringerung des Kolbenverschleißes bei niedrigen Temperaturen. (**A. P. 2922706** vom 31/5. 1957, ausg. 26/1. 1960.)
W. Hauswald. 8205

Standard Oil Co., Cleveland, Ohio, V.St.A., **Additiv für bleihaltige Motortreibstoffe,** bestehend aus einer Lsg. von 5—15 (%) 2-Methylpentandiol-2.4-borat der Formel I in 95 bis 80 Bis-(2-methylpentandiol-2.4)-diborat der Formel II. (**Ind. P. 64 834** vom 2/8. 1958, ausg. 18/7. 1960.)

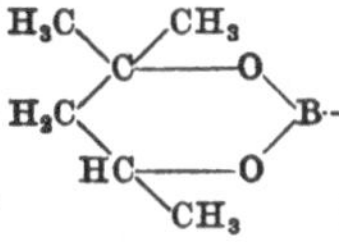

I

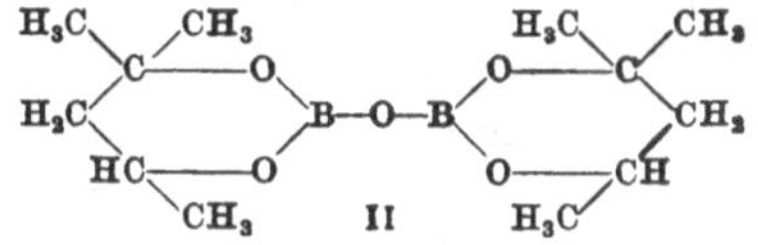

II

C. Lüttgen. 8205

Eustasio Rodriguez, New York, N.Y., V.St.A., **Verfestigung von Benzin in Form von Granalien.** Zunächst wird eine Mischung von 100 (g) W., 5 NH_4OH (26%ig), 2 Na-Pyrophosphat verrührt u. darauf 10 Casein zugesetzt. In diese Mischung werden dann 1500—2000 Bzn. zunächst tropfenweise, später schneller, eingerührt. Das erhaltene Prod. ist völlig trocken u. kann gelagert werden. (**A. P. 2 922 702** vom 22/11. 1952, ausg. 26/1. 1960.)
W. Hauswald. 8211

E. I. du Pont de Nemours & Co., Wilmington, Del., übert. von: Charles B. Biswell, Woodstown, N.J., V.St.A., **Heizöl.** Es enthält 1. ein öllösl., 0,1 bis 3,5 Gew.-% bas. N-Atome enthaltendes Additionspolymeres aus einer aminfreien polymerisierbaren äthylen. ungesätt. Verb. mit mindestens 8 C-Atomen, von denen mindestens 6 in gerader Kette gebunden sind, (Acryl- u. Alkacrylsäureester aliphat. Alkohole mit mindestens 8 C-Atomen, z. B. Laurylmethacrylat) u. einer eine bas. tert. Aminogruppe enthaltenden äthylen. ungesätt. Verb. (alkyl- u. cycloalkylsubstituierte tert.-Aminoalkyl- u. -Aminocycloalkylester von Acryl- u. Alkacrylsäuren, z. B. β-Diäthylaminoäthylmethacrylat), 2. ein Fettsäuremonoamid $Ac-(NHCH_2CH_2)_n-NH_2$ (Ac = aliphat. Acylrest mit 8—18 C-Atomen; n = 1—5), z. B. das Amid aus Ölsäure u. Diäthylentriamin, oder $Ac-NH-(C_nH_{2n}-NH)_m-C_nH_{2n}-NR_1R_2$ (m = 0—3; n = 2—3; R_1 u. R_2 = H oder n-Alkylrest mit 1—4 C-Atomen; die N-Atome sind durch mindestens 2 C-Atome voneinander getrennt) u. 3. ein Lsgm.; Verhältnis 1. : 2. = 1 : 2,5 bis 25 : 1. (**Can. P. 568 591** vom 30/7. 1955, ausg. 6/1. 1959. A. Prior. 23/9. 1954.)
H.-J. Nitzschke. 8217

Esso Research and Engineering Co., Del., übert. von: John O. Smith jun., Swampscott, Mass., und John V. Clarke jun., Cranford, N.J., V.St.A., **Schmieröle** enthalten 0,001—10 (Gew.-%) fluorierte Organodithiophosphate mit 0,01—1 chem. gebundenem F. Die Dithiophosphate haben die allg. Formel $[(RO)(R'O)\cdot P(S)-S-]_n-M$, in der R u. R′ Aryl-, Alkyl-, Aralkyl-, Cycloalkyl-, Aroxyalkyl-,

Acylaryl- oder Alkoxyarylreste mit je 2—20 C-Atomen, M ein Metallatom oder H u. n die Wertigkeit von M ist. — Beispiel: Fluoriertes Zn-Di-(1.3-dimethylbutyl)-dithiophosphat (I), hergestellt aus 60 (g) I u. 6 CoF_3 im N_2-Strom. (**A. P. 2 959 544** vom 24/2. 1959, ausg. 8/11. 1960.) E. Drews. 8221

Sinclair Refining Co., New York, N.Y., übert. von: Guy M. Verley, Harvey, Ill., V.St.A., **Schmieröle** auf Mineralölbasis enthalten öllösl. Ni-Alkylphenolsulfide in solchen Mengen, daß der Ni-Geh. 0,01—0,2 (%) beträgt (Alkylreste C_{8-24}), Zn-Dithiophosphat mit 4—14 C-Atomen in den Esterresten in solchen Mengen, daß der P-Geh. 0,03—2 beträgt, sulfuriertes Spermöl in Mengen von 0,06—0,2 (Gew.-%), berechnet als S, u. bas. Ba-Petroleumsulfonat in Mengen von 0,2—2, berechnet als Ba. (**A. P. 2 944 020** vom 11/5. 1956, ausg. 5/7. 1960.) E. Drews. 8221

Sinclair Refining Co., New York, N.Y., übert. von: Joseph Arthur Verdol, Dolton, Ill., V.St.A., **Schmieröle** auf Mineralölbasis enthalten zur Verringerung der Schlammabscheidungen als Dispergiermittel Polyester der allg. Formel $HO[C(O)RCOOCH_2CH_2N(R_1)CH_2CH_2O]_yH$, in welcher R ein nichtaromat. C_{12-38}-KW-Stoff-Rest, R_1 ein C_{4-20}-Alkylrest u. die Summe der C-Atome in R u. R_1 22—44 ist u. y die Zahl 1 bis zur Höhe der Verträglichkeit der Polyester in Mineralöl ist. — Beispiel: Polyester, hergestellt aus 336 (g) Butylester der dimerisierten Linolsäure (ca. 2 Doppelbindungen im Mol.) u. 80,5 Butyldiäthanolamin in Ggw. von 4,16 Tetraisopropyltitanat als Esteraustauschkatalysator. Man erhält ein viscoses Polymeres mit 2,02% N-Geh. u. einer Säurezahl von Null. (**A. P. 2 944 025** vom 7/8. 1957, ausg. 5/7. 1960.) E. Drews. 8221

Sinclair Refining Co., New York, N.Y., übert. von: Milton P. Kleinholz, Homewood, Ill., V.St.A., **Antikorrosives Schmieröl,** bestehend aus einer Mineralschmierölbasis mit Zusätzen von öllösl. Ni-Dithiophosphaten (C_{4-14} je organ. Rest) in solchen Mengen, daß der P-Geh. des Öls 0,03—0,3 (Gew.-%) beträgt, u. von bas. Ba-Petroleumsulfonaten, hergestellt durch Neutralisation der Petroleumsulfonsäure mit 1,5 Äquivalenten bas. Ba-Verbb., in solchen Mengen, daß der Ba-Geh. des Öls 0,2—2 beträgt. — Beispiel: Zusatz von 27 bas. Ba-Petroleumsulfonat u. Ni-Di-2-äthylhexyldithiophosphat in solchen Mengen, daß der P-Geh. des Öls 0,075 beträgt. (**A. P. 2 944 971** vom 3/5. 1956, ausg. 12/7. 1960.) E. Drews. 8221

Texaco, Inc., Del., übert. von: Harold J. Watson, Fishkill, N.Y., V.St.A., **Mineralschmieröle** enthalten 0,5—5 (Gew.-%) festes Chlorparaffin u. 0,002—0,1 Zn- oder Cd-Dialkyldithiocarbamate mit 2—14 C-Atomen in jedem Alkylrest. (**A. P. 2921902** vom 3/6. 1957, ausg. 19/1. 1960.) E. Drews. 8221

Shell Oil Co., New York, N.Y., übert. von: Charles E. Francis, Martinez, Calif., V.St.A., **Schmiermittel und hydraulische Flüssigkeiten** bestehen aus einer W.-in-Ölemulsion (20—45 (%) W.- u. 55—80 Ölphase). Die Ölphase ist ein Mineralöl u. enthält je 0,5—6 eines öllösl. bas. Erdalkalipetroleumsulfonates oder -naphthalinsulfonates u. eines bas. Erdalkali-C_{8-30}-Alkylsalicylates. In der wss. Phase sind 0,1—2 Polyacrylamide oder Polyvinylpyrrolidone vom Molgew. 38000—48500 gelöst. (**A. P. 2 961 404** vom 18/8. 1958, ausg. 22/11. 1960.) E. Drews. 8221

Esso Research and Engineering Co., Elizabeth, N.J., V.St.A., **Wäßrige Metallbearbeitungsmittel** enthalten 0,2—10 (Gew.-%) Alkalinitrit (I) u. 0,02—1 Alkalisalz einer N-Acylaminocarbonsäure der allg. Formel $R \cdot CO \cdot N(CH_3)-(CH_2)_n-COOM$ (**II**), in der R ein C_{6-18}-Alkylrest, M das Metall u. n = 1—4 ist. Das Gewichtsverhältnis von **I**:**II** beträgt 1 : 1—11 : 1. — Beispiel für **II**: Na-Lauroylsarcosinat. Weiterer Zusatz wasserlösl. oberflächenakt. Verbb., z. B. Polyoxyalkylenglykolen. (**E. P. 853 221** vom 11/8. 1959, ausg. 2/11. 1960. A. Prior. 8/10. 1958.) E. Drews. 8221

Shell Oil Co., New York, N.Y., übert. von: Thomas E. Reamer, El Cerrito, und John E. Weigel, Berkeley, Calif., V.St.A., **Wäßrige Metallbearbeitungsmittel** enthalten 1—10 (Gew.-%) wasserlösl. Trialkalisalze einer Mercaptodicarbonsäure, in welcher der Mercaporest an ein in α- oder β-Stellung zur COOH-Gruppe stehendes C-Atom gebunden ist, u. 1—10 eines wassermischbaren Heteromischpolymeren vom Molgew. 250—1500 aus Äthylenoxid (**I**) u. 1.2-Propylenoxid (**II**) im Gewichtsverhältnis 75 : 25—10 : 90. — Beispiel: 5 Trinatriummercaptosuccinat, 10 Polymerisat aus **I** u. **II** (75/25) einer Viscosität von 450/100° F, 85 Wasser. (**A. P. 2 958 661** vom 24/2. 1958, ausg. 1/11. 1960.) E. Drews. 8221

Standard Oil Co., Cleveland, übert. von: Everett C. Hughes, Shaker Heights, und Harrison M. Stine, Lyndhurst, Ohio, V.St.A., **Gewinnung eines Schneidöls** durch Rk. von Dimethylbenzylchlorid mit überschüssigem Na-Tetrasulfid bei erhöhter Temp. in ungeschwefeltem Dieselöl zu Dimethylbenzylpolysulfid, wobei in der Endmischung bis zu 40% Dieselöl enthalten sein sollen. — Vgl. A. P. 2 790 775; C. **1959**, 670. (**Can. P. 568 450** vom 7/3. 1952, ausg. 6/1. 1959. A. Prior. 19/3. 1951.) H.-J. Nitzschke. 8221

John Wesley Orelup, New Jersey, N.J., V.St.A., **Zusätze zu Schmier- und Mineralölen und Treibstoffen** sind gießbare, nicht eindickende Konzentrate auf der Basis leichter Erdölfraktionen, die zur Verhinderung des Eindickens C_{3-24}-Alkylbenzole u. als akt. Bestandteil pulverförmige Farbstoffe, Antioxydationsmittel, Guminhibitoren, Antirostmittel, Antiklopfmittel oder Stabilisatoren enthalten. — Beispiel: Konzentrat aus 125 (lbs.) 1,4 Di-(isopropylamino)-anthrachinon, 350 Schmieröl 10 S A E u. 25 C_{12}-Alkylbenzol. (**E. P. 835 657** vom 20/3. 1958, ausg. 25/5. 1960. A. Prior. 15/4. 1957.) E. Drews. 8221

Texaco, Inc., Del., übert. von: John B. O'Neil, Duxbury, Mass., V.St.A., **Schmierfett.** Dasselbe enthält als Verdicker in einer Schmierölbasis Li-Seifen von Fettsäuren mit einem Geh. von mindestens 25 (Gew.-%) Li-Seifen von styrolysierten hochmol. ungesätt. Fettsäuren. — Beispiel: 9,7 Li-Seife von styrolysierter Ölsäure, 9,7 Li-Stearat, 0,5 Phenyl-α-naphthylamin, Rest Mineralöl. (**A. P. 2 953 528** vom 17/6. 1957, ausg. 20/9. 1960.) E. Drews. 8223

Esso Research and Engineering Co., Del., übert. von: John Francis Richards und Russell Albert Thompson jun., Baton Rouge, La., V.St.A., **Herstellung weicher, gleichmäßiger, luftfreier Al-Stearat-Schmierfette** aus 1—7 (Gew.-Teilen) Al-Stearat (**I**) u. ca. 100 Mineralschmieröl. Man bildet eine Dispersion vom gesamten **I** in ca. 25—75% des Gesamtöls, erhitzt auf 250—450°F, kühlt auf 120°F bei einem Druck von 0—7,7 lbs./sq.in. unter Rühren ab, fügt das restliche Öl zu u. packt ab. (**A. P. 2 962 440** vom 27/10. 1958, ausg. 29/11. 1960.) E. Drews. 8223

Shell Oil Co., Del., übert. von: Walter H. Peterson, Point Richmond, Calif., V.St.A., **Hochtemperaturschmierfette** auf der Basis von mit anorgan. Gelen gedickten Mineralschmierölen enthalten zur Erhöhung der Temp.-Beständigkeit 1—10 Gew.-% aromat. Hydroxy-Carboxy-Verbb. der allg. Formeln **I** u. **II**, in denen M der Rest eines mehrwertigen Metalls, x die Wertigkeit von M u. R ein C_{1-10}-Alkylenrest ist. — Beispiel für **I**: Ca- oder Mg-Salz der Salicylsäure bzw. einer C_{3-24}-Alkylsalicylsäure; für **II**: Methylen-, Äthylen-, Propylen-bis-salicylsäure. (**A. P. 2 944 970** vom 12/7. 1954, ausg. 12/7. 1960.) E. Drews. 8223

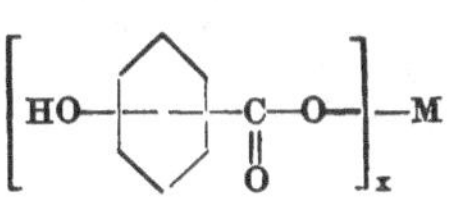

I

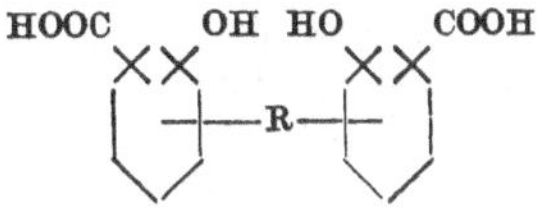

II

Socony Mobil Oil Co., Inc., New York, N.Y., übert. von: Ivan S. Kolarik, East Paterson, N.J., V.St.A., **Antikorrosives Schmiermittel** für Marine-Dieselmotore, bestehend aus 10—50 (Gew.-% des Gesamtmittels) W., 80—45 Mineralschmieröl (Viscosität 45—100 SUS/210°F), 1—5 Alkalihydroxid zur Einstellung einer Basenzahl von 10—100, 1—10 Ca-Mahoganysulfonat, 3—7 Gemische von Estern mehrwertiger Alkohole mit hochmol. Säuren der Paraffinoxydation, 0,5—1 gesätt. C_{16-20}-Fettsäuren u. 0,25—0,5 $Ca(OH)_2$, berechnet als CaO. (**A. P. 2 944 023** vom 15/1. 1957, ausg. 5/7. 1960.) E. Drews. 8223

Shell Oil Co., Del., übert. von: Hyman Diamond, Berkeley, Calif., V.St.A., **Hochtemperaturschmiermittel** bestehen aus Bis-p-(p-tert.-butylphenoxyphenyl)-äthern mit Zusätzen von je 0,25—2,5 Gew.-% Bis-(p-bromphenyl)-äther, Bis-(2-hydroxy-3-tert.-butyl-5-methylphenyl)-sulfid u. Indiumcaprylat. (**A. P. 2 940 929** vom 26/6. 1958, ausg. 14/6. 1960.) E. Drews. 8223

Universal Oil Products Co., V.St.A. (Erfinder: **Charles Henry Watkins**), *Katalytische Verfahren mit direktem Wärmeaustausch.* (**F. P. 1 154 595** vom 30/6. 1956, ausg. 11/4. 1958. A. Prior. 1/7. 1955. — C. **1962**, 9211 [Schwz. P. 353 484].)

L. & C. Steinmüller G. m. b. H., Gummersbach, *Erhöhung des Heizwertes von wasserstoffhaltigem Gas.* (**Belg. P. 554 411** vom 23/1. 1957, ausg. 29/1. 1960. — C. **1958**, 7932 [D. A. S. 1 015 570].)

L. & C. Steinmüller G. m. b. H., Gummersbach, *Erhöhung des Heizwertes von wasserstoffhaltigem Gas.* (**Belg. P. 554 449** vom 24/1. 1957, ausg. 29/1. 1960. — C. **1957**, 10096 [D. A. S. 1 008 846].)

M. Gerhold, Graz, Österreich, *Thermisch-katalytische Umwandlung von gasförmigen oder flüssigen Kohlenwasserstoffen.* (**Belg. P. 557 261** vom 6/5. 1957, ausg. 11/3. 1960. D. Prior. 20/6. 1956. — C. **1959**, 4668 [D. A. S. 1 034 316].)

N. V. de Bataafsche Petroleum Mij., Den Haag, Niederlande, *Vakuumdestillation von Kohlenwasserstoffen.* (**Belg. P. 560 749** vom 12/9. 1957, ausg. 22/4. 1960. Niederl. Prior. 14/9. 1956. — C. **1959**, 8370 [D. A. S. 1 037 624].)

Edeleanu G. m. b. H., übert. von: **Alfred Hoppe** und **Hermann Franz**, Frankfurt/M., *Abtrennen von Paraffinen.* (**Can. P. 555 285** vom 13/9. 1955, ausg. 1/4. 1958. D. Prior. 18/9. 1954. — C. **1959**, 351 [Oe. P. 195 003].)

Shell Development Co., New York, N.Y., übert. von: **Robert B. Mosely**, Edgewood, Md., und **George M. Good**, Port Chester, N.Y., V.St.A., *Cracken von Ölen.* (**Can. P. 556 096** vom 22/12. 1955, ausg. 15/4. 1958. A. Prior. 17/1. 1955. — C. **1959**, 5344 [A. P. 2 834 719].)

Oxy-Catalyst, Inc., V.St.A. (Erfinder: **Eugene J. Houdry**), *Herstellung von Katalysatoren.* (**F. P. 1 123 699** vom 7/3. 1955, ausg. 25/9. 1956. A. Prior. 5/8. 1954. — C. **1961**, 1069 [A. P. 2 921 033].)

Rheinpreussen Akt.-Ges. für Bergbau und Chemie, Homberg, übert. von: **Herbert Kölbel**, Moers, und **Robert Langheim**, Homberg/Ndrrh., *Hydrierung von CO.* (**Can. P. 555 720** vom 18/1. 1955, ausg. 8/4. 1958. D. Prior. 15/2. 1954. — C. **1959**, 9050 [E. P. 787 122].)

Rheinpreussen Akt.-Ges. für Bergbau und Chemie, Homberg, übert. von: **Herbert Kölbel**, Moers, und **Robert Langheim**, Homberg/Ndrrh., *Hydrierung von CO.* (**Can. P. 555 721** vom 12/4. 1955, ausg. 8/4. 1958. D. Prior. 10/5. 1954. — C. **1957**, 10332 [D. A. S. 1 002 747].)

N. V. de Bataafsche Petroleum Mij., Den Haag, Niederlande, *Katalytisches Reformieren von Erdöl–Kohlenwasserstoffen.* (**Belg. P. 562 525** vom 20/11. 1957, ausg. 3/6. 1960. Niederl. Prior. 22/11. 1956. — C. **1959**, 10772 [D. A. S. 1 050 480].)

N. V. de Bataafsche Petroleum Mij., Den Haag, Niederlande, *Motortreibstoff.* (**Belg. P. 562 719** vom 27/11. 1957, ausg. 3/6. 1960. E. Prior. 29/11. 1956. — C. **1959**, 8014 [D. A. S. 1 041 727].)

N. V. de Bataafsche Petroleum Mij., Den Haag, Niederlande, *Bedienen von Spaltöfen.* (**Belg. P. 565 089** vom 24/2. 1958, ausg. 15/7. 1960. A. Prior. 25/2. 1957. — C. **1961**, 6736 [Oe. P. 208 486].)

British Petroleum Co. Ltd., London, England, *Schmieröl.* (**E. P. 840 312** vom 8/5. 1956, ausg. 6/7. 1960. — C. **1961**, 18570 [Ind. P. 60 329].)

British Petroleum Co. Ltd., London, England, *Schmiermittel für Verbrennungsmotore.* (**Belg. P. 557 335** vom 8/5. 1957, ausg. 11/3. 1960. E. Prior. 8/5. 1956. — C. **1961**, 18570 [Ind. P. 60 329].)

Socony Mobil Oil Co., Inc., übert. von: **John E. Schott**, New York, N.Y., V.St.A., *Schmierfette.* (**A. P. 2 898 297** vom 29/12. 1958, ausg. 4/8. 1959. — C. **1960**, 1047 [Oe. P. 203 129].)

Socony Mobil Oil Co., Inc., New York, N.Y., V.St.A., *Schmierfette.* (**E. P. 810 704** vom 12/3. 1957, ausg. 18/3. 1959. — C. **1960**, 1047 [Oe. P. 203 129].)

Shell Development Co., Emeryville, übert. von: **Stanley T. Abrams** und **Fred H. Stross**, Berkeley, Calif., V.St.A., *Schmiermittel.* (**Can. P. 555 428** vom 5/5. 1951, ausg. 1/4. 1958. A. Prior. 26/6. 1950. — C. **1954**, 3611 [A. P. 2 626 899].)

Lubrizol Corp., Wickliffe (Erfinder: **Alan Rhodes** und **John Wight Allen**, Cleveland), Ohio, V.St.A., *Herstellung von als Schmiermittelzusatzmittel verwendbaren öllöslichen Alkylphenolaten bzw. Alkylnaphtholaten mit hohem Metallgehalt.* (**D. A. S. 1 088 064** Kl. 12q vom 29/4. 1955, ausg. 1/9. 1960. A. Prior. 8/7. 1954. — C. **1959**, 6005 [F. P. 1 138 739].)

Esso Research and Engineering Co., V.St.A. (Erfinder: **Tadeuz Leon Les**), *Stabilisieren von Rückständen fetter Öle.* (**F. P. 1 158 718** vom 17/10. 1956, ausg. 18/6. 1958. E. Prior. 18/10. 1955 u. 29/5. 1956. — C. **1959**, 17587 [E. P. 791 218].)

H_{20}. Schieß- und Sprengstoffe. Zündmittel

Untersuchungen über die Zusammensetzung farbiger Flammen in Feuerwerkskörpern. 7. Mitt. Über eine Reihe von Zusammensetzungen zur praktischen Anwendung. Takeo Shimizu. (J. ind. Explosives Soc., Japan **20**, 255—264, 30/10. 1959; Hosoya Fireworks Co., Ltd.; jap., Auszug: engl.) — 6. vgl. C. **1963**, 755. — Die spektroskop. Ergebnisse der vorhergegangenen Mitt. werden zusammengefaßt u. die Flammenfarben auf ihre prakt. Verw. untersucht. Es werden mehrere Proben roter, gelber, grüner u. blauer Farbe verschiedener Zus. beschrieben. Werden die Zus. eines tern. Syst. in einem Dreieck aufgetragen, so ergeben sich effektive Farbzonen als Maß für die Güte einer Farbe. Bei der Tieftemp.-Klasse ist der Bereich sehr eng, während für die Hochtemp.-Klasse die Farbzone ziemlich breit ist. Als Oxydationsmittel eignet sich vor allem $NH_4 \cdot ClO_4$, da die entstehende HCl die Farbe vertieft, ebenso wie sich Vinylchlorid als Zusatz wegen seiner HCl-Entw. sehr gut eignet. Die Körper der Hochtemp.-Klasse müssen vollkommen vor Feuchtigkeit geschützt sein, damit Mg oder andere Zusatzstoffe nicht miteinander reagieren können. Bei Beachtung dieser Regeln werden tiefe, leuchtende u. prakt. verwendbare Farbflammen erreicht. H. Pförtner. 8312 □

Aerojet-General Corp., Azusa, übert. von: Milton B. Frankel, Pasadena, Calif., V.St.A., **Nitrocarbamate** der allg. Formel $R—NH—COOR_1$ erhält man bei der Rk. von Nitroisocyanaten mit einem Alkohol unter Rückfluß u. in Ggw. eines Lsgm., bes. Chloroform. — N-3.3.3-Trinitropropylisocyanat wird mit abs. A. u. Chlf. 3 Std. lang unter Rückfluß erhitzt. Man konz. die gelbe Lsg. u. erhält weiße Kristalle von *N-3.3.3-Trinitropropyläthylcarbamat*, F. 65—65,5° (Cyclohexan). Analog werden folgende Carbamate hergestellt: *N-2.2.2-Trinitropropyl-cyclohexyl-*, F. 96—97° (Cyclohexan), ($C_{10}H_{16}N_4O_8$); *N-3.3.3-Trinitropropyl-phenyl-*, F. 102—103°, ($C_{10}H_{10} \cdot N_4O_8$); *N-3.3-Dinitrobutyläthyl-*; *N-3.3.3-Trinitropropylcyclopentyl-*; *N-3.3.3-Trinitropropyl-α-naphthyl.* — *Hochexplosive Sprengstoffe.* (**A. P. 3 000 931** vom 17/1. 1955, ausg. 19/9. 1961.) G. König. 8305

Canadian Industries Ltd. (Erfinder: **Hugh Charles Rowlinson**), *Herstellung von geformten Ammoniumnitrat-Sprengkörpern.* (**Aust. P. 230 955** vom 28/1. 1959, ausg. 24/11. 1960. Can. Prior. 4/2. 1958. — C. **1961**, 6016 [E. P. 839 078].)

H_{21}. Leder. Gerbstoffe

Untersuchungen über das „Rotwerden" von gesalzenen Rohhäuten. 1. Mitt. Mario Formisano. (Cuosio-Pelli-Mater. concianti **38**, 11—45, Febr. 1962; Napoli-Torino, Staz. sperim. per l'Ind. delle Pelli e Materie concianti e Napoli, Univ., Ist. di Microbiol. agrar. e tecn.; ital.) — Im Rahmen eines ausführlichen Unters.-Planes werden die Ursachen der unter dem Namen „Rotwerden" bekannten Veränderung von gesalzenen rohen Rindshäuten festgestellt, um ggf. Meth. zum Schutz gegen diesen Schaden angeben zu können. Es wurden alle aus der Literatur zugänglichen Arbeiten einer gründlichen Nachunters. unterzogen, u. es konnten bes. signifikante Ergebnisse über die „Packer"-Häute amerikan. Provenienz erhalten werden. Das „Rotwerden" von Rohhäuten ist auf verschiedene Typen von Mikroben, bes. auf das beim Salzungsprozeß verwendete Salz u. auf die Böden, wo die Häute längere Zeit lagern, zurückzuführen. Die makroskop. Eigg. dieser Veränderung sind wiedergegeben. — 147 Literaturangaben. G. Platzer. 8334□

Untersuchungen über das „Rotwerden" von gesalzenen Häuten. 2. Mitt. 1. Teil. **Isolierung und Charakterisierung von die Veränderung verursachenden Mikrobenmitteln.** Mario Formisano. (Cuoio-Pelli-Mater. concianti **38**, 100—31, April 1962; ital.) — 1. vgl. vorst. Referat. — In Reinkultur wurden 236 Mikrobenstämme (Schizo-, Actino-, Blasto- u. Hyphomyceten) isoliert; darunter wurden alle 97 Schizomycetenstämme untersucht, von denen 71 (auf Agar-Salz-Nährböden nach Anderson) für den Veränderungsprozeß „Rotwerden" verantwortlich waren; nach Vervollständigung der Unterss. wurden sie auf 11 Stämme herabgesetzt, wovon 9 ein mehr oder weniger intensives rotes Pigment verursachen. Die allg. morpholog., physiolog., biochem. u. die Aufzucht betreffenden Eigg. der untersuchten Mikrobenmittel unter Verw. der verschiedensten Unters.-Meth. sind ausführlich beschrieben u. Reinfektions-Verss. u. taxonom. Prüfungen mitgeteilt. G. Platzer. 8334□

Über einen Gerbstoff aus „Black Liquor". Rafique Azhar, Khalid Masud und Elias Dubash. (J. Soc. Leather Trades' Chemists **46**, 20—24, Jan. 1962; Lahore, Westpakistan, Gov. Ind. Res. Labor.; engl.) — Nach kurzem Überblick über die bisherigen Verss., die Gerbkraft des Lignins zu erhöhen durch Kondens. mit Aldehyden u. Phenolen u. Überführen der Prodd. mittels Na-Metabisulfit in wasserlösl. Gerbstoffe oder durch Hydrolyse mittels NaOH bei 200—220°, beschreiben Vff. eigene Versuche. Ausgehend von „Black Liquor", das bei der Papier-Herst. nach dem Kraft-Prozeß in Chandragon, Ostpakistan, anfällt, wird das isolierte Lignin mit Formaldehyd, Resorcin oder Furfurol kondensiert u. die Kondens.-Prodd. mit $NaHSO_3$ sulfoniert, oder das Lignin wird durch NaOH-Schmelze hydrolysiert. Die mit den Lignin-Prodd. gegerbten Leder werden bzgl. Durchgerbung u. Schrumpftemp. verglichen mit natürlich oder synthet. gegerbten. A. Beuther. 8336□

Die Zusammensetzung der Fettsäuren von aus verschiedenen Schichten einer frischen Rindshaut erhaltenen Lipiden. E. F. Mellon, S. F. Herb, R. A. Barford, S. J. Viola und F. E. Luddy. (Cuoio-Pelli-Mater. concianti **38**, 58—69, Febr. 1962; ital.) — Inhaltlich ident. mit der C. **1962**, 13635 referierten Arbeit. G. Platzer. 8362□

Beitrag zur Kenntnis der Komponenten von Gerbersumach. 3. Mitt. **Die Doppelbrechung der Schnitte von gegerbten und ungegerbten Häuten.** E. Durio, A. Catino und A. Oddone. (Cuoio-Pelli-Mater. concianti **36**, 296—308, Aug. 1960; Turin, Univ., Ist. di Chim. gen. e di Chim. fis.; ital.) — 2. vgl. C. **1962**, 14386. — Unter Berücksichtigung der Theorie von Wiener [1926], wonach Häute als ein Syst. von kleinen, parallel orientierten Streifen in einem Grundmaterial anzusehen sind, wurden die Komponenten von ungegerbten, mit Citrat–HCl-Puffer (pH 4,1) behandelten Proben u. von mit dem ganzen Sumachextrakt (SE) u. mit den phenol., vorher mit Hilfe der Craig-Verteilung getrennten Fraktion (PF) gegerbten Proben untersucht u. deren Formdoppelbrechung (D) bestimmt. Die PF zeigen ein Gerbevermögen, das größer ist als das des ganzen SE. Ungegerbte Proben haben eine schwache positive Intrinsic-D, während die mit SE gegerbten Proben eine negative D u. mit PF gegerbte keine Inversion von D zeigen. Es wird daher angenommen, daß die Inversion auf einige im SE enthaltene Komponenten, die eigentlich keine gerbenden Eigg. haben, zurückzuführen ist (Diagramme). — 20 Literaturangaben. G. Platzer. 8364□

Farbenfabriken Bayer Akt.-Ges. (Erfinder: Rudolf Fingado und Helmut Meier), Leverkusen, **Herstellung von Kondensationsprodukten aus aromatischen Hydroxysulfonen,** z. B. 4.4'-Dihydroxydiphenyl-, Phenylhydroxynaphthyl- oder

4'.4''-Dihydroxydiphenylbenzol-1'.3'-disulfon, durch Rk. mit CH_2O u. aromat. Hydroxycarbon- oder Arylhydroxyfettsäuren, z. B. o-Kresotin-, Phenoxy-, Kresoxyessigsäure, o-Kresotin-, Salicylsäure oder deren Estern, dad. gek., daß man die Rk. unter Zusatz von Phenolen, z. B. o-Hydroxy- u./oder p-Hydroxydiphenyl, Dihydroxybenzol, Hydroxydiphenylmethan, Resorcin, Hydrochinon, Thymol, Pyrogallol, Hydroxyanthracen, durchführt. — *Gerbmittel.* (**D. A. S. 1 124 959** Kl. 12q vom 11/11. 1959, ausg. 8/3. 1962.)
O. Müller-Meiningen. 8337

United Shoe Machinery Co. de France, Frankreich, **Mittel zum Verstärken von Schuhoberleder** aus einer wss. Emulsion eines Polyvinylharzes in einem organ. Lsgm., wie Methyl- oder Äthylacetat, Aceton oder Methyläthylketon. — Man verwendet z. B. 1 (Teil) einer 55%ig. Emulsion von Polyvinylacetat u. 1 Methyläthylketon, welches beim Schütteln mit W. 11,8% W. aufgenommen hat, oder 1 einer Emulsion, welche 78,3 (%) Äthylacrylat, 19,5 Acrylnitril, 2,2 Acrylsäure, im ganzen 45% Feststoffe, enthält, u. 1,5 Methyläthylketon. (**F. P. 1 235 732** vom 6/8. 1959, ausg. 9/11. 1960.)
M. F. Müller. 8341

B. B. Chemical Co., Boston, Mass., V.St.A., **Härtbares Präparat** zur Herst. von wasser- u. lösungsmittelfesten *Folien* aus einer Lsg. von Vorpolymeren von Polyestern mit freien OH-Gruppen, überschüssigen Polyisocyanaten u. geringen Mengen Acrylsäure-2-diäthylaminoäthylester. — Man löst 41 (Gew.-Teile) Toluol-2.4-diisocyanat in einem Gemisch von 41 Toluol u. 120 Äthylenglykolmonoäthyläther. Hierzu gibt man langsam eine Lsg. aus 68 Multron R 12 (Ester aus 3 Mol Adipinsäure, 1 Mol Trimethylolpropan u. 1 Mol 1.3-Butylenglykol; OH-Zahl 162—179; SZ. 2—3; Molgew. 700) u. 31 Multron R-16 (Ester aus Adipinsäure u. Butylenglykol; OH-Zahl 40—47; SZ. 1—2, Molgew. 2800) in 99 Toluol, erhöht die Temp. unter Rühren, läßt 6 Std. stehen, gibt hierzu eine Lsg. von 7,91 Diäthylaminoäthylmethacrylat, 28,87 Toluol u. 0,22 Azofasbstoff, spritzt das Gemisch auf Leder, das mit Leinöllack appretiert ist, trocknet, härtet bei 43—60° 12 Std. lang u. erhält einen glänzenden, nichtklebenden, biegsamen, lösungsmittelfesten *Überzug.* (**Jap. A. S. 9637/1960** vom 8/5. 1959, ausg. 21/7. 1960. A. Prior. 8/5. 1958.)
M. Pankow. 8341

Schill & Seilacher, Deutschland (Erfinder: Adalbert Prütz und Erwin Quendt), **Gleichzeitiges Neutralisieren und Fetten von chromgegerbtem Leder** unter Verw. von Alkali- u. Erdalkalisalzen von sulfomethylierten Aminosäuren der allg. Formel $Me-O-SO_2-CH_2-NH-R-COOMe$ (Me = Alkali- oder Erdalkalimetall; R = organ. Rest). — Chromgegerbtes Leder wird 5 Min. lang mit W. von 20° gespült u. dann 30 Min. lang mit einer 1—2%ig. Lsg. des Na-Salzes der sulfomethylierten Aminosäure bei 20° behandelt. Danach wird das Leder 10 Min. lang mit W. von 60°, welches eine braune Farbe enthält, gespült. Dem Färbebad werden 1,5 (%) sulfoniertes u. 0,5 nicht sulfoniertes Klauenöl zugesetzt. Danach wird das Leder 45 Min. lang gewalkt. — Diagramme. (**F. P. 1 234 090** vom 3/9. 1959, ausg. 14/10. 1960. D. Prior. 3/9. 1958.)
M. F. Müller. 8341

Československá Socialistická Republika (Erfinder: Milan Kremr und Václav Hrabovský, Otrokovice), Tschechoslowakei, **Herstellen von Leder.** Das entkalkte, entborstete Rohleder, das mit Salzen des Cr, Al, Zr oder HCHO vorbehandelt wurde, wird nach Auswringen einem Gemisch von Mono- oder Dimethylolharnstoff mit Sulfitablauge (**I**) ausgesetzt. Die **I** wird nach Neutralisieren mit organ. Säure wieder auf ein pH von 4,0—4,5 gebracht. (**Tschech. P. 99 888** vom 17/10. 1959, ausg. 15/6. 1961.)
L. Macher. 8341

Deutsche Gold- und Silber-Scheideanstalt vormals Roessler, Frankfurt/M., übert. von: **Erich Bäder**, Hanau, **Otto Schweifer**, Königstein, und **Ludwig-Karl Schwärger**, Konstanz, *Behandlung tierischer Häute.* (**A. P. 3 030 170** vom 23/3. 1959, ausg. 17/4. 1962. D. Prior. 29/3. 1958. — C. **1962**, 7764 [F. P. 1 221 384].)

Farbenfabriken Bayer Akt.-Ges., Leverkusen, *Herstellung von Schrumpfleder.* (**E. P. 893 824** vom 16/3. 1959, ausg. 11/4. 1962. D. Prior. 22/3. 1958. — C. **1962**, 1858 [F. P. 1 219 091].)

B. F. Goodrich Co., New York, N.Y., übert. von: **Hugh P. Campbell**, Williamstown, W.Va., und **Robert E. Schornstheimer**, Marietta, Ohio, V.St. A. *Schichtstoffe.* (**Can. P. 568 640** vom 20/1. 1956, ausg. 6/1. 1959. A. Prior. 23/2. 1955. — C. **1959**, 10779 [A. P. 2 819 981].)

H_{23}. Tinte. Hektographenmassen u. a. Spezialpräparate

Alte und neue Prüftinte. Walter Brecht. (Papier **16**, 191—92, 5/5. 1962; Verein Zellcheming, Fachaussch. für Physikal. Halbstoff- u. Papierprüfung; dt.) — Zur Eignungsprüfung von Schreibpapieren ist die Federstrich-Meth. (DIN 53 126 [1960]) am besten geeignet. Infolge der größeren Aggressivität der neuen Farbstofftinte 4001 werden mit der neuen Prüftinte niedrigere f-Werte (Kennzahlen für die Wrkg. der Papierleimung) gefunden als mit der alten Eisengallustinte. Die im Merkblatt V/15/60 angegebenen f-Werte werden den höheren Anforderungen gerecht, die durch Verw. moderner Füllfedertinten gestellt werden. W. Wesly. 8420□

Das IBM-Gerät zur Messung von Kohlepapier. Richard S. Drown. (Tappi **43,** 1009—12, Dez. 1960; Endicott, N.Y., Intern. Business Machines Corp., Vestal Suppl. Div. Engng. Labor.; engl.) — Die bisherigen Meth. zur Prüfung von Kohlepapieren werden untersucht u. auf Grund dieser Ergebnisse ein verbessertes Prüfgerät entwickelt, bei dem das zu prüfende Kohlepapier unter reproduzierbaren Bedingungen auf einer mit einem Muster versehenen Formplatte unter Zwischenlegung eines Papieres aufgewalzt wird. Aus der Stärke u. Gleichmäßigkeit des so auf dem Deckpapier entstandenen Musters lassen sich Rückschlüsse auf die Qualität der Kohlepapiere ziehen. H. Meyer. 8422□

Über die Charakterisierung von blauen Tinten für Kugelschreiber. Antonio Usai und Lucia Corazzi. (Rass. chim. **11,** Nr. 4, 20—21, Juli/Aug. 1959; Roma, Univ., Ist. di Merceol.; ital.) — Blaue Tinten für Kugelschreiber werden nach dem Altern bis zu 30 Tagen im Thermostaten bei 35—45° u. mit 65—70% Feuchtigkeit in W., A. oder Aceton gelöst. Als bestes Lsgm. für 20 verschiedene Tintenproben, auch nach Alterung von 30 Tagen, wurde ein Gemisch von A. + Aceton (1:1) verwendet. Die Tinten können nach ihrem Verh. in 0,05%ig. Standard-Lsgg. unter Verw. von verschiedenen Reagentien in 3 Gruppen unterschieden werden. Die 1. Gruppe bleibt mit konz. NH_4OH blau, schlägt mit 2n NaOH nach Weinrot um, wird mit 2n HCl grün u. mit konz. HCl gelb; die 2. liefert mit konz. NH_4OH u. 2n NaOH eine weinrote, mit 2n HCl eine grüne Färbung, die mit konz. HCl in Gelbrosa umschlägt u. die 3. gibt mit konz. NH_4OH u. 2n NaOH eine blaue Färbung, die mit 2n HCl grün wird u. mit konz. HCl unverändert bleibt. Die Tinten können auch durch Befeuchten von Schriftproben auf Papier mit A.-Aceton oder nach Überführen auf ein Stück Filterpapier mit vorst. Reagentien identifiziert werden. Der Nachw. auf chem. Wege führte bisher zu keinen positiven Ergebnissen. Die Schriftproben wurden mit panchromat. Filmen im Sichtbaren u. mit Farbfiltern oder im durch NiO abgeschirmten UV-Licht oder mit einem IR-empfindlichen Material (Rubinfilter) photographiert. Tintenproben der 1. u. 3. Gruppe wurden von denen der 2. durch panchromat. Filme mit Blaufilter unterschieden, während die der 1. u. 3. Gruppe sich im IR differenzieren lassen. Einige Tintenproben bilden eine Ausnahme u. lassen sich nicht systemat. einordnen, so daß der individuelle Nachw. im Umfang einer jeden einzelnen Gruppe noch nicht möglich ist. G. Platzer. 8500□

National Cash Register Co., übert. von: Marshall Mazer und Harry N. Vosmer, Dayton, Ohio, V.St.A., **Markierungsflüssigkeit zur Herstellung leicht entfernbarer Zeichen,** die durch ultraviolette Bestrahlung aktiviert werden, enthaltend 4 g Naphthacen u. 400 g Anthracen gelöst in 10000 ml Äthylhexandiol u. 4000 ml Xylol. Nach dem Auftragen läßt man die Lsgm. verdunsten. Die Löschung der Zeichen ist möglich durch kurzzeitiges Erhitzen ($\leqq 2$ Sek.) auf ca. 300° F. (**A. P. 2 950 256** vom 9/11. 1955, ausg. 23/8. 1960.) P. Krug. 8421

National Marking Machine Co., Cincinnati, Ohio, V.St.A., **Bei Tageslicht unsichtbare Wäschemarkierungsflüssigkeiten,** enthaltend in der Lsg. eines farblosen Harzes, z. B. Polymethacrylat oder Vinylchlorid-Vinylacetat-Mischpolymerisat, in einem organ. Lsgm. eine fluorescierende Verb. auf Basis von Metalloxiden, z. B. ZnO-MnO. Die Markierungen können später durch Anwendung verd. Lsgg. von flüchtigen Säuren, wie Ameisen- oder Essigsäure, wieder gelöscht werden. (**E. P. 859 436** vom 28/3. 1957, ausg. 25/1. 1961. A. Prior. 18/4. 1956.) P. Krug. 8421

E. I. du Pont de Nemours & Co., Wilmington, Del., übert. von: LeVerne K. Osdal, Springfield, Pa., V.St.A., **Markieren von Oberflächen aus Perfluorcarbonharzen,** z. B. Polytetrafluoräthylen (**I**) oder Mischpolymerisaten (**II**) aus Tetrafluoräthylen u. Hexafluoräthylen. Auf die zu markierenden Flächen bringt man eine Tinte auf, die aus a) 100 (Gew.-Teilen) koll. verteilter Polymerisatteilchen (**III**), b) bis zu 50 eines wasserdispergierbaren, hitzehärtbaren Siliconharzes, c) bis zu 100, bezogen auf a) u. b), eines hitzebeständigen Pigments, z. B. Metalloxid oder -chromat, d) bis zu 10 eines Dispergiermittels, z. B. Fettalkoholsulfonat, e) bis zu 2 eines viscositätserhöhenden u. stabilisierenden Mittels, z. B. Methylcellulose, f) mit W. nicht mischbare organ. flüchtige Verdünnungsmittel u. g) W. in einer solchen Menge besteht, daß W. die kontinuierliche Phase bildet. Bei **III** handelt es sich um Polymerisatgemische aus bis zu 50 **I** u. mindestens 50 **II.** (**A. P. 2 998 332** vom 23/6. 1959, ausg. 29/8. 1961.) P. Krug. 8421

Badische Anilin- & Soda-Fabrik Akt.-Ges. (Erfinder: Helmut Finkenauer und Hans Otterbach), Ludwigshafen/Rh., **Verringerung der Kornhärte von Di- und Triarylmethanfarbstoffen.** Man erhält die Farbstoffe in einer bes. für

Hektographenmassen geeigneten Form, wenn man sie in Ggw. von nichtionogenen Emulgiermitteln oder von Polyalkylenglykolen bzw. deren nicht oberflächenakt. Äthern u./oder Estern zur Kristallisation bringt. — Man verrührt z. B. 100 (Teile) Kristallviolett mit heißem W. zu einem Teig, setzt 2 des Rk.-Prod. aus 1 Mol Spermölfettalkohol mit 20 Mol Äthylenoxid oder 5 Polyäthylenglykol vom Molgew. 300 zu u. läßt erkalten. (**D. A. SS. 1 111 594** Kl. 8m vom 17/2. 1959, ausg. 27/7. 1961 u. **1 119 818** Kl. 8m vom 6/8. 1959, ausg. 21/12. 1961.) F. Böhm. 8421

Uarco, Inc., V.St.A., **Vervielfältigungsblatt** aus einem Papierblatt, das mit einer Bindemittelschicht versehen ist, auf die ein dunkler Farbstoff mit einer Teilchengröße von 20—100 μ aufgebracht wird. Diese Teilchen, z. B. Ruß, sind auf ihrer Oberfläche von einem hellen Farbstoff mit einer Teilchengröße von 1—5 μ, z. B. weißem TiO_2, überdeckt, der durch einen dünnen Wachsüberzug festgehalten wird. Unter der Einw. von z. B. Typendruck auf die Oberfläche des Vervielfältigungsblattes werden die gröberen dunklen Farbstoffteilchen zerdrückt u. die schwarze Farbe, z. B. von den Rußteilchen, tritt zutage. — 2 Abbildungen. (**F. P. 1 225 081** vom 12/2. 1959, ausg. 29/6. 1960.) M. F. Müller. 8423

W. Koreska, Österreich, **Papiermaterial zur Übertragung von Schriftzeichen auf ein Papierblatt.** Es besteht aus 2 Papierblättern, von denen jedes mit einer Lsg. einer chem. chromogenen Substanz imprägniert ist, die beim Zusammenbringen einen Farbstoff bilden. Das eine Papierblatt wird z. B. mit einer Wachs-Lsg. u. das andere Papierblatt mit einer wss. oder alkohol. Lsg. von $FeCl_2$ oder Gallussäure getränkt. Die beiden aufeinandergelegten Papierblätter bilden beim Beschriften unter Druck das gefärbte Schriftzeichen als Ergebnis der chromogenen Rk., z. B. von $FeCl_2$ mit Gallussäure. Zum Imprägnieren wird z. B. eine Lsg. aus 10 (%) $FeCl_2$ oder Gallussäure, 40 Carnaubawachs u. 50 Polyglykoläther oder -ester u. eine 10%ig. wss. oder alkohol. Lsg. von $FeCl_2$ oder Gallussäure benutzt. (**F. P. 1 226 362** vom 5/6. 1959, ausg. 11/7. 1960. Oe. Prior. 11/6. 1958.) M. F. Müller. 8423

National Cash Register Co., Dayton, Ohio, V.St.A., **Übertragungsmaterial** aus einer Bahn eines dünnen, elast. Trägers, dessen eine Seite mit einer aus einem kleinste Teilchen eines magnetisierbaren Stoffes enthaltenden Bindemittel gebildeten Beschichtung versehen ist. Das Bindemittel besteht aus bis zu 60 Gew.-Teilen eines elast. linearen Polymers des Dimethylsiloxans u. bis zu 50 Gew.-Teilen eines vernetzten Methyl- u./oder Methylphenylpolysiloxanharzes. Die übertragbare Beschichtung enthält ein Siliconöl u. weist einen Überzug aus einem wachsartigen Material auf. — Die Beschichtung besteht z. B. aus einem Gemisch von 5200 (g) Toluol, 605 polymeres Dimethylsiloxan, 336 vernetztes Polysiloxan u. 1043 schwarzes magnet. Fe-Oxidpulver. (**Oe. P. 219 625** vom 6/11. 1959, ausg. 12/2. 1962. A. Prior. 8/12. 1958.) M. F. Müller. 8423

Établissement Consulting, Vaduz, Liechtenstein, **Farbüberträger nach Art von Kohle- oder Durchschreibepapieren.** Die Farbüberträger haben eine Kunststoffgrundlage auf der Basis eines Polycarbonats, z. B. des Polycarbonsäureesters des 2.2-[4'.4''-Dihydroxydiphenyl]-propans. Der Farbüberträger besteht z. B. aus einem Kunststoffgemenge aus gleichen Gew.-Mengen eines Polycarbonats u. eines Mischpolymerisats von Vinylchlorid u. Vinylidenchlorid oder aus Polycarbonat u. Chlorkautschuk. Beispiel der Zus. einer Kunststoffschicht: 8 (Teile) Polycarbonat, 6 Ricinusöl, 4 Stearinpalmitinamid, 2 Ricinusölfettsäure, 8 Ruß, 1 Aerosil, 3 Farbpigmente (Reflexblau, Miloriblau, Ultramarinblau, Phthalocyaninblau), 50 CH_2Cl_2, 18 Trichloräthylen. (**Oe. P. 220 167** vom 23/10. 1959, ausg. 12/3. 1962.) M. F. Müller. 8423

Caribonum Ltd. (Erfinder: Frederick George Francis und David John Neall), **Farbloses Durchschreibepapier,** dessen Überzug Carbalkoxyphenylleukauramine (I) enthält, bes. o-Carbmethoxy-, -äthoxy-, propoxy-, isopropoxy-, -butoxy-, -isobutoxy- u. p-Carbäthoxyphenylleukauramin. Die Herst. der I erfolgt nach bekannter Meth. durch Kondensieren von Michler's Hydrol mit dem entsprechenden o- bzw. p-Aminobenzoesäureester. Zur Herst. der Durchschläge wird ein säurehaltiges Papier verwendet. (**Aust. P. 232 062** vom 17/12. 1958, ausg. 16/2. 1961. E. Prior. 20/1. u. 3/3. 1958.) C. Lüttgen. 8423

Caribonum Ltd. (Erfinder: David John Neale), **Farbband für Schreibmaschinen,** dad. gek., daß es mit mono- oder disubstituierten Leukauraminen bes. Phenyl-, p-Xylyl- oder p-Äthoxyphenylleukauramin, imprägniert ist. Als Schreibpapier wird ein säurehaltiges Papier verwendet, auf dem der Farbstoff entwickelt wird. (**Aust. P. 230 966** vom 17/7. 1958, ausg. 24/11. 1960. E. Prior. 2/8. 1957.) C. Lüttgen. 8423

Wolfgang Dabisch, Eltville, **Herstellung einer weißen Farbfolie mit Übertragungseigenschaften** zur Korrektur von falsch getippten Zeichen von Schreib- oder Büromaschinen aus einem Schichtträger aus Papier oder einer anderen Folie u. einer Farbschicht, dad. gek., daß ein Weißpigment von hoher Deckkraft mit einem Bindemittel in einer Fl. vermahlen wird, in der das Bindemittel nicht in Lsg. geht, sondern nur eine dünnfl. Suspension bildet, die auf dem Schichtträger ausgegossen wird. Als Bindemittel wird eine Metallseife, bes. auf der Basis von Al, oder ein Natur- oder Kunstharz oder ein wachsartiger Stoff verwendet. Als Netzmittel werden Natur- oder Kunstharze mit starker Haft-Wrkg. benutzt, z. B. Albertat. — Beispiel: 10 (Gew.-Teile) Hartceresin, 15 Titanweiß–Rutil, 3 Albertat u. 130 Äthylenchlorid werden fein vermahlen u. in einer Schichtdicke von 0,1 mm auf Halbpergamin oder Kunstdruckpapier aufgetragen, worauf das Lsgm. verdampft wird. (**D. P. [DDR] 22 804** Kl. 151 vom 19/11. 1959, ausg. 26/2. 1962 [Ausschließungspatent]. D. Prior. [Bundesrepublik Deutschland] 26/11. 1958.) M. F. Müller. 8499

H_{24}. Photographie

Die Unterscheidung der Fremdzentren in den Emulsionsmikrokristallen. K. W. Tschibissow und B. G. Warschawer. (Z. wiss. Photogr., Photophysik Photochem. **56**, 185—95, Aug. 1962; Moskau, UdSSR; dt.) — Es wird die Selektivität der Zentren des latenten Bildes, der Lichtempfindlichkeit u. des Schleiers je nach der Beschaffenheit u. Konz. des Oxydationsmittels u. der Oxydationsdauer untersucht. Dabei wurde bestätigt, daß bei Anwendung von $K_3[Fe(CN)_6]$ eine größere Selektivität der Einw. auf die Zentren des latenten Bildes im Vgl. zu den Lichtempfindlichkeitszentren besteht als das bei CrO_3 der Fall ist. Die Oxydierbarkeit der Fremdzentren nahm in folgender Reihe zu: 1. Zentren, die die Kurzwellenlichtempfindlichkeit beeinflussen, 2. Zentren, die eine langwellige Lichtempfindlichkeit verursachen, u. 3. Zentren des latenten Bildes. Ferner wurde der Doppelcharakter der Schleierzentren, u. zwar die Existenz von oxydierbaren u. nichtoxydierbaren Zentren erkannt u. eine Erklärung für den Unterschied der Oxydierbarkeit der Ag-Fremdzentren als Folge ihrer uneinheitlichen Rk.-Fähigkeit gegeben. H. Czech. 8594□

Über den Villard-Effekt. 6. Mitt. Hans Arens. (Z. wiss. Photogr., Photophysik Photochem. **56**, 209—14, Aug. 1962; Wolfen, VEB Filmfabrik Agfa, Abt. Forsch. u. Entw. Photo; dt.) — 5. vgl. C. **1962**, 1863. — Die S_2-Solarisation (eine Solarisation bei langer Belichtungszeit u. geringer Intensität), der V_2-Effekt (eine Depression in der Schwärzungsfläche nach diffuser Röntgenstrahlenvorbelichtung u. Nachbelichtung mit Licht langer Zeit u. geringer Intensität) u. der D_2-Effekt (eine gleiche Depression nach diffuser Vorbelichtung mit Licht langer Zeit u. geringer Intensität) miteinander verglichen. Der Vers., den V_2-Effekt aus der S_2-Solarisation rein sensitometr. abzuleiten, mißlang. Die drei Effekte treten bisher nur bei einer bes. Emulsion (ammoniakal. AgBr(J)-Emulsion mit hohem Br^--Überschuß) auf. Bei der Agfaphototechnischen Platte B tritt nur der V_2-Effekt auf. Demnach ist für das Auftreten des V_2-Effekts nicht S_2 u. D_2 Vorbedingung. Bei der ersten Emulsion fand man nach diffuser Röntgenstrahlenvorbelichtung u. Nachbelichtung mit Licht, daß die maximale Schwärzung geringer ausfällt als bei diffuser Vorbelichtung mit Licht langer Zeit u. geringer Intensität. Auch das ist als ein bes. Villard-Effekt aufzufassen, der aber emulsionsabhängig ist. H. Czech. 8598□

Die Superadditivität mit Hydrochinon bei photographischen Entwicklersubstanzen, die positiv geladene Semichinone bilden. 1. Mitt. **Die p-Phenylendiamine.** J. F. Willems und G. F. van Veelen. (Photogr. Sci. Engng. **6**, 39—48, Jan./Febr. 1962; Mortsel, Belgien, Gevaert Photo-Producten N. V., Res. Labor.; engl.) — Für den Fall der p-Phenylendiamine wird die Hypothese nachgeprüft, ob Entwicklersubstanzen, die positiv geladene, resonanzstabilisierte Semichinone bei der Oxydation bilden, mit *Hydrochinon* eine superadditive Entw. geben. Zu diesem Zweck wird eine Reihe substituierter p-Phenylendiamine untersucht. — Es zeigt sich, daß die Superaddivität mit der Stabilität der Semichinone dieser Verbb. zunimmt, ausgedrückt als polarograph. Halbwellenpotential oder als Lebensdauer der Semichinone. Die Stabilität der Semichinone hängt von ihrer chem. Struktur ab. Die Unterschiede können mit der Abnahme der negativen Ladung der Sperrschicht entsprechend der Adsorption der positiv geladenen Semichinone erklärt werden. Die Regenerierung der Entwicklersubstanz durch Hydrochinon auf Grund eines Elektronenübertragungsmechanismus kann die Superadditivität noch erhöhen. Die Wrkg. des *Pyrazolidons* (Phenidons) wird zum Vgl. herangezogen. W. Günther. 8618□

Die Superadditivität mit Hydrochinon bei photographischen Entwicklersubstanzen, die positiv geladene Semichinone bilden. 2. Mitt. **Die Aminophenole.** J. F. Willems und G. F. van Veelen. (Photogr. Sci. Engng. **6**, 49—54, Jan./Febr. 1962; engl.) — 1. vgl. vorst. Referat. — Vff. untersuchten für Entwicklersubstanzen vom Typ des Aminophenols die Beziehung zwischen Superadditivität mit Hydrochinon u. Semichinonstabilität. — Es zeigte sich, daß in der Klasse der Aminophenole die gleich enge Beziehung besteht wie bei den p-Phenylendiaminen. Es erweist sich als wahrscheinlich, daß die Semichinonstruktur für die Superadditivität verantwortlich ist. So kann die Super-

additivität der Mischung *Metol-Hydrochinon* beträchtlich erhöht werden, wenn das Metol durch ein Aminophenol ersetzt wird, das ein stabileres Semichinon bildet.
W. Günther. 8618□

Über ein neues Verfahren zur Bestimmung des aktiven Schwefels in Gelatinen. A. Narath und A. Tiilikka. (Z. wiss. Photogr., Photophysik Photochem. **56**, 161–75. Aug. 1962; Berlin, TU, Inst. für angewandte Photochem. u. Filmtechn.; dt.) — Ein neues Verf. zur Messung der allg. Aktivität der Gelatinen gegenüber Ag mit potentiometr. Titration wurde entwickelt, das den Verhältnissen bei der Nachreifung photograph. Emulsionen Rechnung trägt. Dieses Verf. erfaßt die S-Sensibilisatoren u. die reduzierenden Substanzen der Gelatinen. Das Ag-Bindungsvermögen von Thioharnstoff (**I**), Thiosinamin (**II**), Thiosulfat (**III**) u. Trithionat (**IV**) wurde mit diesem Verf. gemessen. **I**, **II** u. **III** reagieren mit Ag unter den gewählten Titrationsbedingungen in Gelatine-Lsg. im Mol-Verhältnis 1:2, **IV** im Mol-Verhältnis von ca. 1:1. **I** u. **II** bilden bei pH 6 u. bei kleiner Ag^+-Aktivität labile Mercaptidsalze u. sensibilisieren nicht. **III** u. **IV** erzeugen unter denselben Verhältnissen Ag_2S u. sensibilisieren. Die Titrations-Meth. wird zur Best. von Aktivschwefel in Gelatinen u. zur Inertisierung herangezogen. H. Czech. 8658□

Polarographische Bestimmung des Chloridgehaltes von Photogelatinen. D. Walther. (Z. wiss. Photogr., Photophysik Photochem. **56**, 176–84, Aug. 1962; Wolfen, VEB Filmfabrik Agfa, Abt. Forsch. u. Entw. Photo; dt.) — Es werden die Bedingungen mitgeteilt, unter denen der Cl^--Geh. von Gelatinen rasch u. für prakt. Zwecke meist genügend genau polarograph. bestimmt werden kann. Bes. eignet sich diese Meth. zur Kontrolle des Entsalzungsprozesses von Gelatinen, da infolge der hohen Anzeigeempfindlichkeit der polarograph. Meth. selbst geringe Konzz. sicher erfaßt werden können.
H. Czech. 8658□

Egon Schönegge, Berlin, **Erhöhung der Abriebfestigkeit photographischer Schichten** durch Imprägnieren mit einer Lsg. von Halogensilanen u. Polysiloxanen in organ. Lsgm., z. B. in einem Gemisch von CCl_3F u. CCl_4. (**D. P.** [**DDR**] **22 953** Kl. 57b vom 14/1. 1960, ausg. 2/4. 1962 [Wirtschaftspatent].) M. F. Müller. 8603

Eastman Kodak Co. (Erfinder: Donald MacArthur Burness, Kenneth Clayton Kennard und Bernard Calvin Cossar), Rochester, N.Y., V.St.A., **Sensibilisierung photographischer Halogensilberemulsionen.** Als chem. die Gesamtempfindlichkeit steigernde Sensibilisatoren verwendet man nichtpolymere bis-quatern. Salze von Sulfonen der allg. Formel $QN^+-R(SO_2-R_1)_d-SO_2R-N^+Q \cdot 2\,X^-$. Hierin sind: R_1 u. R Alkylengruppen mit bes. 2–10 C-Atomen, d eine Zahl von 1–3, QN^+ u. N^+Q organ. Ammoniumgruppen u. X ein Säurerest. — Beispiel: $C_5H_5N^+(CH_2)_6SO_2(CH_2)_2 \cdot SO_2(CH_2)_2SO_2-(CH_2)_6N^+C_5H_5 \cdot 2\,ClO_4^-$. (**D. A. S. 1125277** Kl. 57b vom 1/10. 1960, ausg. 8/3. 1962. A. Prior. 26/10. 1959.) E. Fuchs. 8605

K. O. Smirnow und Ss. M. Lewi, **Gelatineemulsionen** für *photograph. Schichten* mit erhöhter Plastizität u. Festigkeit werden durch Zusatz von 0,5–2,5 g *Na-Alkylsiliconat* als wss. Lsg. je Liter Emulsion erhalten. (**UdSSR. P. 122 022** vom 3/1. 1959.)
L. Großner. 8611

Perutz Photowerke G. m. b. H. (Erfinder: Hans Glockner), München, **Haltbarkeitserhöhung photographischer Emulsionen.** Man setzt der Emulsion oder einer damit in Kontakt stehenden Schicht in 6-Stellung halogenierte 7-Hydroxy-1.3.4-Triazaindolizine der allg. Formel I hinzu. Hierin ist: X = Halogen, R_1 = H, aliphat., hydroaromat. aromat. oder heterocycl. Reste oder Estergruppen; R_2 = KW-Stoff- u. heterocycl. Reste wie oben, NH_2OH oder Estergruppen: *6-Brom-7-hydroxy-2.5-dimethyl-1.3.4-triazaindolizin* (40 mg/Liter Emulsion). Diese Verbb. vereinigen alle Vorteile der meisten bekannten Stabilisatoren. (**D. B. P. 975 582** Kl. 57b vom 5/3. 1952, ausg. 25/1. 1962. Anmeldung bekanntgemacht 7/1. 1954.)

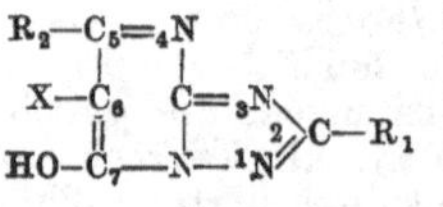

I

E. Fuchs. 8611

General Aniline & Film Corp., New York (Erfinder: Donald Edward Trucker, Binghamton), N.Y., V.St.A., **Ultraviolett-Absorptionsfilter.** In einem hydrophilen koll. Bindemittel (Gelatine) befindet sich ein nichtfluorescierendes, in Öl lösl. UV-Absorptionsmittel (*2.2'-Dihydroxy-4.4.dimethoxybenzophenon, 2.2'-4.4'-Tetrahydroxybenzophenon, 4-Benzoylresorcin, 2'-Amino-2-phenyl-3-carboxyäthylcinchoninsäure*), das in einem im wesentlichen in W. unlösl. organ. kristalloiden Material mit niedrigem Molgew., einem Kp. >175° (*Dimethyl-* oder *Dibutylphthalat, Phenyläthylalkohol, Trikresylphosphat, Diphenylmono-p-tert.-butylphenylphosphat*) u. einer stark lösenden Wrkg. auf das UV-Absorptionsmittel dispergiert ist u. wobei die Art u. das Verhältnis des UV-Absorptionsmittels u. des kristalloiden Materials so gewählt sind, daß Teilchen hiervon unter den Auftragsbedingungen fein zerteilt u. fl. sind, u. wobei in diesem Träger ein in W. lösl., fluorescierendes UV-Absorptionsmittel (*4.4'-Bis-*[*p-acetamidobenzamido*]*-stilben-*

2.2'-disulfonsäure) aufgelöst ist u. wobei der Film eine Absorptionsgrenze von ca. 400 mμ aufweist. (**D. A. S. 1 128 745** Kl. 57b vom 16/2. 1961, ausg. 26/4. 1962. A. Prior. 1/3. 1960.) E. Fuchs. 8613

International Polaroid Corp., Jersey, N.J. (Erfinder: Edwin Herbert Land, Cambridge, Mass.), V.St.A., **Farbdiffusionsübertragungsverfahren.** Der verwendete Farbstoff oder das Farbstoffzwischenprod. muß in Alkali, jedoch nicht in W. lösl. sein, wobei die auf der Halogensilberemulsionsschicht gleichmäßig ausgebreitete alkal. Entwickler-Lsg. das Alkali anfänglich nur zu 2% oder weniger enthalten soll. Hierdurch wird das Alkali in den vollständig belichteten u. entwickelten Flächen durch den bei der Entw. des Halogensilbers entstehenden Halogenwasserstoff vollständig verbraucht u. das in den nichtbelichteten Flächen nicht verbrauchte Alkali, dessen Menge sich umgekehrt proportional zu dem Grad der Entw. der Emulsion verhält, bildgerecht verteilt. Der Farbstoff oder das Farbstoffzwischenprod. wird hierbei durch das in den nichtbelichteten Flächen vorliegende Alkali lösl. u. diffusionsfähig gemacht, so daß seine bildgerechte Übertragung auf die Bildempfangsschicht erfolgt. (**D. A. S. 1 125 767** Kl. 57b vom 10/9. 1959, ausg. 15/3. 1962.) E. Fuchs. 8631

Haloid Xerox, Inc., Rochester, N.Y., übert. von: Roland M. Schaffert, Columbus, Ohio, V.St.A., **Herstellung mehrfarbiger Xerographien.** Eine elektr. leitende transparente Unterlage wird auf der einen Seite mit einer für eine 1. Primärfarbe empfindlichen photoleitfähigen Schicht, z. B. aus ZnO, CdS in isolierendem Binder, u. auf der anderen Seite mit einer für eine 2. Primärfarbe empfindlichen photoleitfähigen Schicht, z. B. aus PbO + ZnO in isolierendem Binder, transparent beschichtet. Unter Anlegen eines elektr. Feldes wird mit dem zu reproduzierenden farbigen Lichtbild belichtet u. die latenten Bilder mit entsprechend komplementär gefärbten Pulvern entwickelt. Diese Teilbilder werden auf einem gemeinsamen Träger übereinandergelegt. In gleicher Weise kann auch ein 3. Teilbild gleichzeitig belichtet werden. (**A. P. 2 962 375** vom 2/5. 1956, ausg. 29/11. 1960.) C. Kittler. 8643

Haloid Xerox, Inc., Rochester, übert. von: John H. Dessauer, Pittsford, N.Y., V.St.A., **Herstellung mehrfarbiger Xerographien.** Zwischen transparenten, als Elektroden dienenden leitenden Platten werden voneinander elektr. isoliert photoleitende, xerograph. Schichten gelegt, von denen jede für eine andere Primärfarbe empfindlich u. für die in der Belichtungsrichtung folgenden Primärfarben durchlässig ist. Nach Aufladung u. Belichtung werden die latenten Ladungsbilder mit den entsprechenden komplementären Farbpulvern entwickelt u. ggf. nach Übertragung übereinandergelegt. (**A. P. 2 962 374** vom 1/5. 1956, ausg. 29/11. 1960.) C. Kittler. 8643

Haloid Xerox, Inc., Rochester, übert. von: Chester F. Carlson, Pittsford, und Harold Bogdonoff, Rochester, N.Y., V.St.A., **Herstellung von Flachreliefs mit Hilfe der Xerographie.** Ein latentes elektrostat. Bild wird in der üblichen Weise hergestellt u. entwickelt, wozu ein Toner verwendet wird, dessen Harzanteil bei 200—400° F thermoplast. u. stark klebrig wird. Das soweit erwärmte Bild wird dann (ggf. nach Übertragung auf eine andere Unterlage) mit Metall- oder Glaspulver mit einer Korngröße von 0,003—0,004 in. Ø berieselt, wobei die Abweichungen vom Mittelwert höchstens 7,5% betragen dürfen. Nach Verfestigung des so erhaltenen Reliefs wird dasselbe als Preßmatrize zur Herst. von Druckschablonen oder zum Bemustern von Leder u. Kunststoffen benutzt. (**A. P. 2 955 052** vom 3/1. 1956, ausg. 4/10. 1960.) A. Kalix. 8643

Agfa Akt.-Ges. (Erfinder: Anita von König), Leverkusen, **Herstellung von Flachdruckformen** unter Verw. von nach dem Silbersalzdiffusions-Verf. auf einer Al-Platte erzeugten Silberbildern, dad. gek., daß diese Silberbilder mit einer wss. Lsg. oder Dispersion behandelt werden, die mindestens 2 Mercaptogruppen aufweisende Derivv. des Bis-[2-mercapto-1.3.4-thiodiazols] mit mindestens 2 1.3.4-Thiodiazolresten, über ein organ. Brückenglied gebunden, enthalten, bes. Verbb. der allg. Formel **I** (Z = Alkylenrest mit 1—6 C-Atomen oder —S—A—S—, worin A = Alkylengruppe mit 1—10 C-Atomen oder Xylylenrest,

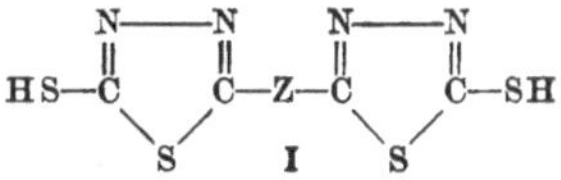

der durch niedere Alkylgruppen substituiert sein kann, oder eine Äthergruppe $-(CH_2 \cdot CH_2 \cdot O \cdot CH_2 \cdot CH_2)_n-$ ist, worin n = eine ganze Zahl, bes. zwischen 1 u. 5, oder Z = —NH—B—NH—, worin B = Alkylengruppe mit 4—10 C-Atomen, Cycloalkylen- oder Arylenrest). Ggf. werden die Silberbilder mit einer Dispersion behandelt, die neben den genannten Thiodiazol-Derivv. ein an sich bekanntes Konservierungsmittel, wie Carboxymethylcellulose, Polyvinylalkohol, Gummiarabicum, Alginate oder Amide u. Ester der Alginsäure u. Carraghenate, ferner H_3PO_4 oder wasserlösl. Phosphate enthält. — 50 g der Verb. **I** mit Z = $-S(CH_2)_2S-$ werden mit 100 ml Emulgator (saures Diäthylaminooleat) suspendiert, in 4900 ml 10%ig. wss. Polyvinylalkohol-Lsg. dispergiert u.

mit 10% ig. H_3PO_4 auf pH 4,4 eingestellt. Ein auf einer Al-Offsetplatte nach dem Silbersalzdiffusions-Verf. erzeugtes Silberbild wird mit der Dispersion eingerieben. Nach Entfernung des Überschusses wird angedruckt. (**Oe. P. 220 166** vom 26/9. 1960, ausg. 12/3. 1962. D. Prior. 26/9. 1959.) M. F. Müller. 8645

Kalle Akt.-Ges., Wiesbaden, **Kopiermaterial für Druckformen** aus einer Unterlage u. darauf aufgebrachter lichtempfindlicher Schicht, welche mindestens einen wenigstens eine freie OH-Gruppe enthaltenden lichtempfindlichen Ester einer Naphthochinon-(1.2)-diazidsulfonsäure mit einem Anthrachinon-Deriv. (I) u. ggf. noch alkalilösl. Harze enthält. I ist durch mindestens 2 Hydroxylgruppen substituiert u. kann ferner noch Nitrogruppen, Halogen u./oder Alkyl- u./oder Alkoxyreste tragen. Die Ester werden durch Rk. der Chloride von Naphthochinon-(1.2)-diazidsulfonsäure mit mindestens 2 OH-Gruppen enthaltenden Verbb. des Anthrachinons erhalten, z. B. 1.2-, 2.3-, 1.4-, 1.8-, 2.6-Dihydroxy-, 1.2.3-, 1.2.6-, 1.4.8-, 1.2.7-Trihydroxy-, 1.2.4.8- u. 1.2.5.8-Tetrahydroxy-, 1.2.3.5.6.7-u. 1.2.4.5.6.8-Hexahydroxy-, 4-Nitro-1.4-dihydroxy-, 2.3-Dichlor-1.4-dihydroxy-, 4.8-Dinitro-1.5-dihydroxy-, 1.2-Dihydroxy-3-methoxy-, 5.7-Dihydroxy-1-methylanthrachinon. Für die Herst. der Sulfonsäureester kommen bes. die Naphthochinon-(1.2)-diazid-(2)-sulfonsäure-(5) u. -(4) in Betracht. Für die Herst. der Kopierschichten werden die hydroxylgruppenhaltigen Naphthochinon-(1.2)-diazidsulfonsäureester auf Träger, z. B. Folien oder Platten aus Metallen, wie Al, Zn, Cu, oder aus Schichten von mehreren solchen Metallen, Papier oder Glas aus ihren Lsgg. in organ. Lsgm., wie Dimethylformamid oder aliphat. Ketonen, aufgebracht. Die damit hergestellten Kopien werden durch Entw. mit verd. Alkalien in Druckformen übergeführt. Die mit den Naphthochinon-(1.2)-diazid-(2)-sulfonsäureestern hergestellten Druckplatten besitzen eine leichte Entw.-Fähigkeit u. eine erhöhte Wärmebeständigkeit, bes. Lagerfähigkeit. 1,5 Gew.-Teile *2-[Naphthochinon-(1.2)-diazid-(2)-sulfonyl-(5)-oxy]-1-hydroxyanthrachinon* (**II**) werden in 100 Vol.-Teilen Glykolmonomethyläther gelöst, mit der Lsg. wird eine mechan. aufgerauhte Al-Folie beschichtet u. getrocknet. Die so sensibilisierte Folie wird belichtet u. entwickelt. Das Bild erscheint in gelber Farbe auf metall. Untergrund. Das Trägermaterial wird mit fetter Farbe eingefärbt u. zur Herst. von Abdrucken auf einer Druckmaschine verwendet. Zur Herst. von II löst man 24 (Gew.-Teile) 1.2-Dihydroxyanthrachinon u. 27 Naphthochinon-(1.2)-diazid-(2)-sulfochlorid-(5) in 800 Vol.-Teilen Dioxan u. läßt so viel gesätt. Soda-Lsg. zufließen, daß die Lsg. schwach alkal. reagiert. — Weitere Diazo-Verbb. sind z. B. *1.8-Bis-[naphthochinon-(1.2)-diazid-(2)-sulfonyl-(5)-oxy]-4-hydroxyanthrachinon*, rotbraune Kristalle, F. 280° [Zers.]; *3-[Naphthochinon-(1.2)-diazid-(2)-sulfonyl-(5)-oxy]-1.2.5.6.7-pentahydroxyanthrachinon*, rotbraun, F. 310° [Zers.]; *1-[Naphthochinon-(1.2)-diazid-(2)-sulfonyl-(5)-oxy]-4-hydroxy-2-brom-* u. *-2.3-dichloranthrachinon.* (**Oe. P. 220 168** vom 1/8. 1960, ausg. 12/3. 1962. D. Prior. 5/8. 1959.) M. F. Müller. 8645

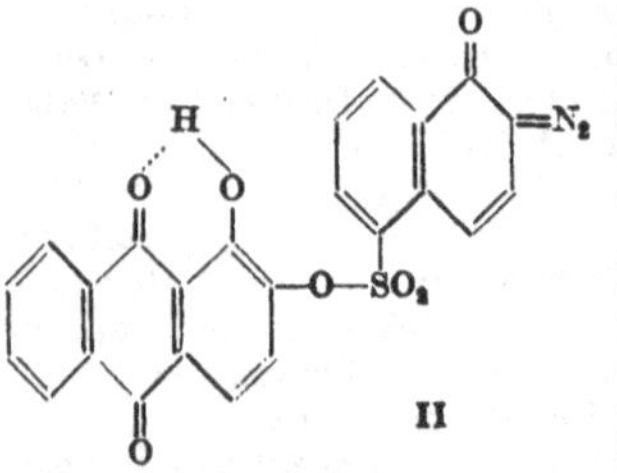

II

Redaktionsschluß: 23. November 1962

Herausgeber: Prof. Dr. Heinrich Bertsch, Berlin, u. Prof. Dr. Dr. h. c. Wilhelm Klemm, Münster. Chefredakteure und verantwortlich für den Inhalt: Dr. Eugen Klever, Berlin W 30, Geisbergstraße 39, Fernsprecher: 249541 u. Prof. Dr.-Ing. Eberhard Leibnitz, Berlin N 4, Schiffbauerdamm 19, Fernsprecher: 425571.

Verlag: Akademie-Verlag GmbH, Berlin W 8, Leipziger Str. 3—4 (Fernsprecher: 220441, Telex-Nr. 011773, Postscheckkonto Berlin 35021), und Verlag Chemie, GmbH, Weinheim/Bergstr. (Fernsprecher: Weinheim 3635 [Sammelnummer]; Fernschreiber: 0465516 chemieverlwhn; Postscheckkonten: Frankfurt/M. 145314 u. Berlin [West] 7430). Bestellnummer: 1007/134. Das Chemische Zentralblatt erscheint wöchentlich. Preis des Jahrganges einschl. Autoren-, Patent-, Sach- u. Formelregister: DM 1200,—; einseitig bedruckte Ausgabe: DM 1350,—. Abgabe der Zeitschrift nur mit sämtlichen Registern. Abbestellungen nur bis spätestens 6 Wochen vor Ablauf des Kalenderjahres.

Satz u. Druck: VEB Leipziger Druckhaus, Leipzig, III/18/203. II. 63.
Veröffentlicht unter der Lizenznummer 1273 des Presseamtes beim Vorsitzenden des Ministerrates.
Printed in Germany.

Kolibri 360 GmbH
Ferdinand-Jühlke-Straße 7
99095 Erfurt, Deutschland
produktsicherheit@kolibri360.de